ブルース
有機化学概説 第3版

Paula Y. Bruice 著

大船泰史・香月 勗・西郷和彦・富岡 清 監訳

ESSENTIAL
ORGANIC
CHEMISTRY
THIRD EDITION

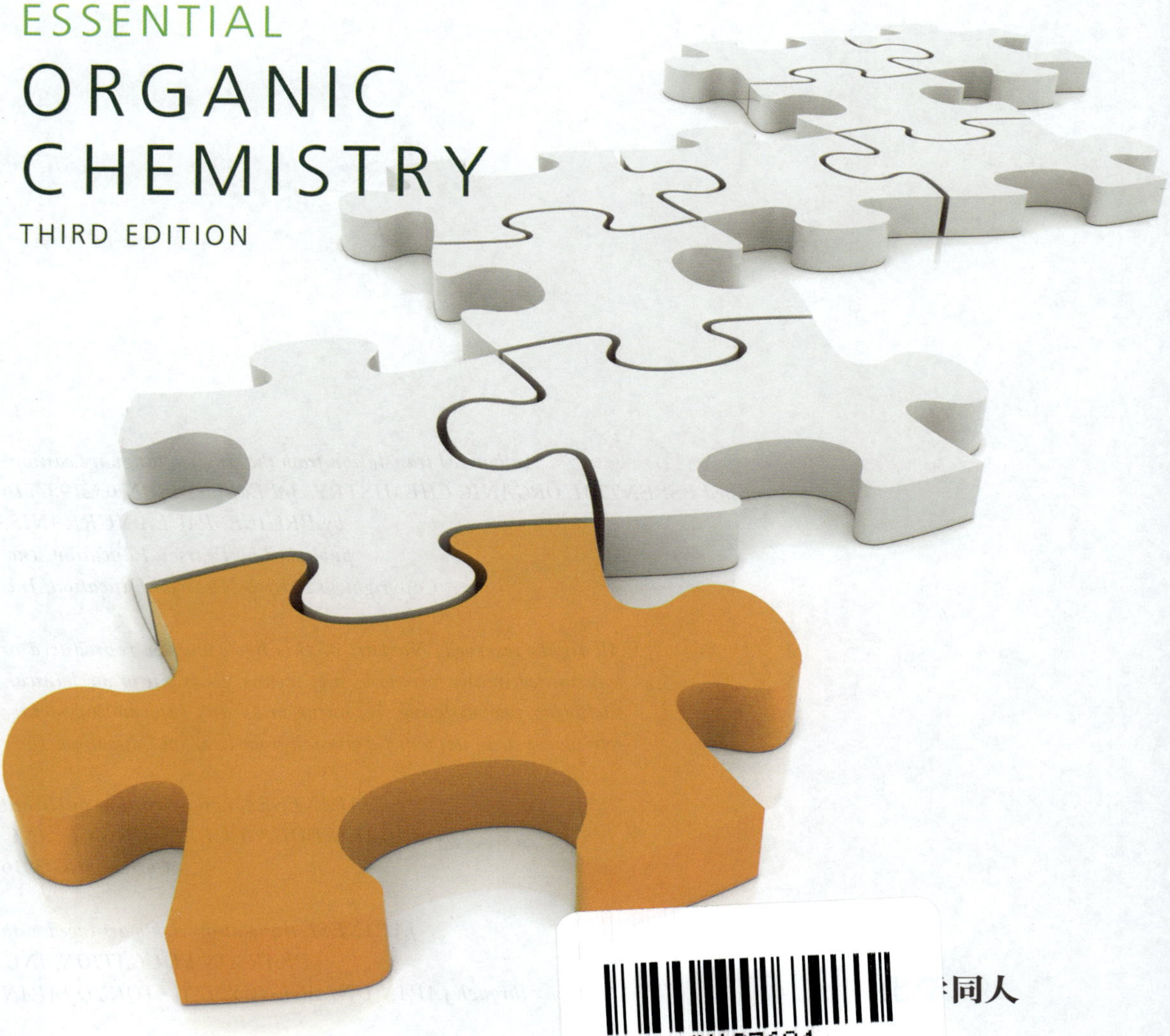

ESSENTIAL ORGANIC CHEMISTRY
THIRD EDITION

Paula Yurkanis Bruice *University of California, Santa Barbara*

*Authorized translation from the English language edition,
entitled ESSENTIAL ORGANIC CHEMISTRY, 3rd Edition, ISBN:0321937716
by BRUICE, PAULA YURKANIS,
published by Pearson Education, Inc,
Copyright © 2016 by Pearson Education, Inc.*

*All rights reserved. No part of this book may be reproduced or
transmitted in any form or by any means, electronic or mechanical,
including photocopying, recording or by any information storage
retrieval system, without permission from Pearson Education, Inc.*

*JAPANESE language edition published
by KAGAKU DOJIN PUBLISHING CO., INC.
Copyright © 2016*

*JAPANESE translation rights arranged with
PEARSON EDUCATION, INC.
through JAPAN UNI AGENCY, INC., TOKYO JAPAN*

Cover Image Credit: *Andrew Johnson/E+/Getty Images*

目次

1 一般化学の復習：電子構造と結合　1

- 1.1 原子の構造　3
- 1.2 原子のなかの電子はどのように分布しているか　4
- 1.3 イオン結合と共有結合　7
- 1.4 化合物の構造はどのように表せるか　14
- 1.5 原子軌道　20
- 1.6 原子はどのようにして共有結合を形成するか　21
- 1.7 有機化合物中の単結合はどのようにして形成されるか　23
- 1.8 二重結合はどのようにして形成されるか：エテンの結合　26
- 1.9 三重結合はどのようにして形成されるか：エチンの結合　29
- 1.10 メチルカチオン，メチルラジカル，およびメチルアニオンの結合　31
- 1.11 アンモニアとアンモニウムイオンの結合　33
- 1.12 水の結合　34
- 1.13 ハロゲン化水素の結合　36
- 1.14 まとめ：混成，結合長，結合強度，結合角　37
- 1.15 分子の双極子モーメント　40

コラム 天然有機化合物と合成有機化合物　3／ダイヤモンド，黒鉛，グラフェン，フラーレン：炭素原子のみを含む物質　28／水──生命に不可欠な化合物　35

【問題解答の指針】 16, 40

覚えておくべき重要事項　42　■　章末問題　43

2 酸と塩基：有機化学を理解するための重要なことがら　47

- 2.1 酸と塩基の基礎　47
- 2.2 pK_a と pH　49
- 2.3 有機酸と有機塩基　52
- 2.4 酸-塩基反応の結果を予測する方法　56
- 2.5 平衡の位置を決定する方法　56
- 2.6 酸の構造はその pK_a 値にどのような影響を与えるか　57
- 2.7 置換基は酸の強さにどのような影響を与えるか　61
- 2.8 非局在化電子の基礎　63
- 2.9 酸の強さを決定する因子についてのまとめ　66
- 2.10 pH は有機化合物の構造にどのような影響を及ぼすか　67
- 2.11 緩衝液　70

コラム 酸性雨　51／毒性のあるアミン類　53／Fosamax®は骨の摩耗を防ぐ　65／アスピリンは生理学的に活性になるために塩基の形ととる必要がある　69／血液：緩衝液　70

【問題解答の指針】 55, 62, 67

覚えておくべき重要事項　71　■　章末問題　72

TUTORIAL 酸と塩基　75

3 有機化合物への招待　84

- 3.1 アルキル置換基はどのように命名されるか　87
- 3.2 アルカンの命名法　92
- 3.3 シクロアルカンの命名法・骨格構造　96
- 3.4 ハロゲン化アルキルの命名法　99
- 3.5 ハロゲン化アルキル，アルコール，およびアミンの分類　100
- 3.6 ハロゲン化アルキル，アルコール，エーテル，およびアミンの構造　102
- 3.7 非共有結合性相互作用　103
- 3.8 有機化合物の溶解度を支配する因子　109
- 3.9 炭素−炭素単結合は回転する　112
- 3.10 いくつかのシクロアルカンは環ひずみをもっている　115
- 3.11 シクロヘキサンの配座異性体　116
- 3.12 一置換シクロヘキサンの配座異性体　119
- 3.13 二置換シクロヘキサンの配座異性体　122
- 3.14 縮合したシクロヘキサン環　125

| コラム | 悪臭をもつ化合物　88／ガソリンのオクタン価はどのように決定されるか？　94／ニトロソアミンとがん　101／薬はその受容体と結合する　108／細胞膜　111／Von Baeyer, バルビツール酸, および青いジーンズ　116／デンプンとセルロース——アキシアルとエクアトリアル　121／コレステロールと心臓病　126／高いコレステロール値はどのように治療されるか？　127 |

問題解答の指針　97, 99, 107, 122
覚えておくべき重要事項　127　■　章末問題　128

4　異性体：原子の空間配置　134

4.1	シス-トランス異性体は回転の制限によって生じる　135	4.7	R, S 表記によるエナンチオマーの命名　147
4.2	E, Z 表記を使って幾何異性体を指定する　139	4.8	キラルな化合物は光学活性である　151
		4.9	比旋光度の測定法　154
4.3	キラルな物体は重ね合わせられない鏡像をもっている　143	4.10	複数の不斉中心をもっている異性体　155
4.4	不斉中心は分子においてキラリティーの原因となる　144	4.11	環状化合物の立体化学　157
		4.12	メソ化合物は不斉中心をもっているが光学不活性である　160
4.5	一つの不斉中心をもっている異性体　145	4.13	受容体　163
4.6	エナンチオマーの書き方　146	4.14	エナンチオマーの分離法　165

| コラム | 視覚におけるシス-トランス相互変換　139／サリドマイドのエナンチオマー　165／キラルな医薬品　166 |

問題解答の指針　142, 149, 150, 159, 162
覚えておくべき重要事項　167　■　章末問題　167

5　アルケン　172

5.1	アルケンの命名法　173	5.6	アルケンの相対的安定性を決めるために $\Delta H°$ 値を使う　186
5.2	有機化合物はその官能基によってどのように反応するか　177	5.7	速度論：生成物が生じる速さはどのくらいか？　191
5.3	アルケンはどのように反応するか・曲がった矢印は電子の流れを示す　177	5.8	化学反応の速度　193
5.4	熱力学：どのくらいの量の生成物が生じるか？　182	5.9	HBr と 2-ブテンとの反応の反応座標図　193
		5.10	触媒作用　196
5.5	反応で生じる生成物の量を増やす　185	5.11	酵素による触媒作用　197

| コラム | フェロモン　173／曲がった矢印についての注意　180／トランス脂肪　190 |

問題解答の指針　187
覚えておくべき重要事項　199　■　章末問題　200
TUTORIAL　曲がった矢印を書く演習：電子を押し動かすこと　203

6　アルケンおよびアルキンの反応　212

6.1	アルケンへのハロゲン化水素の付加　213	6.4	カルボカチオンはより安定なカルボカチオンになるときに転位する　222
6.2	カルボカチオンの安定性は正電荷をもつ炭素上のアルキル基の数に依存する　215	6.5	アルケンへの水の付加　224
6.3	求電子付加反応は位置選択的である　218	6.6	アルケン反応の立体化学　226

6.7	酵素触媒反応の立体化学　230		6.11	アルキンの構造　236
6.8	生体分子はエナンチオマーを識別できる　231		6.12	不飽和炭化水素の物理的性質　237
			6.13	ハロゲン化水素のアルキンへの付加　237
6.9	アルキンの基礎　232		6.14	アルキンへの水の付加　240
6.10	アルキンの命名法　234		6.15	アルキンへの水素の付加　242

コラム グリーンケミストリー：サステナビリティの実現に向けて　213／天然殺虫成分と，合成殺虫成分のどちらがより有害か？　221／合成アルキンはパーキンソン病の治療薬に使われている　233／なぜ薬はこんなにも高価なのか？　234／避妊に用いられる合成アルキン　235

問題解答の指針　220, 228

覚えておくべき重要事項　243　■　反応のまとめ　243　■　章末問題　245

7　非局在化電子が安定性，pK_a，および反応生成物に及ぼす効果・芳香族性およびベンゼンの反応　250

7.1	非局在化電子はベンゼンの構造を説明する　251		7.10	非局在化電子は反応生成物に影響を及ぼす　274
7.2	ベンゼンの結合　253		7.11	ジエンの反応　275
7.3	共鳴寄与体と共鳴混成体　254		7.12	Diels-Alder 反応は1,4-付加反応である　278
7.4	共鳴寄与体の書き方　255			
7.5	共鳴寄与体の安定性の予測　259		7.13	ベンゼンは芳香族化合物である　281
7.6	非局在化エネルギーとは化合物が非局在化電子をもつことによって獲得する安定性である　261		7.14	芳香族性の二つの基準　282
			7.15	芳香族性の基準の応用　282
			7.16	ベンゼンはどのように反応するか　285
7.7	非局在化電子が安定性を増大させる　263		7.17	芳香族求電子置換反応の反応機構　286
7.8	非局在化電子は pK_a 値に影響を及ぼす　267		7.18	有機化合物の反応についてのまとめ　289
7.9	電子効果　270			

コラム Kekuléの夢　253／電子の非局在化はタンパク質の三次元構造に影響を及ぼす　259／バッキーボール　284／チロキシン　288

問題解答の指針　265, 266, 269

覚えておくべき重要事項　290　■　反応のまとめ　291　■　章末問題　292

TUTORIAL　共鳴寄与体の書き方　298

8　ハロゲン化アルキルの置換反応と脱離反応　307

8.1	S_N2 反応の機構　309		8.8	脱離反応の生成物　329
8.2	S_N2 反応に影響を与える要因　314		8.9	ハロゲン化アルキルの相対的反応性　333
8.3	S_N1 反応の機構　318		8.10	第三級ハロゲン化アルキルは $S_N2/E2$ 反応または $S_N1/E1$ 反応のどちらを起こすか　335
8.4	S_N1 反応に影響を与える要因　321			
8.5	S_N2 反応と S_N1 反応の比較　322		8.11	置換反応と脱離反応の競争　336
8.6	分子間反応と分子内反応　325		8.12	溶媒効果　339
8.7	ハロゲン化アルキルの脱離反応　327		8.13	置換反応の合成への応用　344

コラム DDT：疾病を蔓延させる虫を殺す，合成有機ハロゲン化物　308／なぜ生物の体はケイ素ではなく炭素でできているのだろうか？　318／捕食者から身を守るための天然の有機ハロゲン化物　324／ノーベル賞　335／溶媒効果　340

問題解答の指針　323, 326

覚えておくべき重要事項　345　■　反応のまとめ　347　■　章末問題　348

9 アルコール，エーテル，エポキシド，アミン，およびチオールの反応　353

- 9.1 アルコールの命名法　354
- 9.2 求核置換反応のためのプロトン化によるアルコールの活性化　356
- 9.3 細胞中での求核置換反応のための OH 基の活性化　360
- 9.4 アルコールの脱離反応：脱水反応　361
- 9.5 アルコールの酸化　364
- 9.6 エーテルの命名法　368
- 9.7 エーテルの求核置換反応　368
- 9.8 エポキシドの求核置換反応　371
- 9.9 アレーンオキシドの発がん性を決めるためにカルボカチオンの安定性を利用する　375
- 9.10 アミンは置換反応も脱離反応も起こさない　379
- 9.11 チオール，スルフィド，およびスルホニウム塩　381
- 9.12 化学者が用いるメチル化剤と細胞が用いるメチル化剤　384
- 9.13 有機化合物の反応についてのまとめ　385

> **コラム** 穀物アルコールと木精　355／S_N2 反応不全は重篤な病気を引き起こす　361／血中アルコール濃度　366／アルコール依存症を Antabuse® で治療する　367／メタノール中毒　367／麻酔薬　371／ベンゾ[a]ピレンとがん　377／煙突掃除人とがん　379／アルカロイド　380／医薬品開発のためのリード化合物　381／マスタードガス——化学兵器　382／抗がん剤としてのアルキル化剤　383／シロアリの撲滅　384／S-アデノシルメチオニン：天然の抗鬱剤　385

覚えておくべき重要事項　386　■　反応のまとめ　387　■　章末問題　389

10 有機化合物の構造決定　394

- 10.1 質量分析法　395
- 10.2 質量スペクトル・フラグメンテーション　396
- 10.3 分子イオンの m/z 値を利用して分子式を計算しよう　399
- 10.4 質量スペクトルにおける同位体　400
- 10.5 高分解能質量分析法によって分子式を決めることができる　402
- 10.6 官能基のフラグメンテーションパターン　402
- 10.7 ガスクロマトグラフィー質量分析法　404
- 10.8 分光法と電磁波スペクトル　404
- 10.9 赤外分光法　406
- 10.10 特徴的な赤外吸収帯　407
- 10.11 吸収帯の強度　408
- 10.12 吸収帯の位置　408
- 10.13 吸収帯の位置および形は電子の非局在化，電子供与，電子求引，および水素結合に影響を受ける　409
- 10.14 吸収帯の欠如　415
- 10.15 赤外スペクトルの解釈のしかた　416
- 10.16 紫外・可視分光法　418
- 10.17 λ_{max} に及ぼす共役の効果　419
- 10.18 可視スペクトルと色　420
- 10.19 UV/Vis 分光法のいくつかの用途　422
- 10.20 NMR 分光法の基礎　423
- 10.21 遮へいにより，異なる水素のシグナルは異なる周波数に現れる　425
- 10.22 ^{1}H NMR スペクトル中のシグナルの数　426
- 10.23 化学シフトはシグナルが基準シグナルからどのくらい離れているかを示す　427
- 10.24 ^{1}H NMR シグナルの相対的位置　428
- 10.25 化学シフトの特徴的な値　429
- 10.26 NMR シグナルの積分値は相対的なプロトン数を表す　432
- 10.27 シグナルの分裂は $N+1$ 則で表される　433
- 10.28 ^{1}H NMR スペクトルのそのほかの例　436
- 10.29 ^{13}C NMR 分光法　440

> **コラム** 科学捜査における質量分析法　404／紫外線と日焼け止め　418／何がブルーベリーを青くし，ストロベリーを赤くするのか？　421／Nikola Tesla（1856〜1943）　425／医療に用いられる NMR は磁気共鳴イメージングと呼ばれる　444

問題解答の指針　400, 411, 439, 443

覚えておくべき重要事項　445　■　章末問題　446

11 カルボン酸とカルボン酸誘導体の反応　456

- 11.1 カルボン酸とカルボン酸誘導体の命名法　458
- 11.2 カルボン酸とカルボン酸誘導体の構造　462
- 11.3 カルボニル化合物の物理的性質　463
- 11.4 カルボン酸およびカルボン酸誘導体はどのように反応するか　463
- 11.5 カルボン酸とカルボン酸誘導体の反応性の比較　466
- 11.6 塩化アシルの反応　467
- 11.7 エステルの反応　469
- 11.8 酸触媒によるエステルの加水分解反応とエステル交換反応　471
- 11.9 水酸化物イオンで促進されるエステルの加水分解反応　475
- 11.10 カルボン酸の反応　478
- 11.11 アミドの反応　479
- 11.12 酸触媒アミド加水分解反応とアルコーリシス反応　480
- 11.13 ニトリル　484
- 11.14 酸無水物　486
- 11.15 化学者はカルボン酸をどのように活性化するか　488
- 11.16 細胞はカルボン酸をどのように活性化するか　489

> **コラム** 天然の睡眠薬　461／アスピリン，NSAID，およびCOX-2阻害剤　476／ダルメシアン：母なる自然をもて遊んではいけない　480／ペニシリンの発見　482／ペニシリンと薬剤耐性　482／治療に用いられるペニシリン　483／ペニシリンの半合成　483／麻薬探知犬が実際に検出しているもの　488／神経インパルス，麻痺，殺虫剤　492

問題解答の指針　465

覚えておくべき重要事項　493　■　反応のまとめ　494　■　章末問題　496

12 アルデヒドとケトンの反応・カルボン酸誘導体のその他の反応　500

- 12.1 アルデヒドおよびケトンの命名法　501
- 12.2 カルボニル化合物の反応性の比較　503
- 12.3 アルデヒドとケトンはどのように反応するか　504
- 12.4 有機金属化合物　505
- 12.5 カルボニル化合物とGrignard反応剤との反応　506
- 12.6 アルデヒドおよびケトンとシアン化物イオンとの反応　512
- 12.7 カルボニル化合物と水素化物イオンとの反応　513
- 12.8 アルデヒドおよびケトンとアミンとの反応　516
- 12.9 アルデヒドおよびケトンとアルコールとの反応　520
- 12.10 α,β-不飽和アルデヒドおよびケトンへの求核付加反応　523
- 12.11 α,β-不飽和カルボン酸誘導体への求核付加　524
- 12.12 生体系での共役付加反応　525

> **コラム** ブタンジオン：不快な化合物　503／有機化合物の合成　510／半合成医薬品　510／医薬品の開発におけるセレンディピティー　519／炭水化物はヘミアセタールとアセタールを生成する　522／酵素触媒によるシス-トランス相互変換　525／がんの化学療法　526

問題解答の指針　511

覚えておくべき重要事項　526　■　反応のまとめ　527　■　章末問題　530

13 カルボニル化合物のα炭素の反応　534

- 13.1 α水素の酸性度　535
- 13.2 ケト-エノール互変異性体　538
- 13.3 ケト-エノール相互変換　539
- 13.4 エノラートイオンのアルキル化　540
- 13.5 アルドール付加はβ-ヒドロキシアルデヒドやβ-ヒドロキシケトンを生成する　542
- 13.6 アルドール付加生成物の脱水はα,β-不飽和アルデヒドおよびα,β-不飽和ケトンを生成する　544
- 13.7 交差アルドール付加　546

13.8 Claisen 縮合は β-ケトエステルを生成する　548
13.9 3位にカルボニル基をもつカルボン酸から CO_2 は脱離できる　551
13.10 細胞中における α 炭素上での反応　552
13.11 有機化合物の反応についてのまとめ　556

コラム　アスピリンの合成　542／乳がんとアロマターゼ阻害薬　547

問題解答の指針　537

覚えておくべき重要事項　557　■　反応のまとめ　557　■　章末問題　559

14　ラジカル　562

14.1 アルカンは反応性の低い化合物である　563
14.2 アルカンの塩素化と臭素化　564
14.3 ラジカルの安定性は不対電子をもつ炭素原子に結合するアルキル基の数に依存する　566
14.4 生成物の生成比はラジカルの安定性によって決まる　566
14.5 ラジカル置換反応の立体化学　569
14.6 爆発性過酸化物の生成　570
14.7 生体系で起こるラジカル反応　571
14.8 ラジカルと成層圏オゾン　574

コラム　天然ガスと石油　563／化石燃料：問題のあるエネルギー源　563／なぜラジカルはフリーラジカルと呼ばれなくなったか？　566／カフェインレスコーヒーと発がんの懸念　572／食品保存料　573／チョコレートは健康食品か？　573／人工血液　575

問題解答の指針　567

覚えておくべき重要事項　575　■　反応のまとめ　576　■　章末問題　576

15　合成高分子　578

15.1 合成高分子には 2 種類の大きなグループがある　579
15.2 連鎖重合体　580
15.3 重合の立体化学・Ziegler-Natta 触媒　590
15.4 電気を通す有機化合物　592
15.5 ジエンの重合・ゴムの製造　592
15.6 共重合体　594
15.7 逐次重合体　596
15.8 逐次重合の分類　597
15.9 ポリマーのリサイクル　602
15.10 生分解性ポリマー　603

コラム　テフロン®(Teflon®)：偶然の発見　583／リサイクルシンボル　585／ナノコンテナ　596／健康不安：ビスフェノール A とフタル酸エステル　600／高分子の設計　600

覚えておくべき重要事項　604　■　章末問題　605

16　炭水化物の有機化学　607

16.1 炭水化物の分類　609
16.2 D,L 表記法　609
16.3 アルドースの立体配置　611
16.4 ケトースの立体配置　613
16.5 塩基性溶液中での単糖の反応　614
16.6 単糖は環状ヘミアセタールを生成する　615
16.7 グルコースは最も安定なアルドヘキソースである　620
16.8 グリコシドの生成　621
16.9 二 糖　624
16.10 多 糖　626
16.11 細胞表面の糖鎖(炭水化物)　630
16.12 合成甘味料　631

コラム　糖尿病患者の血糖値の測定　615／ビタミン C　618／ラクトース不耐症　625／歯科医が正しいわけ　628／ヘパリン——天然の抗血液凝固薬　628／ノミの駆除　629／一日許容摂取量　633

覚えておくべき重要事項　633　■　反応のまとめ　634　■　章末問題　635

17 アミノ酸，ペプチド，およびタンパク質の有機化学　638

- 17.1 アミノ酸の命名法　639
- 17.2 アミノ酸の立体配置　643
- 17.3 アミノ酸の酸-塩基としての性質　644
- 17.4 等電点　646
- 17.5 アミノ酸の分離　647
- 17.6 アミノ酸の合成　652
- 17.7 アミノ酸のラセミ混合物の分割　654
- 17.8 ペプチド結合とジスルフィド結合　655
- 17.9 タンパク質構造の基礎　659
- 17.10 タンパク質の一次構造の決定法　660
- 17.11 二次構造　666
- 17.12 タンパク質の三次構造　668
- 17.13 四次構造　671
- 17.14 タンパク質の変性　672

> **コラム**　タンパク質と栄養　643／アミノ酸と病気　644／硬水軟化装置：陽イオン交換クロマトグラフィーの利用例　652／ランナーズハイ　656／糖尿病　658／髪の毛：ストレートかそれともパーマか　658／一次構造と分類学的関係　660／誤った折りたたみ構造のタンパク質によって引き起こされる病気　670

問題解答の指針　662

覚えておくべき重要事項　673　■　章末問題　673

18 酵素触媒反応の機構・ビタミンの有機化学【オンライン提供】　678

- 18.1 酵素触媒作用　678
- 18.2 二つの連続する S_N2 反応を含む酵素触媒反応　682
- 18.3 アミドおよびエステルの酸触媒加水分解反応を含む酵素触媒反応　685
- 18.4 塩基触媒エンジオール転移反応を含む酵素触媒反応　688
- 18.5 逆アルドール付加反応を含む酵素触媒反応機構　690
- 18.6 ビタミンと補酵素　692
- 18.7 ナイアシン：多くの酸化還元反応に必要なビタミン　694
- 18.8 リボフラビン：酸化還元反応で用いられるもう一つのビタミン　700
- 18.9 ビタミン B_1：アシル基の転位に必要なビタミン　703
- 18.10 ビタミン H：α炭素のカルボキシ化に必要なビタミン　709
- 18.11 ビタミン B_6：アミノ酸の変換反応に必要なビタミン　711
- 18.12 ビタミン B_{12}：異性化反応に必要なビタミン　717
- 18.13 葉酸：1炭素転移反応に必要なビタミン　719
- 18.14 ビタミン K：グルタミン酸をカルボキシ化するために必要なビタミン　724

> **コラム**　Tamiflu®の作用　685／ビタミン B_1　694／ナイアシン欠乏症　695／二日酔いをビタミン B_1 で治す　707／心臓発作後の損傷の測定　716／最初の抗菌剤　720／拮抗阻害剤　723／抗がん剤と副作用　724／抗凝血剤　725／ブロッコリーはもうたくさん　726

問題解答の指針　711

覚えておくべき重要事項　726　■　章末問題　727

19 代謝の有機化学　730

- 19.1 ATP はリン酸基の転移反応に用いられる　731
- 19.2 リン酸無水物結合の"高エネルギー"特性　733
- 19.3 異化の四つの段階　734
- 19.4 脂肪の異化　735
- 19.5 炭水化物の異化　738
- 19.6 ピルビン酸の運命　743
- 19.7 タンパク質の異化　744
- 19.8 クエン酸回路　746
- 19.9 酸化的リン酸化　750
- 19.10 同化　750
- 19.11 糖新生　752
- 19.12 代謝経路の調節　752
- 19.13 アミノ酸の生合成　755

> **コラム** 代謝の違い 731／なぜ自然はリン酸を選んだのか？ 733／フェニルケトン尿症（PKU）：先天性代謝障害 746／基礎代謝率 751

問題解答の指針 742
覚えておくべき重要事項 756 ■ **章末問題** 757

20 脂質の有機化学　760

- 20.1 脂肪酸は長鎖のカルボン酸である　761
- 20.2 脂肪と油はトリグリセリドである　763
- 20.3 セッケンとミセル　765
- 20.4 ホスホグリセリドとスフィンゴ脂質　767
- 20.5 プロスタグランジンは生体反応を調節している　769
- 20.6 テルペンは5の倍数の炭素原子を含んでいる　770
- 20.7 テルペンはどのようにして生合成されるか　771
- 20.8 自然はどのようにコレステロールを合成しているか　774
- 20.9 合成ステロイド　775

> **コラム** ω脂肪酸 762／ろうは高分子量のエステルである 763／クジラと反響定位 764／ヘビ毒 768／多発性硬化症とミエリン鞘 769

問題解答の指針 773
覚えておくべき重要事項 776 ■ **章末問題** 776

21 核酸の化学　778

- 21.1 ヌクレオシドとヌクレオチド　778
- 21.2 核酸はヌクレオチドサブユニットで構成されている　782
- 21.3 DNAの二次構造——二重らせん　783
- 21.4 なぜDNAは2'-OH基をもたないのか　785
- 21.5 DNAの生合成は複製と呼ばれる　785
- 21.6 DNAと遺伝　787
- 21.7 RNAの生合成は転写と呼ばれる　788
- 21.8 タンパク質の生合成に使われているRNA　789
- 21.9 タンパク質の生合成は翻訳と呼ばれる　791
- 21.10 DNAはなぜウラシルの代わりにチミンをもつのか　795
- 21.11 抗ウイルス剤　796
- 21.12 DNAの塩基配列はどのように決定されるか　797
- 21.13 遺伝子工学　799

> **コラム** DNAの構造：Watson, Click, Franklin, および Wilkins 781／DNAを修飾する天然化合物 787／鎌状赤血球貧血 794／翻訳を阻害することにより機能する抗生物質 794／抗生物質は共通の機構で働く 796／インフルエンザの世界的大流行 797／除草剤抵抗性 800／エボラウイルスの治療に遺伝子工学を用いる 800

覚えておくべき重要事項 801 ■ **章末問題** 801

付録

写真版権一覧 P-1／用語解説 G-1／索引 I-1
【オンライン版】付録1：有機化合物の物理的性質／付録2：スペクトル表／問題の解答（詳しくは http://www.kagakudojin.co.jp/ を参照）

序　文

　本書の構成を考えるにあたって，次のようなことを自分に問いかけてみた．「合成有機化学者を目指さない学生は有機化学の何を学べばいいのか？」，つまり「医者や薬剤師や歯科医，保健学，栄養学，工学の専門家を目指している学生に本当に必要な内容は何か？」と．

　この問いへの答えをもとにして，以下のような目標を掲げて，本書の目次を構成してみた．

- まず有機化合物の反応様式とその反応機構を理解してほしい
- 講義の前半で習う反応が，生体内(つまり細胞の中)の反応と同じであることを理解してほしい
- 簡単な合成反応の設計をやってもらい，その愉しさを知ってほしい(学生が反応性を本当に理解できているかどうかの良いチェック方法でもある)
- 有機化学は生物学，医薬，日常生活と密接にかかわっていることを理解してほしい
- これらの目標を達成するために，学生にはできるだけ多くの問題を解いてほしい

　有機化学の学習は，多様な分子とその反応をひたすら暗記するだけだという印象を打ち破るために，本書は，応用できる原理を繰り返し強調し，共通する特徴と統一的な概念を中心に学べるように編纂されている．私が学生に期待するのは，学んだ事柄を新しい問題に応用し，答えに至る道筋を推論するにはどうすればよいのかを学ぶことであり，雑多な事実を暗記することではない．

　新しい特長の一つでもある「**有機化学に関する知識をまとめてみよう**」は，課程の節目ごとに設けられている新項目で，学生たちに，自分がいままでに何を学び，これからは何を学んでいくのかを知ってもらうためのものである．これによって学生たちは，すべての有機化合物の反応が結局は「**求電子剤と求核剤の反応**」であると意識できるようになる．

　有機化学の反応(酸塩基反応以外の)を初めて学ぶ際には，「どんな有機化合物も群(family)に分類することができ，同じ群に属する化合物はまったく同じように反応する」と教えられる．そして，より単純に言うならば，「それぞれの化合物は四つのグループのどれかに属し，同じグループに含まれる化合物はよく似た反応を起こす」といえる．

　本書では，「グループⅠ：炭素-炭素二重結合あるいは三重結合を含む化合物」，「グループⅡ：ベンゼン」，「グループⅢ：sp^3炭素に電気陰性な基が結合している化合物」，「グループⅣ：カルボニル化合物」を一つ一つ順番に解説している．特定のグループの反応をひととおり解説した章の最後には，そのグループの典型的な反応をまとめているので(289, 385, 556ページ)，それまでに学んだグループの化学反応と比較しながら学習を進めることができる．

　本書の「**マージン**」には，学生が覚えておきたい重要項目がまとめられている．(例えば，「反応に加えられた酸は，反応剤中の最も塩基性の原子をプロトン化する」，「同じタイプの塩基なら，弱い塩基ほど，脱離基としては優れている」，「安定な塩基は弱塩基である」などである．)反応機構を簡単に整理するために，統一概念をマージンに記しているところもある(472, 481, 517, 521ページ)．

　本書には，約140個の「**コラム**」が散りばめられている．これらによって，学生は，有機化学が下記のさまざまな事柄と関連していることを知るであろう．医学関連では溶ける縫合糸，狂牛病，人工血液，コレステロールと心臓病の関係など，農学関連では酸性雨，農薬抵抗性，人工殺虫剤と天然殺虫剤など，栄養学関連ではトランス脂肪，基礎代謝率，ラクトース不耐症，オメガ脂肪酸など，そして地球の生命に関連することでは化石燃料，生物分解性ポリマー，クジラと音響定位の話題などを紹介している．

　有機化学をきちんと習得するためには，できるだけ多くの問題を解くのがよい．そこで本書は，問題に取り組みやすい構成になっている．すべての問題に対する解答が(必要に応じて解法も)，*Study Guide and Solution Manual*(日本語版は出版未定)に掲載されている．

　この版で新しく追加した「**チュートリアル**」は関連のある章の末尾に設けられており，有機化学の重要なトピックスをしっかりと理解できるように，さらなる演習の機会を提供している．そのテーマは「酸塩基の化学」，「曲がった矢印の書き方：電子を押し動かす」，「共鳴寄与体の書き方」である．

　各章の本文中には，ドリル形式の問題を載せた．問

題は各節の末尾近くに配置してあるので，次の節に進む前に，学生は自身の理解度を確認することができる．また，いくつかの問題については解法も掲載し，問題を解くための考え方を学べるようにしている．◆印のある問題については，略解を本書の巻末で確認できるので，学生は解法やコンセプトの理解度をすぐにチェックできる．

本文中にある，多数の「**問題解答の指針**」は，さまざまな問題へどのようにアプローチすればよいかを教えるものである．そのすぐ後には類題が用意されているので，学んだばかりの指針を応用することもできる．

「**章末問題**」には，難易度の異なる課題を用意した．最初はドリル形式の問題で，学生に，各節で学んだことを章全体の内容に結びつけるように工夫されている．解き進めていくほどに，問題は徐々に難しくなっていく．すべてを解き終える頃には，学生は確かな問題解決能力と自信とを身につけることだろう（本書では，学生に無用な先入観を抱かせないために，特別に難しい問題であっても，あえてそれを明示しないようにしている）．

今回の改訂では，「ラジカル」と「合成ポリマー」という**新しい章を二つ加え**，前版にあった最終章「医薬品の有機化学」を割愛した．この章に含まれていた内容のほとんどは各章のコラムに移動している．

同様に，生物が行う化学反応に関する情報は，あらゆる章に組み込まれている．例えば，3章には生体内の非共有結合に関する議論を追加したし，5章の触媒の項目に酵素の解説を含め，12章にはグルコースによるアセタール形成について加筆した．

もともと生体での有機化学を扱っていた後半の六章（16～21章）は，実験室で起こる化学反応と細胞内で起こる化学反応との関係を強調した記述に書き換えた．細胞内で起こる個々の化学反応と，それまでに学んできた有機化学反応とを比較しながら学べるようになっている．

スペクトル解析の章は他の章と独立しているので，講義のどの段階で教えてもよい．最初でも最後でも，どこかの章の間でもよいし，または割愛することもできる．この章の執筆にあたって私は，学生が内容に圧倒されて「もうスペクトル解析はこりごり」とは思ってほしくない．むしろ，単純なスペクトルから有機化合物の構造を導出できることを愉しんでくれるようにと心掛けた．本書のスペクトル解析の問題に加えて，*Study Guide and Solution Manual*（日本語版は出版未定）には40問以上の追加問題と解答を用意している．問題のあとに解答を載せているので，学生はまず一度は自力で解いてみることをお薦めする．

美しく洗練された紙面デザインと流れるような解説，そして簡潔なまとめによって本書はよりわかりやすく構成されており，学生が効率的に学べるようになっている．

謝　辞

多くの友人の献身的な努力に心より感謝申し上げる．本書の間違いを正すために詳細に内容を見てくれたJordan FantiniとMalcolm Forbes，そしてMRIの章の執筆を手伝ってくれたDavid Yerzley, M.D.に特別な感謝を伝えたい．Wavefunction社のWarren HehreとReed CollegeのAlan Shustermanには，静電ポテンシャル図について多くのアドバイスをもらったし，Jeremy Davisは138ページのイラストを描いてくれた．そして何よりも，本書の問題点を指摘し，実際に問題を作成してそれを解き，間違いを見つけてくれた私の学生たちに感謝を伝えたい．

本書の完成にきわめて多大なる貢献をしていただいた次の査読者に心から感謝する．

第3版査読者

Marisa Blauvelt, *Springfield College*
Dana Chatellier, *University of Delaware*
Karen Hammond, *Boise State University*
Bryan Schmidt, *Minot State University*
Wade McGregor, *Arizona State University, Tempe*
William Wheeler, *Ivey Tech Community College*
Julia Kubanek, *Georgia Institute of Technology*
Colleen Munro-Leighton, *Truman State University*
Rick Mullins, *Xavier University*
Erik Berda, *University of New Hampshire*
Michael Justik, *Pennsylvania State University, Erie*
Hilkka Kenttamaa, *Purdue University*
Kristina Mack, *Grand Valley State University*
Jason Serin, *Glendale Community College*
Anthony St. John, *Western Washington University*

第 3 版原稿査読者

Jordan Fantini, *Denison University*
Malcolm D. E. Forbes, *University of North Carolina*

第 2 版査読者

Deborah Booth, *University of Southern Mississippi*
Paul Buonora, *California State University–Long Beach*
Tom Chang, *Utah State University*
Dana Chatellier, *University of Delaware*
Amy Deveau, *University of New England*
J. Brent Friesen, *Dominican University*
Anne Gorden, *Auburn University*
Christine Hermann, *University of Radford*
Scott Lewis, *James Madison University*
Cynthia McGowan, *Merrimack College*
Keith Mead, *Mississippi State University*
Amy Pollock, *Michigan State University*

第 2 版原稿査読者

Malcolm Forbes, *University of North Carolina*

　編集者の Jeanne Zalesky に深く感謝する．その創造力豊かな才能によって本書は最高のものになった．そして Coleen Morrison によるスケジュール管理と細やかな気配りによって本書の刊行は実現した．本書が刊行できたのは Pearson 社の才能にあふれ献身的な方がたのおかげであり，感謝したい．加えて，本書の制作を技術面で支えてくれた Lauren Layn にも感謝したい．

　教師とはどのようなものかを長年にわたって教え続けてくれた才能豊かなすばらしい学生たちに，そして私に多くを教えてくれた私の子どもたちにも感謝する．

　私は本書をできる限りユーザーフレンドリーな本にしたいと思っているので，どのようなご意見もありがたい．改訂版を出版する際には頂いたご意見を活かしたいので，よりわかりやすくすべき，あるいは追加すべき節，加えるべき例があればお教えいただきたい．最後に，この版では誤植がないようにできうるかぎりの注意を払ったが，間違いがあれば私の責任である．次の版で訂正するので，見つけられたら e-mail ですぐに私あてにご連絡いただければ幸いである．

Paula Yurkanis Bruice
University of California, Santa Barbara
pybruice@chem.ucsb.edu

学生諸君へ

　有機化学のすばらしい世界へようこそ．あなたはまさに興奮に満ちた旅に船出せんとしているところだろう．本書は，初めてこの科目に出合ったあなたのような学生を念頭に書かれたものである．本書の主要な目標は，あなたが有機化学の重要な原理を理解するのを助け，この旅を刺激的で楽しくすることだ．あなたは，前の章を参照するなどしてこれらの原理を頻繁に思い出しつつ学習を進めることになるだろう．

　この本に慣れ親しんでから出発してほしい．後見返しには，この旅の途中で何度も見ることになる情報が書かれている．章末の「覚えておくべき重要事項」，「反応のまとめ」は，その章を学んだあとにあなたが理解すべき定義のまとめを提供してくれる．また，巻末(下巻)にある「用語解説」は情報の分類に便利な付録と同様に学習するうえで役立つので，有効に使ってほしい．本書のあらゆるところで目にする静電ポテンシャル図と分子モデルは，分子が三次元ではどのような形をしていて，電荷が分子内でどのように分布をしているかを理解してもらうためのものである．覚えておくべき重要なことがらや思考を記憶に刷り込むために設けた「マージンノート」も見てほしい．そこには，大事な点が強調してある．

　各章にある問題はすべて解いてほしい．とくに節末にある問題は課題を習得したかどうかを確認するための練習問題なので，次の節へ進む前に解いておこう．問題のなかには本書中に解答を載せてあるものもある．また，◆印をつけてある問題については，巻末に簡単な解答を載せてある．本書の随所に挿入されている「問題解答の指針」にも目を通してほしい．重要問題の最適な答えに導く実際的な方法を教えてくれるからである．「問題解答の指針」を注意深く読み，章末問題を解くときには参照してほしい．

　章中の問題に加えて，できるだけ多くの章末問題を解いてみよう．問題を解けば解くほど，より内容を理解し，次の章の課題に対しても準備できるようになる．どんな問題にもくじけないでほしい．適度な時間内に答えが出なかったら，*Study Guide and Solution Manual* (日本語版は出版未定)を見て，解き方を勉強してほしい．その後に問題に戻って，今度はもう一度自分だけで解いてみよう．

　有機化学を勉強するにあたって最も重要で覚えてお

いてほしいことは，"あとに残すな！"である．有機化学は，多くの単純な項目，それもそれぞれは容易にマスターできる項目から成り立っている．しかし，その数はとても多いので一つ一つを習得していかないと太刀打ちできなくなってしまう．

多くの理論や機構が考え出される以前は，有機化学は暗記だけで習得する学問だった．幸いなことに，それはもはや真実ではない．あなたは，ほかの条件下で何が起こるかを予測するのに，ある条件下ですでに学んだことを使えるという，体系だった知識をたくさん見つけるだろう．ある状況で学んだことを，別の状況で起こることを予測するために使える何本もの共通の糸がある．したがって，本を読んだりノートで勉強したりする際には，それぞれの化学的な事象やふるまいが起こる理由を理解するように努めよう．反応性の背後にある理由が理解できれば，ほとんどの反応は予測できる．何百もの無関係な反応を暗記しなければならないと誤解して授業を受ければ，落ちこぼれるだろう．有機化学にはあまりにも多くの覚えるべきことがありすぎる．しかし，暗記しなくても論理力と推察力が，次の題材を勉強するうえで必要な基礎づくりになる．

とはいっても，ときには暗記も必要である．基本的な規則のいくつかは暗記しておかなければならないし，多くの有機化合物の慣用名を覚えておく必要がある．だけども後者は問題にはならないはずだ．なぜなら，あなたの友人にも名前があって，あなたはその名前を努力しないでも覚えているからだ．

医学部など他の専攻に進学するために有機化学を学んでいる学生のなかには，なぜ有機化学に重きを置くのか疑問に思う人がいる．有機化学の重要性はその内容だけではない．有機化学を習得するには，基本的な事項を完全に理解し，そしてこれらの基本事項を使って分析し，分類し，そして予測する能力を必要とする．こうしたことは他の専攻の勉強にも共通している．

あなたの勉強が成功しますように．有機化学の勉強を楽しみ，この興奮に満ちた学問の論理がいかに重要であるか理解することを願っている．本書に関する意見や，次に学ぶ学生にとって改良すべき提案があれば，喜んでお聞きする．好意的な意見が一番楽しいが，批判的な意見も有益である．

Paula Yurkanis Bruice
pybruice@chem.ucsb.edu

教材の提供

補足教材	対象	内容
オンライン提供の教材		「18章 酵素触媒反応の機構・ビタミンの有機化学」，「付録1 有機化合物の物理的性質」，「付録2 スペクトル解説表」，「問題の解答」は，PDFファイルを化学同人のホームページからダウンロードできる．http://www.kagakudojin.co.jp/
Instructor Resource DVD /CD-ROM	教師向け	本書のすべての図版と表を収載．講義でのプレゼンテーションや講義資料，テストの作成に利用できる．詳しくは，化学同人営業部へお問い合わせください．
『ブルース有機化学概説 問題の解き方（第3版）英語版』(ISBN0133867250)	学生向け	学生向けに，著者自身が書き下ろした解答集．本書に登場するすべての問題について，その解答と詳細な解法が書かれている．また，各章のキーワードの説明も掲載されている．加えて，スペクトル解析の追加演習問題40題，「pHとpK_a，緩衝液」に関する追加解説，そしてテストの練習問題が21回分掲載されている（化学同人からの販売は未定）．

著者紹介

Paula Bruice と愛犬 Zeus と Bacchus, Abigail

　Paula Yurkanis Bruice はマサチューセッツで育った．ボストンの女子ラテンスクールを卒業したのち，マウントホールヨークカレッジでA.B. となり，バージニア大学で Ph.D. を取得した．バージニア大学で NIH 博士研究員として生化学を研究し，イェール大学の薬理学部でさらに博士研究員として働いた．

　1972 年から，カリフォルニア大学サンタバーバラ校の教員である．Associated Students Teacher of the Year Award, the Academic Senate Distinguished Teaching Award, 2 回 の Mortar Board Professor of the Year Awards, および UCSB Alumi Association Teaching Award を受けている．研究領域はとくに生物学的に重要性の高い触媒的有機反応とその機構である．一人の娘，内科医と弁護士の 2 人の息子がいる．趣味はサスペンス小説や伝記を読むことと，ペット（犬 3 匹，猫 2 匹，オウム 2 匹）を飼うことである．

監訳者序

　本書は『ブルース有機化学概説 第2版』(2010年11月刊)の改訂版であり，前作よりもさらに素晴らしい力作に仕上がっている．著者の熱意が直接乗り移ったエネルギー溢れる教科書が読者にとってはベストである．改訂において省くべきところは大胆に省かれ，加えるべきところは工夫を凝らした記述をもって新たに加えられている．

　有機化学の美しい体系を学ぶには，メリハリが効いて，歯切れよく，音楽を聴くように頭に染み込んできて，自然と学べる教科書がよい．そのためには，読ませるおもしろさが重要な要素の一つである．また，知識を体系的に学ぶ楽しさに目覚めることが，理解の早道である．だからこそ，要領よく組み立てられた教科書に勝るものはない．的確で簡潔な文章で勘どころを押さえ，正確で明快な構造式で視覚に訴え，結合の開裂と生成が矢印で示されて容易に判別がつき，あるいは電子の動きが矢印で示されていれば，理解も容易である．さらに，具体的で印象深いエピソードが添えられていれば，おのずと覚えてしまうことにもなる．

　本書は，有機化学を学ぶ者のそうした要求に応えるべく改訂された優れた教科書である．もともと有機化学を専門とする学生を対象に書かれた『ブルース有機化学(上)(下)』のボリュームをほぼ半分にまで絞りに絞って，有機化学のエッセンスをまとめた前作に，メリハリの効いた改訂をほどこしたものである．したがって，スリムななかに，凝縮された内容が質を保って収められることになり，小気味よい，勘どころを押さえた教科書に仕上がっている．スリム化されたことによって，授業時間数に対応して自由な使い方ができるのは，教師にとっても，学生にとっても利点である．

　豊富なカラー，ハッとするように印象深い美しい図，時代の要求に合わせた新鮮なエピソード，理解を確認するための豊富なチュートリアルと練習問題，要領よくまとめられた用語解説など，学びの道具立ては万全である．

　21世紀は化学の時代だといわれているが，本書の構成と内容は，構造，物性，反応，機能，および生命，と多彩かつ意欲的で，有機化学の広さと深さを実感させる．大学生が21世紀の本物の有機化学を深く学ぶにも，とくに専門外の分野の人がひと通り学ぶにも格好の一書である．

2016年9月

富岡　清

◆ 監訳者

大船　泰史	大阪市立大学名誉教授
香月　勗	九州大学名誉教授
西郷　和彦	東京大学名誉教授・高知工科大学名誉教授
富岡　清	京都大学名誉教授

◆ 訳者一覧（執筆順）

森　聖治	茨城大学理学部 教授（1, 2, 3 章）
伊藤　芳雄	前 九州大学 教授（4, 5, 6 章）
和田　猛	東京理科大学薬学部 教授（6, 7, 14 章）
秋山　隆彦	学習院大学理学部 教授（8, 9 章）
茶谷　直人	広島大学副学長，大阪大学名誉教授（7, 12 章）
佐々木　茂貴	長崎国際大学薬学部 教授（10 章）
新藤　充	九州大学先導物質化学研究所 教授（11, 12, 20 章）
杉原　多公通	新潟薬科大学薬学部 教授（13, 19, 20 章）
山下　誠	名古屋大学大学院工学系研究科 教授（6, 15 章）
千田　憲孝	慶應義塾大学名誉教授（16, 17 章）
伊東　忍	大阪大学名誉教授（18 章）
中谷　和彦	大阪大学産業科学研究所 教授（21 章）

1 一般化学の復習：電子構造と結合

古代の人びとが生き延びていくためには，彼らの世界に存在した2種類の物質の違いを見分ける必要があった．「根と果実があれば私たちは生き延びられる．しかし，泥では生きられない．木の枝を燃やせば暖まることができるが，岩を燃やすことはできない」．

18世紀初頭までには，科学者はその差の本質について理解できたと考えていたが，1807年に，Jöns Jakob Berzeliusは物質を2種類に大別し名前をつけた．生物に由来する化合物は，限りない生命力，すなわち生命の本質を含んでいると信じられてきた．彼はこれらを〝有機物〟と呼んだ．一方，生命力をもたない鉱物に由来する化合物を〝無機物〟と呼んだ．

化学者は実験室で生命を創造することができないので，彼らは生命力をもった化合物をつくることができないのは当然であると決めてかかっていた．この考えが根底にあったので，1828年にFriedrich Wöhlerが，哺乳類によって排泄される化合物であると知られていた尿素を，シアン酸アンモニウムという無機物を加熱するだけで合成したときの化学者の驚きは想像できるだろう．

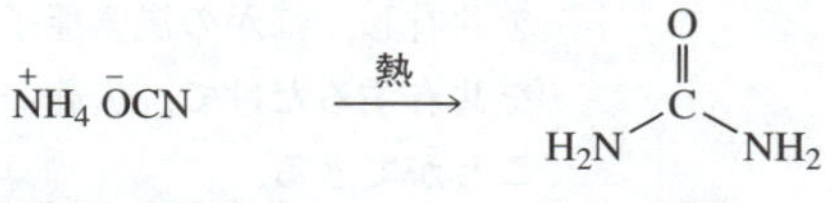

$$\overset{+}{NH_4}\overset{-}{OCN} \xrightarrow{熱} \underset{H_2N}{}\overset{\overset{O}{\|}}{C}\underset{NH_2}{}$$

シアン酸アンモニウム　　　　　尿素
(ammonium cyanate)　　　　　(urea)
無機物　　　　　　　　　　〝有機〟化合物

〝有機〟化合物が，いかなる種類の生命力の助けも借りることなく，生物以外のものから初めて得られた．このため，化学者は〝有機化合物〟を新しく定義す

有機化合物は炭素を含む化合物である.

ることが必要となった．現在，**有機化合物**（organic compound）は，炭素を含む化合物として定義されている．

なぜ化学のあらゆる分野において炭素を含む化合物の勉強をしなければならないのだろうか．有機化学を学習するのは，生命活動を可能にし，私たちを形づくっているほとんどすべての分子，すなわち，タンパク質，酵素，ビタミン，脂質，炭水化物，DNA，RNA が有機化合物だからであり，また，私たちの体を含めて生体内で起こっている化学反応が有機化合物の反応だからである．食物のすべて，衣服（綿，毛，絹）のいくつかやエネルギー（天然ガス，石油）として依存している天然の化合物のほとんどもまた有機化合物である．

しかしながら，有機化合物は自然で見つかったものとは限らない．化学者は，天然にはない数百万もの化合物の合成法を習得した．たとえば，合成繊維，プラスチック，合成ゴム，そして CD や瞬間接着剤のような物質も合成できるようになった．最も重要なことは，私たちが服用する処方薬のほぼすべてが合成有機化合物であるということだ．

いくつかの合成化合物が天然製品の不足を補っている．たとえば，ナイロン，ポリエステル，ライクラといった合成原料を衣類として利用できなければ，私たちが十分な衣類を着るためだけに，アメリカの耕作に適した土地のすべてを綿や羊毛の産地にしなければならないだろう．もし私たちが天然由来の有機化合物しかもっていなかったら手に入らなかったであろう，テフロン，プレキシガラス，ケブラーといった材料を合成有機化合物は私たちに提供してくれる．現在，約 1600 万の有機化合物が知られているが，将来には今日では想像もできないようなより多くの化合物が合成可能になるだろう．

何が炭素をそのような特別なものにしているのだろう．なぜそんなに多くの炭素化合物が存在するのだろうか．答えは，周期表における炭素の位置に関係している．炭素は第 2 周期元素の中心に存在する．周期表で炭素の左に位置する元素は電子を与える傾向があり，右側に位置する元素は電子を受け取る傾向があることがわかるだろう（1.3 節）．

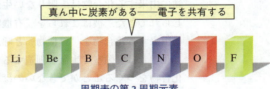

周期表の第 2 周期元素

炭素は周期表の中央に位置するので，電子を容易には与えも受け取りもしない．その代わり，炭素は電子を共有する．炭素原子は，いくつかのほかの原子と電子を共有し，ほかの炭素原子とも電子を共有できる．したがって，炭素はただ電子を共有するだけで，広範な化学的性質をもつ何百万もの安定な化合物を生成することができる．

私たちが有機化学を学習するとき，有機化合物がどのように反応するかを学ぶ．有機化合物は結合によって結びつけられた複数の原子からできている．有機化合物が反応するとき，いくつかの結合が切れ，そしていくつかの新しい結合を生じる．2 個の原子が電子を共有したときに結合が生成し，2 個の原子が電子を共有し

天然有機化合物と合成有機化合物

自然でつくられた天然物質は,実験室でつくられた人工物質より優れていると一般には考えられている.化学者がペニシリンやモルヒネのような化合物を合成する場合,合成された化合物はすべての点において天然のものと同一である.化学者は天然のものを改良することもある.たとえば,天然産のペニシリンによって多くの人びとに誘発されるアレルギー反応を引き起こさないペニシリンの合成類似体や,細菌が耐性を示さない抗生物質,モルヒネの鎮痛効果をもちながらモルヒネのような常用癖のないモルヒネの類縁体,つまりモルヒネと似た構造をもつが,同一ではない化合物を化学者は合成してきた.

アフガニスタンで栽培されているケシの花畑. 市販のモルヒネのほとんどはある種のケシの絞り汁であるアヘンから得られる.モルヒネは,ヘロイン合成の出発物質である.この合成反応の副生成物は非常に強い刺激臭を示し,麻薬取締局の犬はその臭いをかぎ分けられるように訓練されている(11.18節参照).ヘロインの全供給量の約3/4が,アフガニスタンのケシ畑で産出されている.

なくなったときに結合が開裂する.

結合の生じやすさや切れやすさは,共有されている特定の電子によって決まる.つまり,その電子の性質はそれが属している原子によって決まる.したがって,初歩の有機化学の勉強を始めるにあたっては,原子の構造,すなわち,原子がいくつの電子をもっているか,電子がどこに位置しているかをまず理解しなければならない.

1.1 原子の構造

原子は,小さくて密な原子核と,そのまわりを取り囲んで空間に広がって存在している電子雲と呼ばれる電子から成り立っている.原子核は**正に帯電した陽子(プロトン)**(positively charged proton)と**帯電していない中性子**(uncharged neutron)を含んでおり,全体として正に帯電している.**電子**(electron)は負に帯電している(negatively charged).陽子の正電荷の量と電子の負電荷の量は等しいので,電気的に中性な原子は同じ数の陽子と電子をもっている.したがって,電気的に中性の原子においては,陽子数と電子数は等しくなければならない.

電子は絶え間なく動いている.すべての動いているものと同じように,電子も運動エネルギーをもっている.この運動エネルギーは,負に帯電した電子を原子核に引きつけようとする正の電荷をもった陽子(プロトン)の引力に等しい.さもなければ電子は原子核に引き込まれてしまう.

陽子と中性子はほぼ同じ質量をもち,電子の質量の約1,800倍である.そのため原子の質量のほとんどを原子核が占めている.しかし,原子の体積のほとんどは電子によって占められている.化学結合を形成するのは電子であるから,私たちの関心は電子にある.

原子の**原子番号**(atomic number)は,原子核中の陽子の数に等しい.原子番号は元素に特有なものである.たとえば,炭素の原子番号は6であり,それは帯電し

原子核は正に帯電した陽子と帯電していない中性子からなる.

電子は負に帯電している.

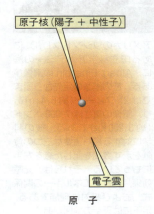

原 子

ていない炭素原子が6個の陽子と6個の電子をもっていることを意味している．原子は電子を得れば負電荷をもつし，原子が電子を失えば正電荷をもつが，特定の元素の原子内の陽子数は決して変わらない．

すべての炭素原子は同じ原子番号をもつが，炭素原子すべてが同じ数の中性子をもっているとは限らないので，質量数は同じであるとは限らない．原子の**質量数**(mass number)は，陽子と中性子の数の和である．たとえば，天然に存在する炭素原子の98.89%が6個の中性子をもっており，この原子の質量数は12である．1.11%の炭素原子は7個の中性子をもっており，質量数は13である．これら2種類の炭素原子(^{12}Cと^{13}C)は**同位体**(isotope)と呼ばれる．

原子番号 = 原子核の陽子数

質量数 = 陽子数 + 中性子数

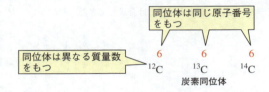

炭素同位体

炭素には微量の^{14}Cも含まれており，^{14}Cは6個の陽子と8個の中性子をもっている．この炭素の同位体は放射性を示し，その半減期は5730年である(半減期とは，核種が崩壊しもとの半分の数になるのに要する時間のこと)．植物や動物が生きている限り，それ自身が排出したり口から吐き出したりするのと同じ量の^{14}Cを摂取する．しかし，その生物が死に至ると^{14}Cを摂取できなくなるので，生体中の^{14}Cの量はゆっくりと減少する．したがって，生命体由来の物質の年代は，^{14}Cの量を測定すれば決定することができる．

原子量 = 元素における原子の質量の加重平均

分子量 = 分子内のすべての原子の原子量の和

元素の**原子量**(atomic weight)は，その原子の質量の加重平均である．たとえば，炭素の質量は12.011原子質量単位である．化合物の**分子量**(molecular weight)は，分子中のすべての原子の原子量の和である．

問題1 ◆
酸素には^{16}O，^{17}O，^{18}Oの3種類の同位体がある．酸素の原子番号は8である．それぞれの同位体にいくつの陽子と中性子が含まれているか．

アメリカのワシントンD.C.にある国立科学アカデミーの庭に，Albert Einsteinの銅像がある．この銅像の足先から頭までは21フィート(約6.4m)あり，銅像の重さは7,000ポンド(約3,200kg)である．彼の科学に対する最も重要な三つの貢献を示す数式を記した紙を左手にもっている．それらは，光電効果，質量とエネルギーの関係式，および相対性理論である．足下には天空の地図がある．

1.2 原子のなかの電子はどのように分布しているか

原子中の電子は，原子核の周囲を取り巻く同心のいくつかの殻を占有していると考えられている．第一の殻は原子核に最も近い．第二の殻は核からより離れた位置にあるが，さらに第三およびそれよりも数字の大きな殻はより外側に張り出している．

それぞれの殻には**原子軌道**(atomic orbital)という副殻がある．

第一殻にはs原子軌道しかない．第二殻にはsおよびpの原子軌道が含まれる．第三殻にはs，p，d原子軌道が含まれる．第四殻およびより高位の殻はs，p，d，f原子軌道からなる(表1.1)．

表1.1 原子核を取り巻く最初の四つの殻に入る電子の分布

	第一殻	第二殻	第三殻	第四殻
原子軌道	s	s, p	s, p, d	s, p, d, f
原子軌道の数	1	1, 3	1, 3, 5	1, 3, 5, 7
電子の最大占有数	2	8	18	32

それぞれの殻には一つのs軌道が含まれる．第二殻およびそれよりも高位の殻には，s軌道のほかに三つのp軌道が含まれる．三つのp軌道は，同一のエネルギーをもつ．第三殻およびそれよりも高位の殻には，s，p軌道に加えて，五つのd軌道があり，また第四殻およびそれよりも高位の殻には七つのf軌道がある．

一つの原子軌道には最大2個の電子しか共存できない（次ページの**2**で述べるPauliの排他原理を参照）ので，一つの原子軌道しかない第一殻には2個以下の電子しか占有できない（表1.1）．第二殻には四つの原子軌道，すなわち，一つのs軌道と三つのp軌道があるので，全体で8個の電子が占有できる．第三殻の九つの原子軌道，すなわち，一つのs軌道，三つのp軌道，および五つのd軌道は18個の電子が占有し，第四殻の16の原子軌道は32個の電子が占有する．有機化学を学ぶに際してはまず，第一殻と第二殻だけに電子をもつ原子を考えることにする．

原子の**電子配置**(electronic configuration)は，どの軌道に電子が占有していくかを示している．

原子番号の最も小さい原子の基底状態の電子配置を表1.2に示す．（それぞれの矢印は，上向きのものも下向きのものも，1個の電子を表す．）

表1.2 原子番号の最も小さい原子の基底状態の電子配置

原子	元素名	原子番号	1s	2s	$2p_x$	$2p_y$	$2p_z$	3s
H	水素	1	↑					
He	ヘリウム	2	↑↓					
Li	リチウム	3	↑↓	↑				
Be	ベリリウム	4	↑↓	↑↓				
B	ホウ素	5	↑↓	↑↓	↑			
C	炭素	6	↑↓	↑↓	↑	↑		
N	窒素	7	↑↓	↑↓	↑	↑	↑	
O	酸素	8	↑↓	↑↓	↑↓	↑	↑	
F	フッ素	9	↑↓	↑↓	↑↓	↑↓	↑	
Ne	ネオン	10	↑↓	↑↓	↑↓	↑↓	↑↓	
Na	ナトリウム	11	↑↓	↑↓	↑↓	↑↓	↑↓	↑

次に示す三つの原理は，電子がどの軌道を占有するかを決める．

1. **電子は常にエネルギーの最も低い，空いている軌道を占有する．**

   原子軌道が原子核に近づけば近づくほど，そのエネルギーは低くなることを覚えておこう．1s軌道は原子核に近いため，2s軌道に比べてエネルギーが低い．また，3s軌道よりも2s軌道のほうが原子核に近いため，2s軌道のほうが3s軌道よりもエネルギーが低い．同じ殻にある原子軌道を比較する

と，s軌道はp軌道よりもエネルギーが低く，p軌道はd軌道よりもエネルギーが低い．

原子軌道の相対エネルギー：

最低のエネルギー → 1s ＜ 2s ＜ 2p ＜ 3s ＜ 3p ＜ 3d ← 最高のエネルギー

2. **それぞれの原子軌道を占有できる電子の数は2個までである，その2個の電子は反対向きのスピンをもつ．**（表1.2においては，一方の向きのスピンは↑で書かれ，反対の向きのスピンは↓で書かれていることに注意しよう．）

これらの最初の二つの原理から，1，2，3，4，あるいは5個の電子を含む原子の原子軌道に，電子を割り当てることができる．水素原子の1個の電子は1s軌道を占め，ヘリウム原子の2番目の電子は1s軌道を満たした状態にする．リチウム原子の3番目の電子は2s軌道を占め，ベリリウム原子の4番目の電子は2s軌道を満たす．そしてホウ素の5番目の電子は2p軌道の一つに入る．（下つきの x，y，z は三つの2p軌道を区別するのに用いられる．）三つのp軌道は同じエネルギーをもつため，電子はどの一つの軌道にも入ることができる．6個以上の電子を含むより大きな原子に進む前に，第三の規則が必要となる．

3. **同じエネルギーをもつ二つ以上の原子軌道があるとき，電子はほかの電子と対をつくる前に，空いた軌道を占有する．**こうして電子間の反発は最小になる．

したがって，炭素原子の6番目の電子は，すでに1個の電子で占有されている2p軌道に入るよりは，むしろ空の2p軌道に入る（表1.2）．空の2p軌道がもう一つあり，この軌道に窒素の7番目の電子が入る．酸素原子の8番目の電子は，より高いエネルギーの3s軌道よりは，すでに1個の電子で占有されている2p軌道に入り，電子対をつくる．

これらの三つの規則を用いると，残りの元素の電子の配置を決めることができる．

> **内殻電子とは，内側の殻にある電子である．**

内殻（最外殻よりも低いエネルギーをもつ殻）にある電子は，**内殻電子**（core electron）といわれる．最外殻にある電子は**価電子**（valence electron）と呼ばれる．

> **価電子とは，最外殻にある電子である．**

炭素には2個の内殻電子と4個の価電子がある（表1.2）．リチウムとナトリウムにはそれぞれ1個の価電子がある．本書の見返しに載っている周期表を見ると，リチウムとナトリウムが同じ列にあることがわかる．周期表上の同じ族の元素の原子は同じ数の価電子をもっている．価電子の数は元素の化学的な性質を決める最も重要な因子である．そのため，周期表上の同じ族の元素は，似たような化学的性質をもっている．このように，元素の化学的挙動はその電子配置に依存している．

> **元素の化学的性質は，その電子配置に依存する．**

問題2◆

次の原子の価電子はいくつか．

a. ホウ素　**b.** 窒素　**c.** 酸素　**d.** フッ素

問題 3 ◆
塩素, 臭素, ヨウ素の価電子はいくつか.

問題 4 ◆
下記の原子が周期表上でどのような位置関係にあるか確認せよ. このとき, 内殻電子はいくつか. また, 価電子数はいくつか.

a. 炭素とケイ素　　　**b.** 酸素と硫黄　　　**c.** 窒素とリン

1.3　イオン結合と共有結合

　原子の電子配置について知ることができたので, なぜ原子どうしが近づいて結合を形成するか見ていこう. なぜ原子が結合を形成するのかを説明しようとして, G. N. Lewis は次のことを提唱した.

> 最外殻が完全に満たされるか, あるいは 8 個の電子を含み, かつそれより高いエネルギーの軌道に電子がないときに原子は最も安定である.

　Lewis の理論によると, 最外殻を満たすように, あるいは最外殻電子が 8 個になるように, 原子は電子を与えたり, 受け取ったり, 共有したりする. この理論は, **オクテット則**(octet rule, 八隅子則ともいう)と呼ばれるようになった(水素の場合, 充塡した外側の殻には電子は二つのみ必要).

　リチウム(Li)は 2s 軌道に 1 個の電子をもっている. もしリチウム原子がその電子を失えば, リチウムは完全に満たされた最外殻をもつことになる. これは安定な配置である. したがって, リチウムは比較的容易に 1 個の電子を失う. ナトリウム(Na)は 3s 軌道に 1 個の電子をもっている. よって, ナトリウムも容易に 1 個の電子を失う.

　周期表の第 1 族(最も左側の縦の段)のそれぞれの元素は, 最外殻に 1 個の電子をもっているので 1 個の電子を失いやすい.

　原子のまわりにある電子を書くとき, 下式にあるように, 内殻電子は示さないで価電子のみを書く. というのは, 内殻電子は結合に用いられず, 価電子だけが結合に用いられるからである. 価電子はドットで示す. リチウムあるいはナトリウムの 1 個の価電子が取り除かれると, 生成する種は, 電荷を帯びているのでイオンと呼ばれる.

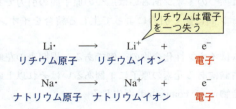

リチウムは電子を一つ失う

Li· ⟶ Li⁺ + e⁻
リチウム原子　リチウムイオン　　電子

Na· ⟶ Na⁺ + e⁻
ナトリウム原子　ナトリウムイオン　　電子

　フッ素と塩素はそれぞれ 7 個の価電子をもっている. したがって, 最外殻電子を 8 個にするためにフッ素原子と塩素原子は容易に 1 個の電子を受け取り, それ

それフッ化物イオン(F^-)および塩化物イオン(Cl^-)を生成する.

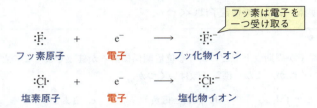

水素原子は価電子を一つもつ.したがって,電子を一つ失えば殻は完全に空になり,電子を一つ得れば最外殻が充填される.

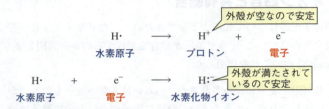

唯一の電子を失うことで,正に帯電した**水素イオン**(hydrogen ion)が生成する.正に帯電した水素イオンは,**プロトン**(proton)と呼ばれる.なぜなら,水素原子は価電子を失い,陽子(プロトン)1個が残るからである.水素原子が電子を得た場合には,負に帯電した水素イオンが生成し,そのイオンは**水素化物イオン**(hydride ion)と呼ばれる.

問題 5 ◆
a. 周期表でカリウム(K)を見つけ,価電子をいくつもつか考えよ.
b. 不対電子があるのはどの軌道か.

イオン結合は反対の電荷をもつイオンどうしの引力によって生成する

充填された外殻をもつようにするために,ナトリウムは1個の電子を容易に与え,塩素は1個の電子を容易に受け取ることがわかった.したがって,ナトリウム金属と塩素ガスを混ぜると,ナトリウム原子は1個の電子を塩素原子に与え,その結果,結晶の塩化ナトリウム(食卓塩)が生じる.正に帯電したナトリウムイオンと負に帯電した塩化物イオンは独立した化学種であり,互いに逆の電荷の引力によってくっついている(図1.1).

結合(bond)とは二つのイオンあるいは二つの原子間の引力である.符号の異なる電荷をもつイオン間に働く引力によって生じる結合を**イオン結合**(ionic bond)と呼ぶ.

塩化ナトリウムはイオン性化合物の一例である.周期表の左側にある元素の原子が,周期表の右側にある元素の原子に1個あるいはそれ以上の電子を<u>与えた</u>とき,**イオン性化合物**(ionic compound)が生じる.

共有結合は電子対の共有によって生成する

外殻を充填させるために電子を与えたり受け取ったりする代わりに,原子は電

ボリビアにあるウユニ塩湖は,世界最大の天然リチウムの鉱床である.リチウム塩類は医療に用いられている.塩化リチウム(Li^+Cl^-)は抗うつ剤,臭化リチウム(Li^+Br^-)は鎮静剤であり,炭酸リチウム($Li_2^{2+}CO_3^{2-}$)は双極性障害を患った人びとの気分の変動を安定させるのに用いられている.科学者は,なぜリチウム塩類にこれらの効用があるのかまだわかっていない.

```
              符号の異なる電荷をもつ
              イオン間に働く引力に
              よって生じるイオン結合

       :Cl:⁻  Na⁺  :Cl:⁻
       Na⁺   :Cl:⁻  Na⁺
       :Cl:⁻  Na⁺  :Cl:⁻

          塩化ナトリウム
          (sodium chloride)
```

イオン結合は，反対の電荷をもつイオン間に働く引力によって生じる．

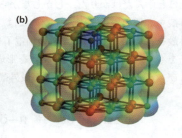

▲ **図 1.1**
(**a**) 塩化ナトリウムの結晶．
(**b**) 電子豊富な塩化物イオンを赤色，電子不足なナトリウムイオンを青色で示した．それぞれの塩化物イオンは，6 個のナトリウムイオンで囲まれ，それぞれのナトリウムイオンは 6 個の塩化物イオンで囲まれている．球どうしをつないでいる棒は無視してもよい．それらは単にモデルがバラバラにならないようにするために用いられている．

子を共有することによって外殻を充填することができる．たとえば，2 個のフッ素原子はそれぞれの不対価電子を共有することによって，第二殻を満たすことができる．電子を共有することによって生じる結合を**共有結合**(covalent bond)と呼ぶ．共有結合は点の対ではなく実線でも表される．

```
                     共有結合は，電子を共有する
                     ことで形成される

     :F· + ·F:  ⟶  :F:F:  または  :F—F:

                     それぞれの F は 8 個の
                     電子に囲まれている
```

共有結合は，電子対を二つの原子が共有するときに生じる．

2 個の水素原子は，電子を共有することで共有結合を形成する．共有結合の結果，それぞれの水素原子は充塡された安定な第一殻をもつことになる．

```
     H· + ·H  ⟶  H:H  または  H—H

              それぞれの H は 2 個の
              電子に囲まれている
```

同様に，水素原子と塩素原子は電子を共有することで共有結合を形成する．そうして，水素はそれ自身の殻を充塡し，塩素は最外殻電子を 8 個にする．

H・ + ・C̈l: ⟶ H:C̈l: または H—C̈l:

H は 2 個の電子に, Cl は 8 個の電子に囲まれている

水素原子が 1 個の価電子をもち, 塩素原子は 7 個の価電子をもっているので, 一つの共有結合を形成することによってそれぞれの外殻の電子を充填させることは先ほど学んだばかりだ. しかしながら, 酸素は 6 個の価電子をもっているので, 最外殻を 8 個の電子で満たすためには, 二つの共有結合を形成する必要がある. 最外殻を満たすためには, 5 個の価電子をもつ窒素は三つの共有結合を, 4 個の価電子をもつ炭素は四つの共有結合を形成しなければならない. 水, アンモニア, およびメタン中のすべての原子が最外殻を満たしていることに注目しよう.

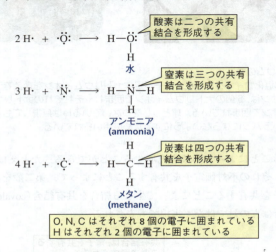

酸素は二つの共有結合を形成する

窒素は三つの共有結合を形成する

炭素は四つの共有結合を形成する

O, N, C はそれぞれ 8 個の電子に囲まれている
H はそれぞれ 2 個の電子に囲まれている

非極性共有結合と極性共有結合

F—F と H—H の共有結合では, 結合電子を共有する原子は同じである. そのため電子は等しく共有される. すなわち, それぞれの電子は一方の原子ともう一方の原子付近で等しい時間を過ごす. この結合は**非極性共有結合**(nonpolar covalent bond)と呼ばれる.

> 非極性共有結合は, 電気陰性度が同じ原子間の共有結合である.

それとは対照的に, 塩化水素, 水, およびアンモニア中の結合電子は, 一方の原子により引きつけられている. これらの分子においては, 電子を共有する原子が異なっており, 異なる電気陰性度をもっているからである.

電気陰性度(electronegativity)は, 原子が結合電子を自分のほうに引きつける能力を示す尺度である. 塩化水素, 水, およびアンモニア中の結合電子は, より大きな電気陰性度をもつ原子により引きつけられる. したがって, これらの化合物での結合は**極性共有結合**(polar covalent bond)と呼ばれる.

> 極性共有結合は, 電気陰性度が異なる原子間の共有結合である.

いくつかの元素の電気陰性度を表 1.3 に示す. 周期表で, 同じ周期であれば左から右, 同じ族であれば下から上にいくほど電気陰性度が大きくなることに注目しよう.

極性共有結合は, 一方の原子をわずかに正に帯電させ, もう一方の原子をわず

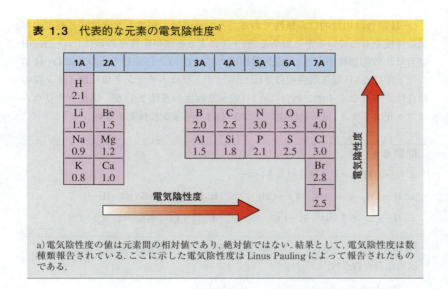

表 1.3 代表的な元素の電気陰性度[a]

a) 電気陰性度の値は元素間の相対値であり,絶対値ではない.結果として,電気陰性度は数種類報告されている.ここに示した電気陰性度は Linus Pauling によって報告されたものである.

かに負に帯電させる.共有結合の極性は,部分的な正電荷と部分的な負電荷を表すδ+とδ−の記号で示される.負電荷を帯びた結合の末端には,より電気陰性度の大きい原子が存在する.結合している原子間の電気陰性度の差が大きければ大きいほど,結合の極性は大きくなる.

$$\overset{\delta+}{H}-\overset{\delta-}{\ddot{C}l}: \quad \overset{\delta+}{H}-\overset{\delta-}{\underset{\underset{\delta+}{H}}{\ddot{O}}}: \quad \overset{\delta+}{H}-\overset{\delta-}{\underset{\underset{\delta+}{H}}{\overset{|}{N}}}-\overset{\delta+}{H}$$

結合の極性の向きは矢印で表される.電子が引かれる側に矢印のもとを示し,負の結合末端に矢印の先がくるようにするのが化学者の慣例である.矢印のもとの近くにある垂直の線は正の結合末端を示す.(物理学者は矢印を反対の向きで示す.)

$$\overset{\longmapsto}{H-\ddot{C}l}:\quad\text{負の結合末端}$$

イオン結合と非極性共有結合を互いに両極端として,結合の種類を連続的に考えることができる.すべての結合はこの線のどこかに入る.その極端な場合の一方がイオン結合で,共有された電子はない.もう一方は非極性共有結合で,その結合では電子が等しく共有される.極性共有結合はそれらの中間にある.

<u>結合を形成する原子間の電気陰性度の差が大きければ大きいほど,イオン結合に近づく.</u>

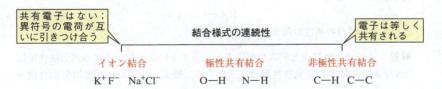

C—H 結合は相対的に非極性である．というのは，炭素と水素は同じ程度の電気陰性度をもっているからである(表1.3によると電気陰性度の差は0.4)．N—H 結合は比較的極性が大きい(電気陰性度の差は0.9)．しかし，その差はO—H 結合ほどではない(電気陰性度の差は1.4)．ナトリウムイオンと塩化物イオン間の結合は，限りなくイオン結合に近い(電気陰性度の差は2.1)が，塩化ナトリウムはフッ化カリウム(電気陰性度の差は3.2)ほどイオン性は高くない．

問題 6 ◆

どちらの結合がより極性が大きいか．

a. H—CH$_3$ あるいは :C̈l—CH$_3$ **b.** H—Ö̈H あるいは H—H

c. H—C̈l: あるいは H—F̈:   **d.** :C̈l—C̈l: あるいは :C̈l—CH$_3$

問題 7 ◆

次の化合物のうち，

a. 最も極性の大きい結合をもつものはどれか．
b. 最も極性の小さい結合をもつものはどれか．

    NaI   LiBr   Cl$_2$ KCl

極性結合は**双極子**(dipole)をもつ，すなわち正と負の両方の末端をもつ．双極子の大きさはμ(ミュー)で表される双極子モーメントによって示される．双極子モーメントの単位としては**デバイ**(D, debye)を用いる．有機化合物中によく見られるいくつかの結合の**双極子モーメント**(dipole moment)を表1.4に示す．

結合の双極子モーメント ＝ 電荷の大きさ × 電荷間の距離

表1.4 おもな結合の双極子モーメントの例

結合	双極子モーメント(D)	結合	双極子モーメント(D)
H—C	0.4	C—C	0
H—N	1.3	C—N	0.2
H—O	1.5	C—O	0.7
H—F	1.7	C—F	1.6
H—Cl	1.1	C—Cl	1.5
H—Br	0.8	C—Br	1.4
H—I	0.4	C—I	1.2

問題 8 (解答あり)

記号 δ+ と δ− を用いて，

$$H_3C—OH$$

と示される結合の極性の向きを示せ．

解答 この結合は炭素と酸素の間にある．表1.3によると，炭素の電気陰性度は2.5であり，酸素の電気陰性度は3.5である．酸素は炭素に比べて電気陰性度が

大きいため，酸素は部分負電荷をもち，炭素は部分正電荷をもつ．

$$\overset{\delta+\delta-}{H_3C-OH}$$

問題 9 ◆

記号 δ+ と δ− を用い，次の化合物のそれぞれの結合の極性の向きを示せ．

- **a.** HO─H
- **b.** F─Br
- **c.** H_3C-NH_2
- **d.** H_3C-Cl
- **e.** HO─Br
- **f.** H_3C-Li
- **g.** I─Cl
- **h.** H_2N-OH

静電ポテンシャル図（electrostatic potential map，単にポテンシャル図ともいう）は，電荷が分子中にどのように分布しているかを図で示すモデルである．LiH，H_2，および HF のポテンシャル図を下に示す．

静電ポテンシャル図の色は，分子内の相対的な電荷分布を示す．赤は最も電気的に陰性な静電ポテンシャルをもち，電子不足の分子や原子を最も強く引きつける領域を示す．青は最も電気的に陽性な静電ポテンシャルをもつ領域，すなわち，電子豊富な分子を最も強く引きつける領域を示す．ほかの色は，引力の強さが中程度であることを示す．

LiH のポテンシャル図は，水素原子（赤色）がリチウム原子（青色）より電子豊富であることを示す．三つの図を比較すると，LiH の水素は H_2 の水素よりも電子豊富で，HF の水素は H_2 の水素よりも電子不足であることがわかる．

ポテンシャル図がおおざっぱにその分子の電子雲の"境界"を示しているので，その図から分子の大きさとおおよその形を知ることができる．同じ原子でも分子が異なれば異なる大きさをもつことに注目しよう．なぜなら，静電ポテンシャル図上の原子の大きさは，電子密度に依存しているからである．たとえば，LiH の負に帯電した水素は，H_2 の電気的に中性な水素よりはその半径が大きく，同様に，H_2 の電気的に中性な水素は HF の正に帯電した水素よりはその半径が大きい．

問題 10 ◆

LiH，H_2，および HF のポテンシャル図を調べたあとで，次の問いに答えよ．

- **a.** どの化合物が極性をもつか．
- **b.** なぜ LiH は最も大きな水素原子をもっているのか．

1.4 化合物の構造はどのように表せるか

最初に Lewis 構造を用いた化合物の構造の表し方を学び，次に有機化合物でより一般的に用いられている構造式の表し方を学ぶ.

Lewis 構造

私たちが用いている価電子をドットまたは実線で示す化学記号は，**Lewis 構造**（Lewis structure）と呼ばれる．Lewis 構造が有用なのは，どの原子どうしが互いに結合を形成しているか，およびどの原子が<u>孤立電子対</u>をもっているか，あるいは<u>形式電荷</u>をもっているかという次に述べる二つの概念がわかるからである．H_2O, H_3O^+, HO^-，および H_2O_2 の Lewis 構造を次に示す．

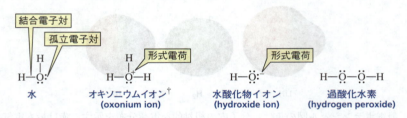

† 訳者注：原著ではヒドロニウムイオン（hydronium ion）となっているが，本書では IUPAC 命名法に従い，全章を通してオキソニウムイオンとする．

Lewis 構造上の原子は直線か直角に並んでいる．そのため，実際の分子の結合角については何も教えてくれない．

　Lewis 構造を書くとき，水素原子を囲んでいる電子数は 2 個であること，C, O, N, およびハロゲン原子（F, Cl, Br, I）を囲んでいる電子数はオクテット則に従って 8 個であることを確認しよう．結合に使われていない価電子は，**非結合電子**（nonbonding electrons），**孤立電子対**（lone pair electrons），または**非共有電子対**（unshared electron pair）などといわれる．

孤立電子対は結合をつくらない価電子の対である．

　原子と電子を所定の場所においたとき，それぞれの原子が形式電荷をもっているかどうかを調べなければならない．**形式電荷**（formal charge）は，ほかの原子と結合していないときの原子のもつ価電子数と，結合しているときにそれが"所有"している電子数の<u>差</u>である．その原子が"所有"している電子数とは，孤立電子対の電子数すべてと結合（共有）電子数の 1/2 の和である．

$$\text{形式電荷} = \text{価電子数} - (\text{孤立電子対の電子数} + \text{結合電子数の 1/2})$$

　たとえば，酸素原子は 6 個の価電子をもっている（表 1.2）．水（H_2O）においては，酸素は 6 個の電子を"所有"している（4 個の孤立電子対の電子と 4 × 1/2 個の結合電子）．"所有"している電子数が，その価電子数に等しい（6 − 6 = 0）ので，水分子中の酸素原子は形式電荷をもたない．

　オキソニウムイオン（H_3O^+）の酸素原子は 5 個の電子〔孤立電子対の 2 個の電子と 3（6 × 1/2）個の結合電子〕を"所有"している．"所有"している電子数がその価電子数より 1 個少ない（6 − 5 = 1）ので，その形式電荷は +1 である．

　水酸化物イオン（HO^-）の酸素原子は 7 個の電子を"所有"している．6 個の孤立電子対の電子と 1（2 × 1/2）個の結合電子である．価電子数よりも 1 個多い電子を"所有"している（6 − 7 = −1）ので，その形式電荷は −1 である．

1.4 化合物の構造はどのように表せるか　15

H₂O　　　H₃O⁺　　　HO⁻

問題 11 ◆

形式電荷をもつ原子は，形式電荷をもたない原子よりも電子密度が高い，あるいは低いとは限らない．そのことは H₂O，H₃O⁺，および HO⁻ のポテンシャル図を調べるとわかるだろう．

a. 水酸化物イオンの負の形式電荷をもっているのはどの原子か．
b. 水酸化物イオンで最も大きい電子密度をもつ原子はどれか．
c. オキソニウムイオン中で正の形式電荷をもっている原子はどれか．
d. オキソニウムイオン中で最も小さい電子密度をもつ原子はどれか．

窒素は 5 個の価電子をもっている（表 1.2）．次の Lewis 構造で適切な形式電荷が窒素原子上にあることを確かめよ．

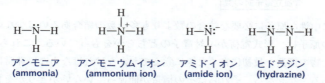

炭素は 4 個の価電子をもっている．なぜ次の Lewis 構造中の炭素原子が表示されている形式電荷をもっているかを確かめよ．

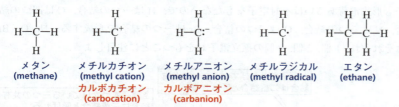

正に帯電した炭素原子を含む化学種を**カルボカチオン**（carbocation）と呼び，負に帯電した炭素原子を含む化学種は**カルボアニオン**（carbanion）と呼ぶ．（カチオンは正に帯電したイオンで，アニオンは負に帯電したイオンであることを思い出そう．）1 個の不対電子をもつ原子を含む化学種を**ラジカル**〔radical，しばしば**フリーラジカル**（free radical）とも呼ばれる〕という．

水素は 1 個の価電子をもち，ハロゲン（F, Cl, Br, I）はそれぞれ 7 個の価電子をもっている．したがって，次にあげる化学種は表示してある形式電荷をもつ．

H⁺　　　H:⁻　　　H·　　　:B̈r:⁻　　　:B̈r·　　　:B̈r—B̈r:　　　:C̈l—C̈l:
水素イオン　水素化物イオン　水素ラジカル　臭化物イオン　臭素ラジカル　臭素　塩素
(hydrogen ion)　(hydride ion)　(hydrogen radical)　(bromide ion)　(bromide radical)　(bromine)　(chlorine)

カルボカチオンは，正に帯電した炭素原子を含む化学種である．

カルボアニオンは，負に帯電した炭素原子を含む化学種である．

ラジカルは，不対電子を含む化学種である．

問題 12
それぞれの原子に形式電荷を割り当てよ.

a. CH$_3$–Ö–CH$_3$
    |
    H

b. H–C̈–H
    |
    H

c. CH$_3$–N–CH$_3$
    |
    CH$_3$

d. H–N–B–H
   | |
   H H
   H H

この節で分子について学ぶ際には，その原子が形式電荷あるいは不対電子をもっていない場合には，水素は常に一つ，炭素は常に四つ，窒素は常に三つ，酸素は常に二つ，ハロゲンは常に一つの共有結合をもつことに注目しよう．さらに，オクテット則を満足するためには，結合数と孤立電子対数は全体で四つにならなければならないので，窒素は一つ，酸素は二つ，ハロゲンは三つの孤立電子対をもつことに注目しよう．

電気的に中性なとき：
H は一つの結合，
C は四つの結合，
N は三つの結合，
O は二つの結合，
ハロゲンは一つの結合
をつくる．

| H– | –C̈– | –N̈– | :Ö– | :F̈– :B̈r– |
| | | | | :C̈l– :Ï– |

一つの結合　　四つの結合　　三つの結合　　二つの結合　　一つの結合
0(孤立電子対)/4　1(孤立電子対)/4　2(孤立電子対)/4　3(孤立電子対)/4

結合の数 ＋ 孤立電子対の数

電気的に中性な原子に必要な結合の数よりも多い数の結合あるいは少ない数の結合をもつ原子は，形式電荷か不対電子のどちらかをもっている．これらの数は，有機化合物の構造を最初に書くときに覚えておかなければならない非常に重要なものである．なぜなら，それらはその構造が間違っていないかどうかを判別できる最も速い方法を提供してくれるからである．

次の Lewis 構造式では，各原子の外側の殻が満たされている．分子中のどの原子も形式電荷あるいは不対電子をもたないので，H は一つの結合，C は四つの結合，N は三つの結合，O は二つの結合，Br は一つの結合を形成する．N，O，Br はそれぞれ，1 個，2 個，3 個の孤立電子対をもつことに注目しよう．

2 原子をつなげている二つの共有結合は二重結合と呼ばれる

2 原子をつなげている三つの共有結合は三重結合と呼ばれる

H   H   H   :Ö: H
| | | || |
H–C–B̈r: H–C–Ö–C–H H–C–Ö–H H–C–N–H   :N≡N:
| | | | |
H   H   H   H   H

【**問題解答の指針**】
Lewis 構造を書く
a. CH$_4$O の Lewis 構造を書け．　　**b.** HNO$_2$ の Lewis 構造を書け．

a. 1. 価電子の総数を決める(C は四つ，それぞれの H は一つ，O は六つで，4 + 4 + 6 = 14 の価電子をもつことになる)．

　　2. C は四つの結合をつくり，O は二つの結合をつくり，それぞれの H は一つの結合をつくることを念頭におきながら原子を配置する．H は一つの

結合しかつくらないので，水素は常に分子の外側に記す．

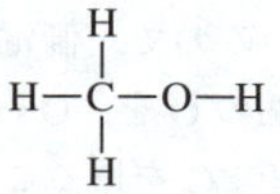

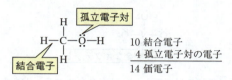

3. 価電子の総数を用いて結合をつくり，孤立電子対でオクテットを満たす．

$$\begin{array}{l} \text{10 結合電子} \\ \underline{\text{ 4 孤立電子対の電子}} \\ \text{14 価電子} \end{array}$$

4. 価電子数が孤立電子対の電子数と結合電子数の 1/2 の和に等しくない原子にはすべて，形式電荷を割り当てる．（CH_4O のどの原子も形式電荷をもたない．）

b. 1. 価電子の全体の数を決める（H は 1，N は 5，それぞれの O は 6．価電子数は最大 1 + 5 + 12 = 18 まで加えられる）．

2. 水素を常に分子の外側に記しながら，原子を配置する．化学種が二つ以上の酸素原子を含む場合は，O—O 単結合を避けるようにする．これらの結合は弱く，O—O 結合をもつ化合物は少ない．

$$\text{H—O—N—O}$$

3. 価電子の総数を用いて結合をつくり，孤立電子対でオクテットを満たす．

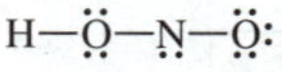

$$\begin{array}{l} \text{ 6 結合電子} \\ \underline{\text{12 孤立電子対の電子}} \\ \text{18 価電子} \end{array}$$

4. すべての電子を割り当てたときに，水素以外の原子がオクテットを満たしていない場合には，それらの原子が二重結合を形成するように孤立電子対を用いる．

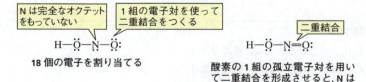

5. 価電子数が孤立電子対の電子数と結合電子数の 1/2 の和に等しくない原子にはすべて，形式電荷を割り当てる．（HNO_2 のどの原子も形式電荷をもたない）．

ここで学んだ方法を使って問題 13 を解こう．

問題 13（解答あり）

次のそれぞれの化学種の Lewis 構造を書け．

a. NO_3^-　　**b.** NO_2^+　　**c.** $^-C_2H_5$　　**d.** $^+C_2H_5$　　**e.** $CH_3\overset{+}{N}H_3$

13a の解答 価電子の総数は 23 である（N は 5，3 個の O はそれぞれ 6）．この化学種は一つの負電荷をもっているので，価電子数に 1 を足さなければならず，全体で 24 になる．1 個の N と 3 個の O を，O—O 単結合を避けるように配置する唯一の方法は，N のまわりに 3 個の O を置くことである．24 個の電子を用いて結合を形成させ，そして孤立電子対でオクテットを満たす．

$$\ddot{\underset{\ddot{O}:}{\overset{\ddot{O}:}{:\ddot{O}-N-\ddot{O}:}}}$$

不完全なオクテット

24 個の電子をすべて割り当てても，N は完全なオクテットをもっていない．N のオクテットを満たすために酸素の 1 組の孤立電子対を使って二重結合をつくらせる．（どの酸素原子を選んでもよい．）それぞれの原子が形式電荷をもつかどうかを確かめると，2 個の O が負電荷をもち，N が正電荷をもっているので，全体で−1 の電荷をもつことがわかる．

$$:\overset{:\ddot{O}:}{\underset{}{\ddot{O}-\overset{+}{N}-\ddot{O}:^-}}$$

13b の解答 価電子の総数は 17 である（N は 5，2 個の O はそれぞれ 6）．この化学種は一つの正電荷をもっているので，価電子数の総和から 1 を引くと，価電子数は 16 になる．16 個の電子を用いて結合を形成させ，孤立電子対でオクテットを満たす．

不完全なオクテット

$$:\ddot{O}-N-\ddot{O}:$$

N のオクテットを満たすために二つの二重結合が必要である．N は +1 の形式電荷をもつことがわかる．

$$\ddot{O}=\overset{+}{N}=\ddot{O}$$

問題 14◆

a. C_2H_6O の 2 種類の Lewis 構造を書け．
b. C_3H_8O の 3 種類の Lewis 構造を書け．

（ヒント：a の 2 種類の Lewis 構造は互いに**構造異性体**(constitutional isomer)であり，それらの分子は同じ原子をもっているが，原子の結合のしかたが異なる．b の 3 種類の Lewis 構造もまた互いに構造異性体である）．

Kekulé 構造と簡略構造

孤立電子対が通常省略される以外は，**Kekulé 構造**(Kekulé structure)は Lewis 構造とよく似ている．構造式は，いくつか（あるいはすべて）の共有結合をしばしば省略し，必要に応じて特定の炭素（あるいは窒素や酸素）に結合している複数の原子を炭素の次に（結合している原子が複数ある場合にはその数を下つきの数字で）示すことでしばしば簡略化される．分子の化学的性質に注目する必要がなければ，

孤立電子対は通常まったく示さない．これらの構造を**簡略構造**(condensed structure)と呼ぶ．16ページに書いたLewis構造と次に示す簡略構造とを比較せよ．

CH_3Br　　　　CH_3OCH_3　　　　HCO_2H　　　　CH_3NH_2　　　　N_2

(示されていないが，中性の窒素，酸素，およびハロゲン原子は常に孤立電子対をもっていることに注意しよう．窒素の場合は1組，酸素の場合は2組，ハロゲンの場合は3組の孤立電子対をもっている．)

表1.5に，Kekulé構造と簡略構造の例と，簡略構造を書くためによく用いられる約束ごとを示す．表1.5中の分子のどれもが形式電荷も不対電子ももたず，それぞれのCは四つ，Nは三つ，Oは二つ，Hまたはハロゲンは一つの結合をもっていることに注目しよう．

表1.5 Kekulé構造と簡略構造

炭素と結合する原子はその炭素の右側に示す．H以外の原子は炭素から真下に線を伸ばして記すことができる．

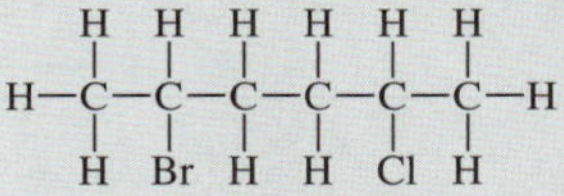

Kekulé構造　　または　　$CH_3CHBrCH_2CH_2CHClCH_3$　　または　　$CH_3CHCH_2CH_2CHCH_3$ (Br, Cl下付き)
　　簡略構造

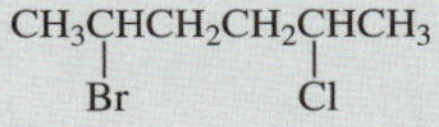

繰り返しのCH_2(メチレン)基は，括弧に入れて示すことができる．

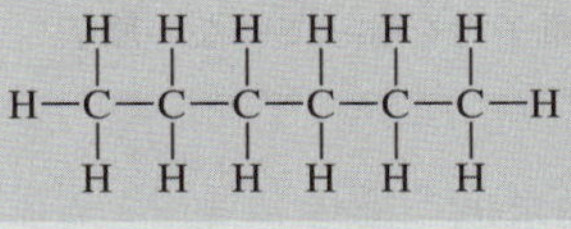

　　または　　$CH_3CH_2CH_2CH_2CH_2CH_3$　　または　　$CH_3(CH_2)_4CH_3$

炭素に結合している官能基はその炭素の右側に括弧に入れて示すか，炭素から真下に線を伸ばして示すことができる．

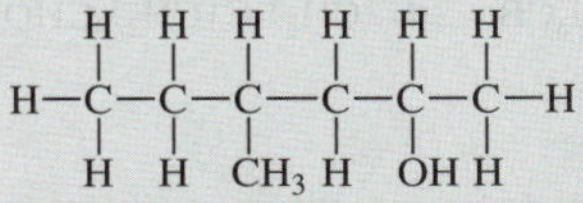

　　または　　$CH_3CH_2CH(CH_3)CH_2CH(OH)CH_3$　　または　　$CH_3CH_2CHCH_2CHCH_3$ (CH_3, OH下付き)

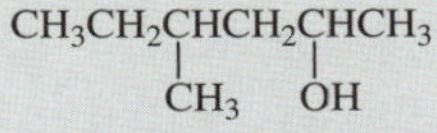

最も右側の炭素に結合している単一の官能基は括弧に入れない．

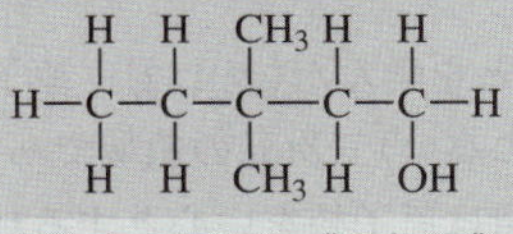

　　または　　$CH_3CH_2C(CH_3)_2CH_2CH_2OH$　　または　　$CH_3CH_2CCH_2CH_2OH$ (CH_3上下)

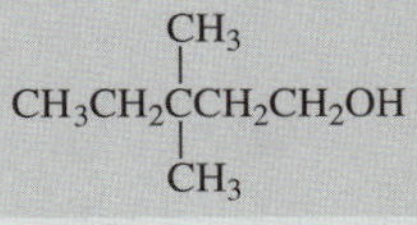

最も左の原子と"最初に"結合している二つ以上の同一の官能基は括弧のなかに入れ，その原子の左に示すか，その原子から真下に線を伸ばして示すことができる．

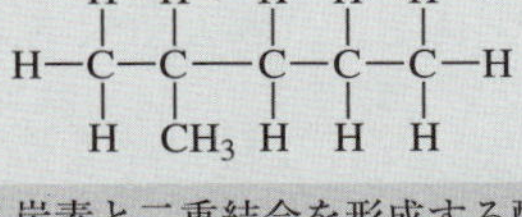

　　または　　$(CH_3)_2CHCH_2CH_2CH_3$　　または　　$CH_3CHCH_2CH_2CH_3$ (CH_3下付き)

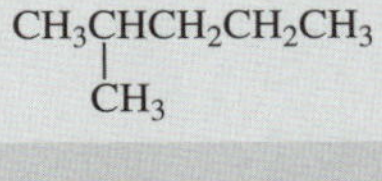

炭素と二重結合を形成する酸素は炭素の真上に記すか，炭素のすぐ右に書く．

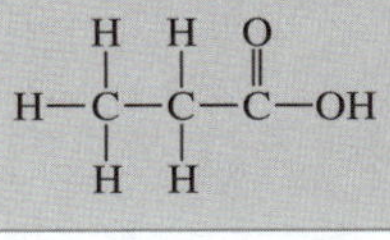

　　または　　CH_3CH_2COH (O二重結合)　　または　　$CH_3CH_2CO_2H$　　または　　CH_3CH_2COOH

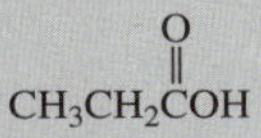

問題 15◆

次の簡略構造で省略されている孤立電子対を示せ.

a. $CH_3CH_2NH_2$ b. CH_3NHCH_3 c. CH_3CH_2OH
d. CH_3OCH_3 e. CH_3CH_2Cl f. $HONH_2$

問題 16◆

次のモデルで表される化合物の簡略構造を示せ(黒 = C, 灰 = H, 赤 = O, 青 = N, 緑 = Cl).

a.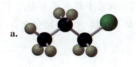

b.

c.

d.

問題 17◆

問題 16 の分子モデルのなかで次に当てはまる原子を示せ.

a. 孤立電子対を 3 組もっている原子 b. 孤立電子対を 2 組もっている原子
c. 孤立電子対を 1 組もっている原子 d. 孤立電子対をもっていない原子

問題 18

次の簡略構造を,共有結合とともに Kekulé 構造で示せ.

a. $CH_3NH(CH_2)_2CH_3$ b. $(CH_3)_2CHCl$ c. $(CH_3)_3CBr$ d. $(CH_3)_3C(CH_2)_3CHO$

1.5 原子軌道

電子はそれぞれ異なる原子軌道に分布していることを学んだ(表 1.2). 原子軌道とは原子核のまわりの(電子が見いだされる確率の高い)三次元の領域である.

しかし,軌道は何に似ているだろうか. s 原子軌道は原子核を中心とする球状である. 電子が 1 s 軌道を占有しているということは,その電子が球で区切られた空間に 90%以上の確率で存在することを意味する.

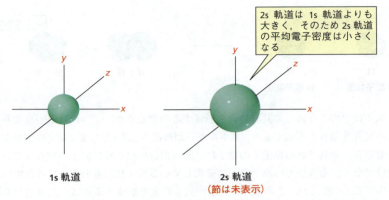

2s 軌道は 1s 軌道よりも大きく，そのため 2s 軌道の平均電子密度は小さくなる

1s 軌道

2s 軌道
(節は未表示)

原子軌道は，原子核のまわりに電子を見いだす三次元の領域を表している．

　第二殻は第一殻に比べて原子核からより遠いので(1.2節)，原子核からの平均距離は，1s 軌道にある電子に比べて 2s 軌道にある電子のほうが長い．したがって，2s 軌道はより大きな球で表される．2s 軌道は 1s 軌道より空間的に大きいので，その平均電子密度は 1s 軌道のそれより小さい．

　球状の s 軌道と異なり，p 軌道は二つのローブをもっている．一般にローブは涙のしずくの形をしたものとして表されるが，コンピュータ表示ではそれらは次の右側に示すようにドアノブにより近い形をしている．

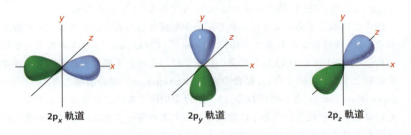

2p$_x$ 軌道　　　　　2p$_y$ 軌道　　　　　2p$_z$ 軌道

コンピュータ表示した 2p 軌道の形

　1.2節で，第二殻(L殻)，あるいはそれより外側に広がった殻は三つの同じエネルギーをもった p 軌道をもつことがわかった．p$_x$ 軌道は x 軸に関して対称，p$_y$ 軌道は y 軸に関して対称，p$_z$ 軌道は z 軸に関して対称である．これは，それぞれの p 軌道がほかの二つの p 軌道と互いに直交していることを示している．2p 軌道のエネルギーは 2s 軌道のエネルギーよりもわずかに高い．これは 2p 軌道電子の平均位置が 2s 軌道電子の位置に比べて原子核からより遠くに離れているからである．

1.6 原子はどのようにして共有結合を形成するか

　分子をつくるために原子どうしはどのように共有結合を形成するのだろうか．はじめに，水素分子(H_2)の結合を見てみよう．一つの水素原子の 1s 軌道がもう一つの水素原子の 1s 軌道と重なるとき，共有結合が形成される．二つの軌道が重なるときにつくられる共有結合は**シグマ(σ)結合**(sigma bond)と呼ばれる．

　原子はどのようにして共有結合を形成するのだろうか．二つの軌道が重なりはじめて共有結合を形成すると，エネルギーが放出される（そして，安定性が増す）．なぜなら，それぞれの原子中の電子は，それ自身の原子核に引きつけられているだけでなく，もう一方の原子の正に帯電している原子核にも引きつけられているからである（図1.2）．このように原子が共有結合を形成するのは，共有結合原子は，個々の原子よりも安定だからである．負の電荷をもつ電子と正の電荷をもつ原子核との間に生じる引力は，原子間距離を一定に保つ役割を果たしている．軌道どうしがさらに近づいていくと，エネルギーの減少が大きくなるが，あまりに原子距離が近づきすぎると，正の電荷をもつ原子核どうしの反発がはじまる．この原子核が近づきすぎることによる反発は，エネルギーの大きな増大を引き起こす．原子核どうしがある距離だけ離れた状態になったときに最大の安定性（最小のエネルギー）が得られる．この距離が新しい共有結合の**結合の長さ**（bond length）である．H—H 結合の長さは 0.74 Å である（ 1 Å = 10^{-8} cm）．†

　図 1.2 に示してあるように，共有結合が形成されるときにエネルギーが放出される．H—H 結合が生じると，105 kcal mol^{-1}（439 kJ mol^{-1}）のエネルギーが放出される（ 1 kcal = 4.184 kJ）.* 結合の切断には，それと正確に同じ量のエネルギーを必要とする．このように，**結合の強さ**（bond strength）〔**結合解離エネルギー**（bond dissociation energy）とも呼ばれる〕は，結合を切断するのに必要なエネルギー，あるいは結合が形成されるときに放出されるエネルギーである．すべての共有結合は固有の結合の長さと結合の強さをもっている．

† 訳者注：オングストローム（Å）は国際単位系〔Système International (SI) unit〕ではない．SI 単位を用いる場合には，Å をピコメートル（pm）に変換すればよい．1 Å = 100 pm である．オングストロームは多くの有機化学者に長らく用いられてきているので，本書でもオングストロームを用いる．双極子モーメントの計算では，結合長はセンチメートル（cm）の単位を用いる必要がある．1 Å = 10^{-8} cm である．

* 多くの化学者はエネルギーの単位としてカロリー（cal）（ 1 kcal = 4.184 kJ）を用いているが，エネルギーの SI 単位はジュール（J）である．本書では両方を用いることにする．

エネルギーが最小であることは，**安定性**が最大であることに対応する．

図 1.2 ▶
水素の 1s 原子軌道が互いに接近するときに起こるエネルギー変化．ポテンシャルエネルギー最小値での核間距離が H—H 共有結合の長さである．

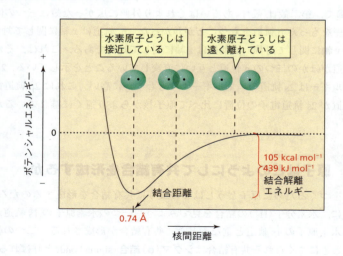

1.7 有機化合物中の単結合はどのようにして形成されるか

まず，炭素を 1 個だけもっている化合物であるメタンの結合を例として，有機化合物の結合について議論する．次に，炭素—炭素単結合を構成する 2 個の炭素がつながった化合物であるエタンの結合について調べる．

メタンの結合

メタン（CH_4）は四つの C—H 共有結合をもっている．四つの結合はすべて同じ結合距離（1.10 Å）をもち，結合角はすべて同じ（109.5°）であるので，メタンの四つの C—H 結合は等価であると結論できる．メタン分子を表す四つの方法を次に示す．

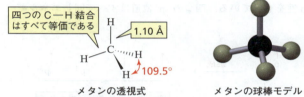

メタンの透視式　　メタンの球棒モデル　　メタンの空間充填モデル　　メタンの静電ポテンシャル図

透視式（perspective formula）で，紙面上にある結合は直線で示し（それらの結合は互いに隣り合わなければならない），紙面から読者の側に突き出ている結合は実線のくさび形で，紙面から読者と反対側に向かう結合は波線のくさび形で表す．

メタンのポテンシャル図は，炭素と水素のどちらも多くの電荷を帯びていないことを示している．部分的に負に帯電した原子であることを示す赤い部分も，部分的に正に帯電した電子であることを示す青い部分もない．（35 ページの水のポテンシャル図とこの図を比較してみよう．）部分的に電荷を帯びた原子の欠如は，炭素と水素の電気陰性度がほぼ同じであることから説明でき，そのため炭素と水素は結合電子をほぼ等しく共有する．したがって，メタンは**非極性分子**（nonpolar molecule）である．

たった二つの不対価電子しかもっていないにもかかわらず，炭素が四つの共有結合を形成することに驚くかもしれない（表 1.2）．しかし，もし炭素がたった二つの共有結合しか形成しないとすれば，オクテットを満たさない．そこで，炭素が四つの共有結合と完全なオクテットを形成することを説明する必要が生じてくる．

もし 2s 軌道の電子の 1 個が，空の 2p 軌道に昇位するならば，炭素原子は 4 個の不対価電子をもつことになる．こうすれば四つの共有結合が形成できる．

天王星と海王星は，無臭のメタンが大気として存在しているので，青色に見える．天然ガス（地殻内部で植物や動物の構成物質が分解されて生成するので化石燃料とも呼ばれる）には，約 75% のメタンが含まれる．

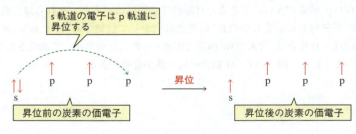

24　1章　一般化学の復習：電子構造と結合

しかしながら，メタンの四つの C—H 結合は等価であると学んできた．炭素が一つの s 軌道と三つの p 軌道を四つの結合に使う場合，それらは等価になるのだろうか．s 軌道と形成する結合は，p 軌道と形成する結合と異ならないのだろうか．四つの C—H 結合が等価になるのは，炭素が混成原子軌道を用いるからである．

混成軌道(hybrid orbital)は，複数の軌道の結合によって生じた混合軌道である．この結合原子軌道の概念，すなわち**混成**(hybridization)は，最初，Linus Pauling によって 1931 年に提唱された．

> 混成軌道は，原子軌道の結合によって生じる．

第二殻の一つの s 軌道と三つの p 軌道が四つの等価な軌道に再構成され，その結果生じる四つの軌道のそれぞれは，1/4 が s 軌道，3/4 が p 軌道である．このタイプの混合軌道を sp^3（"s-p の三乗"ではなく"s-p-スリー"と読む）軌道と呼ぶ．〔上つきの 3 は，三つの p 軌道が一つの s 軌道（"s"の上つきの"1"は省略）と混合されて四つの混成軌道が形成されることを意味する．〕それぞれの sp^3 軌道は 25％の s 性と 75％の p 性をもっている．四つの sp^3 軌道はすべて同じエネルギーをもっている．

p 軌道のように，sp^3 軌道には二つのローブがある．しかしながら，sp^3 軌道のこれらのローブと p 軌道のローブとは大きさが異なる（図 1.3）．sp^3 軌道のより大きいローブは四つの共有結合の形成に使われる．

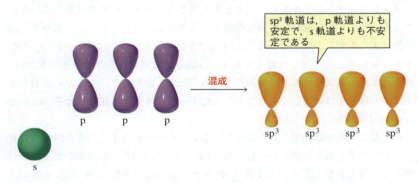

◀ 図 1.3
一つの s 軌道と三つの p 軌道は混成し，四つの sp^3 軌道を形成する．sp^3 軌道は p 軌道よりも安定（エネルギーはより低い）であるが，s 軌道ほど安定ではない（エネルギーはより高い）．

> 電子対は，互いにできるだけ遠くなるように空間に広がっている．

四つの sp^3 軌道は，互いがなるべく遠くに離れるように空間的に配置される．というのは，電子どうしが反発し合って，なるべく遠くになるように動いてその反発を最小にしようとするからである．

四つの sp^3 軌道が互いにできるだけ離れて空間に広がると，それらは正四面体（四つの正三角形の面をもつ角錐）の頂点に向かって位置する（図 1.4a）．メタンの四つの C—H 結合は，炭素の sp^3 軌道と水素の s 軌道とが重なって形成される（図 1.4b）．こうして，四つの C—H 結合の同一性が説明できる．

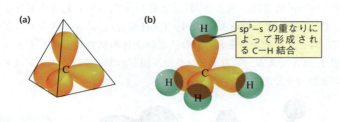

◀図 1.4
(a) 四つの sp³ 軌道は正四面体の頂点に向かって位置し，結合角は 109.5°になる．この配置によって，四つの軌道は最大限に離れることができる．
(b) 炭素の各 sp³ 軌道と水素の s 軌道間の重なりを示すメタンの軌道図．（わかりやすくするために，sp³ 軌道の小さいほうのローブは示していない．）

正四面体の重心と頂点を結ぶ 2 本の直線のなす角度は 109.5°である．よって，メタンの結合角は 109.5°である．この結合角は**四面体型結合角**(tetrahedral bond angle) と呼ばれる．メタンの炭素のように，四つの等価な sp³ 軌道を用いて共有結合を形成する炭素を，**正四面体型炭素**(tetrahedral carbon) と呼ぶ．

混成軌道理論をものごとのつじつまを合わせるためだけに導入された理論のように思う人もいるだろう．実は，その直感は正しい．それにもかかわらず，この混成軌道理論は有機化合物の結合について実にわかりやすく説明してくれる概念である．

エタンの結合

エタン (CH_3CH_3) のそれぞれの炭素は，四つのほかの原子と結合している．こうして炭素は正四面体構造をとる．

$$\begin{array}{c} H\ \ H \\ | \ \ \ | \\ H-C-C-H \\ | \ \ \ | \\ H\ \ H \end{array}$$

エタン (ethane)

二つの原子をつなぐ一つの結合は，**単結合**(single bond) と呼ばれる．エタンに見られる結合はすべて単結合である．

それぞれの炭素原子は四つの sp³ 軌道を用いて四つの共有結合を形成する（図 1.5）．一方のエタンの炭素の一つの sp³ 軌道が，もう一方の炭素の sp³ 軌道と重なって，C—C 結合を形成する．

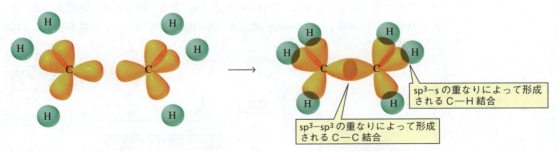

▲ 図 1.5
エタンの軌道の図．C—C 結合は sp³–sp³ の重なりによって形成される．C—H 結合はそれぞれ sp³–s の重なりによって形成される．（sp³ 軌道の小さいほうのローブは示していない．）その結果，二つの炭素は正四面体型をとり，すべての結合角は約 109.5°になる．

残りの三つの sp³ 軌道は，水素の s 軌道と重なって，C—H 結合を形成する．こうして，C—C 結合は sp³–sp³ の重なり，C—H 結合は sp³–s の重なりによって形成される．エタンの結合角それぞれは，正四面体の結合角 109.5° に近く，C—C 結合長は 1.54 Å である．静電ポテンシャル図が示すように，エタンはメタンと同様に非極性分子である．

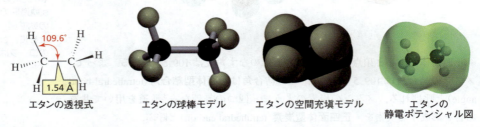

エタンの透視式　　エタンの球棒モデル　　エタンの空間充填モデル　　エタンの静電ポテンシャル図

有機化合物のすべての単結合はシグマ結合である．

メタンとエタンのすべての結合はシグマ(σ)結合である．有機化合物で見られるすべての単結合はシグマ結合であることを見ていこう．

問題 19◆

プロパン($CH_3CH_2CH_3$)の 10 個のシグマ結合の形成に使われるのはどの軌道か．

1.8 二重結合はどのようにして形成されるか：エテンの結合

エテン(エチレンとも呼ぶ)のそれぞれの炭素原子は四つの結合を形成するが，それぞれの炭素原子は 3 個の原子としか結合していない．

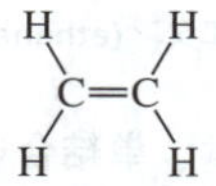

$$\begin{array}{c} H \quad\quad H \\ \diagdown \diagup \\ C=C \\ \diagup \diagdown \\ H \quad\quad H \end{array}$$

エテン(ethene)
エチレン(ethylene)

3 個の原子と結合するためには，それぞれの炭素原子は三つの原子軌道，すなわち一つの s 軌道と二つの p 軌道と混成する．三つの軌道が混成しているので，三つの混成軌道ができる．これらの軌道は sp² 軌道と呼ばれる．混成後には，それぞれの炭素原子は三つの sp² 軌道と一つの混成していない p 軌道をもつようになる．

電子間反発を最小にするには，三つの sp² 軌道が互いになるべく遠くなるように配置されなければならない．そのため，三つの軌道の軸は同一平面上にあって，その結果，結合角がすべて 120° に近くなる(図 1.6a)．混成していない p 軌道は，

sp^2 軌道の軸によって定義される平面に対して垂直である（図 1.6b）．

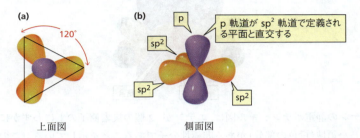

上面図　　　　側面図

◀ **図 1.6**
(a) 三つの sp^2 軌道は同一平面上にあり，結合角は 120° となる．（sp^2 軌道の小さいほうのローブは示していない．）
(b) 混成していない p 軌道はこの平面に垂直である．

エテンの炭素どうしは二つの結合を形成する．二つの原子をつなぐ二つの結合を**二重結合**（double bond）と呼ぶ．二重結合の二つの炭素—炭素結合は等価ではない．一方の結合は 2 個の炭素の sp^2 軌道どうしの重なりによって形成され，それはσ結合になる．それぞれの炭素原子は別の二つの sp^2 軌道を用いて水素原子の s 軌道と重なり，C—H 結合を形成する（図 1.7a）．

2 番目の炭素—炭素結合は，混成していない p 軌道が横に平行に並んだ重なりによって生じる．p 軌道の横に平行に並んだ重なりによって，**π結合**（pi bond）が形成される（図 1.7b）．したがって，二重結合の一つの結合はσ結合であり，もう一つの結合はπ結合である．すべての C—H 結合はσ結合である．（有機化合物に現れるすべての単結合はσ結合であることを覚えておこう．）

二重結合は，一つのσ結合と一つのπ結合からなる．

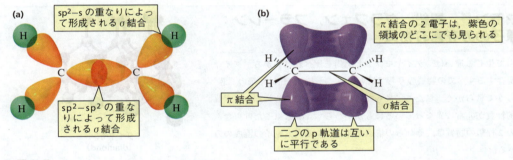

▲ **図 1.7**
(a) エテンの一つの C—C 結合（上から見下ろした図）は sp^2–sp^2 間の重なりによるσ結合であり，C—H 結合は sp^2–s 間の重なりによって形成されるσ結合である．
(b) 2 番目の C—C 結合（側面から見た図）は，一方の炭素の p 軌道ともう一方の炭素の p 軌道との横に平行に並んだ重なりによって形成されるπ結合である．二つの p 軌道は互いに平行である．

重なりを最大にするためにはπ結合を形成する二つの p 軌道は，互いに平行でなければならない（図 1.7b）．それによって，2 個の水素原子と 1 個の炭素原子から構成される三角形は，もう一方の炭素原子とそれと結合している 2 個の水素原子から構成される三角形と同一平面上に位置するようになる．このことは，エテンの 6 個の原子すべてが同一平面上にあり，p 軌道の電子はこの平面の上下の空間を占めることを意味する（図 1.8）．

図 1.8 ▶
二つの炭素と四つの水素は同一平面上にある．その平面に垂直なのは，二つの平行なp軌道である．結果として，二つの炭素と四つの水素からなる平面の上下の電子密度が高まる．

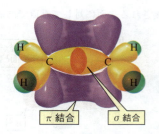

エテンの静電ポテンシャル図は，エテンが，2個の炭素原子の上にわずかに負に帯電した領域(橙色の部分)がある非極性分子であることを示している．(このポテンシャル図をひっくり返しても，反対側の負電荷の蓄積のしかたは同様である．)

一つの σ 結合と一つの π 結合からなる二重結合

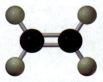
エテンの球棒モデル

エテンの空間充填モデル

エテンの静電ポテンシャル図

炭素―炭素二重結合を形成しているのは4個の電子であり，炭素―炭素単結合は2個の電子のみによって形成されている．このことは炭素―炭素二重結合は炭素―炭素単結合よりも強く，短いことを意味している．

🧪 ダイヤモンド，黒鉛，グラフェン，フラーレン：炭素原子のみを含む物質

混成によって生じる違いは，ダイヤモンドと黒鉛を比べればわかる．ダイヤモンドは，現存するすべての物質のうちで最も硬い．一方，黒鉛は鉛筆の"芯"のように滑らかで軟らかく，私たちに最もなじみ深い固体である．そのいずれもが，物理的性質が非常に異なっているにもかかわらず，炭素原子だけを含んでいる．この2種類の物質は，それらの構造を保っている炭素原子の混成のみが異なっている．

ダイヤモンドは，sp^3 軌道を介してそれぞれの炭素がほかの4個の炭素原子と結合し，炭素原子の硬い三次元ネットワークから成り立っている．

一方，黒鉛の場合は，炭素原子が sp^2 混成しているので，ほかの3個の炭素原子だけと結合できる．三方平面型構造によって黒鉛が平面状のシートになり，それが何層にも続く構造をとっている．シート間には共有結合がないので，隣りのシートから引き剥がすことができる．

ダイヤモンドと黒鉛は古代から知られてきた．しかし，天然に存在する炭素原子のみを含む新しい物質が見つかったのは，まだ8年前ほどである．グラフェンは，黒鉛の1原子厚の平面シートである．それは，知られている材料のなかで最も薄く，軽い．透明で曲がりやすく，重なりやすく，丸めやすい．また，ダイヤモンドよりも硬く，銅よりも電気伝導性が高い．

炭素のみを含むフラーレンもまた天然に存在する化合物である．黒鉛やグラフェンのように，フラーレンは sp^2 炭素しかもたないが，平面のシートを形成する代わりに，炭素原子が球面状の構造をつくる．(フラーレンについては7.15節で詳しく述べる．)

ダイヤモンド (diamond)

黒鉛 (graphite)

グラフェン (graphene)

問題 20（解答あり）

sp^2 炭素と矢印で示す sp^3 炭素が必ず同一平面上にあるのはどれか．

a.
```
    H₃C        H
       \      /
        C = C
       /      \
      H        CH₃
```
b.
```
    H₃C        H
       \      /
        C = C
       /      \
      H        CH₂CH₃
```

解答 二つの sp^2 炭素とそれぞれの sp^2 炭素に結合した原子は，すべて同一平面上にある．その分子内のほかの原子は，これらの六つの原子を含む平面上にある必然性はない．同一平面上にある六つの原子に星印 "＊" をつけると，示した原子が同一平面上にあるかどうかわかる．設問 **a** では同一平面上にあるが，設問 **b** ではそれらは必ずしも同一平面上にあるわけではない．

a.
```
    H₃C*       H*
       \      /
        C* = C*
       /      \
      H*       CH₃*
```
b.
```
    H₃C*       H*
       \      /
        C* = C*
       /      \
      H*       CH₂CH₃
```

1.9 三重結合はどのようにして形成されるか：エチンの結合

エチン（アセチレンとも呼ぶ）のそれぞれの炭素原子は，四つの結合をつくるが，それぞれの炭素は 2 個の原子，すなわち，水素ともう一方の炭素原子としか結合していない．

H—C≡C—H
エチン(ethyne)
アセチレン(acetylene)

二つの原子が結合するために，それぞれの炭素が s 軌道と p 軌道の二つの原子軌道を混成する．

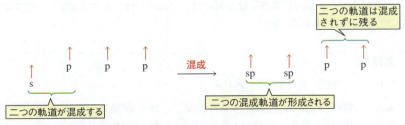

オキシアセチレントーチは金属を溶接したり切断したりするのに用いられる．トーチはアセチレンと，炎の温度を高めるために酸素を混ぜ合わせて使う．アセチレン/酸素の炎は約 3,500 ℃ で燃える．

したがって，エチンのそれぞれの炭素原子は二つの sp 軌道と二つの混成していない p 軌道をもっている．電子間反発を最小にするために，反対の方向に二つの sp 軌道が位置する（図 1.9）．

エチンの二つの炭素原子は三つの結合によって結ばれている．二つの原子を結びつけているこの三つの結合は**三重結合**（triple bond）と呼ばれる．エチンの一方の炭素原子の一つの sp 軌道がもう一方の炭素原子の sp 軌道と重なることによって，C—C σ 結合が生成する．それぞれの炭素の残りの sp 軌道が水素の s 軌道と重なることによって，C—H σ 結合が生成する（図 1.10a）．二つの sp 軌道は互いに反対の方向を向いているため，結合角は 180° である．

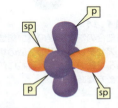

▲ 図 **1.9**
二つの sp 軌道は互いに逆向きに配向している．混成していない二つの p 軌道は互いに，そして sp 軌道に対しても直交している．（sp 軌道の小さいほうのローブは示していない．）

混成していないp軌道のそれぞれは，もう一方の炭素の平行なp軌道と互いに横に平行に並んで重なる．その結果，二つのπ結合が生じる（図1.10b）．

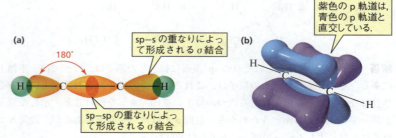

▲ 図 1.10
(a) エチンのC—Cσ結合はsp–spの重なりによって形成され，C—H結合はsp–sの重なりによってできる．二つの炭素原子とこれらに結合している原子は直線上にある．
(b) 二つのC—Cπ結合は，一方の炭素の二つのp軌道ともう一方の炭素の二つのp軌道とが横に平行に並んで重なって形成される．

三重結合は，一つのσ結合と二つのπ結合からなる．

したがって，三重結合は一つのσ結合と二つのπ結合からなっている．それぞれの炭素原子の二つの混成していないp軌道は互いに直交しているので，それらは分子の核間軸の上下および前後に電子密度の高い領域をつくる（図1.11）．

エチンのポテンシャル図を見れば，全体の結果がわかる．すなわち，負電荷が卵の形をした分子のまわりを囲む円柱状の領域に集まっていることがわかる．

一つのσ結合と二つのπ結合からなる三重結合

エチンの球棒モデル

エチンの空間充填モデル

エチンの静電ポテンシャル図

三重結合中の2個の炭素原子は6個の電子で結びつけられているので，三重結合は二重結合よりも強く，短い．

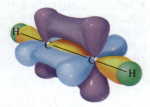

▲ 図 1.11
三重結合の電子密度の高い領域は，アセチレン分子の2個の核を結んだ軸の上と下，それに前方と後方である．

問題 21

それぞれの空欄に適切な数字を入れよ．

a. ＿＿ 個のs軌道と ＿＿ 個のp軌道から ＿＿ 個のsp³軌道ができる．
b. ＿＿ 個のs軌道と ＿＿ 個のp軌道から ＿＿ 個のsp²軌道ができる．
c. ＿＿ 個のs軌道と ＿＿ 個のp軌道から ＿＿ 個のsp軌道ができる．

問題 22（解答あり）

次の化学種について，

a. Lewis構造を書け．
b. 結合しているそれぞれの炭素原子で用いられている軌道を書き，だいたいの結合角を示せ．

1. H_2CO 2. CCl_4 3. CH_3CO_2H 4. HCN

22a1 の解答 Lewis 構造を書いてみると（水素を分子の外側にして原子を書いてみると），下のような構造では，炭素の結合数だけが必要な数を満たしていないことがわかる．

$$\text{H-C-O-H}$$

炭素と酸素の間に二重結合を形成し，H を O から C に動かすことによって（二つの H はいまだに分子の外側にいる），すべての原子が正しい結合の数を満たす．酸素の最外殻が充塡されるように孤立電子対を用いる．形式電荷をもっているかどうかをすべての原子について調べると，どの原子も形式電荷をもっていないことがわかる．

$$\begin{array}{c} \ddot{\text{O}}: \\ \| \\ \text{H-C-H} \end{array}$$

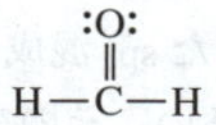

22b1 の解答 炭素原子が二重結合を形成しているので，それはエテンと同じように sp² 軌道をもち，2 個の水素と 1 個の酸素に結合していることがわかる．その炭素原子は，酸素と 2 番目の結合を形成するために，"残り" の p 軌道を用いる．炭素は sp² 混成であるために，その結合角は約 120° である．

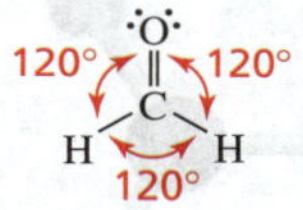

120° 120°
C
H   H
120°

1.10 メチルカチオン，メチルラジカル，およびメチルアニオンの結合

すべての炭素原子が四つの結合をつくるとは限らない．正電荷，負電荷，あるいは不対電子をもつ炭素原子は，三つだけ結合を形成することができる．炭素原子が三つの結合を形成するとき，どの軌道を用いるかを考えてみよう．

メチルカチオン（⁺CH₃）

正電荷をもつメチルカチオンの炭素は 3 個の原子と結合しており，三つの軌道，すなわち一つの s 軌道と二つの p 軌道が混成している．したがって，炭素原子はその sp² 軌道を用いて三つの共有結合を形成している．混成していない p 軌道は電子に占有されておらず，空である．正電荷をもつ炭素とその炭素に結合している 3 個の原子はともに同一平面上にある．混成していない p 軌道の向きはその平面に垂直である．

⁺CH₃ の炭素は sp² 混成である．

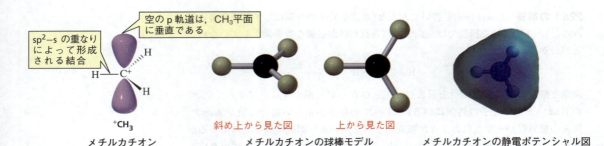

メチルカチオン

メチルカチオンの球棒モデル

メチルカチオンの静電ポテンシャル図

メチルラジカル（$\cdot CH_3$）

$\cdot CH_3$ の炭素は sp^2 混成である．

メチルラジカルの炭素原子もまた sp^2 混成している．メチルラジカルはメチルカチオンに比べて，電子数が 1 個多い．その電子は対をつくらず，それぞれのローブに電子密度を半分ずつもつ p 軌道上にある．メチルカチオンとメチルラジカルの球棒モデルはよく似ているが，ポテンシャル図はメチルラジカルの 1 個多い電子のためにまったく異なっている．

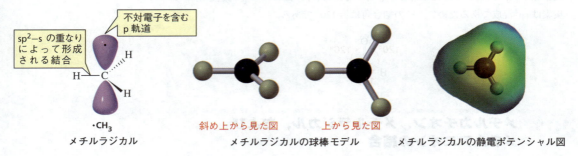

メチルラジカル

メチルラジカルの球棒モデル

メチルラジカルの静電ポテンシャル図

メチルアニオン（$\ddot{:}CH_3$）

$\ddot{:}CH_3$ の炭素は sp^3 混成である．

メチルアニオンの負に帯電した炭素原子は，3 組の結合電子対と 1 組の孤立電子対をもっている．結合電子対と孤立電子対を含む四つの軌道が正四面体の頂点に向かって配向するとき，4 組の電子対が互いに最も離れた状態になる．こうして負電荷をもつ炭素原子は sp^3 混成している．メチルアニオンでは，炭素の三つの sp^3 軌道のそれぞれが水素の s 軌道と重なっており，4 番目の sp^3 軌道に孤立電子対がある．

メチルアニオン

メチルアニオンの球棒モデル

メチルアニオンの静電ポテンシャル図

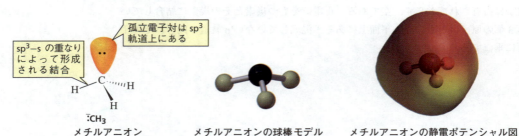

メチルカチオン，メチルラジカル，およびメチルアニオンのポテンシャル図を比較してみよう．

1.11 アンモニアとアンモニウムイオンの結合

アンモニア（NH_3）の窒素原子は，三つの共有結合をつくる．窒素の電子配置は，三つの不対電子をもっていることを示す（表 1.2）ので，8 電子が外側の殻を満たす，すなわちオクテットを満たすために，電子を昇位させ三つの共有結合を形成する必要はない．

窒素の価電子

しかしながら，この簡潔な図には問題がある．窒素が p 軌道を用いて三つの N—H 結合をつくるのであれば，電子配置で予測されるように，これらの三つの p 軌道のなす角度を考えると結合角は約 90° になる．しかし，NH_3 の結合角の実験値は 107.3° である．

その結合角は，窒素もまた炭素と同様に共有結合を形成するときに，混成軌道を用いることを示している．s 軌道と三つの p 軌道が混成して，四重に縮重した sp^3 軌道を形成する．

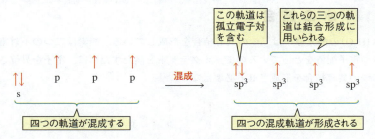

分子の結合角は，結合形成においてどの軌道が用いられたかを示している．

NH_3 の三つの N—H 結合は，窒素の sp^3 軌道と水素の s 軌道とが重なることによって形成される．孤立電子対が 4 番目の sp^3 軌道を占有する．孤立電子対のため，観測される結合角（107.3°）は，正四面体の結合角（109.5°）よりもわずかに小さい．二つの原子核に共有され，その間の領域だけを占有する結合電子対に比べて，孤立電子対はより大きく広がる．その結果，非共有電子対は電子間反発を引き起こし，N—H 結合どうしが互いにより近づいて，結合角が小さくなる．

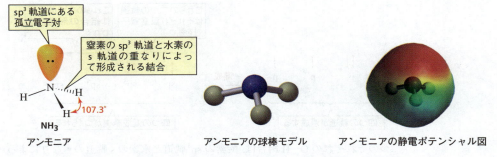

アンモニア　　アンモニアの球棒モデル　　アンモニアの静電ポテンシャル図

アンモニウムイオン（$^+NH_4$）は四つの等価な N—H 結合をもち，孤立電子対を

もっていないので，すべての結合角はメタンと同様に109.5°である．

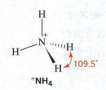

アンモニウムイオン　　　アンモニウムイオンの球棒モデル　　　アンモニウムイオンの静電ポテンシャル図

アンモニアとアンモニウムイオンの静電ポテンシャル図を比較してみよう．

問題 23◆

おおよその結合角を推定せよ．

a. メチルカチオン　　**b.** メチルラジカル　　**c.** メチルアニオン

問題 24◆

アンモニウムイオンのポテンシャル図によると，どの原子が最も大きい電子密度をもっているか．

1.12　水の結合

水（H_2O）の酸素原子は二つの共有結合を形成している．酸素は二つの不対電子をもつ電子配置をとっているので，オクテットを満たすために，電子を昇位させて二つの共有結合を形成させる必要はない．

酸素の価電子

H_2O で観測された結合角は 104.5°と大きい．この結合角は，酸素が共有結合を形成するのに，炭素や窒素と同様に混成軌道を利用することで説明される．また，炭素や窒素と同様に，一つの s 軌道と三つの p 軌道が混成して，四つの sp^3 軌道を形成する．

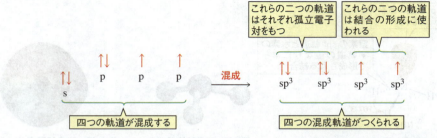

二つのそれぞれの O—H 結合は，酸素の sp^3 軌道と水素の s 軌道の重なりによって形成される．孤立電子対は残りの二つの sp^3 軌道を占有する．

水

水の球棒モデル

水の静電ポテンシャル図

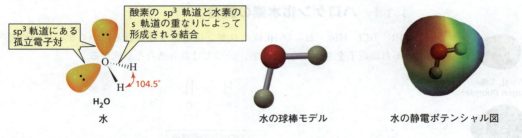

水の結合角(104.5°)は，NH_3の結合角(107.3°)に比べていくらか小さい．なぜなら，酸素が二つの比較的大きく広がった孤立電子対をもつのに対して，窒素がたった一つしか孤立電子対をもたないからである．

問題 25◆

メタン，アンモニア，および水分子のポテンシャル図を比較せよ．最も大きい極性をもつ分子はどれか．また，最も小さい極性をもつ分子はどれか．

メタンの
静電ポテンシャル図

アンモニアの
静電ポテンシャル図

水の
静電ポテンシャル図

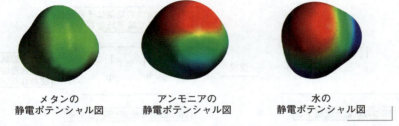

問題 26(解答あり)

H_3O^+の結合角は，_____より小さく，_____より大きい．

解答 CH_4の炭素原子は孤立電子対をもたず，結合角は 109.5 である．H_3O^+の酸素原子は孤立電子対を一つもつ．孤立電子対は結合電子対よりも広がっているので，その O—H 結合は，電子間反発を最小にするために縮まる．しかしながら，それらは酸素が二つの孤立電子対をもつ水(104.5°)ほどまでには縮まらない．そのため，H_3O^+の結合角は 109.5° よりは小さいが 104.5° よりは大きくなる．

水——生命に不可欠な化合物

水は生体に最も多く存在する化合物である．水のユニークな性質が生命を創り出し，そして進化させた．たとえばその大きい融解熱(固体を液体に変化させるのに必要な熱)ゆえに，生体は低温時の凍結をまぬがれる．なぜなら，水を凍らせるには多量の熱を取り除かなければならないからである．またその大きい熱容量(一定の量の物質の温度を上昇させるのに必要な熱)が，生体の温度変化を最小にし，蒸発熱(液体を気体に変化させるのに必要な熱)が大きいため，生体は少しの水分を失う(蒸発させる)だけで体温を下げることができる．液体の水は氷よりも密度が大きいために，氷は水の表面で生成し，水を下方へ追いやる．これが，海洋や湖が水面から凍る理由である．また，海洋や湖が凍ったときに，植物や水中生物が水中で生き延びていけるのも同じ理由による．

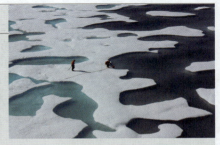

1.13 ハロゲン化水素の結合

フッ化水素
(hydrogen fluoride)

塩化水素
(hydrogen chloride)

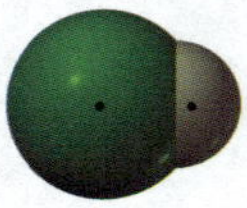

臭化水素
(hydrogen bromide)

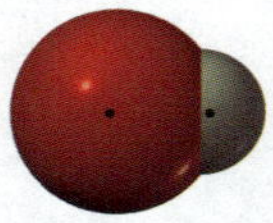

ヨウ化水素
(hydrogen iodide)

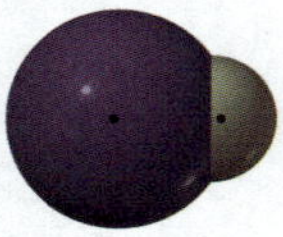

HF，HCl，HBr，および HI はハロゲン化水素と呼ばれる．ハロゲンは一つだけ不対価電子をもつため（表 1.2），一つだけ共有結合を形成する．

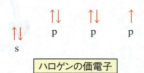

ほかの分子と異なり，結合角から水素—ハロゲン結合を形成している軌道を推測することはできない．なぜなら，ハロゲン化水素は一つの結合しかもっていないため，結合角が定義できないからである．しかしながら，ハロゲンの三つの孤立電子対はエネルギー的に等価であるため，結合電子対と孤立電子対は電子間反発を最小にするように配置される．これらの結果から，ハロゲンの三つの孤立電子対は sp^3 軌道上にあると推測される．

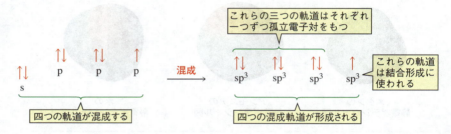

したがって，水素—ハロゲン結合は，ハロゲンの sp^3 軌道と水素の s 軌道との重なりによって形成されると考えられる．

フッ化水素

フッ化水素の球棒モデル

フッ化水素の静電ポテンシャル図

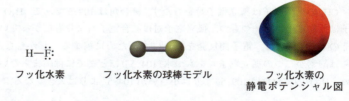

フッ素の場合，結合形成に使われる sp^3 軌道は第二殻に帰属する．塩素の場合，結合形成に使われる sp^3 軌道は第三殻に帰属する．第三殻電子の原子核からの平均距離は第二殻電子のそれよりは大きいので，$2sp^3$ 軌道に比べ $3sp^3$ 軌道の平均電子密度は小さい．これは，ハロゲン原子が大きくなるほど，水素の s 軌道とハロゲンの sp^3 軌道が重なる領域の電子密度が減少することを意味している（図 1.12）．したがって，ハロゲン原子の大きさ（原子量）が増大するにつれて，水素—ハロゲン結合は長くなり，弱くなる（表 1.6）

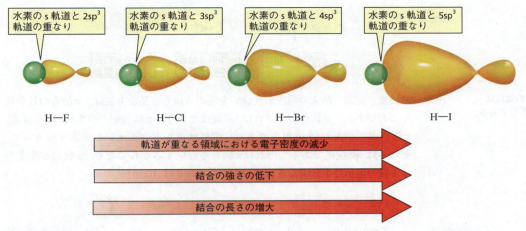

▲ 図 1.12
水素のs軌道と3sp³軌道が重なる領域に比べて，水素のs軌道と2sp³軌道が重なる領域のほうが電子密度が大きい．水素のs軌道と3sp³軌道の重なりは，水素のs軌道と4sp³軌道の重なりに比べて大きい．

表 1.6 水素―ハロゲン結合の長さと強さ

ハロゲン化水素	結合長 (Å)	結合の強さ (kcal mol^{-1})	(kJ mol^{-1})
H—F	0.917	136	571
H—Cl	1.275	103	432
H—Br	1.415	87	366
H—I	1.609	71	298

水素―ハロゲン結合は，ハロゲン原子が大きくなるにつれて，長く弱くなる．

問題 27◆

a. Cl_2 と Br_2 の結合の長さと強さの大小を推測せよ．
b. CH_3F，CH_3Cl および CH_3Br の炭素―ハロゲン結合の長さと強さの大小を推測せよ．

問題 28◆

a. どちらの結合が長いか．　　b. どちらの結合が強いか．

1. C—Cl あるいは C—I　　2. C—C あるいは C—Cl
3. H—Cl あるいは H—F

1.14 まとめ：混成，結合長，結合強度，結合角

単結合はすべてσ結合であり，二重結合はすべて一つのσ結合と一つのπ結合からなり，三重結合はすべて一つのσ結合と二つのπ結合からなることがわかった．

38　1章　一般化学の復習：電子構造と結合

C, N, O の混成は sp$^{(3-\pi結合の数)}$ である.

炭素，窒素，酸素の混成の度合いを決める最も容易な方法は，π結合の数を見ることである．π結合がなければ sp^3 混成であり，π結合が一つあれば sp^2 混成，π結合が二つあれば sp 混成である．例外はカルボカチオンと炭素ラジカルで，それらは sp^2 混成である．それは π 結合を形成するからでなく，p 軌道が空または 1 個の電子で半分満たされているからである(1.10節).

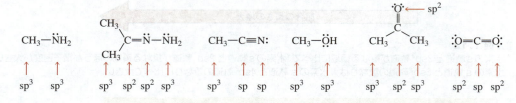

問題 29（解答あり）

次の分子のうち，それぞれ孤立電子対があるのはどの軌道か．

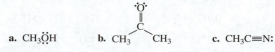

解答

a. 酸素はこの化合物において単結合しか形成しないので，sp^3 混成である．酸素は二つの σ 結合（一つは C と，もう一つは H）を形成するのに四つの sp^3 軌道のうち二つを用い，あとの二つは孤立電子対に用いる．

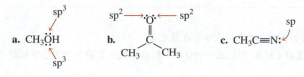

b. 酸素はこの化合物において二重結合を形成するので，sp^2 混成である．酸素は，C との σ 結合を形成するのに三つの sp^2 軌道のうち一つを用い，残りの二つの sp^2 軌道は孤立電子対に用いる．

c. 窒素はこの化合物において三重結合を形成するので，sp 混成である．窒素は，C との σ 結合を形成するのに sp 軌道の一つを用い，残りのもう一つの sp 軌道は孤立電子対に用いる．

エタン

エテン

エチン

C—C 単結合，二重結合，および三重結合の長さと強さを比較すると，二つの炭素原子を結び付ける結合の数が増加するにつれて，C—C 結合は短く強くなる(表 1.7)．その結果，単結合に比べて短くて強い二重結合よりも，三重結合はさらに短くて強い．

1.14 まとめ：混成，結合長，結合強度，結合角

表 1.7 エタン，エテン，エチンの結合角，C—C 結合と C—H 結合の長さおよび強さの比較

分子	炭素の混成	結合角	C—C 結合長 (Å)	C—C 結合の強さ (kcal mol^{-1})	(kJ mol^{-1})	C—H 結合長 (Å)	C—H 結合の強さ (kcal mol^{-1})	(kJ mol^{-1})
エタン	sp^3	109.5°	1.54	90.2	377	1.10	101.1	423
エテン	sp^2	120°	1.33	174.5	730	1.08	110.1	463
エチン	sp	180°	1.20	230.4	964	1.06	133.3	558

最も短い結合　最も強い結合

最も長い結合　最も弱い結合

結合長が短くなると結合は強くなる

軌道が重なっている領域での電子密度が大きければ大きいほど，結合は強くなる．

結合は，短くなればなるほど強くなる．

π結合はσ結合よりも弱い．

表 1.7 から，二重結合（一つのσ結合と一つのπ結合からなる）は単結合（一つのσ結合；90 kcal mol^{-1}）よりも強い（174 kcal mol^{-1}）ことがわかるが，二重結合の強さは単結合の 2 倍ではない．したがって，二重結合のπ結合はσ結合に比べて弱いと結論できる．

電子がどの軌道を占有するべきかを"知っている"ということに驚くかもしれない．実際は，電子は軌道について何も知らない．電子は，最も安定な状態になるように原子のまわりに自らを配置するだけである．化学者はこの配置を説明するために，軌道の概念を用いているのである．

問題 30◆
炭素—酸素二重結合のσ結合とπ結合とで，軌道間の重なりが大きいのはどちらか．

問題 31
カフェインは，ある種の植物の葉や種から見いだされる天然の殺虫成分であり，植物を食べる虫を殺す役割をしている．カフェインは，コーヒー植物の豆，コーラの種子，茶の葉から人間が消費するために抽出される．それは神経中枢を刺激するので，眠気を解消する．カフェインの構造に孤立電子対を加えよ．

カフェイン
(caffeine)

コーヒー豆

問題 32

a. 次の化合物中のそれぞれの炭素原子の混成は何か.

$$\text{CH}_3\text{CHCH}=\text{CHCH}_2\text{C}\equiv\text{CCH}_3$$
$$\quad\quad|$$
$$\quad\text{CH}_3$$

b. Demerol® と Prozac® の原子それぞれの混成はどうなっているか.

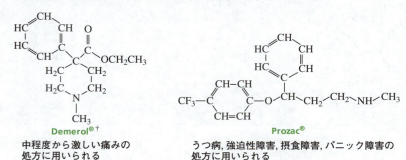

Demerol®†
中程度から激しい痛みの処方に用いられる

Prozac®
うつ病,強迫性障害,摂食障害,パニック障害の処方に用いられる

† 訳者注:®は登録商標を表すマークである.

【問題解答の指針】
結合角の予測

$(\text{CH}_3)_2\text{NH}$ 中のおおよその C—N—H 結合角を予測せよ.

最初に決めなければならないことは,中心原子(N)の混成の状態である.窒素原子は単結合しか形成していないため,sp^3 混成である.次に見なければならないことは,結合角に影響する孤立電子対をもっているかどうかである.帯電していない窒素原子は1組の孤立電子対をもっている.これらの観測に基づくと,C—N—H 結合角は約 107.3° であると予測でき,それは,sp^3 窒素と孤立電子対を1組もっているほかの化合物である NH_3 中の H—N—H 結合角と同じである.

ここで学んだ方法を使って問題 33 を解こう.

問題 33 ◆

おおよその結合角を予測せよ.

a. $(\text{CH}_3)_2\overset{+}{\text{NH}}_2$ の C—N—C 結合角　　**b.** $\text{CH}_3\text{CH}_2\text{NH}_2$ の C—N—H 結合角

c. $(\text{CH}_3)_2\text{NH}$ の H—C—N 結合角　　**d.** CH_3OCH_3 の H—C—O 結合角

問題 34

次の化合物の結合に使われている軌道とその結合角を示せ.

a. CCl_4　　**b.** CH_3OH　　**c.** HCOOH　　**d.** N_2

1.15 分子の双極子モーメント

共有結合を一つだけもつ分子では,分子の双極子モーメントが結合の双極子モーメントに等しいことを 1.3 節で学んだ.共有結合を二つ以上もつ分子では,分子の幾何学的構造を考慮に入れなければならない.なぜなら,それぞれの結合の双極子モーメントの<u>大きさ</u>と<u>向き</u>(ベクトル和)が分子全体の双極子モーメント

を決めるからである．

> 双極子モーメントは，個々の結合の双極子の大きさと
> 双極子の向きに依存する．

結合の双極子の向きを考慮すると，対称な分子は双極子モーメントをもたないことがわかる．たとえば，二酸化炭素（CO_2）では炭素原子は2個の原子と結合しているので，sp軌道を用いてC—O σ結合を形成する．sp軌道は180°の結合角を形成しているので，それぞれのC—O結合の双極子モーメントは打ち消し合い，二酸化炭素の双極子モーメントはゼロになる．

二酸化炭素
$\mu = 0\,D$

四塩化炭素
$\mu = 0\,D$

別の対称分子に，四塩化炭素（テトラクロロメタン，CCl_4）がある．sp^3炭素に結合している4個の原子は等価であり，炭素原子から対称的に投影されている．したがって，CO_2と同様に，分子の対称性によってそれぞれの結合の双極子モーメントは打ち消し合う．そのため四塩化炭素もまた双極子モーメントをもっていない．

クロロメタン（CH_3Cl）の双極子モーメント（1.87 D）は，C—Cl結合の双極子モーメント（1.5 D）より大きい．というのは，三つのC—H結合の双極子モーメントがあるために，C—Clの双極子を強めるからである．いいかえるとすべての電子は同じ向きに引きつけられる．

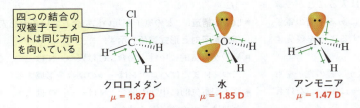

クロロメタン
$\mu = 1.87\,D$

水
$\mu = 1.85\,D$

アンモニア
$\mu = 1.47\,D$

水の双極子モーメント（1.85 D）が一つのO—H結合の双極子モーメント（1.5 D）より大きいのは，二つのO—H結合の双極子が互いに強め合うからである．孤立電子対も双極子モーメントに寄与する．同様に，アンモニアの双極子モーメント（1.47 D）は一つのN—H結合の双極子モーメント（1.3 D）より大きい．

問題 35

1.11節のアンモニアとアンモニウムイオンのポテンシャル図の形と色の違いについて説明せよ．

> **問題 36 ◆**
> 次の分子のなかで双極子モーメントが 0 であるものはどれか.
>
> a. CH_3CH_3　　b. $H_2C=O$　　c. CH_2Cl_2
> d. $H_2C=CH_2$　　e. $H_2C=CHBr$

覚えておくべき重要事項

- **有機化合物**は炭素を含む化合物である.
- 原子の**原子番号**は,原子核を構成する陽子の数に等しい(あるいは中性の原子を囲む電子の数).
- 原子の**質量数**は,陽子と中性子の数の和である.
- **同位体**は同じ原子番号をもちながら異なる質量数をもつものである.
- **原子量**は,その元素の原子の(加重)平均質量である.
- **分子量**は,分子中の原子の原子量の和である.
- **原子軌道**は,電子が見つかる可能性の最も高い原子核を囲む空間の広がりである.
- 原子軌道が原子核に近ければ近いほど,そのエネルギーは低い.
- **エネルギーが最小**ということは,**安定性が最大**であることに対応する.
- 電子は次に示す三つの規則に従って原子軌道に割り当てられる:電子は最も低いエネルギーをもつ軌道に入る;一つの軌道に 2 個より多い電子は入ることができない;電子は同じエネルギーの軌道にある 1 個の電子と対をつくるよりは,空軌道を占有することを優先する.
- 外側の殻が満たされているか,その殻が 8 個の電子をもつ場合,その殻よりも高いエネルギーに電子がなければ,その原子は最も安定である.
- **オクテット則**は,原子の最外殻を満たすために,あるいは最外殻に 8 個の電子が存在するように,原子が電子を失い,受け取り,共有することに関する規則である.
- **電気陰性度**は,原子がその結合電子を引きつける能力を示す尺度である.
- 原子の**電子配置**は,その原子の電子が占有する軌道について述べたものである.
- **プロトン(陽子)**は正に帯電した水素イオンであり,**水素化物イオン**は負に帯電した水素イオンである.
- **イオン結合**は異符号の電荷どうしの引力により生じる.
- **共有結合**は二つの原子が電子対を共有する場合に形成される.
- **極性共有結合**は異なった**電気陰性度**をもつ原子間の共有結合である.
- 結合を形成する原子間の電気陰性度の差が大きければ大きいほど,イオン結合に近づく.
- 極性共有結合は**双極子**(正と負の極端)をもち,その大きさは**双極子モーメント**によって測定される.
- 分子の**双極子モーメント**は,すべての結合双極子モーメントの大きさと向きに依存する.
- **内殻電子**は,内側の殻にある電子である.**価電子**は,最外殻電子である.**孤立電子対**は,結合を形成しない価電子である.
- **形式電荷**= 価電子数 − その原子に属さなければならない電子数(孤立電子対のすべての電子数と結合電子対の 1/2)
- **Lewis 構造**は,どの原子が互いに結合しているかを表し,**孤立電子対**と**形式電荷**を示す.
- 原子が電気的に中性の場合:C は四つ,N は三つ,O は二つ,H またはハロゲンは一つの結合を形成する.
- 原子が電気的に中性の場合:N は一つ,O は二つ,ハロゲンは三つの孤立電子対をもつ.
- **カルボカチオン**は正電荷をもつ炭素を含み,**カルボアニオン**は負電荷をもつ炭素を含む.**ラジカル**は不対電子をもっている.
- 有機化合物中のすべての**単結合はシグマ(σ)結合**である.**パイ(π)結合**は p 軌道が横に平行に並んで重なり合って生じる.
- 結合の強さは,**結合解離エネルギー**を測定することで得られる.σ 結合は π 結合よりも強い.
- 四つの結合を形成できるようにするためには,炭素は電

子をs軌道からp軌道に昇位させなければならない．
- C, N, O, およびハロゲンは**混成軌道**を用いて結合を形成する．
- C, N, Oの**混成**は，原子どうしが形成するπ結合の数で決まる：π結合が0 = sp³，π結合が一つ = sp²，π結合が二つ = sp．例外はカルボカチオンと炭素ラジカルであり，ともにsp²混成である．
- **二重結合**は一つのσ結合と一つのπ結合からなり，**三重結合**は一つのσ結合と二つのπ結合からなる．
- 軌道の重なる領域における電子密度が大きければ大きいほど，結合は短く強くなる．
- 三重結合は二重結合よりも短くて強い．二重結合は単結合よりも短くて強い．結合が短くなればなるほど結合は強くなる．
- 原子のまわりの結合電子対と孤立電子対はできるだけ互いに遠く離れるように位置する．

用語集

それぞれの章で用いられるキーワードの定義は，巻末の用語解説（G-1ページ）を参照すること．

章末問題

37. 次の化学種についてLewis構造を書け．
    a. H_2CO_3 **b.** CO_3^{2-} **c.** CH_2O **d.** CO_2

38. a. 非極性共有結合をもつのは次のうちのどれか．
    b.「結合様式の連続性」の図（11ページ）におけるイオン結合の極限に最も近いのは次のうちどれか．
    CH_3NH_2 CH_3CH_3 CH_3F CH_3OH

39. 次のそれぞれの化学種における，水素を除くすべての原子の混成は何か．それぞれの原子のまわりの結合角はいくらか．
    a. NH_3 **b.** $^-CH_3$ **c.** $^+NH_4$ **d.** $^+CH_3$ **e.** HCN **f.** $C(CH_3)_4$ **g.** H_3O^+

40. それぞれの原子の適切な形式電荷を示せ．
    a. H:Ö: **b.** H:Ö·   **c.** H—N̈—H   **d.** H—C̈—H

41. 炭素原子と水素原子のみを含み，次の条件を満たす化合物の簡略構造を書け．
    a. 3個のsp³混成炭素をもつ．
    b. 1個のsp³混成炭素と2個のsp²混成炭素をもつ．
    c. 2個のsp³混成炭素と2個のsp混成炭素をもつ．

42. おおよその結合角を予測せよ．
    a. $(CH_3)_2\overset{+}{N}H_2$ のC—N—C結合角   **b.** CH_3OH のC—O—H結合角
    c. $(CH_3)_2NH$ のC—N—H結合角   **d.** $(CH_3)_2NH$ のC—N—C結合角

43. 次の化学種の電子配置を書け（炭素の電子配置は$1s^22s^22p^2$と書かれる）．
    a. Ca   **b.** Ca^{2+} **c.** Ar   **d.** Mg^{2+}

1章 一般化学の復習：電子構造と結合

44. 次のそれぞれの化学種の Lewis 構造を書け．
    a. CH_3NH_2 b. HNO_2 c. N_2H_4 d. NH_2O^-

45. 次の化学式のなかで，ただ一つだけが現実に存在する化合物を示している．それ以外の化学式を，存在する化合物になるように訂正せよ．
    a. $CH_3CH_3CH_3$ b. CH_5 c. $(CH_3)_2CCH_3$
    d. $(CH_3)_2CHCH_2CH_3$ e. $CH_3CH_2CH_2$ f. $CH_3CHCH_2CH_3$

46. 次の結合を極性の最も大きなものから最も小さいものの順に並びかえよ．
    a. C—O, C—F, C—N   b. C—Cl, C—I, C—Br   c. H—O, H—N, H—C   d. C—H, C—C, C—N

47. 次のそれぞれの分子において矢印で示した原子の混成状態は何か．
    a. $CH_3CH=CH_2$ (↓)   b. CH_3CCH_3 (=O, ↓)   c. CH_3CH_2OH (↓)   d. $CH_3C≡N$ (↓)   e. $CH_3OCH_2CH_3$ (↓)

48. 次のそれぞれの化合物の Kekulé 構造を書け．
    a. CH_3CHO b. CH_3OCH_3 c. CH_3COOH
    d. $(CH_3)_3COH$ e. $CH_3CH(OH)CH_2CN$ f. $(CH_3)_2CHCH(CH_3)CH_2C(CH_3)_3$

49. 欠けている形式電荷を示せ．

    a. H—C—C: b. H—C—C c. H—C—C・ d. H—C—C—H (with :Ö:)
       (各構造に H が付いている)

50. 次の結合角のおおよその値を予測せよ．
    a. $H_2C=O$ における H—C—H 結合角   b. $CH_3C≡N$ における C—C—N 結合角

51. 次のそれぞれの結合の双極子モーメントの方向を示せ（表 1.3 の電気陰性度を利用せよ）．
    a. H_3C—Br   b. H_3C—Li   c. HO—NH_2 d. I—Br   e. H_3C—OH   f. $(CH_3)_2N$—H

52. a. 次のそれぞれの化合物において矢印で示した二つの結合のうちのどちらが短いか．
    b. それぞれの化合物における C, O, N およびハロゲン原子の混成状態を示せ．

    1. $CH_3CH=CHC≡CH$ 2. $CH_3CCH_2—OH$ (=O)   3. $CH_3NH—CH_2CH_2N=CHCH_3$ 4. Br—CH_2CH_2—Cl

53. ニコチンの孤立電子対はどの軌道にあるか．

ニコチン
(nicotine)

ニコチンは脳のドーパミン濃度を高める．ドーパミンの放出により人はよい気分になる．ニコチンが常習性をもつのはこのためである．

54. 次の式に欠けている孤立電子対を書き入れ，かつ形式電荷も示せ．

a. H—C(H)(H)—O—H b. H—C(H)(H)—O—H (with extra H on O) c. H—C(H)(H)—O d. H—C(H)(H)—N(H)—H (with extra H on N)

55. 次の化合物を双極子モーメントの最も大きなものから小さいものの順に並べよ．

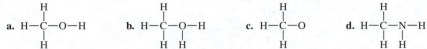

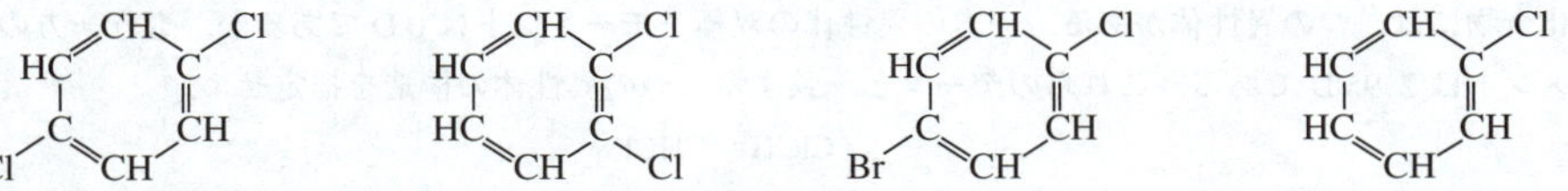

56. それぞれの炭素の形式電荷を示せ．孤立電子対はすべて示してある．

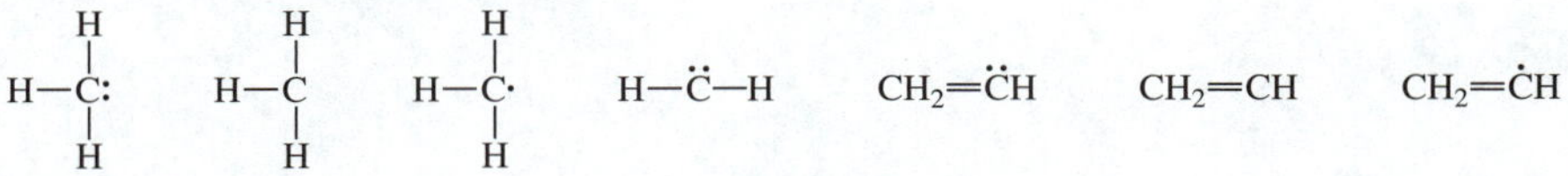

H—C:(H)(H)   H—C(H)(H)   H—C·(H)(H)   H—C̈—H   CH₂=C̈H   CH₂=C   CH₂=ĊH

57. a. 109.5°の結合角をもつ化学種はどれか．　　**b.** 120°の結合角をもつ化学種はどれか．

H₂O　H₃O⁺　⁺CH₃　BF₃　NH₃　⁺NH₄　⁻CH₃

58. sp² 炭素と矢印で示した sp³ 炭素は同一平面上にあるか．

59. ナトリウムメトキシド(CH₃ONa)はイオン結合と共有結合の両方をもっている．どの結合がイオン結合か．また，共有結合はいくつあるか．

60. a. H—H 結合(0.74 Å)が，C—C 結合(1.54 Å)よりも短いのはなぜか．
　　b. C—H 結合の長さを予測せよ．

61. CHCl₃ と CH₂Cl₂ のうち，より大きい双極子モーメントをもつのはどちらの化合物か．

62. より長い C—Cl 結合をもつのはどちらの化合物か．

　　　　　　　CH₃CH₂Cl　　　　　　　　　　CH₂=CHCl

　　かつて冷却剤，麻酔，エアロゾルス　　ボトル，床，食品用の透明な梱包用
　　プレーの圧縮ガスとして用いられ　　のプラスチック合成の原料として
　　ていた　　　　　　　　　　　　　　用いられる

63. 次の化合物が安定でない理由を述べよ．

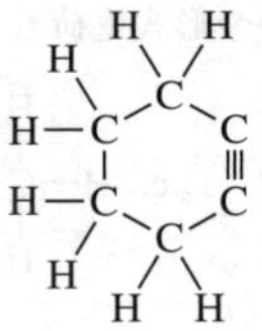

64. 次の化合物には二つの異性体がある．一方の異性体の双極子モーメントは 0 D であるが，もう一方の異性体の双極子モーメントは 2.95 D である．これらのデータと一致する二つの異性体の構造を推定せよ．

$$ClCH=CHCl$$

2 酸と塩基：有機化学を理解するための重要なことがら

酸性雨が数十年間降り続けた結果，チェコ共和国のホラ・スヴァーテホ・セベスチアナ近くのオウシュウトウヒの森は荒廃してしまった．

この章では，酸性雨の原因や，酸性雨が記念碑や植物を壊すのはなぜか，運動が呼吸を速くするのはなぜか，骨粗鬆症薬のFosamax®はどのようにして骨に小さな穴が多発するを防ぐのか，なぜ血液には緩衝作用があり，どのように緩衝が働くのかについて説明する化学を学ぶ．酸と塩基は，有機化学の中心的な役割を果たしている．この章で学ぶことは，本書のどの章にもさまざまな表現で繰り返し現れる．有機化合物がどのように，またなぜ反応するのかを学ぶときに有機酸と有機塩基の重要性をとくに実感するだろう．

現在では信じがたいが，かつて化学者は化合物を分類するときに味見をしていた．古い時代の化学者は，酸っぱい味がする化合物を酸(acid,〝酸っぱい〟を意味するラテン語の *acidus* に由来)と呼んだ．クエン酸(レモンなどの柑橘類に含まれる)，酢酸(酢に含まれる)，および塩酸(胃酸に含まれる．嘔吐時に酸っぱさを感じる)はなじみ深い酸である．

酸性の性質を壊しながら酸を中和する化合物は，塩基あるいはアルカリ化合物と呼ばれる．ガラスクリーナーや排水口の詰まり取り用洗浄液はなじみ深いアルカリ溶液である．

2.1 酸と塩基の基礎

現在私たちが用いている酸と塩基の定義には，Brønsted-Lowryの定義とLewisの定義の2通りある．

BrønstedとLowryによると，**酸**(acid)はプロトンを失う化学種，**塩基**(base)はプロトンを得る化学種である．（正電荷をもつ水素イオンをプロトンと呼ぶのを思い出そう．）たとえば次に示す反応で，塩化水素(HCl)は酸である．なぜなら，それはプロトンを失うからである．このとき，水はプロトンを得ているので塩基である．この逆反応では，H_3O^+はプロトンを失うから酸である．またCl^-はプロトンを得るので塩基である．

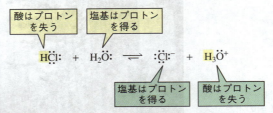

水がプロトンを受け取れるのは，プロトンと共有結合を形成しうる2組の孤立電子対をもっているからである．Cl^-がプロトンを受け取れるのは，孤立電子対のどれかがプロトンと共有結合を形成するからである．Brønsted-Lowryの定義によると，

<u>水素をもつ化学種は酸として作用しうる．</u>
<u>孤立電子対をもつ化学種は塩基として作用しうる．</u>

酸と塩基との反応は，**酸-塩基反応**(acid-base reaction)あるいは**プロトン移動反応**(proton-transfer reaction)と呼ばれる．酸-塩基反応では酸と塩基の両方が必要である．というのは，酸はプロトンを受け取ってくれる塩基がなければプロトンを失うことができないからである．ほとんどの<u>酸-塩基反応は**可逆的**(reversible)</u><u>である</u>．二つの半かぎ矢印は可逆反応に用いられる．2.5節で，反応が平衡に達したとき，反応物と生成物のどちらを多く得られるかを知る方法を学ぶ．

ほとんどの酸-塩基反応は可逆的である．

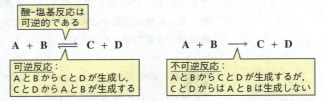

酸がプロトンを失った結果として生じる，プロトンを含まない化学種を，その酸の**共役塩基**(conjugate base)と呼ぶ．したがって，Cl^-はHClの共役塩基であり，H_2OはH_3O^+の共役塩基である．塩基がプロトンを得た結果として生じる，プロトンを含む化学種を，その塩基の**共役酸**(conjugate acid)と呼ぶ．したがって，HClはCl^-の共役酸であり，H_3O^+はH_2Oの共役酸である．

共役塩基は，酸からプロトンを除くことで生じる．

共役酸は，塩基にプロトンを加えることで生じる．

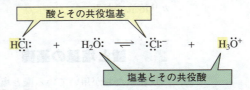

酸-塩基反応のもう一つの例に，アンモニアと水との反応がある．アンモニア

（NH_3）はプロトンを得るので塩基であり，水はプロトンを失うので酸である．逆反応では，アンモニウムイオン（$^+NH_4$）はプロトンを与えるので酸であり，水酸化物イオン（HO^-）はプロトンを得るので塩基である．したがって，HO^-はH_2Oの共役塩基であり，$^+NH_4$はNH_3の共役酸である．NH_3は$^+NH_4$の共役塩基であり，H_2OはHO^-の共役酸である．

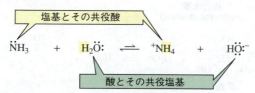

これらの二つの反応のうち，最初の反応では水は塩基であるが，2番目の反応では酸である．水は孤立電子対をもっているので塩基としてふるまい，また放出するプロトンをもっているので酸としてもふるまう．2.4節では，水が塩基として働くか，酸として働くかを予測する方法について学ぶ．

酸性度（acidity）は化合物がプロトンを失う傾向を示す尺度であり，**塩基性度**（basicity）は化合物のプロトン親和性を測る尺度である．強酸はプロトンを失う傾向の強い酸である．これは，その共役塩基が弱いことを意味する．なぜなら，この共役塩基はプロトン親和性が弱いからである．弱酸はプロトンを失いにくい酸であり，その共役塩基はプロトンとの親和性が高いので，強いことを意味している．このように，酸とその共役塩基との間には次のような重要な関係が成り立つ．

強い塩基はプロトンに対して高い親和性をもつ．

弱い塩基はプロトンに対して低い親和性をもつ．

<u>酸が強ければ強いほど，その共役塩基は弱い．</u>

たとえば，HBr は HCl より強い酸であるので，Br^- は Cl^- より弱い塩基である．

問題 1 ◆

次のうち酸でないのはどれか．

CH_3COOH　　　CO_2　　　HNO_2　　　$HCOOH$　　　CCl_4

問題 2 ◆

次に示す酸–塩基反応の生成物を書け．

a. HCl が酸で NH_3 が塩基　　　**b.** H_2O が酸で $^-NH_2$ が塩基

問題 3 ◆

a. 次のそれぞれの化学種の共役酸は何か．

　1. NH_3　　**2.** Cl^-　　**3.** HO^-　　**4.** H_2O

b. 次のそれぞれの化学種の共役塩基は何か．

　1. NH_3　　**2.** HBr　　**3.** HNO_3　　**4.** H_2O

2.2　pK_a と pH

塩化水素のような強酸が水に溶けると，ほとんどすべての分子は解離してイオンになる．それは，平衡時には<u>生成物が優先する</u>，すなわち平衡が右に偏ること

を意味する．酢酸のようなはるかに弱い酸は水には溶けるものの，解離する分子はほとんどなく，したがって平衡時には反応物が優先する，すなわち平衡が左に偏る．長いほうの矢印は平衡時に有利なほうの化学種に向けて書く．

$$H\ddot{C}l: + H_2\ddot{O}: \rightleftarrows H_3O^+ + :\ddot{C}l:^-$$

塩化水素
(hydrogen chloride)

$$\underset{\text{酢酸 (acetic acid)}}{CH_3-\overset{:\ddot{O}:}{\underset{}{C}}-\ddot{O}H} + H_2\ddot{O}: \rightleftarrows H_3O^+ + CH_3-\overset{:\ddot{O}:}{\underset{}{C}}-\ddot{O}:^-$$

水中で酸(HA)が解離する度合いは，反応の**酸解離定数**(acid dissociation constant)，K_a で示される．反応物と生成物の濃度を mol L^{-1} の単位で示すには，角括弧を使う．

$$HA \rightleftarrows H_3O^+ + A^-$$

$$K_a = \frac{[H_3O^+][A^-]}{[HA]}$$

酸が強ければ強いほど，プロトンを失いやすい．

酸解離定数が大きいほど強い酸である．すなわち，プロトンを失う傾向が強い．酸解離定数が 10^7 である塩化水素は，酸解離定数が 1.74×10^{-5} にすぎない酢酸よりも強い酸である．便宜上，酸の強さは一般に K_a 値よりもむしろ **pK_a** 値を用いて示される．pK_a は次の式で定義される．

$$pK_a = -\log K_a$$

酸が強ければ強いほど，その pK_a は小さい．

塩化水素の pK_a は -7 であり，弱酸である酢酸の pK_a は 4.76 である．酸が強ければ強いほどその pK_a は小さいことに注目しよう．

非常に強い酸	pK_a < 1
やや強い酸	pK_a = 1〜3
弱酸	pK_a = 3〜5
非常に弱い酸	pK_a = 5〜15
極端に弱い酸	pK_a > 15

水溶液中でプロトンの濃度は pH で示される．その濃度は[H$^+$]か，あるいは水中のプロトンは水和しているので[H$_3$O$^+$]で表される．

$$pH = -\log[H^+]$$

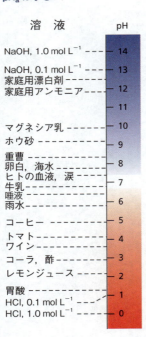

いくつかの一般的な溶液の pH 値を(左)欄外に示す．pH 値が小さくなるにつれて溶液の酸性度が大きくなるため，レモンジュースはコーヒーよりも酸性度が大きく，雨水は牛乳よりも酸性度が大きいことがわかる．pH 値が7よりも小さい溶液は酸性を示すのに対し，pH 値が7よりも大きい溶液は塩基性を示す．溶液の pH は単に酸や塩基を加えるだけで変化させることができる．

pH と pK_a を混同してはいけない．pH は溶液の酸性度を記述するために用いられる尺度である．一方，pK_a は化合物がプロトンをどの程度失いやすいかを示す

酸性雨

雨はやや酸性(pH = 5.5)である．それは，水が空気中の CO_2 と反応して，炭酸(pK_a 値 6.4 の弱酸)が生成するからである．

$$CO_2 + H_2O \rightleftharpoons H_2CO_3$$

炭酸 (carbonic acid)

世界には，雨の酸性度がより大きい(pH 値が 4.3 以下)地域がある．このいわゆる酸性雨は，二酸化硫黄と窒素酸化物が生成されたときに生じる．なぜなら，水がこれらのガスと反応して，強酸である硫酸($pK_a = -5.0$)と硝酸($pK_a = -1.3$)が生成するからである．発電のために化石燃料を燃やすことが，これらの酸を生成するガスを生み出す最大の因子である．

1935 年撮影　　1994 年撮影

ニューヨークのグリニッジ・ビレッジにあるワシントンスクエア公園に立つ George Washington の像．

酸性雨は多くの有害な影響を与える．酸性雨は湖や河川の水生動物を殺してしまう．また，土壌を酸性化するので，穀物が生長できなくなり，森林が破壊される(47 ページ参照)．塗料や建築材料の質を低下させる．そのなかには文化遺産である記念碑や彫像も含まれている．炭酸カルシウムからなる大理石も腐食される．それは，プロトンが CO_3^{2-} と反応して炭酸を生成し，その炭酸が CO_2 と H_2O に分解するからである(上に示した反応の逆反応)．

$$CO_3^{2-} \xrightleftharpoons{H^+} HCO_3^- \xrightleftharpoons{H^+} H_2CO_3 \rightleftharpoons CO_2 + H_2O$$

尺度である．このようにして，pK_a は，融点や沸点のように特定の化合物ごとに特徴的な値を示す．

問題 4 ◆

a. pK_a が 5.2 の化合物と 5.8 の化合物とでは，どちらが強い酸か．

b. 酸解離定数が 3.4×10^{-3} の化合物と 2.1×10^{-4} の化合物とでは，どちらが強い酸か．

問題 5 ◆

酪酸は腐った牛乳の不快臭や，酸っぱさの原因となる化合物である．酪酸の pK_a 値は 4.82 である．ビタミン C の pK_a 値は 4.17 である．酪酸はビタミン C より強い酸か弱い酸か．

問題 6

制酸剤は胃酸を中和する化合物である．マグネシア乳，アルカセルツァー，およびタムズがどのようにして過剰の酸を取り除くか，その反応式を書け．

a. マグネシア乳：$Mg(OH)_2$　　**b.** アルカセルツァー：$KHCO_3$ と $NaHCO_3$
c. タムズ：$CaCO_3$

問題 7 ◆

次の体液は酸性か，それとも塩基性か．

a. 胆汁(pH = 8.4)　　**b.** 尿(pH = 5.9)　　**c.** 脊髄液(pH = 7.4)

2.3 有機酸と有機塩基

最も一般的な有機酸は COOH 基をもつカルボン酸である。代表的なカルボン酸として、酢酸やギ酸があげられる。カルボン酸の pK_a 値は 3 〜 5 の間であり、やや弱い酸である。さまざまな有機化合物の pK_a 値を付録 I に示してある。

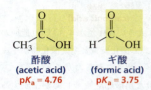

酢酸
(acetic acid)
$pK_a = 4.76$

ギ酸
(formic acid)
$pK_a = 3.75$

カルボン酸のカルボキシ基の表現のしかたは何通りかある。

カルボキシ基

—COOH —CO$_2$H

カルボキシ基はしばしばこのように略記される

OH 基をもつ化合物であるアルコールはカルボン酸よりはるかに弱い酸であり、その pK_a 値は 16 程度である。アルコールの代表的化合物はメチルアルコールとエチルアルコールである。2.8 節では、なぜカルボン酸がアルコールに比べて強い酸なのかを学ぶ。

CH$_3$OH
メチルアルコール
(methyl alcohol)
$pK_a = 15.5$

CH$_3$CH$_2$OH
エチルアルコール
(ethyl alcohol)
$pK_a = 15.9$

アミンは、アンモニア窒素に結合した水素原子のうち一つまたは一つ以上を、炭素を含む置換基で置き換えることにより生成する。アミンとアンモニアは大きな pK_a 値をもつので、酸としてふるまうことはめったになく、むしろ塩基としてふるまう。実際、これらは最も一般的な有機塩基である。2.6 節では、なぜアルコールがアミンに比べて強い酸なのかを学ぶ。

CH$_3$NH$_2$
メチルアミン
(methylamine)
$pK_a = 40$

NH$_3$
アンモニア
(ammonia)
$pK_a = 36$

塩基の強さを評価するにはその共役酸の強さを考えればよい。<u>酸が強ければ強いほど、その共役塩基は弱いことを思い出そう</u>。たとえば、それらの pK_a 値に基づくと、メチルアミンのプロトン化体(10.7)は、エチルアミンのプロトン化体(11.0)よりも強い酸である。すなわち、メチルアミンはエチルアミンよりも弱い塩基である。（プロトン化体とは、プロトンを得た化合物である。）プロトン化されたアミンの pK_a 値は約 11 であることに注目しよう。

CH$_3\overset{+}{\text{N}}$H$_3$
プロトン化されたメチルアミン
$pK_a = 10.7$

CH$_3$CH$_2\overset{+}{\text{N}}$H$_3$
プロトン化されたエチルアミン
$pK_a = 11.0$

アルコールのプロトン化体やカルボン酸のプロトン化体は非常に強い酸である．たとえば，メチルアルコールのプロトン化体のpK_aは-2.5，エチルアルコールのプロトン化体のpK_aは-2.4，酢酸のプロトン化体のpK_aは-6.1である．

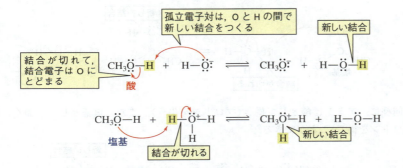

プロトン化された（プロトンを得た）のは，カルボン酸のsp^2酸素であることに注目しよう．その理由は11.9節で学ぶ．

水は酸としても塩基としても働くことは2.1節で学んだ．アルコールも同様で，酸として働くときにはプロトンを失い，塩基として働くときにはプロトンを得る．

化学者は，反応物が生成物に変換されるとき，開裂したり生成したりする結合を示すために，しばしば曲がった矢印を用いる．これらは，曲がった矢印と呼ばれ，反応物と生成物を化学反応式で結ぶときに用いられる直線の矢印と区別され

毒性のあるアミン類

緊急有毒物センターには毒性のある植物に関する電話相談が年平均63,000件も寄せられる．ヘムロック（訳注：ドクニンジンともいう）は，その毒性についてよく知られている植物の例である．それは8種類の異なる毒性をもつアミンを含んでおり，なかでも最も多く含まれているのはコニインである．コニインは中枢神経系を破壊する神経毒である．呼吸麻痺を引き起こし，その結果，脳と心臓への酸素供給が遮断され，少量でさえ摂取すると死に至る．薬が中枢神経系に行きわたるまでに，人工呼吸が施されれば，毒にあたった人は回復することができる．紀元前399年，ソクラテスはヘムロック入りの飲み物を飲まされて亡くなったといわれている．彼は，アテネ市民が崇拝していた神々を信仰しないために疎まれていた．

ヘムロック

る．曲がった両矢印は，それぞれ二つの電子が動くことを強調している．矢印は常に電子供与体から電子受容体に向かう．

酸–塩基反応では，二つの矢印のうち一つは，塩基の孤立電子対から酸のプロトンに向かうように描かれる．2番目の段階の矢印は，プロトンの結合性共有電子から，結合していた原子に向かって描かれ，その原子上に電子は残る．その結果，曲がった矢印を見れば，反応でどの結合が開裂して，またどの結合が生成するかを，電子の流れを追うことによって理解できる．

カルボン酸は酸としても働き（プロトンを失う），塩基としても働く（プロトンを得る）ことができる．

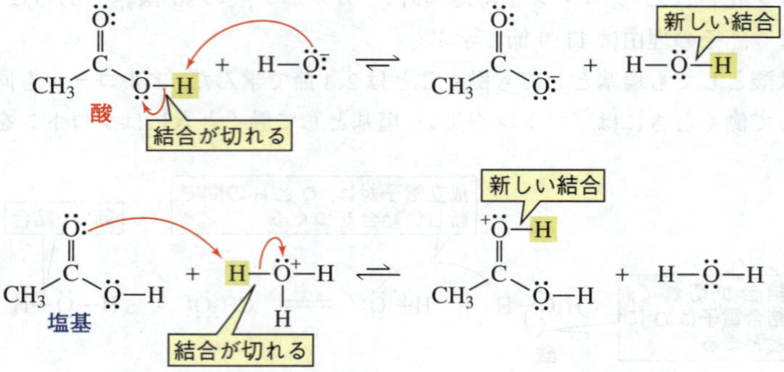

同様に，アミンは酸として働き（プロトンを失う），また，塩基としても働く（プロトンを得る）ことができる．

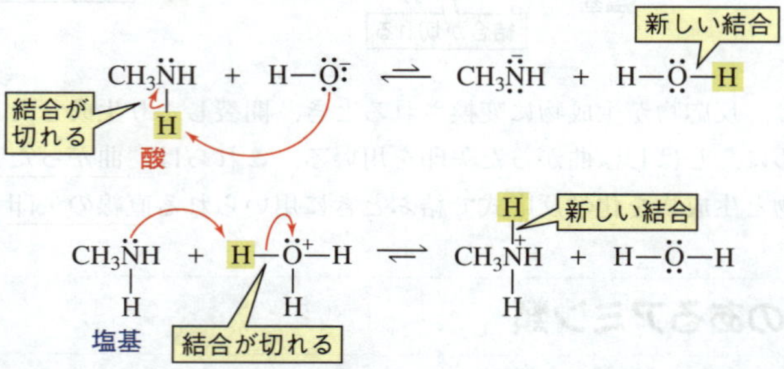

前述のさまざまな種類の化合物のおおよその pK_a 値を知っておくことは重要である．そのための最もよい方法は，それらの pK_a 値が表2.1に示すように5の倍数であることを覚えておくことである．（特定のカルボン酸，アルコール，またはアミンを示さない場合，置換基としてRを用いる．）アルコール，カルボン酸，および水のそれぞれのプロトン化体の pK_a 値は0よりも小さく，カルボン酸の pK_a 値は約5，アミンのプロトン化体の pK_a 値は約10，アルコールと水の pK_a 値は約15である．これらの値は参照しやすいように本書の後見返しにも示してある．

2.3 有機酸と有機塩基

表 2.1 おおよその pK_a 値

$pK_a < 0$	pK_a 約 5	pK_a 約 10	pK_a 約 15
$RO\overset{+}{H}_2$ プロトン化された アルコール	$R-\underset{O}{\overset{\parallel}{C}}-OH$ カルボン酸	$R\overset{+}{N}H_3$ プロトン化された アミン	ROH アルコール
$R-\underset{OH}{\overset{+OH}{\parallel C}}$ プロトン化された カルボン酸			H_2O 水
H_3O^+ プロトン化された水			

これらのおおよその pK_a 値を覚えておくことは重要である. というのは,有機化合物の反応を学ぶときにきわめて重要だからである.

問題 8 ◆

次のそれぞれの化学種の共役酸を書け.

a. CH_3CH_2OH b. $CH_3CH_2O^-$ c. $CH_3-\underset{O}{\overset{\parallel}{C}}-O^-$

d. $CH_3CH_2NH_2$ e. $CH_3CH_2-\underset{O}{\overset{\parallel}{C}}-OH$

問題 9

a. CH_3OH が酸として NH_3 と反応する式と,CH_3OH が塩基として HCl と反応する式を書け.

b. NH_3 が酸として CH_3O^- と反応する式と,NH_3 が塩基として HBr と反応する式を書け.

問題 10 ◆

次の化合物の pK_a 値を予測せよ.

$CH_3CH_2CH_2NH_2$ $CH_3CH_2CH_2OH$ CH_3CH_2COOH $CH_3CH_2CH_2\overset{+}{N}H_3$

【問題解答の指針】

次の化合物において,どの原子が最もプロトン化されやすいか.

$$HOCH_2CH_2CH_2NH_2$$

解答 この問題の解き方の一つは,その官能基の共役酸の pK_a 値に注目することである.酸が弱ければ弱いほど,その共役塩基は強いことを思い出そう.塩基が強ければ強いほど,プロトン化されやすい.

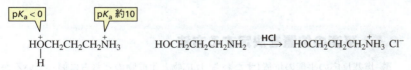

共役酸は，約 0 と約 10 の pK_a 値をもつ．$^+$NH$_3$ 基はより弱い酸であり，NH$_2$ はより強い塩基であるため，その基はよりプロトン化されやすい．

ここで学んだ方法を使って問題 11 を解こう．

問題 11 ◆

a. CH$_3$COO$^-$ と HCOO$^-$ とではどちらが強い塩基か（CH$_3$COOH の pK_a は 4.8 で，HCOOH の pK_a は 3.8 である）．

b. HO$^-$ と $^-$NH$_2$ とではどちらが強い塩基か（H$_2$O の pK_a は 15.7 で，NH$_3$ の pK_a は 36 である）．

c. H$_2$O と CH$_3$OH とではどちらが強い塩基か（H$_3$O$^+$ の pK_a は -1.7 で，CH$_3$$\overset{+}{\text{O}}H_2$ の pK_a は -2.5 である）．

問題 12 ◆

2.3 節の pK_a 値を用いて，塩基性が最も強いものから最も弱い順に次の化学種を並べよ．

$$\text{CH}_3\text{NH}_2 \quad \text{CH}_3\bar{\text{N}}\text{H} \quad \text{CH}_3\text{OH} \quad \text{CH}_3\text{O}^- \quad \text{CH}_3\overset{\text{O}}{\overset{\|}{\text{C}}}\text{O}^-$$

2.4 酸-塩基反応の結果を予測する方法

水は HCl と反応するとき（2.1 節の最初の反応）塩基としてふるまうが，NH$_3$ と反応するとき（2.1 節の 2 番目の反応）は酸としてふるまう．二つの反応物のどちらが酸であるかを決めるために，それらの pK_a 値を比べてみる必要がある．

H$_2$O と HCl の反応：反応物は水（pK_a = 15.7）と HCl（pK_a = -7）である．HCl はより強い酸（pK_a 値がより小さい）なので，それはプロトンを失う反応物である．したがって，この反応では HCl は酸であり，水が塩基として働く．

H$_2$O と NH$_3$ の反応：反応物は水（pK_a = 15.7）と NH$_3$（pK_a = 36）である．水はより強い酸（pK_a 値がより小さい）なので，それはプロトンを失う反応物である．したがって，この反応では水は酸であり，アンモニアが塩基として働く．

問題 13 ◆

メタノールは，メチルアミンと反応するとき酸として働くか塩基として働くか．

2.5 平衡の位置を決定する方法

酸-塩基反応の平衡の位置（すなわち，反応物と生成物のどちらに偏っているか）

を決定するには，平衡式の矢印の左側にある酸の pK_a 値と，矢印の右側にある酸の pK_a 値を比較する必要がある．平衡は弱い酸(大きな pK_a 値を示すほう)の生成に偏る．いいかえれば，平衡は弱い酸のほうへ向かう．

$$CH_3COOH + NH_3 \rightleftharpoons CH_3COO^- + \overset{+}{N}H_4$$

より強い酸 pK_a = 4.8　　　　　　　　　　より弱い酸 pK_a = 9.4

より弱い酸が生成物であるために，生成物側に偏る

$$CH_3CH_2OH + CH_3NH_2 \rightleftharpoons CH_3CH_2O^- + CH_3\overset{+}{N}H_3$$

より弱い酸 pK_a = 15.9　　　　　　　　　より強い酸 pK_a = 10.7

より弱い酸が反応物であるために，反応物側に偏る

酸-塩基反応では，平衡は弱い酸が生成するほうに偏る．

問題 14

a. 2.3 節のそれぞれの酸-塩基反応について，平衡の矢印の両側にある酸の pK_a 値を比較し，示されている方向に平衡が偏っていることを確認せよ．(必要な pK_a 値は 2.3 節または問題 11 に示されている．)

b. 2.1 節の酸-塩基反応についても，同様に答えよ．

問題 15

エチンの pK_a 値は 25，水の pK_a 値は 15.7，アンモニア(NH_3) の pK_a 値は 36 である．エチンと次の反応種との酸-塩基反応を書き，反応物と生成物のどちらに反応が偏るかを示せ．

a. HO^-　　　**b.** $^-NH_2$

c. エチンからプロトンを奪うには，HO^- と $^-NH_2$ のどちらの塩基が望ましいか．

問題 16 ◆

酢酸からプロトンを取り除く反応において，反応を生成物に偏らせることができるのは次の塩基のうちどれか．

HO^-　　CH_3NH_2　　$HC\equiv C^-$　　CH_3OH　　H_2O　　Cl^-

2.6　酸の構造はその pK_a 値にどのような影響を与えるか

酸がプロトンを失うときに生成する共役塩基の安定性によって酸の強さが決まる．塩基が安定であればあるほど，その共役酸は強い．(その理由は 5.6 節で説明する．)

安定な塩基とは，前にプロトンと共有していた孤立電子対をなるべく保とうとする塩基である．いいかえると，安定な塩基は弱い塩基であり，孤立電子対を共有しない．つまり，次のことがいえる．

　　　塩基が弱ければ弱いほどその共役酸は強く，
　　　塩基の安定性が大きければ大きいほど，その共役酸は強い．

安定な塩基は弱い塩基である．

塩基が安定であればあるほど，その共役酸は強い．

塩基が弱ければ弱いほど，その共役酸は強い．

電気陰性度

塩基の安定性を左右する二つの因子は，その電気陰性度とその大きさである．

周期表の第2周期元素の原子はすべて，大きさはほぼ同じだが，非常に異なる電気陰性度をもっている．電気陰性度は，左から右へいくに従って大きくなる．次に示した元素では，炭素の電気陰性度が最も小さく，フッ素が最も大きい．

電気陰性度の大きさ：　C < N < O < F ＜ 最も電気的に陰性

これらの元素に水素が付加して生成する酸を見ると，最も酸性度の大きい化合物は電気陰性度の最も大きな原子に結合した水素をもつ酸であることがわかる．だから，HF は最も強い酸であり，メタンは最も弱い酸である．

> 原子の大きさがほぼ同じだと，電気陰性度の最も大きな原子に結合した水素をもっているのが最も強い酸である．

相対的酸性度の大きさ：　CH_4 < NH_3 < H_2O < HF ＜ 最も強い酸

原子の大きさがほぼ同じだと，電気陰性度の最も大きな原子に結合した水素をもっているのが最も強い酸である．

これらの酸の共役塩基の安定性を見ると，左から右に増大していることがわかるだろう．なぜなら，電気陰性度の大きな原子はその負電荷をよりよく保持できるからである．つまり，最も強い酸は最も安定な(最も弱い)共役塩基をもつ．

相対的安定性：　$^-CH_3$ < $^-NH_2$ < HO^- < F^- ＜ 最も安定

水素に結合している原子の電気陰性度がその化合物の酸性度に及ぼす影響は，アルコールとアミンの pK_a 値を比較すると理解できる．酸素は窒素より電気陰性度が大きいので，アルコールはアミンよりも酸性である．

CH_3OH	CH_3NH_2
メチルアルコール	メチルアミン
$pK_a = 15.5$	$pK_a = 40$

同様に，酸素は窒素に比べて電気陰性度が大きいので，アルコールのプロトン化体は，アミンのプロトン化体よりも酸性である．

$CH_3\overset{+}{O}H_2$	$CH_3\overset{+}{N}H_3$
プロトン化されたメチルアルコール	プロトン化されたメチルアミン
$pK_a = -2.5$	$pK_a = 10.7$

問題 17◆

次のイオンを最も塩基性の強いものから弱いものの順に並べよ．

$^-CH_3$，$^-NH_2$，HO^-，F^-

混 成

原子の混成は，その原子に結合した水素の酸性度に影響する．それは，原子の混成が電気陰性度に影響するからである．sp 混成原子は sp² 混成の同じ原子よりも電気陰性度が大きく，sp² 混成原子は sp³ 混成の同じ原子よりも電気陰性度が大きい．

相対的電気陰性度

電気陰性度が最も大きい → sp > sp² > sp³ ← 電気陰性度が最も小さい

炭素原子の電気陰性度は sp > sp² > sp³ の順番なので，エチンはエテンよりも強い酸であり，エテンはエタンよりも強い酸である．また，最も電気陰性度の大きい原子に結合した水素をもっているのが最も酸性度の大きい化合物である．

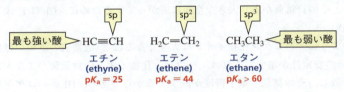

最も強い酸 — HC≡CH （sp）　　H₂C=CH₂ （sp²）　　CH₃CH₃ （sp³） — 最も弱い酸
エチン (ethyne) $pK_a = 25$　　エテン (ethene) $pK_a = 44$　　エタン (ethane) $pK_a > 60$

> sp 炭素は，sp² 炭素に比べて電気陰性度が大きく，sp² 炭素は，sp³ 炭素に比べて電気陰性度が大きい．

問題 18 ◆
右の欄外に示されたカルボアニオンを最も塩基性の強いものから最も弱いものの順に並べよ．

問題 19 ◆
より強い酸はどちらか．

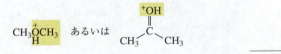

$CH_3\overset{+}{O}CH_3$ あるいは $CH_3\underset{}{\overset{+OH}{C}}CH_3$
　　　　H

問題 20

a. 次の反応の生成物を書け．

A　HC≡CH + CH₃C̄H₂ ⇌　　　B　H₂C=CH₂ + HC≡C⁻

C　CH₃CH₃ + H₂C=C̄H ⇌

b. 生成物の生成に偏るのはどの反応か．

大きさ

大きさが非常に異なる原子を比較する場合，その原子が負電荷を引きつけている度合いを決める際には，原子の大きさのほうが電気陰性度より重要となる．たとえば，周期表の縦の列を下にいくに従って，原子は大きくなりアニオンの安定性が増大するにもかかわらず，その電気陰性度は低下する．周期表の同じ族で下にいけばいくほど塩基の安定性は増大するので，その共役酸の強さも増大する．たとえば，ヨウ素はハロゲンのなかで最も電気陰性度が小さい元素であるにもかかわらず，HI はハロゲン化水素のなかで最も強い酸である（すなわち，I⁻ は最も

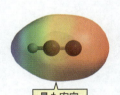

最も安定
HC≡C⁻

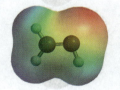

H₂C=C̄H

最も不安定
CH₃C̄H₂

弱く，最も安定な塩基）．

<u>原子の大きさが非常に異なるときは，最も強い酸は，
最も大きな原子に結合している水素をもっている．</u>

相対的な酸性度を決めるとき，大きさは電気陰性度に優先する．

原子の大きさが非常に異なるときには，最も強い酸は，最も大きな原子に結合している水素をもっている．

相対的大きさ： $F^- < Cl^- < Br^- < I^-$ ◁ 最も大きい

相対的酸性度： $HF < HCl < HBr < HI$ ◁ 最も強い酸

なぜ原子の大きさが，電気陰性度の違いより，安定性に重大な影響を及ぼすのだろうか．F^-の価電子は$2sp^3$軌道にあり，Cl^-のそれは$3sp^3$軌道，Br^-のそれは$4sp^3$軌道，I^-のそれは$5sp^3$軌道にある．$3sp^3$軌道の占める空間が$2sp^3$軌道が占める空間よりはるかに大きいのは，$3sp^3$軌道が原子核から遠くに広がっているからである．その負電荷がより大きな空間に広がっているために，Cl^-はF^-より安定性が高い．

このように，ハロゲン化物イオンは大きくなるほど(周期表の下にいけばいくほど)その安定性が増す．これは，ハロゲン化物イオンの負電荷がより大きな空間に分散し，その結果，電子密度が減少するからである．HIがハロゲン化水素のうちで最も強い酸であるのは，I^-が最も安定なハロゲン化物イオンであるからである(表2.2)．ポテンシャル図はハロゲン化水素の大きさに大きな違いがあることを示している．

HF

HCl

HBr

HI

表 2.2 いくつかの簡単な酸の pK_a 値

CH_4	NH_3	H_2O	HF
$pK_a = 60$	$pK_a = 36$	$pK_a = 15.7$	$pK_a = 3.2$
		H_2S	HCl
		$pK_a = 7.0$	$pK_a = -7$
			HBr
			$pK_a = -9$
			HI
			$pK_a = -10$

以上を要約すると，周期表の横の列で左から右に動いても原子の大きさはあまり変わらず，だから原子軌道の大きさはほぼ同じである．この場合は，電気陰性度は塩基の安定性およびその共役酸の酸性度を決める．周期表の縦の列(同じ族)では，下にいくほどその原子は大きくなり，原子軌道の体積が増大して，軌道の電子密度は減少する．塩基の安定性，つまり共役酸の酸性度を決めるのに際して，より重要なのは電気陰性度ではなくて軌道の電子密度である．

問題 21 ◆

最も強い塩基から最も弱い塩基の順に次のハロゲン化物イオンを並べよ．

F^-, Cl^-, Br^-, I^-

2.7 置換基は酸の強さにどのような影響を与えるか

問題 22◆
a. 酸素と硫黄とで電気陰性度の大きいほうはどちらか.
b. H_2O と H_2S とでより強い酸はどちらか.
c. CH_3OH と CH_3SH とでより強い酸はどちらか.

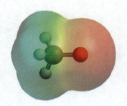

CH_3O^-

問題 23◆
強い酸はどちらか.
a. HCl あるいは HBr
b. $CH_3CH_2CH_2\overset{+}{N}H_3$ あるいは $CH_3CH_2CH_2\overset{+}{O}H_2$

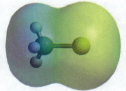

CH_3S^-

c.  あるいは

黒 = C, 灰 = H, 青 = N, 赤 = O

d. $CH_3CH_2CH_2OH$ あるいは $CH_3CH_2CH_2SH$

問題 24◆
a. F^-, Cl^-, Br^-, I^- のハロゲン化物イオンのうちで最も安定な塩基はどれか.
b. 上のイオンのうちで最も不安定な塩基はどれか.
c. 上のイオンのうちで最も強い塩基はどれか.

問題 25◆
強い塩基はどちらか.
a. H_2O あるいは HO^-　　**b.** H_2O あるいは NH_3
c. $CH_3\overset{\overset{O}{\|}}{C}O^-$ あるいは CH_3O^-　　**d.** CH_3O^- あるいは CH_3S^-

2.7 置換基は酸の強さにどのような影響を与えるか

次の四つのカルボン酸の酸性プロトンはすべて同じ原子(酸素)に結合しているにもかかわらず,四つの化合物は異なる pK_a 値をもっている.

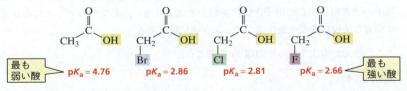

最も弱い酸　　$pK_a = 4.76$　　$pK_a = 2.86$　　$pK_a = 2.81$　　$pK_a = 2.66$　　最も強い酸

電子求引性誘起効果は酸の強さを増大させる.

この pK_a 値の違いは,水素が結合している原子の性質だけではなく,酸性度に影響する因子がほかにもあることを示している.

四つのカルボン酸の pK_a 値から,CH_3 基の1個の水素をハロゲンに置き換えると,その化合物の酸性度が増大することがわかる.(化合物の原子が置き換わることを<u>置換</u>と呼び,新しく変わった原子を<u>置換基</u>と呼ぶ.)ハロゲンがそれに置換する水素よりも電気陰性度が大きいことがその理由である.水素原子に比べて電

気的に陰性なハロゲンは結合電子を自らのほうへ引きつける．シグマ(σ)結合を通じて電子を求引することを，**電子求引性誘起効果**(inductive electron withdrawal)という．

電子求引性誘起効果による負電荷をもつカルボニル酸素のまわりの電子密度の減少によって，カルボン酸の共役塩基であるカルボン酸陰イオンが安定化する．塩基が安定化すると，その共役酸の酸性度は増大する．

> 電子求引性誘起効果は塩基を安定化する
>
> 臭素に向かう電子求引性誘起効果

先に示した四つのカルボン酸の pK_a 値は，ハロゲン置換基の電子求引性(電気陰性度)が増せば増すほど小さくなる(酸性度が増大する)．こうして，フッ素置換の化合物が最も強い酸となるのは，その共役塩基が安定(最も弱い)だからである．

置換基と酸性プロトンとの間が遠くなれば，化合物の酸性度に及ぼす置換基の効果は減少する．

最も強い酸			最も弱い酸
CH$_3$CH$_2$CH$_2$CH(Br)COOH	CH$_3$CH$_2$CH(Br)CH$_2$COOH	CH$_3$CH(Br)CH$_2$CH$_2$COOH	CH$_2$(Br)CH$_2$CH$_2$CH$_2$COOH
pK_a = 2.97	pK_a = 4.01	pK_a = 4.59	pK_a = 4.71

【問題解答の指針】

構造から酸の相対的強さを決定する

どちらがより強い酸か．

CH$_3$CH(I)CH$_2$OH　あるいは　CH$_3$CH(Br)CH$_2$OH

二つのものを比較するように求められたならば，異なる部分に注目し，共通部分については無視すること．これらの二つの化合物は，中央の炭素に結合しているハロゲン原子のみが異なる．臭素はヨウ素よりも電気陰性度が大きいので，臭化物中の酸素原子からの電子求引性誘起効果はより強い．したがって，臭化物はより安定な共役塩基を生成するので，より強い酸である．

ここで学んだ方法を使って問題 28 を解こう．

問題 26 ◆

強い酸はどちらか．

a. CH$_3$OCH$_2$CH$_2$OH　あるいは　CH$_3$CH$_2$CH$_2$CH$_2$OH
b. CH$_3$CH$_2$CH$_2$$\overset{+}{N}H_3$　あるいは　CH$_3$CH$_2$CH$_2$$\overset{+}{O}H_2$
c. CH$_3$OCH$_2$CH$_2$CH$_2$OH　あるいは　CH$_3$CH$_2$OCH$_2$CH$_2$OH
d. CH$_3$$\overset{O}{\overset{\|}{C}}CH_2$OH　あるいは　CH$_3CH_2$$\overset{O}{\overset{\|}{C}}$OH

問題 27◆

強い塩基はどちらか．

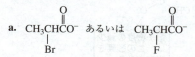

a. CH₃CHCO⁻（Br） あるいは CH₃CHCO⁻（F）   b. CH₃CHCH₂CO⁻（Cl） あるいは CH₃CH₂CHCO⁻（Cl）

c. BrCH₂CH₂CO⁻ あるいは CH₃CH₂CO⁻   d. CH₃CCH₂CH₂O⁻ あるいは CH₃CH₂CCH₂O⁻

問題 28（解答あり）

HCl が HBr より弱い酸にもかかわらず，ClCH₂COOH が BrCH₂COOH よりも強い酸であるのはなぜか．

解答 HCl と HBr の酸性度を比較するためには，共役塩基，すなわち Cl⁻ と Br⁻ の安定性を比較する必要がある．（一方の化合物では H—Cl 結合が開裂し，もう一方では H—Br 結合が開裂することに気づこう．）安定性を決定する際には，原子の大きさのほうが電気陰性度より重要であるので，Br⁻ のほうが Cl⁻ よりも安定である．したがって，HBr は HCl よりも強い酸である．

　二つのカルボン酸の酸性度を比較するには，共役塩基，すなわち ClCH₂COO⁻ と BrCH₂COO⁻ の安定性を比較する必要がある．（O—H 結合がいずれの化合物においても開裂することに気づこう．）これらの共役塩基の唯一の違いは，負に帯電した酸素から電子を引きつける原子の電気陰性度である．Cl は Br より電気陰性度が大きいので，Cl はより大きな電子求引性誘起効果を示す．このため，プロトンが離れるときに形成される塩基上の安定効果が大きくなり，クロロ置換化合物はより強い酸になる．

2.8 非局在化電子の基礎

カルボン酸の pK_a 値は約 5 であり，アルコールの pK_a 値は約 15 であることはすでに学んだ．カルボン酸はアルコールよりはるかに強い酸なので，カルボン酸の共役塩基はアルコールの共役塩基に比べてかなり安定である．

CH₃CH₂O—H　　　CH₃C(=O)O—H　　より強い酸
pK_a = 15.9　　　pK_a = 4.76

　次の二つの要因が，カルボン酸の共役塩基をアルコールの共役塩基よりも安定にさせている．まず第一に，アルコールの共役塩基の炭素が二つの水素をもつ代わりに，カルボン酸の共役塩基の炭素は，二重結合で結ばれた酸素を一つもっている．この電気的に陰性な酸素による電子求引性誘起効果が，負電荷をもつ酸素の電子密度を減少させ，それによって酸素を安定化し，共役酸の酸性度を増している．

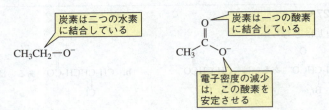

炭素は二つの水素に結合している

炭素は一つの酸素に結合している

電子密度の減少は，この酸素を安定させる

　カルボン酸の共役塩基を，アルコールの共役塩基よりも安定にさせる二つ目の要因は，**電子の非局在化**である．アルコールがプロトンを失うと，負電荷は唯一の酸素原子上に存在するようになる．このように，たった一つの原子に電子が属していることを，「電子が局在化している」という．それとは対照的に，カルボン酸がプロトンを失うと，その負電荷は両方の酸素原子によって共有される．これらの電子は非局在化している．

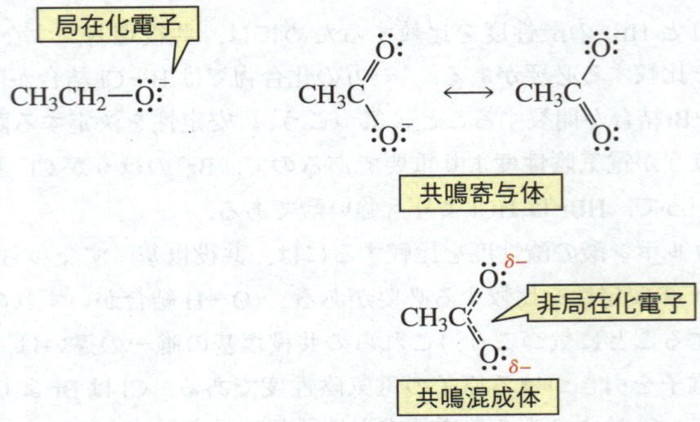

局在化電子

共鳴寄与体

非局在化電子

共鳴混成体

　カルボン酸の共役塩基の二つの構造は，**共鳴寄与体**(resonance contributor)と呼ばれる．どの共鳴寄与体も単独では共役塩基の現実の構造を示しているわけではない．**共鳴混成体**(resonance hybrid)と呼ばれるその実際の構造は，二つの共鳴寄与体を重ね合せたものである．二つの共鳴寄与体の間の両頭矢印は，現実の構造が混成体であることを示すために用いられる．

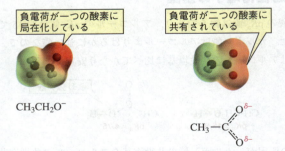

負電荷が一つの酸素に局在化している

負電荷が二つの酸素に共有されている

非局在化電子は 2 個以上の原子によって共有されている．

　二つ目の共鳴寄与体は，孤立電子対を sp^2 炭素のほうに移動し，π結合を開裂させることで得られることに注目しよう．二つの共鳴寄与体ではすべての原子の位置は同一であるが，そのπ電子と孤立電子対の位置のみが異なる．共鳴混成体では，電子対は二つの酸素と一つの炭素に広がっている．

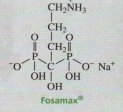

負電荷は二つの酸素原子に等しく共有されており，二つのC—O結合はともに同じ長さである．それらは単結合と同じ長さではないが，二重結合よりは長い．共鳴混成体は，非局在化電子を示すための破線を用いて書くことができる．

こうして，電子求引性誘起効果と2個の原子が負電荷を共有して結びつくことで，カルボン酸の共役塩基はアルコールの共役塩基より安定になる．

非局在化された電子は，有機化学においてとても重要である．その重要性のために，7章のすべてをそれらにあてる．そのときまでに，みなさんは局在化電子のみをもつ化合物について慣れ親しみ，化合物がいつ非局在化電子をもつのか，非局在化電子が有機化合物の安定性，反応性，および pK_a 値にどのように影響するかについてさらに探究できるようになっているだろう．

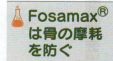

Fosamax®は骨の摩耗を防ぐ

Fosamax®は，骨密度の減少で特徴づけられる異常を示す骨粗鬆症の治療に用いられる．

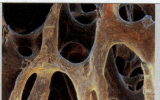

健康な骨(左)と骨粗鬆症になった骨(右)の写真

通常の状態では，骨形成速度と骨吸収(崩壊)速度は綿密につり合っている．骨粗鬆症では，吸収が形成よりも速く，骨は削り取られ，もろくなる(それらはミツバチの巣に似ている)．Fosamax®は，骨の吸収部位に選択的に取り込まれ，吸収をつかさどる細胞活性を抑制する．通常の骨はFosamax®の上に形成され，骨形成の速度が骨の崩壊速度に比べて速くなる．

問題 29

Fosamax®は六つの酸性官能基をもっている．薬の活性な構造を前述のコラムのなかに示す．(Fosamax®のリン原子と問題30の硫黄原子は，PとSが周期表の第2周期よりも下に位置するため8個よりも多い電子に囲まれていることに気をつけよう．)

a. リンに結合したOH基は，六つの官能基のなかで最も強い酸と考えられる．なぜか．

b. 残りの四つの官能基のなかで最も弱い酸はどれか．

問題 30 ◆

どちらがより強い酸であると考えられるか．なぜか．

$$CH_3-\overset{\overset{O}{\|}}{C}-O-H \quad \text{あるいは} \quad CH_3-\overset{\overset{O}{\|}}{\underset{\underset{O}{\|}}{S}}-O-H$$

2.9 酸の強さを決定する因子についてのまとめ

酸の強さは5種類の因子によって決まることを見てきた．水素が結合する原子の大きさ，水素が結合する原子の電気陰性度，水素が結合する原子の混成，電子求引性誘起効果および電子の非局在化である．これら五つの因子すべてが，共役塩基の安定性に影響を与えることによって酸性度に影響する．

1. **原子の大きさ**：水素が結合する原子が大きくなると（周期表の列の下方であればあるほど），酸の強さは増大する．

2. **電気陰性度**：水素が結合する原子の電気陰性度が大きくなると（周期表の行に沿って左から右へいくほど），酸の強さは増大する．

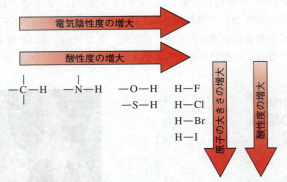

3. **混成**：原子の電気陰性度は次のように混成状態で変わる：sp > sp² > sp³．sp炭素が最も電気陰性度が大きいため，sp炭素に結合する水素は最も酸性度が大きいのに対し，sp³炭素に結合する水素の酸性度は最も小さい．

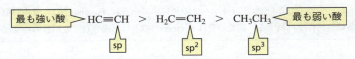

4. **電子求引性誘起効果**：電子求引性基によって酸の強さが増す．すなわち電子求引性基の電気陰性度が大きくなればなるほど，またその電子求引性原子が酸性水素に近ければ近いほど，酸性度は大きくなる．

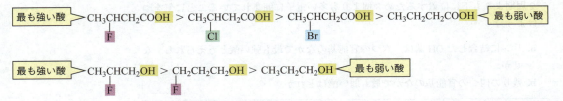

5. **電子の非局在化**：共役塩基が非局在化した電子をもつ酸は，共役塩基が局在化した電子しかもたない酸に比べて酸性度が大きい．

```
      O
      ‖                                         
より強い酸 ─ R─C─OH        RCH₂OH ─ より弱い酸

           O^δ-
           ‖
より安定で   R─C                RCH₂O⁻ ─ より安定性が低く
より弱い塩基      \                         より強い塩基
                 O^δ-
```

2.10 pH は有機化合物の構造にどのような効果を及ぼすか

ある酸が水溶液中でプロトンを失うかどうかは，その酸の pK_a と溶液の pH の両方に依存する．

$$
\begin{array}{ccc}
\text{酸の形} & & \text{塩基の形} \\
RCOOH & \rightleftharpoons & RCOO^- + H^+ \\
ROH & \rightleftharpoons & RO^- + H^+ \\
R\overset{+}{N}H_3 & \rightleftharpoons & RNH_2 + H^+
\end{array}
$$

- 溶液の pH が化合物の pK_a 値よりも小さいとき，化合物はおもに酸の形(プロトンをもつ)で存在する．
- 溶液の pH が化合物の pK_a 値よりも大きいとき，化合物はおもに塩基の形(プロトンをもたない)で存在する．
- 溶液の pH が化合物の pK_a 値と等しいとき，酸の形をもつ化合物の濃度は，塩基の形をもつ化合物の濃度と等しい．

いいかえると，化合物はその pK_a 値より酸性の溶液中ではおもに酸の形で存在し，その pK_a 値より塩基性の溶液中ではおもに塩基の形で存在する．

【問題解答の指針】
特定の pH における構造決定

次の化合物について，pH 5.5 の溶液中で最も多い化学種の形を書け．

a. CH_3CH_2OH ($pK_a = 15.9$)　　b. $CH_3CH_2\overset{+}{O}H_2$ ($pK_a = -2.5$)
c. $CH_3\overset{+}{N}H_3$ ($pK_a = 11.0$)

この種の問題に答えるには，その化合物の解離しうるプロトンの pK_a 値と溶液の pH を比較する必要がある．

a. 溶液の pH(5.5) はその化合物の pK_a 値(15.9) よりも酸性である．それゆえ，化合物はおもに CH_3CH_2OH (プロトンをもつ) として存在する．
b. 溶液の pH(5.5) はその化合物の pK_a 値(-2.5) よりも塩基性である．それゆえ，化合物はおもに CH_3CH_2OH (プロトンをもたない) として存在する．
c. 溶液の pH(5.5) はその化合物の pK_a 値(11.0) よりも酸性である．それゆえ，化合物はおもに $CH_3\overset{+}{N}H_3$ (プロトンをもつ) として存在する．

ここで学んだ方法を使って問題 31 を解こう．

問題 31 ◆

次のそれぞれの化合物（酸の形で示す）について，pH = 5.5 の溶液中で安定に存在する化学種の形を示せ．

a. CH_3COOH (pK_a = 4.76)
b. $CH_3CH_2\overset{+}{N}H_3$ (pK_a = 11.0)
c. H_3O^+ (pK_a = −1.7)
d. HBr (pK_a = −9)
e. $^+NH_4$ (pK_a = 9.4)
f. $HC≡N$ (pK_a = 9.1)
g. HNO_2 (pK_a = 3.4)
h. HNO_3 (pK_a = −1.3)

化合物は，酸性水溶液中 (pH < pK_a) では酸の形で存在し，塩基性水溶液中 (pH > pK_a) では塩基の形で存在する．

問題 32 ◆ (解答あり)

a. 次の pH の溶液中で，pK_a 値が 4.5 のカルボン酸 (RCOOH) はほとんどが電荷をもっている状態か，あるいはほとんどが電気的に中性の状態かを示せ．

1. pH = 1
2. pH = 3
3. pH = 5
4. pH = 7
5. pH = 10
6. pH = 13

b. pK_a 値が 9 のアミンのプロトン化体 ($R\overset{+}{N}H_3$) について a と同じ質問に答えよ．
c. pK_a 値が 15 のアルコール (ROH) について a と同じ質問に答えよ．

32a の解答 1. はじめに，その化合物がその酸の形で電荷をもっているか，または中性か，およびその塩基の形で電荷をもっているか，または中性かを決めよう．カルボン酸は，酸の形 (RCOOH) では中性で，塩基の形 (RCOO$^-$) では電荷をもっている．それから，その pH および pK_a 値を比較して，溶液の pH がその化合物の pK_a 値よりも小さいときには酸の形をとる分子が多く，溶液の pH がその化合物の pK_a 値よりも大きいときには塩基の形をとる分子が多いことを思い出そう．したがって，pH = 1 および 3 のときには，中性分子が多く，pH = 5，7，10，および 13 のときには電荷をもった分子が多い．

問題 33

アラニンのような天然アミノ酸は，カルボン酸基とプロトン化したアミン基の二つの置換基をもつ．これら 2 種類の置換基の pK_a 値を示す．

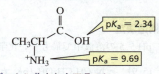

プロトン化されたアラニン
プロトン化されたアミノ酸

a. 酢酸のようなカルボン酸の pK_a 値が約 5 (表 2.1 を参照) であるにもかかわらず，アラニンのカルボン酸基の pK_a 値がはるかに低いのはなぜか．
b. pH = 0 における溶液中のアラニンの構造を書け．
c. 生理学的な pH (pH 7.4) での溶液中のアラニンの構造を書け．
d. pH = 12 における溶液中のアラニンの構造を書け．
e. アラニンが電荷をもたない（すなわち，どの置換基も電荷をもたない）pH は存在するか．

アスピリンは生理学的に活性になるために塩基の形をとる必要がある

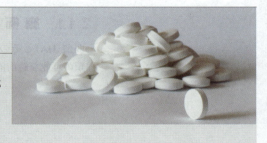

アスピリンは，1899年に初めて発売されてから発熱，軽度の痛み，および炎症の治療のために用いられてきた．市場に出る前に臨床試験が行われた初めての薬である(6.10節参照)．現在，世界中で最も用いられている薬の一つであり，アスピリンは，NSAID(非ステロイド系抗炎症薬)として知られている店頭で購入できる薬の一つである．

アスピリンはカルボン酸である．解熱作用，鎮痛作用，および抗炎症性をつかさどる反応(11.10節参照)を見ると，カルボン酸が生理学的に活性になるためには塩基の形をとらなければならないことがわかる．

酸の形   アスピリン(Aspirin)   塩基の形

カルボン酸の pK_a は約5である．そのため，胃の中($pH = 1 \sim 2.5$)では酸の形をとる．電荷をもたない酸の形では，膜を容易に通過するが，負電荷をもつ塩基の形では通過しない．細胞内の環境($pH 7.4$)では，薬は塩基の形をとるので，解熱，鎮痛，および炎症を抑える反応を起こすことができるようになる．

アスピリンの好ましくない副作用(胃潰瘍，胃出血)は，ほかのNSAID(108ページ)の開発につながった．アスピリンは，ライ症候群(風邪，インフルエンザ，水痘のようなウイルス性の炎症から回復する子どもにとって，まれであるが深刻な病気)の発症理由と関連づけられている．そのため，アスピリンは発熱性の病気をもつ16歳以下の患者には与えないよう勧告されている．

問題 34◆ (解答あり)

水とエーテルは混じり合わない液体である．帯電した化合物は水に溶け，帯電していない化合物はエーテルに溶ける(3.7節参照)．$C_6H_{11}COOH$ が $pK_a = 4.8$ で，$C_6H_{11}\overset{+}{N}H_3$ が $pK_a = 10.7$ であるとき，次の問いに答えよ．

a. 両方の化合物が水相に溶けるためには，水相のpHをどのくらいにすべきか．
b. 酸が水相に溶け，アミンがエーテル相に溶けるためには，水相のpHをどのくらいにすべきか．
c. 酸がエーテル相に溶け，アミンが水相に溶けるためには，水相のpHをどのくらいにすべきか．

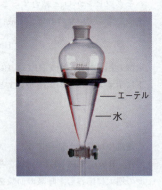

34a の解答 化合物が水相に溶けるためには電荷をもっていなければならない．カルボン酸は塩基の形をしており，それはカルボン酸陰イオンである．99%以上のカルボン酸が塩基の形をとるためには，pHは化合物の pK_a よりも2以上大きくならなければならない．よって，水のpHは6.8よりも大きくならなければならない．99%以上のアミンが酸の形をとるためには，pHは化合物の pK_a よりも2以上小さくならなければならない．よって，水のpHは8.7よりも小さくならなければならない．pHが6.8〜8.7の間にあれば，両方の化合物が水相に溶ける．その範囲の中間にあるpH(たとえば，pH = 7.7)がよい選択肢であろう．

2.11 緩衝液

弱酸(HA)とその共役塩基(A^-)の混合溶液を**緩衝液**(buffer solution)と呼ぶ. 3種類の可能な緩衝液の成分を下に示す.

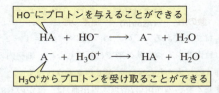

緩衝液は, 酸や塩基を少量加えても, その pH が変わることはほとんどない. なぜなら, 弱酸は, 溶液に加えられたすべての HO^- にプロトンを与えることができ, その共役塩基は, 溶液に加えられたすべての H^+ を受け取ることができるからである.

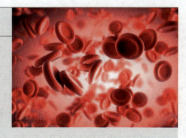

血液: 緩衝液

血液は, 人体のすべての細胞に酸素を輸送する液体である. ヒトの血液の正常な pH は約 7.4 である. その pH が約 6.8 より小さくなったり, ほんの数秒間でも約 8.0 より大きくなったりすると, 死に至る.

酸素は, ヘモグロビン(HbH^+)と呼ばれる血液中のタンパク質によって輸送される. ヘモグロビンが O_2 と結合すると, ヘモグロビンはプロトンを失い, pH を維持する緩衝液を含んでいなければ, 血液はより酸性になる.

$$HbH^+ + O_2 \rightleftharpoons HbO_2 + H^+$$

炭酸/炭酸水素イオン(H_2CO_3/HCO_3^-)緩衝液は, 血液の pH を調節するために用いられている. この緩衝液の重要な特徴は, 下に示すようにこの炭酸が CO_2 と H_2O に分解することである.

$$HCO_3^- + H^+ \rightleftharpoons \underset{\text{(bicarbonate)}}{H_2CO_3} \rightleftharpoons CO_2 + H_2O$$

炭酸水素イオン (bicarbonate)　　炭酸 (carbonic acid)

運動中は代謝が活発になり, 大量の CO_2 が生成する. CO_2 の濃度が増大すると, 炭酸と炭酸水素イオンの間の平衡が左側に偏り, H^+ の濃度を増大させる. 運動中には大量の乳酸も生成し, H^+ の濃度をさらに増大させる. 脳内にある受容体は H^+ の濃度の増大に応答し, 呼吸の回数を増やすように指令を出す. このことにより, ヘモグロビンが細胞内により多くの酸素を解離し, 呼気による CO_2 の放出を増大させる. 両方の過程によって平衡が最初の反応では左に偏り, 下の反応では平衡が右に偏ることで血液中の H^+ の濃度を低下させる.

したがって, 肺気腫のように, 呼吸の回数と深さが減少する病気では, 血液の pH が低下し, アシドーシス(酸血症)になる. 反対に, 不安による過換気症のように, 呼吸の回数と深さが増大する状態になると, 血液の pH が上昇し, アルカローシス(アルカリ血症)になる.

問題 35◆

CH_3COOH と $CH_3COO^-Na^+$ を水に溶かしてつくった緩衝液が，次に示す条件で，溶液の pH の著しい変化をどのようにして妨げるかを示す式を書け．

a. 溶液に少量の H^+ が加えられたとき．
b. 溶液に少量の HO^- が加えられたとき．

問題 36（解答あり）

あなたは水酸化物イオンを生成する反応を行う計画を立てようとしているところだ．一定の pH で反応が起こるため，溶液は pH = 4.2 の緩衝液にする．ギ酸/ギ酸イオンの緩衝液あるいは酢酸/酢酸イオンの緩衝液のどちらを用いるのがよいか．（注意：ギ酸の pK_a は 3.75 で，酢酸の pK_a は 4.76 である．）

解答 反応で生成する水酸化物イオンは，緩衝液内の酸の形からプロトンを奪うので pH は一定に保たれる．よって，緩衝液の選択としては，pH = 4.2 で，緩衝液中で酸の形が最も高い濃度になっていることがより好ましい．ギ酸の pK_a は 3.75 であるため，緩衝液の主要成分は pH = 4.2 で塩基の形になっている．pK_a = 4.76 をもつ酢酸は，緩衝液では塩基の形よりも酸の形のほうが多い．したがって，あなたの行う反応では，酢酸/酢酸イオンの緩衝液を用いるのが好ましいだろう．

問題 37◆

次のそれぞれの化合物が HO^- と反応するとき何が生成されるかを示せ．

a. CH_3OH **b.** $^+NH_4$ **c.** $CH_3\overset{+}{N}H_3$ **d.** CH_3COOH

覚えておくべき重要事項

- **酸**はプロトンを与える化学種であり，**塩基**はプロトンを受け取る化学種である．
- **Lewis 酸**は，電子対を受け取って共有する化学種であり，**Lewis 塩基**は電子対を与えて共有する化学種である．
- **酸性度**は，化合物がプロトンを放出する傾向を示す尺度である．
- **塩基性度**は化合物のプロトン親和性の尺度である．
- 強塩基はプロトンに対する親和性が高い．弱塩基はプロトンに対する親和性が低い．
- 酸が強ければ強いほど，その共役塩基は弱い．
- 酸の強さは，**酸解離定数**（K_a）によって与えられる．
- 酸が強ければ強いほど，その pK_a 値は小さい．
- おおよその pK_a 値は次のとおりである：アルコール，カルボン酸，水のそれぞれのプロトン化体 < 0，カルボン酸約 5，アミンのプロトン化体約 10，アルコールと水約 15．
- 溶液の pH はその溶液中におけるプロトンの濃度を示す．pH が小さければ小さいほど，溶液の酸性度は大きい．
- **酸-塩基反応**では，平衡はより弱い酸が生じる方向に傾く．
- 曲がった矢印は，反応物が生成物に変換するときに壊れたり形成されたりする結合を表す．
- 酸の強さは，その共役塩基の安定性で決まる．塩基が安定であればあるほど（弱ければ弱いほど），その共役酸は強い．
- 原子の大きさがほぼ等しいとき，電気陰性度のより大きい原子に結合した水素をもつ酸がより強い．
- 原子の大きさが非常に異なるときは，より大きい原子に結合した水素をもつ酸がより強い．
- 混成は酸性度に影響する．なぜなら，sp 混成原子は sp^2

混成原子に比べて電気陰性度が大きく，sp² 混成原子は sp³ 混成原子に比べて電気陰性度が大きいからである．
- **電子求引性誘起効果**により酸性度は増大する．電子求引性基の電気陰性度がより大きく，かつその電子求引性基が酸性水素に近いほど酸性度は大きい．
- **非局在化電子**（2 個以上の原子によって共有されている電子）は，化合物を安定化させる．
- **共鳴混成体**は，いくつかの共鳴寄与体から成り立っており，それらはπ電子と孤立電子対の位置が異なるのみである．
- 化合物は原理的にはその pK_a 値より酸性の溶液中では（プロトンをもった）酸の形をとり，その pK_a 値より塩基性の溶液中では（プロトンをもたない）塩基の形をとる．
- **緩衝液**は，弱い酸とその共役塩基の両方を含む．

章末問題

38. a. 次のアルコールを酸性度が小さくなる順に並べよ．

　　CCl$_3$CH$_2$OH　　　CH$_2$ClCH$_2$OH　　　CHCl$_2$CH$_2$OH
　　$K_a = 5.75 \times 10^{-13}$　$K_a = 1.29 \times 10^{-13}$　$K_a = 4.90 \times 10^{-13}$

　b. 相対的酸性度を説明せよ．

39. 強塩基はどちらか．
- **a.** HS$^-$ あるいは HO$^-$
- **b.** CH$_3$O$^-$ あるいは CH$_3$NH$^-$
- **c.** CH$_3$OH あるいは CH$_3$O$^-$
- **d.** Cl$^-$ あるいは Br$^-$
- **e.** CH$_3$COO$^-$ あるいは CF$_3$COO$^-$
- **f.** CH$_3$CHClCOO$^-$ あるいは CH$_3$CHBrCOO$^-$

40. 次の反応において，どこから電子の動きが始まるか，またどこでその電子の動きが終わるかを示す曲がった矢印を書け．

a. $\ddot{N}H_3$ + H—$\ddot{C}l$: ⇌ $^+NH_4$ + :$\ddot{C}l$:$^-$

b.
$\underset{H\ \ \ OH}{C}=\ddot{O}:$ + H—$\ddot{C}l$: ⇌ $\underset{H\ \ \ OH}{C}—\overset{+}{O}H$ + :$\ddot{C}l$:$^-$

41. a. 次のカルボン酸を酸性度が小さい順に並べよ．

　　CH$_3$CH$_2$CH$_2$COOH　　CH$_3$CH$_2$CHCOOH　　ClCH$_2$CH$_2$CH$_2$COOH　　CH$_3$CHCH$_2$COOH
　　$K_a = 1.52 \times 10^{-5}$　　　　　｜　　　　　　$K_a = 2.96 \times 10^{-5}$　　　　　｜
　　　　　　　　　　　　　　　Cl　　　　　　　　　　　　　　　　　　　　Cl
　　　　　　　　　　　　$K_a = 1.39 \times 10^{-3}$　　　　　　　　　　　　　$K_a = 8.9 \times 10^{-5}$

　b. Cl のような電気陰性置換基は，カルボン酸の酸性度にどのような影響を与えるか．

　c. その置換基の位置は，カルボン酸の酸性度にどのような影響を与えるか．

42. 化合物 HOCH$_2$CH$_2$CH$_2$NH$_2$ について，
- **a.** 共役酸を書け．
- **b.** 共役塩基を書け．

43. 次の化合物を最も強い酸から最も弱い酸の順に並べよ．

　　CH$_3$CH$_2$OH　　CH$_3$CH$_2$NH$_2$　　CH$_3$CH$_2$SH　　CH$_3$CH$_2$CH$_3$

44. 次のそれぞれの化合物について，pH = 3，pH = 6，pH = 10，pH = 14 で最も多く存在する形の構造式を書け．
- **a.** CH$_3$COOH　　　　**b.** CH$_3$CH$_2\overset{+}{N}$H$_3$　　　　**c.** CF$_3$CH$_2$OH
　　pK_a = 4.8　　　　　　pK_a = 11.0　　　　　　pK_a = 12.4

45. 次の酸–塩基反応の生成物を示し，平衡状態で反応物と生成物のどちらが多いかを示せ（2.3 節で示した pK_a 値を用いよ）．

a. $CH_3COOH + CH_3O^- \rightleftarrows$

b. $CH_3CH_2OH + {}^-NH_2 \rightleftarrows$

c. $CH_3COOH + CH_3NH_2 \rightleftarrows$

d. $CH_3CH_2OH + HCl \rightleftarrows$

46. a. 次のアルコールを最も強い酸から最も弱い酸の順に並べよ．
b. 相対的酸性度を説明せよ．

$CH_2=CHCH_2OH \qquad CH_3CH_2CH_2OH \qquad HC\equiv CCH_2OH$

47. それぞれの化合物で，最もプロトン化されやすい原子を示せ．

a. $CH_3-\underset{OH}{CH}-CH_2NH_2$

b. $CH_3-\underset{NH_2}{\overset{CH_3}{C}}-OH$

c. $CH_3-\underset{NH_2}{\overset{CH_3}{C}}-CH_2OH$

48. β遮断薬として知られる Tenormin®は，高血圧の治療や狭心症心臓麻痺後の生存率を向上させるために用いられる．Tenormin は心臓の拍動を遅くすることで，心臓にかかる負担を軽減する．Tenormin®のどの水素の酸性度が最も大きいか．

Tenormin®
アテノロール
(atenolol)

49. HO^- がプロトンを引き抜いて生成物に向かう反応をするのはどの酸か．

$CH_3COOH \qquad CH_3CH_2NH_2 \qquad CH_3CH_2\overset{+}{N}H_3 \qquad CH_3C\equiv CH$
A　　　　　　　B　　　　　　　　C　　　　　　　　D

50. あなたはプロトンを生成する反応を行う計画を立てているところだとする．反応は pH = 10.5 の緩衝状態で行う．プロトン化したメチルアミン/メチルアミン緩衝液あるいはプロトン化したエチルアミン/エチルアミン緩衝液のどちらを用いるのがよいか．（プロトン化したメチルアミンの pK_a = 10.7，プロトン化したエチルアミンの pK_a = 11.0）

51. より強い酸はどちらか．

a. $CH_2=CHCOOH$ あるいは CH_3CH_2COOH

b. （シクロペンチルアンモニウム）あるいは（オキソラン環のアンモニウム）

c. $CH_2=CHCOOH$ あるいは $HC\equiv CCOOH$

d. （シクロヘキシルアンモニウム）あるいは（ピリジニウム）

52. 柑橘類は，三つの COOH 基をもつ化合物であるクエン酸を豊富に含む．分子の中心にある COOH 基の pK_a が酢酸の pK_a(4.76)よりも小さいのはなぜか，その理由を説明せよ．

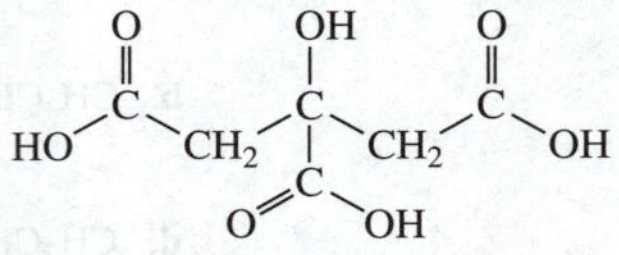

$$\text{HO}-\overset{\overset{\displaystyle O}{\|}}{C}-CH_2-\overset{\overset{\displaystyle OH}{|}}{\underset{\underset{\displaystyle C}{|}}{C}}-CH_2-\overset{\overset{\displaystyle O}{\|}}{C}-OH$$
$$\overset{\|}{\underset{\displaystyle OH}{O}}$$

pK_a = 3.1

53. 生理学的な温度の条件下で炭酸の pK_a は 6.1 である．炭酸/炭酸水素イオンの緩衝系は，中和する過剰の酸と過剰の塩基のどちらを加えたほうが，血中の pH である 7.4 を保持するか．

54. 次の化合物の混合物はどのようにすれば分離できるか．利用できる反応剤は，水，1.0 mol L^{-1} HCl, および 1.0 mol L^{-1} NaOH である．（ヒント：問題 34 を参照せよ．）

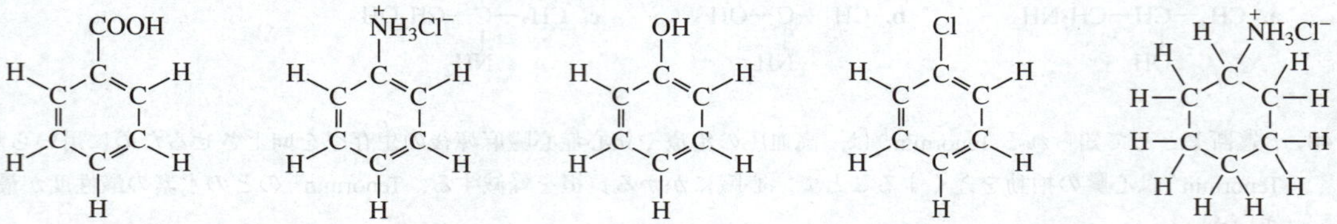

COOH	$^+$NH$_3$Cl$^-$	OH	Cl	$^+$NH$_3$Cl$^-$ (cyclohexyl)
pK_a = 4.17	pK_a = 4.60	pK_a = 9.95		pK_a = 10.66

酸と塩基

このチュートリアルでは，2章で学んだ概念のいくつかについて，練習問題を解いてみる．全体の説明は2章のなかにあるので，詳細な説明はここでは省略する．

酸と共役塩基

酸は，プロトンを失うことのできる種である（Brønsted-Lowryの定義）．酸がプロトン（H^+）を失うと，その共役塩基が生成する．プロトンが酸から失われたとき，プロトンに結合していた電子対は共役塩基の側に残る．

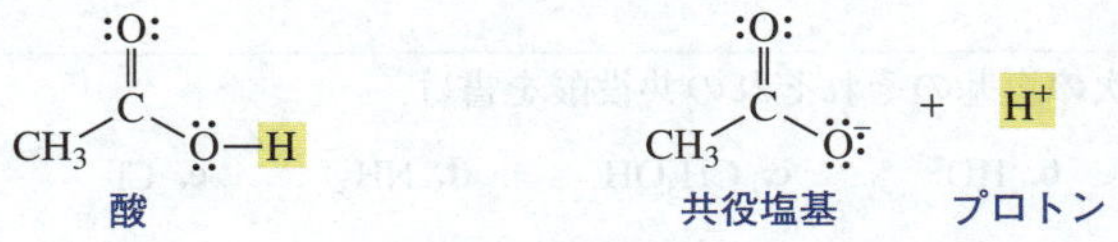

$$CH_3-C(=\ddot{O}:)-\ddot{O}-H \quad \longrightarrow \quad CH_3-C(=\ddot{O}:)-\ddot{O}:^- \quad + \quad H^+$$
酸 　　　　　　　　　　共役塩基　　　プロトン

しばしば，孤立電子対と結合電子対は省略される．

$$CH_3-C(=O)-OH \quad \longrightarrow \quad CH_3-C(=O)-O^- \quad + \quad H^+$$
酸　　　　　　　　　共役塩基

$$CH_3\overset{+}{O}H_2 \quad \longrightarrow \quad CH_3OH \quad + \quad H^+$$
酸　　　　　　　共役塩基

中性の酸は，負に帯電した共役塩基を生成する一方，正に帯電した酸は，中性の共役塩基を生成することに注目しよう．（それぞれ酸がH^+を失うので，電荷は一つだけ減少する．）

問題 1 次の酸のそれぞれの共役塩基を書け．
 a. CH_3OH　　b. $CH_3\overset{+}{N}H_3$　　c. CH_3NH_2　　d. H_3O^+　　e. H_2O

塩基とその共役酸

塩基は，プロトンを得ることのできる種である（Brønsted-Lowryの定義）．塩基がプロトン（H^+）を得ると，その共役酸が生成する．プロトンを得るためには，塩基は，プロトンと新しく結合を形成することができる孤立電子対をもっている必要がある．

$$CH_3\ddot{\underset{..}{O}}:^- \quad + \quad H^+ \quad \longrightarrow \quad CH_3\ddot{\underset{..}{O}}-H$$
塩基　　　　　　　　　　　　　共役酸

しばしば，孤立電子対と結合電子対は省略される．

$$CH_3O^- \quad + \quad H^+ \quad \longrightarrow \quad CH_3OH$$
塩基　　　　　　　　　　　共役酸

$$\text{CH}_3\text{NH}_2 + \text{H}^+ \longrightarrow \text{CH}_3\overset{+}{\text{NH}}_3$$
　　　塩基　　　　　　　　　　　　　共役酸

$$\text{CH}_3\text{COO}^- + \text{H}^+ \longrightarrow \text{CH}_3\text{COOH}$$
　　　塩基　　　　　　　　　　　　　共役酸

負に帯電した塩基は，中性の共役酸を形成する一方，中性の塩基は，正に帯電した共役酸を生成することに注目しよう．（それぞれ酸が H^+ を得るので，電荷は一つだけ増加する．）

問題2 次の塩基のそれぞれの共役酸を書け．
a. H_2O　　b. HO^-　　c. CH_3OH　　d. NH_3　　e. Cl^-

酸–塩基反応

プロトンを受け取る塩基が存在しない限り，酸はプロトンを失うことはできない．したがって，酸は常に塩基と反応する．酸と塩基との反応は，酸–塩基反応あるいはプロトン転移反応と呼ばれる．酸–塩基反応は，可逆反応である．

$$\text{CH}_3\text{COOH} + \text{H}_2\text{O} \rightleftharpoons \text{CH}_3\text{COO}^- + \text{H}_3\text{O}^+$$
　　酸　　　　　　　塩基　　　　　　共役塩基　　　　共役酸
　共役酸　　　　共役塩基　　　　　塩基　　　　　　　酸

正方向で反応する酸と塩基を青字で，逆方向で反応する酸と塩基を赤字で示していることに注目しよう．

酸–塩基反応の生成物

先の反応において，CH_3COOH と H_2O はともに，失うことのできるプロトンをもち（ともに酸としてふるまうことができる），またともにプロトンと結合を形成できる孤立電子対をもつ（ともに塩基としてふるまうことができる）．どちらの反応物がプロトンを失い，どちらの反応物がプロトンを得るかについて，どうしたらわかるのだろう．それは，二つの反応物の pK_a 値を比較することで決定できる．CH_3COOH の pK_a 値は 4.8，H_2O の pK_a 値は 15.7 である．より強い酸（pK_a 値が小さいほう）が酸として働き（プロトンを失う），もう一方の反応物が塩基として働く（プロトンを得る）．

$$\text{CH}_3\text{COOH} + \text{H}_2\text{O} \rightleftharpoons \text{CH}_3\text{COO}^- + \text{H}_3\text{O}^+$$
　pK_a = 4.8　　　pK_a = 15.7

問題3 次の酸–塩基反応の生成物を書け．
a. $\text{CH}_3\overset{+}{\text{NH}}_3 + \text{H}_2\text{O}$　　b. $\text{HBr} + \text{CH}_3\text{OH}$

c. $CH_3\overset{+}{N}H_3$ + HO^- d. CH_3NH_2 + CH_3OH

平衡の位置

酸–塩基反応が，生成物側に傾くか反応物側に傾くかは，正方向でプロトンを失う酸の pK_a 値と，逆方向でプロトンを失う酸の pK_a 値を比較することで決められる．その平衡は，より強い酸の反応，つまり，より弱い酸が生成する反応に傾く．次の反応では，$CH_3\overset{+}{O}H_2$ が CH_3COOH よりもより強い酸であるために，反応物の生成に傾く．

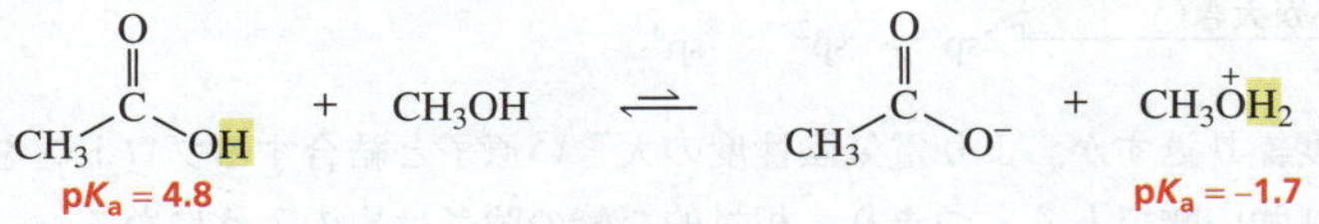

$$CH_3\underset{p K_a = 4.8}{COOH} + CH_3OH \rightleftharpoons CH_3COO^- + \underset{p K_a = -1.7}{CH_3\overset{+}{O}H_2}$$

次の反応は，HCl が $CH_3\overset{+}{N}H_3$ よりもより強い酸であることから生成物の生成に傾く．

$$\underset{pK_a = -7}{HCl} + CH_3NH_2 \rightleftharpoons Cl^- + \underset{pK_a = 10.7}{CH_3\overset{+}{N}H_3}$$

問題 4 問題 3 におけるどの反応が反応物の生成に傾き，どの反応が生成物の生成に傾くか．（pK_a 値は，2.3 節および 2.6 節を参照．）

同じくらいの大きさの原子にプロトンが結合するときの相対的酸性度

周期表の第 2 周期にある原子は，大きさはほぼ同じだが電気陰性度は異なる．

相対的電気陰性度

C < N < O < F   ← 最も電気陰性度が大きい

酸が大きさがほぼ同じの原子と結合したプロトンをもつとき，最も強い酸は，最も電気陰性度の大きい原子がプロトンと結合したものである．相対的酸性度は次の通りである．

最も強い酸 → HF > H_2O > NH_3 > CH_4 ← 最も弱い酸

正に帯電した原子は，中性の同じ原子よりも電気陰性度が大きい．
したがって，

$CH_3\overset{+}{N}H_3$ は CH_3NH_2 よりも強い酸
$CH_3\overset{+}{O}H_2$ は CH_3OH よりも強い酸

プロトンと結合する原子の電気陰性度を比較することによって相対的酸性度を決めるためには，二つの酸が同じ電荷をもっている必要がある．したがって，

$CH_3\overset{+}{O}H_2$ は $CH_3\overset{+}{N}H_3$ よりも強い酸
CH_3OH は CH_3NH_2 よりも強い酸

問題5 より強い酸はどちらか．

a. CH₃OH あるいは CH₃CH₃   b. CH₃OH あるいは HF
c. CH₃NH₂ あるいは HF   d. CH₃NH₂ あるいは CH₃OH

酸性度における混成の影響

原子の電気陰性度は，混成状態に依存する．

sp > sp² > sp³

もう一度繰り返すが，より電気陰性度の大きい原子と結合するプロトンをもつものがより強い酸である．つまり，相対的な酸の強さは次のようになる．

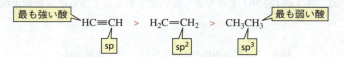

問題6 より強い酸はどちらか．

a. CH₃CH₃ あるいは HC≡CH   b. H₂C=CH₂ あるいは HC≡CH
c. H₂C=CH₂ あるいは CH₃CH₃

大きさの非常に異なる原子にプロトンが結合するときの相対的酸性度

周期表の同じ行にある（同族の）原子は，周期表の下にいくほど大きくなる．

最も大きな
ハロゲン化物イオン   I⁻ > Br⁻ > Cl⁻ > F⁻   最も小さな
ハロゲン化物イオン

大きさの非常に異なる原子と結合したプロトンをもつ二つの酸を比較すると，より強い酸は，より大きな原子と結合したものである．こうして，相対的な酸の強さは次のようになる．

最も強い酸   HI > HBr > HCl > HF   最も弱い酸

問題7 より強い酸はどちらか．（ヒント：本書の見返しにある周期表を使ってもよい．）

a. HCl あるいは HBr   b. CH₃OH あるいは CH₃SH
c. HF あるいは HCl   d. H₂S あるいは H₂O

酸性度に対する電子求引性誘起効果

水素原子を電気陰性の置換基，つまりそれ自身に向かって結合電子を引きつける置換基と置き換えると，酸はより強くなる．

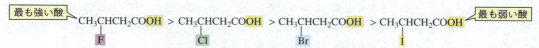

ハロゲンの相対的な電気陰性度を次に示す.

最も電気陰性度が大きい　F > Cl > Br > I　最も電気陰性度が小さい

置換基の電気陰性度が大きければ大きいほど，酸は強くなる．こうして，相対的な酸の強さは次のようになる．

最も強い酸　CH₃CHCH₂COOH > CH₃CHCH₂COOH > CH₃CHCH₂COOH > CH₃CHCH₂COOH　最も弱い酸
　　　　　　　　　|　　　　　　　　　　|　　　　　　　　　　|　　　　　　　　　　|
　　　　　　　　　F　　　　　　　　　　Cl　　　　　　　　　Br　　　　　　　　　　I

プロトンを失う基に，電気陰性の置換基が近ければ近いほど，酸は強くなる．こうして，相対的な酸の強さは次のようになる．

最も強い酸　CH₃CH₂CHCOOH > CH₃CHCH₂COOH > CH₂CH₂CH₂COOH　最も弱い酸
　　　　　　　　　|　　　　　　　　|　　　　　　　　|
　　　　　　　　　Cl　　　　　　　Cl　　　　　　　Cl

> **問題 8**　より強い酸はどちらか．
>
> **a.** ClCH₂CH₂OH　あるいは　FCH₂CH₂OH　　**b.** CH₃CH₂OCH₂OH　あるいは　CH₃OCH₂CH₂OH
>
> **c.** CH₃CCH₂CH₂OH（Oが二重結合）　あるいは　CH₃CH₂CCH₂OH（Oが二重結合）

相対的な塩基の強さ

強い塩基は，プロトンと電子を速やかに共有する．いいかえれば，強い塩基の共役酸は，プロトンを簡単には失わないために弱い酸である．このことから，塩基が強ければ強いほど，その共役酸は弱い（あるいは，酸が強ければ強いほど，その共役塩基は弱い）．

たとえば，より強い酸はどちらか．

 a. CH₃O⁻　あるいは　CH₃NH⁻　　**b.** HC≡C⁻　あるいは　CH₃C̄H₂

この質問に答えるためには，最初にその共役酸を比較しなければならない．

 a. CH₃OH が CH₃NH₂ よりも強い酸である（なぜなら，O が N よりも電気陰性度が大きいからである）．より強い酸はより弱い共役塩基をもつために，CH₃N̄H は CH₃O⁻ によりも強い塩基である．

 b. HC≡CH が CH₃CH₃ よりも強い酸である（なぜなら，sp 混成原子は sp³ 混成原子よりも電気陰性度が大きいからである）．したがって，CH₃C̄H₂ がより強い塩基である．

> **問題 9** より強い塩基はどちらか.
>
> a. Br^- あるいは I^-　　　　　　　b. CH_3O^- あるいは CH_3S^-
> c. $CH_3CH_2O^-$ あるいは CH_3COO^-　　d. $H_2C=\bar{C}H$ あるいは $HC\equiv C^-$
> e. $FCH_2CH_2COO^-$ あるいは $BrCH_2CH_2COO^-$　　f. $ClCH_2CH_2O^-$ あるいは $Cl_2CHCH_2O^-$

弱い塩基は安定な塩基である

弱い塩基は安定である. なぜなら, それらの塩基はかつてプロトンと共有していた電子をもっているからである. したがって, <u>塩基が弱ければ弱いほど, それはより安定である</u>, ということができる. また, <u>酸が強ければ強いほど, その共役塩基は安定(弱い)である</u>, ともいうことができる.

たとえば, Cl^- と Br^- のどちらがより安定な塩基か.

これを決めるためには, はじめにそれらの共役酸を比較する.

HBr は HCl よりも強い酸である(なぜなら, Br は Cl よりも大きい). したがって, Br^- がより安定な(弱い)塩基である.

> **問題 10** より安定な塩基はどちらか.
>
> a. Br^- あるいは I^-　　　　　　　b. CH_3O^- あるいは CH_3S^-
> c. $CH_3CH_2O^-$ あるいは CH_3COO^-　　d. $H_2C=\bar{C}H$ あるいは $HC\equiv C^-$
> e. $FCH_2CH_2COO^-$ あるいは $BrCH_2CH_2COO^-$　　f. $ClCH_2CH_2O^-$ あるいは $Cl_2CHCH_2O^-$

電子の非局在化が塩基を安定化する

塩基が局在化電子をもつならば, その塩基の共役酸がプロトンを失った結果生じる負電荷は, 一つの原子に属する. 一方, 塩基が非局在化電子をもつならば, その塩基の共役酸がプロトンを失った結果生じる負電荷は, 二つ以上の原子で共有される. 非局在化した電子をもつ塩基は, 局在化した電子をもつ類似の塩基よりも安定である.

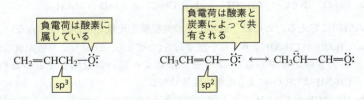

塩基が非局在化した原子をもつかどうかはどのように知るのだろう. 塩基の共役酸がプロトンを失うとき, 電子が sp^3 炭素と単結合する原子にあれば, その電子はたった一つの原子に属する. すなわち, その電子は<u>局在化</u>する. 塩基の共役酸がプロトンを失うとき, 電子が sp^2 炭素と単結合する原子にあれば, その電子は<u>非局在化</u>する.

問題 11 より安定な塩基はどちらか．

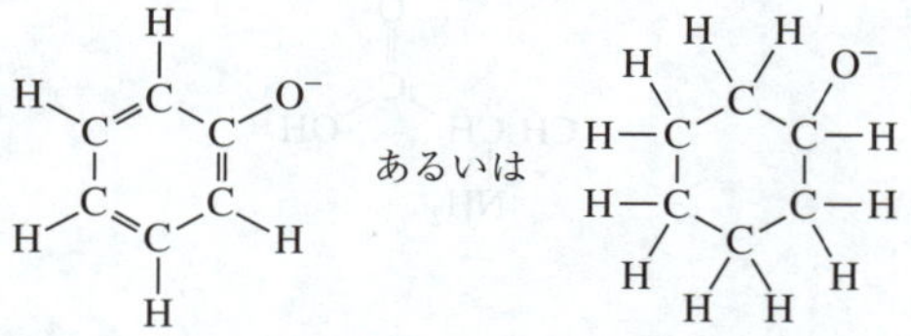

より安定な（弱い）塩基はより強い共役酸をもつことを覚えたところで，問題 12 を解こう．

問題 12 より強い酸はどちらか．

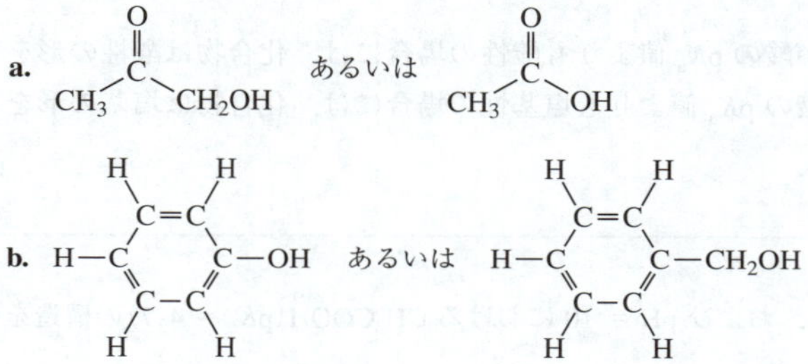

a. CH_3COCH_2OH あるいは CH_3COOH

b. (シクロヘキサジエノール) あるいは (シクロヘキサジエニルメタノール)

複数の酸性基をもつ化合物

化合物が二つの酸性基をもつ場合，塩基ははじめに二つの酸性基のうちより強い酸性の基からプロトンを奪うだろう．塩基 2 当量が加えられると，塩基はより弱い酸性の基からもプロトンを奪う．

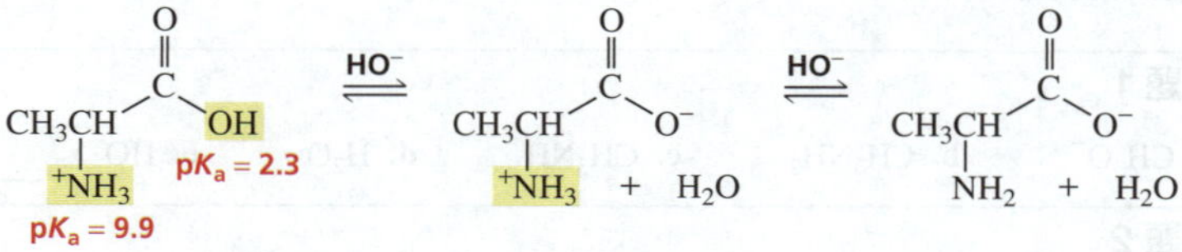

CH₃CH(⁺NH₃)COOH ($pK_a = 2.3$, $pK_a = 9.9$) ⇌ (HO⁻) CH₃CH(⁺NH₃)COO⁻ + H₂O ⇌ (HO⁻) CH₃CH(NH₂)COO⁻ + H₂O

同様に，化合物が二つの塩基性基をもつ場合，酸ははじめにより強い塩基性の基をプロトン化する．2 当量の酸が加えられると，より弱い塩基性の基もプロトン化される．

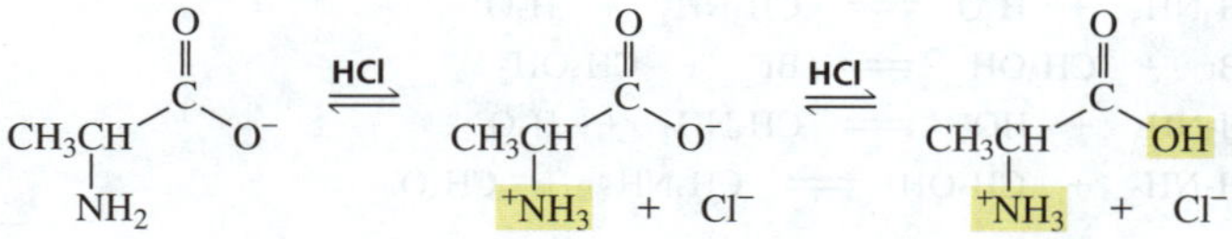

CH₃CH(NH₂)COO⁻ ⇌ (HCl) CH₃CH(⁺NH₃)COO⁻ + Cl⁻ ⇌ (HCl) CH₃CH(⁺NH₃)COOH + Cl⁻

問題 13

a. 1 当量の HCl が $HOCH_2CH_2NH_2$ に加えられた場合には，どんな化学種が生じるか．

b. 次の化合物は存在するか．

$$\underset{\underset{NH_2}{|}}{CH_3}-\underset{\underset{}{\|}}{\overset{\overset{O}{\|}}{C}}-OH$$

構造への pH の影響

酸が酸性の形(プロトンをもつ)をとるか塩基性の形(プロトンをもたない)をとるかは，酸の pK_a 値と溶液の pH に依存する．

- pH < pK_a の場合，化合物はおもに酸の形で存在する．
- pH > pK_a の場合，化合物はおもに塩基の形で存在する．

いいかえると，溶液が酸の pK_a 値よりも酸性の場合には，化合物は酸性の形をとる．しかし，溶液が酸の pK_a 値よりも塩基性の場合には，化合物は塩基の形をとる．

問題 14

a. pH = 2，pH = 7，および pH = 10 における CH_3COOH (pK_a = 4.7) の構造を書け．

b. pH = 2，pH = 7，および pH = 10 における CH_3OH (pK_a = 15.5) の構造を書け．

c. pH = 2，pH = 7，および pH = 14 における $CH_3\overset{+}{N}H_3$ (pK_a = 10.7) の構造を書け．

問題の解答

問題 1

a. CH_3O^-　　**b.** CH_3NH_2　　**c.** $CH_3\overset{-}{N}H$　　**d.** H_2O　　**e.** HO^-

問題 2

a. H_3O^+　　**b.** H_2O　　**c.** $CH_3\overset{+}{O}H_2$　　**d.** $^+NH_4$　　**e.** HCl

問題 3

a. $CH_3\overset{+}{N}H_3 + H_2O \rightleftharpoons CH_3NH_2 + H_3O^+$
b. $HBr + CH_3OH \rightleftharpoons Br^- + CH_3\overset{+}{O}H_2$
c. $CH_3\overset{+}{N}H_3 + HO^- \rightleftharpoons CH_3NH_2 + H_2O$
d. $CH_3NH_2 + CH_3OH \rightleftharpoons CH_3\overset{+}{N}H_3 + CH_3O^-$

問題 4

a. 反応物　　**b.** 生成物　　**c.** 生成物　　**d.** 反応物

問題 5

a. CH_3OH　　**b.** HF　　**c.** HF　　**d.** CH_3OH

問題 6

a. HC≡CH **b.** HC≡CH **c.** $H_2C=CH_2$

問題 7

a. HBr **b.** CH_3SH **c.** HCl **d.** H_2S

問題 8

a. FCH_2CH_2OH **b.** $CH_3CH_2OCH_2OH$ **c.** $CH_3CH_2\overset{O}{\overset{\|}{C}}CH_2OH$

問題 9

a. Br^- **b.** CH_3O^- **c.** $CH_3CH_2O^-$
d. $H_2C=\bar{C}H$ **e.** $BrCH_2CH_2O^-$ **f.** $ClCH_2CH_2O^-$

問題 10

a. I^- **b.** CH_3S^- **c.** CH_3COO^-
d. $HC≡C^-$ **e.** $FCH_2CH_2O^-$ **f.** $Cl_2CHCH_2O^-$

問題 11

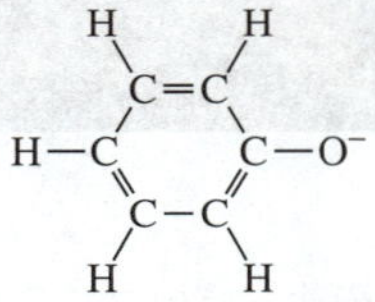

(構造式: フェノキシドイオン C₆H₅O⁻)

問題 12

a. 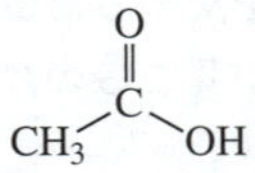 CH_3COOH **b.** 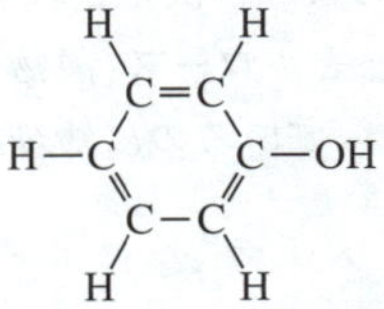 (フェノール構造 C₆H₅OH)

問題 13

a. $HOCH_2CH_2\overset{+}{N}H_3$

b. その化合物は存在しない．それが存在するためには，塩基が $pK_a = 2.3$ の基からプロトンを奪うよりも先に，$pK_a = 9.9$ の基からプロトンを奪う必要がある．pK_a が小さければ小さいほど酸は強くなるので，これは不可能である．すなわち，$pK_a = 2.3$ の基のほうがより容易にプロトンを失う．いいかえれば，弱い酸は強い酸より先に，プロトンを失うことはできない．

問題 14

a. pH = 2 では CH_3COOH，なぜなら $pH < pK_a$ だから．
pH = 7 および 10 では CH_3COO^-，なぜなら $pH > pK_a$ だから．
b. pH = 2，7，および 10 では CH_3OH，なぜなら $pH < pK_a$ だから．
c. pH = 2，7 では $CH_3\overset{+}{N}H_3$，なぜなら $pH < pK_a$ だから．
pH = 14 では CH_3NH_2，なぜなら $pH > pK_a$ だから．

3 有機化合物への招待
命名法，物理的性質，および構造の表示法

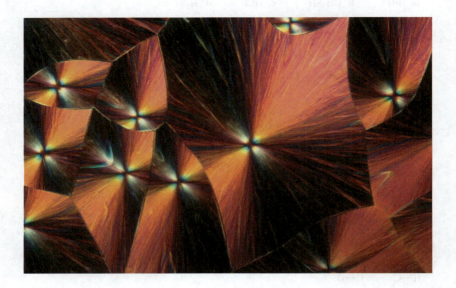

コレステロールの結晶

本章では，生理学的活性が似ている薬はなぜ構造が似ているのか，高いコレステロール値はどのように臨床で治療されるか，魚料理はなぜレモンとともに出されるのか，ガソリンのオクタン価はどのように決定されるか，デンプン（私たちが食べているさまざまな食物の成分）とセルロース（植物の骨格を決める物質）は，いずれもグルコースだけから成り立っているのに物理的性質が異なるのはなぜか，を説明する．

　有機化合物について学んでいく場合，それらの化合物をどのように命名するかを知っていたほうがよい．まず，アルカンの命名法について述べる．というのは，それらの名称がそれ以外のすべての有機化合物の名称の基礎になっているからである．**アルカン**（alkane）は炭素原子と水素原子のみからなり，**単結合**だけを含む．炭素と水素だけから構成されている化合物は**炭化水素**（hydrocarbon）と呼ばれる．したがって，アルカンは単結合のみをもつ炭化水素である．

　炭素鎖が連続的に連なっていて枝分かれのないアルカンを**直鎖アルカン**（straight-chain alkane）という．四つの最も小さな直鎖アルカンの名称は歴史的な起原に基づくが，それら以外のアルカンはギリシャ数字に由来する（表3.1）．

はじめに

表 3.1 直鎖アルカンの命名法と物理的性質

炭素数	分子式	名称	簡略構造	沸点 (℃)	融点 (℃)	密度[a] ($g\ mL^{-1}$)
1	CH_4	メタン (methane)	CH_4	−167.7	−182.5	
2	C_2H_6	エタン (ethane)	CH_3CH_3	−88.6	−183.3	
3	C_3H_8	プロパン (propane)	$CH_3CH_2CH_3$	−42.1	−187.7	
4	C_4H_{10}	ブタン (butane)	$CH_3CH_2CH_2CH_3$	−0.5	−138.3	
5	C_5H_{12}	ペンタン (pentane)	$CH_3(CH_2)_3CH_3$	36.1	−129.8	0.5572
6	C_6H_{14}	ヘキサン (hexane)	$CH_3(CH_2)_4CH_3$	68.7	−95.3	0.6603
7	C_7H_{16}	ヘプタン (heptane)	$CH_3(CH_2)_5CH_3$	98.4	−90.6	0.6837
8	C_8H_{18}	オクタン (octane)	$CH_3(CH_2)_6CH_3$	125.7	−56.8	0.7026
9	C_9H_{20}	ノナン (nonane)	$CH_3(CH_2)_7CH_3$	150.8	−53.5	0.7177
10	$C_{10}H_{22}$	デカン (decane)	$CH_3(CH_2)_8CH_3$	174.0	−29.7	0.7299

a) 密度は温度に依存する. 20℃ ($d^{20°}$) の値を示した.

　表3.1に示したアルカンの炭素の数と水素の数の相対比から, アルカンの一般式は C_nH_{2n+2} (n は自然数) であることがわかる. したがって, 1個の炭素をもつアルカンは4個の水素をもっており, 2個の炭素をもつアルカンは6個の水素をもっている. 以下も同様である.

　炭素が四つの共有結合をもち, 水素が一つだけ共有結合をもっていることはすでに学んだ (1.4節参照). これは, CH_4 の分子式をもつアルカン (メタン) の構造は1種類であり, C_2H_6 の分子式をもつアルカン (エタン) の構造も1種類であることを意味している. 1.7節でこれらの化合物の構造について説明した. C_3H_8 の分子式をもつアルカン (プロパン) の構造も1種類しかない.

名称	Kekulé 構造	簡略構造	球棒モデル
メタン (methane)	H–C(H)(H)–H	CH_4	
エタン (ethane)	H–C(H)(H)–C(H)(H)–H	CH_3CH_3	
プロパン (propane)	H–C(H)(H)–C(H)(H)–C(H)(H)–H	$CH_3CH_2CH_3$	
ブタン (butane)	H–C(H)(H)–C(H)(H)–C(H)(H)–C(H)(H)–H	$CH_3CH_2CH_2CH_3$	

しかしながら，C_4H_{10} の分子式をもつアルカンの構造は 2 種類ある．直鎖アルカンであるブタンのほかに，イソブタンと呼ばれる枝分かれしたブタンがある．これらの構造はともに，それぞれの炭素原子が四つの結合を，それぞれの水素原子がただ一つの結合をつくるという要件を満たしている．

同じ分子式をもっているが，原子の結合様式が異なるブタンやイソブタンのような化合物は **構造異性体**（constitutional isomer）と呼ばれる．すなわち，これらの分子は互いに異なる構造をもっている．イソブタンの名称は，ブタンの isomer に由来し，イソブタンに見られる一つの水素と二つの CH_3 基に結合している炭素からなる構造単位を〝イソ〟と呼ぶようになった．よって，イソブタンという名称は，その化合物がイソ構造部分をもつ 4 炭素のアルカンであることを意味している．

C_5H_{12} の分子式をもつアルカンは 3 種類ある．それらのうち二つの命名法はすでに学んだ．ペンタンは直鎖アルカンである．イソペンタンはその名が示すように，イソ構造単位をもち，5 個の炭素を含む．ほかの分子アルカンについては，新しい構造単位の名前を定義しなければ命名できない．（いまのところは，青で書かれた名称は無視しておこう．）

C_6H_{14} の分子式をもつ構造異性体は 5 種類ある．さらに新しい構造単位を定義しなければ，それらのうち二つしか命名できない．

構造異性体の数は，アルカンの炭素数が増加するにつれて飛躍的に増加する．たとえば，C_7H_{16} の分子式をもつアルカンには 9 種類，$C_{10}H_{22}$ の分子式をもつア

ルカンには 75 種類，$C_{15}H_{32}$ の分子式をもつアルカンには 4,347 種類の異性体が存在する．何千もの構造単位の名称を覚えるのはたいへんなので，化学者は分子構造を表す体系的名称を与える規則を考案した．覚えておかなければいけないのは規則だけである．その名称は構造を表すので，これらの規則にならえばその名称から化合物の構造を論理的に推定することができる．

この命名法を**体系的命名法**(systematic nomenclature)と呼ぶ．また，この命名法は国際純正および応用化学連合(IUPAC, International Union of Pure and Applied Chemistry の略で，〝アイユーパック〟と発音する)によって1892年にスイスのジュネーブの会議で勧告されたもので，**IUPAC 命名法**(IUPAC nomenclature)とも呼ばれる．

それ以来，IUPAC 規則は命名法に関する委員会でたびたび改訂されてきた．イソブタンのような体系的でない名称は**慣用名**(common name)と呼ばれる．本書で二つの名称を示す際は，慣用名は赤字で，体系的名称(IUPAC 名ともいう)は青字で示してある．アルカンの体系的名称のつけ方を理解するには，アルキル置換基の命名法について学ばなければならない．

問題 1 ◆
a. 17 炭素をもつアルカンの水素原子はいくつあるか．
b. 74 水素をもつアルカンの炭素原子はいくつあるか．

問題 2
オクタンとイソオクタンの構造を書け．

3.1 アルキル置換基はどのように命名されるか

アルカンから1個の水素を取り除いたものが**アルキル置換基**(alkyl substituent)(あるいはアルキル基)である．アルキル置換基はアルカンの末尾の〝ane〟を〝yl〟に置き換えて命名する．〝R〟はアルキル基を示すのに用いられる．

CH_3- CH_3CH_2- $CH_3CH_2CH_2-$ $CH_3CH_2CH_2CH_2-$
メチル基   エチル基   プロピル基   ブチル基

$CH_3CH_2CH_2CH_2CH_2-$ $R-$
ペンチル基   アルキル基

アルカンの水素を OH で置き換えた化合物が**アルコール**(alcohol)，NH_2 で置き換えた化合物が**アミン**(amine)，ハロゲンで置き換えた化合物が**ハロゲン化アルキル**(alkyl halide)，OR で置き換えた化合物が**エーテル**(ether)である．

$R-OH$ $R-NH_2$ $R-X$ X = F, Cl, Br, I $R-O-R$
アルコール   アミン   ハロゲン化アルキル   エーテル

アルキル基の名称に化合物の種類の名称(アルコールやアミンなど)を続けると慣用名になる．エーテルの二つのアルキル基はアルファベット順に示す．次の例は，アルキル基の名称がどのように慣用名に用いられているかを示している．

メチルアルコール
(methyl alcohol)

塩化メチル
(methyl chloride)

メチルアミン
(methylamine)

CH₃OH　　　　CH₃CH₂NH₂　　　CH₃CH₂CH₂Br　　　CH₃CH₂CH₂CH₂Cl
メチルアルコール　　エチルアミン　　　臭化プロピル　　　　塩化ブチル
(methyl alcohol)　(ethylamine)　　(propyl bromide)　　(butyl chloride)

CH₃I　　　　　CH₃CH₂OH　　　CH₃CH₂CH₂NH₂　　　CH₃CH₂OCH₃
ヨウ化メチル　　エチルアルコール　　プロピルアミン　　　エチルメチルエーテル
(methyl iodide)　(ethyl alcohol)　　(propylamine)　　(ethyl methyl ether)

† 訳者注：日本語ではスペースを空けない．

化合物に英語名をつけるときにはほとんどの場合，アルキル基の名称と化合物の種類の名称との間にスペースを空けることに注意しよう．† しかしながら，アミンでは全体の名称は一語で記される．

アミンは NH_3 の水素の一つ，二つ，あるいは三つをアルキル基に置換したものである．アルキル基はアルファベット順に並べる．

CH₃NH₂　　　　　CH₃NHCH₂CH₂CH₃　　　　CH₃CH₂NHCH₂CH₃
メチルアミン　　　　メチルプロピルアミン　　　　ジエチルアミン
(methylamine)　　(methylpropylamine)　　(diethylamine)

　　CH₃　　　　　　　　CH₃　　　　　　　　　　CH₃
　　 |　　　　　　　　　 |　　　　　　　　　　　 |
CH₃NCH₃　　　　CH₃NCH₂CH₂CH₃　　　　CH₃CH₂NCH₂CH₂CH₃
トリメチルアミン　　　ブチルジメチルアミン　　　　エチルメチルプロピルアミン
(trimethylamine)　(butyldimethylamine)　(ethylmethylpropylamine)

悪臭をもつ化合物

アミンは，天然にある不快臭のいくつかの原因になっている．比較的小さいアルキル基をもつアミンは，魚のにおいがする．たとえば，アイスランドの伝統料理である発酵したサメは，トリエチルアミンのにおいがする．魚はレモンと一緒に出される．というのは，レモンに含まれるクエン酸がアミンをプロトン化して，臭みのない酸の形に変化させるからである．

レモン汁に含まれるクエン酸は，魚特有の臭みを減らす．

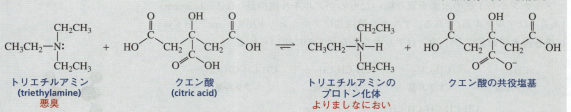

アミンのプトレシンやカダベリンは，体内でアミノ酸が分解したときに生じる毒性の化合物である．これらのアミンは可能な限り速く排出されるので，これらのにおいは尿や口臭から検出される．プトレシンやカダベリンもまた，肉の腐敗臭の原因となる．

H₂N⌒⌒⌒NH₂　　　　H₂N⌒⌒⌒⌒NH₂
1,4-ブタンジアミン　　　1,5-ペンタンジアミン
(1,4-butanediamine)　(1,5-pentanediamine)
プトレシン　　　　　　カダベリン
(putrescine)　　　　(cadaverine)

問題 3 ◆
次のそれぞれの化合物を命名せよ.

3個の炭素を含んでいるアルキル基は2種類あり，それらはプロピル基とイソプロピル基である．プロパンの第一級炭素から1個の水素を取り除くとプロピル基になる．**第一級炭素**(primary carbon)とは，1個の炭素しか結合していない炭素である．プロパンの第二級炭素から1個の水素を取り除くとイソプロピル基になる．**第二級炭素**(secondary carbon)とは，2個の炭素と結合している炭素である．イソプロピル基は，その名が示すように，3個の炭素原子がイソ構造単位として並んでいる．すなわち，一つの水素原子と二つの CH_3 基が結合する炭素であることに注目しよう．

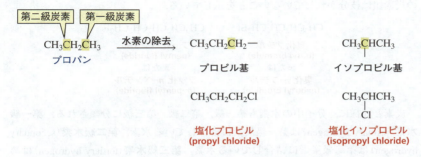

分子構造はさまざまな方法で表示できる．たとえば塩化イソプロピルは，異なる2通りの方法で下のように書くことができる．いずれの書き方も同じ化合物を表す．二次元表示は一見異なっているように見えるが(二つのメチル基を両端に置いた書き方と，もう一つは直角に曲げた書き方)，炭素は正四面体形なので，これらの構造は同じである．中心の炭素に結合している4種類の基，すなわち，水素，塩素，および二つのメチル基は正四面体の頂点に位置する(26ページ参照)．三次元モデルで時計まわりに90°回転させれば，二つのモデルが同じであることがわかる．

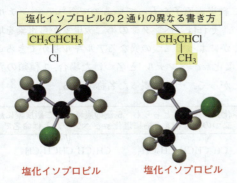

塩化イソプロピルの2種類のモデルをつくると，それらのモデルが同じ化合物であることが確認できるであろう．

4個の炭素を含むアルキル基には4種類ある．そのうち二つ，すなわちブチル

基とイソブチル基は第一級炭素から1個の水素を取り除いたものである．sec-ブチル基〔sec-はときにs-と省略され，第二級(secondary)を意味する〕は第二級炭素から1個の水素を取り除いたものであり，tert-ブチル基〔tert-はしばしばt-と省略され，第三級(tertiary)を意味する〕は第三級炭素から1個の水素を取り除いたものである．**第三級炭素**(tertiary carbon)は，3個の炭素と結合している炭素原子である．イソブチル基はイソ構造単位をもつ唯一の基であることに注目しよう．

> 第一級炭素は1個の炭素と，第二級炭素は2個の炭素と，第三級炭素は3個の炭素と結合している．

直鎖アルキル基の名称には，これが分枝したアルキル基でないことを強調するために，しばしば接頭語の"n"をつける．"n"は"normal"に由来する．その名称が"n"，"iso"，"sec"または"tert"などの接頭語をもたない場合には，その炭素鎖は枝分かれしていないことを示している．

$$CH_3CH_2CH_2CH_2Br \qquad CH_3CH_2CH_2CH_2CH_2F$$

臭化ブチル　　　　　フッ化ペンチル
(butyl bromide)　　　(pentyl fluoride)
または　　　　　　　または
臭化 n-ブチル　　　　フッ化 n-ペンチル
(n-butyl bromide)　　(n-pentyl fluoride)

炭素と同様に，分子中の水素も第一級，第二級，第三級に分類される．**第一級水素**(primary hydrogen)は第一級炭素に結合している水素，**第二級水素**(secondary hydrogen)は第二級炭素に結合している水素，**第三級水素**(tertiary hydrogen)は第三級炭素に結合している水素である．

> 第一級水素は第一級炭素に，第二級水素は第二級炭素に，第三級水素は第三級炭素にそれぞれ結合している．

化学名は一つの化合物だけを特定できなければならない．したがって，"sec"の接頭語はsec-ブチル基のときしか現れないはずである．たとえば，ペンタンは2個の異なる第二級炭素原子をもっているので，"sec-ペンチル"の名称を用いることはできない．それは，ペンタンの第二級炭素から水素を取り除くとき，どの水素を取り除くかによって二つの異なるアルキル基ができることを意味している．その結果，「塩化 sec-ペンチル」と名づけた場合，2種類の異なる塩化アルキルが生じる．したがって，それは<u>誤った名称</u>である．

> これらのハロゲン化アルキルはどちらも，5個の炭素と第二級炭素に結合した塩素を含んでいる．しかし，二つの化合物をともに塩化 sec-ペンチルとは命名できない．
>
> $$CH_3CHCH_2CH_2CH_3 \qquad CH_3CH_2CHCH_2CH_3$$
> $$\quad\;|\qquad\qquad\qquad\qquad\quad\;|$$
> $$\quad Cl\qquad\qquad\qquad\qquad\quad Cl$$

> 一つの名称は一つの化合物だけを特定しなければならない．

次に示す構造では，"イソ"という接頭語が用いられているときはいつでも，

そのイソ構造単位は分子の一方の端にあり（黄色のアミがかかっている部分），水素と置換した基はもう一方の端にあることに注目しよう．

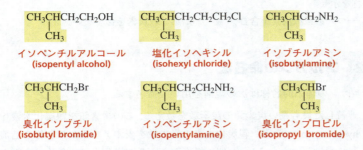

アルキル基の名称は頻繁に現れるので覚えておく必要がある．最も一般的なアルキル基の名称を表 3.2 にまとめた．

表 3.2　いくつかのアルキル基の名称

メチル (methyl)	CH₃—	イソブチル (isobutyl)	CH₃CHCH₂— | CH₃	ペンチル (pentyl)	CH₃CH₂CH₂CH₂CH₂—
エチル (ethyl)	CH₃CH₂—			イソペンチル (isopentyl)	CH₃CHCH₂CH₂— | CH₃
プロピル (propyl)	CH₃CH₂CH₂—	sec-ブチル (sec-butyl)	CH₃CH₂— | CH₃		
イソプロピル (isopropyl)	CH₃CH— | CH₃			ヘキシル (hexyl)	CH₃CH₂CH₂CH₂CH₂CH₂—
ブチル (butyl)	CH₃CH₂CH₂CH₂—	tert-ブチル (tert-butyl)	CH₃ | CH₃C— | CH₃	イソヘキシル (isohexyl)	CH₃CHCH₂CH₂CH₂— | CH₃

問題 4 ◆

C_4H_9Br の分子式をもつ 4 種類の構造異性体の構造と名称を書け．

問題 5 ◆

次のそれぞれの化合物の構造式を書け．

a. イソプロピルアルコール　　b. フッ化イソペンチル
c. ヨウ化 sec-ブチル　　　　　d. tert-ペンチルアルコール
e. tert-ブチルアミン　　　　　f. 臭化 n-オクチル

問題 6 ◆

次の化合物を命名せよ．

a. CH₃OCH₂CH₃　　　b. CH₃NHCH₂CH₂CH₃　　　c. CH₃CH₂CHNH₂
　　　　　　　　　　　　　　　　　　　　　　　　　　　　　　　　　|
　　　　　　　　　　　　　　　　　　　　　　　　　　　　　　　　CH₃

d. CH₃CH₂CH₂CH₂OH　　e. CH₃CHCH₂Br　　　f. CH₃CH₂CHCl
　　　　　　　　　　　　　　　　|　　　　　　　　　　　　　　|
　　　　　　　　　　　　　　CH₃　　　　　　　　　　　　CH₃

問題 7 ◆
次の条件に当てはまる C_5H_{12} の分子式で示される化合物の構造式を書き，体系的名称を示せ．
a. 一つの第三級炭素を含む　　b. 第二級炭素を含まない

3.2 アルカンの命名法

アルカンの体系的名称は次の規則を用いて命名する．

1. 連続した最も長い炭素鎖の炭素数を数える．この炭素鎖を**親炭化水素**(parent hydrocarbon)と呼ぶ．親炭化水素の炭素数を表すアルカンの名称を名前の最後につける．たとえば，8個の炭素からなる親炭化水素の名称はオクタンである．連続した最も長い炭素鎖が構造式で常に直線でつながっているとは限らない．最も長い親炭化水素は〝角を曲がる〟ようにつながっていることがある．

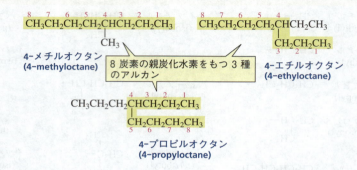

まずはじめに，連続した最も長い鎖の炭素数を数える．

2. 親炭化水素に結合しているすべてのアルキル置換基の名称を，アルキル置換基の結合している炭素の位置番号とともに，親炭化水素の名称の前につける．親炭化水素の炭素の番号は，置換基が結合している炭素の番号がなるべく小さくなるようにつける．置換基の名称と親炭化水素の名称はまとめて一語とし，置換基の番号と置換基の名称の間はハイフンで結ぶ．

置換基が結合している炭素の番号がなるべく小さくなるように，親炭化水素の炭素に番号をつける．

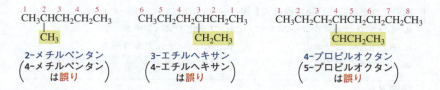

位置番号がつくのは体系的名称のみであって，慣用名に位置番号は決してつかない．

番号づけは体系的名称にのみ用いられ，慣用名には用いられない．

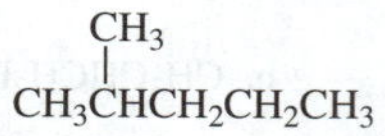

$$CH_3CHCH_2CH_2CH_3$$
$$|$$
$$CH_3$$

慣　用　名：　　イソヘキサン
　　　　　　　　(isohexane)
体系的名称：　　2-メチルペンタン
　　　　　　　　(2-methylpentane)

3. 複数の異なる置換基が親炭化水素に結合している場合には，その化合物名中の番号が最も小さくなるように親炭化水素に番号づけをする．置換基の名称は，アルファベット順に，適切な位置番号を置換基の直前につけて並べる．次の例では，最小の位置番号 3 を含む名称が正しく，それより大きな 4 を最小番号とする名称は誤りである．

$$CH_3CH_2CHCH_2CHCH_2CH_2CH_3$$
$$\quad\quad\quad\;\; |\quad\quad\;\; |$$
$$\quad\quad\quad CH_3\quad CH_2CH_3$$

5-エチル-3-メチルオクタン
(4-エチル-6-メチルオクタン
は 3 < 4 なので誤り)

置換基はアルファベット順に並べる．

複数の同じ置換基がある場合には，その置換基の数を示す接頭語の "ジ" (di-)，"トリ" (tri-)，"テトラ" (tetra-) などを置換基の前につける．† 同一置換基の位置を示す番号は，カンマで区切って，それらの番号をすべて示す．置換基の数とその直前にある番号の数は等しくなければならない．"di"，"tri"，"tetra"，"*sec*"，"*tert*" などの接頭語は，置換基をアルファベット順に並べるときには無視する．

† 訳者注：倍数を表す接頭語，2：ジ (di-)，3：トリ (tri-)，4：テトラ (tetra-)，5：ペンタ (penta-)，6：ヘキサ (hexa-)，7：ヘプタ (hepta-)，8：オクタ (octa-)，9：ノナ (nona-)，10：デカ (deca-)．

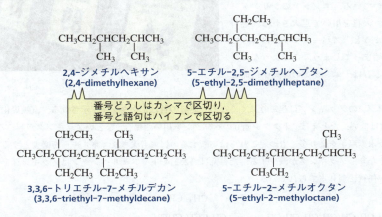

位置番号と文字はハイフンで分ける．複数の位置番号が並んでいる場合は，カンマで区切る．

置換基をアルファベット順に並べるときには "di"，"tri"，"tetra"，"*sec*"，"*tert*" は無視する．

4. 親炭化水素の炭素にどちらの方向から番号づけしても置換基が結合している炭素の最小番号が同じになる場合には，残りの置換基により小さい番号がつくように番号づけをする．

2,2,4-トリメチルペンタン
(2,4,4-トリメチルペンタン
は 2 < 4 なので誤り)

6-エチル-3,4-ジメチルオクタン
(3-エチル-5,6-ジメチルオクタン
は 4 < 5 なので誤り)

5. どちらの方向から番号づけしても置換基の位置番号が同じになる場合は，はじめに出てくる置換基の位置番号が小さくなるように番号づけをする．

どちらの方向から番号づけしても置換基の位置番号が同じになる場合は，はじめに出てくる置換基の位置番号が小さくなるように番号づけをする．

$$\begin{array}{c} CH_3 \\ | \\ CH_3CH_2CHCH_2CHCH_2CH_3 \\ | \\ CH_2CH_3 \end{array}$$

3-エチル-5-メチルヘプタン
(5-エチル-3-メチルヘプタン は誤り)

これらの規則により，何千ものアルカンを命名できるが，多くのほかの種類の化合物を命名するには，ほかにいくつかの規則を学ぶ必要がある．とはいっても，慣用名も学ばなければならない．慣用名は化学者の語彙のなかに定着しているので，科学的な会話によく登場するし，文献中にも多く見られる．

ガソリンのオクタン価はどのように決定されるか？

ほとんどの車に用いられるガソリンエンジンは，厳密にタイミングが制御された連続的な爆発により動いている．エンジンのシリンダー内で，燃料は空気と混合，圧縮され，火花を用いて点火される．燃料の発火があまりにも容易に起きてしまうと，スパークプラグによって発火する前に圧縮熱によって燃焼が始まってしまう．このようなピンギングあるいはノッキング現象による音は，エンジンの作動中に聞こえることもある．

燃料の質が向上するとともに，エンジンのノッキングは起こりにくくなる．燃料の質はオクタン価で示される．直鎖炭化水素は低いオクタン価を示し，燃料の質は低い．たとえば，オクタン価 0 のヘプタンを用いた場合，ひどいノッキングが起こる．分岐アルカンは第一級炭素に結合した水素原子をより多くもつ．これらは切断するのに最も大きなエネルギーを必要とするため燃焼を開始させることがより難しくなり，ノッキングが減少する．たとえば，2,2,4-トリメチルペンタンはノッキングを引き起こさないので，オクタン価 100 が任意に割り当てられている．

$CH_3CH_2CH_2CH_2CH_2CH_2CH_3$
ヘプタン
(heptane)
オクタン価 = 0

$$\begin{array}{c} CH_3\ CH_3 \\ |\ \ \ \ | \\ CH_3CCH_2CHCH_3 \\ | \\ CH_3 \end{array}$$
2,2,4-トリメチルペンタン
(2,2,4-trimethylpentane)
オクタン価 = 100

ガソリンのオクタン価は，ヘプタンと 2,2,4-トリメチルペンタンの混合物のノッキング性能と比較することで決められる．ガソリンのオクタン価は，それとノッキング性能が等しい混合物に含まれている 2,2,4-トリメチルペンタンの割合に対応する．つまり，オクタン価 91 のガソリンは，91％の 2,2,4-トリメチルペンタンと 9％のヘプタンの混合物の"ノッキング"能力と同じ性質をもっている．オクタン価という用語は，2,2,4-トリメチルペンタンが 8 個の炭素を含むという事実に由来する．オクタン価を決める方法がわずかに異なるため，カナダとアメリカのガソリンは，ヨーロッパや日本，オーストラリアで消費されている同じガソリンに比べてオクタン価が 4～5 ポイント小さい．

問題 8 ◆（解答あり）

次のそれぞれの化合物の構造式を書け．
a. 2,2-ジメチル-4-プロピルオクタン
b. 2,3-ジメチルヘキサン

c. 2,4,5-トリメチルヘプタン

d. 3,6-ジエチル-3,6-ジメチルノナン

8a の解答 親の(最後の)名称はオクタンであるから，最も長い連続した鎖は8個の炭素をもつ．このようにして，親の鎖を書き，番号をつける．

$$\overset{1}{C}-\overset{2}{C}-\overset{3}{C}-\overset{4}{C}-\overset{5}{C}-\overset{6}{C}-\overset{7}{C}-\overset{8}{C}$$

適切な炭素に(二つのメチル基と一つのプロピル基)置換基をつける．

```
            CH₃      CH₂CH₂CH₃
             |        |
    C—C—C—C—C—C—C—C
             |
            CH₃
```

それぞれの炭素が四つの原子と結合するように，それぞれ適切な数の水素を足す．

```
            CH₃      CH₂CH₂CH₃
             |        |
    CH₃—C—CH₂—CH—CH₂—CH₂—CH₂—CH₃
             |
            CH₃
```

問題 9（解答あり）

a. C_8H_{18} の分子式をもつ 18 種類の構造異性体をすべて書け．
b. それぞれの異性体の体系的名称を書け．
c. いくつの異性体が慣用名をもっているか．
d. イソプロピル基を含んでいるのはどの異性体か．
e. *sec*-ブチル基を含んでいるのはどの異性体か．
f. *tert*-ブチル基を含んでいるのはどの異性体か．

9a の解答 8炭素がつながっている鎖をもつ異性体から考える．7炭素がつながっている鎖に一つのメチル基を加えた異性体の構造を書く．次に，6炭素がつながっている鎖に二つのメチル基あるいは一つのエチル基を加えた異性体の構造を書く．さらに，5炭素がつながっている鎖に三つのメチル基あるいは一つのメチル基と一つのエチル基を加えた異性体の構造を書く．最後に，4炭素がつながっている鎖に四つのメチル基を加えた異性体の構造を書く．（問題9bに答えれば，重複した構造を書いたかどうかわかるだろう．なぜなら，二つの構造が同じ体系的名称をもっていれば，それらは同一の化合物だからである．）

問題 10◆

それぞれの化合物の体系的名称は何か．

a.
```
         CH₃  CH₃
          |    |
CH₃CH₂CHCH₂CCH₃
               |
              CH₃
```

b. CH₃CH₂C(CH₃)₃

c.
```
      CH₃      CH₃
       |        |
CH₃CHCH₂CH₂CCH₃
                |
               CH₃
```

d.
```
        CH₃  CH₂CH₂CH₃
         |    |
CH₃C—CHCH₂CH₃
         |
        CH₂CH₂CH₃
```

e. CH₃CH₂C(CH₂CH₃)₂CH₂CH₂CH₃

f.
```
              CH₃
               |
CH₃CHCH₂CH₂CHCH₃
               |
              CH₂CH₃
```

問題 11◆

C_5H_{12} の分子式をもつ化合物のなかで次の条件を満たすものの体系的名称と構造をそれぞれ書け．

a. 第一級および第二級水素しかもっていない．
b. 第一級水素しかもっていない．
c. 1個の第三級水素をもっている．
d. 2個の第二級水素をもっている．

3.3 シクロアルカンの命名法・骨格構造

シクロアルカン(cycloalkane)は，炭素原子が環状に並んでいるアルカンである．環状構造を形成しているので，シクロアルカンの水素の数は同じ炭素数の非環状アルカンに比べて2個少ない．すなわち，その一般式は C_nH_{2n} である．シクロアルカンは，環状の炭素の数に対応するアルカンの名称に接頭語〝シクロ〟をつけて命名する．

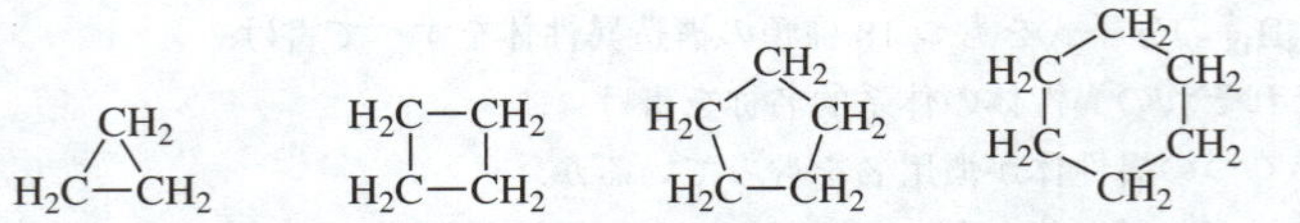

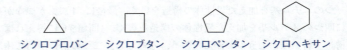

シクロプロパン　シクロブタン　シクロペンタン　シクロヘキサン
(cyclopropane)　(cyclobutane)　(cyclopentane)　(cyclohexane)

シクロアルカンは，たいてい**骨格構造**(skeletal structure)で書かれる．骨格構造では炭素—炭素結合を線で示し，炭素または炭素と結合している水素を省略する．骨格構造でのそれぞれの頂点は炭素を示す．それぞれの炭素原子は適切な数の水素と結合して4本の結合をつくる．

△　□　⬠　⬡

シクロプロパン　シクロブタン　シクロペンタン　シクロヘキサン

非環状分子も骨格構造で表すことができる．非環状分子の骨格構造では，炭素鎖はジグザグの線で書かれる．この場合も，それぞれの頂点は炭素を示し，線の両端には炭素が存在すると決められている．

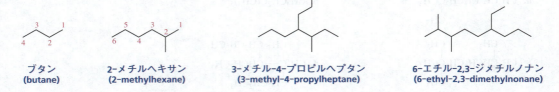

ブタン　　　2-メチルヘキサン　　3-メチル-4-プロピルヘプタン　　6-エチル-2,3-ジメチルノナン
(butane)　(2-methylhexane)　(3-methyl-4-propylheptane)　(6-ethyl-2,3-dimethylnonane)

シクロアルカンの命名法の規則は，非環状アルカンの命名法に類似している．

1. アルキル置換基が結合しているシクロアルカンの場合，環が親炭化水素である．環上にある置換基が一つしかない場合には，位置番号をつけなくてよい．

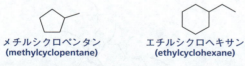

メチルシクロペンタン　　　　エチルシクロヘキサン
(methylcyclopentane)　　　　(ethylcyclohexane)

環上に一つの置換基しかない場合には，その置換基に位置番号をつけなくてよい．

2. 環に異なる二つの置換基が結合している場合，置換基の名称はアルファベット順に表示され，最初にくる置換基に位置番号1が与えられる．

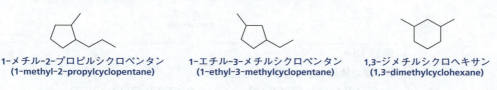

1-メチル-2-プロピルシクロペンタン　　1-エチル-3-メチルシクロペンタン　　1,3-ジメチルシクロヘキサン
(1-methyl-2-propylcyclopentane)　　(1-ethyl-3-methylcyclopentane)　　(1,3-dimethylcyclohexane)

骨格構造はアルケン以外の化合物に対しても書くことができる．炭素以外の原子や，炭素以外の原子と結合している水素原子が示される．

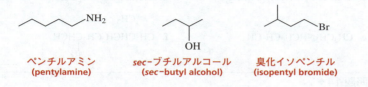

ペンチルアミン　　　　sec-ブチルアルコール　　臭化イソペンチル
(pentylamine)　　　　(sec-butyl alcohol)　　(isopentyl bromide)

【問題解答の指針】
骨格構造の解釈
コレステロール中の矢印で示されているそれぞれの炭素原子に結合している水素原子はいくつあるか．

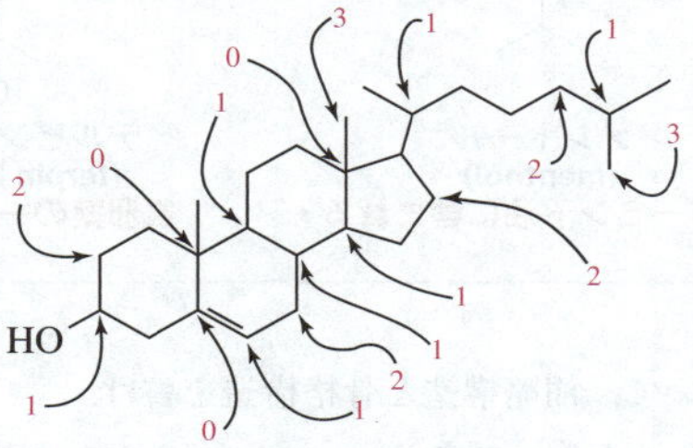

コレステロール
(cholesterol)

この化合物のすべての炭素はどれも電荷をもたないので，それぞれの炭素は4個の原子と結合している必要がある．したがって，その炭素原子との結合が一つだけ示されている場合には，明示されていない3個の水素原子と結合していなければならず，その炭素原子との結合が二つだけ示されている場合には，明示されていない2個の水素原子と結合していなければならない．以下同様である．(赤で示された)それぞれの解答を見て，そのとおりであることを確かめよう．

ここで学んだ方法を使って問題12を解こう．

問題 12

モルヒネ中の矢印で示されているそれぞれの炭素原子に結合している水素原子はいくつあるか．

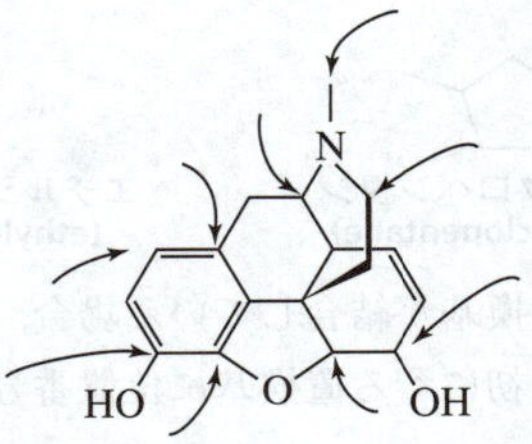

モルヒネ
(morphine)

簡略構造では原子を表示するが，結合はあまり表示しない．一方，骨格構造では結合を表示するが，原子を表示することはまれである．

問題 13◆

次の簡略構造を骨格構造に書き換えよ．

a. $CH_3CH_2CH_2CH_2CH_2OH$
b. $CH_3CH_2CH_2CH_2CH_3$
c. $CH_3CH_2CH(CH_3)CHCH(CH_3)CH_2CH_3$

   （c は CH₃ が 2 個ついた構造）
   $CH_3CH_2\underset{CH_3}{CH}CH\underset{CH_3}{CH}CH_2CH_3$

d. $CH_3CH_2CH_2CH_2OCH_3$
e. $CH_3CH_2NHCH_2CH_3$
f. $CH_3\underset{CH_3}{CH}CH_2\underset{Br}{CH}CH_3$

問題 14◆

エチルアルコール (CH_3CH_2OH) の分子式は C_2H_6O である．次の化合物の分子式を示せ．

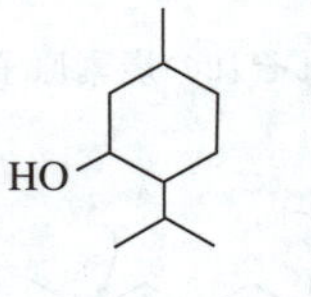

メントール　　　　　　　　テルピン一水和物
(menthol)　　　　　　　　(terpin hydrate)
ペパーミント油に含まれる　風邪薬の一般的な成分

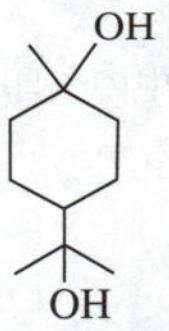

問題 15

次のそれぞれについて，簡略構造と骨格構造を書け．

a. 3,4-ジエチル-2-メチルヘプタン
b. 2,2,5-トリメチルヘキサン

問題 16◆

それぞれの化合物の体系的名称は何か．

a. 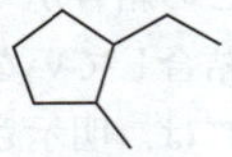 b. 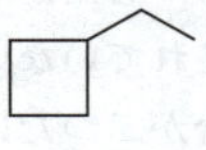 c.

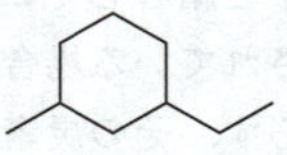

d. 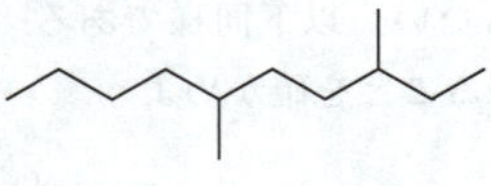 e. 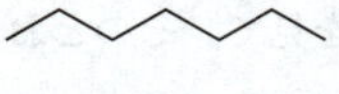 f.

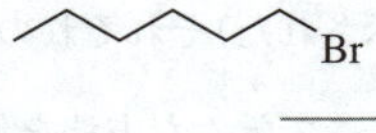

3.4 ハロゲン化アルキルの命名法

ハロゲン化アルキル(alkyl halide)は，アルカンの水素が少なくとも1個のハロゲンで置換されている化合物である．ハロゲン原子の化学的な性質に注目する必要がない場合には，一般的に，ハロゲンの孤立電子対は表記しない．

ハロゲン化アルキルの慣用名(赤い文字)は，アルキル基の名称のうしろにハロゲンの名称をつけ(日本語訳では，フッ素，塩素，臭素，およびヨウ素)，ハロゲンの "–ine" を "–ide" に換える(fluoride, chloride, bromide, iodide).†

† 訳者注：日本語名の場合は，塩化メチルのように，ハロゲン元素の名称(たとえば，フッ素，塩素，臭素，ヨウ素)の "素" を "化" に変え，そのあとにアルキル基の名称をつける．

	CH_3Cl	CH_3CH_2F	CH_3CHI 　　$|$ 　　CH_3	CH_3CH_2CHBr 　　　　$|$ 　　　　CH_3
慣 用 名：	塩化メチル (methyl chloride)	フッ化エチル (ethyl fluoride)	ヨウ化イソプロピル (isopropyl iodide)	臭化 *sec*-ブチル (*sec*-butyl bromide)
体系的名称：	クロロメタン (chloromethane)	フルオロエタン (fluoroethane)	2-ヨードプロパン (2-iodopropane)	2-ブロモブタン (2-bromobutane)

IUPAC命名法では，ハロゲン化アルキルは，置換アルカンとして命名する(青い文字)．ハロゲンの接頭語は，ハロゲン元素の英語名の "ine" を "o" に変換したものである〔すなわち，"フルオロ(fluoro)"，"クロロ(chloro)"，"ブロモ(bromo)"，"ヨード(iodo)"〕．名称は一つの化合物のみを特定するが，化合物は複数の名称をもつことに注意しよう．

2-ブロモ-5-メチルヘプタン　　1-クロロ-6,6-ジメチルヘプタン　　1-エチル-2-ヨードシクロペンタン
(2-bromo-5-methylheptane)　　(1-chloro-6,6-dimethylheptane)　　(1-ethyl-2-iodocyclopentane)

【問題解答の指針】

次の二つの構造式は同じ化合物を表すか，異なる化合物を表すか．

$CH_3CHCH_2CH_2CH_3$ と $CH_3CH_2CH_2CHCl$
　　　$|$　　　　　　　　　　　　　　　$|$
　　　Cl　　　　　　　　　　　　　CH_3

この問題に対して最も簡単に答える方法は，化合物の体系的名称を決めることである．体系的名称が同じであれば同一の化合物で，体系的名称が異なれば異なる化合物である．両方の構造とも，2-クロロペンタンと名づけることができる．よって，この二つは同じ化合物を表している．

　　$\overset{1}{C}H_3\overset{2}{C}H\overset{3}{C}H_2\overset{4}{C}H_2\overset{5}{C}H_3$ と $\overset{5}{C}H_3\overset{4}{C}H_2\overset{3}{C}H_2\overset{2}{C}HCl$
　　　　$|$　　　　　　　　　　　　　　　　$|$
　　　　Cl　　　　　　　　　　　　　　$\overset{1}{C}H_3$

　　2-クロロペンタン　　　　　　2-クロロペンタン

問題17に進む．

問題 17◆

次の二つの構造式は同じ化合物を表すか，異なる化合物を表すか．

CH_3F
フッ化メチル
(methyl fluoride)

CH_3Cl
塩化メチル
(methyl chloride)

CH_3Br
臭化メチル
(methyl bromide)

CH_3I
ヨウ化メチル
(methyl iodide)

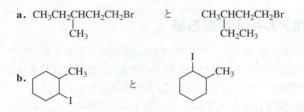

問題 18◆

次のそれぞれのハロゲン化アルキルに 2 通りの名称をつけよ．

a. 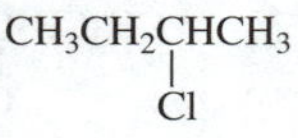 $CH_3CH_2CHCH_3$
       |
       Cl

b. 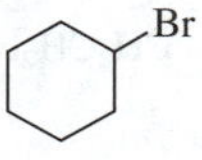 シクロヘキシル-Br

c. 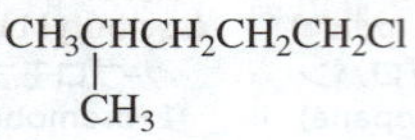 $CH_3CHCH_2CH_2Cl$
       |
       CH_3

d.  イソプロピル-F

3.5 ハロゲン化アルキル，アルコール，およびアミンの分類

ハロゲン化アルキル(alkyl halide)は，ハロゲンが結合している炭素の種類によって**第一級**，**第二級**，**第三級**に分類される．**第一級ハロゲン化アルキル**(primary alkyl halide)は第一級炭素にハロゲンが結合したもの，**第二級ハロゲン化アルキル**(secondary alkyl halide)は第二級炭素にハロゲンが結合したもの，**第三級ハロゲン化アルキル**(tertiary alkyl halide)は第三級炭素にハロゲンが結合したものである（3.1 節）．

> ハロゲンが結合している炭素上のアルキル基の数によって，ハロゲン化アルキルが第一級，第二級，第三級のいずれであるかが決まる．

第一級ハロゲン化アルキル　　第二級ハロゲン化アルキル　　第三級ハロゲン化アルキル

アルコールも同様に分類される．

> OH 基が結合している炭素上のアルキル基の数によって，アルコールが第一級，第二級，第三級のいずれであるかが決まる．

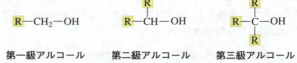

第一級アルコール　　第二級アルコール　　第三級アルコール

第一級，**第二級**，**第三級アミン**があるが，アミンの場合，その用語の意味は異なる．すなわち，いくつのアルキル基が窒素に結合しているかによって分類される．**第一級アミン**(primary amine)では一つ，**第二級アミン**(secondary amine)では二つ，**第三級アミン**(tertiary amine)では三つのアルキル基が窒素に結合している．アミンの慣用名では，窒素に結合しているアルキル基の名称（アルファベット順）に "アミン"(amine)を続ける．

ニトロソアミンとがん

1962年にノルウェーで起きた羊の食中毒は，亜硝酸処理された魚肉の摂取が原因であることが明らかになった．この事件で，亜硝酸処理された食物をヒトが摂取することに対する懸念が生じた．というのも，亜硝酸ナトリウム($NaNO_2$)は食品保存料としてよく使われていたからである．亜硝酸ナトリウムは食物中に含まれる天然由来の第二級アミンと反応して，発がん性物質として知られているニトロソアミン($R_2NN=O$)を生成する．魚の燻製，保存肉，およびビールにはすべてニトロソアミンが含まれている．チーズは亜硝酸ナトリウムを使って保存するので，ニトロソアミンはチーズにも含まれており，また，チーズには第二級アミンも豊富に含まれている．アメリカの消費者グループは，亜硝酸ナトリウムの保存料としての使用を禁止するようにアメリカ食品医薬品局に求めたが，この要求は食肉包装業界の激しい反対にあった．

詳細な調査にもかかわらず，食物に含まれている少量のニトロソアミンが健康に害をもたらすかどうかは明らかにはならなかった．この疑問に答えがでるまで，亜硝酸ナトリウムを日常の食事から除くことは難しい．しかし，日本は胃がんの割合と亜硝酸ナトリウムの平均摂取量がともに最も高いのが気にかかる．良いニュースとしては，ベーコンに含まれているニトロソアミンの濃度は，ニトロソアミン阻害剤であるアスコルビン酸を加えると低下することが，近年判明している．また，醸造技術の改良により，ビール中のニトロソアミンの量も低下している．食物中の亜硝酸ナトリウムはその欠点を補う特長をもっており，ボツリヌス中毒(激しい食中毒の一種)を防いでいるいくつかの証拠がある．

$$R-NH_2 \qquad R-\underset{R}{\overset{R}{NH}} \qquad R-\underset{R}{\overset{R}{N}}-R$$

第一級アミン　　　第二級アミン　　　第三級アミン

窒素に結合しているアルキル基の数によって，アミンが第一級，第二級，第三級のいずれであるかが決まる．

問題 19◆

次の化合物が第一級，第二級，第三級のいずれであるかを示せ．

a. $CH_3-\underset{CH_3}{\overset{CH_3}{C}}-Br$　　　b. $CH_3-\underset{CH_3}{\overset{CH_3}{C}}-OH$　　　c. $CH_3-\underset{CH_3}{\overset{CH_3}{C}}-NH_2$

問題 20◆

次のアミンを命名し，それらが第一級，第二級，第三級のいずれであるかを示せ．

a. $CH_3NHCH_2CH_2CH_3$　　　b. $CH_3\underset{}{\overset{CH_3}{N}}CH_3$

c. $CH_3CH_2NHCH_2CH_3$　　　d. $CH_3\underset{}{\overset{CH_3}{N}}CH_2CH_2CH_3$

問題 21

メチルシクロヘキサンの1個の水素原子を1個の塩素原子で置換すると得られる化合物のうち，次の a～c に当てはまるものの構造と体系的名称を示せ．

a. 第一級ハロゲン化アルキル（一つ）　b. 第三級ハロゲン化アルキル（一つ）
c. 第二級ハロゲン化アルキル（三つ）

3.6 ハロゲン化アルキル，アルコール，エーテル，およびアミンの構造

本章で学んだばかりの化合物群は，1章で紹介した基本的な化合物と構造が類似している．ここでは，ハロゲン化アルキルとアルカンとの類似点を見ていこう．どちらも同じ幾何構造をもっており，唯一異なるのは，ハロゲン化アルキルのC—X結合（Xはハロゲンを意味する）が，アルカンのC—H結合に置き換わっている点である（1.7節参照）．

ハロゲン化アルキルのC—X結合は，炭素のsp^3軌道とハロゲンのsp^3軌道との重なりで形成される．フッ素は$2sp^3$軌道，塩素は$3sp^3$軌道，臭素は$4sp^3$軌道，ヨウ素は$5sp^3$軌道を，炭素の$2sp^3$軌道との重なりに用いる．原子の体積の増加とともに軌道の電子密度は減少する．したがって，C—X結合は，ハロゲン原子が大きくなるほど長くなり，弱くなる．これはハロゲン化水素のH—X結合が示す傾向と同じであることに注目しよう（38ページ表1.6参照）．

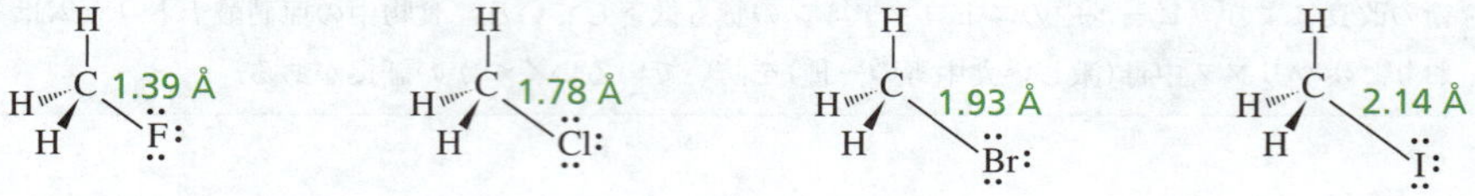

H—C—F 1.39 Å　　H—C—Cl 1.78 Å　　H—C—Br 1.93 Å　　H—C—I 2.14 Å

アルコール分子における酸素の空間配置について考えてみよう．それは水分子における酸素の空間配置と同じである（1.12節参照）．実際，アルコール分子は構造的に水分子の1個の水素を一つのアルキル基で置換したものとして考えられる．アルコールの酸素は水の酸素と同様にsp^3混成である．酸素の四つのsp^3軌道のなかで，その一つが炭素のsp^3軌道と重なり，酸素のもう一つのsp^3軌道が水素のs軌道と重なり，残りの二つのsp^3軌道は孤立電子対を含む．

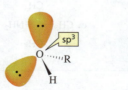
アルコール

メチルアルコールの静電ポテンシャル図

エーテルにおける酸素の構造も水のそれと同じである．エーテル分子は構造的に水分子の2個の水素をアルキル基で置換したものとして考えられる．

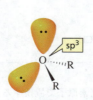
エーテル

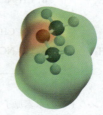
ジメチルエーテルの静電ポテンシャル図

アミンの窒素の構造はアンモニアのそれと同じである（1.11 節参照）．その窒素は，アンモニアで見られるように sp³ 混成であり，アルキル基で置換される水素の数によって，アミンの第一級，第二級，第三級が決まることを覚えておこう（3.5 節）．

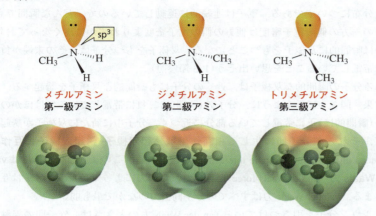

問題 22 ◆

次の結合角のおおよその値を見積もれ．（ヒント：1.11 節および 1.12 節を参照．）
a. エーテルの C—O—C 結合角
b. 第二級アミンの C—N—C 結合角
c. アルコールの C—O—H 結合角

3.7 非共有結合性相互作用

ここで，非共有結合性相互作用，すなわち分子間に存在する，共有結合よりも弱い相互作用について学び，これらの相互作用が有機化合物の物理的性質に及ぼす影響について見ていく．ここで学ぶ非共有結合性相互作用は van der Waals 相互作用，双極子-双極子相互作用，および水素結合である．

沸点

ある化合物の**沸点**（boiling point, **bp**）とは，その化合物の液体の状態が気体の状態になる（気化する）温度をいう．化合物が気化するためには，液体状態で個々の分子を近づけている力を超えてそれらの分子を互いに引き離さなければならない．したがって，化合物の沸点は，個々の分子間に働いている引力の強さに依存している．もし，それらの分子が強い力で引き合っているならば，分子どうしを互いに引き離すのに大きなエネルギーを必要とし，その結果，その化合物の沸点は高くなる．一方，もし，それらの分子が弱い力で引き合っているならば，小さなエネルギーで分子どうしを引き離すことができ，その化合物の沸点は低くなる．

van der Waals 力

アルカンは炭素と水素しか含んでいない．炭素と水素の電気陰性度が似ているために，アルカン中の結合は非極性であり，その原子のどれもが大きな部分電荷

をもたない．そのため，アルカンは中性で非極性分子であり，それらの原子間の引力は比較的弱い．アルカンの非極性的な性質は，アルカンを油のように感じさせる．

しかしながら，アルカンが中性であるというのは，アルカン分子全体の平均の電荷分布についてである．電子は連続的に運動しているので，どんな瞬間でも，分子の一方の側の電子密度は他方の側の電子密度よりわずかに高くなっており，分子は瞬間的に双極子をもつことになる．双極子をもつ分子は，その末端が負と正に帯電していることを思い出そう（1.3 節参照）．

ある分子の瞬間的な双極子は，近くの分子にも瞬間的な双極子を誘起する．その結果，図 3.1 に示すように，分子の（瞬間的に）負に帯電している側はほかの分子の（瞬間的に）正に帯電している部分に近づく．分子中に新たに双極子が誘起されて，それらの分子間に生じる相互作用は**誘起双極子−誘起双極子相互作用**（induced dipole–induced dipole interaction）と呼ばれる．このような相互作用は **van der Waals 力**（van der Waals force）と呼ばれ，この力によってアルカン分子は互いに集まる．van der Waals 力はすべての分子間引力のなかで最も弱い．

アルカン分子を引きつけている van der Waals 力の大きさは，分子間の接触面積に左右される．接触面積が大きければ大きいほど，van der Waals 力は大きくなり，van der Waals 力に打ち勝つのに必要なエネルギーも大きくなる．表 3.1 のアルカンの沸点を見ると，分子量が増すとともにそれらが高くなっていることがわかる．メチレン（CH_2）基が追加されるごとに分子間の接触面積は増大するので，この関係が成り立つ．四つの低級アルカンの沸点は室温よりも低い．したがって，これらの低級アルカンは室温では気体で存在する．

化合物中に枝分かれがあると，接触面積が小さくなり，その化合物の沸点は低くなる．葉巻のような<u>枝分かれのないペンタン</u>とテニスボールのような<u>枝分かれのある 2,2-ジメチルプロパン</u>を考えると，枝分かれが分子間の接触面積を小さくしていることがわかる．たとえば，2 本の葉巻の接触面積は 2 個のテニスボールの接触面積よりも大きい．こうして，二つのアルカンが同じ分子量をもつ場合，枝分かれの多いアルカンのほうが沸点は低い．

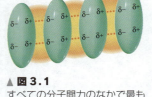

▲ 図 3.1
すべての分子間力のなかで最も弱い van der Waals 力は，誘起双極子−誘起双極子間の相互作用である．

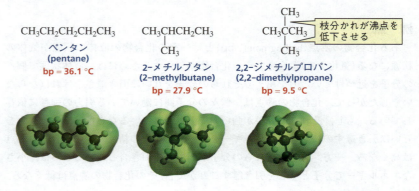

問題 23◆
室温（約 25 ℃）で液体の直鎖状アルカンのなかで，最も分子量の小さいものはどれか．

双極子–双極子相互作用

一連のエーテル，ハロゲン化アルキル，アルコール，アミンの沸点も，van der Waals力が大きくなるため，分子量の増大とともに上昇する．しかしながら，これらの化合物の沸点はC—Z結合の極性の度合いの影響も受ける．なぜなら，窒素，酸素，ハロゲンはそれらが結合している炭素よりも電気陰性度が大きいので，C—Z結合は極性をもつことを思い出そう（1.3節参照）．

R—C—Z Z = N, O, F, Cl, Br
極性結合

その分子の正の末端と一方の分子の負の末端とが隣り合って並ぶので，極性結合をもつ分子は互いに引き合う．これらの静電引力は**双極子–双極子相互作用**（dipole–dipole interaction）と呼ばれ，van der Waals力よりも強いが，イオン結合や共有結合ほどには強くない．

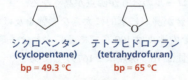

双極子–双極子相互作用

一般に，エーテルは同程度の分子量をもつアルカンよりも沸点が高い（表3.4）．なぜなら，エーテルが沸騰するためには，van der Waals力と双極子–双極子相互作用の両方に打ち勝たなければならないからである（表3.3）．

シクロペンタン　　テトラヒドロフラン
(cyclopentane)　　(tetrahydrofuran)
bp = 49.3 °C　　　 bp = 65 °C

化合物の沸点は，個々の分子間の引力の強さに依存する．

表3.3 沸点（℃）の比較

アルカン	エーテル	アルコール	アミン
CH$_3$CH$_2$CH$_3$ −42.1	CH$_3$OCH$_3$ −23.7	CH$_3$CH$_2$OH 78	CH$_3$CH$_2$NH$_2$ 16.6
CH$_3$CH$_2$CH$_2$CH$_3$ −0.5	CH$_3$OCH$_2$CH$_3$ 10.8	CH$_3$CH$_2$CH$_2$OH 97.4	CH$_3$CH$_2$CH$_2$NH$_2$ 47.8

ハロゲン化アルキルが沸騰するためには，van der Waals力と双極子–双極子相互作用の両方に打ち勝たなければならない．ハロゲン原子が大きくなると，その電子雲が大きくなり，電子雲が大きくなると，van der Waals力も強くなる．したがって，フッ化アルキルは，同じアルキル基をもつ塩化アルキルに比べて沸点が低い．同様に，塩化アルキルは，対応する臭化アルキルに比べて沸点が低く，臭化アルキルは，対応するヨウ化アルキルに比べて沸点が低い（表3.4）．

表3.4 アルカンとハロゲン化アルキルの沸点の比較（℃）

—Y	H	F	Cl	Br	I
CH_3—Y	−161.7	−78.4	−24.2	3.6	42.4
CH_3CH_2—Y	−88.6	−37.7	12.3	38.4	72.3
$CH_3CH_2CH_2$—Y	−42.1	−2.5	46.6	71.0	102.5
$CH_3CH_2CH_2CH_2$—Y	−0.5	32.5	78.4	101.6	130.5
$CH_3CH_2CH_2CH_2CH_2$—Y	36.1	62.8	107.8	129.6	157.0

水素結合

分子量が同程度のエーテルに比べてアルコールの沸点は高い（表3.3）．なぜなら，van der Waals 力と極性 C—O 結合の双極子–双極子相互作用に加えて，アルコールは**水素結合**（hydrogen bond）を形成できるからである．水素結合は，双極子–双極子相互作用の特殊なものであり，酸素，窒素，フッ素と結合した水素と，別の分子の酸素，窒素，フッ素の孤立電子対との結合である．

水素結合はほかの双極子–双極子相互作用より強く，双極子–双極子相互作用は van der Waals 力より強い．

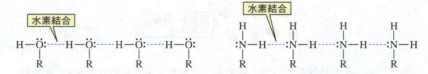

水素結合はほかの双極子–双極子相互作用よりも強い．これらの水素結合を切断するのに余計なエネルギーを必要とするので，同程度の分子量をもつアルカンやエーテルよりもアルコールのほうが沸点が高くなる．

水の沸点は，水素結合が沸点に劇的に大きな影響を及ぼすことを示している．水の分子量は18で，その沸点は100℃である．水と分子量が最も近いアルカンはメタンで，その分子量は16，沸点は−167.7℃である．

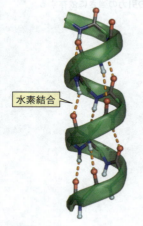

▲ 図 3.2
水素結合は，ヘリックス構造を形成しているタンパク質鎖を支えている．酸素の孤立電子対（赤）と，窒素（青）と結合している水素（白）の間に，それぞれ水素結合が形成されていることに注目しよう．

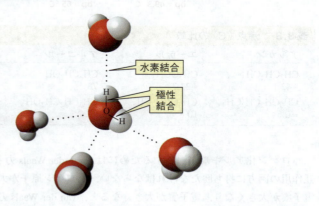

第一級アミンと第二級アミンもまた水素結合を形成する．これらのアミンは同程度の分子量をもつエーテルよりも沸点が高い．しかし，窒素は酸素ほど電気陰性度は大きくなく，したがって，アミン分子間の水素結合はアルコール分子間の水素結合よりも弱い．したがって，アミンの沸点はよく似た分子量をもつアルコールの沸点よりも低い（表3.3）．

水素結合は，タンパク質鎖が正しい三次元構造を保つように支えたり（図3.2），

DNAの遺伝情報がコピーされるしくみを保証している（図3.3）ことなど，生物学において重要な役割を果たしている．これらのトピックスは20章で詳細に議論する．

> **問題 24◆**
> a. O—H 水素結合と O—H 共有結合で長いのはどちらか．
> b. また，強いのはどちらか．

【問題解答の指針】
水素結合を予測する
a. 次の化合物のうち同じ分子どうしで水素結合を形成するのはどれか．
　　1. $CH_3CH_2CH_2OH$　　**2.** $CH_3CH_2CH_2F$　　**3.** $CH_3OCH_2CH_3$
b. エタノールのような溶媒分子と水素結合を形成するのはどの化合物か．

この形式の問題を解くには，質問されている化合物の種類を明確にすることから始める．

a. ある分子の O，N，または F に結合している水素が，別の分子の O，N，または F の孤立電子対と相互作用すると，水素結合が形成される．したがって，同じ種類の分子どうしで水素結合を形成する化合物は，O，N，または F に結合している水素をもっていなければならない．化合物 **1** だけが同じ種類の分子どうしで水素結合を形成しうる．

b. エタノールは O と結合している H をもっているので，O，N，あるいは F 上に孤立電子対をもっている化合物と水素結合を形成できる．3種類のすべての化合物はエタノールと水素結合を形成できる．

ここで学んだ方法を使って問題 25 を解こう．

> **問題 25◆**
> a. 次の化合物のうち同じ分子どうしで水素結合を形成するのはどれか．
> 　　**1.** $CH_3CH_2OCH_2CH_2OH$　　**2.** $CH_3CH_2N(CH_3)_2$　　**3.** $CH_3CH_2CH_2CH_2Br$
> 　　**4.** $CH_3CH_2CH_2NHCH_3$　　**5.** $CH_3CH_2CH_2COOH$　　**6.** $CH_3CH_2CH_2CH_2F$
> b. 上記のうちエタノールのような溶媒分子と水素結合を形成するのはどれか．

> **問題 26◆**
> 次の化合物を沸点の高いものから低いものの順に並べよ．
>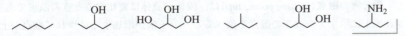

> **問題 27**
> 次の化合物を沸点の高いものから低いものの順に並べよ．
>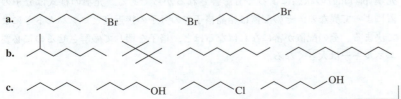

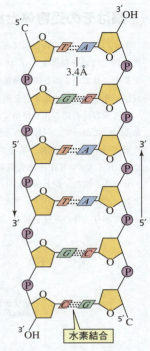

▲ 図 3.3
DNA は，互いに逆向きに伸びている2本の鎖をもつ．リン酸（P）と糖（五員環）が外側にあり，塩基（A, G, T, C）は内側に位置する．その二つの鎖は，塩基間の水素結合で互いに結ばれている．A は常に T と（二つの水素結合で）対を形成し，G は常に C と（三つの水素結合で）対を形成している．水素結合を形成する塩基の構造を 783 ページに示す．

薬はその受容体と結合する

多くの薬は，細胞の表面にある受容体と呼ばれる特定の部位と結合することにより生理学的な効果を発揮する（6.18 節参照）．薬が受容体に結合するときには，互いの分子を結合させているのと同じ種類の結合相互作用，つまり van der Waals 相互作用，双極子-双極子相互作用，水素結合を用いている．

薬と受容体の間の相互作用で最も重要な因子は，形がぴったりと合うこと（適合性）である．したがって，同様な形と性質をもつ薬は，同様な受容体と結合し，類似の生理学的効果を示す．たとえば，ここに示したそれぞれの化合物は，非極性，平面，六員環，および類似の極性置換基をもつ．それらはすべて，抗炎症活性を示し，NSAID（非ステロイド系抗炎症薬）と呼ばれる．

サリチル酸は，紀元前 500 年より，解熱や関節痛の軽減に用いられてきた．1897 年に，アセチルサリチル酸（バイエル社のアスピリン，バファリン，アナシン，エコトリン，アスクリプチンのようなブランド名で知られている）が，より強力な抗炎症剤であり，胃の炎症を起こしにくいことが見いだされ，1899 年に商品化された．

サリチル酸
(salicylic acid)

アセチルサリチル酸
(acetylsalicylic acid)

アセトアミノフェン
(acetaminophen)
Tylenol®

イブフェナク
(ibufenac)

イブプロフェン
(ibuprofen)
Advil®

ナプロキセン
(naproxen)
Aleve®

さらに，置換基や環の相対的位置を変えることで，アセトアミノフェン（Tylenol®）が 1955 年に発売された．これが広く用いられる薬となったのは，胃炎を起こさないからであった．しかしながら有効量が，中毒量と大差ない点が問題であった．次に，イブフェナクが現れ，さらにイブフェナクにメチル基を加えて安全性の高い薬であるイブプロフェン（Advil®）がつくられた．1976 年にイブプロフェンの 2 倍の効能を示すナプロキセン（Aleve®）が売り出された．

融点

化合物の**融点**（melting point, mp）は，固体が液体に変化するときの温度である．表 3.1 に示すアルカンの融点を調べると，分子量が増加するにつれて融点が上昇すること（いくつかの例外はある）がわかる．融点の上昇は沸点の上昇ほど規則的ではない．なぜなら，私たちが先ほど考慮した分子間相互作用に加えて，融点は**充填**（packing）の状態によっても影響されるからである．充填の様式は分子の配置によって異なる．その配置は結晶格子での分子の接近度とコンパクトさによって決まる．その配置が密になればなるほど，格子を壊して融解させるのに必要なエネルギーは大きくなる．

3.8 有機化合物の溶解度を支配する因子

溶解度 (solubility) を支配する一般的な規則は，「似たものどうしはよく溶け合う」ということである．いいかえると，

極性分子は極性溶媒に溶け，
非極性分子は非極性溶媒に溶ける．

"極性分子が極性分子に溶ける"理由は，水のような極性溶媒はほかの極性分子の部分電荷と相互作用する部分電荷をもっているからである．溶媒分子の負極は，極性化合物の正極を取り囲んでおり，溶媒分子の正極は，極性化合物の負極を取り囲んでいる．溶質分子のまわりに溶媒分子が集合体 (クラスター) をつくると，溶質分子どうしが解離し，溶質は溶媒に溶ける．溶媒分子と溶質分子 (溶媒に溶けている分子) との間の相互作用は，**溶媒和** (solvation) といわれる．

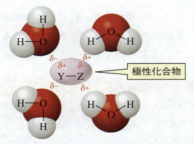

極性化合物の水による溶媒和

"似たものどうしはよく溶け合う".

非極性化合物は正味電荷をもっていないので，極性溶媒はそれらの分子に引きつけられない．非極性分子を水のような極性溶媒に溶かすためには，水素結合を切断して非極性分子が水分子どうしを互いに離ればなれにする必要がある．しかしながら，水素結合は非極性化合物を追い出すのに十分なほど強い．一方，溶媒分子と溶質分子の間の van der Waals 力は，溶媒-溶媒間の相互作用および溶質-溶質間の相互作用と同じなので非極性溶質は非極性溶媒には溶ける．

アルカン

アルカンは非極性であり，非極性溶媒に溶ける一方，水のような極性溶媒には溶けない．アルカンの密度は分子量が増加するとともに大きくなるが (表 3.1)，30 炭素のアルカンでさえ，水 ($d^{20°} = 1.00 \text{ g mL}^{-1}$) よりも密度が低い．したがって，アルカンと水の混合物は区別できる二つの層に分かれ，密度の低いアルカンが上に浮く．1989 年のアラスカ海での原油流出，1991 年の湾岸戦争での流出，2010 年のメキシコ湾での石油の流出が，この現象の大規模な例である．なぜなら原油の大部分はアルカンの混合物であるからである．

アルコール

アルコールはそのアルキル基により非極性なのか，それともその OH 基により極性なのだろうか．その答えはアルキル基の大きさに依存する．アルキル基が大

メキシコ湾・ルイジアナ沖で起こった石油の流出事故．流出した石油に引火し，黒い煙が立ちのぼっている．

きくなるにつれて，アルキル基がアルコール分子の重要な部分になり，ますます水に溶けにくくなる．いいかえると，そのアルコール分子はアルカンにますます似てくる．室温では，4個の炭素からなる基が境界線になる傾向がある．3個以下の炭素をもつアルコールは水に溶けるが，5個以上の炭素をもつアルコールは水に溶けない．こうして，1個のOH基は約3〜4個の炭素なら水のなかに引き込んで溶液にできる．

4炭素という境界線はおおよその目安にすぎない．というのは，アルコールの溶解度はアルキル基の構造にも依存するからである．枝分かれのあるアルキル基をもつアルコールは，同じ炭素数の枝分かれのないアルキル基をもつアルコールよりも水に溶けやすい．なぜなら，枝分かれによって分子の非極性部位の接触面が小さくなるからである．したがって，tert-ブチルアルコールはn-ブチルアルコールよりも水に溶けやすい．

エーテル

エーテルの酸素は，アルコールの酸素と同じく約3個の炭素しか水中に引き込んで溶液にできない（表3.5）．69ページの写真で示されるように，ジエチルエーテルは4個の炭素をもち，水に不溶であることはすでに述べた．

表3.5	エーテルの水への溶解度	
2個のC	CH_3OCH_3	可溶
3個のC	$CH_3OCH_2CH_3$	可溶
4個のC	$CH_3CH_2OCH_2CH_3$	少しだけ溶ける (10 g/100 g H_2O)
5個のC	$CH_3CH_2OCH_2CH_2CH_3$	微溶 (1.0 g/100 g H_2O)
6個のC	$CH_3CH_2CH_2OCH_2CH_2CH_3$	難溶 (0.25 g/100 g H_2O)

アミン

低分子量のアミンが水に溶けるのは，アミンが水と水素結合を形成できるからである．第一級，第二級，および第三級アミンは水素結合を形成するのに用いる孤立電子対をもっている．同じ炭素数のアミンを比較すると，第一級アミンのほうが第二級アミンよりも水に溶けやすい．なぜなら，第一級アミンは水素結合を形成できる水素を2個もっているからである．第三級アミンは，それ自身は水素結合に供与する水素をもっていない．したがって，第三級アミンは同数の炭素をもつ第二級アミンよりは水に溶けにくい．

ハロゲン化アルキル

ハロゲン化アルキルはいくぶん極性を帯びているが，水と水素結合を形成できる原子をもっているのはフッ化アルキルだけである．そのため，フッ化アルキルがハロゲン化アルキルのうちで最も水に溶けやすい．ほかのハロゲン化アルキルは，同じ炭素数のエーテルやアルコールよりも水に溶けにくい（表3.6）．

表3.6　ハロゲン化アルキルの水への溶解度

CH_3F 易溶	CH_3Cl 可溶	CH_3Br 微溶	CH_3I 微溶
CH_3CH_2F 可溶	CH_3CH_2Cl 微溶	CH_3CH_2Br 微溶	CH_3CH_2I 微溶
$CH_3CH_2CH_2F$ 微溶	$CH_3CH_2CH_2Cl$ 微溶	$CH_3CH_2CH_2Br$ 微溶	$CH_3CH_2CH_2I$ 微溶
$CH_3CH_2CH_2CH_2F$ 難溶	$CH_3CH_2CH_2CH_2Cl$ 難溶	$CH_3CH_2CH_2CH_2Br$ 難溶	$CH_3CH_2CH_2CH_2I$ 難溶

細胞膜

細胞膜は，非極性分子がほかの非極性分子をどのように引きつけるかを示している一方，極性分子がほかの極性分子をどのように引きつけるかも示している．すべての細胞は，膜によって取り囲まれており，細胞内の水溶性（極性）分子が，細胞外へ流出しないようになっている．その膜は，脂質二重層と呼ばれるリン脂質分子の二つの層から成り立っている．リン脂質分子は，極性頭部と2本の長い非極性炭化水素の尾部から成り立っている．そのリン脂質は，非極性尾部が膜の中心部で出合うように配置される．極性頭部は膜の外側表面と内側表面を向いている．つまり，細胞の内外にある極性環境に接している．非極性のコレステロール分子は，非極性尾部があまり動きすぎないように，尾部の間に含まれている．コレステロールの構造は3.14節に示されており，そこで改めて議論する．

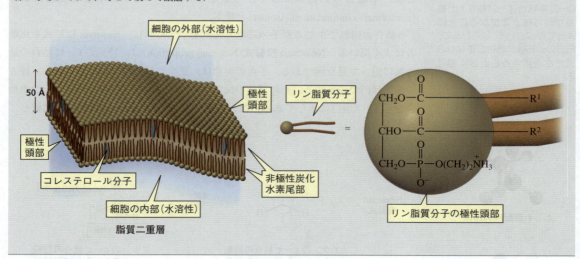

脂質二重層

問題28◆

次の化合物を水に最も溶けやすいものから最も溶けにくいものの順に並べよ．

a.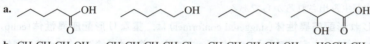

b. $CH_3CH_2CH_2OH$　　$CH_3CH_2CH_2Cl$　　$CH_3CH_2CH_2CH_2OH$　　$HOCH_2CH_2CH_2OH$

問題 29◆
シクロヘキサンが最も溶けにくい溶媒は，1-ペンタノール，ジエチルエーテル，エタノール，ヘキサンのうちどれか．

問題 30◆
バルビツール剤の鎮静効果は，細胞の非極性膜を通り抜ける能力に相関する．最も効果的なのは，次のバルビツール剤のどちらであると考えられるか．

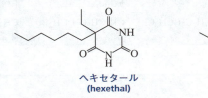

ヘキセタール (hexethal) 　　バルビタール (barbital)

3.9 炭素―炭素単結合は回転する

▲ 図 3.4
C―C 単結合は，対称な sp³ 軌道が同じ軸上で重なることによって形成される．したがって，結合の回転は，軌道の重なりの大きさを変えることなく起こる．

ある炭素の sp³ 軌道ともう一つの炭素の sp³ 軌道とが重なって，炭素―炭素単結合（σ結合）が形成されることはすでに学んだ（1.7 節参照）．図 3.4 に示されるように，炭素―炭素単結合の回転は，軌道の重なりの大きさを変えることなく起こる．単結合の回転によって生じる原子の異なった空間配置を **配座異性体** (conformer, conformational isomer) と呼ぶ．

σ結合の回転で生じる原子の三次元配置を示すために，Newman 投影式を化学者はよく用いる．**Newman 投影式** (Newman projection) は，特定の C―C 結合の結合軸に沿って見た図である．手前の炭素は，三つの結合が交わる点で表し，後方の炭素は円で表示する．その背後の炭素から出ている 3 本の線が残りの三つの結合を示す．（余白に示してある三次元構造を二次元の Newman 投影式と比較してみよう．）

ねじれ形配座異性体

重なり形配座異性体

ねじれ形配座異性体は重なり形立体配座より安定である．

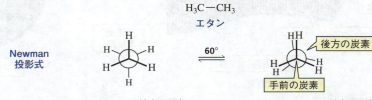

ねじれ形配座異性体と重なり形配座異性体は二つの極端な例を表している．なぜなら，C―C 結合の回転によって，その二つの例の間に無限の（連続した）配座異性体が生み出されるからである．

ねじれ形配座異性体 (staggered conformer) は，**重なり形配座異性体** (eclipsed conformer) よりも安定であり，したがってエネルギーも小さい．よって，回転が起こるときにエネルギー障壁を越えなければならない（図 3.5）ために，C―C 結合の回転は完全には自由でない．しかしながら，エタンのエネルギー障壁は，連続して回転できるほど小さい（2.9 kcal mol^{-1} あるいは 12 kJ mol^{-1}）．

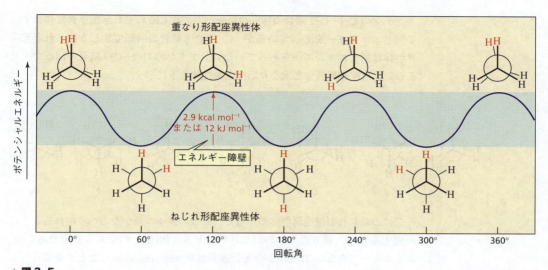

▲ 図 3.5
C—C 結合の 360°の回転で得られるエタンのすべての配座異性体のポテンシャルエネルギー．ねじれ形配座異性体がエネルギー最小値で，重なり形配座異性体はエネルギー最大値をとることに注目しよう．

分子の立体配座は，室温で 1 秒あたり何百万回もねじれ形から重なり形へと変化する．そのため，配座異性体は互いに分離することができない．どの時点においても，エタン分子の約 99％は，そのねじれ形配座異性体のより大きな安定性のため，ねじれ形立体配座をとり，より不安定な立体配座はたったの 1％のみである．

ブタンは三つの炭素―炭素単結合をもち，それぞれの結合を回転できる．

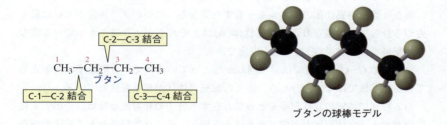

ブタンの球棒モデル

次の Newman 投影式は，C-1―C-2 結合を回転させたときのねじれ形配座異性体と重なり形配座異性体を示している．Newman 投影式では手前に位置番号の小さい炭素を置くことに注目しよう．

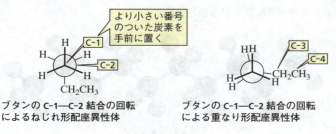

ブタンの C-1―C-2 結合の回転によるねじれ形配座異性体

ブタンの C-1―C-2 結合の回転による重なり形配座異性体

ブタンの C-1—C-2 結合の回転の結果として生じるねじれ形配座異性体はすべて同じエネルギーをもっているが，C-2—C-3 結合の回転で生じるねじれ形配座異性体は同じエネルギーをもっていない．ブタンの C-2—C-3 結合の回転で生じるねじれ形配座異性体と重なり形配座異性体を下に示す．

† 訳者注：ゴーシュ形配座は水島三一郎によって名づけられた．

三つのねじれ形配座異性体のうちで，二つのメチル基がなるべく離れるように位置する D は，残りの二つのねじれ形配座異性体(B と F)よりも安定である(低エネルギーである)．D を**アンチ形配座異性体**(anti conformer)，B と F を**ゴーシュ形配座異性体**(gauche conformer)†と呼ぶ(anti はギリシャ語で"反対の"を意味し，gauche はフランス語で"左"を意味する)．二つのゴーシュ形配座異性体は同じエネルギーをもっている．

アンチ形およびゴーシュ形配座異性体は立体ひずみのためにエネルギーが異なる．**立体ひずみ**(steric strain)は，原子や置換基が互いに近づいた場合に分子がもつひずみ(この場合，余計に加えられたエネルギー)のことをいい，それはこれらの原子や置換基の電子雲間の反発を引き起こす．ゴーシュ形配座異性体では，二つの置換基(ブタンの場合は二つのメチル基)が近づき合っているために，ゴーシュ形配座異性体のほうが立体ひずみが大きい．このタイプの立体ひずみを**ゴーシュ相互作用**(gauche interaction)という．一般に，分子の立体ひずみは相互作用する原子や基が大きくなると増大する．

重なり形配座異性体のエネルギーもまた異なる．二つのメチル基が互いに最も近づき合っている重なり形配座異性体(A)は，それらがより遠ざかっている重なり形配座異性体(C と E)よりも不安定である．

すべての C—C 単結合では常に回転が起こっているので，有機分子は，静止している球と棒ではない．むしろ，多くの配座異性体が相互変換している．

ある時刻に特定の立体配座をとって存在する分子の相対的な数は，その安定性に依存する．立体配座が安定であればあるほど，その立体配座をとる分子の割合は増大する．したがって，ほとんどの分子はいかなる瞬間にもねじれ形配座異性体をとり，ゴーシュ形配座異性体よりもアンチ形配座異性体をとる分子のほうが多い．ねじれ形立体配座を好むことは，デカンの球棒モデルで見られるように，炭素鎖がジグザグ形配置を取る傾向にある．

デカンの球棒モデル

問題 31

次の Newman 投影式を骨格構造に変換し，その化合物の名称を書け．

a. Newman投影式（CH₃CH₂, CH₃, CH₂CH₃, H, OH, H）
b. Newman投影式（H, NH₂, CH₂CH₃, CH₃, CH₃, H）

問題 32

a. C-1—C-2結合の回転で生じるブタンの三つのねじれ形配座異性体と三つの重なり形配座異性体を書け．（Newman 投影図における前面の炭素の番号が小さくなるようにすること．）
b. これらの三つのねじれ形配座異性体のエネルギーは同じか．
c. これらの三つの重なり形配座異性体のエネルギーは同じか．

問題 33

a. C-2—C-3結合の回転で生じるペンタンの最も安定な配座異性体を書け．
b. C-2—C-3結合の回転で生じるペンタンの最も不安定な配座異性体を書け．

3.10 いくつかのシクロアルカンは環ひずみをもっている

sp³ 炭素の結合角は理論上は 109.5°である（1.7 節参照）．1885 年，ドイツの化学者であり，すべての環状化合物は平面上にあると信じていた Adolf von Baeyer は，シクロアルカンの安定性は，シクロアルカンが平面上にあるときの結合角と理想の結合角との差を評価することによって予測できると提案した．たとえば，シクロプロパンの結合角は 60°であり，109.5°に比べて 49.5°のずれがある．Baeyer によると，このずれによって**角ひずみ**（angle strain）が生じ，シクロプロパンの安定性を低下させる．

平面環状炭化水素の結合角

シクロプロパンの角ひずみは，シクロプロパンのσ結合を形成する軌道の重なりを見ると理解できる（図 3.6）．通常のσ結合は二つの sp³ 結合が互いに直線上に重なって得られるが，シクロプロパンでは，軌道の重なりは互いに直線上では起こらない．したがって，その軌道の重なりは通常の C—C 結合に比べて小さい．有効性の低い重なりにより，その C—C 結合が弱くなる．その弱さが，まさに角ひずみである．

シクロプロパン

▲ 図 3.6
(a) 通常のσ結合での sp³ 軌道の重なり．(b) シクロプロパンの sp³ 軌道の重なり．

C—C 結合の角ひずみに加えて，シクロプロパンのすべての隣り合う C—H 結合はねじれ形よりはむしろ重なり形をとる．これがさらにひずみを大きくする．

平面シクロブタンはシクロプロパンよりは角ひずみが小さいことが予想される．これはシクロブタンの角度が理想上の結合角よりも（49.5°ではなく）19.5°だけ小さくなるからである．しかしながら，シクロプロパンの重なり形水素が6対であるのに対し，シクロブタンでは8対ある．その重なり形水素のために，シクロブタンは平面状ではないことがわかる．CH₂ 基の一つは，ほかの三つの炭素で定義される平面から屈曲している．屈曲したシクロブタンは，平面のシクロブタンに比べて角ひずみが大きくなるが，角ひずみの増大は重なり形水素の数の減少で相殺される．

シクロブタン

もしシクロペンタンが平面であったなら，Baeyer が予想したように，角ひずみは必然的にないはずであるが，シクロペンタンは 10 対の重なり形水素をもってしまうことになる．そのためにシクロペンタンは折れ曲がり，いくつかの水素はほぼねじれ形になる．しかしながら，その過程で角ひずみがいくらか生じる．

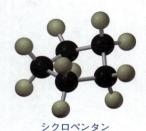
シクロペンタン

Von Baeyer，バルビツール酸，および青いジーンズ

Johann Friedrich Wilhelm Adolf von Baeyer（1835 〜 1917）はストラスブール大学の化学の教授を務め，のちにミュンヘン大学に移った．1864 年に，彼はバルビツール剤として知られている一群の鎮静剤で最初の化合物であるバルビツール酸を発見した．そして，それに Barbara という女性の名をとって名づけた．Barbara がどういう女性であったかは謎で，恋人の名前であるとか，彼がそれを発見した同じ年にプロシアがデンマークを打ち破ったことから，聖バーバラ（砲兵の聖職授与権者）の名をもじって命名したという説もある．

Baeyer は，青いジーンズに用いられる色素であるインジゴをはじめて合成したことでも知られている．1905 年に，有機合成化学に関する業績によりノーベル化学賞を受賞した．

インジゴ色素

3.11 シクロヘキサンの配座異性体

天然から最も頻繁に見つけられる環状化合物が六員環を含んでいるのは，その大きさの炭素環が，ほとんどひずみのない**いす形配座異性体**と呼ばれる立体配座をとって存在できるからである．**いす形配座異性体**（chair conformer）のすべての結合角は 111°であり（それは正四面体形の理論上の結合角である 109.5°に非常

に近い),すべての隣接する結合はねじれ形である(図3.7).

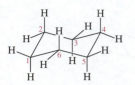
シクロヘキサンの
いす形配座異性体

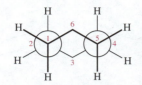
C-1—C-2 および C-5—C-4 結合
を見下ろす
いす形配座異性体の
Newman 投影式

いす形配座異性体の球棒モデル

◀ 図 3.7
シクロヘキサンのいす形配座異性体,およびすべての結合がねじれ形に配置されていることを示すそのNewman 投影式と球棒モデル.

このいす形配座異性体は非常に重要であるので,その書き方を覚えておこう.

1. 同じ長さの2本の平行な線を斜め右上の向きに書く.

2. それらの直線の二つの上端を V 字型の線でつなぐ. V の左側の直線は右側よりわずかに長くする. 直線の二つの下端を逆 V 字型の線でつなぐ. 左下と右上の直線および左上と右下の直線はそれぞれ平行でなければならない. これで六員環骨格が完成する.

3. それぞれの炭素はアキシアル結合とエクアトリアル結合をもっている. **アキシアル結合**(axial bond, 赤線)は垂直で,環の上下に交互に出ている. 最上方の炭素の一つから出るアキシアル結合は上に,次は下に,次は上にといった具合である.

4. **エクアトリアル結合**(equatorial bond, 青い球につながっている赤線)は環の外側に突き出ている. 結合角は 90° よりも大きいので,エクアトリアル結合は斜めに出る. アキシアル結合が上方に伸びている場合は,同じ炭素上のエクアトリアル結合は斜め下に出る. 一方,アキシアル結合が下方に伸びている場合は,同じ炭素上のエクアトリアル結合は斜め上に出る.

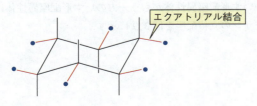

それぞれのエクアトリアル結合は環の二つの結合（赤色線）に平行であることに注意しよう．

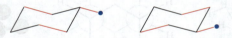

シクロヘキサンの下の図は端から眺めた図である．環の下側の結合は手前に，環の上側の結合はうしろにある．

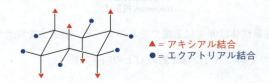

▲ = アキシアル結合
● = エクアトリアル結合

問題 34

1,2,3,4,5,6-ヘキサクロロシクロヘキサンについて次に該当する立体異性体のすべてを書け．
a. すべてのクロロ基がアキシアル位にある異性体．
b. すべてのクロロ基がエクアトリアル位にある異性体．

シクロヘキサンは，C—C結合の回転が容易なので，二つの安定ないす形配座異性体間ですばやく相互変換している．この相互変換は**環反転**（ring flip）として知られている（図3.8）．二つのいす形配座異性体が相互変換すれば，一方のいす形配座異性体中のエクアトリアル結合は，もう一方のいす形配座異性体中ではアキシアル結合になり，アキシアル結合はエクアトリアル結合に変わる．

一方のいす形配座異性体中のエクアトリアル結合は，もう一方のいす形配座異性体中ではアキシアル結合になる．

図 3.8 ▶
環反転によって，エクアトリアル結合はアキシアル結合に変わり，アキシアル結合はエクアトリアル結合に変わる．

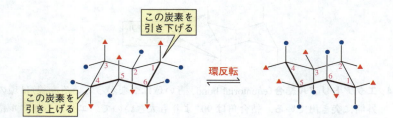

一方のいす形配座異性体をもう一方のいす形配座異性体に変換するためには，最も下にある炭素原子を引き上げ，最も上の炭素原子は引き下げられなければならない．一方のいす形配座異性体がもう一方のいす形配座異性体に環反転するときのシクロヘキサンの立体配座を図3.9に示す．

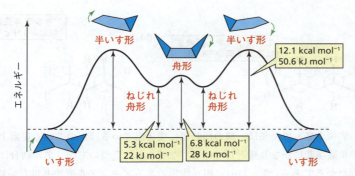

▲ 図 3.9
シクロヘキサンの一方のいす形配座異性体がもう一方のいす形配座異性体に相互変換するときの配座異性体とその相対エネルギー．

いす形配座異性体は，ほかのどの配座異性体よりもはるかに安定であり，どんな瞬間でも，シクロヘキサン分子はいす形配座異性体として存在している場合がほとんどである．たとえば，10,000 個のシクロヘキサンのいす形配座異性体に対して，次に安定な配座異性体であるねじれ舟形配座異性体はあってもせいぜい 1 分子に満たない（図 3.9）．

3.12 一置換シクロヘキサンの配座異性体

二つの等価ないす形配座異性体をもつシクロヘキサンと異なり，（メチルシクロヘキサンのような）一置換シクロヘキサンの二つのいす形配座異性体は等価ではない．一方の配座異性体ではメチル置換基はエクアトリアル位にあり，もう一方ではアキシアル位にある（図 3.10）．なぜならば，先に学んだように，一方のいす形配座異性体のエクアトリアル位にある置換基は，もう一方ではアキシアル位にあるからである（図 3.8）．

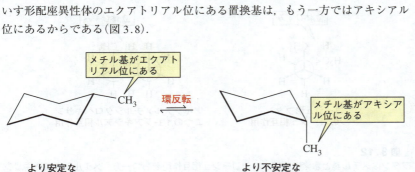

◀ 図 3.10
一方のいす形配座異性体では置換基がエクアトリアル位にあり，もう一方ではアキシアル位にある．置換基がエクアトリアル位にある配座異性体のほうが安定である．

エクアトリアル位にメチル置換基をもついす形配座異性体のほうが二つの配座異性体のなかでより安定であるのは，エクアトリアル位にあるほうがその置換基が広い空間を占め，立体反発が小さいからである．そのことは図 3.11a を見ればよく理解できるはずであり，メチル基がエクアトリアル位にあるとき，その置換基は分子の残りの部分から離れて空間に伸びている．

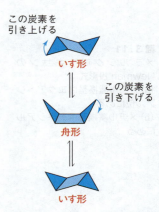

シクロヘキサンの分子モデルをつくろう．
最も上方にある炭素を引き下げて，最も下方にある炭素を引き上げて，一方のいす形配座異性体をもう一方のいす形配座異性体へ変換させてみよう．

図 3.11 ▶
メチルシクロヘキサンのNewman投影式：
(a) メチル置換基はエクアトリアル位にある
(b) メチル置換基はアキシアル位にある

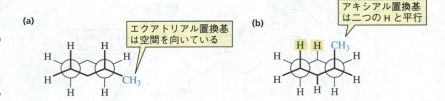

メチルシクロヘキサンの分子モデルを組むと，置換基はアキシアル位に比べてエクアトリアル位座にあるほうが空間を広く占めることがわかるだろう．

表 3.7 いくつかの一置換シクロヘキサンの25℃での平衡定数

置換基	$K_{eq} = \dfrac{[エクアトリアル]}{[アキシアル]}$
H	1
CH$_3$	18
CH$_3$CH$_2$	21
(CH$_3$)$_2$CH	35
(CH$_3$)$_3$C	4800
CN	1.4
F	1.5
Cl	2.4
Br	2.2
I	2.2
HO	5.4

一方，アキシアル置換基は，環の同じ側に突き出ているほかの二つの炭素上のアキシアル置換基にかなり接近している．なぜなら，三つのアキシアル結合は互いに平行だからである(図3.11b)．相互作用のあるアキシアル置換基は互いに1,3位にあるので，これらの不利な立体相互作用を**1,3-ジアキシアル相互作用**(1,3-diaxial interaction)あるいは1,3-ジアキシアル反発と呼ぶ．

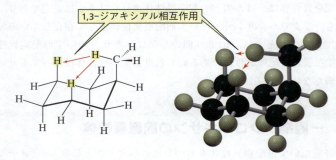

ブタンのゴーシュ形配座異性体とメチルシクロヘキサンのアキシアル置換配座異性体との比較を図3.12に示す．ブタンのゴーシュ相互作用は，メチルシクロヘキサンの1,3-ジアキシアル相互作用と同じであることに注目しよう．

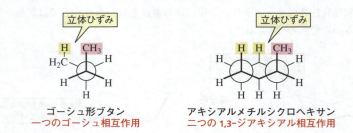

▲ 図 3.12
ブタンはメチル基と水素の間に一つのゴーシュ相互作用をもつ一方，メチルシクロヘキサンはメチル基と水素の間に二つの1,3-ジアキシアル相互作用をもっている．（見やすくするため，メチルシクロヘキサンの二つの水素を省略する．）

　この二つのいす形配座異性体に安定性の差が生じるために，メチルシクロヘキサン（またはほかのどんな一置換シクロヘキサン）の試料においても，エクアトリアル位に置換基のあるいす形配座異性体のほうがアキシアル位に置換基のあるいす形配座異性体よりも常に多く存在する．二つのいす形配座異性体の相対比は置換基の種類による(表3.7)．

　表3.7を見るとわかるように，1,3-ジアキシアル水素の周辺において，空間を大きく占める置換基はエクアトリアル位にあるのが有利である．なぜならば，そ

の置換基はより強い 1,3-ジアキシアル相互作用があるからである．

問題 35◆
エチルシクロヘキサンとイソプロピルシクロヘキサンのうち，どのようなときでもエクアトリアル位の置換基をもつ配座異性体がより多く存在するのはどちらと予測するか．

🧪 デンプンとセルロース──アキシアルとエクアトリアル

多糖類は，多くの糖分子が結びつけられることによって生成した化合物である．最も一般的な天然の多糖類は，アミロース（デンプンの主成分）とセルロースである．これらはともに，グルコース分子が結合して生成したものである．デンプンは水に可溶な化合物で，ジャガイモ，米，小麦粉，豆，トウモロコシ，エンドウといった多くの食物に含まれる．セルロースは，水に不溶な化合物であり，植物の主要な構造成分である．たとえば綿の約90％はセルロースから成り，木の約50％もセルロースから成っている．

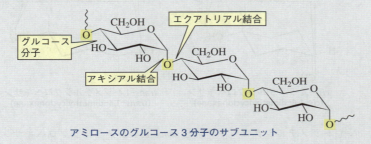

アミロースのグルコース3分子のサブユニット

デンプンに富む食物

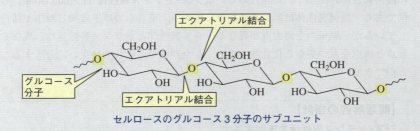

セルロースのグルコース3分子のサブユニット

植物のワタと綿のタオル

どちらもグルコース分子がつながった分子であるのに，このように物理的性質が異なるのはなぜだろう．これらの構造を調べると，二つの多糖類でグルコースの結合様式が異なることがわかるだろう．デンプンでは，グルコースのアキシアル結合上にある酸素が，もう一方のグルコースにエクアトリアル結合している．一方セルロースでは，グルコースのエクアトリアル結合上にある酸素が，もう一方のグルコースにエクアトリアル結合している．デンプンはそのアキシアル結合によって，水分子との水素結合を促進するヘリックスを形成する．その結果，デンプンは水に溶けやすくなる．一方のセルロースはそのエクアトリアル結合によって，線状に配列した分子を形成し，セルロース分子どうしで水素結合を形成する．その結果，水分子と水素結合を形成できないため，セルロースは水に溶けない（16.10 節参照）．

哺乳類がもつデンプンの消化酵素はアキシアル結合を切断できるが，セルロースのエクアトリアル結合は切断できない．草食動物は，セルロースのエクアトリアル結合を切断できる酵素をもつ細菌を消化管内に飼っているので，ウシやウマは干し草を消化してグルコースを摂ることができる．

3.13 二置換シクロヘキサンの配座異性体

シクロヘキサン環に二つの置換基があると，二つのいす形配座異性体のどちらが安定かを決める際に，両方の置換基を考慮に入れなければならない．1,4-ジメチルシクロヘキサンについて見てみよう．

はじめに，二つの異なるジメチルシクロヘキサンがあることに注目しよう．一方はシクロヘキサン環の同じ側に二つのメチル基（両方とも上向き）があるもので，**シス異性体**（cis isomer，"cis" はラテン語で "こちら側" を意味する）と呼ばれる．もう一方はシクロヘキサン環の反対側に二つのメチル基（一方は上向きでもう一方は下向き）があるもので，**トランス異性体**（trans isomer，"trans" はラテン語で "横切って" を意味する）と呼ばれる．

> 二置換環状化合物のシス異性体では環の同じ側に二つの置換基がある．

> 二置換環状化合物のトランス異性体では環の反対側に二つの置換基がある．

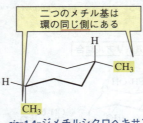
cis-1,4-ジメチルシクロヘキサン
(*cis*-1,4-dimethylcyclohexane)

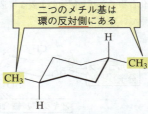
trans-1,4-ジメチルシクロヘキサン
(*trans*-1,4-dimethylcyclohexane)

cis-1,4-ジメチルシクロヘキサンと *trans*-1,4-ジメチルシクロヘキサンは互いに**幾何異性体**（geometric isomer）あるいは**シス-トランス異性体**（cis-trans isomer）の例である．幾何異性体は同じ原子をもっており，それらの原子は同じ順序で結合しているが，原子の空間配置が異なる．シス異性体とトランス異性体は，異なる融点と沸点をもつ異なる化合物である．したがって，それらは互いに分離することができる．

【問題解答の指針】
シス-トランス異性体を区別する

エクアトリアル位とアキシアル位にそれぞれメチル基が結合している 1,2-ジメチルシクロヘキサンは，シス異性体かトランス異性体か．

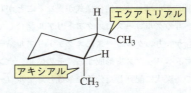

これはシス異性体かトランス異性体か？

この種の問題を解くためには，二つの置換基が環の同じ側にある（シス）か反対側にある（トランス）かを決めなければならない．置換基との結合が両方とも上向きであるか下向きであるならば，その化合物はシス異性体である．一方の結合が上向きで，もう一方の結合が下向きであれば，その化合物はトランス異性体である．問題の異性体のメチル基はともに下向きの結合の先にあるので，この化合物はシ

ス異性体である.

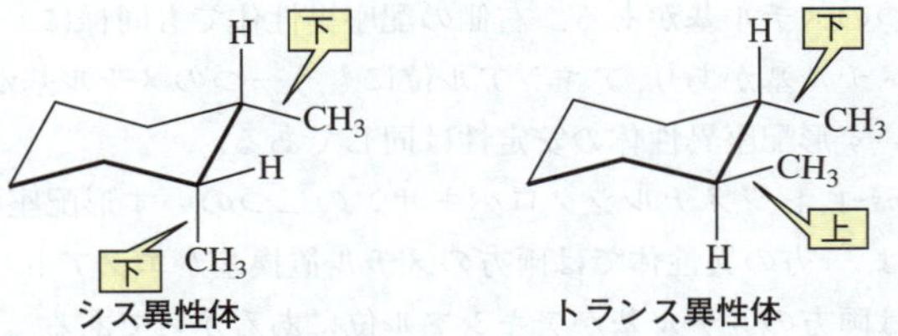

シス異性体　　　　　トランス異性体

　二次元で書いたときに最も誤解しやすい異性体は *trans*-1,2-二置換異性体である. 一見, *trans*-1,2-ジメチルシクロヘキサン(上の図の右側)のメチル基は環の同じ側を向いているように見えるので, この化合物はシス異性体であると思うかもしれない. しかしながらよく見れば, 一方の結合は上向きで, もう一方の結合は下向きであることがわかる. したがって, これはトランス異性体である. 代わりに, 二つのアキシアル水素を見た場合, それらは明らかにトランスの関係にある(一方は真っ直ぐ上, もう一方は真っ直ぐ下に)ので, それらのメチル基もトランスの関係にある.

　ここで学んだ方法を使って問題36を解こう.

問題 36 ◆

次のそれぞれの化合物はそれぞれシス異性体とトランス異性体のどちらか.

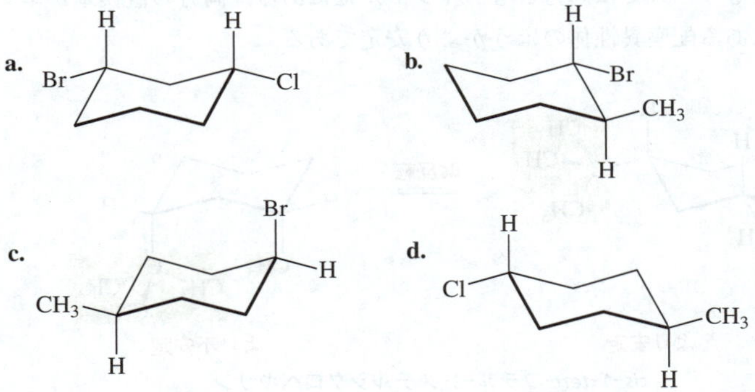

a.　　　　　　　　　b.

c.　　　　　　　　　d.

　シクロヘキサン環をもつどの化合物も, 二つのいす形配座異性体をもつ. したがって, 二つの置換基で置き換えたシクロヘキサンのシス異性体, トランス異性体のどちらも, いす形配座異性体をもつ. 安定性にいくらか違いがあるかもしれない *cis*-1,4-ジメチルシクロヘキサンの二つのいす形配座異性体の構造を比べてみよう.

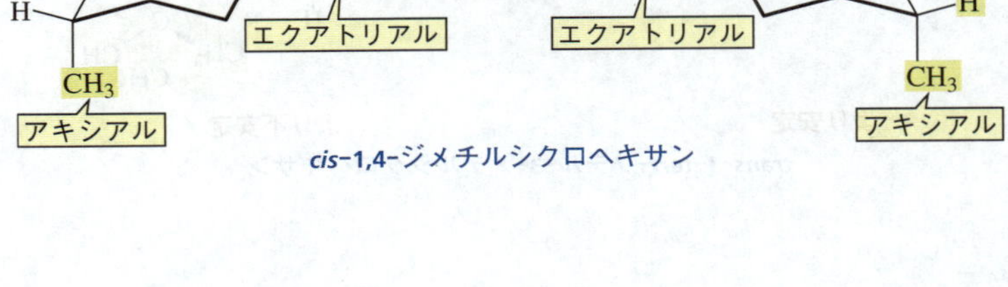

環反転

cis-1,4-ジメチルシクロヘキサン

左側の配座異性体には，エクアトリアル位に一つのメチル基があり，アキシアル位にもう一つのメチル基がある．右側の配座異性体でも同様に，エクアトリアル位に一つのメチル基があり，アキシアル位にもう一つのメチル基がある．したがって，二つのいす形配座異性体の安定性は同じである．

一方，*trans*-1,4-ジメチルシクロヘキサンの二つのいす形配座異性体で安定性が異なるのは，一方の異性体では両方のメチル置換基がエクアトリアル位にあり，もう一方では両方のメチル基がアキシアル位にあるからである．両方のメチル置換基をエクアトリアル位にもつ配座異性体のほうがより安定である．

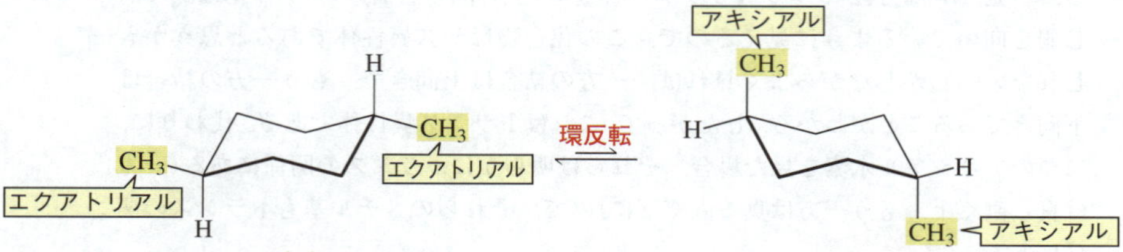

trans-1,4-ジメチルシクロヘキサン

ここで，1-*tert*-ブチル-3-メチルシクロヘキサンの幾何異性体について考えてみよう．一方のいす形配座異性体ではシス異性体の両方の置換基がエクアトリアル位にあり，もう一方では両方ともアキシアル位にある．両方の置換基がエクアトリアル位にある配座異性体のほうがより安定である．

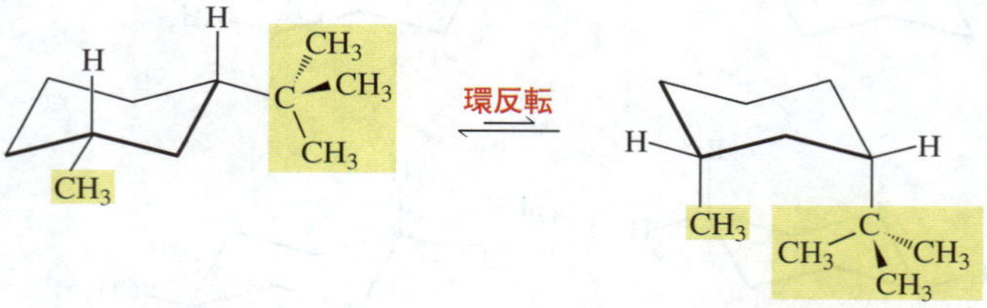

cis-1-*tert*-ブチル-3-メチルシクロヘキサン

トランス異性体の二つのいす形配座異性体はともに，エクアトリアル位に一つの置換基をもち，アキシアル位にもう一つの置換基をもっている．*tert*-ブチル基はメチル基よりもかさ高いので，*tert*-ブチル基がアキシアル位にあると 1,3-ジアキシアル相互作用は大きくなる．そのため，*tert*-ブチル基がエクアトリアル位にある配座異性体のほうが安定である．

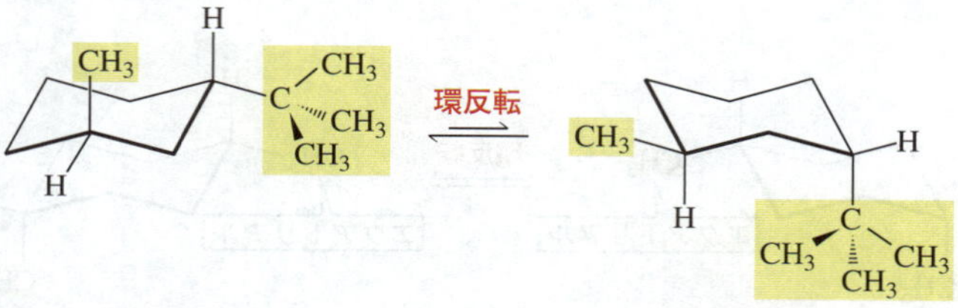

trans-1-*tert*-ブチル-3-メチルシクロヘキサン

問題 37(解答あり)

a. *cis*-1-エチル-2-メチルシクロヘキサンの安定ないす形配座異性体を書け．
b. *trans*-1-エチル-2-メチルシクロヘキサンの安定ないす形配座異性体を書け．
c. *cis*-1-エチル-2-メチルシクロヘキサンと *trans*-1-エチル-2-メチルシクロヘキサンのどちらがより安定か．

37a の解答 1,2-二置換シクロヘキサンの二つの置換基が(環の同じ側で)シスになるには，一方の置換基はエクアトリアル位に，もう一方の置換基はアキシアル位になければならない．二つの置換基のうちのかさ高いほう(エチル基)がエクアトリアル位にあるいす形配座異性体がより安定である．

3.14 縮合したシクロヘキサン環

二つのシクロヘキサン環が縮合しているとき，つまり，**縮合環**(fused ring)は，二つの隣接した炭素を共有する．一方の環は，もう一方の環に結合した置換基の対として考えられる．どの二置換シクロヘキサンでも，その二つの置換基はシスあるいはトランスになりうる．トランス異性体(一方の置換基の結合が上を向いていて，他方は下を向いている)では，両方の置換基がエクアトリアル位にある．シス異性体では一方の置換基がエクアトリアル位にあり，もう一方はアキシアル位にある．**トランス縮合**(trans-fused)環は，そのため**シス縮合**(cis-fused)環に比べて安定である．

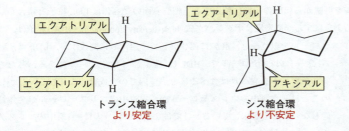

ホルモン(hormone)は化学伝達物質であるとともに，内分泌腺で合成される有機化合物であり，いくつかの過程を刺激したり阻害するために，血流によって目的の組織に運搬される．ホルモンの多くは**ステロイド**(steroid)である．ステロイドは，A, B, C, および D と示された四つの環をもっている．B, C, および D 環はすべてトランスに縮合しており，ほとんどの天然に存在するステロイドでは A 環と B 環もトランスに縮合している．

ステロイド環系　　すべての環はトランスに縮合している

動物に最も多く存在するステロイドの一つが**コレステロール**（cholesterol）であり，ほかのすべてのステロイドの前駆体でもある．コレステロールは細胞膜の重要な成分でもある．（下のコラムを参照．）その環は，特有の立体配座に固定されているため，ほかの細胞膜の成分に比べて柔軟性がない．

コレステロール
(cholesterol)

🧪 コレステロールと心臓病

コレステロールは，おそらく最もよく知られたステロイドである．というのは，血中のコレステロールレベルと心臓病との間に広く明らかになっている相関があるからである．コレステロールは肝臓で合成され，ほとんどすべての生体内組織に存在している．それは多くの食物中にも含まれているが，私たちの体は必要とするすべてのコレステロールを合成できるため，日常の食餌で摂る必要はない．コレステロールが多い食餌の摂取は，血流中のコレステロールレベルを引き上げ，過剰なコレステロールは動脈壁に蓄積されて，血流を制限する．動脈硬化と呼ばれる循環器系の病気は，心臓病のおもな原因である．

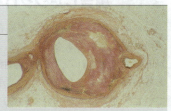

動脈を詰まらせるコレステロール（茶色）

コレステロールはその密度によって分類される粒子に包まれて血流中を移動する．低密度リポタンパク質（low-density lipoprotein, LDL）粒子は，コレステロールを肝臓からほかの組織に輸送する．細胞表面の受容体はLDL粒子と結合し，それらを細胞内に運びコレステロールを使えるようにする．高密度リポタンパク質（high-density lipoprotein, HDL）粒子は，コレステロールの捕捉に使われ，膜表面からコレステロールを取り除き，肝臓に運び戻して，胆汁酸に変換する．LDLは，いわゆる「悪玉」コレステロールで，HDLは「善玉」コレステロールである．私たちがコレステロールを食べれば食べるほど，体内での合成は少なくなる．しかし，このことは，食餌中のコレステロールが，血流中のコレステロールの全体量に影響しないことを意味しているわけではない．というのは，食餌中のコレステロールは，LDL受容体の合成を阻害するからである．私たちがコレステロールを食べれば食べるほど，体内での合成が少なくなるだけでなく，目標の細胞にコレステロールを運搬する機能も衰えてしまう．

高いコレステロール値はどのように治療されるか？

　スタチンは，コレステロール合成に必要な化合物の生成を触媒する酵素を阻害することにより，血清コレステロール値を低下させる薬である．肝臓におけるコレステロール合成が減少する結果として，肝臓は LDL 受容体を多く生成し，その受容体は血流から LDL（いわゆる「悪玉」コレステロール）の除去を助ける．研究によると，コレステロールが 10% 低下すれば，冠状動脈性心疾患による死亡者数が 15% 減少し，死の危険性は全体で 11% 減少する．

ロバスタチン
(lovastatin)
Mevacor®

シムバスタチン
(simvastatin)
Zocor®

アトルバスタチン
(atorvastatin)
Lipitor®

　ロバスタチンとシムバスタチンは，Mevacor® と Zocor® の登録商標の下で，臨床的に用いられる天然のスタチンである．アトルバスタチン（Lipitor®）は，合成スタチンで，最もよく用いられているスタチンである．それは，より優れた効能をもっており，天然のスタチンに比べて体内での持続時間が長い．なぜなら，その分解生成物は，コレステロールの値を低下させる親薬物として活性をもつからである．そのため，薬の服用による投与は少なくて済む．加えて，Lipitor® は，ロバスタチンとシムバスタチンに比べて極性が小さいので，それが必要とされる肝細胞で長く生き残る．Lipitor® は過去数年間，アメリカ合衆国で最も広く処方された薬の一つである．

覚えておくべき重要事項

- **アルカン**は単結合しかもたない**炭化水素**である．その分子式は一般に C_nH_{2n+2} である．
- **構造異性体**は同じ分子式をもつが，それらの原子は結合の様式が異なる．
- アルカンは，その**親炭化水素**にある炭素原子の数を決めることで命名できる．置換基は接頭語としてアルファベット順に書き，鎖上の位置番号を置換基の名称の前に示す．位置番号が最小の数字となるように親炭化水素に番号をふる．
- **ハロゲン化アルキル**は置換アルカンとして命名される．
- **体系的名称**は数字を含むが，**慣用名**は数字を含まない．
- 一つの化合物が複数の名称をもつことはあるが，一つの名称は一つの化合物だけを特定しなければならない．
- ハロゲン化アルキルまたはアルコールは，X（ハロゲン）あるいは OH 基が第一級，第二級，第三級炭素のどれに結合しているかによって，**第一級，第二級，第三級**に分類される．
- アミンは，窒素に結合しているアルキル基の数によって，**第一級，第二級，第三級**に分類される．
- アルコールまたはエーテルの酸素は水の酸素と同じ構造をもち，アミンの窒素はアンモニアの窒素と同じ構造をもっている．
- **van der Waals 力**，**双極子-双極子相互作用**，および**水素結合**などの分子間引力が大きいほど，その化合物の沸点は高い．
- 水素結合は，ほかの双極子-双極子相互作用に比べて強く，双極子-双極子相互作用は van der Waals 力に比べて強い．
- **水素結合**は，O，N，または F と結合している水素と，別の分子の O，N，F の孤立電子対との間の相互作用である．
- 分子量が大きくなればなるほどアルケンの沸点は上昇

する．枝分かれがあると沸点を低下させる．
- **極性化合物は極性溶媒に溶け，非極性化合物は非極性溶媒に溶ける．**
- **溶媒和**は溶媒とその溶媒に溶けている分子あるいはイオンとの間の相互作用である．
- アルコールあるいはエーテルの酸素は 3 あるいは 4 個の炭素を水溶液中に引き込むことができる．
- C—C 結合の回転によって，相互にすばやく変換しうるねじれ形と重なり形配座異性体が得られる．
- **配座異性体**は，同じ化合物の異なる立体配座をとる．それらは分離できない．
- **ねじれ形配座異性体は重なり形配座異性体**よりも安定である．
- **アンチ形配座異性体がゴーシュ形配座異性体**よりも安定なのは，原子あるいは原子団のつくる電子雲どうしの反発である**立体ひずみ**がないためである．
- **ゴーシュ相互作用**はゴーシュ形配座異性体の立体ひずみを生じる．
- 五員環と六員環は三員環や四員環よりも安定である．その理由は，結合角が理論上の結合角である 109.5° から際立ってずれて生じる**角ひずみ**が少ないためである．
- シクロヘキサンは二つの安定ないす形配座異性体の間ですばやく相互変換する．これを**環反転**という．
- 一方のいす形配座異性体で**アキシアル**である結合は，もう一方の配座異性体では**エクアトリアル**となり，その逆も起こる．
- エクアトリアル位に置換基をもついす形配座異性体のほうが立体ひずみが少ない．そのため，アキシアル位に置換基をもついす形配座異性体よりも安定である．
- アキシアル位の置換基は不利な **1,3-ジアキシアル相互作用**を起こす．
- 二置換シクロヘキサンにおいては，置換基（あるいはより大きな置換基）がエクアトリアル結合をもつ配座異性体がより安定である．
- シスおよびトランス異性体（**幾何異性体**）は異なる化合物であり，分離可能である．
- **シス異性体**では環の同じ側に二つの置換基が位置し，**トランス異性体**では環の反対側に置換基が位置する．

章末問題

38. 次のそれぞれの化合物の簡略構造と骨格構造を書け．
  a. sec-ブチル-tert-ブチルエーテル **b.** イソヘプチルアルコール **c.** sec-ブチルアミン
  d. 1,1-ジメチルシクロヘキサン **e.** トリエチルアミン **f.** 5,5-ジブロモ-2-メチルオクタン

39. 次の化合物を沸点の最も高いものから最も低いものの順に並べよ．

40. a. それぞれの化合物の体系的名称は何か．
  b. 次のリストで簡略構造が与えられている場合には，それぞれの化合物の骨格構造を書き，骨格構造が与えられている場合には簡略構造を書け．

  1. $(CH_3)_3CCH_2CH_2CH_2CH(CH_3)_2$
  2. （骨格構造）
  3. $(CH_3CH_2)_4C$
  4. （骨格構造）
  5. （骨格構造）
  6. （骨格構造）
  7. $CH_3CHCH_2CH_3$
     $\quad\;\;|$
     $\quad CH_2CH_3$

41. 次のうちどの構造がシス異性体か.

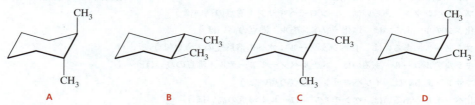

42. **a.** 次のそれぞれの化合物は第一級炭素原子をいくつもっているか.
    b. 第二級炭素をいくつもっているか.
    c. 第三級炭素をいくつもっているか.

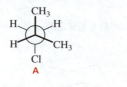

43. 次のアミンを命名し，それらが第一級，第二級，第三級のいずれであるかを示せ.
    a. CH₃CH₂CH₂NCH₂CH₃
           　　　　　CH₂CH₃
    b. CH₃CHCH₂NHCHCH₂CH₃
           　CH₃　　　CH₃
    c. CH₃CH₂CH₂NHCH₂CH₂CHCH₃
                                CH₃
    d. シクロヘキシル-NH₂

44. 次の塩化イソブチルの配座異性体のうちで最も安定なものはどれか.

45. それぞれの化合物の名称は何か.
    a. CH₃CH₂CHCH₃
                NH₂
    b. CH₃CH₂CHCH₃
                Cl
    c. CH₃CH₂CHNHCH₂CH₃
                CH₃
    d. CH₃CH₂CH₂OCH₂CH₃
    e. CH₃CHCH₂CH₂CH₃
               CH₃
    f. CH₃CHNH₂
              CH₃
    g. CH₃CBr
              CH₃
              CH₂CH₃
    h. シクロペンチル-Br

46. 次の条件を満たすアルカンの構造式を書け.
    a. 六つの炭素をもち，それらがすべて第二級である.
    b. 八つの炭素と第一級水素だけをもっている.
    c. 七つの炭素からなり，二つのイソプロピル基をもっている.

47. 次の一対の化合物のうち，下記の条件にあてはまるのはどちらか．
  a. 1-ブロモペンタン　あるいは　1-ブロモヘキサン：沸点の高いほう
  b. 塩化ペンチル　あるいは　塩化イソペンチル：沸点の高いほう
  c. 1-ブタノール　あるいは　1-ペンタノール：水への溶解度の大きいほう
  d. ヘキシルアルコール　あるいは　メチルペンチルエーテル：沸点の高いほう
  e. ヘキサン　あるいは　イソヘキサン：融点の高いほう
  f. 塩化ペンチル　あるいは　ペンチルアルコール：沸点の高いほう
  g. 1-ブロモペンタン　あるいは　1-クロロペンタン：沸点の高いほう
  h. ジエチルエーテル　あるいは　ブチルアルコール：沸点の高いほう
  i. ヘプタン　あるいは　オクタン：密度の高いほう
  j. イソペンチルアルコール　あるいは　イソペンチルアミン：沸点の高いほう
  k. ヘキシルアミン　あるいは　ジプロピルアミン：沸点の高いほう

48. Ansaid® と Motrin® は，非ステロイド系抗炎症薬(NSAID)として知られている医薬品のグループに属している．ともに水に少し溶けるが，一方はもう一方よりもよく溶ける．どちらの医薬品が水への溶解度が高いか．

49. ある学生は，いくつかの化合物の構造式を書き，体系的名称をつけるようにいわれた．その学生はいくつの名称を正しく答えられたのか．間違っているものを訂正せよ．
  a. 2,2-ジメチル-4-エチルヘプタン　　b. 臭化イソペンチル
  c. 3,3-ジクロロオクタン　　　　　　d. 5-エチル-2-メチルヘキサン
  e. 3,5-ジメチルヘキサン　　　　　　f. 2-メチル-3-プロピルペンタン

50. 次の配座異性体のうち，どれが最も大きいエネルギーをもっているか(最も不安定か)．

  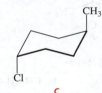

51. C_7H_{16} の分子式で表され，第二級水素をもっていないすべてのアルカンの体系的名称を書け．

52. 次の化合物の骨格構造を書け．
  a. 5-エチル-2-メチルオクタン　　　b. 1,3-ジメチルシクロヘキサン
  c. 2,3,3,4-テトラメチルヘプタン　　d. プロピルシクロペンタン

53. 次の文章のうち，炭素が正四面体型であることを証明するものはどれか．
  a. 臭化メチルには構造異性体がない．
  b. 四塩化炭素は双極子モーメントをもたない．
  c. 二臭化メタンには構造異性体がない．

54. 2-メチルヘキサンの C-3—C-4 結合を回転させた．次の質問に答えよ．
  a. 最も安定な配座異性体の Newman 投影式を書け．
  b. 最も不安定な配座異性体の Newman 投影式を書け．
  c. ほかのどの炭素—炭素結合で回転が起こるか．
  d. ねじれ形立体配座の安定性がすべて等しくなる炭素—炭素結合はこの化合物にいくつあるか．

55. $C_5H_{11}Br$ の分子式をもつ異性体をすべて書け．（ヒント：八つある．）
  a. それぞれの異性体の体系的名称を示せ．
  b. それぞれの異性体に慣用名がある場合はその慣用名を示せ．
  c. 第一級ハロゲン化アルキルの異性体はいくつあるか．
  d. 第二級ハロゲン化アルキルの異性体はいくつあるか．
  e. 第三級ハロゲン化アルキルの異性体はいくつあるか．

56. それぞれの化合物の体系的名称は何か．

57. 次のそれぞれの化合物の二ついす形配座異性体を書き，どの配座異性体がより安定であるかを示せ．
  a. *cis*-1-エチル-3-メチルシクロヘキサン
  b. *trans*-1-エチル-2-イソプロピルシクロヘキサン
  c. *trans*-1-エチル-2-メチルシクロヘキサン
  d. *cis*-1,2-ジエチルシクロヘキサン
  e. *cis*-1-エチル-3-イソプロピルシクロヘキサン
  f. *cis*-1-エチル-4-イソプロピルシクロヘキサン

58. C_7H_{16} の分子式をもつ九つの構造異性体をすべて書け．

59. 低分子量のアルコールが高分子量のアルコールに比べて水に溶けやすいのはなぜか．

60. 次のそれぞれの化合物について，シス異性体とトランス異性体のどちらがより安定か．

61. $C_5H_{12}O$ の分子式をもつエーテルはいくつあるか．それぞれの構造式と名称を書け．

62. Newman 投影式を用いて，次のそれぞれの化合物の最も安定な配座異性体を書け．
  a. 3-メチルペンタン，C-2—C-3 結合に沿って眺めた場合
  b. 3-メチルヘキサン，C-3—C-4 結合に沿って眺めた場合

63. 次の二置換シクロヘキサンのなかから，二つのいす形配座異性体で両方の置換基がエクアトリアル位あるいはアキシアル位になるもの，あるいは一方の置換基がエクアトリアル位で，もう一方がアキシアル位になるものを示せ.
   a. cis-1,2-   b. trans-1,2-   c. cis-1,3-   d. trans-1,3-   e. cis-1,4-   f. trans-1,4-

64. ジアキシアル置換配座異性体に対してジエクアトリアル置換体の存在比が高いのは，trans-1,4-ジメチルシクロヘキサンと cis-1-tert-ブチル-3-メチルシクロヘキサンのどちらか.

65. 次の分子の最も安定な配座異性体を書け.（実線のくさび形は紙面から読者に向かって突き出ている結合を示し，破線のくさび形は，読者から離れるように紙面後方に伸びている結合を示す.）

66. 次のそれぞれの化合物の体系的名称を書け.

67. グルコース（血糖）の最も安定な配座異性体は，五つの置換基がすべてエクアトリアル位にあるいす形立体配座の六員環である．右側の構造の適当な結合に OH 基をつけてグルコースの最も安定な形を書け．

68. 臭素原子は塩素原子より大きいが，表 3.7 の平衡定数は，ブロモ置換基よりもクロロ置換基のほうがエクアトリアル位をとりやすいことを示している．この事実を説明せよ．

69. cis-1,3-ジメチルシクロヘキサンのいす形配座異性体のうちの一つは，もう一方よりも 5.4 kcal mol^{-1} (23 kJ mol^{-1}) 不安定である．CH$_3$ 基と H 基の間の 1,3-ジアキシアル相互作用が 0.87 kcal mol^{-1} (3.6 kJ mol^{-1}) であるとき，二つのメチル基の間の 1,3-ジアキシアル相互作用による立体ひずみの差はどれくらいか.

70. 問題 69 で得たデータを用い，1,1,3-トリメチルシクロヘキサンのいす形配座異性体のそれぞれにおける立体ひずみのエネルギーを計算せよ．平衡時により多く存在するのはどちらの配座異性体か．

71. a. 1,2-ジクロロエタンの C—C 結合を軸として,最も不安定な配座異性体から始めて 360°回転させたときのポテンシャルエネルギーの変化の概略図を書け.アンチ配座異性体はゴーシュ配座異性体に比べて 1.2 kcal mol^{-1} 安定である.ゴーシュ配座異性体は二つのエネルギー障壁,5.2 kcal mol^{-1} および 9.3 kcal mol^{-1} をもつ.
b. 最も濃度の高い配座異性体を書け.
c. 最も安定なねじれ形配座異性体は,最も安定な重なり形配座異性体に比べてどのくらい安定か.
d. 最も安定なねじれ形配座異性体は,最も不安定な重なり形配座異性体に比べてどのくらい安定か.

異性体: 原子の空間配置

鏡像

† 訳者注：ヴィックスベイパーインヘラー：アメリカ合衆国で市販されている鼻炎薬．

本章では，同一の炭素に結合している二つの基を交換することが，化合物の生理活性にはかり知れない影響を及ぼしうるのはなぜかということについて見ていこう．たとえば，ヴィックスベイパーインヘラー（Vicks Vapor Inhaler）†の活性成分の水素とメチル基の場所を交換すると，スピードとして知られているストリートドラッグであるメタンフェタミンになる．同様の交換によって，一般的な鎮痛薬である Aleve® の活性成分が，肝臓に対して強い毒性をもつ化合物に変換される．

こ こでは**異性体**（isomer），つまり同じ分子式をもちながら構造が異なる化合物に注目しよう．異性体は大きく二つに分類される．すなわち，構造異性体と立体異性体である．

構造異性体（constitutional isomer）は，それぞれの分子中の原子のつながり方が異なっている．たとえば，エタノールとジメチルエーテルは構造異性体であり，同じ分子式 C_2H_6O をもつが，それらの原子はつながり方が異なる（エタノールの酸素は炭素と水素に結合しているのに対し，ジメチルエーテルの酸素は二つの炭素に結合している）．

構造異性体

CH_3CH_2OH と CH_3OCH_3　　　$CH_3CH_2CH_2CH_2Cl$ と $CH_3CH_2CHCH_3$ (with Cl on C3)

エタノール　ジメチルエーテル　1-クロロブタン　2-クロロブタン
(ethanol)　(dimethyl ether)　(1-chlorobutane)　(2-chlorobutane)

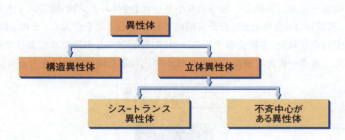

構造異性体とは異なり，立体異性体は，分子中の原子のつながり方も同一である．**立体異性体**〔stereoisomer, **配置異性体**(configurational isomer)ともいわれる〕は，原子の空間配置だけが互いに異なっている．構造異性体と同様に，立体異性体が分離できるのはそれらが異なる化合物であり，結合を切断したときにのみ相互変換できるからである．立体異性体には2種類ある．すなわち，シス-トランス異性体と不斉中心† がある異性体である．

† 訳者注：不斉炭素以外にもいくつかの不斉原子が存在する．これらの不斉原子は不斉中心(assymetric center)と総称される．

```
          異性体
         /      \
    構造異性体   立体異性体
               /        \
        シス-トランス   不斉中心が
         異性体        ある異性体
```

問題 1 ◆

a. C_3H_8O の分子式をもつ構造異性体を三つ書け．
b. $C_4H_{10}O$ の分子式をもつ構造異性体はいくつ書けるか．

4.1 シス-トランス異性体は回転の制限によって生じる

はじめに注目する立体異性体の種類は**シス-トランス異性体**〔cis-trans isomer, **幾何異性体**(geometric isomer)とも呼ばれる〕である．これらの異性体は回転の制限によって生まれる．回転の制限は，環構造か二重結合のいずれかによってもたらされる．

環の結合の回転が制限されているので，二つの置換基が異なる炭素に結合している環状化合物にはシス-トランス異性体があることを学んだ(3.13節参照)．シス異性体では二つの置換基が環の同じ側にあり，トランス異性体では二つの置換基が互いに環の反対側にある．（実線のくさび形は紙面から読者の方向へ向いている結合を表し，破線のくさび形は読者から紙面奥の方向へ向いている結合を表す．）

cis-1-ブロモ-3-クロロシクロブタン　　　*trans*-1-ブロモ-3-クロロシクロブタン
(*cis*-1-bromo-3-chlorocyclobutane)　　(*trans*-1-bromo-3-chlorocyclobutane)

CH₃ 〈 〉 CH₃   CH₃ 〈 〉 CH₃

cis-1,4-ジメチルシクロヘキサン   *trans*-1,4-ジメチルシクロヘキサン
(*cis*-1,4-dimethylcyclohexane)   (*trans*-1,4-dimethylcyclohexane)

問題 2

次の化合物のシス異性体とトランス異性体を書け．
a. 1-ブロモ-4-クロロシクロヘキサン
b. 1-エチル-3-メチルシクロブタン

炭素—炭素二重結合をもつ化合物もシスおよびトランス異性体をもつことができる．炭素—炭素二重結合をもつ最も小さな化合物(エテン)の構造は 1.8 節で示され，二重結合はσ結合とπ結合から構成されていることを学んだ．そのπ結合は，二つの平行な p 軌道(各炭素原子から一つ)の側面どうしの重なりによって形成されていた．炭素—炭素二重結合をもつほかの化合物も同様の構造をとっている．

二つの平行な p 軌道が重なってπ結合を形成する

平面は三点で規定されるので，sp^2 炭素とそれに単結合で結合している二つの原子よりなる三点が，それぞれに平面を構成する．二つの p 軌道は，軌道間の重なりを最大にするために互いに平行になっている．二つの p 軌道が平行であるため，二重結合系の 6 個の原子(次の構造式中の黄色の炭素原子)はすべて同一平面上になくてはならない．

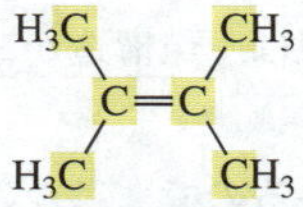

6 個の炭素原子は
同一平面上にある

問題 3 ◆ (解答あり)

次のそれぞれの化合物において，二重結合系の平面上にある炭素原子はいくつか．

a. 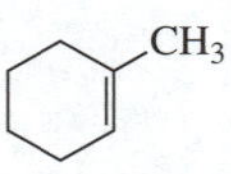 〈CH₃〉   **b.** 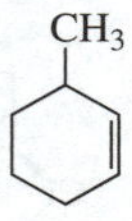 〈CH₃〉   **c.** 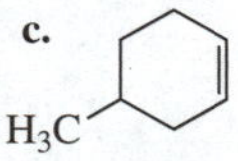 〈H₃C〉   **d.** 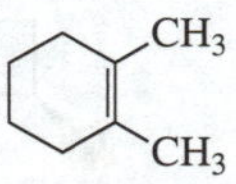 〈CH₃ / CH₃〉

3 a の解答 5 個の炭素が二重結合系の平面上にある．2 個の sp^2 炭素(青い点で

示されている)と各 sp² 炭素に結合している炭素(赤い点で示されている)は同一平面上にある.

二重結合の回転は π 結合が切断されたとき,すなわち p 軌道がもはや平行になっていないときに限り起こりうるものであり,容易には起こらない(図 4.1).したがって,炭素—炭素二重結合の回転エネルギー障壁(約 62 kcal mol⁻¹ / 259 kJ mol⁻¹)は,2.9 kcal mol⁻¹ (12 kJ mol⁻¹) 程度しかない炭素—炭素単結合の回転エネルギー障壁よりもはるかに大きい(3.9 節参照).

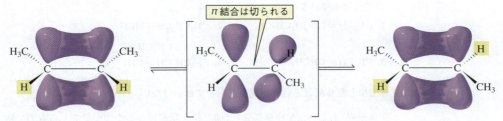

▲ 図 4.1
炭素—炭素二重結合の回転は π 結合の切断を伴う.

炭素—炭素二重結合の回転の大きなエネルギー障壁のために,炭素—炭素二重結合をもつ化合物は二つの異なる形をとることができる.各 sp² 炭素に結合している 2 個の水素が,二重結合の同じ側にあるか反対側にあるかの 2 通りである.

二重結合の同じ側に水素がある化合物を**シス(異性)体**(cis isomer),二重結合の反対側に水素がある化合物を**トランス(異性)体**(trans isomer)と呼ぶ.シスおよびトランス異性体は同じ分子式と同じ結合をもつが,立体配置が異なる.つまり,分子中の原子の空間配置が異なることに注意しよう.

シスおよびトランス異性体は,異なる物性(たとえば沸点や双極子モーメントが異なる)をもつ異なる化合物なので,互いを分離することができる.

トランス異性体はシス異性体とは異なり,各結合の双極子モーメントが打ち消し合うので,双極子モーメント(μ)が 0 であることに注意しよう(1.15 節参照).

一方の sp² 炭素に二つの同じ置換基が結合している場合,その化合物はシスおよびトランス異性体をもつことができない.

一方の sp² 炭素上にある二つの置換基(たとえば,前ページの下,左側のシス異性体の H と CH₃)をつけ替えると,シス異性体はトランス異性体に変換される.したがって,もし一方の sp² 炭素上にある二つの置換基が同じ化合物には,シスおよびトランス異性体は存在しない.

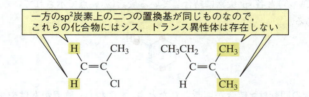

一方のsp²炭素上の二つの置換基が同じものなので,これらの化合物にはシス,トランス異性体は存在しない

問題 4

a. 次に示す化合物のうち,シス-トランス異性体が存在するのはどれか.
b. シスおよびトランス異性体が存在する化合物について,それぞれの異性体を書いて記号をつけよ.

1. CH₃CH=CHCH₂CH₃
2. CH₃CH₂C=CHCH₃
    |
    CH₂CH₃
3. CH₃CH=CHCH₃
4. CH₃CH₂CH=CH₂

立体配座と立体配置という用語を混同してはいけない.

- 立体配座(あるいは配座異性体)は同じ化合物が異なる空間配置をとるものである(たとえば,アンチやゴーシュの配座異性体; 3.9 節参照).これらは分離できない.ある立体配座はほかの立体配座より安定である.

異なる立体配座

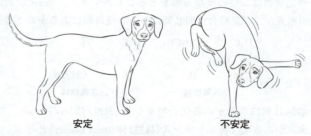

安定   不安定

- 異なる立体配置(立体異性体)をもつ化合物は異なる化合物である(たとえば,シスおよびトランス異性体).これらは互いに分離することができる.異なる立体配置をもつ化合物に相互変換するためには結合が切断されなければならない.

異なる立体配置

問題 5

問題 4 に示されたすべての化合物について,シス-トランス異性体を含む骨格構造を書け.

問題 6 ◆
炭素—炭素二重結合をもつがシス-トランス異性体をもたない，分子式が C_5H_{10} である化合物を三つ書け．

視覚におけるシス-トランス相互変換

私たちの視覚は，眼のなかで起こるシス-トランス異性体の相互変換に一部依存している．網膜の光受容細胞（桿体細胞と呼ばれる）内で，オプシンと呼ばれるタンパク質が *cis*-レチナール（ビタミン A から生じる）と結合してロドプシンとなる．ロドプシンが光を吸収すると，一つの二重結合がシスとトランスの立体配置の間で相互変換し，視覚において重要な役割を担っているインパルスを引き起こす．その後，*trans*-レチナールはオプシンから放たれる．*trans*-レチナールは異性化して *cis*-レチナールに戻り，別のサイクルが始まる．インパルスを引き起こすには，約 500 個の桿体細胞の集まりが数十分の 1 秒以内に 1 細胞あたり 5 〜 7 個のロドプシンの異性化を記録しなければならない．

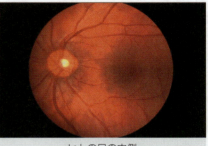

ヒトの目の内側

4.2 *E*, *Z* 表記を使って幾何異性体を指定する

アルケンの幾何異性体は，シスとトランスという用語で示されることはいま学んだばかりである．すなわち，2 個の水素が二重結合から見て同じ側にあればシス異性体であり，それらが互いに二重結合から見て別の側にあればトランス異性体である（4.1 節参照）．

しかし，次の化合物の幾何異性体はどのように指定されるのだろうか．

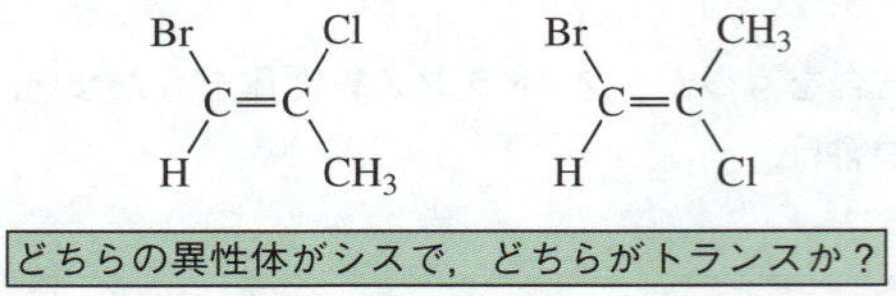

140　4章　異性体：原子の空間配置

どちらの異性体がシスで，どちらがトランスか？

各 sp² 炭素に水素がないアルケンに対して，E,Z 表記による命名法が考案された.*

ある異性体を E,Z 表記で命名する場合，はじめに一方の sp² 炭素についている二つの基の優先順位を決定しなくてはならない．次いで，もう一方の sp² 炭素についている二つの基の優先順位を決定する．（優先順位のつけ方はすぐあとで説明する．）

* E と Z による表記法はすべてのアルケンの異性体に適用できるので，IUPAC はその使用を推奨している．しかし多くの化学者は，簡単な分子に対しては"シス"と"トランス"による表記法をいまなお用いている．

Z 異性体は同じ側に高順位の基をもつ.

E 異性体は反対側に高順位の基をもつ.

Z 異性体は二重結合の同じ側に高順位の基をもつ

E 異性体は二重結合の反対側に高順位の基をもつ

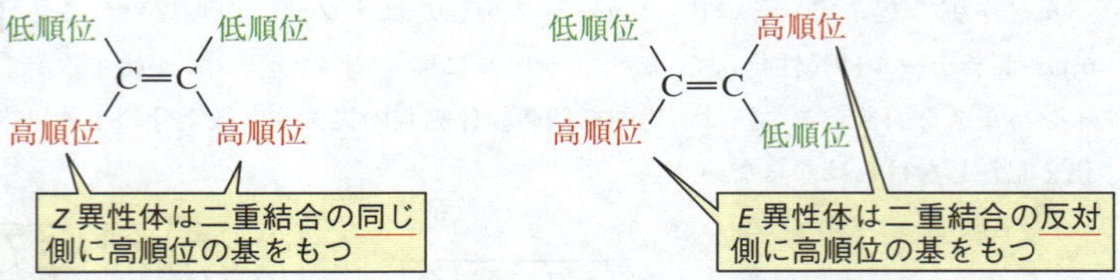

二つの高順位の基（各炭素から一つ）が二重結合の同じ側にある場合は，その異性体は Z 異性体（Z はドイツ語で"一緒に"という意味の *zusammen* からとっている）である．一方，高順位の基二つが互いに二重結合の反対側にある場合は，その異性体は E 異性体（E はドイツ語で"反対の"という意味の *entgegen* からとっている）である．

sp² 炭素に結合した二つの基の優先順位は以下の規則に従って決定される.

1. 優先順位は，sp² 炭素に直接結合している原子の原子番号に基づく．原子番号が大きいほど優先順位は高い．

たとえば，左下の異性体では，左側の sp² 炭素に Br と H が結合している．Br は H よりも原子番号が大きいので，Br の優先順位が高い.

sp² 炭素に結合している原子の原子番号が大きいほど，その置換基の優先順位は高い．

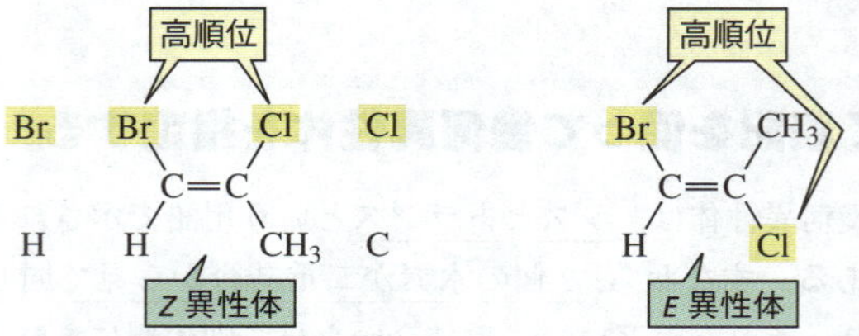

Z 異性体　　　E 異性体

右側の sp² 炭素には Cl と C が結合している．Cl のほうが原子番号が大きいので，Cl が高い優先順位をもつ．（ここでは CH₃ 基の質量数ではなく，C の原子番号を使っている点に注目しよう．優先順位は，原子の原子番号に基づくもので，基の質量数に基づくものではない．）

こうして，左の異性体は，二重結合の同じ側に高順位の基（Br と Cl）があるので，**Z 異性体**（Z isomer）である．（Z 異性体では同じ側に基がある．Zee groups are on Zee Zame Zide と覚えよう．）右の異性体は高順位の基が互いに

二重結合の反対側にあるので **E 異性体**（*E* isomer）である．

2. sp² 炭素に結合している二つの原子が同じ場合（引き分け），その〝引き分けた″原子に結合している原子の原子番号を比較する．

   たとえば，次に示した左の異性体では，左側の sp² 炭素に結合している原子はともに炭素（CH₂Cl 基と CH₂CH₂Cl 基について）であり，したがって引き分けである．

   [構造式：Z 異性体と E 異性体]

   CH₂Cl 基の C は Cl, H, H と結合しており，CH₂CH₂Cl 基の C は C, H, H と結合してる．Cl のほうが C よりも原子番号が大きいので，CH₂Cl 基の優先順位が高い．

   右側の sp² 炭素に結合している原子はともに C〔CH₂OH 基の C と CH(CH₃)₂ 基の C〕なので，こちら側も同様に引き分けである．CH₂OH 基の C は O, H, H に結合していて，CH(CH₃)₂ 基の C は C, C, H に結合している．これらの六つの原子のうちで O が最大の原子番号をもっているので，CH₂OH の優先順位が高い（原子番号を足し合わせないように注意しよう．最大の原子番号をもった一つの原子を取り上げること．）*E* および *Z* 異性体は上で示したとおりである．

3. ある原子がほかの原子と二重結合でつながっている場合，順位則では相手の原子二つにそれぞれ単結合でつながっているとして取り扱う．† ある原子に三重結合でつながっている場合は，順位則ではそれをあたかも三つの原子それぞれに単結合でつながっているとする．

   たとえば，次に示した左の異性体では，左側の sp² 炭素は CH₂CH₂OH 基と CH₂C≡CH 基に結合している：

   [構造式：Z 異性体と E 異性体]

   この sp² 炭素に結合している原子は，いずれも炭素なので引き分けである．その炭素はそれぞれ C, H, H に結合していて，また引き分けである．均衡を破るために CH₂ 基についている先の基に注意を向ける．これらの基の一方は CH₂OH で，他方は C≡CH であり，CH₂OH 基の C は H, H, O に結合していて，三重結合を形成している C は C, C, C に結合していると

---

sp² 炭素に結合している原子が同じ場合，その引き分けた原子に結合している原子を次に比較し，原子番号の大きな原子が含まれる基を高順位とする．

ある原子がほかの原子と二重結合でつながっている場合，その原子は相手原子二つとそれぞれ単結合で結合していると見なす．

ある原子がほかの原子と三重結合でつながっている場合，その原子は相手原子三つとそれぞれ単結合で結合していると見なす．

† 訳者注：たとえばビニル基

$$-\underset{H}{\overset{H}{C}}=\underset{H}{\overset{}{C}}-H \quad \text{は} \quad -\underset{H}{\overset{(C)}{C}}-\underset{H}{\overset{(C)}{C}}-H$$

と見なす．(C) は補充原子で，その先には置換基が何もついていない，あるいは，原子番号 0 の架空の原子が 3 個ついていると考える．
カルボニル基

$$-\underset{R}{\overset{}{C}}=O \quad \text{は} \quad -\underset{R}{\overset{(O)}{C}}-\underset{}{\overset{(C)}{O}}$$

と見なす．

二つの基を比較するとき，同じ原子どうしは引き分け，残りの原子でより高順位の基を決める．

見なされる．これらの6個の原子のうちでOが最も大きな原子番号をもつので，CH_2CH_2OH がより高順位になる．

右側の sp^2 炭素に結合している原子はともにCなので，ここでは引き分けである．CH_2CH_3 基の最初の炭素はC，H，Hに結合している．一方，CH＝CH_2 基の最初の炭素はHと二重結合でCに結合しているので，これはH，C，Cと結合していると見なされる．Cは二つの基のそれぞれにあって消去され，CH_2CH_3 基ではH，Hが残り，CH＝CH_2 基ではH，Cが残る．CはHよりも原子番号が大きいので，CH＝CH_2 がより高順位であることになる．

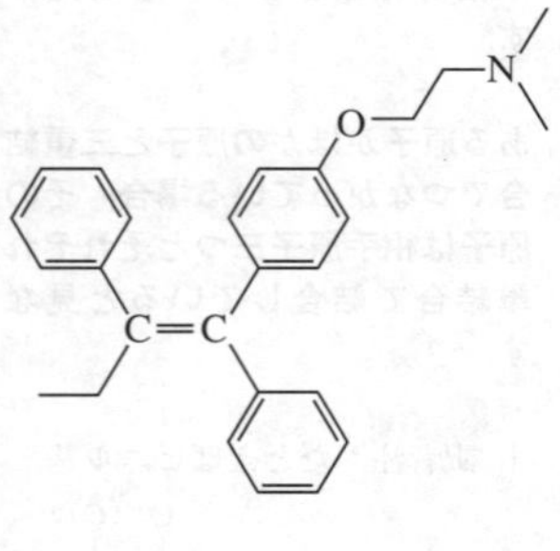

問題 7 ◆
それぞれの組の置換基を優先順位に従って並べよ．
a. ―Br   ―I   ―OH   ―CH_3
b. ―CH_2CH_2OH ―OH   ―CH_2Cl ―CH＝CH_2

問題 8 ◆
タモキシフェンは，エストロゲン受容体へ結合して乳がんの進行を遅らせる．タモキシフェンは E 異性体あるいは Z 異性体のどちらか．

タモキシフェン
(tamoxifen)

問題 9
次のそれぞれの化合物について E および Z 異性体を書き，E, Z を付記せよ．
a. $CH_3CH_2CH＝CHCH_3$

b. $CH_3CH_2C＝CHCH_2CH_3$
      |
      Cl

c. $CH_3CH_2CH_2CH_2$
         |
   $CH_3CH_2C＝CCH_2Cl$
         |
         CH_3CHCH_3

d. $HOCH_2CH_2C＝CC≡CH$
           | |
         O＝CH $C(CH_3)_3$

問題 10
問題 9 のそれぞれの異性体の対について骨格構造を書け．

問題 11 ◆
次のそれぞれの化合物を命名せよ．

a.  [structure]   b. 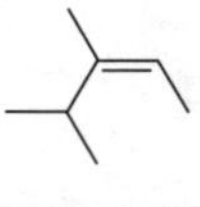 [structure]   c. 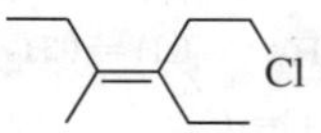 [structure with Cl]

【問題解答の指針】
E, Z 構造を書く
(E)-1-ブロモ-2-メチル-2-ブテンの構造を書こう．

はじめに異性体を特定せずに化合物を書いて，どんな置換基が sp^2 炭素に結合しているか確かめる．それから各 sp^2 炭素に結合している二つの置換基の優先順位を決める．

4.3 キラルな物体は重ね合わせられない鏡像をもっている 143

$$\underset{BrCH_2}{}\overset{CH_3}{\underset{|}{C}}=CHCH_3$$

左側の sp^2 炭素には CH_3 と CH_2Br が結合していて,CH_2Br は CH_3 より高い優先順位をもつ.右側の sp^2 炭素には CH_3 と H が結合していて,CH_3 は H より高い優先順位をもつ.E 異性体を得るためには高順位の二つの基を二重結合をはさんで反対側に書く.

$$\underset{CH_3}{\overset{BrCH_2}{}}C=C\underset{CH_3}{\overset{H}{}}$$

ここで学んだ方法を使って問題 12 を解こう.

問題 12

(Z)-2,3-ジメチル-3-ヘプテンの構造を書け.

4.3 キラルな物体は重ね合わせられない鏡像をもっている

なぜ,左足では右足用の靴を履けないのだろうか.なぜ,左手には右手用の手袋をはめられないのだろうか.それは,手,足,手袋,靴が右用と左用で異なる形をしているからである.右手形と左手形がある物体を**キラル**(chiral)であるという."キラル"という用語はギリシャ語で"手"を意味する cheir に由来する.

キラルな物体は<u>重ね合わせられない鏡像</u>をもっている.つまり,その鏡像はその物体自身の像とは同一ではない.手はキラルなので,鏡にあなたの右手を映してみると,そこに見えるのは右手ではなく左手である(図 4.2a).

キラルな物体

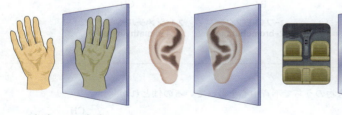

右手　　左手

対照的に,椅子はキラルではなく,鏡のなかの椅子は椅子自身と同じに見える.キラルでない物体は**アキラル**(achiral)であるといわれる.アキラルな物体は,<u>その鏡像と重ね合わせられる</u>(図 4.2b).

◀ **図 4.2a**
キラルな物体はその鏡像と同一のものではなく,重ね合わせられない.

キラルな分子は重ね合わせられない鏡像をもっている.

アキラルな分子は重ね合わせられる鏡像をもっている.

144　4章　異性体：原子の空間配置

アキラルな物体

図 4.2b ▶
アキラルな物体はその鏡像と同一のものであり，重ね合わせられる．

問題 13◆
次にあげる物体のうちでキラルなものはどれか．

a. 一輪車　　b. 片方の靴　　c. 爪　　d. ねじくぎ

4.4　不斉中心は分子においてキラリティーの原因となる

キラルなものは物体だけではない．分子にもキラルなものがある．通常，分子においてキラリティーの原因となるのは不斉中心である．

不斉中心（asymmetric center，キラル中心あるいは立体中心とも呼ばれる）には，四つの異なる基が結合している原子のことである．次の各化合物は＊印で示された不斉中心をもっている．

不斉中心

一つの不斉中心をもっている分子はキラルである．

C は H, OH, プロピル基, ブチル基と結合している
CH₃CH₂CH₂CHCH₂CH₂CH₃
　　　　　　|
　　　　　OH
4-オクタノール
(4-octanol)

C は H, Br, エチル基, メチル基と結合している
CH₃CHCH₂CH₃
　　|
　　Br
2-ブロモブタン
(2-bromobutane)

C は H, メチル基, エチル基, イソブチル基と結合している
　　　　CH₃
　　　　|
CH₃CHCH₂CHCH₂CH₃
　　　　　　|
　　　　　CH₃
2,4-ジメチルヘキサン
(2,4-dimethylhexane)

問題 14◆
次に示す化合物のうちで不斉中心をもっているのはどれか．

a. CH₃CH₂CHCH₃
　　　　　|
　　　　Cl

b. CH₃CH₂CHCH₃
　　　　　|
　　　　CH₃

c. CH₃CH₂CCH₂CH₃
　　　　　|
　　　　Br（上に CH₃）

d. CH₃CH₂OH

e. CH₃CH₂CHCH₃
　　　　　|
　　　　Br

f. CH₂=CHCHCH₃
　　　　　|
　　　　NH₂

問題 15（解答あり）
テトラサイクリンはさまざまな細菌に対して活性をもつので，広範囲抗菌性抗生物質であるといわれている．テトラサイクリンには不斉中心がいくつあるか．

解答　不斉中心には四つの異なる基が結合していないといけないので，sp³ 炭素の

みが不斉中心でありうる．したがって，まずテトラサイクリンの sp³ 炭素の位置を確認する．（それらは赤で番号づけしてある．）テトラサイクリンには九つの sp³ 炭素がある．そのうち四つ (1, 2, 5, 8) は，四つの異なる基に結合していないので不斉中心ではない．したがって，テトラサイクリンは五つの不斉中心 (3, 4, 6, 7, 9) をもっている．

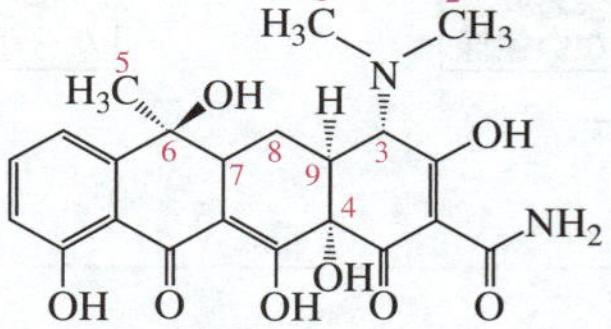

テトラサイクリン
(tetracycline)

4.5 一つの不斉中心をもっている異性体

2-ブロモブタンのように一つの不斉中心をもっている化合物には，二つの異なる立体異性体が存在する．その二つの立体異性体は左手と右手に似ている．二つの立体異性体の間に鏡を置いた場面を想像してみると，互いにそれらが鏡像であることがわかる．しかも，それらは重ね合わせられない鏡像であるので，これらは異なる分子である．

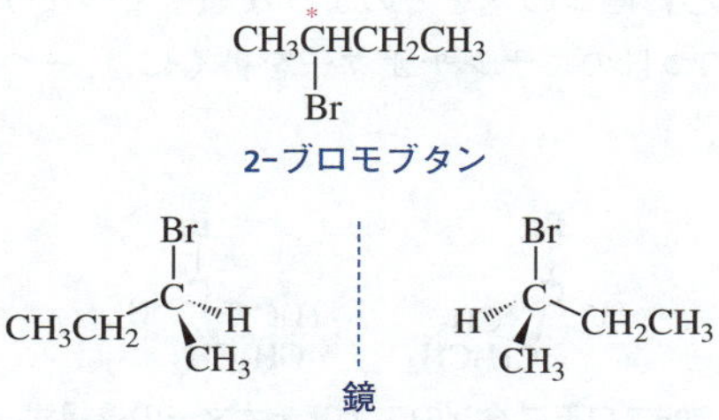

2-ブロモブタン

鏡

2-ブロモブタンの二つの立体異性体
エナンチオマー

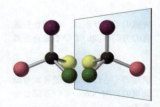

重ね合わせられない鏡像

互いに重ね合わせられない鏡像の関係にある分子は**エナンチオマー**（enantiomer，鏡像異性体）と呼ばれている．これは，ギリシャ語で"反対"を意味する *enantion* という言葉に由来している．つまり，2-ブロモブタンの二つの立体異性体はエナンチオマーである．

互いに重ね合わせられない鏡像をもつ分子は，重ね合わせられない鏡像をもつ物体と同様にキラルである（図 4.3a）．したがって，一対のエナンチオマーのそれぞれはキラルである．重ね合わせられる鏡像をもつ分子は，重ね合わせられる鏡像をもつ物体と同様にアキラルである（図 4.3b）．キラリティーは物体全体あるいは分子全体の性質であることに注意しよう．

146　4章　異性体：原子の空間配置

図 4.3 ▶
(a) キラルな分子は重ね合わせられない鏡像をもつ．
(b) アキラルな分子は重ね合わせられる鏡像をもつ．アキラルな分子がその鏡像と重ね合わせられることを確かめるために，頭のなかで分子を時計回りに回転させてみよう．

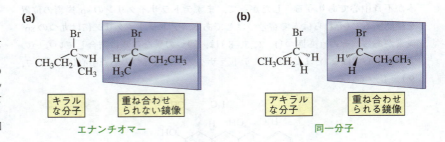

問題 16◆

問題 14 で示した化合物のうちでエナンチオマーが存在するのはどれか．

4.6　エナンチオマーの書き方

　化学者は，一般的に<u>透視式</u>を用いてエナンチオマーを表す．**透視式**（perspective formula）では，不斉中心につながった四つの結合のうちの二つを紙面上に置き，紙面手前に突き出ている三つ目の結合は実線のくさび形で表記し，紙面奥に伸びている四つ目の結合は破線のくさび形で表記する．実線のくさび形と破線のくさび形は互いに隣り合せになっていなければならない．一つ目のエナンチオマーを書くときは，不斉中心に四つの基をどのような順序でつなげていっても書くことができる．そして，二つ目のエナンチオマーを書くには，一つ目のエナンチオマーの鏡像を書けばよい．

実線のくさび形は，紙面から読者の方向へ向いている結合を表す．

破線のくさび形は，読者から紙面奥の方向へ向いている結合を表す．

透視式を書くときは，紙面上にある二つの結合が互いに隣り合っていること，つまり，それらの結合の間に，実線のくさび形も破線のくさび形もはさまれていないことを確かめよ．

2-ブロモブタンのエナンチオマーの透視式

問題 17

次のそれぞれの化合物のエナンチオマーを透視式で書け．

a. CH$_3$CHCH$_2$OH　　b. ClCH$_2$CH$_2$CHCH$_2$CH$_3$　　c. CH$_3$CHCHCH$_3$
　　　|　　　　　　　　　　　|　　　　　　　　　　　　|
　　　Br　　　　　　　　　　CH$_3$　　　　　　　　　　OH

（c は CH$_3$ / OH 位置）

問題 18（解答あり）

次の構造は同一化合物を表しているか，あるいは一対のエナンチオマーを表しているか．

解答　不斉中心に結合している二つの原子または基を交換すると，そのエナンチ

オマーが生じる．二つの原子または基を 2 回交換すると，もとの化合物に戻る．この問題では，一方の構造から他方の構造になるには基を 2 回交換しなければならないので，この二つの構造は同一化合物を表している．

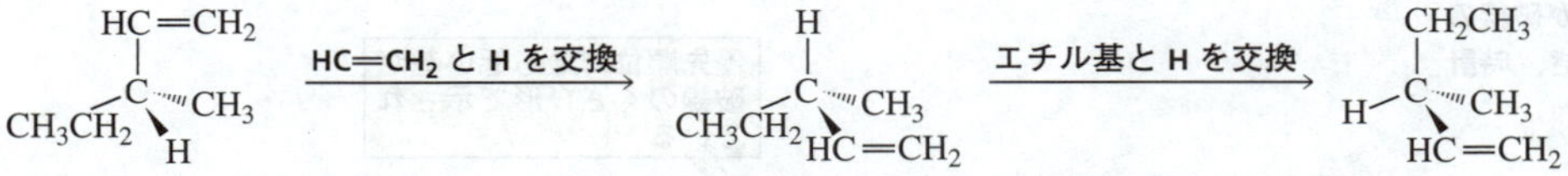

4.7 節では，二つの構造が同一化合物を表しているか，エナンチオマーを表しているか，を決定する別の方法を学ぶ．

4.7 R, S 表記によるエナンチオマーの命名

2-ブロモブタンのような化合物の場合，対象としている化合物がどちらの立体異性体なのかを判別するには，個々の立体異性体をどのように命名すればよいのだろうか．不斉中心に結合している原子や基の配置を表記する命名規則が必要である．化学者は，この目的のために R と S を用いている．一つの不斉中心をもつ一対のエナンチオマーにおいて，一方が **R 配置**(R configuration)ならば，他方は **S 配置**(S configuration)である．

はじめに，例として，2-ブロモブタンのエナンチオマーの立体配置の決定法について見てみよう．

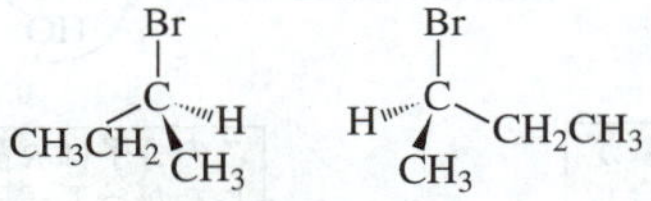

2-ブロモブタンのエナンチオマー

1. **不斉中心についている基(または原子)に優先順位をつける．**不斉中心に直接結合している原子の原子番号が優先順位を決定する．その原子の原子番号が大きいほど優先順位が高い．(これは，E, Z 表記を決めるための優先順位の決定法を思い起こさせるだろう．なぜなら，その優先順位はもともと R, S 表記のために考案されたものであり，のちに E, Z 表記に適用されたものだからである．) したがって，臭素が最も高い優先順位(1)，エチル基が 2 番目の優先順位(2)，メチル基が 3 番目の優先順位(3)，そして水素が最も低い優先順位(4)となる．(これらの優先順位をどのように決めたらよいかよくわからないときは 4.2 節を見直すこと．)

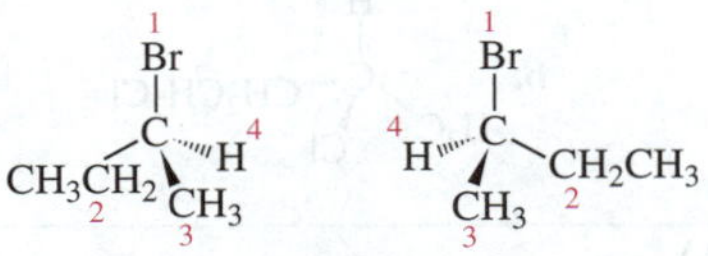

不斉中心に直接結合している原子の原子番号が大きいほど，その置換基の優先順位は高い．

不斉中心に結合している原子が同じ場合は，それらの原子に結合している原子が比較される．

2. **優先順位が最も低い基(または原子)(4)が，不斉中心に破線のくさび形でつながっているならば，**最も高い優先順位の基(または原子)(1)から 2 番目の優先順位(2)へ，それから 3 番目の優先順位(3)へ矢印を書く．矢印が時計回りの方向を向いているならば，その化合物は R 配置である(R はラテン語で〝右〟を意味する *rectus* に由来している)．その矢印が反時計回りの方向

を向いているならば，その化合物は S 配置である（S はラテン語で"左"を意味する sinister に由来している）．R または S の文字（括弧に入れる）は化合物の体系的名称の前につける．

優先順位が最も低い基が破線のくさび形で示されるとき，時計回りが R である．

優先順位が最も低い基が破線のくさび形で示されるとき，反時計回りが S である．

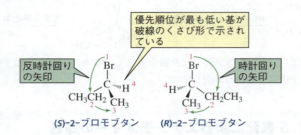

3. **優先順位が最も低い基（または原子）(4) が破線のくさび形でつながっていない場合は，基 4 の結合が破線のくさび形で表されるように二つの基を交換する．それから上述のステップ 2 の手順，つまり，(1) から (2)，(3) へ矢印を書く．その矢印の方向が時計回りなので，基の交換を行った化合物は R 配置である．基を交換する前のもとの化合物は S 配置である**（問題 18 を参照）．

右に

左に

もしどちらの方向がどちらの配置だったか，この関係を忘れてしまったときには，車の運転を想像し，ハンドルを時計回りにきると右に，反時計回りにきると左に曲がることと関連づけて覚えよう．

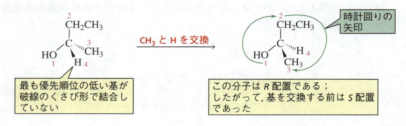

問題 19◆

次のそれぞれの組の基あるいは原子について，優先順位を示せ．

a. —CH₂OH   —CH₃   —H   —CH₂CH₂OH
b. —CH₂Br   —OH   —CH₃   —CH₂OH
c. —CH(CH₃)₂   —CH₂CH₂Br   —Cl   —CH₂CH₂CH₂Br

問題 20◆

次の化合物を命名せよ．

a. 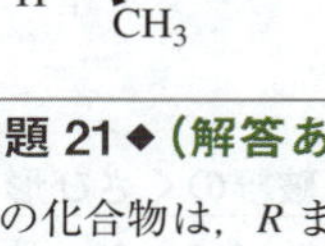 構造式 (Br, H, CH₂CH₃, CH₃ が中心炭素に結合)
b. 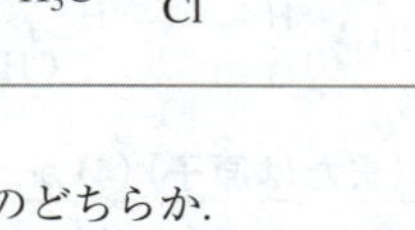 構造式 (H, H₃C, CH₂CH₂Cl, Cl が中心炭素に結合)

問題 21◆（解答あり）

次の化合物は，R または S 配置のどちらか．

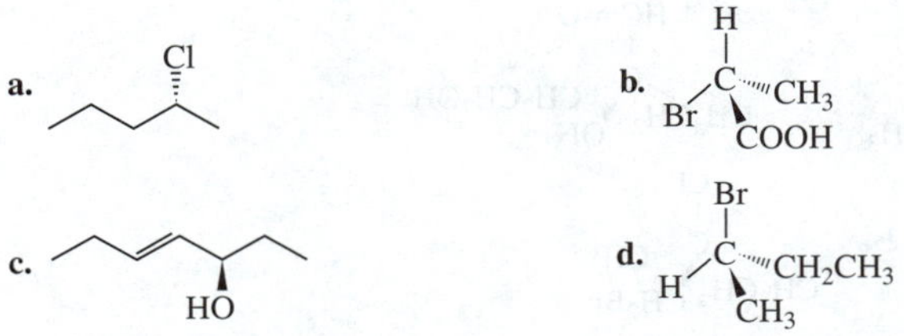

a. [構造式: 2-クロロペンタン (Cl がくさび形)]

b. [構造式: H, Br, CH₃, COOH を持つキラル中心]

c. [構造式: トランスアルケンと OH を持つ化合物]

d. [構造式: Br, H, CH₂CH₃, CH₃ を持つキラル中心]

21a の解答 省略されている実線のくさび形とそれに結合している H をつなげることから始める．実線のくさび形は，破線のくさび形の右と左のどちら側に書いてもよい．（実線のくさび形は破線のくさび形と隣り合っていなければならないことを思い出そう．）

[図: Cl と H を交換する変換]

優先順位が最も低い基が破線のくさび形でつながっていないので，H が破線のくさび形でつながるように Cl と H を交換する．(1)から(2)，(2)から(3)へと書かれた矢印が，この化合物は S 配置であることを示す．したがって，基を交換する前の化合物は R 配置である．

【問題解答の指針】
エナンチオマー対を識別する

次の構造は，同一化合物か，あるいは一対のエナンチオマーか．

[構造式: 左 HC=O, HO, CH₂OH, H を持つキラル中心 と 右 OH, HOCH₂, CH=O, H を持つキラル中心]

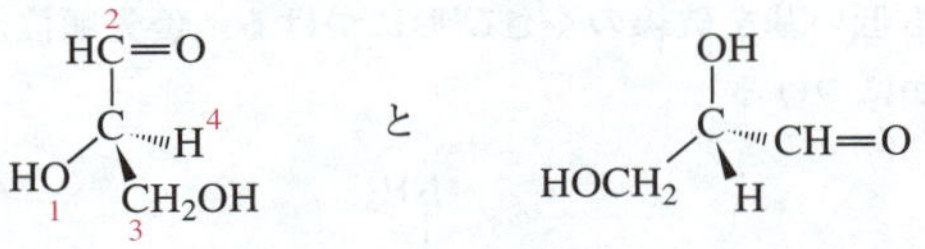

この問題に答える最も簡単な方法は，それらの立体配置を決定することである．一方が R 配置で，他方が S 配置であれば，それらはエナンチオマーである．両方とも R 配置，または両方とも S 配置であれば，それらは同一化合物である．

OH 基が最も高い優先順位であり，H が最も低い優先順位であり，ほかの二つの基は C なので引き分けである．順位則では，ある原子がほかの原子と二重結合でつながっているとき，この原子はほかの二つの原子に単結合で結合していると見なすので，CH=O 基は CH₂OH 基より優先順位が高い．つまり，CH=O 基の C は O, O, H に結合していて，CH₂OH 基の C は O, H, H に結合していると見なす．それぞれの基にある一つの O は打ち消し合い，CH=O 基では O, H が，CH₂OH 基では H, H が残る．

左の構造は R 配置であり，右の構造は S 配置なので，これらの二つの構造は一対のエナンチオマーであることがわかる．

ここで学んだ方法を使って問題 22 を解こう．

問題 22◆
次の組合せは同一化合物か，それとも一対のエナンチオマーか．

a. 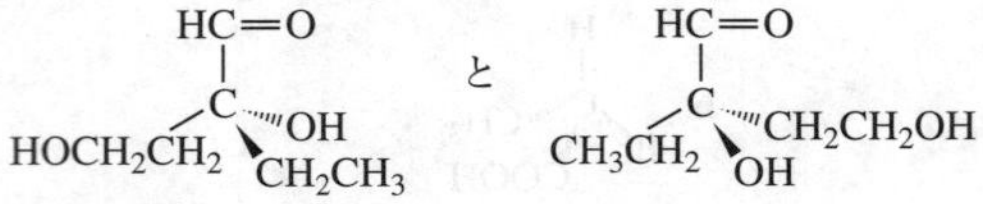
HC=O   HC=O
 | |
 C(OH)(CH₃)   C(CH₂CH₂OH)
HOCH₂CH₂   と   CH₃CH₂ OH

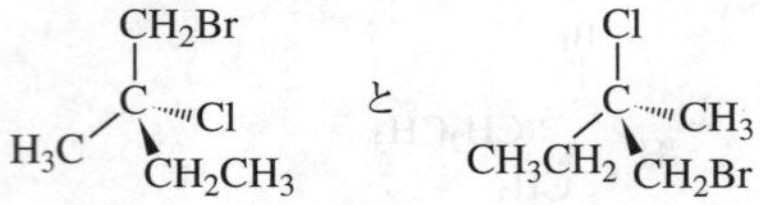

b.
 CH₂Br   Cl
  | |
H₃C—C—Cl   と   CH₃—C—CH₃
  | |
 CH₂CH₃   CH₃CH₂ CH₂Br

c.
 CH₂Br   H
  | |
H—C—OH   と   HO—C—CH₃
  | |
 CH₃   CH₂Br

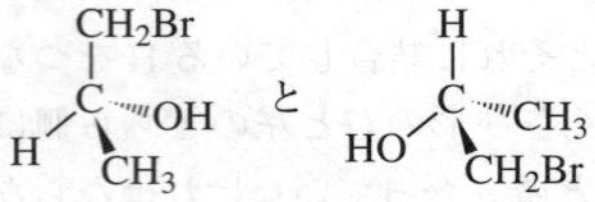

【問題解答の指針】

望みの立体配置をもつエナンチオマーを書く

(S)-アラニンは天然のアミノ酸である．透視図を使ってその構造を書け．

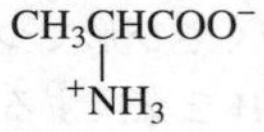

$$CH_3CHCOO^-$$
$$|$$
$$^+NH_3$$
アラニン
(alanine)

はじめに，不斉中心に結合線を 4 本書く．(実線のくさび形と破線のくさび形が隣り合っていなければならないことを思い出そう．)

優先順位が最も低い基を破線のくさび形につける．優先順位が最も高い基を残りの結合のどれかにつける．

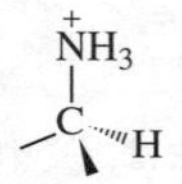

この問題では S 配置のエナンチオマーを書くように求められているので，優先順位が最も高い基から隣りの空いている結合へと反時計回りの矢印を書き，優先順位が 2 番目に高い基をその結合につける．

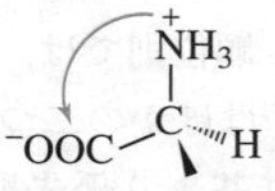

残りの置換基 (3 番目に優先順位が高いもの) を最後の空いている結合につける．

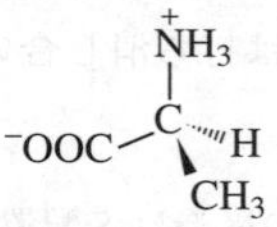

ここで学んだ方法を使って問題 23 を解こう．

問題 23

次のそれぞれの化合物を透視式で書け．

a. (S)-2-クロロブタン   **b.** (R)-1,2-ジブロモブタン

4.8 キラルな化合物は光学活性である

エナンチオマーどうしは同じ沸点，同じ融点，同じ溶解度など，多くの同じ特性を共有する．実際，エナンチオマーどうしの物理的性質は，不斉中心についている基の空間的な配置に起因するものを除けば，すべて同じである．エナンチオマーどうしで特性が異なるものの一つは，平面偏光に対する作用である．

白熱灯の光や太陽光といった通常の光は，あらゆる方向に振動する光線からなっている．対照的に**平面偏光**(plane-polarized light)の光は，進行方向に沿った一つの面上でのみ振動する．平面偏光は，通常の光を偏光子に通すことにより生じる（図4.4）．

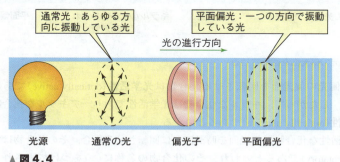

▲ 図 4.4
一つの面内で振動している光のみが偏光子を通り抜けることができる．

偏光サングラスをかけると，偏光レンズの効果を体験することができる．偏光サングラスは，一つの平面上で振動する光のみを透過させるので，非偏光サングラスより効果的に反射光（まぶしい光）を遮断する．

1815年に物理学者のJean-Baptiste Biotが，天然有機化合物が平面偏光の**偏光面**(plane of polarization)を回転させることを見いだした．彼はある化合物は偏光面を時計回りに回転させ，別のある化合物はそれを反時計回りに回転させることに気づいた．この平面偏光の偏光面を回転させる能力は，その分子中のなんらかの非対称性に基づいていると彼は提案した．のちにその非対称性は一つあるいは複数の不斉中心をもつ化合物と関連づけられることが明らかになった．

平面偏光がアキラルな分子の溶液を通過しても，出てくる光の偏光面に変わりはない（図4.5）．

二つの偏光子（偏光レンズ）を互いに90°になるように重ねると光は透過しない．

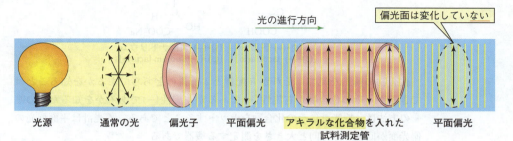

▲ 図 4.5
アキラルな化合物は平面偏光の偏光面を回転させない．

一方，平面偏光がキラルな分子の溶液中を通ると，その偏光面を時計回りあるいは反時計回りのどちらかに回転させて出てくる（図4.6）．一方のエナンチオマーがそれを時計回りに回転させるならば，その鏡像はそれを反時計回りに正に同じ大きさで回転させる．

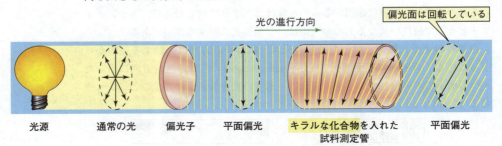

▲ 図4.6
キラルな化合物は平面偏光の偏光面を回転させる.

アキラルな化合物は平面偏光の偏光面を回転させない.

キラルな化合物は平面偏光の偏光面を回転させる.

平面偏光の偏光面を回転させる化合物は**光学活性**（optically active）であるといわれる．したがって，キラルな化合物は光学活性であり，アキラルな化合物は**光学不活性**（optically inactive）であるといえる．

光学活性な化合物が偏光面を時計回りに回転させる場合，その化合物は**右旋性**（dextrorotatory）であるといわれ，その化合物の名称に（+）をつけて表される．光学活性な化合物が偏光面を反時計回りに回転させる場合，それは**左旋性**（levorotatory）であるといわれ，（−）をつけて表す．

決して（+），（−）を R，S と混同してはいけない．（+）と（−）という記号は，光学活性な化合物が平面偏光の偏光面を回転させる方向を示しており，R と S は不斉中心についている基の空間的配列を示している．R 配置の化合物のいくつかは（+）であり，いくつかは（−）である．同様に，S 配置の化合物のいくつかは（+）であり，いくつかは（−）である．

たとえば，(S)-乳酸と (S)-乳酸ナトリウムはともに S 配置の構造をもっているが，(S)-乳酸は右旋性であるのに対し，(S)-乳酸ナトリウムは左旋性である．ある光学活性化合物が偏光面をどちらの方向に回転させるかわかれば，その名称のなかに（+）または（−）を入れることができる．

(S)-(+)-乳酸　　　(S)-(−)-乳酸ナトリウム
〔(S)-(+)-lactic acid〕　〔(S)-(−)-sodium lactate〕

化合物の構造を見て，それが R 配置と S 配置のどちらであるかを知ることはできるが，その化合物が右旋性（+）であるか左旋性（−）であるかを知るための唯一の方法は，旋光計にその化合物をセットすることである．旋光計は平面偏光の偏光面が回転する方向と大きさを測定する機器である．

問題 24◆

a. (*R*)-乳酸は右旋性か, それとも左旋性か.
b. (*R*)-乳酸ナトリウムは右旋性か, それとも左旋性か.

問題 25◆（解答あり）

次の化合物の立体配置を示せ.

a. (−)-グリセルアルデヒド **b.** (−)-グリセリン酸
c. (+)-イソセリン **d.** (+)-乳酸

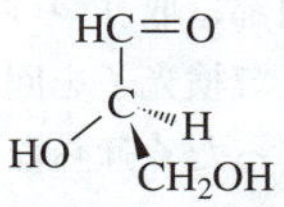

(+)-グリセルアルデヒド　(−)-グリセリン酸　(+)-イソセリン　(−)-乳酸
〔(+)-glyceraldehyde〕〔(−)-glyceric acid〕〔(+)-isoserine〕〔(−)-lactic acid〕

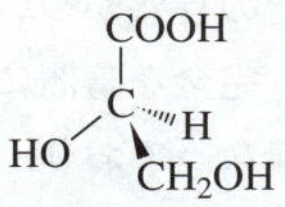

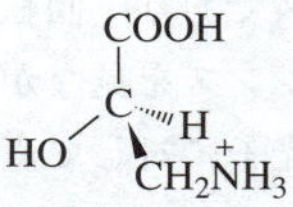

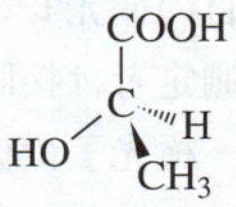

25a の解答　(+)-グリセルアルデヒドは, 最も低い優先順位の基が破線のくさびでつながっていて, OH 基から HC=O 基へ書かれる矢印が時計回りなので, *R* 配置であることがわかる. したがって, (−)-グリセルアルデヒドは *S* 配置である.

問題 26（解答あり）

(*S*)-(−)-2-メチル-1-ブタノールは, その不斉中心についている結合を一つも切断せずに, (+)-2-メチルブタン酸に変換することができる. (−)-2-メチルブタン酸の立体配置を示せ.

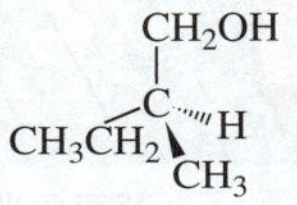

(*S*)-(−)-2-メチル-1-ブタノール　　　(+)-2-メチルブタン酸
〔(*S*)-(−)-2-methyl-1-butanol〕　　　〔(+)-2-methylbutanoic acid〕

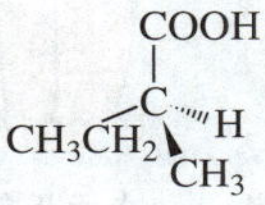

解答　(+)-2-メチルブタン酸が上に示したような立体配置をとることは, 不斉中心についているどの結合も切断せずに, (*S*)-(−)-2-メチル-1-ブタノールから誘導されることからわかる. その構造から(+)-2-メチルブタン酸は *S* 配置であると決定できる. したがって, (−)-2-メチルブタン酸の立体配置は *R* 配置である.

問題 27◆

(*R*)-1-ヨード-2-メチルブタンの水酸化物イオンとの反応は, 不斉中心への結合はどれも切断せずにアルコールを生成する. そのアルコールは平面偏光の偏光面を反時計回りに回転させる. (+)-2-メチル-1-ブタノールの立体配置を示せ.

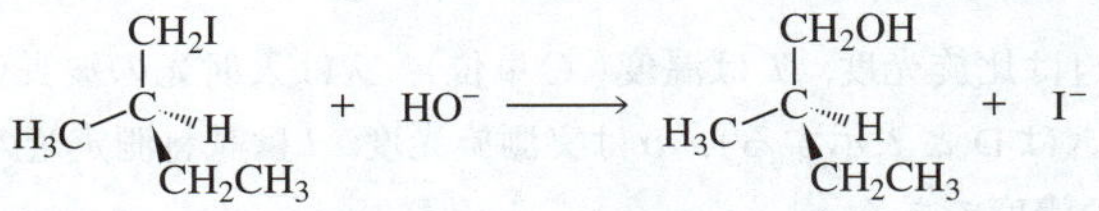

(*R*)-1-ヨード-2-メチルブタン　　　(−)-2-メチル-1-ブタノール
〔(*R*)-1-iodo-2-methylbutane〕　　　〔(−)-2-methyl-1-butanol〕

4.9 比旋光度の測定法

光学活性な化合物が平面偏光の偏光面を回転させる向きと大きさは，**旋光計** (polarimeter) という装置を使って測定することができる．図 4.7 は旋光計がどのように作動するか示した概略図である．

旋光計の中で，単色（単一波長）光は偏光子を通り，平面偏光として出てきて，それから試料測定管のなかを通る．試料測定管が空ならば，その光はその偏光面を変えずにそこを通って出てくる．そのあと，その光は検光子を通る．検光子は二つ目の偏光レンズであり，回転角度の目盛がついた接眼部に取りつけられている．測定者は接眼レンズを見ながら，完全な暗闇になるまで検光子を回す．このとき，検光子は偏光子に対して直角になっており，光はまったく通らない．この検光子の設定は旋光度 0 に対応している．

その後，測定する試料を試料測定管に入れる．試料が光学活性な場合は，偏光面を回転させる．このとき，検光子はすべての光を遮らないので，いくらかの光は観測者の目に届く．そこで観測者は，光が通ってこなくなるように再び検光子を回す．このとき検光子の回った量を目盛板から読み取る．度単位で測定されるこの値は，**実測旋光度**（observed rotation, α）と呼ばれている（図 4.7）．

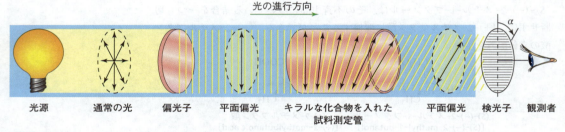

▲ **図 4.7**
旋光計の概要図．

光学活性な化合物は，それぞれ特有の比旋光度をもっている．化合物の**比旋光度**（specific rotation）とは，純粋な液体あるいは 100 mL のなかに試料 1.0 g が溶けている溶液を，長さ 1.0 デシメートル（10 cm）の試料測定管に入れて特定の温度と波長で測定したときに得られる旋光度の値である．* 比旋光度は実測旋光度から次式を使って計算することができる．

$$[\alpha]_\lambda^T = \frac{\alpha}{l \times c}$$

ここで $[\alpha]$ は比旋光度，T は温度（℃単位），λ は入射光の波長（ナトリウム D 線を使うときは D と表示する），α は実測旋光度，l は試料測定管の長さ（単位 dm），c は試料の濃度である．†

一方のエナンチオマーが +5.75 の比旋光度を示せば，もう一方のエナンチオマーの比旋光度は −5.75 でなくてはならない．なぜなら，鏡像体分子は，偏光面を同じ大きさで反対の方向に回転させるからである．いくつかの化合物の比旋光度を表 4.1 に示す．

---

* 度の単位で測定される実測旋光度とは違って，比旋光度は 10^{-1} deg cm^2 g^{-1} の単位をもつ．本書では，比旋光度の値は単位なしで与えられている．

† 訳者注：この式中の c は，溶液 1 mL 中の試料の質量（g）として示される濃度（g mL^{-1}）である．本文に書かれているように溶液 100 mL 中の試料の質量（g）を濃度 c とする場合は，式の計算値を 100 倍する必要がある．

(R)-2-メチル-1-ブタノール
[(R)-2-methyl-1-butanol]
$[\alpha]_D^{20\ °C} = +5.75$

(S)-2-メチル-1-ブタノール
[(S)-2-methyl-1-butanol]
$[\alpha]_D^{20\ °C} = -5.75$

表 4.1 いくつかの天然物の比旋光度

コレステロール	−31.5
コカイン	−16
コデイン	−136
モルヒネ	−132
ペニシリンV	+233
プロゲステロン	+172
スクロース（グラニュー糖）	+66.5
テストステロン	+109

二つのエナンチオマー，たとえば(R)-(−)-乳酸と(S)-(+)-乳酸の等量混合物は，**ラセミ体**（racemic mixture あるいは racemate）と呼ばれる．ラセミ体のなかには偏光面を一方向に回転させる分子と，その面を反対方向に回転させる鏡像体分子が等量存在するので，ラセミ体は光学不活性である．その結果として，光は偏光面を変えずにラセミ体のなかを通って出てくる．記号(±)はラセミ体であることを明記するために使われる．したがって，(±)-2-ブロモブタンは，50%の(+)-2-ブロモブタンと 50%の(−)-2-ブロモブタンの混合物を表している．

問題 28◆
試料測定管の長さが 20 cm の旋光計を使って，1.0 g の化合物を溶かした溶液 100 mL の旋光度を測定した結果は +13.4°であった．この化合物の比旋光度はいくつか．

問題 29◆
(S)-(+)-グルタミン酸一ナトリウム(MSG)は，多くの食品に使われる調味料である．MSG に対してアレルギー反応(頭痛，胸痛，体全体の脱力感など)を起こす人がいる．"ファストフード"はかなりの量の MSG を含むことが多く，中華料理にも同様に広く用いられている．(S)-(+)-MSG の比旋光度は +24 である．

(S)-(+)-グルタミン酸一ナトリウム
[(S)-(+)-monosodium glutamate]

a. (R)-(−)-グルタミン酸一ナトリウムの比旋光度はいくらか．
b. MSG のラセミ体の比旋光度はいくらか．

問題 30◆
ナプロキセンは非ステロイド系抗炎症剤で，Aleve®(126 ページ)の活性成分であり，+66 の比旋光度をもつ．ナプロキセンは R と S のどちらの立体配置をとっているか．

4.10 複数の不斉中心をもっている異性体

多くの有機化合物は複数の不斉中心をもっている．そして，化合物中の不斉中心の数が多くなるほど，その化合物の立体異性体の数も多くなる．不斉中心の数がわかれば，立体異性体の最大数を計算することができる．すなわち，n をある化合物中の不斉中心の数とすると，その化合物には最大 2^n 個の立体異性体が存

在する．たとえば，トレオニンというアミノ酸には二つの不斉中心がある．したがって，最大四つ（$2^2 = 4$）の立体異性体が存在する．

$$\underset{\underset{\text{OH}}{|}}{\overset{*}{\text{CH}_3\text{CH}}} - \underset{\underset{^+\text{NH}_3}{|}}{\overset{*}{\text{CHCOO}^-}}$$

トレオニン
(threonine)

トレオニンの四つの立体異性体は，二対のエナンチオマーからなる．立体異性体 **1** と **2** は，重ね合わせられない鏡像体どうしである．したがって，それらはエナンチオマーである．立体異性体 **3** と **4** もまたエナンチオマーである．立体異性体 **1** と **3** は同一ではなく，鏡像体の関係でもない．そのような立体異性体は**ジアステレオマー**（diastereomer）と呼ばれる．ジアステレオマーとはエナンチオマー以外の立体異性体である．立体異性体 **1** と **4**，**2** と **3**，そして **2** と **4** も，それぞれ互いにジアステレオマーである．ジアステレオマーどうしは，一つの不斉中心は同じ立体配置をとり，もう一つの不斉中心が逆の立体配置をとっていることに気づこう．

ジアステレオマーはエナンチオマー以外の立体異性体である．

1　**2**　**3**　**4**

エナンチオマーどうしは，同一の物理的性質（平面偏光への作用は除く）をもち，それらはまた，同一の化学的性質をもつ．すなわち，それらはアキラルな反応剤に対して同じ速度で反応する．一方，ジアステレオマーどうしは，異なる物理的性質（異なる融点，沸点，溶解度，比旋光度など）をもち，異なる化学的性質をもつ．すなわち，それらはアキラルな反応剤に対して異なる速度で反応する．

問題 31 ◆

a. 不斉中心を二つもつ立体異性体において，一方の立体異性体の二つの不斉中心の立体配置が，それぞれもう一方の立体異性体の不斉中心の立体配置の反対ならば，これらは＿＿＿＿と呼ばれる．

b. 不斉中心を二つもつ立体異性体において，一方の立体異性体の二つの不斉中心の立体配置が，それぞれもう一方の立体異性体の不斉中心の立体配置と同じならば，これらは＿＿＿＿と呼ばれる．

c. 不斉中心を二つもつ立体異性体において，一つの不斉中心が両方の立体異性体において同じ立体配置で，もう一方の不斉中心が二つの立体異性体において反対の立体配置をもつならば，これらは＿＿＿＿と呼ばれる．

問題 32 ◆

a. コレステロールには不斉中心がいくつあるか．

b. コレステロールの可能な立体異性体の最大数はいくつか．（天然に見いだされるのは，これらのうちの一つだけである．）

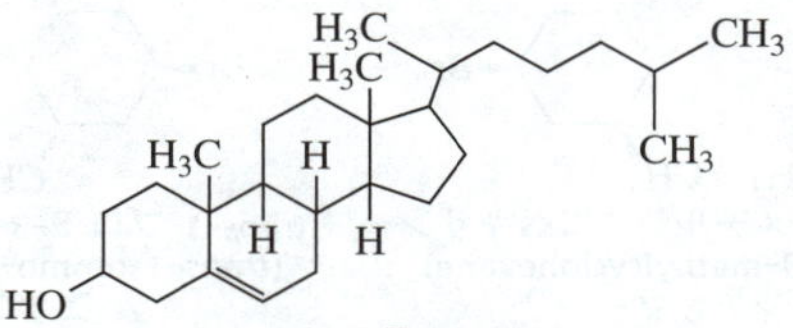

コレステロール
(cholesterol)

問題 33

次のアミノ酸の立体異性体をすべて書き，エナンチオマー対とジアステレオマー対を示せ．

a. 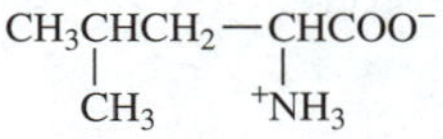 $CH_3CHCH_2-CHCOO^-$
      $|$ $|$
     CH_3 $^+NH_3$
  ロイシン
  (leucine)

b. 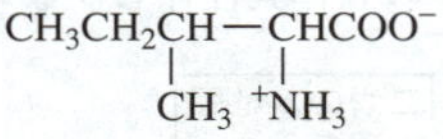 $CH_3CH_2CH-CHCOO^-$
       $|$ $|$
      CH_3 $^+NH_3$
  イソロイシン
  (isoleucine)

4.11 環状化合物の立体化学

1-ブロモ-2-メチルシクロペンタンも二つの不斉中心と四つの立体異性体をもっている．この化合物は環状なので，置換基はシス配置かトランス配置のいずれかである（3.13 節参照）．シス異性体に対してもトランス異性体に対してもエナンチオマーを書くことができる．その四つの立体異性体は，それぞれキラルである．

cis-1-ブロモ-2-メチルシクロペンタン
(cis-1-bromo-2-methylcyclopentane)
エナンチオマー

trans-1-ブロモ-2-メチルシクロペンタン
(trans-1-bromo-2-methylcyclopentane)
エナンチオマー

次に示す，1-ブロモ-3-メチルシクロヘキサンは二つの不斉中心をもっている．Br と H に結合している炭素は，炭素を含んだ二つの異なる基〔—CH$_2$CH(CH$_3$)CH$_2$CH$_2$CH$_2$— と —CH$_2$CH$_2$CH(CH$_3$)CH$_2$—〕にも結合しているので不斉中心である．CH$_3$ と H に結合している炭素は，二つの異なる炭素を含む基にも結合しているので，それも不斉中心である．

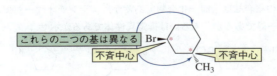

この化合物は二つの不斉中心をもっているので，四つの立体異性体が存在する．シス異性体とトランス異性体のそれぞれに一対のエナンチオマーが存在する．四つのそれぞれの立体異性体はキラルである．

cis-1-ブロモ-3-メチルシクロヘキサン *trans*-1-ブロモ-3-メチルシクロヘキサン
(*cis*-1-bromo-3-methylcyclohexane) (*trans*-1-bromo-3-methylcyclohexane)
エナンチオマー エナンチオマー

1-ブロモ-3-メチルシクロブタンには不斉中心はない．1 位の炭素には Br と H が結合しているが，残りの二つの基〔—CH$_2$CH(CH$_3$)CH$_2$—〕は同一である．C-3 には CH$_3$ と H が結合しているが，ほかの二つの基〔—CH$_2$CH(Br)—CH$_2$—〕は同一である．この化合物には四つの異なる基をもつ炭素がないので，シス異性体とトランス異性体という二つの立体異性体しかない．両立体異性体はアキラルである．

cis-1-ブロモ-3-メチルシクロブタン *trans*-1-ブロモ-3-メチルシクロブタン
(*cis*-1-bromo-3-methylcyclobutane) (*trans*-1-bromo-3-methylcyclobutane)

1-ブロモ-4-メチルシクロヘキサンにも不斉中心がない．したがって，この化合物には二つの立体異性体，シス異性体とトランス異性体が一つずつ存在するだけである．両立体異性体はアキラルである．

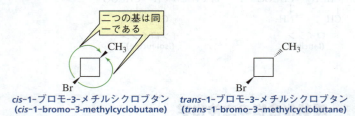

cis-1-ブロモ-4-メチルシクロヘキサン *trans*-1-ブロモ-4-メチルシクロヘキサン
(*cis*-1-bromo-4-methylcyclohexane) (*trans*-1-bromo-4-methylcyclohexane)

問題 34 ◆

次の化合物のなかで，一つあるいは複数の不斉中心をもつものはどれか．

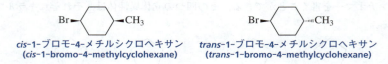

問題 35 ◆ (解答あり)

次の化合物の組合せは，同一化合物であるか，エナンチオマー対であるか，ジアステレオマー対であるか，あるいは構造異性体であるか示せ．

35a の解答 一方の不斉中心(Cl に結合しているもの)の立体配置はどちらの化合

物でも同じであり，他方の不斉中心（CH_3に結合しているもの）の立体配置は二つの化合物で異なる．よってこの二つの化合物はジアステレオマー対である．

問題 36

a. 2-ブロモ-3-クロロペンタンの立体異性体をすべて書け．
b. 1-ブロモ-2-クロロシクロペンタンの立体異性体をすべて書け．

【問題解答の指針】

エナンチオマーとジアステレオマーを書く

次の化合物のエナンチオマーとジアステレオマーを書け．

2通りある書き方の一方でエナンチオマーを書く．まず一つ目は，**A**のように，すべての破線のくさびを実線のくさび形に，また，すべてのくさび形を破線に書き換えることにより，すべての不斉中心の立体配置を置き換えられる．あるいは，**B**のように，化合物の鏡像を書くこともできる．**A**と**B**は与えられた化合物のエナンチオマーなので，この二つは同一である．（**B**を180°時計回りに回転させるとこれらが同一であることがわかる．）

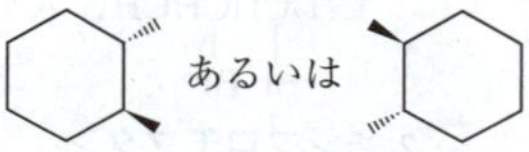

不斉中心の立体配置を一つだけ換えるとジアステレオマーを**C**あるいは**D**のように書くことができる．

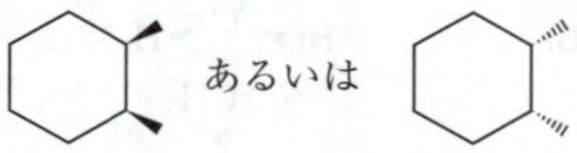

ここで学んだ方法を使って問題37を解こう．

問題 37

次のそれぞれの化合物のジアステレオマーを書け．

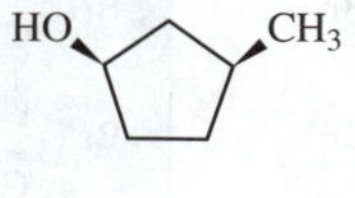

問題 38◆

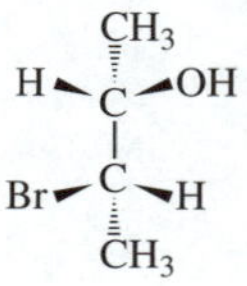

2列目に書かれたそれぞれの構造のうち，どれが上列の構造に対してエナンチオマーか，ジアステレオマーか，あるいは同一か示せ．

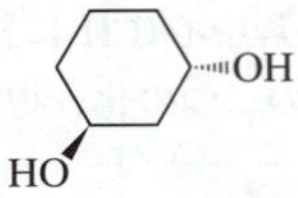

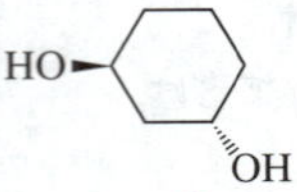

A 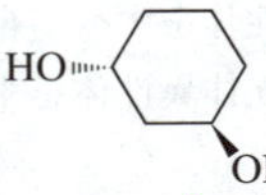 B 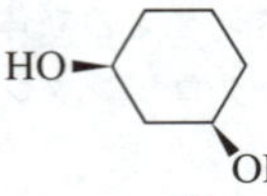 C 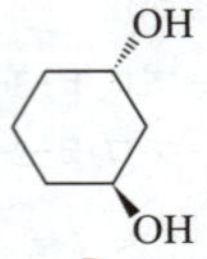 D

4.12 メソ化合物は不斉中心をもっているが光学不活性である

これまでに見てきた例では，二つの不斉中心をもつ化合物にはそれぞれ四つの立体異性体が存在した．しかしながら，二つの不斉中心をもつ化合物のうちのいくつかには，三つの立体異性体しか存在しないものがある．これが，4.10 節で，n 個の不斉中心をもつ化合物の立体異性体の最大数は 2^n であって，n 個の不斉中心をもつ化合物は 2^n 個の立体異性体をもつとは述べなかった理由である．

二つの不斉中心をもちながら立体異性体を三つしかもたない化合物の例は，2,3-ジブロモブタンである．

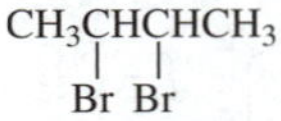

$CH_3CHCHCH_3$
$\quad\ \ Br\ \ Br$

2,3-ジブロモブタン
(2,3-dibromobutane)

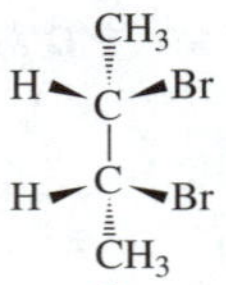

1 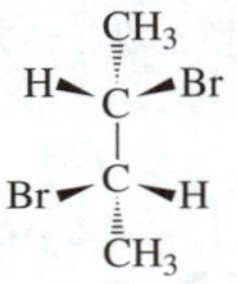　　　2 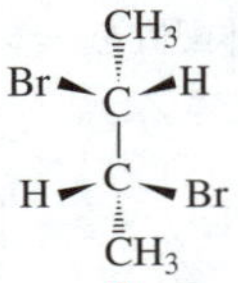　　　3

"失われた"異性体は **1** の鏡像である．なぜならば，**1** とその鏡像は同一分子だからである．**1** とその鏡像が同一であることは，鏡像を 180°回転させるとよくわかる．

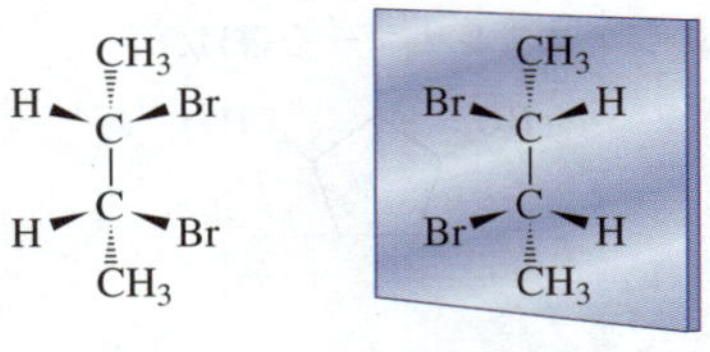

重ね合わせられる鏡像

メソ化合物はアキラルである．

立体異性体 **1** は**メソ化合物**と呼ばれている．メソ化合物は不斉中心をもっているにもかかわらずアキラルである．メソ化合物はその鏡像と重ね合わせられるので，平面偏光を回転させない．

メソ化合物(meso compound)は，二つ(あるいはそれ以上)の不斉中心と一つの対称面をあわせもつものであると理解できる．**対称面**(plane of symmetry)で分子を半分に切ると，半分の一方は，他方の鏡像体となっている．対称面をもつ分子はエナンチオマーをもたない．よって，それはアキラルである．立体異性体 **1**

4.12 メソ化合物は不斉中心をもっているが光学不活性である

は対称面をもっている．ということは，エナンチオマーは存在しない．これを，対称面をもたない立体異性体 2 と比べてみよう．立体異性体 2 は対称面をもたないので，エナンチオマーである．

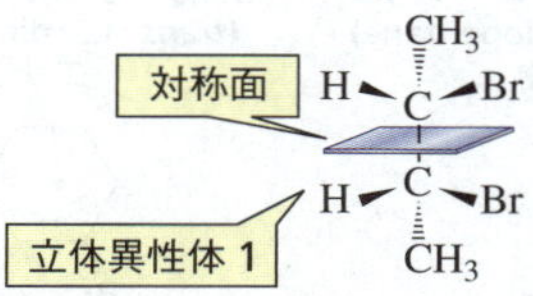

> メソ化合物は二つあるいはそれ以上の不斉中心と一つの対称面をもっている．
>
> 対称面をもつ化合物は不斉中心をもっていてもアキラルである（光学活性ではない）．

二つの不斉中心をもつ化合物が，どのような場合にメソ化合物と呼ばれる立体異性体をもつのかを見分けることは容易である．それは，一つの不斉中心に結合している四つの原子または基が，もう一方の不斉中心に結合している四つの原子または基と同一である場合である．<u>同じ 4 種の原子または基が結合している二つの不斉中心をもつ化合物は，三つの立体異性体をもつ．一つはメソ化合物で，残りの二つは一対のエナンチオマーである．</u>

> 二つの不斉中心をもつ化合物において，それぞれの不斉中心に結合している四つの基が同じならば，その化合物の立体異性体の一つはメソ化合物である．

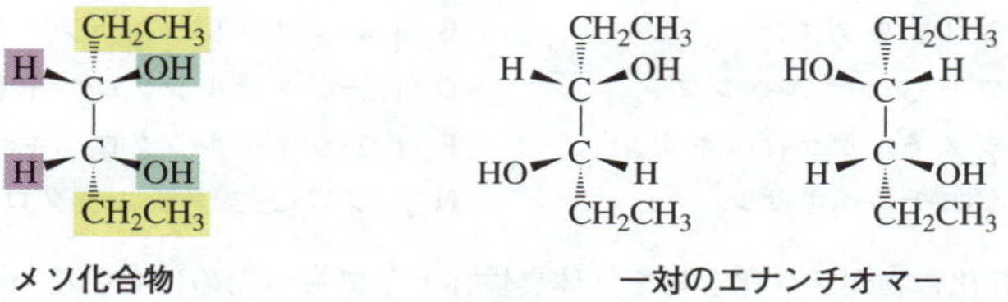

酒石酸の二つの不斉中心のそれぞれには四つの異なる置換基が同じ組合せでついているので，酒石酸には三つの立体異性体がある．

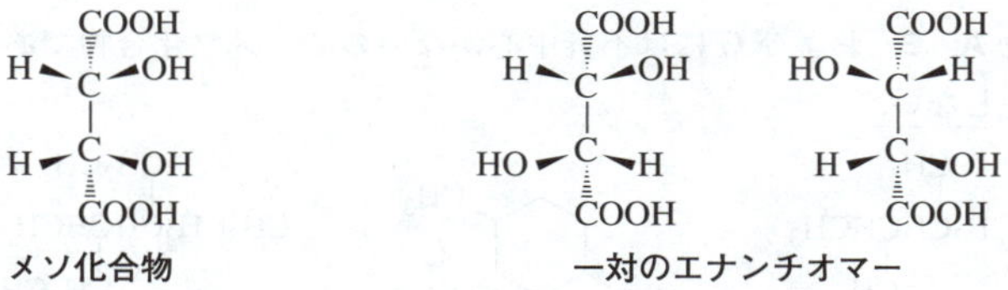

酒石酸の三つの立体異性体の物理的性質を表 4.2 に示す．メソ化合物はエナンチオマーのいずれともジアステレオマーの関係にある．エナンチオマーの物理的性質は同じだが，ジアステレオマーの物理的性質は異なることに注意しよう．

表 4.2　酒石酸の立体異性体の物理的性質

	融点 (℃)	比旋光度	溶解度 g/100 g H_2O, 15 ℃
(2R,3R)−(＋)−酒石酸	171	＋11.98	139
(2S,3S)−(−)−酒石酸	171	−11.98	139
(2R,3S)−酒石酸（メソ）	146	0	125
(±)−酒石酸	206	0	139

環状化合物の場合，シス異性体はメソ化合物であり，トランス異性体は一対のエナンチオマーである．

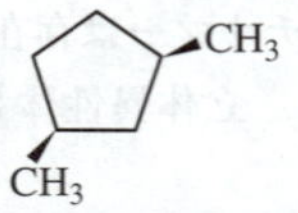

162 4章 異性体：原子の空間配置

cis-1,3-ジメチルシクロペンタン
(*cis*-1,3-dimethylcyclopentane)
メソ化合物

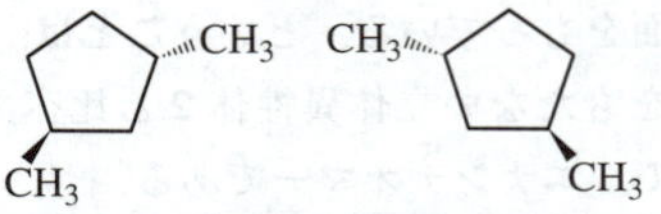

trans-1,3-ジメチルシクロペンタン
(*trans*-1,3-dimethylcyclopentane)
エナンチオマー

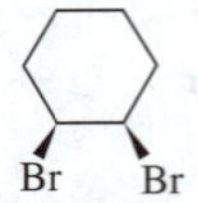

cis-1,2-ジブロモシクロヘキサン
(*cis*-1,2-dibromocyclohexane)
メソ化合物

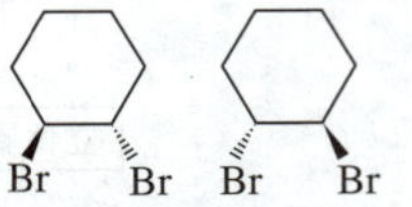

trans-1,2-ジブロモシクロヘキサン
(*trans*-1,2-dibromocyclohexane)
エナンチオマー

【問題解答の指針】

メソ化合物である立体異性体をもつ化合物かどうかの識別

次の化合物のうち，メソ化合物を立体異性体としてもつものはどれか．

- **A** 2,3-ジメチルブタン
- **B** 3,4-ジメチルヘキサン
- **C** 2-ブロモ-3-メチルペンタン
- **D** 1,3-ジメチルシクロヘキサン
- **E** 1,4-ジメチルシクロヘキサン
- **F** 1,2-ジメチルシクロヘキサン
- **G** 3,4-ジエチルヘキサン
- **H** 1-ブロモ-2-メチルシクロヘキサン

まず，各化合物がメソ化合物を立体異性体としてもつために必要な条件を満たしているかどうか調べる．つまり，その化合物に二つあるいはそれより多くの不斉中心があるかどうか，そして，そうであれば，それぞれの不斉中心に結合している四つの置換基が互いに同じかどうか比較する．

化合物 **A**，**E**，および **G** には不斉中心がないので，メソ化合物である立体異性体は存在しない．

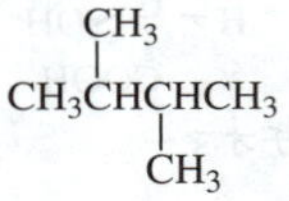

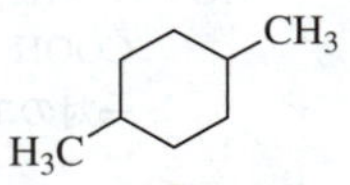

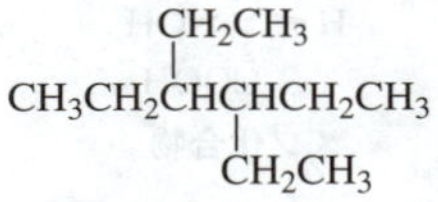

化合物 **C** と **H** はそれぞれ二つの不斉中心をもっている．しかし，それぞれの化合物中の二つの不斉中心は同じ四つの置換基と結合していないので，これらにもメソ化合物は存在しない．

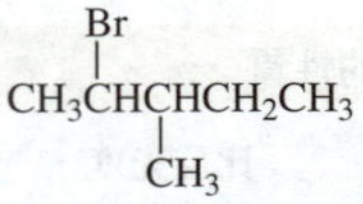

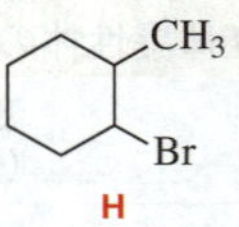

化合物 **B**，**D**，および **F** は二つの不斉中心をもち，それぞれの化合物中の二つの不斉中心は同じ四つの置換基と結合している．したがって，これらの化合物はメソ化合物という立体異性体をもつ．

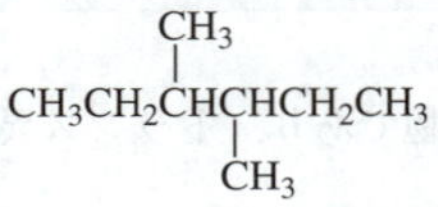

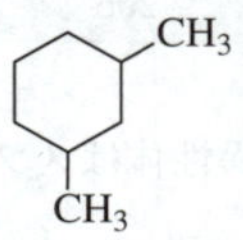

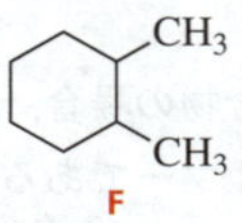

ここで学んだ方法を使って問題 39 を解こう．

問題 39◆
次の化合物のうち，メソ化合物を立体異性体としてもつものはどれか．

A 2,4-ジブロモヘキサン　　　　B 2,4-ジブロモペンタン
C 2,4-ジメチルペンタン　　　　D 1,3-ジクロロシクロヘキサン
E 1,4-ジクロロシクロヘキサン　F 1,2-ジクロロシクロブタン

問題 40（解答あり）
次の化合物のうち，どれが光学活性か．

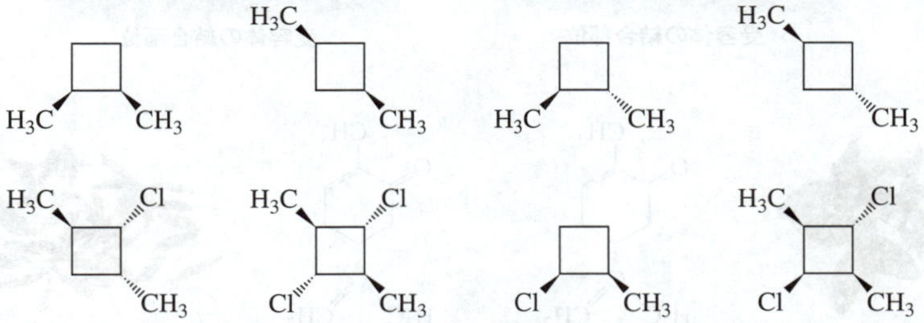

解答　上の列の化合物のなかで，3 番目の化合物のみ光学活性である．1 番目の化合物は対称面をもつが，光学活性な化合物は対称面をもたない．2 番目と 4 番目の化合物は不斉中心をもたず，それぞれ対称面をもっている．下の列では 1 番目と 3 番目の化合物が光学活性である．2 番目と 4 番目の化合物はそれぞれ対称面をもっている．

問題 41
次のそれぞれの化合物について立体異性体をすべて書け．

a. 1-クロロ-3-メチルペンタン　　　b. 1-ブロモ-2-メチルプロパン
c. 3-クロロ-3-メチルペンタン　　　d. 3,4-ジクロロヘキサン
e. 1,2-ジクロロシクロブタン　　　f. 1,3-ジクロロシクロヘキサン
g. 1,4-ジクロロシクロヘキサン　　h. 1-ブロモ-2-クロロシクロブタン

4.13 受容体

　受容体(receptor)とは，ある特別な分子に結合するタンパク質である．受容体はキラルなので，一方のエナンチオマーが他方よりより強く結合する．図 4.8 では，受容体は，R エナンチオマーと結合するが，S エナンチオマーとは結合しない．
　受容体は通常，一方のエナンチオマーのみを認識するので，エナンチオマー間で異なる生理学的特性をもちうる．たとえば，鼻の神経細胞の外界に面したところにある受容体は，それらの細胞がさらされた 10,000 種類のにおいを認識し，区別することができる．(R)-(-)-カルボン(スペアミントオイル中に見いだされる)と，(S)-(+)-カルボン(キャラウェイの種子油の主成分)がそれぞれ異なるにおいをもつ理由は，それぞれのエナンチオマーが互いに別の受容体に適合するからである．

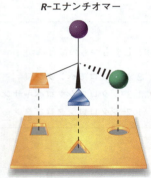

◀ 図 4.8
なぜ一方のエナンチオマーだけが受容体と結合するかを示す概念図. 一方のエナンチオマーは結合部位に適合するが(左図), 他方のエナンチオマーは適合しない(右図).

受容体の結合部位　　　受容体の結合部位

Frances O.Kelsey 博士は, サリドマイドの販売を阻止したことに対して, 1962 年に John F. Kennedy 大統領から「大統領市民勲章」を受賞した. Kelsey は 1914 年, ブリティッシュコロンビアに生まれた. 彼女は 1934 年に理学士, 1936 年に薬学修士の学位をマギル大学で取得した. 彼女は, 教職員の一員となったシカゴ大学から 1938 年に Ph.D. と医学士の学位を授与された. 大学の上級教員と結婚し, 二人の娘を授かった. 彼女は 1960 年に FDA に加わり, 90 歳で退職する 2005 年までそこで働いた. FDA は毎年, 公衆衛生活動における優秀さと勇気に対して「Frances O.Kelsey 賞」を職員に授与している.

(R)-(−)-カルボン
スペアミントの
ような香り

(R)-(−)-カルボン
〔(R)-(−)-carvone〕

$[\alpha]_D^{20\,°C} = -62.5$

(S)-(+)-カルボン
〔(S)-(+)-carvone〕

$[\alpha]_D^{20\,°C} = +62.5$

(S)-(+)-カルボン
キャラウェイの
ような香り

たくさんの薬が, 細胞表面の受容体に結合することによって, その生理活性を発揮する. その薬が不斉中心をもっていると, 受容体はそのエナンチオマーの一方と優先的に結合することができる. そのため, 薬によっては, 二つのエナンチオマー間で, 同じ生理活性, 程度が異なるが同じ活性, あるいは非常に異なる活性を示すなどの違いが生じる. たとえば, 次に示した化合物は, エナンチオマー間で非常に異なる生理活性をもつ.

Vicks Vapor Inhaler®
の活性成分

メタアンフェタミン
(methamphetamine)
"スピード"

問題 42◆

リモネンは, 二つの異なる立体異性体として存在する. その R エナンチオマーはオレンジやレモンに, S エナンチオマーはトウヒに含まれる. 次の分子のどちらがオレンジやレモンに含まれるものか.

(+)-リモネン
〔(+)-limonene〕

(−)-リモネン
〔(−)-limonene〕

🧪 サリドマイドのエナンチオマー

サリドマイドは旧西ドイツで開発され，1957年に不眠症，緊張症，およびつわりに対する薬として（Contergan® という商品名で）市販された．当時世界の40カ国以上で入手できたが，Frances O. Kelsey はアメリカ食品医薬品局（FDA）の内科医だったとき，神経系の副作用を見つけたというイギリスの研究の詳細を明らかにする追加の試験を強く主張したので，アメリカ合衆国ではその使用が認可されなかった．

サリドマイドの（+）-異性体は強力な鎮痛作用をもっていたが，市販された薬はラセミ体であった．（−）-異性体が催奇形性物質，つまり先天的な変形を引き起こす化合物であることは，妊娠3カ月までにその薬を服用した女性が，手足の奇形をはじめとするさまざまな欠損をもった赤ちゃんを出産して問題となるまで，誰にもわからなかった．その危険が認識され，1961年11月27日にその薬が市場から回収されるときまでに，約10,000人の子どもが被害をこうむった．結局，（+）-異性体も弱い催奇性をもち，両エナンチオマーは生体内でラセミ化（相互変換）することも明らかになった．このようなわけで，（+）-異性体のみを女性が服用していれば，先天性欠損症の被害が軽減していたかどうかは定かではない．サリドマイドは発育中の胎児の急成長している細胞を損傷するので，ある種のがん細胞の根絶のために厳密な管理下で制限つきで認可されている．

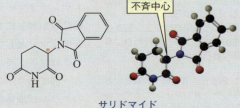

サリドマイド
(thalidomide)

4.14 エナンチオマーの分離法

Louis Pasteur（1822～1895）は，細菌が特定の病気を引き起こす原因となることを初めて明らかにした．彼は，微生物がブドウ果汁を発酵させてワインをつくる一方，ワインを酸っぱくしていることを突き止めた．そこで，発酵の終わったワインを穏やかに加熱処理し，ワイン中の微生物を死滅させて発酵を止め，ワインの酸味が増すのを防ぐ，低温殺菌法（pasteurization）と呼ばれる殺菌法を発明した．

エナンチオマーどうしは，沸点や溶解度などの物理的性質が同じで，分留や結晶化は同時に起こるので，一般に，分別蒸留や結晶化などの通常の分離法では分離できない．

Louis Pasteur は，一対のエナンチオマーの分離に初めて成功した．ラセミ体の酒石酸ナトリウムアンモニウムの結晶を使って研究しているときに，その結晶が単一ではないことに気づいた．結晶のいくつかは〝右手形〟で，いくつかは〝左手形〟であった．彼は，2種類の結晶をピンセットを使って丹念に分けたあと，右手形の結晶の溶液が平面偏光の偏光面を時計回りに回転させ，一方，左手形の結晶の溶液がそれを反時計回りに回転させることを発見した．

酒石酸ナトリウムアンモニウム
(sodium ammonium tartrate)
左手型結晶

酒石酸ナトリウムアンモニウム
(sodium ammonium tartrate)
右手型結晶

Pasteur の実験は，新しい化学用語も生み出した．ラセミ体の酒石酸はブドウから得られるので，ブドウ酸（racemic acid）とも呼ばれていた（racemus はラテン語で〝ブドウの房〟を意味する）．これが，エナンチオマーの等量混合物をラセミ体（racemic mixture）†と呼ぶようになった由縁である（4.9節）．エナンチオマーの分離は，**ラセミ体の分割**（resolution of a racemic mixture）と呼ばれている．

不斉結晶を生成する化合物は多くないので，Pasteur が行ったような手法を使っ

ワイン中に見いだされる自然に生じる塩．酒石酸水素カリウム（酒石英ともいう）の結晶．調理法によってはレモンや酢の代わりに用いられる．ほとんどの果物はクエン酸を生成するが，ブドウは代わりに多量の酒石酸を生成する．

† 訳者注：昔は個々の結晶がどちらか一方のエナンチオマーからなるラセミ体の結晶〔現在ではコングロメレート（conglomerate）と呼ぶ〕のことを〝ラセミ混合物（racemic mixture）〟と呼んだが，現在では〝ラセミ混合物〟は〝ラセミ体〟(racemate, racemic modification)と同じ意味に用いられている．なお，〝ラセミ化合物〟(racemic compound, 昔は racemate とも呼ばれた)は，コングロメレートと違って個々の結晶が等モルのエナンチオマー対の分子化合物からなるラセミ体の結晶のことである．

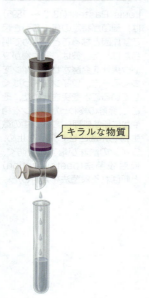

てエナンチオマーを分けるのは有用な方法ではない．比較的最近までエナンチオマーの分離はとても長くて，飽き飽きする工程であった．幸いに現在では，エナンチオマーは**クロマトグラフィー**（chromatography）という技術によって比較的容易に分離できる．

　この方法では，分離したい混合物を溶媒に溶かして，有機化合物を吸着する性質をもつキラルな物質を詰めたカラムにその溶液を通す．クロマトグラフのカラムにキラルな物質を詰めておくと，二つのエナンチオマー（赤色の層と紫色の層）はカラム内を異なる速度で移動する．なぜならば，ちょうど右手が右手用手袋に合うように，それらはキラルな物質に対して異なる親和性をもっていて，一つのエナンチオマーが他方より早くカラムから出てくるからである．エナンチオマーの分離が容易になった今日では，多くの薬品はラセミ体としてよりも単一のエナンチオマーとして販売されている（コラム〝キラルな医薬品〟参照）．

　クロマトグラフィーに用いられるキラルな物質は，**キラル認識体**（chiral probe）の一例であり，エナンチオマーどうしを区別することができる．旋光計も，一種のキラル認識体の例といえる（4.9節）．

🧪 キラルな医薬品

　単一のエナンチオマーを合成する難しさとエナンチオマーの分離には高い費用がかかるという理由で，比較的最近まで，一つあるいは複数の不斉中心をもつ多くの医薬品はラセミ体として市販されてきた．しかし，1992年にアメリカ食品医薬品局（FDA）は，製薬企業に対して，単一のエナンチオマーからなる薬を開発するために，最近の進歩した合成と分離の技術の使用を奨励する方針を打ち出した．現在では，ほとんどの新薬が単一エナンチオマーの薬である．製薬会社は，以前はラセミ体としてしか入手できなかった医薬品の単一のエナンチオマーを販売することにより，その特許を延長できるようになった．

　ラセミ体として医薬品を販売する場合は，両エナンチオマーを個別に試験することが FDA から要求されている．なぜならば，薬は受容体に結合し，その受容体はキラルなので，ある薬のエナンチオマーどうしがそれぞれ異なる受容体に結合しうるからである（4.13節）．したがって，エナンチオマーどうしは，類似の，あるいは非常に異なる生理活性をもちうる．例はたくさんある．(S)-$(+)$-ケタミンは (R)-$(-)$-ケタミンよりも4倍強力な麻酔薬であり，情動障害の副作用が (R)-$(-)$-エナンチオマーにのみあることが，試験の結果から明らかに示されている．β 遮断薬プロパノロールの S 体のみが活性を示し，R 体は不活性である．Prozac® の S 体は抗鬱薬であり，セロトニンをより強く遮断するが，R 体よりも効果が早く消える．Advil®，Nuprin®，そして Motrin® として市販されている，よく知られた鎮痛薬のイブプロフェンの活性は，おもに (S)-$(+)$-エナンチオマーにある．ヘロイン常用者は，ラセミ体のメタドンでは24時間のところ，$(-)$-α-アセチルメタドールだと72時間作用を持続させることができる．これは，外来病院へ行く回数を減らすことを意味する．なぜなら，1回の服用で週末中ずっと常用者は安定に過ごすことができるからである．

　単一のエナンチオマーを処方することは，患者に効果が少ないほうのエナンチオマーを代謝することを避け，望ましくない副作用を減らす．一方のエナンチオマーに毒性があるためにラセミ体として投与できなかった薬のなかにはいまでは使用できるものもある．たとえば，(R)-ペニシラミンは失明を引き起こすが，(S)-ペニシラミンはWilson病の治療に使われている．

覚えておくべき重要事項

- **立体化学**は，分子の構造を三次元で取り扱う化学の領域である．
- **異性体**は同じ分子式をもつが構造が異なる化合物である．
- **構造異性体**は分子中の原子のつながり方が異なる．
- **立体異性体**は分子中の原子の空間的配置のみが異なる．
- 立体異性体には，**シス-トランス異性体**と**不斉中心**を含む異性体の 2 種類がある．
- 環状化合物において，結合の回転は制限を受けるので，二つの置換基をもつ環状化合物は**シス-トランス異性体**として存在する．その**シス異性体**は環の同じ側に置換基をもち，**トランス異性体**は環の反対側に置換基をもつ．
- 二重結合の回転は制限を受けるので，アルケンは**シス-トランス異性体**として存在することが可能である．その**シス異性体**は二重結合の同じ側に水素をもち，**トランス異性体**は二重結合の反対側に水素をもつ．
- **Z 異性体**では優先順位が高い基が二重結合の同じ側にあり，**E 異性体**では優先順位が高い基が互いに二重結合の反対側にある．置換基の優先順位は，その sp^2 炭素に直接結合している原子の原子番号に基づいて決められる．
- **キラル**な分子はその鏡像と重ね合わせられないのに対し，**アキラル**な分子はその鏡像と重ね合わせられる．
- **不斉中心**は四つの異なる原子または基が結合している原子である．
- **エナンチオマー**どうしは重ね合わせられない鏡像である．
- **ジアステレオマー**はエナンチオマー以外の立体異性体である．
- エナンチオマーどうしは物理的および化学的性質が同じであるが，ジアステレオマーどうしは物理的および化学的性質が異なる．
- 大文字の R と S は不斉中心の**立体配置**を表している．
- キラルな化合物は**光学活性**であり，アキラルな化合物は**光学不活性**である．
- 一方のエナンチオマーが偏光面を時計回り (+) に回転させるならば，その鏡像体は偏光面を同じだけ反時計回り (−) に回転させる．
- 光学活性化合物はそれぞれ特有の**比旋光度**をもっている．
- **ラセミ体**は (±) と表示され，二つのエナンチオマーの等量混合物であり，光学不活性である．
- 不斉中心を二つもつ化合物の場合，エナンチオマーは二つの不斉中心がともに反対の立体配置をもち，ジアステレオマーは一方の不斉中心において同じ立体配置，他方の不斉中心において反対の立体配置をもつ．
- **メソ化合物**は，二つあるいはそれ以上の不斉中心と一つの対称面をもっていて，光学不活性である．
- 二つの不斉中心にそれぞれ四つの同じ基が結合している化合物には三つの立体異性体，すなわちメソ化合物と一対のエナンチオマーが存在する．

章末問題

43. 次の化合物のうち，不斉中心をもつものはどれか．

$CHBr_2Cl$　　CH_2FCl　　CH_3CHCl_2　　$CHFBrCl$　　$CH_3CH_2CHClCH_3$

44. 次のそれぞれの化合物について可能なすべての立体異性体を書け．可能な立体異性体が存在しない場合はなしと答えよ．

- **a.** 2-ブロモ-4-メチルペンタン
- **b.** 2-ブロモ-4-クロロペンタン
- **c.** 3-ヘプテン
- **d.** 1-ブロモ-4-メチルシクロヘキサン
- **e.** 1-ブロモ-3-クロロシクロブタン
- **f.** 2-ヨードペンタン
- **g.** 3,3-ジメチルペンタン
- **h.** 3-クロロ-1-ブテン

45. シス-トランス異性体のことを考えずに，C_5H_{10} の分子式をもつすべてのアルケンの構造を書け．そのなかでシス-トランス異性体として存在しうるのはどれか．

46. 必要ならば R, S と E, Z（4.2節および4.7節）表記を使って，次の化合物を命名せよ．

a.
 b. 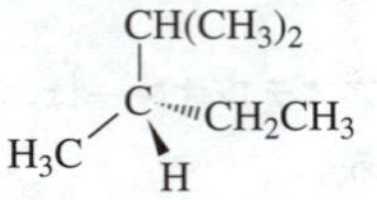
 c. 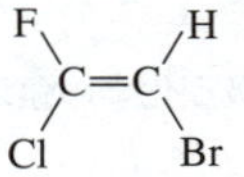
 d.

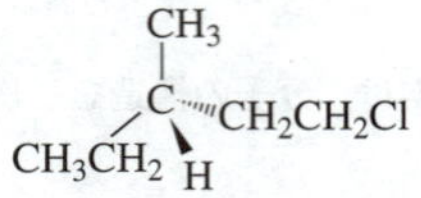

47. クロロ置換基一つとメチル置換基一つをもつすべての可能なシクロオクタンのなかで，不斉中心をもたないものはどれか．

48. Mevacor® は血中コレステロールを低下させる薬として使用される．Mevacor® には不斉中心がいくつあるか．

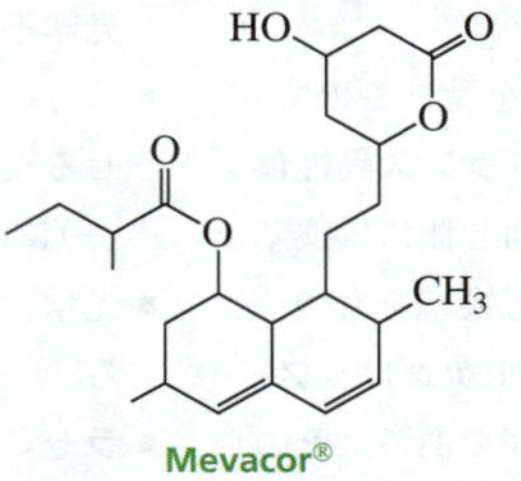

Mevacor®

49. 次のどれが光学活性か．

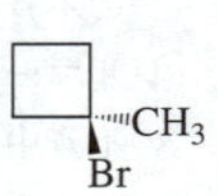

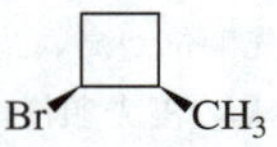

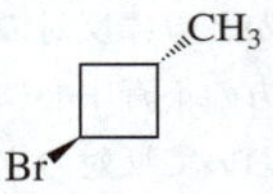

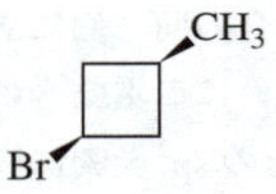

50. 次のそれぞれの組合せは，同一化合物，エナンチオマー，ジアステレオマー，あるいは構造異性体のどれか．

a. 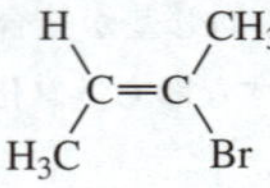 　 と 　 　 b. 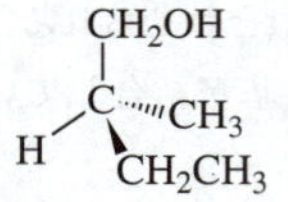 　 と 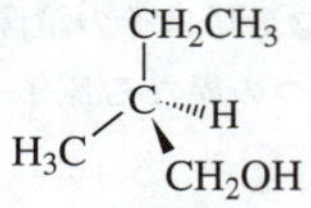
c. 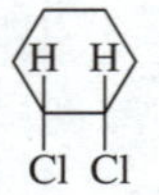 と 　 　 d. 　 と
e. 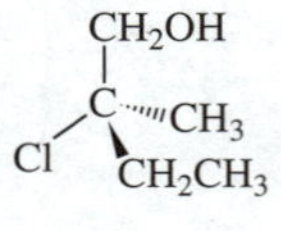 　 と 　 　 f. 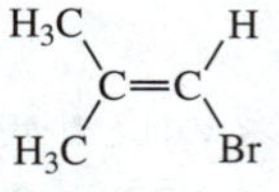 　 と

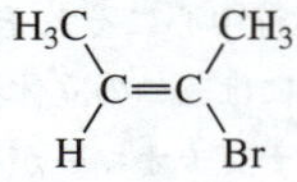

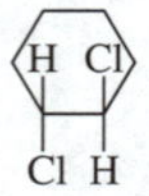

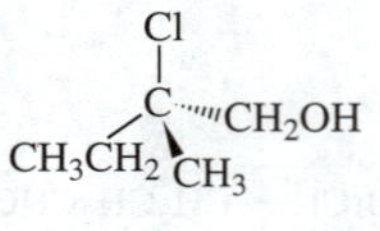

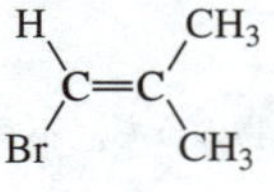

51. 次の各組の置換基に，優先順位をつけよ．

a. $-CH_2CH_2CH_3$ 　 $-CH(CH_3)_2$ 　 $-CH=CH_2$ 　 $-CH_3$
b. $-CH_2NH_2$ 　 $-NH_2$ 　 $-OH$ 　 $-CH_2OH$
c. $-C(=O)CH_3$ 　 $-CH=CH_2$ 　 $-Cl$ 　 $-C\equiv N$

52. 次の化合物のうち，アキラルな立体異性体をもつものはどれか．
  a. 2,3-ジクロロブタン **b.** 2,3-ジクロロペンタン
  c. 2,4-ジブロモペンタン **d.** 2,3-ジブロモペンタン

53. 2,4-ジクロロヘキサンの立体異性体を書き，エナンチオマー対とジアステレオマー対を示せ．

54. 次の化合物は，E 配置か，それとも Z 配置か．

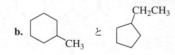

55. Aleve® やその他いくつかの一般市販非ステロイド系消炎剤の活性成分であるナプロキセンの立体異性体を以下に示した．この活性成分は (R)-ナプロキセンか，または (S)-ナプロキセンか．

56. 未知の化合物 (3.0 g) の溶液 (20 mL) を長さ 2.0 dm の試料測定管に入れ，旋光計にセットしたところ，偏光面が反時計回りに 180°回転することが観測された．この化合物の比旋光度はいくらか．

57. R と S は (+) や (−) とどのように関連しているかを説明せよ．

58. 次のそれぞれの組合せは同一，エナンチオマー，ジアステレオマー，あるいは構造異性体のどれか．

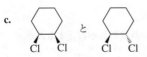
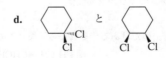
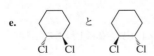

59. 次に示す各構造は(R)-2-クロロブタンと(S)-2-クロロブタンのどちらを表しているか.

a. 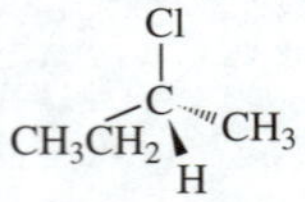 CH₃CH₂—C(Cl)(H)—CH₃   b. CH₃—CHCl—CH₂CH₃   c. CH₃—CHCl—CH₂CH₃

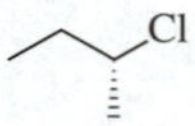

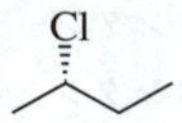

60. 次の構造の組合せは同一化合物か,あるいはエナンチオマー対か示せ.

a. 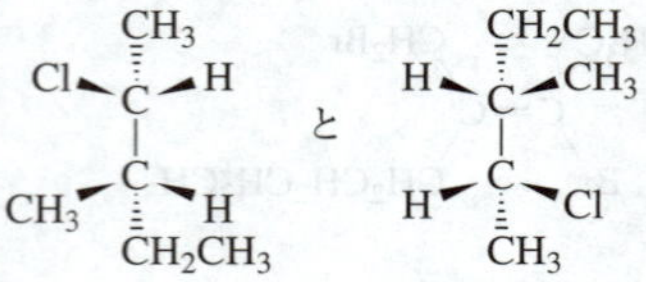 構造式 と 構造式   b. 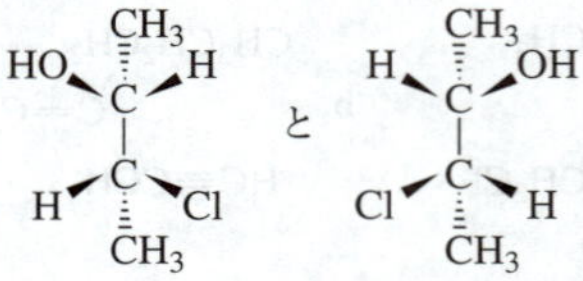 構造式 と 構造式

61. Tamiflu® はインフルエンザの予防と治療に使われる.各不斉中心の立体配置は何か.(Tamiflu® がどのように作用するかは 18 章で説明する.)

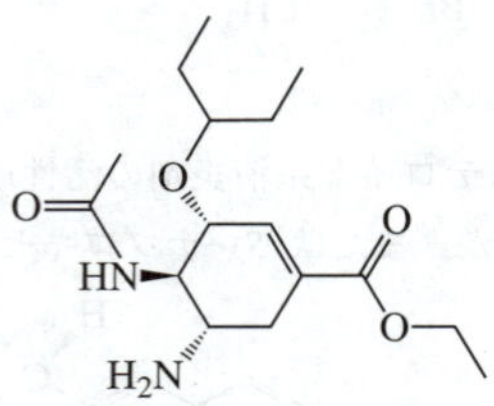

Tamiflu®

62. 次のそれぞれの組合せは同一,エナンチオマー,ジアステレオマー,あるいは構造異性体のどれか.

a. 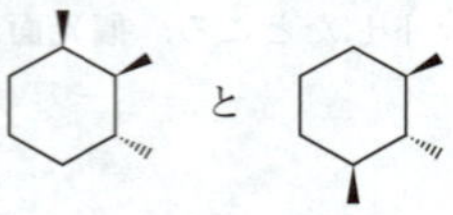 (シクロヘキサン構造) と (シクロヘキサン構造)
b. 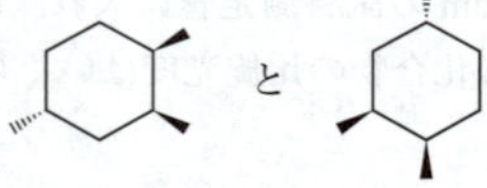 (シクロヘキサン構造) と (シクロヘキサン構造)
c. 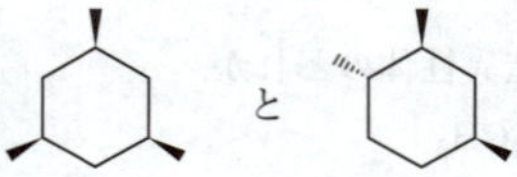 (シクロヘキサン構造) と (シクロヘキサン構造)
d. 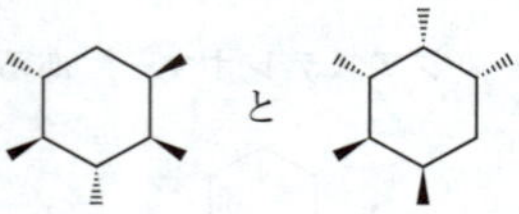 (シクロヘキサン構造) と (シクロヘキサン構造)

63. 次のそれぞれの分子の構造を書け.
 a. (S)-1-ブロモ-1-クロロブタン
 b. 1,2-ジメチルシクロヘキサンのアキラルな異性体
 c. 1,2-ジブロモシクロブタンのキラルな異性体

64. 次の化合物には不斉中心が一つだけある.それなら,なぜこの化合物には四つの立体異性体が存在するのか.

$$CH_3CH=CHCH(OH)CH_3$$

65. a. 分子式 C_6H_{12} をもち,シクロブタン環を含む分子の異性体をすべて書け.(ヒント:異性体は七つある.)
 b. 不斉中心の立体配置を無視し,化合物を命名せよ.
 c. 次の関連をもつ組合せを示せ.
  1. 構造異性体   **2.** 立体異性体   **3.** シス-トランス異性体

4. キラルな化合物　5. アキラルな化合物　6. メソ化合物
7. エナンチオマー　8. ジアステレオマー

66. 次の化合物のうちで双極子モーメントがより大きいのはどちらか.

a. 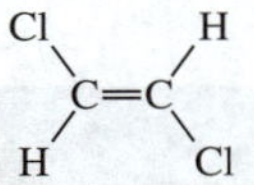 (Cl,H)C=C(H,Cl) あるいは (H,H)C=C(Cl,Cl)　　b. 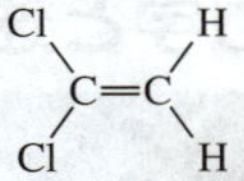 (Cl,H)C=C(Cl,H) あるいは (Cl,Cl)C=C(H,H)

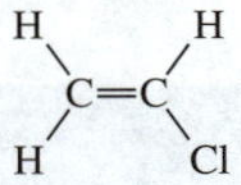

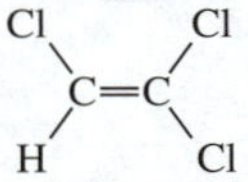

67. 何世紀ものあいだ，中国人はマオウ(麻黄)として知られている薬用植物からの抽出物を喘息(ぜんそく)の治療に使用してきた．エフェドリンと命名された化合物が，これらの薬用植物から単離され，肺の気道の拡張剤となることが見いだされた.
a. エフェドリンはいくつの立体異性体をもつか.
b. ここに示した立体異性体は薬理学的に活性なものである．各不斉中心の立体配置を示せ.

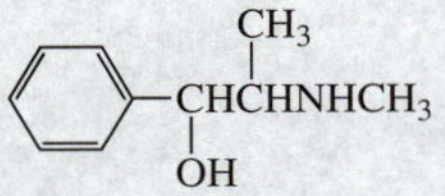

エフェドリン
(ephedrine)

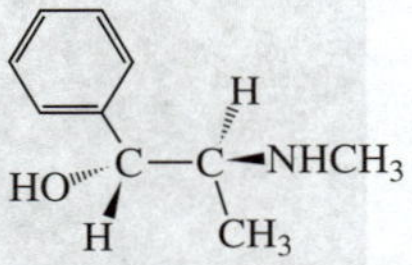

68. クエン酸合成酵素は，クエン酸回路(19.8節参照)として知られている一連の酵素触媒反応系中の酵素の一つであり，オキサロ酢酸とアセチル-CoA からのクエン酸の合成を促進する．この合成を，特定の位置に放射性炭素(^{14}C)を含むアセチル-CoA を用いて行うと(1.1節参照)，次に示す異性体が生じる．(二つの同位体，つまり原子番号が同じで質量数が異なる原子が比較されるとき，質量数が大きな原子がより高い優先順位をもつ.)

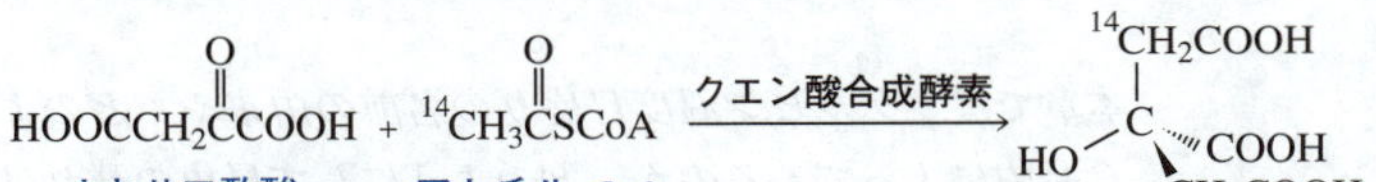

HOOCCH$_2$CCOOH + ^{14}CH$_3$CSCoA → クエン酸合成酵素 → ^{14}CH$_2$COOH-C(OH)(COOH)-CH$_2$COOH

オキサロ酢酸 (oxaloacetic acid)　アセチル-CoA (acetyl-CoA)　クエン酸 (citric acid)

a. クエン酸の R 体と S 体のいずれの立体異性体が合成されているか.
b. この合成で用いられるアセチル-CoA が ^{14}C ではなく ^{12}C を含むならば，得られる生成物はキラルであるか，それともアキラルであるか.

69. クロラムフェニコールは，腸チフスに対してとくに有効な広範囲抗菌性抗生物質である．その各不斉中心の立体配置を示せ.

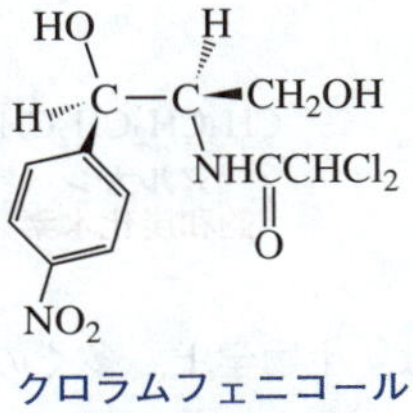

クロラムフェニコール
(chloramphenicol)

5 アルケン
命名法，安定性，および反応性の基礎・熱力学と速度論

ケルビン川を見下ろすグラスゴー大学のゴシック式塔(184ページを参照)

本章では，ケルビン温度目盛りの名前の由来や，どのようにしてトランス脂肪は食品中に入ってくるのか，どのようにして昆虫の群れは統制されているのか，そして生体系において化合物は互いをどのように認識するのか，などを学ぶ．

3章ではアルカンは炭素—炭素単結合だけを含む炭化水素であることを学んだ．ここからは炭素—炭素二重結合を含む炭化水素である，**アルケン** (alkene) について見ていこう．

アルカンは，可能な最大数のC—H結合をもつ．つまり，水素で飽和されているので，**飽和炭化水素** (saturated hydrocarbon) と呼ばれる．対照的にアルケンは，最大数に満たない水素しかもたないので**不飽和炭化水素** (unsaturated hydrocarbon) と呼ばれる．

$$CH_3CH_2CH_2CH_3 \qquad CH_3CH=CHCH_3$$
アルカン　　　　　　　　　アルケン
飽和炭化水素　　　　　不飽和炭化水素

アルケンは，生物学上，多くの重要な役割を果たしている．たとえば，最も小さなアルケンであるエテン ($H_2C=CH_2$) は，植物ホルモン（植物組織の生長やそのほかの変化を制御する化合物）であり，とくに種子の発芽，花や果物の成熟を促進する．ある種の植物がつくる香味や芳香の多くもまたアルケンである．

トマトは，青いうちに出荷されるので腐らずに到着する．エテンにさらされると成熟が始まる．

シトロネロール
(citronellol)
バラ油やゼラニウム油
に含まれる

リモネン
(limonene)
レモン油やオレンジ油に
含まれる

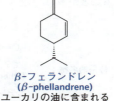
β-フェランドレン
(β-phellandrene)
ユーカリの油に含まれる

アルケンの構造についてはすでに見てきた(4.1節参照). ここでは, アルケンの命名法を学んでから, アルケンの反応について見ていく. その際, 段階的に反応が起こるときの各段階とそれに伴うエネルギー変化に細心の注意を払おう. それから, これまでに得た反応のエネルギー変化に関する知識を使って, アルケンの安定性に影響する要因を理解する. この章に出てくる議論のいくつかは, すでによく知っている概念に基づいて行われているが, 一方では, いくつかの新しい概念を含んでいる. それはあとの章において学ぶ基礎知識を広げる役目をする.

フェロモン

昆虫は, フェロモン(同種のほかの昆虫がその触角で検出する化学物質)によって情報伝達を行う. 性, 警報, 道しるべフェロモンなどの多くはアルケンまたはアルケンから合成されたものである.

ボンビコール(bombykol)は, カイコガ(*Bombyx mori*)の性フェロモンである. 拡散されたボンビコール分子は, 雄のカイコの触角にある孔を通って感知される. ボンビコールがその受容体に結合すると, 電荷が生じ, インパルスが脳に送られる. しかし, ボンビコールは非極性分子であるのに, 受容体に到達するためには水溶液中を通って行かなければならない. この問題は, フェロモンがタンパク質と結合することによって解決される. タンパク質は脂溶性のポケットでボンビコールと結合して, それを受容体まで運ぶ. 受容体の周辺は, どちらかといえば酸性であり, pHが小さくなるとタンパク質は結合しているフェロモンを解離し, 受容体へとボンビコールを放つ.

昆虫の化学的信号の送受信を妨害することにより, 環境に安全に, 昆虫の数を制御することができる. たとえば, マイマイガやワタミハナゾウムシのような農作物害虫を捕獲するために合成した性誘引物質を含有する罠が利用されている.

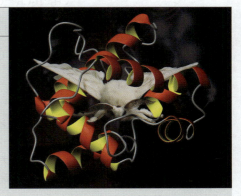
フェロモンを結合するタンパク質のモデルとカイコガ

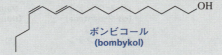
ボンビコール
(bombykol)

5.1 アルケンの命名法

官能基(functional group)はその有機分子の反応性の中心である. アルケンにおいては, 二重結合が官能基である. IUPAC 規則では, 官能基を表すのに接尾語を用いる. たとえば, アルケンの体系的名称は, 相当する親炭化水素の語尾の <u>ane</u> を ene に置き換えることにより得られる. よって, 2炭素のアルケンはエテン, 3炭素のアルケンはプロペンと呼ばれる. エテンはエチレンという慣用名で呼ばれ

ることが多い．

	H₂C=CH₂	CH₃CH=CH₂	(cyclopentene構造)	(cyclohexene構造)
体系的名称：	エテン (ethene)	プロペン (propene)	シクロペンテン (cyclopentene)	シクロヘキセン (cyclohexene)
慣用名：	エチレン (ethylene)	プロピレン (propylene)		

次の規則は，官能基を表す接尾語を使って化合物を命名するときに使われる．

1. 官能基（ここでの官能基は炭素-炭素二重結合）を含む最長鎖に，接尾語となる官能基の番号が最も小さくなるような方向に番号をつける．たとえば，1-ブテンではブテンの最初と2番目の炭素の間に二重結合があり，2-ヘキセンではヘキセンの2番目と3番目の炭素の間に二重結合がある．（上に記した四つのアルケンの名称にはあいまいさがないため，番号は必要ない．）

$$\overset{4}{C}H_3\overset{3}{C}H_2\overset{2}{C}H=\overset{1}{C}H_2 \quad\quad \overset{1}{C}H_3\overset{2}{C}H=\overset{3}{C}H\overset{4}{C}H_3 \quad\quad \overset{1}{C}H_3\overset{2}{C}H=\overset{3}{C}H\overset{4}{C}H_2\overset{5}{C}H_2\overset{6}{C}H_3$$

1-ブテン　　　　　　　　2-ブテン　　　　　　　　　2-ヘキセン
(1-butene)　　　　　　　(2-butene)　　　　　　　　(2-hexene)

> 官能基を含む最長鎖に，接尾語となる官能基の番号が最も小さくなるような方向に番号をつける．

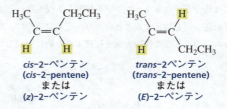

2-プロピル-1-ヘキセン
(2-propyl-1-hexene)

> 最も長い炭素鎖は8個の炭素を含むものであるが，官能基（この場合は二重結合）を含む炭素鎖で最長のものは6個の炭素をもつので，主鎖はヘキセンとなる

1-ブテンには慣用名がないことに注意しよう．"プロピレン"との関連で"ブチレン"と呼びたくなるかもしれない．しかし，ブチレンは1-ブテンと2-ブテンの両方を意味することができ，化合物名にはあいまいさがあってはならないので，それは適切な名称ではない．

アルケンの立体異性体は，cis あるいは trans（または E あるいは Z）という接頭語（斜体文字）を使って命名される．

cis-2-ペンテン　　　　　　trans-2-ペンテン
(cis-2-pentene)　　　　　(trans-2-pentene)
または　　　　　　　　　　または
(Z)-2-ペンテン　　　　　　(E)-2-ペンテン

2. 二つの二重結合を含む化合物に対しては，相当するアルカンの末尾の "ne" を "diene" に置き換える．

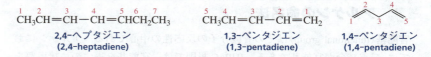

2,4-ヘプタジエン　　　1,3-ペンタジエン　　　1,4-ペンタジエン
(2,4-heptadiene)　　　(1,3-pentadiene)　　　(1,4-pentadiene)

3. 置換基名は，官能基を含む最長鎖の名称の前に，置換基がついている炭素を識別するための番号とともに記す．接尾語となる官能基と置換基がともに含まれる化合物の場合，接尾語となる官能基の番号が最も小さくなるこ

5.1 アルケンの命名法 **175**

とに注意しよう．

$\underset{1}{CH_3}\underset{}{CH}=\underset{3}{CH}\underset{4}{CH}\underset{5}{CH_3}$ に CH_3 が付く
4-メチル-2-ペンテン
(4-methyl-2-pentene)

$\underset{1}{CH_3}\underset{2}{C}=\underset{4}{CH}\underset{5}{CH_2}\underset{6}{CH_2}\underset{7}{CH_3}$ に CH_2CH_3 が付く
3-メチル-3-ヘプテン
(3-methyl-3-heptene)

4-メチル-1,3-ペンタジエン
(4-methyl-1,3-pentadiene)

接尾語となる官能基と置換基がともに含まれるとき，接尾語となる官能基の番号が最も小さくなるようにする．

4. 炭素鎖に複数の置換基がある場合は，3.2節で述べたアルファベットの規則を使って，置換基をアルファベット順に並べる．続いて適切な番号をそれぞれの置換基につける．

6-エチル-3-メチル-3-オクテン
(6-ethyl-3-methyl-3-octene)

5-ブロモ-4-クロロ-1-ヘプテン
(5-bromo-4-chloro-1-heptene)

置換基はアルファベット順に並べる．

5. 接尾語となるアルケン官能基の位置番号がどちらからつけても同じになる場合は，置換基番号が最小になるようにつける．たとえば，次の左に示した化合物は，最長の連続炭素鎖を左から右へ，または右から左へ番号づけしても4-オクテンである．左から右へ番号づけすると置換基は4,7位にあるが，右から左に番号づけするとそれらは2,5位になる．これらの四つの置換基番号のなかで2が1番小さいので，この化合物は2,5-ジメチル-4-オクテンと命名される．

2,5-ジメチル-4-オクテン
(2,5-dimethyl-4-octene)
(4,7-ジメチル-4-オクテンは
2 < 4 であるから誤り)

2-ブロモ-4-メチル-3-ヘキセン
(2-bromo-4-methyl-3-hexene)
(5-ブロモ-3-メチル-3-ヘキセンは
2 < 3 であるから誤り)

接尾語となる官能基がないとき，あるいは，接尾語となる官能基がどちらの方向からつけても同じ位置番号になるときは，置換基の番号が最小になるようにする．

6. 環状アルケンにおいては，二重結合が必ず炭素1と2の間になるように位置番号がつけられるので，二重結合の位置を表示する必要はない．置換基に番号を割り当てるためには，最も小さい番号がその化合物の名称につく方向(時計回りまたは反時計回り)に環を回って数える．

3-エチルシクロペンテン
(3-ethylcyclopentene)

1,6-ジクロロシクロヘキセン
(1,6-dichlorocyclohexene)

4-エチル-3-メチルシクロヘキセン
(4-ethyl-3-methylcyclohexene)

1,6-ジクロロシクロヘキセンは，2,3-ジクロロシクロヘキセンとは呼ばれないことに注意しよう．なぜなら，前者には最も小さい置換基番号(1)があるからであり，置換基番号の合計が大きくても構わない(1 + 6 = 7に対して 2 + 3 = 5)．

置換基の名称は親炭化水素の名称の前に置かれ，官能基を表す接尾語は親炭化水素の名称のうしろに置かれることを思い出そう．

[置換基] [親炭化水素] [官能基を表す接尾語] エン
メチル, クロロなど

アルケンの sp^2 炭素は**ビニル炭素**(vinylic carbon)と呼ばれる．ビニル炭素に隣接する sp^3 炭素は**アリル位炭素**(allylic carbon)と呼ばれる．

$$RCH_2-CH=CH-CH_2R$$
ビニル炭素
アリル位炭素

ビニル炭素に結合している水素は**ビニル水素**(vinylic hydrogen)と呼ばれ，アリル位炭素に結合している水素は**アリル位水素**(allylic hydrogen)と呼ばれる．

問題 1 ◆
a. 上の化合物はビニル水素をいくつもっているか．
b. アリル位水素をいくつもっているか．

炭素—炭素二重結合を含む二つの基には，**ビニル基**(vinyl group)と**アリル基**(allyl group)という慣用名が使われる．ビニル基はビニル炭素を含む最も小さな基であり，アリル基はアリル位炭素を含む最も小さな基である．"ビニル"あるいは"アリル"を命名に用いるときには，置換基がそれぞれビニル炭素あるいはアリル位炭素に結合していなくてはならない．

$CH_2=CH-$　　　$CH_2=CHCH_2-$
ビニル基　　　　アリル基

$CH_2=CHCl$　　$CH_2=CHCH_2Br$

慣 用 名：　塩化ビニル　　　臭化アリル
　　　　　(vinyl chloride)　(allyl bromide)

体系的名称：　クロロエテン　　3-ブロモプロペン
　　　　　　(chloroethene)　(3-bromopropene)

問題 2 ◆
次のそれぞれの化合物の構造式を書け．
a. 3,3-ジメチルシクロペンテン　　b. 6-ブロモ-2,3-ジメチル-2-ヘキセン
c. エチルビニルエーテル　　　　　d. アリルアルコール

問題 3 ◆
次のそれぞれの化合物の体系的名称は何か．

a. $CH_3CHCH=CHCH_3$
　　　｜
　　　CH_3

b. $CH_3CH_2C=CCHCH_3$
　　　　　　｜　｜
　　　　　　CH_3 Cl
（CH_3 上部）

c. シクロペンテン環に Br

d. シクロヘキセン環に CH_3 が2つ

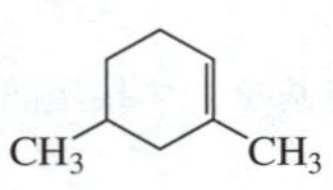

e. $BrCH_2CH_2CH=CCH_3$
　　　　　　　　　｜
　　　　　　　　CH_2CH_3

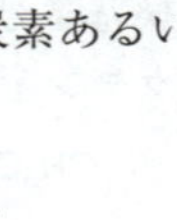

f. ジエン鎖に CH_3 と Br

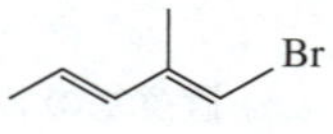

5.2 有機化合物はその官能基によってどのように反応するか

何百万という有機化合物が知られているが(そして毎年増えている)，それぞれがどのように反応するかをすべて覚えていかなければならないとしたら，有機化学の勉強はあまり楽しいものではないだろう．幸いなことに，有機化合物はいくつかのグループに分類されており，あるグループに属するものはすべて同じ方法で反応する．

ある有機化合物がどのグループに属しているかを決定するのは官能基である．**官能基**(functional group)は化合物が受ける反応の種類を決める．すでに，アルケンという炭素—炭素二重結合をもった官能基について学んできた．炭素—炭素二重結合をもつすべての化合物は，エテンのように小さい分子であってもコレステロールのように大きな分子であっても，同様に反応する．(本書の見返しに一般的な官能基の表を掲載している．)

エテン
(ethene)

コレステロール
(cholesterol)

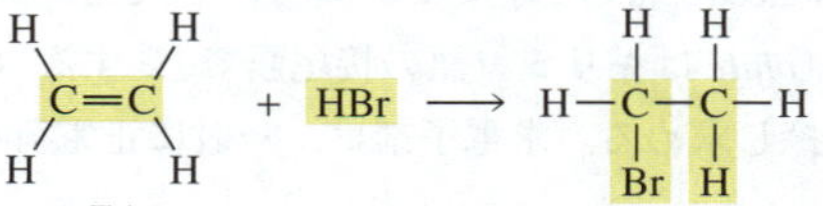

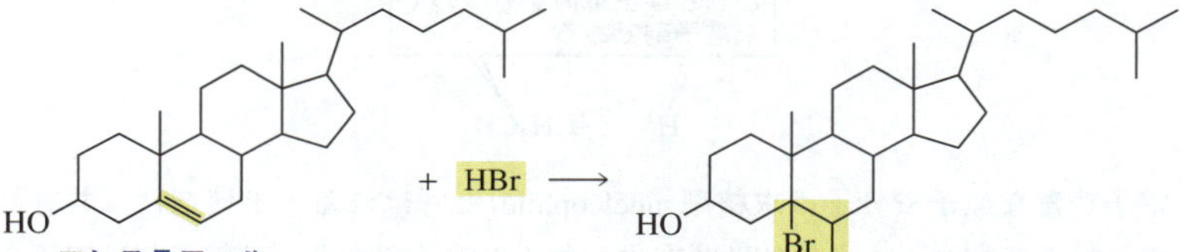

有機化学の勉強をさらに容易にするものは，有機化合物のすべての群は四つのグループに分類することができ，同じグループに分類されたすべての化合物群は同様に反応するということである．四つのグループの一つ目に属する化合物群であるアルケンの反応から見ていこう．

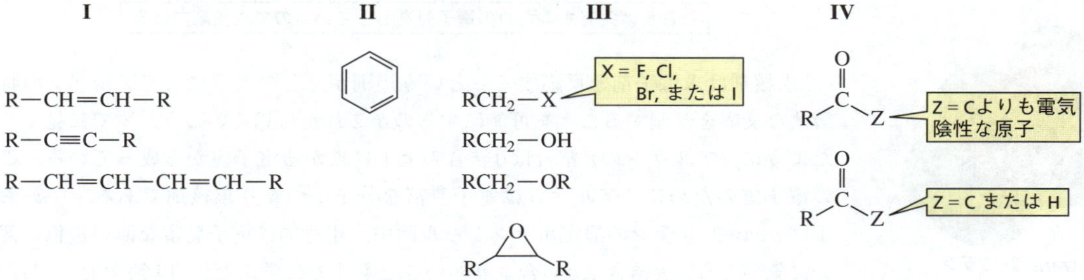

5.3 アルケンはどのように反応するか・曲がった矢印は電子の流れを示す

特定の官能基の反応について学ぶとき，官能基がなぜそのような反応をするのか理解する必要がある．5.2 節で示された二つの反応を見て，炭素—炭素二重結

合がHBrと反応すると，π結合に代わってHとBr原子が結合した化合物が生じることを学ぶだけでは十分ではない．その反応がなぜ起こるのかを理解する必要がある．各官能基の反応性に対する理由が理解できれば，有機化合物を見ればそれがどのような反応を起こすのか予測できるようになるであろう．

本質的に有機化学は，電子豊富な原子や分子と電子不足の原子や分子との間の相互作用である．これらが化学反応を起こさせる力である．新しい官能基について学ぶときはいつも，それらの官能基が受ける反応は，次の非常に簡単な原則で説明されることを思い出そう．

電子不足の原子や分子は
電子豊富な原子や分子に引きつけられる．

したがって，ある官能基がどのように反応するかを理解するには，まず電子不足と電子豊富な原子や分子を認識できるようになればよい．

電子不足の原子や分子は**求電子剤**(electrophile)と呼ばれる．英語の "electrophile" は "電子を愛する" という意味である (*phile* はギリシャ語の接尾語で "愛する" の意)．このように，求電子剤は電子対を探し求める．求電子剤は，一般に正電荷をもつので見分けるのは容易である．

> 電子不足の原子や分子は電子豊富な原子や分子に引きつけられる．

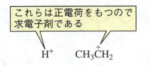

これらは正電荷をもつので求電子剤である

H^+ $CH_3\overset{+}{C}H_2$

電子豊富な原子や分子は**求核剤**(nucleophile)と呼ばれる．求核剤には共有可能な電子対が存在する．求核剤は共有するための電子をもち，求電子剤は電子を探し求めているので，求核剤と求電子剤は互いに引き合う（正電荷と負電荷のように）．したがって，前述の原則は，求核剤は求電子剤と反応するといいかえることができる．

> 求核剤は求電子剤と反応する．

$H\ddot{O}:^-$ $:\ddot{C}l:^-$ $CH_3\ddot{N}H_2$ $H_2\ddot{O}:$ $CH_3CH=CH_2$

これらは共有するための電子対をもっているので求核剤である

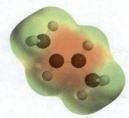

trans-2-ブテン

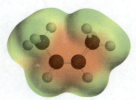

cis-2-ブテン

"求核剤は求電子剤と反応する" という規則が，どのようにしてアルケンの特徴的な反応を予測することを可能にするのかこれから見ていこう．すでに見てきたように，アルケンのπ結合はσ結合の上下に拡がる電子雲から成っている．この電子雲のために，アルケンは電子豊富な分子，つまり求核剤である．(*cis*-および*trans*-2-ブテンの静電ポテンシャル図中，相対的に電子豊富な薄い橙色の部分に気づこう．) π結合はσ結合より弱いこともすでに学んだ (1.14節参照)．したがって，π結合はアルケンが反応を受けるときに最も容易に切断される結合である．以上の理由から，アルケンは求電子剤と反応し，その過程でπ結合が切断されるだろうと予測できる．

したがって，臭化水素のような反応剤をアルケンに加えると，臭化水素の少し正電荷を帯びた水素（求電子剤）とアルケン（求核剤）が反応し，この反応の生成物はカルボカチオンとなるであろう．この反応の二段階目で，正に帯電したカルボ

カチオン(求電子剤)は負に帯電している臭化物イオン(求核剤)と反応して，ハロゲン化アルキルを生成する．

$$CH_3CH=CHCH_3 + \overset{\delta+}{H}-\overset{\delta-}{Br} \longrightarrow CH_3\overset{+}{CH}-\underset{H}{CHCH_3} + Br^- \longrightarrow CH_3CH-CHCH_3$$
（求核剤）（求電子剤）　　　　　　　　　　　　　　　　　　　　　　　　　　　　　　　　　　　Br H
　　　　　　　　　　　　　　　　　カルボカチオン　　　　　　　　　　　2-ブロモブタン
　　　　　　　　　　　　　　　　　　　　　　　　　　　　　　　　　　　(2-bromobutane)
　　　　　　　　　　　　　　　　　　　　　　　　　　　　　　　　　　　ハロゲン化アルキル

反応物(この場合はアルケンとHBr)が生成物(ハロゲン化アルキル)へ変換される過程を段階的に記述したものを**反応機構**(mechanism of the reaction)という．機構を理解する助けとなるように，曲がった矢印を書き，共有結合が新しく生じたり切断されたりするときに電子がどのように動いているかを示す．どの矢印も電子豊富な中心(矢印の尾)から電子不足の中心(矢印の先端)へ向かう二つの電子(電子対)の同時移動を表している．このように，矢印によって，どの結合が生じ，どの結合が切断されるかを示すことができる(2.3 節参照).

> 反応機構は，反応物が生成物に変化する際の段階的な過程を描写する．

2-ブテンとHBrとの反応を例にとると，アルケンのπ結合の2個の電子が，部分的正電荷をもったHBrの水素に引きつけられるのを表すために，曲がった矢印が用いられる．このとき水素は臭素と結合していて，アルケンの電子対をすぐに自由に受け入れることはできない．また，水素は同時に一つの原子としか結合を形成できない(1.4 節参照)．そのため，アルケンのπ電子がHBrの水素に向けて移動すると，臭素が結合電子対を保持して解離し，もとのH—Br結合が切れる．π電子は一方のsp^2炭素から引き離されるが，もう一方のsp^2炭素上にとどまっていることに注目しよう．こうして，反応前にはπ結合を形成していた二つの電子が，HBrの水素とアルケンの炭素の間に新しくσ結合を形成する．水素と新しい結合をつくらなかったsp^2炭素は，π結合を形成していた電子対をもはや共有していないので，生成物は正の電荷をもつ．

$$CH_3CH=CHCH_3 + \overset{\delta+}{H}-\overset{\delta-}{Br} \longrightarrow CH_3\overset{+}{CH}-\underset{H}{CHCH_3} + :\overset{..}{\underset{..}{Br}}:^-$$

曲がった矢印は電子移動がどこから始まり，どこで終わるかを示す　　σ結合が開裂する　　π結合は切れている　　新しいσ結合が生じている

> 曲がった矢印は電子の移動を示し，常に電子豊富な中心から電子不足の中心に向けて引かれる．

> 曲がった両矢印は2電子の移動を意味する．

反応の二段階目では，負電荷をもった臭化物イオンの孤立電子対が，正電荷をもったカルボカチオンとの間に結合を形成する．以上の二段階の反応において，いずれの段階でも<u>求核剤が求電子剤と反応する</u>ことに注目しよう．

$$CH_3\overset{+}{CH}-\underset{H}{CHCH_3} + :\overset{..}{\underset{..}{Br}}:^- \longrightarrow CH_3CH-CHCH_3$$
　　　　　　　　　　　　　　　　　　　　　　　　　　　　　　　　　　:Br: H
　　　　　　　　　　　　　　新しいσ結合

> 曲がった矢印は電子移動がどこから始まりどこで終わるかを示す．

このように，求核剤は求電子剤と反応する，そしてπ結合がアルケンで最も弱い結合である，という二つの簡単な知識しかなくても，2-ブテンとHBrとの反応

180   5章　アルケン

の生成物が 2-ブロモブタンであると予測できるようになった．全体としてこの反応は，1 mol のアルケンに 1 mol の HBr が付加しているので，**付加反応**（addition reaction）と呼ばれる．この反応の一段階目は求電子剤（H^+）のアルケンへの付加であるので，この反応はより正確には**求電子付加反応**（electrophilic addition reaction）と呼ばれる．

<u>求電子付加反応はアルケンの特徴的な反応である．</u>

ここで，単に 2-ブロモブタンがこの反応の生成物であるという事実を覚えるほうが，なぜ 2-ブロモブタンが生成物であるかということを説明する機構を理解するよりも容易だと思うかもしれない．しかしながら，あなた方が出会う反応の数はこれからさらに増えていくので，それらすべてを覚えていくことは不可能であろう．<u>同様の規則に基づく少しの反応機構を学ぶほうが，何千もの反応をそのまま覚えようとするよりはるかに容易であろう．</u>そして，各反応の機構を理解すれば，有機化学で共通する原理が明らかとなり，物質の本質をより容易に知ることができ，より多くの楽しみが得られるであろう．

アルケンは求電子付加反応を受ける．

問題 4 ◆
次の化学種はどれが求電子剤で，どれが求核剤か．

$$H^- \quad CH_3O^- \quad CH_3C\equiv CH \quad CH_3\overset{+}{C}HCH_3 \quad NH_3$$

⚠ 曲がった矢印についての注意

1. 矢印は，生成する結合と切断される結合の両方を示すのに用いられる．矢印は電子の動きに沿った向きに書き，決して逆方向には書かない．これは，<u>矢印が負電荷をもつ原子から始まることや，正電荷をもつ原子へと向かっていることを意味</u>する．

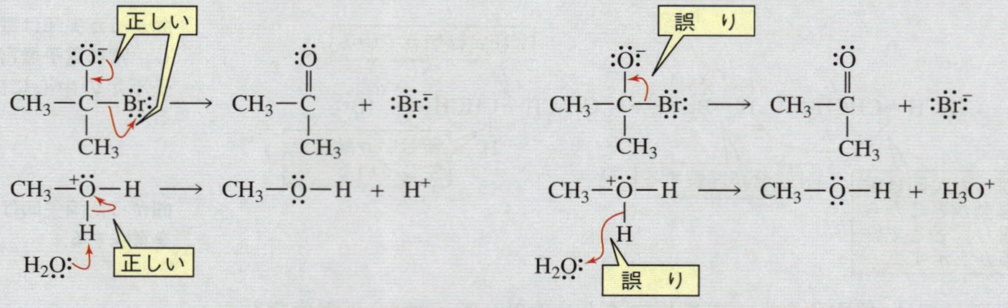

2. 曲がった矢印は，電子の移動を表すことになっている．<u>原子の移動を表すために曲がった矢印が用いられることはない．</u>

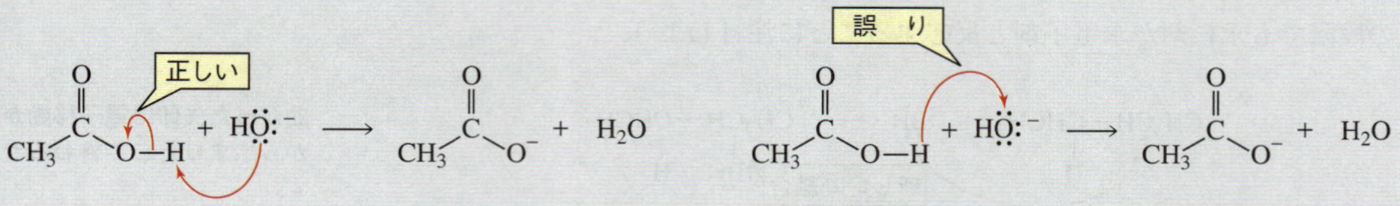

3. <u>曲がった矢印の先は常に原子か結合に向ける．決して矢印の先を空間に向けてはいけない．</u>

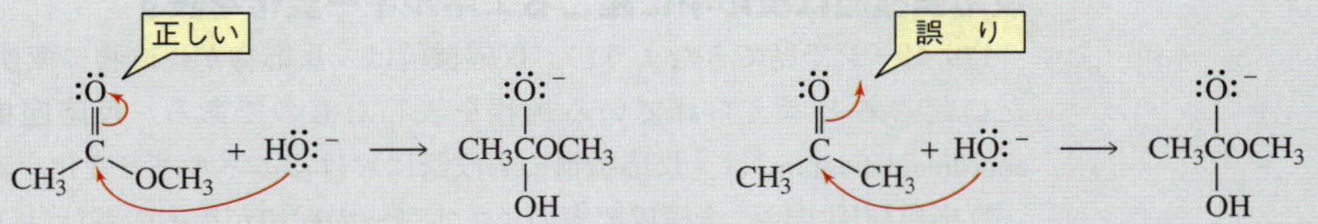

5.3 アルケンはどのように反応するか・曲がった矢印は電子の流れを示す

4. 曲がった矢印は電子源から始まる．原子から始まることはない．次の例では，矢印は炭素原子からではなく，電子豊富なπ結合から始まっている．

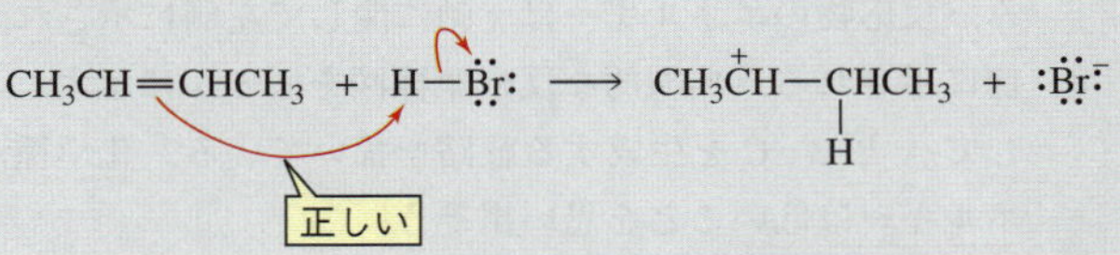

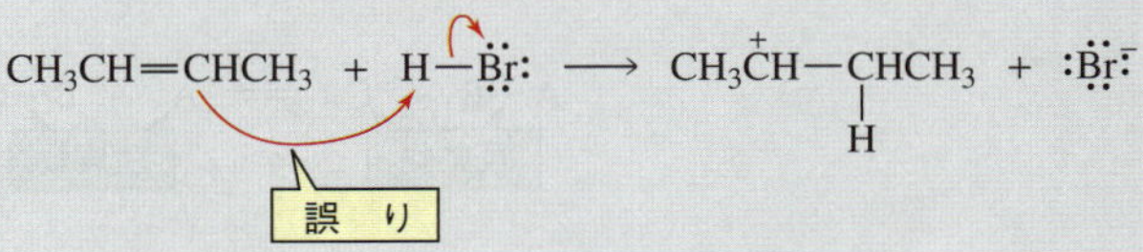

問題 5
前ページのコラム "曲がった矢印についての注意" の項目 1 に書かれている誤った矢印に従って結果を書け．得られた構造では何がよくないか．

問題 6（解答あり）
次に示すそれぞれの反応段階における電子の移動を，曲がった矢印を使って示せ．（ヒント：反応物と生成物を見て，反応物を生成物に変換するための矢印を書く．）

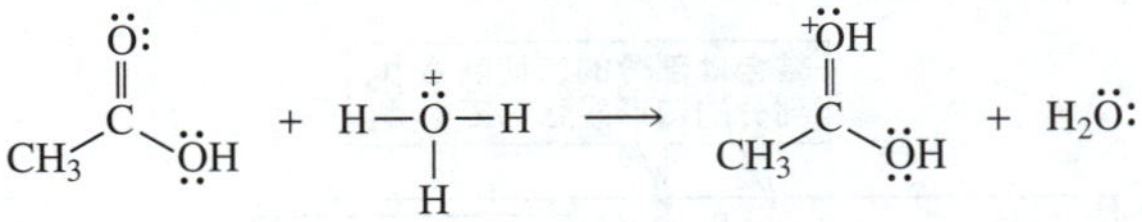

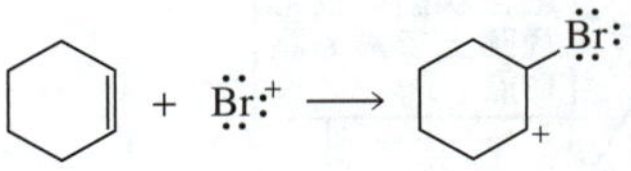

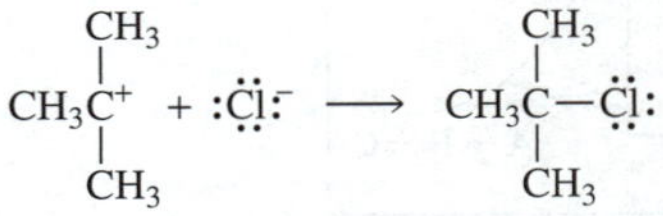

6aの解答 二重結合を形成している酸素原子がプロトンを得る；H_3O^+ は，それがプロトンと共有していた電子対を酸素に残してプロトンを失う．プロトンを得た酸素は正電荷をもち，プロトンを失った酸素は電荷をもたないことに気をつけよう．

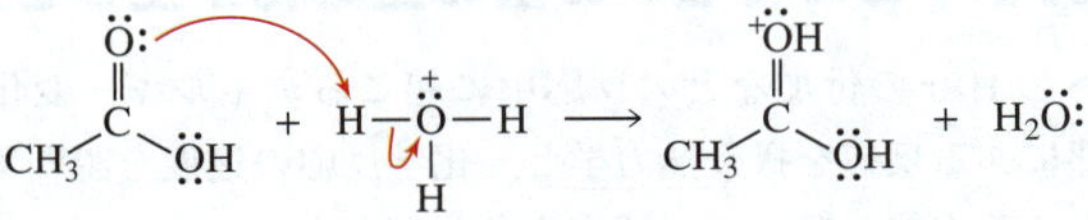

問題 7
問題 6 の各反応に対して，どちらの反応物が求核剤でどちらが求電子剤かを示せ．

▶ もっと学びたい人へ
曲がった矢印の書き方を学ぶことはきわめて重要である．203ページのチュートリアルを必ず行うこと．15 分とかからないが，この科目のできを左右する大きなポイントになる．

反応座標図は反応中に起こるエネルギー変化を表す

179 ページで見てきたように，反応機構は，反応物が生成物に変換されるあいだに起こると考えられている過程を表したものである．**反応座標図**（reaction coordinate diagram）は，反応機構の各段階におけるエネルギー変化を表している．

反応座標図では，全構成要素のエネルギーの総和が反応の進行（反応座標）に対してプロットされている．化学反応式の場合と同様に，左から右へ反応座標は進み，反応物のエネルギーは x 軸に関して左側に示され，生成物のエネルギーは右側に示される．典型的な反応座標図を図 5.1 に示す．この図は A—B が C と反応して A と B—C を生成する経路を描いている．<u>化学種が安定であるほど，そのエネルギーは低い</u>ことを思い出そう．

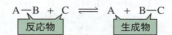

反応物が生成物に変換されるとき，**遷移状態**（transition state）と呼ばれるエネルギーが最も高い状態を経る．遷移状態の構造は反応物の構造と生成物の構造の間のどこかに位置する．反応物が生成物に変換される遷移状態では，切断される結合は部分的に切れた状態，そして形成される結合は部分的に生じた状態にある．（図中の破線は部分的に切断され，また部分的に形成された結合を表す．）遷移状態の高さ（反応物のエネルギーと遷移状態のエネルギーの差）は，その反応が起こりやすいか起こりにくいかを教えてくれる．もし，その高さが非常に高い場合は，反応は起こらず，反応物は生成物に変換されないだろう．

化学種が安定であるほど，そのエネルギーは低い．

図 5.1 ▶
反応座標図は，反応物から生成物へと反応が進行するときに起こるエネルギー変化を示す．遷移状態における破線で示された結合は，部分的に形成された結合と部分的に切断された結合を表す．

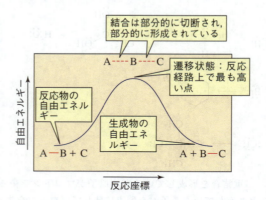

5.4 熱力学：どのくらいの量の生成物が生じるか？

アルケンへの HBr の付加などの反応中に起こるエネルギー変化を理解するには，平衡状態にある反応を扱う<u>熱力学</u>と，化学反応の速度を説明する<u>速度論</u>に関するいくつかの基本的な概念を理解する必要がある．

Y が Z へと変換される反応を考えてみよう．<u>熱力学</u>は，反応が平衡に達したときに存在している反応物（Y）と生成物（Z）との相対量を教えてくれるのに対し，<u>速度論</u>は，どのくらい速く Y が Z に変換されるかを教えてくれる．

5.4 熱力学：どのくらいの量の生成物が生じるか？

平衡状態にある系の特性を扱う化学の領域を**熱力学**（thermodynamics）という．平衡状態における反応物と生成物の濃度比は，平衡定数 K_{eq} で表すことができる．

$$A + B \rightleftharpoons C + D$$

$$K_{eq} = \frac{[生成物]}{[反応物]} = \frac{[C][D]}{[A][B]}$$

系が平衡に達したときが反応の終了である．平衡状態における生成物と反応物の濃度比は，それらの相対的な安定性の差に依存する．<u>その化合物が安定であればあるほど，平衡状態においてその濃度がより高くなる</u>．したがって，生成物が反応物より安定（より低い自由エネルギーをもつ）ならば（図 5.2a），平衡状態において反応物より生成物の濃度のほうが高くなり，K_{eq} は 1 より大きい．逆に，反応物が生成物より安定ならば（図 5.2b），平衡状態において生成物より反応物の濃度のほうが高くなり，K_{eq} は 1 より小さい．

反応物の濃度より高濃度の生成物を生じる反応は，**好ましい反応**（favorable reaction）と呼ばれる．

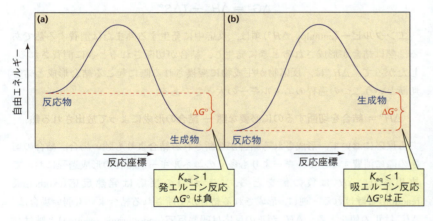

◀図 5.2
発エルゴン反応と吸エルゴン反応の反応座標図．
(a) 生成物のほうが反応物より安定（発エルゴン反応），
(b) 生成物のほうが反応物より不安定（吸エルゴン反応）．

ここで，なぜ酸の強さがその共役塩基の安定性によって決定されるか（2.6 節参照）が理解できる．つまり，塩基がより安定になるとその生成のための平衡定数[†]（K_a）はより大きくなり，K_a が大きいほどより強い酸である．

[†] 訳者注：K_a は酸解離定数．

標準状態における生成物の自由エネルギーと反応物の自由エネルギーの差は **Gibbs の自由エネルギー変化**（Gibbs free-energy change, $\Delta G°$）と呼ばれる．記号 ° は標準状態，すなわち，全化学種の濃度は $1\ \mathrm{mol\ L^{-1}}$，$25\ ℃$，$1\ \mathrm{atm}$ の状態における値であることを表す．

$$\Delta G° = 生成物の自由エネルギー - 反応物の自由エネルギー$$

この式から，生成物の自由エネルギーが反応物より低い（より安定）ならば，$\Delta G°$ は負の値となることがわかる．いいかえれば，その反応は，消費するよりも多くのエネルギーを放出する．このような反応は**発エルゴン反応**（exergonic reaction）と呼ばれている（図 5.2a）．

生成物が反応物より自由エネルギーが高い（より不安定）な場合は，$\Delta G°$ は正の値となり，放出するよりも多くのエネルギーを消費する．このような反応は**吸エルゴン反応**（endergonic reaction）でと呼ばれている（図 5.2b）．

すでに見てきたように，平衡状態において反応物と生成物のどちらが有利であるかは，平衡定数（K_{eq}）または自由エネルギー変化（$\Delta G°$）で表すことができる．これらの二つの量は次の式で関連づけられる．

$$\Delta G° = -RT \ln K_{eq}$$

> その化合物が安定であればあるほど，平衡状態においてその濃度がより高くなる．
>
> 平衡状態において生成物のほうが有利であれば，$\Delta G°$ は負で，K_{eq} は 1 より大きい．
>
> 平衡状態において反応物のほうが有利であれば，$\Delta G°$ は正で，K_{eq} は 1 より小さい．

ここで R は気体定数（$R = 1.986 \times 10^{-3}$ kcal mol^{-1} K^{-1}，または，$R = 8.314 \times 10^{-3}$ kJ mol^{-1} K^{-1}）*，T はケルビン単位の温度である．（ケルビン温度は 0 K を最も低い温度として知られる -273 ℃ とすることで，負の温度を回避している．したがって，K = ℃ + 273 であるから，25 ℃ = 298 K．）

* 1 kcal = 4.184 kJ

Gibbs の標準自由エネルギー変化（$\Delta G°$）はエンタルピー（$\Delta H°$）の成分とエントロピー（$\Delta S°$）の成分とからなる（T はケルビン単位の温度である）．

$$\Delta G° = \Delta H° - T\Delta S°$$

エンタルピー（enthalpy, $\Delta H°$）項は，反応中に発生する熱または消費する熱である．熱は結合が形成されるときに発生し，結合が切断されるときに消費される．したがって，$\Delta H°$ は，反応物が生成物に変換される際に起こる結合形成と結合切断という二つの過程のエネルギーの大きさである．

$$\Delta H° = 結合を切断するのに必要な熱 - 結合の形成によって放出される熱$$

ある反応において，形成される結合が切断される結合よりも強い場合，結合の切断の際に消費するエネルギーよりも多くのエネルギーが結合の形成過程において放出され，$\Delta H°$ は負の値をとる．$\Delta H°$ が負の反応は**発熱反応**（exothermic reaction）と呼ばれる．逆に，形成される結合が切断される結合よりも弱い場合は，$\Delta H°$ は正の値をとる．$\Delta H°$ が正の反応は**吸熱反応**（endothermic reaction）と呼ばれる．

William Thomson（1824-1907）は北アイルランドのベルファストに生まれた．彼はスコットランドのグラスゴー大学で自然哲学の教授となった．絶対温度のケルビン温度の開発および数理物理学におけるほかの重要な業績に対してケルビン男爵の称号を与えられ，<u>ケルビン卿</u>と呼ばれるようになった．その名前はグラスゴー大学の傍を流れるケルビン川に由来する（172 ページ参照）．ベルファストのクイーンズ大学に隣接する植物園に彼の銅像はある．

エントロピー（entropy, $\Delta S°$）は系の乱雑さの尺度である．分子運動の乱雑さを制限すると，そのエントロピーは減少する．たとえば，二つの分子が結合して一つの分子となる反応では，生成系のエントロピーは反応物のエントロピーより小さくなる．なぜならば，二つの分子が反応して生じた分子にとっては不可能な運動が，二つの独立した分子には可能だからである．そのような反応では，$\Delta S°$ は負の値をとる．一つの分子が反応して二つの独立した分子に分かれる場合，生成物は反応物よりも大きな乱雑さをもつことになり，その反応の $\Delta S°$ の値は正となる．

$$\Delta S° = \text{生成物の系の乱雑さ} - \text{反応物の系の乱雑さ}$$

> **問題 8**
> a. それぞれの反応の組合せにおいて，$\Delta S°$ の値がより大きな意味をもつのはどちらか．
> b. $\Delta S°$ の値が正になるのはどの反応か．
>   1. $A \rightleftharpoons B$ あるいは $A + B \rightleftharpoons C$
>   2. $A + B \rightleftharpoons C$ あるいは $A + B \rightleftharpoons C + D$

エントロピーは系の乱雑さの尺度である．

好ましい反応は負の $\Delta G°$（および $K_{eq} > 1$）をもつということはすでに学んだ．Gibbs の標準自由エネルギーの式を見ると，$\Delta H°$ の負の値と $\Delta S°$ の正の値が $\Delta G°$ を負にするように働くことが理解できる．いいかえると，<u>より強い結合とより大きな乱雑さをもつ化学種が生成する場合，$\Delta G°$ は負となる</u>．よって，その反応は好ましい反応である．

より強い結合とより大きな乱雑さをもつ化学種が生成する場合，$\Delta G°$ は負となる．

5.5 反応で生じる生成物の量を増やす

幸いなことに，反応で生じる生成物の量を増やす方法がある．

Le Châtelier の原理（Le Châtelier's principle）では，<u>平衡が乱されると，その系はその乱れを打ち消すように動く</u>と説明される．いいかえると，C あるいは D の濃度が減少すると，A と B は反応してより多くの C と D を生成し，平衡定数の値を維持する．（この定数の値は維持されなければならない，それが<u>定数</u>と呼ばれる由縁である．）

$$A + B \rightleftharpoons C + D$$

$$K_{eq} = \frac{[C][D]}{[A][B]}$$

平衡が乱されると，その系はその乱れを打ち消すように動く．

したがって，生成物が生じるにつれて溶液から生成物が結晶となって析出する場合，あるいは生成物が液体として留去されたり気体として放出されたりする場合には，生成物と反応物の相対濃度を一定に保つように（つまり，平衡定数の値を維持するように），除去された生成物を補うために反応物は反応を続ける．一つあるいは複数の反応物の濃度の増大によって平衡が乱されると，生成物もより多く生成される．

生体組織は，複雑な栄養分子（グルコースなど）を簡単な分子に変換する一連の反応を行うことでエネルギーを得ている（19.0 節参照）．このような一連の反応は**代謝過程**（metabolic pathway）と呼ばれている．代謝過程におけるいくつかの反応は吸エルゴン的であり，そのため非常に少量の生成物しか生じない．しかし，吸エルゴン反応の後に大きく発エルゴン的な反応が続いて起こる場合，生じる生成物は増大する．これは Le Châtelier の原理のもう一つの適用である．

たとえば，次に示した二つの連続する反応のはじめには極少量の B しか生じない．なぜなら，A から B への変換は吸エルゴン的だからである．しかし，大

きく発エルゴン的な2番目の反応がBをCに変換すると，はじめの反応はBの平衡濃度になるようにBを補給する．こうして，発エルゴン反応は，その前にある吸エルゴン反応を促進させる．

この二つの反応（吸エルゴン反応とこれに続く発エルゴン反応）は**共役反応**（coupled reaction）と呼ばれている．共役反応は，吸エルゴン反応と発エルゴン反応の両方から形成されており，どのように代謝過程が進行しているのかを示す，熱力学の基礎そのものである．

5.6 アルケンの相対的安定性を決めるために $\Delta H°$ 値を使う

水素（H_2）は，金属触媒の存在下，アルケンの二重結合に付加してアルカンを生成する．最もよく用いられる金属触媒はパラジウムであり，その表面積を最大にするために活性炭に吸着された粉体にして用いられている．これは〝炭素担持パラジウム″（palladium on carbon）と呼ばれ，Pd/C と略される．金属触媒は，非常に強い H—H 結合を弱めるために必要とされる（22 ページの図 1.2 参照）．

化合物への水素の付加は還元反応である．**還元反応**（reduction reaction）は C—H 結合の数を増やす．

$$CH_3CH=CHCH_3 \;+\; H_2 \;\xrightarrow{Pd/C}\; CH_3CH_2CH_2CH_3$$

2-ブテン (2-butene) → ブタン (butane)

1-メチルシクロヘキセン (1-methylcyclohexene) + H_2 $\xrightarrow{Pd/C}$ メチルシクロヘキサン (methylcyclohexane)

> 還元反応は，C—H 結合の数を増やす．

水素の付加は**水素化**（hydrogenation）と呼ばれる．水素化反応は，触媒を必要とするので，**接触水素化**（catalytic hydrogenation）と呼ばれる．

接触水素化の反応機構は非常に複雑で，容易に書くことはできない．水素が金属の表面に吸着されることと，アルケンがそのp軌道を金属の空の軌道と重ね合わせて，アルケンは金属と錯体化することが知られている．結合の切断と結合の形成はすべて金属の表面で起こる．生成物のアルカンは金属表面から拡散して離れていく（図 5.3 参照）．

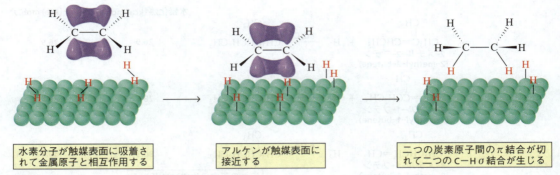

▲ 図 5.3
アルカンを生成するアルケンの接触水素化反応.

接触水素化は次のように進んでいると考えられる．H_2 の H—H 結合とアルケンの π 結合が切れ，それから生じた水素ラジカルが炭素ラジカルへ付加する．

$$CH_3CH=CHCH_3 \longrightarrow CH_3\overset{.}{C}H-\overset{.}{C}HCH_3 \longrightarrow CH_3CH-CHCH_3$$
$$\quad\quad H-H \quad\quad\quad\quad\quad\quad H\cdot \ \cdot H \quad\quad\quad\quad\quad\quad H \ \ H$$

【問題解答の指針】

合成のための反応物の選択

メチルシクロヘキサンを合成するとき，どのようなアルケンを出発物質に用いればよいか．

目的生成物と同じ炭素数で，目的生成物と同様のつながり方をしているアルケンを選択すべきである．二重結合は分子のどの位置にあってもよいので，いくつかのアルケンをこの合成に使用することが可能である．

ここで学んだ方法を使って問題 9 を解こう．

問題 9

次の化合物を合成したいとき，どのようなアルケンを出発物質に用いればよいか．

a. ペンタン　　**b.** エチルシクロペンタン

問題 10

水素化によって次の分子を生成するアルケンは何種類あるか．

a. ブタン　　**b.** 3-メチルペンタン　　**c.** ヘキサン

アルケンの相対的安定性を決めるために，以下に示す三つの水素化反応が行われ，それらの $\Delta H°$ 値が実験的に求められた．

			水素化熱 (kcal mol⁻¹)	$\Delta H°$ (kcal mol⁻¹)
$CH_3C(CH_3)=CHCH_3$ + H_2	$\xrightarrow{Pd/C}$	$CH_3CH(CH_3)CH_2CH_3$	26.9	−26.9
2-メチル-2-ブテン (2-methyl-2-butene)				
$CH_2=C(CH_3)CH_2CH_3$ + H_2	$\xrightarrow{Pd/C}$	$CH_3CH(CH_3)CH_2CH_3$	28.5	−28.5
2-メチル-1-ブテン (2-methyl-1-butene)				
$CH_3CH(CH_3)CH=CH_2$ + H_2	$\xrightarrow{Pd/C}$	$CH_3CH(CH_3)CH_2CH_3$	30.3	−30.3
3-メチル-1-ブテン (3-methyl-1-butene)				

三つの反応の生成物はどれも2-メチルブタンである

水素化反応において放出される熱は，**水素化熱**(heat of hydrogenation)と呼ばれ，正の値を記すのが慣例となっているが，水素化反応は発熱的である（負の$\Delta H°$値をもっている）．それで，水素化熱は負の符号を除いた$\Delta H°$値となる．

$\Delta H°$値は三つの接触水素化反応に対する反応物と生成物の相対的なエネルギーを教えてくれる．しかし，接触水素化の詳細な反応機構はわかっていないので，その反応座標図を書くことはできない．そこで，反応物と生成物間で起こる相対的エネルギー変化を示すために，反応物と生成物のエネルギーを点線でつないでみる（図5.4）．

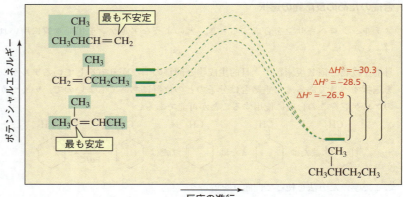

図 5.4 ▶
接触水素化反応によって2-メチルブタンを生成する三つのアルケンのエネルギー（安定性）の比較．最も安定なアルケンは水素化熱が最も小さい．〔反応座標図が$\Delta H°$値を示しているとき，y軸はポテンシャルエネルギーであり，それが$\Delta G°$値を示しているとき，y軸は自由エネルギー（図5.2）であることに注意しよう．〕

最も安定なアルケンは，水素化熱が最も小さい．

三つの反応ではすべて同じアルカンが生成する．ゆえに，図5.4における生成物のエネルギーはどの反応においても同じである．しかし，これら三つの反応の水素化熱は異なる．したがって，三つの反応物のエネルギーも異なっているに違いない．たとえば，3-メチル-1-ブテンは放出する熱が最も大きいので，はじめは最大のエネルギーをもっていたに違いない（三つのアルケンのなかで最も不安定に違いない）．対照的に，2-メチル-2-ブテンは放出する熱が最も少ないので，はじめは最小のエネルギーをもっていたに違いない（三つのアルケンのなかで最も安定に違いない）．最も安定な化合物が最小の水素化熱をもっていることに気づこう．

図5.4における三つのアルケン反応物の構造を見ると，アルケンの安定性は，そのsp^2炭素に結合しているアルキル基の数に応じて増大することがわかるだろう．

5.6 アルケンの相対的安定性を決めるために$\Delta H°$値を使う 189

たとえば，図5.4で最も安定なアルケンは，二つのアルキル置換基を一方のsp^2炭素に，一つのアルキル置換基をもう一方のsp^2炭素にもっていて，sp^2炭素に結合しているアルキル置換基を合わせて三つ（メチル基三つ）もつものであった．中間の安定性をもつアルケンは，sp^2炭素に結合している置換基を合わせて二つ（メチル基とエチル基）もち，三つのアルケンのうちで最も不安定なものはsp^2炭素に結合しているアルキル置換基を一つ（イソプロピル基）しかもっていないものであった．

アルキル置換アルケンの相対的安定性

$$\underset{\text{最も安定}}{\underset{R}{\overset{R}{>}}C=C\underset{R}{\overset{R}{<}}} > \underset{R}{\overset{R}{>}}C=C\underset{H}{\overset{R}{<}} > \underset{R}{\overset{R}{>}}C=C\underset{H}{\overset{H}{<}} > \underset{H}{\overset{R}{>}}C=C\underset{H}{\overset{H}{<}}\underset{\text{最も不安定}}{}$$

sp^2炭素に結合しているアルキル置換基数が多いほど，アルケンはより安定である．

したがって，次のように明言できる．<u>アルケンは，そのsp^2炭素に結合しているアルキル置換基数が多いほど安定である</u>．（学生のなかには，sp^2炭素に結合している水素の視点からこの概念を理解したほうが容易だと気づいた人もいるだろう．つまり，<u>アルケンはsp^2炭素に結合している水素の数が少ないほど安定である</u>．）

問題 11◆

アルケン **A** とアルケン **B** を接触水素化すると同じアルカンが得られる．アルケン **A** の水素化熱は29.8 kcal mol^{-1}で，アルケン **B** の水素化熱は31.4 kcal mol^{-1}である．より安定なアルケンはどちらか．

問題 12◆

a. 次の化合物のうちでどれが最も安定か．

（構造式：シクロヘキセンにCH$_2$CH$_3$置換基がついた三つの異性体）

b. どれが最も不安定か．
c. 水素化熱が最も小さいのはどれか．

---

trans-2-ブテンと*cis*-2-ブテンには，ともに二つのアルキル置換基が各sp^2炭素に結合しているが，*trans*-2-ブテンのほうが水素化熱が小さい．これは，トランス体では二つの大きな置換基が離れており，シス体より安定であることを意味している．

	水素化熱 (kcal mol^{-1})	$\Delta H°$ (kcal mol^{-1})
trans-2-ブテン + H$_2$ →(Pd/C) CH$_3$CH$_2$CH$_2$CH$_3$	27.6	−27.6
cis-2-ブテン + H$_2$ →(Pd/C) CH$_3$CH$_2$CH$_2$CH$_3$	28.6	−28.6

大きな置換基がシス異性体のように二重結合の同じ側にある場合，それらの電子雲は互いに干渉し合って分子に立体ひずみを引き起こす．立体的ひずみは化合物をより不安定にする（3.9 節参照）．大きな置換基がトランス異性体のように互いに二重結合の反対側にある場合，それらの電子雲は相互作用しないので不安定にする立体ひずみがない．

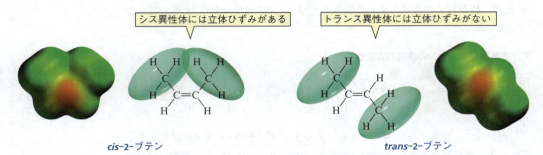

cis-2-ブテン　　　　　　　　　　　　trans-2-ブテン

二つのアルキル置換基が二重結合の同じ側にある cis-2-ブテンの水素化熱は，二つのアルキル置換基が同じ炭素上にある 2-メチルプロペンの水素化熱に近い．三つのジアルキル置換アルケンはすべてトリアルキル置換アルケンより不安定で，モノアルキル置換アルケンよりは安定である．

ジアルキル置換アルケンの相対的安定性

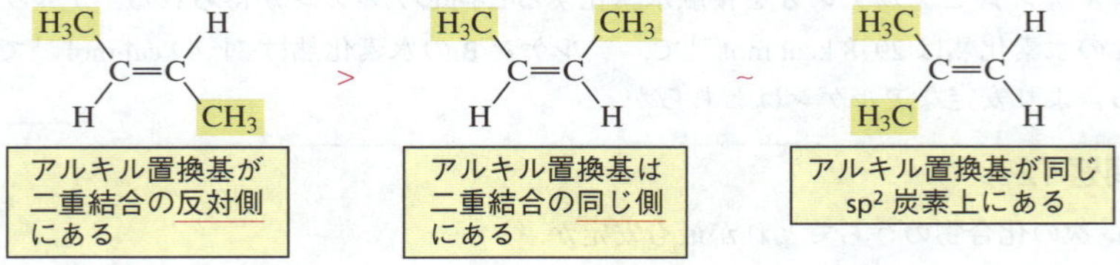

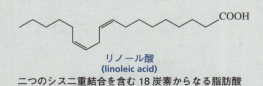

問題 13◆

次の化合物を最も安定なものから最も不安定なものの順に並べよ．
trans-3-ヘキセン，cis-3-ヘキセン，cis-2,5-ジメチル-3-ヘキセン，cis-3,4-ジメチル-3-ヘキセン

🧪 トランス脂肪

油はその脂肪酸部分にいくつかの炭素—炭素二重結合を含んでいて，それらが互いに接近するのを妨げるため，室温で液体である．対照的に，脂肪の脂肪酸部分にはほとんど二重結合がないので，互いに接近して集まることができる（11.12 節参照）．油は二重結合を多く含むため，多価不飽和であるといわれる．

リノール酸
(linoleic acid)
二つのシス二重結合を含む 18 炭素からなる脂肪酸

油の二重結合のいくつかまたはすべては，接触水素化によって還元できる．たとえば，マーガリンやショートニングは，大豆油や菜種油などの植物油を，バターのような滑らかでむらのない粘度をもつまで還元して得られる．

　天然の脂肪や油に見られる二重結合はすべてシス配置である．しかし，水素化反応の工程で用いられる触媒は，シス-トランス異性化も促進し，トランス脂肪として知られているものを生成する（4.1節参照）．

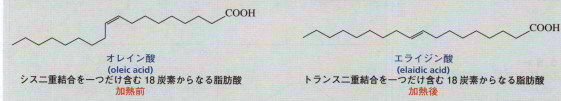

オレイン酸
(oleic acid)
シス二重結合を一つだけ含む18炭素からなる脂肪酸
加熱前

エライジン酸
(elaidic acid)
トランス二重結合を一つだけ含む18炭素からなる脂肪酸
加熱後

トランス脂肪はLDL，いわゆる"悪玉"コレステロールを増やすので，健康に対する影響を考えなければならない（3.14節参照）．トランス脂肪の日常摂取量の増加が循環器疾患の発症率を有意に高めることを疫学的研究が示している．

5.7　速度論：生成物が生じる速さはどのくらいか？

　ある反応が発エルゴン的であるということがわかっても，その反応がどのくらい速く起こるかという反応速度に関しては何もわからない．なぜならば，$\Delta G°$は，反応物の安定性と生成物の安定性の差を示しているだけで，反応物が生成物に変換されるために登らなければならないエネルギーの"山"である反応のエネルギー障壁については，何も示していないからである．**速度論**(kinetics)は化学反応の速度とこれらの速度に影響する要因について研究する化学の領域である．

　反応のエネルギー障壁（図5.5において$\Delta G^{\ddagger}$で示されている）は，**活性化自由エネルギー**(free energy of activation)と呼ばれる．それは遷移状態の自由エネルギーと反応物の自由エネルギーの差である．

$$\Delta G^{\ddagger} = 遷移状態の自由エネルギー - 反応物の自由エネルギー$$

$\Delta G^{\ddagger}$が低下すると反応速度は大きくなる．ということは，反応物を不安定化させたり，遷移状態を安定化させたりするなんらかの要因によって，反応はより速く進むようになる．

　反応がどれくらい容易に遷移状態に到達するかが，**速度定数**(rate constant)によって示される．速い反応は大きな速度定数をもち，遅い反応は小さな速度定数をもつ．

　発エルゴン反応のいくつかは，活性化自由エネルギーが小さくて（大きな速度定数），反応は室温で起こりうる（図5.5a）．対照的に，ほかの発エルゴン反応のいくつかは，活性化自由エネルギーが大きく，室温条件下でもたらされるエネルギーに加えてエネルギーを与えないと反応が起こらない（図5.5b）．吸エルゴン反応にも，図5.5cにあるように活性化自由エネルギーが小さい（大きな速度定数）場合と，図5.5dにあるように活性化自由エネルギーが大きい（小さな速度定数）場合がある．

エネルギー障壁が高くなるほど反応は遅くなる．

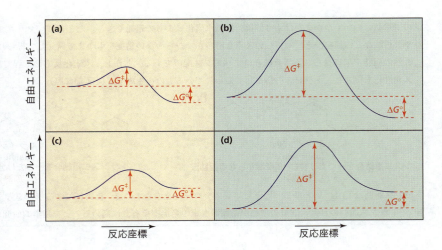

図 5.5 ▶
反応座標図（同じ尺度で示されている）．
(a) 速い発エルゴン反応，
(b) 遅い発エルゴン反応，
(c) 速い吸エルゴン反応，
(d) 遅い吸エルゴン反応．

ここで熱力学的安定性と速度論的安定性の違いについて見てみよう．

安定な化学種ほどそのエネルギーは低い．

熱力学的安定性（thermodynamic stability）は $\Delta G°$ で示される．たとえば，$\Delta G°$ が負ならば生成物は反応物よりも熱力学的に安定であり，$\Delta G°$ が正ならば生成物は反応物よりも熱力学的に不安定である．

速度論的安定性（kinetic stability）は $\Delta G^{\ddagger}$ で示される．たとえば，$\Delta G^{\ddagger}$ が大きい場合は，反応速度は遅く，反応物は速度論的に安定である．$\Delta G^{\ddagger}$ が小さい場合は，その反応速度は速く，反応物は速度論的に不安定である．同様に，逆反応の $\Delta G^{\ddagger}$ が大きい場合は，生成物は速度論的に安定であるが，それが小さい場合は，生成物は速度論的に不安定である．

なお，化学者が安定性という用語を使用するときは，一般に熱力学的安定性を指している．

問題 14◆
反応の速度定数は，反応物の安定性が_____ほど，あるいは遷移状態の安定性が_____ほど，大きい．

問題 15◆
a. 図 5.5 の反応のうち，どの反応が反応物に比べて熱力学的に安定な生成物を生じるか．
b. 図 5.5 の反応のうち，どの反応が速度論的に最も安定な生成物を生じるか．
c. 図 5.5 の反応のうち，どの反応が速度論的に最も不安定な生成物を生じるか．

問題 16
次のような生成物を生じる反応の反応座標図を書け．
a. 生成物は熱力学的に不安定で，速度論的にも不安定．
b. 生成物は熱力学的に不安定だが，速度論的には安定．

5.8 化学反応の速度

化学反応の速度は，反応している基質が消費される速さ，あるいは生成物が生成する速さのことで，以下の要因に依存している．

1. **一定時間内に反応する分子どうしで起こる衝突回数．** 衝突回数が増加すると反応速度は大きくなる．
2. **反応する分子どうしがエネルギー障壁を越えるのに十分なエネルギーをもって衝突する割合．** 活性化自由エネルギーが大きい場合と比べて，活性化自由エネルギーが小さい場合は，反応を起こす衝突の割合が増す．
3. **適切な配向で起こる衝突の割合．** 2-ブテンとHBrの反応では，HBrの水素が2-ブテンのπ結合に接近する向きで衝突する場合にのみ反応が起こる．逆に，水素が2-ブテンのメチル基に接近する形で衝突した場合は，衝突のエネルギーの大小にかかわらず反応は起こらない．

$$\text{反応速度} = \begin{pmatrix} \text{単位時間あたりの} \\ \text{衝突回数} \end{pmatrix} \times \begin{pmatrix} \text{十分なエネルギーを} \\ \text{もって衝突する割合} \end{pmatrix} \times \begin{pmatrix} \text{適切な配向で} \\ \text{衝突する割合} \end{pmatrix}$$

- 反応物の濃度を増大させると，一定時間内の衝突回数も増えるので反応速度は大きくなる．
- 反応温度を上げると，分子の運動エネルギーが大きくなり，衝突頻度が増大する（分子運動が速くなりそれによって衝突が頻繁になる）とともに，反応する分子がエネルギー障壁を越えるのに十分なエネルギーをもつ衝突回数も増大し，反応速度が大きくなる．
- 反応速度は触媒によっても大きくなる（5.10節）．

5.9 HBrと2-ブテンとの反応の反応座標図

HBrの2-ブテンへの付加は二段階反応であることを学んだ（5.3節）．各段階において，反応物が生成物へと変わるときに遷移状態を経る．各段階の遷移状態の構造を次式の[ ]内に示した．

$$CH_3CH=CHCH_3 + HBr \longrightarrow \left[\begin{array}{c} {}^{\delta+}CH_3CH{=}{=}CHCH_3 \\ \vdots \\ H \\ \vdots \\ {}^{\delta-}Br \end{array} \right]^{\ddagger} \longrightarrow CH_3\overset{+}{C}HCH_2CH_3 + Br^-$$

‡ は遷移状態であることを示す記号
部分的に生成した結合
部分的に切断された結合
遷移状態

$$CH_3\overset{+}{C}HCH_2CH_3 + Br^- \longrightarrow \left[\begin{array}{c} {}^{\delta+}CH_3CHCH_2CH_3 \\ \vdots \\ {}^{\delta-}Br \end{array} \right]^{\ddagger} \longrightarrow CH_3CHCH_2CH_3 \\ | \\ Br$$

遷移状態

反応中に切断される結合や生成する結合は，遷移状態において破線で示されており，部分的に切断され，また部分的に生成している．反応中に帯電したり，電荷が消失したりする原子には，遷移状態において部分的に帯電している．〔遷移状態は常に［　］に上付き添字のダブルダガー(‡)で示す．〕

反応座標図(5.3節)は反応の各段階に対して書くことができる(図5.6)．付加反応の一段階目で，アルケンは反応物より高いエネルギーをもつ(より不安定な)カルボカチオンに変換される．したがって，一段階目は吸エルゴン的($\Delta G°$は>0)である．二段階目では，カルボカチオンは求核剤と反応して，反応物であるカルボカチオンよりも低いエネルギー(より安定な)生成物を生じる．したがって，この段階は発エルゴン的($\Delta G°$は<0)である．

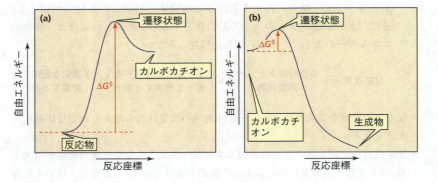

図 5.6 ▶
HBrが2-ブテンに付加する二段階の反応の反応座標図．
(a) 一段階目(カルボカチオンの生成)．
(b) 二段階目(ハロゲン化アルキルの生成)．

一段階目の生成物は二段階目の反応の反応物であるから，二つの反応座標図をつなぎ合わせて反応全体の経路を示す反応座標図にすることができる(図5.7)．全反応における$\Delta G°$は，最終生成物の自由エネルギーと最初の反応物の自由エネルギーの差である．図5.7は，全体の反応が発エルゴン的($\Delta G°$が負)であることを示している．

ある反応の一段階目の生成物で，それが次の段階の反応物となる化学種を**中間体**(intermediate)と呼ぶ．この反応で生成したカルボカチオン中間体は単離するにはあまりにも不安定であるが，いくつかの反応では単離するのに十分安定な中間体が生じる場合もある．対照的に，**遷移状態**(transition state)は，反応中で最もエネルギーが高い構造である．それは一瞬存在するだけで，決して単離することはできない(図5.7)．

中間体と遷移状態とを混同してはいけない．中間体は通常の結合のみで構成されているが，遷移状態は部分的に形成された結合を含んでいる．

図5.7は，反応の一段階目の活性化自由エネルギーのほうが二段階目の活性化自由エネルギーよりも大きいことを示している．いいかえれば，一段階目の反応の速度定数は二段階目の速度定数よりも小さい．これは，二段階目では結合は一つも切断されていないのに対し，一段階目では共有結合が切断されなければならないので，これは容易に推測できることである．

ある反応が二つあるいはそれ以上の段階を含んでいるならば，反応座標図で最高点にある遷移状態をもつ反応段階が**律速段階**(rate-determining step または rate-limiting step)と呼ばれる．律速段階は反応全体の速度を制御する．したがって，

5.9 HBrと2-ブテンとの反応の反応座標図

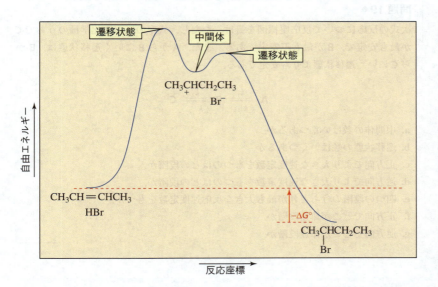

◀ 図 5.7
HBr が 2-ブテンに付加して 2-ブロモブタンを生成する反応の反応座標図.

2-ブテンと HBr との反応の律速段階は一段階目で，求電子剤（プロトン）がアルケンへ付加してカルボカチオンを生成するところである．

反応座標図は，与えられた反応がある生成物を与え，ほかのものを生じないのはなぜかを説明するのに用いることができる．その最初の例は 6.2 節で見ることにする．

問題 17
一段階目が吸エルゴン的で，二段階目が発エルゴン的，そして反応全体としては吸エルゴン的な二段階反応の反応座標図を書け．また，図中に，反応物，生成物，中間体，および遷移状態がどこか明記せよ．

問題 18 ◆
a. 次の反応座標図において，どの段階が正方向における最大の活性化自由エネルギーをもつか．

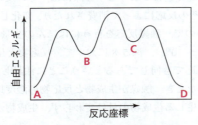

b. はじめに生じた中間体は，反応物に逆戻りしやすいか，それとも生成物のほうに進みやすいか．
c. この反応経路の律速段階はどの段階か．

問題 19◆

次式の反応について反応座標図を書け．ただし，式中の三つの化学種のうちで **C** が最も安定で，**B** が最も不安定である．また，**A** から **B** にいく遷移状態は，**B** から **C** にいく遷移状態よりも安定である．

$$A \underset{k_{-1}}{\overset{k_1}{\rightleftharpoons}} B \underset{k_{-2}}{\overset{k_2}{\rightleftharpoons}} C$$

a. 中間体の数はいくつあるか．
b. 遷移状態の数はいくつあるか．
c. 正方向でより大きな速度定数をもつのはどの段階か．
d. 逆方向でより大きな速度定数をもつのはどの段階か．
e. 四つの段階のうちどれが最も大きな反応速度定数をもつか．
f. 正方向でどこが律速段階か．
g. 逆方向でどこが律速段階か．

5.10 触媒作用

触媒（catalyst）は，反応物が進むべき新しい反応経路，つまりより小さな $\Delta G^{\ddagger}$ をもつ反応経路を提供することにより反応速度を増大する．いいかえると，触媒は反応物を生成物へ変換する過程で越えなければならないエネルギー障壁を低くする（図 5.8）．

▲ **図 5.8**
触媒はよりエネルギー障壁の低い経路を提供するが，出発点（反応物）あるいは終点（生成物）のエネルギーを変えることはない．

> 触媒は，より低い"エネルギーの山"をもつ新しい経路を提供する．

触媒がある反応を速く進ませようとする際には，その反応にかかわらなければならないが，触媒がその反応によって消費されたり，変化したりすることはない．触媒は消費されないので，触媒反応を行うにはほんの少量あればよい（通常，反応物とのモル比で 1～10%）．図 5.8 において，反応物と生成物の安定性は，触媒反応でも非触媒反応でも同じであるということに注目しよう．いいかえると，その系が平衡に達したとき，触媒が生成物と反応物の濃度比を変化させることはない．したがって，生じる生成物の<u>量</u>は変わらず，生成物が生じる<u>速度</u>のみが変わる．

> 触媒は生じる生成物の量を変えることはない；触媒は生成物が生じる速度のみを変える．

最も一般的な触媒は酸，塩基，および求核剤である．酸は反応物にプロトンを供与することにより反応を触媒する．塩基は反応物からプロトンを取り去ることによって反応を触媒し，求核剤は反応物と新しい共有結合を形成することによって反応を触媒する．あとの章では多くの触媒反応の例を見る．

問題 20 ◆
触媒存在下で行われる反応は，触媒なしで行われる同じ反応と比較して次のどのパラメーターが異なるか.

$$\Delta G°, \Delta H°, K_{eq}, \Delta G^{\ddagger}, \Delta S°$$

5.11 酵素による触媒作用

生体系で起こるすべての反応は本質的に有機化合物の反応である．これらの反応はたいてい触媒を必要とする．ほとんどの生物学的触媒は**酵素**(enzyme)と呼ばれるタンパク質である．各生体反応は異なる酵素によって触媒作用を受ける．

酵素-触媒反応の反応物は**基質**(substrate)と呼ばれる．酵素は**活性部位**(active site)と呼ばれるポケットで基質と結合する．反応のすべての結合生成および結合開裂の段階は，基質が活性部位にくっついているあいだに起こる．

非生物系の触媒と異なり，酵素は反応を触媒する基質に対して特異的である．しかし，すべての酵素が同程度の特異性をもつわけではない．いくつかは唯一の化合物に対して特異的であり，構造のわずかな変化も許容しないが，いくつかはよく似た構造をもつ化合物群の反応を触媒する．酵素の基質に対する特異性は，分子間に働く相互作用によって分子がほかの分子を認識する能力である**分子認識**(molecular recognition)という現象の一例である．

酵素のその基質に対する特異性は，活性部位に存在する特定のアミノ酸側鎖に起因する(17.1 節参照)．その側鎖は，水素結合，van der Waals 力，および双極子-双極子相互作用，つまり分子が互いに保持し合うのと同じ分子間相互作用を使って基質を活性部位に結び付ける(3.7 節参照)．酵素と基質間の相互作用に関するより深い議論は 18 章を参照されたい．

細胞壁は，何千という六員環分子が酸素原子で架橋されたもので構成されている．リゾチームは，その六員環をつなぐ結合を切断することによって細菌の細胞壁を破壊する酵素である．図 5.9 は，リゾチームの活性部位の一部と，活性部位において正確な位置で基質(細胞壁)と結合する側鎖のいくつかを示している．

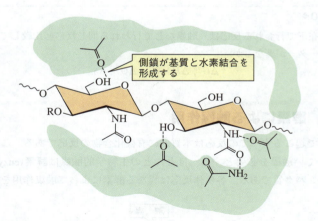

図 5.9 ▶
酵素の活性部位にある側鎖は基質を反応に適切な位置にとらえる.

活性部位に基質を結合する側鎖に加えて，反応を触媒的に進める役割をもつ側鎖も活性部位に存在する．これらの側鎖は酸，塩基，または求核剤，つまり，非生体反応を触媒する化学種(5.10節)と変わらない．たとえば，リゾチームは酸触媒と求核的触媒という二つの触媒作用部位をその活性部位にもつ(図5.10)．これらの基が細胞壁の切断をどのようにして触媒的に行うのかということについては，そこに含まれる反応の種類をさらに学んだあと，18.2節で説明する．

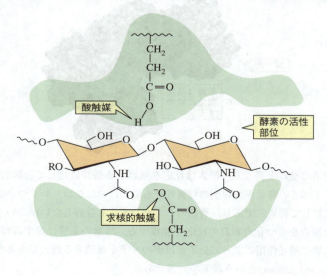

図 5.10 ▶
リゾチームの活性部位にある二つの側鎖は，六員環をつないでいる結合を切る反応の触媒である.

覚えておくべき重要事項

- アルケンは二重結合を含む炭化水素である．アルケンの水素数は，その炭素数に対する最大の水素数より少ないので，**不飽和炭化水素**と呼ばれている．
- 二重結合は，アルケンの**官能基**であり反応性の中心である．
- アルケンの**官能基を表す接尾語**は"ene"である．
- 官能基を表す接尾語と置換基の両方がある場合，官能基を表す接尾語に可能な最小の数字をつける．
- ある特定の**官能基**をもった化合物はすべて同じ方法で反応する．
- アルケンは，π結合の上下に拡がっている電子雲のために，**求核剤**である．
- 求核剤は，**求電子剤**と呼ばれる電子不足の化学種に引きつけられる．
- アルケンは**求電子付加反応**を受ける．
- **反応機構**は反応物が生成物に変化する段階的な反応経路を記述する．
- **曲がった矢印**は，反応でどの結合が形成され，どの結合が切断されるかを示す．
- **反応座標図**は，反応中に起こるエネルギー変化を示す．
- **熱力学**は平衡状態における反応を記述し，**速度論**はその反応がどれくらい速く進行するかを記述する．
- ある化学種が安定であればあるほど，そのエネルギーはより低い．
- 反応物が生成物に変換されるとき，最大エネルギーの**遷移状態**を経て反応は進む．
- **中間体**は，ある反応のある段階の生成物であり，それに続く次の段階の反応物でもある．
- 遷移状態には部分的に形成された結合があるが，中間体は通常の結合により構成されている．
- **律速段階**の遷移状態は，反応座標図において最も高い点である．
- 平衡定数 K_{eq} は平衡における反応物と生成物の相対濃度を与える．
- 反応物に対して生成物が安定であればあるほど，平衡におけるその濃度は高く，K_{eq} は大きい．
- **Le Châtelier の原理**は，平衡が乱されると，その系はその乱れを打ち消すように動くと説明している．
- 生成物が反応物より安定な場合，$K_{eq} > 1$ で，$\Delta G°$ は負となり，反応は**発エルゴン的**である．
- 反応物が生成物より安定な場合，$K_{eq} < 1$ で，$\Delta G°$ は正となり，反応は**吸エルゴン的**である．
- $\Delta G°$ は Gibbs の自由エネルギー変化であり，次式で表される．
  $\Delta G° = \Delta H° - T\Delta S°$．
- $\Delta H°$ は**エンタルピー**変化であり，結合の生成や切断の結果，放出あるいは消費される熱である．
- $\Delta S°$ は**エントロピー**という系の乱雑さの尺度である．
- 強い結合とより大きな乱雑さをもつ生成物の形成は，$\Delta G°$ を負にする．
- $\Delta G°$ と K_{eq} は $\Delta G° = -RT \ln K_{eq}$ で関連づけられる．
- **接触水素化**はアルケンをアルカンに還元する．
- **水素化熱**は水素化反応で放出される熱であり，それはその $\Delta H°$ 値から負の符号を除いたものである．
- 最も安定なアルケンは最小の水素化熱をもつ．
- アルケンは，その sp^2 炭素に結合したアルキル置換基数が増えるほど，安定である．
- 立体的ひずみの違いにより，*trans*-アルケンは *cis*-アルケンより安定である．
- **活性化自由エネルギー** $\Delta G^{\ddagger}$ は反応のエネルギー障壁であり，反応物の自由エネルギーと遷移状態の自由エネルギーの差である．
- $\Delta G^{\ddagger}$ が小さくなると反応速度は大きくなる．
- 反応物をより安定にするか，遷移状態をより不安定にするようなものは，反応の速度定数を小さくする．
- **速度論的安定性**は $\Delta G^{\ddagger}$ で与えられ，**熱力学的安定性**は $\Delta G°$ で与えられる．
- ある反応の**速度**は，反応物の濃度，温度，そして反応の速度定数に依存する．
- **触媒**は，反応物が生成物に変換される過程で越えなければならないエネルギー障壁を低くする．
- 触媒は，その反応によって消費されず，変化もしない．
- 触媒は，生じる生成物の量を変えることはなく，生成物が形成される速度のみを変える．
- ほとんどの生物学的触媒は，**酵素**と呼ばれるタンパク質である．
- **分子認識**とは，一つの分子がほかの分子を認識する能力である．

章末問題

21. 次のそれぞれの化合物の体系的名称は何か.

22. 次の条件を満足する6炭素の炭化水素を構造式で示せ.
   a. 三つのビニル水素と二つのアリル位水素をもっている.
   b. 三つのビニル水素と一つのアリル位水素をもっている.
   c. 三つのビニル水素をもっているがアリル位水素はない.

23. 次の化合物のうちでどれが最も安定か.また,どれが最も不安定か.
   　　　　　3,4-ジメチル-2-ヘキセン　　　2,3-ジメチル-2-ヘキセン　　　4,5-ジメチル-2-ヘキセン

24. 次のそれぞれの化合物の構造式を書け.
   a. (Z)-1,3,5-トリブロモ-2-ペンテン　　　**b.** (Z)-3-メチル-2-ヘプテン
   c. (E)-1,2-ジブロモ-3-イソプロピル-2-ヘキセン　　　**d.** 臭化ビニル
   e. 1,2-ジメチルシクロペンテン　　　**f.** ジアリルアミン

25. 問題24の化合物の骨格構造を書け.

26. a. C_6H_{12} の分子式をもつすべてのアルケンの簡略構造を書き,体系的名称をつけよ.ただし,立体異性体は考慮しなくてよい.(ヒント:全部で13である.)
   b. そのうち,E, Z 異性体が存在するアルケンはどれか.
   c. どのアルケンが最も安定か.

27. 次の反応物から生成物を生じる反応における電子の動きを,曲がった矢印を使って示せ.

$$H-\ddot{O}:^- + H-\underset{\underset{Br}{|}}{\overset{\overset{H}{|}}{C}}-\underset{\underset{H}{|}}{\overset{\overset{H}{|}}{C}}-H \longrightarrow H_2O + \underset{\underset{H}{|}}{\overset{\overset{H}{|}}{C}}=\underset{\underset{H}{|}}{\overset{\overset{H}{|}}{C}} + Br^-$$

28. 次の化合物を命名せよ.

 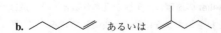

29. 次の各組の化合物のうちで,どちらがより安定か.
   a. CH₃C(CH₃)=CHCH₂CH₃　あるいは　CH₃CH=CHCH(CH₃)CH₃
   b. （直鎖の2-ヘキセン）あるいは（2-メチル-1-ペンテン）

c. 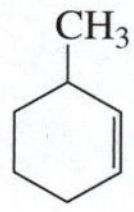 [構造式] あるいは [構造式]

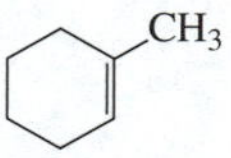

30. 次の曲がった赤い矢印に従って，次の各反応段階の生成物を書け．各反応について，どの反応物が求電子剤で，どれが求核剤か示せ．

   a. 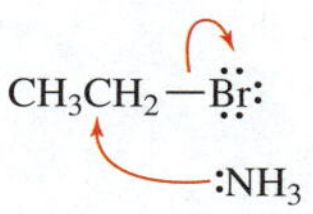 $CH_3CH_2—\ddot{B}r:$ b. アセトン + $H\ddot{O}:^-$ c. 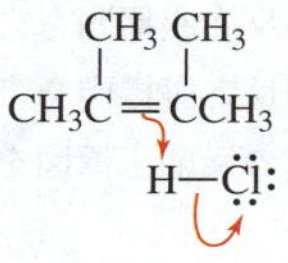 $(CH_3)_2C=C(CH_3)_2$ + $H—\ddot{C}l:$
        $:NH_3$

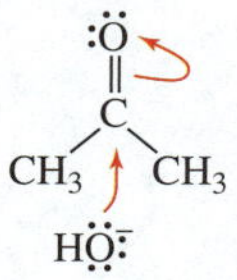

31. 次の名称のなかで正しいものはいくつあるか．また，誤っている化合物名を訂正せよ．
   a. 3-ペンテン   b. 2-オクテン   c. 2-ビニルペンタン
   d. 1-エチル-1-ペンテン   e. 5-エチルシクロヘキセン   f. 5-クロロ-3-ヘキセン
   g. 2-エチル-2-ブテン   h. (E)-2-メチル-1-ヘキセン   i. 2-メチルシクロペンテン

32. 一段階目の生成物が反応物より不安定で，二段階目の反応物が生成物より不安定で，最終生成物が最初の反応物よりも不安定で，二段階目が律速段階である二段階反応について，その反応座標図を書け．また，図中に，反応物，生成物，中間体，および遷移状態がどこか記せ．

33. 曲がった矢印を使って，次の反応の反応機構を示せ．

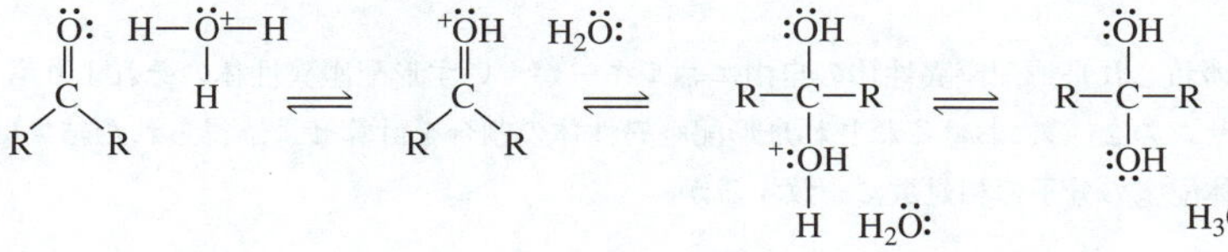

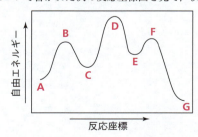

34. a. H_2，Pd/C の存在下で反応させてメチルシクロペンタンを生じるモノアルケンはいくつあるか．
    b. どのアルケンが最も安定か．
    c. 最も小さな水素化熱をもつアルケンはどれか．

35. A から G を生成する反応について書かれた次の反応座標図を見て，次の質問に答えよ．

[反応座標図: 縦軸 自由エネルギー，横軸 反応座標．A→B→C→D→E→F→G の順でピークと谷]

   a. この反応中に生成する中間体はいくつあるか．   b. どの文字が遷移状態を表しているか．
   c. この反応で最も速い段階はどこか．   d. A と G ではどちらがより安定か．
   e. C から A または E の生成は速いか．   f. 律速段階の反応物はどれか．

g. 一段階目の反応は発エルゴン的か，それとも吸エルゴン的か．
h. 反応全体としては発エルゴン的か，それとも吸エルゴン的か．
i. より安定な中間体はどれか．
j. 正方向で最も大きな速度定数をもつ段階はどれか．
k. 逆方向で最も小さな速度定数をもつ段階はどれか．

36. a. 非常に遅く，少し発エルゴン的な反応の反応座標図を書け．
b. 非常に速く，少し吸エルゴン的な反応の反応座標図を書け．
c. 非常に遅く，少し吸エルゴン的な反応の反応座標図を書け．
d. 非常に速く，非常に発エルゴン的な反応の反応座標図を書け．

37. 次のそれぞれの化合物を命名せよ．

a. 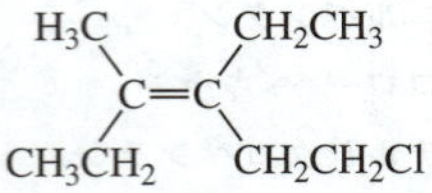 (H₃C)(CH₃CH₂)C=C(CH₂CH₃)(CH₂CH₂Cl)
b. 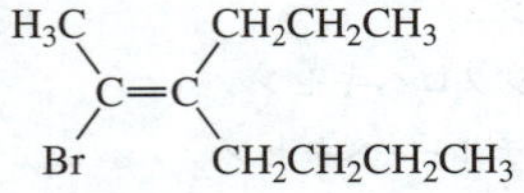 (H₃C)(Br)C=C(CH₂CH₂CH₃)(CH₂CH₂CH₃)
c. (BrCH₂CH₂)(Br)C=C(CH₃)(CH₂CH(CH₃)₂)

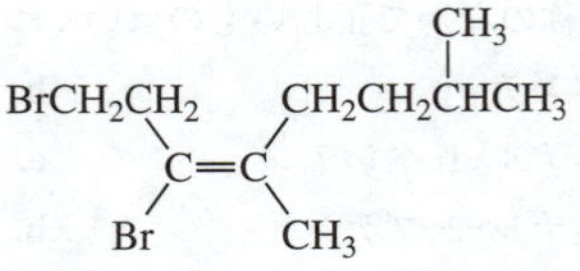

38. a. 次の反応のどちらがより大きな $\Delta S°$ 値をもつことになるか．
b. その $\Delta S°$ 値は正または負のどちらになるか．

A: シクロヘキシル-Br + HO⁻ ⟶ シクロヘキシル-OH + Br⁻
B: シクロヘキシル-Br + HO⁻ ⟶ シクロヘキセン + H₂O + Br⁻

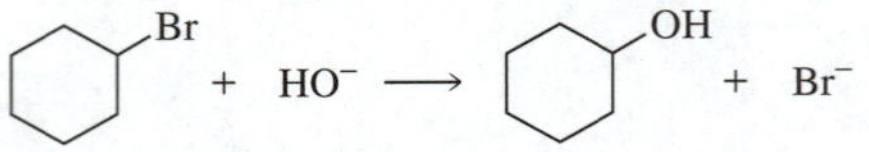

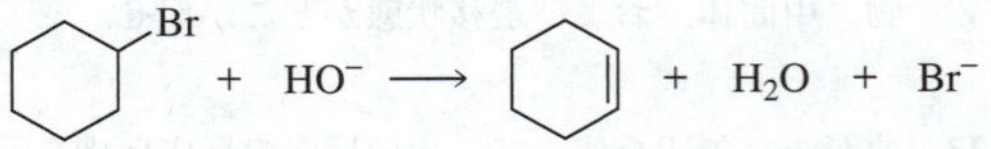

39. シクロヘキサンのねじれ舟形配座異性体の自由エネルギーが，いす形配座異性体のそれよりも 5.3 kcal mol⁻¹ 高いとき，シクロヘキサンの 25 ℃ におけるねじれ舟形配座異性体の割合を計算せよ．得られた結果は，3.12 節で示したこれらの二つの立体配座の分子の相対数に一致するか．

40. a. "アキシアル"フルオロシクロヘキサンの"エクアトリアル"フルオロシクロヘキサンへの 25 ℃ における $\Delta G°$ 値は -0.25 kcal mol⁻¹ である．平衡状態でフルオロ置換基がエクアトリアル位にあるフルオロシクロヘキサンの百分率を計算せよ．
b. 同様の計算をイソプロピルシクロヘキサン（その $\Delta G°$ 値は 25 ℃ において -2.1 kcal mol⁻¹ である）に対して行え．
c. イソプロピルシクロヘキサンのほうがエクアトリアル位に置換基がある分子の割合が大きいのはなぜか．

TUTORIAL

曲がった矢印を書く演習：
電子を押し動かすこと

　これは 180 ～ 181 ページで学んだ曲がった矢印の書き方についての追加演習である．これらの問題に取り組むには少し時間を必要とするであろう．しかし，曲がった矢印は本書の至るところで使われており，この表記法に慣れることは重要なので，その時間はきっと有益なものになるだろう．（この演習で示されているいくつかの反応段階に数週間，あるいは数カ月間出合わないとしても，なぜ化学変化が起こるのかということについて悩まなくなる．）

　化学者は，共有結合が切れたり，新しい共有結合が生じたりするときに，電子がどのように動くかということを示すために曲がった矢印を使う．矢印の尾は反応物中の電子が存在するところに位置し，矢印の先端（頭）はその同じ電子が生成物中で行き着く先を指す．

　次に示す反応段階では，臭素とシクロヘキサン環の炭素との間の結合が切れて，その結合の電子が生成物中の臭素に行き着く．したがって，**反応物中で炭素と臭素が共有していた電子のところから矢印は始まり**，生成物中の臭素は 2 個の電子が行き着く先なので**矢印の先は臭素を指す**．

$$\bigcirc\!-\!\ddot{B}\ddot{r}: \longrightarrow \bigcirc^+ \; + \; :\ddot{B}\ddot{r}:^-$$

　この生成物中のシクロヘキサン環の炭素に正電荷があることに注意しよう．これは，その炭素が臭素と共有していた 2 個の電子を失ったからである．生成物中の臭素は，反応物において炭素と共有していた電子を獲得するので，負電荷をもつ．この例では，2 個の電子が動くことが両矢印（矢尻の二つのかかりをもつ矢印）によって示されている．

　矢印は，<u>常に結合あるいは孤立電子対から始まる</u>ことに注意しよう．負電荷からは始まらない．（そして矢印は電子対から始まるので，決して正電荷からは始まらない！）

$$CH_3\overset{+}{C}HCH_3 \; + \; :\ddot{C}\ddot{l}:^- \longrightarrow CH_3CHCH_3 \\ | \\ :\ddot{C}\ddot{l}:$$

　次に示す反応段階では，水の酸素とほかの反応物の炭素との間で結合が形成される．矢印は酸素の孤立電子対の一つから始まり，生成物において電子を共有する原子（炭素）に向かう．反応物中で酸素自身がもっていた電子はこの段階で炭素と共有されるので，生成物中の酸素は正電荷をもつようになる．反応物中の正電荷をもつ炭素は，共有する電子対を得たので生成物中では電荷をもたない．

$$CH_3\overset{+}{C}HCH_3 \; + \; H_2\ddot{O}: \longrightarrow CH_3CHCH_3 \\ \overset{+}{|} \\ :\ddot{O}H \\ H$$

問題 1 次の反応段階について電子の移動を曲がった矢印で書け．（すべての問題の答えは問題 10 のあとに示されている．）

a. $CH_3CH_2\underset{CH_3}{\overset{CH_3}{C}}-\ddot{B}\ddot{r}: \longrightarrow CH_3CH_2\underset{CH_3}{\overset{CH_3}{C^+}} + :\ddot{\underset{..}{B}r}:^-$

b. 〈cyclopentyl〉–$\ddot{C}\ddot{l}: \longrightarrow$ 〈cyclopentyl〉$^+$ + $:\ddot{\underset{..}{C}l}:^-$

c. 〈cyclohexyl〉–$\overset{+}{\underset{H}{\ddot{O}H}} \longrightarrow$ 〈cyclohexyl〉$^+$ + $H_2\ddot{O}:$

d. $CH_3CH_2\overset{+}{C}HCH_3 + :\ddot{\underset{..}{B}r}:^- \longrightarrow CH_3CH_2\underset{\underset{\ddot{\underset{..}{B}r}:}{|}}{C}HCH_3$

化学者は孤立電子対を示さないで反応を書くことが多い．問題 2 は問題 1 でついいましがた見てきたものと同じ反応段階を示しているが，孤立電子対は示されていない．

問題 2 次の反応段階について電子の移動を曲がった矢印で書け．

a. $CH_3CH_2\underset{CH_3}{\overset{CH_3}{C}}-Br \longrightarrow CH_3CH_2\underset{CH_3}{\overset{CH_3}{C^+}} + Br^-$

b. 〈cyclopentyl〉–Cl $\longrightarrow$ 〈cyclopentyl〉$^+$ + Cl^-

c. 〈cyclohexyl〉–$\overset{+}{\underset{H}{O}H} \longrightarrow$ 〈cyclohexyl〉$^+$ + H_2O

曲がった矢印は，結合または孤立電子対からのみ始められるので，設問 d では反応物の Br^- 上に孤立電子対が示されるべきである．生成物中の Br 上の孤立電子対については示されなくてもよい．孤立電子対が示されることは決して悪いことではないが，示されなければいけないときは孤立電子対から曲がった矢印が始まろうとするときのみである．

d. $CH_3CH_2\overset{+}{C}HCH_3 + :\ddot{\underset{..}{B}r}:^- \longrightarrow CH_3CH_2\underset{\underset{Br}{|}}{C}HCH_3$

多くの反応段階は結合切断と結合形成を含む．次の例では，一つの結合が切れて一つの結合が生じる．いいかえれば，切断される結合の電子と形成される結合の電子は同じである．したがって，ただ 1 本の矢印が，電子がどのように移動するかを示すのに必要とされる．前の例に見られるように，矢印は反応物中，電子のあるところで始まり，矢印の先はその同じ電子が生成物中に行き着くところを指す．共有していた電子対を失う原子は最後には正電荷をもつことに注意しよう．

$$\text{CH}_2\text{—}\overset{+}{\text{C}}\text{HCH}_3 \longrightarrow \text{CH}_2\text{=CHCH}_3 + \text{H}^+$$
$$\phantom{\text{CH}_2\text{—}}|$$
$$\phantom{\text{CH}_2\text{—}}\text{H}$$

切断される結合の電子は，形成される結合の電子と異なることが多々ある．このようなときに電子移動を示すためには2本の矢印が必要である．一つは形成される結合を示し，一つは切断される結合を示す．次のそれぞれの例について，どのように電子が移動するかを説明している矢印をよく見てみよう．電子の移動がどのように生成物の構造と生成物の電荷を決めさせるかということに注目しよう．

$$\text{CH}_3\text{—}\underset{\underset{\text{CH}_3}{|}}{\overset{\overset{:\ddot{\text{O}}\text{H}}{|}}{\text{C}}}\text{—Cl} \longrightarrow \text{CH}_3\text{—}\overset{\overset{+}{\text{O}}\text{H}}{\underset{}{\text{C}}}\text{—CH}_3 + \text{Cl}^-$$

$$\text{CH}_3\text{CH}_2\text{—}\overset{+}{\underset{|}{\text{O}}}\text{H} + \text{H}_2\ddot{\text{O}}: \longrightarrow \text{CH}_3\text{CH}_2\text{—OH} + \text{H}_3\overset{+}{\ddot{\text{O}}}:$$
$$\phantom{\text{CH}_3\text{CH}_2\text{—O}}\text{H}$$

$$:\ddot{\text{Br}}^- + \text{CH}_3\text{—}\underset{\overset{+}{|}}{\overset{\text{H}}{\text{O}}}\text{H} \longrightarrow \text{CH}_3\text{—}\ddot{\text{Br}}: + \text{H}_2\text{O}$$

$$\text{CH}_3\text{—}\underset{\underset{\text{H}}{\overset{+}{\underset{|}{\text{O}}}\text{H}}}{\overset{\overset{\text{OH}}{|}}{\text{C}}}\text{—CH}_3 + \text{H}_2\ddot{\text{O}}: \longrightarrow \text{CH}_3\text{—}\underset{\overset{|}{\text{OH}}}{\overset{\overset{\text{OH}}{|}}{\text{C}}}\text{—CH}_3 + \text{H}_3\overset{+}{\text{O}}:$$

$$\text{H}\ddot{\text{O}}:^- + \text{CH}_3\text{CH}_2\text{—Br} \longrightarrow \text{CH}_3\text{CH}_2\text{—}\ddot{\text{O}}\text{H} + \text{Br}^-$$

$$\text{CH}_3\text{—}\underset{}{\overset{\overset{+\text{OH}}{\|}}{\text{C}}}\text{—CH}_3 + \text{H}_2\ddot{\text{O}}: \longrightarrow \text{CH}_3\text{—}\underset{\underset{\text{H}}{\overset{|}{\ddot{\text{O}}}}}{\overset{\overset{\text{OH}}{|}}{\text{C}}}\text{—CH}_3$$

次の反応では，二つの結合が切れて，一つの結合が形成される．つまり，電子移動を示すために2本の矢印を必要とする．

$$\text{CH}_3\text{CH}=\text{CH}_2 + \text{H—Br} \longrightarrow \text{CH}_3\overset{+}{\text{C}}\text{HCH}_3 + \text{Br}^-$$

次の反応では，二つの結合が切れて，二つの結合が形成される．つまり，電子移動を示すために3本の矢印を必要とする．

$$\text{[cyclohexane with H and Br]} + \text{H}_2\ddot{\text{O}}: \longrightarrow \text{[cyclohexene]} + \text{Br}^- + \text{H}_3\overset{+}{\text{O}}:$$

問題3 次の生成物を生じる際の電子移動を曲がった矢印で書け．（ヒント：生成物の構造をよく見て，目的の生成物の構造に到達するにはどの結合が形成され，どの結合が切断される必要があるかを理解しよう．）

a. $\text{CH}_3\text{-}\overset{\text{H}}{\underset{\text{CH}_3}{\text{C}}}\text{-}\overset{+}{\text{O}}\text{H} \longrightarrow \text{CH}_3\text{-}\overset{+\ddot{\text{O}}\text{H}}{\overset{\|}{\text{C}}}\text{-}\text{CH}_3 + \text{H}_2\text{O}$

b. $\text{CH}_3\text{CH}_2\text{CH}=\text{CH}_2 + \text{H}\text{-}\text{Cl} \longrightarrow \text{CH}_3\text{CH}_2\overset{+}{\text{CH}}\text{-}\text{CH}_3 + \text{Cl}^-$

c. $\text{CH}_3\text{CH}_2\text{-}\text{Br} + :\text{NH}_3 \longrightarrow \text{CH}_3\text{CH}_2\text{-}\overset{+}{\text{N}}\text{H}_3 + \text{Br}^-$

問題4 次の生成物を生じる際の電子移動を曲がった矢印で書け．

a. $\text{CH}_3\text{CH}=\text{CHCH}_3 + \text{H}\text{-}\overset{\text{H}}{\underset{}{\overset{+}{\text{O}}}}\text{-}\text{H} \longrightarrow \text{CH}_3\overset{+}{\text{CH}}\text{-}\text{CH}_2\text{CH}_3 + \text{H}_2\text{O}$

b. $\text{CH}_3\text{CH}_2\text{CH}_2\text{CH}_2\text{-}\text{Cl} + {}^-:\text{C}\equiv\text{N} \longrightarrow \text{CH}_3\text{CH}_2\text{CH}_2\text{CH}_2\text{-}\text{C}\equiv\text{N} + \text{Cl}^-$

c. $\text{CH}_3\text{-}\overset{:\ddot{\text{O}}\text{H}}{\underset{\text{OH}}{\text{C}}}\text{-}\overset{+}{\text{O}}\text{CH}_3 \longrightarrow \text{CH}_3\text{-}\overset{+\ddot{\text{O}}\text{H}}{\overset{\|}{\text{C}}}\text{-}\text{OH} + \text{CH}_3\text{OH}$

問題5 次の生成物を生じる際の電子移動を曲がった矢印で書け．

a. $\text{CH}_3\text{CH}_2\text{CH}_2\text{-}\text{Br} + \text{CH}_3\ddot{\text{O}}{:}^- \longrightarrow \text{CH}_3\text{CH}_2\text{CH}_2\text{-}\ddot{\text{O}}\text{CH}_3 + \text{Br}^-$

b. $\text{CH}_3\text{-}\overset{:\ddot{\text{O}}:^-}{\underset{\text{CH}_3}{\text{C}}}\text{-}\text{OCH}_2\text{CH}_3 \longrightarrow \text{CH}_3\text{-}\overset{\ddot{\text{O}}:}{\overset{\|}{\text{C}}}\text{-}\text{CH}_3 + \text{CH}_3\text{CH}_2\text{O}^-$

問題6 次の生成物を生じる際の電子移動を曲がった矢印で書け．

a. $\text{H}\ddot{\text{O}}{:}^- + \text{CH}_3\text{CH}\text{-}\overset{\text{Br}}{\underset{\text{H}}{\text{CH}}}\text{CH}_3 \longrightarrow \text{CH}_3\text{CH}=\text{CHCH}_3 + \text{H}_2\ddot{\text{O}}{:} + \text{Br}^-$

b. $\text{CH}_3\text{CH}_2\text{C}\equiv\text{C}\text{-}\text{H} + {}^-:\ddot{\text{N}}\text{H}_2 \longrightarrow \text{CH}_3\text{CH}_2\text{C}\equiv\text{C}{:}^- + \ddot{\text{N}}\text{H}_3$

c. $\text{CH}_2\text{-}\overset{\text{CH}_3}{\underset{\text{H}}{\overset{+}{\text{C}}\text{CH}_3}} + \text{H}_2\ddot{\text{O}}{:} \longrightarrow \text{CH}_2=\overset{\text{CH}_3}{\underset{}{\text{C}}\text{CH}_3} + \text{H}_3\ddot{\text{O}}^+$

問題 7 次の生成物を生じる際の電子移動を曲がった矢印で書け．

a. $CH_3CH_2\ddot{O}H$ + $H-\overset{+}{\underset{H}{\ddot{O}}}-H$ ⇌ $CH_3CH_2\overset{H}{\underset{+}{\ddot{O}H}}$ + $H_2\ddot{O}:$

b. $CH_3\overset{+}{\underset{H}{N}H_2}$ + $H_2\ddot{O}:$ ⇌ CH_3NH_2 + $H_3\overset{+}{O}$

問題 8 次の各反応段階における電子移動を曲がった矢印で書け．（ヒント：電子移動の結果，その段階で生じる生成物を見ることによって，各段階で矢印をどのように書いたらよいかを考えよう．）

a. $CH_3CH=CH_2$ + $H-\ddot{B}r:$ → $CH_3\overset{+}{C}H-CH_3$ + $:\ddot{B}r:^-$ → CH_3CH-CH_3
                                                                                                                                                                $\underset{:Br:}{|}$

b. $CH_3\underset{CH_3}{\overset{CH_3}{\underset{|}{\overset{|}{C}}}}-Cl$ ⇌ $CH_3\underset{CH_3}{\overset{CH_3}{\underset{|}{\overset{|}{\overset{+}{C}}}}}$ + Cl^- $\xrightarrow{:NH_3}$ $CH_3\underset{CH_3}{\overset{CH_3}{\underset{|}{\overset{|}{C}}}}-\overset{+}{N}H_3$

c. $CH_3-\overset{\ddot{O}:}{\underset{|}{C}}-Cl$ + $H\ddot{O}:^-$ → $CH_3-\overset{:\ddot{O}:^-}{\underset{:OH}{\underset{|}{\overset{|}{C}}}}-Cl$ → $CH_3-\overset{\ddot{O}:}{\underset{|}{C}}-OH$ + Cl^-

問題 9 次の各反応段階における電子移動を曲がった矢印で書け．

$CH_3CH_2CH=CH_2$ $\xrightarrow{CH_3\overset{+}{\underset{}{\ddot{O}H}}H}$ $CH_3CH_2\overset{+}{C}HCH_3$ $\xrightarrow{CH_3\ddot{O}H}$ $CH_3CH_2CHCH_3$
$\underset{H}{\underset{|}{\overset{|}{\underset{:\overset{+}{O}CH_3}{}}}}$

$\downarrow CH_3\ddot{O}H$

$CH_3\overset{+}{\ddot{O}}H_2$ + $CH_3CH_2CHCH_3$
                                                    $\underset{OCH_3}{|}$

問題 10 曲がった矢印を用いた電子移動によって生じる各反応段階の生成物を書け．

a. $CH_3CH_2\ddot{O}:^-$ + CH_3-Br →

b. $CH_3-\overset{\overset{+}{\ddot{O}}H}{\underset{}{\overset{||}{C}}}-OCH_3$ + $H_2\ddot{O}:$ →

c. 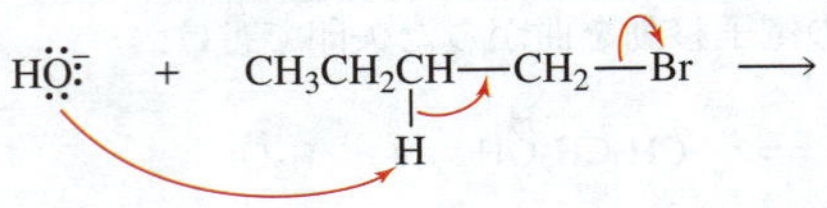 HO:⁻ + CH₃CH₂CH—CH₂—Br ⟶
            |
            H

d. 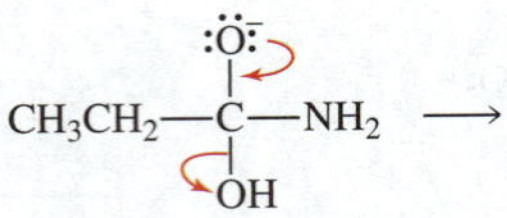 CH₃CH₂—C(=O:⁻)(—NH₂)(—OH) ⟶

e. 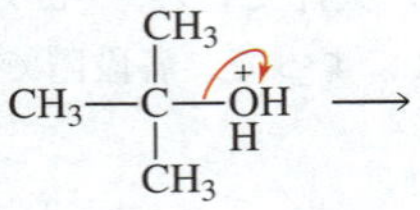 CH₃—C(CH₃)(CH₃)—⁺OH₂ ⟶

f. 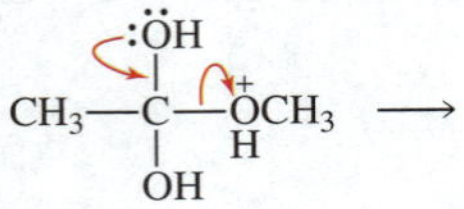 CH₃—C(:ÖH)(OH)—⁺OCH₃(H) ⟶

問題の解答

問題 1

a. 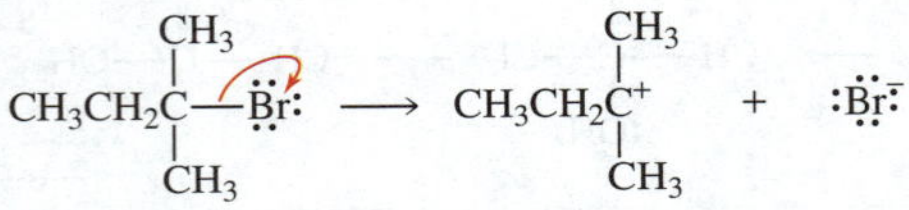 CH₃CH₂C(CH₃)(CH₃)—Br: ⟶ CH₃CH₂C⁺(CH₃)(CH₃) + :Br:⁻

b. 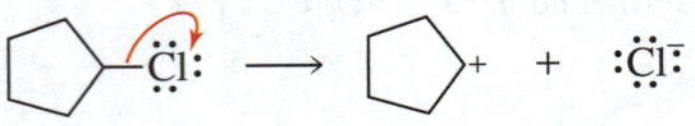 [cyclopentyl]—Cl: ⟶ [cyclopentyl]⁺ + :Cl:⁻

c. 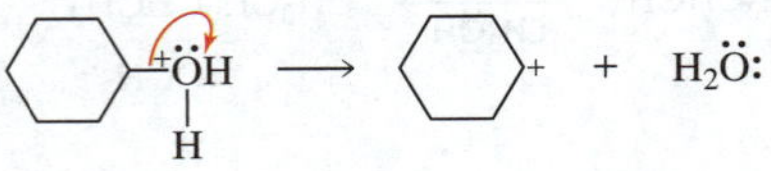 [cyclohexyl]—⁺OH(H) ⟶ [cyclohexyl]⁺ + H₂Ö:

d. 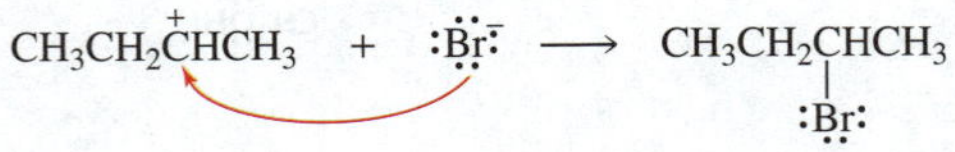 CH₃CH₂C⁺HCH₃ + :Br:⁻ ⟶ CH₃CH₂CHCH₃
                                          |
                                         :Br:

問題 2

a. 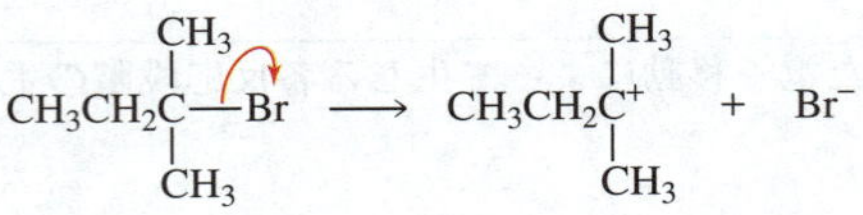 CH₃CH₂C(CH₃)(CH₃)—Br ⟶ CH₃CH₂C⁺(CH₃)(CH₃) + Br⁻

b. 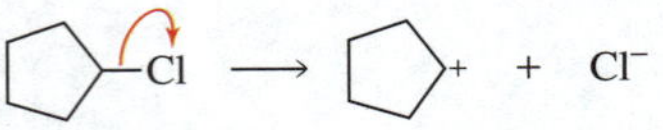 [cyclopentyl]—Cl ⟶ [cyclopentyl]⁺ + Cl⁻

c. 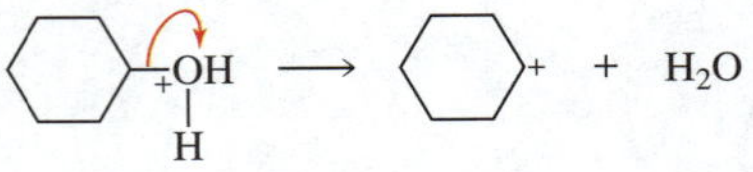 [cyclohexyl]—⁺OH(H) ⟶ [cyclohexyl]⁺ + H₂O

d. 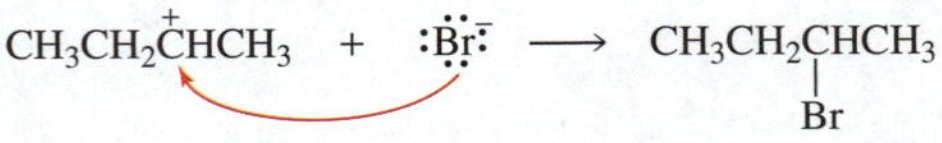 CH₃CH₂C⁺HCH₃ + :Br:⁻ ⟶ CH₃CH₂CHCH₃
                                          |
                                          Br

問題 3

a. 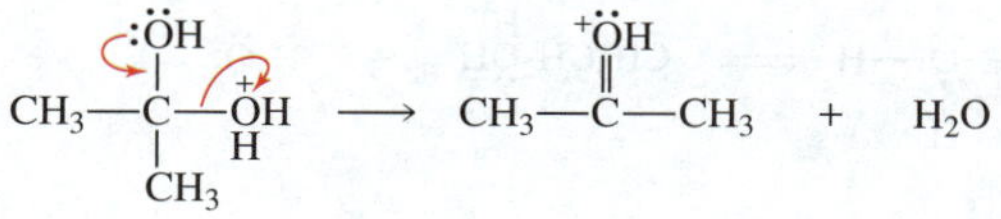 CH₃—C(:ÖH)(OH)(H)(CH₃) ⟶ CH₃—C⁺(OH)—CH₃ + H₂O

b. CH₃CH₂CH=CH₂ + H—Cl ⟶ CH₃CH₂CH⁺—CH₃ + Cl⁻

c. CH₃CH₂—Br + :NH₃ ⟶ CH₃CH₂—N⁺H₃ + Br⁻

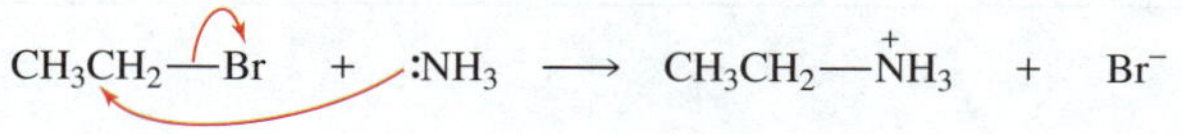

問題 4

a. 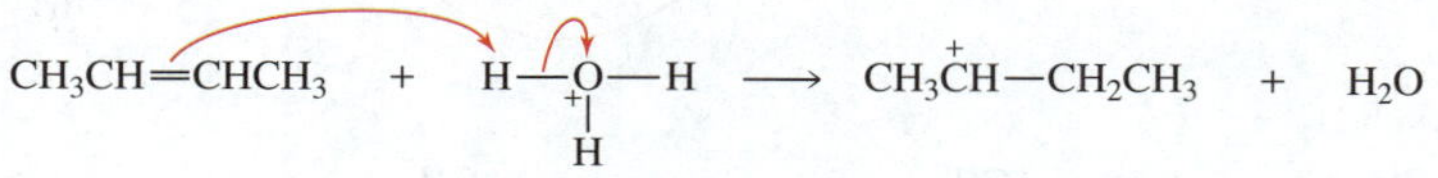 CH₃CH=CHCH₃ + H—O⁺(H)—H ⟶ CH₃CH⁺—CH₂CH₃ + H₂O

b. 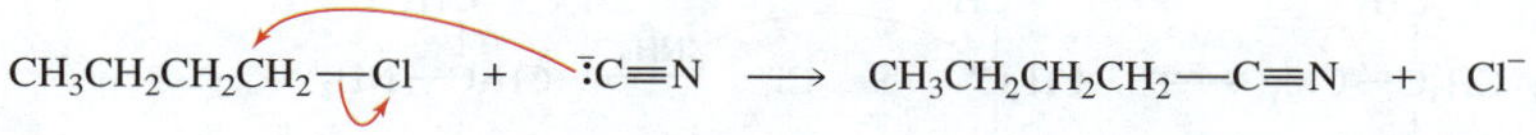 CH₃CH₂CH₂—Cl + :C≡N ⟶ CH₃CH₂CH₂—C≡N + Cl⁻

c. CH₃—C(:ÖH)(ÖCH₃)(H)(OH) ⟶ CH₃—C⁺(OH)—OH + CH₃OH

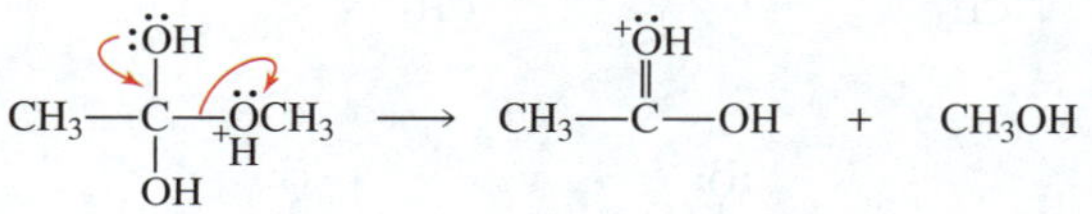

問題 5

a. 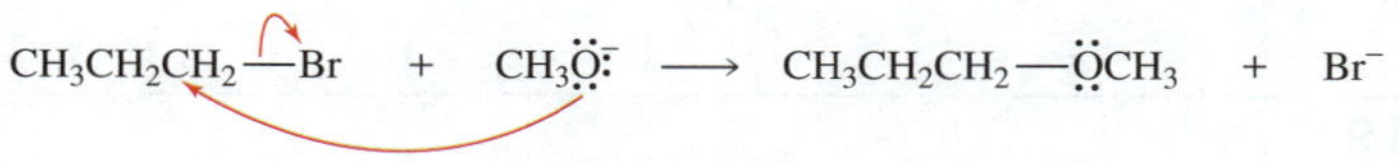 CH₃CH₂CH₂—Br + CH₃Ö:⁻ ⟶ CH₃CH₂CH₂—ÖCH₃ + Br⁻

b. 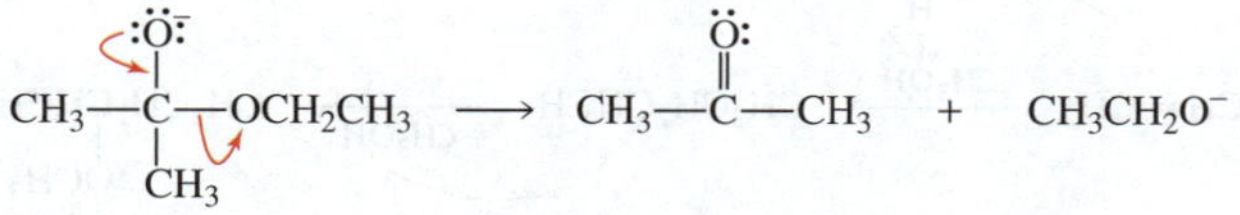 CH₃—C(:Ö⁻)(OCH₂CH₃)(CH₃) ⟶ CH₃—C(=Ö)—CH₃ + CH₃CH₂O⁻

問題 6

a. 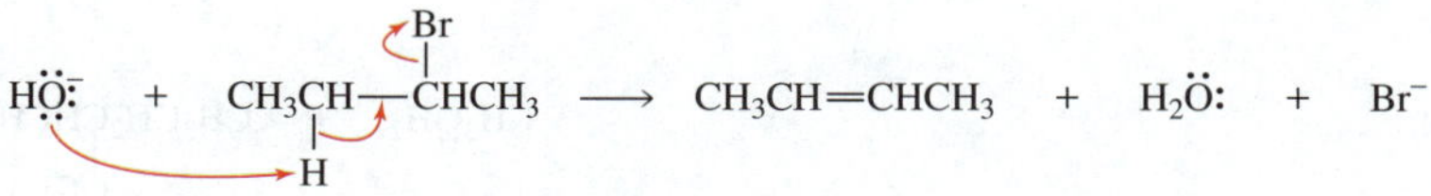 HÖ:⁻ + CH₃CH(H)—CH(Br)CH₃ ⟶ CH₃CH=CHCH₃ + H₂Ö: + Br⁻

b. 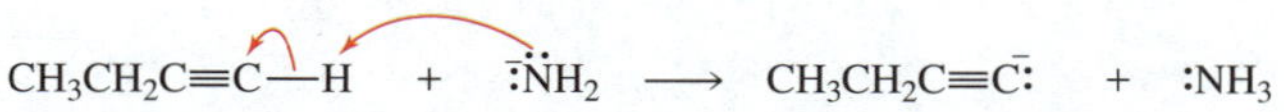 CH₃CH₂C≡C—H + :N̈H₂⁻ ⟶ CH₃CH₂C≡C:⁻ + :NH₃

c. CH₂(H)—C⁺(CH₃)(CH₃) + H₂Ö: ⟶ CH₂=C(CH₃)CH₃ + H₃Ö⁺

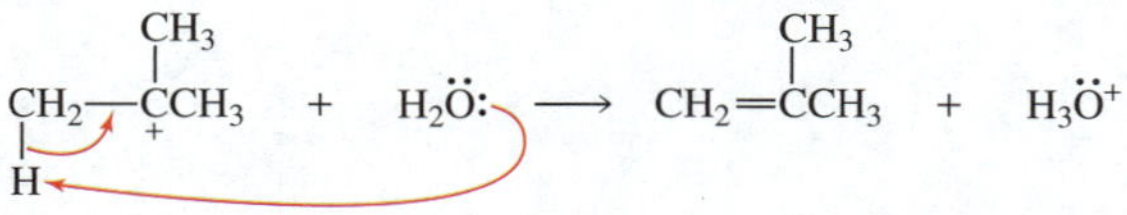

問題 7

a. $CH_3CH_2\ddot{O}H$ + $H-\overset{H}{\underset{H}{\overset{+}{\ddot{O}}}}-H$ ⇌ $CH_3CH_2\overset{H}{\underset{+}{\ddot{O}H}}$ + $H_2\ddot{O}:$

b. $CH_3\overset{+}{N}H_2\underset{H}{|}$ + $H_2\ddot{O}:$ ⇌ CH_3NH_2 + $H_3\overset{+}{O}:$

問題 8

a. $CH_3CH=CH_2$ + $H-\ddot{B}\ddot{r}:$ ⟶ $CH_3\overset{+}{C}H-CH_3$ + $:\ddot{B}\ddot{r}:^-$ ⟶ CH_3CH-CH_3 $\underset{:\ddot{B}\ddot{r}:}{|}$

b. $CH_3\underset{CH_3}{\overset{CH_3}{\underset{|}{\overset{|}{C}}}}-Cl$ ⇌ $CH_3\underset{CH_3}{\overset{CH_3}{\underset{|}{\overset{|}{\overset{+}{C}}}}}$ + Cl^- $\xrightarrow{:NH_3}$ $CH_3\underset{CH_3}{\overset{CH_3}{\underset{|}{\overset{|}{C}}}}-\overset{+}{N}H_3$

c. $CH_3-\overset{\overset{\ddot{O}:}{||}}{C}-Cl$ + $H\ddot{O}:^-$ ⟶ $CH_3-\overset{\overset{:\ddot{O}:^-}{|}}{\underset{:\ddot{O}H}{C}}-Cl$ ⟶ $CH_3-\overset{\overset{\ddot{O}:}{||}}{C}-OH$ + Cl^-

問題 9

$CH_3CH_2CH=CH_2$ $\xrightarrow{CH_3\overset{+}{\ddot{O}H}\underset{|}{H}}$ $CH_3CH_2\overset{+}{C}HCH_3$ $\xrightarrow{CH_3\ddot{O}H}$ $CH_3CH_2CHCH_3$ $\underset{\underset{\underset{CH_3\ddot{O}H}{\downarrow}}{H}}{\overset{|}{\underset{+}{:\ddot{O}CH_3}}}$

$CH_3\overset{+}{\ddot{O}}H_2$ + $CH_3CH_2CHCH_3$ $\underset{OCH_3}{|}$

問題 10

a. 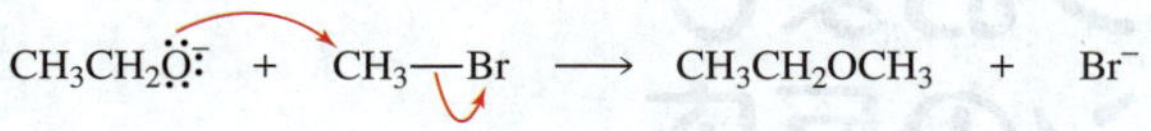 $CH_3CH_2\ddot{\underline{O}}:^- + CH_3-Br \longrightarrow CH_3CH_2OCH_3 + Br^-$

b. 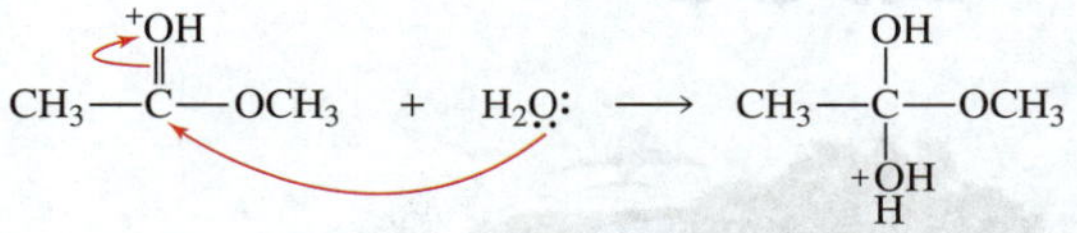
$$CH_3-\overset{\overset{+OH}{\|}}{C}-OCH_3 + H_2\ddot{O}: \longrightarrow CH_3-\overset{\overset{OH}{|}}{\underset{\underset{H}{+\overset{}{O}}}{C}}-OCH_3$$

c. $H\ddot{\underline{O}}:^- + CH_3CH_2\overset{}{\underset{\underset{H}{|}}{CH}}-CH_2-Br \longrightarrow CH_3CH_2CH=CH_2 + H_2O + Br^-$

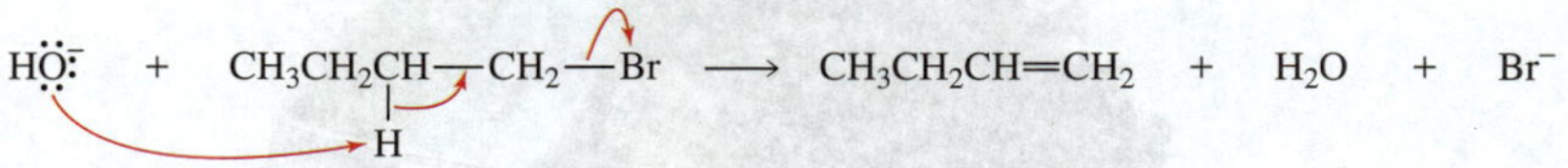

d. 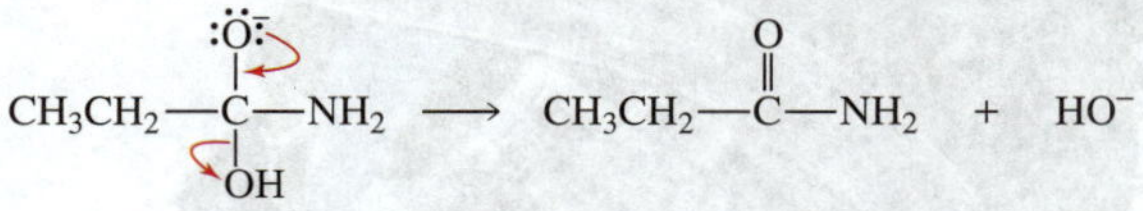
$$CH_3CH_2-\overset{\overset{:\ddot{O}:^-}{|}}{\underset{\underset{OH}{|}}{C}}-NH_2 \longrightarrow CH_3CH_2-\overset{\overset{O}{\|}}{C}-NH_2 + HO^-$$

e. 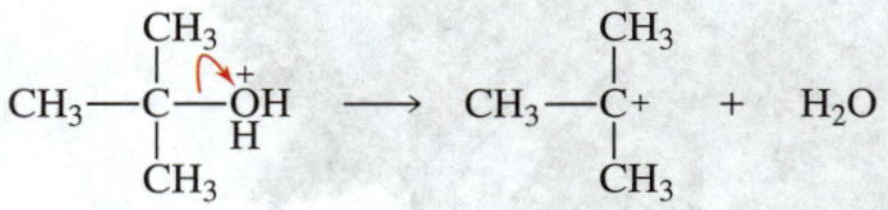
$$CH_3-\overset{\overset{CH_3}{|}}{\underset{\underset{CH_3}{|}}{C}}-\overset{+}{\underset{H}{O}}H \longrightarrow CH_3-\overset{\overset{CH_3}{|}}{\underset{\underset{CH_3}{|}}{C}}{}^+ + H_2O$$

f. 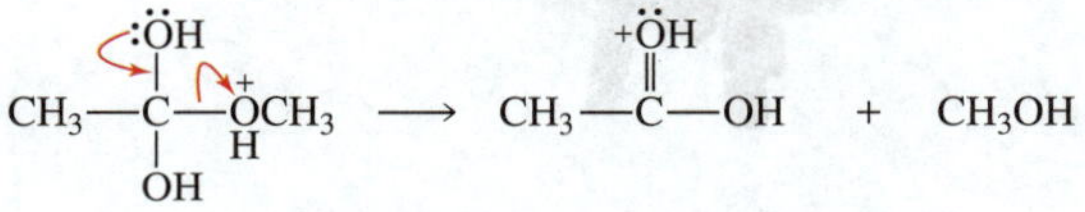
$$CH_3-\overset{\overset{:\ddot{O}H}{\|}}{\underset{\underset{OH}{|}}{C}}-\overset{+}{\underset{H}{O}}CH_3 \longrightarrow CH_3-\overset{\overset{+OH}{\|}}{C}-OH + CH_3OH$$

6 アルケンおよび アルキンの反応

環境を守るために，有機化学者は反応物としても，(合成の結果生じる)生成物としても毒性の低い化合物しか取り扱わないような合成をデザインするという，挑戦的な課題に取り組んでいる．分子レベルで公害を防ぐ方法はグリーンケミストリーとして知られている(213 ページ参照)．

有機化合物はいくつかの群に分類され，一つの群を構成するものはすべて同様に反応することを見てきた(5.2節参照)．炭素—炭素二重結合をもつ化合物で構成される一群は，**アルケン**(alkene)と呼ばれる．炭素—炭素三重結合をもつ化合物で構成される別の一群は，**アルキン**(alkyne)と呼ばれる．この章では，はじめにアルケンの反応を見てからアルキンの反応について学ぶ．

そこで，アルケンのすべての反応に共通する次の特徴に注意して各反応を学んでほしい．比較的緩く保持されている炭素—炭素二重結合のπ電子は，求電子剤に引き寄せられる．そのため各反応は，アルケンの一方の sp^2 炭素への求電子剤の付加で始まり，もう一方の sp^2 炭素と求核剤との付加で終了する．

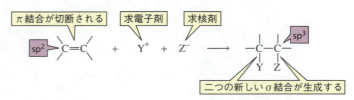

結果的に，π結合が切断され，求電子剤と求核剤が sp^2 炭素と新しいσ結合を形

成する.反応物の sp^2 炭素は,生成物では sp^3 炭素になることに注意しよう.どのような生成物が得られるかは,付加反応で用いられる**求電子剤**と**求核剤**にのみ依存している.

　求電子剤と求核剤が二重結合に付加するとき,最初に付加する化学種は求電子剤である.そのため,このアルケンの特徴的な反応は**求電子付加反応**(electrophilic addition reaction)と呼ばれる(5.3 節参照).

　この章の後半でアルキンの反応を見るとき,アルケンとアルキンは同じグループに属しているので(5.2 節参照)アルキンの反応はアルケンの反応とよく似ていることがわかるだろう.つまり,アルキンもまた求電子付加反応を受ける.

🧪 グリーンケミストリー:サステナビリティの実現に向けて

　化学分野の革新は,食料,住居,医薬,交通手段,情報伝達,および新物質利用など,実際に,日常生活のあらゆる面の質を向上させてきた.しかし,これらの改善は代償を伴う.つまり,化学製品の開発と廃棄によって,環境に被害が及ぶからである.

　化学者はいま,サステナビリティ(持続可能性)に注目している.サステナビリティとは,「未来の世代のニーズに応えるための能力を犠牲にすることなく,いまの世代のニーズに応えること」と定義できる.サステナビリティを実現するための方法の一つが,グリーンケミストリーである.

　グリーンケミストリーは分子レベルで汚染を防ぐことに等しい.それは,汚染物質の生成を減らすか,汚染物質をまったく生成しないような化学製品と,その製造工程をデザインすることである.たとえば,今日の化学者は生成物をつくり出すときに,その機能だけでなく,生分解性も考慮する.彼らは,ヒトの健康や環境に無害,あるいは毒性の低い物質を用いるように合成をデザインする.グリーンな化学合成は経済的にも優れている.なぜなら,廃棄物の処理にかかるコストや,法的責任を果たすためにかかるコストを減らすことができるからである.グリーンケミストリーの原理を適用することは,持続可能な未来を実現する助けとなる.

6.1　アルケンへのハロゲン化水素の付加

　アルケンへ付加する反応剤がハロゲン化水素(HF, HCl, HBr,または HI)の場合,反応の生成物はハロゲン化アルキルとなる.

$$\underset{\substack{\text{2,3-ジメチル-2-ブテン}\\ \text{(2,3-dimethyl-2-butene)}}}{\overset{H_3C}{\underset{H_3C}{>}}C=C\overset{CH_3}{\underset{CH_3}{<}}} + HBr \longrightarrow \underset{\substack{\text{2-ブロモ-2,3-ジメチルブタン}\\ \text{(2-bromo-2,3-dimethylbutane)}}}{\overset{CH_3}{\underset{}{}}\overset{}{CH_3\underset{\underset{Br}{|}}{C}}\overset{CH_3}{\underset{CH_3}{-}}C}$$

最初に付加する化学種は求電子剤なので,このアルケンの特徴的な反応は求電子付加反応と呼ばれる.

シクロヘキセン (cyclohexene) + HI → ヨードシクロヘキサン (iodocyclohexane)

　上記の反応におけるアルケンは,二つの sp^2 炭素に同じ置換基がついているので,付加反応の生成物を予測するのは容易である.求電子剤(H^+)は一方の sp^2 炭素に付加し,求核剤(X^-)は他方の sp^2 炭素と結合する.求電子剤がどちらの sp^2 炭素

に付加するかは問題にならない．なぜなら，どちらの場合も同じ生成物が得られるからである．

しかし，アルケンがその両方の sp^2 炭素に同じ置換基をもたない場合には何が起こるだろう．どちらの sp^2 炭素が水素を獲得するのだろうか．たとえば，次の反応では，塩化 tert-ブチルと塩化イソブチルのどちらが生成するだろうか．

$$\underset{\substack{\text{2-メチルプロペン}\\\text{(2-methylpropene)}}}{\text{CH}_3\overset{\text{CH}_3}{\underset{|}{\text{C}}}=\text{CH}_2} + \text{HCl} \longrightarrow \underset{\substack{\text{塩化 }tert\text{-ブチル}\\(tert\text{-butyl chloride})}}{\text{CH}_3\overset{\text{CH}_3}{\underset{|}{\text{C}}}\text{CH}_3} \quad \text{または} \quad \underset{\substack{\text{塩化イソブチル}\\\text{(isobutyl chloride)}}}{\text{CH}_3\overset{\text{CH}_3}{\underset{|}{\text{CH}}}\text{CH}_2\text{Cl}}$$

この問いに答えるためには，この反応を進め，生成物を単離し，それらを同定する必要がある．実際に生成物を分析すると，唯一の生成物は塩化 tert-ブチルであることがわかる．なぜそれが唯一の生成物であるのかがわかれば，ほかのアルケン反応の生成物も予測できる．そのために，ここで**反応機構**(mechanism of the reaction)について再び考えてみよう(5.3節参照)．

一段階目，すなわち，H^+ が sp^2 炭素へ付加して tert-ブチルカチオンかイソブチルカチオンを生じる段階がこの反応の律速段階であることを思い出そう(5.9節参照)．これらの二つのカルボカチオンの生成速度に違いがあれば，速く生成するものが一段階目における主生成物となる．さらに，一段階目でどのカルボカチオンが得られるかで反応の最終生成物が決まる．つまり，いったん tert-ブチルカチオンが生じれば，それは直ちに Cl^- と反応して塩化 tert-ブチルを生成する．一方，イソブチルカチオンが生じれば，それは直ちに Cl^- と反応して塩化イソブチルを生成する．実際には，反応の唯一の生成物が塩化 tert-ブチルであるので，tert-ブチルカチオンはイソブチルカチオンより速く生成していなければならない．

曲がった両矢印は2個の電子の移動を表す．矢印は常に電子供与体から電子受容体へと向けられる．

カルボカチオンの正電荷は，プロトンと結合していないほうの sp^2 炭素上にある．

なぜ tert-ブチルカチオンのほうが速く生成するのだろう．この問題に答えるためには，(1) カルボカチオンの安定性に影響を及ぼす要因，および(2) その安定性がどのようにして生成速度に影響を及ぼすか，の二つのことを知らなければならない．

問題 1
シクロヘキセンと HCl との反応機構を書け.

6.2 カルボカチオンの安定性は正電荷をもつ炭素上のアルキル基の数に依存する

カルボカチオンは，正電荷をもつ炭素の種類によって分類される．**第一級カルボカチオン**(primary carbocation)は第一級炭素上に正電荷をもち，**第二級カルボカチオン**(secondary carbocation)は第二級炭素上に正電荷をもち，**第三級カルボカチオン**(tertiary carbocation)は第三級炭素上に正電荷をもつ．

第三級カルボカチオンは第二級カルボカチオンより，第二級カルボカチオンは第一級カルボカチオンより安定である．つまり，正電荷をもつ炭素上のアルキル置換基数が多いほど，カルボカチオンの安定性が増大することがわかる．しかしながら，カルボカチオンは単離できるほど安定であることはほとんどないので，これらは相対的な安定性である．

カルボカチオンの相対的安定性

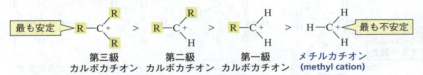

第三級カルボカチオン ＞ 第二級カルボカチオン ＞ 第一級カルボカチオン ＞ メチルカチオン (methyl cation)

正電荷をもつ炭素上のアルキル基が多いほど，カルボカチオンは安定である.

正電荷をもつ炭素に結合したアルキル基は炭素上の正電荷密度を減少させるので，カルボカチオンを安定化する．これらの静電ポテンシャル図の青色(正電荷を表している)は，最も安定な *tert*-ブチルカチオン(第三級カルボカチオン)の場合に最も薄く，最も不安定なメチルカチオンの場合に最も濃い.

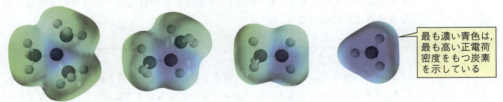

tert-ブチルカチオンの静電ポテンシャル図　イソプロピルカチオンの静電ポテンシャル図　エチルカチオンの静電ポテンシャル図　メチルカチオンの静電ポテンシャル図

最も濃い青色は，最も高い正電荷密度をもつ炭素を示している

では，アルキル基はどのようにして炭素上の正電荷の集中を減少させているのだろう．ここで炭素上の正電荷は空の p 軌道を意味することを思い出そう(1.10節参照)．図 6.1 は，エチルカチオンにおいて空の p 軌道(紫色の軌道)と隣接した C—H σ 結合(オレンジ色の軌道)の軌道が重なり，相互作用できることを示している．このような σ 結合の軌道から空の p 軌道への電子移動は，sp^2 炭素上の電荷を減少させ，σ 結合の軌道の重なりによって結合している 2 個の原子(H と C)へ部分正電荷をもたらす．電荷をもつ化学種は，その電荷が複数の原子に分散しているほうがより安定であるので，正電荷を 3 原子で共有することで，カルボカチオンは安定化されている(2.8節参照)．対照的に，メチルカチオンの正電荷は

カルボカチオンの安定性：
第三級＞第二級＞第一級

アルキル置換基はアルケンとカルボカチオンをともに安定化する.

ただ1個の原子に集中している．

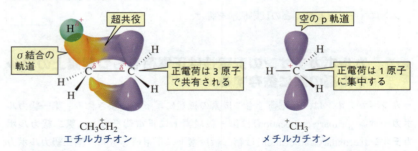

図 6.1 ▶
超共役によるカルボカチオンの安定化．エチルカチオンでは，隣接した C—H σ結合の軌道の電子が，空の p 軌道に非局在化されている．超共役はメチルカチオンでは起こらない．

σ結合の軌道とそれに隣接する炭素上の空の軌道との重なりによる電子の非局在化は，**超共役**（hyperconjugation）と呼ばれている．空の p 軌道と重なりうるσ結合は，正電荷をもつ炭素の隣の原子およびさらに隣の原子とからなることに注意しよう．tert-ブチルカチオンの場合，九つのσ結合の軌道のどれもが正電荷をもつ炭素の空の p 軌道と重なることができる．（九つのσ結合は下図では赤い点で示してある．）

tert-ブチルカチオン　イソプロピルカチオン　エチルカチオン　プロピルカチオン
第三級カルボカチオン　第二級カルボカチオン　第一級カルボカチオン　第一級カルボカチオン

イソプロピルカチオンには六つのそのような軌道があり，エチルカチオンとプロピルカチオンにはそれぞれ三つある．そのため，超共役は，第三級カルボカチオンを第二級カルボカチオンより安定化させ，第二級カルボカチオンを第一級カルボカチオンより安定化させる．C—H と C—C のσ結合の軌道はともに空の p 軌道と重なりうることに気づこう．

問題 2 ◆
a. メチルカチオンにおいて空の p 軌道と重なりうるσ結合の軌道はいくつあるか．
b. メチルカチオンとエチルカチオンでは，どちらがより安定か．それはなぜか．

問題 3 ◆
a. 次のカチオンには，空の p 軌道と重なりうるσ結合がいくつあるか．
　1. イソブチルカチオン　　2. n-ブチルカチオン　　3. sec-ブチルカチオン
b. 設問 a では，どのカルボカチオンが最も安定か．

問題 4 ◆
次の各組中のカルボカチオンを最も安定なものから最も不安定なものの順に並べよ．

a. $\underset{\overset{|}{CH_3}}{CH_3CH_2\overset{+}{C}CH_3}$　　$CH_3CH_2\overset{+}{C}HCH_3$　　$CH_3CH_2CH_2\overset{+}{C}H_2$

b. $CH_3CHCH_2\overset{+}{C}H_2$ $CH_3CHCH_2\overset{+}{C}H_2$ $CH_3CHCH_2\overset{+}{C}H_2$
        | | |
        Cl CH_3 F

これらのことより，2-メチルプロペンが HCl と反応するとき，なぜ *tert*-ブチルカチオンがイソブチルカチオンより速く生成するのかを理解できる．*tert*-ブチルカチオン（第三級カルボカチオン）がイソブチルカチオン（第一級カルボカチオン）よりも安定であることはすでに学んだ．カルボカチオンに至る遷移状態は部分的に正電荷をもっているため，正電荷をもつカルボカチオンを安定化するのと同じ因子が，その遷移状態も安定化する(5.9 節参照)．それゆえ，*tert*-ブチルカチオンを生成する遷移状態は，イソブチルカチオンを生成する遷移状態よりも安定である（すなわち，より低いエネルギーをもつ．図 6.2)．（遷移状態における正電荷量は生成物中の正電荷量より少ないので，図 6.2 中の二つの遷移状態の安定性の差は，二つのカルボカチオン生成物の安定性の差よりも小さいことに注目しよう．）

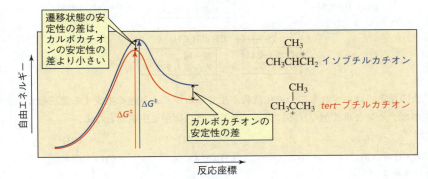

より安定なカルボカチオンはより速く生成する．

◀図 6.2
H^+ が 2-メチルプロペンに付加して第一級イソブチルカチオンと第三級 *tert*-ブチルカチオンが生成する際の反応座標図．

反応の速度は，反応物の自由エネルギーと遷移状態の自由エネルギーの差である活性化自由エネルギー($\Delta G^\ddagger$)により決定されることを学んだ(5.9 節参照)．よって *tert*-ブチルカチオンはイソブチルカチオンよりも速く生成する．カルボカチオンの生成が反応の律速段階なので，二つのカルボカチオンの生成の相対速度が二つの生成物の生成比に反映される．

二つのカルボカチオンの生成速度の差が小さければ両方の生成物を生じるが，より速く生成するカルボカチオンと求核剤との反応によって生成する化合物が主生成物となる．しかし，速度差が十分大きい場合は，より速く生成するカルボカチオンが求核剤と反応して生成する化合物が，唯一の生成物となる．これは，2-メチルプロペンが HCl と反応するときに見たことと同じである．

$CH_3C=CH_2$ + HCl ⟶ CH_3CCH_3 CH_3CHCH_2Cl
  | | | |
 CH_3 CH_3 Cl CH_3
2-メチルプロペン   唯一の生成物   生成しない
(2-methylpropene)

6.3 求電子付加反応は位置選択的である

求電子付加反応では,より安定なカルボカチオンが生成するように,sp^2炭素へ求電子剤が付加して得られるものが主生成物になることを学んできた.この知識を使うと,非対称なアルケンのハロゲン化水素との反応における主生成物を予測することができる.

たとえば,次の反応において,第二級カルボカチオンを与える C-1 へのプロトン付加と,第一級カルボカチオンを与える C-2 へのプロトン付加の2通りがある.第二級カルボカチオンは,第一級カルボカチオンより安定なので,より速く生成する.(第一級カルボカチオンは非常に不安定で,その生成には大きな困難を伴う.)結果的に,2-クロロプロパンのみが生成する.

> プロトンが付加しなかった sp^2 炭素が,カルボカチオン中間体において正電荷を帯びることになる.

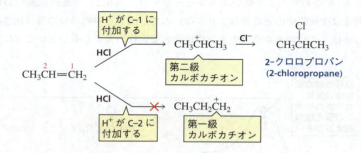

次の反応ではいずれも二つの生成物が生じうるが,より速く生成する第三級カルボカチオンと求核剤の反応によって生じた化合物が主生成物となる.

2-メチル-2-ブテン
(2-methyl-2-butene) + HI ⟶ 2-ヨード-2-メチルブタン
(2-iodo-2-methylbutane)
主生成物
+ 2-ヨード-3-メチルブタン
(2-iodo-3-methylbutane)
副生成物

1-メチルシクロヘキセン
(1-methylcyclohexene) + HBr ⟶ 1-ブロモ-1-メチルシクロヘキサン
(1-bromo-1-methyl-cyclohexane)
主生成物
+ 1-ブロモ-2-メチルシクロヘキサン
(1-bromo-2-methyl-cyclohexane)
副生成物

上に示した反応の二つの生成物は**構造異性体**である.つまり,それらは,同じ分子式をもつが,分子内の原子のつながり方が異なる.二つあるいはそれ以上の構造異性体が生成物として得られるが,それらのうちの一つが優先して生じる反応は,**位置選択的反応**(regioselective reaction)と呼ばれる.

> 位置選択性とは,一方の構造異性体がもう一方の構造異性体に優先して生成することである.

次の反応は位置選択的ではない.なぜなら,どちらの sp^2 炭素に H^+ が付加してもほぼ同じ安定性をもつ第二級カルボカチオンを生じ,両方のカルボカチオンがほぼ同じ速度で生成するからである.したがって,二つのハロゲン化アルキルがほぼ等量得られる.

$$\text{CH}_3\text{CH}=\text{CHCH}_2\text{CH}_3 + \text{HBr} \longrightarrow \underset{\substack{\text{2-ペンテン}\\\text{(2-pentene)}}}{} \underset{\substack{\text{2-ブロモペンタン}\\\text{(2-bromopentane)}\\\text{50\%}}}{\text{CH}_3\overset{\text{Br}}{\underset{|}{\text{CH}}}\text{CH}_2\text{CH}_2\text{CH}_3} + \underset{\substack{\text{3-ブロモペンタン}\\\text{(3-bromopentane)}\\\text{50\%}}}{\text{CH}_3\text{CH}_2\overset{\text{Br}}{\underset{|}{\text{CH}}}\text{CH}_2\text{CH}_3}$$

問題 5 ◆

より高い位置選択性で HBr が付加する化合物はどちらか.

a. $\text{CH}_3\text{CH}_2\overset{\text{CH}_3}{\underset{|}{\text{C}}}=\text{CH}_2$ あるいは $\text{CH}_3\overset{\text{CH}_3}{\underset{|}{\text{C}}}=\text{CHCH}_3$ b. (methylenecyclohexane) あるいは (1-methylcyclohexene)

本書では，アルケンの求電子付加反応すべてに適用できるよりよい規則を用いる．

<u>求電子剤は，最も多く水素が結合した sp^2 炭素 (つまり，置換基がより少ない sp^2 炭素)に優先的に付加する．</u>

> 求電子剤は，最も多くの水素が結合している sp^2 炭素に優先的に結合する．

この規則は，求電子付加反応の主生成物を簡単にすばやく決定する方法である．この規則を用いて得られる答えは，カルボカチオンの相対的安定性を求めることによって得られる答えと同じになるであろう．たとえば，次の反応を見てみよう．

$$\text{CH}_3\text{CH}_2\overset{2}{\text{CH}}=\overset{1}{\text{CH}_2} + \text{HCl} \longrightarrow \text{CH}_3\text{CH}_2\overset{}{\underset{\underset{\text{Cl}}{|}}{\text{CH}}}\text{CH}_3$$

最も多く水素に結合している sp^2 炭素は C-1 なので，求電子剤(この場合は H^+)はそこに優先的に付加するといえる．あるいは，H^+ が C-2 に付加して生成する第一級カルボカチオンよりも安定な第二級カルボカチオンが生成するように，H^+ は C-1 に結合するともいえる．

前述の例は，有機反応の一般的な書き方を説明する好例である．反応物は，反応の矢印の左側に書かれ，生成物はその矢印の右側に書かれる．溶媒，温度，触媒といった必要とされる反応条件は，その矢印の上または下に書かれる．ときには有機反応剤(炭素を含む)だけを矢印の左側に書き，その他の反応剤を矢印の上または下に書くこともある．

$$\text{CH}_3\text{CH}_2\text{CH}=\text{CH}_2 \xrightarrow{\text{HCl}} \text{CH}_3\text{CH}_2\underset{\underset{\text{Cl}}{|}}{\text{CH}}\text{CH}_3$$

問題 6 ◆

次の化合物に HBr が付加して得られる主生成物は何か.

a. $\text{CH}_3\text{CH}_2\text{CH}=\text{CH}_2$ b. $\text{CH}_3\text{CH}=\overset{\text{CH}_3}{\underset{|}{\text{C}}}\text{CH}_3$ c. (1-methylcyclopentene)

d. $CH_2=\underset{\underset{CH_3}{|}}{C}CH_2CH_2CH_3$ e. (シクロヘキサンに=CH₂)   f. $CH_3CH=CHCH_3$

> **【問題解答の指針】**
>
> **ハロゲン化アルキルの合成を計画する**
>
> a. 3-ブロモヘキサンを合成するのに適当なアルケンは何か.
>
> $? \ + \ HBr \ \longrightarrow \ CH_3CH_2\underset{\underset{Br}{|}}{CH}CH_2CH_2CH_3$
> 3-ブロモヘキサン
> (3-bromohexane)
>
> この種の問題に答える最良の方法は，まず使用できるアルケンをすべて書き出すことである．3位に臭素置換基をもつハロゲン化アルキルを合成するためには，出発物質となるアルケンの位置が sp² 炭素でなくてはならない．2 種類のアルケン，2-ヘキセンと 3-ヘキセンがこの条件に適合する．
>
> $CH_3CH=CHCH_2CH_2CH_3$ $CH_3CH_2CH=CHCH_2CH_3$
> 2-ヘキセン   3-ヘキセン
> (2-hexene)   (3-hexene)
>
> 二つの可能性があるので，次に，どちらを使うほうがより利点があるかを考える．2-ヘキセンに H⁺ が付加すると，二つの異なる第二級カルボカチオンが生成する．これらのカルボカチオンは同様の安定性をもつので，それぞれがほぼ等量生成すると考えられる．したがって，生成物の半分が目的の 3-ブロモヘキサンで，残り半分が 2-ブロモヘキサンとなる．

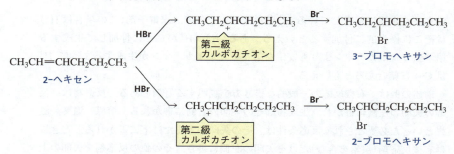

> 一方，3-ヘキセンのどちらの sp² 炭素に H⁺ が結合しても，このアルケンのもつ対称性のために同一のカルボカチオンが生成する．それゆえ，生成物のすべて（ちょうど半分ではない）が目的の 3-ブロモヘキサンとなる．したがって，3-ヘキセンが目的の化合物の合成に用いられるべきである．
>
> $CH_3CH_2CH=CHCH_2CH_3 \ \xrightarrow{HBr} \ CH_3CH_2\overset{+}{CH}CH_2CH_2CH_3 \ \xrightarrow{Br^-} \ CH_3CH_2\underset{\underset{Br}{|}}{CH}CH_2CH_2CH_3$
> 3-ヘキセン   （この反応で生じるカルボカチオンは 1 種類のみ）   3-ブロモヘキサン
>
> b. 2-ブロモペンタンを合成するのに適当なアルケンは何か.
>
> $? \ + \ HBr \ \longrightarrow \ CH_3\underset{\underset{Br}{|}}{CH}CH_2CH_2CH_3$
> 2-ブロモペンタン

天然殺虫成分と，合成殺虫成分のどちらがより有害か？

新しい化合物の合成法を学ぶことは有機化学の重要な部分である．害虫から植物を守る化合物の合成法を化学者が会得するよりはるか昔から，植物はその合成を行っていた．植物には殺虫成分を合成する必要があったからである．あなたも走れなければ，身を守る別の方法を見つける必要がある．しかし，化学者によって合成された殺虫成分と植物によって合成された殺虫成分とでは，どちらがより有害だろうか．残念ながら，私たちにはわからない．なぜなら，すべての人工殺虫剤は，どのような有害な効果があるか調べることが法律で求められているのに対し，植物由来の殺虫成分についてはそのようなことは求められていないからである．そのうえ，化学物質の危険度は一般にラットに対して評価されるものであって，ラットに対して害がある化学物質が，必ずしもヒトに対しても害があるとは限らないのである．さらに，ラットは試験中，ヒトが通常の活動でさらされるよりもはるかに高い濃度の化学物質にさらされており，大量投与したときにだけ有害である化学物質もある．たとえば，すべてのヒトは生きるために食塩(塩化ナトリウム)を必要とするが，高濃度は毒である．発芽したアルファルファ(マメ科の多年草)は健康食品だと思われているが，発芽したアルファルファを大量に餌として与えられたサルは免疫系の異常を引き起こすことが見いだされている．

1-ペンテンまたは2-ペンテンはどちらもそのC-2位にsp^2炭素をもっているので，両方とも利用できる．

$CH_2=CHCH_2CH_2CH_3$　　　　$CH_3CH=CHCH_2CH_3$
　　1-ペンテン　　　　　　　　　　**2-ペンテン**

1-ペンテンにH^+が付加すると第二級および第一級カルボカチオンが生成する可能性がある．しかしながら，第一級カルボカチオンは非常に不安定なのでほとんど生成しない．したがって，2-ブロモペンタンがこの反応の唯一の生成物となる．

$CH_2=CHCH_2CH_2CH_3$ （**1-ペンテン**）
HBr → $CH_3\overset{+}{C}HCH_2CH_2CH_3$ → Br^- → $CH_3CHCH_2CH_2CH_3$ | Br （**2-ブロモペンタン**）
HBr ✗ $\overset{+}{C}H_2CH_2CH_2CH_2CH_3$

一方，2-ペンテンにH^+が付加するとき，二つの異なる第二級カルボカチオンが生成されうる．それらは安定性がほぼ同じなので，ほぼ等量生成する．したがって，生成物の約半分だけが2-ブロモペンタンで，残りの半分は3-ブロモペンタンとなる．

$CH_3CH=CHCH_2CH_3$ （**2-ペンテン**）
HBr → $CH_3\overset{+}{C}HCH_2CH_2CH_3$ → Br^- → $CH_3CHCH_2CH_2CH_3$ | Br （**2-ブロモペンタン**）
HBr → $CH_3CH_2\overset{+}{C}HCH_2CH_3$ → Br^- → $CH_3CH_2CHCH_2CH_3$ | Br （**3-ブロモペンタン**）

1-ペンテンから生成するすべてのハロゲン化アルキルが目的の生成物であるのに対し，2-ペンテンから生成するハロゲン化アルキルの半分だけが目的の生

成物なので，1-ペンテンが目的の化合物の合成に用いられる最良のアルケンである．

ここで学んだ方法を使って問題7を解こう．

問題 7 ◆
次のそれぞれの臭化アルキルを合成するのに適当なアルケンは何か．

a. $CH_3CHCH(CH_3)(Br)$　b. シクロヘキシル-$CH_2CH(CH_3)(Br)$　c. シクロヘキシル-$C(CH_3)_2Br$　d. シクロヘキシル-$C(CH_2CH_3)(Br)$

6.4 カルボカチオンはより安定なカルボカチオンになるときに転位する

いくつかの求電子付加反応では，最も多く水素が結合している sp^2 炭素へ求電子剤が付加し，他方の sp^2 炭素に求核剤が付加して得られるものとは異なる生成物を生じることがある．

たとえば，次の反応では，2-ブロモ-3-メチルブタンが，H^+ が最も多い水素が結合している sp^2 炭素へ付加し，Br^- が他方の sp^2 炭素に付加して得られる生成物であるが，これは副生成物である．2-ブロモ-2-メチルブタンは，"予期せぬ"生成物であり，しかもこの反応の主生成物である．

$CH_3CHCH=CH_2$ + HBr ⟶ $CH_3CHCHCH_3$ + $CH_3CCH_2CH_3$
　　|　　　　　　　　　　　　　　|　|　　　　　　　|
　　CH_3　　　　　　　　　　　CH_3 Br　　　　　CH_3 Br

3-メチル-1-ブテン　　　　　2-ブロモ-3-メチルブタン　　2-ブロモ-2-メチルブタン
(3-methyl-1-butene)　　　(2-bromo-3-methylbutane)　(2-bromo-2-methylbutane)
　　　　　　　　　　　　　　　副生成物　　　　　　　　　主生成物

ほかにも，次の反応によって，3-クロロ-2,2-ジメチルブタン（予期した生成物）と 2-クロロ-2,3-ジメチルブタン（予期せぬ生成物）が生成する例などがある．ここでも，予期せぬ生成物が反応の主生成物である．

$CH_3C(CH_3)_2-CH=CH_2$ + HCl ⟶ $CH_3C(CH_3)_2-CHCH_3$ + $CH_3C(CH_3)-CHCH_3$
　　　　　　　　　　　　　　　　　　　　　　　|　　　　　　　|　|
　　　　　　　　　　　　　　　　　　　　　　　Cl　　　　　　Cl CH_3

3,3-ジメチル-1-ブテン　　　3-クロロ-2,2-ジメチルブタン　2-クロロ-2,3-ジメチルブタン
(3,3-dimethyl-1-butene)　(3-chloro-2,2-dimethylbutane)　(2-chloro-2,3-dimethylbutane)
　　　　　　　　　　　　　　　　副生成物　　　　　　　　　主生成物

それぞれの反応において，予期せぬ生成物はカルボカチオン中間体の転位によって生じる．ただし，すべてのカルボカチオンが転位するわけではない．転位の結果，より安定になる場合のみカルボカチオンは転位する．

なぜ転位したのか理解するために，前述の反応において生成するカルボカチオンに注目しよう．最初の反応では，第二級カルボカチオンがはじめに生成する．この第二級カルボカチオンには，正電荷をもつ炭素へ電子対とともに移動してより安定な第三級カルボカチオンを与える隣接した水素がある．

カルボカチオンは，転位によってより安定になる場合に転位する．

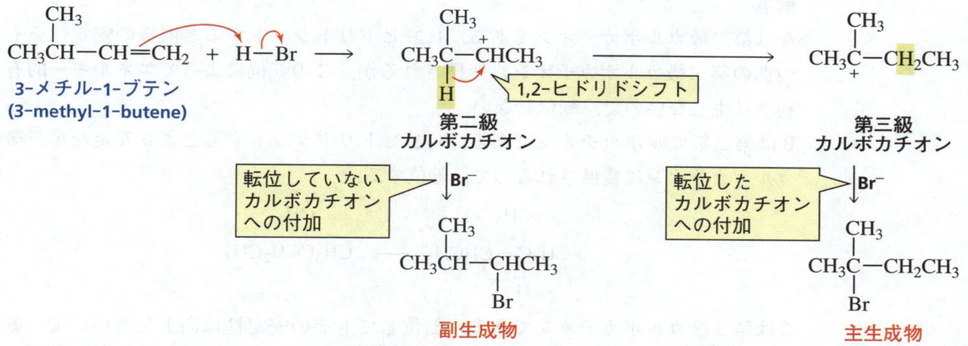

6.4 カルボカチオンはより安定なカルボカチオンになるときに転位する

(反応スキーム: 3-メチル-1-ブテン + H—Br → 第二級カルボカチオン → 1,2-ヒドリドシフト → 第三級カルボカチオン)

転位していないカルボカチオンへの付加 → 副生成物
転位したカルボカチオンへの付加 → 主生成物

この転位には電子対を伴った水素の移動が含まれているので，ヒドリドシフトと呼ばれる．(H:⁻ が水素化物イオンであることを思い出そう.) より厳密には **1,2-ヒドリドシフト**(1,2-hydride shift)と呼ばれる．なぜならば，水素化物イオンがある一つの炭素から隣りの炭素へ移動するからである．

カルボカチオン転位(carbocation rearrangement)の結果，二つのハロゲン化アルキルが生成する．一つは求核剤が転位していないカルボカチオンに付加して生じたもので，もう一つは求核剤が転位したカルボカチオンへ付加して生じたものである．主生成物は転位したカルボカチオンへ求核剤が付加して生じる．

2番目の反応では，再び第二級カルボカチオンが生じたあと，メチル基の一つが電子対を伴って正電荷をもった隣接する炭素に移動して，より安定な第三級カルボカチオンが生成する．この種の転位は **1,2-メチルシフト**(1,2-methyl shift)と呼ばれる．これにより，メチル基が一つの炭素からそれに隣接する炭素へ，その結合電子対とともに移動する．この場合も先と同様に，主生成物は転位したカルボカチオンへ求核剤が付加することにより生成する．

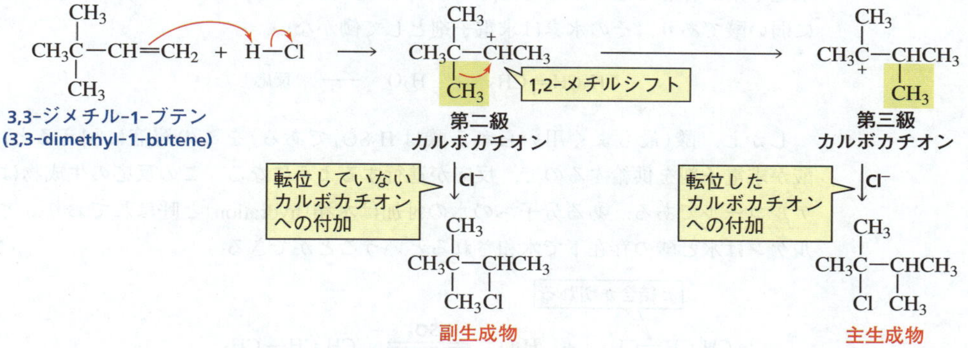

(反応スキーム: 3,3-ジメチル-1-ブテン + H—Cl → 第二級カルボカチオン → 1,2-メチルシフト → 第三級カルボカチオン)

転位していないカルボカチオンへの付加 → 副生成物
転位したカルボカチオンへの付加 → 主生成物

問題 8（解答あり）

次のカルボカチオンのうち転位すると考えられるのはどれか．

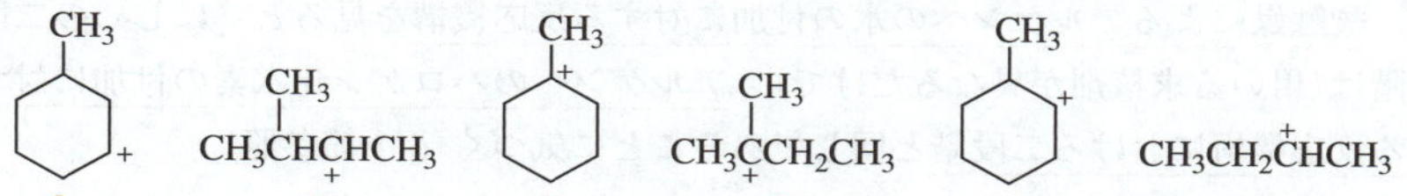

A: 1-メチルシクロヘキシルカチオン（環の、メチルを持つ炭素の隣の炭素が+）
B: $CH_3CH^+CHCH_3$ の形（$(CH_3)_2CH\overset{+}{C}HCH_3$ 相当）
C: シクロヘキシルカチオン（環上の炭素が+、メチル基付き）
D: $CH_3\overset{+}{C}CH_2CH_3$ (CH₃ 付き)
E: 1-メチルシクロヘキシルカチオン
F: $CH_3CH_2\overset{+}{C}HCH_3$

解答

A は第二級カルボカチオンである．1,2-ヒドリドシフトすると同様の安定性をもつ別の第二級カルボカチオンに変換されるが，この転位によってエネルギー的有利さは生じないので，転位しない．

B は第二級カルボカチオンである．1,2-ヒドリドシフトするとより安定な第三級カルボカチオンに変換されるので，転位する．

$$\underset{H}{\overset{CH_3}{\underset{|}{CH_3C}}}\!\!-\!\!\overset{+}{C}HCH_3 \longrightarrow \overset{CH_3}{\underset{|}{CH_3\overset{+}{C}}}CH_2CH_3$$

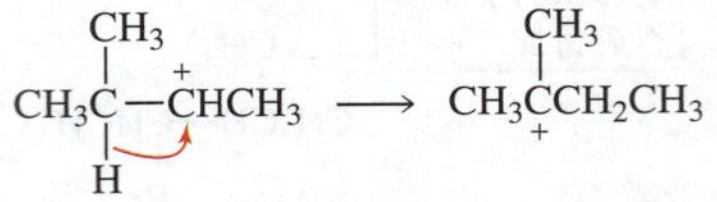

C は第三級カルボカチオンである．転位してもその安定性は向上しないので，転位しない．

D は第三級カルボカチオンである．転位してもその安定性は向上しないので，転位しない．

E は第二級カルボカチオンである．1,2-ヒドリドシフトするとより安定な第三級カルボカチオンに変換されるので，転位する．

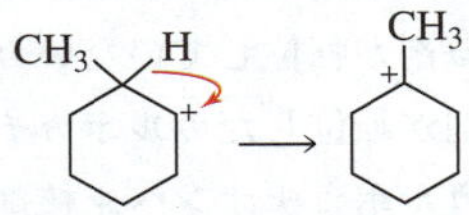

F は第二級カルボカチオンである．転位は別の第二級カルンボカチオンを生じるだけなので，転位しない．

6.5 アルケンへの水の付加

アルケンは水と反応しない．なぜなら，アルケンへ付加して反応を開始させる求電子剤が存在しないからである．水の O—H 結合は強く，そのために水は非常に弱い酸であり，その水素は求電子剤として働かない．

$$CH_3CH=CH_2 + H_2O \longrightarrow 反応しない$$

しかし，酸(最もよく用いられる酸は H_2SO_4 である)をこの溶液に加えると，酸が求電子剤を供給するので，反応が進行するようになる．この反応の生成物は<u>アルコール</u>である．ある分子への水の付加は**水和**(hydration)と呼ばれており，アルケンは水と酸の存在下で水和されるということができる．

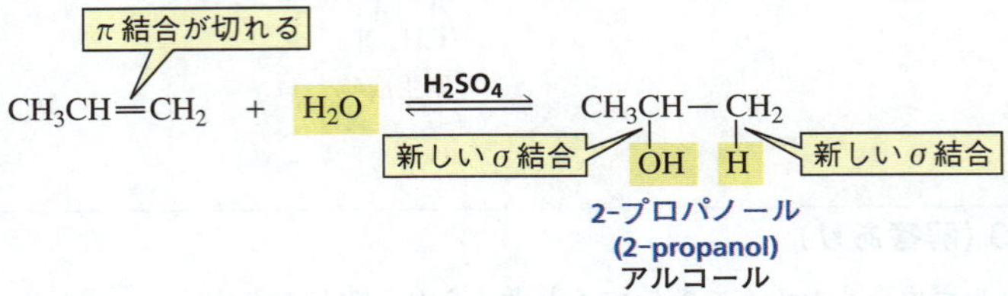

$$CH_3CH=CH_2 + H_2O \underset{}{\overset{H_2SO_4}{\rightleftharpoons}} CH_3CH-CH_2 \atop OHH$$

π結合が切れる ／ 新しいσ結合 ／ 新しいσ結合

2-プロパノール
(2-propanol)
アルコール

酸触媒によるアルケンへの水の付加に対する反応機構を見ると，<u>はじめの二段階は(用いる求核剤が異なるだけで)，アルケンへのハロゲン化水素の付加に対する反応機構における二段階と同じであることに気づく</u>(6.1 節参照)．

酸触媒によるアルケンへの水の付加の反応機構

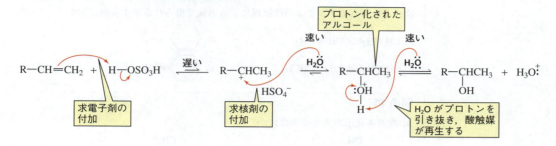

- H^+（求電子剤）は，最も多くの水素が結合しているアルケン（求核剤）の sp^2 炭素へ結合する．
- H_2O（求核剤）はカルボカチオン（求電子剤）に結合し，プロトン化されたアルコールを生成する．
- プロトン化されたアルコールの pK_a よりも溶液の pH のほうが大きいので，プロトン化されたアルコールはプロトンを失う（2.10 節参照）．（プロトン化されたアルコールが非常に強い酸であることはすでに学んだ；2.6 節参照）．

したがって，全体の反応は，最も多く水素が結合した sp^2 炭素への求電子剤の付加と他方の sp^2 炭素への求核剤の付加である．

5.9 節で見たように，求電子剤のアルケンへの付加は比較的遅く，次のカルボカチオンへの求核剤の付加は迅速に起こる．カルボカチオンと求核剤の反応は非常に速く，いったんカルボカチオンが生成すると，最初に衝突するどのような求核剤とも結合する．溶液中には二つの求核剤，すなわち，水と HSO_4^-（反応開始のために用いた酸の共役塩基）が存在する．* 水は HSO_4^- よりもはるかに高濃度なので，カルボカチオンは水と衝突しやすい．したがって，付加反応の最終生成物はアルコールである．

H_2SO_4 は水和反応を触媒する．触媒は反応速度を上げるが，反応過程において消費されないことを見てきた（5.10 節参照）．したがって，一段階目でプロトンはアルケンに付加するが，最終段階でプロトンは反応混合物中に再生される．だから，反応全体としてはプロトンは消費されない．アルケンの水和に用いられる触媒は酸なので，水和は**酸触媒反応**（acid-catalyzed reaction）と呼ばれる．

触媒は，活性化自由エネルギーを下げることにより反応速度を増大させるが，反応の平衡定数には影響しないことを思い出そう（5.10 節参照）．つまり，触媒は生成物が生成する速度を増大させるが，反応が平衡に達したときに生成する生成物の量には影響を及ぼさない．

* HO^- はこの反応では求核剤にはなりえない．なぜなら，酸性溶液中では HO^- 濃度が十分でないからである．

アルケンの反応で得られる生成物を覚えようとしても無駄である．その代わりに，各反応に対して，「何が求電子剤か」，「どのような求核剤が最大濃度で存在しているか」を確認しよう．

問題 9 ◆

酸触媒によるアルケンの水和の反応機構に関する次の問いに答えよ．
a. 遷移状態はいくつあるか．
b. 中間体はいくつあるか．
c. 正反応のどの段階が最も小さい速度定数をもつか．

問題 10◆
次のそれぞれのアルケンの酸触媒による水和で得られる主生成物は何か.

a. $CH_3CH_2CH_2CH=CH_2$

b. (シクロヘキセン)

c. $CH_3CH_2CH_2CH=CHCH_3$

d. (メチレンシクロヘキサン)

問題 11
a. 次の各反応の主生成物は何か.

1. $CH_3\underset{\underset{CH_3}{|}}{C}=CH_2 + HCl \longrightarrow$

2. $CH_3\underset{\underset{CH_3}{|}}{C}=CH_2 + HBr \longrightarrow$

3. $CH_3\underset{\underset{CH_3}{|}}{C}=CH_2 + H_2O \xrightarrow{H_2SO_4}$

4. $CH_3\underset{\underset{CH_3}{|}}{C}=CH_2 + H_2O \longrightarrow$

b. 反応 1〜3 に共通する点を答えよ.
c. 反応 1〜3 において異なる点を答えよ.

問題 12
アルケンを出発物質の一つとして, 次の化合物はどのようにして合成されるか.

a. シクロヘキサノール(–OH)

b. $CH_3\underset{\underset{CH_3}{|}}{\overset{\overset{CH_3}{|}}{C}}OH$

c. シクロペンタノール(–OH)

d. $CH_3\underset{\underset{OH}{|}}{C}HCH_2CH_3$

6.6 アルケン反応の立体化学

立体異性体(4章参照)と求電子付加反応についてよく理解できたはずであるから, ここで二つのテーマを一つにまとめて, これらの反応の立体化学を考えてみよう. すなわち, この章で学んだ求電子付加反応において生じる立体異性体について見ていこう.

アルケンが HBr のような求電子剤と反応するとき, 付加反応の主生成物は, 最も多く水素が結合している sp^2 炭素に求電子剤(H^+)が, 他方の sp^2 炭素に求核剤(Br^-)が結合して生じることを学んだ(6.3節参照). したがって, 次の反応で得られる主生成物は 2-ブロモプロパンである. この生成物には不斉中心がないので立体異性体は存在しない. そのため, この反応の立体化学に注意を払う必要はない.

$$CH_3CH=CH_2 \xrightarrow{HBr} CH_3\overset{+}{C}HCH_3 \; Br^- \longrightarrow CH_3\underset{\underset{Br}{|}}{C}HCH_3$$

プロペン
(propene)

2-ブロモプロパン
(2-bromopropane)
立体異性体は存在しない

次の反応は不斉中心をもつ生成物を生じるので, この反応の立体化学に注意を

払わなくてはならない．生成物の立体配置は何であろうか．つまり，R-エナンチオマー，S-エナンチオマー，あるいは両方か．

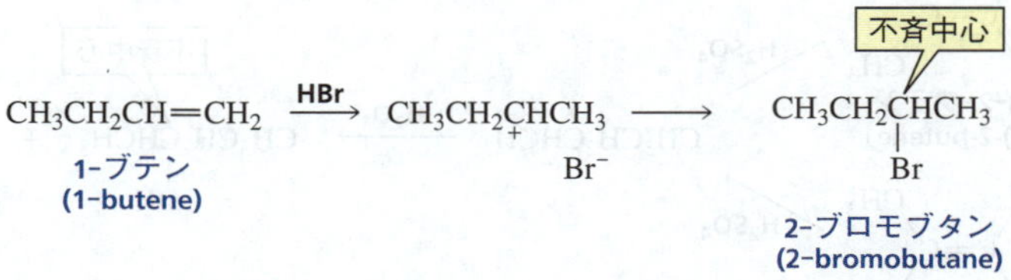

$$CH_3CH_2CH=CH_2 \xrightarrow{HBr} CH_3CH_2\overset{+}{C}HCH_3 \; Br^- \longrightarrow CH_3CH_2\underset{Br}{C}HCH_3$$

1-ブテン
(1-butene)

不斉中心

2-ブロモブタン
(2-bromobutane)

不斉中心をもたない反応物が一つの不斉中心を生じる反応を行うと，生成物は常にラセミ体となる．たとえば，いま見てきた1-ブテンとHBrとの反応では，等量の(R)-2-ブロモブタンと(S)-2-ブロモブタンが生成する．なぜそうなるのだろうか．

H^+がアルケンに付加して生成するカルボカチオン中間体の sp^2 炭素に結合した三つの基は平面上にある（1.10節参照）．臭化物イオンが面の上方から中間体に接近するとき，一方のエナンチオマーが生成する．面の下方から接近するときは他方のエナンチオマーが生成する．臭化物イオンはその面の両側から等しく接近するので，RとSのエナンチオマーが同量生成する（図6.3）．

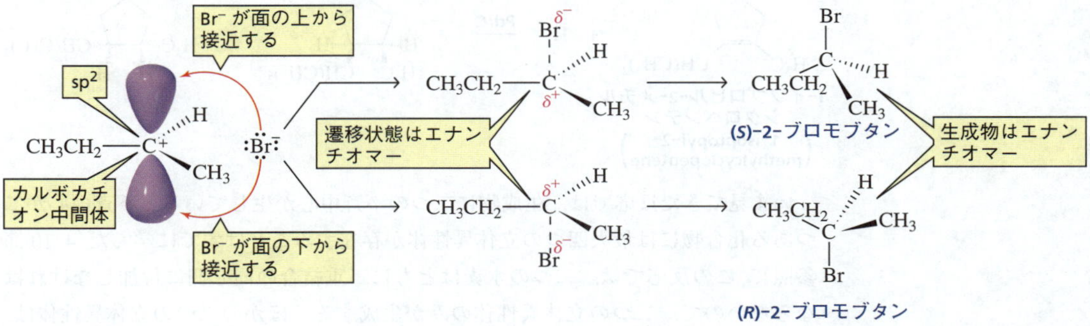

▲ 図 6.3
反応の生成物はエナンチオマーなので，生成物に導く遷移状態もエナンチオマーである．したがって，その二つの遷移状態は同じ安定性をもち，二つの生成物は同じ速度で形成されるであろう．よって，生成物はラセミ体になる．

不斉中心をもたない反応物から不斉中心をもつ生成物が生じる反応においては，常にラセミ体が生成する．したがって，次の反応の生成物はラセミ体である．

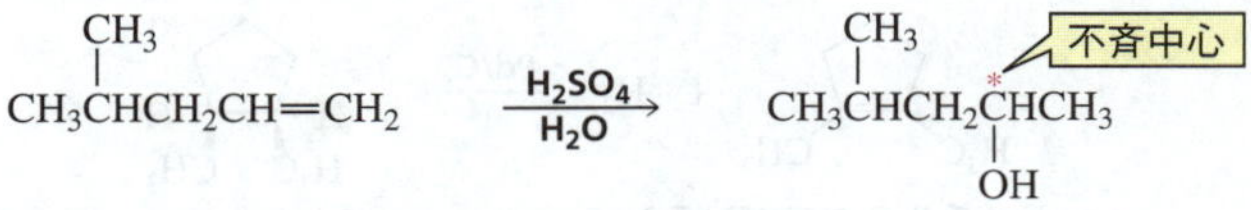

$$CH_3CHCH_2CH=CH_2 \xrightarrow[H_2O]{H_2SO_4} CH_3CHCH_2\overset{*}{C}HCH_3$$

（with CH_3 上の枝, OH 付き, 不斉中心）

この反応の生成物はここに示す立体配置をもつ．

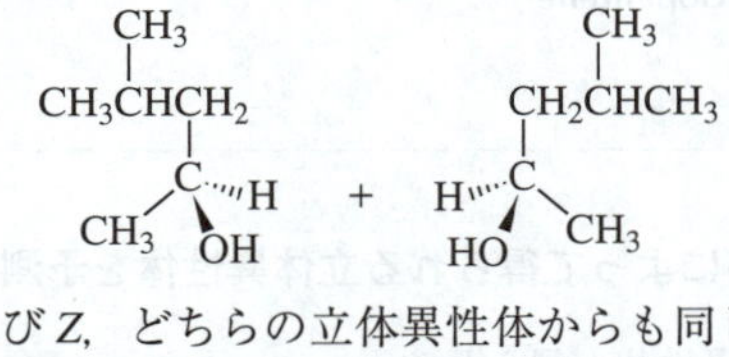

アルケンのEおよびZ，どちらの立体異性体からも同じカルボカチオンが生成するので，同じ生成物が得られることに気づこう．この反応では新たに不斉中心

> 不斉中心をもたない反応物が，1個の不斉中心をもつ生成物を生じるとき，生成物は常にラセミ体となる．

が生じるので，生成物はラセミ体である．

$$
\begin{array}{c}
(E)\text{-2-ブテン} \\
[(E)\text{-2-butene}]
\end{array}
\xrightarrow{H_2SO_4}
CH_3CH_2\overset{+}{C}HCH_3
\xrightarrow{H_2O}
CH_3CH_2\underset{OH}{C}HCH_3 + H^+
$$

$$
\begin{array}{c}
(Z)\text{-2-ブテン} \\
[(Z)\text{-2-butene}]
\end{array}
\xrightarrow{H_2SO_4}
$$

不斉中心

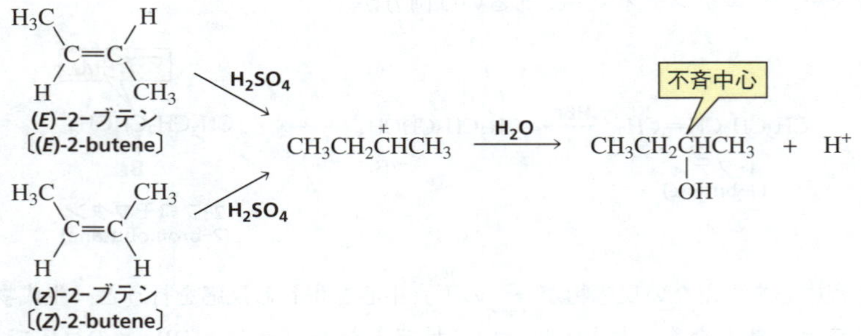

　接触水素化反応において，アルケンは H_2 が吸着されている金属触媒の表面につくことを見てきた（図 5.3 参照）．その結果，二つの水素原子は二重結合の同じ側に付加する．したがって，アルケンが環状である場合，H_2 の付加はシス形立体異性体を生じる．それは，二つの水素が二重結合の同じ側に付加するからである．水素は二重結合の上からでも下からでも接近できるので，二つの立体異性体が生成する．この生成物はラセミ体である．二つの生成物がエナンチオマー（重ね合わせられない鏡像）であることは，一方を裏返して見てみるとわかるだろう．

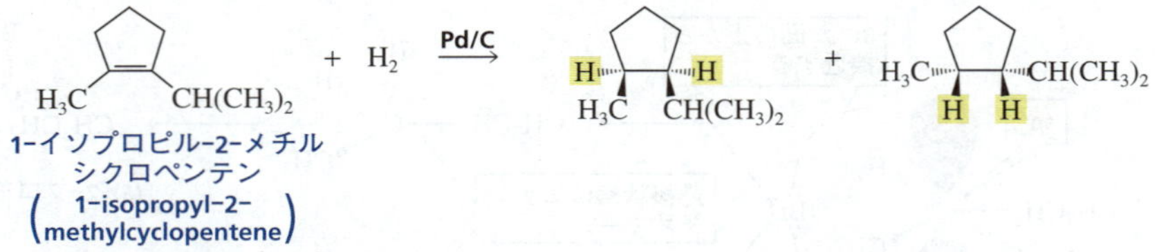

1-イソプロピル-2-メチルシクロペンテン
(1-isopropyl-2-methylcyclopentene)

$+ H_2 \xrightarrow{Pd/C}$

　いま見てきた反応では，生成物に二つの不斉中心が生じている．不斉中心が二つある化合物には最大四つの立体異性体が存在することはすでに学んだ（4.10 節参照）．この反応では，二つの水素はともに二重結合の同じ側に付加しなければならないので，二つの立体異性体のみが生成する．ほかの二つの立体異性体は，二つの水素が二重結合の反対側から付加できるときにのみ得られる．

　次の反応ではただ一つの立体異性体が生成する．生成物中の二つの不斉中心には，それぞれ同じ四つの置換基が結合している．したがって，生成物はメソ化合物である．メソ化合物はその鏡像と重ね合わせられることを思い出そう（4.12 節参照）．そのため，この反応では一つの立体異性体が生じる．

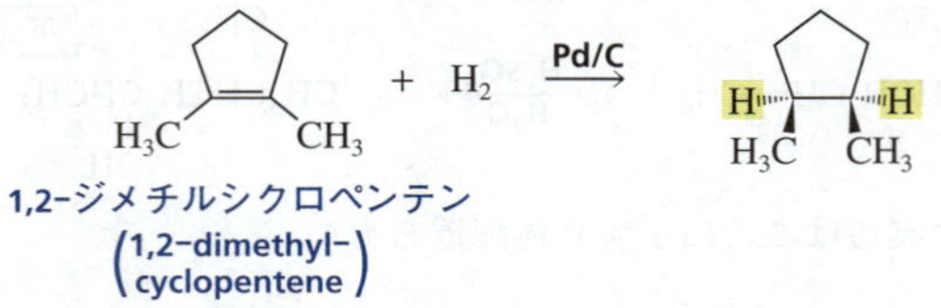

1,2-ジメチルシクロペンテン
(1,2-dimethyl-cyclopentene)

$+ H_2 \xrightarrow{Pd/C}$

【問題解答の指針】
アルケンへの付加反応によって得られる立体異性体を予測する

次の反応でどんな立体異性体が得られるか．

a. 1-ブテン + H₂O + H₂SO₄   **b.** シクロヘキセン + HBr
c. (*E*)-3-メチル-2-ヘキセン + H₂O + H₂SO₄
d. (*Z*)-3-メチル-2-ヘキセン + H₂O + H₂SO₄

その反応が不斉中心を生じるかどうか調べるために，その立体配置については考えずに，生成物を書くことから始める．次に，反応物の立体配置を決定する．では，**a** から始めよう．

a. 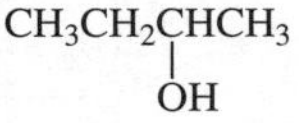 CH₃CH₂CHCH₃
         |
        OH

生成物は一つの不斉中心をもっているので，*R* 配置と *S* 配置のエナンチオマーが等量生成する．

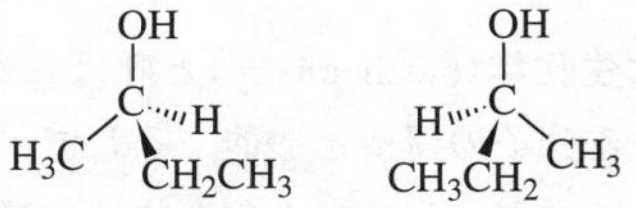

b. 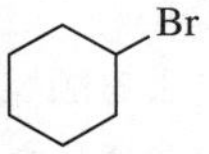 シクロヘキシル-Br

この生成物は不斉中心をもっていないので，立体異性体はない．

c. 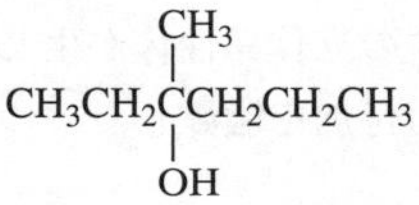 CH₃CH₂C(CH₃)(OH)CH₂CH₃

生成物は不斉中心をもっているので，*R* 配置および *S* 配置のエナンチオマーが等量生成する．

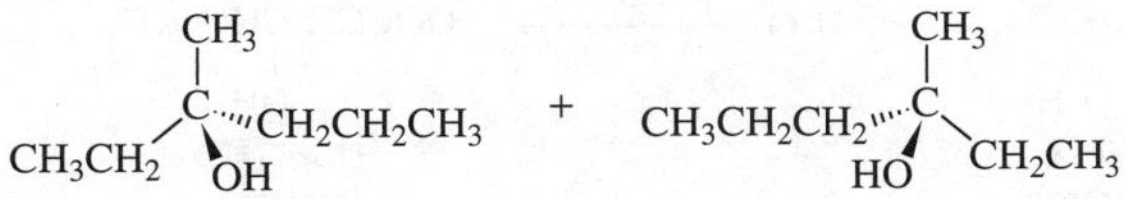

d. 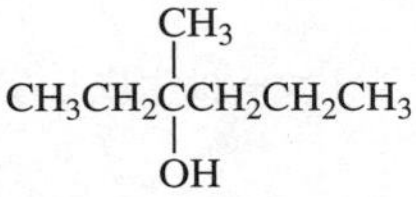 CH₃CH₂C(CH₃)(OH)CH₂CH₃

設問 c で生成したものと同じ立体異性体が生成する．設問 c における *E* 異性体のプロトン化および設問 d における *Z* 異性体のプロトン化により生成するカルボカチオンは同じものであり，続く水分子との反応は同じ生成物を与える．

ここで学んだ方法を使って問題 13 と 14 を解こう．

問題 13

次のそれぞれの反応でどんな立体異性体が得られるか．

a. CH₃CH₂CH₂CH=CH₂ $\xrightarrow{\text{HCl}}$

b. 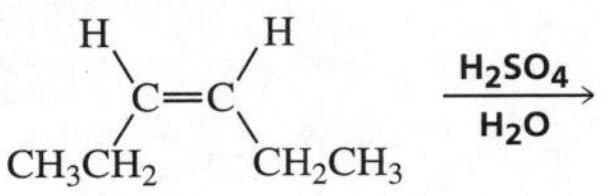 (*E*)-3-ヘキセン $\xrightarrow[\text{H}_2\text{O}]{\text{H}_2\text{SO}_4}$

c. 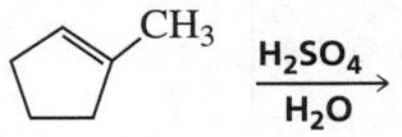 1-メチルシクロペンテン $\xrightarrow[\text{H}_2\text{O}]{\text{H}_2\text{SO}_4}$

d. 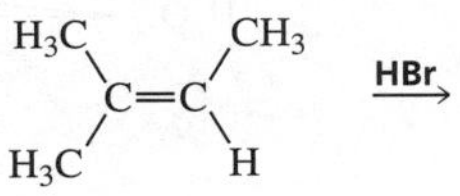 2,3-ジメチル-2-ブテン $\xrightarrow{\text{HBr}}$

問題 14

次の反応でどんな立体異性体が得られるか．

a. *trans*-2-ブテン + HBr
b. (*Z*)-3-メチル-2-ペンテン + HBr
c. 1,2-ジメチルシクロヘキセン + H_2, Pd/C
d. *cis*-3-ヘキセン + HBr
e. *cis*-2-ペンテン + HBr
f. 1-エチル-2-メチルシクロヘキセン + H_2, Pd/C

6.7 酵素触媒反応の立体化学

生体に関連する化学は**生化学**（biochemistry）と呼ばれる．生化学を学ぶときは，生物の世界で見いだされる分子の構造と機能，そして，これらの分子の合成と分解に関連する反応について学ぶ．生体中の化合物は有機化合物なので，有機化学に出てくる反応の多くが生体系でも起こっていることは驚きではない．

生体系で起こる反応は，**酵素**（enzyme）と呼ばれるタンパク質による触媒作用を受けている（5.11節参照）．アルケンがHBrあるいはH_2SO_4/H_2Oのような反応剤と反応して不斉中心をもつ生成物を生じるとき，生成物はラセミ体であることを見てきた．しかし，酵素による触媒反応ではただ一つの立体異性体が生じる．

たとえば，フマラーゼという酵素はフマル酸への水の付加を触媒し，一つの不斉中心をもつ化合物のリンゴ酸を生成する．

> 不斉中心をもつ生成物が生じる反応に酵素が触媒作用を及ぼすと，ただ一つの立体異性体が生成する．

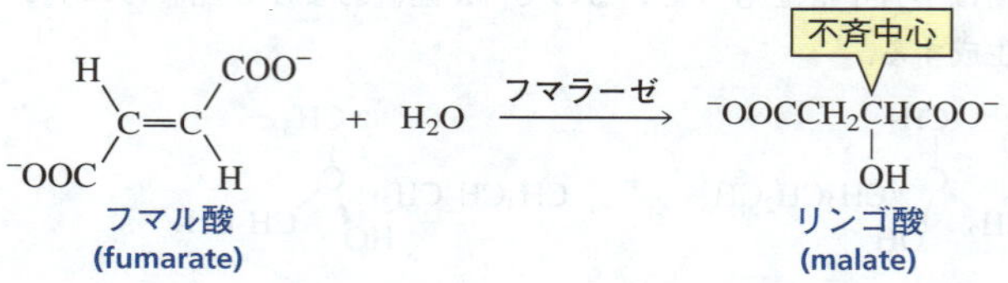

フマル酸 (fumarate) + H_2O →（フマラーゼ）→ リンゴ酸 (malate) 〔不斉中心をもつ $^-OOCCH_2CHCOO^-$ の OH 位置〕

この反応は，(*S*)-リンゴ酸のみを生じ，*R*配置のエナンチオマーは生成しない．

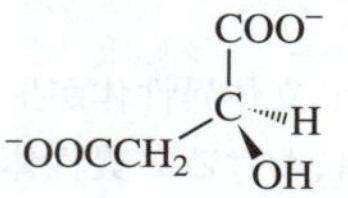

(*S*)-リンゴ酸 〔(*S*)-malate〕

酵素触媒反応はただ一つの立体異性体しか生成しない．なぜなら，酵素の結合部位が反応物の一方の側からだけしか反応剤が接近できないようにするからである．

酵素／活性部位／水はカルボカチオンの一方の側からのみ接近することができる

また酵素は，特異的に一つの立体異性体の反応を促進する．たとえば，フマラーゼは，マレイン酸(シス異性体)ではなく，フマル酸(前に示されているトランス異性体)への水の付加を促進する．

$$\underset{\substack{\text{マレイン酸}\\\text{(maleate)}}}{\overset{\text{\tiny{}^-OOC}\text{COO}^-}{\underset{HH}{C=C}}} + H_2O \xrightarrow{\text{フマラーゼ}} \text{反応しない}$$

酵素は二つの立体異性体を識別できる．それは，その一方のみが酵素活性部位に適合することが許される構造をもっているからである(5.11節参照)．

6.8 生体分子はエナンチオマーを識別できる

酵素は受容体(4.13節参照)と同様に，エナンチオマー間の違いを識別できる．なぜならば，酵素と受容体はタンパク質であり，タンパク質はキラルな分子だからである．

酵 素

水酸化物イオンのようなアキラルな反応剤は，エナンチオマー間の区別がつけられない．したがって，それが(S)-2-ブロモブタンと反応するときと同じ反応速度で，(R)-2-ブロモブタンと反応する．

酵素はキラルであるから，マレイン酸とフマル酸(6.6節)のようなシス－トランス異性体を識別できるだけではなく，エナンチオマー間の違いを認識してそのうちの一方のみの反応を促進することができる．

化学者は，エナンチオマー間を区別できるという酵素の特異性を用いて，エナンチオマーを分離することができる．たとえば，D-アミノ酸酸化酵素は，R-エナンチオマーを酸化する反応のみに触媒作用を示し，S-エナンチオマーを未反応のまま残す．酵素触媒反応の酸化生成物は，反応しなかったエナンチオマーとは別の化合物なので，両者は容易に分離される．

$$\underset{R\text{-エナンチオマー}}{\overset{\text{COO}^-}{\underset{H}{R\cdots C\cdots NH_2}}} + \underset{S\text{-エナンチオマー}}{\overset{\text{COO}^-}{\underset{H}{H_2N\cdots C\cdots R}}} \xrightarrow{\text{D-アミノ酸酸化酵素}} \underset{\substack{\text{酸化された}\\R\text{-エナンチオマー}}}{\overset{\text{\tiny{}^-OOC}}{\underset{R}{C=NH}}} + \underset{\substack{\text{反応しなかった}\\S\text{-エナンチオマー}}}{\overset{\text{COO}^-}{\underset{H}{H_2N\cdots C\cdots R}}}$$

酵素の結合部位はキラルなので，酵素はエナンチオマー間やシス－トランス異性体間の違いを識別できる．そのため酵素は，そのキラルな結合部位にある置換基と正確な位置で相互作用する置換基をもつ立体異性体とのみ結合する(図4.8参照)．

<u>右手にだけ合う右手用手袋のように，酵素はただ一つの立体異性体を生成し，一つの立体異性体とだけ反応する．</u>

アキラルな反応剤は両エナンチオマーと同等に反応する．アキラルな靴下がどちらの足にも合うのと同様である．

キラルな反応剤はエナンチオマー間で反応性が異なる．キラルな靴は一方の足にだけ合うのと同様である．

問題 15 ◆

a. フマル酸と H_2O の反応を，フマラーゼの代わりに触媒として H_2SO_4 を用いて行ったときの生成物は何か．

b. マレイン酸と H_2O の反応を，フマラーゼの代わりに触媒として H_2SO_4 を用いて行ったときの生成物は何か．

6.9 アルキンの基礎

アルキン（alkyne）は，炭素—炭素三重結合をもつ炭化水素である．天然に存在するアルキンの例は比較的少ない．殺菌作用のあるカピリンや，アマゾンの先住民が毒矢の先に塗る痙攣作用のあるイクチオテレオールなどがその例である．

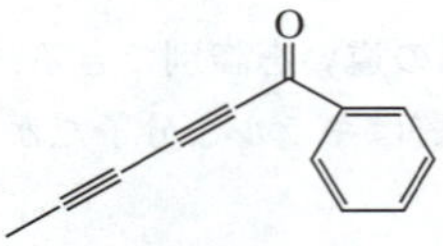

カピリン
(capillin)
殺菌剤

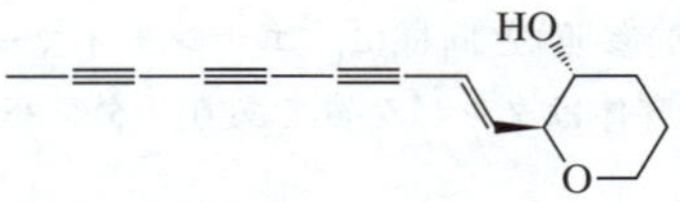

イクチオテレオール
(ichthyothereol)
けいれん誘発薬

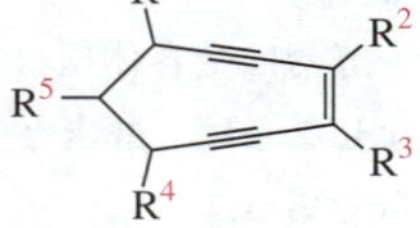

エンジイン
(enediyne)
抗がん剤の一種

また，エンジインと呼ばれる一連の天然物は，DNA を切断することができるため，強い抗がん作用をもつことが知られている．（作用機序は 14 章の問題 22 を参照．）すべてのエンジイン化合物は，九または十員環のなかに二重結合をはさんで二つの三重結合をもっている．初めて臨床使用が認められたエンジイン化合物の一つは，急性骨髄性白血病の治療に用いられた．その他，いくつかのエンジイン化合物については，医薬品としての臨床試験が行われている（この章の後半にあるコラムを参照）．

その他，いくつかの市販薬は官能基としてアルキンを含んでいるが，これらは天然物ではなく，化学者が合成することによってのみ得られる化合物である．それらの商標名を下に緑色で示した．商標名は必ず大文字で書きはじめ，その製品の特許をもつ会社のみが，商業目的で商標名を用いることができる．

Sinovial® 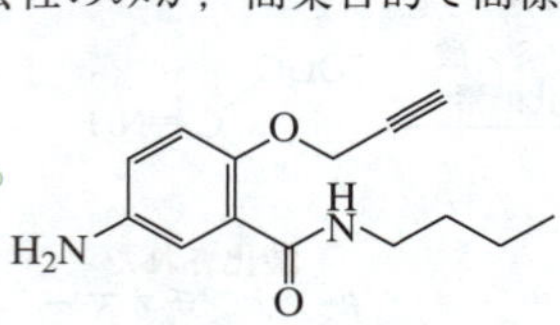
パルサルミド
(parsalmide)
鎮痛剤

Supirdyl® 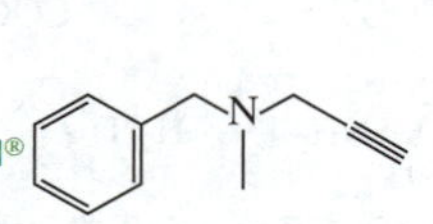
パルジリン
(pargyline)
降圧剤

合成アルキンはパーキンソン病の治療薬に使われている

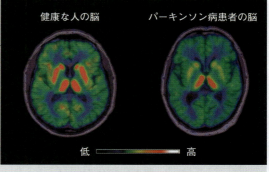

健康な人の脳　　　パーキンソン病患者の脳

低　　　　高

パーキンソン病は徐々に進行する病気で，体に震えが起こるのが特徴である．それは，中脳の黒質と呼ばれる三日月状の領域にある細胞が破壊されることにより引き起こされる．それらの細胞は，運動や筋肉の調節，平衡感覚にかかわる重要な神経伝達物質であるドーパミンを放出する．神経伝達物質とは，脳細胞間の情報伝達に使われる化合物である．

ドーパミンはチロシン（一般的な 20 種類のアミノ酸の一つ；17.1 節参照）から合成される．パーキンソン病は患者に直接ドーパミンを投与して治療することが理想的ではある．しかし，残念ながらドーパミンは十分な極性をもたないために血液脳関門を通過することができない．そのため，その直接前駆体である L-ドーパ（L-DOPA）が薬として使われる．しかし，一定期間服用を続けると，L-ドーパは効かなくなってしまう．

チロシン
(tyrosine)
→ チロシンヒドロキシラーゼ →
L-ドーパ
(L-DOPA)
→ アミノ酸デカルボキシラーゼ →
ドーパミン
(dopamine)
→ モノアミンオキシダーゼ →

ドーパミンは，体内でモノアミンオキシダーゼと呼ばれる酵素によって酸化される．C≡CH 基をもつ 2 種類の薬がこの酵素の阻害剤として開発された．それらはドーパミンの酸化を阻害することにより，脳内でのドーパミンの効能を増大させる．どちらの薬もドーパミンとよく似た構造をしているので，酵素の活性中心に結合することができる．（酵素は基質の形を認識することを思い出そう；6.6 節，6.7 節．）これらの薬は酵素の活性中心にある官能基と共有結合を形成するため，それらが活性中心にいつまでもくっついていることになり，ドーパミンが酵素に結合するのを妨げる．L-ドーパを継続的に服用している患者は，現在ではより長い間隔をあけて服用することで，長期間にわたって病状をコントロールできるようになった．

セレギリン
(selegiline)
Eldepryl®

ラサジリン
(rasagiline)
Azilect®

セレギリン（selegiline，商標名：Eldepryl®）は，はじめ FDA（アメリカ食品医薬品局）に承認された．しかし，代謝生成物の一つがメタンフェタミン（"スピード"と呼ばれるストリートドラッグ；164 ページ参照）の構造とよく似ていたため，この薬を服用した患者の精神や心臓に影響を及ぼす事例が報告された．これらの副作用はラサジリン（rasagiline，商標名：Azilect®）を服用した患者には起こらなかった．

ほとんどの酵素の名前が "ase" で終わり，その前にその酵素がどんな反応を触媒するかを示していることに注目しよう．たとえば，チロシンヒドロキシラーゼ（tyrosine hydroxylase）は，チロシンにヒドロキシ基（OH）を付加し，アミノ酸デカルボキ

シラーゼ（amino acid decarboxylase）は，アミノ酸からカルボキシ基（COO⁻）を取り除く（この酵素の場合，アミノ酸と似た化合物も基質となる）．そして，モノアミンオキシダーゼ（monoamine oxidase）はアミンを酸化する酵素である．

🧪 なぜ薬はこんなにも高価なのか？

新薬を売り出すまでにかかる平均的なコストは12億ドルにものぼる．製薬会社はこのコストを回収するために急がねばならない．まず，新薬が発見されたらすぐに特許を出願しなければならない．特許は20年間有効だが，薬は最初の発見から市場で販売されるまで平均して12年間かかるので，特許はその薬の発見者を平均8年間守ってくれることになる．特許が守ってくれるのはたった8年間なので，薬の開発にかかった初期コストやさらなる新薬開発のためのコストを，そのあいだの薬の販売によって得られる収入でまかなわなければならない．

では，なぜ新薬の開発にはそんなにもお金がかかるのだろうか．まず，薬が実用化の承認を得るためには，アメリカ食品医薬品局（FDA）が定める厳しい基準を満たす必要があるからだ．また，多くの薬が高価になる重要な要因の一つに，当初の構想から薬として認可される段階までと開発を進めることのできる確率がきわめて低いことがあげられる．実際に，リード化合物になるのはテストした100個の化合物のうちのたった一つか二つである．リード化合物とは，薬になる見込みがある化合物のことである．化学者は，リード化合物の化学構造を改変することによって，化合物が薬になりうる可能性があるかどうかを見きわめる．一つのリード化合物について，100種類の構造改変をしたとしても，そのうちのたった一つの化合物がさらなる研究に進む価値があるといった具合である．そして，10,000種類の化合物が動物実験によって評価されたとしても，そのうちのたった10種類ほどの化合物しか臨床試験に進むことができない．

臨床試験には三つの段階（相）がある．第1相試験（フェーズⅠ）では，薬の有効性，安全性，副作用，および投薬量に関する評価を，100人の健康なボランティアに対して行う．第2相試験（フェーズⅡ）では，薬の有効性，安全性，および副作用に関する評価を，その薬で治療すべき症状がある100〜500人のボランティアに対して行う．第3相試験（フェーズⅢ）では，薬の有効性と適切な投薬量を確立し，数千人のボランティア患者に対して投与して副作用を監視する．臨床試験に進む10個ほどの化合物のうち，市場に出る薬となる厳しい条件を満たすことができるのは，たった一つの化合物だけである．

6.10 アルキンの命名法

アルキンの体系的な命名法は，アルカンの語尾の"ane"を"yne"に変えるだけである．アルケンの命名法と同じように，炭素—炭素三重結合を含む連続した最長の炭素鎖を選び，アルキン官能基の番号が最も小さくなるように命名する（5.1節参照）．三重結合が鎖の末端にある場合，そのアルキンは**末端**アルキン（terminal alkyne）として分類される．また，三重結合が鎖の内側にある場合は**内部アルキン**（internal alkyne）と呼ぶ．

1-ヘキシン
(1-hexyne)
末端アルキン

3-ヘキシン
(3-hexyne)
内部アルキン

体系的名称：　エチン　　　1-ブチン　　　2-ペンチン　　　4-メチル-2-ヘキシン
　　　　　　(ethyne)　　(1-butyne)　　(2-pentyne)　　(4-methyl-2-hexyne)
慣用名：　アセチレン
　　　　　(acetylene)

HC≡CH　　CH₃CH₂C≡CH　　CH₃C≡CCH₂CH₃　　CH₃CHC≡CCH₃ (with CH₂CH₃ substituent)

末端アルキン　　内部アルキン

アセチレンという慣用名は，アルキンの慣用名としては本来不適切である．なぜなら，アセチレンは三重結合をもつにもかかわらず，その語尾が二重結合を表す"ene"で終わるからである．

6.10 アルキンの命名法　235

炭素鎖のどちらの端から数えてもアルキン官能基の番号が等しくなる場合は，体系的命名法では，ほかの置換基の番号がより小さくなるように命名する．化合物が複数の置換基をもっている場合は，置換基をアルファベット順に並べる．

```
       Cl Br
CH₃CHCHC≡CCH₂CH₂CH₃
  1  2  3 4 5 6  7   8
```

3-ブロモ-2-クロロ-4-オクチン
(3-bromo-2-chloro-4-octyne)
(6-ブロモ-7-クロロ-4-オクチン
は 2 < 6 なので誤り)

```
      CH₃
CH₃CHC≡CCH₂CH₂Br
 6   5 4 3  2   1
```

1-ブロモ-5-メチル-3-ヘキシン
(1-bromo-5-methyl-3-hexyne)
(6-ブロモ-2-メチル-3-ヘキシン
は 1 < 2 なので誤り)

官能基を示す接尾語がない場合か，どちらの端から数えても官能基の番号が同じになる場合には，置換基にできるだけ小さい番号をつける．

問題 16◆

次の化合物を命名せよ．

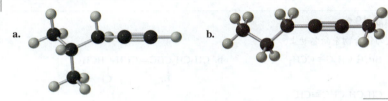

a.　　　　　　　　　　　b.

避妊に用いられる合成アルキン

エストラジオールとプロゲステロンは天然の女性ホルモンである．それらはその環状構造から，ステロイドに分類される（3.14 節参照）．エストラジオールは，体形，脂肪のつき具合，骨格，そして関節といった女性の第二次性徴に影響をもたらす物質である．プロゲステロンは妊娠を維持させるのに必須の化合物である．

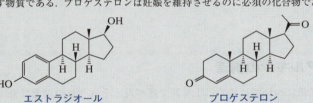

エストラジオール　　　　　プロゲステロン
(estradiol)　　　　　　　(progesterone)

次の四つの化合物はそれぞれがアルキンの官能基をもつ合成ステロイドで，避妊に用いられる．ほとんどの経口避妊薬はエチニルエストラジオール（エストラジオールと構造が似た化合物）を含んでおり，その構造はプロゲステロンに似ている（たとえばノルエチンドロン）．エチニルエストラジオールは排卵を妨げる．一方，ノルエチンドロンは受精卵が子宮壁に付着（着床）するのを妨げる．

エチニルエストラジオール　　ノルエチンドロン　　　ミフェプリストン　　　レボノルゲストレル
(ethinyl estradiol)　　　　(norethindrone)　　　(mifepristone)　　　　(levonorgestrel)
　　　　　　　　　　　　　　Aygestin®　　　　　　RU–486　　　　　　　　Norplant®
　　　　　　　　　　　　　　　　　　　　　　　　Mifegyne®

ミフェプリストンとレボノルゲストレルも合成ステロイドで，アルキンの官能基を含んでいる．ミフェプリストンは RU-486 としても知られており，妊娠早期に服用すると流産を起こす．その名称は，この化合物を初めて合成したフランスの製薬会社である Roussel-Uclaf 社と，そこで任意につけられた実験室での整理番号に由来している．レボノルゲストレルは緊急経口避妊薬である．これを性交渉から数日以内に服用すると，避妊することができる．

問題 17◆

次のそれぞれの化合物の構造式を書け．
a. 1-クロロ-3-ヘキシン　b. シクロオクチン　c. 4,4-ジメチル-1-ペンチン

問題 18

分子式 C_6H_{10} で表される七つのアルキンの構造式を書き，名称を示せ．

問題 19◆

次の化合物を命名せよ．

a. BrCH$_2$CH$_2$C≡CCH$_3$　　　　　b. CH$_3$CH$_2$CHC≡CCH$_2$CHCH$_3$
　　　　　　　　　　　　　　　　　　　　　　|　　　　　|
　　　　　　　　　　　　　　　　　　　　　Br　　　　Cl

c. CH$_3$CH$_2$CHC≡CH
　　　　　|
　　　　CH$_2$CH$_2$CH$_3$

問題 20◆

次の化合物を命名せよ．

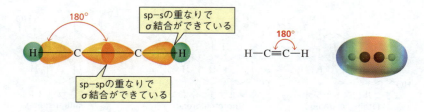

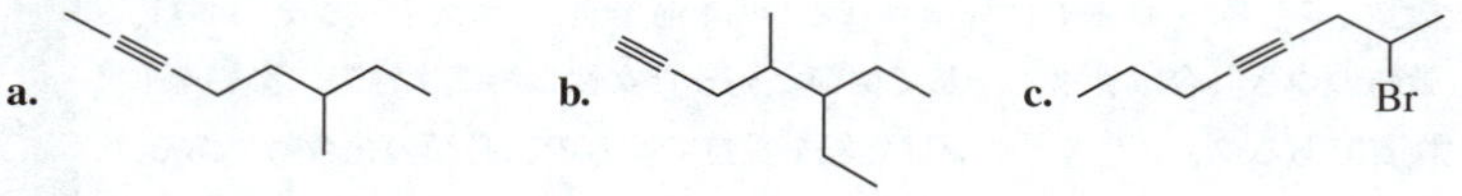

6.11 アルキンの構造

エチンの構造についてはすでに 1.9 節で述べた．それぞれの炭素は sp 混成をしており，その結果，それぞれの炭素は二つの sp 軌道と二つの p 軌道をもっていることを学んだ．一つの sp 軌道は水素原子の s 軌道と重なり，もう一つの sp 軌道は他方の炭素原子の sp 軌道と重なっている．（sp 軌道の小さいローブは書いていない．）二つの sp 軌道は互いに電子反発を最小にするような向きに遠ざかるために，エチンは 180°の結合角をもっている．

その他のアルキンはエチンに似た構造をしている．sp 炭素原子の二つの p 軌道がそれぞれ他方の sp 炭素原子に平行して存在する二つの p 軌道と重なり合う

ことによって二つのπ結合ができ，それによって三重結合が形成されることを思い出そう(図6.4). 結果として，電子がσ結合のまわりを円柱状に包み込むようになる.

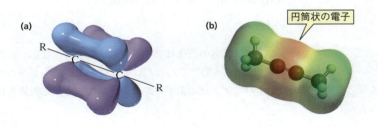

◀図6.4
(a)三重結合を構成する二つのπ結合は，二つの隣り合う炭素上に平行に位置するp軌道どうしが2組重なってできる.
(b) 2-ブチンの静電ポテンシャル図は，円筒状の電子がσ結合のまわりを包み込んでいることを示している.

炭素—炭素三重結合が炭素—炭素二重結合よりも短くて強く，炭素—炭素二重結合が炭素—炭素単結合よりも短くて強いことはすでに学んだ. また，π結合がσ結合よりも弱いこともすでに学んだ(1.14節参照).

アルキル基は，それらがアルケンやカルボカチオンを安定化するのと同様に，アルキンも安定化する(それぞれ5.6および6.2節参照). そのため，内部アルキンは末端アルキンよりも安定である.

> 三重結合は一つのσ結合と二つのπ結合からなる.

問題 21 ◆
強調して示されている炭素—炭素間のσ結合は，どのような混成軌道によって形成されているか.

a. CH$_3$CH=CHCH$_3$ b. CH$_3$CH=CHCH$_3$ c. CH$_3$CH=C=CH$_2$
d. CH$_3$C≡CCH$_3$ e. CH$_3$C≡CCH$_3$ f. CH$_2$=CHCH=CH$_2$
g. CH$_3$CH=CHCH$_2$CH$_3$ h. CH$_3$C≡CCH$_2$CH$_3$ i. CH$_2$=CHC≡CH

6.12 不飽和炭化水素の物理的性質

アルカン，アルケン，アルキンといったすべての炭化水素は，似通った物理的性質を示す. これらの炭化水素はすべて，水に不溶で，非極性溶媒に溶ける(3.8節参照). また，これらの化合物は水よりも密度が低く，ほかの化合物群と同様，分子量が増大するとともに沸点が上昇する. アルキンはアルケンよりも直線的な構造をもち，アルキンがより強い van der Waals 相互作用を引き起こす要因となっている. そのため，アルキンのほうが同じ炭素数のアルケンよりも高い沸点を示す.

6.13 ハロゲン化水素のアルキンへの付加

σ結合のまわりを電子雲が完全に取り囲んでいるため，アルキンは電子が豊富な分子である. すなわち，それはアルキンが求核剤であることを意味しており，求電子剤と反応するはずである. このように，アルキンはアルケンと同様に求電子付加反応を起こすが，それは比較的弱いπ結合のせいである. アルケンに付加

する求電子剤が，同様にアルキンにも付加する．たとえば，塩化水素がアルキンに付加すると，塩素置換アルケンが生成する．

$$CH_3C{\equiv}CCH_3 \xrightarrow{HCl} CH_3C{=}CHCH_3$$
$$\phantom{CH_3C{\equiv}CCH_3 \xrightarrow{HCl} CH_3C{=}}\overset{|}{Cl}$$

さらに，アルキンの求電子付加反応の機構はアルケンの求電子付加反応の機構と似ている．たとえば，5.3節と6.1節で学んだハロゲン化水素がアルケンへ付加する反応機構と，次に示すハロゲン化水素がアルキンへ付加する反応機構を比べてみよう．

アルキンへのハロゲン化水素付加の反応機構

曲がった両矢印は，2電子の移動を意味することを思い出そう．

$$CH_3C{\equiv}CCH_3 + H{-}\ddot{\underset{..}{Cl}}{:} \xrightarrow{\text{遅い}} CH_3\overset{+}{C}{=}CHCH_3 + {:}\ddot{\underset{..}{Cl}}{:}^{-} \xrightarrow{\text{速い}} CH_3\underset{Cl}{\overset{Cl}{\underset{|}{\overset{|}{C}}}}{=}CHCH_3$$

（求核剤，求電子剤，求電子剤，求核剤）

- π電子が求電子的なプロトンに引き寄せられて，比較的弱いπ結合が切断される．
- 正電荷を帯びたカルボカチオン中間体が，負電荷を帯びた塩化物イオンと速やかに反応する．

しかし，アルキンの付加反応にはアルケンの付加とは異なる特徴がある．なぜなら，アルキンに対する求電子剤の付加生成物はアルケンであり，過剰のハロゲン化水素があると2回目の求電子付加が進行しうる．2回目の付加反応では求電子剤（H^+）は結合している水素の数が最も多い sp^2 炭素に結合するからである．これは，求電子付加反応を支配する規則（6.3節）から予測できるとおりである．

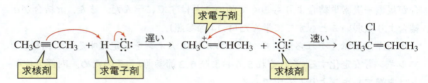

$$CH_3C{\equiv}CCH_3 \xrightarrow{HCl} CH_3C{=}CHCH_3 \xrightarrow{HCl} CH_3CCH_2CH_3$$

（求電子剤はここに付加する／二段階目の求電子付加反応が起こる）

ジェミナルジハロゲン化物

アルキンが末端アルキンであれば，H^+ は水素原子が結合している sp 炭素に付加する．なぜならば，生成する第二級ビニルカチオンは，もう一つの sp 炭素に H^+ が付加したときに生成する第一級ビニルカチオンよりも安定だからである．（アルキル基は正電荷を帯びた炭素原子を安定化することを思い出そう；6.2節．）

6.13 ハロゲン化水素のアルキンへの付加

求電子剤はここに付加する

CH₃CH₂C≡CH —HCl→ CH₃CH₂C⁺=CH₂ Cl⁻ ⟶ CH₃CH₂C=CH₂
1-ブチン |
(1-butyne)   Cl
                                            2-クロロ-1-ブテン
                                            (2-chloro-1-butene)
                                            ハロ置換アルケン

求電子剤は水素原子が結合したsp炭素に付加する.

より安定 CH₃CH₂C⁺=CH₂   CH₃CH₂CH=C⁺H より不安定
        第二級ビニルカチオン   第一級ビニルカチオン

過剰のハロゲン化水素が存在すれば，二段階目の付加反応が進行する．再び，求電子剤(H^+)はより多くの水素原子が結合している sp^2 炭素に付加する．

求電子剤はここに付加する

CH₃CH₂C=CH₂ —HCl→ CH₃CH₂CCH₃
      | |
      Cl   Cl, Cl
2-クロロ-1-ブテン   2,2-ジクロロブタン
                    (2,2-dichlorobutane)

内部アルキンへのハロゲン化水素の付加では，2種類の生成物が生じる．これは，はじめのプロトンの付加がいずれの sp 炭素に対しても同等に起こるからである．

CH₃CH₂C≡CCH₃ + HCl ⟶ CH₃CH₂CH₂CCH₃ + CH₃CH₂CCH₂CH₃
                              | |
                              Cl,Cl   Cl,Cl
2-ペンチン   過剰
(2-pentyne)   2,2-ジクロロペンタン   3,3-ジクロロペンタン
                         (2,2-dichloropentane) (3,3-dichloropentane)

しかし，両方の sp 炭素に同じ基が結合している内部アルキンの場合，ただ一つの生成物しか得られないことに注目しよう．

CH₃CH₂C≡CCH₂CH₃ + HBr ⟶ CH₃CH₂CH₂CCH₂CH₃
                                      |
                                      Br, Br
3-ヘキシン   過剰   3,3-ジブロモヘキサン
(3-hexyne)   (3,3-dibromohexane)

問題 22◆

次のそれぞれの反応の主生成物を示せ．

a. HC≡CCH₃ —HBr→

b. HC≡CCH₃ —過剰の HBr→

c. CH₃C≡CCH₃ —過剰の HBr→

d. CH₃C≡CCH₂CH₃ —過剰の HBr→

6.14 アルキンへの水の付加

6.4節で，アルケンが酸触媒によって水の付加反応を起こすことを学んだ．この場合の求電子付加反応の生成物はアルコールであった．

$$\text{CH}_3\text{CH}_2\text{CH}=\text{CH}_2 + \text{H}_2\text{O} \xrightarrow{\text{H}_2\text{SO}_4} \text{CH}_3\text{CH}_2\underset{\text{OH}}{\text{CH}}-\underset{\text{H}}{\text{CH}_2}$$

求電子剤はここに付加する

1-ブテン

2-ブタノール
(2-butanol)

アルキンもまた，酸触媒による水の付加反応を起こす．

$$\text{CH}_3\text{CH}_2\text{C}\equiv\text{CH} + \text{H}_2\text{O} \xrightarrow{\text{H}_2\text{SO}_4} \text{CH}_3\text{CH}_2\underset{\text{OH}}{\text{C}}=\text{CH}_2 \rightleftharpoons \text{CH}_3\text{CH}_2\underset{\text{O}}{\text{C}}-\text{CH}_3$$

求電子剤はここに付加する

エノール (enol)　　　ケトン (ketone)

最初の反応生成物はエノールである．**エノール**(enol)は炭素–炭素二重結合と，sp^2炭素の一つに結合しているOH基をもっている．（"ene"という接尾語は二重結合を意味し，"ol"という綴りはOH基を意味する．この二つの接尾語を結合するとき，母音が連続するのを避けるために "ene" の2番目の e が欠落する．しかし，この単語は "ene-ol" の e があたかもあるかのように発音される．）

このエノール中間体はケトンにすばやく異性化する．炭素原子に酸素原子が二重結合で結合したものを**カルボニル基**(carbonyl group)と呼ぶ．**ケトン**(ketone)は，二つのアルキル基がカルボニル基に結合している化合物である．

アルキンへの水の付加はケトンを生成する．

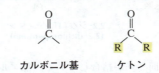

カルボニル基　　　ケトン

ケトンとエノールは，二重結合と水素原子の位置が異なるだけである．ケトンと対応するエノールを**ケト-エノール互変異性体**(keto-enol tautomer)と呼ぶ．**互変異性体**(tautomer)は速い平衡状態にある構造異性体である．ケト形互変異性体は溶液中で優勢であり，ふつうエノール形互変異性体よりもはるかに安定に存在する．互変異性体の相互変換を**ケト-エノール相互変換**(keto-enol interconversion)または**互変異性化**(tautomerization)と呼ぶ．

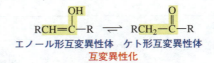

エノール形互変異性体　　ケト形互変異性体
互変異性化

酸性条件下でのエノールからケトンへの変換の反応機構を次に示す．

酸が触媒するケト-エノール相互変換の反応機構

$$\text{RCH}=\underset{\underset{H}{\overset{+}{\text{O}}-H}}{\overset{:\ddot{\text{O}}-H}{\text{C}}}-\text{R} \rightleftharpoons \text{RCH}_2-\underset{}{\overset{\overset{H\ \ :\ddot{\text{O}}-H}{\overset{+}{\text{O}}}}{\text{C}}}-\text{R} \rightleftharpoons \text{RCH}_2-\overset{\text{O}}{\overset{\|}{\text{C}}}-\text{R} + \text{H}_3\text{O}^+$$

エノール　　　　　　　　　　　　　　　　　　　　　　　　　ケトン

- 炭素と酸素の間にπ結合ができ，二つの炭素間にあるπ結合が切れて，炭素にプロトンが結合する．
- 水分子がプロトン化されたカルボニル基からプロトンを引き抜く．

対称内部アルキンに水が付加すると，単一のケトンが生成物として得られる．

$$\text{CH}_3\text{CH}_2\text{C}\equiv\text{CCH}_2\text{CH}_3 + \text{H}_2\text{O} \xrightarrow{\text{H}_2\text{SO}_4} \text{CH}_3\text{CH}_2\overset{\overset{\text{O}}{\|}}{\text{C}}\text{CH}_2\text{CH}_2\text{CH}_3$$

対称内部アルキン

しかし，アルキンが対称でない場合は，最初のプロトン付加がどの sp 炭素で起こるかによって，2 種類のケトンが生成物として得られる．

$$\text{CH}_3\text{C}\equiv\text{CCH}_2\text{CH}_3 + \text{H}_2\text{O} \xrightarrow{\text{H}_2\text{SO}_4} \text{CH}_3\overset{\overset{\text{O}}{\|}}{\text{C}}\text{CH}_2\text{CH}_2\text{CH}_3 + \text{CH}_3\text{CH}_2\overset{\overset{\text{O}}{\|}}{\text{C}}\text{CH}_2\text{CH}_3$$

非対称内部アルキン

末端アルキンは内部アルキンよりも水の付加反応に対する反応性が低い．水の末端アルキンへの付加は，水銀(II)イオン(Hg^{2+})を酸性の反応混合物に添加すると起こる．水銀(II)イオンは触媒であり，付加反応の速度を増大させる．

$$\text{CH}_3\text{CH}_2\text{C}\equiv\text{CH} + \text{H}_2\text{O} \xrightarrow[\text{HgSO}_4]{\text{H}_2\text{SO}_4} \text{CH}_3\text{CH}_2\overset{\overset{\text{OH}}{|}}{\text{C}}=\text{CH}_2 \rightleftharpoons \text{CH}_3\overset{\overset{\text{O}}{\|}}{\text{C}}-\text{CH}_3$$

エノール　　　　　ケトン

問題 23◆
酸触媒による 3-ヘプチンの水和反応ではどのようなケトンが生成するか．

問題 24◆
次のそれぞれのケトンを合成するとき，どのようなアルキンを出発物質とするのが最適か．

a. $\text{CH}_3\overset{\overset{\text{O}}{\|}}{\text{C}}\text{CH}_3$　　b. $\text{CH}_3\text{CH}_2\overset{\overset{\text{O}}{\|}}{\text{C}}\text{CH}_2\text{CH}_2\text{CH}_3$　　c. $\text{CH}_3\overset{\overset{\text{O}}{\|}}{\text{C}}-\text{C}_6\text{H}_{11}$

問題 25◆
次のケトンのエノール形互変異性体の構造を示せ．

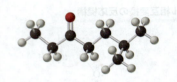

> **問題 26◆**
> 問題 24 のケトンについて，それぞれのエノール互変異性体の構造を書け．

6.15 アルキンへの水素の付加

アルキンはアルケンと同様に，接触水素化によって還元することができる（5.6節参照）．水素化の最初の生成物はアルケンであるが，この段階で反応を止めるのは困難である．なぜなら，効果的な金属触媒の存在下では，水素が容易にアルケンに付加するからである．したがって，この水素化反応の最終生成物はアルカンである．

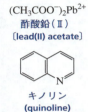

▲ 図 6.5
Lindlar 触媒は炭酸カルシウム上に沈殿させたパラジウムを酢酸鉛(Ⅱ)とキノリンで処理して調製する．この操作によって，二重結合よりも三重結合に水素が付加する反応を効果的に触媒するように，パラジウムの表面を改質する．

$$CH_3CH_2C\equiv CH \xrightarrow{H_2/Pd/C} CH_3CH_2CH=CH_2 \xrightarrow{H_2/Pd/C} CH_3CH_2CH_2CH_3$$
　　アルキン　　　　　　　アルケン　　　　　　　アルカン

> アルキンはアルカンに変換される

"被毒処理した"（部分的に不活性化させた）金属触媒を用いると，反応をアルケンの段階で止めることができる．部分的に不活性化させた金属触媒で最もよく使われるものは，Lindlar 触媒として知られている（図 6.5）．

$$CH_3CH_2C\equiv CH + H_2 \xrightarrow{\text{Lindlar 触媒}} CH_3CH_2CH=CH_2$$

金属触媒の表面にアルキンが吸着し，水素は触媒の表面から三重結合に供給されるので，二つの水素はともに二重結合の同じ側に供給される（図 5.3）．そのため内部アルキンへの水素の付加では cis-アルケンが生成する．

$$CH_3CH_2C\equiv CCH_3 + H_2 \xrightarrow{\text{Lindlar 触媒}} \underset{CH_3CH_2\;\;\;\;CH_3}{\overset{H\;\;\;\;\;\;H}{C=C}}$$
　2-ペンチン　　　　　　　　　　　　　　cis-2-ペンテン
　(2-pentyne)　　　　　　　　　　　　(cis-2-pentene)

> 二つの水素はともに二重結合の同じ側に付加する

> **問題 27◆**
> 次の化合物を合成したいとき，どのようなアルキンを出発物質として用い，どのような反応剤を使えばよいか．
> a. ペンタン　　b. cis-2-ブテン　　c. 1-ヘキセン

問題 28
次の反応の生成物は何か．

a. CH≡C-CH₂-CH₃ + H₂ →(Pd/C) b. CH₃-C≡C-CH₂-CH₃ + H₂ →(Lindlar 触媒)

c. CH≡C-CH(CH₃)₂ + H₂O →(H₂SO₄ / HgSO₄) d. CH₃-C≡C-CH₂-CH₃ + H₂O →(H₂SO₄)

覚えておくべき重要事項

- **アルケンは求電子付加反応を受ける．**
  これらの反応は，最も多くの水素が結合したsp²炭素への求電子剤の付加で始まり，他方のsp²炭素への求核剤の付加で終わる．
- 曲がった矢印は常に，電子供与体から電子受容体へと向けられる．
- ハロゲン化水素の付加と酸触媒による水やアルコールの付加では，**カルボカチオン中間体**が生じる．
- **第三級カルボカチオンは第二級カルボカチオン**より，**第二級カルボカチオンは第一級カルボカチオン**より安定である．
- より安定なカルボカチオンほどより速く生成する．
- 転位によってより安定なカルボカチオンが生成する場合にカルボカチオンは転位する．
- **位置選択性**とは，一方の**構造異性体**が他方に優先して生成することである．
- 不斉中心をもたない反応物が不斉中心を一つもつ生成物を生じるとき，生成物はラセミ体となる．
- **アルキンは炭素—炭素三重結合をもつ炭化水素である．**
  官能基アルキンの接尾語は "yne" である．
- 酵素が触媒として働く反応において不斉中心をもった生成物が生じるときは，ただ一つの立体異性体が生成する．
- **末端アルキンは三重結合が炭素鎖の末端にあり，内部アルキンは三重結合が炭素鎖の末端以外のどこにあってもよい．**
- アルキンは求電子付加反応を受ける．アルケンに付加する同じ反応剤がアルキンにも付加する．
- アルキンにハロゲン化水素が付加して最初に生成するのはアルケンなので，過剰の反応剤が存在すれば二段階目の付加反応を起こす．
- 酸性条件下，アルキンが水と反応して生成するのは**エノール**で，それは速やかにケトンに異性化する．末端アルキンは水銀(Ⅱ)イオンの触媒を必要とする．
- ケトンとエノールは**ケト－エノール互変異性体**と呼ばれる．それらは二重結合と水素原子の位置が異なっている．ケト互変異性体が平衡では一般に優勢に存在する．
- 異性体間の相互変換は**互変異性化**または**ケト－エノール相互変換**と呼ばれる．
- アルキンを接触水素化するとアルカンが生成する．
- Lindlar 触媒を用いて接触水素化すると内部アルキンは cis-アルケンに変換される．

反応のまとめ

アルケンおよびアルキンの求電子付加反応について復習する際は，どの反応においても最初の段階は，最も多く水素が結合したsp²(またはsp)炭素への求電子剤の付加であることを忘れないようにしよう．

1. アルケンへのハロゲン化水素の付加：H⁺が求電子剤であり，ハロゲン化物イオンが求核剤である(6.1節および6.4

節). 反応機構は 214 ページにある.

$$RCH=CH_2 + HX \longrightarrow RCHCH_3 \atop X$$

$$HX = HF, HCl, HBr, HI$$

2. アルケンへの酸触媒による水の付加：H^+ が求電子剤であり, 水が求核剤である (6.5 節). 反応機構は 225 ページにある.

$$RCH=CH_2 + H_2O \underset{}{\overset{H_2SO_4}{\rightleftharpoons}} RCHCH_3 \atop OH$$

3. アルキンへのハロゲン化水素の付加：H^+ が求電子剤で, ハロゲン化物イオンが求核剤である (6.13 節). 反応機構は 238 ページにある.

$$RC\equiv CH \xrightarrow{HX} RC=CH_2 \atop X \xrightarrow{過剰の HX} RC-CH_3 \atop X \atop X$$

$$HX = HF, HCl, HBr, HI$$

4. アルキンへの酸触媒による水の付加：H^+ が求電子剤であり, 水が求核剤である (6.14 節). 酸触媒によるエノールからケトンへの変換の反応機構は 241 ページにある.

$$RC\equiv CR' \xrightarrow{H_2O,\ H_2SO_4} \underset{\text{内部アルキン}}{} RC=CHR' \atop OH + RCH=CR' \atop OH \rightleftharpoons RCCH_2R' \atop O + RCH_2CR' \atop O \quad \text{ケトン}$$

$$RC\equiv CH \xrightarrow[HgSO_4]{H_2O,\ H_2SO_4} \underset{\text{末端アルキン}}{} RC=CH_2 \atop OH \rightleftharpoons RCCH_3 \atop O \quad \text{ケトン}$$

5. アルキンへの水素の付加 (6.15 節).

$$RC\equiv CR' + 2H_2 \xrightarrow{Pd/C} RCH_2CH_2R' \quad \text{アルカン}$$

$$RC\equiv CR' + H_2 \xrightarrow{\text{Lindlar 触媒}} \underset{\text{内部アルキン}}{} \underset{\text{\textit{cis}-アルケン}}{\overset{HH}{\underset{RR'}{C=C}}}$$

$$RC\equiv CH + H_2 \xrightarrow{\text{Lindlar 触媒}} \underset{\text{末端アルキン}}{} RCH=CH_2 \quad \text{立体異性体がない}$$

章末問題

29. 次の各反応段階における求核剤と求電子剤を示し，曲がった矢印を使って結合生成と結合開裂の過程を書け．

　　a. $CH_3\overset{+}{C}HCH_3$ + $:\!\ddot{C}\!l:^-$ ⟶ $CH_3\overset{|}{C}HCH_3$
　　　　　　　　　　　　　　　　　　　　　　　$:\!\ddot{C}\!l:$

　　b. $CH_3CH=CH_2$ + $H-Br$ ⟶ $CH_3\overset{+}{C}H-CH_3$ + Br^-

30. 次の各反応の主生成物は何か．

　　a. 1-エチルシクロヘキセン $\xrightarrow{HBr}$

　　b. $CH_2=\underset{\underset{CH_3}{|}}{C}CH_2CH_3$ $\xrightarrow{HCl}$

　　c. $CH_3CH_2CH_2CH=CH_2$ $\xrightarrow[H_2O]{H_2SO_4}$

　　d. シクロヘキシル-$CH_2CH=CH_2$ $\xrightarrow{HI}$

　　e. シクロヘキシリデン=CH_2 $\xrightarrow{HBr}$

　　f. 2-エチル-メチレンペンタン $\xrightarrow{HBr}$

31. 次のそれぞれの反応剤と 2-メチル-2-ブテンとの反応で生じる主生成物は何か．
　　a. HBr　　b. HI　　c. H_2/Pd　　d. $H_2O + H_2SO_4$

32. 次のアルキンが酸触媒による水の付加反応を受けた場合，どのようなケトンが生成するか．

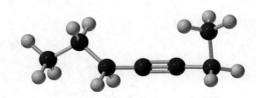

33. 次のそれぞれの化合物の体系的名称は何か．

　　a. $CH_3C\equiv CCH_2\underset{\underset{Br}{|}}{C}HCH_3$　　　　b. $CH_3C\equiv CCH_2\underset{\underset{CH_2CH_2CH_3}{|}}{C}HCH_3$

　　c. $CH_3C\equiv CCH_2\underset{\underset{CH_3}{|}}{\overset{\overset{CH_3}{|}}{C}}CH_3$　　　　d. $CH_3CHCH_2C\equiv CCHCH_3$
　　　　　　　　　　　　　　　　　　　　　　$\underset{Cl}{|}$　　　　$\underset{CH_3}{|}$

34. 次のそれぞれの化合物に過剰の HCl を反応させたときの主生成物は何か．
　　a. $CH_3CH_2C\equiv CH$　　b. $CH_3CH_2C\equiv CCH_2CH_3$　　c. $CH_3CH_2C\equiv CCH_2CH_2CH_3$

35. 次のそれぞれの化合物の構造式を書け．
　　a. 2-ヘキシン　　b. 5-エチル-3-オクチン　　c. 1-ブロモ-1-ペンチン　　d. 5,6-ジメチル-2-ヘプチン

36. 次の合成を行うときに用いる反応剤は何か.

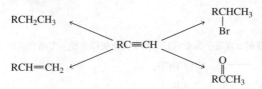

37. 次のそれぞれの反応の主生成物は何か.

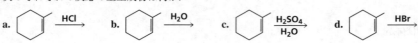

38. どちらがより安定か.

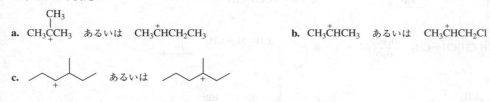

39. ある学生はいくつかの化合物の構造式を与えられて，それらに体系的名称をつけるように求められた．彼女はいくつ正しく命名することができたか．間違っているものがあれば訂正せよ．

　　a. 4-エチル-2-ペンチン　　b. 1-ブロモ-4-ヘプチン　　c. 2-メチル-3-ヘキシン　　d. 3-ペンチン

40. 分子式 C_7H_{12} で示されるすべてのアルキンの構造式を書き，慣用名と体系的名称を示せ．（ヒントは230ページの問題14にある.）

41. 次の合成を行うために必要な反応剤は何か.

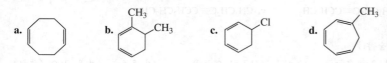

42. 1 mol のプロピンと次の反応剤を反応させたときの主生成物は何か.

　　a. HBr(1 mol)　　　　　　b. HBr(2 mol)　　　　　　c. H_2SO_4 水溶液，$HgSO_4$
　　d. 過剰の H_2, Pd/C　　　e. H_2 / Lindlar 触媒　　　f. $NaNH_2$

43. 問題 42 の設問 a〜f で，プロピンの代わりに出発物質として 2-ブチンを用いたときの生成物は何か.

44. それぞれの化合物の体系的名称は何か.

45. 次のそれぞれの化合物はどのようなアルケンからどのようにして合成されるか．

a. CH₃CHOH
    |
    CH₃

b. シクロヘキサン環に CH₃ と OH が同一炭素上

c. シクロヘキサン環に CH₃ と Br が同一炭素上

d. シクロヘキサノール

46. a. 次のそれぞれの反応剤と *cis*-2-ブテンおよび *trans*-2-ブテンとの反応から得られる生成物を書け．もし生成物が立体異性体として存在するならば，どのような立体異性体が生じるかも示せ．

    a. HCl   **b.** H_2 + Pd/C   **c.** H_2O + H_2SO_4

47. 次の化合物の組合せのうちでケト–エノール互変異性体の関係にあるのはどれか．

A $CH_3CH_2CH=CHCH_2OH$ と $CH_3CH_2CH_2CH$ (=O)

B CH_3CHCH_3 (OH) と CH_3CCH_3 (=O)

C $CH_3CH_2CH=CHOH$ と $CH_3CH_2CH_2CH$ (=O)

D $CH_3CH_2CH_2CH=CHOH$ と $CH_3CH_2CH_2CCH_3$ (=O)

E $CH_3CH_2CH_2C(OH)=CH_2$ と $CH_3CH_2CH_2CCH_3$ (=O)

48. 次の化合物のうちいくつが正しく命名されているか．間違っているものを訂正せよ．

  a. 4-ヘプチン   **b.** 2-エチル-3-ヘキシン   **c.** 4-クロロ-2-ペンチン

  d. 2,3-ジメチル-5-オクチン   **e.** 4,4-ジメチル-2-ペンチン   **f.** 2,5-ジメチル-3-ヘキシン

49. 適当なアルケンと反応剤を用いて次の化合物の合成法を示せ．

  a. シクロヘキサン   **b.** メチルシクロヘキサン   **c.** 1-クロロ-1-メチルシクロペンタン

50. a. HBr と反応して，1-ブロモ-1-メチルシクロヘキサンを生成するアルケンを二つあげよ．
    b. HBr の代わりに DBr を用いたら，両方のアルケンから同じハロゲン化アルキルが生成するか．（D は H の同位体なので，D^+ は H^+ と同様に反応する．）

51. 次のそれぞれの化合物のケト形互変異性体を書け．

  a. $CH_3CH=C(OH)CH_3$ **b.** $CH_3CH_2CH_2C(OH)=CH_2$ **c.** シクロヘキセン-OH   **d.** シクロヘキシリデン=CHOH

52. a. 次の反応の機構を示せ（すべての曲がった矢印で示せ）．

$$CH_3CH_2CH=CH_2 + CH_3OH \xrightarrow{H_2SO_4} CH_3CH_2CHCH_3$$
$$\qquad\qquad\qquad\qquad\qquad\qquad\qquad\qquad |$$
$$\qquad\qquad\qquad\qquad\qquad\qquad\qquad\qquad OCH_3$$

  b. どの段階が律速段階か．   **c.** 一段階目における求電子剤は何か．
  d. 一段階目における求核剤は何か．   **e.** 二段階目における求電子剤は何か．
  f. 二段階目における求核剤は何か．

53. 次の反応の生成物は何か.

a. CH≡C-CH(CH₃)₂ + H₂O $\xrightarrow{\text{H}_2\text{SO}_4/\text{HgSO}_4}$

b. CH₃-C≡C-CH₃ + H₂O $\xrightarrow{\text{H}_2\text{SO}_4}$

c. CH≡C-CH₂CH₃ + H₂ $\xrightarrow{\text{Pd/C}}$

d. CH₃-C≡C-CH₃ + H₂ $\xrightarrow{\text{Lindlar 触媒}}$

54. 次のそれぞれのアルケンについて，25℃における酸触媒による水和の二次速度定数（単位は $\text{L mol}^{-1}\text{s}^{-1}$）が与えられている．

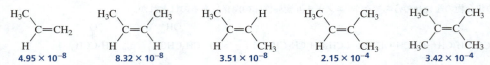

| 4.95×10^{-8} | 8.32×10^{-8} | 3.51×10^{-8} | 2.15×10^{-4} | 3.42×10^{-4} |

a. アルケンの水和の相対速度を計算せよ．（ヒント：各速度定数をこのなかで最も小さな速度定数の 3.51×10^{-8} で割る．）

b. (Z)-2-ブテンはなぜ(E)-2-ブテンより速く反応するのか．

c. 2-メチル-2-ブテンはなぜ(Z)-2-ブテンより速く反応するのか．

d. 2,3-ジメチル-2-ブテンはなぜ2-メチル-2-ブテンより速く反応するのか．

55. 次のそれぞれのアルケンとHBrの反応から得られる主生成物は何か．

a. CH₃CHCH=CH₂
      |
      CH₃

b. CH₃CHCH₂CH=CH₂
      |
      CH₃

c. メチレンシクロヘキサン

d. 1-メチルシクロヘキセン

e. CH₂=CHCCH₃ (with two CH₃ substituents on central C)

f. 4-メチルシクロヘキセン

56. 次の反応の機構を示せ．

(CH₃)₃C-CH₂-CH=CH₂ + H₂O $\xrightarrow{\text{H}_2\text{SO}_4}$ (CH₃)₃C-CH(OH)-CH₂-CH₃ 型の生成物

57. a. HClと1-ブテンとの反応で得られる生成物は何か．2-ブテンの場合は何か．

b. 二つの反応のうち活性化自由エネルギーがより大きいのはどちらか．

c. (Z)-2-ブテンと(E)-2-ブテンではどちらがより速くHClと反応するか．

58. 次の反応の生成物を立体配置を含めて書け．

(H)(H₃C)C=C(CH₃)(CH(CH₃)₂) の反応:
$\xrightarrow{\text{HBr}}$
$\xrightarrow{\text{H}_2\text{O, H}_2\text{SO}_4}$
$\xrightarrow{\text{H}_2, \text{Pd/C}}$

59. 学生が，HI と 3,3,3-トリフルオロプロペンとの反応によって得られた二つの生成物を提出しようとしたとき，ラベルがフラスコから落ちていて，どのラベルがどちらのフラスコのものかわからないことに気づいた．彼の友人が，"求電子剤は最も多く水素が結合している sp^2 炭素に付加する"規則を思い出させてくれた．つまり，多量の生成物が入っているフラスコに 1,1,1-トリフルオロ-2-ヨードプロパンのラベルを貼り，少量の生成物が入っているフラスコに 1,1,1-トリフルオロ-3-ヨードプロパンのラベルを貼るべきであるということだ．彼は友人のアドバイスに従うべきだろうか．

60. どちらの化合物がより速く水和されると予想されるか．

$$CH_3\underset{\underset{CH_3}{|}}{C}=CH_2 \quad \text{あるいは} \quad ClCH_2\underset{\underset{CH_3}{|}}{C}=CH_2$$

61. 次の化合物が酸の存在下で水和されたとき，未反応のアルケンには重水素原子が残っていることがわかった．このことは，水和の反応機構に関してどのようなことを示しているか．

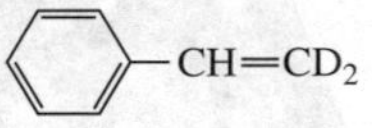

$$C_6H_5-CH=CD_2$$

62. 次の反応について妥当な反応機構を提案せよ．

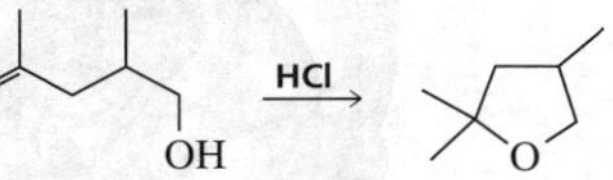

7 非局在化電子が安定性, pK_a, および反応生成物に及ぼす効果・芳香族性およびベンゼンの反応

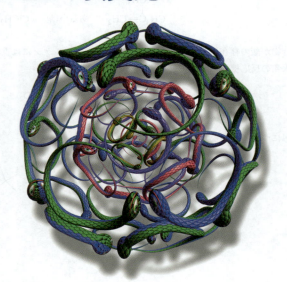

Kekuléの夢(253ページ参照)

非局在化電子の概念は有機化学においてきわめて重要な役割を果たしており, このあとに学ぶすべての章で取り上げられている. 本章では, はじめに非局在化電子がどのように表されるかを学ぶ. 次に, 非局在化電子が, これまでの章で見てきた pK_a 値, カルボカチオンの安定性, および求電子付加反応の生成物にどのような影響を及ぼすかを学ぶ.

特定の領域に束縛されている電子のことを**局在化電子**(localized electrons)と呼ぶ. 局在化電子は, 一つの原子に属しているか, 二つの原子に共有されている.

多くの有機化合物が非局在化電子をもっている. **非局在化電子**(delocalized electrons)は, 三つあるいはそれ以上の原子によって共有されている. 2.8節で初めて非局在化電子について学んだが, そこでは, COO⁻基のπ結合で表された2個の電子が, 三つの原子(炭素と二つの酸素)によって共有されていた. 次に示す化学構造式中の破線は, 2個の電子が三つの原子上に非局在化していることを示している.

$$\text{CH}_3\text{C}\begin{smallmatrix}\overset{\delta-}{\ddot{\text{O}}\vphantom{:}}\\ \\ \underset{\delta-}{\ddot{\text{O}}\vphantom{:}}\end{smallmatrix} \quad \boxed{\text{非局在化電子}}$$

この章では，非局在化電子をもつ化合物の見分け方，また，非局在化電子をもつ分子における電子分布の表し方を学ぶ．また，非局在化電子をもつ化合物の特別な性質についても述べる．これらのことを学べば，非局在化電子が有機化合物の性質や反応に及ぼす多様な効果を理解できるようになるだろう．まず手はじめにベンゼンを見てみよう．ベンゼンの構造は非局在化電子の概念を説明するのにうってつけである．

7.1 非局在化電子はベンゼンの構造を説明する

昔の有機化学者は非局在化電子のことを知らなかったので，彼らはベンゼンの構造におおいに悩まされた．彼らは，ベンゼンは分子式が C_6H_6 であり，アルケンに特徴的な付加反応(6.0節参照)を起こさず，そして並外れて安定な化合物であることを知っていた．また彼らは，ベンゼンのどれか一つの水素原子をほかの原子で置換すると，ただ1種類の生成物が得られ，その置換生成物が第二の置換反応を起こすと，3種類の生成物が得られることも知っていた．

$$C_6H_6 \xrightarrow{\text{水素原子をxで置換}} \underset{\text{1種類の一置換化合物}}{C_6H_5X} \xrightarrow{\text{水素原子をxで置換}} \underset{\text{3種類の二置換化合物}}{C_6H_4X_2 \;+\; C_6H_4X_2 \;+\; C_6H_4X_2}$$

もしあなたが昔の化学者が得ていた事実だけしか知らないとしたら，どのような種類のベンゼンの構造を予測できるだろうか．ベンゼンの六つの水素原子のどれをほかの原子で置換しても，ただ1種類の生成物しか得られないことから，すべての水素原子は等価でなければならない．C_6H_6 という分子式は，ベンゼンの水素原子の数が6炭素からなる非環状のアルカン $(C_nH_{2n+2} = C_6H_{14})$ よりも8個少ないことを示している．環構造やπ結合が一つ含まれるごとに，非環状のアルカンに比べて水素原子は2個少なくなる．したがって，ベンゼンには環とπ結合が合わせて四つ含まれるはずである．C_6H_6 の分子式で6個の等価な水素原子をもつような二つの構造を次に示す．

$$\text{CH}_3\text{C}\equiv\text{C}-\text{C}\equiv\text{CCH}_3$$

（ベンゼン環構造：より短い二重結合／より長い単結合）

しかし，いずれの構造も，二つ目の水素原子がほかの原子で置換された場合に3種類の化合物が得られるという実験事実とは合致しない．非環状構造からは，ただ2種類の二置換生成物しか得られない．

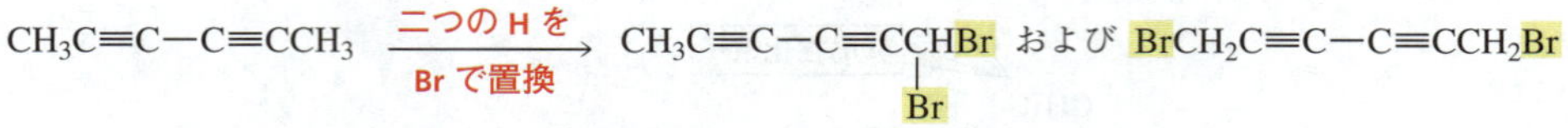

CH₃C≡C—C≡CCH₃ →(二つのHをBrで置換) CH₃C≡C—C≡CCHBr(Br) および BrCH₂C≡C—C≡CCH₂Br

単結合とそれよりわずかに短い二重結合を交互にもつ環状構造からは，4 種類の二置換生成物 (1,3-二置換生成物，1,4-二置換生成物，および 2 種類の 1,2-二置換生成物) が得られる．2 種類の 1,2-二置換生成物が得られるのは，二つの置換基が単結合でつながった二つの隣接炭素原子または二重結合でつながった二つの隣接炭素原子に結合することができるからである．

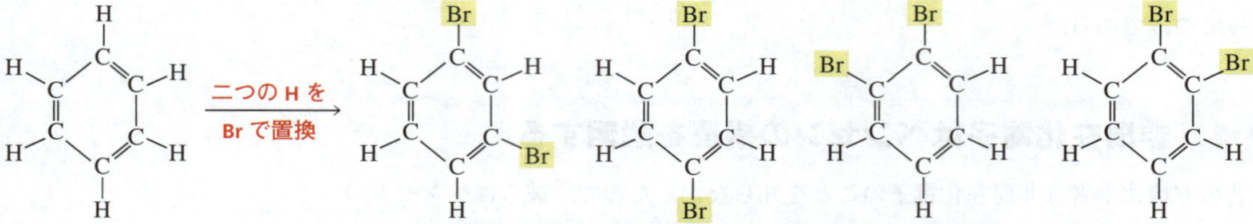

1,3-二置換生成物　　**1,4-二置換生成物**　　**1,2-二置換生成物**　　**1,2-二置換生成物**

1865 年に，ドイツ人化学者である Friedrich Kekulé が，このジレンマを解決する方法を示唆した．彼は，ベンゼンが単一の化合物ではなく，速い平衡状態にある二つの化合物の混合物であると提唱したのである．

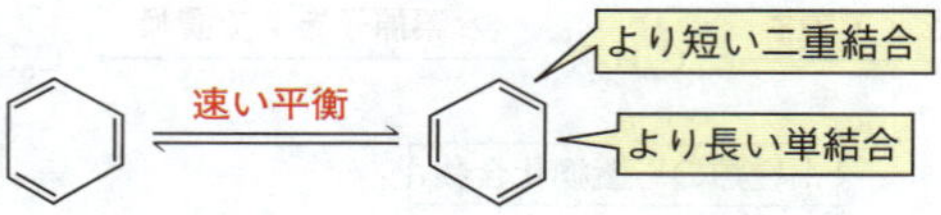

速い平衡 → より短い二重結合／より長い単結合

Kekulé の説によって，3 種類の二置換生成物のみが得られる理由を説明することができた．Kekulé の説によると，実際には 4 種類の二置換体が生成するが，そのうちの二つの 1,2-二置換生成物は非常に速く相互変換するので，互いに区別することも分離することもできない．

ベンゼンが六員環構造をもつことは，1901 年に，ベンゼンの接触水素化によるシクロヘキサンの生成が発見されたことで確かめられた．

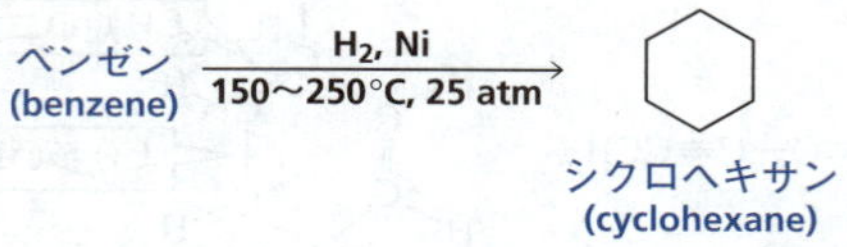

ベンゼン (benzene) →(H_2, Ni, 150〜250℃, 25 atm) シクロヘキサン (cyclohexane)

ベンゼンの構造に関する論争は，1930 年代に X 線と電子線回折の新技術によって明らかにされた驚くべき結果，すなわち，<u>ベンゼンは平面分子であり，六つの炭素—炭素結合の長さはすべて等しい</u>という結果が出るまで続いた．それぞれの炭素—炭素結合の長さは 1.39 Å であり，炭素—炭素単結合 (1.54 Å) より短く，炭素—炭素二重結合 (1.33 Å) よりも長い．いいかえると，ベンゼンは単結合と二

重結合を交互にもっていないということである．

ベンゼンの炭素―炭素結合がすべて同じ長さならば，炭素間には同じ数の電子が存在しなければならない．しかし，これはそれぞれのπ電子対が二つの炭素間に局在化するのではなく，π電子が環上に非局在化している場合にのみ可能である．非局在化している電子の概念をより深く理解するために，ベンゼン分子中の結合を詳しく見ていこう．

Kekulé の夢

Friedrich August Kekulé von Stradonitz（1829～1896）はドイツに生まれた．建築学を学ぶためにギーセン大学に入学したが，学科の科目を一つ受講しただけで，その後化学の道に転向した．ハイデルベルク大学，ベルギーのヘント大学，およびボン大学で化学の教授を務めた．1890年に，ベンゼンの環状構造に関する最初の論文発表から25周年を記念する式典で即興の講演をした．そのなかで彼は，教科書を書いているときに暖炉の前でうたた寝をしていて，あのKekulé構造にたどりついたのだと述べている．夢のなかで，炭素原子の鎖がねじれたり回ったりして，まるで蛇のような動きをしていたかと思うと突然，一匹の蛇の頭が自分の尻尾を捕まえて回転する輪となった，というのである（250ページ参照）．

1895年，ドイツの皇帝William二世によって貴族の身分が授けられた．このとき，名前に"von Stradonitz"が付け加えられた．Kekuléの弟子たちは，最初の5回のノーベル化学賞のうちの3回を受賞した．

Friedrich August Kekulé von Stradonitz

7.2　ベンゼンの結合

ベンゼンの六つの炭素はそれぞれsp²混成している．sp²炭素は，平面六角形の角度と同じ120°の結合角をもっている．したがって，ベンゼンは平面分子である（図7.1a）．ベンゼンは平面分子なので，六つのp軌道は互いに平行であり（図7.1b），それぞれのp軌道は隣接するp軌道と互いに重なり合えるほど十分に近い位置にある（図7.1c）．

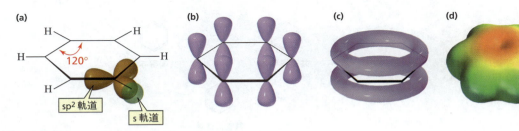

▲ 図 7.1
(a) ベンゼンのそれぞれの炭素は二つの sp² 軌道をほかの二つの炭素との結合に使い，三つ目の sp² 軌道は水素原子の s 軌道と重なり合っている．
(b) それぞれの炭素は，sp² 軌道と直交する p 軌道をもっている．互いに平行な p 軌道は，左右の p 軌道と重なり合えるだけ十分に近い位置にあるので，p 軌道は隣接する両方の炭素の p 軌道と重なり合っている．
(c) 重なり合う p 軌道は，連続したドーナツ型の電子雲をベンゼン環の平面上に形成し，もう一つのドーナツ型の電子雲をベンゼン環の下に形成する．
(d) 静電ポテンシャル図は，すべての炭素―炭素結合が等しい電子密度をもっていることを示している．

したがって，ベンゼンの6個のπ電子はそれぞれが一つの炭素原子上や二つの炭素原子間の結合に（アルケンのように）局在化しているのではなく，六つの炭素原子のすべてによって共有されている．いいかえれば，6個のπ電子は非局在化している．すなわち，それらは平面状の炭素環の上下に存在するドーナツ型の電子雲のなかを自由に動き回っている（図7.1cおよびd）．ベンゼンの非局在化している6個のπ電子は，六角形のなかに破線あるいは円を描いて表現することができる．

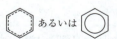あるいは

このような表記法を用いると，ベンゼン中に二重結合がないことを明確に示すことができる．ここであらためてKekulé構造を眺めると，正しい構造にきわめて近いことがわかる．実際のベンゼンの構造は非局在化電子をもつKekulé構造である．

7.3 共鳴寄与体と共鳴混成体

破線（または円）を用いて非局在化電子を表現する際の欠点は，π電子が分子中にいくつ存在するかがわからないことである．たとえば，六角形の内側の破線は，六つの炭素原子にπ電子が等しく共有されていることと，すべての炭素—炭素結合が等しい長さをもつことを表現しているだけで，環内にπ電子がいくつ存在するかは示していない．そのために，化学者は実際の構造中では，電子は非局在化しているにもかかわらず，電子が局在化している（しかもπ電子の数がわかる）構造を好んで用いる．

局在化電子をもつ近似的な構造は，**共鳴寄与体**(resonance contributor)，**共鳴構造**(resonance structure)，または**共鳴寄与構造**(contributing resonance structure)と呼ばれる．非局在化電子をもつ実際の構造は，**共鳴混成体**(resonance hybrid)と呼ばれる．それぞれのベンゼンの共鳴寄与体のなかに6個のπ電子が存在することが容易にわかる．

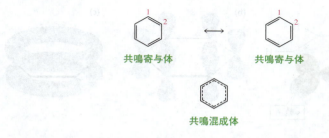

電子の非局在化は両頭矢印（↔）を用いて表し，平衡は互いに逆向きの二つの片矢印（⇌）を用いて表す．

共鳴寄与体は，二つの構造の間に両頭矢印を用いて表す．この両頭矢印は，二つの構造が平衡にあることを意味してはいない．むしろ，それは実際の構造が共鳴寄与体のほぼ中間にあることを示している．共鳴寄与体は，ただ単にπ電子を表記するのに便利なだけで，実際の電子分布を表してはいない．

次のたとえは，共鳴寄与体と共鳴混成体の違いを説明するものである．友人に，

サイがどんな格好をしているか説明しようとしている場面を想像してみよう．サイは一角獣とドラゴンの両方に似た形をしている，と友人に説明したとしよう．共鳴寄与体と同様に，一角獣もドラゴンも実際には存在しない．さらに，共鳴寄与体と同様に，それらは平衡の関係にもない．サイは二つの形の間を行ったり来たりすることはできないのだ．ある瞬間には一角獣のように見えて，次の瞬間にはドラゴンに見えるようなことはない．一角獣とドラゴンは単に，実際の動物（サイ）がどのように見えるかを説明するために使われるだけである．<u>共鳴寄与体は，一角獣とドラゴンのように想像上のものであって実在はしない．共鳴混成体だけがサイのように実在する．</u>

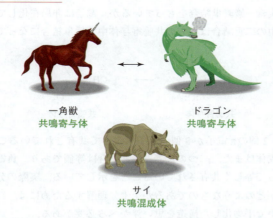

一角獣　　　　　　　　ドラゴン
共鳴寄与体　　　　　　共鳴寄与体

サイ
共鳴混成体

すべての原子が同一平面上に存在し，互いに非局在化電子を共有できる場合，つまりp軌道の重なりが最大になるとき，電子の非局在化は最も有効に起こる．

たとえば，次の静電ポテンシャル図を見ると，シクロオクタテトラエン分子は平面ではなく，桶型をしている．平面八員環構造におけるsp^2炭素の結合角は135°となるはずなのに，実際にはそのsp^2炭素は120°の結合角をもっている．環構造が平面ではないので，p軌道は隣りにあるp軌道としか重なり合うことができず，もう一つ隣りにあるp軌道とはほんの少ししか重なり合わない．その結果，8個のπ電子は四つの二重結合に局在化しており，八員環全体に非局在化することができないので，すべての炭素—炭素結合の長さは等しくない．

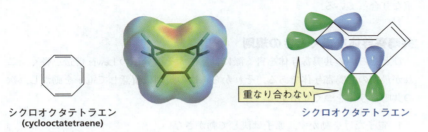

シクロオクタテトラエン
(cyclooctatetraene)

重なり合わない

シクロオクタテトラエン

7.4　共鳴寄与体の書き方

非局在化電子をもつ有機化合物は，その分子が何個のπ電子をもつかがわかる

るように，通常は局在化電子をもつ構造を用いて表すことを学んだ．たとえば，次に示す化学種は通常，炭素—酸素二重結合と炭素—酸素単結合をもつように書くことができる．

$$CH_3-C\begin{matrix}\ddot{\ddot{O}}\\ \ddot{\ddot{O}}:^-\end{matrix}$$

しかし，実際，二つの炭素—酸素結合の長さは等しい．より正確な分子構造を表記するためには，二つの共鳴寄与体を書けばよい．両方の共鳴寄与体は炭素—酸素二重結合と炭素—酸素単結合をもっているが，電子は非局在化しており，一方の共鳴寄与体中の二重結合は他方の共鳴寄与体中では単結合になっている．

$$CH_3-C\begin{matrix}\ddot{\ddot{O}}\\ \ddot{\ddot{O}}:^-\end{matrix} \longleftrightarrow CH_3-C\begin{matrix}:\ddot{O}:^-\\ \ddot{\ddot{O}}\end{matrix}$$

　　　　共鳴寄与体　　　　　　　　共鳴寄与体

共鳴混成体は，2個のπ電子が3個の原子によって共有されていることを示している．共鳴混成体はまた，二つの炭素—酸素結合は等価であり，負電荷は二つの酸素原子によって等しく共有されていることを示している．実際の分子，すなわち共鳴混成体がどのようなものであるかを十分理解するためには，二つの共鳴寄与体を頭のなかで平均化した構造を思い浮かべる必要がある．

$$CH_3-C\begin{matrix}\ddot{O}:^{\delta-}\\ \ddot{O}:^{\delta-}\end{matrix}$$

共鳴混成体

<u>非局在化電子は，一つのp軌道が隣接する二つの原子のp軌道と重なり合うことによって生じる</u>ことに注目しよう．たとえば，ここに示した化学種では，炭素原子のp軌道は隣接する二つの酸素原子のp軌道とそれぞれ重なり合っており，ベンゼンでは，炭素原子のp軌道は隣接する二つの炭素原子のp軌道とそれぞれ重なり合っている．

非局在化電子は，一つのp軌道が隣接する二つの原子のp軌道と重なり合うことによって生じる．

共鳴寄与体を書くときの規則

ひとそろいの共鳴寄与体を書く際には，まずその分子のLewis構造を書く．これが最初の共鳴寄与体である．それから，次の規則に留意して電子を動かし，次の共鳴寄与体をつくり出す．

1. 電子だけを動かす．原子は決して動かさない．
2. π電子（π結合の電子）と孤立電子対のみ動かすことができる．（σ電子は決して動かさない．）
3. 分子中の総電子数は変化させない．したがって，ある化合物のそれぞれの共鳴寄与体はすべて同じ実効電荷をもっていなければならない．一つの共

鳴寄与体の実効電荷が0ならば，ほかのものの実効電荷もすべて0でなければならない．（実効電荷が0ということは，いかなる原子も電荷をもっていないという意味ではない．たとえば，分子中の一つの原子が正電荷をもち，別の原子が負電荷をもっている場合には，その分子の実効電荷は0である．）

次に共鳴寄与体について学ぶが，共鳴寄与体を書くとき，電子（π電子または孤立電子対）を常に sp^2 原子に向かって動かすことに注目しよう．（sp^2 炭素は正電荷をもっている炭素であるか，あるいは二重結合を形成している炭素であることを思い出そう；1.8節および1.10節参照）．電子を sp^3 炭素に向かって動かすことはできない．なぜならば，sp^3 炭素はオクテットを満たしており，切断できるπ結合をもたないので，これ以上新しい電子を収容することができないからである．

次に示したカルボカチオンは非局在化電子をもっている．このカルボカチオンの共鳴寄与体を書くには，<u>π電子を sp^2 炭素に向かって動かせばよい</u>．曲がった矢印は二つ目の共鳴寄与体の書き方を示している．曲がった矢印の起点は電子の出発点を示し，先端は電子の行き先を示すことに注目しよう．この場合，共鳴混成体ではπ電子が3個の炭素原子によって共有されており，正電荷が2個の炭素原子によって共有されている．

sp^2 炭素

$$CH_3CH=CH-\overset{+}{C}HCH_3 \longleftrightarrow CH_3\overset{+}{C}H-CH=CHCH_3$$
共鳴寄与体

$$CH_3CH\overset{\delta+}{=\!=\!=}CH\overset{\delta+}{=\!=\!=}CHCH_3$$
共鳴混成体

共鳴寄与体を書くには，π電子または孤立電子対を sp^2 炭素に向かって動かせばよい．

このカルボカチオンを，構造がよく似ているがすべての電子が局在化している次の化合物と比べてみよう．次に示すカルボカチオンのπ電子は動かすことができない．なぜなら，π電子を動かそうとする先の炭素は sp^3 炭素であり，sp^3 炭素は電子を受け入れることができないからである．

sp^3 炭素は電子を受け入れられない

$$CH_2=CH-CH_2\overset{+}{C}HCH_3$$
局在化電子

次の例では，<u>π電子は再び sp^2 炭素に向かって動かすことができる</u>．この場合，共鳴混成体ではπ電子が5個の炭素原子によって共有されており，正電荷が3個の炭素原子によって共有されている．

sp^2 炭素

$$CH_3CH=CH-CH=CH-\overset{+}{C}H_2 \leftrightarrow CH_3CH=CH-\overset{+}{C}H-CH=CH_2 \leftrightarrow CH_3\overset{+}{C}H-CH=CH-CH=CH_2$$
共鳴寄与体

$$CH_3CH\overset{\delta+}{=\!=\!=}CH\overset{\delta+}{=\!=\!=}CH\overset{\delta+}{=\!=\!=}CH=\!=\!=CH_2$$
共鳴混成体

次の化合物の共鳴寄与体は，孤立電子対の電子を sp^2 炭素に向かって動かせば得られる．sp^2 炭素は π 結合を切断して新しい電子の受け入れを可能にする．1 番右の化合物では，孤立電子対は非局在化しない．なぜなら，孤立電子対を sp^3 炭素に向かって動かさなければならないからである．

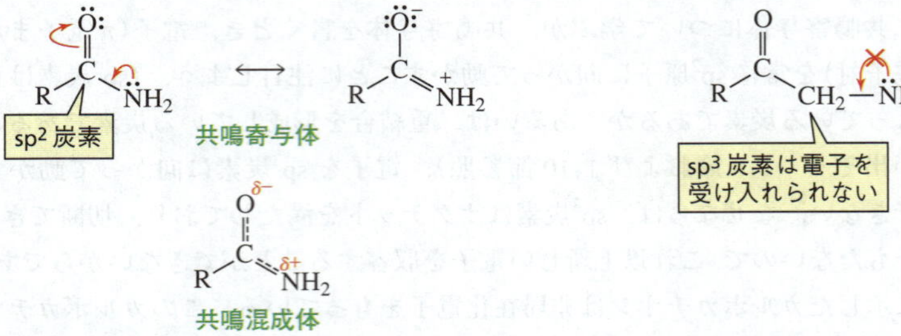

次の共鳴寄与体は π 電子を sp^2 炭素に向かって動かせば得られる．電子は最も電気陰性度の大きい原子(酸素原子)から動かすのでなく，それに向かって動かすことに注意しよう．

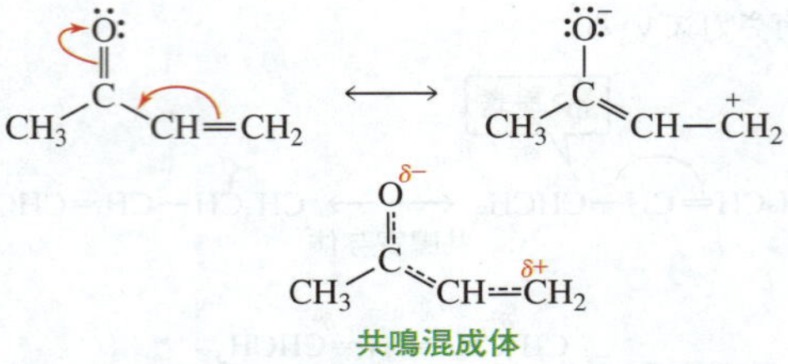

最も電気陰性度の大きな原子から電子を取り去って共鳴寄与体を示す必要があるのは，それ以外に電子の動かし方がないときである．いいかえると，最も電気陰性度の大きい原子から電子を取り去るほうが，まったく電子が動かない場合よりもよいときである．なぜなら，このときは電子の非局在化によって分子が安定化するからである(7.6 節で学ぶ)．

問題 1

a. 次の化合物のうち非局在化電子をもっているものはどれか．

A $CH_3CH=CHCH=CH\overset{+}{C}H_2$

B $CH_3CH_2\overset{..}{N}HCH_2CH=CH_2$

C シクロヘキセニル-$\overset{..}{N}H_2$ **D** ジヒドロピラン   **E** シクロヘキセニル-$CH_2\overset{..}{N}H_2$

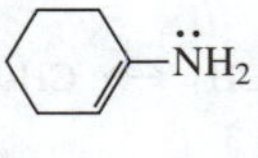

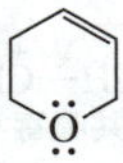

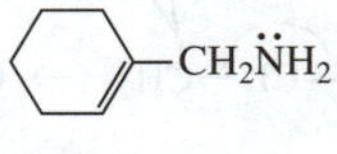

b. 非局在化電子をもつ化合物について，共鳴寄与体の構造を書け．

電子の非局在化はタンパク質の三次元構造に影響を及ぼす

タンパク質は互いにペプチド結合によって連結されたアミノ酸からなる．タンパク質の主鎖の結合を見ると，赤矢印で示したように，三つおきにペプチド結合が存在する．

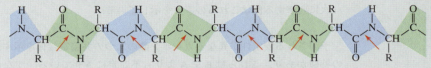

タンパク質の部分構造

ペプチド結合の窒素の孤立電子対を sp² 炭素のほうに動かすと，共鳴寄与体を書くことができる．

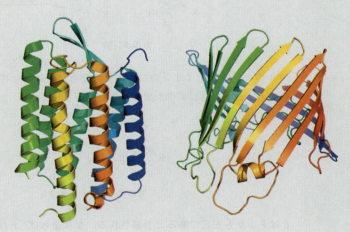

ペプチド結合は部分的に二重結合の性質をもっているので，タンパク質の構造中ではペプチド結合を形成する炭素原子と窒素原子およびそれぞれの原子に結合している二つの原子が青と緑の四角に示すように平面にしっかりと固定されている．しかし，ペプチド結合の剛直な配向にもかかわらず，タンパク質鎖の単結合は自由に回転することができる．そのため，タンパク質鎖は無数の複合体や高度に複雑な形へと自由に折りたたまれる．（二つのタンパク質のイメージ図を下に示す．668 ページの図 17.10 参照）．

7.5 共鳴寄与体の安定性の予測

すべての共鳴寄与体は必ずしも共鳴混成に等しく寄与してはいない．それぞれの共鳴寄与体の寄与の度合いは，予想されるその安定性に依存する．共鳴寄与体は実在しないので，それらの安定性を測定することはできない．したがって，共鳴寄与体の安定性は，実在する分子が示す性質に基づいて予測しなければならない．

<u>共鳴寄与体の予測される安定性が大きければ大きいほど，</u>

共鳴混成体の構造に対する寄与は大きい.

共鳴混成体の構造に対する寄与が大きければ大きいほど,
その共鳴寄与体は実際の分子により近い.

次に列挙する例はこれらの事実を示している.

予測される安定性が異なるカルボン酸の二つの共鳴寄与体を示す. **B** には二つの特徴があり, これらは **B** を **A** よりも不安定にさせている. すなわち, **B** の構造では, 酸素原子の一つが正電荷をもっており, これは電気的に陰性な原子にとって安定な状況ではない. また, この構造は分離した電荷をもっている. **分離した電荷**(separated charge)をもっている分子とは, 電子の動きによって中和される正電荷と負電荷をもっている分子である. 分離した電荷をもっている共鳴寄与体は比較的不安定である (また, 比較的高いエネルギーをもつ). なぜならば, 正負の電荷を分離した状態に保つためにはエネルギーを必要とするからである. そのため, **A** は **B** よりもより安定であると予測される. したがって, **A** は共鳴混成体により大きく寄与しており, それは共鳴混成体が **B** よりも **A** に近いことを意味している.

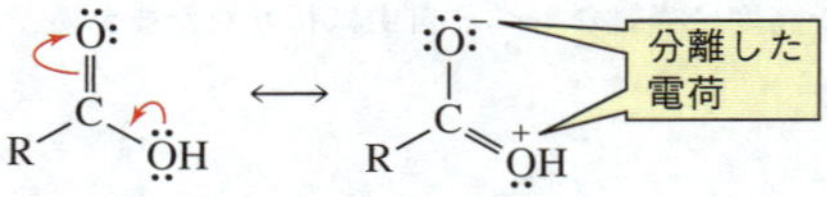

カルボン酸

カルボキシラートイオンの二つの共鳴寄与体を次に示す. **C** と **D** は安定性が等しいので, それらは共鳴混成体に等しく寄与している.

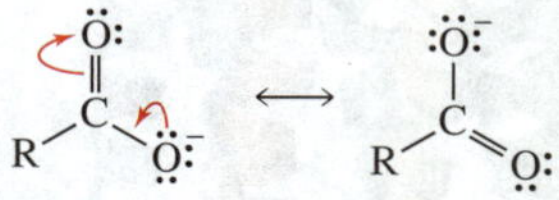

カルボキシラートイオン

E は **F** よりも安定であると予測される. なぜならば, **F** は分離した電荷をもっており, さらに窒素原子が正電荷をもっているからでる. したがって, 共鳴混成体はより **E** に近く, **F** の寄与は小さい.

共鳴寄与体の予測される安定性が大きければ大きいほど, 共鳴混成体の構造に対する寄与は大きい.

共鳴寄与体が共鳴混成体の構造への寄与が大きければ大きいほど, その共鳴寄与体は実際の分子により近い.

次に示す共鳴寄与体の一つは, 炭素原子上に負電荷があり, 他方は酸素原子上に負電荷がある. 酸素原子は負電荷をよりよく収容できる (なぜなら, 炭素原子よりも電気陰性度が大きいからである). そのため, **H** のほうが **G** よりも安定であると予測できる.

7.6 非局在化エネルギーとは化合物が非局在化電子をもつことによって獲得する安定性である   261

$$\underset{G}{\overset{\ddot{\text{O}}:}{R-C-CH_2CH_3}} \longleftrightarrow \underset{H}{\overset{:\ddot{\text{O}}:^-}{R-C=CHCH_3}}$$

問題 2（解答あり）

次のそれぞれの化学種の共鳴寄与体の構造を書き，共鳴混成体への寄与が大きい順に並べよ．

a. $CH_3\overset{+}{\underset{CH_3}{C}}-CH=CHCH_3$

b. $CH_3-\overset{O}{\underset{}{C}}-OCH_3$

c. シクロヘキサノン（$\ddot{\text{O}}$ラジカル体）

d. シクロヘキセノン

e. $CH_3-\overset{+OH}{\underset{}{C}}-NHCH_3$

f. $CH_3\overset{+}{CH}-CH=CHCH_3$

2a の解答　A では第三級炭素上に正電荷があるが，B では第二級炭素上に正電荷がある．第三級カルボカチオンは第二級カルボカチオンよりも安定であるので，A は B よりも安定である（6.2 節参照）．したがって，A のほうが共鳴混成体への寄与が大きい．

$$\underset{A}{CH_3\overset{+}{\underset{CH_3}{C}}-CH=CHCH_3} \longleftrightarrow \underset{B}{CH_3\underset{CH_3}{C}=CH-\overset{+}{CH}CH_3}$$

問題 3

問題 2 のそれぞれの化学種の共鳴混成体の構造を書け．

7.6 非局在化エネルギーとは化合物が非局在化電子をもつことによって獲得する安定性である

　非局在化電子は化合物を安定化させる．化合物が非局在化電子をもつことによって獲得する安定性のことを**非局在化エネルギー**（delocalization energy）と呼ぶ．**電子の非局在化**（electron delocalization）は**共鳴**（resonance）とも呼ばれ，非局在化エネルギーは**共鳴エネルギー**（resonance energy）とも呼ばれる．非局在化電子が化合物の安定性を増大させるので，共鳴混成体は予測されるあらゆる共鳴寄与体よりも安定であると結論づけられる．

　非局在化電子をもつ化合物の非局在化エネルギーは，共鳴寄与体の数と予測されるそれらの安定性に依存する．

　　　比較的安定な共鳴寄与体が多く存在すればするほど，
　　　非局在化エネルギーも大きい．

　たとえば，2 種類の比較的安定な共鳴寄与体をもつカルボキシラートイオンは，1 種類の比較的安定な共鳴寄与体しかもたないカルボン酸と比較して，著しく大き

> 非局在化エネルギーは，電子が局在化しているとした場合と比較して，非局在化電子をもつ化合物がどれだけ安定であるかを示す尺度である．

い非局在化エネルギーをもっている.

比較的安定な共鳴寄与体が多く存在すればするほど,非局在化エネルギーも大きい.

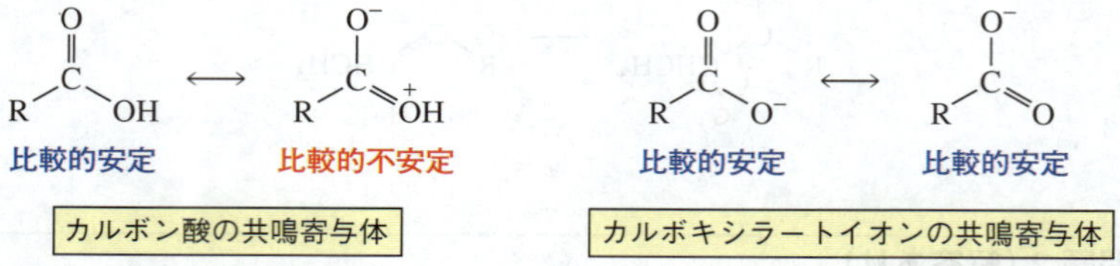

カルボン酸の共鳴寄与体：比較的安定 ↔ 比較的不安定

カルボキシラートイオンの共鳴寄与体：比較的安定 ↔ 比較的安定

比較的安定な共鳴寄与体の数（可能な共鳴寄与体の総数ではない）が，非局在化エネルギーを決めるときに重要である点に注意しよう．

たとえば，2種類の比較的安定な共鳴寄与体をもつカルボキシラートイオンの非局在化エネルギーは，次に示す3種類の共鳴寄与体をもっている化合物の非局在化エネルギーよりも大きい．なぜなら，共鳴寄与体のうちの一つだけが比較的安定であるのみであるからである．

$\overset{-}{C}H_2-CH=CH-\overset{+}{C}H_2$ ↔ $CH_2=CH-CH=CH_2$ ↔ $\overset{+}{C}H_2-CH=CH-\overset{-}{C}H_2$

比較的不安定　　　比較的安定　　　比較的不安定

共鳴寄与体の構造が互いに等価に近ければ近いほど，非局在化エネルギーも大きい.

たとえば，2価の炭酸イオン（ジアニオン）は，3種類の等価な共鳴寄与体をもっているのできわめて安定である．

共鳴寄与体の構造が互いに等価に近ければ近いほど，非局在化エネルギーも大きい.

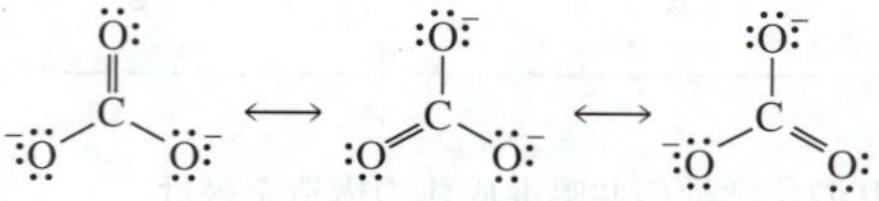

問題 4 ◆
a. 炭酸イオン（CO_3^{2-}）の三つの炭素—酸素結合の相対的な結合の長さを予測せよ．
b. それぞれの酸素原子の電荷はどれだけか．

問題 5 ◆
次に示す化学種のうち，最も大きな非局在化エネルギーをもっているものはどれか．

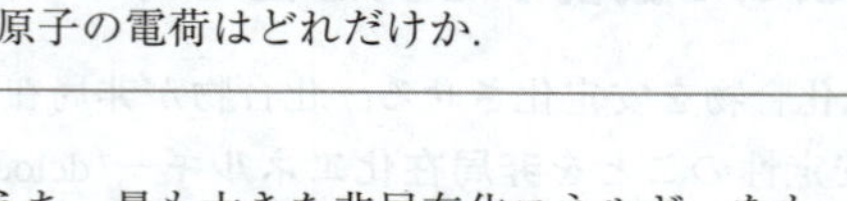

H—C(=O)—O⁻　　　⁻O—C(=O)—O⁻　　　H—C(=O)—OH

問題 6 ◆
どちらの化学種がより大きな非局在化エネルギーをもつか．

$CH_2=CH-CH=CH_2$　　あるいは　　$CH_3-C(=O)-O^-$

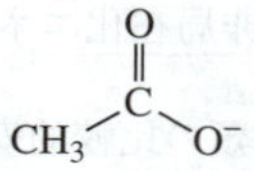

7.7 非局在化電子が安定性を増大させる

分子が非局在化電子をもつことによって，より安定化する二つの例を見てみよう．

ジエンの安定性

ジエン(diene)とは，二つの二重結合をもつ炭化水素である．

- **孤立ジエン**(isolated diene)は孤立した二重結合をもつ．それぞれの二重結合が二つ以上の単結合で隔てられているのが**孤立二重結合**(isolated double bond)である．
- **共役ジエン**(conjugated diene)は二つの共役二重結合をもつ．二重結合が一つの単結合によって隔てられているのが**共役二重結合**(conjugated double bond)である．

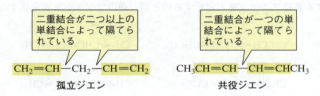

5.6節において，アルケンの相対的安定性は，水素化熱によって決まることを学んだ．最も安定なアルケンが最も小さい水素化熱をもっていることを思い出そう．すなわち，最も安定なアルケンは，そもそも少量のエネルギーしかもっていないので，水素化の際の発熱が最も小さい．

1,3-ペンタジエン(共役ジエン)の水素化熱は，1,4-ペンタジエン(孤立ジエン)のそれより小さい．したがって，共役ジエンは孤立ジエンより安定であるといえる．

> 最も安定なアルケンがもつ水素化熱は最も小さい．

	水素化熱 (kcal mol^{-1})	$\Delta H°$ (kcal mol^{-1})
$CH_2=CH-CH_2-CH=CH_2$ + $2H_2$ $\xrightarrow{Pd/C}$ $CH_3CH_2CH_2CH_2CH_3$ 1,4-ペンタジエン (1,4-pentadiene) 孤立ジエン	60.2	−60.2
$CH_2=CH-CH=CHCH_3$ + $2H_2$ $\xrightarrow{Pd/C}$ $CH_3CH_2CH_2CH_2CH_3$ 1,3-ペンタジエン (1,3-pentadiene) 共役ジエン	54.1	−54.1

共役ジエンのほうが孤立ジエンより安定なのはなぜだろうか．孤立ジエンのそれぞれの二重結合中のπ電子は，2個の炭素原子間に局在化している．これに対して，共役ジエン中のπ電子は非局在化しており，また電子の非局在化は化合物を安定化する．

> 非局在化エネルギーの増大は安定性の増大を意味する．

$\bar{C}H_2-CH=CH-\overset{+}{C}H_2 \longleftrightarrow CH_2=CH-CH=CH_2 \longleftrightarrow \overset{+}{C}H_2-CH=CH-\bar{C}H_2$

共鳴寄与体

非局在化電子

$CH_2\!=\!=\!=CH\!=\!=\!=CH\!=\!=\!=CH_2$

1,3-ブタジエン
(1,3-butadiene)
共鳴混成体

問題 7 ◆

2,4-ヘプタジエンと 2,5-ヘプタジエンではどちらがより安定か.

問題 8 ◆

次のジエンを命名し,安定性が最も大きいものから最も小さいものの順に並べよ.
(アルキル基はアルケンを安定化するのと同じ理由でジエンを安定化する;5.6 節参照.)

$CH_3CH=CHCH=CHCH_3$　　$CH_2=CHCH_2CH=CH_2$

$\underset{CH_3}{CH_3C}=CHCH=\underset{CH_3}{CCH_3}$　　$CH_3CH=CHCH=CH_2$

アリルカチオンとベンジルカチオンの安定性

これから学ぶカルボカチオンは非局在化電子をもつので,局在化電子をもつ似たようなカルボカチオンよりも安定である.

- **アリルカチオン**(allylic cation)はアリル位炭素上に正電荷をもつカルボカチオンであり,**アリル位炭素**(allylic carbon)はアルケンの sp^2 炭素に隣接する炭素である(5.1 節参照).
- **ベンジルカチオン**(benzylic cation)はベンジル位炭素上に正電荷をもつカルボカチオンであり,**ベンジル位炭素**(benzylic carbon)はベンゼン環の sp^2 炭素に隣接する炭素である.

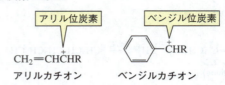

アリル位炭素　　ベンジル位炭素

$CH_2=CH\overset{+}{C}HR$　　　$\overset{+}{C}HR$(フェニル)

アリルカチオン　　ベンジルカチオン

単にアリルカチオンというときは無置換のアリルカチオンのことを指し,単にベンジルカチオンというときは無置換のベンジルカチオンのことを指す.

$CH_2=CH\overset{+}{C}H_2$　　　$\overset{+}{C}H_2$(フェニル)

アリルカチオン　　ベンジルカチオン

アリルカチオン

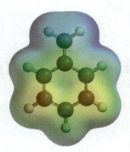

ベンジルカチオン

アリルカチオンには 2 種類の共鳴寄与体が存在する.正電荷は一つの炭素原子

上に局在化しているのではなく，二つの炭素原子によって共有されている．

$$RCH=CH-\overset{+}{C}H_2 \longleftrightarrow \overset{+}{R}CH-CH=CH_2$$
アリルカチオン

ベンジルカチオンには5種類の共鳴寄与体が存在する．正電荷が四つの炭素によって共有されていることに注目しよう．

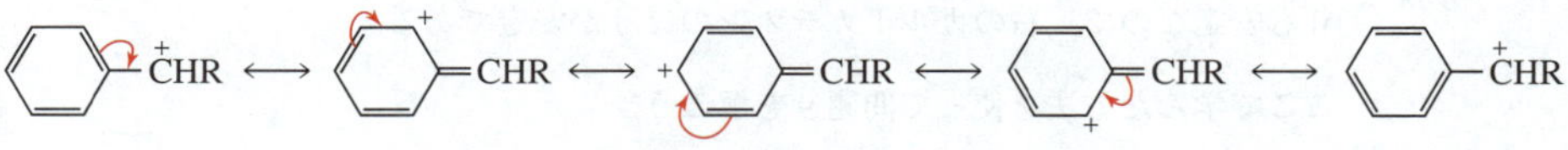

ベンジルカチオン

アリルカチオンとベンジルカチオンは非局在化電子をもっているので，溶媒中ではほかの第一級カルボカチオンよりも安定である．6.2節で示したカルボカチオンの相対的安定性の序列にそれらを加えることができる．

カルボカチオンの相対的安定性

最も安定　ベンジルカチオン ≈ アリルカチオン ≈ 第三級カルボカチオン > 第二級カルボカチオン > 第一級カルボカチオン > メチルカチオン　最も不安定

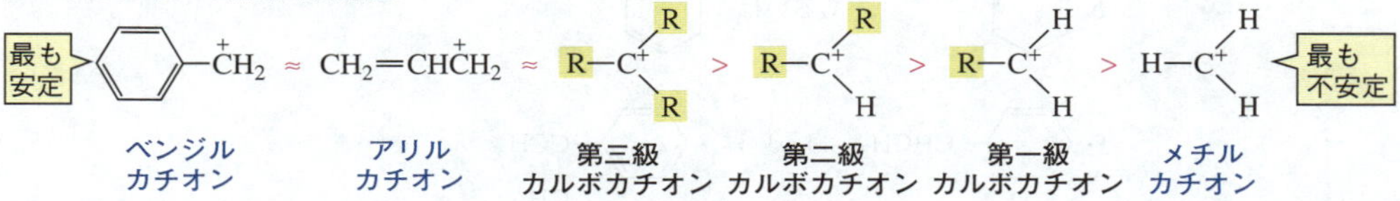

すべてのアリルカチオンとベンジルカチオンが同じ安定性を示すわけではない．第三級アルキルカルボカチオンが第二級アルキルカルボカチオンよりも安定であるのと同様に，第三級アリルカチオンは第二級アリルカチオンよりも安定であり，第二級アリルカチオンは(第一級)アリルカチオンよりも安定である．同様に，第三級ベンジルカチオンは第二級ベンジルカチオンよりも安定であり，第二級ベンジルカチオンは(第一級)ベンジルカチオンよりも安定である．

相対的安定性

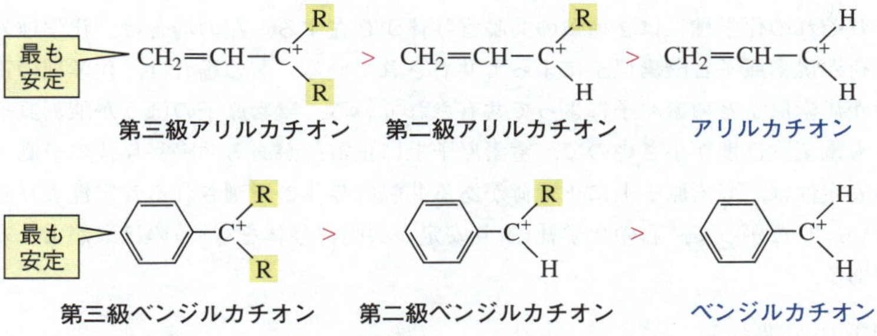

最も安定　第三級アリルカチオン > 第二級アリルカチオン > アリルカチオン

最も安定　第三級ベンジルカチオン > 第二級ベンジルカチオン > ベンジルカチオン

【問題解答の指針】
どちらのカルボカチオンがより安定か．

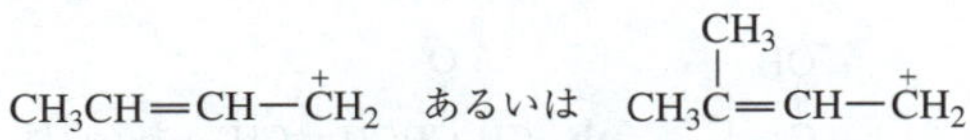

$$CH_3CH=CH-\overset{+}{C}H_2 \quad あるいは \quad CH_3\overset{CH_3}{\overset{|}{C}}=CH-\overset{+}{C}H_2$$

まず，それぞれのカルボカチオンの共鳴寄与体を書くことから始めよう．次に，予測される安定性を比較してみよう．

CH$_3$CH=CH—$\overset{+}{\text{C}}$H$_2$ ⟷ CH$_3$$\overset{+}{\text{C}}$H—CH=CH$_2$ CH$_3$$\overset{\text{CH}_3}{\underset{|}{\text{C}}}$=CH—$\overset{+}{\text{C}}H_2$ ⟷ CH$_3$$\overset{\text{CH}_3}{\underset{|}{\overset{+}{\text{C}}}}$—CH=CH$_2$

それぞれのカルボカチオンには，2種類の共鳴寄与体が存在する．左の場合は，カルボカチオンの正電荷が第一級アリル炭素と第二級アリル炭素によって共有されている．右の場合は，カルボカチオンの正電荷が第一級アリル炭素と第三級アリル炭素によって共有されている．第三級アリル炭素のほうが第二級アリル炭素よりも安定なので，右のカルボカチオンのほうが安定である．

ここで学んだ方法を使って問題 9 を解こう．

問題 9◆
次のそれぞれのカルボカチオンの組合せで，どちらがより安定か．

a. CH$_3$CH=CH$\overset{+}{\text{C}}$HCH$_3$ あるいは CH$_3$CH=CH$\overset{+}{\text{C}}$H$_2$

b. [シクロヘキセニル-$\overset{+}{\text{C}}$HCH$_3$ (1位置換)] あるいは [シクロヘキセニル-$\overset{+}{\text{C}}$HCH$_3$ (3位置換)]

c. C$_6$H$_5$-$\overset{+}{\text{C}}$HCH$_3$ あるいは C$_6$H$_5$-$\overset{+}{\text{C}}$(CH$_3$)CH$_3$

【問題解答の指針】
どちらの化学種がより安定か．

CH$_3$—$\ddot{\text{O}}$—$\overset{+}{\text{C}}$H$_2$ あるいは CH$_3$—$\overset{\cdot\cdot}{\text{N}}$H—$\overset{+}{\text{C}}H_2$

まず，それぞれの化学種の共鳴寄与体を書くことから始めよう．次に，予測される安定性を比較してみよう．

CH$_3$—$\ddot{\text{O}}$—$\overset{+}{\text{C}}$H$_2$ ⟷ CH$_3$—$\overset{+}{\text{O}}$=CH$_2$ CH$_3$—$\overset{\cdot\cdot}{\text{N}}$H—$\overset{+}{\text{C}}H_2$ ⟷ CH$_3$—$\overset{+}{\text{N}}$H=CH$_2$

それぞれの化学種には2種類の共鳴寄与体が存在する．左の場合は，化学種の正電荷が炭素原子と酸素原子によって共有されている．右の場合は，化学種の正電荷が炭素原子と窒素原子によって共有されている．窒素原子のほうが酸素原子よりも電気陰性度が小さいので，窒素原子上に正電荷がある共鳴寄与体の予測される安定性は，酸素原子上に正電荷がある共鳴寄与体の予測される安定性よりも大きい．したがって，右の化学種（より安定な共鳴寄与体をもつ）のほうがより安定である．

問題 10 に進もう．

問題 10◆
どちらの化学種がより安定か．

a. CH$_3$—C(=$\overset{+}{\text{N}}$H$_2$)—NH$_2$ あるいは CH$_3$—C(=$\overset{+}{\text{O}}$H)—NH$_2$

b. CH$_3$CHCH=CH$_2$ (O$^-$) あるいは CH$_3$C(O$^-$)=CHCH$_3$

7.8 非局在化電子は pK_a 値に影響を及ぼす

2.7節で学んだように，カルボン酸はアルコールよりも強い酸である．その理由は，カルボキシラートイオン（カルボン酸の共役塩基）がアルコキシドイオン（アルコールの共役塩基）よりも安定な（弱い）塩基だからである．塩基が安定であればあるほど，その共役酸はより強いことを思い出そう．

$$\underset{\substack{\text{酢酸}\\\text{(acetic acid)}\\pK_a = 4.76}}{CH_3COOH} \qquad \underset{\substack{\text{エタノール}\\\text{(ethanol)}\\pK_a = 15.9}}{CH_3CH_2OH}$$

近くにある電気陰性度の大きな原子が電子求引性誘起効果によってアニオンを安定化させる．

カルボキシラートイオンのもつ大きな安定性は，電子求引性誘起効果と電子の非局在化という二つの要因によることを学んできた．二重結合を形成している酸素原子が，電子求引性誘起効果によって，負電荷をもつ酸素原子上の電子密度を減少させ，カルボキシラートイオンを安定化させる．また，カルボキシラートイオンは電子の非局在化によっても安定化される．

カルボン酸とカルボキシラートイオンはどちらも非局在化電子をもっているにもかかわらず，カルボキシラートイオンのほうがカルボン酸よりも非局在化エネルギーが大きい．カルボキシラートイオンには比較的安定であると考えられる2種類の等価な共鳴寄与体が存在するのに対して，カルボン酸にはそれが一つしか存在しないからである（7.6節）．したがって，カルボン酸がプロトンを失うと非局在化エネルギーが増大し，つまり安定性も増大する．

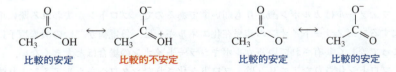

比較的安定　　比較的不安定　　比較的安定　　比較的安定

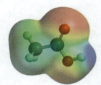

酢酸

これに対して，アルコールとその共役塩基のすべての電子は局在化しており，アルコールがプロトンを失っても非局在化エネルギーの増大を伴わない．

$$\underset{\substack{\text{エタノール}\\\text{(ethanol)}}}{CH_3CH_2OH} \rightleftharpoons \underset{\substack{\text{エトキシドイオン}\\\text{(etoxide ion)}}}{CH_3CH_2O^-} + H^+$$

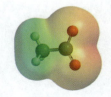

酢酸イオン
アセテートイオン
(acetate ion)

フェノールはOH基がベンゼン環に結合した化合物であるが，シクロヘキサノールやエタノールなどのアルコールよりも強い酸である．

$$\underset{\substack{\text{フェノール}\\\text{(phenol)}\\pK_a = 10}}{C_6H_5OH} \qquad \underset{\substack{\text{シクロヘキサノール}\\\text{(cyclohexanol)}\\pK_a = 16}}{C_6H_{11}OH} \qquad \underset{\substack{\text{エタノール}\\pK_a = 16}}{CH_3CH_2OH}$$

フェノール

フェノールとフェノラートイオンがどちらも非局在化電子をもっているにもかかわらず，フェノラートイオンの非局在化エネルギーのほうがフェノールのそれよりも大きい理由は，3種類あるフェノールの共鳴寄与体の酸素原子が正電荷をもっているだけでなく，それらが分離した電荷をもっているからである．したがって，フェノールがプロトンを失うと，非局在化エネルギーが増大する(つまり，より安定である)．

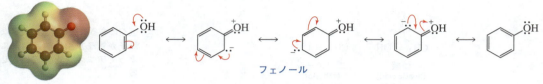

フェノール

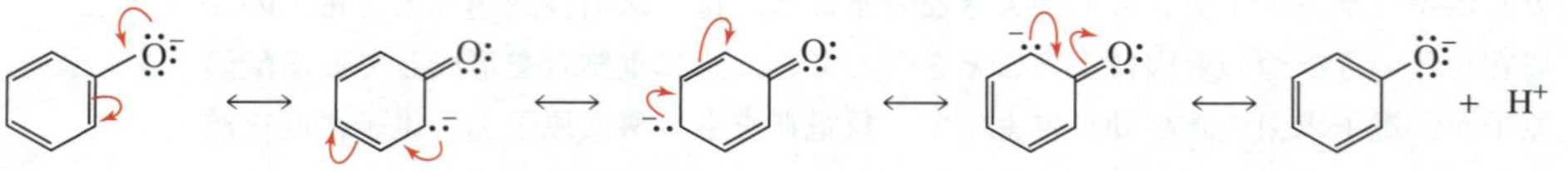

フェノラートイオン
(phenolate ion)

フェノラートイオン

これとは対照的に，シクロヘキサノールの共役塩基は安定化をもたらす非局在化電子をもっていない．

シクロヘキサノール　　　　シクロヘキサノラートイオン

フェノールはカルボン酸よりも弱い酸であるので，プロトンが失われる際に増大するフェノラートイオンの非局在化エネルギーは，負電荷が二つの酸素原子によって等しく共有されているカルボキシラートイオンの場合ほど大きくない．

プロトン化されたアニリンは，プロトン化されたシクロヘキシルアミンより強い酸である．

プロトン化されたアニリン

プロトン化されたアニリン
pK_a = 4.60

プロトン化されたシクロヘキシルアミン
pK_a = 11.2

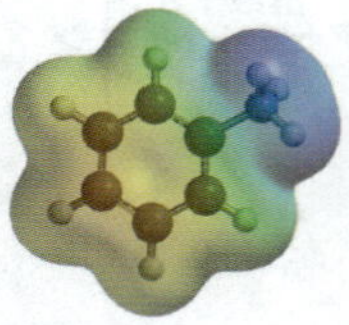

プロトン化されたアニリンの窒素原子は，非局在化できる孤立電子対をもっていない．しかし，窒素がプロトンを失うと，かつてプロトンが結合していた孤立電子対が再び非局在化できるようになる．したがって，プロトンを失うと非局在化エネルギーが増大する(つまり，より安定である)．

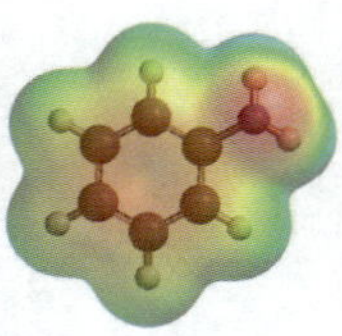

アニリン

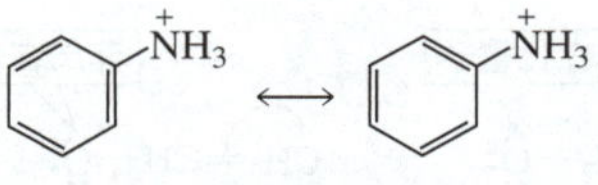

7.8 非局在化電子は pK_a 値に影響を及ぼす

プロトン化されたアニリン

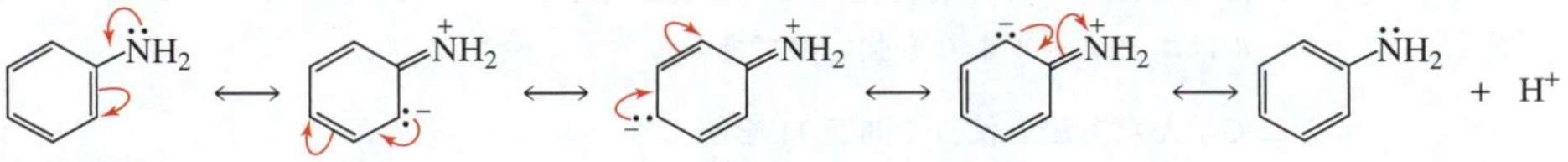

アニリン

一方，シクロヘキシルアミンは，酸型でも塩基型でも安定化をもたらす非局在化電子をもっていない．

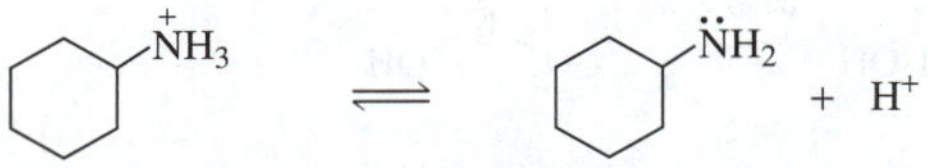

プロトン化された
シクロヘキシルアミン　　　シクロヘキシルアミン

ここで，おおよその pK_a 値を知っておいたほうがよい有機化合物の仲間に，フェノールとプロトン化されたアニリンを加えることができる（表 7.1）．参照しやすいように後見返しの表にも示してある．

表 7.1　おおよその pK_a 値

$pK_a < 0$	$pK_a \approx 5$	$pK_a \approx 10$	$pK_a \approx 15$
$\overset{+}{R}\overset{\|}{O}H$ $\|$ H	R–C(=O)–OH	$R\overset{+}{N}H_3$	ROH
R–C(OH)=$\overset{+}{O}H$	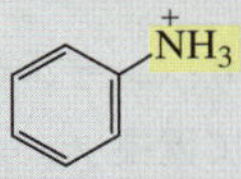 Ph–$\overset{+}{N}H_3$	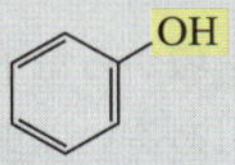 Ph–OH	H_2O
H_3O^+			

【問題解答の指針】
相対的酸性度の決定

どちらがより強い酸か．

CH_3CH_2OH　　あるいは　　$CH_2=CHOH$
エチルアルコール　　　　　　ビニルアルコール
(ethyl alcohol)　　　　　　(vinyl alcohol)

酸の強さは共役塩基の安定性に依存する．塩基は電子求引性基と電子の非局在化によって安定化されることをすでに学んだ．したがって，この問題に答えるためには，それぞれの共役塩基の安定性を比較して，より安定な塩基がより酸性度の大きい共役酸をもつことを思い出せばよい．

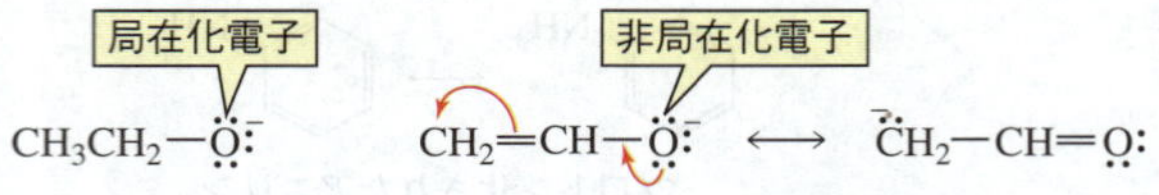

$$\underset{\text{局在化電子}}{CH_3CH_2-\ddot{\underset{..}{O}}:^-} \qquad \underset{\text{非局在化電子}}{CH_2=CH-\ddot{\underset{..}{O}}:^-} \longleftrightarrow \overset{-}{C}H_2-CH=\ddot{\underset{..}{O}}:$$

エタノールの共役塩基の電子はすべて局在化している．一方，ビニルアルコールの共役塩基は電子の非局在化によって安定化されている．そのため，ビニルアルコールはエタノールよりも強い酸である．

ここで学んだ方法を使って問題 11 を解こう．

問題 11◆

それぞれの組合せでどちらがより強い酸か．

a. 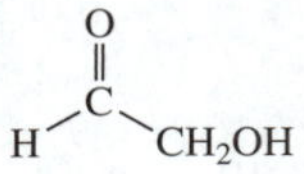 $\underset{H}{\overset{O}{\underset{\|}{C}}}-CH_2OH$ あるいは $\underset{CH_3}{\overset{O}{\underset{\|}{C}}}-OH$

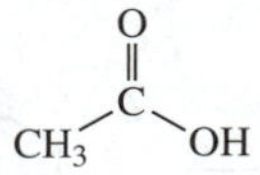

b. $CH_3CH=CHCH_2OH$ あるいは $CH_3CH=CHOH$

c. $CH_3CH_2CH_2\overset{+}{N}H_3$ あるいは $CH_3CH=CH\overset{+}{N}H_3$

問題 12◆

それぞれの組合せでどちらがより強い塩基か．
a. エチルアミン あるいは アニリン
b. エチルアミン あるいは エトキシドイオン
c. フェノラートイオン あるいは エトキシドイオン

7.9 電子効果

置換基がベンゼン環から電子を求引したりベンゼン環に電子を供与したりするなら，その電子求引あるいは供与を反映して置換フェノール，安息香酸，およびプロトン化アニリンの pK_a 値は変化するだろう．

電子求引性基は塩基を安定化し，それゆえその共役酸の酸性度は増大する．電子供与性基は塩基を不安定化し，共役酸の酸性度を低下させる(2.7 節参照)．酸が強ければ強いほどその共役塩基はより安定(より弱く)になることを思い出そう．

電子供与は酸性度を低下させる．
電子求引は酸性度を増大させる．

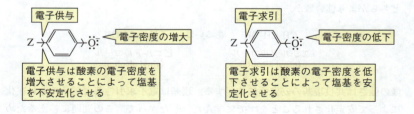

電子求引性誘起効果

ベンゼン環に結合している置換基が水素より電子求引性が高い場合，その置換基は水素よりも強くベンゼン環からσ電子を奪い取る．σ結合を通じた電子の求引は**電子求引性誘起効果**（inductive electron withdrawal）と呼ばれる（2.7 節参照）．$^+NH_3$ 基は水素より電気陰性なので，誘起的に電子を求引する置換基の例である．

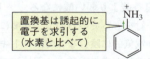

置換基は誘起的に電子を求引する（水素と比べて）

超共役による電子供与

CH_3 基のようなアルキル置換基は超共役，つまり空の p 軌道への電子の供与によってカルボカチオンを安定化することを学んだ（6.2 節参照）．

共鳴による電子供与

置換基がベンゼン環に直接結合している原子上に孤立電子対をもっている場合，その孤立電子対はベンゼン環に非局在化することができる．これを置換基の**共鳴による電子供与**（donate electron by resonance）という．NH_2, OH, OR, および Cl のような置換基は，共鳴により電子を供与する．また，水素よりも電気陰性度の大きな原子がベンゼン環に直接結合しているので，これらの置換基は誘起的に電子の求引もする．

共鳴によるベンゼン環への電子供与

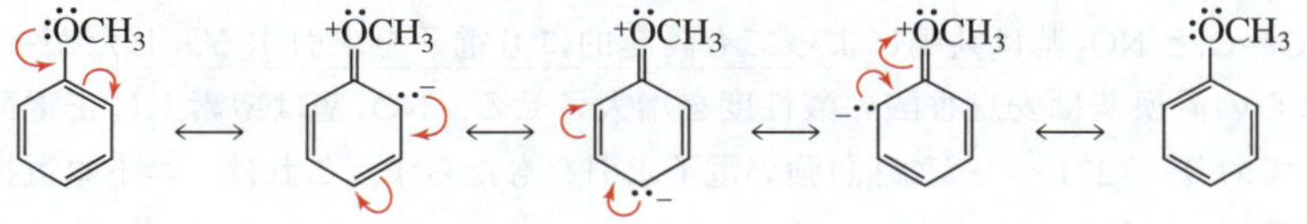

アニソール
(anisole)

共鳴による電子求引

より電気陰性度の大きな原子と二重結合あるいは三重結合を形成している原子により置換基がベンゼン環に結合している場合，環の電子はその置換基上に非局在化できる．これを置換基の**共鳴による電子求引**（withdraw electron by resonance）という．C=O, C≡N, SO_3H, および NO_2 のような置換基は，共鳴によって電子を求引する．これらの置換基は，ベンゼン環に結合している原子が完全な正電荷あるいは部分正電荷をもっており，それゆえ水素より電気陰性であるため，誘起的にも電子を求引する．

共鳴によるベンゼン環からの電子求引

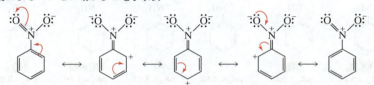

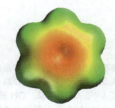

ベンゼン
(benzene)

ニトロベンゼン
(nitrobenzene)

アニソール，ベンゼン，およびニトロベンゼンの静電ポテンシャル図を比較し

てみよう．電子供与性置換基(OCH_3)は環をより赤く(より電気陰性)にしているが，電子求引性基(NO_2)は環の赤を薄く(より低い電気陰性)にしている．

いまから，置換基がどのように安息香酸のpK_aに影響を与えるか見ていこう．
　メチル基が超共役により電子を供与することはすでに学んだ．これによって，メチル置換安息香酸は安息香酸より弱い酸になる．メトキシ基(CH_3O)は環に結合している原子に孤立電子対をもっているので，共鳴により電子を供与することができる．酸素は水素より電気的に陰性なので，メトキシ基は誘起的に電子を求引する．メトキシ置換安息香酸が安息香酸より弱い酸であるという事実は，置換基の共鳴による環への電子供与が環からの誘起的な電子求引より重要であることを示している．

COOH OCH_3	COOH CH_3	COOH	COOH Br	COOH $CH_3C=O$	COOH NO_2
$pK_a = 4.47$	$pK_a = 4.34$	$pK_a = 4.20$	$pK_a = 4.00$	$pK_a = 3.70$	$pK_a = 3.44$

安息香酸 (benzoic acid)

　Br も共鳴によって電子供与できる孤立電子対をもっており，水素より電気的に陰性なので，Br は誘起的に電子を求引する．臭素置換安息香酸が安息香酸よりも強い酸であるという事実は，Br の環からの誘起的な電子求引が共鳴による環への電子供与より重要であることを示している．
　$HC=O$ と NO_2 基は共鳴によっても誘起的にも電子を求引する．したがって，これらの置換基は安息香酸の酸性度を増大させる．NO_2 基は窒素上に正電荷をもっており，(271 ページ参照)強い電子求引をもたらす．これは，ニトロ置換安息香酸の pK_a 値に反映されている．
　pK_a に対する同様の置換基効果は，置換フェノールや置換アニリンでも観測されている．すなわち，電子求引性置換基は酸性度を増大させるが，電子供与性置換基は酸性度を低下させる．

置換基がより電子供与性であればあるほど，ベンゼン環に結合している COOH 基，OH 基，あるいは $^+NH_3$ 基の酸性度は低下する．

OH OCH_3	OH CH_3	OH	OH Cl	OH $HC=O$	OH NO_2
$pK_a = 10.20$	$pK_a = 10.19$	$pK_a = 9.95$	$pK_a = 9.38$	$pK_a = 7.66$	$pK_a = 7.14$

フェノール

置換基がより電子求引性であればあるほど，ベンゼン環に結合している COOH 基，OH 基，あるいは $^+NH_3$ 基の酸性度は増大する．

$^+NH_3$ OCH_3	$^+NH_3$ CH_3	$^+NH_3$	$^+NH_3$ Br	$^+NH_3$ $HC=O$	$^+NH_3$ NO_2
$pK_a = 5.29$	$pK_a = 5.07$	$pK_a = 4.58$	$pK_a = 3.91$	$pK_a = 1.76$	$pK_a = 0.98$

プロトン化されたアニリン

問題 13◆

次のそれぞれの置換基は，誘起的に電子を求引する，超共役により電子を供与する，共鳴により電子を求引する，共鳴により電子を供与する，のいずれであるかを示せ．（それらの効果を水素と比較しよう．多くの置換基は，複数の性質をもちうることを思い出そう．）

a. Br　　b. CH_2CH_3　　c. $\overset{O}{\overset{\|}{C}}CH_3$　　d. $NHCH_3$　　e. OCH_3　　f. $^+N(CH_3)_3$

問題 14◆

次の各組のどちらの化学種がより酸性か．

a. CH_3COOH　あるいは　$ClCH_2COOH$

b. O_2NCH_2COOH　あるいは　$O_2NCH_2CH_2COOH$

c. 4-(CH₃C=O)C₆H₄-COOH　あるいは　C₆H₅COOH

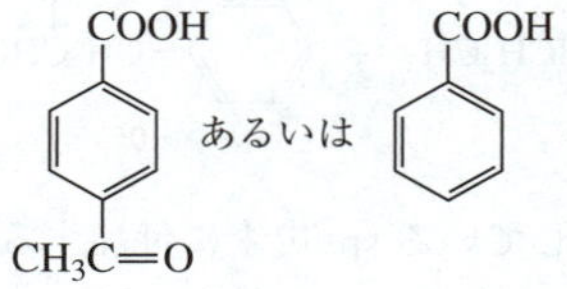

d. CH_3CH_2COOH　あるいは　$H_3\overset{+}{N}CH_2COOH$

f. 4-CH₃-C₆H₄-COOH　あるいは　4-Cl-C₆H₄-COOH

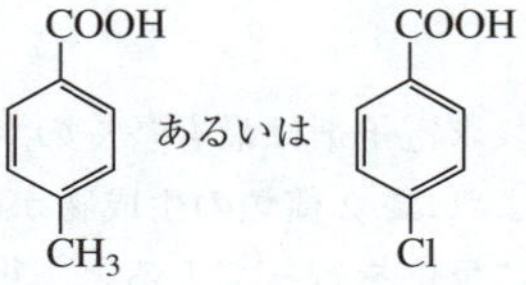

e. $HCOOH$　あるいは　CH_3COOH

問題 15（解答あり）

どちらがより強い酸か．

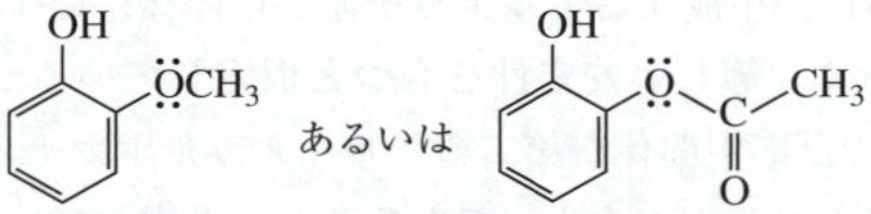

2-メトキシフェノール　あるいは　2-アセトキシフェノール（o-HO-C₆H₄-O-C(=O)CH₃）

どちらの置換基も，共鳴によってベンゼン環に電子を供与でき，また誘起的に電子を求引することができる酸素原子をもっている．右の化合物の酸素は共鳴によって，環方向と，環方向とは逆の二つの競合する方向へ電子を供与することができる．

[置換基は共鳴によってベンゼン環に電子を供与する]

[共鳴構造式の列]

[置換基は共鳴によってベンゼン環から電子を求引する]

[共鳴構造式]

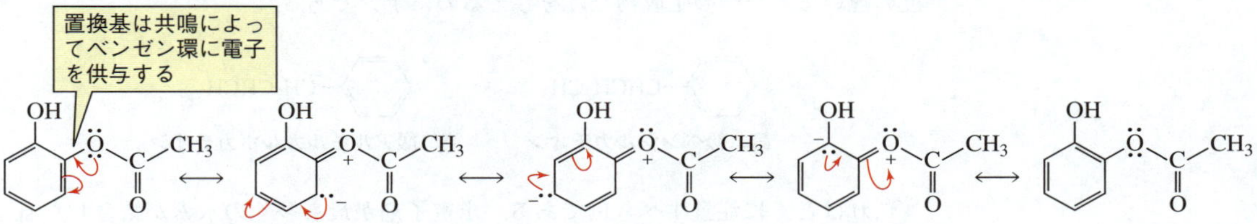

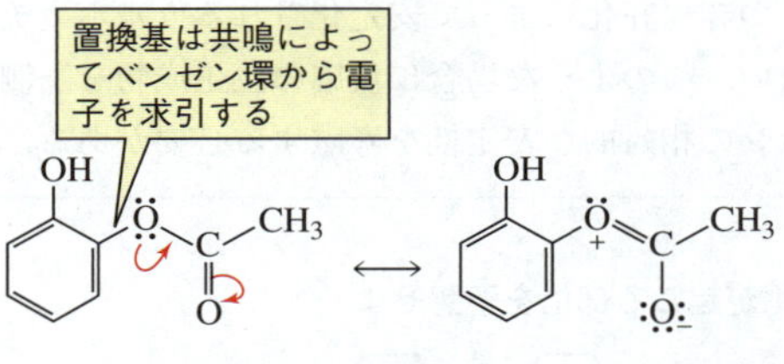

これに対して，メトキシ基(CH_3O)は共鳴により環方向へのみ電子を供与することができる(271 ページ参照)．

したがって，全体としてメトキシ基のほうがより優れた電子供与基となるので，右の化合物がより強い酸である．

> **問題 16**
> m-ニトロフェノールの pK_a は 8.39 であるが，p-ニトロフェノールの pK_a は 7.14 であるのはなぜかを説明せよ．（ヒント：共鳴寄与体の構造を書け．）

7.10 非局在化電子は反応生成物に影響を及ぼす

有機反応の生成物を正確に予測できるかどうかは，多くの場合，有機分子の電子の非局在化の認識にかかっている．たとえば，次の反応のアルケンは，二つの sp^2 炭素に同じ数の水素をもっている．

C$_6$H$_5$—CH=CHCH$_3$ + HBr ⟶ C$_6$H$_5$—CHBrCH$_2$CH$_3$ (100%) + C$_6$H$_5$—CH$_2$CHBrCH$_3$ (0%)

したがって，求電子剤は最も多くの水素が結合している sp^2 炭素に付加する，という法則によれば，2 種類の生成物がほぼ等量生成すると予想できる．しかしながら，実際に反応を行ってみると，得られる生成物は 1 種類だけである．（ベンゼン環の安定性は，ベンゼン環の二重結合に容易に求電子付加反応を起こさせないことを思い出そう．7.13 節を見よ）

この法則は，電子の非局在化を考慮していないので，誤った反応生成物を予測させる．その理由は，生成するカルボカチオン中間体がいずれの場合も第二級カルボカチオンであり，等しい安定性をもつと仮定しているからである．つまり，この法則は，一方の反応中間体が第二級アルキルカルボカチオンであるのに対し，もう一方が第二級ベンジルカチオンであることを考慮していない．第二級ベンジルカチオンは，電子の非局在化によって安定化されているので，より安定であり，したがってより速やかに生成する．カルボカチオンの安定性，つまりその生成速度の違いは，一つの生成物だけを与えるのに十分である．

C$_6$H$_5$—$\overset{+}{C}$HCH$_2$CH$_3$　　　　　C$_6$H$_5$—CH$_2\overset{+}{C}$HCH$_3$
第二級ベンジルカチオン　　　　第二級アルキルカルボカチオン

これはとくに注意すべき例である．求電子剤が最も多くの水素が結合した sp^2 炭素に付加するという法則は，電子の非局在化によって安定化されるカルボカチオンが生成する反応には適用できない．このような場合に反応の主生成物を予測するには，それぞれのカルボカチオンの相対的な安定性を考慮する必要がある．

> **問題 17（解答あり）**
> 次のそれぞれの化合物でプロトン化が起こる部位を予想せよ．
> a. CH$_3$CH=CHOCH$_3$ + H$^+$　　　　b. C$_5$H$_{10}$N—(cyclohexenyl) + H$^+$

17a の解答 共鳴寄与体には，プロトン化できる位置が二つあることを示している．それは酸素原子上の孤立電子対と炭素原子上の孤立電子対である．

$$CH_3CH=CH-\overset{..}{\underset{..}{O}}CH_3 \longleftrightarrow CH_3\overset{-}{C}H-CH=\overset{+}{\underset{..}{O}}CH_3 \qquad CH_3CH=CH\overset{..}{\underset{..}{O}}CH_3$$

共鳴寄与体 　　　　　　　　　　　　　　プロトン化部位

7.11 ジエンの反応

非局在化電子が反応の生成物に影響を及ぼす別の例として，<u>孤立ジエン</u>（局在化した電子しかもたないジエン）が求電子付加反応した場合の生成物と，<u>共役ジエン</u>（非局在化した電子をもつジエン）が同じ反応をした場合の生成物を比較してみよう．

$$CH_2=CHCH_2CH_2CH=CH_2 \qquad CH_3CH_2=CH-CH=CHCH_3$$
孤立ジエン　　　　　　　　　　　共役ジエン

孤立ジエンの反応

<u>孤立二重結合をもつジエンの反応は，アルケンのそれとよく似ている．求電子剤が過剰に存在していると，二つの独立した求電子付加反応が起こる．それぞれの反応において，求電子剤は水素が最も多く結合している sp^2 炭素に付加する．</u>

$$CH_2=CHCH_2CH_2CH=CH_2 + HBr \longrightarrow CH_3CHCH_2CH_2CHCH_3$$
　　1,5-ヘキサジエン　　　　　過剰　　　　　　　　|　　　　　　|
　　(1,5-hexadiene)　　　　　　　　　　　　　　　Br　　　　　Br

この反応は，アルケンと求電子剤との反応機構に関する知識から予測できるとおりに進行する．

孤立ジエンと過剰の HBr との反応機構

$$CH_2=CHCH_2CH_2CH=CH_2 + H-Br: \longrightarrow CH_3\overset{+}{C}HCH_2CH_2CH=CH_2 \longrightarrow CH_3CHCH_2CH_2CH=CH_2$$
　　　　　　　　　　　　　　　　　　　　　　　　　　　+ :Br:⁻　　　　　　　　　　　　|
　　Br
　　　　　　　　　　　　　　　　　　　　　　　　　　　　　　　　　　　　　　　↓ H-Br:

$$CH_3CHCH_2CH_2CHCH_3 \longleftarrow CH_3CHCH_2CH_2\overset{+}{C}HCH_3$$
| 　　　　　|　　　　　　　　|
Br 　　　　Br　　　　　　　Br 　　 + :Br:⁻

- 求電子剤 (H^+) は，より安定なカルボカチオンを生じるように，最も多くの水素が結合した sp^2 炭素に付加する（6.3 節参照）．
- 臭化物イオンがカルボカチオンに付加する．
- 求電子剤が過剰に存在するので，もう一方の二重結合にも付加反応が起こる．再び H^+ が最も多くの水素が結合した sp^2 炭素に付加する．
- 臭化物イオンがカルボカチオンに付加する．

一つの二重結合に付加する量しか求電子剤がない場合には，反応性がより高い二重結合に優先的に付加する．たとえば，次の反応において，HClが左側の二重結合に付加すると第二級カルボカチオンが生成し，右側の二重結合に付加すると第三級カルボカチオンが生成する．第三級カルボカチオンのほうがより安定なので，より速く生成する．したがって，限られた量のHClしか存在しない反応では，反応の主生成物は5-クロロ-5-メチル-1-ヘキセンとなる（6.3節参照）．

$$CH_2=CHCH_2CH_2\underset{\substack{|\\CH_3}}{C}=CH_2 \;+\; HCl \;\longrightarrow\; CH_2=CHCH_2CH_2\underset{\substack{|\\Cl}}{\overset{\substack{CH_3\\|}}{C}}CH_3$$

2-メチル-1,5-ヘキサジエン
(2-methyl-1,5-hexadiene)
1 mol

1 mol

5-クロロ-5-メチル-1-ヘキセン
(5-chloro-5-methyl-1-hexene)
主生成物

問題 18◆

次のそれぞれの反応に 1 当量の反応剤を用いたとき，それぞれの反応の主生成物は何か．

a. $CH_2=CHCH_2CH_2CH\underset{\substack{|\\CH_3}}{=}CCH_3 \xrightarrow{HBr}$

b. （1-メチル-1,4-シクロヘプタジエン）$\xrightarrow{HCl}$

共役ジエンの反応

1,3-ブタジエンのような共役二重結合をもつジエンを，限られた量の求電子剤と反応させると，一方の二重結合だけに付加が起こり，2 種類の付加生成物が得られる．一つは 1 位と 2 位に付加した **1,2-付加生成物**（1,2-addition product）であり，もう一つは 1 位と 4 位に付加した **1,4-付加生成物**（1,4-addition product）である．1,2-付加は **直接付加**（direct addition）と呼ばれ，1,4-付加は **共役付加**（conjugate addition）と呼ばれる．

孤立ジエンは 1,2-付加のみを受ける．

共役ジエンは 1,2-付加と 1,4-付加の両方を受ける．

$$CH_2=CH-CH=CH_2 \;+\; HBr \;\longrightarrow\; CH_3\underset{\substack{|\\Br}}{CH}-CH=CH_2 \;+\; CH_3-CH=CH-\underset{\substack{|\\Br}}{CH_2}$$

1,3-ブタジエン
(1,3-butadiene)
1 mol

1 mol

3-ブロモ-1-ブテン
(3-bromo-1-butene)
1,2-付加生成物

1-ブロモ-2-ブテン
(1-bromo-2-butene)
1,4-付加生成物

ハロゲン化水素がどのように二重結合に付加するのかという知識をもとに考察すると，1,2-付加生成物であると予想される．しかし，1,4-付加生成物も生じるとは驚きであろう．なぜなら，反応剤が隣接する炭素に付加しないだけでなく，二重結合の位置も変わるからである．

ここで，1 位と 2 位あるいは 1 位と 4 位への付加について述べる場合，その数字は共役系を構成する 4 個の炭素についてのものである．したがって，1 位の炭素は共役系の末端にある sp^2 炭素の一つであり，それが必ずしも分子の末端に位置するとは限らない．

R—CH=CH—CH=CH—R
       共役系

たとえば，2,4-ヘキサジエンの共役系の1位と4位は，実際にはC-2とC-5である．

$CH_3CH=CH-CH=CHCH_3$ $\xrightarrow{HCl}$ $CH_3CH_2-CH-CH=CHCH_3$ + $CH_3CH_2-CH=CH-CHCH_3$
                                                      | |
                                                      Cl   Cl

2,4-ヘキサジエン　　　　　　　　4-クロロ-2-ヘキセン　　　　　　2-クロロ-3-ヘキセン
(2,4-hexadiene)　　　　　　　 (4-chloro-2-hexene)　　　　　(2-chloro-3-hexene)
　　　　　　　　　　　　　　　　 1,2-付加生成物　　　　　　　　 1,4-付加生成物

共役ジエンへの求電子付加反応によって，1,2-付加および1,4-付加生成物の両方が得られる理由を理解するには，その反応機構を考察する必要がある．

共役ジエンとHBrとの反応機構

$CH_2=CH-CH=CH_2$ + H—Br: ⟶ $CH_3-\overset{+}{C}H-CH=CH_2$ ⟷ $CH_3-CH=CH-\overset{+}{C}H_2$
1,3-ブタジエン   アリルカチオン
                                    + :Br:⁻   + :Br:⁻

↓

$CH_3-CH-CH=CH_2$ + $CH_3-CH=CH-CH_2$
         | |
         Br   Br
3-ブロモ-1-ブテン　　　　　1-ブロモ-2-ブテン
1,2-付加生成物　　　　　　 1,4-付加生成物

- プロトンがC-1に付加し，アリルカチオンが生成する．アリルカチオンは非局在化電子をもつ．
- アリルカチオンの共鳴寄与体は，正電荷がC-2とC-4によって共有されていることを示している．したがって，臭化物イオンはC-2またはC-4のどちらかに付加することができ，1,2-付加生成物または1,4-付加生成物をそれぞれ生成する．

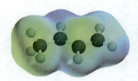

$CH_3-\overset{\delta+}{CH}=\!=\!\overset{\delta+}{CH}-CH_2$

1,3-ブタジエンは対称的なので，反応の一段階目で，H⁺がC-1に付加してもC-4に付加しても同じであることに注意しよう．

さらに多くの例を見ると，共役ジエンに対するすべての求電子付加反応の一段階目では，共役系末端のsp²炭素の一つに求電子剤が付加することに気づくだろう．これが，電子の非局在化によって安定化されたカルボカチオンが生成する唯一の経路である．もし求電子剤が内部のsp²炭素の一つに付加したとすれば，得られるカルボカチオンは非局在化電子をもたないので，より不安定である．

問題 19◆

それぞれの反応に1当量の反応剤を用いたとき，次の反応の生成物は何か．

a. CH$_3$CH=CH—CH=CHCH$_3$ $\xrightarrow{\text{HCl}}$

b. CH$_3$CH=C(CH$_3$)—C(CH$_3$)=CHCH$_3$ $\xrightarrow{\text{HBr}}$

c. (シクロペンテン) $\xrightarrow[\text{H}_2\text{O}]{\text{H}_2\text{SO}_4}$

d. (シクロヘキセン) $\xrightarrow{\text{HCl}}$

問題 20◆

ジンジベレン（ショウガの香気成分）の二重結合のうち，HBr との求電子付加反応に対して最も反応性が高いのはどれか．

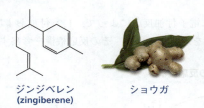

ジンジベレン
(zingiberene)　　ショウガ

問題 21

277 ページに反応機構が示されている反応と，同ページの上部に示されている反応からそれぞれどのような立体異性体が生成するか．（ヒント：6.5 節を見よ．）

問題 22

1,3,5-ヘキサトリエンと1当量のHBrとが反応した場合に得られる生成物は何か．立体異性体は考慮しない．

7.12　Diels–Alder 反応は 1,4-付加反応である

　新しく炭素—炭素結合が形成される反応は，小さな炭素骨格をより大きなものに変換することができる唯一の反応なので，有機合成化学者にとってきわめて重要である．Diels–Alder 反応は，二つの新しい炭素—炭素結合をつくり出し，環状化合を形成するのでとくに重要な反応である．有機合成化学におけるこの反応の重要性が認められて，Otto Diels と Kurt Alder は 1950 年度のノーベル化学賞を受賞した．

　Diels–Alder 反応（Diels–Alder reaction）では，共役ジエンが炭素—炭素二重結合を含む化合物と反応する．後者の化合物は"ジエンを好む"という意味で**求ジエン体**（dienophile）と呼ばれている．（Δは熱を示す．）

CH$_2$=CH—CH=CH$_2$ + CH$_2$=CH—R $\xrightarrow{\Delta}$ (シクロヘキセン-R)

共役ジエン　　　求ジエン体

Diels–Alder 反応の機構

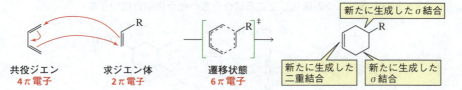

共役ジエン　　求ジエン体　　遷移状態
4π 電子　　　2π 電子　　　6π 電子

新たに生成した σ 結合
新たに生成した二重結合
新たに生成した σ 結合

- この反応はこれまでに見てきたどの反応にも似ていないように見えるが，共役ジエンへの求電子剤と求核剤の 1,4-付加反応にすぎない．しかしながら，これまでに見てきた 1,4-付加反応は，一段階目で求電子剤がジエンに付加し，二段階目で求核剤がカルボカチオンに付加するものであったが，これらの 1,4-付加反応とは異なり，Diels–Alder 反応では，求電子剤と求核剤の付加反応が，一段階で起こる．

　Diels–Alder 反応は，共役ジエンに付加する求電子剤と求核剤が二重結合の隣接する sp² 炭素であるという点で，一見したところ奇妙に思える．ほかの 1,4-付加反応のように，生成物の二重結合はジエンの共役系の 2 位と 3 位の間に存在する．

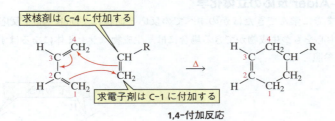

求核剤は C-4 に付加する
求電子剤は C-1 に付加する
1,4-付加反応

　求ジエン体の反応性は，その sp² 炭素の一つに電子求引性基が結合していると増大する．カルボニル基($C{=}O$)やシアノ基($C{\equiv}N$)のような電子求引性基は，求ジエン体の二重結合から電子を求引する．このことは，共役ジエンの π 電子が付加する sp² 炭素上に部分正電荷を生じさせる．すなわち，電子求引性基は求ジエン体を優れた求電子剤にする（図 7.2）．

電子求引性基

求ジエン体の共鳴寄与体　　　　共鳴混成体

　共役ジエンと求ジエン体の構造を変えることによって，広範な種類の環状化合物が得られる．

▲ 図 7.2
それぞれの静電ポテンシャル図の下部にある青色は，電子求引性基によって下の sp² 炭素のほうが優れた求電子剤となることを示している．

炭素—炭素三重結合をもつ化合物も Diels–Alder 反応の求ジエン体として用いることができ，二つの孤立した二重結合をもつ化合物が合成できる．

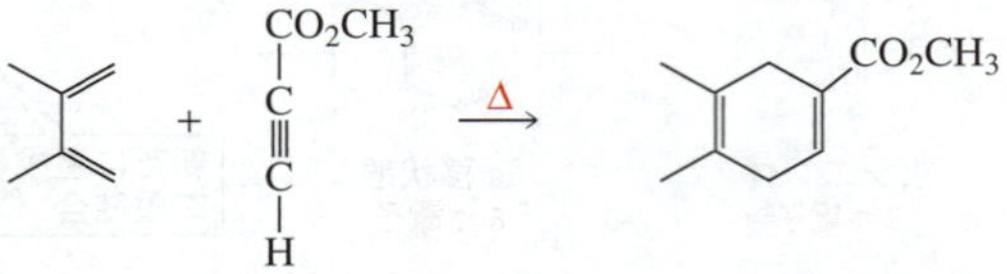

問題 23◆
次の反応の生成物は何か．

a. $CH_2=CH-CH=CH_2$ + $CH_3\overset{O}{\underset{}{C}}-C\equiv C-\overset{O}{\underset{}{C}}CH_3$ $\xrightarrow{\Delta}$

b. $CH_2=CH-CH=CH_2$ + $HC\equiv C-C\equiv N$ $\xrightarrow{\Delta}$

c. 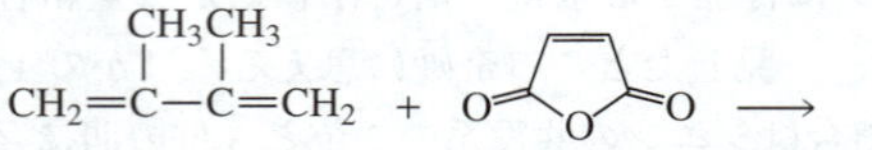 $CH_2=\underset{CH_3}{\overset{CH_3}{\underset{|}{C}}}-\overset{|}{C}=CH_2$ + (無水マレイン酸) $\longrightarrow$

Diels–Alder 反応の立体化学

これまでに学んできたほかのすべての反応と同様に，Diels–Alder 反応によって不斉中心をもつ生成物ができる場合には，生成物はラセミ体になるはずである（6.5 節参照）．

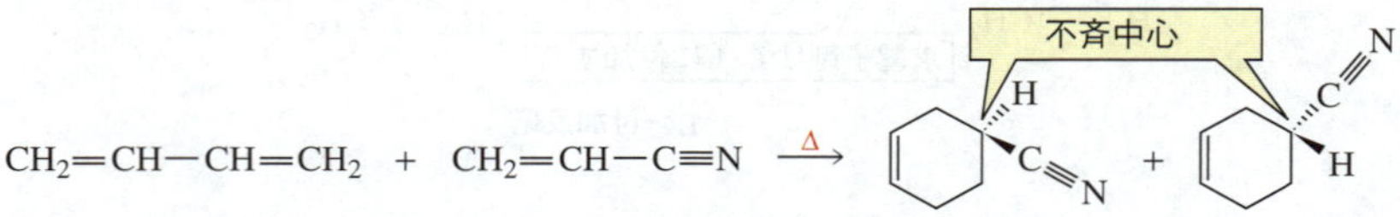

Diels–Alder 反応の逆合成解析

Diels–Alder 生成物を合成するのに必要な反応剤を決める．

1. 生成物の二重結合の位置を決める．環状生成物の生成に用いられたジエンは，この二重結合の両側に二重結合をもっていた．したがって，それらの二つの二重結合を書き，もとの二重結合を取ればよい．
2. 新しいσ結合が二つの二重結合の両側にできた．これらのσ結合を取り除き，σ結合が取り除かれた二つの炭素間にπ結合をつくると，必要な反応剤であるジエンと求ジエン体を与える．

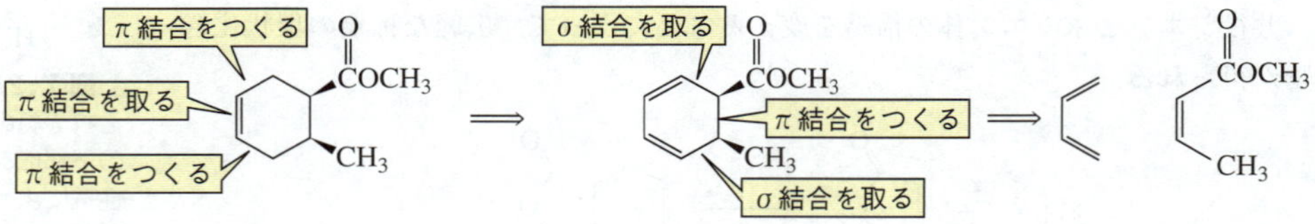

問題 24 ◆
次の化合物を合成するにはどのようなジエンと求ジエン体を用いればよいか.

a., b., c. (構造式)

7.13 ベンゼンは芳香族化合物である

ベンゼンの二つの共鳴寄与体は等価であるので，ベンゼンは比較的大きな非局在化エネルギーをもっていると予測される(7.6 節).

芳香族化合物はとくに安定である.

図 7.3 に示す水素化熱の実験値は，ベンゼンの非局在化エネルギーが，非常に大きいことを示している($36\,\text{kcal mol}^{-1}$). ベンゼンのように大きな非局在化エネルギーをもっている化合物は**芳香族化合物**(aromatic compound)と呼ばれている.

ベンゼンは大きな非局在化エネルギーのために，きわめて安定な化合物である. したがって，ベンゼンは，アルケンの特徴である求電子付加反応を，起こさない. (252 ページでベンゼンの二重結合を還元するときに用いなければならなかった反応条件に注目しよう.) 私たちはいまなら，非局在化した電子を知らなかった 19 世紀の化学者を戸惑わせたベンゼンの異常な安定性の理由を理解できる(7.1 節).

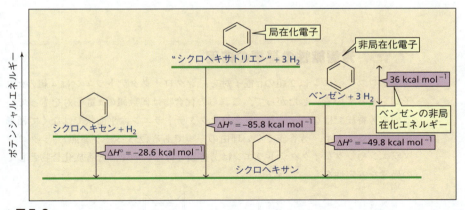

▲ 図 7.3
一つの二重結合に局在化したπ電子をもっているシクロヘキセンが，H_2 と反応してシクロヘキサンを生成するときの実験値は $\Delta H° = -28.6\,\text{kcal mol}^{-1}$ である. したがって，三つの二重結合に局在化したπ電子をもっている，未知で仮想の化合物である"シクロヘキサトリエン"の同じ反応における $\Delta H°$ はその 3 倍の値〔$\Delta H° = 3 \times (-28.6) = -85.8$〕になるはずである. 三つの二重結合に非局在化したπ電子をもっているベンゼンが，H_2 と反応してシクロヘキサンを生成するときの実験値は $\Delta H° = -49.8\,\text{kcal mol}^{-1}$ である. この"シクロヘキサトリエン"とベンゼンのエネルギー差($36\,\text{kcal mol}^{-1}$)は，ベンゼンの非局在化エネルギーであり，ベンゼンが特別にもつ安定性はベンゼンの非局在化電子によってもたらされる.

7.14 芳香族性の二つの基準

化合物の構造を見て，それが芳香族かどうかはどうすればわかるのだろう．いいかえれば，芳香族化合物に共通している構造的特徴は何だろう．芳香族として分類されるためには，次の二つの基準を満たしていなければならない.

1. 分子の面の上下に連続したπ電子の環状雲（π電子雲とも呼ばれる）をもっていなければならない．この意味することをもう少し詳しく見ていこう．
   - π電子雲が環状であるためには，その分子も環状でなければならない.
   - π電子雲が連続してつながっているためには，環原子すべてが p 軌道をもっていなければならない.
   - π電子雲を形成するためには，それぞれの p 軌道がその両隣りの p 軌道と重なり合わなければならない．つまり，分子は平面でなければならない．

2. π電子雲は奇数組のπ電子対を含んでいなければならない．

したがって，ベンゼンは環状で平面であり，環のすべての炭素は p 軌道をもち，π電子雲は 3 組のπ電子対を含んでいるので芳香族化合物である（図 7.1）．

> ある化合物が芳香族であるためには，環状で平面であり，連続したπ電子雲をもっていなければならない．また，π電子雲は奇数組のπ電子対を含んでいなければならない．

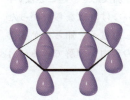
ベンゼンの p 軌道

ベンゼンのπ電子雲

ベンゼンは 3 組のπ電子対をもっている

7.15 芳香族性の基準の応用

シクロブタジエンは 2 組のπ電子対を，シクロオクタテトラエンは 4 組のπ電子対をもっている．したがって，これらの化合物は偶数組のπ電子対をもっているので芳香族ではない．また，シクロオクタテトラエンは平面状ではなくて桶形をしていることも，芳香族でない理由の一つである（255 ページ参照）．シクロブタジエンやシクロオクタテトラエンは芳香族ではないので，芳香族化合物としての異常な安定性をもっていない．

シクロブタジエン
(cyclobutadiene)

シクロオクタテトラエン
(cyclooctatetraene)

では，ほかの化合物についても芳香族かどうか見ていこう．シクロペンタジエンは p 軌道をもつ原子が連続した環をもたないので，芳香族ではない．環原子のうちの一つは sp³ 混成であり，sp² および sp 炭素だけが p 軌道をもっている．したがって，シクロペンタジエンは芳香族性の第一条件を満たしていない．

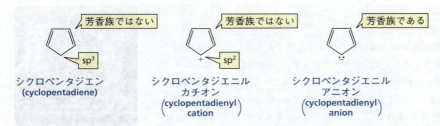

シクロペンタジエニルカチオンは，p軌道をもつ原子が切れ目なく連続した環をもっているが，π電子雲は偶数(2)組のπ電子対をもっているので芳香族ではない．一方，シクロペンタジエニルアニオンは，p軌道をもつ原子が切れ目なく連続した環をもち，π電子雲は非局在化したπ電子対を奇数(3)組もっているので芳香族である．

どうすればシクロペンタジエニルアニオンの孤立電子対がπ電子であることがわかるのだろうか．これを簡単に判別する方法がある．もし孤立電子対がその化合物の共鳴寄与体の環内でπ結合を形成できるならば，その孤立電子対はπ電子である．

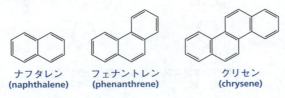

共鳴寄与体を書くときは，電子だけが移動するのであって，原子は決して移動しないことを思い出そう．

共鳴混成体はシクロペンタジエニルアニオンのすべての炭素が等価であることを示している．それぞれの炭素は，アニオンがもつ負電荷を正確に 1/5 ずつもっている．

単環性の炭化水素化合物が芳香族であるかどうかを決める基準は，多環式炭化水素化合物が芳香族であるかどうかを決めるのにも使うことができる．ナフタレン（5 組のπ電子対），フェナントレン（7 組のπ電子対），およびクリセン（9 組のπ電子対）は芳香族である．

問題 25◆

次のどれが芳香族か．なぜそれを選んだかを説明せよ．

🧪 バッキーボール

ダイヤモンド，黒鉛，およびグラフェンは炭素のみからなることを学んだ（1.8節参照）．1985年，もう一つの炭素のみからできている分子が，長鎖分子が宇宙空間でどのようにして生成するかを調べる実験をしていた科学者により偶然に発見された．この新しい炭素化合物の発見により，R. E. Smalley, R. F. Curl, Jr., および H. W. Kroto の3人に1996年のノーベル化学賞が授与された．その構造は彼らに，アメリカの建築家で哲学者でもある R. Buckminster Fuller によって有名となったジオデシックドームを思い出させたので，彼らはこの化合物をバックミンスターフラーレン（単にフラーレンとも呼ばれる）と命名した．バックミンスターフラーレンには，"バッキーボール"というニックネームがつけられている．

ジオデシックドーム

フラーレンは60個の炭素からなる中空の塊で，最も大きな既知の対称性分子である．黒鉛やグラフェンと同様に，フラーレンは sp^2 炭素だけからなるが，層状ではなく炭素はサッカーボールの縫い目のように互いに連結した環状に配列している．分子は32個のつながった環（20個の六員環と12個の五員環）をもっている．フラーレンはベンゼンのような環なので，一見すると芳香族のように見える．しかし，球の湾曲のために，フラーレンは，「平面でなければならない」という芳香族性の第一の条件を満たすことができない．したがって，フラーレンは芳香族ではない．

C_{60}
バックミンスターフラーレン
(buckminsterfullerene)
"バッキーボール"
(buckyball)

バッキーボールは異常な化学的および物理的性質をもっている．たとえば，宇宙空間の極限温度でも存在できるぐらい非常に頑丈である．中空のかご状化合物なので，新しい物質を創生することもできる．たとえば，バッキーボールにカリウムやセシウムを"ドープ"すると，優れた有機超伝導体になる．これらの分子については，新しいポリマー，触媒，薬剤輸送システムなどの多くの応用研究が進められている．バッキーボールの発見は，基礎研究の成果が技術の進歩をもたらすことを強く思い出させる．

問題 26（解答あり）

シクロペンタンの pK_a は60より大きく，これは sp^3 炭素に結合している水素としてはふつうの値である．シクロペンタジエンは，同様に sp^3 炭素からプロトンを失うにもかかわらず，はるかに強い酸（$pK_a = 15$）であるのはなぜかを説明せよ．

シクロペンタン　⇌　シクロペンチルアニオン ＋ H^+
$pK_a > 60$

シクロペンタジエン　⇌　シクロペンタジエニルアニオン ＋ H^+
$pK_a = 15$

解答 この問題に答えるには，これらの化合物がプロトンを失ったときに生成するアニオンの安定性を考察する必要がある．（酸の強さはその共役塩基の安定性によって決まることを思い出そう．塩基が安定であればあるほど，その共役酸は強くなる；2.6節参照）．シクロペンチルアニオンのすべての電子は局在化している．これに対して，シクロペンタジエニルアニオンは芳香族である．その芳香族性のために，シクロペンタジエニルアニオンは異常な安定性をもつカルボアニオンである．そのため，その共役酸はほかの sp^3 炭素に結合する水素をもつ化合物と比

較して，異常に強い酸となる．

問題 27◆

次のうち芳香族なのはどれか．

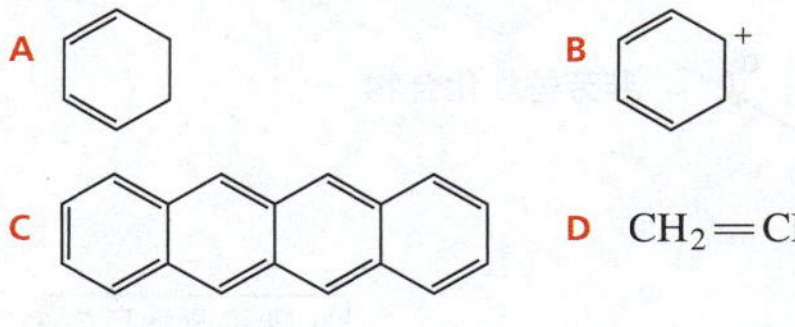

A （シクロヘキセン） B （シクロヘキセニルカチオン）

C （テトラセン） D $CH_2=CHCH=CHCH=CH_2$

7.16 ベンゼンはどのように反応するか

ベンゼンのような芳香族化合物は，ベンゼン環に結合している水素の一つを求電子剤で置き換える**芳香族求電子置換反応**(electrophilic aromatic substitution reaction)を起こす．

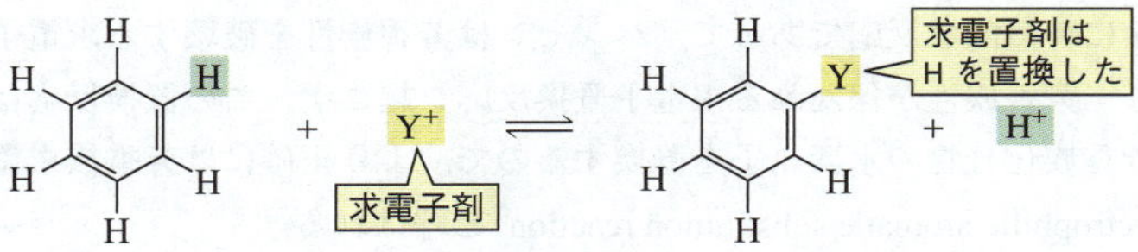

$$\text{ベンゼン} + Y^+ \rightleftharpoons \text{Y置換ベンゼン} + H^+$$

（求電子剤は H を置換した）

さて，なぜこの置換反応が起こるのかを見ていくことにしよう．ベンゼン環の平面の上下にはπ電子雲があるので，ベンゼンは求核剤として働き，したがって，ベンゼンは求電子剤(Y^+)と反応する．求電子剤がベンゼン環に結合すると，カルボカチオン中間体が生成する．

$$\text{ベンゼン} + Y^+ \rightleftharpoons \text{カルボカチオン中間体}$$

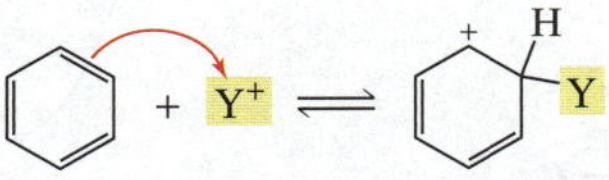

この式はアルケンの求電子付加反応の一段階目を思い出させる．求核的なアルケンは求電子剤と反応し，カルボカチオン中間体が生成する(6.0節参照)．この反応の二段階目では，カルボカチオンは求核剤(Z^-)と反応し，付加生成物が生じる．

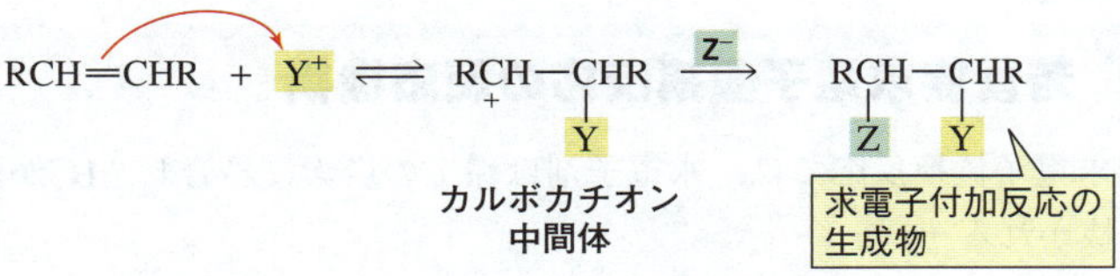

$$RCH=CHR + Y^+ \rightleftharpoons \underset{Y}{RCH-CHR} \xrightarrow{Z^-} \underset{Z\ \ Y}{RCH-CHR}$$

カルボカチオン中間体　　求電子付加反応の生成物

ベンゼンと求電子剤との反応で生成するカルボカチオン中間体が，求核剤と同じように反応するならば(図7.4経路a)，生成する付加体は芳香族ではない．しかし，カルボカチオンから求電子付加した位置のプロトンが失われ，置換生成物

が生じると(図7.4経路b),ベンゼン環の芳香族性が再生する.

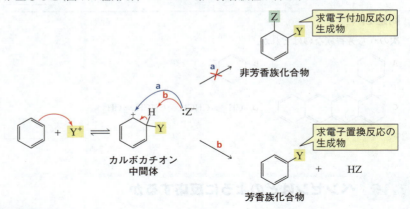

▲ 図 7.4
ベンゼンと求電子剤との反応.芳香族生成物の大きな安定性のため,求電子付加反応ではなく(経路a),求電子置換反応が進行する(経路b).

芳香族置換生成物は非芳香族付加生成物よりもきわめて安定なので(図7.5),アルケンに特徴的な反応であって,ベンゼンは芳香族性を破壊する<u>求電子付加反応</u>よりも,芳香族性が保たれる<u>求電子置換反応</u>を起こす.この置換反応は,求電子剤が芳香族化合物の水素原子を置換するので,より正確には**芳香族求電子置換反応**(electrophilic aromatic substitution reaction)と呼ばれる.

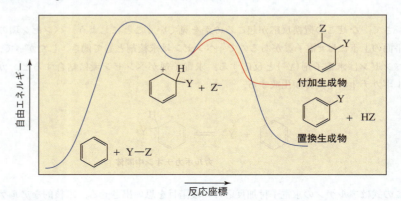

▲ 図 7.5
ベンゼンの芳香族求電子置換反応とベンゼンへの求電子付加反応の反応座標図.

7.17 芳香族求電子置換反応の反応機構

芳香族求電子置換反応では,求電子剤は環上の炭素に結合し,H^+が同じ炭素から引き抜かれる.

7.17 芳香族求電子置換反応の反応機構

芳香族求電子置換反応

$$\text{C}_6\text{H}_5\text{-H} + \text{Y}^+ \longrightarrow \text{C}_6\text{H}_5\text{-Y} + \text{H}^+$$

（求電子剤：Y⁺）

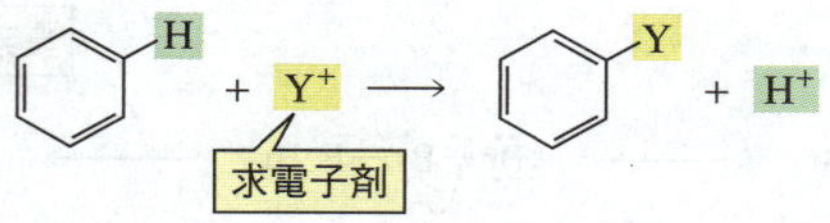

五つの最も一般的な芳香族求電子置換反応

1. **ハロゲン化**(halogenation)：臭素(Br)，塩素(Cl)，またはヨウ素(I)が水素と置換する．
2. **ニトロ化**(nitration)：ニトロ基(NO_2)が水素と置換する．
3. **スルホン化**(sulfonation)：スルホン酸基(SO_3H)が水素と置換する．
4. **Friedel-Crafts アシル化**(Friedel-Crafts acylation)：アシル基(RC=O)が水素と置換する．
5. **Friedel-Crafts アルキル化**(Friedel-Crafts alkylation)：アルキル基(R)が水素と置換する．

これらの五つの反応は，すべて同じ二段階機構で進行する．

芳香族求電子置換反応の反応機構

$$\text{ベンゼン} + \text{Y}^+ \underset{\text{遅い}}{\rightleftharpoons} \text{中間体(H, Y)} \xrightarrow{\text{速い}} \text{C}_6\text{H}_5\text{-Y} + \text{HB}^+$$

（求電子剤と新しい結合を形成した炭素からプロトンが引き抜かれる／反応混合物中の塩基 :B）

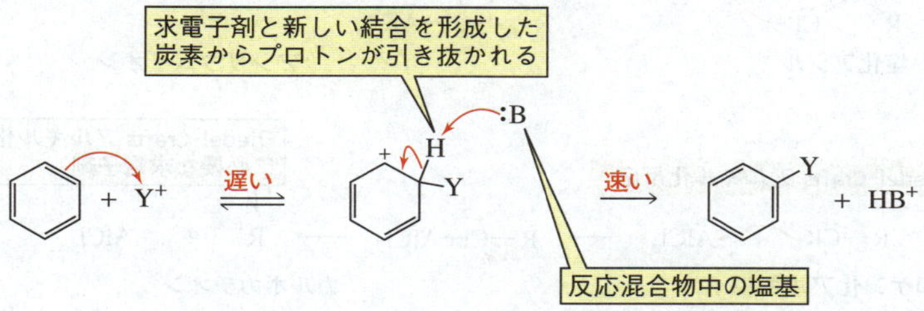

- 求電子剤(Y^+)が求核的なベンゼン環に付加し，カルボカチオン中間体が生成する．
- 反応系中の塩基(:B)がカルボカチオン中間体からプロトンを引き抜き，プロトンを保持していた電子はベンゼン環に移動し芳香族性が再生する．<u>求電子剤と結合を形成した炭素からプロトンが必ず引き抜かれることに注目しよう．</u>

芳香族化合物がより不安定な非芳香族中間体に変換されるので，一段階目は相対的に遅く，吸エルゴン的である(図7.5)．二段階目では，安定性が増大する芳香族性が再生するので，二段階目は速く，きわめて発エルゴン的である．

これから前述の五つの芳香族求電子置換反応を一つずつ見ていくことにする．それらを調べていくと，反応の違いは単に反応を起こさせるのに必要な求電子剤(Y^+)がどう発生するかだけであることに気づくだろう．そして，いったん求電子剤が生成したら，五つの反応は示してきたようにすべて同じ二段階の芳香族求電子置換反応の機構で進行する．

7章 非局在化電子が安定性，pK_a，および反応生成物に及ぼす効果・芳香族性およびベンゼンの反応

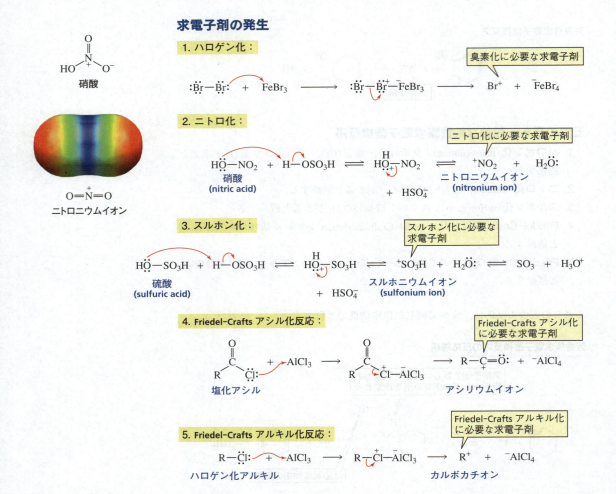

チロキシン

甲状腺でつくられるホルモンの1種であるチロキシンは，脂肪，炭水化物，およびタンパク質の代謝速度を増大させる．ヒトは，チロシン(アミノ酸の一つ)とヨウ素からチロキシンを得ている．甲状腺は，体内でヨウ素を使用する唯一の器官であり，私たちは，おもに海産物(魚介類)やヨウ化塩からヨウ素を摂取している．

ヨードペルオキシダーゼと呼ばれる酵素は，私たちが摂取したI^-を，ベンゼン環をヨウ素化するのに必要なI^+に変換する．ヨウ素不足は子どもの知的障害の最大の要因であるが，予防することができる．

慢性的なチロキシン不足に陥ると，無駄にチロキシンを多くつくろうとするので，甲状腺肥大を引き起こす．これは，甲状腺腫として知られている症状である．チロキシン不足はチロキシンを経口摂取することによって補うことができる．最もよく知られたチロキシンの商標であるSynthroid®は，アメリカで最もよく処方されている薬の一つである．

問題 28（解答あり）

次の反応の反応機構を示せ．

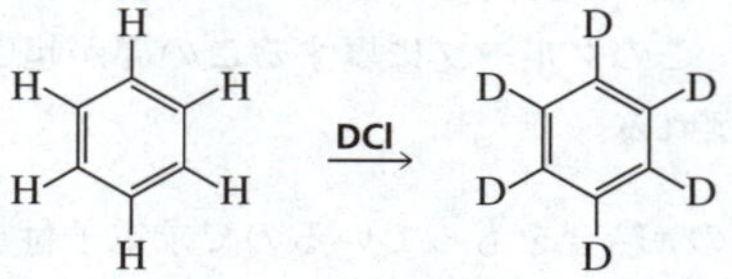

$$C_6H_6 \xrightarrow{DCl} C_6D_6$$

解答 得られる唯一の求電子剤は D^+ である．したがって，D^+ は環炭素に付加し，H^+ が同じ環炭素から引き抜かれる．この反応はほかの五つの環炭素それぞれで繰り返される．

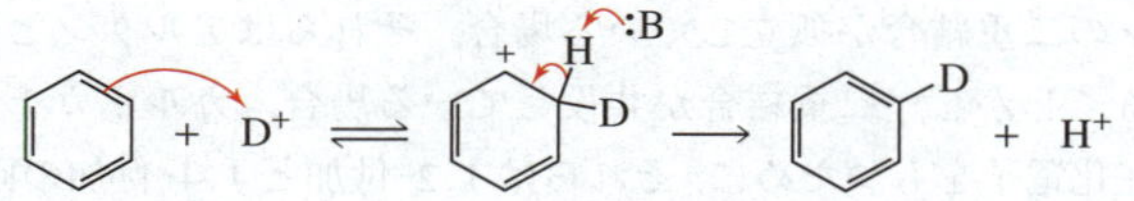

問題 29

ベンゼンと次の求電子剤が反応し，置換ベンゼンが生成する反応の反応機構を書け．

a. ^+Br b. $^+NO_2$ c. $CH_3\overset{+}{C}=O$ d. $(CH_3)_3C^+$

問題 30

次の塩化アルキルを用いた Friedel–Crafts アルキル化反応の主生成物は何か．

a. CH_3CH_2Cl b. $CH_3CH_2CH(Cl)CH_3$ c. $(CH_3)_3CCl$ d. $CH_2=CHCH_2Cl$

7.18 有機化合物の反応についてのまとめ

5.2 節で初めて有機化合物の反応に出合ったとき，有機化合物がいくつかの群に分類されて，同じ群に属する化合物はすべて同じ形式の反応を起こすことを学んだ．また，それぞれの群は次の四つのグループのいずれかに分類されて，そのグループに属する群は同じように反応することも学んだ．もう一度，1番目のグループから見直してみよう．

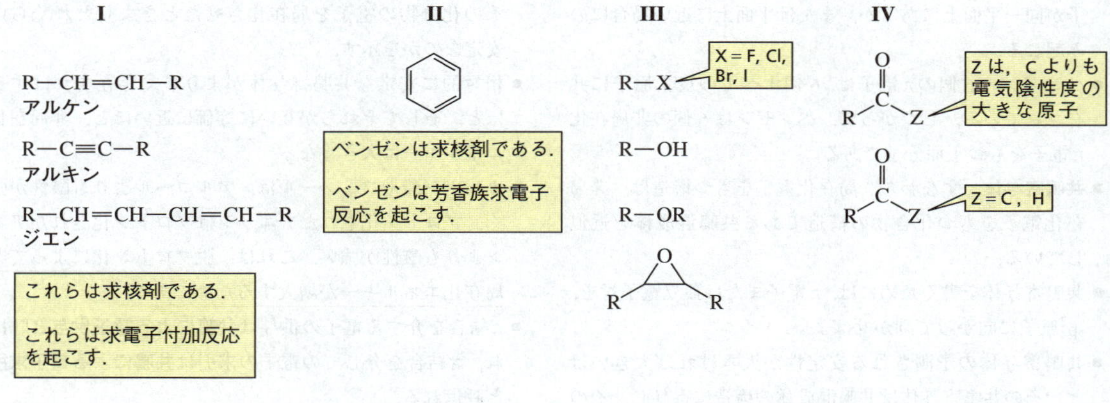

I

R—CH=CH—R
アルケン

R—C≡C—R
アルキン

R—CH=CH—CH=CH—R
ジエン

これらは求核剤である．
これらは求電子付加反応を起こす．

II

ベンゼン

ベンゼンは求核剤である．
ベンゼンは芳香族求電子反応を起こす．

III

R—X （X = F, Cl, Br, I）

R—OH

R—OR

エポキシド（R—CH—CH—R, O環）

IV

$R-\underset{\underset{O}{\|}}{C}-Z$ （Z は，C よりも電気陰性度の大きな原子）

$R-\underset{\underset{O}{\|}}{C}-Z$ （Z = C, H）

1番目のグループに属するすべての群は，電子豊富な炭素一炭素二重結合や三重結合をもっているので求核剤である．また，二重結合や三重結合は比較的弱いπ結合をもっているので，付加反応を起こす．求核剤が反応する第一の化学種は求電子剤であるから，このグループに属するこの群が起こす反応はより正確には<u>求電子付加反応</u>と呼ばれる．

- アルケンは一つのπ結合をもっているので求電子付加反応を1回起こす．
- アルキンは二つのπ結合をもっているので求電子付加反応を2回起こすことができる．しかし，最初の求電子付加反応でエノールが生成する場合，エノールは速やかにケトン（またはアルデヒド）に異性化するので2回目の付加反応は起こらない．
- ジエンの二重結合が孤立している場合，それらはアルケンと同じように反応する．しかし，二重結合が共役している場合，カルボカチオン中間体が非局在化電子をもつために，それらは1,2-付加と1,4-付加の両方を起こす．

ベンゼンは2番目のグループに属している．ベンゼンは求核剤なので，反応する第一の化学種は求電子剤である．その芳香族性を保持するため，ベンゼンは芳香族求電子置換反応を起こす．

8章では3番目のグループに属する群についてまとめる．

覚えておくべき重要事項

- **局在化電子**は一つの原子上に存在しているか2原子に共有されている．**非局在化電子**は3個以上の原子に共有されている．
- 非局在化電子は一つのp軌道が二つの隣接する原子のp軌道と重なり合うときに生じる．
- 電子の非局在化は，非局在化電子を共有するすべての原子が同一平面上にあるか，または平面上に近い場合にのみ起こる．
- ベンゼンの6個のπ電子は，6個すべての炭素原子に共有されている．したがって，ベンゼンは6個の非局在化π電子をもつ平面分子である．
- **共鳴寄与体**，すなわち，局在化電子をもつ構造は，非局在化電子をもつ化合物の構造である**共鳴混成体**を近似している．
- 共鳴寄与体を書くためには，π電子または孤立電子対を，sp^2原子に向かって動かせばよい．
- 共鳴寄与体の予測される安定性が大きければ大きいほど，その共鳴寄与体は共鳴混成体の構造に寄与し，その構造は実際の分子により近いものとなる．
- **共鳴混成体**は，いかなる共鳴寄与体に予測される安定性よりも，より大きい安定性を示す．
- **非局在化エネルギー**（あるいは**共鳴エネルギー**）は，化合物が非局在化電子をもつことによって得られるさらなる安定性である．それは，非局在化電子をもつ化合物が，その化合物の電子を局在化させたときよりどれくらい安定なのかを示す．
- 相対的に安定な共鳴寄与体がより多く存在すればするほど，そしてそれらが互いに等価に近いほど，非局在化エネルギーは大きくなる．
- カルボン酸やフェノールは，アルコールよりも酸性が強く，プロトン化されたアニリンはプロトン化されたアミンよりも酸性が強い．これは，脱プロトン化によって非局在化エネルギーが増大するためである．
- π結合を介する電子の供与は**共鳴による電子供与**と呼ばれ，π結合を介しての電子の求引は**共鳴による電子求引**と呼ばれる．

- ベンゼン環に結合している置換基は**誘起的**に電子を求引することができ，**超共役**により電子を供与することができ，さらに共鳴によって電子を求引することも供与することもできる．
- 電子求引性基は置換フェノール，安息香酸，およびプロトン化アニリンの酸性度を増大する（pK_a値を低下させる）が，一方，電子供与性基はそれらの酸性度を低下させる（pK_a値を増大させる）．
- 孤立ジエンはアルケンのように 1,2-付加のみを起こす．二重結合の一つに付加する量しか求電子剤がない場合には，求電子剤はより安定なカルボカチオンを生成する結合に優先的に付加する．
- 共役ジエンは 1 当量の求電子剤と反応し，**1,2-付加生成物**と**1,4-付加生成物**を生じる．一段階目は共役系の末端にある sp^2 炭素の一つへの求電子剤の付加である．
- **Diels–Alder 反応**では，**共役ジエン**が**求ジエン体**と反応して環状化合物が生成する．
- **求ジエン体**の反応性は sp^2 炭素に結合している電子求引性基によって増大する．
- **芳香族化合物**は，奇数組の π 電子対を含む連続した環状の π 電子雲をもつ．芳香族化合物は非常に安定である．
- ベンゼンは芳香族性をもつので**芳香族求電子置換反応**を起こす．
- 最も一般的な芳香族求電子置換反応は，ハロゲン化，ニトロ化，スルホン化，Friedel–Crafts アシル化，および Friedel–Crafts アルキル化である．
- いったん求電子剤が生じると，すべての芳香族求電子置換反応は同じ二段階機構で進行する：(1) ベンゼンが求電子剤と結合し，カルボカチオン中間体が生成する；(2) 塩基が求電子剤が結合した炭素からプロトンを引き抜く．

反応のまとめ

1. 求電子剤が過剰に存在すると，孤立ジエンのいずれの二重結合も求電子付加を受ける（7.11 節）．反応機構は 275 ページに示す．

$$CH_2=CHCH_2CH_2\underset{CH_3}{\overset{CH_3}{C}}=CH_2 + HBr \xrightarrow{\text{過剰}} CH_3\underset{Br}{CH}CH_2CH_2\underset{Br}{\overset{CH_3}{C}}CH_3$$

1 当量の求電子剤しか存在しない場合には，孤立ジエンの二重結合のうちで最も反応性が高い二重結合に求電子付加反応が起こる．

$$CH_2=CHCH_2CH_2\underset{CH_3}{\overset{CH_3}{C}}=CH_2 + HBr \longrightarrow CH_2=CHCH_2CH_2\underset{Br}{\overset{CH_3}{C}}CH_3$$

2. 共役ジエンは 1 当量の求電子剤存在下，1,2-および 1,4-付加反応を起こす（7.11 節）．反応機構は 277 ページに示す．

$$RCH=CHCH=CHR + HBr \longrightarrow RCH_2\underset{Br}{CH}CH=CHR + RCH_2CH=CH\underset{Br}{CHR}$$

　　　　　　　　　　　　　　　　1,2-付加生成物　　　1,4-付加生成物

3. 共役ジエンは求ジエン体と 1,4-付加反応を起こす（Diels–Alder 反応；7.12 節）．反応機構は 279 ページに示す．

$$CH_2=CH-CH=CH_2 + CH_2=CH-\underset{O}{\overset{\parallel}{C}}-R \xrightarrow{\Delta} \text{(環状生成物)}$$

4. 芳香族求電子置換反応(17.6 および 17.7 節参照). 反応機構は 287 ページに示す.

C_6H_6 + Br_2 $\xrightarrow{FeBr_3}$ C_6H_5Br + HBr

C_6H_6 + H_2SO_4 $\underset{\Delta}{\rightleftharpoons}$ $C_6H_5SO_3H$ + H_2O

C_6H_6 + Cl_2 $\xrightarrow{FeCl_3}$ C_6H_5Cl + HCl

C_6H_6 + $RCOCl$ $\xrightarrow{AlCl_3}$ C_6H_5COR + HCl

C_6H_6 + HNO_3 $\xrightarrow{H_2SO_4}$ $C_6H_5NO_2$ + H_2O

C_6H_6 + RCl $\xrightarrow{AlCl_3}$ C_6H_5R + HCl

章末問題

31. 次のうち非局在化電子をもっているのはどれか.

a. $CH_2=CHCOCH_3$
b. $CH_3CH=CHOCH_2CH_3$
c. $CH_3CH=CHCH=\overset{+}{C}HCH_2$
d. $CH_3\overset{+}{C}HCH_2CH=CH_2$
e. シクロペンテニルカチオン
f. $CH_3\overset{+}{C}(CH_3)CH_2CH=CH_2$
g. $CH_2=CHCH_2CH=CH_2$
h. $CH_3CH_2NHCH_2CH=CHCH_3$
i. シクロペンテニルカチオン
j. シクロヘキセン
k. $CH_3CH_2\overset{+}{C}HCH=CH_2$
l. $CH_3CH_2NHCH=CHCH_3$

32. 次の反応の主生成物は何か. 反応剤はそれぞれ 1 当量用いるものとする.

a. メチルシクロオクタジエン + HBr →
b. (ビニル-メチル置換シクロヘキセン) + HBr →
c. $C_6H_5-CH=CH_2$ + $CH_2=CH-CH=CH_2$ $\xrightarrow{\Delta}$

33. 次の各組の構造は共鳴寄与体か, それとも異なる化合物か.

a. $CH_3COCH_2CH_3$ と $CH_3C(OH)=CHCH_3$
b. $CH_3\overset{+}{C}HCH=CHCH_3$ と $CH_3CH=CH\overset{+}{C}HCH_2$
c. $CH_3CH=\overset{+}{C}HCH=CH_2$ と $CH_3\overset{+}{C}HCH=CHCH=CH_2$
d. シクロヘキセニルカチオン と シクロヘキセニルカチオン
e. シクロヘキセノン と シクロヘキセノン

34. 次のカルボカチオンの共鳴寄与体を書け．

    a. 　　**b.** 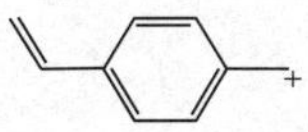 CH₂=CH—C₆H₄—CH₂⁺　　**c.** 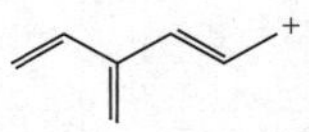 CH₂=C(CH=CH₂)—CH=CH—CH₂⁺

35. 次のそれぞれの反応剤とベンゼンとの反応で得られる生成物は何か．

    a. CH₃CHCH₃ + AlCl₃　　**b.** CH₂=CHCH₂Cl + AlCl₃　　**c.** CH₃C(=O)Cl + AlCl₃
       |
       Cl

36. 次の反応の生成物をすべて書け．

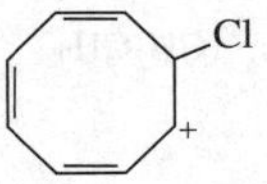

（シクロオクタトリエニルカチオン（Cl 置換）＋ HO⁻ ⟶ ）

37. カラム I の各説明文に対して，ベンゼン環に結合した置換基の記述に適したものを右のカラム II から選べ．

カラム I	カラム II
a. Z は誘起的に電子を供与するが，共鳴によって電子を供与も求引もしない．	OH
b. Z は誘起的にも共鳴によっても電子を求引する．	Br
c. Z は誘起的に電子を求引し，共鳴によって電子を供与するが，誘起的な電子求引のほうが優れている．	⁺NH₃
d. Z は誘起的に電子を求引し，共鳴によって電子を供与するが，共鳴による電子供与のほうが優れている．	CH₂CH₃
e. Z は誘起的に電子を求引するが，共鳴によって電子を供与も求引もしない．	NO₂

38. 各組の化合物のうち，どちらがより酸性か．

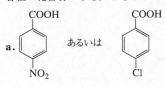　　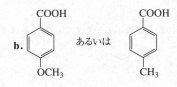

39. 次の化合物のうち，どちらが HBr とより速く反応するか．

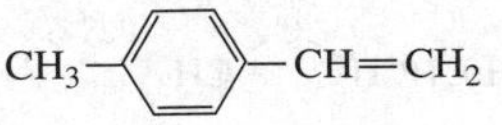

    CH₃—C₆H₄—CH=CH₂　　あるいは　　CH₃O—C₆H₄—CH=CH₂

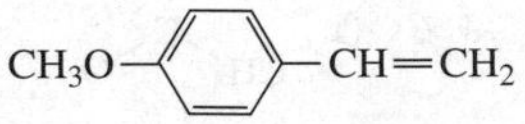

40. 1,2-ペンタジエンまたは 1,4-ペンタジエンのどちらの化合物がより大きい水素化熱をもっていると考えられるか．

41. 次の化合物のうち，どれが芳香族化合物か．

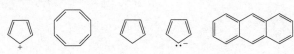

294 7章 非局在化電子が安定性, pK_a, および反応生成物に及ぼす効果・芳香族性およびベンゼンの反応

42. a. 次の化学種の共鳴寄与体を書け．共鳴混成体にとってどれが寄与の大きい共鳴寄与体で，どれが寄与の小さい共鳴寄与体かを示せ．

1. $CH_3CH=CHOCH_3$
2. $C_6H_5CH_2\overset{..}{N}H_2$
3. $C_6H_5COCH_3$
4. $HCONHCH_3$
5. $CH_3CH=\overset{+}{C}HCH_2$
6. シクロペンタジエニルカチオン
7. $CH_3CH_2COOCH_2CH_3$
8. $\overset{-}{C}H_2COCH_2CH_3$
9. $CH_3CH=CHCH=\overset{+}{C}HCH_2$
10. $C_6H_5\overset{..}{O}CH_3$
11. $OHC-CH=\overset{-}{C}HCH_2$
12. $CH_3CO\overset{-}{C}HCOCH_3$

b. すべての共鳴寄与体が等しく共鳴混成体に寄与しているのはどの化学種か．

43. それぞれの組のうち，どちらの共鳴寄与体が共鳴混成体により大きく寄与しているか．

a. $CH_3\overset{+}{C}HCH=CH_2$ あるいは $CH_3CH=\overset{+}{C}HCH_2$

b. シクロヘキサジエノン型 あるいは フェノキシド

c. あるいは

d. $C_6H_5\overset{+}{C}HCH=CH_2$ あるいは $C_6H_5CH_2=CH\overset{+}{C}HCH_2$

44. 次の化合物を最も安定なものから最も不安定なものの順に並べよ．

45. それぞれの組においてどちらの化学種がより安定か．

a. $HCOCH_2O^-$ あるいは CH_3COO^-
b. $CH_3\overset{-}{C}HCOCH_3$ あるいは $CH_3CH_2\overset{-}{C}HCOCH_3$
c. $CH_3CO\overset{-}{C}HCHO$ あるいは $CH_3CO\overset{-}{C}HCOCH_3$
d. スクシンイミドアニオン あるいは マレイミドアニオン

46. 問題 45 の各組の化学種のうちで，どちらがより強い塩基か．

47. 次のアニオンを塩基性が強い順に並べよ．

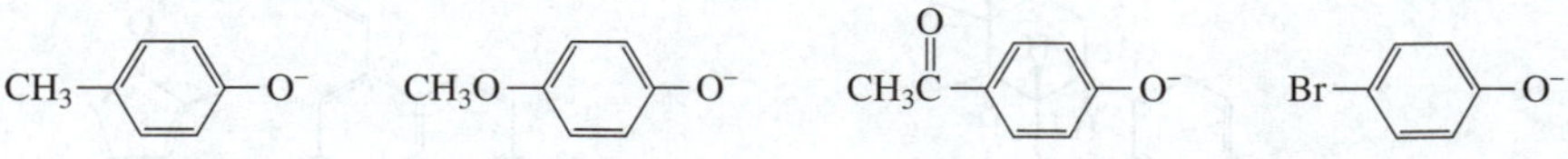

CH₃—⟨⟩—O⁻   CH₃O—⟨⟩—O⁻   CH₃C(=O)—⟨⟩—O⁻   Br—⟨⟩—O⁻

48. a. より電子密度が高いのはどちらの酸素原子か．

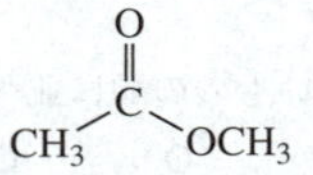

CH₃—C(=O)—OCH₃

b. 窒素原子上の電子密度がより高いのはどちらの化合物か．

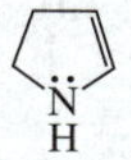

(ピロール) あるいは (3-ピロリン)

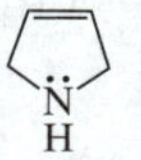

c. 酸素原子上の電子密度がより高いのはどちらの化合物か．

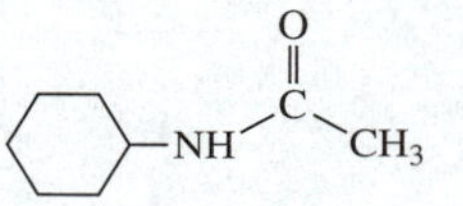

シクロヘキシル—NH—C(=O)—CH₃   あるいは   フェニル—NH—C(=O)—CH₃

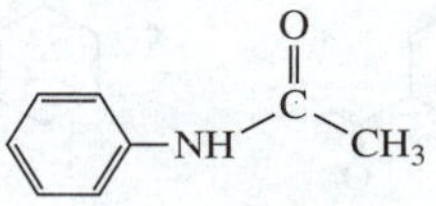

d. どちらの化学種がより強い塩基か．

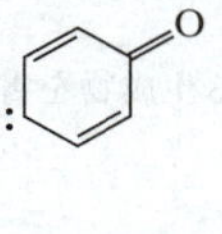

⁻:⟨シクロヘキサジエノン⟩ あるいは ⁻:⟨シクロヘキセノン⟩

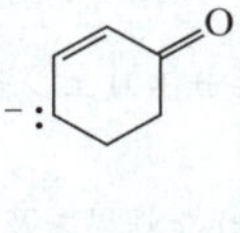

49. シクロヘキサンに結合しているメチル基とベンゼンに結合しているメチル基とでは，どちらが脱プロトン化されやすいか．

50. どの化合物が最も強い塩基か．

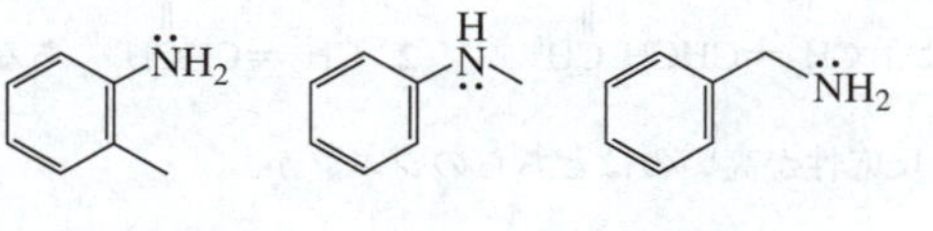

o-トルイジン (NH₂),   N-メチルアニリン (NHCH₃ の H 表示),   ベンジルアミン (CH₂NH₂)

51. a. ステロイドの一種であるコルチゾンの B 環(3.14 節参照)は，以下に示す二つの反応物の Diels–Alder 反応によって得られる．この反応の生成物は何か．

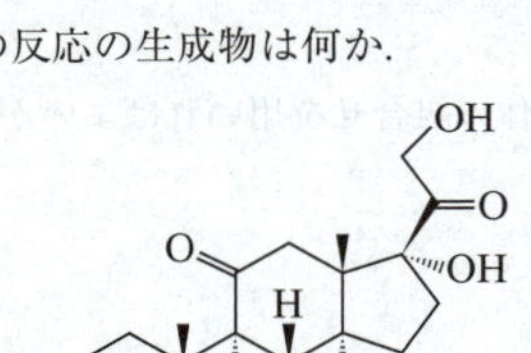

コルチゾン
(cortisone)

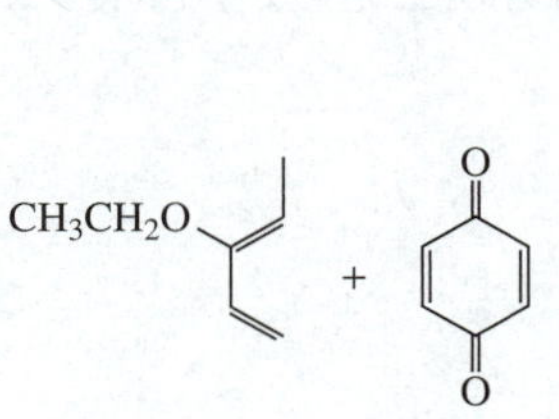

CH₃CH₂O—(ジエン) + (ベンゾキノン)

b. エストロン(ステロイドの一種)のC環は，以下に示す二つの反応物の Diels-Alder 反応によって得られる．この反応の生成物は何か．

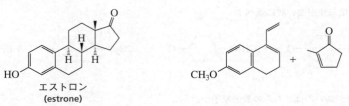

52. 次の化合物について矢印で示した水素の酸性度が最も大きいものから最も小さいものの順に並べよ．

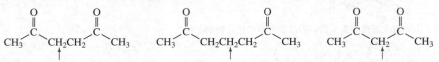

53. 次の化合物を Diels-Alder 反応を用いて合成するにはどうすればよいか．

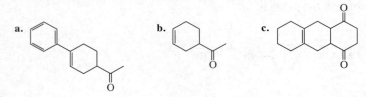

54. 1当量の HBr と 1当量の 2,5-ジメチル-1,3,5-ヘキサトリエンから得られる生成物を書け．

55. 次の置換基は Diels-Alder 反応の反応速度にどのような効果を及ぼすか．
　　a. ジエン中の電子供与性置換基　　**b.** 求ジエン体中の電子供与性置換基　　**c.** ジエン中の電子求引性置換基

56. a. Diels-Alder 反応において，反応性が高いのはどちらの求ジエン体か．

　　1. $CH_2=CHCH$ あるいは $CH_2=CHCH_2CH$ 　　**2.** $CH_2=CHCH$ あるいは $CH_2=CHCH_3$
　　　　　　　∥　　　　　　　　　　　　　　∥　　　　　　　　　　　∥
　　　　　　　O　　　　　　　　　　　　　　O　　　　　　　　　　　　O

　b. Diels-Alder 反応において，反応性が高いのはどちらのジエンか．

　　$CH_2=CHCH=CHOCH_3$ あるいは $CH_2=CHCH=CHCH_2OCH_3$

57. 次の化合物を合成するのに，どのような共役ジエンと求ジエン体の組合せを用いればよいか．2組記せ．

58. 次の反応の生成物を書け．

a. 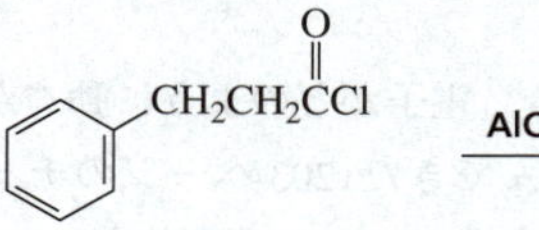 PhCH₂CH₂C(O)Cl + AlCl₃ →

b. 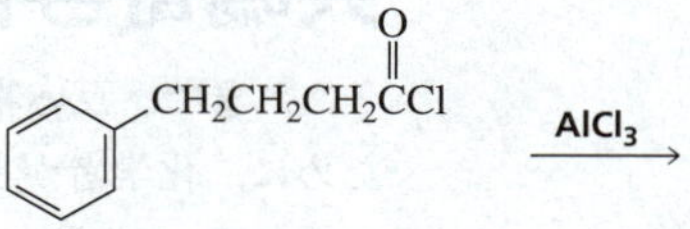 PhCH₂CH₂CH₂C(O)Cl + AlCl₃ →

59. 次のそれぞれの反応の生成物を書け．

a. 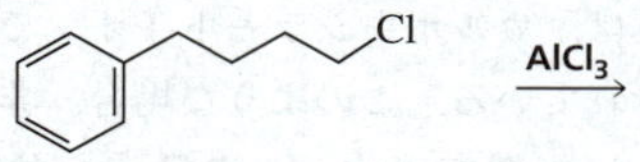 Ph-(CH₂)₄-Cl + AlCl₃ →

b. 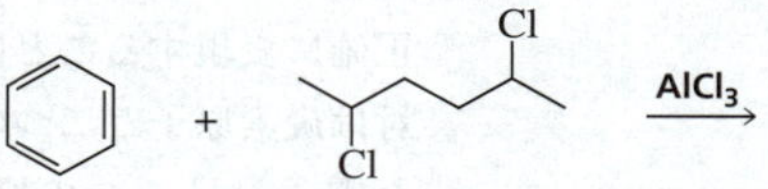 ベンゼン + 2,5-ジクロロヘキサン + AlCl₃ →

60. 次の反応の生成物は何か，また，それぞれの生成物の立体異性体はいくつ得られるか．

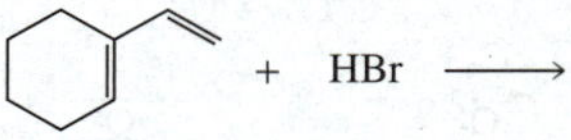

ビニルシクロヘキセン + HBr ⟶

61. 無水マレイン酸を再結晶しようとして，ある学生は，新しく蒸留したシクロペンタンではなく，新しく蒸留したシクロペンタジエンに無水マレイン酸を溶解した．彼の再結晶はうまくいったであろうか．

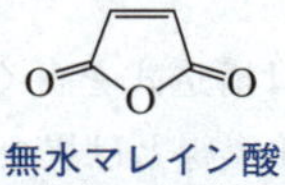

無水マレイン酸
(maleic anhydride)

62. a. フルベンの双極子モーメントはどちらの方向を向いているか．その理由を説明せよ．
  b. カリセンの双極子モーメントはどちらの方向を向いているか．その理由を説明せよ．

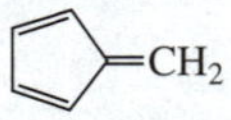

フルベン (fulvene)　　カリセン (calicene)

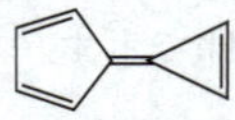

63. 次の反応の反応機構を示せ．

a. 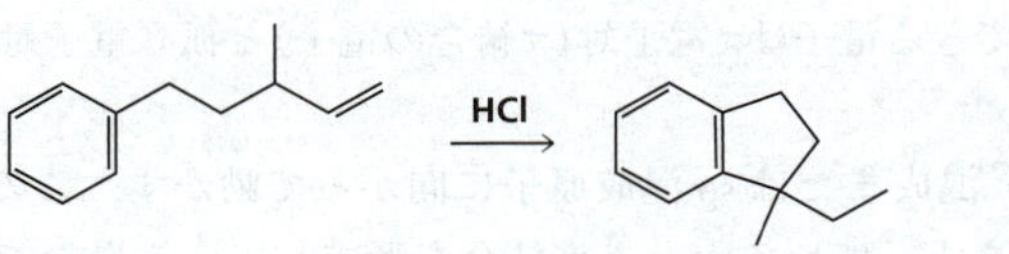 PhCH₂CH₂CH(CH₃)CH=CH₂ + HCl → (1,1-ジメチル-ジヒドロインデン)

b. 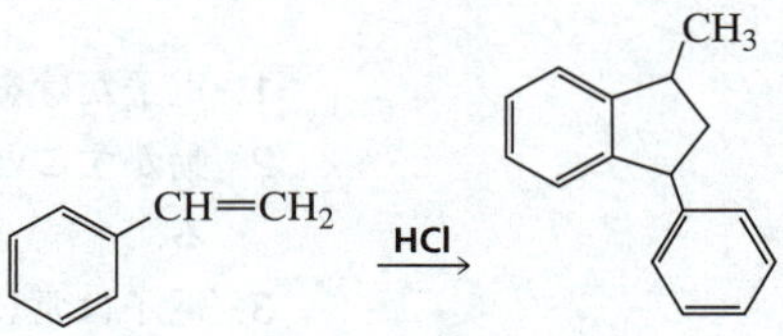 PhCH=CH₂ + HCl → (1-メチル-3-フェニルインダン)

TUTORIAL

共鳴寄与体の書き方

　これまで，反応物が生成物に変換されるとき，電子がどのように動くかを示すために，化学者が曲がった矢印を使うのを学んできた（203 ページのチュートリアル参照）．化学者は共鳴寄与体を書くときにも曲がった矢印を使う．

　また私たちは，非局在化電子とは 2 個以上の原子に共有される電子であることも学んだ．電子が 2 個以上の原子に共有される場合，実線を用いて電子の位置を正確に表現することはできない．たとえば，カルボキシラートイオンでは，電子対は炭素原子と二つの酸素原子に共有されている．このような場合，非局在化した電子対は三つの原子にまたがるように点線で表す．この構造を**共鳴混成体**（resonance hybrid）と呼ぶことを学んだ．共鳴混成体では，負電荷が二つの酸素原子に共有されている．

カルボキシラートイオン
共鳴混成体　　　　　共鳴寄与体

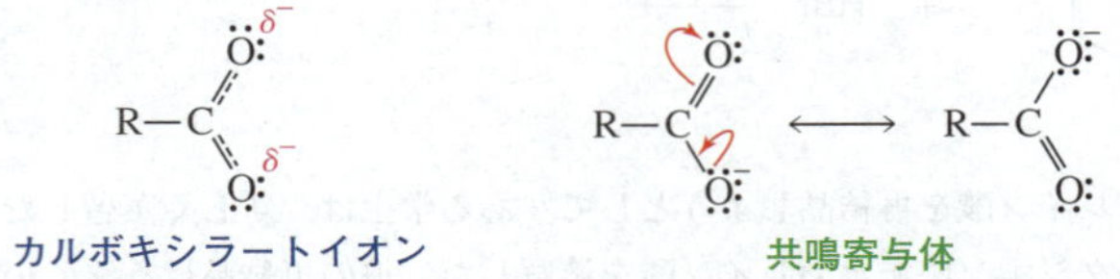

　しかし，化学者は構造式を書くときに点線を使うことを好まない．なぜならば，2 個の電子を表す実線とは異なり，点線では電子の数を明確に記述できないからである．したがって，化学者は局在化した電子（実線で示される）をもっている構造を用いて，非局在化した電子（点線で示される）をもっている共鳴混成体の構造を近似するのである．これらの近似的な構造は**共鳴寄与体**（resonance contributor）と呼ばれる．ある共鳴寄与体から次の共鳴寄与体に移るときの電子の動きを曲がった矢印で示す．

共鳴寄与体を書くときの規則

　共鳴寄与体が相互変換されるときの三つの簡単な規則を見てみよう．

1. 電子だけを動かし，原子は決して動かさない．
2. 動かすことのできる電子はπ電子対（π結合の電子）と孤立電子対だけである．
3. 電子は常に sp^2 混成または sp 混成原子に向かって動かす．このとき sp^2 炭素は正電荷をもっているか，二重結合を形成している炭素であり，sp 炭素は三重結合を形成している炭素である．

（14 章では sp^2 炭素と同様に，不対電子をもっている炭素に向かって電子を動かすことができることを学ぶ．）

正電荷をもっている sp^2 炭素に向かってπ電子を動かす

　次の例では，π電子対を正電荷をもっている炭素に向かって動かしている．こ

の原子は電子のオクテットを満たしていないので，電子を受け入れることができる．最初の共鳴寄与体のなかで正電荷をもっていた炭素原子は，電子を受け入れたので2番目の共鳴寄与体では電荷をもっていない．最初の共鳴寄与体のなかで共有していたπ電子対を失うことになる炭素原子は，2番目の共鳴寄与体では正電荷をもっている．

$$CH_3CH=CH-\overset{+}{C}HCH_3 \longleftrightarrow CH_3\overset{+}{C}H-CH=CHCH_3$$

次のカルボカチオンは三つの共鳴寄与体をもっている．

$$CH_2=CH-CH=CH-\overset{+}{C}HCH_3 \longleftrightarrow CH_2=CH-\overset{+}{C}H-CH=CHCH_3$$
$$\updownarrow$$
$$\overset{+}{C}H_2-CH=CH-CH=CHCH_3$$

ある共鳴寄与体から次の共鳴寄与体に移るとき，構造中の電子の総数は変化しないことに注意しよう．したがって，それぞれの共鳴寄与体はみな同じ正味の電荷をもたなければならない．

問題 1 次のカルボカチオンの共鳴寄与体を書け(問題12のあとに解答がある)．

$$CH_3CH=CH-CH=CH-CH=CH-\overset{+}{C}H_2 \longleftrightarrow$$
$$\longleftrightarrow \qquad \updownarrow$$

問題 2 次のカルボカチオンの共鳴寄与体を書け．

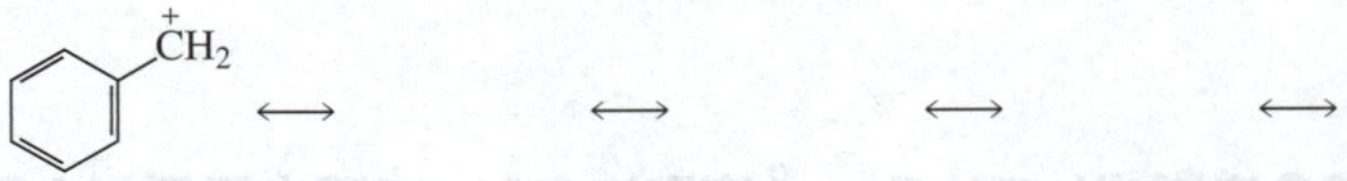

[ベンジルカチオン構造] ⟷　　⟷　　⟷　　⟷

二重結合を形成している sp² 炭素に向かって π 電子を動かす

次の例では，π電子対を二重結合を形成している炭素に向かって動かしている．この原子はπ結合が切断されるので電子を受け入れることができる．

[ベンゼンの共鳴構造式] ⟷ [ベンゼン]

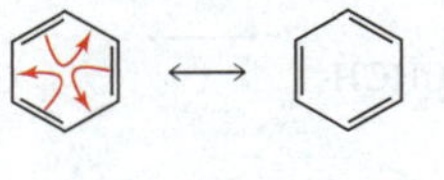

問題 3 次の化合物の共鳴寄与体を書け．

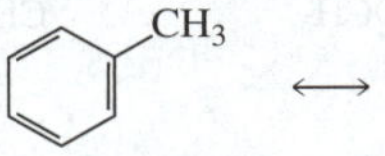

[トルエン構造 CH₃] ⟷

次の例では，電子は左(赤い矢印で示す)にも右(青い矢印で示す)にも同じように容易に動かすことができる．それぞれの共鳴寄与体の電荷を比較すると，そ

れぞれの末端炭素上にある電荷が相殺されるので，共鳴混成体のどの炭素原子上にも電荷はないことがわかる．

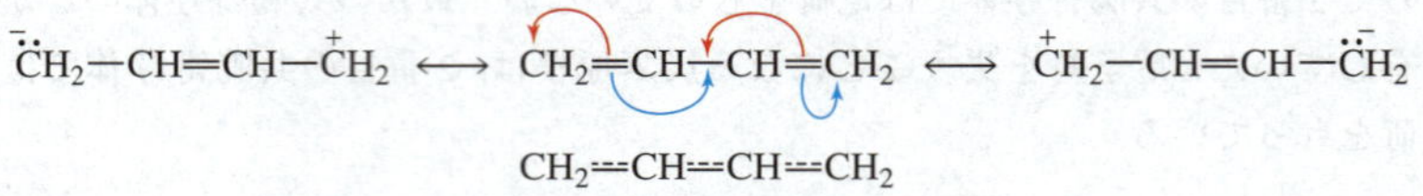

$$\overset{-}{C}H_2-CH=CH-\overset{+}{C}H_2 \longleftrightarrow CH_2=CH-CH=CH_2 \longleftrightarrow \overset{+}{C}H_2-CH=CH-\overset{-}{C}H_2$$

$$CH_2\cdots CH\cdots CH\cdots CH_2$$
共鳴混成体

二つの方向に電子を動かせる場合，電子を動かす先の原子の電気陰性度が異なるときは，常に電気陰性度のより大きな原子に向かって電子を動かす．たとえば，次の例では電子は炭素原子ではなく，酸素原子に向かって動かす．

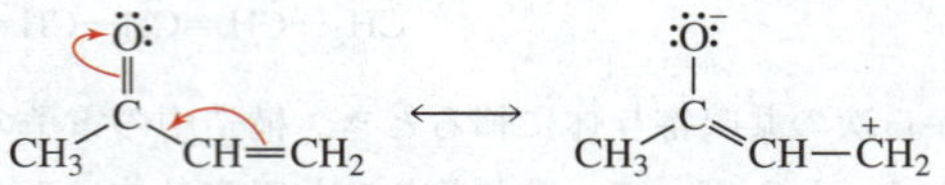

最初の共鳴寄与体がもっている電荷は0であることに注目しよう．分子のもつ電子の総数は変化しないので，ほかの共鳴寄与体がもっている電荷も0である．（正味の電荷が0であるということは，必ずしもすべての原子上に電荷がないことを意味しているのではない．ある共鳴寄与体の一つの原子上に正電荷があり，別の原子上に負電荷がある場合でも正味電荷は0である．）

問題 4 次の化合物の共鳴寄与体を書け．

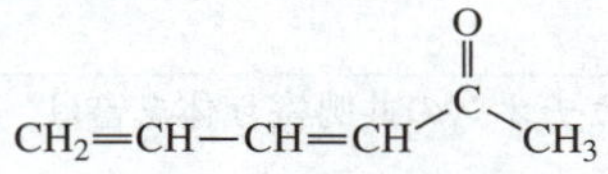

$$CH_2=CH-CH=CH-\overset{O}{\overset{\|}{C}}-CH_3$$

二重結合を形成している sp^2 炭素に向かって孤立電子対を動かす

次の例では，孤立電子対を二重結合を形成している炭素に向かって動かしている．負電荷ではなく，孤立電子対から矢印が始まっていることに注目しよう．最初の例では，それぞれの共鳴寄与体は−1の電荷をもっており，2番目の例では共鳴寄与体は電荷をもっていないか，正味電荷が0である．

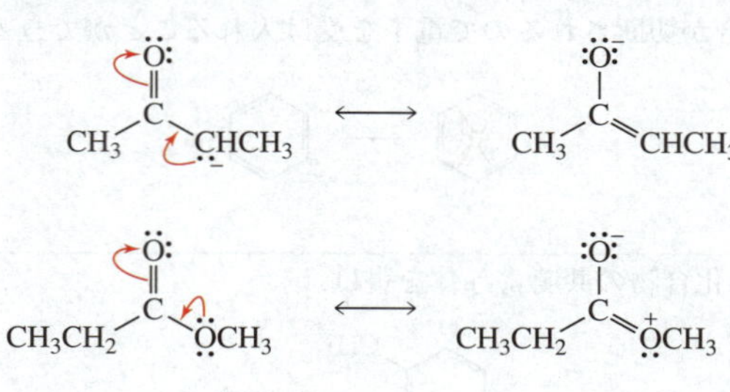

次の化学種は三つの共鳴寄与体をもっている．再び，矢印は負電荷ではなく，孤立電子対から始まっていることに注目しよう．三つの酸素原子は−2の負電荷を共有しているので，共鳴混成体のそれぞれの酸素原子は−2/3ずつ負電荷を

もっている.

$$\ddot{\overset{..}{\text{O}}}: \atop \ddot{\overset{..}{:\text{O}}}-\overset{|}{\text{C}}-\overset{..}{\text{O}}: \longleftrightarrow \ddot{\overset{..}{:\text{O}}}-\overset{|}{\text{C}}=\overset{..}{\text{O}}: \longleftrightarrow \ddot{\overset{..}{:\text{O}}}=\overset{|}{\text{C}}-\overset{..}{\text{O}}:$$

問題 5 次の化合物の共鳴寄与体を書け.

$$\text{CH}_3-\overset{\overset{\displaystyle\ddot{\text{O}}}{\|}}{\text{C}}-\text{NH}_2 \longleftrightarrow$$

次の例では，孤立電子対が最も電気陰性度の大きい原子から動かされていることに注目しよう．電子を非局在化させることができるのはこの方法だけである（どんな電子の非局在化でも，ないよりはましである）．π電子対は酸素原子に向かって動かすことができない．なぜならば，酸素原子(sp^3混成している)はオクテットを満たしているからである．sp^2またはsp混成している原子に向かってのみ，電子を動かせることを思い出そう.

$$\text{CH}_3\overset{-}{\text{C}}\text{H}=\text{CH}-\overset{..}{\text{O}}\text{CH}_3 \longleftrightarrow \text{CH}_3\overset{-}{\text{C}}\text{H}-\text{CH}=\overset{+}{\text{O}}\text{CH}_3$$

次の例の化合物は，五つの共鳴寄与体をもっている．2番目の共鳴寄与体を得るために，孤立電子対はsp^2炭素に向かって動かす．最初と5番目の共鳴寄与体は異なることに注目しよう．それらはベンゼンの二つの共鳴寄与体と同じような関係にある．（254ページ参照.）

[ベンゼン環に$\overset{..}{\text{NH}}_2$, $\overset{+}{\text{NH}}_2$などが結合した5つの共鳴構造]

問題 6 次の化合物の共鳴寄与体を書け.

[フェノール $\overset{..}{\text{O}}\text{H}$] $\longleftrightarrow$ $\longleftrightarrow$ $\longleftrightarrow$

次の化学種は，非局在化電子をもっていない．sp^3混成原子に向かって電子を動かすことはできない．なぜならば，sp^3混成原子はオクテットを満たしており，切断できるπ結合をもっていないからである．したがって，電子を受け入れることができない.

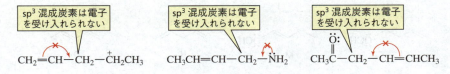

次の二つの例に見られる共鳴寄与体の違いに注目しよう．最初の例では，ベン

ゼン環に向かって電子を動かしている．つまり，ベンゼン環に結合する原子上の孤立電子対を sp^2 炭素に向かって動かしている．

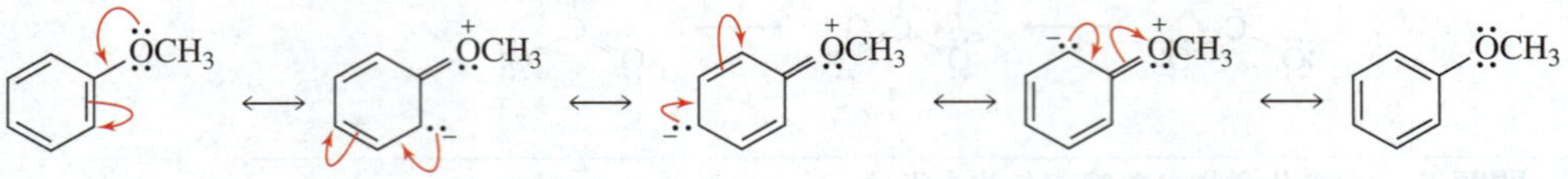

下の例では，ベンゼン環から外に向かって電子を動かしている．まず，π結合を sp^2 炭素に向かって動かす．電子の動きは酸素原子に向かっている．なぜならば，酸素原子は炭素原子よりも電気陰性度が大きいからである．ほかの共鳴寄与体を書くためにはπ結合を正電荷に向かって動かせばよい．

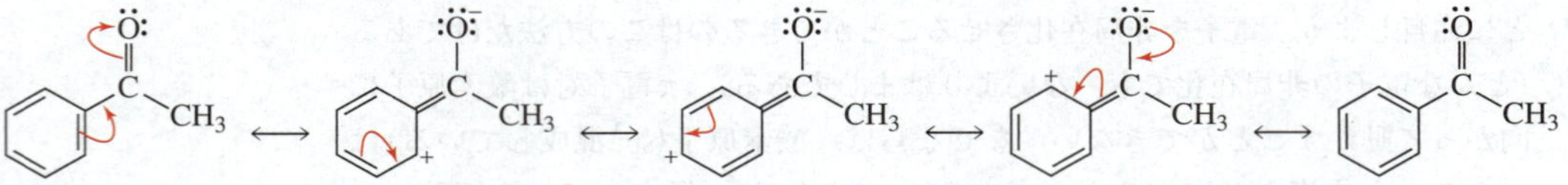

次の二つは，ベンゼン環に結合する原子が孤立電子対もπ結合ももたない例である．そのため，置換基はベンゼン環に電子を供与することもベンゼン環から電子を受け取ることもできない．したがって，これらの化合物は，ベンゼンの二つの共鳴寄与体と同じように，たった二つの共鳴寄与体をもつだけである．

問題 7　次の化学種のうちで非局在化電子をもっているものはどれか．

$CH_3CH{=}CHCH_2CH{=}CH_2$
A

$CH_3CH{=}CHCH{=}CH_2$
B

$CH_3CH{=}CHCH_2\ddot{N}HCH_3$
C

D

E

F

G

H

I

J

K

L

M

N

O

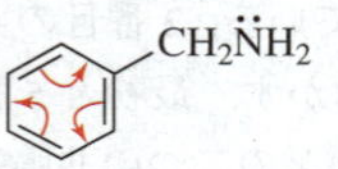

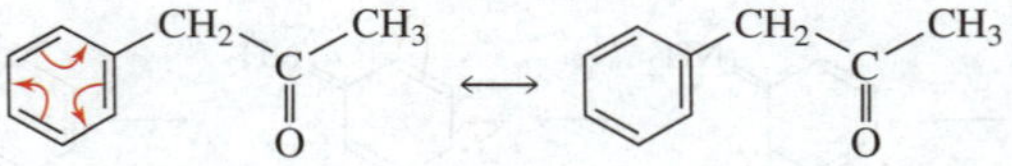

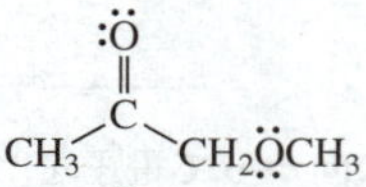

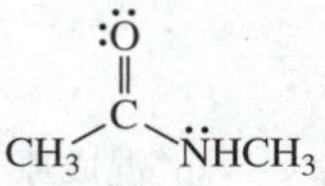

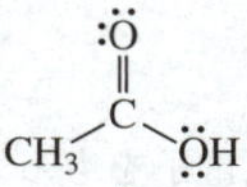

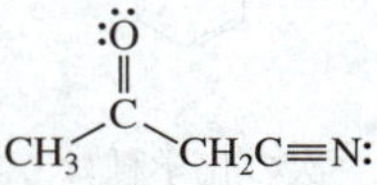

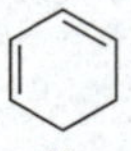

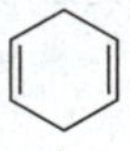

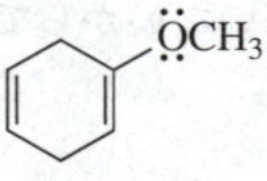

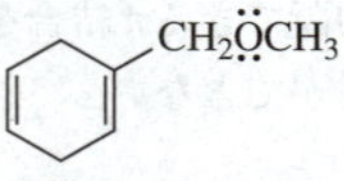

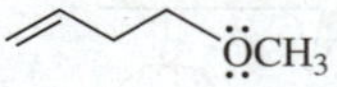

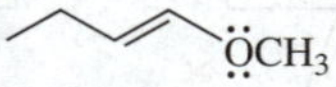

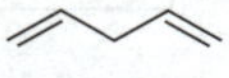

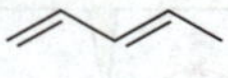

問題 8 問題 7 で非局在化電子をもっている化合物の共鳴寄与体を書け．

問題 9 どのようにしてある共鳴寄与体が次の共鳴寄与体に移るかを示すため，曲がった矢印を書け．

$$\diagup\!\!\diagdown\!\!\diagup\!\!\diagdown\!\!\diagup\ddot{O}\diagdown\!\!\diagup \longleftrightarrow \diagup\!\!\diagdown\!\!\diagup\!\!\diagdown\!\!\overset{-}{}\!\!\overset{+}{\ddot{O}}\diagdown\!\!\diagup \longleftrightarrow \overset{-}{}\!\!\diagup\!\!\diagdown\!\!\diagup\!\!\diagdown\!\!\overset{+}{\ddot{O}}\diagdown\!\!\diagup$$

問題 10 次のそれぞれの化学種の共鳴寄与体を書け．

a. [cyclohexadienyl cation]   b. [cyclohexadiene]   c. [cyclohexadienone with Ö:]   d. $CH_2=CH-CH=CH-\ddot{N}H_2$

e. $CH_3-\overset{\ddot{O}:}{C}-\ddot{O}-\overset{\ddot{O}:}{C}-CH_3$ f. [heptatrienyl cation]

問題 11 次のそれぞれの化学種の共鳴寄与体を書け．

a. $CH_3-\overset{:\ddot{O}:}{C}-\overset{-}{C}H-\overset{\ddot{O}:}{C}-CH_3$ b. [PhÖCH$_2$CH$_3$]   c. [PhCHO]

d. [PhCH$_2\ddot{C}l:$]   e. [cyclopentadienyl cation]   f. [cyclohexenone]

問題 12 次のそれぞれの化学種の共鳴寄与体を書け．

a. [cyclopentadienyl anion]   b. $CH_3-\overset{:\ddot{O}:}{C}-\ddot{O}CH_2CH_3$ c. $CH_3CH_2-\overset{:\ddot{O}:}{C}-\overset{\ddot{N}}{N}-CH_2CH_3$
                                                                                                H

d. [cyclohexenyl-NHCH$_3$]   e. [δ-valerolactone]   f. [PhCH$^+$CH$_3$]

問題の解答

問題 1

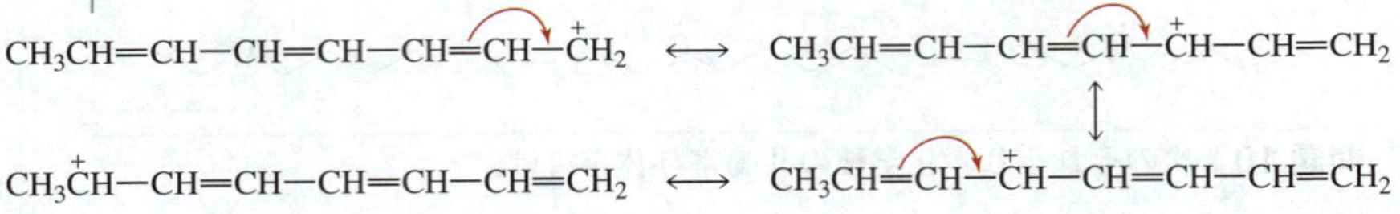

CH₃CH=CH—CH=CH—CH=CH—⁺CH₂ ⟷ CH₃CH=CH—CH=CH—⁺CH—CH=CH₂
⟷
⁺CH₃—CH=CH—CH=CH—CH=CH₂ ⟷ CH₃CH=CH—⁺CH—CH=CH—CH=CH₂

問題 2

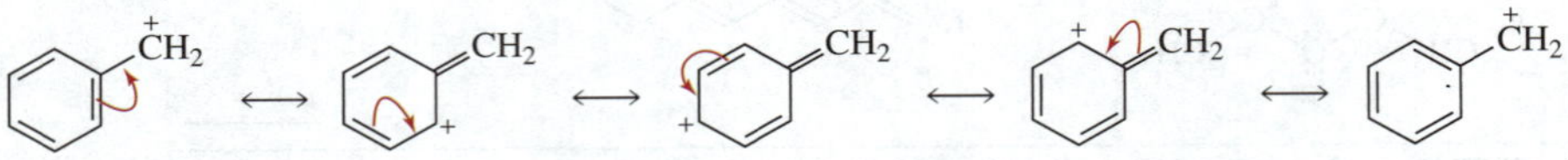

(ベンジルカチオンの共鳴構造)

問題 3

(トルエンの共鳴構造)

問題 4

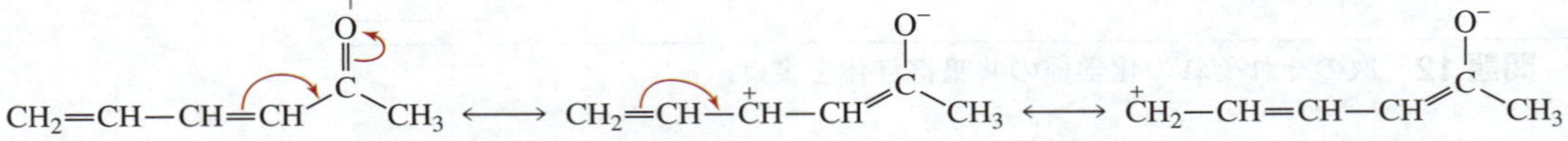

CH₂=CH—CH=CH—C(=O)—CH₃ ⟷ CH₂=CH—⁺CH—CH=C(—O⁻)—CH₃ ⟷ ⁺CH₂—CH=CH—CH=C(—O⁻)—CH₃

問題 5

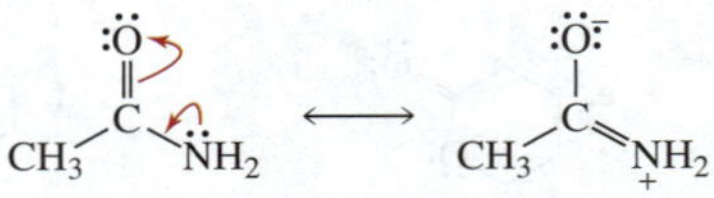

CH₃—C(=Ö:)—NH₂ ⟷ CH₃—C(—Ö:⁻)=⁺NH₂

問題 6

(フェノールの共鳴構造)

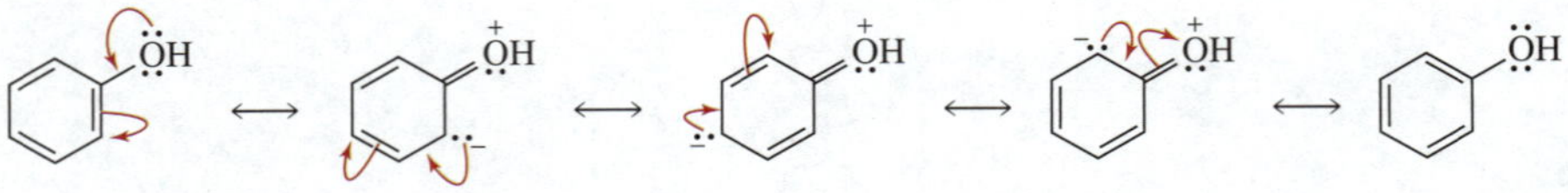

問題 7

B, E, F, H, J, M, および O

問題 8

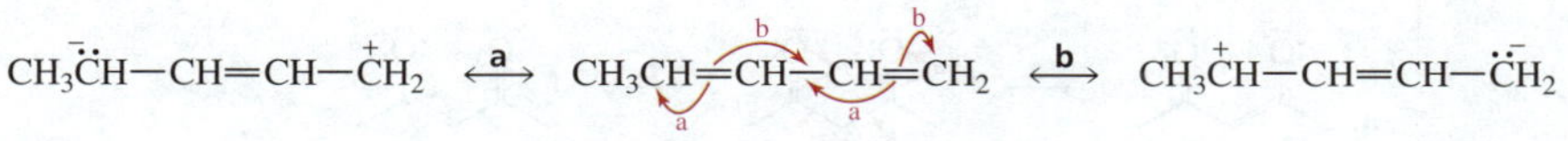

$CH_3\overset{-}{C}H-CH=CH-\overset{+}{C}H_2$ ⇌ᵃ $CH_3CH=CH-CH=CH_2$ (B) ⇌ᵇ $CH_3\overset{+}{C}H-CH=CH-\overset{-}{C}H_2$

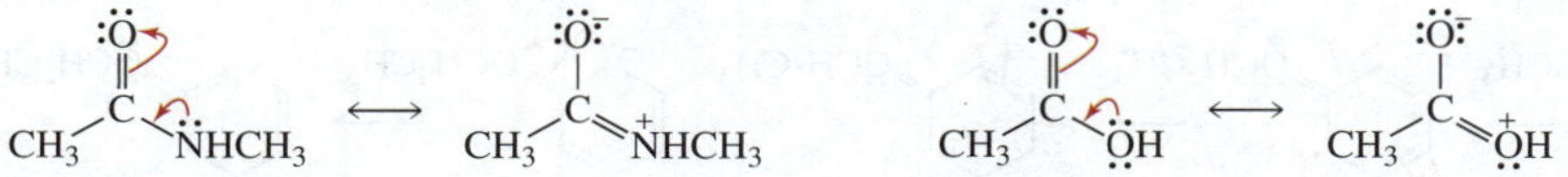

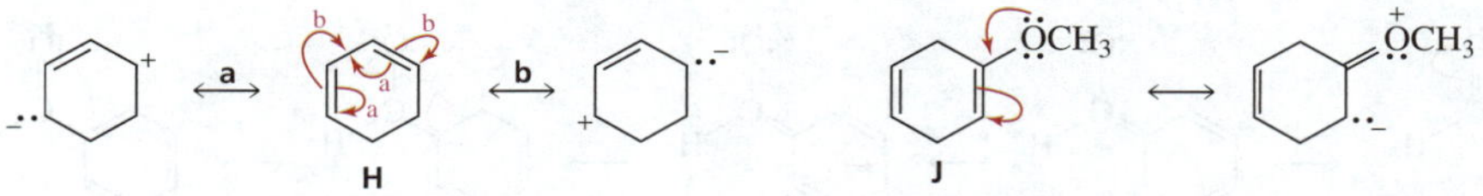

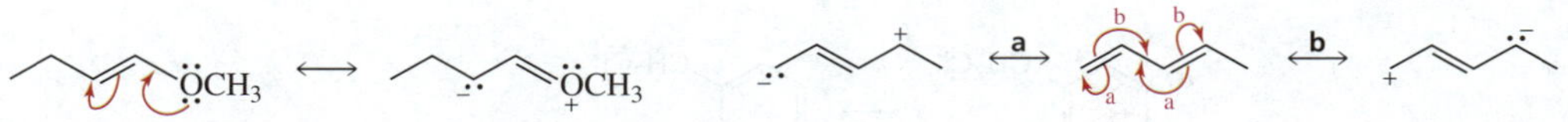

E: $CH_3-\overset{\overset{\overset{..}{O}:}{\|}}{C}-\overset{+}{N}HCH_3$ ⇌ $CH_3-\overset{\overset{:\overset{..}{O}:^-}{|}}{C}=\overset{+}{N}HCH_3$

F: $CH_3-\overset{\overset{\overset{..}{O}:}{\|}}{C}-\overset{..}{O}H$ ⇌ $CH_3-\overset{\overset{:\overset{..}{O}:^-}{|}}{C}=\overset{+}{O}H$

H (シクロヘキサジエニルカチオン共鳴) ⇌ᵃ ⇌ᵇ (シクロヘキサジエニルアニオン)

J: メトキシシクロヘキサジエン ⇌ メトキシ共鳴構造

M, O 共鳴構造

問題 9

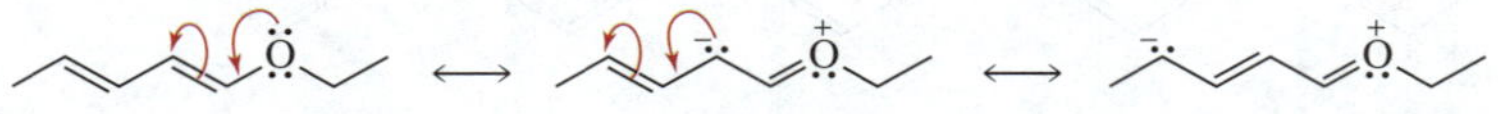

共鳴構造（エノールエーテル系）

問題 10

a. シクロヘキサジエニルカチオンの共鳴3構造

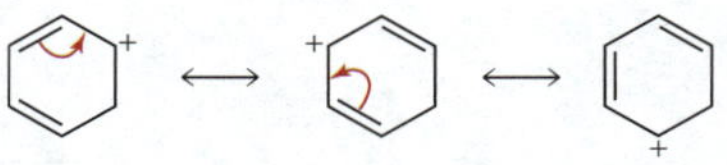

b. 次の例では，電子は時計回りにも反時計回りにも動かせることに注目しよう．

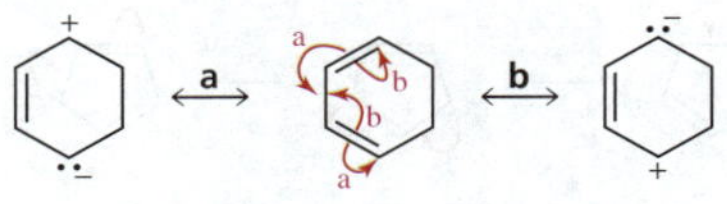

シクロヘキサジエニルアニオンの共鳴

c. フェノキシド共鳴構造

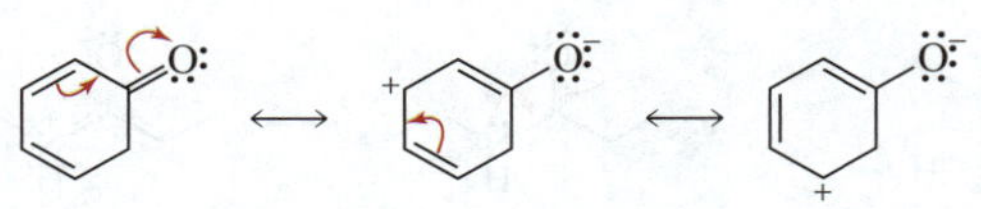

d. $CH_2=CH-CH=CH-\overset{..}{N}H_2$ ⇌ $CH_2=CH-\overset{-}{C}H-CH=\overset{+}{N}H_2$ ⇌ $\overset{-}{C}H_2-CH=CH-CH=\overset{+}{N}H_2$

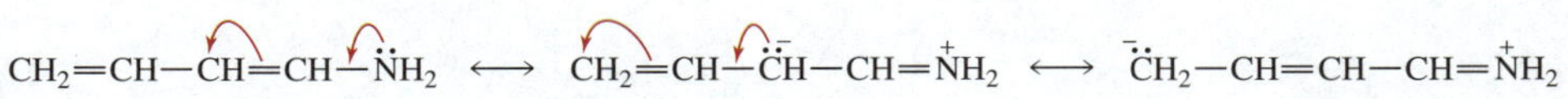

e. 次の例では，孤立電子対は二つあるどちらの sp² 炭素に向かっても動かせることに注目しよう．

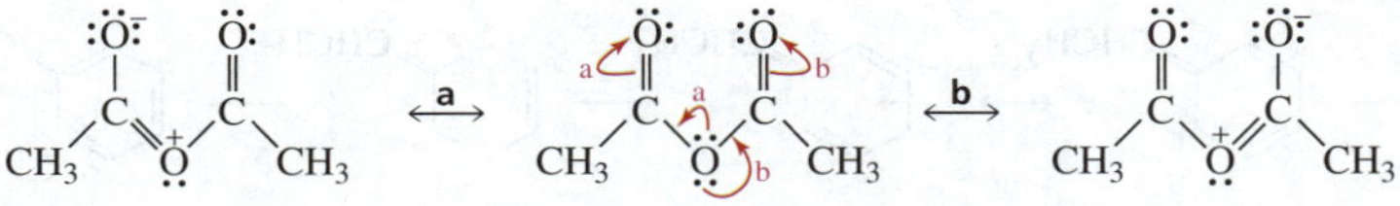

共鳴構造

f. ポリエンカチオンの共鳴構造

問題 11

問題 12

8 ハロゲン化アルキルの置換反応と脱離反応

この挿し絵は 1947 年6月30日に *Time Magazine* 誌に発表されたものである.

本章では,DDT が広範に使用されたことによってどのようにして環境問題が引き起こされたかについて見ていく.また,ケイ素は周期表の炭素のすぐ下に位置し,地殻中では炭素よりも豊富に存在しているにもかかわらず,生命がケイ素ではなく炭素に依存しているのはなぜかについても学ぶ.

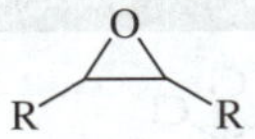

有機化合物は 4 種類の化合物群に分類され,同じグループに属する化合物群は類似の反応性を示すことはすでに学んだ(5.2 節参照).この章では,グループⅢに属する化合物群についてまず議論しよう.

グループⅢに属する化合物は,電気陰性原子または電子求引性基が sp^3 炭素に結合している.これらの原子や基は極性結合を形成するので,化合物は置換反応および/または脱離反応を受ける.

III
R—X　　(X = F, Cl, Br, I)
R—OH
R—OR

置換反応(substitution reaction)においては,電気陰性原子または電子求引性基がほかの原子または基に置き換わる.

脱離反応(elimination reaction)においては,電気陰性原子または電子求引性基が隣接する炭素位の水素原子とともに離脱する.

置換されたり脱離したりする原子や基を **脱離基**（leaving group）と呼ぶ．

この章では，ハロゲン化物イオン（F⁻, Cl⁻, Br⁻, I⁻）を脱離基としてもつ化合物群であるハロゲン化アルキルの<u>置換反応</u>と<u>脱離反応</u>に着目する．*

ハロゲン化アルキル

R—F	R—Cl	R—Br	R—I
フッ化アルキル	塩化アルキル	臭化アルキル	ヨウ化アルキル

＊ 表 1.3 を見ると，炭素とヨウ素の電気陰性度は等しい．しかし，ヨウ素の電子雲は大きいため歪みやすい．その結果，炭素—ヨウ素結合は，あたかも分極しているかのように反応する．

ハロゲン化アルキルは比較的優れた脱離基をもつので，置換反応と脱離反応について学ぶにあたり，最初に扱う化合物として適している．すなわち，ハロゲン化物イオンは容易に置換を受ける．ハロゲン化アルキルの反応を学んだあとに，9 章では，脱離能の劣る脱離基（置換されにくい脱離基）をもつ化合物の置換反応と脱離反応について見ていく．

容易に入手可能なハロゲン化アルキルは，置換反応および脱離反応によってほかのさまざまな化合物へ変換できるので，その置換反応および脱離反応は有機化学において重要な反応である．置換反応および脱離反応は植物や動物の細胞内においても重要なはたらきをしている．細胞内には水が多く含まれており，ハロゲン化アルキルは水に不溶なので，生体系においては，ハロゲンより極性の大きい，水に可溶な基に置換された化合物が用いられる．これらの化合物の一部は 9 章で取り上げる．

🧪 DDT: 疾病を蔓延させる虫を殺す，合成有機ハロゲン化物

DDT（最初に合成されたのは 1874 年）が昆虫に対しては高い毒性を示すものの，哺乳動物に対しては比較的毒性が低いことが見いだされた．1939 年以来，このハロゲン化アルキルは殺虫剤として広く用いられてきた．DDT は第二次世界大戦中にチフスやマラリアを抑えるために，軍隊や一般市民に広く用いられた．DDT は何百万人もの命を救ったが，当時，それがきわめて安定な化合物であるため生分解を受けないことに，誰も気づかなかった．さらに，DDT は水溶性ではない．その結果，DDT は食物連鎖を経て，鳥や魚の脂肪組織に蓄積されていった．そして低濃度ながら成人の体内からも DDT が検出された．

1962 年に，海洋生物学者の Rachel Carson は "Silent Spring"（『沈黙の春』）を著した．そのなかで彼女は，幅広く用いられている DDT の環境に対する影響について指摘した．その著書は広く読まれ，環境汚染の問題を一般大衆に初めて喚起した．結果的に，その出版は，環境保護運動を生み出す重要なきっかけとなった．毒性に対する懸念から，1972 年に DDT はアメリカ合衆国での使用が禁止され，2004 年にはストックホルム条約により，マラリアが主要な健康上の問題になっている国々でその流行を防ぐ場合を除き，世界的に使用が禁止された．

14.8 節では，クロロフルオロハイドロカーボン（CFC）として知られる合成有機ハロゲン化物により引き起こされた環境問題について学ぶ．

問題 1

メトキシクロールは，脂肪組織に比較的不溶であり，より容易に生分解を受けるので，DDT に取って代わる目的で用いられた殺虫剤である．しかし，環境中に蓄積されるので，その使用は欧州連合では 2002 年に，また，アメリカでは 2003 年

に禁止された．メトキシクロールが DDT よりも脂肪組織に対する溶解性が低いのはなぜか．

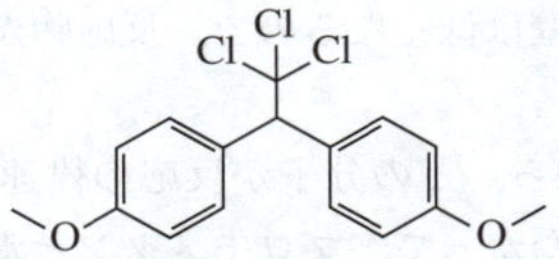

メトキシクロール
(methoxychlor)

8.1 S$_N$2 反応の機構

ここでは，置換反応が起こる際には，二つの異なる機構が存在することを学ぶ．あなたの予想どおりに，これらの機構にはそれぞれ，**求核剤と求電子剤との反応**が関与している．いずれの機構も，求核剤が脱離基と入れ替わるので，この置換反応は，より厳密には**求核置換反応**(nucleophilic substitution reaction)と呼ばれる．

さまざまな反応を学んでくると，それらの反応機構がどのようにして明らかになったのだろうと疑問に思うかもしれない．反応機構は，反応剤が生成物に変換される段階的なプロセスを表していることを思い出そう．反応機構とは，これまでに蓄積されてきた反応に関する実験的証拠を満足するように考え出された理論である．すなわち，**反応機構は実験により決定される**．反応機構は決して，反応がどのように進行するかを説明するために化学者がつくり出したものではない．

S$_N$2 反応機構についての実験的証拠

反応速度論(kinetics)，つまり反応の速度を支配する要因を学べば，反応機構についての多くの知見を得ることができる．

たとえば，次の求核置換反応の反応速度は，二つの反応剤の濃度に依存する．ハロゲン化アルキル(ブロモメタン)の濃度を 2 倍にすると，反応速度も 2 倍になる．同様に求核剤(水酸化物イオン)の濃度を 2 倍にしても，反応速度は 2 倍になる．反応物の濃度をともに 2 倍にすると，反応速度は 4 倍になる．

$$CH_3Br + \boxed{HO^-} \longrightarrow CH_3OH + \boxed{Br^-}$$
ブロモメタン　　　　　　　メタノール
(bromomethane)　　　　　(methanol)

反応速度と反応物の濃度の関係がわかれば，**反応速度式**(rate law)を導くことができる．

反応速度 ∝ [ハロゲン化アルキル][求核剤]†

比例関係を示す記号(∞)は，等号と比例定数(k)に置き換えられる．

反応速度 = k [ハロゲン化アルキル][求核剤]
　　　　　 速度定数

† 訳者注：[求核剤]は求核剤の濃度を表す．

比例定数は**速度定数**(rate constant)と呼ばれる．ある特定の速度定数の大きさは，

反応のエネルギー障壁を乗り越えるのがどのくらい難しいか，すなわち，遷移状態に達する困難さの度合いを表している（5.3節参照）．速度定数が大きくなればなるほど，エネルギー障壁は低くなるので，反応物が遷移状態に達するのが容易になる（図8.2）．

反応速度式（rate law）から，どの分子が反応の律速段階である遷移状態に関与しているかがわかる．したがって，ブロモメタンと水酸化物イオンとの反応の速度式から，ブロモメタンと水酸化物イオンがともに律速段階である遷移状態に関与していることがわかる．

問題 2 ◆
次の濃度変化により，ブロモメタンと水酸化物イオンとの反応の速度はどのような影響を受けるか．
a. ハロゲン化アルキルの濃度は変えずに，求核剤の濃度を 3 倍にする．
b. ハロゲン化アルキルの濃度は 1/2 にするが，求核剤の濃度は変えない．

ブロモメタンと水酸化物イオンとの反応は **S_N2 反応**（S_N2 reaction）の例である．ここで，"S"は置換，"N"は求核的，"2"は二分子を意味する．**二分子**（bimolecular）反応は律速段階の遷移状態に二分子が関与している反応である．Edward Hughes と Christopher Ingold は 1937 年に S_N2 反応の機構を提案した．彼らが提唱した反応機構は次の三つの実験結果に基づいている．

1. 置換反応の速度は，ハロゲン化アルキルの濃度と求核剤の濃度に依存する．これは，二つの反応剤がともに律速段階の遷移状態に関与していることを示している．
2. アルキル基が大きくなるに従って，与えられた求核剤との置換反応の速度は低下する．

S_N2 反応の相対的反応速度

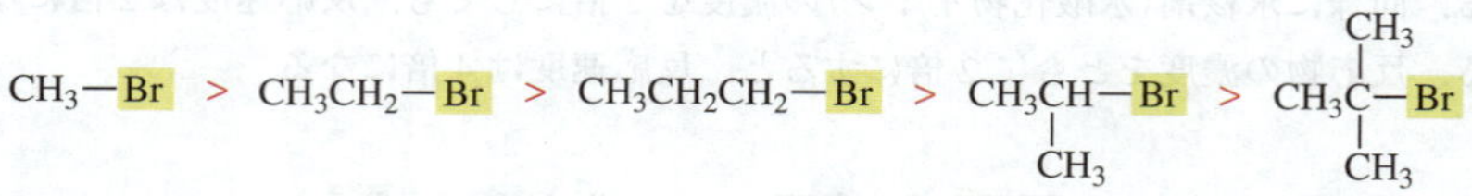

$$CH_3\text{—}Br > CH_3CH_2\text{—}Br > CH_3CH_2CH_2\text{—}Br > CH_3\underset{CH_3}{\overset{}{CH}}\text{—}Br > CH_3\underset{CH_3}{\overset{CH_3}{C}}\text{—}Br$$

3. ハロゲンが不斉中心に結合しているハロゲン化アルキルの置換反応では，1 種類の立体異性体しか生成せず，生成物の不斉中心の立体配置は反応物であるハロゲン化アルキルの立体配置が反転したものである．

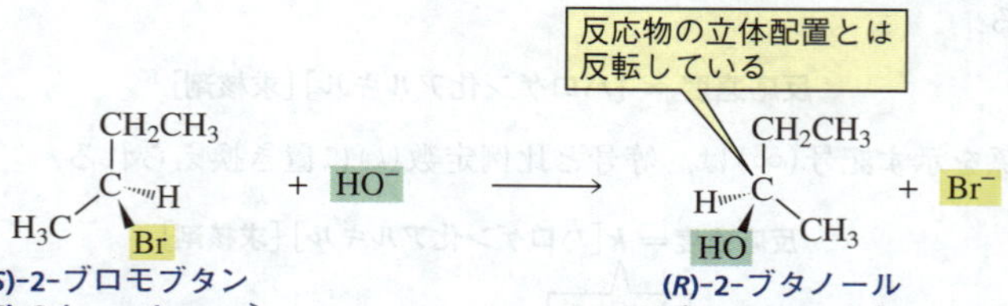

反応物の立体配置とは反転している

(S)-2-ブロモブタン　＋　HO⁻　⟶　(R)-2-ブタノール　＋　Br⁻
〔(S)-2-bromobutane〕　　　　　　〔(R)-2-butanol〕

S_N2 反応の機構

前述の実験結果をもとに，Hughes と Ingold は，次に示すように，S_N2 反応の機構として一段階機構を提案した．

ハロゲン化アルキルの S_N2 反応の機構

S_N2 反応は一段階の反応である．

- 求核剤は脱離基をもっている炭素（求電子剤）を背面から攻撃し，それと置き換わる．

求核剤は常に脱離基に結合している炭素の背面から攻撃する．

生産的な衝突とは，生成物を生じるような衝突のことである．S_N2 反応で生成物を得るためには，求核剤が脱離基の結合した側とは反対の側から攻撃する必要がある．したがって，炭素は**背面攻撃**(back-side attack)を受ける，という．

反応機構はどのように実験結果を説明できるか

Hughes と Ingold の機構によって，この三つの実験事実をどのように説明できるだろうか．反応機構は，ハロゲン化アルキルと求核剤がともに一段階反応の遷移状態に関与していることを示している．したがって，どちらか一方の濃度が上昇すると衝突回数が増大する．そのため，実際に観測されたとおり，反応速度式は両者の濃度に依存する．

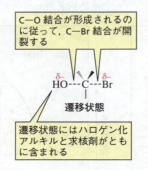

背面からの攻撃を受ける炭素に立体障害の大きな置換基が結合していると，求核剤の炭素の背後への接近が妨げられ，そのために反応速度が低下する（図 8.1）．これにより，アルキル基の大きさが増大するにつれて，置換反応の反応速度が低下することが説明できる．

立体効果(steric effect)は，置換基がある空間を占めることによって引き起こされる効果である．反応性を低下させる立体効果をとくに**立体障害**(steric hindrance)と呼ぶ．これは，反応する側で置換基が邪魔されるときに生じる．第一級ハロゲン化アルキルは第二級ハロゲン化アルキルよりも立体障害が小さく，第二級ハロゲン化アルキルは第三級ハロゲン化アルキルよりも立体障害が小さい

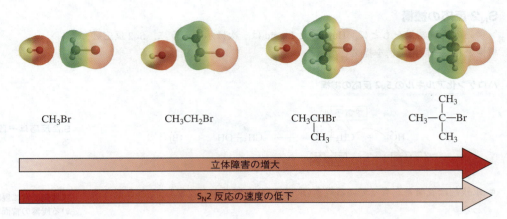

▲ 図 8.1
臭化メチルの炭素，第一級臭化アルキルの炭素，第二級臭化アルキルの炭素，および第三級臭化アルキルの炭素への（赤と黄の球で示した）HO⁻ の接近．求核攻撃を受ける炭素に結合している置換基のかさ高さが増すと，その炭素の背後への接近が困難になり，S_N2 反応の速度が低下する．

ので，ハロゲン化アルキルの S_N2 反応における相対的反応性は，立体障害のために以下に示す順となる（図 8.2）．

立体障害が比較的小さいために，ハロゲン化メチルや第一級ハロゲン化アルキルは，S_N2 反応の反応性が最も高いハロゲン化アルキルとなる．

S_N2 反応におけるハロゲン化アルキルの相対的反応性

| 最も反応性が高い | ハロゲン化メチル > | 第一級 ハロゲン化 アルキル > | 第二級 ハロゲン化 アルキル > | 第三級 ハロゲン化 アルキル | S_N2 反応をほとんど起こさない |

第三級ハロゲン化アルキルは S_N2 反応を起こすことができない．

第三級ハロゲン化アルキルは，三つのアルキル基のために求核剤が第三級炭素の結合距離内に接近できないので，S_N2 反応を起こさない．

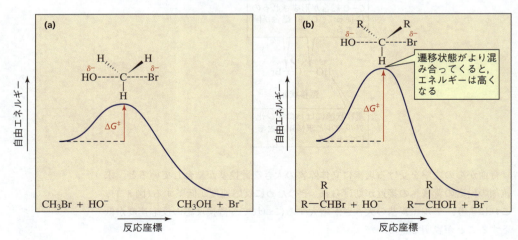

▲ 図 8.2
反応座標図は，立体障害により遷移状態のエネルギーが増し，反応速度が低下することを示している．
(a) 立体障害が少ないブロモメタンと水酸化物イオンとの S_N2 反応．
(b) 立体障害の大きい第二級臭化アルキルと水酸化物イオンとの S_N2 反応．

S_N2 反応の反応速度は，求核攻撃を受ける炭素のアルキル基の数だけでなく，その大きさにも依存している．たとえば，ブロモエタンと 1-ブロモプロパンはいずれも第一級ハロゲン化アルキルであるが，S_N2 反応における反応性はブロモエタンのほうが 2 倍高い．なぜなら，1-ブロモプロパンにおいて求核攻撃を受けている炭素上のかさ高いアルキル基は，背面攻撃に対してより大きい立体障害を与えるからである．

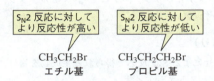

1-ブロモ-2,2-ジメチルプロパン
(1-bromo-2,2-dimethylpropane)

これは第一級ハロゲン化アルキルであるが，アルキル基がきわめてかさ高いので，S_N2 反応は非常に遅い．

S_N2 反応に対してより反応性が高い
CH_3CH_2Br
エチル基

S_N2 反応に対してより反応性が低い
$CH_3CH_2CH_2Br$
プロピル基

図 8.3 は，Hughes と Ingold によって提案された反応機構，すなわち置換反応を起こす炭素上で **立体配置の反転** (inversion of configuration) が起こっていることを証明するための三つ目の実験的証拠である．

S_N2 反応は立体配置の反転を伴って進行する．

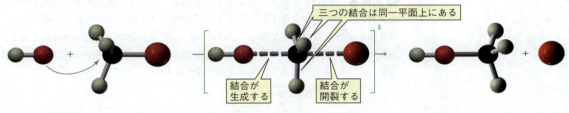

三つの結合は同一平面上にある

結合が生成する　結合が開裂する

求核剤が正四面体型炭素の背面から接近するにつれて，C—H 結合が求核剤とその攻撃をしている電子からより遠ざかっていく．

遷移状態においては，C—H 結合はすべて同一平面上にあり，炭素は正四面体構造ではなく，五配位となる（三つの原子と共有結合し，二つの原子と部分的に結合している）．

C—H 結合は同じ方向に向かって動き続ける．炭素と求核剤の結合が完全に形成されたとき，炭素と臭素との結合は完全に切断され，炭素は再び正四面体構造をとる．

▲ 図 8.3
水酸化物イオンとブロモメタンとの反応．まるで暴風によって傘が反転するかのように，S_N2 反応において置換反応が起こる炭素が立体反転する様子を示している．

S_N2 反応は立体配置の反転を伴って進行するので，ハロゲン原子が不斉中心に結合しているハロゲン化アルキルの S_N2 反応においては，1 種類の置換生成物のみが得られる．生成物の立体配置は，ハロゲン化アルキルの立体配置が反転したものになる．たとえば，水酸化物イオンと (R)-2-ブロモブタンの反応から得られる置換生成物は (S)-2-ブタノールである．

脱離基が不斉中心上にある場合は，S_N2 反応により立体反転した立体異性体のみが生成する．

反応物と生成物の立体配置は反転している

S_N2 反応により反転した生成物を書くには，反応物の鏡像を書き，ハロゲンを求核剤と入れ替えればよい．

(R)-2-ブロモブタン (S)-2-ブタノール

問題 3 ◆
S_N2 反応のエネルギー障壁が大きくなるにつれて，その反応の速度定数は大きくなるか，それとも小さくなるか．

問題 4 ◆
次の臭化アルキルを，S_N2 反応における反応性の高いものから低いものの順に並べよ：1-ブロモ-2-メチルブタン，1-ブロモ-3-メチルブタン，2-ブロモ-2-メチルブタン，1-ブロモペンタン．

問題 5 ◆（解答あり）
次の化合物の組合せによる S_N2 反応で得られる生成物を書け．
a. 2-ブロモブタンとメトキシドイオン
b. (R)-2-ブロモブタンとメトキシドイオン
c. (S)-3-クロロヘキサンと水酸化物イオン
d. 3-ヨードペンタンと水酸化物イオン

5a の解答 生成物は 2-メトキシブタンである．この反応は S_N2 反応であるので，生成物の立体配置が反転する．しかし，反応物の立体配置が示されていないので，生成物の立体配置は特定できない．いいかえると，反応物が R または S 体であるか，あるいはその混合物であるかはわかっていないので，生成物も R または S 体であるか，あるいはその混合物であるかはわからない．

> 立体配置は
> 特定されていない

$$\underset{\underset{\text{Br}}{|}}{\text{CH}_3\text{CHCH}_2\text{CH}_3} + \text{CH}_3\text{O}^- \longrightarrow \underset{\underset{\text{OCH}_3}{|}}{\text{CH}_3\text{CHCH}_2\text{CH}_3} + \text{Br}^-$$

問題 6（解答あり）
次の S_N2 反応により得られる置換生成物の構造を書け．
a. cis-1-ブロモ-4-メチルシクロヘキサンと水酸化物イオン
b. trans-1-ヨード-4-エチルシクロヘキサンとメトキシドイオン
c. cis-1-クロロ-3-メチルシクロブタンとエトキシドイオン

6a の解答 脱離基が結合している炭素は，背面から求核剤の攻撃を受けるので，トランス体のみが得られる．

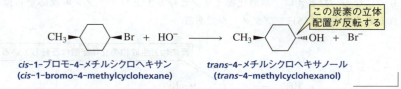

cis-1-ブロモ-4-メチルシクロヘキサン
(cis-1-bromo-4-methylcyclohexane)

trans-4-メチルシクロヘキサノール
(trans-4-methylcyclohexanol)

> この炭素の立体
> 配置が反転する

8.2 S_N2 反応に影響を与える要因

ここでは，脱離基および求核剤の性質が，S_N2 反応にどのような影響を与えるかを見ていこう．

S$_N$2 反応における脱離基

同じアルキル基をもっているヨウ化アルキル，臭化アルキル，塩化アルキル，およびフッ化アルキルを同じ条件下で同じ求核剤と反応させると，ヨウ化アルキルの反応性が最も高く，フッ化アルキルの反応性が最も低い．

反応	反応の相対速度	HX の pK_a 値
HO$^-$ + RCH$_2$I ⟶ RCH$_2$OH + I$^-$	30,000	−10
HO$^-$ + RCH$_2$Br ⟶ RCH$_2$OH + Br$^-$	10,000	−9
HO$^-$ + RCH$_2$Cl ⟶ RCH$_2$OH + Cl$^-$	200	−7
HO$^-$ + RCH$_2$F ⟶ RCH$_2$OH + F$^-$	1	3.2

これら四つの反応の違いは脱離基の性質のみである．反応速度の比から，ヨウ化物イオンの脱離能が最も優れていて，フッ化物イオンの脱離能が最も劣っていることがわかる．この事実から，これからもたびたび出合う，有機化学において重要な規則が導かれる．すなわち，同じ種類の塩基を比較すると，<u>塩基性が弱いほどその脱離能は優れている</u>．

脱離能が塩基性によって変化するのは，<u>弱塩基が安定な塩基であるからである</u>．弱塩基はプロトンと共有していた電子を容易に受け入れることができる．弱塩基は電子をうまく共有できないので，強塩基のようには炭素と強い結合を形成できずに，弱い結合は容易に切断される．

ハロゲン化物イオンのなかでヨウ化物イオンが最も弱い塩基であり（それは最も強い共役酸である；2.6 節参照），フッ化物イオンが最も強い塩基である（それは最も弱い共役酸である）ことを学んだ．したがって，同じアルキル基をもつハロゲン化アルキルを比較すると，ヨウ化アルキルが最も反応性が高く，フッ化アルキルが最も反応性が低い．実際，フッ化物イオンは塩基性がきわめて強いため，フッ化アルキルの S$_N$2 反応は基本的に進行しない．

S$_N$2 反応におけるハロゲン化アルキルの相対的反応性

反応性が最も高い ⟵ RI > RBr > RCl > RF ⟶ S$_N$2 反応をほとんど起こさない

弱い塩基ほど，脱離基としては優れている．

安定な塩基は弱塩基である．

問題 7 ◆

ある求核剤との S$_N$2 反応において，どちらのハロゲン化アルキルの反応性が高いと考えるか．それぞれの組合せにおいて，ハロゲン化アルキルはいずれも同じ安定性をもつと仮定すること．

a. （Br が付いた構造） あるいは （Br が付いた構造）

b. （Cl が付いた構造） あるいは （Br が付いた構造）

c. （Br が付いた構造） あるいは （Br が付いた構造）

d. （フェニル-CH$_2$CH$_2$Br） あるいは （フェニル-CH$_2$CH$_2$I）

S_N2 反応における求核剤

孤立電子対をもっている原子や分子について議論するとき，その化学種を塩基と呼ぶ場合と求核剤と呼ぶ場合とがある．塩基と求核剤の違いは何だろうか．

塩基性度（basicity）は，ある化合物〔**塩基**（base）〕がプロトンと孤立電子対を共有できる程度を示す尺度である．強い塩基ほど，電子を共有しやすい．

求核性（nucleophilicity）は，ある化合物〔**求核剤**（nucleophile）〕の電子不足の原子に対する攻撃の容易さを示す尺度である．S_N2 反応の場合，求核性は脱離基に結合している sp^3 炭素に対する攻撃の容易さを表す．

求核剤の sp^3 炭素への攻撃が S_N2 反応の律速段階であるので，反応速度は求核剤の反応性に依存する．つまり，求核剤の反応性が高いほど，S_N2 反応の速度は増大する．

> 求核剤の反応性が高いほど，S_N2 反応の速度は増大する．

求核攻撃する原子が同じ大きさであるならば，塩基性が強いほど求核性も高い．たとえば，求核攻撃を行う原子を周期表の第一列内で比較すると，アミドイオンが最も強い塩基であり，かつ最も優れた求核剤である（2.6 節参照）．塩基性は強弱で表現され，一方，求核剤の反応性は高低で表されることに気づこう．

塩基の相対的強さと相対的求核性

最も強い塩基／最も優れた求核剤 $^-NH_2 > HO^- > F^-$

攻撃する原子が同じであるならば，中性な化学種よりも負電荷をもっている化学種のほうが塩基性が強く，そして求核性も高い．したがって，HO^- は H_2O よりも強塩基であり，優れた求核剤である．

塩基性が強く， 求核性は高い		塩基性が弱く， 求核性は低い
HO^-	>	H_2O
CH_3O^-	>	CH_3OH
$^-NH_2$	>	NH_3
$CH_3CH_2NH^-$	>	$CH_3CH_2NH_2$

求核性は立体効果により変化する

求核性は立体効果の影響を受ける．立体障害の小さい求核剤に比べ，かさ高い求核剤は炭素の背面に接近するのが容易でない．一方，塩基は立体障害の小さなプロトンを引き抜くので，塩基性は比較的立体効果の影響を受けない．

エトキシドイオン

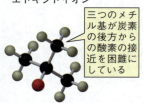
tert-ブトキシドイオン

三つのメチル基が炭素の後方からの酸素の接近を困難にしている

$CH_3CH_2-O^-$
エトキシドイオン
(ethoxide ion)
優れた求核剤

$CH_3-\underset{CH_3}{\overset{CH_3}{C}}-O^-$
tert-ブトキシドイオン
(tert-butoxide ion)
強塩基

したがって，tert-ブトキシドイオンは，エトキシドイオン（エタノールの pK_a = 16）よりも強塩基（tert-ブタノールの pK_a = 18）であるもかかわらず，三つのメチ

ル基をもっているのでエトキシドイオンよりも求核性が低い.

問題 8 ◆
次のそれぞれの組合せにおいて,どちらの反応が速く進行するか.
a. $CH_3CH_2Br + H_2O$　あるいは　$CH_3CH_2Br + HO^-$
b. $CH_3CH_2Cl + CH_3O^-$　あるいは　$CH_3CH_2Cl + CH_3OH$

問題 9
a. CH_3OH と CH_3NH_2 ではどちらの求核性が高いか.
b. どちらの塩基性が強いか.

問題 10(解答あり)
次の化学種を,水溶液中における求核性の高いものから低いものの順に並べよ.

$C_6H_5O^-$　　CH_3OH　　HO^-　　$CH_3CO_2^-$　　$^-NH_2$

解答　まず,求核剤をいくつかのグループに分類しよう. 窒素上に負電荷をもっているものが一つ,酸素上に負電荷をもっているものが三つ,中性の酸素原子をもっているものが一つある. 窒素原子は塩基性が強いので,負電荷を帯びた窒素原子をもつ化合物の求核性が最も高く,中性の(電荷をもたない)酸素の求核性が最も低い. この問題を解くには,負電荷を帯びた酸素をもつ3種の求核剤の反応性に順位をつける必要がある. そのためには,共役酸の pK_a 値を比較すればよい. カルボン酸はフェノールよりも強酸であり,フェノールは水よりも強酸である(7.8節参照). 水は最も弱い酸であるので,その共役塩基は最も塩基性が強く,また求核性も高い. したがって,求核性の高さは以下の順序になる.

$^-NH_2 > HO^- > C_6H_5O^- > CH_3CO_2^- > CH_3OH$

多くの種類の求核剤がハロゲン化アルキルと反応する. したがって,さまざまな有機化合物を S_N2 反応によって合成することができる.

$CH_3CH_2Cl + HO^- \longrightarrow CH_3CH_2OH + Cl^-$
　　　　　　　　　　　アルコール

$CH_3CH_2Br + HS^- \longrightarrow CH_3CH_2SH + Br^-$
　　　　　　　　　　　チオール

$CH_3CH_2I + RO^- \longrightarrow CH_3CH_2OR + I^-$
　　　　　　　　　　　エーテル

$CH_3CH_2Br + RS^- \longrightarrow CH_3CH_2SR + Br^-$
　　　　　　　　　チオエーテル(スルフィド)

$CH_3CH_2Cl + {}^-NH_2 \longrightarrow CH_3CH_2NH_2 + Cl^-$
　　　　　　　　　　　第一級アミン

$CH_3CH_2I + {}^-C\equiv N \longrightarrow CH_3CH_2C\equiv N + I^-$
　　　　　　　　　　　ニトリル

$CH_3CH_2Br + {}^-C\equiv CR \longrightarrow CH_3CH_2C\equiv CR + Br^-$
　　　　　　　　　　　アルキン

> **問題 11 ◆**
> ブロモエタンと次のそれぞれの求核剤との反応により得られる生成物は何か．
> **a.** $CH_3CH_2CH_2O^-$　　**b.** $CH_3C\equiv C^-$　　**c.** $(CH_3)_3N$　　**d.** $CH_3CH_2S^-$

なぜ生物の体はケイ素ではなく炭素でできているのだろうか？

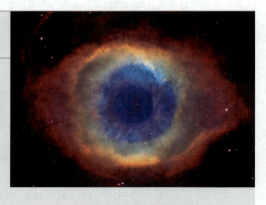

　生物の体はおもに炭素，酸素，窒素，および水素から成り立っているが，これには二つの理由がある．生命過程におけるある特定の役割に対するこれらの元素の<u>適合性</u>，および環境からの<u>入手の容易さ</u>である．ケイ素は，周期表において炭素の下に位置し，地球の地殻中で炭素の 140 倍も多く存在しているにもかかわらず，ケイ素ではなく炭素が生物の最も重要な構成要素となっている．どうやら，入手の容易さよりも適合性のほうがより重要らしい．

　では，炭素，酸素，窒素，水素は，生体中で役割を果たすのになぜ適しているのだろうか．何よりもまず，それらは共有結合を形成する最も小さな原子であり，多重結合を形成できる．これらの要因により，強固な結合を形成する（これは，炭素を含む分子が安定であることを意味している）．生体を構成する化合物は安定である必要があり，したがって，生体が生き延びるためには，反応が遅くなければならない．

　ケイ素は炭素のほぼ 2 倍の直径をもっているので，長くて弱い結合を形成する．したがって，ケイ素の S_N2 反応は，炭素の S_N2 反応よりもはるかに速く進行する．さらに，ケイ素には別の問題が存在する．炭素の最終代謝生成物は CO_2 である．一方，ケイ素の最終代謝生成物は SiO_2 であろう．しかし，CO_2 で酸素に二重結合している炭素とは異なり，SiO_2 でケイ素は酸素と単結合のみで結合している．そのため，二酸化ケイ素は高分子化し石英（砂）を生成する．動物が CO_2 の代わりに砂を吐き出していたならば，生きることはできなかっただろうし，ましてや今日のように繁栄しなかったであろう．

存在量（原子/100 原子）		
元　素	生物中	地殻中
H	49	0.22
C	25	0.19
O	25	47
N	0.3	0.1
Si	0.03	28

8.3　S_N1 反応の機構

　S_N2 反応について学んだ知識から，水の求核性は低く，示したハロゲン化アルキルは背面攻撃しにくいほどかさ高いので，次の反応は非常に遅いと考えられる．

$$\underset{\substack{\text{2-ブロモ-2-メチルプロパン}\\\text{(2-bromo-2-methylpropane)}}}{CH_3\underset{\underset{CH_3}{|}}{\overset{\overset{CH_3}{|}}{C}}-Br} + H_2O \longrightarrow \underset{\substack{\text{2-メチル-2-プロパノール}\\\text{(2-methyl-2-propanol)}}}{CH_3\underset{\underset{CH_3}{|}}{\overset{\overset{CH_3}{|}}{C}}-OH} + HBr$$

しかし，実際の反応はきわめて速い．実に，ブロモメタン（立体障害のない化合物）と水との反応よりも 100 万倍以上速い．したがって，この反応が S_N2 反応とは異なった反応機構で進行しているのは明らかである．

S_N1 反応機構の実験的証拠

　反応機構を決定するためには，どのような要因により反応速度が決まるかを知

る必要がある．さらに，反応生成物の立体配置を知る必要があることをこれまで学んできた．

ハロゲン化アルキルの濃度を2倍にすると反応速度は2倍になるが，求核剤の濃度を変化させても反応速度は変化しない．この知見により，次の反応速度式が書ける．

$$反応速度 = k[ハロゲン化アルキル]$$

2-ブロモ-2-メチルプロパンと水との反応速度式は，ブロモメタンと水酸化物イオンとの反応速度式(8.1節)とは異なることから，二つの反応は異なる反応機構で進行していると考えられる．

ブロモメタンと水酸化物イオンとの反応は S_N2 反応であることはすでに学んだ．2-ブロモ-2-メチルプロパンと水との反応は **S_N1 反応**(S_N1 reaction)である．ここで，"S" は置換，"N" は求核的，"1" は単分子を意味する．**単分子**(unimolecular)反応は，律速段階の遷移状態に1分子のみが関与する反応である．

S_N1 反応の反応機構は，次の実験的証拠に基づいている．

1. 反応速度式によると，反応速度はハロゲン化アルキルの濃度のみに依存している．したがって，律速段階の遷移状態にはハロゲン化アルキルのみが関与している．
2. 第三級ハロゲン化アルキルのみが，水やアルコールなどの反応性の低い求核剤と S_N1 反応を起こす．*
3. 不斉中心に結合しているハロゲンをもつハロゲン化アルキルの置換反応では，二つの立体異性体が得られる．すなわち，一つは反応するハロゲン化アルキルと同じ立体配置をもつものと，もう一つは反転した立体配置をもつものである．

* T. J. Murphy, *J. Chem. Ed.*, **86**, 519 (2009).

S_N1 反応の機構

脱離基の離脱と求核剤の接近が同時に起こる S_N2 反応とは異なり，S_N1 反応では，求核剤が接近するより以前に脱離基が離脱する．

ハロゲン化アルキルの S_N1 反応の機構

$$CH_3\underset{CH_3}{\overset{CH_3}{C}}-Br \xrightarrow{遅い} CH_3\underset{CH_3}{\overset{CH_3}{C^+}} + H_2\ddot{O}: \xrightarrow{速い} CH_3\underset{CH_3\ H}{\overset{CH_3}{C}}-\overset{+}{\ddot{O}}H \xrightarrow{速い} CH_3\underset{CH_3}{\overset{CH_3}{C}}-\ddot{O}H + H_3O^+$$

（C—Br 結合の開裂／求核剤がカルボカチオンに付加する／プロトン移動）

- 一段階目では，炭素—ハロゲン結合が開裂し，ハロゲンがもともとあった共有結合の電子対を保持する．その結果，カルボカチオン中間体が生成する．
- 二段階目では，求核剤がカルボカチオン（求電子剤）と速やかに反応し，プロ

トン化したアルコールが生成する．

- アルコール生成物がプロトン（酸）型として存在するか，中性（塩基）型として存在するかは，溶液のpHによって決まる．pH = 7においてはアルコールはほとんど中性型として存在する（2.10節参照）．

S_N1 反応の速度はハロゲン化アルキルの濃度のみに依存するので，一段階目が遅い（律速）段階であるに違いない（図8.4）．求核剤は律速段階に関与しておらず，したがって，その濃度は反応速度に影響を与えない．

S_N1反応は二段階反応である．

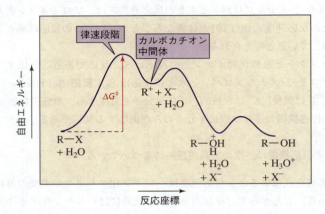

◀ 図 8.4 ▶
S_N1 反応の反応座標を見ると，二段階目の反応が速くなっても，S_N1 反応が速くならない理由がわかる．

反応機構による実験的証拠の説明のしかた

S_N1 反応の機構により，どのようにして三つの実験的証拠が説明できるのだろうか．

最初に，ハロゲン化アルキルが律速段階に関与する唯一の化学種であるので，反応速度はハロゲン化アルキルの濃度のみに依存し，求核剤の濃度には無関係であるとの実験結果に，この反応機構は合致する．

カルボカチオンの安定性：第三級＞第二級＞第一級

第二に，反応機構によると，カルボカチオンはS_N1反応の律速段階で生成する．これにより，第三級ハロゲン化アルキルはS_N1反応を起こすが，第一級および第二級ハロゲン化アルキルはS_N1反応を起こさない理由が説明できる．第三級カルボカチオンは，第一級および第二級カルボカチオンよりも安定であり，したがって，最も容易に生成する．

第三級ハロゲン化アルキルはS_N1反応を起こす．第一級および第二級ハロゲン化アルキルはS_N2反応を起こす．

第三に，カルボカチオン中間体の正電荷をもつ炭素はsp^2混成をしており，それは，sp^2混成の炭素と結合している三つの原子が同一平面上にあることを意味する（図8.5）．S_N1反応の二段階目において，求核剤はどちらの面からもカルボカチオンに接近することができる．そのため，反応物であるハロゲン化アルキルと同じ立体配置をもつ生成物もあれば，反転した立体配置をもつ生成物もある．

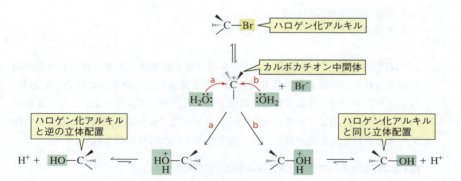

▲ 図 8.5
求核剤が，脱離基が脱離するのと反対側から炭素に付加する場合(ラベル a)，生成物は反応物の
ハロゲン化アルキルとは逆の立体配置をもつことになる．
求核剤が，脱離基が脱離するのと同じ側(ラベル b)から炭素に付加する場合，生成物は反応物の
ハロゲン化アルキルと同じ立体配置になる．

これで，脱離基が不斉中心に結合しているハロゲン化アルキルの S_N1 反応においては，二つの立体異性体が生じる理由が理解できる．つまり，平面のカルボカチオン中間体の一方の側から求核剤が付加すると一方の立体異性体が生成し，もう一方の側から求核剤が付加すると逆の立体異性体が生成するからである．したがって，生成物は一対のエナンチオマーである(6.6 節参照)．

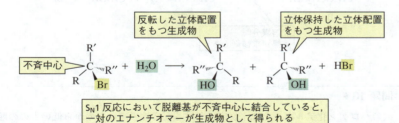

S_N1 反応は立体配置の反転および保持を伴って進行する．

脱離基が不斉中心に結合している場合，S_N1 反応により一対のエナンチオマーが生成する．

問題 12◆
次の S_N1 反応により生成する置換生成物を書け．
a. 3-クロロ-3-メチルヘキサンとメタノール
b. 3-ブロモ-3-メチルペンタンとメタノール

8.4 S_N1 反応に影響を与える要因

求核剤と脱離基が S_N1 反応にどのような影響を与えるかを学ぼう．

S_N1 反応における脱離基

S_N1 反応の律速段階はカルボカチオンの生成であるので，S_N1 反応の反応速度は，次の二つの要因により変化する．

1. 脱離基の解離の容易さ
2. 生成したカルボカチオンの安定性

S_N2 反応と同様に，S_N1 反応においても塩基性と脱離能との間に直接的な相関関係が見られる．すなわち，塩基性が弱いほど炭素とより緩やかに結合しており，炭素—ハロゲン結合はより容易に開裂する．したがって，S_N1 反応と S_N2 反応の両方において，同じアルキル基をもつハロゲン化アルキルを比較すると，ヨウ化アルキルが最も反応性が高く，フッ化アルキルの反応性が最も低い．

S_N1 反応におけるハロゲン化アルキルの相対的反応性

最も反応性が高い ▶ RI > RBr > RCl > RF ◀ 最も反応性が低い

S_N1 反応における求核剤

S_N1 反応において求核剤は律速段階が終わるまでは関与しないので，求核剤の反応性は S_N1 反応の反応速度に影響を及ぼさない．

ほとんどの S_N1 反応では，溶媒が求核剤である．たとえば，次の反応において，メタノールは求核剤と溶媒の二つの役割を果たしている．溶媒との反応は**加溶媒分解**(solvolysis)と呼ばれる．

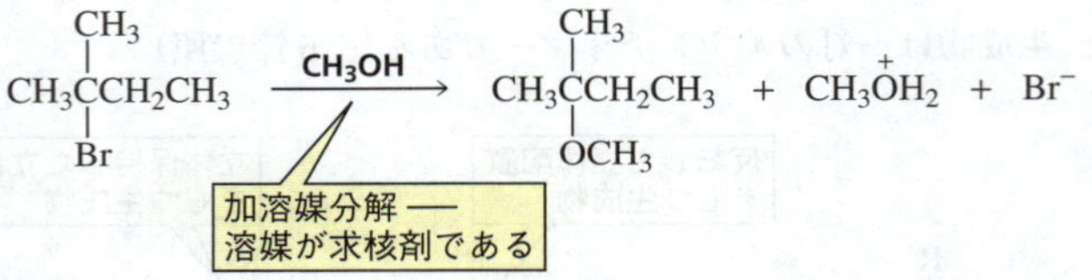

$$\underset{\underset{Br}{|}}{\underset{|}{CH_3\underset{|}{\overset{CH_3}{C}}CH_2CH_3}} \xrightarrow{CH_3OH} \underset{\underset{OCH_3}{|}}{\underset{|}{CH_3\underset{|}{\overset{CH_3}{C}}CH_2CH_3}} + CH_3\overset{+}{O}H_2 + Br^-$$

加溶媒分解 — 溶媒が求核剤である

問題 13◆

次のハロゲン化アルキルを S_N1 反応における反応性の高いものから低いものの順に並べよ：2-ブロモ-2-メチルペンタン，2-クロロ-2-メチルペンタン，3-クロロペンタン，2-ヨード-2-メチルペンタン．

8.5 S_N2 反応と S_N1 反応の比較

S_N2 反応と S_N1 反応の特徴を表 8.1 に比較する．"S_N2" の "2" と "S_N1" の "1" は反応機構における段階数を意味するものではなく，反応に関与する分子数(反応の律速段階の遷移状態に含まれる分子数)を意味する．実際には，反対である．すなわち，S_N2 反応は一段階反応により進行するが，S_N1 反応はカルボカチオン中間体を経る二段階反応により進行する．

表 8.1 S_N2 反応と S_N1 反応の比較

S_N2 反応	S_N1 反応
一段階反応	カルボカチオン中間体を経る二段階反応
律速段階に二分子が関与	律速段階に単分子が関与
反応速度は立体障害により低下	反応はカルボカチオンの安定性により加速
ハロゲン化メチル，第一級および第二級ハロゲン化アルキルが S_N2 反応を起こす	第三級ハロゲン化アルキルのみが，水やアルコールなどの反応性の低い求核剤と S_N1 加溶媒分解反応を起こす
生成物は反応物と立体配置が反転	生成物は反応物と同じ立体配置と反転した立体配置
脱離能：$I^- > Br^- > Cl^- > F^-$	脱離能：$I^- > Br^- > Cl^- > F^-$
求核剤の反応性が高いと反応は加速	求核剤の反応性は反応速度に影響しない

ハロゲン化アルキルが S_N1 反応と S_N2 反応のどちらを起こすかは容易に予測できる．構造を見てみよう．ハロゲン化アルキルがハロゲン化メチル，第一級あるいは第二級ハロゲン化アルキルであるならば，S_N2 反応を起こす．もし第三級ハロゲン化アルキルであるならば，S_N1 反応を起こす．

【問題解答の指針】
求核置換反応が S_N1 反応であるか S_N2 であるかを予測し，反応の生成物を決定する

次の化合物と示した求核剤との反応により生成する置換生成物の立体配置を書け．

a. 反応物は第二級ハロゲン化アルキルなので，これは S_N2 反応である．したがって，生成物の立体化学は反応物とは反転する．

$$H_3C-\overset{CH_2CH_3}{\underset{Br}{C}}-H + CH_3O^- \longrightarrow H-\overset{CH_2CH_3}{\underset{CH_3O}{C}}-CH_3 + Br^-$$

反転した生成物を書く一つの方法は，反応するハロゲン化アルキルの鏡像を書き，脱離基と同じ位置に求核剤を置くことである．

b. 反応物は第三級ハロゲン化アルキルであるので，これは S_N1 反応である．したがって，立体保持した化合物と立体反転した化合物の二つの置換生成物が得られる．

$$CH_3CH_2CH_2-\overset{CH_2CH_3}{\underset{Br}{C}}-CH_3 + CH_3OH \longrightarrow CH_3CH_2CH_2-\overset{CH_2CH_3}{\underset{OCH_3}{C}}-CH_3 + CH_3\overset{CH_2CH_3}{\underset{CH_3O}{C}}-CH_2CH_2CH_3$$
$$+ HBr$$

c. 反応物は第三級ハロゲン化アルキルであるので，これは S_N1 反応である．生成物には不斉中心がないので，立体異性体は生じない．したがって，1種類の生成物のみが得られる．

$$CH_3CH_2\underset{I}{\overset{CH_3}{C}}CH_2CH_3 + CH_3OH \longrightarrow CH_3CH_2\underset{OCH_3}{\overset{CH_3}{C}}CH_2CH_3 + I^-$$

d. 反応物は第二級ハロゲン化アルキルであるので，これは S_N2 反応である．したがって，生成物の立体配置は反応物とは反転している．しかし，反応物の立体化学が明示されていないので，生成物の立体配置はわからない．

$$CH_3CH_2CHCH_3\ (Cl) + CH_3O^- \longrightarrow CH_3CH_2CHCH_3\ (OCH_3) + Cl^-$$

ここで学んだ方法を使って問題14を解こう．

問題 14
次の化合物と示された求核剤との反応により生成する置換生成物の構造を書け．

a. 次のそれぞれの化合物と示した求核剤との S_N2 反応：

1. CH_3–C(Cl)(H)(CH$_2$CH$_2$CH$_3$) + NH_3 2. (trans-1-methyl-4-bromocyclohexane) + CH_3O^-

b. 次のそれぞれの化合物と示した求核剤との S_N1 反応：

1. (1-methyl-1-bromocyclohexane) + CH_3OH 2. (1-methyl-4-ethyl-1-bromocyclohexane) + CH_3OH

問題 15◆
求核剤の濃度が高くなると，次のどの反応の反応速度が増大するかを示せ．

A: (cyclohexyl-CHBr-) + $CH_3O^- \longrightarrow$ (cyclohexyl-CH(OCH$_3$)-) + Br^-

B: $CH_3CH_2CH_2CH_2Br + CH_3S^- \longrightarrow CH_3CH_2CH_2CH_2SCH_3 + Br^-$

C: (1-methyl-1-bromocyclohexane) + $CH_3CO_2^- \longrightarrow$ (1-methylcyclohexyl acetate) + Br^-

---

捕食者から身を守るための天然の有機ハロゲン化物

アメフラシ

長いあいだ，化学者はハロゲン原子を含む有機化合物（有機ハロゲン化物）は天然にはほとんど存在しないと考えていた．しかし，いまは 5,000 以上の天然有機ハロゲン化物が知られている．海綿，サンゴ，藻類などの海洋生物は捕食者から身を守るために有機ハロゲン化物を合成する．たとえば，紅藻は彼らを食べる捕食者を追い払うために，毒性のひどく不快な味のする有機ハロゲン化物を合成する．しかしながら，軟体動物のアメフラシはこの物質で追い払うことができない．アメフラシは紅藻を食べたあと，紅藻の有機ハロゲン化物を構造の似た化合物に変換し，アメフラシ自身の防御に使う．ほかの軟体動物とは違って甲殻をもたないアメフラシは，有機ハロゲン化物を含む粘液性の物質で自らを包み込み，肉食の魚から自らを守っているのである．

人類もまた微生物の感染から身を守るために有機ハロゲン化物を合成している．

> ヒトの免疫機構は，別の意味で"捕食者"といえる進入した細菌を，ハロゲン化することにより死滅させる酵素をもっている． 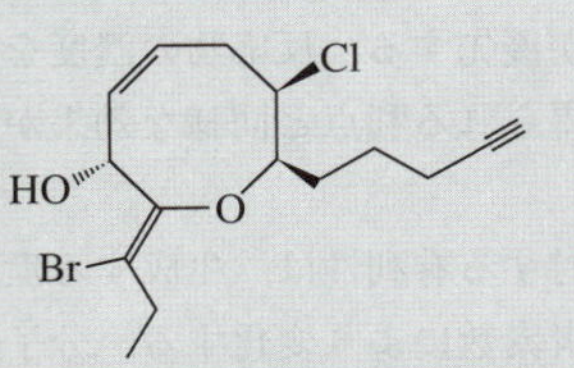
>
> 紅藻が合成する有機ハロゲン化物 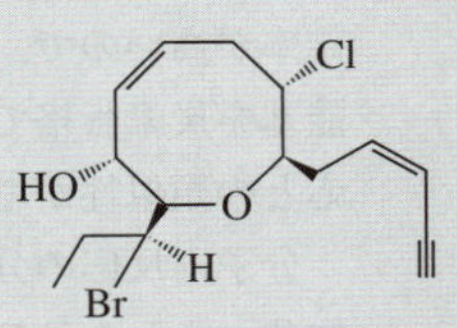　　アメフラシが合成する有機ハロゲン化物

8.6 分子間反応と分子内反応

　二つの官能基をもっている分子は，**二官能性分子**(bifunctional molecule)と呼ばれる．二つの官能基が互いに反応すると，分子間反応と分子内反応の 2 種類の反応が起こりうる．その違いを理解するために，S_N2 反応を起こすことのできる二つの官能基，たとえば(アルコキシドイオンのような)反応性の高い求核剤とハロゲン化アルキルをもつ分子を考えてみよう．

　一方の分子のアルコキシドイオンが 2 番目の分子の臭化物イオンと置き換わるならば，その反応は分子間反応である．*inter* は"間"を意味するラテン語である．そのため，**分子間反応**(intermolecular reaction)は二つの分子の"間"で起こる．分子間反応の生成物がさらに 3 番目の二官能性の化合物と反応し(さらに 4 番目以下が続くと)，高分子化合物が生成する．高分子とは，小分子の構成単位が繰り返しつながってできた大きな分子である(15.0 節参照)．

分子間反応

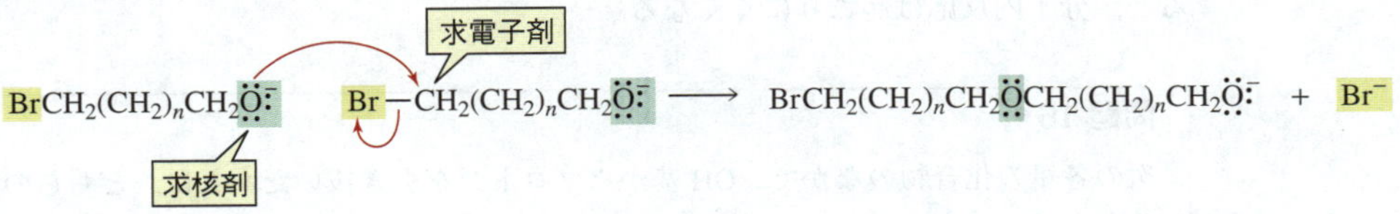

$BrCH_2(CH_2)_nCH_2\ddot{O}:^- \quad Br-CH_2(CH_2)_nCH_2\ddot{O}:^- \longrightarrow BrCH_2(CH_2)_nCH_2\ddot{O}CH_2(CH_2)_nCH_2\ddot{O}:^- + Br^-$

(求核剤／求電子剤)

　一方，アルコキシドイオンが同じ分子内の臭化物イオンと置き換わると(環状化合物が生成するが)，その反応は分子内反応である．*intra* は"中の"を意味するラテン語であり，**分子内反応**(intramolecular reaction)は一つの分子内で起こる．

分子内反応

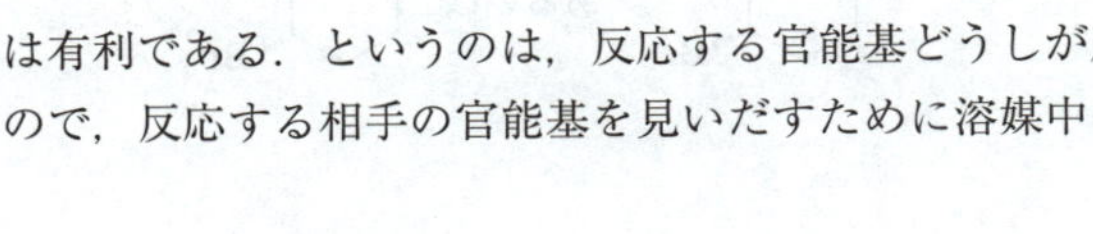

$Br-CH_2(CH_2)_nCH_2\ddot{O}:^- \longrightarrow H_2C\underset{\ddot{O}}{\overset{(CH_2)_n}{\diagup\diagdown}}CH_2 + Br^-$

(求電子剤／求核剤)

　分子間反応と分子内反応とではどちらの反応が起こりやすいのだろうか．その答えは，二官能性分子の濃度と，分子内反応によって生成する環の大きさにより変化する．

　分子内反応は有利である．というのは，反応する官能基どうしが炭素骨格でつながっているので，反応する相手の官能基を見いだすために溶媒中に拡散する必

要がないからである．（適切な方向から衝突する可能性が高い：5.8 節参照．）したがって，希釈条件下においては分子内の二つの官能基どうしのほうが反応する確率が高いので，分子内反応が優先する．反応物の濃度を高くすると，二つの官能基を炭素骨格で結びつけて得られる利点と同様な効果がもたらされ，分子間反応との類似性が増す．

　分子内反応の分子間反応に対する有利性は，生成する環の大きさ，すなわち官能基どうしを結びつけている炭素数により変化する．分子内反応により五員環あるいは六員環が生成する場合，五員環および六員環は安定であり容易に生成するので，分子間反応よりも分子内反応がきわめて有利になる．（反応物の原子を番号づけすると，生成物の環の大きさを容易に決められる．）

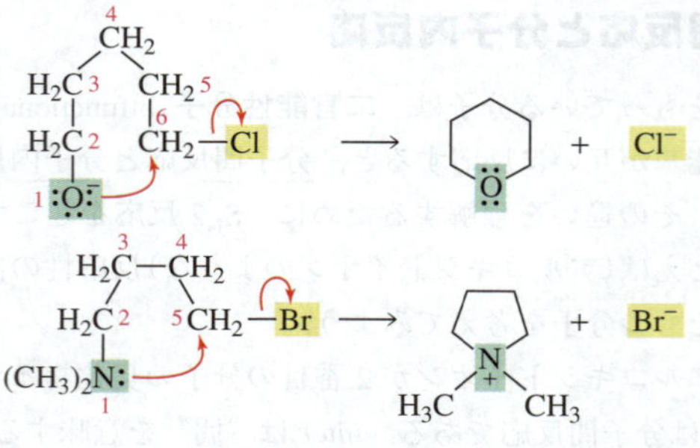

三員環と四員環はひずんでいるので(3.10 節参照)五員環や六員環よりも不安定であり，容易には生成しない．したがって，三員環と四員環の生成反応においては，その高い活性化エネルギーのために分子内反応の有利性が消失する．

　七員環およびそれ以上の員数の大環状化合物を合成する場合には，反応する官能基どうしが近傍に存在する可能性が少ない．したがって，六員環より大きくなると，分子内反応は起こりにくくなる．

問題 16◆

次の各組の化合物のなかで，OH 基からプロトンを引き抜いたあとに，どちらの化合物がより速く環状エーテルを生成するか．

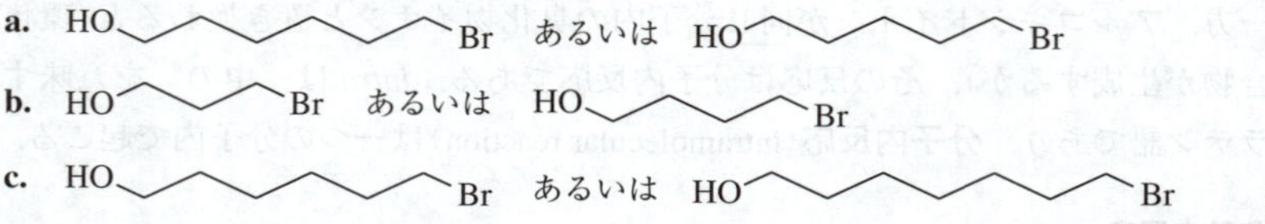

a. HO〜〜〜〜〜Br あるいは HO〜〜〜〜〜〜Br

b. HO〜〜〜Br あるいは HO〜〜〜〜Br

c. HO〜〜〜〜Br あるいは HO〜〜〜〜〜〜〜Br

【問題解答の指針】

立体化学がどのように反応性に影響を与えるか調べよう

水素化ナトリウム(NaH)と反応してエポキシドを生成するのはどちらの化合物か．**エポキシド**(epoxide)は，酸素が三員環に組み込まれているエーテルである．（ヒント：H⁻ は強塩基である．）

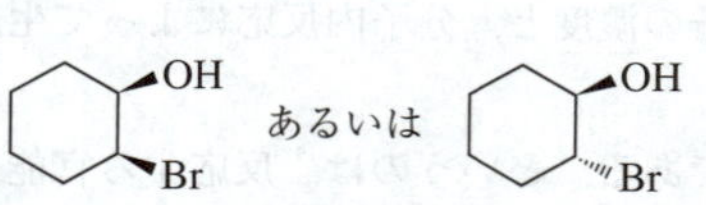

水素化物イオンは OH 基からプロトンを奪い，反応性の高い求核剤を生成し，第二級ハロゲン化アルキルと反応してエポキシドを生成できる．S_N2 反応は，背面攻撃を必要とする．アルコキシドイオンと Br がシクロヘキサン環の反対側に位置しているときのみ，アルコキシドイオンは Br の置換している炭素の背面から攻撃できる．よって，トランス体のみからエポキシドが生成する．

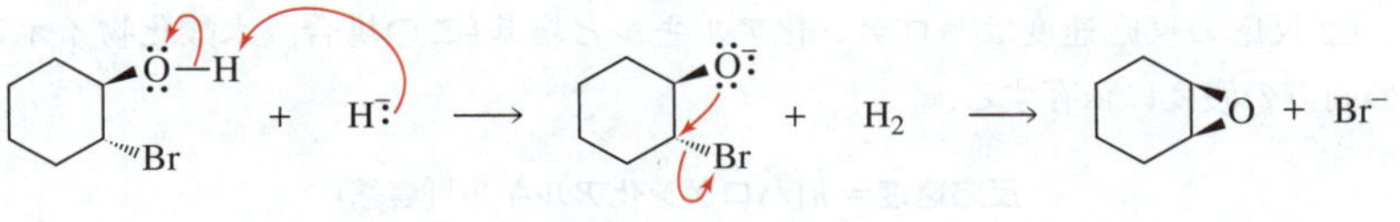

ここで学んだ方法を使って問題 17 を解こう．

問題 17

次のそれぞれの反応の生成物を書け．

a. (シクロペンタン, Cl と OH がトランス) + NaH →

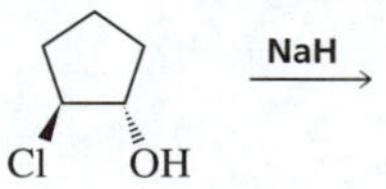

b. (シクロペンタン, Cl と OH がシス) + NaH →

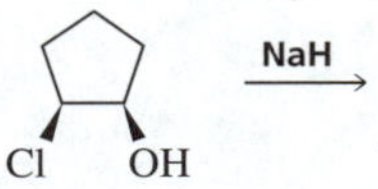

c. $BrCH_2CH_2CH_2CH_2CH_2OH$ + NaH →

d. $CH_3CH(CH_3)C(OH)CH_2Cl$ + NaH →

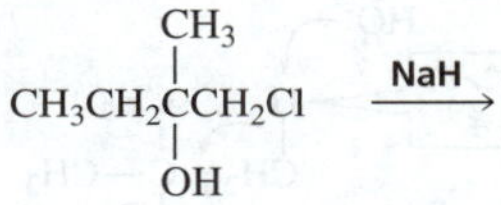

8.7 ハロゲン化アルキルの脱離反応

ハロゲン化アルキルは，求核置換反応に加えて脱離反応を起こす．**脱離反応** (elimination reaction) では，反応物から複数の原子や置換基が脱離する．

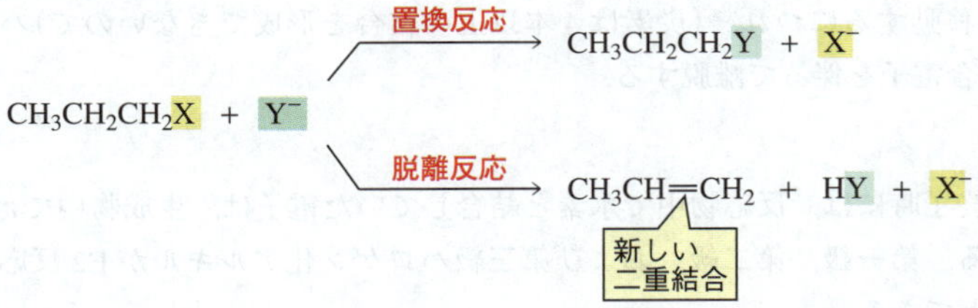

$$CH_3CH_2CH_2X + Y^- \xrightarrow{\text{置換反応}} CH_3CH_2CH_2Y + X^-$$

$$CH_3CH_2CH_2X + Y^- \xrightarrow{\text{脱離反応}} CH_3CH=CH_2 + HY + X^-$$

（新しい二重結合）

ハロゲン化アルキルが脱離反応を起こすと，炭素からハロゲン（X）が脱離し，そして隣接する炭素から水素が脱離することに着目しよう．原子が脱離した二つの炭素間に二重結合が形成される．したがって，<u>脱離反応の生成物はアルケンである</u>．

<u>脱離反応の生成物はアルケンである．</u>

E2 反応

S_N1 反応と S_N2 反応の二つの求核置換反応があるのと同様に，E1 反応と E2 反応の二つの重要な脱離反応がある．次の反応は E2 反応（E2 reaction）の一例であり，"E" は<u>脱離を</u>，"2" は<u>二分子</u>を意味する（8.1 節参照）．

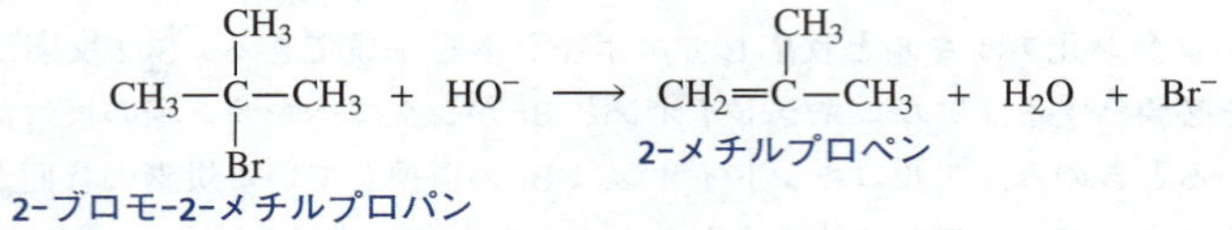

$$\underset{\text{2-ブロモ-2-メチルプロパン}}{CH_3-\underset{\underset{Br}{|}}{\overset{\overset{CH_3}{|}}{C}}-CH_3} + HO^- \longrightarrow \underset{\text{2-メチルプロペン}}{CH_2=\overset{\overset{CH_3}{|}}{C}-CH_3} + H_2O + Br^-$$

E2反応の反応速度はハロゲン化アルキルと塩基(この場合,水酸化物イオン)の両方の濃度に依存する.

$$反応速度 = k[ハロゲン化アルキル][塩基]$$

反応速度式から,律速段階の遷移状態にはハロゲン化アルキルと塩基がいずれも関与していることがわかる.それらは一段階反応であることを示している.次に示す機構は E2 反応を協奏的な一段階反応として図示してあり,観測される二次速度式に一致する.

E2 反応の機構

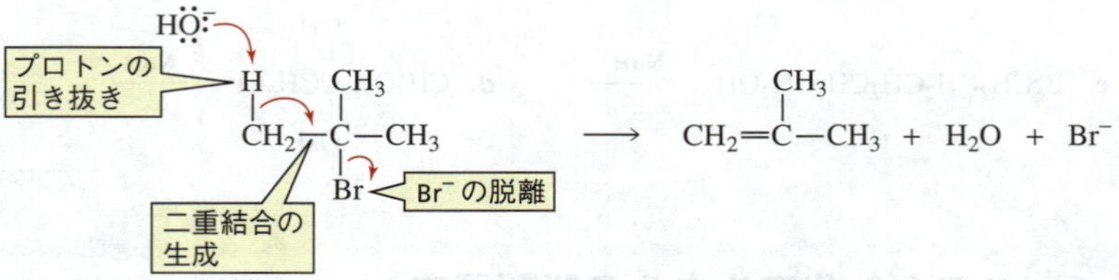

(プロトンの引き抜き／二重結合の生成／Br^- の脱離 を示す反応機構図)

$$\longrightarrow CH_2=\overset{\overset{CH_3}{|}}{C}-CH_3 + H_2O + Br^-$$

- 塩基が$β$炭素からプロトンを引き抜く;$β$炭素($β$-carbon)は,ハロゲンに結合している炭素に隣接した炭素である.プロトンが脱離するにつれ,炭素—水素結合の電子はハロゲンが結合している炭素のほうに動く.電子が炭素のほうに移動するにつれ,(炭素は4本以上の結合を形成できないので)ハロゲンが結合電子を伴って離脱する.

第一級,第二級,および第三級ハロゲン化アルキルが E2 反応を起こす.

反応の終了時には,反応物中で水素と結合していた電子は,生成物中で$π$結合を形成する.第一級,第二級,および第三級ハロゲン化アルキルが E2 反応を起こすことができる.

E1 反応

ハロゲン化アルキルのもう一つの脱離反応は **E1 反応**(E1 reaction)である.ここで,"E"は脱離を,"1"は単分子を意味する.

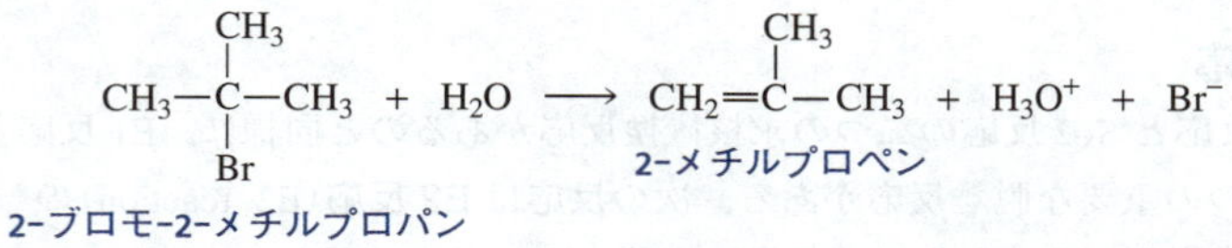

$$\underset{\text{2-ブロモ-2-メチルプロパン}}{CH_3-\underset{\underset{Br}{|}}{\overset{\overset{CH_3}{|}}{C}}-CH_3} + H_2O \longrightarrow \underset{\text{2-メチルプロペン}}{CH_2=\overset{\overset{CH_3}{|}}{C}-CH_3} + H_3O^+ + Br^-$$

E1 反応の反応速度はハロゲン化アルキルの濃度のみに比例する.

$$反応速度 = k[ハロゲン化アルキル]$$

したがって，ハロゲン化アルキルのみが律速段階に関与していることがわかる．よって，E1 反応は少なくとも二段階反応でなければならない．以下の反応機構は観測された反応速度式と一致する．一段階目が律速段階であるので，塩基の濃度を増大させても，反応の二段階目のみに関与するため，反応速度は影響を受けない．

E1 反応の機構

$$CH_3-\underset{Br}{\underset{|}{\overset{CH_3}{\overset{|}{C}}}}-CH_3 \underset{遅い}{\rightleftarrows} CH_2-\overset{CH_3}{\overset{|}{\underset{+}{C}}}-CH_3 \xrightarrow{速い} CH_2=\overset{CH_3}{\overset{|}{C}}-CH_3 + H_3O^+$$

ハロゲン化アルキルが解離し，カルボカチオンが生成する

$H_2\ddot{O}: \quad + Br^-$

β炭素から塩基がプロトンを引き抜く

- ハロゲン化アルキルは解離してカルボカチオンを生じる．
- 塩基はβ炭素からプロトンを引き抜くことによって，脱離生成物を生じる．

E1 反応の律速段階はカルボカチオンの生成であるので，E1 反応の反応速度は，カルボカチオンの生成の容易さ，および脱離基の脱離の容易さに依存する．したがって，第三級ハロゲン化アルキルのみが，容易に E1 反応を起こす．一方，第一級および第二級ハロゲン化アルキルは，生成したカルボカチオンが不安定なので，E1 反応を起こさない．第一級および第二級ハロゲン化アルキルは E2 反応のみを起こす．

第三級ハロゲン化アルキルのみが E1 反応を起こす．

8.8 脱離反応の生成物

脱離反応において，β炭素から水素が引き抜かれる．（ハロゲンはα炭素に結合している；β炭素はα炭素に隣接した炭素である．）2-ブロモプロパンのようなハロゲン化アルキルには，脱離反応で脱プロトン化が進行するβ炭素が二つ存在する．二つのβ炭素は等価であるので，どちらの炭素からも等しく容易に脱プロトン化が進行する．

β炭素

$CH_3\underset{Br}{\underset{|}{CH}}CH_3 + CH_3O^- \longrightarrow CH_3CH=CH_2 + CH_3OH + Br^-$

2-ブロモプロパン　　　　　　　　　　プロペン

E2 および E1 反応は位置選択的である

2-ブロモブタンには脱プロトン化が進行する 2 種類のβ炭素が存在する．したがって，このハロゲン化アルキルに塩基を作用させると，2-ブテン (80%) と 1-ブテン (20%) の 2 種類の脱離生成物が得られる．よって，一方の構造異性体が他方

より多く生成するので，このE2反応は位置選択的である（6.3節参照）．

$$\underset{\text{2-ブロモブタン}}{\text{CH}_3\text{CHCH}_2\text{CH}_3} + \text{CH}_3\text{O}^- \longrightarrow \underset{\substack{\text{2-ブテン}\\80\%}}{\text{CH}_3\text{CH}=\text{CHCH}_3} + \underset{\substack{\text{1-ブテン}\\20\%}}{\text{CH}_2=\text{CHCH}_2\text{CH}_3} + \text{CH}_3\text{OH} + \text{Br}^-$$

（βに炭素のラベル，Brの下）

図 8.6 より，2 種類のアルケンの生成速度の差はあまり大きくないことがわかる．その結果として，2 種類のアルケンがともに生成するが，より安定なアルケンが主生成物として得られる．アルケンの安定性は sp^2 炭素に結合している置換基の数により変化し，アルキル置換基の数が多いほどアルケンは安定であることはすでに学んだ（5.6 節参照）．したがって，sp^2 炭素に二つのメチル置換基が結合している 2-ブテンは，一つのエチル置換基が結合している 1-ブテンよりも安定である．したがって，2-ブテンが主生成物である．

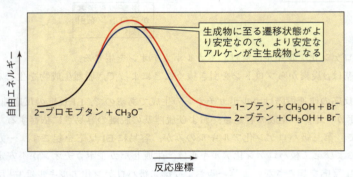

図 8.6 ▶
2-ブロモブタンとメトキシドイオンのE2反応の主生成物は2-ブテン（青線で示す）である．なぜなら，1-ブテンが生成する反応（赤線で示す）の遷移状態よりも安定だからである．

次の反応においても，2 種類の脱離生成物が得られる．2-メチル-2-ブテンのほうがより多置換のアルケンなので（sp^2 炭素により多くのアルキル基が結合している），2-メチル-1-ブテンよりも安定であり，脱離反応の主生成物となる．

$$\underset{\text{2-ブロモ-2-メチルブタン}}{\underset{|}{\overset{\text{CH}_3}{\underset{\text{Br}}{\text{CH}_3\text{C}\text{CH}_2\text{CH}_3}}}} + \text{CH}_3\text{O}^- \longrightarrow \underset{\substack{\text{2-メチル-2-ブテン}\\70\%}}{\overset{\text{CH}_3}{\text{CH}_3\text{C}=\text{CHCH}_3}} + \underset{\substack{\text{2-メチル-1-ブテン}\\30\%}}{\overset{\text{CH}_3}{\text{CH}_2=\text{CCH}_2\text{CH}_3}} + \text{CH}_3\text{OH} + \text{Br}^-$$

結合している水素の数が最も少ない β 炭素からプロトンが脱離したときに，より多置換のアルケンが生成することに注意しよう．たとえば，次の反応において，一方の β 炭素には三つの水素が結合しているが，もう一方の β 炭素には二つの水素しか結合していない．二つの水素が結合している β 炭素からプロトンが脱離し，より多置換のアルケンが生成する．したがって，2-ペンテン（二置換アルケン）が主生成物として，そして1-ペンテン（一置換アルケン）が副生成物として得られる．

E2 反応の主生成物は，一般により安定なアルケンである．

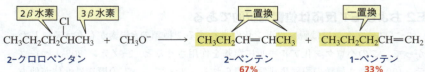

問題 18◆（解答あり）

次のハロゲン化アルキルと水酸化物イオンとの E2 反応で得られる主要な脱離生成物は何か．

a. CH₃CH₂CH₂CH₂CHCH₃
　　　　　　　　　　|
　　　　　　　　　Br

b. CH₃CH₂C(CH₃)CCH₃
　　　　　　　　|
　　　　　　　Cl

c. CH₃CHCH₂CHCH₃
　　　|　　　|
　　Br　　CH₃

d. CH₃C(CH₃)₂CHCH₃
　　　　　　|
　　　　　Br

18a の解答　1-ヘキセンよりも 2-ヘキセンが優先して生成する．なぜなら，2-ヘキセンのほうが sp^2 炭素上により多くのアルキル置換基が結合しているので安定であるからである．

CH₃CH₂CH₂CH₂CHCH₃ —HO⁻→ CH₃CH₂CH₂CH=CHCH₃ + CH₃CH₂CH₂CH₂CH=CH₂
　　　　　　|　　　　　　　　　　2-ヘキセン　　　　　　　　1-ヘキセン
　　　　　Br　　　　　　　　　　　主生成物

複数のアルケンが生成する可能性がある場合，E1 反応は E2 反応と同様に，位置選択的に進行する．そして，E2 反応と同様により<u>安定なアルケン</u>が主生成物となる．

CH₃CH₂C(CH₃)₂Cl + H₂O ⟶ CH₃CH=C(CH₃)CH₃ + CH₃CH₂C(CH₃)=CH₂ + H₃O⁺ + Cl⁻
2-クロロ-2-メチルブタン　　　2-メチル-2-ブテン　　　2-メチル-1-ブテン
　　　　　　　　　　　　　　　　主生成物　　　　　　　　副生成物

より安定なアルケンは，生成物に至る遷移状態がより安定となるために，主生成物となる（図8.7）．その結果として，安定なアルケンがより速く生成する．E2 反応で学んできたように，より少ない数の水素が置換している炭素の β 位の水素が引き抜かれて，より安定なアルケンが得られることに気づこう．

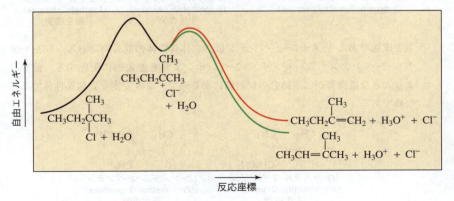

◀図8.7
E1 反応ではより安定なアルケンが主生成物として生成する（緑線）．これは，生成物の大きい安定性がそれに至る遷移状態を安定化させるためである．

E2 および E1 反応は立体選択的である

E2 および E1 反応は位置選択的であることを学んだ．これは，構造異性体の一つがほかの異性体よりも優先して生成することを意味する．E2 反応と E1 反応も立体選択的である．**立体選択的反応**(stereoselective reaction)とは，一方の立体異性体が優先的に生成する反応である．

たとえば，次の E2 反応ではより安定な 2-ペンテンが 1-ペンテンよりも多く生成する(8.8 節)．

$$\underset{\text{2-ブロモペンタン}}{CH_3CH_2CH_2\overset{Br}{\underset{|}{C}}HCH_3} \xrightarrow{CH_3CH_2O^-} \underset{\underset{72\%}{\text{2-ペンテン}}}{CH_3CH_2CH=CHCH_3} + \underset{\underset{28\%}{\text{1-ペンテン}}}{CH_3CH_2CH_2CH=CH_2}$$

しかし，E2 反応の主生成物(2-ペンテン)には，(E)-2-ペンテンと(Z)-2-ペンテンの二つの立体異性体が存在する．この反応では(Z)-2-ペンテンよりも(E)-2-ペンテンが優先的に生成する．これは，(E)-2-ペンテンがより安定なためである．大きな置換基が二重結合の反対側にある立体異性体は立体反発が小さいので，より安定であることを思い出そう(5.6 節参照)．

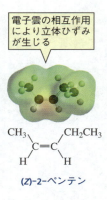
(Z)-2-ペンテン

電子雲の相互作用により立体ひずみが生じる

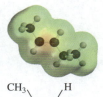
(E)-2-ペンテン

(E)-2-ペンテン
主生成物

(Z)-2-ペンテン
副生成物

E1 反応は，位置選択的であることに加え，立体選択的でもある．たとえば，次の反応の主生成物は 3-メチル-2-ペンテンである．これは，二つの構造異性体のなかでより安定だからである．

$$\underset{\substack{\text{3-ブロモ-3-メチルペンタン}\\\text{(3-bromo-3-methylpentane)}}}{CH_3CH_2\overset{\overset{CH_3}{|}}{\underset{\underset{Br}{|}}{C}}CH_2CH_3} \xrightarrow{CH_3OH} \underset{\substack{\text{3-メチル-2-ペンテン}\\\text{(3-methyl-2-pentene)}\\\textbf{主生成物}}}{CH_3CH=\overset{\overset{CH_3}{|}}{C}CH_2CH_3} + \underset{\substack{\text{2-エチル-1-ブテン}\\\text{(2-ethyl-1-butene)}\\\textbf{副生成物}}}{CH_3CH_2\overset{\overset{CH_2}{||}}{C}CH_2CH_3}$$

主生成物である 3-メチル-2-ペンテンは，立体異性体の混合物である．(E)-3-メチル-2-ペンテンが(Z)-3-メチル-2-ペンテンよりも優先的に生成する．前者はより大きな置換基が二重結合の反対側にあるので，より安定な立体異性体であるためである．

(E)-3-メチル-2-ペンテン
〔(E)-3-methyl-2-pentene〕
主生成物

(Z)-3-メチル-2-ペンテン
〔(Z)-3-methyl-2-pentene〕
副生成物

問題 19◆（解答あり）

a. 次の化合物の E1 反応により得られる主生成物は何か．

1. CH$_3$CH$_2$C(CH$_3$)(Br)—CH(CH$_3$)CH$_2$CH$_3$
2. CH$_3$CH$_2$CH$_2$C(CH$_3$)(Cl)CH$_3$ （正しくは CH$_3$CH$_2$C(CH$_3$)(Cl)CH$_3$ の位置関係）
3. C$_6$H$_5$—C(CH$_3$)(I)—CH$_2$CH$_3$
4. 1-クロロ-1-メチルシクロヘキサン

b. この化合物が E2 反応を起こしたときに得られる主生成物は何か．

19a(1)の解答 はじめに反応の<u>位置選択性</u>を考えよう：主生成物は 3,4-ジメチル-3-ヘキセンである．なぜなら，それが三つの可能なアルケンのなかで最も安定だからである．

CH$_3$CH$_2$C(CH$_3$)(Br)CH(CH$_3$)CH$_2$CH$_3$
→ (E1) →
CH$_3$CH$_2$C(CH$_3$)=C(CH$_3$)CH$_2$CH$_3$ + CH$_3$CH=C(CH$_3$)CH(CH$_3$)CH$_2$CH$_3$ + CH$_3$CH$_2$C(=CH$_2$)CH(CH$_3$)CH$_2$CH$_3$

3,4-ジメチル-3-ヘキセン　　3,4-ジメチル-2-ヘキセン　　2-エチル-3-メチル-1-ペンテン
(3,4-dimethyl-3-hexene)　　(3,4-dimethyl-2-hexene)　　(2-ethyl-3-methyl-1-pentene)

次に，反応の<u>立体選択性</u>を考えよう：二つの立体異性体が存在し，より安定な (E)-3,4-ジメチル-3-ヘキセンが (Z)-3,4-ジメチル-3-ヘキセンよりも優先して生成する．したがって，(E)-3,4-ジメチル-3-ヘキセンがその反応の主生成物である．

(E)-3,4-ジメチル-3-ヘキセン　　(Z)-3,4-ジメチル-3-ヘキセン
〔(E)-3,4-dimethyl-3-hexene〕　〔(Z)-3,4-dimethyl-3-hexene〕

19b(1)の解答 E2 反応の主生成物である化合物は，E1 反応の主生成物でもある．これは，E2 および E1 反応は位置選択的でありかつ立体選択的だからである．

8.9 ハロゲン化アルキルの相対的反応性

　第一級，第二級，および第三級ハロゲン化アルキルはすべて E2 反応を起こすことができる（第三級ハロゲン化アルキルのみが E1 反応を起こすことができることを思い出そう）．

　第三級ハロゲン化アルキルの脱離反応では，第二級ハロゲン化アルキルの脱離反応よりも多置換のアルケンが生成し，また，第二級ハロゲン化アルキルの脱離反応では，第一級ハロゲン化アルキルの脱離反応よりも多置換のアルケンが生成するので，E2 反応におけるハロゲン化アルキルの相対的反応性は次に示す順序となる．

E2 反応におけるハロゲン化アルキルの相対的反応性

第三級ハロゲン化アルキル > 第二級ハロゲン化アルキル > 第一級ハロゲン化アルキル

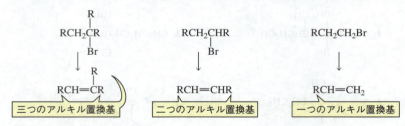

弱い塩基ほど，脱離基として優れている．

弱い塩基ほど優れた脱離基であるので，同じアルキル基をもつハロゲン化アルキルでは，E1 反応も E2 反応もヨウ化アルキルの反応性が最も高く，フッ化アルキルの反応性が最も低い(8.2 節および 8.4 節)．

E2 および E1 反応におけるハロゲン化アルキルの相対的反応性

問題 20◆

a. どちらのハロゲン化アルキルが E2 反応の反応性が高いと予想されるか．
b. E1 反応の反応性が高いのはどちらか．

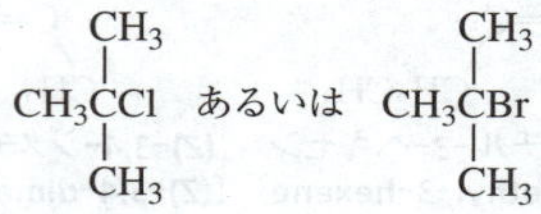

$$\underset{\underset{CH_3}{|}}{\overset{\overset{CH_3}{|}}{CH_3CCl}} \quad \text{あるいは} \quad \underset{\underset{CH_3}{|}}{\overset{\overset{CH_3}{|}}{CH_3CBr}}$$

問題 21◆

次の各反応で反応性が高いのは次のどちらの化合物か．

a. E1 反応　　b. E2 反応　　c. S_N1 反応　　d. S_N2 反応

A　　　　　　　　　　　　　　B

🧪 ノーベル賞

ノーベル賞は科学者が受賞することのできる最も権威ある賞と一般に考えられている．これらの賞は Alfred Bernhard Nobel (1833-1896) により創設され，1901 年に初めて授与された．

Nobel はスウェーデンのストックホルムに生まれ，9 歳のときに両親とともにロシアのサンクトペテルブルグに移った．彼の父親は，彼自身が開発した魚雷，地雷，水雷を製造するためにロシア政府のもとで働いた．Alfred は青年時代，父親がストックホルム近郊に所有する工場で爆薬の研究を行っていたが，1864 年，工場内で起きた爆発により，弟を含む 5 人が死亡した．この事故をきっかけに，Alfred は爆薬の容易な取扱いおよび運搬法を模索し始めた．しかし，数多くの事故が発生したため，その爆発のあと，スウェーデン政府は工場の再建を認めなかった．そのため，Nobel は爆薬工場をドイツに建設した．そこで彼は 1867 年に，ニトログリセリンをケイ藻土と混ぜ合わせて棒状にし，雷管無しには爆発しない安全な爆薬を開発した．これがダイナマイトの発明である．彼は，膠質ダイナマイト（ブラスチングゼラチン）と無煙火薬も発明した．Nobel の発明した爆薬は，軍隊でも使われたが，彼自身は平和運動の強力な支持者でもあった．

Alfred Bernhard Nobel

Nobel は 355 の特許を保有し，裕福になった．彼は結婚しなかったので，亡くなる際に遺言に，巨額の資産（$9,200,000，約 9 億 6 千万円）を人類に対し最も貢献した人に授与するための賞の創設に用いるように明記した．そのお金を投資し，毎年の利子を 5 等分し，化学，物理学，生理・医学，文学の分野に最も貢献した人，ならびに国家間の友愛の精神を育て，常備軍を廃止し，平和会議を開催し発展させることに対して最も貢献した人に授与するように指示した．Nobel はまた，賞の候補者の国籍を考慮しないこと，各賞は 3 名以内とすること，および故人に授与してはならないことも指示した．

Nobel の指示により，化学賞と物理学賞はスウェーデン王立科学アカデミーが，医学生理学賞はカロリンスカ研究所が，文学賞はスウェーデン・アカデミーが，平和賞はノルウェー国会により任命された 5 人からなるノルウェー・ノーベル委員会により選考される．選考は秘密裏に行われ，嘆願することはできない．1969 年には，スウェーデン中央銀行がノーベル経済学賞を創設した．この賞の受賞はスウェーデン王立科学アカデミーにより選考される．オスロで授与される平和賞を除いて，各賞は Nobel の命日である 12 月 10 日にストックホルムにおいて授与される．

ストックホルム市庁舎にあるゴールデンホール（黄金の間）では，ノーベル賞受賞たちの祝賀晩餐会が催される．

8.10 第三級ハロゲン化アルキルは $S_N2/E2$ 反応または $S_N1/E1$ 反応のどちらを起こすか

第三級ハロゲン化アルキルの反応を行う際には，反応条件が $S_N2/E2$ 反応と $S_N1/E1$ 反応のどちらに有利であるかを知っていることが重要である．

第三級ハロゲン化アルキルは E2 反応，S_N1 反応，および E1 反応を起こすことを思い出そう（さらに余りにもかさ高すぎて S_N2 反応を起こせないことも思い出そう）．したがって，S_N2 および E2 反応が優先する反応条件であれば，脱離反応生成物のみが得られる．一方，S_N1 および E1 反応が優先する反応条件であれば，置換生成物と脱離生成物の両方が得られる．

以下の議論では，HO^- は，置換反応においては（炭素原子を攻撃するので）求核剤と呼ばれ，脱離反応においては（プロトンを引き抜くので）塩基と呼ばれるこ

とに注意しよう．

$S_N2/E2$ 反応と $S_N1/E1$ 反応のどちらを優先的に起こすかは，(1)求核剤/塩基の濃度と(2)求核剤/塩基の反応性の二つの要因により決まる．求核剤/塩基の濃度と反応性がどちらの反応にどのような影響を与えるかを理解するためには，全体の反応速度式を調べる必要がある．全体の反応速度式は S_N1, S_N2, E1, E2 反応のそれぞれの速度式の和で表される．(速度定数が異なった値をもつことを示すために下付き文字を速度定数に書き加えてある．)

$$反応速度 = k_1[ハロゲン化アルキル] + k_2[ハロゲン化アルキル][求核剤] + k_3[ハロゲン化アルキル] + k_4[ハロゲン化アルキル][塩基]$$

（k_1: S_N1反応による速度への寄与，k_2: S_N2反応による速度への寄与，k_3: E1反応による速度への寄与，k_4: E2反応による速度への寄与）

全体の反応速度式を見ると，求核剤/塩基の濃度が高くなっても S_N1 反応や E1 反応の速度に影響を与えないことがわかる．これは，求核剤/塩基の濃度項はこれらの反応速度式のなかに存在しないためである．一方，求核剤/塩基の濃度が高くなると S_N2 反応および E2 反応は加速される．これは，求核剤/塩基の濃度項が反応速度式中に存在するからである．同様に，求核剤/塩基の反応性が向上しても，S_N1 反応や E1 反応の反応速度は影響を受けない．これは，これらの反応の遅い段階に求核剤/塩基が含まれていないためである．しかしながら，それにより S_N2 および E2 反応の速度定数（k_2 および k_4）が増大し，反応は加速される．それは，より反応性の高い求核剤/塩基は脱離基と容易に置き換わるからである．まとめると，

- S_N2 反応および E2 反応は，求核性の高い求核剤/強塩基が高濃度で存在する場合に優先する．
- 求核性の低い求核剤/弱塩基を用いると S_N2 反応や E2 反応が進行しにくいので，S_N1 反応や E1 反応が優先する．

第一級および第二級ハロゲン化アルキルは S_N1/E1 加溶媒分解反応を起こさないことを思い出そう．たとえ求核剤/塩基の求核性が低くても，（溶媒なので）高濃度であることにより，S_N2/E2 反応が優先的に進行する．

したがって，S_N2/E2 反応と S_N1/E1 反応のどちらが優先する反応条件であるかを決定しなければならないのは，ハロゲン化アルキルが第三級のときである．

8.11 置換反応と脱離反応の競争

次に，そのハロゲン化アルキルから置換反応生成物，脱離反応生成物，あるいは置換反応生成物と脱離反応生成物の両方のいずれが得られるのかを見きわめなければならない．その答えは，ハロゲン化アルキルの構造(すなわち，第一級，第二級，第三級であるか)に依存している．

S$_N$2/E2 反応条件

S$_N$2/E2 反応は互いに競争する．たとえば，次の反応では，水酸化物イオンは求核剤として作用し，α炭素の背面を攻撃して置換生成物を与えるか，あるいは塩基として作用し，β炭素の水素を引き抜き脱離生成物を与えることを示している．

$$CH_3-CH_2-Br \longrightarrow CH_3CH_2OH + Br^-$$
（求核剤がα炭素を攻撃し置換生成物を与える）
置換生成物

$$CH_2-CH_2-Br \longrightarrow CH_2=CH_2 + H_2O + Br^-$$
（塩基がβ炭素からプロトンを引き抜き脱離生成物を与える）
脱離生成物

S$_N$2 反応および E2 反応におけるハロゲン化アルキルの相対的反応性は次のとおりである．

S$_N$2 反応： 第一級 > 第二級 > 第三級　　E2 反応： 第三級 > 第二級 > 第一級

第一級ハロゲン化アルキル

第一級ハロゲン化アルキルは S$_N$2 反応の反応性が最も高く（α炭素の背面は比較的込み合っていない；8.1 節），E2 反応の反応性は最も低い（8.9 節）ので，S$_N$2/E2 反応が進行する条件下ではおもに置換生成物を生成する．いいかえると，置換反応が優先的に進行する．

第一級ハロゲン化アルキルは，S$_N$2/E2 反応条件下でおもに置換反応を起こす．

$$CH_3CH_2CH_2Br + CH_3O^- \longrightarrow CH_3CH_2CH_2OCH_3 + CH_3CH=CH_2 + CH_3OH + Br^-$$

臭化プロピル (propyl bromide) 　　メチルプロピルエーテル (methyl propyl ether) 90%　　プロペン (propene) 10%

第二級ハロゲン化アルキル

第一級ハロゲン化アルキルと比較すると，第二級ハロゲン化アルキルは，S$_N$2 反応においてはより遅く，E2 反応においてはより速い．したがって，S$_N$2/E2 反応条件においては，第二級ハロゲン化アルキルからは置換反応生成物と脱離反応生成物がともに得られる．

第二級ハロゲン化アルキルは S$_N$2/E2 反応条件において，置換反応と脱離反応を起こす．

$$CH_3CHCH_3 + CH_3CH_2O^- \longrightarrow CH_3CHCH_3 + CH_3CH=CH_2 + CH_3CH_2OH + Cl^-$$
$$||$$
$$ClOCH_2CH_3$$

2-クロロプロパン (2-chloropropane)　エトキシドイオン (ethoxide ion)　2-エトキシプロパン (2-ethoxypropane) 25%　プロペン (propene) 75%

第三級ハロゲン化アルキル

第三級ハロゲン化アルキルは S_N2 反応を起こさない．その結果として，$S_N2/E2$ 反応条件下で第三級ハロゲン化アルキルに求核剤／塩基を反応させると，<u>脱離生成物のみが生成する</u>．

第三級ハロゲン化アルキルは，$S_N2/E2$ 反応条件下で脱離のみを起こす．

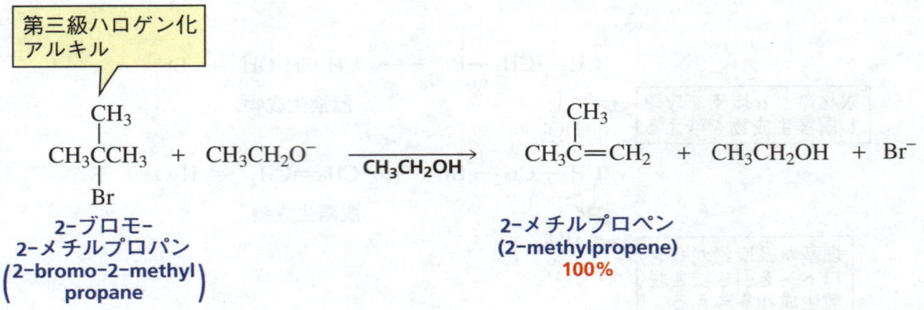

$$CH_3\underset{Br}{\underset{|}{\overset{CH_3}{\overset{|}{C}}}}CH_3 + CH_3CH_2O^- \xrightarrow{CH_3CH_2OH} CH_3\overset{CH_3}{\overset{|}{C}}=CH_2 + CH_3CH_2OH + Br^-$$

2-ブロモ-2-メチルプロパン
(2-bromo-2-methylpropane)

2-メチルプロペン
(2-methylpropene)
100%

$S_N1/E1$ 反応条件

$S_N1/E1$ 反応においては，ハロゲン化アルキルは解離してカルボカチオンを生成し，次いで求核剤と反応して置換生成物を与える，または脱プロトン化を起こして脱離生成物を与えることを思い出そう．

第三級ハロゲン化アルキルは $S_N1/E1$ 反応条件下で置換反応と脱離反応を起こす．

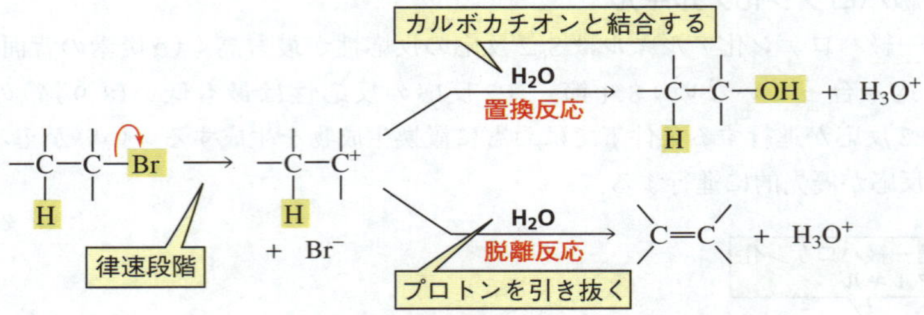

S_N1 および E1 反応ともにハロゲン化アルキルの解離によるカルボカチオンの生成が律速段階である．これは，ハロゲン化アルキルは $S_N1/E1$ 反応条件において置換および脱離生成物の両方を生成することを意味する．

第三級ハロゲン化アルキルの $S_N2/E2$ 反応条件では，脱離生成物のみが得られるが，幸運なことに，$S_N1/E1$ 反応では置換生成物が優先的に得られる．

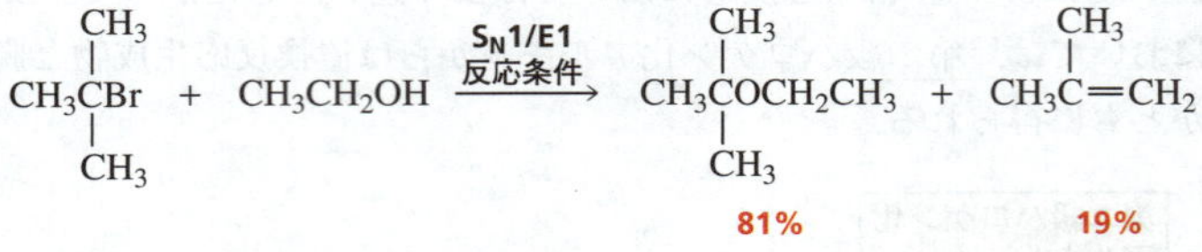

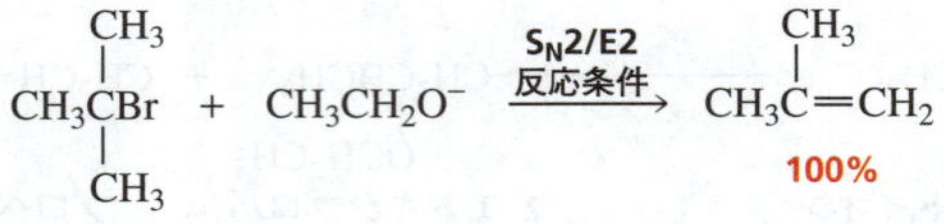

$$CH_3\underset{CH_3}{\underset{|}{\overset{CH_3}{\overset{|}{C}}Br}} + CH_3CH_2OH \xrightarrow{S_N1/E1 \text{ 反応条件}} CH_3\underset{CH_3}{\overset{CH_3}{\overset{|}{C}}}OCH_2CH_3 + CH_3\overset{CH_3}{\overset{|}{C}}=CH_2$$

81%   19%

$$CH_3\underset{CH_3}{\underset{|}{\overset{CH_3}{\overset{|}{C}}Br}} + CH_3CH_2O^- \xrightarrow{S_N2/E2 \text{ 反応条件}} CH_3\overset{CH_3}{\overset{|}{C}}=CH_2$$

100%

表 8.2 置換反応と脱離反応により得られる生成物のまとめ

ハロゲン化アルキル	S_N2 対 E2	S_N1 対 E1
第一級ハロゲン化アルキル	おもに置換反応	S_N1/E1 加溶媒分解反応は起こらない
第二級ハロゲン化アルキル	置換反応と脱離反応	S_N1/E1 加溶媒分解反応は起こらない
第三級ハロゲン化アルキル	脱離反応のみ	置換反応と脱離反応の両方が起こるが置換反応が優先する

問題 22
第三級ハロゲン化アルキルの S_N1/E1 反応において置換生成物が優先的に得られるのはなぜか.

問題 23◆
a. S_N2 反応においてどちらがより速く反応するか.

$$CH_3CH_2CH_2Br \quad あるいは \quad CH_3CH_2CHCH_3$$
$$|$$
$$Br$$

b. E1 反応においてどちらがより速く反応するか.

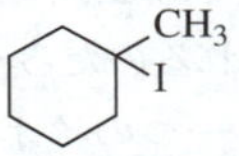

（シクロヘキサン環に CH$_3$ と I）あるいは（シクロヘキサン環に CH$_3$ と Br）

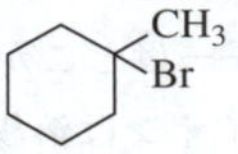

c. S_N1 反応においてどちらがより速く反応するか.

$$CH_3CHCHCH_3 \quad あるいは \quad CH_3CH_2CCH_3$$
（上にCH$_3$，下にBr）（上にCH$_3$，下にBr/CH$_3$）

問題 24◆
下に示したハロゲン化アルキルが，ナトリウムメトキシドと反応したとき，おもに置換反応生成物を与えるか，脱離生成物のみを与えるか，あるいは何も得られないかを示せ．

a. 1-ブロモブタン **b.** 1-ブロモ-2-メチルプロパン
c. 2-ブロモブタン **d.** 2-ブロモ-2-メチルプロパン

8.12 溶媒効果

水やアルコールなどの極性溶媒は，溶媒分子の部分正電荷を帯びた部分が負電荷を取り囲み，溶媒分子の部分負電荷を帯びた部分が正電荷を取り囲んでイオンの周りに集まりクラスターをつくる．イオンまたは溶媒に溶解した分子と溶媒との相互作用は<u>溶媒和</u>と呼ばれることを思い出そう（3.7 節参照）．

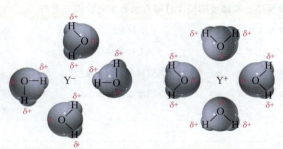

| 負電荷を帯びた化学種と水との
イオン–双極子相互作用 | 正電荷を帯びた化学種と水との
イオン–双極子相互作用 |

　イオンが極性溶媒と相互作用すると，電荷はイオン上に局在化せず，それを取り囲む溶媒分子上に広がる．電荷を帯びた化学種は電荷が分散することにより安定化する．

　有機反応においては，溶媒との相互作用による電荷の安定化効果が重要な役割を果たしている．たとえば，ハロゲン化アルキルの S_N1 反応の一段階目は炭素─ハロゲン結合の開裂であり，カルボカチオンとハロゲン化物イオンが生成する．結合を開裂させるためにはエネルギーが必要であるが，新しい結合が形成されないのに，そのエネルギーはどこからもたらされるのだろうか．反応を極性溶媒中で行うと，生成するイオンは溶媒和される．一つのイオン–双極子相互作用のエネルギーは小さいものの，溶媒が電荷をもつ化学種を安定化する際に発生するすべてのイオン–双極子相互作用を合わせると，きわめて大きなエネルギーに相当する．これらのイオン–双極子相互作用が，炭素─ハロゲン結合の解離に必要なエネルギーのほとんどを供給する．S_N1 反応においてハロゲン化アルキルは自動的に解離するのではなく，極性溶媒によって解離が促進されるのである．したがって，S_N1 反応は非極性溶媒中では進行しない．

🧪 溶媒効果

溶媒和により得られるきわめて大きな安定化エネルギーは，塩化ナトリウム（食塩）の結晶格子を壊すのに要するエネルギーを考えると理解できる．溶媒が存在しない場合，正負の電荷を帯びたイオンを結晶中に保持している力に打ち勝つためには，塩化ナトリウムを 800 ℃ に加熱する必要がある．しかし，塩化ナトリウムは室温で水に溶解する．これは，Na^+ と Cl^- の二つのイオンが水に溶媒和されることにより，イオンへの解離に必要なエネルギーが供給されるからである．

溶媒は一般的に反応速度にどのように影響を及ぼすか

　溶媒の極性の増大が，ほとんどの化学反応の反応速度にどのように影響を及ぼすかは，律速段階に関与する反応物が電荷を帯びているか否かにのみ依存する．

　　　律速段階に関与する反応物が電荷を帯びていると，
　　　溶媒の極性が増大すれば反応速度は低下する．

　　　律速段階に関与する反応物が電荷を帯びていないと，
　　　溶媒の極性が増大すれば反応速度は増大する．

では，なぜこのような規則が成り立つのかを考えてみよう．反応速度は，反応物の自由エネルギーと律速段階である遷移状態の自由エネルギーとの差により変化する．したがって，律速段階の遷移状態と反応物を見て，どちらがより極性の大きい溶媒によって安定化されるかがわかれば，溶媒の極性の増大がどのように反応速度に影響を与えているかを予測できる．

分子の電荷が大きければ大きいほど，あるいは電荷がより密集しているほど，極性溶媒との相互作用が大きくなり，電荷はより大きな安定化効果を受ける．したがって，反応物の電荷が遷移状態の電荷よりも大きいか，あるいは電荷の密集度が高ければ，極性溶媒は遷移状態よりも反応物をより大きく安定化する．溶媒の極性が増大すると，遷移状態と反応物間のエネルギー差（$\Delta G^{\ddagger}$）は増大し，その結果として，図 8.8 に示すように，反応速度が低下する．

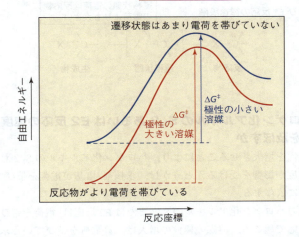

律速段階に関与する反応物が電荷を帯びていると，溶媒の極性が増大すれば反応速度は低下する．

◀図 8.8
反応物の電荷は遷移状態の電荷よりも大きい．その結果として，溶媒の極性が増大すると，遷移状態よりも反応物のほうがより大きく安定化を受ける．そのため，反応速度は低下する．

一方，遷移状態の電荷が反応物の電荷よりも大きければ，極性溶媒は反応物よりも遷移状態をより大きく安定化する．したがって，遷移状態と反応物間のエネルギー差（$\Delta G^{\ddagger}$）は小さくなり，図 8.9 に示すように，溶媒の極性が増大すると反応速度は増大する．

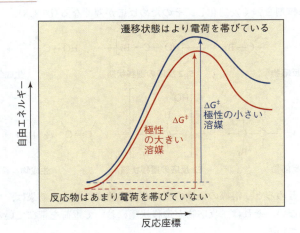

律速段階に関与する反応物が電荷を帯びていないと，溶媒の極性が増大すれば反応速度は増大する．

◀図 8.9
反応物の電荷は遷移状態の電荷よりも小さい．その結果として，溶媒の極性が増大すると，反応物よりも遷移状態のほうがより大きく安定化を受ける．そのため，反応速度は増大する．

溶媒はどのようにハロゲン化アルキルの S_N1 あるいは E1 反応に影響を与えるのか

ここで，ハロゲン化アルキルの S_N1 あるいは E1 反応から始めて，個々の反応を学んでいくことにする．S_N1 あるいは E1 反応の律速段階においては，ハロゲン化アルキルが唯一の反応物で，それは小さな双極子をもつ中性の分子である．炭素―ハロゲン結合が開裂するにつれ，炭素原子は正電荷を帯び，ハロゲン原子は負電荷を帯びてくるので，S_N1 あるいは E1 の律速段階の遷移状態はより大きな部分電荷をもつようになる．遷移状態の部分電荷は反応物の部分電荷よりも大きいので，溶媒の極性が増大すると反応物よりも遷移状態をより強く安定化するために S_N1 あるいは E1 反応が加速される（図 8.9）．

S_N1 反応および E1 反応の律速段階

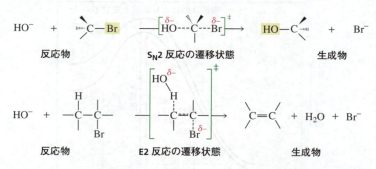

溶媒はハロゲン化アルキルの S_N2 あるいは E2 反応の速度にどのように影響を及ぼすか

溶媒の極性を増大させることにより，ハロゲン化アルキルの S_N2 および E2 反応の反応速度が影響を受けるかどうかは，求核剤/塩基が電荷を帯びているか中性であるかに依存する．

ほとんどのハロゲン化アルキルの S_N2 または E2 反応は，電荷を帯びた求核剤/塩基との反応で起こる．溶媒の極性の増大は，負電荷を帯びている求核剤/塩基に対して大きい安定化効果をもっている．S_N2 あるいは E2 反応の遷移状態も負電荷を帯びているが，電荷は二つの原子にわたって部分電荷として分散している．そのために，溶媒と遷移状態の間の相互作用は，溶媒と負電荷を帯びた求核剤との間の相互作用に比べると弱い．したがって，溶媒の極性が増大すると，遷移状態よりも求核剤を強く安定化し，そのため反応が遅くなる（図 8.8）．

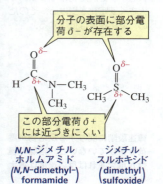

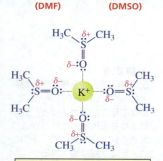

以上をまとめると，溶媒の極性の変化が反応速度に与える効果は，反応機構に依存していない．それは，反応物が遷移状態において電荷を帯びているか否かにのみ依存している．

求核剤が負電荷を帯びている場合，極性の溶媒中では S_N2 および E2 反応の反

応速度は低下するので，非極性溶媒中で反応を行ったほうがよい．しかし，負電荷を帯びた求核剤は一般にヘキサンのような非極性溶媒に不溶であるので，代わりに DMF や DMSO などの溶媒が用いられる．それらは水素結合供与体ではないので，水やアルコールのようなプロトン性極性溶媒と比べると負電荷を効果的に安定化することができない．実際，非プロトン性極性溶媒である DMSO や DMF には部分正電荷が分子の内側に存在しているので，負電荷の安定化効果がほとんど見られないことをすでに学んだ．

問題 25 ◆

アミンは中性な分子であるにもかかわらず，求核性が高い．溶媒の極性が増大すると，アミンとハロゲン化アルキルの S_N2 反応の反応速度はどのような影響を受けるか．

問題 26 ◆

より極性の高い溶媒中で反応を行うと，次の S_N2 反応の反応速度はどのように変化するか．

a. $CH_3CH_2CH_2CH_2Br + HO^- \longrightarrow CH_3CH_2CH_2CH_2OH + Br^-$

b. $CH_3\overset{+}{S}CH_3 + NH_3 \longrightarrow CH_3\overset{+}{N}H_3 + CH_3SCH_3$
   $\quad\;\; |$
   $\;\;\; CH_3$

c. $CH_3CH_2I + NH_3 \longrightarrow CH_3CH_2\overset{+}{N}H_3\, I^-$

非プロトン性極性溶媒中で高濃度の求核性の高い（負電荷を帯びた）求核剤を用いるか，あるいはプロトン性極性溶媒中で高濃度の反応性の高い（中性の）求核剤を用いると，ハロゲン化アルキルの S_N2 反応が優先する．

問題 27 ◆

次の各組のどちらの反応がより速く起こるか．

a. $CH_3Br + HO^- \longrightarrow CH_3OH + Br^-$
   $CH_3Br + H_2O \longrightarrow CH_3OH + HBr$

b. $CH_3I + HO^- \longrightarrow CH_3OH + I^-$
   $CH_3Cl + HO^- \longrightarrow CH_3OH + Cl^-$

c. $CH_3Br + NH_3 \longrightarrow CH_3\overset{+}{N}H_3 + Br^-$
   $CH_3Br + H_2O \longrightarrow CH_3OH + HBr$

d. $CH_3Br + HO^- \xrightarrow{DMSO} CH_3OH + Br^-$
   $CH_3Br + HO^- \xrightarrow{EtOH} CH_3OH + Br^-$

e. $CH_3Br + NH_3 \xrightarrow{DMSO} CH_3\overset{+}{N}H_3 + Br^-$
   $CH_3Br + NH_3 \xrightarrow{EtOH} CH_3\overset{+}{N}H_3 + Br^-$

求核性の低い求核剤をプロトン性極性溶媒中で用いると，ハロゲン化アルキルの S_N1 反応が優先する．

問題 28（解答あり）

本書で用いられているほとんどの pK_a 値は水中で測定されている．水よりも極性の小さい溶媒中で測定すると，カルボン酸の pK_a 値はどのように変化するか．

解答 pK_a は平衡定数 K_a の負の常用対数である（2.2 節参照）．溶媒の極性の低下

により平衡定数がどのような影響を受けるかについて議論しているので，溶媒の極性の低下により反応物と生成物の安定性がどのように変化するかについて考察する必要がある(5.4 節参照).

> カルボン酸は，水より極性が小さい溶媒では，より弱い酸になる．

$$K_a = \frac{[B^-][H^+]}{[HB]}$$

電気的に中性な酸

カルボン酸は酸型(HB)で中性であり，塩基型(B^-)は電荷を帯びている．水は HB よりも B^- と H^+ をより強く安定化するので，K_a は増大する．したがって，K_a は極性の小さい溶媒中よりも水中において強酸となる．カルボン酸は，極性の小さい溶媒中で弱酸となり，K_a 値は大きくなる(それらが弱酸となる)．

問題 29 ◆

a. 臭化 tert-ブチルの S_N1 反応は，次のどちらの溶媒系においてより容易に進行するか：50%水と 50%エタノールまたは 100%エタノール
b. 二つの溶媒系において生成物はどう異なるか．

8.13　置換反応の合成への応用

ハロゲン化アルキルの求核置換反応により，さまざまな種類の有機化合物を合成できることを 8.2 節で学んだ．たとえば，ハロゲン化アルキルとアルコキシドイオンとの反応によりエーテルが得られる．(1850 年に発見者の Alexander Williamson にちなんで)Williamson エーテル合成と呼ばれるこの反応は，いまなおエーテルを合成する最も優れた反応の一つである．

Williamson エーテル合成

$$\underset{\text{ハロゲン化アルキル}}{R-Br} + \underset{\text{アルコキシドイオン}}{R-O^-} \longrightarrow \underset{\text{エーテル}}{R-O-R} + Br^-$$

Williamson エーテル合成 (Williamson ether synthesis)に用いられるアルコキシドイオン(RO^-)は，アルコールからプロトンを引き抜く水素化ナトリウム(NaH)を用いることにより調製できる．

$$ROH + NaH \longrightarrow RO^- + Na^+ + H_2$$

Williamson エーテル合成は求核置換反応である．反応性の高い求核剤を高濃度で用いる必要がある．つまり，この反応が S_N2 反応であることを示している．

次に示す方法でエーテルを合成したい場合には，出発物質を選択できる．ハロゲン化プロピルとブトキシドイオン，またはハロゲン化ブチルとプロポキシドイオンのどちらかの組合せを用いることができる．

$$\underset{\text{臭化プロピル}}{CH_3CH_2CH_2Br} + \underset{\text{ブトキシドイオン}}{CH_3CH_2CH_2CH_2O^-} \longrightarrow \underset{\text{ブチルプロピルエーテル}}{CH_3CH_2CH_2OCH_2CH_2CH_3} + Br^-$$

$$\underset{\text{臭化ブチル}}{CH_3CH_2CH_2CH_2Br} + \underset{\text{プロポキシドイオン}}{CH_3CH_2CH_2O^-} \longrightarrow \underset{\text{ブチルプロピルエーテル}}{CH_3CH_2CH_2CH_2OCH_2CH_2CH_3} + Br^-$$

しかし，もし tert-ブチルエチルエーテルを合成したい場合には，ハロゲン化エチルと tert-ブトキシドを出発物質として用いなければならない．

$$CH_3CH_2Br + CH_3CO^-(CH_3)_2 \longrightarrow CH_3CH_2OCCH_3(CH_3)_2 + CH_2=CH_2 + CH_3COH(CH_3)_2 + Br^-$$

臭化エチル　　　tert-ブトキシドイオン　　　tert-ブチルエチルエーテル　　　エテン

ハロゲン化 tert-ブチルとエトキシドイオンを用いた場合，第三級ハロゲン化アルキルは $S_N2/E2$ 反応条件下で脱離生成物のみを生成するので，目的とするエーテルは少しも得られないであろう．

$$CH_3CH_2O^- + CH_3CBr(CH_3)_2 \longrightarrow CH_2=CCH_3(CH_3) + CH_3CH_2OH + Br^-$$

エトキシドイオン　　　臭化 tert-ブチル　　　2-メチルプロペン　　　エーテルは生成しない

エーテルを合成するには，かさ高くないアルキル基をもつハロゲン化アルキルを用いる必要がある．

したがって，Williamson エーテル合成では，出発物質として，<u>かさ高くないアルキル基はハロゲン化アルキルから</u>，<u>かさ高いアルキル基はアルコキシドイオン</u>から供給するように設計すべきである．

問題 30

ハロゲン化アルキルとアルコールを用いて次のエーテルを合成する最も適した方法は何か．

a. $CH_3CH_2CH(CH_3)OCH_2CH_3$

b. $CH_3CH_2OCH_2CH(CH_3)CH_2CH_3$

c. ⌬—OCH_3

覚えておくべき重要事項

- ハロゲン化アルキルは，S_N1 反応と S_N2 反応の 2 種類の**求核置換反応**を起こす．これらの反応において，求核剤は脱離基と呼ばれるハロゲンを置換する．
- **S_N2 反応は二分子反応である**：ハロゲン化アルキルと求核剤がともに律速段階の遷移状態に関与しており，反応速度は両方の濃度に依存する．
- S_N2 反応は一段階反応である：求核剤は，ハロゲンが結合している炭素を背面から攻撃する．
- 求核攻撃を受ける炭素の背面にある置換基が小さくな ると，S_N2 反応の反応速度は増大する．したがって，S_N2 反応におけるハロゲン化アルキルの相対反応速度は，第一級 ＞ 第二級 ＞ 第三級となる．
- S_N2 反応は**立体配置の反転**を伴って進行する．
- **S_N1 反応は単分子反応である**：ハロゲン化アルキルのみが律速段階の遷移状態に関与しており，そのため，反応速度はハロゲン化アルキルのみの濃度に依存する．
- S_N1 反応は二段階反応である：まず，ハロゲンが離脱してカルボカチオン中間体が生成し，次にこれに求核剤が

- 攻撃する．ほとんどの S_N1 反応は**加溶媒分解**反応であり，これは溶媒が求核剤として働くことを意味する．
- S_N1 反応の反応速度は，カルボカチオンの生成のしやすさと脱離基の性質に依存する．
- S_N1 反応では，立体の反転と保持の両方が起こる．
- 第一級ハロゲン化アルキル，第二級ハロゲン化アルキル，およびハロゲン化メチルは S_N2 反応のみを起こす．
- 第三級ハロゲン化アルキルは S_N1 反応のみを起こす．
- S_N2 反応，S_N1 反応，E2 反応，E1 反応のいずれにおいても，ハロゲン原子のみが異なるハロゲン化アルキルの相対的反応性は RI > RBr > RCl > RF の順になる．
- **塩基性度**は，ある化合物が孤立電子対をプロトンとどのように共有するかを示す尺度である．**求核性**は，孤立電子対をもつ化学種が電子不足の原子に対する攻撃のしやすさを示す尺度である．
- 一般に，強い塩基ほど優れた求核剤である．
- 二官能性分子の二つの官能基が互いに反応すると，**分子間反応**（二分子間）と**分子内反応**（一分子内）がともに進行する．どちらの反応が優先するかは，二官能性分子の濃度および分子内反応により生成する環の員数により決まる．
- ハロゲン化アルキルは求核置換反応に加えて脱離反応を起こす．**脱離反応**ではアルケンが生成物として得られる．
- E2 反応は協奏的であり，プロトンとハロゲン化物イオンが同時に脱離する一段階反応である．
- **E1 反応**は，ハロゲン化アルキルが解離し，カルボカチオン中間体が生成する二段階反応である．次に，塩基が正電荷を帯びた炭素に隣接する炭素からプロトンを引き抜く．
- 第一級および第二級ハロゲン化アルキルは E2 反応のみを起こす．第三級ハロゲン化アルキルは E2 および E1 反応をともに起こす．
- E2 反応のハロゲン化アルキルの相対的反応性は，第三級 > 第二級 > 第一級 の順になる．
- S_N2 および E2 反応は，反応性の高い求核剤/塩基を高濃度で用いた際に優先的に進行し，S_N1 および E1 反応は，反応性の低い求核剤/塩基を用いた際に優先的に進行する．
- E2 および E1 反応は位置選択的であり，より安定なアルケンが主生成物として得られる．
- より少ない数の水素が結合した β 炭素から水素が引き抜かれる際に，より安定なアルケンが生成する．
- E2 および E1 反応は位置選択的であり，より安定なアルケンが主生成物として得られる．
- E2 および E1 反応は立体選択的でもあり，主生成物は，より大きな置換基が二重結合の反対側に置換したアルケンである．
- S_N2/E2 反応が優先する場合，第一級ハロゲン化アルキルはおもに置換生成物を与える．第二級ハロゲン化アルキルは置換および脱離生成物を与える．第三級ハロゲン化アルキルは，脱離生成物のみを与える．
- S_N1/E1 反応が優先する場合，第三級ハロゲン化アルキルは，置換および脱離生成物を与える；第一級ハロゲン化アルキルおよび第二級ハロゲン化アルキルは，S_N1/E1 加溶媒分解反応を起こさない．
- 律速段階に関与する反応物のどれかが電荷を帯びていると，溶媒の極性が大きくなれば反応速度は低下する．しかし，律速段階に関与する反応物がどれも電荷を帯びていないと，溶媒の極性が大きくなれば反応速度は増大する．
- **Williamson エーテル合成**では，ハロゲン化アルキルとアルコキシドイオンとの反応によりエーテルが得られる．

反応のまとめ

1. S_N2 反応は一段階反応である．

$$\text{Nu}^- + -\overset{|}{\underset{|}{\text{C}}}-\text{X} \longrightarrow -\overset{|}{\underset{|}{\text{C}}}-\text{Nu} + \text{X}^-$$

相対的反応性：$CH_3X >$ 第一級 $>$ 第二級 $>$ 第三級．第三級ハロゲン化アルキルは S_N2 反応を起こすことができない．
立体反転した化合物のみが生成する．

2. S_N1 反応はカルボカチオン中間体を経る二段階反応である．

$$-\overset{|}{\underset{|}{\text{C}}}-\text{X} \longrightarrow -\overset{|}{\underset{|}{\text{C}}}{}^+ \xrightarrow{\text{Nu}^-} -\overset{|}{\underset{|}{\text{C}}}-\text{Nu}$$
$$+ \text{X}^-$$

反応性：第三級ハロゲン化アルキルのみが加溶媒分解 S_N1 反応を起こす．
立体反転および立体保持をした両方の化合物が生成する．

3. E2 反応は一段階反応機構である；主生成物は，より少ない数の水素が結合した β 炭素から水素が引き抜かれることにより得られる．

$$\text{B}^- + -\overset{\text{H}}{\underset{|}{\text{C}}}-\overset{|}{\underset{|}{\text{C}}}-\text{X} \longrightarrow \overset{}{\underset{}{\text{C}}}=\overset{}{\underset{}{\text{C}}} + {}^+\text{BH} + \text{X}^-$$

ハロゲン化アルキルの相対的反応性：第三級 $>$ 第二級 $>$ 第一級
より安定なアルケンが主生成物として得られる．E および Z の立体異性体が存在する場合，大きな置換基が二重結合の反対側に置換した立体異性体が主生成物として得られる．

4. E1 反応はカルボカチオン中間体を経る二段階反応機構である；主生成物は，より少ない数の水素が結合した β 炭素から水素が引き抜かれることにより得られる．

$$-\overset{|}{\underset{\text{H}}{\text{C}}}-\overset{|}{\underset{|}{\text{C}}}-\text{X} \longrightarrow -\overset{|}{\underset{\text{H}}{\text{C}}}-\overset{|}{\underset{|}{\text{C}}}{}^+ \longrightarrow \overset{}{\underset{}{\text{C}}}=\overset{}{\underset{}{\text{C}}} + {}^+\text{BH}$$
$$\text{B}^- + \text{X}^-$$

第三級ハロゲン化アルキルのみが E1 反応を起こす．
より安定なアルケンが主生成物として得られる．E および Z の立体異性体が存在する場合，大きな置換基が二重結合の反対側に置換した立体異性体が主生成物として得られる．

章末問題

31. 次の反応のそれぞれの組合せにおいて，どちらの反応が速く進むか．

   a. $CH_3Br + CH_3O^- \longrightarrow CH_3OCH_3 + Br^-$
       $CH_3Br + CH_3OH \longrightarrow CH_3OCH_3 + HBr$

   b. $CH_3I + NH_3 \longrightarrow CH_3\overset{+}{N}H_3 + I^-$
       $CH_3Cl + NH_3 \longrightarrow CH_3\overset{+}{N}H_3 + Cl^-$

   c. $CH_3Br + CH_3NH_2 \longrightarrow CH_3\overset{+}{N}H_2CH_3 + Br^-$
       $CH_3Br + CH_3OH \longrightarrow CH_3OCH_3 + HBr$

32. 次のそれぞれの求核剤と臭化メチルとの反応の生成物を書け．

   a. HO^- **b.** $^-NH_2$ **c.** H_2S **d.** HS^- **e.** $CH_3CH_2O^-$ **f.** CH_3NH_2

33. より優れた求核剤はどちらか．

   a. H_2O あるいは HO^- **b.** NH_3 あるいは $^-NH_2$

   c. $CH_3\overset{O}{\overset{\|}{C}}O^-$ あるいは $CH_3CH_2O^-$ **d.** $C_6H_5-O^-$ あるいは $C_6H_{11}-O^-$

34. 問題 33 のそれぞれの組合せにおいて，どちらの脱離能が高いか．

35. 次の化合物を合成するためには，臭化ブチルにどのような求核剤を反応させればよいか．

   a. $CH_3CH_2CH_2CH_2OH$ **b.** $CH_3CH_2CH_2CH_2OCH_3$ **c.** $CH_3CH_2CH_2CH_2SCH_2CH_3$

   d. $CH_3CH_2CH_2CH_2C\equiv N$ **e.** $CH_3CH_2CH_2CH_2O\overset{O}{\overset{\|}{C}}CH_3$ **f.** $CH_3CH_2CH_2CH_2C\equiv CCH_3$

36. 次のハロゲン化アルキルのそれぞれの組合せにおいて，求核剤との S_N2 反応の反応性が高いのはどちらのハロゲン化アルキルか．

   a. $CH_3CH_2CH(CH_3)Br$ あるいは $CH_3CH_2CH(CH_2CH_3)Br$ **b.** $CH_3CH_2CH(I)CH_3$ あるいは $CH_3CH_2CH(Br)CH_3$

   c. $CH_3CH_2CH(CH_3)Br$ あるいは $CH_3CH_2CH(CH_3)CH_2Br$ **d.** $C_6H_5-CH_2CH_2Br$ あるいは $C_6H_5-CH(Br)CH_3$

37. DMF 中の 1-ブロモブタンとメトキシドイオンとの反応が，次の条件により置換速度にどのような影響を受けるかを説明せよ．

   a. ハロゲン化アルキルと求核剤の濃度がともに 3 倍になる．
   b. 溶媒をエタノールに変える．
   c. 求核剤をエタノールに変える．

d. ハロゲン化アルキルを 1-クロロブタンに変える．
   e. ハロゲン化アルキルを 2-ブロモブタンに変える．

38. 2-ブロモ-2-メチルブタンのメタノール中の反応が，次の変化により置換速度にどのような影響を受けるかを説明せよ．
    a. ハロゲン化アルキルを 2-クロロ-2-メチルブタンに変える．
    b. 求核剤をエタノールに変える．

39. 次のハロゲン化アルキルの E2 反応により得られる主生成物を書け．
    a. CH$_3$CHCH$_2$CH$_3$
           |
           Br
    b. シクロヘキシル-Cl
    c. CH$_3$CHCH$_2$CH$_3$
                |
                Cl
    d. シクロヘキシル-CH$_2$Cl
    e. CH$_3$CHCH$_2$CH$_2$CH$_3$
                |
                Cl
    f. 1-メチル-1-クロロシクロヘキサン

40. 問題 39 のハロゲン化アルキルのうち，E1 反応を起こすのはどれか．また，主生成物は何か．

41. 次の各置換反応の生成物を答えよ．立体異性体が生じる場合，その立体構造を示せ．
    a. (R)-2-ブロモペンタン ＋ 高濃度の CH$_3$O$^-$
    b. trans-1-ブロモ-4-メチルシクロヘキサン ＋ 高濃度の CH$_3$O$^-$
    c. 3-ブロモ-3-メチルペンタン ＋ CH$_3$OH
    d. (R)-3-ブロモ-3-メチルヘキサン ＋ CH$_3$OH
    e. 1-ブロモ-1-メチルシクロヘキサン ＋ CH$_3$OH

42. ハロゲン化アルキルから出発して次の化合物を合成する方法を示せ．
    a. 2-メトキシブタン **b.** 1-メトキシブタン **c.** ジシクロヘキシルエーテル

43. 次のそれぞれの組合せにおいて，どの反応物が脱離反応をより速く受けるか．
    a. (CH$_3$)$_3$CCl $\xrightarrow[\text{H}_2\text{O}]{\text{HO}^-}$ あるいは (CH$_3$)$_3$CI $\xrightarrow[\text{H}_2\text{O}]{\text{HO}^-}$
    b. (CH$_3$)$_3$CBr $\xrightarrow[\text{H}_2\text{O}]{\text{HO}^-}$ あるいは (CH$_3$)$_2$CHBr $\xrightarrow[\text{H}_2\text{O}]{\text{HO}^-}$

44. 次のそれぞれのハロゲン化アルキルの E2 反応により得られる主生成物を示せ．
    a. シクロヘキシル-Cl
    b. シクロヘキシル-CH$_2$CH$_2$Cl
    c. 1-メチル-1-クロロシクロヘキサン

45. 次のそれぞれのハロゲン化アルキルが E2 反応を起こす際に，より高い収率で得られる立体異性体を書け．
    a. CH$_3$CHCH$_2$CH$_3$
                |
                Br
    b. CH$_3$CHCH$_2$CH$_3$
                |
                Cl
    c. CH$_3$CHCH$_2$CH$_2$CH$_3$
                |
                Cl

46. 次のそれぞれの反応において，おもな脱離生成物を書け．生成物が立体異性体として存在する場合には，どちらの立体異性体がより高い収率で得られるかを示せ．
    a. (R)-2-ブロモヘキサン ＋ 高濃度の HO$^-$
    b. (R)-3-ブロモ-2,3-ジメチルペンタン ＋ 高濃度の HO$^-$
    c. 3-ブロモ-3-メチルペンタン ＋ 高濃度の HO$^-$
    d. 3-ブロモ-3-メチルペンタン ＋ H$_2$O

47. ブロモシクロヘキサンから出発して次の化合物を合成する方法を示せ．

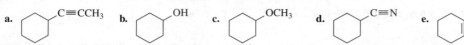

48. 次のそれぞれのハロゲン化アルキルのE2反応により高収率で得られる立体異性体は何か．

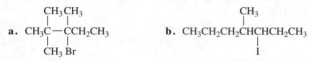

49. 次の化学反応式の空欄(□)を埋めよ．

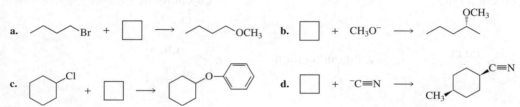

50. 次のそれぞれのハロゲン化アルキルを高濃度のエトキシドイオンと反応させた際に，最も高収率で得られる立体異性体は何か．

   a. 3-ブロモ-2,2,3-トリメチルペンタン　　b. 4-ブロモ-2,2,3,3-テトラメチルペンタン
   c. 3-ブロモ-2,3-ジメチルペンタン　　　d. 3-ブロモ-3,4-ジメチルヘキサン

51. 塩化アルキルベンジルジメチルアンモニウムは，切り傷やヘルペスなどの皮膚治療の殺菌薬であり，手の消毒剤としても用いられる．それは，異なる炭素数(8〜18までの偶数)のアルキル基をもつ化合物の混合物である．次に示す塩化アルキルベンジルジメチルアンモニウムを合成するために用いられる(それぞれ塩化アルキルとアミンから成り立つ) 3種類の反応剤の組合せを書け．

52. a. 1-ブロモ-2,2-ジメチルプロパンは S_N2 反応も S_N1 反応も起こしにくいのはなぜかを説明せよ．
    b. E2反応やE1反応は起こるか．

53. ハロゲン化アルキルとアルコキシドアニオン(RO⁻)の S_N2 反応によりエーテルを合成することができる．シクロペンチルメチルエーテルを収率よく得るためには，ハロゲン化アルキルとアルコキシドイオンのどちらの組合せがよいか．

54. 次のエーテルを合成に用いることができるとき，2組の反応物(ハロゲン化アルキルと求核剤を含む)を答えよ．

$$CH_3CH_2OCH_2CH_2CHCH_3$$
$$\quad\quad\quad\quad\quad\quad\quad\quad\;\; CH_3$$

55. 次の化合物を，示された出発物質を用いて合成する方法を示せ．

a. $CH_3CH_2CH_2CH_2Br \longrightarrow CH_3CH_2CH_2CH_2\overset{+}{N}H_3$ b. 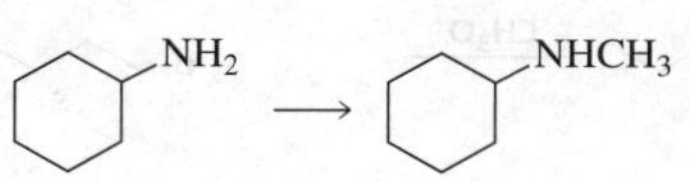 シクロヘキシル-NH_2 → シクロヘキシル-$NHCH_3$

c. 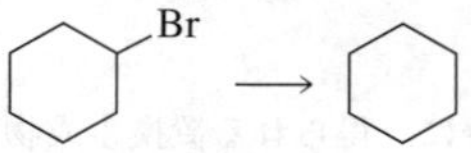 シクロヘキシル-Br → シクロヘキサン

56. 臭化イソプロピルと反応した際に，脱離生成物よりも置換生成物がより優先的に得られるのはどちらの化合物であるかを示せ：エトキシドイオンまたは*tert*-ブトキシドイオン

57. どちらのハロゲン化アルキルがより速く E1 反応を起こすか．

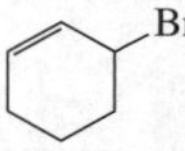

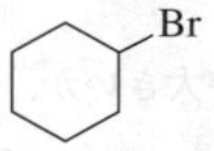

58. 次の反応により得られる生成物の構造を書け．

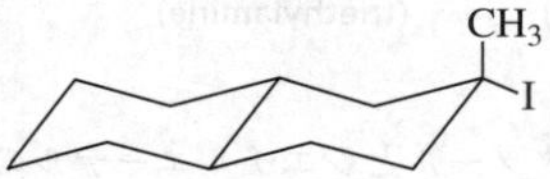

59. *cis*-4-ブロモシクロヘキサノールと *trans*-4-ブロモシクロヘキサノールに HO^- を作用させると，同一の脱離生成物が得られるが，異なった置換生成物も得られる．

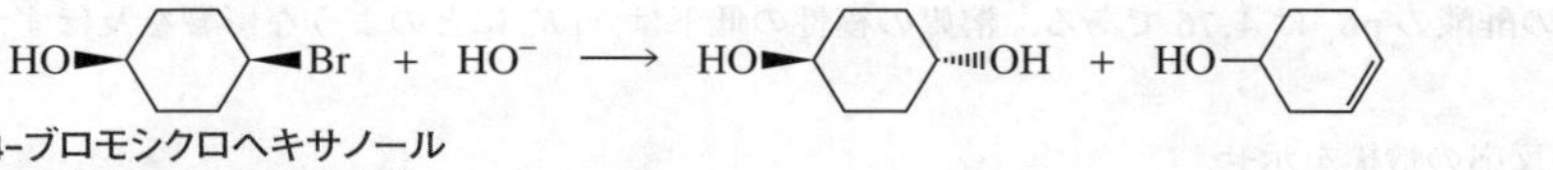

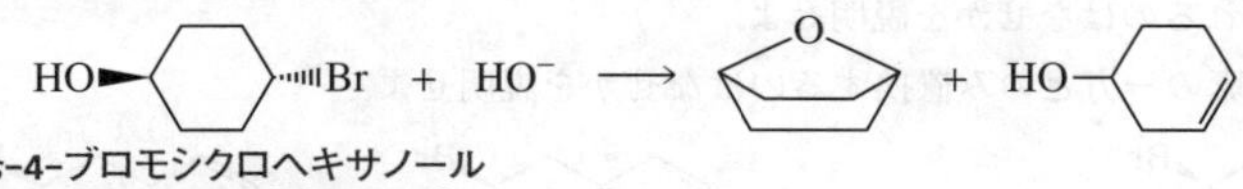

a. 同じ脱離生成物が得られるのはなぜか．
b. その反応機構を示し，異なる置換生成物が得られる理由を説明せよ．
c. 脱離反応と置換反応で得られる立体異性体はそれぞれ何種類か．

60. 環状化合物は分子内反応により得ることができる．次の分子内反応により生成するエーテルの構造を書け．

a. $BrCH_2CH_2CH_2CH_2O^- \longrightarrow$ エーテル   b. $ClCH_2CH_2CH_2CH_2CH_2O^- \longrightarrow$ エーテル

61. 次の化合物のうち，E2 反応を起こしやすいのはどちらか．

a. 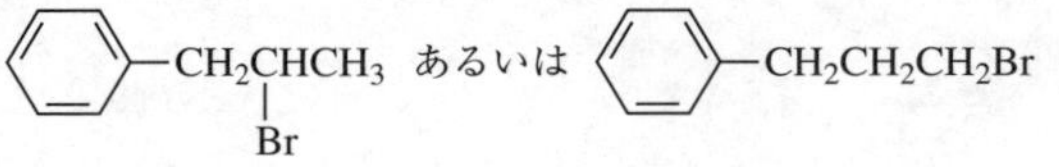 PhCH(Br)CH$_3$ あるいは PhCH$_2$CH$_2$Br   b. 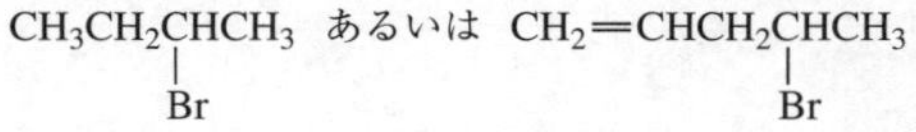 $CH_3CH(Br)CH_3$ あるいは $CH_2=CHCH(Br)CH_3$

62. E2 条件下における次のハロゲン化アルキルの脱離生成物の構造を書け．主生成物と副生成物を示せ．

a. 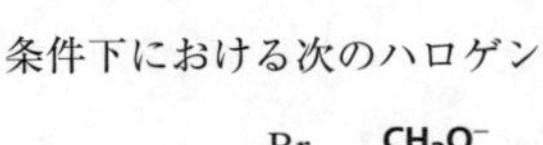 $CH_3CH_2CH_2CH_2CH_2Br \xrightarrow{CH_3O^-}$ b. 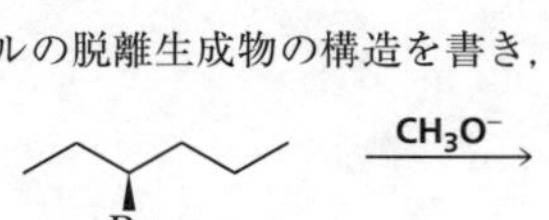 $CH_3CH_2CH(Br)CH_2CH_3 \xrightarrow{CH_3O^-}$

c. 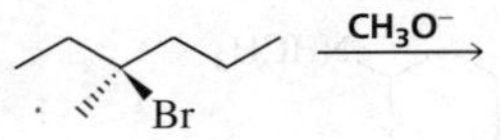 [構造式: CH₃CH₂-C(Br)(楔形)-CH₂CH₃] →(CH₃O⁻)   d. 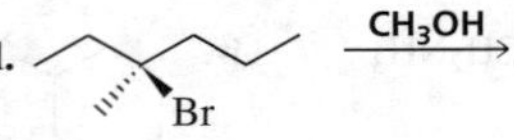 [構造式: CH₃CH₂-C(Br)(楔形)-CH₂CH₃] →(CH₃OH)

63. a. 2-ブロモ-2-メチルプロパンを80％エタノールと20％水混合溶媒中に溶解した際に，得られる置換生成物を示せ．
　　b. 2-クロロ-2-メチルプロパンを80％エタノール20％水混合溶媒中に溶解した際に，同じ置換生成物が得られる理由を述べよ．

64. キヌクリジンとヨウ化メチルとの反応速度を測定した．次にトリエチルアミンとヨウ化メチルとの反応速度を同じ溶媒中で測定した．両実験において，反応剤の濃度は同じである．
　　a. どちらの反応が速いか．
　　b. どちらの反応の反応速度定数が大きいか．

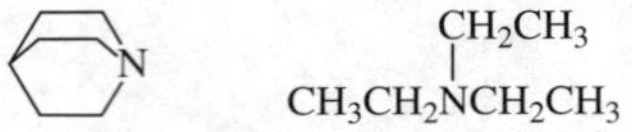

キヌクリジン (quinuclidine)　　トリエチルアミン (triethylamine)

65. 次の S_N2 反応について，平衡がより右に傾くのはエタノールとジエチルエーテルのどちらの溶媒か．

$$CH_3SCH_3 + CH_3Br \rightleftharpoons CH_3\overset{+}{S}(CH_3)CH_3 + Br^-$$

66. 水中での酢酸の pK_a は4.76である．溶媒の極性の低下は，pK_a にどのような影響を及ぼすか．また，それはなぜか．

67. a. 次の反応の機構を示せ．
　　b. 2種類の生成物が得られるのはなぜかを説明せよ．
　　c. メタノールが二つの臭素の一方とのみ置換するのはなぜかを説明せよ．

[構造式: クロマン環に Br と Br 置換] + CH₃OH ⟶ [構造式: クロマン環に Br と OCH₃] + [構造式: クロマン環に Br と OCH₃ 立体異性体]

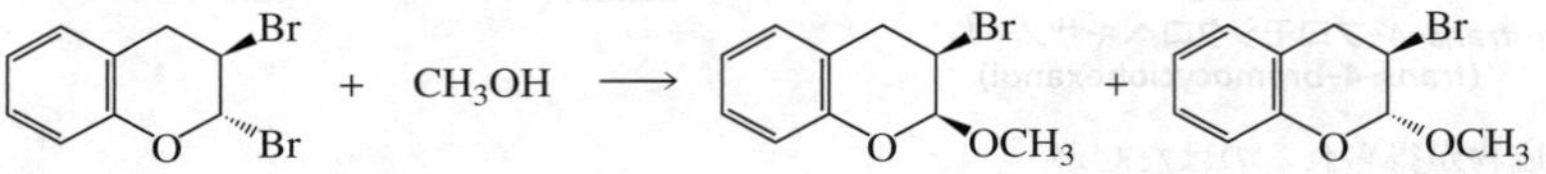

9 アルコール，エーテル，エポキシド，アミン，およびチオールの反応

乾燥したコカの葉

グループⅢ
R—X X = F, Cl, Br, I
ハロゲン化アルキル

R—OH
アルコール

R—OR
エーテル

エポキシド

化学者は，新薬開発のためのリード化合物源になりうる草や実を求めて世界中を，また，動植物を求めて海中を探索する．この章では，南アメリカのアンデスの高地に原生する灌木コカノキ(Erythroxylon coca)の葉から得られるコカインが，麻酔剤開発のためのリード化合物源としてどのように用いられたかについて学ぶ．

グループⅢに属する化合物群の一つであるハロゲン化アルキルは，ハロゲン原子に電子求引性があるので置換反応や脱離反応を起こすことを学んだ(8章参照)．グループⅢに属するほかの化合物群もまた電子求引性基をもっており，脱離反応や置換反応を起こす．これらの化合物の相対的反応性は電子求引性基，すなわち脱離基に依存する．

アルコールやエーテルの脱離基(HO⁻，RO⁻)はハロゲン化アルキルの脱離基よりもはるかに強い塩基である．それらは強塩基であるので，反応性の低い脱離基をもっており，したがって置換を受けにくい．その結果，アルコールやエーテルは，ハロゲン化アルキルに比べて置換反応と脱離反応の反応性が低い．この章では，置換反応や脱離反応を起こすためには，アルコールやエーテルを"活性化させる"必要があることを学ぶ．

9.1 アルコールの命名法

アルコールの反応を学ぶ前に，それらの命名法について学ぼう．**アルコール**（alcohol）は，アルカンの水素が OH 基に置換されている化合物である（3.1 節参照）．アルコールには，OH 基に結合している炭素の種類によって，**第一級**（primary），**第二級**（secondary），**第三級**（tertiary）があり，ハロゲン化アルキルの分類と同様である（3.5 節参照）．

第一級アルコール　　第二級アルコール　　第三級アルコール

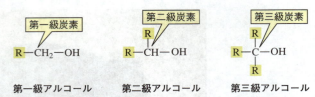

アルコールの慣用名は，OH 基が結合しているアルキル基の名称に〝アルコール〟を続けたものである．

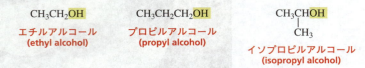

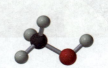

CH_3CH_2OH
エチルアルコール
(ethyl alcohol)

$CH_3CH_2CH_2OH$
プロピルアルコール
(propyl alcohol)

イソプロピルアルコール
(isopropyl alcohol)

メチルアルコール

エチルアルコール

プロピルアルコール

IUPAC 命名法では，OH 基を示すために，「オール」（ol）という接尾語が用いられる．したがって，アルコールの体系的名称は，親炭化水素の名称の語尾の〝e〟を〝ol〟に換えることで得られる．これは，アルケンを表す際に接尾語〝ene〟を用いるのと同じである．（5.1 節参照）．

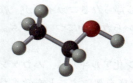

CH_3OH
メタノール
(methanol)

CH_3CH_2OH
エタノール
(ethanol)

必要な場合には，官能基の位置番号をつける．

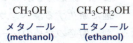

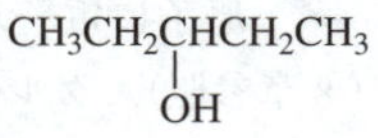

3-ペンタノール
(3-pentanol)

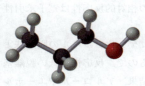

官能基を表す接尾語をもつ化合物の命名法の規則について復習しよう．

1. 親炭化水素は官能基を含む最も長い鎖である．親鎖の位置番号は，接尾語となる官能基の位置番号が最も小さくなるようにつける．

2-ブタノール
(2-butanol)

2-エチル-1-ペンタノール
(2-ethyl-1-pentanol)

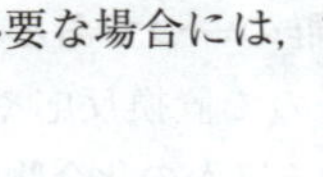

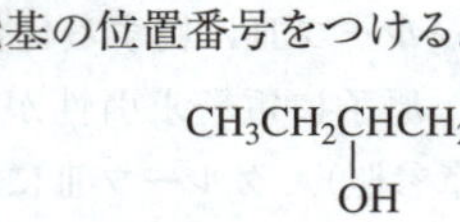

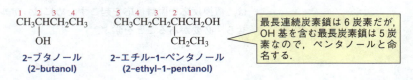

最長連続炭素鎖は 6 炭素だが，OH 基を含む最長炭素鎖は 5 炭素なので，ペンタノールと命名する．

2. 接尾語となる官能基のほかに置換基がある場合には，官能基の位置番号が小さくなるように番号づけをする．

$$\underset{\substack{1\ 2\ 3 \\ \text{3-ブロモ-1-プロパノール} \\ \text{(3-bromo-1-propanol)}}}{\text{HOCH}_2\text{CH}_2\text{CH}_2\text{Br}} \qquad \underset{\substack{4\ 3\ 2\ 1 \\ \text{4-クロロ-2-ブタノール} \\ \text{(4-chloro-2-butanol)}}}{\text{ClCH}_2\text{CH}_2\text{CHCH}_3 \atop \text{OH}} \qquad \underset{\substack{5\ 4\ 3\ 2\ 1 \\ \text{4,4-ジメチル-2-ペンタノール} \\ \text{(4,4-dimethyl-2-pentanol)}}}{\text{CH}_3\text{CCH}_2\text{CHCH}_3 \atop \text{CH}_3\ \ \ \text{OH}}$$

3. どちらの方向から数えても接尾語となる官能基の番号が同じになる場合には，置換基の番号が小さくなるように親炭化水素に番号をつける．環状化合物では接尾語となる官能基の位置番号をつける必要はないことに注意しよう．これは，官能基が1番の炭素に結合していることを前提としているからである．

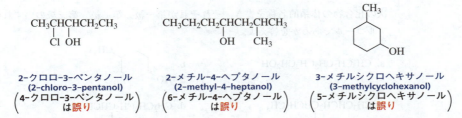

2-クロロ-3-ペンタノール
(2-chloro-3-pentanol)
(4-クロロ-3-ペンタノール は誤り)

2-メチル-4-ヘプタノール
(2-methyl-4-heptanol)
(6-メチル-4-ヘプタノール は誤り)

3-メチルシクロヘキサノール
(3-methylcyclohexanol)
(5-メチルシクロヘキサノール は誤り)

4. 複数個の置換基がある場合には，置換基の名称をアルファベット順に並べる．

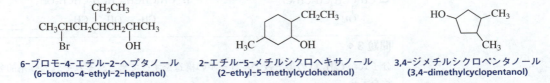

6-ブロモ-4-エチル-2-ヘプタノール
(6-bromo-4-ethyl-2-heptanol)

2-エチル-5-メチルシクロヘキサノール
(2-ethyl-5-methylcyclohexanol)

3,4-ジメチルシクロペンタノール
(3,4-dimethylcyclopentanol)

穀物アルコールと木精

エタノールを摂取すると中枢神経系に作用する．中程度のエタノールは判断力に影響を及ぼし，抑制力を低下させる．大量のエタノールを摂取すると運動神経に異常をきたし，言葉が不明瞭となり，記憶が失われる．さらに大量になると，吐き気を催したり意識を失ったりすることもある．非常に大量のエタノール摂取は呼吸困難を引き起こし，死に至ることもある．

アルコール飲料中のエタノールは一般に，ブドウやトウモロコシ，ライ麦，小麦などの穀物から得られるグルコースの発酵により生産される（これが，エタノールが穀物アルコールとも呼ばれる由縁である）．穀物を麦芽（発芽した大麦）の存在下で処理すると，デンプンの多くをグルコースに変換できる．グルコースをエタノールと二酸化炭素に変換するために酵母酵素を加える（19.5節参照）．

$$\underset{\text{グルコース (glucose)}}{C_6H_{12}O_6} \xrightarrow{\text{酵母酵素}} 2\ \underset{\text{エタノール}}{CH_3CH_2OH} + 2\ CO_2$$

アルコール飲料の種類（白ワイン，赤ワイン，ビール，ウイスキー，バーボン，シャンパンなど）は，グルコースを供給する植物種，発酵中に生成したCO_2を脱気するか否か，ほかの物質を加えるかどうか，どのようにしてアルコール飲料を精製し

たか(たとえば，ワインは沈殿，ウイスキーやバーボンは蒸留による)により異なってくる．

酒税のために実験用のエタノールはとてつもなく高価な反応剤である．しかし，エタノールは広範な工業プロセスにも必須なので，工業用アルコールは課税されない．そのため，工業用アルコールを用いてアルコール飲料を生産しないよう，アメリカ合衆国では連邦政府によって厳格に管理されている．また，ベンゼンやメタノールなどの変性剤を加えて飲用できないようにした変性アルコールも課税されないが，添加された不純物のために多くの工業的用途には不適当である．

メタノールは(かつて酸素を断って木材を加熱することにより合成されていたので)木精とも呼ばれ，きわめて毒性が強い．ごく微量のメタノールを摂取するだけでも失明の可能性があり，わずか1オンス(約30 mL)の摂取で死に至る．

問題 1
末端に OH 基をもち，1 個から 6 個までの炭素を含む直鎖状アルコールの同族体群の構造を書き，それぞれの慣用名と体系的名称を示せ．

問題 2 ◆
次の化合物の体系的名称を書き，それぞれが第一級，第二級，第三級のいずれのアルコールであるかを答えよ．

a. CH₃CH₂CH₂CH₂CH₂OH

b. (4-メチルシクロヘキサノール構造: HO-シクロヘキサン-CH₃)

c. CH₃CHCH₂CHCH₃
         | |
        CH₃   OH

d. CH₃CH₂CH₂CHCH₂CH₃
                  |
                CH₂OH

e. CH₃CHCH₂CH₂CH₂Cl
         |
        OH
   (CH₃ 側鎖あり)

f. CH₃CHCH₂CHCH₂CHCH₂CH₃
         | | |
        CH₃   OH   CH₃

問題 3 ◆
分子式が $C_6H_{14}O$ の第三級アルコールの構造をすべて書き，それぞれの体系的名称を示せ．

9.2 求核置換反応のためのプロトン化によるアルコールの活性化

アルコール(alcohol)は，求核剤により置換することができない塩基性の強い脱離基(HO^-)をもっているので，求核置換反応を起こさない．

$$CH_3-\underset{\text{塩基性の強い脱離基}}{\ddot{O}H} + Br^- \;\;\not\to\;\; CH_3-Br + \underset{\text{強塩基}}{HO^-}$$

強い酸ほど，その共役塩基の塩基性は弱い．

しかし，アルコールの OH 基をより弱い塩基(より優れた脱離基)に変換すれば，アルコールは求核置換反応を起こすようになる．

OH 基を弱塩基に変換する一つの方法は，反応混合物中に酸を加えてプロトン

9.2 求核置換反応のためのプロトン化によるアルコールの活性化

化することである．プロトン化により，脱離基は HO⁻ から，求核剤による置換を受けることが可能な弱塩基である H_2O に変化する．置換反応は遅いので，ある程度の反応速度で進行させるためには，（第三級アルコールの場合を除いて）加熱する必要がある．

> 同様の特性をもつ塩基で比較すると，塩基性が弱いほど，容易に置換される．

$$CH_3-\ddot{\underline{O}}H + HBr \rightleftharpoons CH_3-\overset{H}{\overset{+}{O}}H \xrightarrow{\Delta} CH_3-Br + H_2O$$

（劣った脱離基） （優れた脱離基 Br⁻） （塩基性の弱い脱離基） （弱塩基）

アルコールの OH 基を求核剤で置換するためにはプロトン化する必要があるので，もっぱら弱塩基性の求核剤（I⁻, Br⁻, Cl⁻）が求核置換反応に用いられる．中程度や強い塩基性の求核剤（NH_3, RNH_2, CH_3O^-）は，酸性溶液中でプロトン化を受け，いったんプロトン化されると求核剤でなくなるか（$^+NH_4$, $R\overset{+}{N}H_3$），あるいは弱い求核剤（CH_3OH）になってしまうので用いることができない．

問題 4 ◆
NH_3 や CH_3NH_2 はプロトン化されると，なぜ求核性を失うのか．

第一級，第二級，および第三級アルコールはすべて HI，HBr，および HCl と求核置換反応を起こし，ハロゲン化アルキルを生成する．第三級アルコールのみは加熱が不要である．

$$CH_3CH_2CH_2OH + HI \xrightarrow{\Delta} CH_3CH_2CH_2I + H_2O$$
1-プロパノール (1-propanol)　　1-ヨードプロパン (1-iodopropane)
第一級アルコール

シクロヘキサノール (cyclohexanol) + HBr $\xrightarrow{\Delta}$ ブロモシクロヘキサン (bromocyclohexane) + H_2O
第二級アルコール

$$\underset{\underset{\text{OH}}{|}}{CH_3\overset{\overset{\text{CH}_3}{|}}{C}CH_2CH_3} + HBr \longrightarrow \underset{\underset{\text{Br}}{|}}{CH_3\overset{\overset{\text{CH}_3}{|}}{C}CH_2CH_3} + H_2O$$
2-メチル-2-ブタノール (2-methyl-2-butanol)　　2-ブロモ-2-メチルブタン (2-bromo-2-methylbutane)
第三級アルコール

置換反応の機構はアルコールの構造により変化する．第二級および第三級アルコールは S_N1 反応を起こす．

アルコールの S_N1 反応の機構

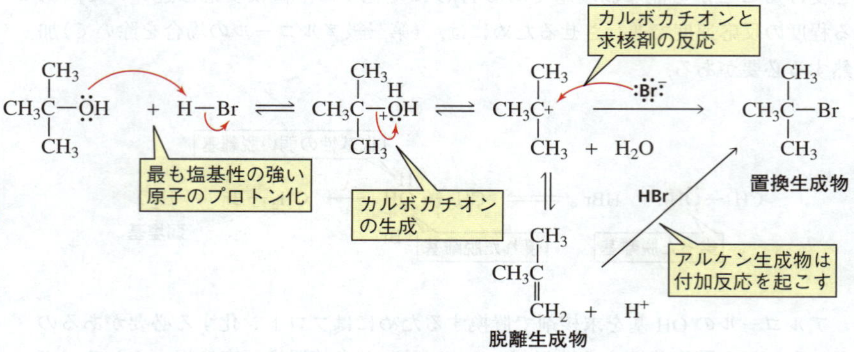

酸は，分子内で最も塩基性の強い原子をプロトン化する．

- 酸はいつも同じ方法で有機分子と反応する．すなわち，分子内の最も塩基性の強い原子をプロトン化する．
- 脱離基である塩基性の弱い水が追い出され，カルボカチオンが生成する．
- S_N1 反応においてハロゲン化アルキルが解離して生成するカルボカチオンと同様に，カルボカチオンには，二つの可能な反応経路が存在する．すなわち，求核剤と結合して置換生成物となるか，プロトンを失って脱離生成物となるかである（8.11 節参照）．

その反応により置換生成物と脱離生成物の両方が得られる可能性があるが，実際には脱離生成物はほとんど得られない．それは，脱離反応により生成したアルケンはさらに HBr と求電子的付加反応を起こし，さらなる置換生成物を生じるからである（6.1 節参照）．

第三級カルボカチオンは第二級カルボカチオンよりも安定であり，容易に生成するので，第三級アルコールは第二級アルコールよりも速やかにハロゲン化水素と置換反応を起こす．（アルキル基は超共役によりカルボカチオンを安定化させることを思い出そう；6.2 節参照．）結果的に，第三級アルコールとハロゲン化水素との反応は室温で容易に進行するが，第二級アルコールとハロゲン化水素とを同じ速度で反応させるには加熱が必要である．

カルボカチオンの安定性：
第三級 ＞ 第二級 ＞ 第一級

第一級カルボカチオンは非常に不安定であるため，第一級アルコールは S_N1 反応を起こさない（8.3 節参照）．したがって，第一級アルコールがハロゲン化水素と反応するためには，S_N2 機構で反応しなければならない．

アルコールの S_N2 反応の機構

第二級および第三級アルコールはハロゲン化水素と S_N1 反応を起こす．

第一級アルコールはハロゲン化水素と S_N2 反応を起こす．

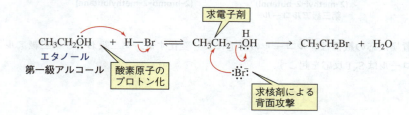

- 酸は，反応物の最も塩基性の強い原子をプロトン化する．
- 求核剤は炭素の背面を攻撃し，脱離基と置き換わる．

置換生成物のみが得られ，脱離生成物は得られない．なぜなら，ハロゲン化物イオンは優れた求核剤であるが，弱塩基であり，E2反応においてβ炭素から水素を引き抜くためには強塩基を必要とするからである（8.7節参照）．

β炭素は，脱離基が結合している炭素に隣接した炭素である．

問題 5 ◆

次のそれぞれの反応の主生成物を示せ．

a. $CH_3CH_2CHCH_3$ (OH) + HBr $\xrightarrow{\Delta}$

b. シクロペンチル(CH_3)(OH) + HCl $\longrightarrow$

問題 6（解答あり）

脱離基の共役酸のpK_a値（HBrのpK_a値は-9，H_2OのpK_a値は15.7，H_3O^+のpK_a値は-1.7）を用いて，それぞれの化合物の置換反応の反応性の違いを説明せよ．

a. CH_3Br と CH_3OH　　　b. $CH_3\overset{+}{O}H_2$ と CH_3OH

6aの解答　CH_3Brの脱離基の共役酸はHBrであり，CH_3OHの脱離基の共役酸はH_2Oである．HBr（pK_a = -9）はH_2O（pK_a = 15.7）よりもはるかに強い酸なので，Br^-はHO^-よりもはるかに弱い塩基である．（酸性が強いほどその共役塩基の塩基性は弱くなることを思い出そう．）したがって，Br^-はHO^-よりもはるかに優れた脱離基であり，置換反応においてはCH_3BrはCH_3OHよりもはるかに反応性が高い．

問題 7（解答あり）

1-ブタノールを次の化合物に変換する方法を示せ．

a. $CH_3CH_2CH_2CH_2OCH_3$

b. $CH_3CH_2CH_2CH_2O\overset{O}{\overset{\|}{C}}CH_2CH_3$

c. $CH_3CH_2CH_2CH_2NHCH_2CH_3$

d. $CH_3CH_2CH_2CH_2C\equiv N$

7aの解答　1-ブタノールのOH基は塩基性が強すぎて，CH_3O^-によるアルコールの置換反応を起こさないので，アルコールをまずハロゲン化アルキルに変換しなければならない．ハロゲン化アルキルには脱離基があり，望みの生成物を得るために必要な求核剤であるCH_3O^-により置換される．

$CH_3CH_2CH_2CH_2OH \xrightarrow[\Delta]{HBr} CH_3CH_2CH_2CH_2Br \xrightarrow{CH_3O^-} CH_3CH_2CH_2CH_2OCH_3$

問題 8 ◆

第一級，第二級，および第三級アルコールとハロゲン化水素との相対的な反応性は，第三級＞第二級＞第一級と観測されている．第二級アルコールとハロゲン化水素との反応がS_N1反応ではなくS_N2反応で進行する場合，3種類のアルコールの相対的な反応性はどのようになるか．

9.3 細胞中での求核置換反応のための OH 基の活性化

細胞は，求核置換反応のためにプロトン化によって OH 基を活性化することはできない(9.2 節)．第一に，細胞中では高濃度の HBr などの強酸は存在しない(生理的な pH は 7.4)．さらに，細胞中においては，活性化された OH 基と反応する求核剤は一般にアミンであるが，アミンは強酸性の溶液ではプロトン化され，求核剤として機能しない．

ここで示した(いくつかの OH 基をもつ)化合物は，多くの生物学的に重要な化合物を合成するための代謝産物である．その OH 基の一つは**ピロリン酸基**(pyrophosphate group)に変換されることにより活性化される．ピロリン酸基は，アデノシン三リン酸(ATP)の S_N2 反応により生成する．

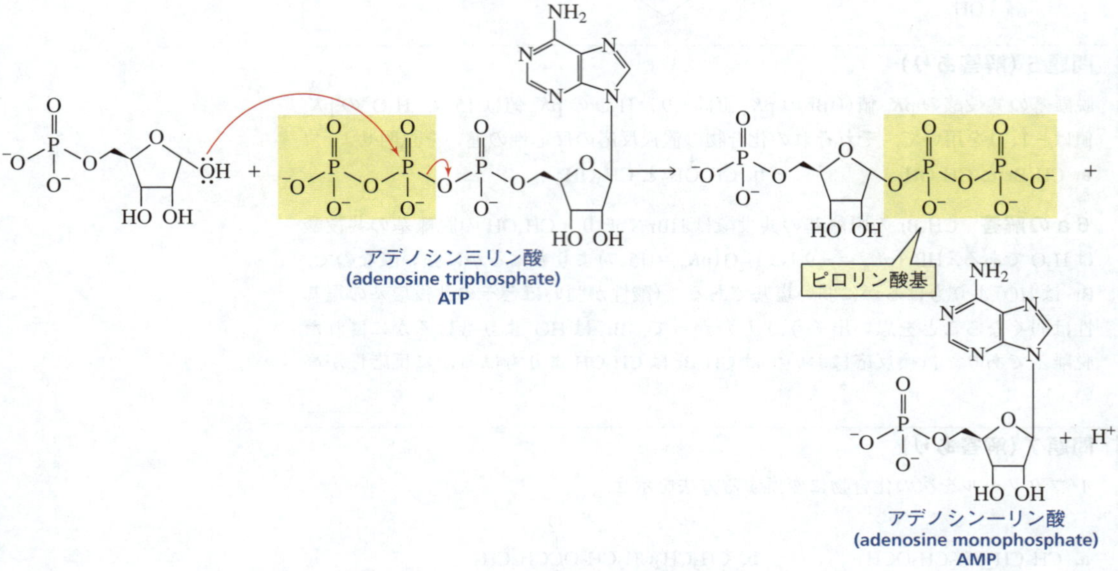

活性化された化合物は，さまざまな求核剤と反応できる．この反応は，DNA や RNA の合成に必要なヌクレオシドの合成，アミノ酸の合成，多糖の合成，およびほかの重要な生理活性化合物の合成の際に起こる．

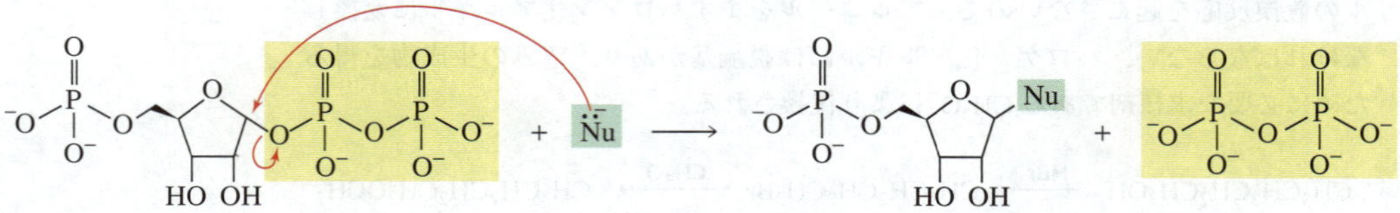

ピロリン酸は，脱離した際に放出された電子が酸素上に局在化できるので，優れた脱離基である．電子が非局在化すると分子は安定化されるし，安定な塩基は弱塩基であることを思い出そう．

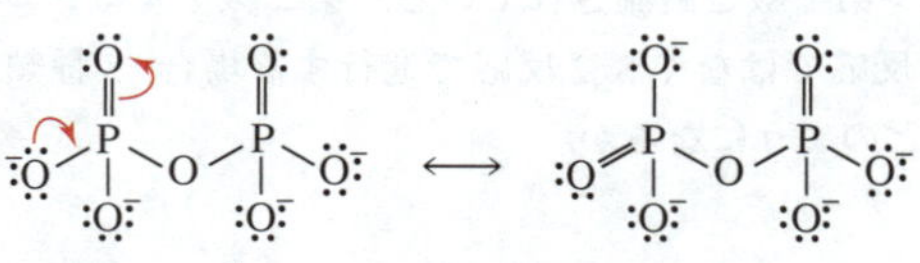

リンを含む化合物が，なぜ自然界において官能基の活性化に用いられているかは，19.1 節で説明する．

S_N2 反応不全は重篤な病気を引き起こす

人体では，HGPRT と呼ばれる酵素がここに示すような求核置換反応を触媒する．

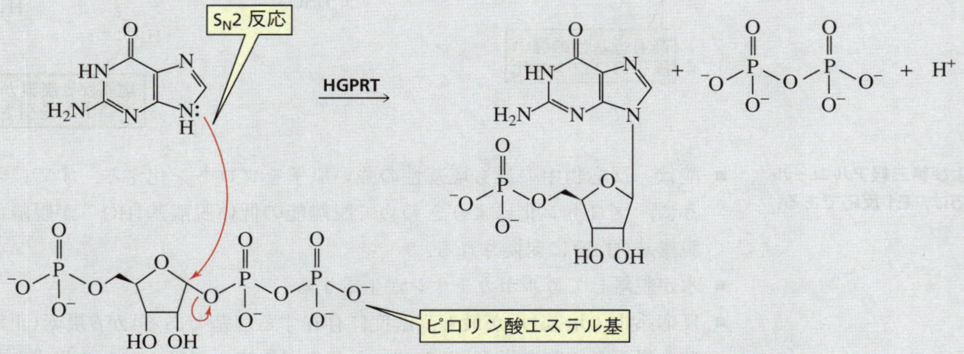

HGPRT の重度の欠乏は Lesch-Nyhan 症候群を引き起こす．この先天性疾患は多くの場合，男性に見られ，たとえば，深刻な関節炎，知能発育不全，きわめて攻撃的かつ破壊的な行動，および自傷といった神経系の機能不全などの重篤な症状を引き起こす．Lesch-Nyhan 症候群の子どもは，指や唇を噛まずにはいられなくなる．幸運なことに，胎児細胞における HGPRT の欠乏は羊水検査により診断することができ，新生児の 38 万人に 1 人の割合で見いだされる．

9.4 アルコールの脱離反応：脱水反応

アルコールは一つの炭素から OH が，隣接する炭素から H が脱離して脱離反応を起こすことができる．この反応の生成物はアルケンである．全体として，これは 1 分子の水の脱離である．ある分子からの水の脱離を**脱水反応**(dehydration)と呼ぶ．

アルコールの脱水反応には酸触媒と熱が必要である．酸触媒には硫酸(H_2SO_4)が一般的に用いられる．触媒は反応速度を増大させるが，それ自身は反応の途中で消費されないことを思い出そう(5.10 節参照)．

酸触媒脱水反応

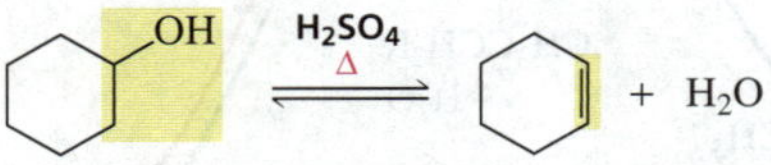

第二級および第三級アルコールの E1 脱水反応

酸触媒脱水反応の機構はアルコールの構造に依存する；第二級および第三級アルコールの脱水反応は E1 反応である．

アルコールの E1 脱水反応の機構

第二級および第三級アルコールの脱水反応は，E1 反応である．

- 酸は，反応物中の最も塩基性の強い原子をプロトン化する．すでに学んだように，プロトン化によりきわめて脱離能の低い脱離基（HO⁻）が脱離能の高い脱離基（H_2O）に変換される．
- 水が脱離してカルボカチオンが生成する．
- 反応系中の塩基（水が最も高濃度に存在する塩基である）が β 炭素（正電荷を帯びた炭素の隣りの炭素）からプロトンを引き抜いてアルケンを生成し，酸触媒を再生する．脱水反応はプロトン化されたアルコールの E1 反応である．

酸触媒脱水反応により，複数の脱離生成物が生成する場合，より安定なアルケン，すなわち結合している水素の数が最も少ない β 炭素からプロトンが引き抜かれたアルケンが主生成物となる（8.8 節参照）．より安定なアルケンは，その生成に至る遷移状態がより安定であるために主生成物となる（図 9.1）．

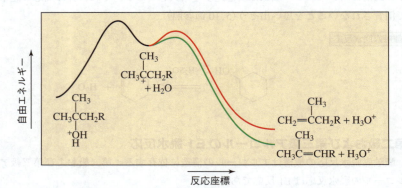

図 9.1 ▶
アルコールの脱水反応により，より安定なアルケンが主生成物として得られる．これは，生成に至る遷移状態がより安定である（緑の線）からである．

第二級あるいは第三級アルコールの脱水反応の律速段階はカルボカチオン中間体の生成であるので，脱水反応の反応速度はカルボカチオンの生成の容易さに依

存する．第三級カルボカチオンは第二級カルボカチオンや第一級カルボカチオンよりも安定であり容易に生成するので，第三級アルコールは最も脱水反応を受けやすい（6.2 節参照）．

脱水反応の相対的容易さ

最も脱水反応を起こしやすい　　R–C(R)(R)–OH　>　R–CH(R)–OH　>　R–CH$_2$OH　最も脱水反応を起こしにくい

第三級アルコール　　第二級アルコール　　第一級アルコール

問題 9 ◆

次のアルコールで，酸とともに加熱すると最も速く脱水反応を起こすのはどれか．

A：2-メチルシクロヘキサノール（CH$_3$, OH）
B：1-メチルシクロヘキサノール（CH$_3$, OH）
C：シクロヘキシルメタノール（CH$_2$OH）

第一級アルコールの E2 脱水反応

第二級または第三級アルコールの脱水反応は E1 反応であるが，第一級アルコールの脱水反応は E2 反応である．これは，第一級カルボカチオンがきわめて不安定なためである．反応混合物 (ROH, ROR, H$_2$O, または HSO$_4^-$) 中の塩基 (B:) ならどれでも脱離反応においてプロトンを引き抜くことができる．その反応では，競争的な S$_N$2 反応によりエーテルも生成する．なぜなら，第一級アルコールは S$_N$2 / E2 条件において置換反応を最も起こしやすい化合物の一つだからである（8.11 節参照）．

> 第一級アルコールの脱水反応は E2 反応である．
>
> アルコールは，第一級カルボカチオンを生成するときは S$_N$2 / E2 反応を起こすが，それ以外は S$_N$1 / E1 反応を起こす．

第一級アルコールの E2 脱水反応および競争する S$_N$2 反応の機構

CH$_3$CH$_2$ÖH + H–OSO$_3$H ⇌ CH$_2$–CH$_2$–$\overset{+}{\text{O}}$H　→(E2)　CH$_2$=CH$_2$ + H$_2$O + HB$^+$
　　　　　　　　　　　　　　　　　H　　　　　　　　　　　脱離生成物
最も塩基性の強い原子のプロトン化　　　B:　　+ HSO$_4^-$
　　　　　　　　　　　　　　塩基が β 炭素からプロトンを引き抜く

CH$_3$CH$_2$ÖH + CH$_3$CH$_2$–$\overset{+}{\text{O}}$H(H) →(S$_N$2) CH$_3$CH$_2$$\overset{+}{\text{O}}CH_2CH_3$ → CH$_3$CH$_2$OCH$_2$CH$_3$ + H$_3$O$^+$
　　　　　　　　　　　　　　　　　　　　　　　　　　　　H　　　　　　　　置換生成物
求核剤の背面攻撃　　　H$_2$Ö:　　プロトンの引き抜き

問題 10

次のそれぞれのアルコールを H$_2$SO$_4$ 存在下で加熱した際に得られる主生成物を書け．

a. CH₃CH₂C(CH₃)(OH)CHCH₃—CH₃ b. (cyclohex-3-en-1-ol)

c. CH₂=CHCH₂CH₂OH d. (2-methylcyclohexan-1-ol)

問題 11

アルコールを硫酸とともに加熱するのは，ジエチルエーテルなどの対称エーテルを合成するよい方法である．

a. この方法はエチルプロピルエーテルなどの非対称エーテルの合成法としては適していない．その理由を説明せよ．

b. エチルプロピルエーテルを合成するにはどうすればよいか．

脱水反応の立体化学

アルコールのE1脱水反応により得られる生成物は，ハロゲン化アルキルのE1反応により得られる生成物と同じである．すなわち，E体とZ体の両方の生成物が得られるが，主生成物はsp^2炭素上のより大きな置換基が二重結合の反対側にある立体異性体である．その立体異性体はより安定であるので，より速く生成する(8.8節参照)．

$$CH_3CH_2CHCH_3 \xrightarrow[\Delta]{H_2SO_4} CH_3CH_2\overset{+}{CH}CH_3 \rightleftharpoons$$
         OH   + H₂O
2-ブタノール

→ trans-2-ブテン (74%) + cis-2-ブテン (23%) + CH₃CH₂CH=CH₂ (1-ブテン 3%) + H⁺

問題 12◆

3,4-ジメチル-3-ヘキサノールの酸触媒による脱水反応により生成する立体異性体は何か．どの立体異性体が主生成物であるか．

問題 13◆

右の化合物をH₂SO₄存在下で加熱したとする．

a. 最も収率よく得られる構造異性体は何か．
b. 最も収率よく得られる立体異性体は何か．

9.5 アルコールの酸化

還元反応(reduction reaction)により化合物中のC—H結合の数が増加することはすでに学んだ(5.6節参照)．酸化は還元の逆反応である．したがって，**酸化反応**(oxidation reaction)によりC—H結合の数は減少する(あるいは，C—O結合の数が増加する)．

9.5 アルコールの酸化

アルコールを酸化するためにさまざまな反応剤が用いられる．長いあいだ，一般的に用いられていた反応剤はクロム酸(H_2CrO_4)であり，第二級アルコールは酸化されてケトンを生じることに注目しよう．

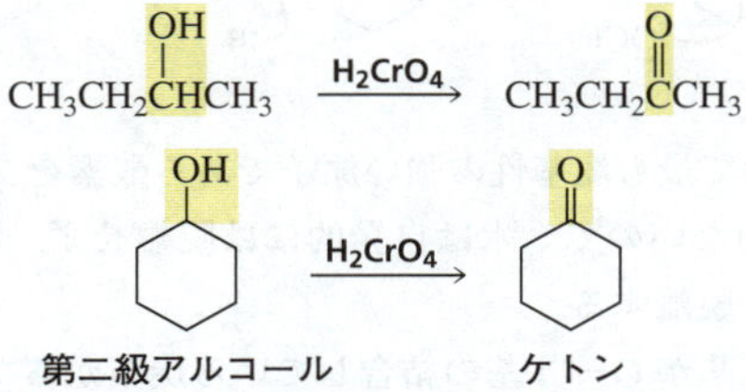

$$CH_3CH_2CH(OH)CH_3 \xrightarrow{H_2CrO_4} CH_3CH_2C(O)CH_3$$

$$\text{シクロヘキサノール} \xrightarrow{H_2CrO_4} \text{シクロヘキサノン}$$

第二級アルコール　　　　　ケトン

第一級アルコールはクロム酸により酸化され，最初にアルデヒドが生成する．しかし，反応はアルデヒドが生成した段階では止められない．アルデヒドはカルボン酸にまでさらに酸化される．

$$R-CH_2OH \xrightarrow{H_2CrO_4} \left[R-\overset{O}{\underset{H}{C}} \right] \xrightarrow{\text{さらなる酸化}} R-\overset{O}{\underset{OH}{C}}$$

第一級アルコール　　　アルデヒド　　　　　カルボン酸

第一級および第二級アルコールのどちらの酸化においても，OH基が結合している炭素から水素が引き抜かれていることに注目しよう．第三級アルコールでは，OH基が結合している炭素には水素が一つも結合していないので，そのOH基をカルボニル($C=O$)基に酸化することはできない．

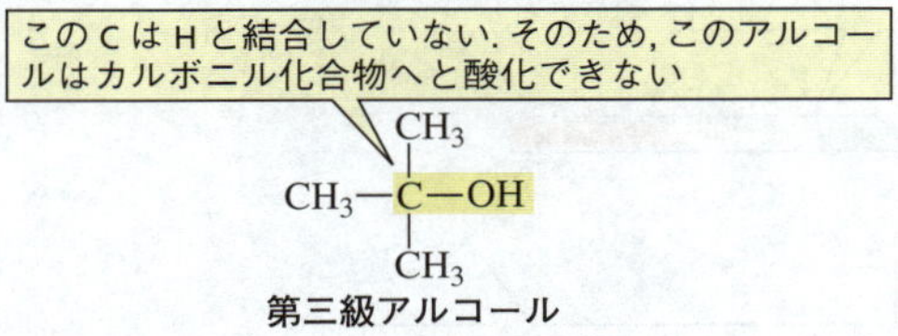

このCはHと結合していない．そのため，このアルコールはカルボニル化合物へと酸化できない

$$CH_3-\underset{CH_3}{\overset{CH_3}{C}}-OH$$

第三級アルコール

クロム系反応剤には毒性があるため，アルコールの酸化に使えるほかの反応剤が開発された．よく用いられる反応剤の一つが次亜塩素酸(HOCl)である．次亜塩素酸は不安定であるので，(CH_3COOHとNaOClを用いて)H^+と^-OClとの酸-塩基反応により系中(反応混合物中)で調製される．第二級アルコールはケトンに酸化され，第一級アルコールはアルデヒドに酸化される．

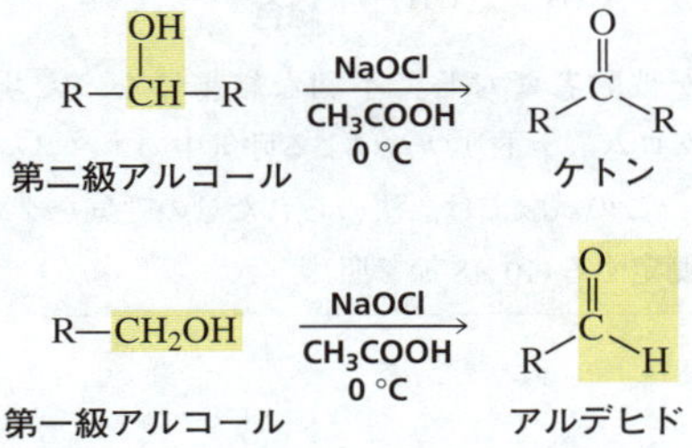

$$R-CH(OH)-R \xrightarrow[0\,°C]{NaOCl/CH_3COOH} R-C(O)-R$$

第二級アルコール　　　　　　ケトン

$$R-CH_2OH \xrightarrow[0\,°C]{NaOCl/CH_3COOH} R-CHO$$

第一級アルコール　　　　　　アルデヒド

第二級アルコールはケトンに酸化される．

第一級アルコールはアルデヒドに酸化される．

366 9章 アルコール，エーテル，エポキシド，アミン，およびチオールの反応

HOCl を用いたアルコールの酸化反応の機構

- 酸はアルコール中で最も塩基性の強い原子である酸素をプロトン化する．
- 反応は加熱していないので，水は自発的には脱離せず，次亜塩素酸イオンとの S_N2 反応により脱離する．
- 反応混合物中の塩基が O—Cl 基の結合している炭素からプロトンを引き抜き，非常に弱い O—Cl 結合を開裂する．

🧪 血中アルコール濃度

　血液が肺動脈を流れるあいだに，血液中のアルコールと呼気中のアルコールは平衡に達する．したがって，一方の濃度がわかれば，他方の濃度を推定できる．

　ヒトの血中アルコール濃度の測定に警察が用いる試験は，呼気中のエタノールを酸化する反応に基づいている．不活性物質にしみ込ませた酸化剤が密閉ガラス管に詰められている．試験を行う際には，密閉ガラス管の両端を折り，一方の端をマウスピースに取りつけ，もう一方の端を風船のような袋に取りつける．被験者は，袋がいっぱいに膨らむまで，マウスピースから息を吹き込む．

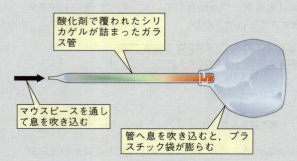

　呼気中のエタノールはカラムを通過するときに酸化される．続いて，酸化剤は緑色のクロムイオンに還元される．呼気中のアルコール濃度が高ければ高いほど，管全体に緑色が広がる．

　緑色部分の広がり具合によって判定するこの試験が被験者に対して不利な結果になった場合には，より正確な Breathalyzer™ 試験を行う．Breathalyzer 試験も同様に，二クロム酸ナトリウムによる呼気中のエタノールの酸化反応に基づいているが，定量性があるので，より正確な結果が得られる．この試験では，決められた量の呼気をクロム酸溶液に吹き込み，分光光度計により緑色の 3 価クロムイオンの濃度を正確に測定する（10.18 節参照）．

🧪 アルコール依存症を Antabuse® で治療する

ジスルフィラム(disulfiram)は，一般に Antabuse® として知られており，アルコール依存症の治療に用いられる．薬剤の服用から 2 日以内にエタノールを摂取すると，きわめて不快になる．

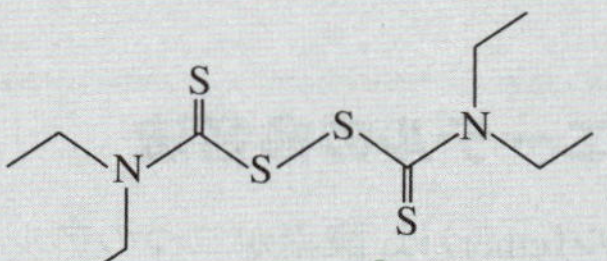

Antabuse®

Antabuse® は，(エタノール代謝生成物である)アセトアルデヒドを酢酸に酸化する酵素であるアルデヒド脱水素酵素を阻害する作用をもつため，体内のアセトアルデヒド濃度を増大させる．アセトアルデヒドは吐き気，目眩，発汗，拍動性の頭痛，低血圧，およびショック症状などの不快な生理作用を引き起こす．Antabuse® は，厳格な医師の指導のもとで服用しなければならない．

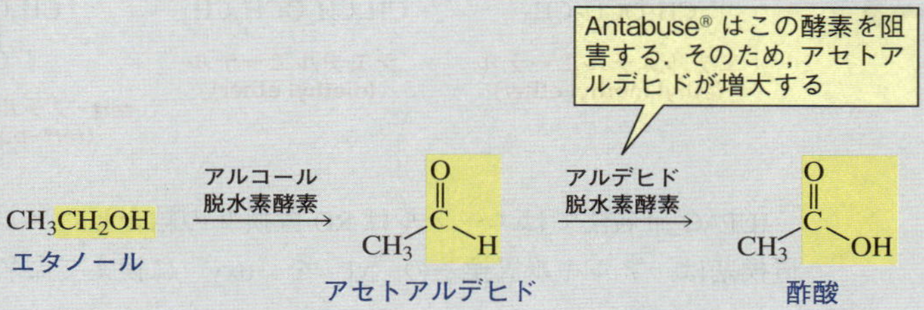

Antabuse® はこの酵素を阻害する．そのため，アセトアルデヒドが増大する

CH_3CH_2OH →(アルコール脱水素酵素) アセトアルデヒド →(アルデヒド脱水素酵素) 酢酸

エタノール　　　アセトアルデヒド　　　酢酸

ふつうの状況においても，アルデヒド脱水素酵素が機能しない人たちがいる．その人たちがアルコールを摂取した際の症状は，Antabuse® で治療を受けている人とほぼ同じである．

🧪 メタノール中毒

エタノールをアセトアルデヒドに酸化するのに加えて，アルコール脱水素酵素はメタノールをホルムアルデヒドに酸化できる．ホルムアルデヒドは多くの組織に損傷を与える．とくに目の組織は過敏なので，メタノールを摂取すると失明を引き起こす．

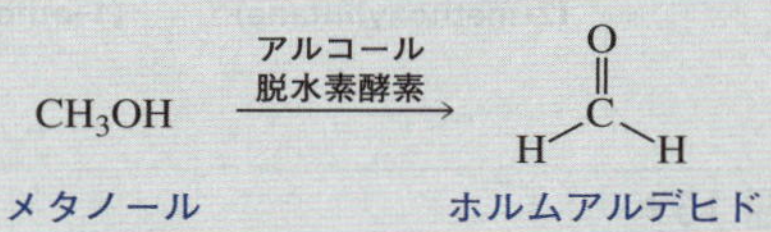

CH_3OH →(アルコール脱水素酵素) ホルムアルデヒド

メタノール　　　ホルムアルデヒド

メタノールを誤って摂取した場合，その患者には数時間にわたってエタノールが静脈注射される．エタノールはメタノールと競合して酵素の活性部位に結合する．そのため，結合しうるメタノール量が最小になり，生成するホルムアルデヒド量も最小に抑えられる．摂取したメタノールが尿にすべて排出されるまで，患者にはエタノールが点滴される．

問題 14◆

次のそれぞれのアルコールと HOCl との反応で得られる生成物は何か．

a. 3-ペンタノール　　**b.** 2-メチル-2-ペンタノール
c. 1-ペンタノール

問題 15◆

次のそれぞれの化合物を合成するためにはどのようなアルコールが必要か．

a. $CH_3CH_2CCH_3$ (with =O)   b. (benzaldehyde: C_6H_5CHO)   c. CH_3CH_2CH (with =O)

9.6 エーテルの命名法

エーテル(ether)は，酸素が二つのアルキル置換基と結合している化合物である．エーテルの慣用名は，二つのアルキル置換基の名称（アルファベット順）から成り立っており，"エーテル"があとに続く．小さめのエーテル分子にはほとんど慣用名がついている．

ジメチルエーテル

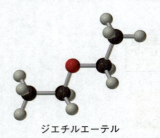
ジエチルエーテル

$CH_3OCH_2CH_3$
エチルメチルエーテル
(ethyl methyl ether)

$CH_3CH_2OCH_2CH_3$
ジエチルエーテル
(diethyl ether)

$CH_3CHCH_2OCCH_3$ (with CH_3 groups)
tert-ブチルイソブチルエーテル
(tert-butyl isobutyl ether)

IUPAC命名法ではエーテルはRO置換基の結合したアルカンとして命名する．置換基は，アルキル置換基の "yl" を "oxy" に換えて命名する．

CH_3O- メトキシ CH_3CH_2O- エトキシ CH_3CHO- (CH_3) イソプロポキシ CH_3CH_2CHO- (CH_3) sec-ブトキシ CH_3CO- (CH_3, CH_3) tert-ブトキシ

$CH_3CHCH_2CH_3$
   |
   OCH_3
2-メトキシブタン
(2-methoxybutane)

$CH_3CH_2CHCH_2CH_2OCH_2CH_3$
         |
         CH_3
1-エトキシ-3-メチルペンタン
(1-ethoxy-3-methylpentane)

問題 16 ◆

a. それぞれのエーテルの体系的名称は何か．

1. $CH_3OCH_2CH_3$
2. $CH_3CH_2OCH_2CH_3$
3. $CH_3CH_2CH_2CH_2CHCH_2CH_3$
                        |
                        OCH_3
4. $CH_3CH_2CH_2OCH_2CH_2CH_3$

b. これらのエーテルはすべて慣用名をもっているか．

c. それらの慣用名は何か．

9.7 エーテルの求核置換反応

エーテルのOR基とアルコールのOH基は，これら二つの基の共役酸が同じ程

度の pK_a 値を示すので，同程度の塩基性をもっている．(CH_3OH の pK_a は 15.5 で，H_2O の pK_a は 15.7 である．）いずれの基も強塩基であるので，ともに脱離能は非常に低い．したがって，エーテルはアルコールと同様に，求核置換反応を起こす前に活性化を受ける必要がある．

$$R-\ddot{O}-H \quad R-\ddot{O}-R$$
$$\text{アルコール} \quad \text{エーテル}$$

アルコールと同様に，エーテルはプロトン化により活性化される．したがって，エーテルは HBr や HI と求核置換反応を起こす．エーテルとハロゲン化水素との反応は，アルコールとハロゲン化水素との反応と同様に，遅い．反応を効率よく進行させるためには反応混合物を加熱しなければならない．

$$R-\ddot{O}-R' + HI \rightleftharpoons R-\overset{H}{\underset{|}{\overset{+}{O}}}-R' \xrightarrow{\Delta} R-I + R'-\ddot{O}H$$

劣った脱離基　　　優れた脱離基

エーテルがプロトン化されたあとに何が起こるかは，エーテルの構造によって変化する．ROH 基の脱離により比較的安定なカルボカチオン（第三級カルボカチオンのような）が生成する場合は，ROH 基が脱離する．つまり，S_N1 反応が起こる．

エーテル開裂の反応機構：S_N1 反応

$$CH_3-\underset{\underset{CH_3}{|}}{\overset{\overset{CH_3}{|}}{C}}-\ddot{O}CH_3 + H-I \rightleftharpoons CH_3-\underset{\underset{CH_3}{|}}{\overset{\overset{CH_3}{|}}{C}}-\overset{H}{\underset{|}{\overset{+}{O}}}CH_3 \xrightarrow{S_N1} CH_3-\underset{\underset{CH_3}{|}}{\overset{\overset{CH_3}{|}}{C^+}} \longrightarrow CH_3-\underset{\underset{CH_3}{|}}{\overset{\overset{CH_3}{|}}{C}}-\ddot{I}:$$
$$+ CH_3\ddot{O}H$$

プロトン化　　　メタノールが脱離し，カルボカチオンが生成する　　　求核剤の付加

- 酸が酸素をプロトン化し，非常に塩基性の強い RO⁻ 脱離基が，塩基性の弱い ROH 脱離基へと変換する．
- 脱離基が離れて，カルボカチオンが生成する．
- ハロゲン化物イオンがカルボカチオンと結合する．

カルボカチオンが不安定であるために，S_N2 反応で開裂せざるを得ない場合を除いて，エーテルの開裂は S_N1 反応で進行する．

しかし，ROH 基の脱離により不安定なカルボカチオン（たとえば，メチルカルボカチオンや第一級カルボカチオン）が生成する場合は，ROH 基は脱離できない．その場合は，ハロゲン化物イオンによって置換される．つまり，S_N2 反応が起こる．

エーテル開裂の反応機構：S_N2 反応

$$CH_3-\ddot{O}-CH_2CH_2CH_3 + H-I \rightleftharpoons CH_3-\overset{H}{\underset{|}{\overset{+}{O}}}-CH_2CH_2CH_3 \xrightarrow{S_N2} CH_3-\ddot{I}: + CH_3CH_2CH_2-\ddot{O}H$$

プロトン化　　　求核剤は立体障害のより小さい炭素を攻撃する

- プロトン化により，非常に塩基性の強い RO⁻ 脱離基が，塩基性の弱い ROH 脱離基へと変換される．
- ハロゲン化物イオンは，二つのなかでかさ高くないほうのアルキル基を優先的に攻撃する．

エーテルと反応する唯一の反応剤はハロゲン化水素であるので，エーテルは溶媒として頻繁に用いられる．表 9.1 に溶媒としてよく用いられるエーテルを示す．

表 9.1　溶媒として用いられるエーテル

ジエチルエーテル (diethyl ether) "エーテル"	テトラヒドロフラン (tetrahydrofuran) THF	テトラヒドロピラン (tetrahydropyran) THP	1,4-ジオキサン (1,4-dioxane)	1,2-ジメトキシエタン (1,2-dimethoxyethane) DME	*tert*-ブチルメチルエーテル (*tert*-butyl methyl ether) MTBE

問題 17（解答あり）

メチルプロピルエーテルを過剰の HI とともに加熱すると，ヨウ化メチルとヨウ化プロピルが生成するのはなぜかを説明せよ．

解答　前ページのメチルプロピルエーテルと等量の HI との S_N2 反応では，プロピル基よりも立体障害の小さなメチル基がヨウ化物イオンの攻撃を受けるので，ヨウ化メチルとプロピルアルコールが生成することを学んだ．過剰の HI が存在すると，最初に生成するアルコールが，HI とさらに S_N2 反応を起こす．したがって，生成物は 2 種類のヨウ化アルキルである．

$$CH_3CH_2CH_2OCH_3 \xrightarrow[\Delta]{HI} CH_3CH_2CH_2OH \xrightarrow[\Delta]{HI} CH_3CH_2CH_2I + H_2O$$
$$+ CH_3I$$

問題 18（解答あり）

次に示すエーテルを 1 当量の HI 存在下で加熱した際に得られる主生成物を書け．

18a の解答　どちらのアルキル基も比較的安定なカルボカチオンを生成することができないので，反応は S_N2 機構で進行する（ともに第一級である）．エチル基の炭素のほうがイソブチル基の炭素よりも立体障害が小さいので，ヨウ化物イオンはエチル基の炭素を攻撃する．したがって，主生成物はヨウ化エチルとイソブチルアルコールである．

麻酔薬

ジエチルエーテル（一般にはエーテルと呼ばれる）は短寿命の筋弛緩剤であり，かつては吸入性の麻酔薬として広く用いられていた．しかし，エーテルは効力が現れるのが遅く，麻酔からの覚醒時に不快感を伴うので，やがてイソフルラン，エンフルラン，ハロタンなどのほかの麻酔薬に取って代わられた．しかし，ジエチルエーテルは，専門家の手を借りないで麻酔を行う際には最も安全な麻酔薬であるので，現在でもアメリカ合衆国では，訓練を受けた麻酔専門医が不在の場合には用いられている．麻酔薬は細胞膜の非極性な分子と相互作用し，細胞膜を膨張させ，透過性を低下させる．

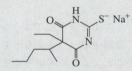

"エーテル"　　イソフルラン　　エンフルラン　　ハロタン
　　　　　　　(isoflurane)　　(enflurane)　　(halothane)

ペントタールナトリウム（チオペンタールナトリウムとも呼ばれる）は静脈麻酔薬である．投与すると数秒内に麻酔が開始され，意識を失う．ペントタールナトリウムの効果的な投与量は致死量の75%であるので，ペントタールナトリウムの投与は慎重に行う必要がある．この高い毒性のために，単独投与は認められていない．一般的には，吸入麻酔薬を投与する前の導入麻酔薬として用いられる．それとは対照的にプロポフォールは"完全な麻酔薬"としてのすべての性質を兼ね備えている．プロポフォールは専門医のもとで静脈麻酔薬として単独で用いることができ，すばやく快適な誘導期と，安全投与量の幅が広いという利点をもっている．麻酔からの覚醒もすばやく快適である．

ペントタールナトリウム　　プロポフォール
(sodium pentothal)　　　　(propofol)
チオペンタールナトリウム　　Diprivan®
(thiopental sodium)

麻酔薬を用いない足の切断手術(1528)

1846年に外科医であるJohn Collins Warrenにより，マサチューセッツ総合病院で，麻酔薬エーテルが外科手術に最初に用いられた様子を描いた油絵

9.8 エポキシドの求核置換反応

エポキシド（epoxide）は，酸素原子を含む三員環をもつエーテルである．エポキシドの慣用名は，アルケンのπ結合の位置に酸素原子が存在すると仮定して，

アルケンの慣用名に"オキシド"をつける．最も単純なエポキシドはエチレンオキシドである．

$H_2C=CH_2$ エチレン (ethylene)

エチレンオキシド (ethylene oxide)

$H_2C=CHCH_3$ プロピレン (propylene)

プロピレンオキシド (propylene oxide)

もう一つは，酸素原子が結合している炭素原子の位置を示す"エポキシ"の接頭語をつけたアルカンとして命名する方法である．

$H_2C-CHCH_2CH_3$
1,2-エポキシブタン
(1,2-epoxybutane)

$CH_3CH-CHCH_3$
2,3-エポキシブタン
(2,3-epoxybutane)

1,2-エポキシ-2-メチルプロパン
(1,2-epoxy-2-methylpropane)

問題 19◆

次の化合物の構造式を書け．

a. シクロヘキセンオキシド b. 2,3-エポキシ-2-メチルペンタン

エポキシドはアルケンと<u>過酸</u>との反応により得られる．**過酸**(peroxyacid)は酸素原子を一つ多くもっているカルボン酸である．この酸素がアルケンに移動することにより，エポキシドが生成する．反応によって，反応物のC—O結合の数が増える．したがって，これは酸化反応である（9.5節）．

エポキシドとエーテルは同じ脱離基をもっているが，エーテルよりもエポキシドのほうが求核置換反応の反応性が高い．これは，開環によって三員環の環ひずみが解消されるからである（図9.2）．したがって，エポキシドはさまざまな求核剤と求核置換反応を起こす．

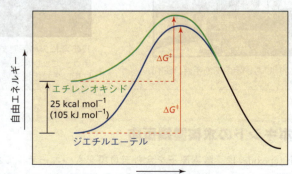

図 9.2 ▶
エチレンオキシドおよびジエチルエーテルに対する水酸化物イオンの求核攻撃の反応座標図．三員環の環ひずみにより自由エネルギーが増大するために，エポキシドは高い反応性を示す．

9.8 エポキシドの求核置換反応

求核置換反応：酸性条件

エポキシドは，ほかのエーテルと同様にハロゲン化水素と置換反応を起こす．この反応の機構は，酸性条件あるいは中性/塩基性条件で行うかによって変化する．酸性条件下での反応機構を次に述べる．

求核置換反応の機構：酸性条件

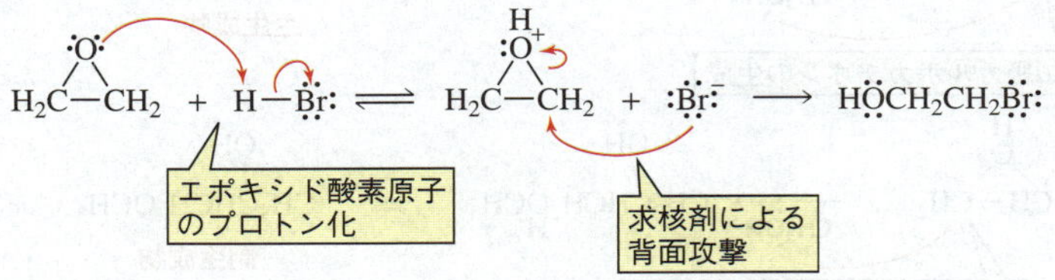

(エポキシド酸素原子のプロトン化／求核剤による背面攻撃)

- エポキシドの酸素原子が酸によりプロトン化される．
- プロトン化されたエポキシドはハロゲン化物イオンの背面攻撃を受ける．

エポキシドはエーテルよりも反応性が高いので，エーテルとハロゲン化水素との反応が加熱を必要とするのとは異なり，反応は室温で容易に起こる．

プロトン化されたエポキシドは非常に反応性が高いので，H_2O やアルコールなどの反応性の低い求核剤によって開環する．（HB^+ は反応系中の酸で，:B は塩基である．）

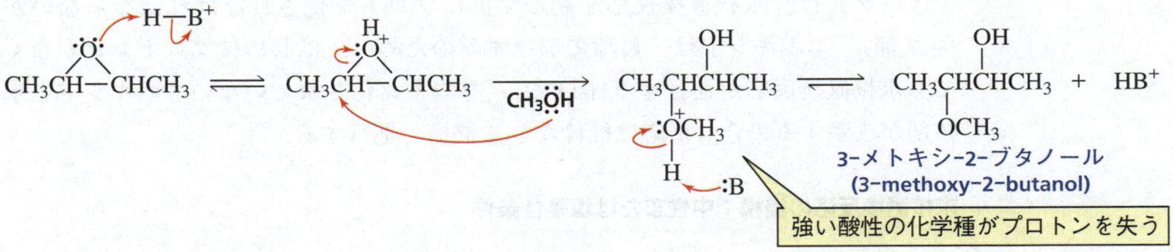

3-メトキシ-2-ブタノール
(3-methoxy-2-butanol)

強い酸性の化学種がプロトンを失う

プロトン化されたエポキシドの二つの炭素に異なる置換基が結合している場合（そのうえ，求核剤が H_2O 以外），環の2位への求核攻撃による生成物は，3位への求核攻撃による生成物とは異なってくる．<u>より多置換の炭素への求核攻撃による化合物が主生成物である．</u>

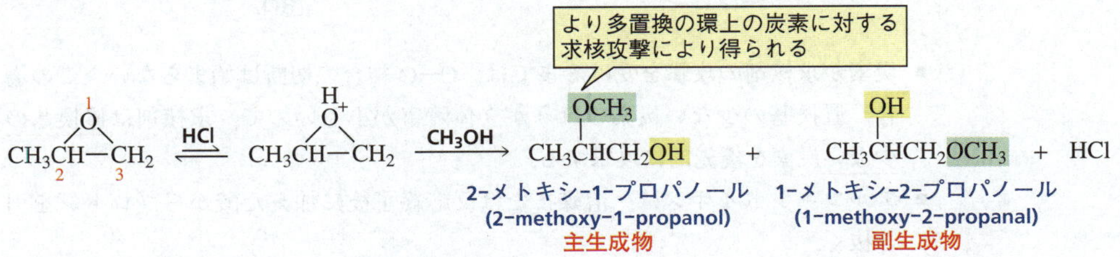

より多置換の環上の炭素に対する求核攻撃により得られる

2-メトキシ-1-プロパノール
(2-methoxy-1-propanol)
主生成物

1-メトキシ-2-プロパノール
(1-methoxy-2-propanal)
副生成物

エポキシドがプロトン化されると反応性が非常に増大し，求核剤が攻撃する前にC—O結合の一つが切断され始める．そのため，より多置換の炭素が求核攻撃を受けやすくなる．結合の切断が始まると，酸素との共有電子を失う炭素に部分正電荷が生じる．したがって，より多置換のカルボカチオンはより安定であるので，プロトン化されたエポキシドは，部分正電荷が多置換の炭素上に生成する方

向で開環する.（第三級カルボカチオンは第二級カルボカチオンより安定であり，第二級カルボカチオンは第一級カルボカチオンよりも安定であることを思い出そう.）

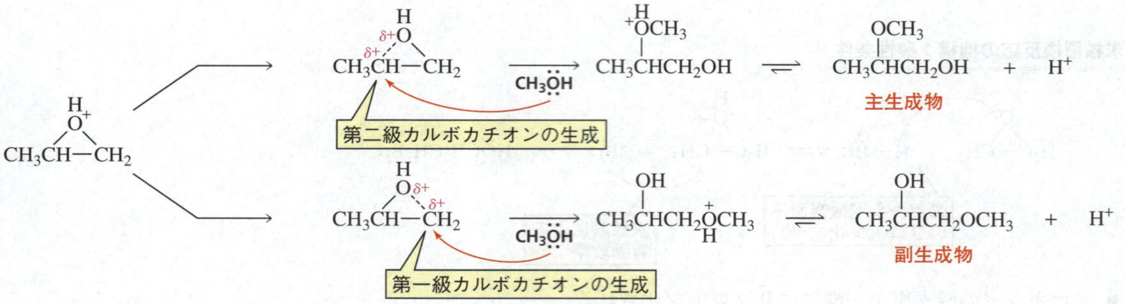

この反応は，一部は S_N1 機構で進行し，一部は S_N2 機構で進行するという説明が最も適切であろう．カルボカチオン中間体が完全に生成しているわけではないので，純粋な S_N1 反応ではない．また，求核攻撃を受ける前に脱離基の脱離が始まるので，純粋な S_N2 反応でもない．

求核置換反応：中性または塩基性条件

エーテルは，求核置換反応を起こす前にプロトン化されなければならないが（9.7節），エポキシドは三員環の環ひずみのために，はじめにプロトン化しなくても求核置換反応が進行する（図9.2）．プロトン化されていないエポキシドを求核剤が攻撃する場合，反応は純粋な S_N2 機構で進行する．

求核置換反応の機構：中性または塩基性条件

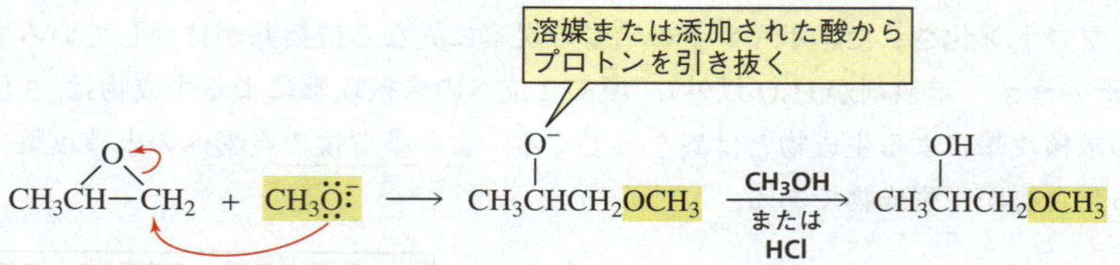

- 炭素が求核剤の攻撃を受けるまでは，C—O 結合の切断は始まらない．この場合，置換基の少ない炭素のほうが立体障害が小さいので，求核剤は<u>置換基の少ない炭素</u>を優先的に攻撃する．
- アルコキシドイオンは，溶媒または反応終了後に加えた酸からプロトンを引き抜く．

酸性条件下では，求核剤はより多置換の環上の炭素を優先的に攻撃する.

したがって，中性あるいは塩基性（エポキシドがプロトン化されていない）条件下で非対称エポキシドが求核攻撃を受ける部位は，酸性（エポキシドがプロトン化されている）条件下での場合とは異なる．

中性または塩基性条件下では，求核剤は置換基のより少ない環上の炭素を優先的に攻撃する．

エポキシドはさまざまな種類の求核剤と反応し，多種多様な化合物を合成することができるので，有用な反応剤である．

$$\text{H}_2\text{C}\underset{\underset{\text{CH}_3}{|}}{\overset{\overset{\text{O}}{\diagdown}}{\text{C}}}\text{CH}_3 + \text{CH}_3\text{C}{\equiv}\text{C}^- \longrightarrow \text{CH}_3\text{C}{\equiv}\text{CCH}_2\underset{\underset{\text{CH}_3}{|}}{\overset{\overset{\text{O}^-}{|}}{\text{C}}}\text{CH}_3 \xrightarrow{\text{CH}_3\text{OH}} \text{CH}_3\text{C}{\equiv}\text{CCH}_2\underset{\underset{\text{CH}_3}{|}}{\overset{\overset{\text{OH}}{|}}{\text{C}}}\text{CH}_3$$

$$\text{CH}_3\text{CH}{-}\text{CH}_2 + \text{CH}_3\text{NH}_2 \longrightarrow \text{CH}_3\text{CHCH}_2\overset{+}{\text{NH}_2\text{CH}_3} \longrightarrow \text{CH}_3\text{CHCH}_2\text{NHCH}_3$$

問題 20 ◆

次の反応の主生成物を書け．

a. エポキシド（H_2C-$\text{C}(\text{CH}_3)_2$） $\xrightarrow[\text{CH}_3\text{OH}]{\text{HCl}}$

b. エポキシド（H_2C-$\text{C}(\text{CH}_3)_2$） $\xrightarrow[\text{CH}_3\text{OH}]{\text{CH}_3\text{O}^-}$

c. エポキシド（$\text{H(CH}_3)\text{C}$-$\text{C}(\text{CH}_3)_2$） $\xrightarrow[\text{CH}_3\text{OH}]{\text{HCl}}$

d. エポキシド（$\text{H(CH}_3)\text{C}$-$\text{C}(\text{CH}_3)_2$） $\xrightarrow[\text{CH}_3\text{OH}]{\text{CH}_3\text{O}^-}$

問題 21 ◆

テトラヒドロフラン（表9.1）などの五員環エーテルの反応性は，エポキシドの反応性と非環式エーテルの反応性のどちらにより近いと予想されるか．

9.9 アレーンオキシドの発がん性を決めるためにカルボカチオンの安定性を利用する

アレーンオキシド（arene oxide）は芳香族炭化水素〔**アレーン**（arene）とも呼ばれる〕の"二重結合"の一つがエポキシドに変換された化合物である．アレーンオキシドの生成は，異物（たとえば，薬，タバコの煙，あるいは自動車の排ガス）として体内に入り込んだ芳香族化合物を，最終的には排出されるように，より水溶性の化合物に変換する一段階目である．アレーンをアレーンオキシドに変換する酵素は，シトクロム P_{450} と呼ばれる．

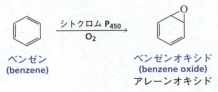

ベンゼン (benzene) → ベンゼンオキシド (benzene oxide) アレーンオキシド

ベンゼン

ベンゼンオキシド

アレーンオキシドは二つの反応性を示す．一つは，典型的なエポキシドとして反応し，求核剤（Y⁻）の攻撃を受けて付加生成物を与える（9.8 節）．求核剤は，三員環のどちらの炭素でも攻撃できるので，二つの付加生成物が得られる．もう一つは，転位してフェノールを与えることができるが，これはほかのエポキシドでは起こらない．

アレーンオキシドが転位反応を起こす場合，三員環のエポキシドは溶液中に存在する化学種（HB⁺）からプロトンを引き抜いて開環する．溶液中の塩基（:B）がカルボカチオン中間体からプロトンを引き抜く．生成物はフェノールである．

カルボカチオンの生成が律速段階であるので，カルボカチオンの安定性の違いによりフェノールの生成速度は変化する．カルボカチオンが安定であればあるほど，容易に開環し，転位生成物が得られる．

芳香族炭化水素のなかには発がん性をもつものがある．しかし，研究により，炭化水素自身は発がん性を示さず，実際に発がん性を示すのは，体内で炭化水素から変換されたアレーンオキシドであることが明らかになった．

では，アレーンオキシドはどのようにして発がん性を発現するのだろうか．求核剤はエポキシドと反応して付加生成物を与えることを学んだ．DNA の構成成分である 2′-デオキシグアノシン（21.1 節参照）の求核性の NH_2 基は，ある種のアレーンオキシドと反応することが知られている．2′-デオキシグアノシン分子がいったんアレーンオキシドと共有結合を形成すると，2′-デオキシグアノシンは DNA の二重らせんにはまらなくなる．その結果，遺伝コードを正しく転写することができなくなり（21.7 節参照），がんを引き起こす変異が発生する．細胞は自分自身の増殖と複製を制御する能力を失ったときにがん化する．

DNA の一部

9.9 アレーンオキシドの発がん性を決めるためにカルボカチオンの安定性を利用する

2′-デオキシグアノシン
(2′-deoxyguanosine)

アレーンオキシドに共有結合する

すべてのアレーンオキシドが発がん性を示すわけではない．アレーンオキシドが発がん性を示すかどうかは，転位と求核剤との反応の二つの反応の相対的反応速度に依存する．アレーンオキシドが転位すると発がん性を示さないフェノールが得られるが，DNA による求核攻撃で付加生成物が得られると，発がん物質が生成する．つまり，アレーンオキシドの転位反応が，DNA による求核攻撃よりも速いと，アレーンオキシドは毒性を示さない．しかし，求核攻撃が転位よりも速いと，アレーンオキシドは発がん物質となる．

アレーンオキシドの転位反応の律速段階は，カルボカチオンの生成である．したがって，転位反応の反応速度とアレーンオキシドの発がん性の強さはカルボカチオンの安定性に依存する．カルボカチオンが比較的安定であれば，比較的容易に生成するので，転位は速く，アレーンオキシドはおそらく発がん性を示さないであろう．一方，カルボカチオンが比較的不安定であれば，転位は遅く，アレーンオキシドが求核攻撃を受けるのに十分な寿命をもち，そのため発がん物質となる．これは，<u>アレーンオキシドのエポキシド環が開環して生成するカルボカチオンが安定であるほど，アレーンオキシドの発がん性が低い</u>ことを意味する．

> アレーンオキシドが開環して生成するカルボカチオンが安定であるほど，アレーンオキシドの発がん性は低い．

🧪 ベンゾ[a]ピレンとがん

ベンゾ[a]ピレンはアレーンのなかで最も発がん性の強い化合物の一つである．この炭化水素は，有機化合物が不完全燃焼すると必ず生じる．たとえば，ベンゾ[a]ピレンはタバコの煙，自動車の排ガス，炭火焼きの肉などのなかに含まれている．ベンゾ[a]ピレンから数種類のアレーンオキシドが生成する．最も毒性が強いのは 4,5-オキシドと 7,8-オキシドである．

ベンゾ[a]ピレン (benzo[a]pyrene) → シトクロム P_{450} / O_2 → **4,5-ベンゾ[a]ピレンオキシド** (4,5-benzo[a]pyrene oxide) + **7,8-ベンゾ[a]ピレンオキシド** (7,8-benzo[a]pyrene oxide)

4,5-オキシドは，生成するカルボカチオンが隣接するベンゼン環の芳香族性を損なわずに電子の非局在化による安定化を受けることはないので毒性を示す．したがって，生成するカルボカチオンは比較的不安定であり，エポキシドは求核攻撃を受けるまで開環しない（発がん経路）．7,8-オキシドは，水（求核剤）と反応しジオールを生成し，さらにそれがジオールエポキシドへ変化するので毒性を示す．ジオールエポキシドは，開裂してカルボカチオンになっても電子求引性の OH 基により不安定化されるので，容易に転位を起こすことはない（無毒化経路）．したがって，カルボカチオンの生成が遅いので，ジオールエポキ

シドは安定であり求核攻撃を受けてしまう。

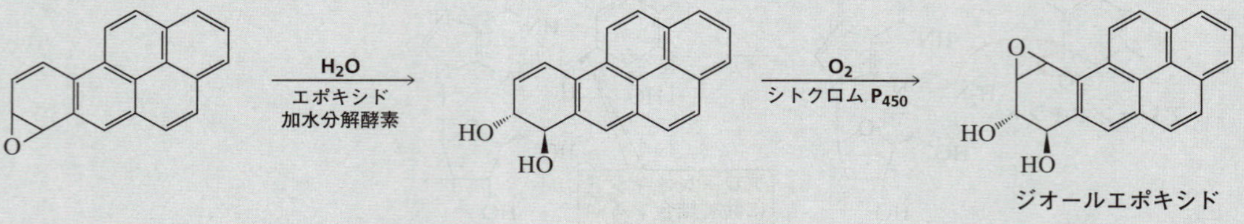

問題 22(解答あり)

各組のどちらの化合物の発がん性が強いと考えられるか.

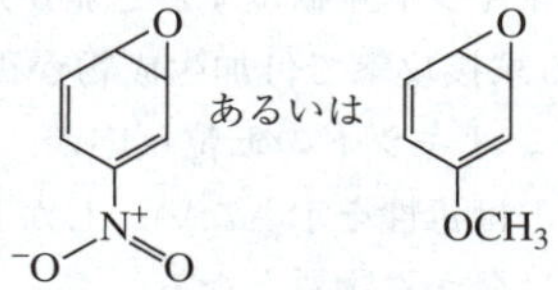

解答 ニトロ置換化合物は発がん性を示しやすい. ニトロ基は電子求引性であるので, 開環時に生じるカルボカチオンを共鳴により不安定化する. 一方, メトキシ基は電子供与性であるので, 共鳴によりカルボカチオンを安定化する(7.9節参照). カルボカチオンからは毒性のない化合物が生成するので, 不安定な(生成の困難な)カルボカチオンを生成するニトロ置換化合物が転位を経て無毒化する経路をたどるのは容易ではない. さらに, アレーンオキシドは電子求引性のニトロ基が置換することにより, 発がん性を発現する経路である求核攻撃を受けやすくなる.

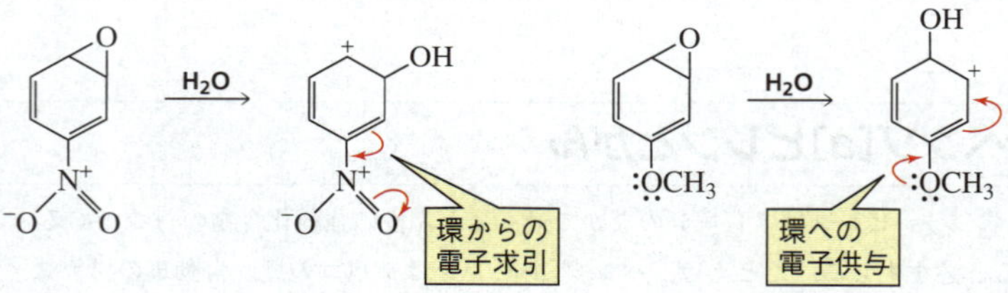

問題 23

問題22の二つのアレーンオキシドが逆方向に開環するのはなぜかを説明せよ.

問題 24◆

どちらの化合物の発がん性が強いか. (ヒント: 前ページのベンゾ[a]ピレンのコラムを読み, なぜ4,5-エポキシドに毒性があるかを理解しよう).

煙突掃除人とがん

イギリスの外科医である Percival Pott は，1775 年に，煙突掃除人は一般男性に比べて，陰嚢がんの発症率が高いことを見いだし，環境因子によるがんの発生を初めて明らかにした．彼は，煙突のすすのなかに発がん物質が含まれていることを提唱した．現在は，それがベンゾ[a]ピレンであることが明らかにされている．

Percival Pott

ビクトリア朝時代の煙突掃除人▶とその助手——少年は小さいので煙突の狭い管の中に入ることができる．

9.10　アミンは置換反応も脱離反応も起こさない

　アミン(amine)は，ハロゲン化アルキル，アルコール，およびエーテルと同じように，sp^3 炭素に結合した電子求引性基をもっているが，置換反応も脱離反応も起こさない．

　アミンが置換反応も脱離反応も起こさない理由は，電子求引性基の脱離能と，置換反応および/または脱離反応を起こす化合物の電子求引性基の脱離能を比較すると理解できる．

　酸が弱いほどその共役塩基の塩基性は強く，そして強い塩基ほど脱離能は低いことを思い出しながら，その共役酸の pK_a 値を比較すれば，相対的な脱離能を決定することができる．共役酸の pK_a 値を見れば，アミンの脱離基($^-NH_2$)が，アミンが置換反応も脱離反応も起こせないほど非常に強塩基であることがわかる．(F は O および N と周期表の同じ列にあるので，HF が比較に用いられるが，ハロゲン化アルキルのなかでフッ化アルキルの脱離能が最も低いことを思い出そう．)

弱い酸ほど，その共役塩基の塩基性は強い．

相対的反応性

| 最も反応性が高い | RCH_2F | > | RCH_2OH | > | RCH_2OR | > | RCH_2NH_2 | 最も反応性が低い |

| | HF | | H_2O | | ROH | | NH_3 |
| | $pK_a = 3.2$ | | $pK_a = 15.7$ | | $pK_a \sim 16$ | | $pK_a = 36$ |

強い塩基ほど，脱離基としては劣る．

　アミノ基をプロトン化するとより優れた脱離基となるが，プロトン化されたアルコールほどには優れていない．プロトン化されたアルコールは，プロトン化されたアミンよりも pK_a 値で 14 ほど酸性度が大きい．

$$CH_3CH_2\overset{+}{O}H_2 \quad > \quad CH_3CH_2\overset{+}{N}H_3$$
$$pK_a = -2.4 \qquad pK_a = 11.2$$

　したがって，プロトン化されたアルコールとは異なり，プロトン化されたアミンは置換反応も脱離反応も起こさない．

アミンは置換反応も脱離反応も起こさないが,きわめて重要な有機化合物である.窒素上の孤立電子対により,アミンは塩基としても求核剤としても働く.

アミンは,最も一般的な有機塩基である.プロトン化されたアミンは pK_a 値が約 11,プロトン化されたアニリンは pK_a 値が約 5 であることをすでに学んだ(2.3 および 7.8 節参照).中性のアミンは非常に大きな pK_a 値を示す.たとえば,メチルアミンの pK_a は 40 である.

$CH_3CH_2CH_2\overset{+}{N}H_3$　　$CH_3\overset{+}{N}H_2CH_3$　　$CH_3CH_2\overset{+}{N}H(CH_2CH_3)$　　$C_6H_5\overset{+}{N}H_3$　　$CH_3\text{-}C_6H_4\overset{+}{N}H_3$　　CH_3NH_2

pK_a = 10.8　　pK_a = 10.9　　pK_a = 11.1　　pK_a = 4.58　　pK_a = 5.07　　pK_a = 40

アミンはさまざまな反応において求核剤として働く.たとえば,ハロゲン化アルキルとエポキシドとの S_N2 反応では求核剤として反応する.

$CH_3CH_2Br + CH_3NH_2 \xrightarrow{S_N2 \text{反応}} CH_3CH_2\overset{+}{N}H_2CH_3 + Br^-$

$CH_3CH\text{-}CH_2\text{(エポキシド)} + CH_3NH_2 \longrightarrow CH_3CH(O^-)CH_2\overset{+}{N}H_2CH_3 \longrightarrow CH_3CH(OH)CH_2NHCH_3$

11 章および 12 章では,アミンは求核剤としてさまざまなカルボニル化合物と反応することを学ぶ.

🧪 アルカロイド

アルカロイド(alkaloid)は多くの植物の葉,皮,根,種などに含まれるアミンである.カフェイン(茶葉,コーヒー豆,コーラの木の実などに含まれる),ニコチン(タバコの葉に含まれる),などがその例である.ニコチンは脳細胞から快感物質のドーパミンとエンドルフィンを放出させるため,人びとをニコチン中毒にさせる.エフェドリンは,中国で見られる植物の *Ephedra sinica* から単離された気管支拡張薬である.モルヒネは,ケシの一種の乳液から採れるアヘンより得られるアルカロイドの一種である(3 ページ参照).

◀コーヒー豆

カフェイン
(caffeine)

ニコチン
(nicotine)

エフェドリン
(ephedrine)

モルヒネ
(morphine)

医薬品開発のためのリード化合物

古来，私たち人間が用いた薬というものが，現代の医薬品開発の原点にあるといえる．活性をもつ成分は，呪医，シャーマン，および呪術医らに用いられていた葉，果実，根，樹皮から単離された．科学者は，新たな医薬品となりうる化合物を生みだす植物や動物を求め，世界中の陸地や海を探索している．

いったん天然に存在する薬が単離され，その構造が決定されれば，ほかの生物活性物質を研究するときの標準物質として使うことができる．その基準となる化合物を**リード化合物**(lead compound)と呼ぶ．つまり，その研究における先駆的な役割を果たす化合物のことである．リード化合物をもとに，治療効果が高い化合物や副作用の少ない化合物を見いだすためにリード化合物の類縁体が合成される．その類縁体にはリード化合物とは異なる置換基をもたせたり，直鎖の代わりに分岐鎖にしたり，異なる官能基をもたせたり，環の形を変えてみたりする．リード化合物の構造を変化させて類縁体をつくることを**分子修飾**(molecular modification)と呼ぶ．

分子修飾の典型的な例として，コカインから得られる合成局所麻酔薬の発展があげられる．コカインは *Erythroxylon coca* の葉から得られ，その低木樹は南アメリカのアンデス山脈に特有のものである(353ページ参照)．コカインは非常に効果的な局所麻酔薬であるが，中枢神経系(CNS)に対して望ましくない効果をもたらし，その程度は初期の多幸症から激しい鬱病にまで及ぶ．科学者はコカイン分子のメトキシカルボニル基を外し，七員環構造を開裂させるという段階的な操作によって，CNSに損傷を与えることなく局所麻酔活性にかかわる分子の活性部位を見いだした．これらの知見から改良されたリード化合物を得ることができた．

コカイン
(cocaine)
リード化合物

改良されたリード化合物

これまでに数百の類縁体が合成された．分子修飾を通して得られた麻酔薬の成功例として，(局所麻酔薬である) Benzocaine®, (歯科医によって用いられる) Novocaine®, (最も用いられている注射用麻酔薬である) Xylocaine® などがある．

Benzocaine®

プロカイン
(procaine)
Novocain®

リドカイン
(lidocaine)
Xylocaine®

9.11 チオール，スルフィド，およびスルホニウム塩

チオール(thiol)はアルコールの硫黄類縁体である．チオールはヒ素や水銀などの重金属カチオンと強固な錯体を形成する．つまり，水銀を捕捉する．

$$2\text{ CH}_3\text{CH}_2\text{SH} + \text{Hg}^{2+} \longrightarrow \text{CH}_3\text{CH}_2\text{S}-\text{Hg}-\text{SCH}_2\text{CH}_3 + 2\text{ H}^+$$

チオール　水銀(Ⅱ)イオン
(mercuric ion)

チオールは，親炭化水素のアルカンにチオールを接尾語としてつけることにより命名する．接尾語により示される二つ目の官能基が分子内に存在するならば，SH基はその置換基名である<u>メルカプト</u>によって示す．ほかの置換基名と同様に，

親炭化水素のアルカンの名称の前にそれをつける．

CH_3CH_2SH　　$CH_3CH_2CH_2SH$　　$CH_3CHCH_2CH_2SH$（CH_3）　　$HSCH_2CH_2OH$
エタンチオール　　1-プロパンチオール　　3-メチル-1-ブタンチオール　　2-メルカプトエタノール
(ethanethiol)　　(1-propanethiol)　　(3-methyl-1-butanethiol)　　(2-mercaptoethanol)

低分子量のチオールは，タマネギ，ニンニク，スカンクなどに特徴的な，強力かつ刺激性の悪臭をもつことで有名である．天然ガスはまったく無臭であり，もしガス漏れが起こり，それが検知されないと致命的な爆発事故につながる可能性がある．そのために，ガス漏れをにおいで検知できるように，天然ガスにはごく微量のチオールが添加されている．

硫黄は酸素ほど電気陰性度が大きくないので，チオールは強固な水素結合を形成しない．結果的に，それらは分子間力が弱く，したがって，沸点はアルコールよりもかなり低い (3.7 節参照)．たとえば，CH_3CH_2SH の沸点は 37 ℃ であるが，CH_3CH_2OH の沸点は 78 ℃ である．

硫黄原子は酸素原子より大きい．そのため，チオラートイオンの負電荷は，アルコキシドイオンの負電荷よりも立体的に大きく広がっており，チオラートイオンはより安定になる (2.6 節参照)．したがって，チオール(pK_a は約 10) はアルコール(pK_a は約 15) よりも強酸である．チオラートイオンはアルコキシドよりも弱塩基であるが，より大きなチオラートイオンは溶媒和を効果的に受けない (8.12 節参照)．

$$CH_3-\ddot{S}:^- + CH_3CH_2-Br \xrightarrow{CH_3OH} CH_3-\ddot{S}-CH_2CH_3 + Br^-$$

エーテルの硫黄類縁体は**スルフィド** (sulfide) または**チオエーテル** (thioether) と呼ばれる．スルフィドはハロゲン化アルキルと速やかに反応して**スルホニウム塩** (sulfonium salt) を形成する．一方，エーテルはハロゲン化アルキルとは反応しない．というのは，酸素は硫黄に比べ求核性が低く，正電荷を硫黄のように収容することができないからである．

$$CH_3-\ddot{S}-CH_3 + CH_3-I \longrightarrow CH_3-\overset{+}{\underset{CH_3}{S}}-CH_3\ I^-$$

ジメチルスルフィド　　　　　ヨウ化トリメチルスルホニウム
(dimethyl sulfide)　　　　　(trimethylsulfonium iodide)
チオエーテル　　　　　　　　スルホニウム塩

スルホニウムイオン (sulfonium ion) の正電荷を帯びた基は非常に優れた脱離基である．そのため，スルホニウムイオンは容易に求核置換反応を起こす．

$$H\ddot{O}:^- + CH_3-\overset{+}{\underset{CH_3}{S}}-CH_3 \longrightarrow CH_3-\ddot{O}H + CH_3-\ddot{S}-CH_3$$
　　　　　　　スルホニウムイオン

🧪 マスタードガス——化学兵器

1915 年にドイツ軍が，フランス・イギリス連合軍と戦ったイーペルの戦いにおいて塩素ガスを用いた．それは初めての化学戦争の勃発であった．第一次世界大戦の末期，両軍はさまざまな化学兵器を使用した．なかでも，皮膚に対し糜爛性を示すマスタードガスがよく用いられた．マスタードガスは，求核性に富む硫黄原子が分子内 S_N2 反応により塩化物イオンと置換し，速やかに求核攻撃を受ける環状のスルホニウムイオンを生じるので，きわめて反応性が高い．このスルホニウム塩は三員環の環ひずみと優れた（正電荷を帯びた）脱離基をもつためとくに反応性が高い．

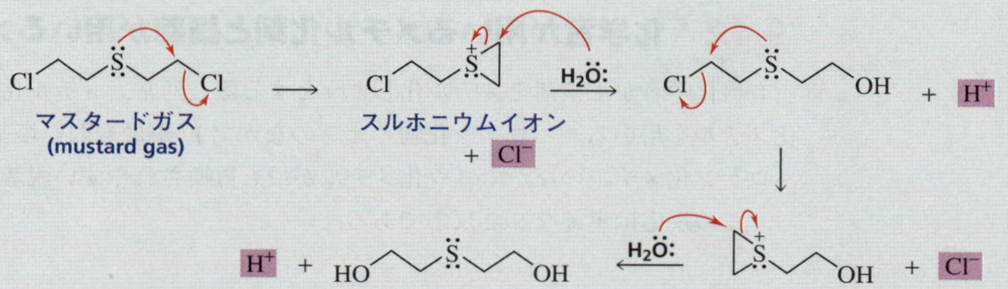

マスタードガスによる糜爛は，ガスが皮膚や肺に接触したときに，水やその他の求核剤とガスとの反応によって高濃度のHClが生じることによる．第一次世界大戦中にマスタードガスにより死亡した兵士の検死から，白血球値の著しい低下や骨髄の発達障害が見いだされており，これは分裂の速い細胞に対して深刻な影響を与えていることを示している．

抗がん剤としてのアルキル化剤

がんは，細胞の制御不能な成長および増殖が特徴的なので，マスタードガスが分裂の速い細胞に対して影響を与えるという発見は，それが効果的な抗がん剤となる可能性を示唆している．そのため化学者は，化学療法に用いることができる反応性の低いマスタードガス，すなわち，がん治療に用いられる化学物質の探索を始めた．

マスタードガスは三員環を形成し，求核剤と速やかに反応することができるので，薬理活性は DNA の表面の基をアルキル化する能力によると考えられる．DNA をアルキル化することによりがん細胞を死滅させることができる．それは，急速に増殖するがん細胞を殺すことを意味する．残念ながら，化学療法に用いられる化合物は正常な細胞をも殺してしまう．そのため，がんの化学療法には吐き気や脱毛などの多くの副作用を伴う．がん細胞のみを標的とする薬剤を見いだすことが，化学者にとっての課題である．

ここに示した制がん剤はすべて生物学的なアルキル化剤である．生理学的な条件下で求核剤にアルキル基を付与する．

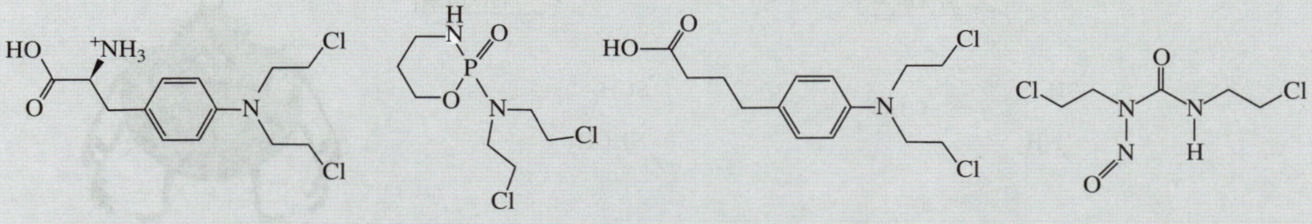

メルファラン (melphalan)　シクロホスファミド (cyclophosphamide)　クロロアンブシル (chlorambucil)　カルムスチン (carmustine)

問題 25◆

臨床での応用を目指して，次の 3 種のナイトロジェンマスタードが研究された．一つは現在臨床に用いられており，一つは反応性が低すぎ，一つは水に対する溶解性がきわめて低く，静注剤として用いることができなかった．どの化合物がどれに対応しているか．（ヒント：共鳴寄与体を書いてみよう．）

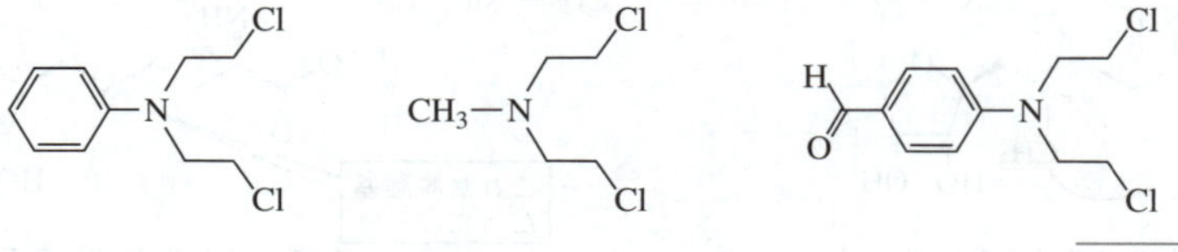

9.12 化学者が用いるメチル化剤と細胞が用いるメチル化剤

有機化学者が求核剤をメチル化しようとする際，通常，メチル化剤としてヨウ化メチルを用いる．ハロゲン化物イオンのなかで I⁻ が最も弱い塩基であるので，ハロゲン化メチルのなかでヨウ化メチルが最も置換されやすい脱離基をもっている．この反応は単純な S_N2 反応である．

$$\text{Nu}^- + CH_3-I \longrightarrow CH_3-Nu + I^-$$

しかし，生体細胞のなかではハロゲン化メチルは利用できない．ハロゲン化アルキルは水にわずかしか溶けないので，基本的に水系の環境である生体中には見いだされない．その代わりに，細胞は水溶性化合物である S-アデノシルメチオニン（SAM；AdoMet とも呼ばれる）をメチル化剤として用いている．（生体内で用いられる特殊なメチル化剤については 18.13 節で議論する．）

🧪 シロアリの撲滅

ハロゲン化アルキルは生体に対してきわめて高い毒性を示す．たとえば，ブロモメタンはシロアリやその他の害虫を駆除するために用いられる．ブロモメタンは酵素の NH_2 基や SH 基をメチル化し，それにより，酵素が必要な生体反応を触媒する能力を失活させる．残念なことに，ブロモメタンはオゾン層を破壊することが見いだされている（14.8 節参照）．そのため，先進国においては製造が禁止された．発展途上国においても 2015 年より製造が禁止された．

SAM はヨウ化メチルよりもはるかに大きく，より複雑に見える分子であるが，同じ役割を果たしている．すなわち，メチル基を求核剤へ転移させる．生体分子は分子認識が必要なので，通常，化学者が用いる分子よりも複雑であることを覚えておこう（5.11 節参照）．

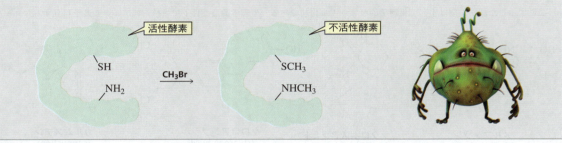

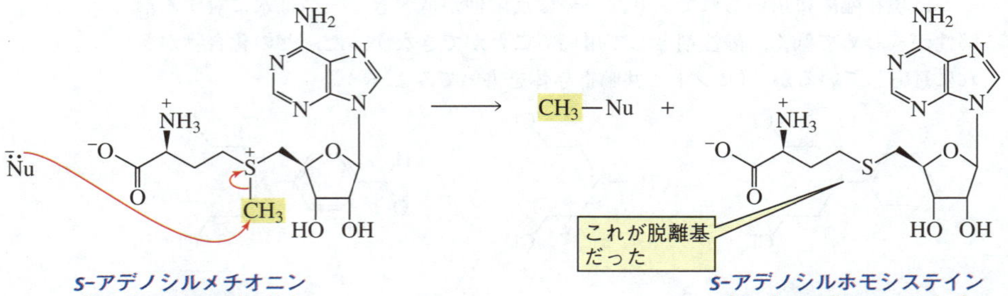

S-アデノシルメチオニン
(S-adenosylmethionine)
SAM
AdoMet

S-アデノシルホモシステイン
(S-adenosylhomocysteine)
SAH

これが脱離基だった

SAMのメチル基は，メチル基が転移されたあとに残された電子を容易に受け入れることができる正電荷を帯びている硫黄上に結合していることに注目しよう．いいかえれば，メチル基は非常に優れた脱離基上に結合しているので，生体内におけるメチル化反応を素速く起こす．

SAMを用いる生体内でのメチル化反応の具体例として，ノルアドレナリン（ノルエピネフリン）からアドレナリン（エピネフリン）への変換があげられる．この反応ではメチル基を供給するためにSAMが用いられる．ノルアドレナリンとアドレナリンは，体内の主要な燃料源であるグリコーゲンの分解を促進するホルモンである．「さあやるぞ！」と準備をしている際にアドレナリンの分泌による感情の高まりを感じるであろう．アドレナリンのほうがノルアドレナリンより約6倍活性が高い．したがって，このメチル化反応は生理学的に非常に重要である．

アドレナリン興奮を感じる瞬間

ノルエピネフリン
(norepinephrine)
ノルアドレナリン
(noradrenaline)

エピネフリン
(epinephrine)
アドレナリン
(adrenaline)

+ H$^+$

🧪 S-アデノシルメチオニン：天然の抗鬱剤

S-アデノシルメチオニン（SAM）はSAMe（サミーと発音する）の名称で，多くの健康食品販売店や薬局において，鬱病と関節炎の治療薬として販売されている．SAMeはヨーロッパでは20年以上ものあいだ，治療薬として用いられているが，アメリカでは臨床試験が行われておらず，FDAの認可を受けていない．しかし，FDAは臨床的にとくに問題がない限りは，たいていの天然物の販売を禁止しておらず，SAMeはアメリカでも販売されている．

SAMeは，アルコールやC型肝炎ウイルスによってもたらされる肝臓疾患に対しても効果があることが見いだされており，肝臓中のグルタチオンの濃度を上昇させて肝臓疾患を抑制する．グルタチオンは重要な抗酸化剤である（17.8節参照）．SAMは，最もよく見られる天然のアミノ酸（17.1節参照）の20個のうちの1個であるシステインを合成するために必要である．システインはグルタチオンの生合成に必要である．

9.13 有機化合物の反応についてのまとめ

有機化合物群は四つのグループに分類でき，同じグループの化合物群は同じ反応性を示すことを学んだ．これでグループⅢの化合物群について学び終わったので，それを復習してみよう．

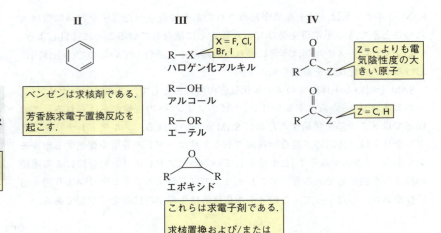

グループIIIの化合物群は，電子求引性の脱離基が置換している炭素上の部分正電荷のために，求電子剤である．その結果，この化合物群は求核剤と反応する．求核剤は電子求引基が置換している炭素を攻撃して，置換反応を起こすか，あるいは，隣接した炭素から水素を引き抜き電子求引基が脱離することによりアルケンを生成する．したがって，グループIIIの化合物群は求核置換反応または脱離反応を起こす．

- ハロゲン化アルキルは優れた脱離基をもっており，容易に置換反応および／または脱離反応を起こす．
- アルコールとエーテルは脱離能の低い脱離基をもっているので，求核置換反応および／または脱離反応を起こす前に，活性化する必要がある．
- エポキシドは，三員環の環ひずみのために非環状のエーテルよりも反応性が高い．したがって，プロトン化による活性化の有無にかかわらず置換反応を起こす．

覚えておくべき重要事項

- アルコールとエーテルの脱離基は，ハロゲン化物イオンよりも強い塩基であるので，アルコールとエーテルは置換反応や脱離反応を行う前に"活性化"する必要がある．
- アルコールとエーテルはプロトン化により活性化される．
- 細胞はアルコールを活性化するためにATPを用いる．
- エポキシドは環ひずみにより反応性が増大しているので活性化は不要である．

- 第一級，第二級，および第三級アルコールは，HI，HBr，およびHClと求核置換反応を起こし，ハロゲン化アルキルを生成する．第二級および第三級アルコールはS_N1反応で，第一級アルコールはS_N2反応で進行する．
- アルコールを酸存在下で加熱すると**脱水反応**（水分子の脱離）が進行する．
- 脱水反応は第二級および第三級アルコールの場合はE1反応で進行し，第一級アルコールの場合はE2反応で進

行する.
- 第三級アルコールの脱水が最も容易であり，第一級アルコールの脱水が最も困難である.
- アルコールの脱水反応の主生成物は，より安定なアルケンである.
- アルケンに立体異性体がある場合，最も大きな基が二重結合の反対側に位置したアルケンが優先的に得られる.
- クロム酸は第一級アルコールをカルボン酸へと，第二級アルコールをケトンへと酸化する.
- 次亜塩素酸を用いることにより，第一級アルコールをアルデヒドへ，第二級アルコールをケトンへと酸化する.
- エーテルは加熱条件下，HBr または HI により求核置換反応を起こす．脱離基の脱離により比較的安定なカルボカチオンが生成すると S_N1 反応で進行し，そうでない場合は S_N2 反応で進行する.
- エポキシドは求核置換反応を起こす．酸性条件下では，多置換の環状の炭素が攻撃を受ける；中性または塩基性条件下では，置換基の立体障害が小さい環上の炭素が求核攻撃を受ける.
- 芳香族炭化水素（アレーン）は酸化され**アレーンオキシド**となる．アレーンは，転位反応によりフェノールを生成するか，求核攻撃を受けて付加生成物を与える.
- 転位によってより安定なカルボカチオンが生成するほど，アレーンオキシドの発がん性は低下する.
- アミンはその脱離基が非常に強い塩基であるので，置換反応も脱離反応を起こすことができない.
- **チオール**はアルコールの硫黄類縁体である．それらはアルコールよりも酸性が強く，沸点は低い.
- チオラートイオンはアルコキシドイオンよりも弱塩基であり，より求核性が高い.
- **チオエーテル**はハロゲン化アルキルと反応して**スルホニウムイオン**を生成する．スルホニウムイオンは優れた脱離基をもっているので，容易に置換反応を起こす.

反応のまとめ

1. アルコールのハロゲン化アルキルへの変換（9.2 節）．反応機構は 358 ページに示す.

$$\text{ROH} + \text{HBr} \xrightarrow{\Delta} \text{RBr}$$
$$\text{ROH} + \text{HI} \xrightarrow{\Delta} \text{RI}$$
$$\text{ROH} + \text{HCl} \xrightarrow{\Delta} \text{RCl}$$

相対的反応速度：第三級 > 第二級 > 第一級

2. 細胞は，ATP と反応することによりアルコールを活性化する（9.2 節）．反応機構は 360 ページに示す.

$$\text{ROH} + \text{ATP} \longrightarrow \text{RO}-\overset{\overset{O}{\|}}{\underset{\underset{O^-}{|}}{P}}-\text{O}-\overset{\overset{O}{\|}}{\underset{\underset{O^-}{|}}{P}}-\text{O}^- + \text{AMP}$$

3. アルコールの脱離反応：脱水反応（9.4 節）．反応機構は 362, 363 ページに示す.

$$-\overset{|}{\underset{H}{C}}-\overset{|}{\underset{OH}{C}}- \underset{\Delta}{\overset{H_2SO_4}{\rightleftharpoons}} \;\; \overset{}{C}=\overset{}{C} + H_2O$$

相対反応速度：第三級 > 第二級 > 第一級

9章 アルコール，エーテル，エポキシド，アミン，およびチオールの反応

4. アルコールの酸化(9.5節)．HOCl による酸化の機構は 366 ページに示す．

第一級アルコール $RCH_2OH \xrightarrow{H_2CrO_4} \left[R-\underset{H}{\overset{O}{\|}}C \right] \xrightarrow{さらなる酸化} R-\underset{OH}{\overset{O}{\|}}C$ カルボン酸

$RCH_2OH \xrightarrow[0\ ^\circ C]{NaOCl,\ CH_3COOH} R-\underset{H}{\overset{O}{\|}}C$ アルデヒド

第二級アルコール $R\underset{R}{\overset{OH}{|}}CHR \xrightarrow{H_2CrO_4} R-\overset{O}{\|}C-R$ ケトン

$R\underset{R}{\overset{OH}{|}}CHR \xrightarrow[0\ ^\circ C]{NaOCl,\ CH_3COOH} R-\overset{O}{\|}C-R$ ケトン

5. エーテルの求核置換反応(9.7節)．反応機構は 369 ページに示す．

$$ROR' + HX \xrightarrow{\Delta} ROH + R'X$$

HX = HBr または HI

6. エポキシドの求核置換反応(9.8節)．反応機構は 373, 374 ページに示す．

$\underset{H_3C}{\overset{H_3C}{>}}\overset{O}{C\!-\!CH_2} \xrightarrow[CH_3OH]{HCl} CH_3\underset{CH_3}{\overset{OCH_3}{|}}CCH_2OH$ 酸性条件下では，求核剤はより多置換の環の炭素を攻撃する

$\underset{H_3C}{\overset{H_3C}{>}}\overset{O}{C\!-\!CH_2} \xrightarrow[CH_3OH]{CH_3O^-} CH_3\underset{CH_3}{\overset{OH}{|}}CCH_2OCH_3$ 中性または塩基性条件下では，求核剤はより立体障害の小さい環の炭素を攻撃する

7. アレーンオキシドの反応：開環と転位(9.9節)．反応機構は 376 ページに示す．

<!-- 反応：アレーンオキシド → 1. Y⁻ / 2. H⁺ → trans-Y,OH付加体 + trans-OH,Y付加体 + フェノール -->

8. チオール，スルフィド，およびスルホニウム塩の反応(9.11節)．反応機構は 382, 383 ページに示す．

$$RS^- + R'\!-\!Br \longrightarrow RSR' + Br^-$$

$$R\!-\!S\!-\!R + R'I \longrightarrow R\!-\!\underset{+}{\overset{R'}{S}}\!-\!R + I^-$$

$$R\!-\!\underset{+}{\overset{R}{S}}\!-\!R + Y^- \longrightarrow RY + R\!-\!S\!-\!R$$

章末問題

26. 次の反応の生成物を示せ.

a. $CH_3CH_2CH-C(CH_3)_2$ (エポキシド) $+ CH_3OH \xrightarrow{H^+}$

b. $CH_3CHCH_2OCH_3$ (CH_3) $+ HI \xrightarrow{\Delta}$

c. シクロヘキシル-CH_2CH_2OH $\xrightarrow[\text{0 °C}]{\text{NaOCl / CH}_3\text{COOH}}$

d. $CH_3CH_2CH-C(CH_3)_2$ (エポキシド) $+ CH_3OH \xrightarrow{CH_3O^-}$

e. $CH_3CH(CH_3)-C(CH_3)(OH)CH_3$ ... 訂正: $CH_3CH-CCH_3$ (CH_3, OH) $\xrightarrow[\Delta]{H_2SO_4}$

f. シクロヘキシル-$CH(OH)CH_3$ $\xrightarrow[\text{0 °C}]{\text{NaOCl / CH}_3\text{COOH}}$

27. 次のエーテルの慣用名および体系的名称は何か.

a. $CH_3CHOCH_2CH_3$ (CH_3)
b. $CH_3CH_2CH_2CH_2OCH_2CH_3$
c. $CH_3CH_2CHOCH_3$ (CH_3)
d. $CH_3CHOCHCH_3$ (CH_3, CH_3)

28. 次の各組のアルコールを H_2SO_4 と加熱した際に,どちらのアルコールがより速やかに脱離反応を起こすか.

a. $C_6H_5CH_2OH$ あるいは $C_6H_5CH_2CH_2OH$
b. 1-メチルシクロヘキサノール あるいは 2-メチルシクロヘキサノール
c. 1-シクロヘキシルエタノール あるいは 1-フェニルエタノール
d. 2-フェニルエタノール あるいは 1-フェニルエタノール

29. 次を命名せよ.

a. $CH_3CH_2CHOCH_2CH_3$ (下: $CH_2CH_2CH_2CH_3$)
b. シクロヘキシル-OCH_3
c. $CH_3CHCH_2CH_2CH_2OH$ (下: CH_3)
d. $CH_3CHOCH_2CHCH_3$ (下: CH_3, CH_3)
e. 3-エチルシクロヘキサノール (CH_2CH_3 置換シクロヘキサノール)
f. $CH_3CHOCHCH_2CH_3$ (下: CH_3, CH_3 上分岐)

30. 次の化合物の構造を示せ.

a. ジイソプロピルエーテル
b. アリルビニルエーテル
c. sec-ブチルイソブチルエーテル
d. ベンジルフェニルエーテル

31. 次の反応の主生成物を書け．

a. $CH_3\underset{\underset{CH_3}{|}}{\overset{\overset{CH_3}{|}}{C}}OCH_3 + HBr \xrightarrow{\Delta}$

b. $CH_3\underset{\underset{CH_3}{|}}{CH}CH_2OCH_3 + HI \xrightarrow{\Delta}$

c. シクロヘキサン-1-オール(1-メチル) $\xrightarrow[\Delta]{H_2SO_4}$

d. 3-メチルシクロヘキサノール $+ HBr \xrightarrow{\Delta}$

e. 1-オキサスピロ[2.5]オクタン $\xrightarrow[CH_3OH]{HCl}$

f. 1-オキサスピロ[2.5]オクタン $\xrightarrow[CH_3OH]{CH_3O^-}$

32. 2-エチルオキシランと次のそれぞれの反応剤との反応により得られる主生成物は何か．
    a. 0.1 mol L^{-1} HCl
    b. CH$_3$OH/HCl
    c. 0.1 mol L^{-1} NaOH
    d. CH$_3$OH/CH$_3$O$^-$

33. 次の化合物の構造を示せ．
    a. trans-4-メチルシクロヘキサノール
    b. 3-エトキシ-1-プロパノール

34. 次のそれぞれの化合物とHOClとの反応により得られる生成物は何か．
    a. 3-メチル-2-ペンタノール
    b. ブタノール
    c. 2-メチルシクロヘキサノール

35. 次の反応の機構を示せ．

$$CH_3CHCH-CH_2 + CH_3O^- \xrightarrow{CH_3OH} CH_3CH-CHCH_2OCH_3 + Cl^-$$
(左: Clが付いた構造でエポキシド環; 右: エポキシド環 + OCH$_3$)

36. 次を命名せよ．
    a. CH$_3$CH$_2$OH の構造
    b. 枝分かれアルコール
    c. エーテル構造

37. エチルエーテルを過剰のHIとともに数時間加熱すると，唯一の有機生成物としてヨウ化エチルが得られる．エチルアルコールが生成しないのはなぜかを説明せよ．

38. エチレンオキシドは三員環の環ひずみのためにHO$^-$と速やかに反応する．シクロプロパンはほぼ同じ環ひずみをもっているがHO$^-$と反応しないのはなぜかを説明せよ．

39. 次の各反応の反応機構を示せ．
    a. $HOCH_2CH_2CH_2CH_2OH \xrightarrow[\Delta]{H^+}$ テトラヒドロフラン $+ H_2O$
    b. テトラヒドロピラン $\xrightarrow[\Delta]{\text{過剰}\ HBr} BrCH_2CH_2CH_2CH_2CH_2Br + H_2O$

40. 次のエーテルをアルコールから直接合成すると，どのエーテルが最も収率よく得られるか．

$CH_3OCH_2CH_2CH_3$ $CH_3CH_2OCH_2CH_2CH_3$ $CH_3CH_2OCH_2CH_3$ $CH_3O\underset{\underset{CH_3}{|}}{\overset{\overset{CH_3}{|}}{C}}CH_3$

41. 与えられた出発物質と必要な反応剤を用いて次の合成反応を行うにはどうすればよいか.

a. 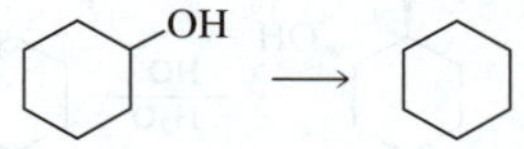 シクロヘキサノール → シクロヘキサン

b. 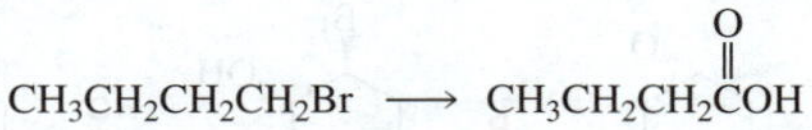 $CH_3CH_2CH_2CH_2Br \longrightarrow CH_3CH_2CH_2COOH$

42. (S)-2-ブタノールを硫酸中で加熱するとラセミ体が生成するのはなぜかを説明せよ.

43. トリエチレングリコールはエチレンオキシドと水酸化物イオンとの反応により得られる生成物の一つである. その生成反応の機構を示せ.

$$H_2C\overset{O}{-}CH_2 + HO^- \longrightarrow HOCH_2CH_2OCH_2CH_2OCH_2CH_2OH$$

トリエチレングリコール (triethylene glycol)

44. ナフタレンオキシドの転位反応により, 2-ナフトールよりも 1-ナフトールが収率よく得られるのはなぜかを説明せよ.

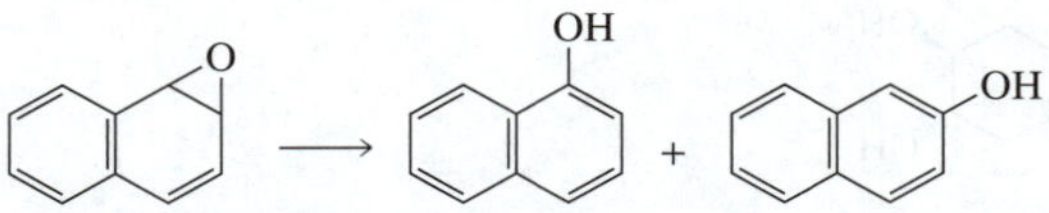

ナフタレンオキシド (naphthalene oxide) → 1-ナフトール (1-naphthol) 90% + 2-ナフトール (2-naphthol) 10%

45. 次のそれぞれの反応の機構を示せ.

a. 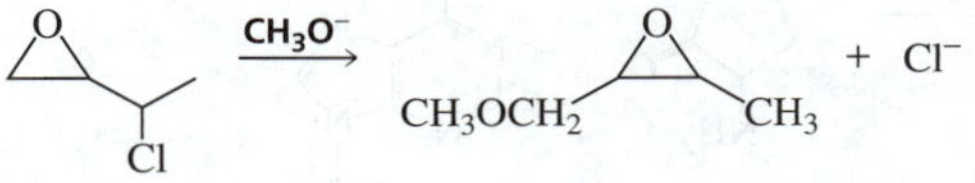 (エポキシド + CH₃O⁻ → CH₃OCH₂-エポキシド-CH₃ + Cl⁻)

b. 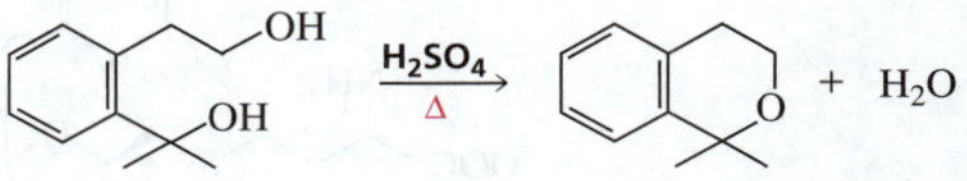 (ベンゼン環にOHとC(CH₃)₂OH置換基) $\xrightarrow[\Delta]{H_2SO_4}$ (イソクロマン環生成物) + H_2O

46. a. 次の反応の機構を示せ.

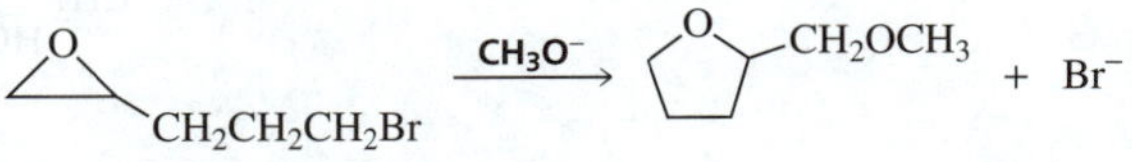

エポキシド-CH₂CH₂CH₂Br $\xrightarrow{CH_3O^-}$ テトラヒドロフラン-CH₂OCH₃ + Br⁻

b. 六員環生成物も少量得られる. その生成物の構造を書け.

c. 六員環生成物が少量しか得られないのはなぜか.

47. フェナントレンから 3 種類のアレーンオキシドが得られる.

フェナントレン (phenanthrene)

a. 3 種類のフェナントレンオキシドの構造を書け.
b. それぞれのフェナントレンオキシドから得られるのはどんなフェノールか.
c. フェナントレンオキシドから複数のフェノールが得られる場合, どのフェノールが最も収率よく得られるか.
d. 3 種類のフェナントレンオキシドのなかで, どれが最も発がん性が強いか.

48. 次の反応のうちで最も速やかに起こるのはどれか．なぜそうなるか．

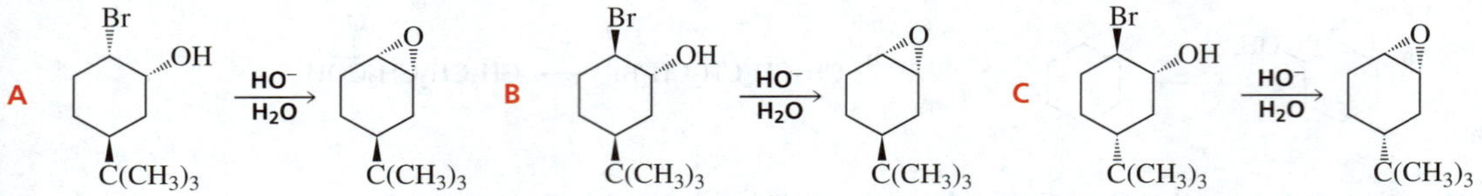

49. 次の反応は 2-クロロブタンと HO⁻ との反応よりも数倍速く進行する．
  a. 速度が増大する理由を説明せよ．
  b. 生成物の OH 基が，反応物の Cl 基がついている炭素に結合していないのはなぜかを説明せよ．

$$(CH_3CH_2)_2\overset{+}{N}-CH_2CHCH_2CH_3 \xrightarrow{HO^-} (CH_3CH_2)_2\overset{+}{N}-CHCH_2CH_3$$
$$\phantom{(CH_3CH_2)_2\overset{+}{N}-CH_2C}\underset{Cl}{|}\phantom{CH_2CH_3 \xrightarrow{HO^-} (CH_3CH_2)_2\overset{+}{N}-C}\underset{CH_2OH}{|}$$

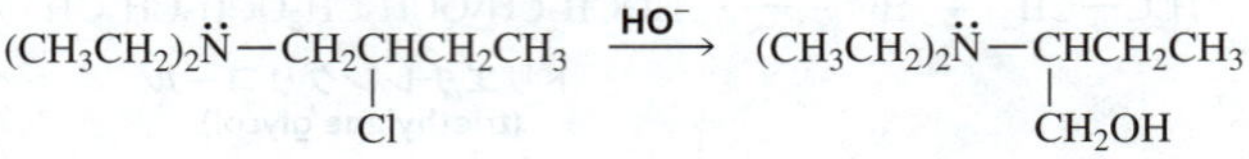

50. 次の化合物をブロモシクロヘキサンから合成するにはどのようにすればよいか示せ．
  a. 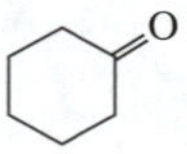 シクロヘキサノン **b.** 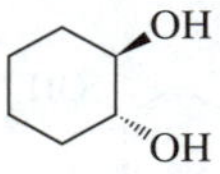 trans-1,2-シクロヘキサンジオール

51. 次の反応の機構を示せ．

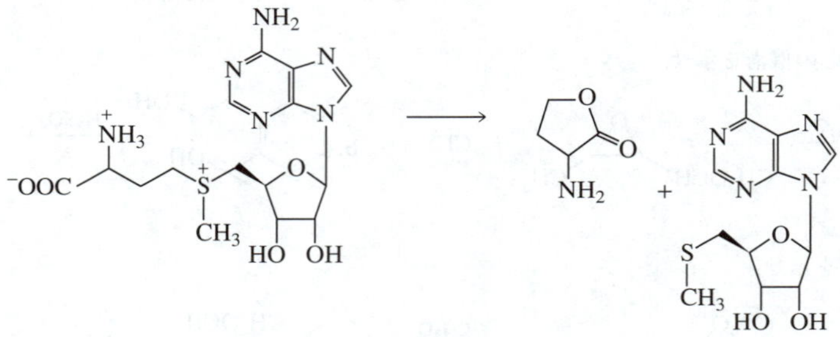

52. 次の反応の機構を示せ．

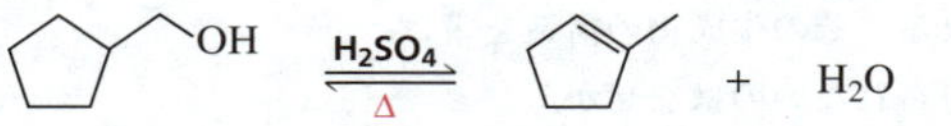

53. 1-ブタノールの酸触媒による脱水反応で得られる主生成物が 2-ブテンであるのはなぜかを説明せよ．

54. 1-ヘキサノールの酸触媒による脱水反応でどのようなアルケンが生成するか．

55. トリエチレンメラミン(TEM)は抗がん剤である．抗がん活性を示すのはDNAの架橋を形成するためである．
   a. 弱酸性条件下で用いられるのはなぜかを説明せよ．
   b. DNAの架橋を形成できるのはなぜかを説明せよ．

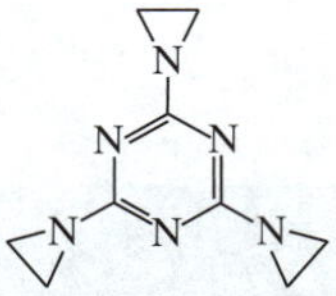

トリエチレンメラミン
〔triethylenemelamine (TEM)〕

56. ジオールは隣接する炭素上にOH基をもっている．ジオールの脱水反応は，ピナコール転位と呼ばれる転位反応を伴う．この反応の機構を示せ．

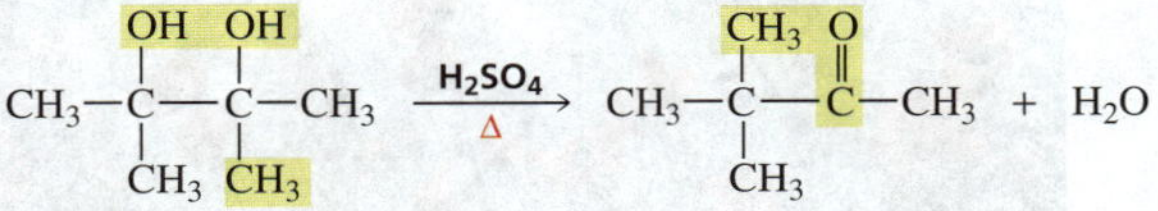

$$CH_3-C(OH)(CH_3)-C(OH)(CH_3)-CH_3 \xrightarrow{H_2SO_4, \Delta} CH_3-C(CH_3)_2-C(O)-CH_3 + H_2O$$

57. 2-メチル-1,2-プロパンジオールを酸性溶液中で加熱すると得られる生成物は何か．

58. 次のジオールを酸性溶液中で加熱すると得られる化合物は何か．

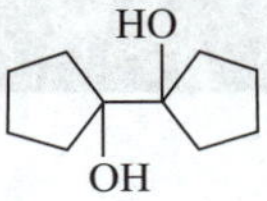

10 有機化合物の構造決定

多くの花や果物，野菜の赤，紫，青色は，アントシアニンと呼ばれる化合物による（421ページ参照）．

　有機化合物の構造決定は有機化学の重要な部分である．化学者は化合物を合成したら，必ずその構造を決定しなければならない．たとえば，酸触媒によってアルキンに水が付加するとケトンが生成することを学んだ（6.13節参照）．しかし，反応生成物が実際にケトンであることはどのようにして決められたのだろうか．科学者は世界中で生理活性をもつ新しい化合物を探している．有望な化合物が発見された場合，その構造を決定しなければならない．構造がわからなければ，化学者はその化合物を合成する経路をデザインすることもできないし，その生化学的な役割を明らかにするための研究に着手することもできない．

　化合物の構造を決定する前に，その化合物を単離しなければならない．たとえば，実験室で行ったある反応の生成物を，まずは反応溶媒，未反応の出発物質，そして生じている可能性のあるすべての副生成物から単離しなくてはならない．自然界で見いだされた化合物は，それを生産した生物から単離しなくてはならない．

　以前は，生成物を単離し，それらの構造を決定することはとても面倒な作業だった．化学者が生成物の単離に利用できる唯一の方法は，液体の場合は蒸留であり，固体の場合は昇華または分別再結晶だけであった．現在では，さまざまなクロマトグラフィー技術によって化合物は比較的簡単に単離できるようになった．

　かつては，有機化合物の構造決定には，元素分析による分子式の決定，物理定数（融点や沸点など）の決定，および特定の官能基の存在（あるいは存在しないこと）を示す簡単な化学試験などを行うことが必要であった．

都合の悪いことに，これらの簡単な方法は複雑な構造の分子の性質を調べるのには十分でなく，また，これらのすべての試験を行うには比較的大量の既知の試料が必要なので，大量に得られにくい化合物の分析には実用的でなかった．

今日では，多くの機器分析技術が有機化合物の同定に用いられている．これらの技術は，簡単な化学試験よりも，より速やかに少量の化合物に対しても実施でき，また化合物の構造に関してより多くの情報を提供できる．

- **質量分析法**(mass spectrometry)は化合物の分子量と分子式，ならびにその化合物の構造上の特徴を決定するのに用いられる．
- **赤外(IR)分光法**(infrared spectroscopy)は有機化合物中の官能基の種類を決めるのに用いられる．
- **核磁気共鳴(NMR)分光法**〔nuclear magnetic resonance (NMR) spectroscopy〕は有機化合物の炭素—水素骨格についての情報を提供してくれる．

ときに，化合物の構造を推定するために複数の技術が必要となる．本章には同時に二つ以上の技術が必要な問題をいくつか載せてある．

さまざまな機器分析法を論じる際に参照するであろういくつかの有機化合物の種類を簡単に参照できるように，本書の見返しに載せてある．

10.1 質量分析法

質量分析法の最も便利な点の一つは，化合物の分子量と分子式を決定できることである．さらにあとで見るように，この方法によって，化合物の構造についてのある特徴も知ることができる．

質量分析法では，微量の化合物が質量分析計と呼ばれる機器に導入され，そこで気化されたのち，気化した分子を高エネルギーの電子ビームと衝突させる電子ビームが1個の分子と衝突したとき，1個の電子をたたき出し，**分子イオン**(molecular ion)が生じる．分子イオンは**ラジカルカチオン**(radical cation)であり，1個の不対電子と正電荷をもつ化学種である．

$$M \xrightarrow{\text{電子ビーム}} M^{+} + e^{-}$$

分子　　　　　　　　　分子イオン　　　電子
　　　　　　　　　　ラジカルカチオン

電子衝撃によって大きな運動エネルギーが分子イオンに与えられるので，ほとんどの分子イオンはより小さなカチオン，ラジカル，中性分子，さらに別のラジカルカチオンに分解する(フラグメント)．当然，最も切断されやすい結合は最も弱い結合であり，切断の結果，最も安定な生成物が生じる．

すべての正に帯電したフラグメント(分子断片)は二つの負に帯電した電極間に引き寄せられ，加速されて分析管に導入される(図10.1)．中性分子は負に帯電した電極板に引き寄せられないので加速されない．†それらは最終的には分析装置から吸引除去される．

質量スペクトルには，正に帯電したフラグメントだけが記録される．†

† 訳者注：ほかの原理による質量分析装置では，負に帯電したフラグメントを分析することができる．

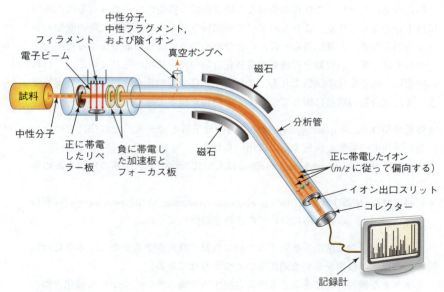

▲ 図 10.1
質量分析計の概念図. 高エネルギーの電子ビームは分子のイオン化とフラグメント化を引き起こす. 正に帯電したフラグメントは分析管を通過する. 磁場強度を変化させることにより, 異なる質量–電荷比のフラグメントの分離が可能になる.

問題 1 ◆

次のフラグメントのうち, 質量分析計の加速板を通る間に加速されるものはどれか.

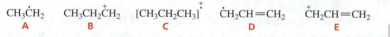

このようにして質量分析計は, それぞれのフラグメントの相対存在量が m/z 値に対してプロットされたグラフ, すなわち**質量スペクトル**(mass spectrum)を記録する(図 10.2). コレクター板に届く全フラグメントの電荷(z)が $+1$ であれば, m/z 値はフラグメントの質量(m)を表す. <u>正に帯電したフラグメントだけがコレクターに届くことを覚えておこう.</u>

10.2　質量スペクトル・フラグメンテーション

　質量分析計中で生成し記録された分子イオンとフラグメントイオンは, それぞれの化合物に特有である. したがって, 質量スペクトルは化合物の指紋のようなものである. それゆえ, その質量スペクトルを同じ条件で得られた既知化合物の質量スペクトルと比較することにより化合物を同定することができる.

　ペンタンの質量スペクトルを図 10.2 に示す. スペクトル中のそれぞれの m/z 値は, 一つのフラグメントの最も近い整数値の m/z 値である. スペクトル中で最も大きな m/z 値をもつピーク(この場合は $m/z = 72$)は, 分子イオン(M)であり, 分子から電子が 1 個放出された結果生じるフラグメントである. ($m/z = 73$ の非常に小さなピークについてはあとで説明する.)<u>分子イオンの m/z 値はその化合物</u>

の分子質量を表す.

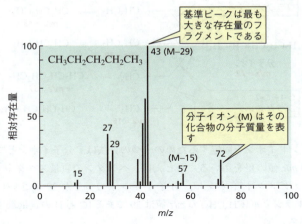

▲ 図 10.2
ペンタンの質量スペクトル．基準ピークは最も大きな存在量のフラグメントを表す．分子イオン(M)の *m/z* 値はその化合物の分子量を表す．

どの結合が電子を失ったかわからないので，分子イオンは括弧のなかに入れ，正電荷と不対電子を全体の構造に割り当てる．

$$\text{CH}_3\text{CH}_2\text{CH}_2\text{CH}_2\text{CH}_3 \xrightarrow{\text{電子ビーム}} [\text{CH}_3\text{CH}_2\text{CH}_2\text{CH}_2\text{CH}_3]^{+\cdot} + e^-$$

分子イオン
m/z = 72

分子イオンの *m/z* 値は化合物の分子質量を示す．

分子イオンより小さな *m/z* 値をもつピークは**フラグメントイオンピーク**(fragment ion peak)と呼ばれ，その分子イオンの正に帯電したフラグメントを表す．**基準ピーク**(base peak)は最も大きな相対存在量をもつ，最も高いピークである．

フラグメントの相対存在量は，分子イオンの結合の強さとフラグメントの安定性に依存しており，質量スペクトルからその化合物に関する構造上の情報が得られる．強い結合より弱い結合が切断されやすく，安定なフラグメントを生じる結合の切断のほうが，不安定なフラグメントを生じる結合の切断より起こりやすい．

たとえば，ペンタンから生じる分子イオン中の C—C 結合はすべてほぼ同じ強度をもっている．しかし，C-2—C-3 結合は最も切断されやすい．というのは，C-2—C-3 のフラグメンテーションにより第一級カルボカチオンと第一級ラジカルが生じ，それらは C-1—C-2 のフラグメンテーションによって生じる第一級カルボカチオンとメチルラジカル(あるいは第一級ラジカルとメチルカチオン)よりも全体として安定だからである．

C-2—C-3 のフラグメンテーションにより生じるイオンは *m/z* 値 43 と 29 であり，C-1—C-2 のフラグメンテーションにより生じるイオンは *m/z* 値 57 と 15 である．ペンタンの質量スペクトルの *m/z* = 43 の基準ピークは，C-2—C-3 のフラグメンテーションが非常に起こりやすいことを示している．

分子イオンのフラグメントの仕方は，結合の強度とフラグメントの安定性に依存する．

カルボカチオンの安定性：
第三級＞第二級＞第一級＞メチル

ラジカルの安定性：
第三級＞第二級＞第一級＞メチル

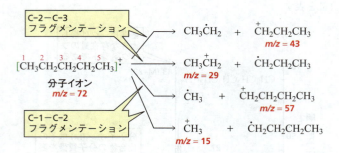

カルボカチオンとラジカルの相対的安定性に関しては，6.2 節と 14.3 節をそれぞれ参照．

フラグメントイオンを同定するための一つの方法は，分子イオンとフラグメントイオンの m/z 値の差を用いる．たとえば，ペンタンの質量スペクトル中の m/z = 43 のフラグメントイオンは，分子イオンより m/z が 29 小さい（72 − 43 = 29）．エチルラジカル（CH_3CH_2）の m/z 値は 29 である（C と H の質量数はそれぞれ 12 と 1 である）．

したがって，m/z = 43 のピークは，分子イオンからエチルラジカルを引いたものと帰属することができる．同様に，m/z = 57 のピークは，分子イオンからメチルラジカルを引いたものに相当する（72 − 57 = 15）．m/z = 15 と m/z = 29 のピークはそれぞれメチルカチオンとエチルカチオンによるものであると容易にわかる．

一般的にカルボカチオンの m/z 値より 2 小さい m/z 値にピークが観測されるが，これはカルボカチオンが 2 個の水素原子を失うからである．

$$CH_3CH_2\overset{+}{C}H_2 \longrightarrow \overset{+}{C}H_2CH=CH_2 + 2H\cdot$$
$$m/z = 43 \qquad\qquad m/z = 41$$

2-メチルブタンはペンタンと同じ分子式をもっているので，m/z = 72 に分子イオンをもっている（図 10.3）．その質量スペクトルはペンタンの質量スペクトルに似ているが，一つだけ異なるピークがある．それはメチルラジカルの消失を示す m/z = 57 のピークで，ペンタンにおける同じピークよりもかなり大きいピークとして観測される．

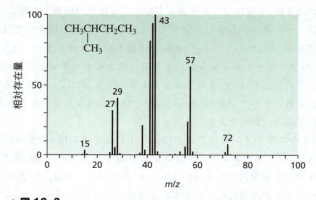

▲ 図 10.3
2-メチルブタンの質量スペクトル．m/z = 57 のピークはメチル基の消失と比較的安定な第二級カルボカチオンの生成に相当する．

2-メチルブタンはペンタンよりもメチルラジカルを失いやすいが，これは生成するのが第二級カルボカチオンだからであり，ペンタンの場合に生成する第一級カルボカチオンよりも安定であることによる．

$$\left[\begin{array}{c}CH_3\\|\\CH_3CHCH_2CH_3\end{array}\right]^{+\cdot} \longrightarrow CH_3\overset{+}{C}HCH_2CH_3 + \cdot CH_3$$

分子イオン
m/z = 72

m/z = 57

問題 2

2,2-ジメチルプロパンの質量スペクトルと，ペンタンおよび 2-メチルブタンの質量スペクトルとを区別するものは何か．

問題 3 ◆

3-メチルペンタンの質量スペクトルにおける基準ピークの m/z 値を予測せよ．

10.3 分子イオンの m/z 値を利用して分子式を計算しよう

13 の規則(rule of 13)により，分子イオンの m/z 値から可能性のある分子式を決定することができる．分子イオンの m/z 値は化合物の分子質量を示すことを覚えておこう．

まず，**基準値**(base value)を決定しなければならない．このために，分子イオンの m/z 値を 13 で割る．その答えは化合物中の炭素の数になる．たとえば，m/z 値が 142 とすると，142 を 13 で割って得られる 10 が炭素の数となる（余り 12）．水素の数は余りの数を炭素の数に足せば求まる（10 + 12 = 22）．このようにして，基準値は $C_{10}H_{22}$ となる．

化合物が酸素を一つもっている場合は，一つの O (16 amu) を基準値に足し，一つの C と四つの H (16 amu) をそれから差し引かなければならない．したがって，分子式は $C_9H_{18}O$ となる．化合物が酸素を二つもっている場合は，その方法を繰り返し，分子式は $C_8H_{14}O_2$ となる．（m/z 値を維持するために，加えたのと同じ数の原子質量単位を引く必要があることに注意しよう．）

問題 4（解答あり）

m/z 値 74 の分子イオンをもつエステルについて可能な構造式を書け．

解答 74 を 13 で割ると，5 余り 9 となる．したがって，基準値は C_5H_{14} となる．エステルは二つの酸素をもっているので，それぞれの酸素に関して，一つの酸素を足し一つの炭素と四つの水素を引く．得られる分子式は $C_3H_6O_2$ であり，可能な構造は次のようになる．

$$\underset{H}{\overset{O}{\parallel}}\!\!C\!-\!OCH_2CH_3 \qquad CH_3\!-\!\underset{}{\overset{O}{\parallel}}\!\!C\!-\!OCH_3$$

問題 5 ◆
次のそれぞれについて分子式を決定せよ．
a. C と H のみを含み，m/z 値 72 の分子イオンをもつ化合物
b. C, H, および一つの O を含み，m/z 値 100 の分子イオンをもつ化合物
c. C, H, および二つの O を含み，m/z 値 102 の分子イオンをもつ化合物
d. m/z 値 115 の分子イオンをもつアミド

問題 6 ◆
m/z 値 86 の分子イオンをもつ化合物について可能な分子式を示せ．

【問題解答の指針】
構造決定に質量スペクトルを利用する

非常に安定な 2 種類のシクロアルカンの質量スペクトルは，両方とも $m/z = 98$ に分子イオンピークを示す．基準ピークは，一つのスペクトルでは $m/z = 69$ に，もう一つのスペクトルでは $m/z = 83$ に観測される．それぞれのシクロアルカンを同定せよ．

最初に，それらの分子イオンの m/z 値から化合物の分子式を決定しよう．98 を 13 で割り，7 余り 7 となる．したがって，それらの分子式はそれぞれ C_7H_{14} となる．

ここで，基準ピークを得るためにどのようなフラグメントが消失するかを見よう．69 の基準ピークはエチルラジカルの消失を意味し（98 − 69 = 29），一方，83 の基準ピークはメチルラジカルの消失を意味する（98 − 83 = 15）．

二つのシクロアルカンは非常に安定なことがわかっているので，三員環および四員環をもっていないと仮定できる．エチルラジカルの消失を示す基準ピークをもっている 7 炭素のシクロアルカンはエチルシクロペンタンであり，メチルラジカルの消失を示す基準ピークをもつ 7 炭素のシクロアルカンはメチルシクロヘキサンと考えられる．

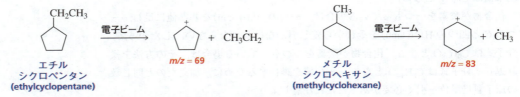

エチルシクロペンタン (ethylcyclopentane)　　　メチルシクロヘキサン (methylcyclohexane)

ここで学んだ方法を使って問題 7 を解こう．

問題 7 ◆
m/z 値 128 の分子イオンと m/z 値 43 の基準ピークをもち，m/z 値 57，71，および 85 に顕著なピークをもつ炭化水素を同定せよ．

10.4 質量スペクトルにおける同位体

ペンタンと 2-メチルブタンは両方とも 72 の m/z 値をもっているが，それぞれのスペクトルには $m/z = 73$ に非常に小さなピークがある（図 10.2 と 10.3）．このピークは分子イオンよりも m/z が 1 大きいので M + 1 ピークと呼ばれる．M + 1 ピークは天然に存在する 2 種類の炭素同位体の存在，すなわち ^{12}C（天然に

存在する炭素の98.89%）と^{13}C（1.11%；1.1節参照）に起因する．質量分析法は個々の分子を記録するため，^{13}Cを含むどんな分子においてもM + 1は観測される．

有機化合物に一般的に含まれているいくつかの元素の同位体存在比を表10.1にまとめる．

表10.1　有機化合物に一般的に含まれる同位体の天然存在比

元素	天然存在比			
炭素	^{12}C 98.89%	^{13}C 1.11%		
水素	^{1}H 99.99%	^{2}H 0.01%		
窒素	^{14}N 99.64%	^{15}N 0.36%		
酸素	^{16}O 99.76%	^{17}O 0.04%	^{18}O 0.20%	
硫黄	^{32}S 95.0%	^{33}S 0.76%	^{34}S 4.22%	^{36}S 0.02%
フッ素	^{19}F 100%			
塩素	^{35}Cl 75.77%	^{37}Cl 24.23%		
臭素	^{79}Br 50.69%	^{81}Br 49.31%		
ヨウ素	^{127}I 100%			

^{18}Oや同一分子内に二つの重い同位体（たとえば，^{13}Cと^{2}H，あるいは二つの^{13}Cなど）が含まれていると，質量スペクトルがM + 2ピークを示すことがある．しかし，こういった状況は珍しいため，M + 2ピークは非常に小さい．塩素や臭素は質量が2大きい同位体の天然存在比が高いので，質量スペクトル中の大きなM + 2ピークの存在は，その化合物がこれらの原子を含んでいることの証拠になる．

表10.1の塩素および臭素の天然存在比から，^{37}Clの天然存在比は^{35}Clの1/3であるので，もしM + 2ピークが分子イオンの1/3の高さであれば，化合物が1個の塩素原子を含むと断定できる．同様に，^{79}Brと^{81}Brの天然存在比はおおよそ同じなので，分子イオンMとM + 2のピークがおおよそ同じ高さであれば，化合物は1個の臭素原子を含んでいる．

分子イオンやフラグメントの m/z 値を計算するときには，質量分析法は個々のフラグメントの m/z 値を記録するものなので，その原子の1種類の同位体の<u>原子質量</u>（たとえばCl = 35 あるいは 37）を使わなければならない．また，周期表中の原子量（Cl = 35.453）を用いてはならない．というのは，それらは天然に存在する塩素のすべての同位体の<u>質量数の平均</u>だからである．

問題8◆

次の質量スペクトルを与える第一級ハロゲン化アルキルを同定せよ．

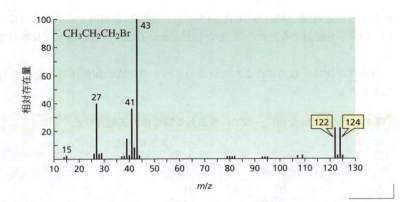

問題 9
1-クロロプロパンの質量スペクトルを書け．

10.5 高分解能質量分析法によって分子式を決めることができる

　本書に掲載されているすべての質量スペクトルは，低分解能質量分析装置で決定されたものである．そのような分析装置はフラグメントの m/z 値を最も近い整数値として与える．高分解能質量分析装置では 0.0001 amu の正確さでフラグメントの精密分子質量を決定することができる．精密分子質量を決定できれば，同じ整数値の分子質量をもつ分子どうしを区別することが可能になる．たとえば，次のリストの 6 種類の化合物は同じ 122 amu の分子質量をもつが，それぞれは違う精密分子質量をもっている．

122 amu の整数分子質量をもつ化合物の精密分子質量とその分子式

精密分子質量 (amu)	122.1096	122.0845	122.0732	122.0368	122.0579	122.0225
分子式	C_9H_{14}	$C_7H_{10}N_2$	$C_8H_{10}O$	$C_7H_6O_2$	$C_4H_{10}O_4$	$C_4H_{10}S_2$

表 10.2 いくつかの一般的な同位体の精密原子質量

同位体	質量
^1H	1.007825 amu
^{12}C	12.00000 amu
^{14}N	14.0031 amu
^{16}O	15.9949 amu
^{32}S	31.9721 amu
^{35}Cl	34.9689 amu
^{79}Br	78.9183 amu

　いくつかの一般的な同位体の精密原子質量を表 10.2 にまとめる．コンピュータプログラムによって化合物の精密分子質量から分子式を決定できる．

問題 10 ◆
C_6H_{14}, $C_4H_{10}N_2$, $C_4H_6O_2$ のうち，精密分子質量 86.1096 amu をもつものはどれか．

問題 11 ◆
a. 低分解能質量分析計により $C_2H_5^+$ と CHO^+ を区別することはできるか．
b. 高分解能質量分析計によりそれらを区別することはできるか．

10.6 官能基のフラグメンテーションパターン

　それぞれの官能基は化合物の同定に役立つ特徴的なフラグメンテーションパターンをもっている．特定の官能基をもつ多くの化合物の質量スペクトルの研究

によって，このようなパターンが明らかになった．ここでは，例としてケトンのフラグメンテーションパターンについて述べる．

分子に孤立電子対があれば，電子衝撃が生じた場合にはその電子が取り除かれる可能性が最も高い．それは，孤立電子対は結合電子ほど強く分子に結合していないからである．したがって，ケトンが電子衝撃を受けると，酸素の孤立電子対から1個の電子が取り除かれた場合に分子イオンが生じる．

$$CH_3CH_2CH_2-\overset{\overset{\ddot{O}:}{\|}}{C}-CH_3 \xrightarrow{-e^-} CH_3CH_2CH_2-\overset{\overset{\dot{O}^+}{\|}}{C}-CH_3 \begin{array}{c} \longrightarrow CH_3CH_2\dot{C}H_2 + CH_3-C\equiv\overset{+}{O}: \\ m/z=43 \\ \longrightarrow CH_3CH_2CH_2-C\equiv\overset{+}{O}: + \dot{C}H_3 \\ m/z=71 \end{array}$$

2-ペンタノン
(2-pentanone) $m/z = 86$

分子イオンのフラグメンテーションはC=O結合に隣接するC—C結合で起こり，それぞれの炭素原子に1個の電子が保持される．生成する分子種は，すべての原子がオクテットを満たしているため比較的安定なカチオンなので，このC—C結合は最も切断されやすい．

$$CH_3C\equiv\overset{+}{O}:$$

カルボニル炭素に結合しているアルキル基の一つがγ水素をもっている場合には，有利な六員環遷移状態を経由するフラグメンテーションが起こる可能性がある．この転位では，α炭素とβ炭素間の結合が，それぞれの炭素原子に1個の電子を保持したまま均等開裂し，水素原子がγ炭素から酸素原子に移動する．このフラグメンテーションは安定な分子であるエテンを生成するように起こる．

> 片矢印は，1個の電子の移動を示していることを思い出そう．

γ炭素を含む6員環遷移状態の図：
$$\underset{m/z=86}{\begin{array}{c}\gamma\\H_2C\\\overset{\beta}{H_2C}\end{array}\begin{array}{c}H\\\diagdown\\CH_2-\overset{\alpha}{C}-CH_3\end{array}\begin{array}{c}\overset{\dot{O}^+}{\|}\end{array}} \xrightarrow{転位} H_2C=CH_2 + \underset{m/z=58}{\cdot CH_2-\overset{\overset{H\diagdown\overset{+}{O}:}{\|}}{C}-CH_3}$$

問題 12

次の質量スペクトルからケトンの構造を決定せよ．

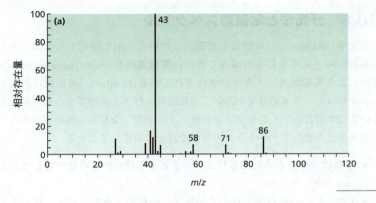

> **問題 13**
>
> 次の化合物は質量スペクトルでどのように区別できるか.
>
> $$\text{CH}_3\text{CH}_2\overset{\overset{\text{O}}{\|}}{\text{C}}\text{CH}_2\text{CH}_3 \qquad \text{CH}_3\overset{\overset{\text{O}}{\|}}{\text{C}}\text{CH}_2\text{CH}_2\text{CH}_3 \qquad \text{CH}_3\overset{\overset{\text{O}}{\|}}{\text{C}}\text{CHCH}_3$$
> $$\qquad\qquad\qquad\qquad\qquad\qquad\qquad\qquad\qquad\qquad\qquad\quad |$$
> $$\qquad\qquad\qquad\qquad\qquad\qquad\qquad\qquad\qquad\qquad\qquad\text{CH}_3$$

10.7　ガスクロマトグラフィー質量分析法

　化合物の混合物はしばしばガスクロマトグラフィーと質量分析を同時に用いて解析される(GC-MS)．試料はガスクロマトグラフィーに注入され，試料中のさまざまな成分はカラム中をそれぞれの沸点に基づき異なる速度で移動する．試料中の最も沸点の低い成分が最初に出る．それぞれの化合物はその後順次，質量分析計に入り，イオン化されて分子イオンや分子イオンのフラグメントを生成する．質量分析計は試料中のそれぞれの成分の質量スペクトルを記録する．GC-MS は科学捜査の分析に広く利用されている．

🧪 科学捜査における質量分析法

　科学捜査は，民事または刑事事件に関連する疑問を解決するために科学を応用する捜査法である．質量分析法は科学捜査官にとって重要な手段であり，体液中に含まれる薬物や毒物の存在量を分析するのに用いられる．髪の毛に含まれる薬物の決定も質量分析法によって可能となり，検出可能な期間が，数時間あるいは数日から，(体液がもはや分析に使えなくなった)数カ月あるいは数年の期間にまで延びた．質量分析が競技会に用いられたのは，1955年のフランスの自転車競技において選手の薬物検出に使われたのが最初である(選手の20%が陽性であった)．質量分析法は爆発後の残留物から放火や爆薬の残留物の決定や，染料や接着剤および繊維の分析にも用いられる．

10.8　分光法と電磁波スペクトル

　分光学(spectroscopy)は物質と電磁波との相互作用を研究する学問である．ある範囲のエネルギーをもつ異なる種類の**電磁波照射**(electromagnetic radiation)の連続により電磁波スペクトルが構成されている(図10.4)．可視光は私たちが最もよく知っている電磁波であるが，全電磁波スペクトルのごく一部の領域を占めているにすぎない．X線やマイクロ波，ラジオ波もなじみの電磁波である．
　さまざまな電磁波スペクトルの特徴を以下に簡単にまとめる．

- <u>宇宙線</u>は太陽から放出される．さまざまな種類の電磁波のなかで最も高いエネルギーをもつ．
- <u>γ線</u>(ガンマ線)はある種の放射性元素の核から放射される．高エネルギーのため，生体に深刻な損傷を与える．

- X線はγ線よりもやや低いエネルギーをもっていて，高線量でなければ害は小さい．低線量のX線は生体の内部構造を調べるのに用いられる．組織の密度が高いほどX線を遮断する．

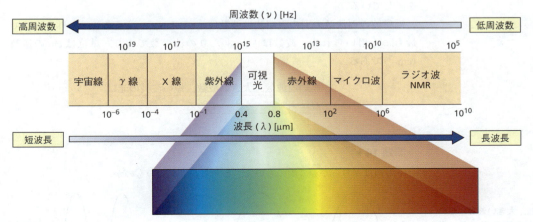

▲ 図 10.4
電磁波スペクトル．最も高いエネルギーをもつ電磁波(最も高い周波数と最も短い波長)は左側に位置している．一方，最も低いエネルギーをもつ電磁波(最も低い周波数と最も長い波長)は右側に位置する．

- 紫外(UV)線は太陽光の一成分であり，日焼けの原因となり，繰り返しそれに当たると皮膚の細胞中のDNA分子が損傷を受けて皮膚がんになることもある．
- 可視光は目に見える電磁波である．
- 赤外線は熱として感じられる．
- マイクロ波は料理に使われ，またレーダーにも使われている．
- ラジオ波はさまざまな種類の電磁波のなかで最もエネルギーが低い．ラジオ波は，ラジオやテレビなどの通信，デジタルイメージング，ガレージドアオープナー，コンピュータのワイヤレス接続に使われている．またラジオ波はNMR分光法や磁気共鳴イメージング(MRI)にも用いられている．

電磁波は波動とよく似た性質をもっており，波動と同様に周波数(ν, 振動数ともいう)あるいは波長(λ)で特定することができる．**周波数**(frequency)は1秒間にある点を通過する波高点の数と定義されている．**波長**(wavelength)はある一つの波とその次の波との距離である．

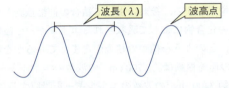

電磁波のエネルギー(E)と周波数(ν)，あるいは波長(λ)の間には次式の関係がある．

$$E = h\nu = \frac{hc}{\lambda}$$

h はこの関係を発見したドイツの物理学者にちなんだ比例定数，**Planck 定数**と呼ばれている．c は光速（$c = 3 \times 10^{10}$ cm s^{-1}）である．この式は，短波長は高いエネルギーと高い周波数をもち，長波長は低いエネルギーと低い周波数をもつことを示している．

電磁波の周波数の別の表記法は**波数**（wave number, $\tilde{\nu}$）であり，赤外分光法で最もよく用いられる．波数は 1 cm あたりの波の数であり，単位は cm の逆数（cm^{-1}）である．

> 高い周波数，大きい波数，短い波長の光は
> 高エネルギーをもっている．

> 高い周波数，大きい波数，短い波長の光は，高エネルギーをもっている．

問題 14◆

下の図はどちらが赤外線のもので，どちらが可視光のものか．

A　　　　　　　　B

問題 15◆

a. 波数 100 cm^{-1} と 2000 cm^{-1} の電磁波のどちらがエネルギーが大きいか．
b. 波長 9 μm と 8 μm の電磁波のどちらがエネルギーが大きいか．

10.9　赤外分光法

2 個の原子間の結合距離として報告されているのは平均距離であり，実際に 2 個の原子間の結合はあたかも振動するばねのように挙動している．結合の振動には伸縮と変角の動きがある．

> **伸縮**は結合軸に沿って起こるもので，伸縮振動は結合距離を変化させる．
> **変角**は結合軸の方向で起こるのではなく，変角振動は結合角を変化させる．

ある結合のそれぞれの伸縮および変角振動は，特有の周波数で生じる．その結合の一つの振動の周波数と正確に一致する周波数の電磁波を分子に照射すると，分子はエネルギーを吸収する．それによって結合の伸縮振動と変角振動は若干増大する．ある特定の化合物によって吸収されるエネルギーの波数を実験的に決定することによって，どのような種類の結合が含まれているかを決定できる．たとえば，C=O 結合の伸縮振動は約 1700 cm^{-1} の波数のエネルギーを吸収し，O—H 結合の伸縮振動は約 3400 cm^{-1} の波数のエネルギーを吸収する（図 10.5）．

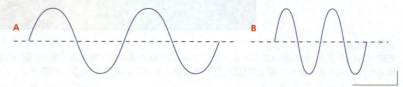

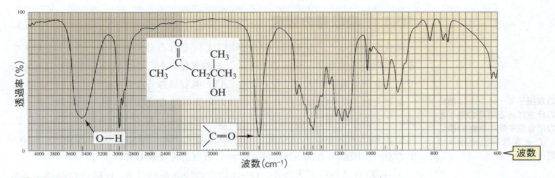

▲ 図 10.5
赤外スペクトルは，照射した波数に対する透過率で示される．C=O 伸縮は 1705 cm^{-1} で吸収し，O—H 伸縮は 3450 cm^{-1} で吸収する．

10.10 特徴的な赤外吸収帯

　分子中のそれぞれの結合の伸縮振動と変角振動が吸収帯を生じさせるので，IR スペクトルはきわめて複雑である．しかし，有機化学者は，IR スペクトル中のすべての吸収帯を帰属しようとせず，官能基に着目する傾向がある．この章では，IR 吸収帯のうちで特徴的なものを学び，特定の IR スペクトルを与える化合物の構造についてのあらましがわかるようにする．

　結合を伸縮させるには，変角させるよりも大きなエネルギーを必要とするので，伸縮振動の吸収帯は高エネルギー（4000 〜 1400 cm^{-1}）に現れ，変角振動の吸収帯は一般的に低エネルギー領域（1400 〜 600 cm^{-1}）に現れる．分子がどのような種類の結合をもっているかを決めるには伸縮振動が最もよく用いられる．さまざまな結合（および強度）に伴う<u>伸縮振動周波数</u>を表 10.3 にまとめてある．

> 結合を伸縮させるには，変角させるよりも大きなエネルギーが必要であるので，伸縮振動は変角振動よりも高波数側に現れる．

表 10.3　重要な IR 伸縮振動の周波数

結合様式	波数 (cm^{-1})	強度
C≡N	2260〜2220	中
C≡C	2260〜2100	中から弱
C=C	1680〜1600	中
C=N	1650〜1550	中
⬡	約1600 と 約1500〜1430	強から弱
C=O	1780〜1650	強
C—O	1250〜1050	強
C—N	1230〜1020	中
O—H（アルコール）	3650〜3200	強，幅広い
O—H（カルボン酸）	3300〜2500	強，非常に幅広い
N—H	3500〜3300	中，幅広い
C—H	3300〜2700	中

10.11 吸収帯の強度

結合が伸びると，原子間の距離が増大し，それらの双極子モーメントが増大する．吸収帯の強度は，双極子モーメントの変化の大きさに依存しており，<u>双極子モーメントの変化が大きくなればなるほど吸収は強くなる</u>．

たとえば，C＝O および C＝C 結合の伸縮振動の吸収帯は似た周波数に現れるが，これらは簡単に区別できる．C＝O の吸収帯は結合がより極性であるので，双極子モーメントの大きな変化を伴い，強度がより強くなる．（図 10.6 ～ 10.9 中の C＝O 吸収帯と図 10.14 中の C＝C 吸収帯を比較してみよう．）

O—H 結合は極性が大きく，O—H 結合の伸縮振動は N—H 結合のそれよりも大きな双極子モーメントの増大を伴う．したがって，O—H 結合は N—H 結合よりも大きい吸収強度を示す．同様に，N—H 結合は C—H 結合よりも極性がより大きいので，N—H 結合のほうが大きい吸収強度を示す．

> 結合の双極子モーメントは結合原子の片方にある電荷の強さと二つの結合原子間の距離の積に等しいことを思い出そう（1.3 節参照）．

> 双極子モーメントの変化が大きくなればなるほど，吸収の強度は大きくなる．

> 結合の極性が大きくなればなるほど，吸収強度は大きくなる．

相対的結合極性
IR 吸収の相対的強度

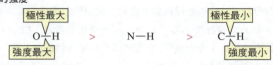

また，吸収帯の強度は，吸収の原因になっている結合の数にも依存する．たとえば，C—H 伸縮振動に由来する吸収帯は，3 個の C—H 結合しかないヨウ化メチルよりも 17 個の C—H 結合のあるヨウ化オクチルのほうが強い．

10.12 吸収帯の位置

伸縮振動の周波数（伸縮振動するときに必要なエネルギー量）は，結合の強さに依存している．強い結合は強いばねに似ていると考えられるので，結合が強いほど伸縮に必要なエネルギーは大きくなる．

結合次数，つまり結合が単結合，二重結合または三重結合かどうかは，結合の強さに影響を与える．したがって，結合次数は吸収帯の位置に影響を及ぼす．

C≡C 結合は C＝C 結合よりも強く，C＝C 結合（1650 cm^{-1} 付近）よりも高周波数（2100 cm^{-1} 付近）に吸収帯をもつ．C—C 結合は 1300 ～ 800 cm^{-1} の領域に伸縮振動を示すが，これらは強度も小さく，とても一般的なので，化合物を同定するのに有用性は低い．

同様に，C＝O 結合伸縮（1700 cm^{-1} 付近）は C—O 結合伸縮（1100 cm^{-1} 付近）よりも高周波数で起こる．また，C≡N 結合伸縮（2200 cm^{-1} 付近）は C＝N 結合伸縮（1600 cm^{-1} 付近）よりも高周波数で起こり，C＝N 結合伸縮は C—N 結合伸縮（1100 cm^{-1} 付近）よりも高周波数で起こる（表 10.3）．

> 強い結合は高波数側に吸収帯を示す．
> C≡N 約 2200 cm^{-1}
> C＝N 約 1600 cm^{-1}
> C—N 約 1100 cm^{-1}

問題 16◆
どちらの振動がより高波数で起こるか．

a. C≡C 伸縮　または　C＝C 伸縮　　**b.** C―H 伸縮　または　C―H 変角
c. C―N 伸縮　または　C＝N 伸縮　　**d.** C＝O 伸縮　または　C―O 伸縮

10.13　吸収帯の位置および形は電子の非局在化，電子供与，電子求引，および水素結合に影響を受ける

　官能基の吸収帯の正確な位置や形は，官能基以外の電子の非局在化，隣接置換基の電子的効果，および水素結合などの分子の構造上の特徴に依存するので，表10.3 にはそれぞれの官能基の伸縮振動の波数の範囲が示されている．実際，化合物の構造についての重要で詳細な知見は，吸収帯の正確な位置や形から得られる．

　たとえば，図 10.6 の IR スペクトルでは 2-ペンタノンのカルボニル基(C＝O)は 1720 cm^{-1} に吸収を示しているが，図 10.7 の IR スペクトルでは，2-シクロヘキセノンのカルボニル基はより低い周波数(1680 cm^{-1})に吸収を示している．というのは，2-シクロヘキセノンのカルボニル基は電子の非局在化によって単結合性が増大しているからである．単結合は二重結合よりも弱いので，単結合性の強いカルボニル基は，単結合性がほとんど，あるいはまったくないカルボニル基よりも低い周波数で伸縮振動をする．

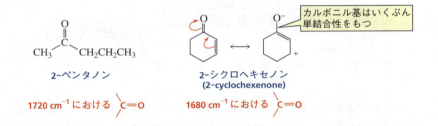

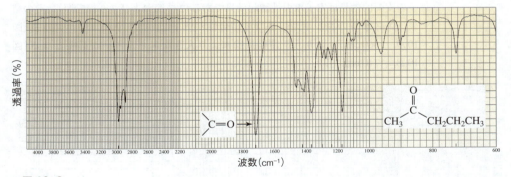

▲ 図 10.6
1720 cm^{-1} 付近の強い吸収帯は C＝O 結合を示している．

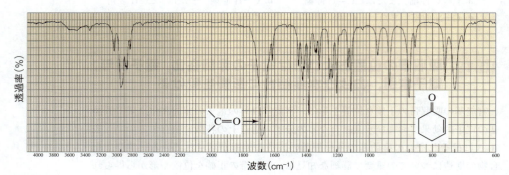

▲ 図 10.7
カルボニル基は電子が非局在化するため二重結合性が弱まり，局在化電子をもつカルボニル基($1720\ \mathrm{cm}^{-1}$ 付近)よりも低波数側($1680\ \mathrm{cm}^{-1}$ 付近)に吸収帯を示す．

カルボニル基の炭素に炭素以外の原子が結合している場合も，カルボニル吸収帯の位置がシフトする．吸収帯が高いほうにシフトするか低いほうにシフトするかは，その原子のおもな効果が共鳴効果による電子供与か，あるいは誘起効果による電子求引かによって決まる．

アミドの窒素原子の支配的な効果は，共鳴による電子供与である．一方，酸素は，電気陰性度が大きいため，窒素ほど正電荷を保持できず，エステルの酸素原子の支配的効果は電子求引性誘起効果である(2.7節および7.9節参照)．その結果，エステルのカルボニル基は単結合性が低下し，アミドのカルボニル基(図10.9, $1660\ \mathrm{cm}^{-1}$)よりも，伸縮振動により大きなエネルギーが必要となる(図10.8, $1740\ \mathrm{cm}^{-1}$)．

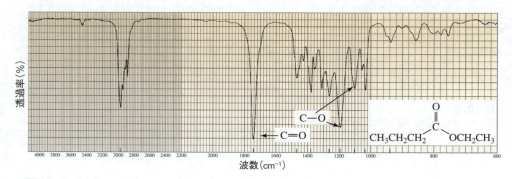

▲ 図 10.8
電子求引性の酸素原子によってエステルのカルボニル基($1740\ \mathrm{cm}^{-1}$ 付近)はケトンのカルボニル基($1720\ \mathrm{cm}^{-1}$ 付近)よりも高周波数側で伸縮振動する．

10.13 吸収帯の位置および形は電子の非局在化，電子供与，電子求引，および水素結合に影響を受ける

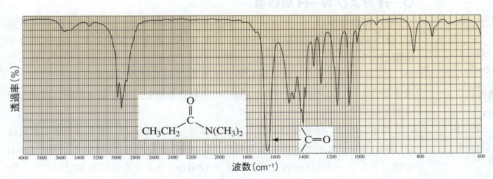

▲ 図 10.9
アミドのカルボニル基はケトンのカルボニル基よりも二重結合性が弱いので，アミドのカルボニル基はケトンのカルボニル基（1720 cm^{-1} 付近）よりも容易に伸縮する（1660 cm^{-1} 付近）．

【問題解答の指針】
IR スペクトルにおける違い
アミンの C—N 伸縮とアミドの C—N 伸縮とではどちらの振動が高波数で起こるか．

問題を解くためには，電子の非局在化が，アミンとアミドにおける C—N 結合にどのような影響を与えるかを判断する必要がある．アミンの C—N 結合を見ると純粋な単結合であるが，アミドの C—N 結合では電子の非局在化が起こり，部分的な二重結合性を帯びる．したがって，アミドの C—N 伸縮振動は高波数で起こる．

R—ṄH$_2$　　　　　　　　　　　
非局在化電子は存在しない　　電子の非局在化によって C—N 結合に部分的な二重結合性が帯びている

ここで学んだ方法を使って問題 17 を解こう．

問題 17◆
どちらの振動がより高波数で起こるか．
a. フェノールの C—O 伸縮　　あるいは　　シクロヘキサノールの C—O 伸縮
b. ケトンの C=O 伸縮　　あるいは　　アミドの C=O 伸縮
c. シクロヘキシルアミンの C—N 伸縮　　あるいは　　アニリンの C—N 伸縮

問題 18◆
sp^3 炭素と結合しているカルボニル基とアルケンの sp^2 炭素に結合しているカルボニル基のどちらがより高波数に吸収帯を示すか．

問題 19◆
1-ヘキサノールの C—O 吸収帯（1060 cm^{-1}）のほうがペンタン酸の C—O 吸収帯（1220 cm^{-1}）より低波数であるのはなぜか．

O—H および N—H 吸収帯

O—H 結合は極性なので，非常に幅広い強い吸収帯を示す（図 10.10 および図 10.11）．O—H 吸収帯の位置と形はいずれも水素結合に依存する．O—H 結合が水素結合をしていると，水素原子は隣りの分子の酸素原子にも引きつけられるので，O—H 結合はより伸縮振動しやすくなる．水素結合の強度は変化するので，水素結合している OH 基の伸縮は幅広い吸収帯を示し，違う強度の結合は違う周波数で吸収を示す．

カルボン酸は，水素結合を介した二量体として存在する．カルボン酸の水素結合（図 10.10）とアルコールの水素結合（図 10.11）を比べると，カルボン酸の O—H 伸縮はアルコールの O—H 伸縮（3550～3200 cm^{-1}）よりも低周波数で起こり，幅広くなる（3300～2500 cm^{-1}）．

N—H 結合は極性が小さく，O—H 結合よりも弱い水素結合を形成するので，N—H 伸縮の吸収帯は O—H 伸縮の吸収帯よりも強度が低くかつ狭くなる（図 10.12）．

吸収帯の位置，強度，および形は官能基の同定に役立つ．

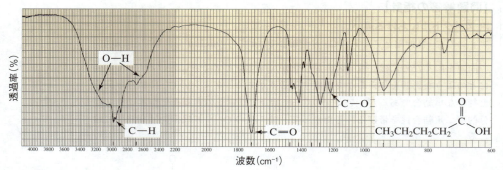

▲ 図 10.10
ペンタン酸の IR スペクトル

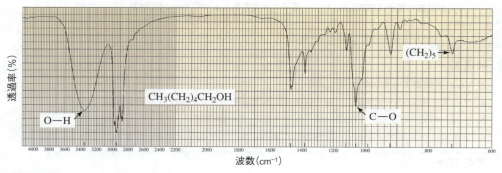

▲ 図 10.11
1-ヘキサノールの IR スペクトル．

10.13　吸収帯の位置および形は電子の非局在化，電子供与，電子求引，および水素結合に影響を受ける　　413

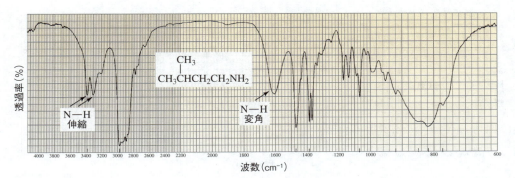

▲ **図 10.12**
イソペンチルアミンの IR スペクトル．1600 cm^{-1} 付近の N—H 変角は，分子間水素結合のために幅広くなる．

問題 20 ◆
二硫化炭素に溶解しているエタノールと溶解していないエタノールとでは，どちらの O—H 伸縮がより高波数側で起こるか．

C—H 吸収帯

化合物の同定に関する重要な情報が，C—H 結合の伸縮振動によってもたらされる．

　C—H 結合の強さは炭素の混成状態による．C—H 結合は炭素が sp 混成しているときのほうが sp^2 混成しているときよりも強く，また sp^2 混成しているときのほうが sp^3 混成しているときよりも強い(39 ページの表 1.7 参照)．より強い結合の伸縮にはより大きなエネルギーが必要とされるので，C—H 伸縮の吸収帯は sp 炭素に関しては約 3300 cm^{-1} で，sp^2 炭素に関しては約 3100 cm^{-1} で，sp^3 炭素に関しては約 2900 cm^{-1} で生じる．

　IR スペクトルの解析における有用な一段階は，3000 cm^{-1} 付近の吸収帯を見ることである．図 10.13 の 3000 cm^{-1} 付近の唯一の吸収帯は 3000 cm^{-1} よりも若干右側にある．このことは，その化合物が sp^3 炭素に結合している水素をもっているが，sp^2 炭素や sp 炭素に結合している水素はもっていないことを示している．図 10.14 と図 10.15 には，3000 cm^{-1} よりも若干左側と右側にそれぞれ吸収帯があり，これらの化合物が sp^2 炭素と sp^3 炭素に結合している水素をもっていることを示している．

C≡C—H	C=C—H	C—C—H	R—C(=O)—H
~3300 cm^{-1}	3100〜3020 cm^{-1}	2960〜2850 cm^{-1}	~2820〜~2720 cm^{-1}

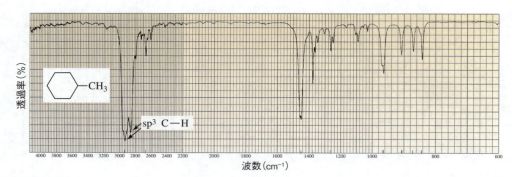

▲ 図 10.13
メチルシクロヘキサンの IR スペクトル．2940 と 2860 cm^{-1} の吸収は，メチルシクロヘキサンが sp^3 炭素に結合した水素をもつことを示す．

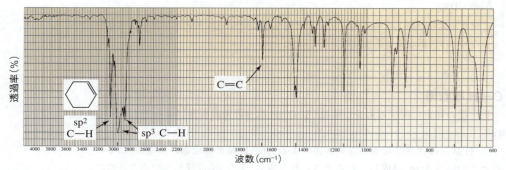

▲ 図 10.14
シクロヘキセンの IR スペクトル．3040，2950，および 2860 cm^{-1} の吸収は，シクロヘキセンが sp^2 および sp^3 炭素に結合した水素をもつことを示す．

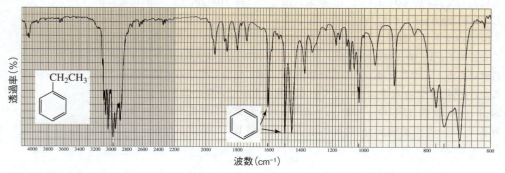

▲ 図 10.15
エチルベンゼンの IR スペクトル．3100〜2880 cm^{-1} 領域の吸収は，エチルベンゼンが sp^2 および sp^3 炭素に結合した水素をもつことを示す．1610 と 1500 cm^{-1} の二つの鋭い吸収は，sp^2 炭素がベンゼン環由来であることを示す．

　　　　ある化合物が sp^2 炭素に結合している水素をもっていることがわかれば，次はそれらの炭素がアルケンの sp^2 炭素であるかあるいはベンゼン環の sp^2 炭素であるかを決定しなければならない．ベンゼン環は，二つの鋭い吸収帯（一つは約 1600 cm^{-1}，一つは 1500〜1430 cm^{-1}）を示すが，アルケンは 1600 cm^{-1} 付近にのみ

吸収帯を示す（表 10.3）．したがって，図 10.14 はアルケンを含む化合物のスペクトルであり，図 10.15 はベンゼン環を含む化合物のスペクトルである．（化合物の NMR スペクトルがあれば，ベンゼン環の存在は非常に簡単に検出できる；10.28 節参照．）

N—H 変角振動も 1600 cm^{-1} 付近で起こるので，この周波数での吸収がすべて C＝C 結合の存在を示すわけではないことに留意しよう．しかし，N—H 変角振動に起因する吸収帯は，C＝C 伸縮振動に起因する吸収帯よりも（水素結合のために）幅広くなっており，（より極性が高いために）強度も大きく，また，それらは 3500 〜 3300 cm^{-1} に N—H 伸縮振動による吸収帯を伴っている（図 10.12）．

アルデヒド基に含まれる C—H 結合の伸縮は，2820 cm^{-1} 付近と 2720 cm^{-1} 付近に吸収帯を示す（図 10.16）．これらの波数域に起こる吸収帯はほかにないので，この吸収帯はアルデヒド基の同定に役立つ．

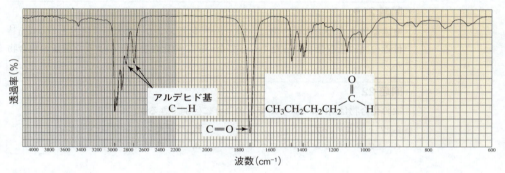

▲ **図 10.16**
2820 cm^{-1} と 2720 cm^{-1} 付近の吸収によりアルデヒド基を容易に同定できる．また，1730 cm^{-1} 付近の強い吸収帯は C＝O 結合の存在を示していることに注目しよう．

10.14 吸収帯の欠如

IR スペクトルによって化合物を同定するときに，吸収帯がないということは，吸収帯があるということと同様に有用な情報となる．

たとえば，図 10.17 の IR スペクトルには 1100 cm^{-1} 付近に強い吸収帯があり，C—O 結合の存在を示している．3100 cm^{-1} 以上に吸収帯がないので，その化合物は明らかにアルコールではない．また，1700 cm^{-1} 付近の吸収帯もないので，その化合物はカルボニル化合物でもない．その化合物は C≡C，C＝C，C≡N，あるいは C＝N 結合を含んでいない．したがって，その化合物はエーテルであると結論できる．C—H 吸収帯から，化合物は sp^3 炭素上（2950 cm^{-1}）だけに水素をもっている．実際に，化合物はジエチルエーテルである．

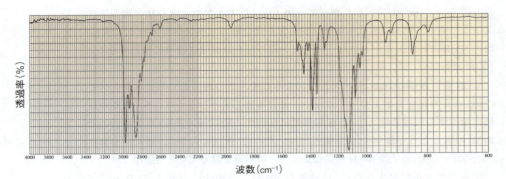

▲ 図 10.17
ジエチルエーテルの IR スペクトル.

問題 21 ◆
窒素原子を含むある化合物は，3400 cm^{-1} 付近および 1700 cm^{-1} 付近と 1600 cm^{-1} 付近の間に吸収帯をまったくもってない．この化合物はどのような種類の化合物か．

問題 22
次の化合物は IR スペクトルでどのように区別できるか．
a. ケトンとアルデヒド　　　　　　　　b. ベンゼンとシクロヘキセン
c. シクロヘキセンとシクロヘキサン　　d. 第一級アミンと第三級アミン

10.15 赤外スペクトルの解釈のしかた

　これからいくつかの IR スペクトルを用いて，スペクトルを与える化合物の構造に関して何を推測できるかを学ぶ．化合物を正確に同定できないかもしれないが，その化合物が何であるかがいったんわかれば，その構造は観測結果に一致するはずである．

　化合物 1．図 10.18 の 3000 cm^{-1} 領域の吸収帯によって，水素原子は sp^2 炭素 (3050 cm^{-1}) に結合していて，sp^3 炭素には結合していないことがわかる．1600 cm^{-1} と 1460 cm^{-1} の鋭い吸収帯によって，この化合物はベンゼン環をもっていることがわかる．2810 cm^{-1} と 2730 cm^{-1} の吸収帯によって，この化合物がアルデヒドであることがわかる．カルボニル基(C=O)に特徴的な強い吸収帯が通常の値(1720 cm^{-1})よりも低い(1700 cm^{-1} 付近)ので，カルボニル基は部分的に単結合性である．したがって，カルボニル基は直接ベンゼン環に結合しているに違いない．この化合物はベンズアルデヒドである．

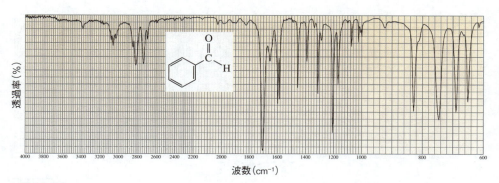

▲ 図 10.18
化合物1のIRスペクトル.

化合物2. 図 10.19 の 3000 cm^{-1} 領域の吸収帯によって，水素は sp^3 炭素 (2950 cm^{-1}) に結合しており，sp^2 炭素には結合していないことがわかる．3300 cm^{-1} の強い吸収帯の形はアルコールの O—H 基に特徴的である．2100 cm^{-1} 付近の吸収帯によって，この化合物が三重結合をもっていることがわかる．3300 cm^{-1} の鋭い吸収帯は，sp 炭素に結合した水素をもっていることを示しているので，この化合物が末端アルキンであることがわかる．この化合物の構造はスペクトル上に示されるプロパギルアルコールである．

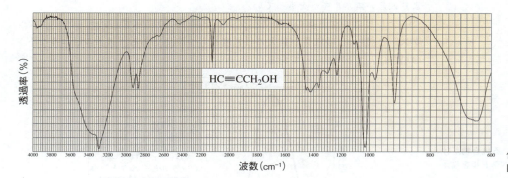

◀ 図 10.19
化合物2の
IRスペクトル.

問題 23

次の各組の化合物について，それらを区別する一つの吸収帯を示せ．

a. CH$_3$CH$_2$OH と CH$_3$CH$_2$NH$_2$

b.
$$\underset{\text{OCH}_3}{\overset{\text{O}}{\|}}\diagup \quad と \quad \underset{\text{OH}}{\overset{\text{O}}{\|}}\diagup$$

c. CH$_3$CH$_2$C≡CCH$_3$ と CH$_3$CH$_2$C≡CH

d.
$$\underset{\text{OH}}{\overset{\text{O}}{\|}}\diagup \quad と \quad \diagup\diagdown\text{OH}$$

問題 24◆

次の IR スペクトルを示す分子式 C$_4$H$_6$O の化合物を同定せよ．

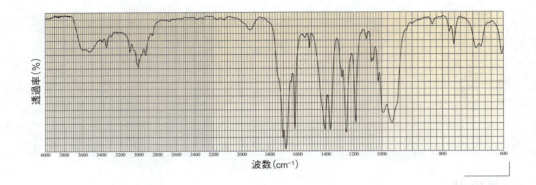

10.16 紫外・可視分光法

紫外・可視 (ultraviolet and visible, UV/Vis) 分光法 (spectroscopy) は，共役二重結合をもっている化合物についての情報を提供してくれる．分子が**紫外線** (ultraviolet light) を吸収する場合には UV スペクトルが得られ，**可視光** (visible light) を吸収する場合には可視スペクトルが得られる．紫外線は 180～400 nm (ナノメートル) の波長をもち，可視光は 400～780 nm の波長をもっている．

波長 (wavelength, 記号は λ) は電磁波エネルギーに反比例するので，波長が短ければ短いほど，電磁波エネルギーは大きくなる．したがって，紫外線は可視光より大きいエネルギーをもっている．

メチルビニルケトンの UV スペクトルを図 10.20 に示す．λ_{max} ("ラムダマックス" と読む) は吸収帯が最大の吸光度をもつ波長である．メチルビニルケトンの場合は $\lambda_{max} = 219$ nm である．

$$E = \frac{hc}{\lambda}$$

波長が短ければ短いほど，電磁波のエネルギーは大きくなる．

π電子をもっている化合物だけが紫外・可視スペクトルを与える．

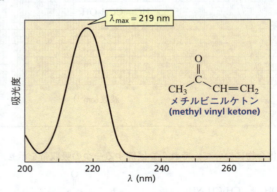

◂ 図 10.20
メチルビニルケトンの UV スペクトル．

🧪 紫外線と日焼け止め

紫外 (UV) 線を浴びると皮膚の特殊な細胞が刺激され，メラニンという黒い色素が生じ，日焼けの原因となる．メラニンは紫外線を吸収して，太陽の有害な影響から私たちの体を保護している．メラニンが吸収できる以上の紫外線が皮膚に当たると，皮膚が炎症を起こし，皮膚がんの原因となる光化学反応が起こる．

UV-A は最も低いエネルギーの紫外線 (315～400 nm) で，皮膚のしわの原因とな

る．より危険性が大きい高エネルギーの光，すなわち UV-B(290 〜 315 nm) の大部分と UV-C(180 〜 290 nm) は，成層圏のオゾン層によって遮断される．そのため，オゾン層の減少は重要な問題となっている（14.8 節参照）．

日焼け止めを使用すると，紫外線から皮膚を保護できる．UV-B 光（日焼けの原因となる光）からの保護の度合いは，日焼け止めの SPF(sun protection factor, 日焼け止め指数）で示される．つまり，SPF が大きければ大きいほど，保護作用が大きい．日焼け止めには，皮膚に届く光とそれを反射する酸化亜鉛などの無機成分が含まれているタイプと，紫外線を吸収する化合物が含まれているタイプがある．

para-アミノ安息香酸（PABA）は最初に商品化された紫外線を吸収するタイプの日焼け止めであったが，油性のスキンローションにそれほど溶けやすくなかった．したがって，次世代の日焼け止めには極性の小さい化合物である Padimate O が使われた．その後の研究により，皮膚がんの十分な防止のためには日焼け止めは UV-B と UV-A の両方を吸収する必要があることが明らかにされてきた．現在 FDA は，UV-A および UV-B 光の両方から皮膚を保護する Giv-Tan F のような日焼け止めの使用を推奨している．

para-アミノ安息香酸
(*para*-aminobenzoic acid)
PABA

4-(ジメチルアミノ)安息香酸 2-エチルヘキシル
〔2-ethylhexyl 4-(dimethylamino)benzoate〕
Padimate O

(*E*)-3-(4-メトキシフェニル)-2-プロペン酸 2-エトキシエチル
〔2-ethoxyethyl (*E*)-3-(4-methoxyphenyl)-2-propenoate〕
Giv-Tan F

10.17　λ_{max} に及ぼす共役の効果

化合物のもつ共役二重結合の数が多いほど，λ_{max} となる波長が長くなる．たとえば，3,5-ヘキサジエン-2-オンの λ_{max} (249 nm) は，メチルビニルケトンの λ_{max} (219 nm) よりも長い．それは，3,5-ヘキサジエン-2-オンが 3 個の共役二重結合をもつのに対して，メチルビニルケトンは 2 個の共役二重結合をもつためである．

> 共役二重結合の数が増えるにしたがって λ_{max} は増大する．

メチルビニルケトン
$\lambda_{max} = 219$ nm

3,5-ヘキサジエン-2-オン
(3,5-hexadien-2-one)
$\lambda_{max} = 249$ nm

表 10.4　エチレンおよび共役ジエンの λ_{max}

化合物	λ_{max} (nm)
$H_2C=CH_2$	165
	217
	256
	290
	334
	364

いくつかの共役ポリエンの λ_{max} 値を表 10.4 に示す．よって，ある化合物の λ_{max} は，その化合物の共役二重結合の数を予測するのに用いることができる．

ある化合物が多くの共役二重結合をもっていると，それは可視光（波長が 400 nm 以上の光）を吸収し，その化合物は着色されたものになる．たとえば，ビタミン A の前駆物質である β-カロテン（λ_{max} =

455 nm)は，ニンジンやアンズ，フラミンゴの羽に含まれる橙色の物質である．

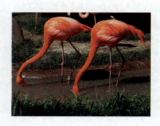

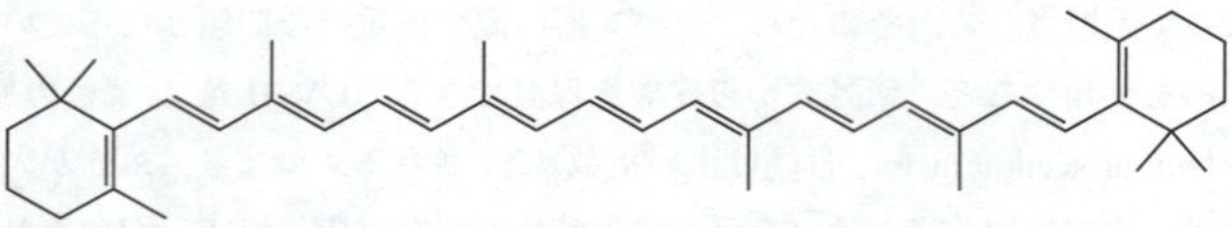

β-カロテン
(β-carotene)
λ_{max} = 455 nm

トマト，スイカ，およびピンクグレープフルーツに含まれるリコピン(λ_{max} = 474 nm)は，赤色の物質である

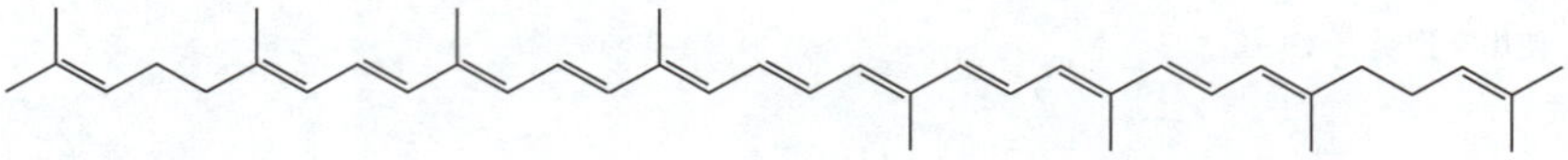

リコピン
(lycopene)
λ_{max} = 474 nm

R = CH_3 (クロロフィル *a*)

R = CHO (クロロフィル *b*)

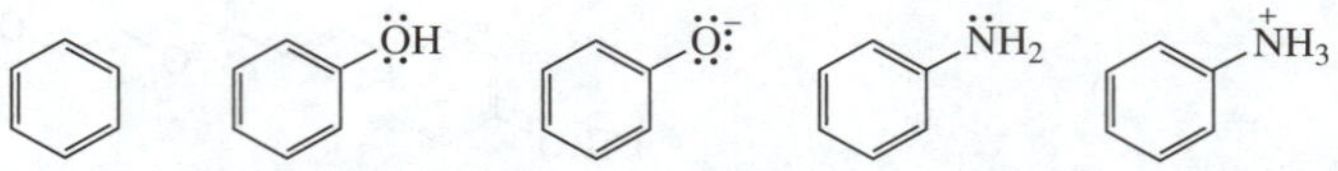

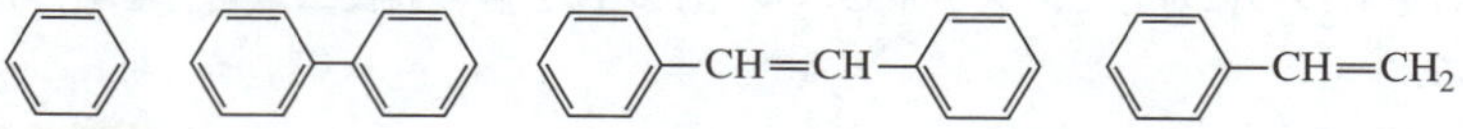

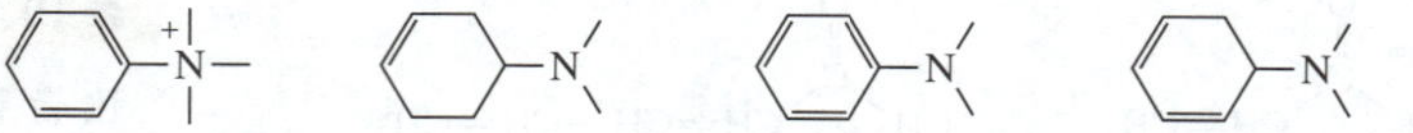

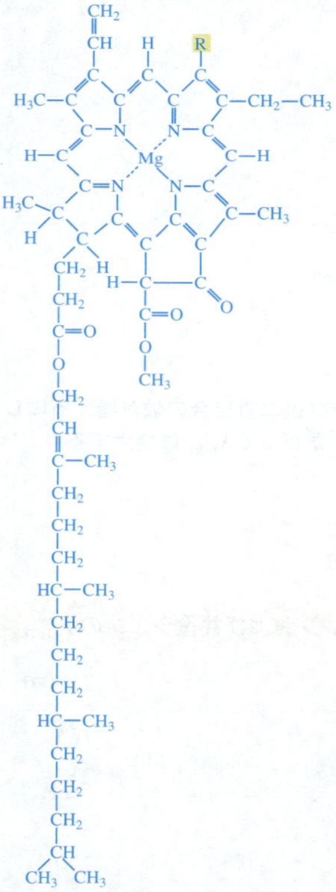

クロロフィル *a* と *b* は，高度に共役した化合物で，可視光を吸収できるこの物質があるために植物の表面組織で緑色の光が反射される．

酸素と窒素の孤立電子対は，ベンゼン環のπ電子雲と共鳴(電子の非局在化)によって相互作用し，λ_{max} を増大させる．

	ベンゼン	フェノール	フェノキシドイオン	アニリン	アニリニウムイオン
λ_{max} =	255 nm	270 nm	287 nm	280 nm	254 nm

フェノールからプロトンを除くと，フェノラートイオンがさらなる孤立電子対をもつことになるので λ_{max} が増大する．アニリンのプロトン化は，孤立電子対がもはやベンゼン環のπ電子雲と相互作用できないので λ_{max} は低下する．したがって，アニリニウムイオンは孤立電子対をもたず，その λ_{max} はベンゼンのそれに似ている．

問題 25◆

次の化合物を λ_{max} の大きい順に並べよ．

a.

b.

10.18 可視スペクトルと色

白色光は，すべての可視波長が混合したものである．白色光からこれらの波長のいずれかを除くと，目は残された光を色として認識する．したがって，可視光を吸収する化合物はどんなものでも着色して見える．知覚される色は目に届く波長に依存する．化合物が吸収しない波長の光は反射して見る人の目に入り，その波長の色が見えることになる．

物質が吸収する光の波長とその物質に観察される色との関係を表 10.5 に示す. 緑色を発色させるには二つの吸収帯が必要な点に注目しよう. 鮮明な色は狭い吸収帯をもっているが, ほとんどの着色化合物はかなり広い吸収帯をもっている. 驚くことに, ヒトの目は 100 万種以上もの異なる色相を見分けられる.

表 10.5　観察される色と吸収される光の波長との依存関係

吸収された波長(nm)	吸収される色	観察される色
380〜460	青〜紫	黄
380〜500	青	橙
440〜560	青〜緑	赤
480〜610	緑	紫
540〜650	橙	青
380〜420 および 610〜700	紫	緑

アゾベンゼン(ベンゼン環が N═N 結合により結ばれている)は, 拡張共役系の構造をしており, 可視光を吸収する. 次に示した二つのアゾベンゼンは, 染料として市販されている. 共役二重結合の数や化合物に結合する置換基を変えることで, 多くの異なる色をつくり出せる. バターイエローとメチルオレンジの相違は, SO_3^- 基の有無だけである.

スルホン酸基

バターイエロー
(butter yellow)
アゾベンゼン

メチルオレンジ
(methyl orange)
アゾベンゼン

マーガリンが最初に製造されたとき, それを本物のバターに見せかけるためにバターイエローで着色した. (白色のマーガリンはまったく食欲をそそらなかった.) のちに, この着色料には発がん性があることがわかり, まったく使用されなくなった. 最近ではマーガリンの着色には β-カロテンが用いられている (419 ページ).

何がブルーベリーを青くし, ストロベリーを赤くするのか？

アントシアニンと呼ばれる高度に共役した構造をもつ一群の化合物は, 多くの花(ケシ, シャクヤク, ヤグルマギク), 果実 (クランベリー, ルバーブ, イチゴ, ブルーベリー, リンゴの赤い皮, ブドウの紫の皮), および野菜(ビート, ラディッシュ, アカキャベツ)の赤色, 紫色, および青色の色素になっている.

中性あるいは塩基性の溶液中では, アントシアニンの単環部分(アントシアニンの右側)は分子の残りの部分と共役していないので, 可視光線を吸収せず, アントシアニンは無色の化合物である. しかし, 酸性の条件下では OH 基がプロトン化され, 水が脱離する. (水は弱い塩基であり, 優れた脱離基であることを思い起こそう；9.2 節参照.) 水が脱離すると, 3 番目の環が分子の残りの部分と共役するようになる.

共役系の出現により，アントシアニンは波長が 480〜550 nm の可視光を吸収する．吸収される光の正確な波長は，アントシアニンの置換基 (R, R') に依存している．したがって，花，果物，野菜などが，赤色，紫色，あるいは青色に見えるのは，R, R' 基が何であるかによる．クランベリージュースの pH を酸性でなくすると，この色の変化を見ることができる．

問題 26 ◆

a. 次に示すイオンの一つは pH 7 で紫色であり，ほかの一つは青色である．どちらがどちらの色の色素であるか．

b. pH 3 では化合物の色にどのような違いが生じるか．

問題 27 ◆

表 10.5 から，混ぜ合わせると緑色を生じる二つの色を予想せよ．

リコピン，β-カロテン，およびアントシアニンは，木の葉のなかに存在している．しかし，それらの特徴的な色は，通常，クロロフィルの緑色で目立たなくなっている．クロロフィルは不安定な分子なので，植物は絶えずこれを合成しなければならない．その合成には日光と温暖な気温が必要であり，秋にかけて天候が寒くなると植物はもはやクロロフィルを合成できず，その分解により，ほかの色が目立つようになる．

10.19 UV/Vis 分光法のいくつかの用途

UV/Vis 分光法は，有機化合物の構造を決定するうえで，ほかの機器分析ほど有用ではない．しかし，UV/Vis 分光法には多くのほかの重要な用途がある．いくつかの例をここに示す．

UV/Vis 分光法はしばしば反応速度の測定に用いられる．反応物の一つあるいは生成物の一つがある波長の UV または可視光線の吸収をもち，残りの反応物あるいは生成物が，その波長でほとんどあるいはまったく吸収をもたなければ，どのような反応でもその速度を測定できる．

たとえば乳酸脱水素酵素は，NADH によりピルビン酸を還元して乳酸にする反応を触媒する (19.6 節参照)．NADH が反応系中で唯一 340 nm の光を吸収する化合物である．したがって，340 nm の吸光度の低下を追跡することにより，反応の速度を決定できる (図 10.21)．

ピルビン酸イオン (pyruvate) + NADH + H⁺ →(乳酸脱水素酵素) 乳酸イオン (lactate) + NAD⁺

λ_{max} = 340 nm

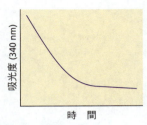

▲ 図 10.21
340 nm における吸光度の低下を追跡することによって，NADH によるピルビン酸の還元反応の速度を求められる．

問題 28◆
NAD⁺を用いてアルコール脱水素酵素により触媒されるエタノールの酸化速度を決定する方法を述べよ．

ある化合物の酸型あるいは塩基型のいずれかが UV または可視光線を吸収する場合は，UV/Vis 分光法でその化合物の pK_a を決定できる．たとえば，フェノラートイオンは 287 nm に λ_{max} をもっている．287 nm の吸光度を pH の関数として測定すると，フェノールの pK_a は，起こった吸光度増大のちょうど 1/2 の点での pH によって決定できる（図 10.22）．この pH ではフェノールの半分がフェノラートイオンに変換されているので，この pH が化合物の pK_a に等しくなる．

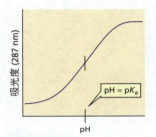

▲ 図 10.22
pH の関数としてのフェノール水溶液の吸光度．

問題 29◆
弱酸の溶液の吸光度を，同じ条件下で，異なる pH 値で測定した．溶液中の共役塩基は使用した波長の紫外線を吸収するただ一つの化学種である．得られた結果から，化合物の pK_a を求めよ．

pH	1.0	2.0	3.0	4.0	5.0	6.0	7.0	8.0	9.0	10.0
吸光度	0	0	0.10	0.50	0.80	1.10	1.50	1.60	1.60	1.60

10.20 NMR 分光法の基礎

奇数個の陽子（プロトン）または奇数個の中性子（ニュートロン），あるいはその両方をもつ核種（^{1}H，^{13}C，^{15}N，^{19}F，^{31}P）は，NMR によって調べることのできるスピンと呼ばれる性質をもっている．^{12}C や ^{16}O のような核種はスピンをもたないので，NMR によって調べることができない．水素核（陽子，プロトン）は**核磁気共鳴**（nuclear magnetic resonance，**NMR**）によって研究された最初の核種であるので，NMR という頭字語は一般に ^{1}H NMR（**プロトン磁気共鳴**，proton magnetic resonance）を意味するものとされている．

その電荷の結果として磁気モーメントをもち，小さな棒磁石によって生じる磁場と似たような磁場を生じる．外部磁場がないときには，核磁気モーメントは無秩序に配向している．しかし，強い磁極の間に置かれると，核磁気モーメントは外部磁場と同方向あるいは逆方向に並ぶ（図 10.23）．

ある化合物の pK_a はその化合物の酸型と塩基型とが等しい量で存在しているときの pH であることを思い出そう（2.10 節参照）．

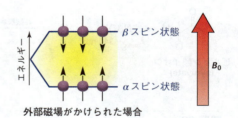

外部磁場がない場合　　　外部磁場がかけられた場合

▲ 図 10.23
外部磁場がない場合には核磁気モーメントは無秩序に配向する．外部磁場がかけられると，核磁気モーメントは外部磁場と同じ方向（αスピン状態）あるいは逆方向（βスピン状態）にそろう．

　外部磁場と同方向に並んでいる磁気モーメントをもつ核は，低エネルギーの**αスピン状態**（α–spin state）にあり，一方，外部磁場と逆方向に並んでいる磁気モーメントをもつ核は，高エネルギーの**βスピン状態**（β–spin state）にある．βスピン状態は外部磁場と逆方向に並ぶためにより多くのエネルギーを必要とし，エネルギー的に同方向に並ぶものよりエネルギー状態が高い．

　αスピン状態とβスピン状態のエネルギー差（ΔE）は**外部磁場**（applied magnetic field）の強度（B_0）に依存する．つまり，外部磁場の強度が強いほど，ΔE は大きくなる（図 10.24）．

　αおよびβスピン状態のエネルギー差（ΔE）に対応するエネルギーをもつラジオ波パルスを試料に照射すると，αスピン状態の核はβスピン状態に遷移する．この遷移はスピンの〝反転〟と呼ばれる．

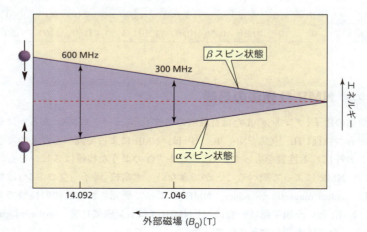

◀ 図 10.24
αスピン状態とβスピン状態のエネルギー差は，外部磁場の強度が増すにつれ大きくなる．

　核が rf 照射を吸収するとき，核はスピンを反転し，αスピン状態とβスピン状態のエネルギー差（ΔE）に依存する周波数の電磁波シグナルを放出する．NMR 分光計はこれらのシグナルを検出し，強度に対してシグナル周波数をプロットする．この図が NMR スペクトルである（図 10.26，428 ページ参照）．

Nikola Tesla（1856〜1943）

磁場の強度を測るときに用いられる単位「テスラ」は，Nikola Tesla に敬意を表して名づけられた．Tesla はクロアチアで生まれた．1884年にアメリカ合衆国に移住し，1891年に市民権を得た．交流電流による電力輸送の共同提案者であり，直流電流を推進していた Thomas Edison と激しく争った．Tesla には，1900年にラジオの開発に関する特許が認められたが，Guglielmo Marconi にも 1904年にラジオの開発に関する特許が与えられた．Tesla の死後数カ月後，1943年になって初めて，アメリカの最高法廷において彼の特許が支持された．

Tesla は 800 件以上の特許をもち，ネオン灯や蛍光灯，電子顕微鏡，冷蔵庫のモーター，Tesla コイル（交流の電圧を変化させる変圧器の一種）の発明者として賞賛されている．おそらく彼の最も重要な貢献は，すべての大規模電力システムの原型となった多相電力である．彼の発明した機器のほとんどは，彼自身がつくったものである．絶縁体もその一つだが，これは，同様の技術がアメリカの戦略防衛構想（SDI）の一部として使われていたため，近年まで機密扱いにされていた．Tesla はしばしば派手な高電圧実演を行った．これが，彼が研究において適切な評価を受けなかった理由かもしれない．

実験室の Nikola Tesla

10.21 遮へいにより，異なる水素のシグナルは異なる周波数に現れる

NMR シグナルの周波数は核が感じる磁場の強度に依存することを学んできた（図 10.24）．化合物中のすべての水素が同じ磁場に存在すれば，同じ周波数のシグナルを与えることになる．もしこれが真実であれば，すべての NMR スペクトルは一つのシグナルのみを含み，化合物が水素を含むという事実以外，構造に関してはなんら有用な情報が得られないことになる．

しかし，核は外部磁場を部分的に遮へいする電子雲に覆われている．化学者にとって幸運なことに，この**遮へい**（shielding）は分子のなかのそれぞれの水素に対して異なっている．いいかえれば，すべての水素が同じ外部磁場を感じるわけではない．

遮へいはどのようにして起こるのだろうか．磁場において，電子は核のまわりを回っており，局所的な磁場を誘起する．この磁場は外部磁場に対して逆方向に働き，外部磁場を減じる．結果として，**有効磁場**（effective magnetic field），つまり核が周囲の電子を通して実際に"感じる"磁場は，外部磁場よりいくらか小さい．

$$B_\text{有効} = B_\text{外部} - B_\text{局所}$$

すなわち，プロトン*が置かれている環境の電子密度が高いほど $B_\text{局所}$ が大きく，$B_\text{有効}$ は小さくなり，プロトンは外部磁場からより大きく遮へいされることになる．

このようにして，電子密度の高い環境下のプロトンはより小さな有効磁場を感じることになる．したがって，ΔE が小さくなるので，共鳴（スピンを反転させる）には，より低い周波数が必要となる（図 10.24）．電子密度の低い環境下のプロトンはより大きな有効磁場を感じることになり，ΔE が大きくなるので，共鳴する，つまりそれらのスピンを反転させるにはより高い周波数が必要となる．

プロトンが置かれている環境の電子密度に応じて，プロトンを外部磁場から遮へいする．

*NMR 分光法の議論では，"プロトン"と"水素"は両方とも共有結合した水素を説明するのに使われる．

プロトンが感じる磁場が大きいほど，シグナルはより高周波数側に現れる．

NMRスペクトルは，異なる環境下にあるそれぞれのプロトンについて一つのシグナルを示す．電子密度の高い環境下のプロトンはより大きく遮へいされているので，低い周波数（スペクトルの右側；図10.25）に現れる．電子密度の低い環境下のプロトンは遮へいが小さいので，高い周波数（スペクトルの左側）に現れる．NMRスペクトルの高周波数側は，IRやUV/Visスペクトルと同様に，左側であることに注意しよう．

脱遮へい = 遮へいが小さい

図 10.25 ▶
遮へいされた核は脱遮へい†された核よりも低周波数で共鳴する．

† 訳者注：NMRの専門書では「非遮へい（化）」「反遮へい（化）」と訳されていることもある．

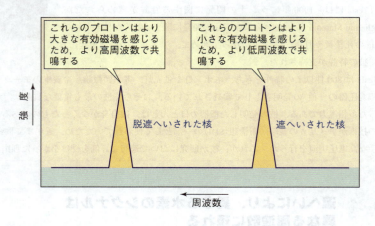

10.22　¹H NMR スペクトル中のシグナルの数

　同一の化学的環境下にあるプロトンは，**化学的に等価なプロトン**(chemically equivalent proton)と呼ばれる．たとえば，1-ブロモプロパンは異なる3組の化学的に等価なプロトンをもっている．3個のメチルプロトンは，C—C結合の回転なので，化学的に等価である．中央の炭素に結合している2個のメチレン(CH₂)プロトンは化学的に等価であり，臭素原子に結合している炭素の2個のメチレンプロトンは3組目の化学的に等価なプロトンである．

化学的に等価な1組のプロトンは，それぞれ一つのNMRシグナルを生じる．

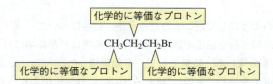

　化合物中の化学的に等価な1組のプロトンは，その化合物の¹H NMRスペクトルにおいてそれぞれ一つのシグナルを生じる．したがって，1-ブロモプロパンは3組の化学的に等価なプロトンをもっているので，その¹H NMRスペクトルでは三つのシグナルを示す．（シグナルが十分に分離せず，互いに重なっていることもある．重なりが生じると予想より少ない数のシグナルが観測される．）

　2-ブロモプロパンは2組の化学的に等価なプロトンをもっているので，¹H NMRスペクトルには二つのシグナルがある．6個のメチルプロトンは等価であるので，これらは単一のシグナルを生じ，中央の炭素に結合している水素は二つ目のシグナルを生じる．

$\overset{a\ b\ c}{CH_3CH_2CH_2Br}$　$\overset{a\ \ \ b\ \ \ a}{CH_3\underset{|}{C}HCH_3}$　$\overset{a\ \ c\ \ b}{CH_3CH_2OCH_3}$　$\overset{a\ \ \ \ b}{CH_3OCH_3}$　　¹H NMR スペクトルのシグナルの数から，化合物に何組の化学的に等価なプロトンがあるかがわかる．

三つのシグナル　　二つのシグナル（Br）　三つのシグナル　一つのシグナル　二つのシグナル

エチルメチルエーテルは 3 組の化学的に等価なプロトンをもっている．すなわち，酸素に隣接する炭素上のメチルプロトン，酸素に隣接する炭素上のメチレンプロトン，エチル基の末端の炭素上のメチルプロトンである．下記の化合物中の化学的に等価なプロトンには同じ文字で印をつけてある．

問題 30
分子式 C_6H_{14} をもつ五つの化合物のそれぞれの ¹H NMR スペクトルにはいくつのシグナルがあると予想されるか．

問題 31 ◆
次の化合物の ¹H NMR スペクトルにはいくつのシグナルがあると予想されるか．

a. $CH_3CH_2CH_2CH_3$　　**b.** $BrCH_2CH_2Br$　　**c.** $CH_3CH_2CH_2\overset{O}{\overset{\|}{C}}CH_3$

d. $CH_3CH_2\underset{\underset{Cl}{|}}{C}HCH_2CH_3$　　**e.** $CH_3\underset{\underset{CH_3}{|}}{C}HCH_2\underset{\underset{CH_3}{|}}{C}HCH_3$　　**f.** C₆H₅–NO₂ (フェニル–NO₂)

問題 32
次の化合物の ¹H NMR スペクトルはどのようにして区別できるか．

$CH_3OCH_2OCH_3$　　CH_3OCH_3　　$CH_3OCH_2\underset{\underset{CH_3}{|}}{\overset{\overset{CH_3}{|}}{C}}CH_2OCH_3$

A　　　　　　　　B　　　　　　　　　C

10.23 化学シフトはシグナルが基準シグナルからどのくらい離れているかを示す

NMR スペクトルを測定しようとする化合物を含む試料管に，ごく少量の不活性な**基準化合物**(reference compound)を加える．最もよく利用される基準化合物はテトラメチルシラン(TMS)である．

ケイ素は炭素よりも電気陰性度が小さく(電気陰性度はケイ素が 1.8，炭素が 2.5)，TMS のメチルプロトンは有機化合物中のほとんどのプロトンよりも電子密度が高い環境下にある．したがって，TMS のメチルプロトンのシグナルは，ほかのほとんどすべてのシグナルよりも低い周波数に現れる(つまり，ほかのシグナルよりも右に現れる)．

$$CH_3-\underset{\underset{CH_3}{|}}{\overset{\overset{CH_3}{|}}{Si}}-CH_3$$

テトラメチルシラン
(tetramethylsilane)
TMS

NMR スペクトル中でシグナルが現れる位置を**化学シフト**と呼ぶ．**化学シフト**（chemical shift）は，シグナルが基準化合物のシグナルからどの程度離れているかの尺度である．化学シフトの最も一般的な目盛は δ（デルタ）であり，TMS シグナルを δ 目盛上のゼロ点と定義する（図 10.26）．

ほとんどのプロトンの化学シフトは 0 〜 12 ppm の間にある．

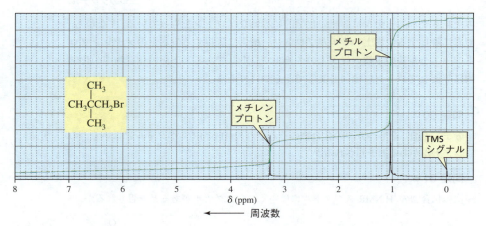

▲ 図 10.26
1-ブロモ-2,2-ジメチルプロパンの ^{1}H NMR スペクトル．TMS シグナルを基準シグナル（δ 目盛のゼロ点）として化学シフト値が測定される．

化学シフト（δ）が大きければ大きいほど周波数は高くなる．

図 10.26 の ^{1}H NMR スペクトルは，メチルプロトンの化学シフト（δ）が 1.05 ppm であり，電子求引性の臭素によって脱遮へいされているメチレンプロトンの化学シフトが 3.28 ppm であることを示している．<u>低周波数（遮へい）のシグナルは小さな δ (ppm) 値をもち，高周波数（反遮へい）のシグナルは大きな δ (ppm) 値をもつ</u>ことに留意しよう．

次の図表は NMR 分光法に関連する用語を記憶しておくのに役立つだろう．

電子不足な環境下のプロトン	電子豊富な環境下のプロトン
脱遮へいされたプロトン	遮へいされたプロトン
高周波数	低周波数
大きな δ 値	小さな δ 値

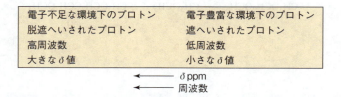

問題 33◆

TMS シグナルを基準にしたとき，$(CH_3)_2Mg$ の ^{1}H NMR シグナルはどこに現れると予想されるか．（ヒント：マグネシウムはケイ素よりも電気陰性度が小さい．）

10.24 ^{1}H NMR シグナルの相対的位置

電子不足の環境にあるプロトンは高周波数側にシグナルを示す．

図 10.26 の ^{1}H NMR スペクトルは，化合物が 2 種類の異なるプロトンをもっているので，二つのシグナルが現れる．メチレンプロトンは電子求引性の臭素に近

い位置にあるため，メチルプロトンに比べると電子密度が低い環境にある．したがって，メチレンプロトンは外部磁場からの遮へいが小さい．結果として，これらのプロトンのシグナルは，より遮へいされたメチルプロトンのシグナルよりも高い周波数に現れる．

> NMR スペクトルの右側は低周波数側であって，電子密度の高い環境下の(より遮へいされている)プロトンのシグナルが現れることを思い出そう．また，左側は高周波数側であって，電子密度の低い環境下の(遮へいの小さい)プロトンのシグナルが現れる(図 10.25)．

1-ニトロプロパンは 3 種類の異なるプロトンをもっているので，その ^{1}H NMR スペクトルには三つのシグナルが現れると予想される．プロトンが電子求引性のニトロ基に近づくほど，外部磁場からの遮へいが小さくなり，それらのシグナルが現れる周波数は高くなる．したがって，ニトロ基に最も近いプロトンのシグナルは最も高い周波数(4.37 ppm)に現れ，ニトロ基から最も遠いプロトンのシグナルは最も低い周波数(1.04 ppm)に現れる．

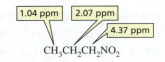

電子求引性基は，NMR シグナルが高周波数側(より大きな δ 値)に現れる原因となる．

次のそれぞれのハロゲン化アルキルにおいて，ハロゲンのすぐ隣りにあるメチレンプロトンの化学シフトを比べてみよう．シグナルの位置はハロゲンの電気陰性度に依存する．つまり，ハロゲンの電気陰性度が大きくなるにつれてプロトンの遮へいは小さくなるので，シグナルの周波数は高くなる．したがって，フッ素(ハロゲンのなかで最も電気陰性度が大きい)の隣りのメチレンプロトンのシグナルが最も高い周波数に現れ，ヨウ素(ハロゲンのなかで最も電気陰性度が小さい)の隣りのメチレンプロトンのシグナルは最も低い周波数に現れる．

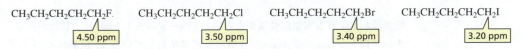

問題 34 ◆
a. 次の化合物のそれぞれにおいて，どの組のプロトンの遮へいが最も小さいか．
b. どの組のプロトンの遮へいが最も大きいか．

1. CH$_3$CH$_2$CH$_2$Cl 2. CH$_3$CH$_2$C(=O)OCH$_3$ 3. CH$_3$CHCHBr (Br Br)

10.25 化学シフトの特徴的な値

表 10.6 に異なる種類のプロトンのおおよその化学シフト値を示してある．

表 10.6 ^{1}H NMR のおおよその化学シフト値[a] (ppm)

プロトンの種類	ppm	プロトンの種類	ppm	プロトンの種類	ppm	プロトンの種類	ppm
—CH$_3$	0.85	C$_6$H$_5$—CH$_3$	2.3	I—C—H	2.5〜4	R—OH	可変, 2〜5
—CH$_2$—	1.20	—C≡C—H	2.4	Br—C—H	2.5〜4	C$_6$H$_5$—OH	可変, 4〜7
—CH—	1.55	R—O—CH$_3$	3.3	Cl—C—H	3〜4	C$_6$H$_5$—H	6.5〜8
—C=C—CH$_3$	1.7	R—C=CH$_2$ / R	4.7	F—C—H	4〜4.5	O=C—H	9.0〜10
O=C—CH$_3$	2.1	R—C=C—H / R R	5.3	R—NH$_2$	可変, 1.5〜4	O=C—OH	可変, 10〜12
						O=C—NH$_2$	可変, 5〜8

a) これらの値は隣接する置換基によって影響を受けるので，おおよその値である．

^{1}H NMR スペクトルは七つの領域に分割でき，そのうちの一つは空である．それぞれの領域にあるプロトンの種類を覚えておけば，NMR スペクトルをざっと見るだけで，分子がどの種類のプロトンを含んでいるかわかるようになる．

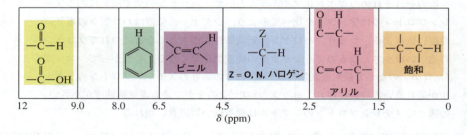

炭素は水素よりも電気陰性度が大きい（11 ページの表 1.3 参照）．したがって，**メチンプロトン**（methine proton）(<u>3 個の炭素に結合している sp^3 炭素についている水素</u>)は同じような環境にある**メチレンプロトン**（methylene protons）(<u>2 個の炭素に結合している sp^3 炭素についている水素</u>)よりも，より大きな脱遮へい効果を受けるため，メチレンプロトンよりもより高周波数の化学シフトを与える．同様に，メチレンプロトンの化学シフトは同じような環境にある**メチルプロトン**（methyl protons）(<u>1 個の炭素に結合している sp^3 炭素についている水素</u>)よりも高周波数側である（表 10.6）．

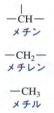
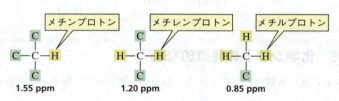

たとえば，ブタノンの ^{1}H NMR には三つのシグナルがある．最も低周波数に現れるシグナルは，ブタノンの **a** プロトンのシグナルであり，これらのプロトンは電子求引性のカルボニル基から最も離れている．**b** プロトンと **c** プロトンはカルボニル基から等距離にあるが，同じ環境下ではメチレンプロトンのほうがメチルプロトンよりも高周波数に現れるので，**c** プロトンのシグナルが **b** プロトンのシグナルより高周波数に現れている．

$$\underset{\underset{a\quad\quad c\quad\quad\quad b}{\text{ブタノン (butanone)}}}{CH_3CH_2-\underset{\underset{\parallel}{O}}{C}-CH_3} \qquad \underset{\underset{a}{\text{2-メトキシプロパン (2-methoxypropane)}}}{\overset{b\quad\quad c\quad a}{CH_3OCHCH_3}\atop{\underset{}{|}\atop CH_3}}$$

> 同じ環境下では，メチンプロトンのシグナルはメチレンプロトンのシグナルより高周波数に現れ，また，メチレンプロトンのシグナルはメチルプロトンのシグナルより高周波数に現れる．

（NMR スペクトルと構造を関連づけるときには，最も低周波数にシグナルを示すプロトンの組を **a** とし，次の組を **b**，その次の組を **c** などと印をつける．）

2-メトキシプロパンの **a** プロトンのシグナルは，電子求引性の酸素から最も遠くにあるので，最も低周波数のシグナルである．**b** プロトンと **c** プロトンは酸素から等距離にあるが，同じ環境下ではメチンプロトンはメチルプロトンより高周波数に現れるので，**c** プロトンのシグナルはより高周波数に現れる．

問題 35◆

下線をつけたプロトン（あるいはプロトンの組）のうちのどちらが大きい化学シフト値（つまり高周波数のシグナル）を示すか．

a. CH$_3$CHCHBr
   | |
   Br   Br

b. CH$_3$CHOCH$_3$
        |
        CH$_3$

c. CH$_3$CH$_2$CHCH$_3$
               |
               Cl

問題 36◆

下線をつけたプロトン（あるいはプロトンの組）のうちのどちらが大きい化学シフト値（つまり高周波数のシグナル）を示すか．

a. CH$_3$CH$_2$CH$_2$Cl あるいは CH$_3$CH$_2$CH$_2$Br

b. CH$_3$CH$_2$CH$_2$Cl あるいは CH$_3$CH$_2$CHCH$_3$
                                         |
                                         Cl

問題 37

表 10.6 を見ないで，次のそれぞれの化合物のプロトンあるいはプロトンの組に，最も低周波数のシグナルを示すものから順に **a**，**b**，**c** の印をつけよ．

a. CH$_3$CH$_2$CH$_2$—C(=O)—CH$_3$

b. CH$_3$CH$_2$CHCH$_2$CH$_3$
            |
            OCH$_3$

c. CH$_3$CH$_2$CH$_2$—C(=O)—OCH$_3$

d. CH$_3$CH$_2$CH$_2$OCHCH$_3$
                     |
                     CH$_3$

e. CH$_3$CHCHCH$_3$
       | |
       CH$_3$ Cl

f. CH$_3$CHCH$_2$OCH$_3$
       |
       CH$_3$

10.26 NMRシグナルの積分値は相対的なプロトン数を表す

図10.27の ¹H NMR スペクトルに含まれる二つのシグナルは同じ大きさではない．その理由は，それぞれのシグナルの面積はそのシグナルを生じているプロトンの数に比例するからである．低周波数側のシグナルの面積のほうが大きいのは，そのシグナルが9個のメチルプロトンによるもので，高周波数側の小さなシグナルは2個のメチレンプロトンによるものであるからである．

曲線の下の面積は積分によって求められる．NMR 分光計は電子的に積分を行うコンピュータを備えており，積分値はもとのスペクトル上に重ねて表示される（図10.27）．それぞれの積分の段差の高さは相当するシグナルの面積に比例しており，それはまたシグナルを生じているプロトン数に比例している．

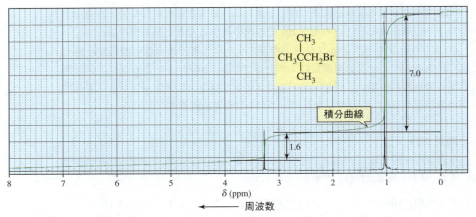

▲ 図 10.27
1-ブロモ-2,2-ジメチルプロパンの ¹H NMR スペクトルにおける積分曲線の分析．3.3 ppm のピークは二つのメチレンプロトンから生じる一方，1.0 ppm のピークは九つのメチルプロトンから生じるので，3.3 ppm のピークのほうが 1.0 ppm のピークよりも小さな積分値となる．

たとえば，図10.27の積分曲線の段差から，積分比がおおよそ 1.6：7.0 であることがわかる．最小値で割ると 1：4.4 となり，その積分比がすべて整数に近くなるようにある数を掛ける．この場合は2を掛けるとこの化合物のプロトン比が 2：8.8 になり，プロトン数は整数しかありえないので，おおよそ 2：9 ということになる．（測定された積分値は実験誤差による概数である．）最新の分光計では積分値スペクトルに数字として印刷される（図10.28，434ページ参照）．

積分値（integration）からシグナルを生じたプロトンの相対的な数がわかるが，絶対数はわからない．いいかえると，次の二つの化合物は両方とも積分比が 1：3 なので，積分値では区別することができない．

1,1-ジクロロエタン
(1,1-dichloroethane)
プロトン比 = 1：3

1,2-ジクロロ-2-メチルプロパン
(1,2-dichloro-2-methylpropane)
プロトン比 = 2：6 = 1：3

問題 38◆
次の化合物の ^{1}H NMR スペクトルでは積分値はどのように違うか.

$$CH_3-\underset{\underset{CH_3}{|}}{\overset{\overset{CH_3}{|}}{C}}-CH_2Br \qquad CH_3-\underset{\underset{Br}{|}}{\overset{\overset{CH_3}{|}}{C}}-CH_2Br \qquad CH_3-\underset{\underset{CH_2Br}{|}}{\overset{\overset{CH_2Br}{|}}{C}}-CH_2Br$$

問題 39◆
下図の ^{1}H NMR スペクトルは次のどの化合物のものか.

HC≡C—⟨ ⟩—C≡CH   CH₃—⟨ ⟩—CH₃   ClCH₂—⟨ ⟩—CH₂Cl   Br₂CH—⟨ ⟩—CHBr₂
   A   **B**   **C**   **D**

δ (ppm) ← 周波数

10.27 シグナルの分裂は *N* + 1 則で表される

図 10.28 の ^{1}H NMR スペクトルにおけるシグナルの形が，図 10.27 の ^{1}H NMR スペクトルにおけるシグナルの形とは違うことに注目しよう．図 10.27 の両方のシグナルは**一重線**(singlet)であり，それぞれが単一のピークからなることを意味する．対照的に，図 10.28 のメチルプロトンのシグナル（低周波数側のシグナル）は二つのピーク(**二重線**，doublet)に分裂し，メチンプロトンのシグナルは四つのピーク(**四重線**，quartet)に分裂している．（二重線と四重線の周波数軸の拡大図は図 10.28 の挿入図に示されている．また，積分数は緑で示されている．）

分裂は隣接する炭素に結合しているプロトンによって引き起こされる．シグナルの分裂は ***N* + 1 則** (*N* + 1 rule) で表される．ここで *N* は隣接する炭素に結合している等価なプロトンの数であり，シグナルを生じているプロトンの数ではない．図 10.27 のシグナルは両方とも一重線である．つまり，3 個のメチル基は水素のついていない炭素に結合しているので，分裂しないシグナルを与える．メチレン基も水素のついていない炭素に結合しているので，分裂しないシグナルを与える ($N = 0$ なので $N + 1 = 1$).

一方，図 10.28 に示したメチル基に隣接する炭素には 1 個のプロトン(C$\underline{\text{H}}$Cl$_2$)が結合しているので，メチルプロトンのシグナルは二重線に分裂する ($N = 1$ な

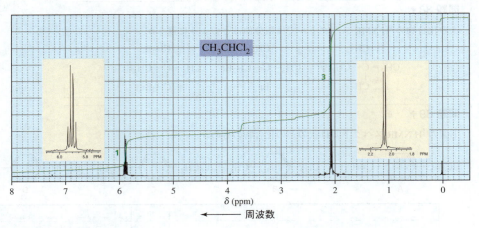

▲ 図 10.28
1,1-ジクロロエタンの ^{1}H NMR スペクトル．高周波数のシグナル（C$\underline{H}$Cl$_2$ に由来する）は四重線の例で，低周波数のシグナル（C$\underline{H}_3$ に由来する）は二重線の例である．

ので $N + 1 = 2$）．メチンプロトンに結合している炭素に隣接する炭素には3個の等価なプロトン（C$\underline{H}_3$）が結合しているので，メチンプロトンのシグナルは四重線に分裂する（$N = 3$ なので $N + 1 = 4$）．

一つのシグナルに含まれるピークの数はシグナルの**多重度**（multiplicity）と呼ばれる．分裂はいつも相互に起こる．すなわち，*a* プロトンが *b* プロトンを分裂させれば，*b* プロトンは必ず *a* プロトンを分裂させる．この場合，*a* プロトンと *b* プロトンはカップリングしているプロトンである．**カップリングしているプロトン**（coupled proton）は互いにシグナルを分裂させる．カップリングしているプロトンは隣接する炭素に結合していることに注目しよう．

シグナルの多重度を決めるのは，シグナルを生じているプロトン数ではなく，すぐ隣りの炭素に結合しているプロトン数であることを覚えておこう．たとえば，次の化合物の *a* プロトンのシグナルは，隣りの炭素が2個のプロトンと結合しているので，三つのピーク（三重線, triplet）に分裂する．*b* プロトンのシグナルは，隣りの炭素が3個のプロトンと結合しているので，四重線になる．そして，*c* プロトンのシグナルは一重線になる．

$$\text{CH}_3\text{CH}_2 - \overset{\overset{\text{O}}{\|}}{\text{C}} - \text{OCH}_3$$
　　　　　a　　*b*　　　　　*c*

プロトンのシグナルは等価なプロトンによっては分裂しない．たとえば，ブロモメタンの ^{1}H NMR スペクトルは一つの一重線を含んでいる．3個のメチルプロトンは化学的に等価で，化学的に等価なプロトンは互いにほかのシグナルを分裂させない．1,2-ジクロロエタンの4個のプロトンも化学的に等価なので，その ^{1}H NMR スペクトルは一つの一重線を示す．

---

^{1}H NMR のシグナルは $N + 1$ 個のピークに分裂する．ここで N は，隣接する炭素に結合している等価なプロトンの数であり，シグナルを生じているプロトンの数ではない．

カップリングしているプロトンは隣接する炭素に結合している．

カップリングしているプロトンは互いに相手のシグナルを分裂させる．

CH₃Br　　　　ClCH₂CH₂Cl
ブロモタン　　1,2-ジクロロエタン
(bromomethane)　(1,2-dichloroethane)

等価なプロトンは互いにほかのシグナルを分裂させないので，それぞれの化合物はその ¹H NMR スペクトルにおいて一つの一重線を示す

等価なプロトンは互いのシグナルを分裂させない．

問題 40

次のスペクトルのうちの一つは 1-クロロプロパンのものであり，もう一つは 1-ヨードプロパンのものである．どちらがどちらのスペクトルか．

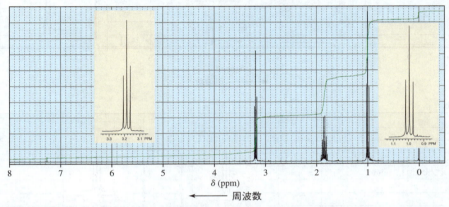

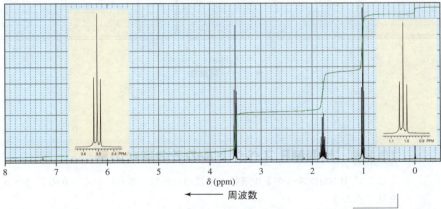

問題 41

同じ分子式をもつ次の化合物は ¹H NMR スペクトルによってどのように区別できるか説明せよ．

ClCH₂—CH₂—CHCl₂　　CH₃—CH—CHCl₂　　CH₃—CH₂—CCl₃
　　　　　　　　　　　　　　|
　　　　　　　　　　　　　　Cl
　　　A　　　　　　　　　　B　　　　　　　　　C

問題 42◆

分子式が $C_3H_5O_2Cl$ である 2 種類のカルボン酸の ¹H NMR スペクトルを次に示す．二つのカルボン酸の構造を決めよ．("オフセット"の注釈は，最も左側のシグナ

ルはスペクトルに合わせるようにある位置だけ右に動かしたことを意味している．つまり，9.8 ppm のシグナルは 2.4 ppm ずらして実際には 9.8 + 2.4 = 12.2 ppm の化学シフトをもつことになる．）

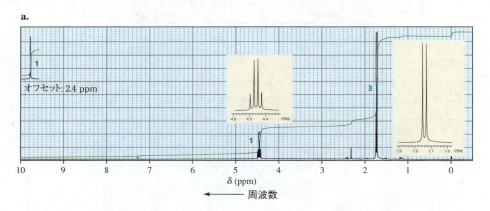

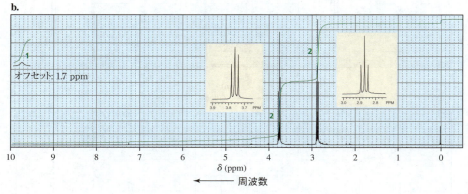

10.28　^{1}H NMR スペクトルのそのほかの例

ここで ^{1}H NMR スペクトル解析の練習のために，さらにいくつかのスペクトルを見てみよう．

1,3-ジブロモプロパンの ^{1}H NMR スペクトルには二つのシグナルがある（図 10.29）．**b** プロトンのシグナルは，**a** プロトンにより三重線に分裂する．**a** プロトンに結合している炭素に隣接する二つの炭素上のプロトンは等価である．2 組のプロトンが等価なので，**a** プロトンのシグナルの分裂を決めるときに $N + 1$ 則は同時に両方に適用される．いいかえると，N は両方の炭素上の等価なプロトンの合計に等しい．したがって，**a** プロトンのシグナルは五重線に分裂する（4 + 1 = 5）．低周波数側のシグナルよりも 2 倍のプロトン数を示しているので，積分値から，二つのメチレン基が高周波数側のシグナルに由来することがわかる．

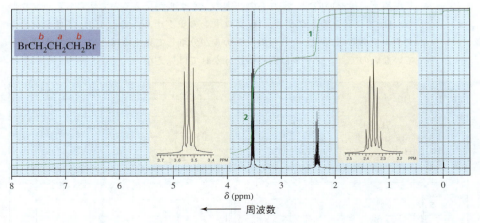

◀ 図 10.29
1,3-ジブロモプロパンの ^{1}H NMR スペクトル．五重線は H_a に相当し，三重線は H_b に相当する．

　図 10.30 の ^{1}H NMR スペクトルは五つのシグナルを示す．**a** プロトンのシグナルは **c** プロトンによって三重線に分裂し，**b** プロトンのシグナルは **e** プロトンによって二重線に分裂する．**c** プロトンのシグナルは **a** プロトンおよび **d** プロトンによって多重線に分裂する（$N + 1$ 則は **a** および **d** プロトンに対して別べつに適用される）．**d** プロトンのシグナルは **c** プロトンによって三重線に分裂する．そして，**e** プロトンのシグナルは **b** プロトンによって七重線に分裂する（$N + 1$ 則は同時に **b** プロトンの両方の組に適用される）．

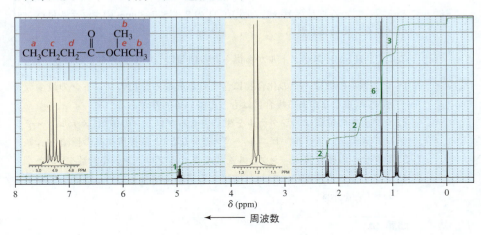

◀ 図 10.30
ブタン酸イソプロピルの ^{1}H NMR スペクトル．

問題 43

次の化合物の ^{1}H NMR スペクトルにおけるシグナル数と，それぞれのシグナルの多重度を示せ．

  a. $CH_3CH_2CH_2CH_2CH_2CH_3$　　**b.** $ICH_2CH_2CH_2Br$
  c. $ClCH_2CH_2CH_2Cl$　　**d.** $ICH_2CH_2CHBr_2$

　エチルベンゼンには 5 組の化学的に等価なプロトンがある（図 10.31）．予想どおり，**a** プロトンの三重線と **b** プロトンの四重線が現れている．（これはエチル基の特徴的なパターンである．）ベンゼン環上にある 5 個のプロトンはすべてが同

じ環境下にはないので，それらの3本のシグナルが見えると考えられる．すなわち，H_c プロトンのシグナル，H_d プロトンのシグナル，そして H_e プロトンのシグナルである．しかし，それらのシグナルが分離して見えるほどには環境が異なっていないので，シグナルは別べつに分かれては見えない．

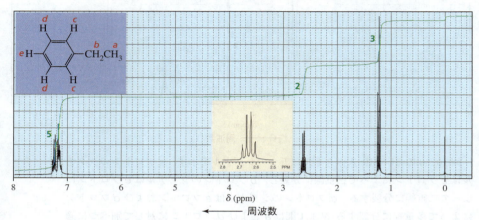

図 10.31 ▶
エチルベンゼンの ^{1}H NMR スペクトル．c, d, および e プロトンのシグナルは重なっている．

ベンゼン環プロトンのシグナルは 6.5～8.0 ppm 領域に現れている（表 10.6）．一般的には，この領域で共鳴するほかのプロトンはないので，^{1}H NMR スペクトルにおけるこの領域のシグナルはその化合物がおそらくベンゼン環をもっていることを示している．したがって，図 10.31 の 7.1～7.3 ppm のシグナルはベンゼン環プロトンに帰属される．

ここで，^{1}H NMR スペクトルから得られる情報について整理しておこう．

1. シグナルの数は，その化合物に含まれる異なる種類のプロトンの最少数を示す．（重なりがある場合にはもっと多い可能性がある．）
2. シグナルの位置は，シグナルを生じさせるプロトンの種類（メチル，メチレン，メチン，アリル，ビニル，ベンゼンなど）と隣接置換基の種類を示す．
3. シグナルの積分値は，シグナルを生じさせるプロトンの相対数を示す．
4. シグナルの多重度 ($N+1$) は，隣接する炭素に結合している等価なプロトンの数 (N) を示す．

問題 44
分子式が $C_3H_6Br_2$ である4種類の化合物の ^{1}H NMR スペクトルはどのように違うか．

問題 45
問題 31 のそれぞれの化合物のシグナルの分裂パターンを予想せよ．

問題 46
次のそれぞれの化合物に対して予想される ^{1}H NMR スペクトルをシグナルの相対的な位置を示して記述せよ．

a. $BrCH_2CH_2CH_2CH_2Br$ **b.** $CH_3OCH_2CH_2CH_2Br$ **c.** $CH_3CH_2OCH_2CH_3$

d. CH₃CH₂OCH₂Cl   e. CH₃CHCHCl₂   f. CH₃OCH₂CH₂OCH₃
                      |
                      Cl

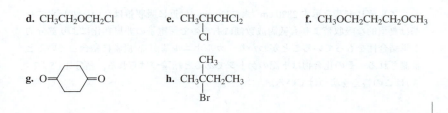

g.   h. CH₃CH₂CH₃ (with CH₃ up and Br down on middle C)

【問題解答の指針】
IR および ¹H NMR スペクトルを用いて化学構造式を推定する

IR スペクトルと ¹H NMR スペクトルを示し，分子式が $C_9H_{10}O$ である分子の構造を決定せよ．

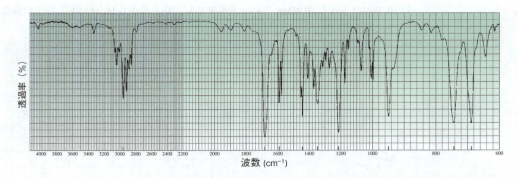

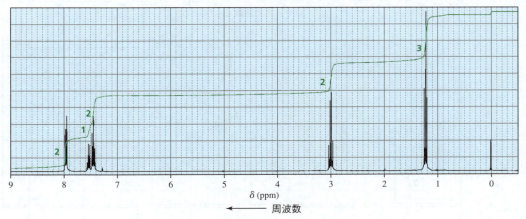

この種の問題を解く一つの方法は，¹H NMR スペクトルから得られる構造的特徴をすべて同定し，それから分子式および IR スペクトルから得られる情報を使い，その理解を広げることである．

NMR スペクトル中の 7.4～8.0 ppm 領域のシグナルはベンゼン環の存在を示唆する．シグナルが 5 H 分の積分を示すことから，それが一置換ベンゼン環であることがわかる．1.2 ppm 付近の三重線と 3.0 ppm 付近の四重線は電子求引性基に結合したエチル基の存在を示す．

分子式と IR スペクトルからその化合物はケトンであることがわかる．つまり，それは，1680 cm⁻¹ 付近にカルボニル基の吸収帯があり，酸素を 1 個だけ含んでい

る．アルデヒド基を示す 2820 cm^{-1} と 2720 cm^{-1} 付近に吸収帯はない．カルボニル基は典型的な吸収帯よりも低周波数側にあるので，電子の非局在化により部分的な単結合性をもっていることがわかり，カルボニル基が sp^2 炭素に結合していると推測される．その化合物は下記のケトンであると結論づけられる．積分比（5：2：3）はこの答えを裏づけている．

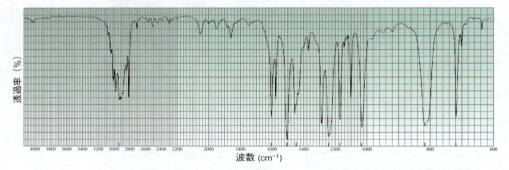

ここで学んだ方法を使って問題 47 を解こう．

問題 47◆

IR スペクトルと ^{1}H NMR スペクトルを示し，分子式が C$_8$H$_{10}$O である分子の構造を決定せよ．

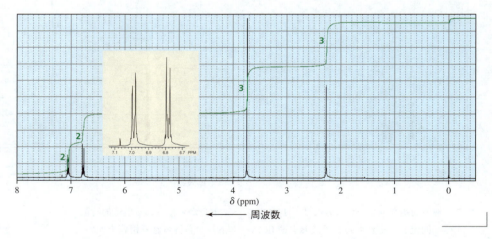

10.29 ^{13}C NMR 分光法

^{1}H NMR スペクトル中のシグナルの数で，化合物がいくつの異なる種類の水素をもっているかがわかったのとまったく同様に，^{13}C NMR スペクトル中のシグナルの数で，化合物がいくつの異なる種類の炭素をもっているかがわかる．^{1}H NMR 分光法と ^{13}C NMR 分光法の原理は本質的に同じである．

^{13}C NMR 分光法の利点は，水素の化学シフトの範囲がおおよそ 12 ppm である

(表 10.6)のに比べて，炭素原子の化学シフトが 220 ppm 以上の広がりをもっている点である(表 10.7)．これは，異なる環境にある炭素のシグナルをより簡単に区別することができることを意味する．たとえば，表 10.7 のデータは，アルデヒド(190～200 ppm)とケトン(205～220 ppm)のカルボニル基は互いに区別できるし，ほかのカルボニル基とも区別できることを示している．

^{13}C NMR で用いられる基準化合物は，^{1}H NMR でも用いられた TMS である．^{13}C NMR スペクトルを分析するときには，スペクトルを 5 分割し，それぞれの領域に対応するシグナルを与える炭素を覚えておくと便利である．

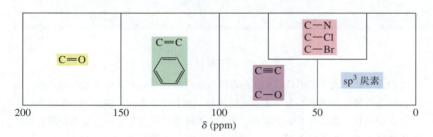

表 10.7 ^{13}C NMR のおおよその化学シフト値(ppm)

炭素の種類	ppm	炭素の種類	ppm	炭素の種類	ppm	炭素の種類	ppm
(CH$_3$)$_4$Si	0	C≡C	70～90	C—Cl	25～50	R-C(=O)-OH	175～185
R—CH$_3$	0～35	C≡N	110～120	C—N	40～60	R-C(=O)-H	190～200
R—CH$_2$—R	15～55	C=C	100～150	C—O	50～90	R-C(=O)-R	205～220
R—CH(R)—R	25～55	C=N	150～170	R-C(=O)-N(R)(R)	165～175		
R—C(R)(R)—R	30～40	C(芳香環)	110～170				
		C—I	-20～10	R-C(=O)-OR	165～175		
		C—Br	10～40				

^{13}C NMR 分光法の欠点は，特別な手法を使わない限り，^{13}C NMR シグナルの面積がシグナルを与える炭素の数に比例しない点である．したがって，個々の ^{13}C NMR シグナルを与える炭素の数は積分によって簡単には決定できない．

2-ブタノールの ^{13}C NMR スペクトルは四つのシグナルを示す(図 10.32)ので，四つの異なる環境下の炭素があることがわかる．シグナルの相対的な位置は，^{1}H NMR スペクトルのプロトンシグナルの相対的な位置を決める同じ因子に依存する．つまり，電子密度の高い環境下にある炭素は低周波数のシグナルを与え，電子求引性基の近くにある炭素は高周波数のシグナルを与える．これは，2-ブタノールの炭素のシグナルの順番は，それらの炭素に結合しているプロトンのシグナルが ^{1}H NMR で示す順番と相対的に同じであることを意味している．

図 10.32 ▶
2-ブタノールの ^{13}C NMR スペクトル.

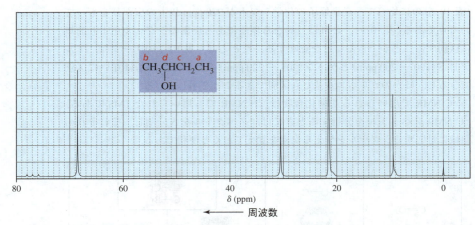

このように，電子求引性の OH からはるかに離れているメチル基の炭素が，最も低周波数側にシグナルを与える．周波数が増大する方向に別のメチル炭素のシグナルが現れ，次にメチレン炭素，そして OH 基に結合している炭素が最も高周波数側にシグナルを与える．

天然の炭素にはわずか 1.11% しか ^{13}C が含まれないため，隣接する炭素が ^{13}C である可能性はほとんどなく，通常，^{13}C NMR のシグナルは隣接する炭素によって分裂しない．したがって，通常の ^{13}C NMR スペクトルでは，すべてのシグナルが一重線である（図 10.32）．

しかし，分光計を**プロトンカップリングモード**（proton-coupled mode）で操作した場合，それぞれのシグナルは，そのシグナルを生じさせる炭素に結合している水素によって分裂する．シグナルの多重度は $N+1$ 則で決定される．

2-ブタノールの**プロトンカップリング** ^{13}**C NMR スペクトル**（proton-coupled ^{13}C NMR spectrum）を図 10.33 に示す．メチル炭素のシグナルは，それぞれのメチル炭素が 3 個の水素と結合しているので，それぞれ四重線に分裂している（3 + 1 = 4）．メチレン炭素のシグナルは，炭素が 2 個の水素と結合しているので，三重線に分裂し（2 + 1 = 3），OH 基に結合している炭素のシグナルは，その炭素が 1 個の水素と結合しているので，二重線に分裂している（1 + 1 = 2）．（77 ppm のシグナルは溶媒の CDCl$_3$ のものである．）

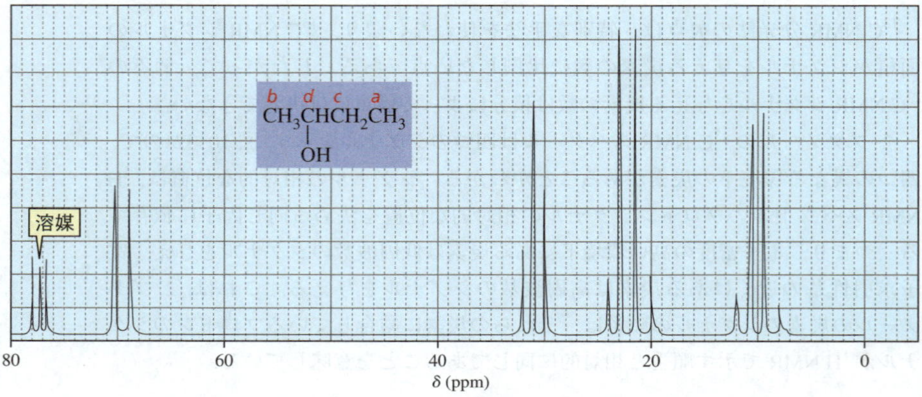

分光計をプロトンカップリングモードで実行すると，直接結合したプロトンによる分裂は ^{13}C NMR スペクトルで観察される．

図 10.33 ▶
2-ブタノールのプロトンカップリング ^{13}C NMR スペクトル．それぞれのシグナルは，$N+1$ 則に従ってシグナルを生じる炭素に結合した水素によって分裂する．

問題 48

次のそれぞれの化合物について質問に答えよ.

a. ^{13}C NMR スペクトル中にはシグナルがいくつあるか.

b. どのシグナルが最も低周波数側にあるか.

1. CH$_3$CH$_2$CH$_2$Br
2. CH$_3$CHCH$_3$
   　　　|
   　　　Br
3. (プロピオン酸メチル: CH$_3$CH$_2$C(=O)OCH$_3$) 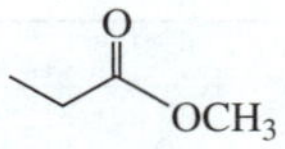
4. 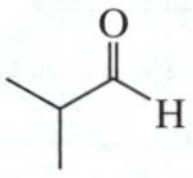 (イソブチルアルデヒド: (CH$_3$)$_2$CHCHO)
5. 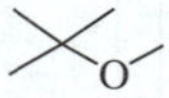 (tert-ブチルメチルエーテル: (CH$_3$)$_3$COCH$_3$)
6. 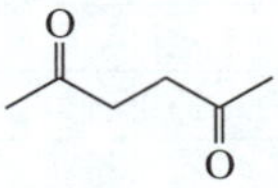 (2,5-ヘキサンジオン: CH$_3$C(=O)CH$_2$CH$_2$C(=O)CH$_3$)

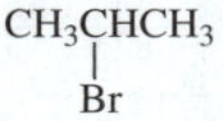

問題 49

問題 48 の化合物 1, 2, および 4 のプロトンカップリング ^{13}C NMR スペクトルをシグナルの相対的な位置を示して書け.

【問題解答の指針】

^{13}C NMR スペクトルから化学構造式を推測する

次の ^{13}C NMR スペクトルを与える分子式 C$_9$H$_{10}$O$_2$ である化合物の構造を決定せよ.

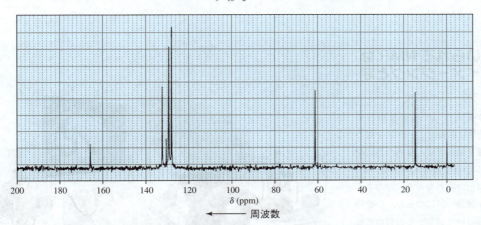

まず, 確実に決定できるシグナルを選びだそう. たとえば, 166 ppm のカルボニル炭素のシグナルと分子式中の 2 個の酸素は, 化合物がエステルであることを示す. 130 ppm 付近に四つのシグナルがあるので, その化合物は単置換のベンゼン環をもっていることがわかる. (一つは置換基が結合している炭素のシグナル, 一つは 2 個の隣接する炭素のシグナルである, など.) 化合物の分子式からこれらの部分構造 (C$_6$H$_5$ や CO$_2$) を分子式から差し引くと, エチル置換基の分子式である C$_2$H$_5$ が残る. したがって, 次の二つの化合物のどちらかであることがわかる.

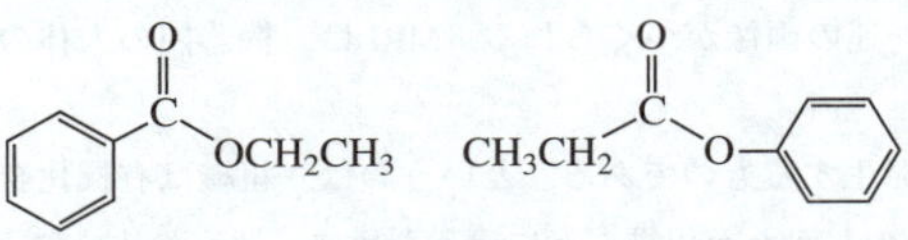

メチレン基のシグナルが 60 ppm 付近にあるので, メチレン基が酸素に隣接しているに違いない. したがって, その化合物は左のものである.

ここで学んだ方法を使って問題50を解こう.

問題 50◆

次の ^{13}C NMR スペクトルを与える分子式 $C_{11}H_{22}O$ の化合物の構造を決定せよ.

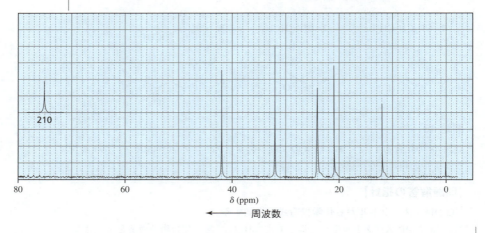

医療に用いられる NMR は磁気共鳴イメージングと呼ばれる

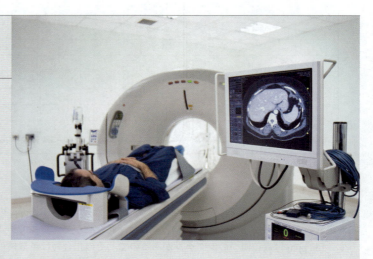

NMR は医学診断において重要な機器になっているが，それは医師が，手術や X 線の有害な電離放射線を使わずに，体内の器官や組織を検査できるからである．NMR が 1981 年に最初に臨床に用いられたとき，どのような名称をつけるが議論の的になった．一般の多くの人びとが核という言葉から有害な放射線（放射能）を連想するため，NMR の医療利用の際には〝N〞が落とされ，**磁気共鳴イメージング**（magnetic resonance imaging，**MRI**）として知られている．分光計は，**MRI スキャナー**（MRI scanner）と呼ばれている．

MRI スキャナーは，患者が中に入れるくらい十分に大きな磁石と，核を励起し，磁界を変化させ，シグナルを受信するための機器で構成されている．（対照的に，化学者が使う NMR 分光計は 5 mm のガラス管を入れる大きさしかない.）組織ごとに違うシグナルが得られ，構成成分に分離される．それぞれの構成成分はスキャンされた体の部分のなかで特定の部位に帰属され，それによってスキャンされた全体にわたって一連の画像がつくられる．MRI は，機器内の人体のあらゆる位置の断面を1断面あたり平均わずか2分で画像化できる．

MRI のほとんどのシグナルは，水分子の水素から発生するものである．というのは，組織は有機化合物よりもはるかに多くの水素を含んでいるからである．組織中の水の結合のしかたが組織ごとに違うために，器官の違いによるシグナルの違いが生じる．また，同様に健康な組織と病気の組織との違いも生じる．そのため，MRI 映像からはほかの方法による画像よりもはるかに多くの情報が得られる．

たとえば，MRIでは血管の詳細な映像が得られる．血液のように流れている液体はMRIスキャナーのなかの励起に対して，静止した組織とは違う応答を示し，適切な処理により動く流体のみを表示することができる．これらの画像の質はほかの侵襲的な診断技術の必要性をなくすほどに十分高まってきている．

MRIの利便性は，造影剤としてガドリニウムを利用することでさらに高まる．ガドリニウムは直近の磁場を改変し，近くの水素からのシグナルを変化させる．患者の静脈に注入されたガドリニウムの分布は，がんや炎症などの病気の進行により影響を受ける．このような異常な分布パターンがMRI画像に現れる．

脳腫瘍や脳膿瘍はMRIにおいて非常に似た所見を示す．水からのシグナルを抑制することで，コリンやアセテートのような特異的な化合物からのシグナルを検出することが可能となる．腫瘍はコリンシグナルを上昇させる一方，膿瘍はアセテートシグナルをより上昇させやすい．

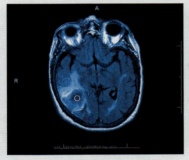

白い円は腫瘍（コリンを上昇させる），または膿瘍（アセテートを上昇させる）によって生じた可能性のある脳の病変を示す．

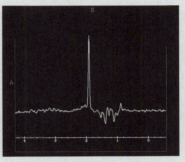

スペクトル中の主要ピークはアセテートに相当し，膿瘍の診断を支持する．

覚えておくべき重要事項

- **質量分析法**では，化合物の**分子量**と**分子式**，およびいくらかの構造的特徴が決定できる．
- 分子から1個の電子が取り除かれて生じる**分子イオン（ラジカルカチオン）**は，さらに分解される．最も切断されやすい結合は最も弱い結合であり，結果として最も安定な生成物を生じる．
- **質量スペクトル**は，正に帯電したそれぞれのフラグメントの相対存在量をその m/z 値に対してプロットしたグラフである．分子イオン（M）の m/z 値は，化合物の分子質量を示す．
- より小さい m/z 値をもつ**フラグメントイオンピーク**は，その分子イオンの正に帯電したフラグメントを表している．**基準ピーク**は存在量が最も多いピークであり，最も安定なフラグメントである．
- **13の規則**により，分子イオンの m/z 値から可能性のある分子式を決定することができる．
- 高分解能質量分析計では精密分子質量を測定することができ，化合物の分子式の決定が可能である．
- M＋1ピークは，天然の炭素に ^{13}C 同位体が存在するために起こる．
- M＋2ピークがMピークの高さの1/3ならば，その化合物は1個の塩素原子を含む．MとM＋2ピークがほぼ同じ高さならば，その化合物は1個の臭素原子を含んでいる．
- 電子衝撃によって孤立電子対の1個の電子が追い出される．
- **分光学**は物質と**電磁波照射**との相互作用を研究する学問である．

- 高エネルギーの電磁波は高周波数，大きな波数，短い波長を伴う．
- 赤外(IR)分光法によって化合物中の官能基の種類を決定できる．赤外光の吸収により振動が起こるときに，結合の双極子モーメントが変化する．
- 伸縮振動は変角振動よりも大きなエネルギーを必要とする．
- より強い結合はより大きな波数で吸収帯を示す．
- 吸収帯の位置は結合次数，混成，誘起電子供与，および求引，電子の非局在化，そして水素結合に依存する．
- 吸収帯の強さは，双極子モーメントの変化の大きさ（極性の大きな結合ほど強い吸収を示す）と，吸収を引き起こしている結合の数に依存する．
- 吸収帯の形は水素結合に依存する．水素結合は強度を変動させるので，水素結合した基は幅広い吸収帯を示す．
- 紫外・可視(UV/Vis)分光法は共役二重結合をもっている化合物についての情報を提供してくれる．化合物中の共役二重結合が多ければ多いほど，吸収が起こる λ_{max} は長波長になる．
- UV光のほうが可視光より大きいエネルギーをもっている．つまり，波長が短ければ短いほどエネルギーは大きくなる．
- NMR分光法は有機化合物の炭素—水素骨格を同定する．
- 化学的に等価なプロトンの組はそれぞれ一つのシグナルを生じるので，^{1}H NMR スペクトル中のシグナルの数は化合物中の異なる種類のプロトンの数を示す（重なっているシグナルがない限り）．
- 化学シフト(δ)は，基準TMSシグナルからシグナルがどれくらい離れているかの尺度である．低周波数のシグナルは小さな δ(ppm) 値をもち，高周波数のシグナルは大きな δ(ppm) 値をもつ．
- プロトンが感じる磁場が大きいほど，シグナルの周波数は高くなる．
- プロトンの存在する環境の電子密度は外部磁場からプロトンを遮へいする．したがって，電子密度の高い環境下のプロトンは，電子求引性基の近くにあるプロトンよりも低い周波数でシグナルを示す．
- 類似の環境下では，メチンプロトンの化学シフトはメチレンプロトンの化学シフトよりも高周波数に現れ，メチレンプロトンの化学シフトはメチルプロトンの化学シフトよりも高周波数に現れる．
- 積分値からそれぞれのシグナルを与えているプロトンの相対的な数がわかる．
- シグナルの多重度は，隣接する炭素に結合した水素の数を示す．多重度は $N+1$ 則によって説明され，ここで，N は隣接する炭素に結合した等価なプロトンの数である．
- カップリングしたプロトンは互いのシグナルを分裂させる．
- ^{13}C NMR スペクトルのシグナルの数は，化合物が含む種類の異なる炭素の数を表している．電子密度の高い環境下の炭素は低周波数シグナルを生じ，電子求引性基に近い炭素は高周波数シグナルを生じる．
- ^{13}C NMR シグナルは，分光計でプロトンカップリングモードを用いない限り，直接結合しているプロトンによって分裂しない．

章末問題

51. 次の化合物の質量スペクトルにおいて $m/z = 57$ と $m/z = 71$ のどちらのピークが強いか．
  a. 3-メチルペンタン　　**b.** 2-メチルペンタン

52. 次のそれぞれの化合物について，それらを区別するIR吸収帯を示せ．

  a. CH$_3$CH$_2$CH$_2$OH　と　CH$_3$CH$_2$OCH$_3$

  b. CH$_3$CH$_2$C(=O)NH$_2$　と　CH$_3$CH$_2$C(=O)OCH$_3$

  c. CH$_3$CH$_2$CH=CHCH$_3$　と　CH$_3$CH$_2$C≡CCH$_3$

  d. 3-シクロヘキセノン　と　2-シクロヘキセノン

53. m/z 値 128 の分子イオンをもつ飽和炭化水素の構造を書け．

54. ある化合物の質量スペクトルには m/z = 77(40%), 112(100%), 114(33%) のみにピークがある．この化合物を決定せよ．

55. m/z = 112 に分子イオンピークをもつ六員環を含む炭化水素は何か．

56. 次の各組の化合物を UV 分光法を用いて区別するにはどうすればよいか．

57. Norlutin® と Enovid® は排卵抑制効果をもつケトンであり，それらは避妊薬として臨床的に使用されてきた．IR カルボニル吸収（C=O 伸縮）でより高波数を示すものはどちらの化合物か．またその理由を説明せよ．

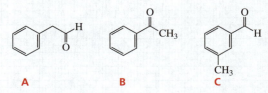

58. 二つの臭素原子をもつ化合物の分子イオンピーク，M + 2 ピーク，M + 4 ピークの相対的強度を予測せよ．

59. ある化合物は，ここに示された三つのうちのどれかということがわかっている．その化合物は IR スペクトルのどの吸収帯によって同定できるか．

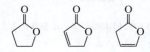

60. 次の化合物を C—O 吸収帯の波数の最も高いものから最も低いものの順に並べよ．

61. HBr のプロペンへの付加が，求電子剤は最も多くの水素と結合している sp² 炭素に付加するという経験則に従うことを，¹H NMR を用いてどのように証明できるか述べよ．

62. 分子式が $C_4H_8O_2$ である四つのエステルがある．それらは ¹H NMR でどのように区別できるか．

63. 1-ブテン，cis-2-ブテン，2-メチルプロペンを区別するには，¹H NMR または ¹³C NMR スペクトルのどちらを使うべきか．その理由を説明せよ．

448 10章 有機化合物の構造決定

64. 化合物 **A** は分子式が C_4H_9Cl で，^{13}C NMR スペクトル中に二つのシグナルを示す．化合物 **B** は化合物 **A** の異性体で，四つのシグナルを示し，プロトンカップリング ^{13}C NMR スペクトル中の最も低磁場のシグナルは二重線である．化合物 **A** および **B** の構造を決定せよ．

65. ここに示したそれぞれの IR スペクトルは，四つの化合物の一つの組合せによって得られる．四つの化合物のうちどの化合物のものかを示せ．

a. $CH_3CH_2CH_2C{\equiv}CCH_3$ $CH_3CH_2CH_2CH_2OH$ $CH_3CH_2CH_2CH_2C{\equiv}CH$ $CH_3CH_2CH_2COH$ 上に O

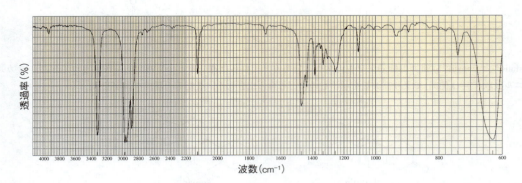

b.

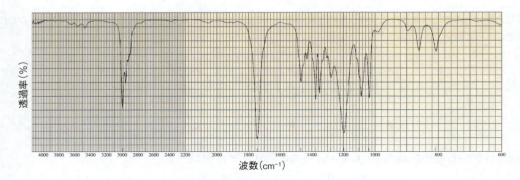

66. 次のそれぞれ化合物は a, b のスペクトル中に何本のシグナルを与えるか．
    a. ^1H NMR スペクトル   b. ^{13}C NMR スペクトル

1. CH_3-C$_6H_4$-OCH(CH$_3$)$_2$ 2. 安息香酸エチル (PhC(O)OCH$_2$CH$_3$)   3. δ-バレロラクトン   4. オキセタン

67. 下図の IR スペクトルは，次に示した五つの化合物のうちどの化合物のものか．

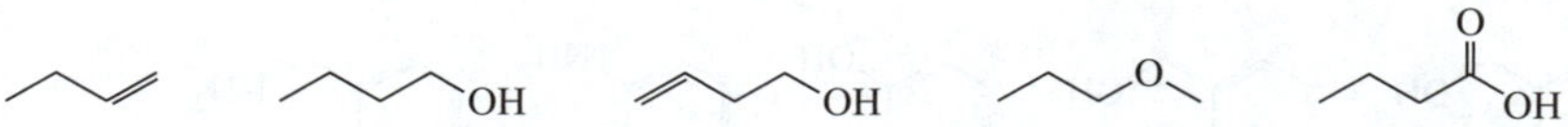

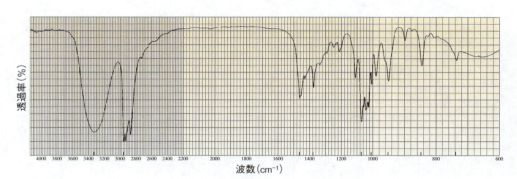

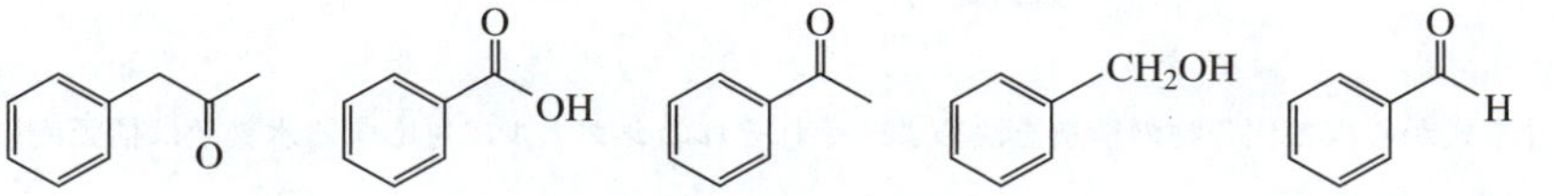

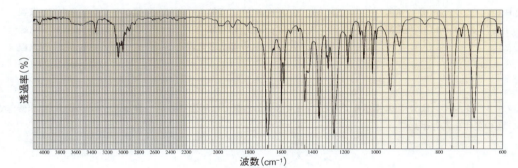

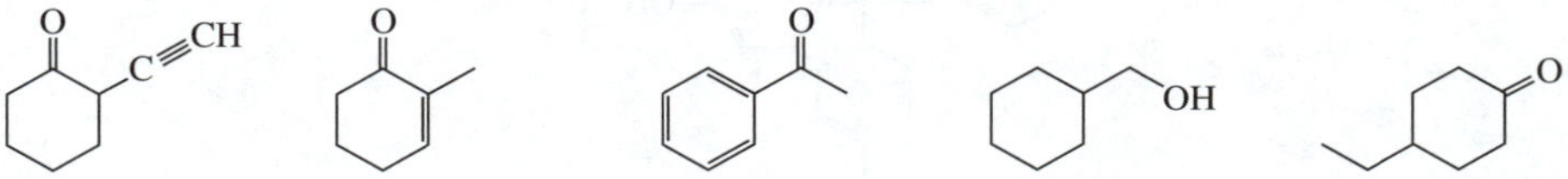

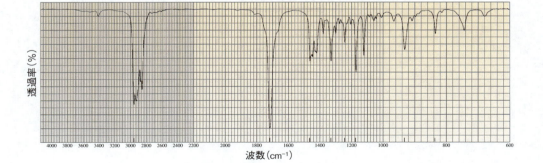

68. 下図の IR スペクトルを生じたのは次の五つの化合物のうちどれか．

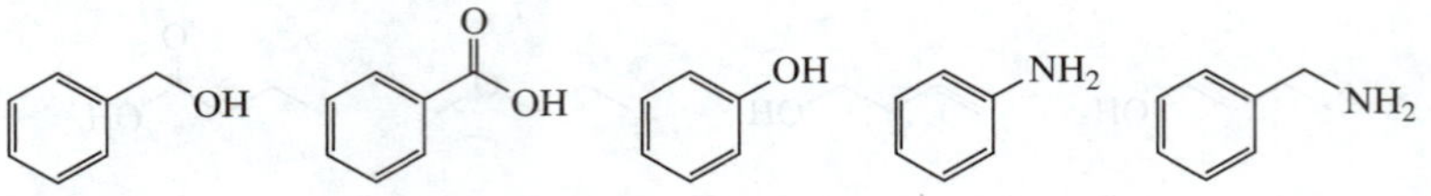

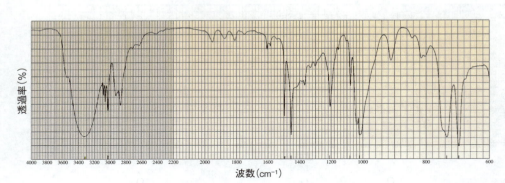

69. ¹H NMR のデータと分子式から次の化合物の構造を決めよ．それぞれのシグナルに対応する水素数は括弧内に示してある．

a. $C_4H_8Br_2$　1.97 ppm (6) 一重線
　　　　　　　3.89 ppm (2) 一重線

b. C_8H_9Br　2.01 ppm (3) 二重線
　　　　　　5.14 ppm (1) 四重線
　　　　　　7.35 ppm (5) 幅広多重線

c. $C_5H_{10}O_2$　1.15 ppm (3) 三重線
　　　　　　　1.25 ppm (3) 三重線
　　　　　　　2.33 ppm (2) 四重線
　　　　　　　4.13 ppm (2) 四重線

70. フェノールフタレインは酸-塩基指示薬である．pH < 8.5 の溶液では無色であり，pH > 8.5 の溶液では深赤紫色である．色の変化を説明せよ．

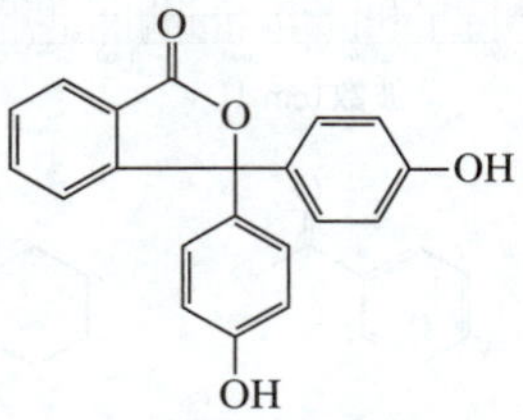

フェノールフタレイン
(phenolphthalein)

71. 下図の IR スペクトルを生じたのは次の五つの化合物のうちどれか.

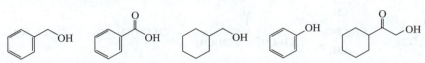

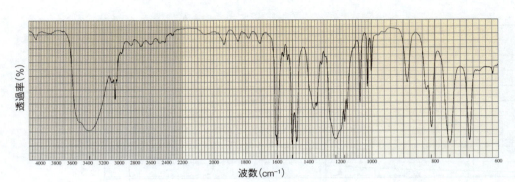

72. IR 分光法では 1-ヘキシン, 2-ヘキシン, および 3-ヘキシンをどのようにして区別するか.

73. m/z 値 116 の分子イオンをもつカルボン酸の構造を書け.

74. 次の化合物の化学的に等価なプロトンに, ^{1}H NMR スペクトルの低周波数(高磁場)側から順に *a*, *b*, *c* の印をつけよ. それぞれのシグナルの多重度を示せ.

- **a.** 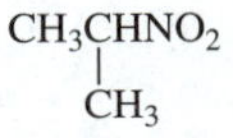 CH$_3$CHNO$_2$ | CH$_3$
- **b.** CH$_3$CH$_2$CH$_2$OCH$_3$
- **c.** 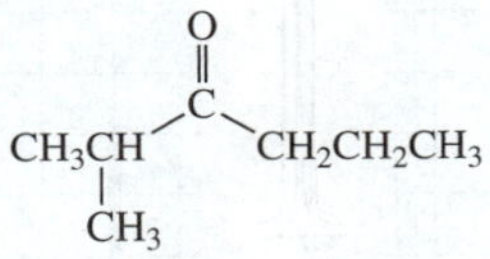 CH$_3$CH(CH$_3$)COCH$_2$CH$_2$CH$_3$
- **d.** 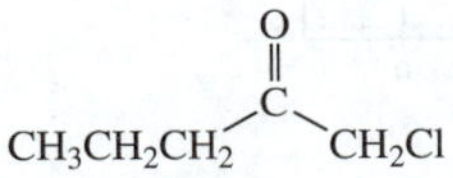 CH$_3$CH$_2$CH$_2$COCH$_2$Cl
- **e.** 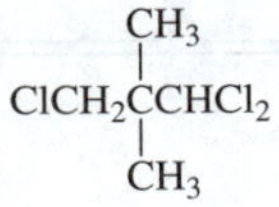 ClCH$_2$C(CH$_3$)$_2$CHCl$_2$
- **f.** ClCH$_2$CH$_2$CH$_2$CH$_2$CH$_2$Cl

75. 次の化合物の組合せは ^{1}H NMR でどのように区別できるか.

- **a.**  CH$_3$CH$_2$CH$_2$OCH$_2$CH$_3$ と CH$_3$CH$_2$OCH$_2$CH$_2$CH$_3$ (propyl ethyl ether と diethyl ether 的な構造)
- **b.** (CH$_3$)$_2$CH—CH(CH$_3$)$_2$ と (CH$_3$)$_3$CCH$_2$CH$_3$
- **c.** CH$_3$O—C$_6$H$_4$—CH$_3$ と CH$_3$—C$_6$H$_4$—CH$_3$
- **d.** Br—(CH$_2$)$_3$—Br と Br—(CH$_2$)$_3$—NO$_2$
- **e.** CH$_3$—C(CH$_3$O)(CH$_3$)—OCH$_3$ と CH$_3$—C(OCH$_3$)$_2$—CH$_3$
- **f.** シクロヘキセン と 1,3-シクロヘキサジエン

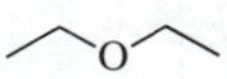

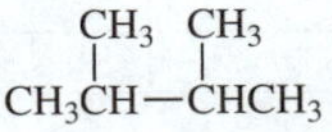

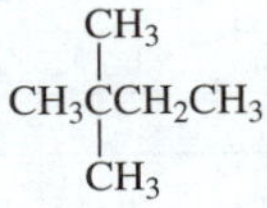

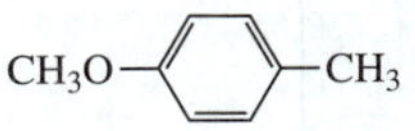

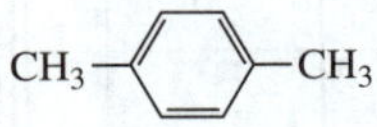

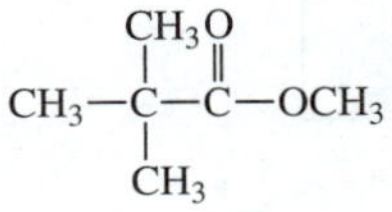

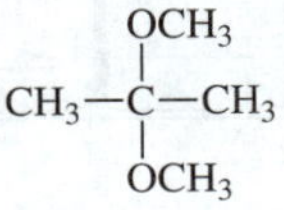

76. 下図の ¹H NMR スペクトルに相当する化合物を次のなかから選べ.

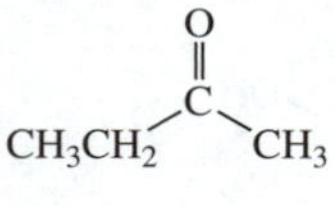

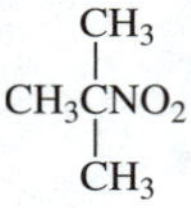

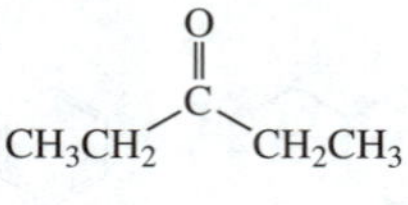

$CH_3CH_2\underset{\underset{O}{\|}}{C}CH_3$　　$CH_3\underset{\underset{CH_3}{|}}{\overset{\overset{CH_3}{|}}{C}}NO_2$　　$CH_3CH_2\underset{\underset{O}{\|}}{C}CH_2CH_3$　　$CH_3CH_2CH_2NO_2$　　$CH_3CH_2NO_2$　　$CH_3\underset{\underset{CH_3}{|}}{\overset{\overset{CH_3}{|}}{C}}HBr$

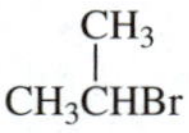

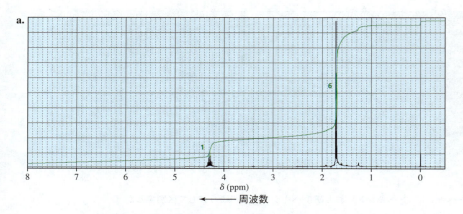

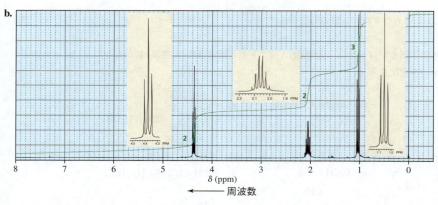

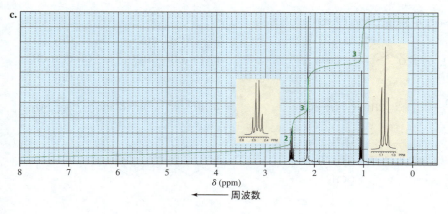

77. 積分曲線の段差が，スペクトルの左から右の方向に 40.5，27，13，118 mm と測定された場合，化合物の化学的に非等価なプロトンの比を求めよ．その ^{1}H NMR スペクトルがこの順序でこれらの積分値を与える化合物の構造を決定せよ．

78. 分子式が C_4H_9Br である三つの異性体の ^{1}H NMR スペクトルが示してある．それぞれのスペクトルはどの異性体のものか．

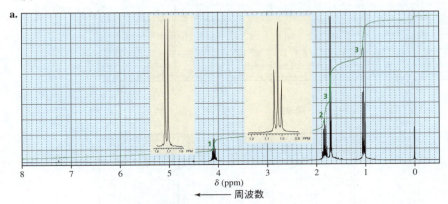

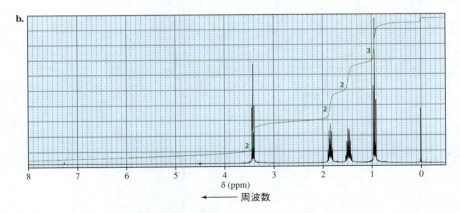

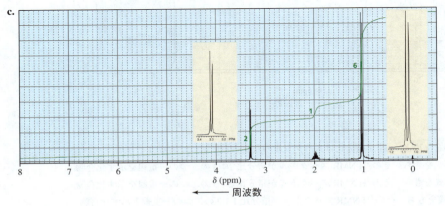

79. 分子式が $C_7H_{14}O$ の三つの異性体の ^1H NMR スペクトルを次に示す．それぞれのスペクトルはどの異性体のものか．

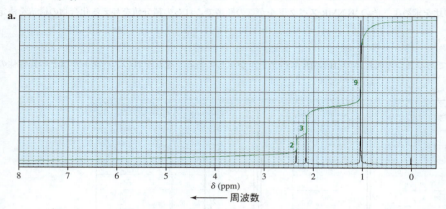

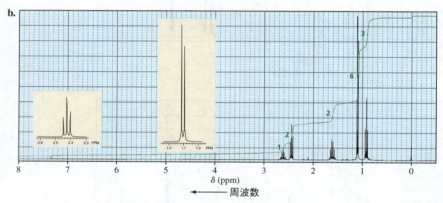

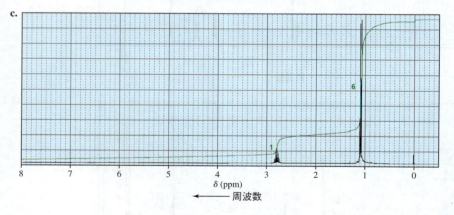

80. 次の化合物の構造を決めよ．（相対積分比はスペクトルの左から右に示してある．）
  a. $C_4H_{10}O_2$ の分子式をもち，その ^1H NMR スペクトルが積分比 2：3 の二つの一重線を示す化合物．
  b. $C_6H_{10}O_2$ の分子式をもち，その ^1H NMR スペクトルが積分比 2：3 の二つの一重線を示す化合物．
  c. $C_8H_6O_2$ の分子式をもち，その ^1H NMR スペクトルが積分比 1：2 の二つの一重線を示す化合物．

81. あるハロゲン化アルキルがアルコキシドイオンと反応し，次の ^{1}H NMR スペクトルを示す化合物を生成した．ハロゲン化アルキルとアルコキシドイオンの構造を決定せよ．（ヒント：8.13 節参照．）

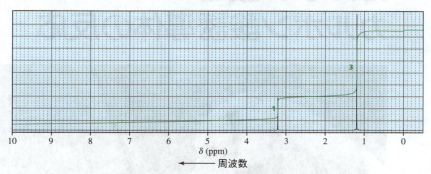

82. 次の未知化合物の構造を，分子式（$C_6H_{12}O_2$），IR スペクトル，および ^{1}H NMR スペクトルに基づいて決定せよ．

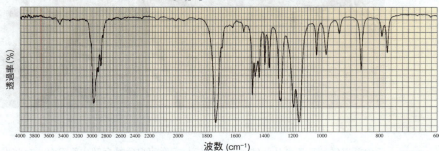

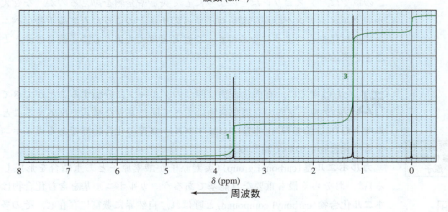

11 カルボン酸と
カルボン酸誘導体の反応

この章では，アスピリンはどのようにして炎症や発熱を抑えるのか，なぜ犬のなかでダルメシアンだけが尿酸を排泄するのか，どのようにして微生物はペニシリンに抵抗性をもつようになるのか，なぜ若者は大人よりもよく眠るのか，ということを学ぶ．

グループIV

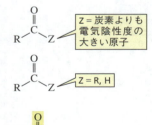

カルボニル基

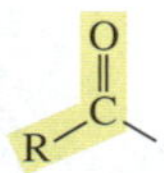

アシル基

私たちはすでに，有機化合物は四つのグループに分類することができて，一つのグループ内の有機化合物はすべて同じような様式で反応することを学んできた（5.2節参照）．本章ではまずグループIVの化合物群であるカルボニル基をもつ化合物について論じる．

カルボニル基（carbonyl group）（炭素原子が酸素原子と二重結合を形成している）は，おそらく最も重要な官能基であろう．カルボニル基を含む化合物は**カルボニル化合物**（carbonyl compound）と呼ばれ，自然界に豊富に存在し，その多くが生体内反応で重要な役割を担っている．ビタミン，アミノ酸，タンパク質，ホルモン，医薬品，および香辛料は，日常的に私たちに影響を与えているカルボニル化合物のほんの一例である．**アシル基**（acyl group）は，アルキル基（R）と結合しているカルボニル基から成り立っている．

アシル基に結合している基（または原子）は，カルボニル化合物の反応性に強く影響を与える．実際にカルボニル化合物は結合している基によって2種類に分類できる．はじめに，ほかの基に置換される基（または原子）が結合しているアシル基をもつカルボニル化合物から見ていこう．カルボン酸，エステル，塩化アシル，アミドがこの分類に属する．これらの化合物のすべてが，求核剤によって置換さ

れる基（OH，OR，Cl，NH_2，NHR，NR_2）をもっている．

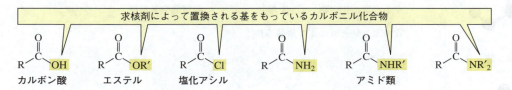

エステル，塩化アシル，およびアミドは**カルボン酸誘導体**（carboxylic acid derivative）と呼ばれる．というのは，これらとカルボン酸との違いは，カルボン酸の OH 基を置き換えた基または原子だけだからである．

次に，ほかの基によって置換されない基が結合しているアシル基をもつカルボニル化合物を見よう．アルデヒドとケトンがこの分類に属する．アルデヒドのアシル基に結合している H や，ケトンのアシル基に結合している R 基は，求核剤によって簡単には置換されない．

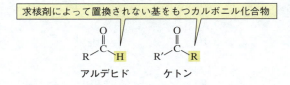

同じ種類の塩基を比較すると，弱塩基は優れた脱離基であり，強塩基は反応性の低い脱離基であることを学んだ（8.2 節参照）．さまざまなカルボニル化合物中の脱離基の共役酸の pK_a 値を表 11.1 に示す．

カルボン酸とその誘導体のアシル基には，アルデヒドやケトンのアシル基に結合している塩基よりも弱い塩基が結合していることに注目しよう．（pK_a が小さいほど強酸であり，その共役塩基の塩基性はより弱いことを思い起こそう．）アルデヒドの水素やケトンのアルキル基は塩基性が非常に強いので，ほかの基に置換されない．

この章では，カルボン酸とカルボン酸誘導体の反応について述べる．これらのカルボニル化合物は，求核剤によって置換されうる基が結合しているアシル基をもっているので，置換反応が進むことを学ぶ．アルデヒドとケトンの反応については 12 章で論じる．それらのアシル基は，求核剤で置換されない基に結合しているので，これらの化合物では置換反応が進まないことをそこで学ぶ．

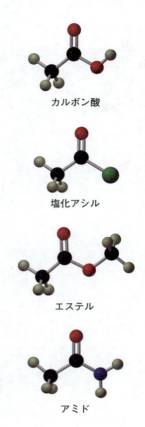

カルボン酸

塩化アシル

エステル

アミド

表 11.1　カルボニル化合物中の脱離基の共役酸の pK_a 値

カルボニル化合物	脱離基	脱離基の共役酸	pK_a
カルボン酸とカルボン酸誘導体			
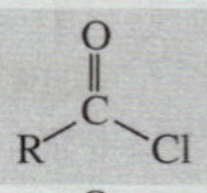 R–C(=O)–Cl	Cl$^-$	HCl	–7
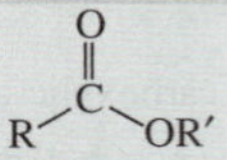 R–C(=O)–OR′	$^-$OR′	R′OH	~15〜16
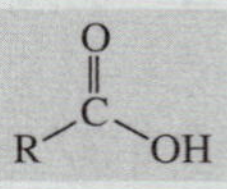 R–C(=O)–OH	$^-$OH	H$_2$O	15.7
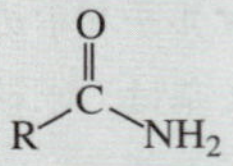 R–C(=O)–NH$_2$	$^-$NH$_2$	NH$_3$	36*
アルデヒドとケトン			
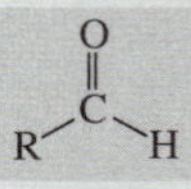 R–C(=O)–H	H$^-$	H$_2$	35
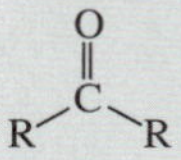 R–C(=O)–R	R$^-$	RH	> 60

*アミドの場合は，脱離基が，共役酸（$^+$NH$_4$）の pK_a 値が 9.4 となる NH$_3$ に変換されたときにだけ置換反応が進行する．

11.1　カルボン酸とカルボン酸誘導体の命名法

まず，カルボン酸がどのように命名されるかを見てみよう．これは，ほかのカルボニル化合物の命名の基本となる．

カルボン酸の命名

カルボン酸の官能基は**カルボキシ基**（carboxyl group）と呼ばれる．

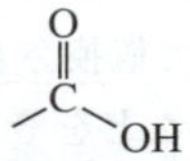

　　O
　　‖
　　C–OH　　　　—COOH　　—CO$_2$H
カルボキシ基　　　　カルボキシ基はしばしば省略形で表される

体系的（IUPAC）命名法では，**カルボン酸**（carboxylic acid）はアルカンの名称の語尾の "e" を "oic acid" に置き換えて命名する．たとえば，1 炭素のアルカンは methane であり，1 炭素のカルボン酸は methanoic acid である．†

† 訳者注：日本語で命名するときには，アルカンの名称のあとに "酸" をつける．たとえばメタン酸．

11.1 カルボン酸とカルボン酸誘導体の命名法

体系的名称:	メタン酸 (methanoic acid)	エタン酸 (ethanoic acid)	プロパン酸 (propanoic acid)	ブタン酸 (butanoic acid)
慣用名:	ギ酸 (formic acid)	酢酸 (acetic acid)	プロピオン酸 (propionic acid)	酪酸 (butyric acid)

体系的名称: ペンタン酸 (pentanoic acid) / ヘキサン酸 (hexanoic acid)
慣用名: 吉草酸 (valeric acid) / カプロン酸 (caproic acid)

　炭素数が6個以下のカルボン酸は慣用名で呼ばれることが多い．昔の化学者が，その化合物の特徴，とくにその由来を表すように慣用名をつけたのである．たとえば，アリ，ハチ，およびその他の刺咬昆虫(針をもつ昆虫)がもっているギ酸 (formic acid) は，その名称がラテン語で〝アリ〟を意味する *formica* に由来している．酢に含まれている酢酸 (acetic acid) は，ラテン語で〝酢〟を意味する *acetum* が語源である．プロピオン酸 (propionic acid) は脂肪酸としての性質を示す最も小さなカルボン酸であるが(20.1節参照)，その慣用名はギリシャ語の *pro* (最初)と *pion* (脂肪)に由来している．酪酸 (butyric acid) は酸敗したバターに含まれ，ラテン語で〝バター〟を意味する *butyrum* が語源である．吉草酸 (valeric acid) は，ギリシャローマ時代から鎮静剤として用いられている薬草であるカノコソウ (*valerian*) から名前をとった．カプロン酸 (caproic acid) はヤギの乳に含まれる．もし，ヤギのにおいを嗅いだことがあるならば，カプロン酸がどのようなにおいがするかわかるであろう．*caper* はラテン語で〝ヤギ〟を意味する．

カノコソウの花

ヤギ

　体系的命名法では，置換基の位置を番号で示す．カルボニル炭素は常にC-1炭素である．慣用的命名法では，置換基の位置を小文字のギリシャ文字で表し，カルボニル炭素には何もつけない．したがって，カルボニル炭素の隣りの炭素が α 炭素であり， α 炭素の隣りの炭素が β 炭素，以下同様である．

体系的命名法 / 慣用的命名法

α = アルファ
β = ベータ
γ = ガンマ
δ = デルタ
ε = イプシロン

　次の例をよく見て，体系的(IUPAC)命名法と慣用的命名法の違いを理解しているかどうかを確認しよう．

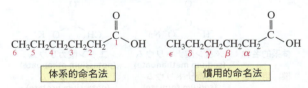

体系的名称:	2-メトキシブタン酸 (2-methoxybutanoic acid)	3-ブロモペンタン酸 (3-bromopentanoic acid)	4-クロロヘキサン酸 (4-chlorohexanoic acid)
慣用名:	α-メトキシ酪酸 (α-methoxybutyric acid)	β-ブロモ吉草酸 (β-bromovaleric acid)	γ-クロロカプロン酸 (γ-chlorocaproic acid)

α-ヒドロキシカルボン酸はスキンケア製品中に含まれており，皮膚の最表層に浸透してその層を剥ぎ落とし，皺をなくす効果があるとされている．

塩化アシルの命名

塩化アシル（acyl chloride）はカルボン酸のOH基の代わりにClをもっている．塩化アシルは酸の名称の"ic acid"を"yl chloride"に置き換えて命名する．

体系的名称： 塩化エタノイル　　　　　塩化 3-メチルペンタノイル
　　　　　　（ethanoyl chloride）　　（3-methylpentanoyl chloride）
慣　用　名： 塩化アセチル　　　　　　塩化 β-メチルバレリル
　　　　　　（acetyl chloride）　　　（β-methylvaleryl chloride）

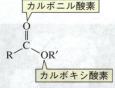

二重結合を形成している酸素がカルボニル酸素であり，単結合の酸素がカルボキシ酸素である．

† 訳者注：日本語では酸の名称のあとにR′基の名称が続く．たとえば酢酸エチル．

フェニル基

ベンジル基

エステルの命名

エステル（ester）はカルボン酸のOH基をOR基に置換した化合物である．エステルを命名するときは，**カルボキシ酸素**（carboxyl oxygen）に結合しているR′基の名称が最初にきて，次に酸の名称が続くが，このとき"ic acid"を"ate"に置き換える．†（R′のダッシュ記号は，そこで示されているアルキル基が，Rで示されたアルキル基と必ずしも同一ではないことを示している．）フェニル基とベンジル基との違いに注意しよう．

体系的名称： エタン酸エチル　　　プロパン酸フェニル　　　3-ブロモブタン酸メチル
　　　　　　（ethyl ethanoate）　（phenyl propanoate）　（methyl 3-bromobutanoate）
慣　用　名： 酢酸エチル　　　　　プロピオン酸フェニル　　β-ブロモ酪酸メチル
　　　　　　（ethyl acetate）　　（phenyl propionate）　　（methyl β-bromobutyrate）

カルボン酸の塩も同様に命名する．すなわち，カチオンが最初にきて，次に酸の名称が続くが，このとき"ic acid"を"ate"に置き換える．

体系的名称： メタン酸ナトリウム　　　　　　エタン酸カリウム
　　　　　　（sodium methanoate）　　　　（potassium ethanoate）
慣　用　名： ギ酸ナトリウム　　　　　　　　酢酸カリウム
　　　　　　（sodium formate）　　　　　（potassium acetate）

問題 1 ◆

多くの花や果実の香りは，この問題で示したようなエステルに起因する．これらのエステルの慣用名は何か．（章末問題41も見よ．）

a. ジャスミン　　b. バナナ　　c. リンゴ

アミドの命名

アミド (amide) は，カルボン酸の OH 基を NH_2，NHR，または NR_2 基に置換したものである．アミドの命名には対応する酸の名称の，"oic acid"，"ic acid"，あるいは "ylic acid" を "amide" に置き換えて命名する．

体系的名称： エタンアミド (ethanamide)　　4-クロロブタンアミド (4-chlorobutanamide)
慣用名： アセトアミド (acetamide)　　γ-クロロブチルアミド (γ-chlorobutyramide)

窒素に置換基が結合していれば，その置換基の名称を最初に書き（二つ以上の置換基が窒素に結合していればアルファベット順に書く），次にアミドの名称を続ける．それぞれの置換基の名称の前に *N* を書き，その置換基が窒素に結合していることを示す．

N-シクロヘキシルプロパンアミド (*N*-cyclohexylpropanamide)　　*N*-エチル-*N*-メチルペンタンアミド (*N*-ethyl-*N*-methylpentanamide)　　*N*,*N*-ジエチルブタンアミド (*N*,*N*-diethylbutanamide)

🧪 天然の睡眠薬

天然のアミドであるメラトニンは，松果体でアミノ酸のトリプトファンから合成されるホルモンである．アミノ酸とはα-アミノカルボン酸のことである（17.1節参照）．メラトニンは睡眠と覚醒の周期，体温，そしてホルモンの生合成などを支配する脳内の明暗時計を制御している．

メラトニンの血中濃度は夕方から夜にかけて増大し，朝に向けて減少する．体内のメラトニン濃度が高い人は，低い人よりも長く深く眠る．メラトニンの血中濃度は年齢とともに変化し，6歳の子どもは80歳の老人よりも5倍ほど高い．これが若い人が年輩の人よりも睡眠障害が少ない理由の一つである．メラトニンを含む補助食品が不眠症や時差ぼけ，季節性情動障害の治療に用いられている．

メラトニン (melatonin)　　トリプトファン (tryptophan)

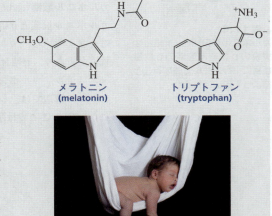

問題 2 ◆

次の化合物を命名せよ．

a. $CH_3CH_2CH_2CO^-K^+$　　b. (イソブチルエステル)　　c. (酸塩化物)

d. 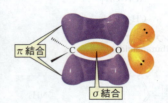 e. CH₃CH₂ に対応する構造 (アミド) f.

> **問題 3**
> 次のそれぞれの化合物の構造を書け．
> a. 酢酸フェニル b. N-ベンジルエタンアミド
> c. γ-メチルカプロン酸 d. 2-クロロペンタン酸エチル
> e. β-ブロモブチルアミド f. α-クロロ吉草酸

11.2 カルボン酸とカルボン酸誘導体の構造

カルボニル炭素（carbonyl carbon）は sp^2 混成している．カルボニル炭素はその三つの sp^2 軌道を使って，カルボニル酸素，α 炭素，および置換基（Y）と σ 結合を形成する．カルボニル炭素に結合している三つの原子は同一面にあり，それらの結合角はそれぞれ約 120° である．

カルボニル酸素（carbonyl oxygen）もまた sp^2 混成している．その sp^2 軌道の一つはカルボニル炭素と σ 結合を形成する．ほかの二つの sp^2 軌道はそれぞれ孤立電子対を含んでいる．カルボニル酸素の残りの p 軌道は，カルボニル炭素の残りの p 軌道と重なり，π 結合を形成している（図 11.1）．

エステル，カルボン酸，アミドには，それぞれ二つの共鳴寄与体がある．塩化アシルの構造では，（右側の）分離した電荷をもつ共鳴寄与体の寄与が小さいので（11.6 節），ここでは示していない．

▲ **図 11.1**
カルボニル基の結合．π 結合は炭素の p 軌道と酸素の p 軌道が横に平行に並んで重なることによって形成される．

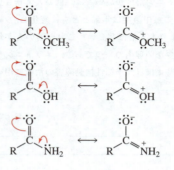

右側の共鳴寄与体では，エステルやカルボン酸よりもアミドのほうが混成体への寄与が大きい．それは，アミドの共鳴寄与体がより安定だからである．窒素は酸素よりも電気陰性度が小さいため，窒素は正電荷をより多く収容することができるのでより安定である．

> **問題 4 ◆**
> 正しい記述はどちらか.
> **A** エステルの非局在化エネルギーは約 18 kcal mol^{-1} であり,アミドの非局在化エネルギーは約 10 kcal mol^{-1} である.
> **B** エステルの非局在化エネルギーは約 10 kcal mol^{-1} であり,アミドの非局在化エネルギーは約 18 kcal mol^{-1} である.

> **問題 5 ◆**
> カルボン酸の炭素—酸素単結合とアルコールの炭素—酸素結合とではどちらが長いか.その理由も述べよ.

11.3 カルボニル化合物の物理的性質

カルボン酸の酸としての性質は 2.3 節と 7.8 節で述べた.カルボン酸の pK_a 値は約 5 であることを思い出そう.カルボニル化合物の沸点は次のような順になる.

沸点の比較

アミド > カルボン酸 ≫ エステル 〜 塩化アシル 〜 ケトン 〜 アルデヒド

同程度の分子量のエステル,塩化アシル,ケトン,およびアルデヒドの沸点はよく似ており,同程度の分子量のアルコールの沸点より低い.それは,アルコール分子だけが互いに水素結合を形成できるからである.これら四つのカルボニル化合物の沸点は同じ大きさのエーテルの沸点より高いが,これは極性をもつカルボニル基間の双極子–双極子相互作用のためである.

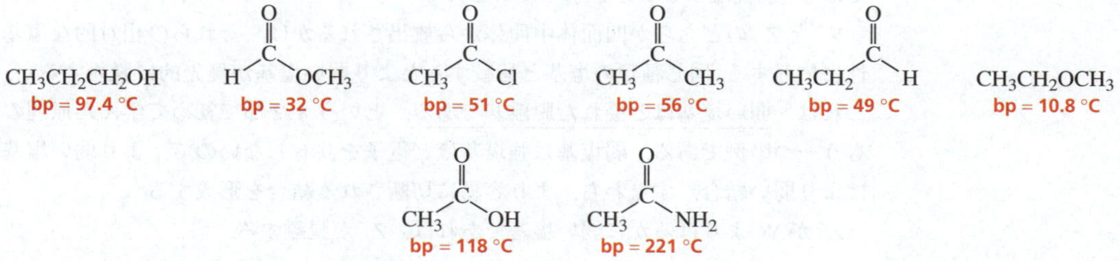

CH$_3$CH$_2$CH$_2$OH   HCOOCH$_3$ CH$_3$COCl   CH$_3$COCH$_3$ CH$_3$CH$_2$CHO   CH$_3$CH$_2$OCH$_3$
bp = 97.4 °C   bp = 32 °C   bp = 51 °C   bp = 56 °C   bp = 49 °C   bp = 10.8 °C

CH$_3$COOH   CH$_3$CONH$_2$
bp = 118 °C   bp = 221 °C

カルボン酸の沸点は比較的高いが,それはカルボン酸 1 分子に水素結合を形成できる基が二つあるからである.アミドは強く双極子–双極子相互作用をするので,沸点は最も高い.アミドの共鳴寄与体は電荷が分離していて,それがアミド全体の構造に大きな影響を与えていることがその理由である (11.2 節).さらに,アミドの窒素が水素と結合していれば分子間で水素結合を形成しうる.

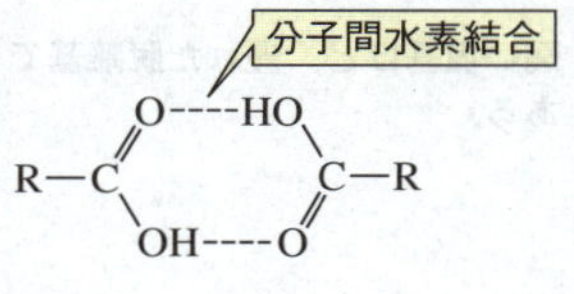

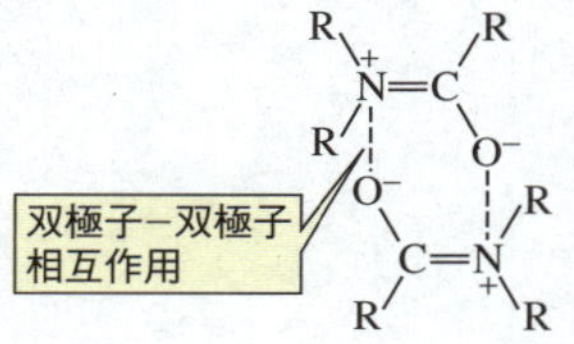

アルコールやエーテルと同様に,4 炭素未満のカルボニル化合物は水に溶ける.

分子間水素結合

双極子–双極子相互作用

11.4 カルボン酸およびカルボン酸誘導体はどのように反応するか

カルボニル化合物の反応性はカルボニル基の極性に依存する.その極性は酸素

原子が炭素原子より電気的に陰性であることによる．その結果，カルボニル炭素は電子不足(求電子剤)となり，それゆえ求核剤と反応する．

求核剤がカルボン酸誘導体のカルボニル炭素を攻撃すると，カルボン酸誘導体中の最も弱い結合であるπ結合が切断され，中間体が生成する．それは**四面体中間体**(tetrahedral intermediate)と呼ばれる．なぜなら，反応物中の sp^2 炭素が，その中間体内では sp^3 炭素(つまり四面体炭素)になっているからである．

酸素原子に結合している sp^3 炭素がもう一つの電気陰性な原子と結合していれば，その化合物は一般に不安定である．

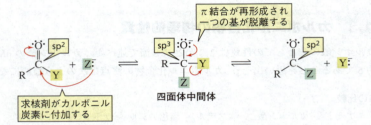

この四面体化合物は安定ではないので，最終生成物というより中間体である．一般に，酸素原子に結合している sp^3 炭素がもう一つの電気陰性な原子に結合していれば，その化合物は不安定である．したがって，この四面体中間体は，Y と Z のどちらとも電気陰性な原子であるので不安定である．酸素原子の孤立電子対はπ結合を再形成し，Y^- あるいは Z^- はその結合電子を伴って放出される(ここでは Y^- が脱離することを示してある)．

Y^- と Z^- のどちらが四面体中間体から放出されるかは，それらの相対的な塩基性に依存する．同じ種類の塩基と比較するとより弱い塩基が優先的に脱離するが，これは，**弱い塩基ほど優れた脱離基である**，という8.2節で初めて学んだ原理のもう一つの例である．弱塩基は強塩基ほど電子を共有しないので，より弱い塩基はより弱い結合，すなわち，より容易に切断される結合を形成する．

Z^- が Y^- よりはるかに弱い塩基であれば，Z^- が脱離する．

弱い塩基ほど，優れた脱離基である．

この場合，新たな生成物は得られない．求核剤はカルボニル炭素に付加するが，四面体中間体は求核剤を脱離させ，反応物が再生する．

一方，Y^- が Z^- よりはるかに弱い塩基である場合は，Y^- が脱離し，新たな生成物が得られる．

11.4 カルボン酸およびカルボン酸誘導体はどのように反応するか

> Y^- は Z^- より弱い塩基なので Y^- が脱離し，生成物が得られる

$$\text{R-C(=O)-Y} + Z^- \rightleftharpoons \underset{\text{四面体中間体}}{\text{R-C(O}^-\text{)(Y)(Z)}} \rightleftharpoons \text{R-C(=O)-Z} + Y^-$$

この反応は**求核アシル置換反応**(nucleophilic acyl substitution reaction)と呼ばれる．なぜなら，反応物のアシル基に結合していた置換基(Y^-)が求核剤(Z^-)によって置換されるからである．

Y^- と Z^- の塩基性が同じ程度ならば，四面体中間体のある分子は Y^- を脱離させ，またある分子は Z^- を脱離させる．反応の終了時には，反応物と生成物が両方とも存在する．

> Y^- と Z^- の塩基性が同じ程度なので反応物と生成物の混合物が得られる

$$\text{R-C(=O)-Y} + Z^- \rightleftharpoons \underset{\text{四面体中間体}}{\text{R-C(O}^-\text{)(Y)(Z)}} \rightleftharpoons \text{R-C(=O)-Z} + Y^-$$

四面体中間体において，新たに付加した基が反応物のアシル基に結合していた基よりも強い塩基であれば，カルボン酸誘導体は求核アシル置換反応を行う．

したがって，カルボン酸誘導体の反応について次のように一般化できる．

<u>四面体中間体において，新たに付加した基が反応物のアシル基に結合していた基よりも強い塩基であれば，カルボン酸誘導体は求核アシル置換反応を行う．</u>

この二段階の求核アシル置換反応を S_N2 反応と比較してみよう．求核剤が炭素を攻撃するとき，その分子中の最も弱い結合が切断される．S_N2 反応での最も弱い結合は，炭素と脱離基との結合である．したがって，この脱離基との結合が，反応の一段階目かつ唯一の段階で切断される結合となる(8.1節参照)．これとは対照的に，求核アシル置換反応で最も弱い結合はπ結合であるため，このπ結合がまず切断されて，次の段階で脱離基が脱離する．

$$\text{CH}_3\text{CH}_2\text{-Y} + Z^- \xrightarrow{S_N2 \text{反応}} \text{CH}_3\text{CH}_2\text{-Z} + Y^-$$

【問題解答の指針】
求核アシル置換反応の生成物を予測するために塩基性を考慮する

塩化アセチルと CH_3O^- の反応の生成物は何か．HCl の pK_a は -7 で，CH_3OH の pK_a は 15.5 である．

反応の生成物を考えるには，四面体中間体にある二つの基のどちらが脱離するかを判断できるように，これらの塩基性を比較する必要がある．HCl は CH_3OH よりも強酸なので，Cl^- は CH_3O^- よりも弱塩基である．したがって，Cl^- が四面体中間体から脱離して酢酸メチルが反応の生成物となる．

$$\text{CH}_3\text{-C(=O)-Cl} + \text{CH}_3\text{O}^- \longrightarrow \text{CH}_3\text{-C(O}^-\text{)(Cl)(OCH}_3\text{)} \longrightarrow \text{CH}_3\text{-C(=O)-OCH}_3 + \text{Cl}^-$$

塩化アセチル (acetyl chloride) → 酢酸メチル (metyl acetate)

ここで学んだ方法を使って問題6を解こう．

> **問題 6 ◆**
> a. 塩化アセチルと HO^- との反応の生成物は何か．HCl の pK_a は -7 で，H_2O の pK_a は 15.7 である．
> b. アセトアミドと HO^- との反応の生成物は何か．NH_3 の pK_a は 36 で，H_2O の pK_a は 15.7 である．

> **問題 7 ◆**
> 四面体中間体で新たに導入される基が以下の場合，求核アシル置換反応の生成物は，新たなカルボン酸誘導体，二つのカルボン酸誘導体の混合物，または反応しない，のどれになるか．
> a. アシル基に結合していたもともとあった置換基より強い塩基
> b. アシル基に結合していたもともとあった置換基より弱い塩基
> c. アシル基に結合していたもともとあった置換基と同程度の強さの塩基性

11.5 カルボン酸とカルボン酸誘導体の反応性の比較

求核アシル置換反応には，四面体中間体の生成とその四面体中間体の崩壊の二段階があることを学んだ．アシル基に結合している塩基が弱ければ弱いほど（表11.1），両段階とも進行しやすくなる．脱離基の相対的塩基性をここに示す．

脱離基の相対的塩基性

最も弱い塩基 ── $Cl^- < {}^-OR \approx {}^-OH < {}^-NH_2$ ── 最も強い塩基

それゆえ，カルボン酸誘導体は次の相対的反応性をもつ．

カルボン酸誘導体の相対的反応性

最も反応性が高い ── $R\text{-C(=O)-Cl} > R\text{-C(=O)-OR'} \approx R\text{-C(=O)-OH} > R\text{-C(=O)-NH}_2$ ── 最も反応性が低い

塩化アシル　　エステル　　カルボン酸　　アミド

アシル基に弱塩基を結合させると，どうして求核アシル置換反応の一段階目が容易になるのだろうか．鍵となる要因は，Y 上の孤立電子対がどのくらいカルボニル酸素上に非局在化しているかである．

弱塩基は自分の電子をほかと共有しにくい性質をもつ．したがって，Y の塩基性が弱いほど Y 上に正電荷をもつ共鳴寄与体の寄与が小さくなる．さらに，Y = Cl のときには，塩素上の大きな 3p 軌道と炭素上のより小さな 2p 軌道との重なりが小さいため，塩素の孤立電子対の非局在化が最小となる．Y 上に正電荷を

もつ共鳴寄与体の寄与が小さくなればなるほど，カルボニル炭素はより求電子的になる．このようにして弱塩基はカルボニル炭素をより求電子的にして，求核剤に対する反応性を高めているのである．

$$\underset{R}{\overset{:\overset{\cdot\cdot}{O}:}{\underset{|}{C}}}-Y \longleftrightarrow \underset{R}{\overset{:\overset{\cdot\cdot}{O}:^-}{\underset{\|}{C}}}=Y^+$$

カルボン酸あるいはカルボン酸誘導体の共鳴寄与体

相対的反応性：塩化アシル＞エステル～カルボン酸＞アミド

アシル基に弱塩基が結合すると，求核アシル置換反応の二段階目もより容易になる．それは，四面体中間体が崩壊するとき，弱塩基がより容易に脱離するからである．

$$R-\underset{Z}{\overset{:\overset{\cdot\cdot}{O}:^-}{\underset{|}{C}}}-Y$$

弱い塩基ほど脱離は容易

11.4 節で，求核アシル置換反応においてカルボニル炭素に付加する求核剤は，アシル基に結合している置換基よりも強い塩基でなければならないことを学んだ．これは，求核アシル置換反応ではカルボン酸誘導体をより反応性の低いカルボン酸誘導体に変換することはできても，より反応性の高いものには変換できないことを意味する．たとえば，アルコキシドイオンは塩化物イオンより強塩基なので，塩化アシルをエステルに変換できる．

$$R-\overset{O}{\underset{\|}{C}}-Cl + CH_3O^- \longrightarrow R-\overset{O}{\underset{\|}{C}}-OCH_3 + Cl^-$$

しかし，塩化物イオンはアルコキシドイオンより弱塩基なので，エステルを塩化アシルに変換できない．

$$R-\overset{O}{\underset{\|}{C}}-OCH_3 + Cl^- \longrightarrow 反応しない$$

問題 8 ◆

表 11.1 の pK_a 値を用いて，次の反応の生成物を予想せよ．

a. $CH_3-\overset{O}{\underset{\|}{C}}-OCH_3$ + NaCl ⟶

b. $CH_3-\overset{O}{\underset{\|}{C}}-Cl$ + NaOH ⟶

c. $CH_3-\overset{O}{\underset{\|}{C}}-NH_2$ + NaCl ⟶

d. $CH_3-\overset{O}{\underset{\|}{C}}-NH_2$ + NaOH ⟶

11.6 塩化アシルの反応

ハロゲン化アシルは，アルコールと反応してエステルを，水とはカルボン酸を，

塩化アセチル

そしてアミンとはアミドを生成する．なぜなら，どの場合も導入される求核剤は脱離するハロゲン化物イオンよりも強塩基だからである（表11.1）．

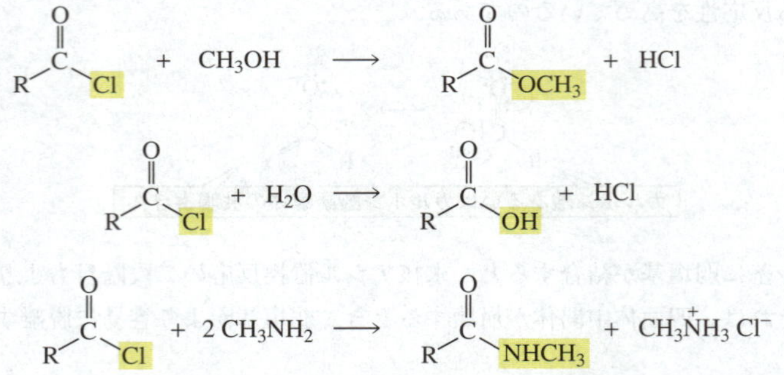

$$\text{R-COCl} + \text{CH}_3\text{OH} \longrightarrow \text{R-COOCH}_3 + \text{HCl}$$

$$\text{R-COCl} + \text{H}_2\text{O} \longrightarrow \text{R-COOH} + \text{HCl}$$

$$\text{R-COCl} + 2\,\text{CH}_3\text{NH}_2 \longrightarrow \text{R-CONHCH}_3 + \text{CH}_3\overset{+}{\text{N}}\text{H}_3\,\text{Cl}^-$$

すべてのカルボン酸誘導体は，次に示す二つの反応機構のどちらかに従って求核アシル置換反応を行う．その反応機構は求核剤が電荷をもつか，中性かによる．

塩化アシルと負電荷を帯びた求核剤との反応機構

より弱い塩基が四面体中間体から脱離する．

[反応機構図：四面体中間体の生成 → より弱い塩基が脱離する]

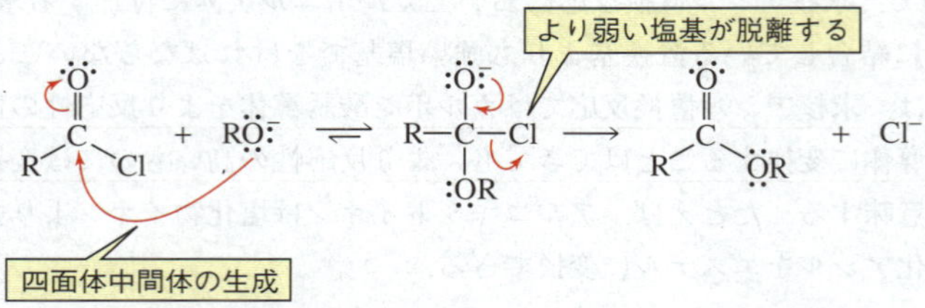

- 求核剤がカルボニル炭素に付加し，四面体中間体が生成する．
- 不安定な四面体中間体は壊れて，アルコキシドイオンより弱塩基である塩化物イオンが脱離する．

求核剤が中性の場合，反応機構に，プロトンが失われるというもう一段階が加わる．

塩化アシルと中性の求核剤との反応機構

より弱い塩基が四面体中間体から脱離する．

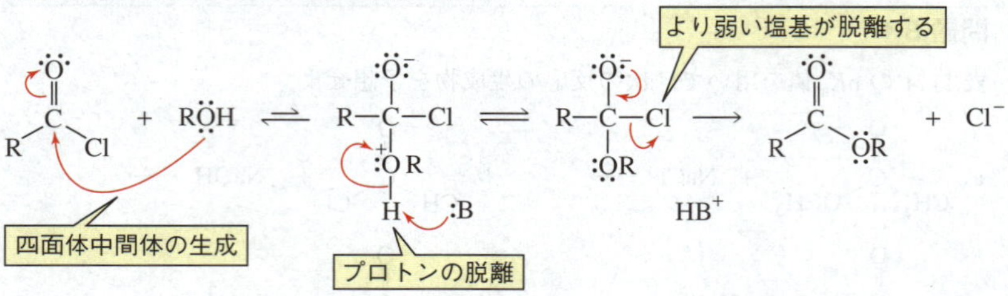

[反応機構図：四面体中間体の生成 → プロトンの脱離 → より弱い塩基が脱離する]

- 求核剤がカルボニル炭素に付加し，四面体中間体が生成する．
- プロトン化されたエーテル基は強酸なので，四面体中間体はプロトンを失う．
  （:B はプロトンを引き抜くなんらかの溶媒中にある化学種を示す．）
- 不安定な四面体中間体は壊れて，アルコキシドイオンより弱塩基である塩化物イオンが脱離する．

アミンを塩化アシルと反応させてアミドを生成する反応では，塩化アシルの 2 倍量のアミンを用いて行うことに注目しよう．それは，反応生成物の HCl が，未反応のアミンをプロトン化してしまうからである．いったんプロトン化されると，もはや求核剤ではなくなり，塩化アシルと反応できない．塩化アシルの 2 倍量のアミンを用いることで，すべての塩化アシルと反応できるプロトン化されていないアミンを十分量確保できるのである．

$$\underset{Cl}{\overset{O}{\underset{\|}{R-C}}}\!\!-\!Cl + CH_3NH_2 \xrightarrow{\text{1 当量}} \underset{NHCH_3}{\overset{O}{\underset{\|}{R-C}}}\!\!-\!NHCH_3 + HCl \xrightarrow{CH_3NH_2 \text{ 1 当量}} CH_3\overset{+}{N}H_3\ Cl^-$$

問題 9
塩化アセチルを出発物質とした場合，次のそれぞれの化合物を合成するのに，どのような中性の求核剤を用いればよいか．

a. CH_3COOH b. CH_3CONH_2 c. $CH_3COOCH_2CH_3$

d. $CH_3CON(CH_3)_2$ e. $CH_3COO\text{-cyclohexyl}$ f. $CH_3COO\text{-}C_6H_4\text{-}CH_3$

問題 10
次のそれぞれの反応の機構を書け．
a. 塩化アセチルと水との反応で酢酸が生成する反応．
b. 塩化アセチルと過剰のメチルアミンとの反応で N-メチルアセトアミドが生成する反応．

11.7 エステルの反応

エステルは塩化物イオンとは反応しない．なぜならば，Cl^- はエステルの RO^- 基よりもはるかに弱い塩基であり，したがって，(RO^- ではなく）Cl^- が四面体中間体から脱離する塩基となるからである（表 11.1）．
エステルは水と反応してカルボン酸とアルコールを生成する．これは加水分解反応の一例である．**加水分解反応**（hydrolysis reaction）は，ある一つの化合物を水と反応させて二つの化合物に変換する反応である（*lysis* はギリシャ語で〝分解する〟の意）．

酢酸メチル

加水分解反応

$$\underset{OCH_3}{\overset{O}{\underset{\|}{R-C}}} + H_2O \underset{}{\overset{HCl}{\rightleftharpoons}} \underset{OH}{\overset{O}{\underset{\|}{R-C}}} + CH_3OH$$

エステルはアルコールと反応して新たなエステルと新たなアルコールを生成する．これは**アルコーリシス反応**（alcoholysis reaction）の一例で，アルコールを用いてある一つの化合物を二つの化合物に変換する反応である．この特別なアルコーリシス反応は，エステルが別のエステルに変換されるので，**エステル交換反応**（transesterification reaction）とも呼ばれる．

エステル交換反応

$$\underset{\text{OCH}_3}{\text{R}-\overset{\text{O}}{\underset{\|}{\text{C}}}} + \text{CH}_3\text{CH}_2\text{OH} \underset{}{\overset{\text{HCl}}{\rightleftharpoons}} \underset{\text{OCH}_2\text{CH}_3}{\text{R}-\overset{\text{O}}{\underset{\|}{\text{C}}}} + \text{CH}_3\text{OH}$$

エステルの加水分解もエステル交換反応も非常に遅い反応である．なぜならば，水もアルコールも求核剤としては劣り，エステルの RO⁻ 基は脱離基として劣っているからである．したがって，これらの反応を実験室で行うときには必ず触媒を加える．エステルの加水分解もエステル交換反応も酸により触媒される（11.8節）．加水分解の反応速度は水酸化物イオンによっても加速され（11.9節），エステル交換反応の反応速度も反応物のアルコールの共役塩基（RO⁻）によって増大される．

エステルはアミンと反応してアミドを生成する．アミンを用いて一つの化合物を二つの化合物に変換する反応を**アミノリシス反応**（aminolysis reaction）と呼ぶ．２当量のアミンを必要とした塩化アシルとの反応（11.6節）とは異なり，エステルのアミノリシス反応には1当量のアミンしかいらないことに注目しよう．これはエステルの脱離基（RO⁻）がアミンより塩基性が強いので，未反応のアミンではなくアルコキシドイオンが，反応で生成するプロトンを捕捉するからである．

アミノリシス反応

$$\underset{\text{OCH}_2\text{CH}_3}{\text{R}-\overset{\text{O}}{\underset{\|}{\text{C}}}} + \text{CH}_3\text{NH}_2 \overset{\Delta}{\longrightarrow} \underset{\text{NHCH}_3}{\text{R}-\overset{\text{O}}{\underset{\|}{\text{C}}}} + \text{CH}_3\text{CH}_2\text{OH}$$

アミンは優れた求核剤なので，エステルとアミンとの反応は，エステルと水あるいはアルコールとの反応ほどには遅くはない．このエステルとアミンの反応は酸によって触媒されないため，この高い反応性は好都合である．酸はアミンをプロトン化してしまい，そのプロトン化されたアミンはもはや求核剤ではない．しかし，この反応の反応速度は熱によって増大させることができる．

問題 11
次の反応の機構を書け．
a. プロピオン酸メチルの無触媒加水分解反応．
b. メチルアミンを用いるギ酸フェニルのアミノリシス反応．

問題 12（解答あり）
次のエステルを加水分解の反応性の最も高いものから最も低いものの順に並べよ．

$$\text{CH}_3-\overset{\overset{O}{\|}}{C}-O-\text{C}_6\text{H}_5 \quad \text{CH}_3-\overset{\overset{O}{\|}}{C}-O-\text{C}_6\text{H}_4-\text{NO}_2 \quad \text{CH}_3-\overset{\overset{O}{\|}}{C}-O-\text{C}_6\text{H}_4-\text{OCH}_3$$

解答 カルボン酸誘導体の反応性はアシル基に結合した基の塩基性に依存する.つまり，弱い塩基ほど反応の<u>両段階ともより容易に進行する</u>ことを学んだ(11.5節)．したがって，ここでは三つのフェノキシドイオンの塩基性を比較する必要がある．

ニトロ基が置換したフェノキシドイオンが最も弱い塩基である．なぜなら，ニトロ基は誘起的および共鳴により電子求引性であり(7.9節参照)，酸素原子上の負電荷の密度が減少するからである．メトキシ基は誘起的な電子求引性よりも共鳴による電子供与性のほうが強く(7.9節参照)，酸素原子上の負電荷の密度が増大するので，メトキシ基が置換したフェノキシドイオンは最も強い塩基である．そのため，三つのエステルは次のような加水分解に対する相対的反応性を示す．

$$\text{CH}_3-\overset{\overset{O}{\|}}{C}-O-\text{C}_6\text{H}_4-\text{NO}_2 \;>\; \text{CH}_3-\overset{\overset{O}{\|}}{C}-O-\text{C}_6\text{H}_5 \;>\; \text{CH}_3-\overset{\overset{O}{\|}}{C}-O-\text{C}_6\text{H}_4-\text{OCH}_3$$

11.8 酸触媒によるエステルの加水分解反応とエステル交換反応

水は求核剤としては劣っており，エステルは比較的塩基性の強い脱離基をもっているので，エステルの加水分解の反応は遅いことをこれまでに学んだ．酸によっても水酸化物イオンによっても加水分解の反応速度を増大させることができる．これらの反応の機構を考察するときは，すべての有機反応に共通する特徴に注目しよう．

> <u>酸性溶液では，すべての有機中間体と生成物は正電荷を帯びているか中性である．負電荷を帯びている有機中間体や生成物は酸性溶液中では生成しない．</u>
>
> <u>塩基性溶液では，すべての有機中間体と生成物は負電荷を帯びているか中性である．正電荷を帯びている有機中間体や生成物は塩基性溶液中では生成しない．</u>

反応に酸を加えると，まず反応物の最も電子密度が高く最も塩基性の強い原子が酸によりプロトン化される．したがって，酸をエステルに加えると，酸はカルボニル酸素をプロトン化する．

$$\underset{R}{\overset{\overset{\ddot{\text{O}}:}{\|}}{C}}-\text{OCH}_3 + \text{HCl} \;\rightleftharpoons\; \underset{R}{\overset{\overset{+\text{O}-\text{H}}{\|}}{C}}-\text{OCH}_3 + \text{Cl}^-$$

エステルの共鳴寄与体が，カルボニル酸素が最も高い電子密度をもつ原子であることを示している．

酸を反応に加えると，反応物の最も塩基性の強い原子がプロトン化される．

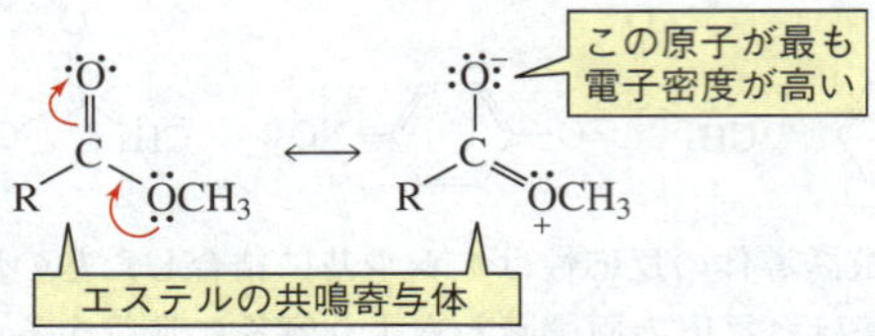

11章 カルボン酸とカルボン酸誘導体の反応

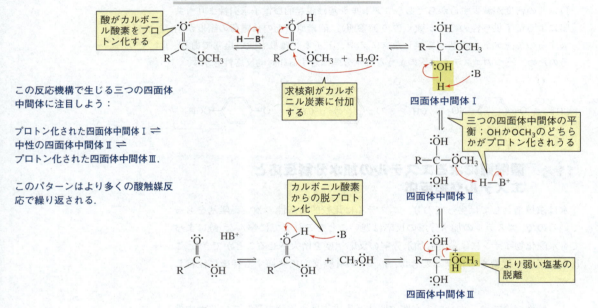

酸触媒によるエステル加水分解反応の機構を次に示す.(HB^+ はプロトンを供与できる溶液中の化学種を表し,$:B$ はプロトンを引き抜く化学種を示す.)

酸触媒によるエステル加水分解反応の機構

この反応機構で生じる三つの四面体中間体に注目しよう:

プロトン化された四面体中間体 I $\rightleftharpoons$
中性の四面体中間体 II $\rightleftharpoons$
プロトン化された四面体中間体 III.

このパターンはより多くの酸触媒反応で繰り返される.

- 酸がカルボニル酸素をプロトン化する.
- プロトン化されたカルボニル基のカルボニル炭素に求核剤(H_2O)が付加し,プロトン化四面体中間体が生成する.
- プロトン化四面体中間体(I)は,非プロトン化体(II)と平衡状態にある.
- 非プロトン化四面体中間体はOH上で再プロトン化されると,四面体中間体 I が再生し,または OCH_3 上でプロトン化されると,四面体中間体 III が生成する.(2.10節で,三つの四面体中間体の相対量が,溶液の pH とプロトン化された中間体の pK_a 値に依存することを学んだ.)
- 四面体中間体 I が壊れるとき,(H_2O は弱い塩基なので)CH_3O^- より H_2O が優先して脱離し,エステルが再生する.四面体中間体 III が壊れるとき,(CH_3OH がより弱い塩基なので)HO^- よりも優先して CH_3OH が脱離し,カルボン酸が生成する.H_2O と CH_3OH はほぼ同じ塩基性をもっているので,四面体中間体 I が壊れてエステルを再生するのと,四面体中間体 III が壊れてカルボン酸を生成するのは同じ程度に起こりうる.(HO^- と CH_3O^- はいずれも強塩基なため脱離基として劣るので,四面体中間体 II は壊れにくい).

- プロトン化されたカルボン酸からプロトンが脱離すると，カルボン酸が生成し，酸触媒が再生する．

四面体中間体Iの崩壊と四面体中間体IIIの崩壊は同じくらい起こりやすいので，反応が平衡に達するとエステルとカルボン酸の両方が存在するようになる．過剰の水は平衡を右にずらすために用いる（Le Châtelierの原理；5.5節参照）．また，生成物であるアルコールの沸点が反応液中のほかの成分の沸点より著しく低ければ，生成したアルコールを蒸留で取り除き，反応を右にずらすことができる．

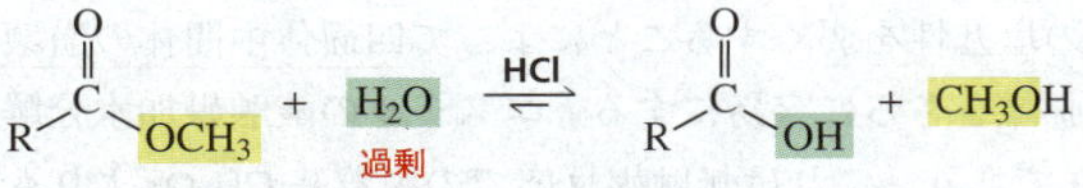

$$R-CO-OCH_3 + H_2O \xrightleftharpoons{HCl} R-CO-OH + CH_3OH$$
（過剰）

カルボン酸とアルコールとからエステルと水が生成する酸触媒反応の機構は，エステルからカルボン酸とアルコールが生成する酸触媒加水分解反応の機構とはまったく逆である．

問題 13
次のエステルを酸触媒で加水分解して得られる生成物は何か．

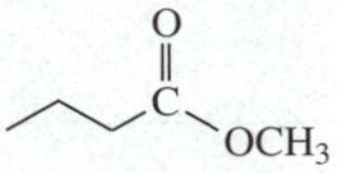

a. 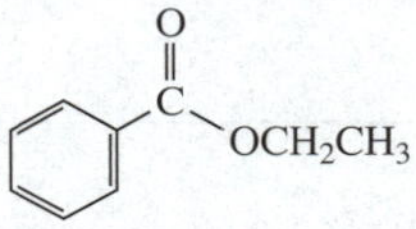 C$_6$H$_5$-CO-OCH$_2$CH$_3$ b. CH$_3$CH$_2$-CO-OCH$_3$ c. （δ-バレロラクトン）

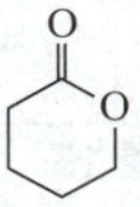

問題 14
エステルの酸触媒加水分解反応の機構を参考にして，酢酸とメタノールとから酢酸メチルが生成する酸触媒反応の機構を書け．すべての電子の動きを曲がった矢印で示すこと．プロトンを供与する化学種とプロトンを引き抜く化学種を表すためにHB^+と$:B$を用いよ．

どのように酸触媒がエステル加水分解反応の速度を増大させるかを考えてみよう．触媒で反応速度を増大させるには，遅い段階の反応速度を増大させなければならない．なぜならば，速い段階の反応速度を変えても，全体の反応速度には影響しないからである．酸触媒によるエステル加水分解反応の機構において，六段階のうち四段階はプロトン移動である．酸素や窒素のような電気的に陰性な原子へのプロトン移動，あるいは原子からのプロトン移動は常に速い過程である．反応機構のなかで残りの二段階，すなわち四面体中間体の生成と崩壊は，比較的遅い．酸はこれらの段階の反応速度をどちらも増大させる．

酸はカルボニル酸素をプロトン化して四面体中間体の生成速度を増大させる．プロトン化されたカルボニル基はプロトン化されていないカルボニル基よりも求核付加を受けやすい．なぜなら，正電荷を帯びた酸素は電荷を帯びていない酸素よりも電子求引性が高いからである．正電荷を帯びた酸素原子は電子求引性が強くなり，そのため，カルボニル炭素の電子不足性がさらに増大し，求核剤に対する反応性が増大する．

11章 カルボン酸とカルボン酸誘導体の反応

酸触媒は，カルボニル基の反応性を増大させる．

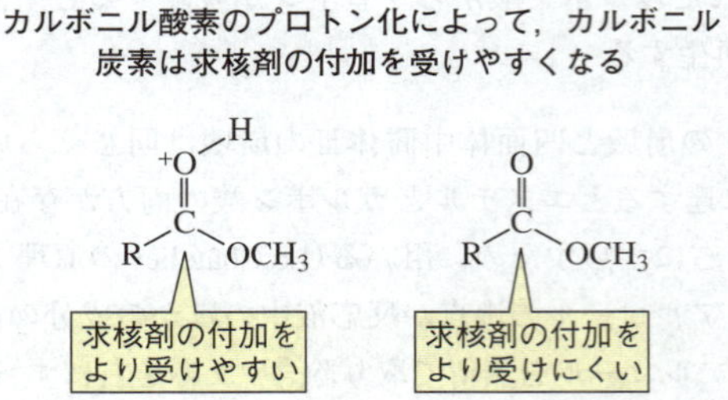

カルボニル酸素のプロトン化によって，カルボニル炭素は求核剤の付加を受けやすくなる

（求核剤の付加をより受けやすい／求核剤の付加をより受けにくい）

　酸は脱離基の塩基性を弱くすることによって四面体中間体の崩壊速度を増大させ，脱離基の脱離をさらに容易にする．エステルの酸触媒加水分解反応では，脱離基は CH_3OH であり，これは無触媒反応での脱離基 CH_3O^- よりも弱い塩基である．

酸触媒は基の脱離能を向上させる．

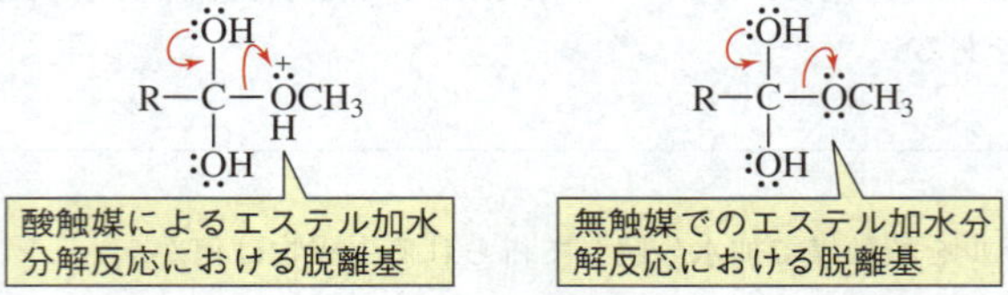

（酸触媒によるエステル加水分解反応における脱離基／無触媒でのエステル加水分解反応における脱離基）

問題 15

エステルの酸触媒加水分解反応の機構について次の質問に答えよ．

a. HB^+ で表すことができる化学種は何か．
b. $:B$ で表すことができる化学種は何か．
c. 加水分解反応で HB^+ として最もふさわしい化学種は何か．
d. その逆反応で HB^+ として最もふさわしい化学種は何か．

エステル交換反応

　エステル交換反応，すなわちエステルとアルコールの反応も酸によって触媒される．酸触媒によるエステル交換反応の機構は，求核剤が H_2O でなく ROH であるということを除けば，酸触媒によるエステル加水分解反応の機構と同じである．エステルの加水分解反応と同様に，四面体中間体内の脱離基はほとんど同じ塩基性をもっている．したがって，目的の生成物を高収率で得るためには，反応物のアルコールが過剰に必要となる．

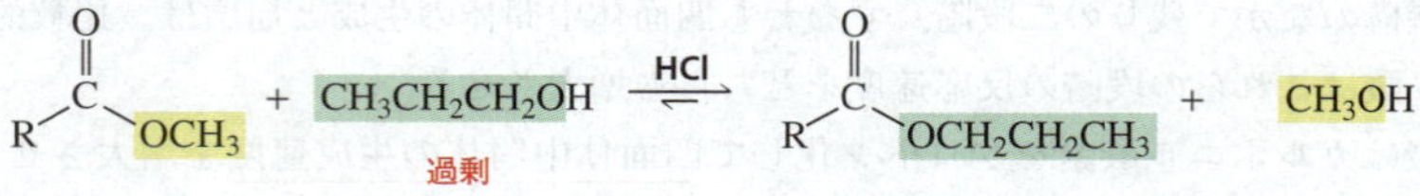

$$R-CO-OCH_3 + CH_3CH_2CH_2OH \xrightarrow{HCl} R-CO-OCH_2CH_2CH_3 + CH_3OH$$

（過剰）

問題 16 ◆

次の反応で得られる生成物は何か．

a. 安息香酸エチル＋過剰のイソプロパノール＋HCl
b. 酢酸フェニル＋過剰のエタノール＋HCl

> **問題 17**
> 酸触媒による酢酸エチルとメタノールのエステル交換反応の機構を書け．

11.9 水酸化物イオンで促進されるエステルの加水分解反応

　エステルの加水分解の反応速度は，水酸化物イオンによって増大される．酸触媒と同様に，水酸化物イオンは遅い二段階，すなわち，四面体中間体の生成と崩壊の反応速度を増大させる．

水酸化物イオンで促進されるエステルの加水分解反応の機構

$$R-\overset{\overset{\ddot{O}:}{\|}}{C}-\ddot{O}CH_3 + H\ddot{O}:^- \rightleftharpoons R-\overset{\overset{:\ddot{O}:^-}{|}}{\underset{\ddot{O}H}{C}}-\ddot{O}CH_3 \longrightarrow R-\overset{\overset{\ddot{O}:}{\|}}{C}-\ddot{O}-H + CH_3\ddot{O}:^- \longrightarrow R-\overset{\overset{\ddot{O}:}{\|}}{C}-\ddot{O}:^- + CH_3\ddot{O}H$$

- 水酸化物イオンがエステルのカルボニル炭素に付加する．
- 四面体中間体の二つの潜在的脱離基（HO^- と CH_3O^-）は同じような脱離能をもっている．HO^- の脱離によってエステルが再生し，一方で CH_3O^- の脱離によってカルボン酸が生成する．
- 最終生成物はカルボン酸とメトキシドイオンではない．なぜなら，もし片方の塩基だけプロトン化されるのであれば，それはより強い塩基のほうであるからである．CH_3O^- は $RCOO^-$ よりも強い塩基であるから，最終生成物はカルボン酸イオンとメタノールである．求核剤は負電荷をもつカルボン酸イオンに近づけないので，この反応は不可逆である．

　HO^- は H_2O より優れた求核剤なので，水酸化物イオンは四面体中間体の生成速度を増大させる．塩基性溶液では四面体中間体は負電荷をもつので，水酸化物イオンはまた，四面体中間体の崩壊速度を増大させる．なぜなら，負電荷を帯びた酸素原子によって CH_3O^- が放出される際の遷移状態は，酸素原子が部分的にも正電荷を帯びることはないので，中性酸素原子によって CH_3O^- が放出される遷移状態よりも安定となるからである．

> 水酸化物イオンは水より優れた求核剤である．

負電荷を帯びた四面体中間体から CH_3O^- が脱離する遷移状態	中性の四面体中間体から CH_3O^- が脱離する遷移状態
$\delta-O$ $-C-$ $\delta-OCH_3$	$\delta+OH$ $-C-$ $\delta-OCH_3$
より安定な遷移状態	より不安定な遷移状態

　水酸化物イオン存在下でのエステルの加水分解は塩基触媒反応ではなく，<u>水酸化物イオン促進反応</u>と呼ばれる．その理由の一つは，水酸化物イオンが，水より強い塩基であるからではなく，水より優れた求核剤であることによって反応の一段階目の速度が増大するからであり，水酸化物イオンが反応全体で消費されることが二つ目の理由である．その化学種が触媒であるためには，反応中に変化してはならず，消費されてもいけない（5.10 節参照）．したがって，反応は触媒量で

はなく，1 当量の水酸化物イオンを用いて行わなければならない．

　水酸化物イオンは加水分解反応だけを促進する．水酸化物イオンはカルボン酸誘導体とアルコールあるいはアミンとの反応も促進できない．なぜなら，水酸化物イオンの一つの機能は，反応の一段階目に優れた求核剤を提供することだからである．求核剤がアルコールやアミンの場合は，水酸化物イオンが求核付加してしまうと，アルコールやアミンによって生じる生成物とは異なる生成物が生じてしまう．加水分解反応の場合，カルボニル炭素に付加する求核剤が H_2O でも HO^- でも同じ生成物が生じるので，その促進のために水酸化物イオンを使うことができる．

　求核剤がアルコールの場合，アルコールの共役塩基を用いると反応を促進できる．アルコキシドイオンの機能は優れた求核剤を反応に提供することであり，したがって，求核剤がアルコールの場合だけ，アルコールの共役塩基で反応を促進できるのである．

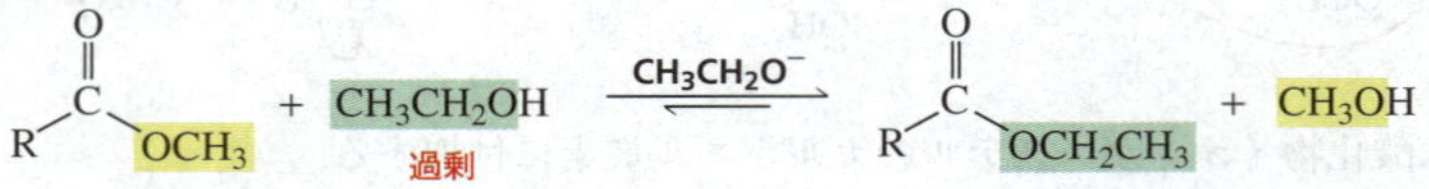

アスピリン，NSAID，および COX-2 阻害剤

　ヤナギの樹皮やギンバイカの葉から見いだされたサリチル酸は，おそらく最も古くから知られている薬であろう．紀元前 5 世紀には，ヒポクラテスがヤナギの樹皮の病気への治癒効果について書き留めている．1897 年，ドイツの医薬と染料の会社であるバイエル社(116 ページ参照)の研究者は，サリチル酸をアシル化すると発熱や痛みを改善するより有効な医薬品となることを発見し(108 ページ参照)，それをアスピリンと名づけた．"a" はアセチル，"spir" はサリチル酸を含むシモツケの花から，"in" は当時よく用いられた医薬品の語尾である．アスピリンはすぐに世界で最もよく売れる薬となった．しかしその作用機序は長らく不明であった．1971 年にアスピリンの抗炎症作用および解熱作用がプロスタグランジンの生合成を阻害するエステル交換反応に由来することが発見された．

　プロスタグランジンはいくつかの生理学的機能をもっている(20.5 節参照)．一つは炎症の亢進であり，もう一つは発熱である．プロスタグランジン合成酵素は，アラキドン酸を PGH_2 に変換する反応を触媒する天然のカルボン酸である(表 20.1 参照)．PGH_2 はプロスタグランジンや関連するトロンボキサンの前駆体である．

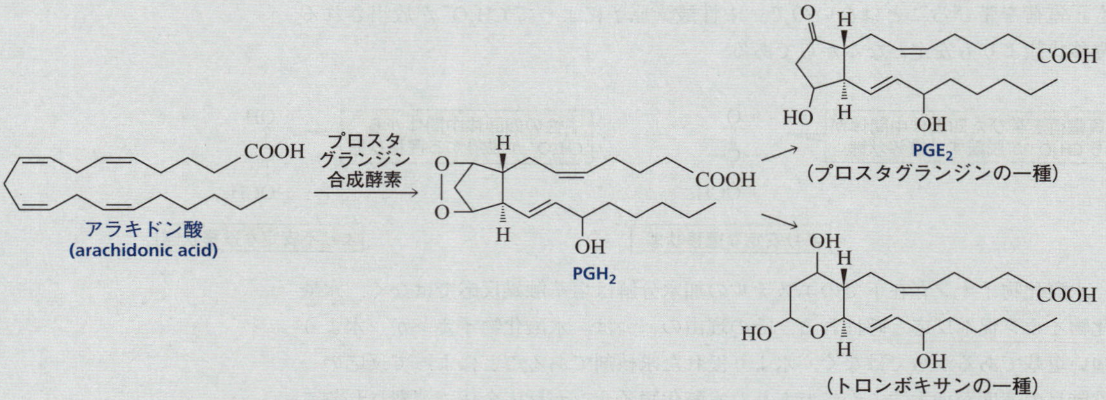

　プロスタグランジン合成酵素は二つの酵素からなっている．その一つであるシクロオキシゲナーゼはその活性部位に CH_2OH 基をもち，これは酵素活性に必須である．CH_2OH 基がエステル交換反応においてアスピリンと反応すると，酵素は不

活性化される．酵素が失活すると，プロスタグランジンは合成されなくなり，炎症は抑えられ，発熱が治まる．アスピリンのカルボキシ基は塩基触媒であることに注目しよう．これは CH_2OH 基からプロトンを引き抜き，より優れた求核剤にする．これがアスピリンが塩基型で活性が極大値に達する理由である（69 ページ参照）．（赤矢印は四面体中間体の生成を，青矢印は四面体中間体の崩壊を示している．）

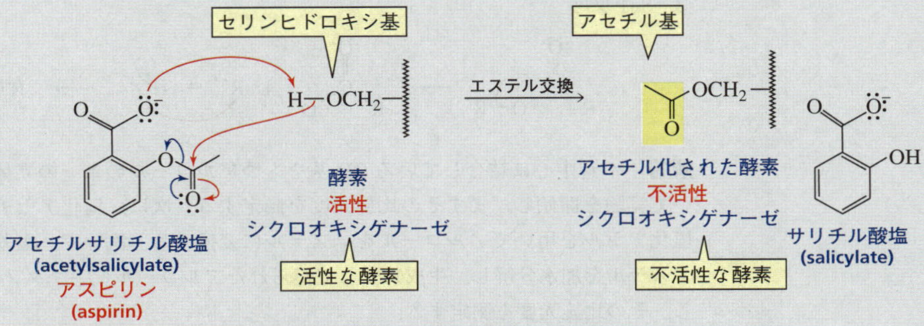

アセチルサリチル酸塩
(acetylsalicylate)
アスピリン
(aspirin)

セリンヒドロキシ基

酵素
活性
シクロオキシゲナーゼ

活性な酵素

エステル交換

アセチル基

アセチル化された酵素
不活性
シクロオキシゲナーゼ

不活性な酵素

サリチル酸塩
(salicylate)

アスピリンは PGH_2 の生成を阻害するので，血液凝固にかかわる化合物であるトロンボキサンの合成も阻害する．おそらくこのために，アスピリンを低用量投与すれば，血栓の形成から生じる脳梗塞や心臓発作の発病率を下げられるのであろう．アスピリンは抗凝固剤としての薬理活性を示すため，医者は手術前の数日間は患者にアスピリンを投与しない．

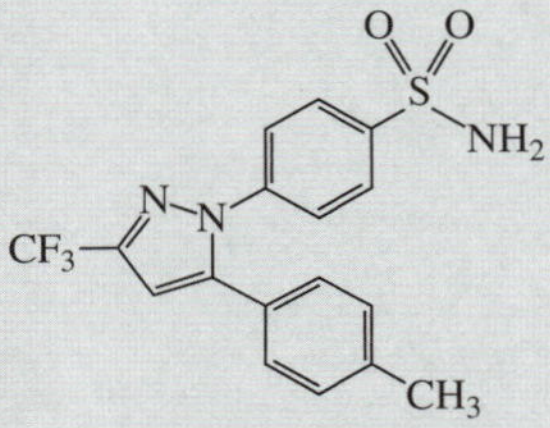

ほかの非ステロイド系抗炎症薬（NSAID），たとえばイブプロフェン（Advil®，Motrin®，Nuprin® の活性成分）やナプロキセン（Aleve® の活性成分）もまたプロスタグランジンの合成を阻害する．

プロスタグランジン合成酵素には 2 種類あり，一つは通常のプロスタグランジンの生成を行うもの，もう一つは炎症に応答して付加的にプロスタグランジンを合成するものである．NSAID はすべてのプロスタグランジンの合成を阻害する．胃酸の生成は 1 種類のプロスタグランジンによって調節されている．そのため，プロスタグランジンの合成が停止すると，胃の酸性度が通常のレベルより上昇する．比較的新しい薬である Celebrex® は，炎症に応答するプロスタグランジン合成酵素のみを阻害する．したがって，有害な副作用を伴わずに炎症を治療できる．

Celebrex®

問題 18 ◆
a. 酢酸メチルを酢酸プロピルに変換するエステル交換反応の反応速度を増大させるには，酸以外だとどのような化学種を用いればよいか．
b. エステルのアミノリシス反応の速度を H^+，HO^-，または RO^- で増大させることができない理由を説明せよ．

問題 19（解答あり）
昔の化学者は，水酸化物イオンによって促進されるエステル加水分解反応について三つの機構を考えていた．三つのうちどれが実際の機構であるかを示す実験を考案せよ．

1. 求核アシル置換反応

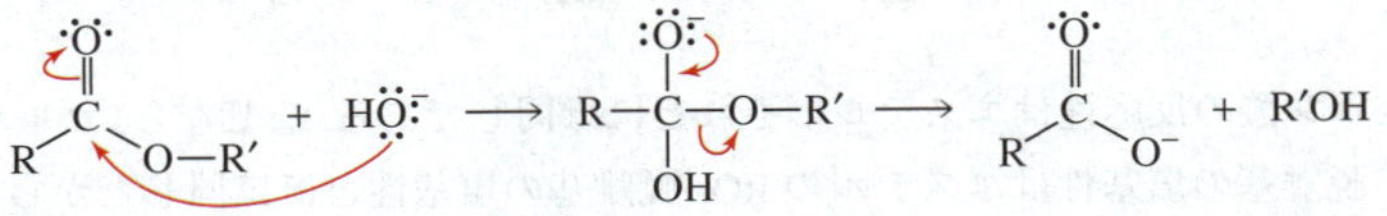

2. S_N2 反応

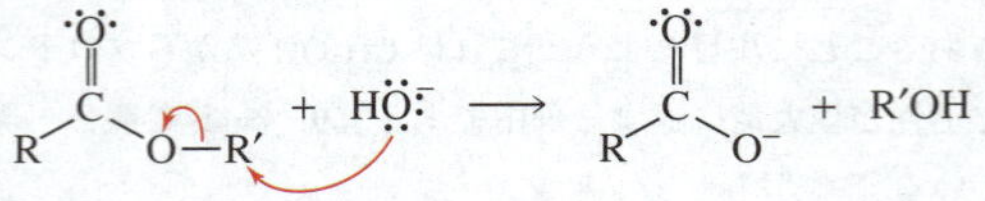

3. S_N1 反応

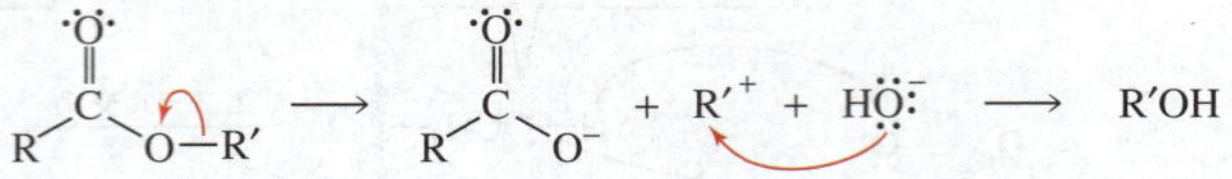

解答 不斉中心に結合している OH 基をもつアルコールの単一の立体異性体を用いて実験を開始し，まずその比旋光度を測定する．次に，塩化アセチルのような塩化アシルを用いてアルコールをエステルに変換する．次いで，塩基性条件下でエステルを加水分解し，生成物として得られたアルコール（2-ブタノール）を単離し，その比旋光度を測定する．

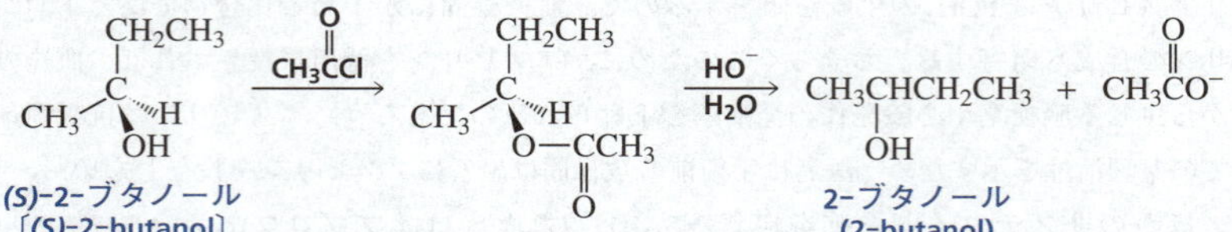

(S)-2-ブタノール 〔(S)-2-butanol〕 → (S)-2-酢酸ブチル 〔(S)-2-butyl acetate〕 → 2-ブタノール (2-butanol) + CH_3CO^-

その反応が求核アシル置換反応であれば，不斉中心に結合している結合はエステルの生成や加水分解の間，いずれも切断されないので，生成物のアルコールは反応物のアルコールと同じ比旋光度をもつはずである．

その反応が S_N2 反応であれば，不斉中心への水酸化物イオンの背面攻撃が必要となるので，生成物のアルコールと反応物のアルコールは反対の（符号の）比旋光度をもつはずである（8.1 節参照）．

その反応が S_N1 反応であれば，アルコールの R と S の両立体異性体をほぼ等量生成させてしまうカルボカチオンが生成するので，生成物のアルコールの比旋光度は小さく（あるいは 0 に）なるはずである（8.3 節参照）．

11.10 カルボン酸の反応

酢酸

カルボン酸は，酸型の場合のみ求核アシル置換反応を起こすことができる．カルボン酸の塩基型は反応活性でない．なぜなら，負に帯電したカルボキシラートイオンは求核攻撃を受けにくいからである．したがって，カルボキシラートイオンはアミドよりも求核アシル置換反応における反応性が低い．

求核アシル置換反応の相対的反応性

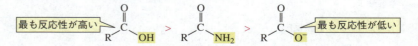

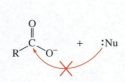

カルボン酸の反応性はエステルのそれとほぼ同じである．なぜなら，カルボン酸の HO^- 脱離基の塩基性はエステルの RO^- 脱離基の塩基性とほぼ同じだからである．

したがって，カルボン酸はアルコールと反応してエステルを生成する．その反応は酸性溶液中で行わなければならないが，それは酸が反応を触媒するだけでなく，求核剤が反応するようにカルボン酸を酸型に保つためである．この反応で生成する四面体中間体は，ほぼ同じ塩基性である二つの潜在的な脱離基をもっているので，生成物のほうに反応を傾けるためには過剰のアルコールを用いて反応を行わなければならない．

$$R-COOH + CH_3OH \underset{}{\overset{HCl}{\rightleftharpoons}} R-COOCH_3 + H_2O$$
（過剰）

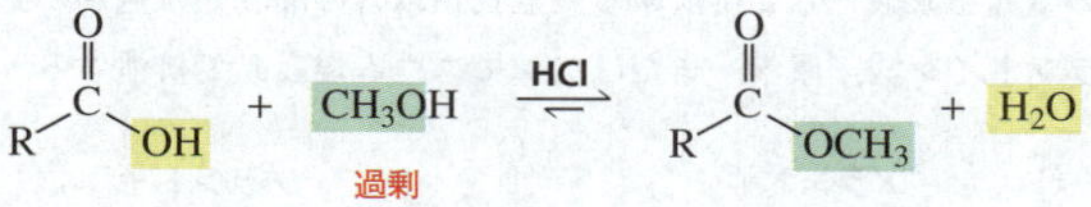

その反応機構は，472 ページに示した酸触媒によるエステルの加水分解の機構の真逆である．問題 14 も参照せよ．

　カルボン酸はアミンとは求核アシル置換反応を行わない．カルボン酸は酸であり，アミンは塩基であるので，両方を混ぜるとカルボン酸は速やかにプロトンを失ってプロトンをアミンに供与してしまうのである．その結果，カルボン酸のアンモニウム塩が反応の最終生成物となる．ここでカルボキシラートイオンは反応不活性であり，プロトン化されたアミンは求核剤とはならない．

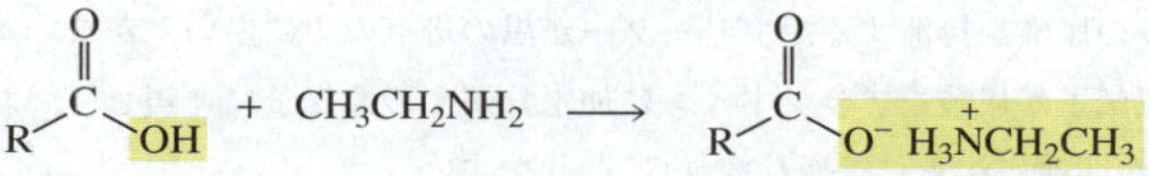

$$R-COOH + CH_3CH_2NH_2 \longrightarrow R-COO^- \ ^+H_3NCH_2CH_3$$
カルボン酸の
アンモニウム塩

問題 20 ◆
出発物質の一つにカルボン酸を用いて，次のそれぞれのエステルを合成する方法を示せ．
a. 酪酸メチル（リンゴの香り）　　**b.** 酢酸オクチル（オレンジの香り）

11.11　アミドの反応

　アミドはきわめて反応性が低い化合物である．アミドはハロゲン化物イオン，アルコール，および水とは反応しない．なぜなら，いずれの場合も導入される求核剤はアミドにある脱離基よりも弱塩基だからである（表 11.1）．

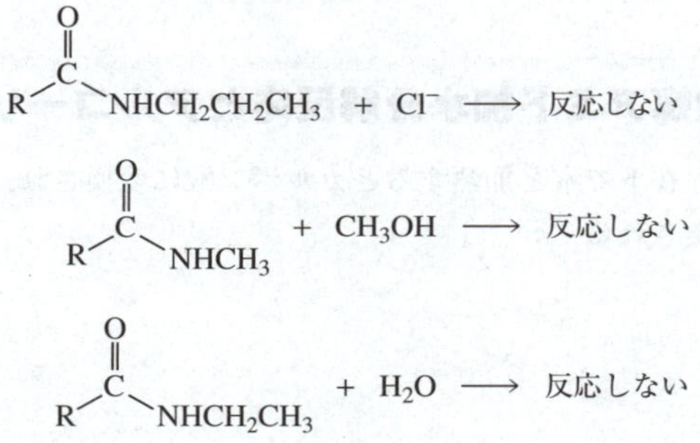

$$R-CO-NHCH_2CH_3 + Cl^- \longrightarrow 反応しない$$

$$R-CO-NHCH_3 + CH_3OH \longrightarrow 反応しない$$

$$R-CO-NHCH_2CH_3 + H_2O \longrightarrow 反応しない$$

アセトアミド

しかし，反応を触媒するような酸が存在すれば，アミドは水やアルコールと反応することを学ぶ(11.12 節).

🧪 ダルメシアン：母なる自然をもて遊んではいけない

アミノ酸が代謝されると，五つのアミド結合をもつ尿酸のなかに過剰の窒素が濃縮される．一連の加水分解反応は別々の酵素に触媒され，尿酸を1回にアミド結合1個ずつ分解して，アンモニウムイオンへ行きつく．尿酸が分解される度合いは種による．霊長類，鳥類，爬虫類，および昆虫は過剰の窒素を尿酸として排泄する．霊長類以外の哺乳類は過剰の窒素をアラントインとして排泄する．水生動物は過剰の窒素をアラントイン酸，尿素，またはアンモニウム塩として排泄する．

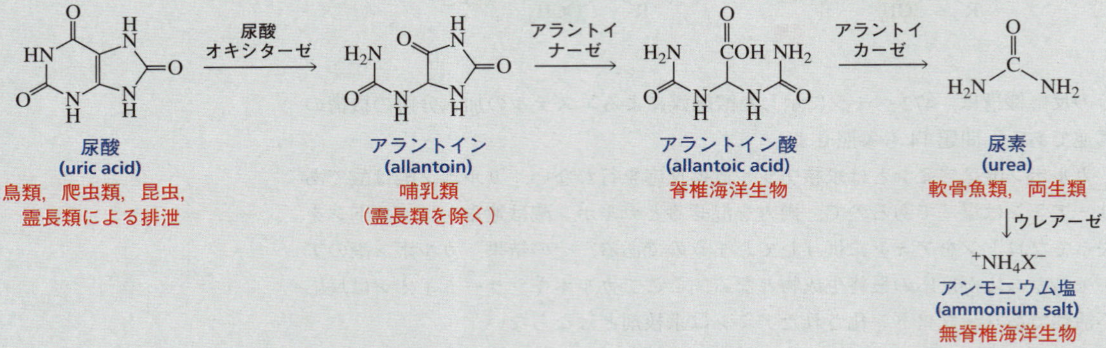

尿酸
(uric acid)
鳥類，爬虫類，昆虫，
霊長類による排泄

アラントイン
(allantoin)
哺乳類
（霊長類を除く）

アラントイン酸
(allantoic acid)
脊椎海洋生物

尿素
(urea)
軟骨魚類，両生類

↓ウレアーゼ

$^+NH_4X^-$
アンモニウム塩
(ammonium salt)
無脊椎海洋生物

ダルメシアンはほかの犬とは異なり，高レベルの尿酸を排泄する．ブリーダーが黒の斑点の中に白い毛がないイヌを選び出してダルメシアンとしたのだが，その白い毛の遺伝子が尿酸をアラントインに加水分解する遺伝子に連鎖していたのがその理由である．ダルメシアンはそれゆえ，痛風(尿酸が関節に沈着して痛む病気)になりやすい．

問題 21 ◆

次の反応のうちでアミドを生成するのはどれか．

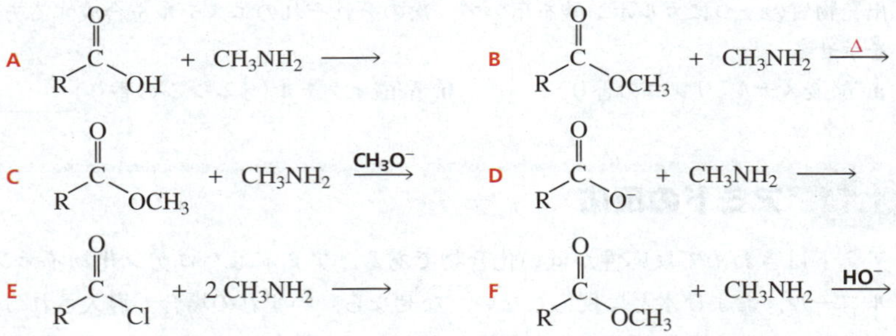

A: R-C(=O)-OH + CH_3NH_2 →

B: R-C(=O)-OCH_3 + CH_3NH_2 $\xrightarrow{\Delta}$

C: R-C(=O)-OCH_3 + CH_3NH_2 $\xrightarrow{CH_3O^-}$

D: R-C(=O)-O^- + CH_3NH_2 →

E: R-C(=O)-Cl + 2 CH_3NH_2 →

F: R-C(=O)-OCH_3 + CH_3NH_2 $\xrightarrow{HO^-}$

11.12 酸触媒アミド加水分解反応とアルコーリシス反応

アミドは，酸存在下で水と加熱するとカルボン酸に変換され，アルコールとではエステルに変換される．

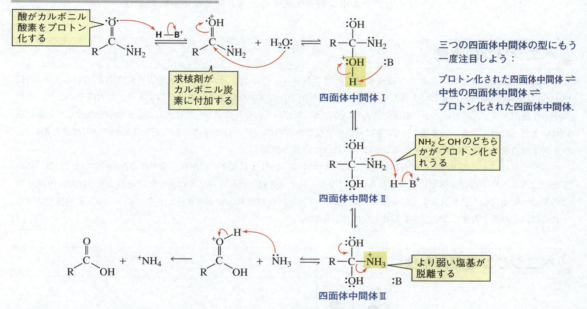

酸触媒によるアミドの加水分解反応の機構は，472 ページに示した酸触媒によるエステルの加水分解反応の機構とまったく同じである．

酸触媒によるアミドの加水分解反応の機構

- 酸はカルボニル酸素をプロトン化し，カルボニル炭素への求核付加をしやすくする．
- 求核剤(H_2O)のカルボニル炭素への求核付加によって四面体中間体 I が生成し，これはプロトン化されていない四面体中間体 II と平衡状態にある．
- 再プロトン化が酸素上で起こると，四面体中間体 I を再生する，あるいは窒素上で起こると，四面体中間体 III を生成する．ここでは NH_2 基が OH 基よりも強塩基であるため，窒素上のプロトン化が優先する．
- 四面体中間体 III における可能な二つの脱離基(HO^- と NH_3)のうち，より弱い塩基である NH_3 が放出される．
- 反応は酸性溶液中で行われているので，NH_3 は四面体中間体から放出されたあとにプロトン化される．$^+NH_4$ は求核剤ではないので逆反応の進行が妨げられる．

なぜアミドが触媒なしでは加水分解されないかをもう少し考えてみよう．無触媒反応ではアミドはプロトン化されないだろう．よって，非常に劣る求核剤である水が中性アミドに付加しなければならないが，この中性アミドはプロトン化されたアミドよりも求核付加をはるかに受けにくい．さらに無触媒反応で重要なこ

とは，四面体中間体の NH_2 基がプロトン化されないであろうということである．そのため，HO^- が四面体中間体から脱離する基となり（なぜなら HO^- は $^-NH_2$ よりも弱塩基であるから），アミドが再生してしまうであろう．

$$CH_3-\underset{\underset{OH}{|}}{\overset{\overset{\ddot{O}H}{|}}{C}}-\overset{+}{N}H_3 \qquad CH_3-\underset{\underset{\ddot{O}H}{|}}{\overset{\overset{\ddot{O}H}{|}}{C}}-\ddot{N}H_2$$

酸触媒によるアミドの加水分解反応の脱離基　　　　酸触媒なしの（進行しないが）アミドの加水分解反応の脱離基

アミドが酸の存在下でアルコールと反応してエステルを生成するときは，水と反応してカルボン酸を生成するときと同じ反応機構で進む．

🧪 ペニシリンの発見

　Alexander Fleming 卿はロンドン大学の細菌学の教授であった．ペニシリンの発見は次のように語られている．ある日，Fleming は *Penicillium notatum* という珍しいカビの菌株に汚染されたブドウ球菌の培養液を捨てようとした．そのとき，カビの小さな塊があるところでは，その細菌が消えていることに気づいた．それにより，彼はカビが抗菌物質を生産しているに違いないと思ったのである．数年後の 1938 年に，活性物質であるペニシリン G が単離されたが，時間がかかりすぎたために，サルファ剤に最初の抗生物質の座を譲ることになった（18.13 節参照）．

　ペニシリン G によってマウスの細菌感染が治ることがわかり，1941 年にヒトへの細菌感染で使われ，9 例で成功した．1943 年までにペニシリン G は軍隊用に生産されるようになり，シチリア島とチュニジアでの戦傷者に初めて使われた．1944 年にこの薬は一般市民にも使われるようになった．戦争がペニシリン G の構造決定をあと押しした．なぜなら，その構造が決定されれば，その薬を大量に合成できると考えられたからである．

🧪 ペニシリンと薬剤耐性

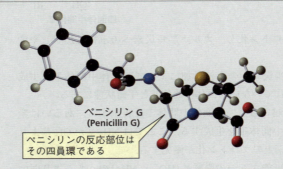

ペニシリン G (Penicillin G)

ペニシリンの反応部位はその四員環である

　ペニシリンの抗菌活性は，細菌の細胞壁の生合成を行う酵素の CH_2OH 基をアシル化する（アシル基をつける）ことに起因する．アシル化は求核アシル置換反応によって生じる．つまり CH_2OH 基が四員環アミドのカルボニル炭素に付加して四面体中間体を生成する（赤色矢印）．π 結合が再形成されるとき，アミノ基の脱離（青色矢印）によって四員環のひずみが解消されるので，四員環アミドは非環状アミドより反応性が高い．

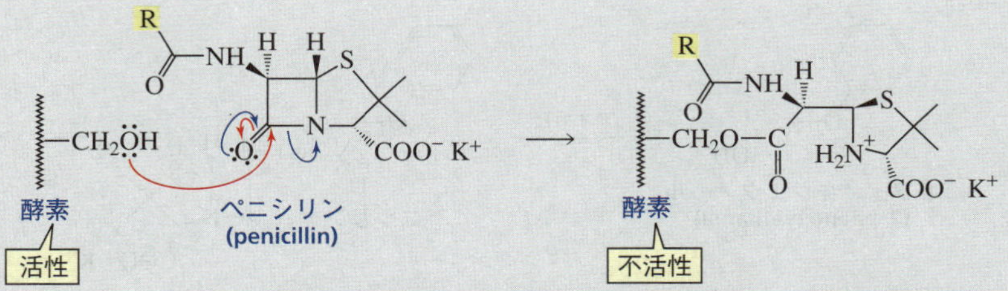

アシル化されることによってその酵素は不活性化され，活発に増殖している細菌は機能的な細胞壁を合成できなくなり，死滅する．哺乳類の細胞には細胞壁がないので，ペニシリンは哺乳類には影響を与えない．アミドの加水分解を最小限にするため，ペニシリンは冷蔵保存される．

ペニシリン耐性の細菌は，アミドの加水分解を触媒するペニシリナーゼという酵素を分泌する．開環した生成物は抗菌活性を示さない．

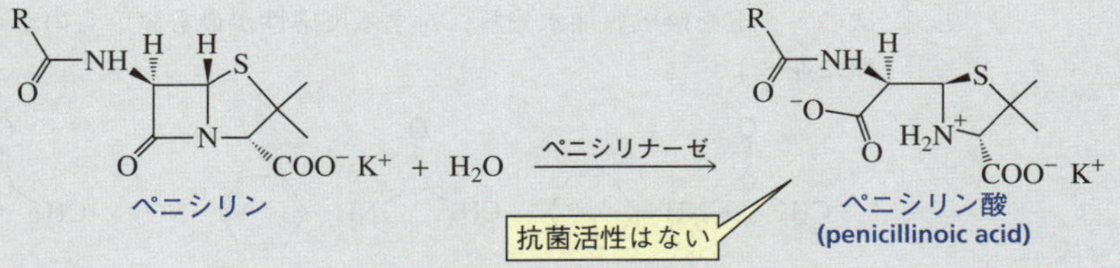

治療に用いられるペニシリン

現在，10種類以上のペニシリンが臨床治療に用いられている．それらはカルボニル基に結合しているR基だけが異なっている．これらのペニシリンのさまざまなR基を次に示した．その構造的な違いに加えて，最も効果的に作用する細菌もペニシリンの種類によって異なる．ペニシリナーゼに対する感受性もまた異なる．たとえば，合成ペニシリンのメチシリンは，天然由来のペニシリンであるペニシリンGの耐性菌に対して臨床的に有効である．ヒトの約19%がペニシリンGに対してアレルギー症状を示す．

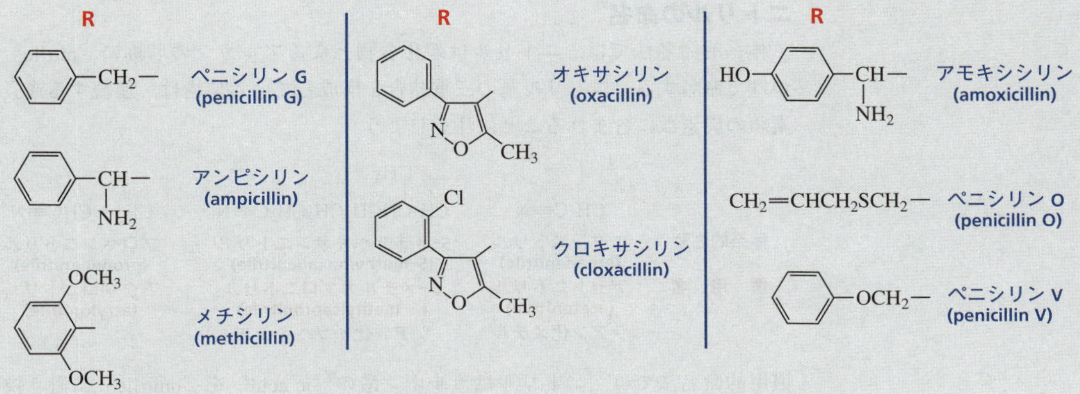

ペニシリンの半合成

ペニシリンVは臨床治療に用いられている半合成ペニシリンである．天然由来のペニシリンでもなく，化学者が合成した真の合成ペニシリンでもない．*Penicillium*属のアオカビは，ペニシリンVのR基に必要な2-フェノキシエタノールを与えるとペニシリンVを合成する．

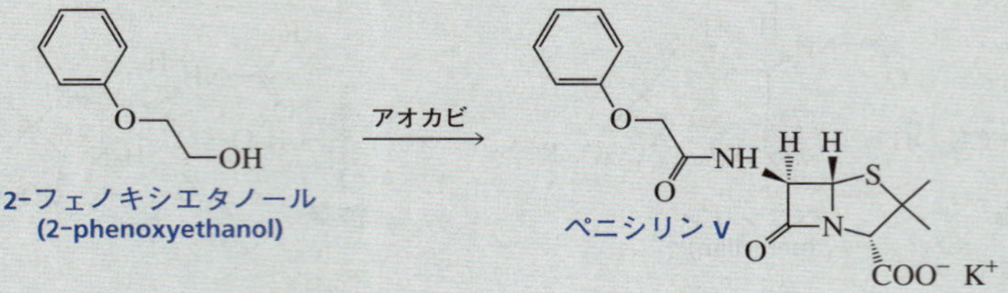

2-フェノキシエタノール
(2-phenoxyethanol)

アオカビ →

ペニシリン V

問題 22
アミドとアルコールの酸触媒反応でエステルが生成する反応機構を書け．

問題 23◆
次のアミドを酸触媒加水分解に対する反応性が最も高いものから最も低いものの順に並べよ．

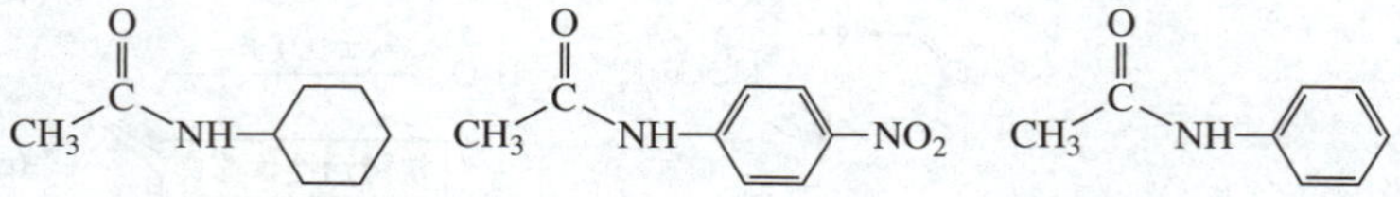

A　　　　　　　　B　　　　　　　　C

11.13 ニトリル

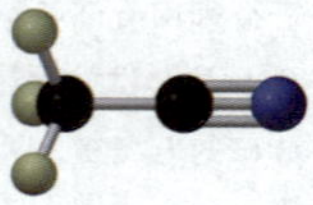

ニトリル(nitrile)はシアノ(C≡N)基を含む化合物である．ニトリルはカルボン酸誘導体と見なされる．なぜなら，ほかのすべてのカルボン酸誘導体と同様に，ニトリルは加水分解されてカルボン酸になるからである．

アセトニトリル

ニトリルの命名

体系的命名法では，ニトリルは親化合物となるアルカンの名称に "nitrile" をつけて命名する．ニトリル基の三重結合を構成している炭素は，連続する最長炭素鎖の炭素数に含まれることに注意しよう．

	CH₃C≡N	CH₃CH(CH₃)CH₂CH₂CH₂C≡N	CH₂=CHC≡N
体系的名称：	エタンニトリル (ethanenitrile)	5-メチルヘキサンニトリル (5-methylhexanenitrile)	プロペンニトリル (propenenitrile)
慣用名：	アセトニトリル (acetonitrile)	δ-メチルカプロニトリル (δ-methylcapronitrile)	アクリロニトリル (acrylonitrile)
	シアン化メチル	シアン化イソヘキシル	

慣用的命名法では，ニトリルはカルボン酸の "ic acid" を "onitrile" に置き換えて命名する．三重結合の炭素に結合しているアルキル基の名称を用いて，シアン化アルキル(alkyl cyanide)と命名することもできる．

問題 24◆
次のニトリルにそれぞれ 2 種類の名称をつけよ．

a. CH₃CH₂CH₂C≡N **b.** CH₃CHCH₂CH₂C≡N
                           |
                           CH₃

ニトリルの反応

ニトリルはアミドよりもいっそう加水分解が難しいが，水と酸を加えて加熱すると，ニトリルはカルボン酸へゆっくりと加水分解される．

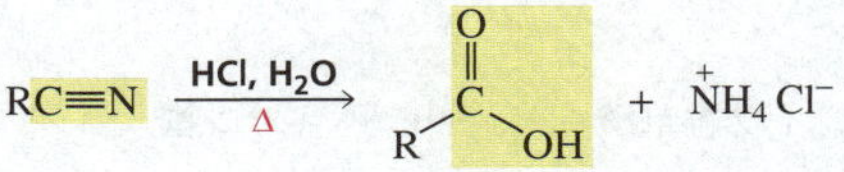

$$RC\equiv N \xrightarrow[\Delta]{HCl, H_2O} R-COOH + \ ^+NH_4\ Cl^-$$

酸触媒によるニトリルの加水分解反応の機構

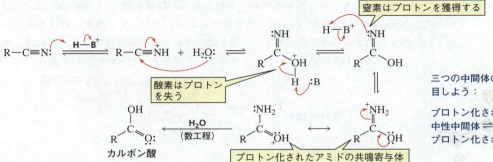

三つの中間体の型にもう一度注目しよう：

プロトン化された中間体 ⇌
中性中間体 ⇌
プロトン化された中間体．

- 酸はシアノ基（C≡N）の窒素をプロトン化し，水がシアノ基の炭素に付加しやすいようにする．（プロトン化されたシアノ基への水の付加は，プロトン化されたカルボニル基への水の付加に似ている．）
- 塩基は酸素からプロトンを引き抜き，酸素上への再プロトン化もしくは窒素上へのプロトン化が可能な中性の化学種を生成する．窒素上へのプロトン化はプロトン化されたアミドを生成する．その二つの共鳴寄与体を示す．
- プロトン化されたアミドはニトリルより容易に加水分解されるので，481 ページに示した酸触媒機構によって，速やかにカルボン酸に加水分解される．

ニトリルは，ハロゲン化アルキルとシアン化物イオンとの S_N2 反応で合成できる．ニトリルはカルボン酸へ加水分解できるので，ハロゲン化アルキルをカルボン酸に変換する方法を学んだことになる．ここで，カルボン酸はハロゲン化アルキルより 1 個だけ炭素が多いことに注目しよう．

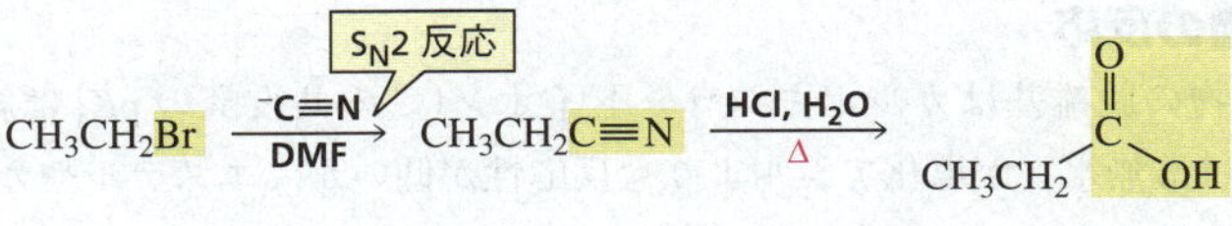

$$CH_3CH_2Br \xrightarrow[DMF]{^-C\equiv N,\ S_N2\ 反応} CH_3CH_2C\equiv N \xrightarrow[\Delta]{HCl,\ H_2O} CH_3CH_2COOH$$

ニトリルの触媒的水素化は第一級アミンを合成するもう一つの方法である．Raneyニッケルはこの還元に適した金属触媒である．

$$RC\equiv N \xrightarrow[\text{Raney ニッケル}]{H_2} RCH_2NH_2$$

> **問題 25◆**
> ハロゲン化アルキルをシアン化ナトリウムと反応させ，次に酸性水溶液中で加熱して次のカルボン酸を生成させるには，どのようなハロゲン化アルキルを用いればよいか．
> a. 酪酸　　　b. イソ吉草酸　　　c. ヘキサン酸

11.14 酸無水物

2分子のカルボン酸から水が引き抜かれると**酸無水物**(acid anhydride)となる．"anhydride"は「水がない」という意味である．したがって，酸無水物はカルボン酸を加熱することで合成できる．無水物は<u>カルボン酸誘導体</u>である．それは，カルボン酸のOHがカルボキシラートイオンで置換されたものだからである．

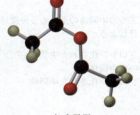

無水酢酸

酸無水物の命名

酸無水物を生成する二つのカルボン酸分子が同じであれば，その無水物は**対称酸無水物**(symmetrical anhydride)である．二つのカルボン酸分子が異なれば，それは**混合酸無水物**(mixed anhydride)である．対称酸無水物の命名には，その酸の名称の，"acid"を"anhydride"に置き換える．混合酸無水物の場合は，両方の酸の名称をアルファベット順に並べ，そのうしろに"anhydride"をつけて命名する．

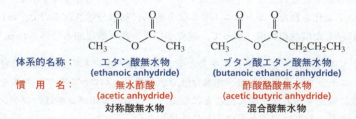

酸無水物の反応

酸無水物の脱離基はカルボキシラートイオン（この共役酸の pK_a は約 5 ）であり，それは酸無水物が塩化アシルよりも反応性が低いが，エステルやカルボン酸よりも反応性が高いことを意味する（表 11.1）．

カルボン酸誘導体の相対的反応性

$$\underset{\text{塩化アシル}}{\underset{|}{R-C(=O)-Cl}} \; \underset{\text{最も反応性が高い}}{>} \; \underset{\text{酸無水物}}{R-C(=O)-O-C(=O)-R} \; > \; \underset{\text{エステル}}{R-C(=O)-OR'} \; \approx \; \underset{\text{カルボン酸}}{R-C(=O)-OH} \; > \; \underset{\text{アミド}}{R-C(=O)-NH_2} \; \underset{\text{最も反応性が低い}}{}$$

したがって，酸無水物は，アルコールと反応するとエステルとカルボン酸を生成し，水と反応すると 2 当量のカルボン酸を，アミンと反応するとアミドとカルボキシラートイオンを生成する．どの場合も，導入される求核剤がプロトンを失うと，もとからあったカルボキシラートイオンよりも強塩基となる．（カルボン酸誘導体はより反応性の低い化合物に変換されるが，より反応性の高い化合物にはならないことを思い出そう：11.12 節参照）．

$$R-C(=O)-O-C(=O)-R + CH_3CH_2OH \longrightarrow R-C(=O)-OCH_2CH_3 + R-C(=O)-OH$$

$$R-C(=O)-O-C(=O)-R + H_2O \longrightarrow 2\; R-C(=O)-OH$$

$$R-C(=O)-O-C(=O)-R + 2\,CH_3NH_2 \longrightarrow R-C(=O)-NHCH_3 + R-C(=O)-O^- \;\; H_3\overset{+}{N}CH_3$$

アミンと酸無水物との反応では，反応で生成するカルボニル化合物とプロトンの両方と反応するのに十分なアミンが存在するように，2 当量のアミンを用いなければならない(11.6 節)．

酸無水物の反応は 11.6 節で述べた一般的反応機構に従う．たとえば，酸無水物とアルコールとの反応機構を 485 ページの塩化アシルとアルコールとの反応機構と比較してみよう．

酸無水物とアルコールとの反応機構

$$R-\overset{\ddot{O}}{\overset{\|}{C}}-O-\overset{\ddot{O}}{\overset{\|}{C}}-R + R\ddot{O}H \rightleftharpoons R-\overset{\ddot{O}^-}{\overset{|}{C}}-O-\overset{\ddot{O}}{\overset{\|}{C}}-R \;\; \underset{H\;\;:B}{\overset{+OR}{|}} \rightleftharpoons R-\overset{\ddot{O}}{\overset{\|}{C}}-O-\overset{\ddot{O}}{\overset{\|}{C}}-R \;\; HB^+ \longrightarrow R-\overset{\ddot{O}}{\overset{\|}{C}}-\ddot{O}R + {}^-\ddot{O}-\overset{\ddot{O}}{\overset{\|}{C}}-R$$

- 求核剤はカルボニル炭素に付加して四面体中間体を生成する．
- プロトンが四面体中間体から取り去られる．
- 四面体中間体中の二つの塩基のうち，弱いほうのカルボキシラートイオンが脱離する．

麻薬探知犬が実際に検出しているもの

激しい痛みに対する鎮痛薬として最も広く用いられているモルヒネは，ほかの鎮痛作用をもつ薬物を評価する標準薬として用いられる．科学者はモルヒネを合成することができるが，市販されているすべてのモルヒネは，ケシのミルク状の分泌液からつくられるアヘンから得られている（3ページ参照）．モルヒネはアヘンのなかに10％の濃度で含まれている．アヘンは紀元前4000年以前から鎮痛薬として使われており，ローマ時代においては，アヘンの使用と麻薬中毒が広がった．モルヒネのOH基の一つをメチル化することでコデインが得られ，それはモルヒネの1/10の鎮静活性をもっている．コデインは咳反射を非常によく抑制する．

モルヒネよりもさらに効き目が強い（また，より広く濫用される）ヘロインは，モルヒネを無水酢酸で処理して合成される．この操作は，モルヒネの二つのOH基にそれぞれアシル基をつけるというものである．そうすると，生成物として酢酸も生成する．麻薬取締機関では，ヘロインを検出する目的で，酢酸の刺激臭を検知できるよう訓練された犬を使用している．

問題 26
a. 無水酢酸と水が反応する機構を考えよ．
b. この反応機構は，無水酢酸とアルコールの反応の機構とどう違うか．

問題 27
塩化アシルと酢酸イオンとの反応で酸無水物が生成する反応機構を示せ．

問題 28◆
a. 486ページで示した混合酸無水物を生成するにはどのような塩化アシルとカルボン酸イオンを用いることができるか．
b. ほかにどんな反応剤の組合せが使えるか．

11.15 化学者はカルボン酸をどのように活性化するか

この章で述べたさまざまな種類のカルボニル化合物，すなわち塩化アシル，酸無水物，エステル，カルボン酸，アミドのなかで，実験室や細胞内で最もよく利

用される化合物がカルボン酸である．そのため化学者や細胞がカルボン酸誘導体を合成する必要が生じたときに，カルボン酸が最も入手しやすい反応剤である．しかし，カルボン酸は求核アシル置換反応に対する反応性が比較的低い．なぜなら，カルボン酸の OH 基は強塩基であるため脱離基としては劣っているからである．生体内の pH(7.4)では，カルボン酸は求核アシル置換反応に対してさらに反応性が低いが，それはカルボン酸が負電荷をもつ不活性な塩基型でおもに存在するからである．したがって，有機化学者や細胞が速やかに求核アシル置換反応を進行させるためには，カルボン酸を活性化する必要がある．最初に，化学者がどのようにしてカルボン酸を活性化するかを学んだあと，細胞がそれをどのようにして行うかを学ぶことにする．

有機化学者がカルボン酸を活性化する一つの方法は，それをカルボン酸誘導体のなかで最も反応性の高い塩化アシルに変換することである．カルボン酸は三塩化リン(PCl_3)と加熱することによって塩化アシルに変換できる．

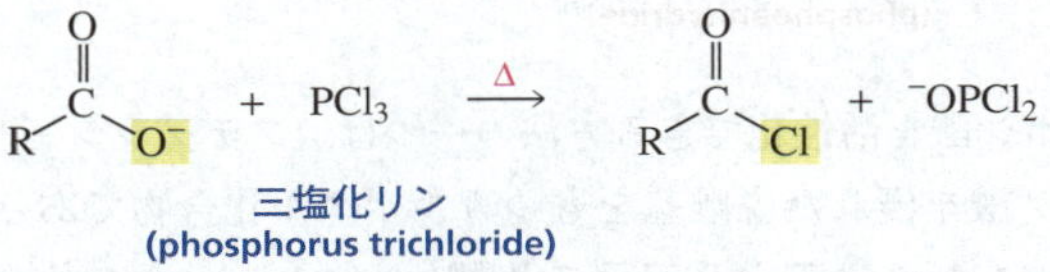

$$RCOO^- + PCl_3 \xrightarrow{\Delta} RCOCl + {}^-OPCl_2$$

三塩化リン
(phosphorus trichloride)

塩化アシルがいったん生成すれば，それに適切な求核剤を付加させることによってさまざまなカルボン酸誘導体を合成できる．

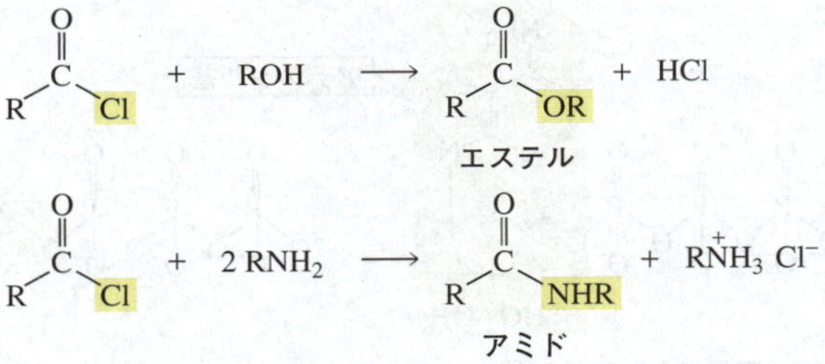

$$RCOCl + ROH \longrightarrow RCOOR + HCl$$
エステル

$$RCOCl + 2\,RNH_2 \longrightarrow RCONHR + R\overset{+}{N}H_3\,Cl^-$$
アミド

問題 29◆
どのような塩化アシルとアミンを使えば，次のアミドを合成できるか．
a. *N*-エチルブタンアミド　　b. *N*,*N*-ジメチルエタンアミド

問題 30◆
カルボン酸を出発物質として，次の化合物を合成するにはどうすればよいか．

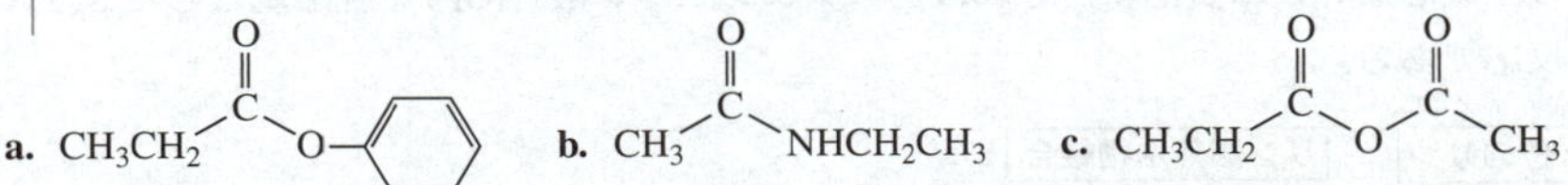

a. $CH_3CH_2COOC_6H_5$　　b. $CH_3CONHCH_2CH_3$　　c. $CH_3CH_2COOCOCH_3$

11.16 細胞はカルボン酸をどのように活性化するか

生命体による化合物の合成は**生合成**(biosynthesis)と呼ばれる．塩化アシルや酸

無水物は反応性が高すぎるので細胞中では反応剤として用いることができない．細胞はほとんど水系の環境で生きているが，ハロゲン化アシルと酸無水物は速やかに水で加水分解される．したがって，細胞は違った方法でカルボン酸を活性化しなければならない．

リン酸を P_2O_5（脱水剤）と加熱すると，水を失いピロリン酸と呼ばれるリン酸無水物が生成する．この名称はギリシャ語の〝火〟を意味する *pyr* に由来する．ピロリン酸は〝火〟，すなわち加熱によってつくられるからである．三リン酸やさらなる高次のリン酸も生成する．

リン酸
(phosphoric acid)

ピロリン酸
(pyrophosphoric acid)
リン酸無水物
(phosphoanhydride)

三リン酸
(triphosphoric acid)

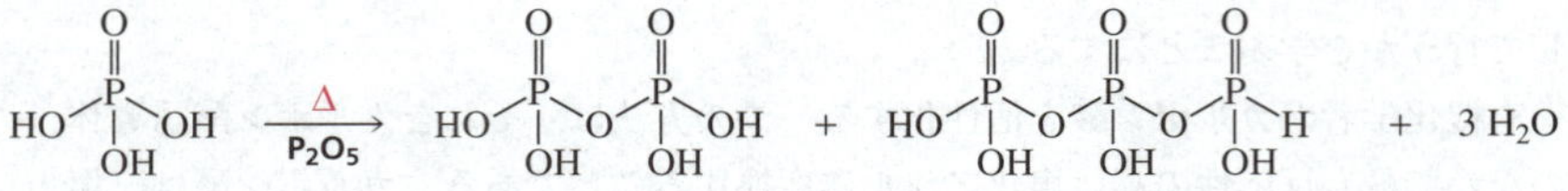

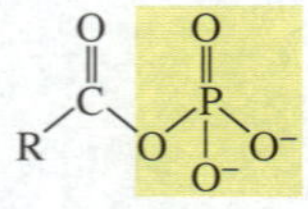

アシルリン酸

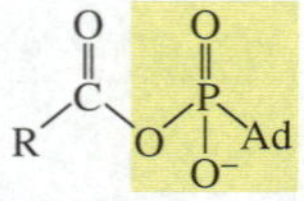

アシルアデニル酸

細胞がカルボン酸を活性化できる方法の一つは，アデノシン三リン酸（ATP）を用いてカルボン酸を優れた脱離基をもつカルボニル化合物である**アシルリン酸**（acyl phosphate）もしくは**アシルアデニル酸**（acyl adenylate）に変換することである．ATP は三リン酸のエステルである．その全構造とアデノシル基を〝Ad〟で置き換えた構造を次に示す．

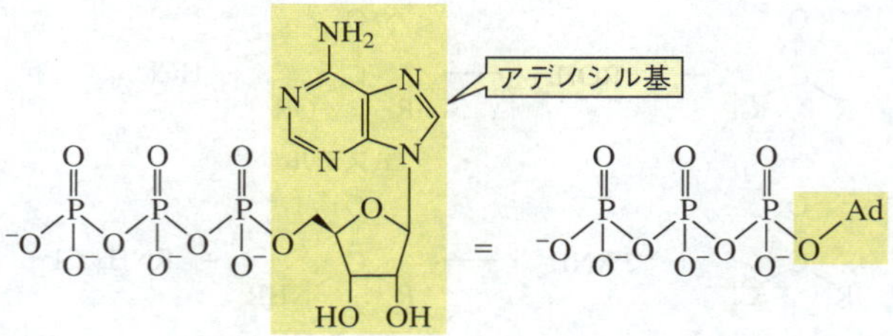

アデノシン三リン酸
(adenosine triphosphate)
ATP

アシルリン酸とアシルアデニル酸は，カルボン酸とリン酸の混合酸無水物である．

アシルリン酸は ATP の γ 位のリン（アデノシル基から最も離れたリン）にカルボキシラートイオンが求核攻撃して生成する．求核剤が攻撃することで（π 結合というよりむしろ）**リン酸無水物結合**（phosphoanhydride bond）を切断し，中間体は生成しない．本質的に，それはアデノシン二リン酸（ADP）を脱離基とした S_N2 反応である．

アデノシン三リン酸
ATP

アシルリン酸

アデノシン二リン酸
ADP

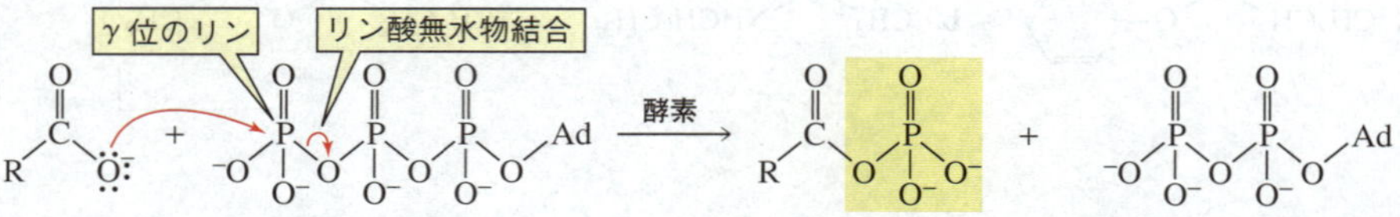

アシルアデニル酸は，カルボキシラートイオンが ATP の α 位のリン（アデノシ

11.16 細胞はカルボン酸をどのように活性化するか　491

ル基に最も近いリン)を求核攻撃することによって生成する.

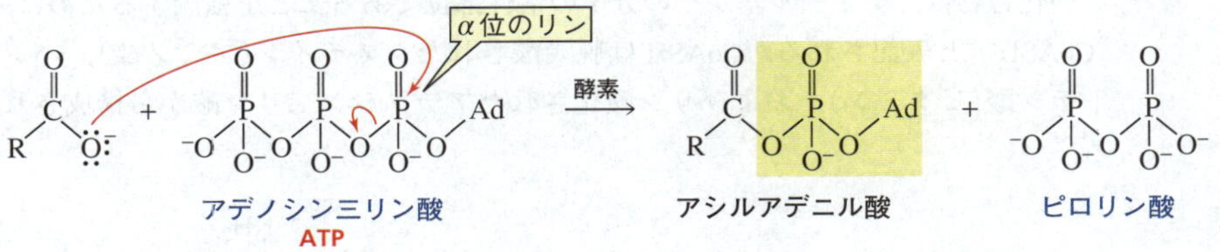

[反応式: RCOO⁻ + ATP (α位のリン) → アシルアデニル酸 + ピロリン酸]

アデノシン三リン酸
ATP

アシルアデニル酸　　ピロリン酸

　求核剤がγ位のリンを攻撃するか，α位のリンを攻撃するかは，反応を触媒する酵素による.

　カルボキシラートアニオンも ATP もどちらも負電荷を帯びているので，それらは酵素の活性部位にない限り互いに反応することはできない．これらの反応を触媒する酵素の機能の一つは，ATP が求核剤と反応できるように ATP の負電荷を中和することである(図 11.2)．反応剤の一つとして ATP を使う酵素触媒反応は，活性部位での ATP の負電荷が減少するのを助ける Mg^{2+} を必要とする.

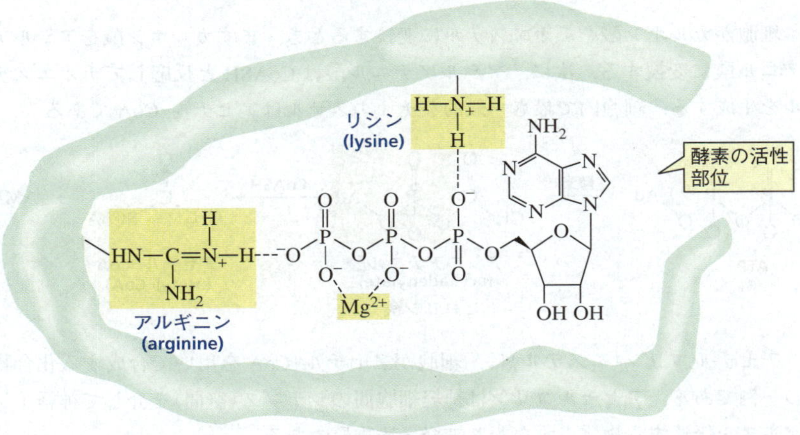

[図: 酵素活性部位内での ATP, Mg^{2+}, リシン, アルギニンとの相互作用]

リシン
(lysine)

酵素の活性部位

アルギニン
(arginine)

◀ **図 11.2**
酵素の活性部位での ATP, Mg^{2+}, および正に帯電した基との相互作用.

[構造: チオエステル R-C(=O)-SR']

チオエステル

　細胞はまたカルボン酸をチオエステルに変換することで活性化できる．**チオエステル**(thioester)はアルコキシ酸素を硫黄に置き換えたエステルである.

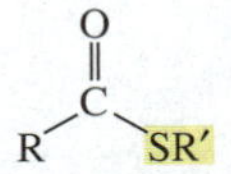

　チオエステルのカルボニル炭素は，酸素エステルのカルボニル炭素よりも求核付加を受けやすい．なぜならば，Y が O のときより，Y が S のときのほうがカルボニル基の反応性を低下させるカルボニル酸素上への電子の非局在化が弱いからである(11.6 節)．硫黄の 3p 軌道と炭素の 2p 軌道の重なりは，酸素の 2p 軌道と炭素の 2p 軌道の重なりに比べて小さいので，電子の非局在化がより弱い.

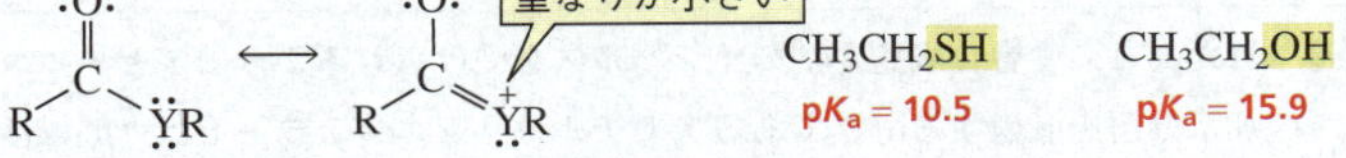

[共鳴式: R-C(=O)-YR ⟷ R-C(-O⁻)=Y⁺R　重なりが小さい]

CH_3CH_2SH　　CH_3CH_2OH
pK_a = 10.5　　pK_a = 15.9

　さらに，チオエステルから生成した四面体中間体は，酸素エステルから生成した四面体中間体よりも速く脱離反応を起こす．それは，チオラートイオンがアルコキシドイオンよりも弱い塩基であり，そのためアルコキシドイオンよりも容易に脱離するからである.

チオエステルの生成のために生体系で使われるチオールは補酵素 A である．この化合物は，チオール基がその分子の活性部位であることを強調するために，"CoASH" と表記される．CoASH は脱炭酸されたシステイン（アミノ酸），パントテン酸（ビタミン），およびリン酸化されたアデノシン二リン酸から構成される．

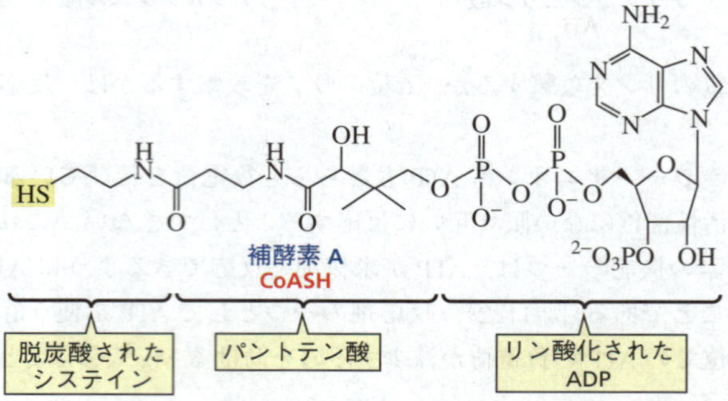

補酵素 A
CoASH

脱炭酸された
システイン

パントテン酸

リン酸化された
ADP

細胞がカルボン酸をチオエステルに変換するとき，まずカルボン酸をアシルアデニル酸に変換する．次に，アシルアデニル酸は CoASH と反応してチオエステルを生成する．細胞内で最も一般的なチオエステルはアセチル-CoA である．

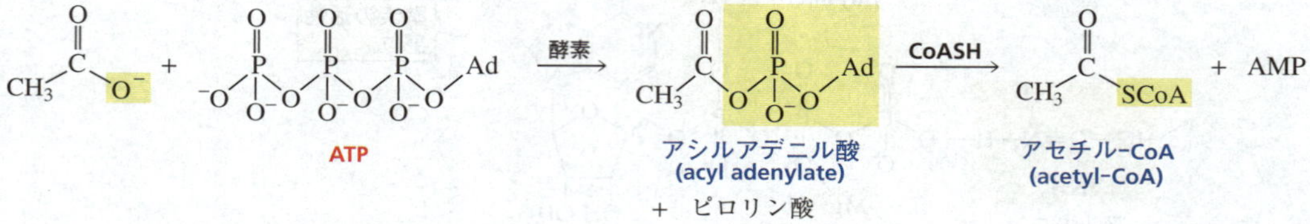

ATP

アシルアデニル酸
(acyl adenylate)
+ ピロリン酸

アセチル-CoA
(acetyl-CoA)
+ AMP

アセチルコリン（エステル）は，細胞がアセチル-CoA を用いて合成する化合物の一例である．アセチルコリンは神経細胞間のシナプス（空間）を介して神経インパルスを伝達する物質，すなわち神経伝達物質である．

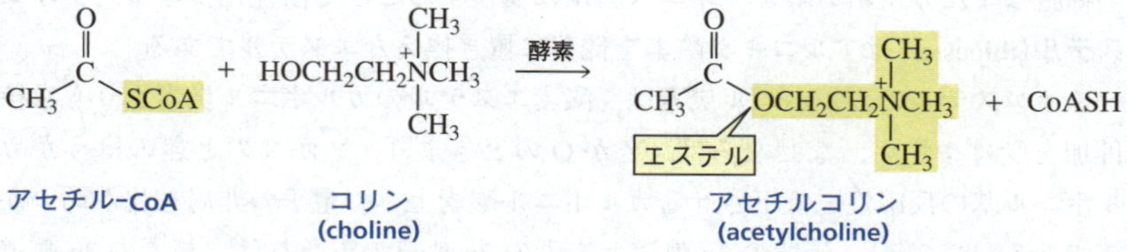

アセチル-CoA

コリン
(choline)

エステル

アセチルコリン
(acetylcholine)
+ CoASH

🧪 神経インパルス，麻痺，殺虫剤

神経インパルスが二つの神経細胞間で伝達されたあと，受容体細胞が別のインパルスを受けられるようにアセチルコリンは速やかに加水分解されなければならない．この加水分解を触媒する酵素であるアセチルコリンエステラーゼは，触媒活性に必須な CH_2OH 基をもっている．CH_2OH 基はアセチルコリンとのエステル交換反応に関与し，コリンを放出する．酵素に結合したエステル基は加水分解されて活性型に戻る．

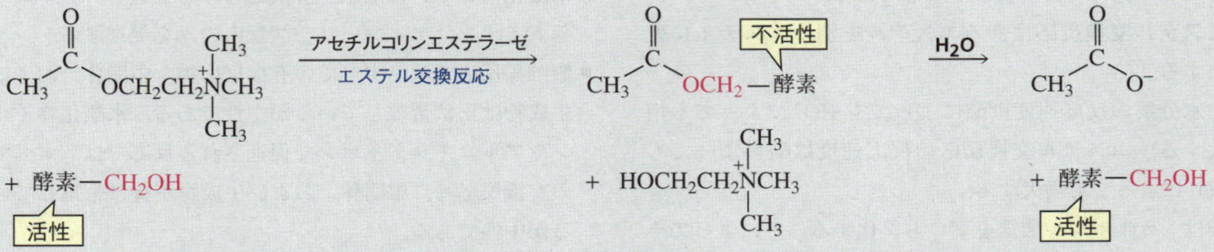

第二次世界大戦で用いられた軍事用神経ガスであるフッ化リン酸ジイソプロピル（DFP）は，アセチルコリンエステラーゼの CH_2OH 基と反応することでこの酵素を不活性化する．この酵素が不活化されると，神経インパルスが適切に伝達されなくなるので麻痺が生じる．DFP はきわめて毒性が強く，その LD_{50}（50％の試験動物が死に至る量）は体重 1 kg あたりわずか 0.5 mg である．

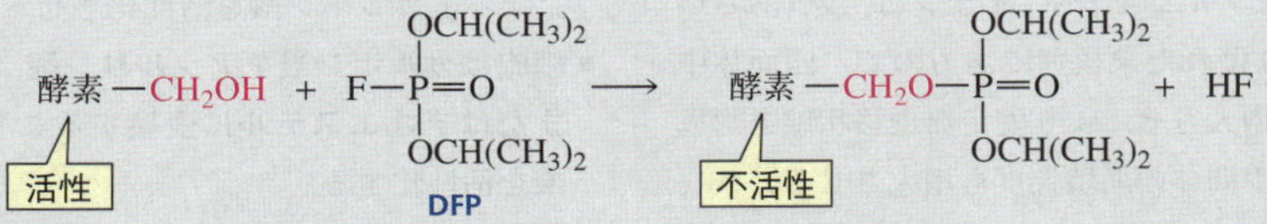

殺虫剤として広く使用されているマラチオンやパラチオンは，DFP と同類の化合物である．マラチオンの LD_{50} は 2800 mg kg^{-1} である．パラチオンははるかに毒性が強く，LD_{50} は 2 mg kg^{-1} である．

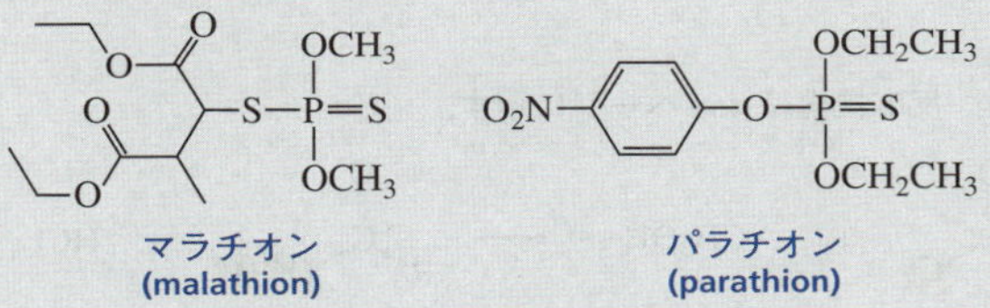

覚えておくべき重要事項

- **カルボニル基**は酸素と二重結合を形成している炭素であり，**アシル基**はアルキル（R）基に結合しているカルボニル基である．
- **塩化アシル**，**酸無水物**，**エステル**，および**アミド**は**カルボン酸誘導体**と呼ばれる．なぜなら，それらはカルボン酸の OH 基と置き換わった基の性質だけがカルボン酸と異なっているからである．
- カルボニル化合物の反応性はカルボニル基の極性に帰する．カルボニル炭素は部分的に正に帯電しており，求核剤を引きつける．
- カルボン酸とカルボン酸誘導体は**求核アシル置換反応**を行い，その反応で求核剤が反応物のアシル基に結合していた置換基と置き換わる．
- 四面体中間体のなかの新たに付加された基が，反応物のアシル基に結合していた基よりより強い塩基であれば，カルボン酸またはカルボン酸誘導体は求核アシル置換反応を行う．
- 一般に，酸素に結合している sp^3 炭素をもつ化合物は，その sp^3 炭素にもう一つの電気的に陰性な原子が結合すると不安定になる．
- アシル基に結合している塩基が弱ければ弱いほど，求核アシル置換反応を行う二つの段階のどちらもが容易に起こる．
- 求核アシル置換反応に対する相対的な反応性は，塩化アシル＞酸無水物＞エステル～カルボン酸＞アミド＞カルボキシラートイオンの順である．
- **加水分解**，**アルコーリシス**，および**アミノリシス**反応は，水，アルコール，およびアミンがそれぞれ一つの化合物

を二つの化合物に変換する反応である.
- **エステル交換反応**はあるエステルを別のエステルに変換する.
- 加水分解の反応速度は酸によっても HO^- によっても増大する. エステル交換反応の反応速度は酸によっても RO^- によっても増大する.
- 酸は, カルボニル酸素をプロトン化することによってそのカルボニル炭素の求電子性を増大させ, 四面体中間体の生成速度を増大させる.
- 酸は, プロトン化により脱離基の塩基性を弱めて脱離基の脱離を容易にする.
- 水酸化物(あるいはアルコキシド)イオンは, 水(あるいはアルコール)より優れた求核剤であるので, 四面体中間体の生成速度を増大させ, より安定な遷移状態を形成することで四面体中間体の崩壊速度も増大させる.
- 水酸化物イオンは加水分解反応のみを促進し, アルコキシドイオンはアルコーリシス反応のみを促進する.
- 酸触媒反応では, すべての有機反応物, 中間体, および生成物は正に帯電しているか中性である. 水酸化物イオンやアルコキシドイオンで促進される反応では, すべての有機反応物, 中間体, および生成物が負に帯電しているか中性である.
- アミドは反応性の低い化合物であるが, 水やアルコールとの混合物を酸性溶液中で加熱すると反応する.
- ニトリルはアミドよりも加水分解されにくい.
- 有機化学者はカルボン酸を塩化アシルに変換することによってカルボン酸を活性化させる.
- 細胞はカルボン酸を**アシルリン酸**, **アシルアデニル酸**, または**チオエステル**に変換することによってカルボン酸を活性化する.

反応のまとめ

1. 塩化アシルの反応(11.6節). 反応機構は 468 ページに示す.

$$R-COCl + CH_3OH \longrightarrow R-COOCH_3 + HCl$$

$$R-COCl + H_2O \longrightarrow R-COOH + HCl$$

$$R-COCl + 2\,CH_3NH_2 \longrightarrow R-CONHCH_3 + CH_3\overset{+}{N}H_3\,Cl^-$$

2. エステルの反応(11.7〜11.9節). 反応機構は 472 ページに示す.

$$R-COOR + CH_3OH \underset{}{\overset{HCl}{\rightleftharpoons}} R-COOCH_3 + ROH$$

$$R-COOR + CH_3OH \xrightarrow{CH_3O^-} R-COOCH_3 + ROH$$

$$R-COOR + H_2O \underset{}{\overset{HCl}{\rightleftharpoons}} R-COOH + ROH$$

$$R-COOR + H_2O \xrightarrow{HO^-} R-COO^- + ROH$$

$$R-\underset{\underset{OR}{\|}}{C}=O + CH_3NH_2 \longrightarrow R-\underset{\underset{NHCH_3}{\|}}{C}=O + ROH$$

3. カルボン酸の反応（11.10 節）．

$$R-\underset{\underset{OH}{\|}}{C}=O + CH_3OH \overset{HCl}{\rightleftharpoons} R-\underset{\underset{OCH_3}{\|}}{C}=O + H_2O$$

$$R-\underset{\underset{OH}{\|}}{C}=O + CH_3NH_2 \longrightarrow R-\underset{\underset{O^- \overset{+}{H_3NCH_3}}{\|}}{C}=O$$

4. アミドの反応（11.11，11.12 節）．反応機構は 481 ページに示す．

$$R-\underset{\underset{NH_2}{\|}}{C}=O + H_2O \overset{HCl}{\underset{\Delta}{\longrightarrow}} R-\underset{\underset{OH}{\|}}{C}=O + \overset{+}{N}H_4Cl^-$$

$$R-\underset{\underset{NH_2}{\|}}{C}=O + CH_3OH \overset{HCl}{\underset{\Delta}{\longrightarrow}} R-\underset{\underset{OCH_3}{\|}}{C}=O + \overset{+}{N}H_4Cl^-$$

5. ニトリルの加水分解（11.13 節）．反応機構は 485 ページに示す．

$$RC\equiv N + H_2O \overset{HCl}{\underset{\Delta}{\longrightarrow}} R-\underset{\underset{OH}{\|}}{C}=O + \overset{+}{N}H_4Cl^-$$

6. 酸無水物の反応（11.14 節）．反応機構は 487 ページに示す．

$$R-\underset{\underset{}{\|}}{C}(=O)-O-\underset{\underset{}{\|}}{C}(=O)-R + CH_3OH \longrightarrow R-\underset{\underset{OCH_3}{\|}}{C}=O + R-\underset{\underset{OH}{\|}}{C}=O$$

$$R-\underset{\underset{}{\|}}{C}(=O)-O-\underset{\underset{}{\|}}{C}(=O)-R + H_2O \longrightarrow 2\, R-\underset{\underset{OH}{\|}}{C}=O$$

$$R-\underset{\underset{}{\|}}{C}(=O)-O-\underset{\underset{}{\|}}{C}(=O)-R + 2\,CH_3NH_2 \longrightarrow R-\underset{\underset{NHCH_3}{\|}}{C}=O + R-\underset{\underset{O^- \overset{+}{H_3NCH_3}}{\|}}{C}=O$$

7. 化学者によるカルボン酸の活性化（11.15 節）．

$$R-\underset{\underset{O^-}{\|}}{C}=O + PCl_3 \overset{\Delta}{\longrightarrow} R-\underset{\underset{Cl}{\|}}{C}=O + {}^-OPCl_2$$

8. 細胞によるカルボン酸の活性化(11.16 節). 反応機構は 490, 491 ページに示す.

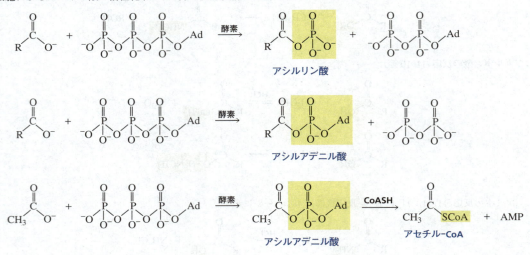

章末問題

31. 次のそれぞれの化合物の構造を書け.
    - a. *N*,*N*-ジメチルヘキサンアミド
    - b. 3,3-ジメチルヘキサンアミド
    - c. プロピオンアミド
    - d. 酢酸ナトリウム
    - e. ブタン酸無水物
    - f. 3-メチルブタンニトリル

32. 次の化合物を命名せよ.

33. 酢酸メチルと酢酸フェニルとではどちらのエステルがより反応性が高いか.

34. 塩化アセチルと次の反応剤との反応の生成物は何か.
    - a. 酢酸ナトリウム
    - b. 過剰のジメチルアミン
    - c. HCl 水溶液
    - d. NaOH 水溶液
    - e. シクロヘキサノール
    - f. イソプロピルアルコール

35. 次の加水分解反応で得られる生成物は何か．

a. 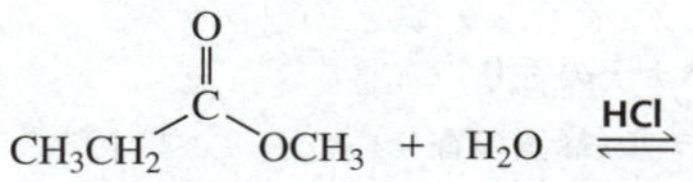 CH₃CH₂C(=O)OCH₃ + H₂O ⇌ (HCl)

b. 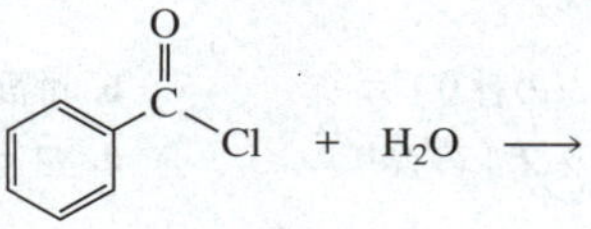 C₆H₅C(=O)Cl + H₂O ⟶

c. 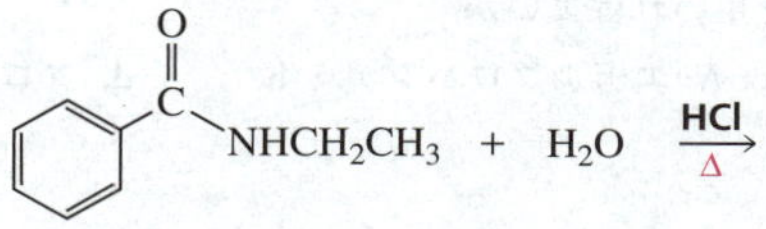 C₆H₅C(=O)NHCH₂CH₃ + H₂O →(HCl, Δ)

d. 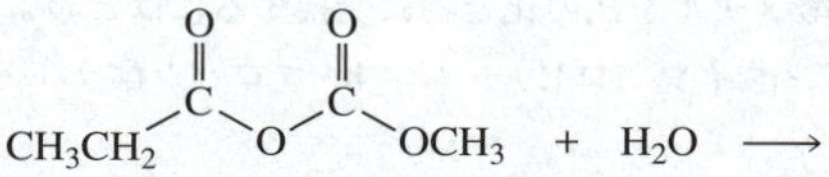 CH₃CH₂C(=O)OC(=O)OCH₃ + H₂O ⟶

36. 塩化プロピオニルを 1 当量のメチルアミンに加えた場合，N-メチルプロパンアミドは 50%しか得られない．しかし，塩化アシルを 2 当量のメチルアミンに加えると，N-メチルプロパンアミドの収率はほぼ 100%になる．これらの現象を説明せよ．

37. a. 酢酸メチルとブタノンでどちらの双極子モーメントが大きいと考えられるか．
   b. どちらの沸点が高いと考えられるか．

酢酸メチル (methyl acetate)　　ブタノン (butanone)

38. a. 次のエステルを求核アシル置換反応の最初の遅い段階（四面体中間体の生成）での反応性が高い順に並べよ．
   b. 同じエステルを求核アシル置換反応の 2 番目の遅い段階（四面体中間体の崩壊）で反応性が高い順に並べよ．

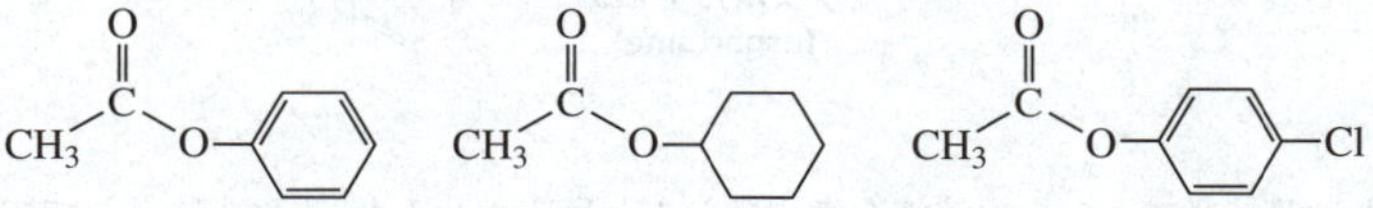

A: CH₃C(=O)O-C₆H₅
B: CH₃C(=O)O-C₆H₁₁ (cyclohexyl)
C: CH₃C(=O)O-C₆H₄-Cl (4-クロロ)

39. ロシアの化学者 D.N.Kursanov は塩基性条件で次のエステルの加水分解の研究を行い，水酸化物イオンで促進されるエステルの加水分解で切断される結合はアルキル C—O 結合ではなく，アシル C—O 結合であることを証明した．

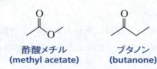

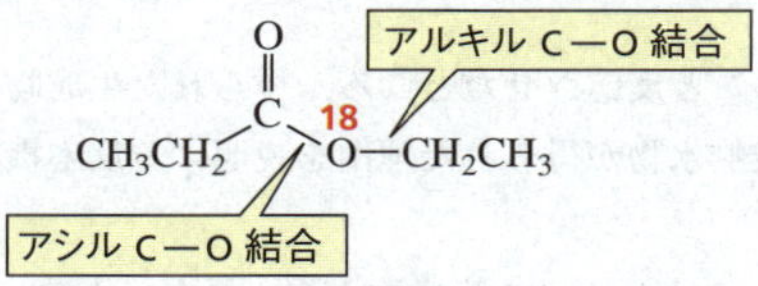

a. どの生成物に標識された ¹⁸O が含まれていたか．
b. アルキル C—O 結合が切断されていたとすると，標識された ¹⁸O を含むのはどのような生成物か．

40. 次の反応式を書け．
   a. 塩化プロパノイルの加水分解．
   b. ブタン酸エチルとプロパノールとのエステル交換反応．
   c. ペンタン酸エチルのアミノリシス反応．

41. 一つはアルコールを用いて，もう一つはハロゲン化アルキルを用いて，次のそれぞれのエステルを合成する方法を2通り示せ．
  a. 酢酸プロピル（洋ナシの香り）　　**b.** 酢酸イソペンチル（バナナの香り）
  c. 酪酸エチル（パイナップルの香り）　**d.** フェニルエタン酸メチル（蜂蜜の香り）

42. プロパン酸メチルを次の化合物に変換するにはどのような反応剤を用いればよいか．
  a. プロパン酸イソプロピル　**b.** プロパン酸ナトリウム　**c.** N-エチルプロパンアミド　**d.** プロパン酸

43. エステルと塩化物イオンの反応を示す反応座標図はどれか．

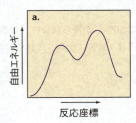 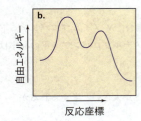 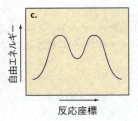

44. アスパルテームは NutraSweet® や Equal® という商品に用いられている甘味料で，砂糖の 200 倍の甘さがある．アスパルテームを HCl 水溶液で完全に加水分解すると，どのような化合物が得られるか．

アスパルテーム
(aspartame)

45. 第一級アミンまたは第二級アミンの水溶液を塩化アシルと反応させると，主生成物としてアミドが生成する．しかし，アミンが第三級であるとアミドは生成しない．このときの生成物は何か．説明せよ．

46. アセトアミドの酸触媒加水分解は可逆反応か非可逆反応か．説明せよ．

47. ある学生がブタン二酸を三塩化リンと反応させたところ，得られた生成物は塩化アシルではなく酸無水物であることがわかり，その学生は驚いた．酸無水物が得られた理由を説明する反応機構を提案せよ．

48. a. 次の反応のうちで，式中に示したカルボニル生成物が得られないものはどれか．
  b. このままでは進行しないが，酸触媒を反応混合物に加えれば進行する反応はどれか．

7. 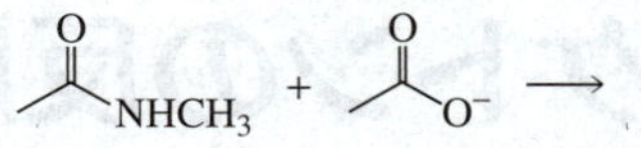 CH₃C(=O)NHCH₃ + CH₃C(=O)O⁻ ⟶ (CH₃CO)₂O

8. 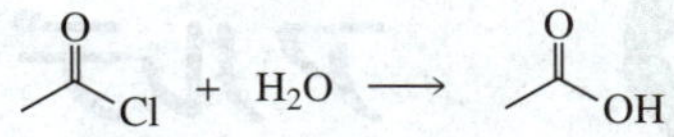 CH₃C(=O)Cl + H₂O ⟶ CH₃COOH

9. 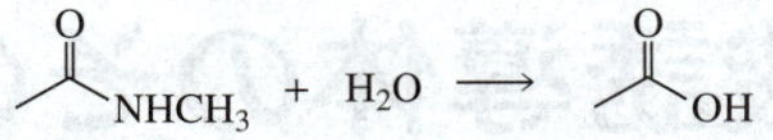 CH₃C(=O)NHCH₃ + H₂O ⟶ CH₃COOH

10. 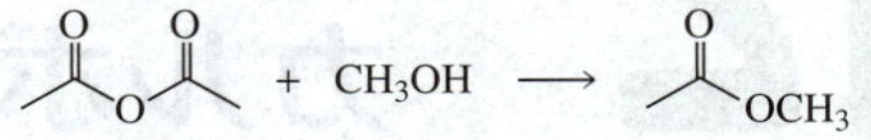 (CH₃CO)₂O + CH₃OH ⟶ CH₃COOCH₃

49. 次の反応の生成物は何か.

a. 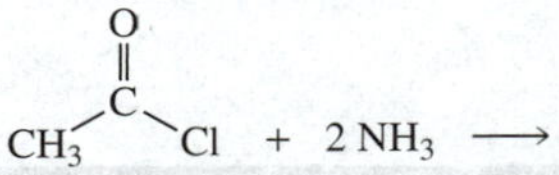 CH₃C(=O)Cl + 2 NH₃ ⟶

b. 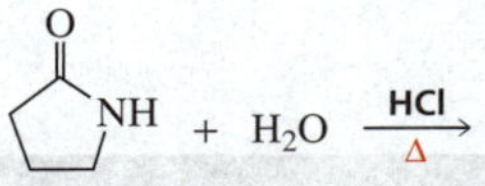 ピロリジノン + H₂O $\xrightarrow{HCl, \Delta}$

c. 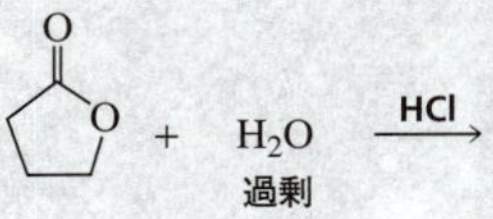 γ-ブチロラクトン + H₂O (過剰) $\xrightarrow{HCl}$

d. 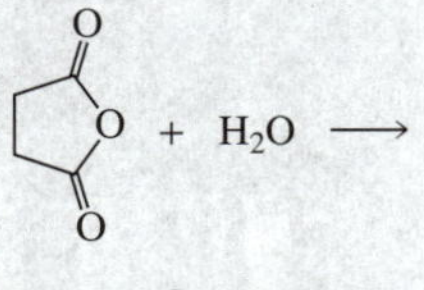 コハク酸無水物 + H₂O ⟶

e. 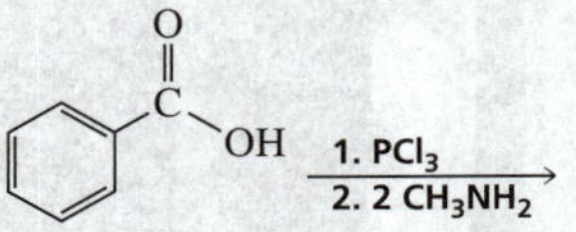 安息香酸 $\xrightarrow{\text{1. PCl}_3 \;\; \text{2. 2 CH}_3\text{NH}_2}$

f. 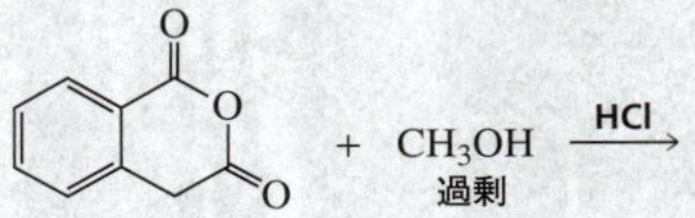 イソクロマン-1,3-ジオン + CH₃OH (過剰) $\xrightarrow{HCl}$

50. 与えられた出発物質からそれぞれの化合物を合成する方法を示せ.必要な有機反応剤と無機反応剤は何を用いてもよい.

a. 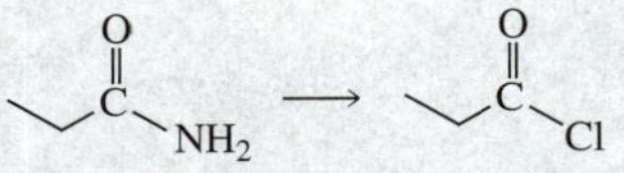 CH₃CH₂C(=O)NH₂ ⟶ CH₃CH₂C(=O)Cl

b. 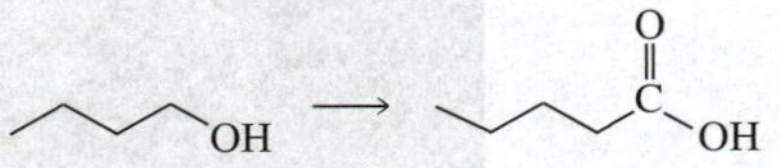 CH₃CH₂CH₂CH₂OH ⟶ CH₃CH₂CH₂CH₂COOH

51. 次のそれぞれの反応からどのような生成物が得られると期待できるか.

a. 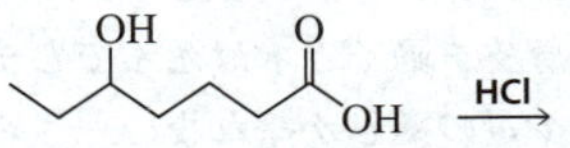 5-ヒドロキシヘキサン酸 $\xrightarrow{HCl}$

b. 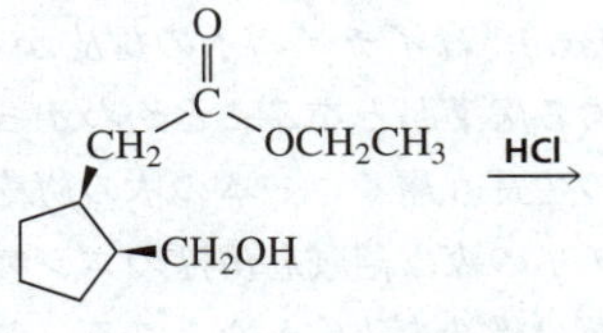 trans-2-(ヒドロキシメチル)シクロペンチル酢酸エチル $\xrightarrow{HCl}$

52. a. カルボン酸を同位体標識した水($H_2{}^{18}O$)に溶かして酸触媒を加えると,標識は酸の両方の酸素原子に取り込まれる.これを説明できる反応機構を示せ.

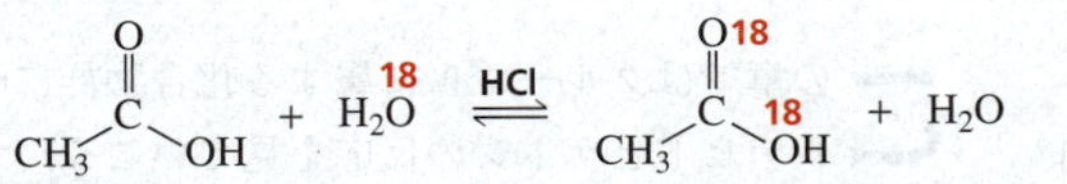

CH₃C(=O)OH + H₂¹⁸O $\xrightleftharpoons{HCl}$ CH₃C(=¹⁸O)¹⁸OH + H₂O

b. カルボン酸を同位体標識したメタノール($CH_3{}^{18}OH$)に溶かし酸触媒を加えると,生成物のどの原子が標識されるか.

53. 次の反応を行うためには,どのような反応剤を用いたらよいか.

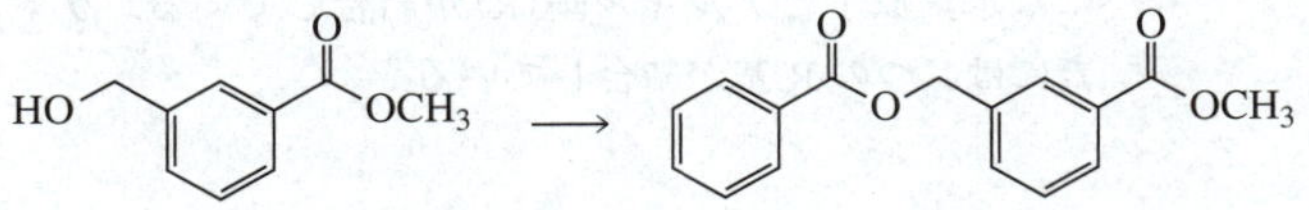

HOCH₂-C₆H₄-COOCH₃ ⟶ PhC(=O)OCH₂-C₆H₄-COOCH₃

12 アルデヒドとケトンの反応・カルボン酸誘導体のその他の反応

イチイの森

Taxol® はイチイの木の樹皮から抽出された化合物であり，数種のがんに効果のある医薬品となることがわかった．しかし，樹皮を剥ぐと木は死んでしまう．木の生長も遅く，一本の木の樹皮からはほんの少量の薬しか採れない．さらに，イチイの森は絶滅危惧種のニシアメリカフクロウの生息地でもある．化学者はこの薬の構造を決定したところ，これが非常に合成の難しい化合物であるとわかり落胆した．しかし，現在，*Taxol*® は医療で必要とされる十分量が供給されている．この章ではこういったことがどのように成し遂げられたかを学ぶ．

グループⅣ

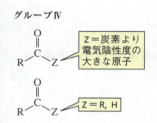

この章ではグループⅣに属する化合物群について引き続き学ぶ．ここではアルデヒドとケトンの反応を見ていこう．すなわち，ほかの基に置換される基をもたないカルボニル化合物の反応である．それを11章で学んだカルボン酸誘導体の反応と比較してみよう．

　最も単純なアルデヒドであるホルムアルデヒドのカルボニル炭素には二つの水素原子が結合している．ほかのすべての**アルデヒド**(aldehyde)のカルボニル炭素には水素原子とアルキル基(R)が結合している．**ケトン**(ketone)のカルボニル炭素には二つのR基が結合している．

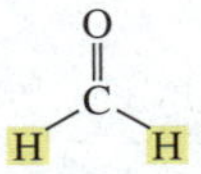

ホルムアルデヒド　アルデヒド　ケトン
(formaldehyde)　(aldehyde)　(ketone)

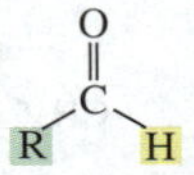

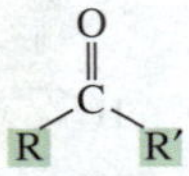

　天然に存在する多くの化合物はアルデヒドやケトンといった官能基をもっている．アルデヒドは刺激臭をもち，ケトンは甘い香りがする傾向にある．バニリンと桂皮アルデヒドは天然に存在するアルデヒドの例である．バニラエキスをひとかぎすると，バニリンの刺激性の芳香に気づく．ケトンであるショウノウやカルボンはクスノキの葉やハッカの葉，およびヒメウイキョウの種子独特の甘い香りの要因である．

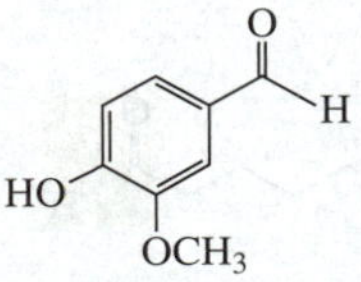

バニリン
(vanillin)
バニラの香り

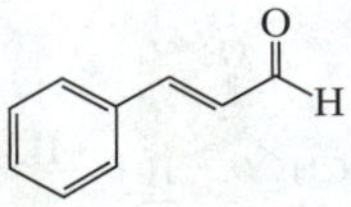

桂皮アルデヒド
(cinnamaldehyde)
シナモンの香り

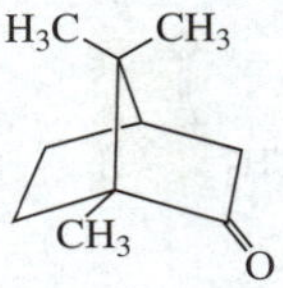

ショウノウ
(camphor)

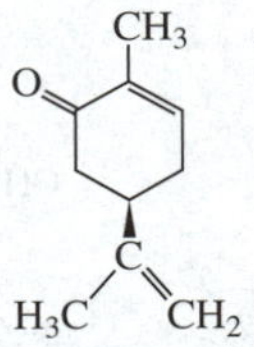

(R)-(-)-カルボン
[(R)-(-)-carvone]
ハッカ油

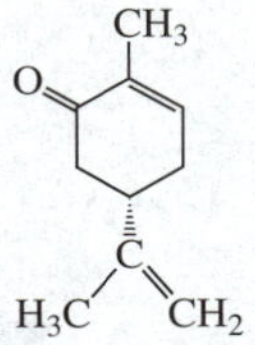

(S)-(+)-カルボン
[(S)-(+)-carvone]
ヒメウイキョウ油

　生物学的に重要なケトンであるプロゲステロンとテストステロンは，構造上のほんの小さな違いが生物活性の大きな違いを生じるのを示す好例である．いずれも性ホルモンだが，プロゲステロンはおもに卵巣でつくられ，テストステロンはおもに精巣でつくられる．

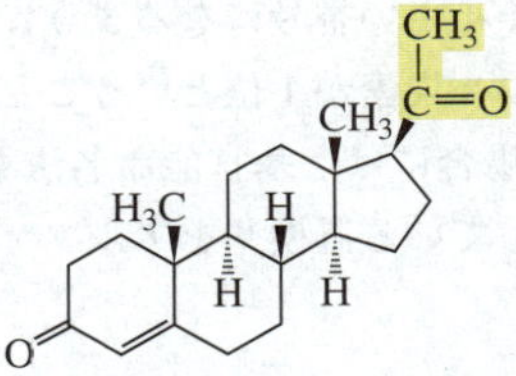

プロゲステロン
(progesterone)

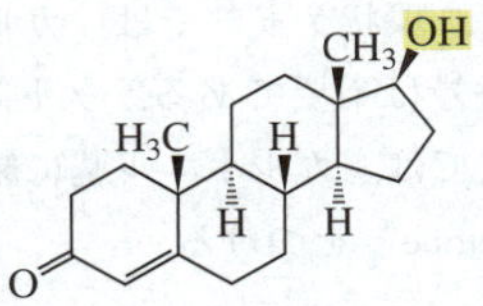

テストステロン
(testosterone)

12.1　アルデヒドおよびケトンの命名法

アルデヒドの命名

　アルデヒドの体系的名称（IUPAC名）は，親炭化水素の名称の最後の"e"を"al"に置き換えると得られる．たとえば，1炭素のアルデヒドはメタナール（methanal）と呼ばれ，2炭素のアルデヒドはエタナール（ethanal）と呼ばれる．カルボニル炭素の位置を示す必要はない．なぜなら，アルデヒドは常に親炭化水素の末端にあり（さもなければその化合物はアルデヒドではない），したがって，常に1位であるからである．

ホルムアルデヒド

アセトアルデヒド

アセトン

体系的名称：	メタナール (methanal)	エタナール (ethanal)	2-ブロモプロパナール (2-bromopropanal)
慣　用　名：	ホルムアルデヒド (formaldehyde)	アセトアルデヒド (acetaldehyde)	α-ブロモプロピオンアルデヒド (α-bromopropionaldehyde)

　アルデヒドの慣用名は，対応するカルボン酸の慣用名と同じで，ただ "oic acid"（あるいは "ic acid"）を "aldehyde" に置き換えればよい．慣用名を使うときは，置換基の位置を小文字のギリシャ文字で表すことを思い出そう．カルボニル炭素は位置に数えないので，カルボニル炭素の隣りの炭素がα炭素となる（11.1節参照）．

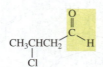

体系的名称：	3-クロロブタナール (3-chlorobutanal)	3-メチルブタナール (3-methylbutanal)	ヘキサンジアール (hexanedial)
慣　用　名：	β-クロロブチルアルデヒド (β-chlorobutyraldehyde)	イソバレルアルデヒド (isovaleraldehyde)	

　ヘキサンジアールでは親炭化水素の末端の "e" は除かないことに注意しよう．（末端の "e" を除くのは母音が二つ続くのを避けるときだけである．）

ケトンの命名

　ケトンの体系的名称は，親炭化水素の名称の最後の "e" を "one" に置き換えると得られる．カルボニル炭素がなるべく小さい番号になるように炭素鎖に位置番号をつける．環状ケトンでは，カルボニル炭素が1位ということになっているので，位置番号は不要である．ケトンの場合には，基官能命名法も用いられる．基官能命名法では，カルボニル基に結合している置換基をアルファベット順に並べ，次に "ketone" をつける．

アルデヒドとケトンは官能基の接尾語を用いて命名する．

体系的名称：	プロパノン (propanone)	3-ヘキサノン (3-hexanone)	6-メチル-2-ヘプタノン (6-methyl-2-heptanone)
慣　用　名：	アセトン (acetone)		
基官能命名法：	ジメチルケトン (dimethyl ketone)	エチルプロピルケトン (ethyl propyl ketone)	イソヘキシルメチルケトン (isohexyl methyl ketone)

体系的名称：	シクロヘキサノン (cyclohexanone)	ブタンジオン (butanedione)	2,4-ペンタンジオン (2,4-pentanedione)
慣　用　名：			アセチルアセトン (acetylacetone)

慣用名をもっているケトンもわずかだがある．最も小さいケトンであるプロパノンは，通常，慣用名のアセトンと呼ばれる．アセトンは実験室で広く用いられる溶媒である．

> 🧪 **ブタンジオン：不快な化合物**
>
> 新鮮な汗は無臭である．汗のにおいは，皮膚に常に存在する細菌によって引き起こされる一連の反応の結果である．これらの細菌は酪酸を産生して酸性の環境をつくり，別の細菌が汗の成分を分解するようになる．そして脇の下や汗ばんだ足から連想される不快なにおいの化合物を産生する．そのような化合物の一つがブタンジオンである（前出）．

問題 1
次のそれぞれの構造式を書け．
a. 3-ヘキサノン　　　　　　b. β-メチルブチルアルデヒド
c. イソプロピルプロピルケトン

問題 2
次の化合物を命名せよ．

a., 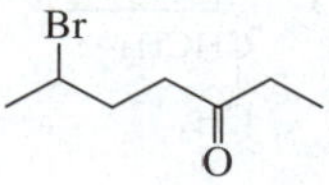 b., 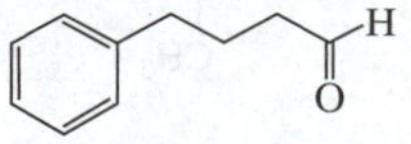 c. 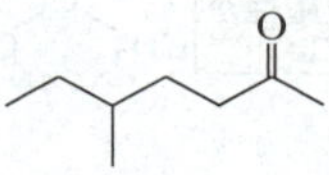 [構造式]

問題 3 ◆
次のそれぞれの化合物に二つの名称をつけよ．

a., 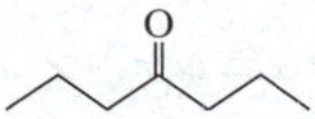 b., 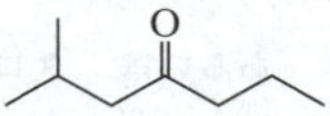 c. 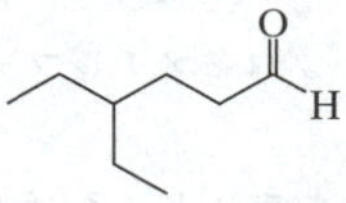 [構造式]

問題 4 ◆
プロパノンやブタンジオンでは官能基の位置を番号で示さないのはなぜか．

12.2　カルボニル化合物の反応性の比較

カルボニル基では，酸素が炭素よりも電気陰性なので，酸素が二重結合の電子のかなりの部分を占有しており，極性であることを学んだ(11.4節参照)．結果として，カルボニル炭素は電子不足(求電子剤)であり，求核剤と反応する．カルボニル炭素の電子不足性は静電ポテンシャル図では青色で示されている．

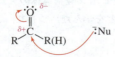

カルボニル炭素上の局所的な正電荷は，ケトンよりアルデヒドのほうが大きい．なぜなら，水素はアルキル基に比べて電子求引性が強いからである(6.2節参照)．

ホルムアルデヒド

アセトアルデヒド

アセトン

したがって，アルデヒドはケトンよりも求核付加に対する反応性がより高い．立体因子も，アルデヒドがケトンより反応性が高い一因である．アルデヒドのカルボニル炭素には求核剤が近づきやすい．なぜなら，アルデヒドのカルボニル炭素に結合している水素は，ケトンのカルボニル炭素に結合している2番目のアルキル基よりも立体的に小さいからである．

相対的反応性

$$\underset{\text{ホルムアルデヒド}}{\overset{O}{\underset{H}{\overset{\|}{C}}}\!H} \;\;>\;\; \underset{\text{アルデヒド}}{\overset{O}{\underset{R}{\overset{\|}{C}}}\!H} \;\;>\;\; \underset{\text{ケトン}}{\overset{O}{\underset{R}{\overset{\|}{C}}}\!R'}$$

最も反応性が高い　　　　　　　　　　　　最も反応性が低い

アルデヒドはケトンよりも反応性が高い．

同じ理由で，カルボニル炭素に小さなアルキル基が結合しているケトンは，より大きなアルキル基が結合しているケトンよりも反応性が高い．

相対的反応性

$$\underset{\text{最も反応性が高い}}{CH_3\overset{O}{\overset{\|}{C}}CH_3} \;>\; CH_3\overset{O}{\overset{\|}{C}}CHCH_3\;(CH_3) \;>\; (CH_3)CH\overset{O}{\overset{\|}{C}}CHCH_3\;(CH_3)$$

最も反応性が低い

問題 5 ◆

各組のどちらのケトンがより反応性が高いか．

a. 2-ヘプタノン　あるいは　4-ヘプタノン
b. ブロモメチルフェニルケトン　あるいは　クロロメチルフェニルケトン

アルデヒドとケトンは塩化アシルや酸無水物よりも反応性が低いが，エステル，カルボン酸，およびアミドよりは反応性が高い．

アルデヒドまたはケトンの求核剤に対する反応性は，11章で学んだカルボニル化合物の反応性と比べてどうであろうか．アルデヒドとケトンはそれらのちょうど中間にある．すなわち，ハロゲン化アシルと酸無水物より反応性は<u>低く</u>，エステル，カルボン酸，およびアミドよりも反応性が<u>高い</u>．

カルボニル化合物の相対的反応性

ハロゲン化アシル ＞ 酸無水物 ＞ アルデヒド ＞ ケトン ＞ エステル ～ カルボン酸 ＞ アミド ＞ カルボキシラートイオン

最も反応性が高い　　　　　　　　　　　　　　　　　　　　　　　　　　　　　　　　最も反応性が低い

12.3　アルデヒドとケトンはどのように反応するか

11.5節で，カルボン酸やカルボン酸誘導体のカルボニル基に結合している基は，ほかの基に置換できることを学んだ．つまり，これらの化合物は求核剤と反応して置換生成物を生成する．

$$\underset{\text{ほかの基に置換できる基}}{R-\underset{Y}{\overset{O}{\|}}C-} + Z^- \rightleftarrows R-\underset{Z}{\overset{O^-}{\underset{|}{C}}}-Y \rightleftarrows \underset{\text{求核アシル置換反応生成物}}{R-\underset{Z}{\overset{O}{\|}}C-} + Y^-$$

Z が Y に置き換わった

カルボン酸誘導体は求核アシル置換反応を起こす.

一方, アルデヒドやケトンのカルボニル基は, 通常の条件下では脱離できない強塩基(H^- や R^-)と結合しているので, ほかの基に置換できない. その結果, アルデヒドやケトンは求核剤と反応すると付加生成物を生成し, 置換生成物は与えない. したがって, アルデヒドやケトンは**求核付加反応**(nucleophilic addition reaction)を起こし, 一方で, カルボン酸誘導体は**求核アシル置換反応**(nucleophilic acyl substitution reaction)を起こす.(四面体化合物は, その sp^3 炭素に酸素ともう一つの電気陰性な原子が結合する場合に限り, 不安定であることを思い出そう;11.5 節参照.)

$$R-\overset{O}{\underset{R'}{\|C}} + Z:^- \longrightarrow R-\underset{Z}{\overset{O^-}{\underset{|}{C}}}-R' \xrightarrow{H_3O^+} \underset{\text{求核付加生成物}}{R-\underset{Z}{\overset{OH}{\underset{|}{C}}}-R'}$$

R' は塩基性が強く脱離しない

アルデヒドとケトンは求核付加反応を起こす.

12.4 有機金属化合物

ハロゲン化アルキル, アルコール, エーテル, およびエポキシドのようなグループⅢの化合物は, 電気陰性度のより大きい原子と結合している炭素を含んでいることをこれまで学んできた. したがって, 炭素は求電子剤であり, 求核剤と反応する.

CH₃Cl

炭素は求電子剤

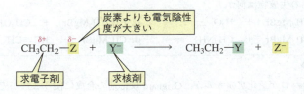

しかし, 炭素を求核剤として求電子剤と反応させたい場合, どうすればよいだろうか. 求核剤となるためには, 炭素は電気陰性度のより小さい原子と結合している必要がある.

CH₃Li

炭素は求核剤

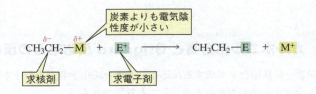

より電気陰性度の大きい原子に結合している炭素は求電子剤である.

より電気陰性度の小さい原子に結合している炭素は求核剤である.

金属は炭素より電気陰性度が小さいので（表1.3参照），求核的な炭素をつくる一つの方法は，炭素に金属を結合させることである．炭素—金属結合を含む化合物は，**有機金属化合物**（organometallic compound）と呼ばれる．静電ポテンシャル図から，ハロゲン化アルキルのハロゲンに結合している炭素は求電子剤（青緑）であり，有機金属化合物の金属（Li）に結合している炭素は求核剤（赤）であることがわかる．

Grignard 反応剤（Grignard reagent）として知られている有機金属化合物は最もよく使われる炭素求核剤である．この反応剤はジエチルエーテル中で撹拌しながらマグネシウム片にハロゲン化アルキルを加えることでつくられる．この反応では，マグネシウムが炭素とハロゲンの間に挿入する．Grignard 反応剤はあたかもカルボアニオンであるかのように反応する．カルボアニオンは負に帯電した炭素を含む化学種であることを思い起こそう（1.4節参照）．

$$CH_3CH_2Br \xrightarrow{\text{Mg}}_{Et_2O} CH_3CH_2MgBr$$

CH_3CH_2MgBr は，あたかも $CH_3\overset{..}{C}H_2$ $\overset{+}{M}gBr$ のように反応する

Grignard 反応剤は優れた求核剤（つまり強い塩基）なので反応混合物中に存在するどのような酸，たとえばごく微量の水，アルコール，アミンなどの非常に弱い酸とさえも速やかに反応する．反応すると，Grignard 反応剤はアルカンに変換される．

つまり，Grignard 反応剤は酸性基（OH, NH_2, NHR, SH, C≡CH, COOH）を含む化合物からは合成できない．

問題 6 ◆

次の反応の生成物は何か．

a. CH_3CH_2MgBr + H_2O ⟶   b. CH_3CH_2MgBr + CH_3OH ⟶
c. CH_3CH_2MgBr + CH_3NH_2 ⟶   d. CH_3MgBr + HC≡CH ⟶

問題 7 ◆

次のどのハロゲン化アルキルが，Grignard 反応剤の合成に使うことができるか．

$HOCH_2CH_2CH_2CH_2Br$ $BrCH_2CH_2CH_2\overset{O}{\overset{\|}{C}}OH$ $CH_3\underset{\underset{CH_3}{|}}{N}CH_2CH_2CH_2Br$

    A   **B**   **C**

12.5 カルボニル化合物と Grignard 反応剤との反応

新しい炭素—炭素結合を形成する反応は，有機合成化学者が小分子から大きな有機分子を合成する必要があるとき，とても重要である．

12.5 カルボニル化合物と Grignard 反応剤との反応

　Grignard 反応剤のカルボニル化合物への付加は，新しい C—C 結合を形成する便利な反応である．この反応によってさまざまな構造の化合物をつくることができる．なぜなら，カルボニル化合物の構造も Grignard 反応剤の構造も，どちらもさまざまに変化させられるからである．

アルデヒドおよびケトンと Grignard 反応剤との反応

　アルデヒドもしくはケトンと Grignard 反応剤との反応は求核付加反応であり，求核剤である Grignard 反応剤はカルボニル炭素に付加する．四面体アルコキシドイオンは安定であるが，それは脱離する基をもたないからである．

アルデヒドもしくはケトンと Grignard 反応剤との反応の機構

$$\underset{R}{\overset{O}{\underset{\|}{C}}}-R(H) + R'-MgBr \longrightarrow R-\underset{R'}{\overset{O^-\ ^+MgBr}{\underset{|}{C}}}-R(H) \xrightarrow{H_3O^+} R-\underset{R'}{\overset{OH}{\underset{|}{C}}}-R(H)$$

- Grignard 反応剤のカルボニル炭素への求核付加で，マグネシウムイオンと錯体を形成したアルコキシドイオンが生成する．
- 希酸を加えるとその錯体は壊れる．

Grignard 反応剤がホルムアルデヒドと反応すると，その求核付加反応の生成物は第一級アルコールとなる．

$$\underset{H}{\overset{O}{\underset{\|}{C}}}-H + CH_3CH_2-MgBr \longrightarrow CH_3CH_2CH_2O^-\ ^+MgBr \xrightarrow{H_3O^+} CH_3CH_2CH_2OH$$

ホルムアルデヒド　臭化エチルマグネシウム　　アルコキシドイオン　　　　　1-プロパノール
　　　　　　　　(ethylmagnesium bromide)　　　　　　　　　　　　　　　　　(1-propanol)
　　　　　　　　　　　　　　　　　　　　　　　　　　　　　　　　　　　　第一級アルコール

Grignard 反応剤がホルムアルデヒド以外のアルデヒドと反応すると，その求核付加反応の生成物は第二級アルコールとなる．

$$CH_3CH_2\overset{O}{\underset{\|}{C}}-H + CH_3-MgBr \longrightarrow CH_3CH_2\overset{O^-\ ^+MgBr}{\underset{|}{CH}}CH_3 \xrightarrow{H_3O^+} CH_3CH_2\overset{OH}{\underset{|}{CH}}CH_3$$

プロパナール　臭化メチルマグネシウム　　　　　　　　　　　　　　　　　　2-ブタノール
(propanal)　(methylmagnesium bromide)　　　　　　　　　　　　　　　　(2-butanol)
　　　　　　　　　　　　　　　　　　　　　　　　　　　　　　　　　　　第二級アルコール

Grignard 反応剤がケトンと反応すると，その求核付加反応の生成物は第三級アルコールとなる．

$$CH_3\overset{O}{\underset{\|}{C}}CH_2CH_2CH_3 + CH_3CH_2-MgBr \longrightarrow CH_3\underset{CH_2CH_3}{\overset{O^-\ ^+MgBr}{\underset{|}{C}}}CH_2CH_2CH_3 \xrightarrow{H_3O^+} CH_3\underset{CH_2CH_3}{\overset{OH}{\underset{|}{C}}}CH_2CH_2CH_3$$

2-ペンタノン　　臭化エチルマグネシウム　　　　　　　　　　　　　　　　3-メチル-3-ヘキサノール
(2-pentanone)　　　　　　　　　　　　　　　　　　　　　　　　　　　　(3-methyl-3-hexanol)
　　　　　　　　　　　　　　　　　　　　　　　　　　　　　　　　　　　第三級アルコール

Grignard 反応剤は二酸化炭素とも反応する．その反応の生成物は Grignard 反応剤よりも 1 炭素多いカルボン酸である．

$$O=C=O + CH_3CH_2CH_2-MgBr \longrightarrow CH_3CH_2CH_2-\underset{O^- \; ^+MgBr}{\overset{O}{C}} \xrightarrow{H_3O^+} CH_3CH_2CH_2-\underset{OH}{\overset{O}{C}}$$

二酸化炭素 (carbon dioxide)　　臭化プロピルマグネシウム (propylmagnesium bromide)　　　　　　　　　　　　　　　　ブタン酸 (butanoic acid)

次に示した反応では，Grignard 反応剤とカルボニル化合物が反応し終わるまでは酸を加えないことを示すために，反応を示す矢印の上下に記された反応剤の使用順に番号をつけてある．

$$CH_3CH_2CH_2-\underset{H}{\overset{O}{C}} \xrightarrow[2.\; H_3O^+]{1.\; \text{Ph-MgBr}} CH_3CH_2CH_2-\underset{\text{Ph}}{\overset{OH}{C}}H$$

ブタナール (butanal)　　　　　　　　　　　　　　1-フェニル-1-ブタノール (1-phenyl-1-butanol)

1-フェニル-1-ブタノールが生成される前述の反応のように，カルボニル化合物との反応で不斉中心をもつ生成物が得られる場合，その生成物はラセミ混合物である．（不斉中心をもたない反応物が不斉中心を生成する反応を行うときは，その生成物はラセミ混合物となることを思い出そう；6.5 節参照．）

問題 8 ◆

次の化合物を CH_3MgBr と反応させ，次いで希酸を加えると，どのような生成物が得られるか．立体異性体は無視せよ．

a. $CH_3CH_2-\underset{H}{\overset{O}{C}}$　　b. $CH_3CH_2-\underset{CH_3}{\overset{O}{C}}$　　c. シクロヘキサノン

問題 9 ◆

3-メチル-3-ヘキサノールが，2-ペンタノンと臭化エチルマグネシウムとの反応で得られることを 507 ページで学んだ．同じ第三級アルコールを与えるケトンと Grignard 反応剤との組合せにはほかにどのようなものがあるか．

問題 10 ◆

a. 2-ペンタノンと臭化エチルマグネシウムとを反応させ，続いて希酸処理すると，いくつの立体異性体が得られるか．
b. 2-ペンタノンと臭化メチルマグネシウムとを反応させ，続いて希酸処理すると，いくつの立体異性体が得られるか．

エステルおよび塩化アシルと Grignard 反応剤との反応

Grignard 反応剤は，アルデヒドやケトンとの反応に加えて，11 章で学んだエステルや塩化アシルとも反応する．エステルや塩化アシルは Grignard 反応剤と二つの連続する反応を行う．最初の反応は求核アシル置換反応である．なぜなら，

エステルや塩化アシルはアルデヒドやケトンとは異なり，Grignard 反応剤のアルキル基によって置換される基をもっているからである（11.5 節参照）．2 番目の反応は求核付加反応である．

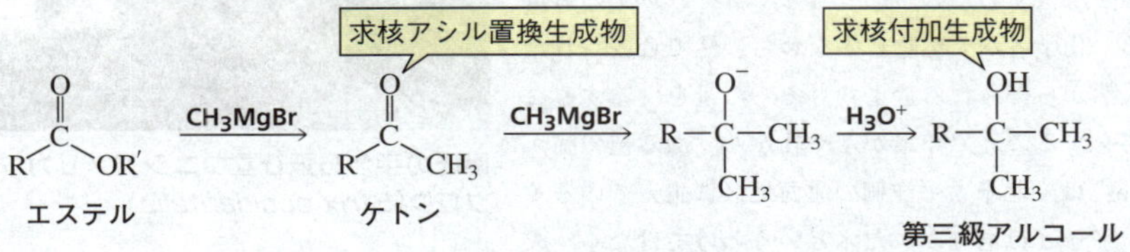

求核アシル置換生成物　　求核付加生成物

$$\underset{\text{エステル}}{R-\overset{O}{\underset{\|}{C}}-OR'} \xrightarrow{CH_3MgBr} \underset{\text{ケトン}}{R-\overset{O}{\underset{\|}{C}}-CH_3} \xrightarrow{CH_3MgBr} R-\underset{\underset{CH_3}{|}}{\overset{O^-}{\underset{|}{C}}}-CH_3 \xrightarrow{H_3O^+} \underset{\text{第三級アルコール}}{R-\underset{\underset{CH_3}{|}}{\overset{OH}{\underset{|}{C}}}-CH_3}$$

エステルと Grignard 反応剤との反応生成物は第三級アルコールである．その第三級アルコールは Grignard 反応剤との二つの連続した反応で生成するので，第三級炭素に結合した少なくとも二つの同じアルキル基をもつことになる．

エステルと Grignard 反応剤との反応の機構

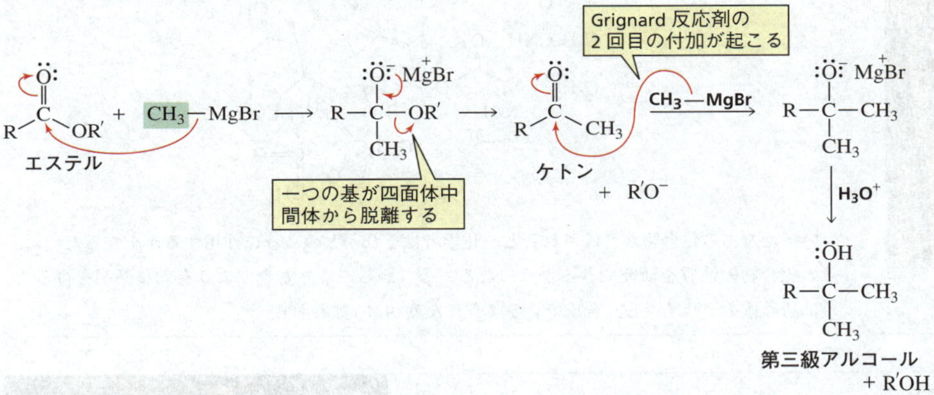

一つの基が四面体中間体から脱離する

Grignard 反応剤の 2 回目の付加が起こる

第三級アルコール + R'OH

- Grignard 反応剤のカルボニル炭素への求核付加によって四面体中間体が生成する．この四面体中間体は脱離可能な基をもっているので不安定である．
- 四面体中間体からアルコキシドイオンが脱離し，ケトンが生成する．
- そのケトンと 2 分子目の Grignard 反応剤との反応でアルコキシドイオンが生成し，プロトン化により第三級アルコールが生成する．

2 当量の Grignard 反応剤と塩化アシルとの反応でも，第三級アルコールが生成する．Grignard 反応剤と塩化アシルの反応機構は，Grignard 反応剤とエステルとの反応の機構と同じである．

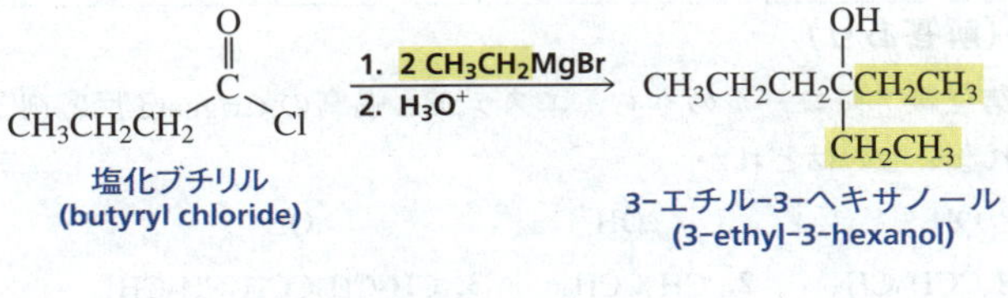

塩化ブチリル
(butyryl chloride)

3-エチル-3-ヘキサノール
(3-ethyl-3-hexanol)

有機化合物の合成

鷹匠の手から飛び立つニシアメリカフクロウ(*Strix occidentalis*)

有機化学者が化合物を合成する理由にはいろいろある．たとえば，その性質を研究するため，さまざまな化学の問題を解決するため，一つもしくはそれ以上の有用な性質を利用するため，などである．化学者が天然物，すなわち天然で合成された化合物を合成する一つの理由は，天然から得られる量よりも多くの量を供給することにある．たとえば，細胞分裂阻害をすることで卵巣がんや乳がん，ある種の肺がんの治療に有効な化合物である Taxol® は，北米太平洋側の北西地区に生えているイチイ(*Taxus*)の樹皮から抽出される．イチイはありふれた木というわけではなく，成長も非常に遅く，樹皮をはぐと枯れてしまうので，天然の Taxol® の供給量は限られている．200年かけて生長した約 12 m の高さの木の樹皮からたった 0.5 g の薬しか採れない．さらに，イチイの森は絶滅危惧種のニシアメリカフクロウの生息地であり，木の伐採はそのフクロウの絶滅に拍車をかけてしまう．化学者が Taxol® の構造を決定すると，抗がん剤として広く利用できるようにその合成に力が注がれた．そしていくつかの合成法の開発に成功した．

イチイの木

Taxol®構造式

いったんある化合物が合成されると，化学者はそれがどのように作用するかを知るために，その化合物の性質を研究できるようになる．それから，より安全でより有効な薬剤を得るために誘導体をデザインし，合成できるようになる(9.10節参照)．

半合成医薬品

イチイの低木

Taxol® は多くの官能基と 11 の不斉中心をもつために合成が困難である．もし，合成のはじめの部分を，ありふれた灌木であるヨーロッパイチイが行えば，合成ははるかに簡単になる．その木の針状葉からその薬の前駆体を抽出し，その前駆体を研究室で四段階の操作を行って Taxol® に変換できる．つまり，薬そのものは生長の遅いイチイを枯らすことによってしか得られないが，その前駆体であれば再生可能な原料から単離できる．これは，化学者が自然と共同して化合物の合成を習得した一例である．

問題 11（解答あり）

a. 次の第三級アルコールのうち，エステルと過剰の Grignard 反応剤との反応で得られないものはどれか．

1. $CH_3CH_2CH_3$ with OH and CH_3 on central C
2. CH_3CHCH_3 with OH and CH_3 on central C
3. $CH_3CH_2CCH_2CH_3$ with OH and CH_3 on central C

          OH   OH   OH
          | | |
4. CH₃CH₂CCH₃   5. CH₃CCH₂CH₂CH₃   6. Ph—C—Ph
          | | |
          CH₃   CH₂CH₃   CH₃

b. エステルと過剰の Grignard 反応剤との反応でこれらのアルコールを合成するには，どのようなエステルと Grignard 反応剤を用いればよいか．

11a の解答　エステルと 2 当量の Grignard 反応剤との反応で得られる第三級アルコールは，OH のある炭素に少なくとも二つの同一の置換基をもっている．なぜなら，その炭素の三つの置換基のうち二つは Grignard 反応剤由来のものだからである．アルコール **3** と **5** には二つの同じ置換基がないので，この方法では合成できない．

11b(1) の解答　プロパン酸のエステルと過剰の臭化メチルマグネシウム．

問題 12◆

次の第二級アルコールのうち，ギ酸メチルと過剰の Grignard 反応剤との反応で生成するのはどれか．

CH₃CH₂CHCH₃   CH₃CHCH₃   CH₃CHCH₂CH₂CH₃   CH₃CH₂CHCH₂CH₃
        | | | |
        OH   OH   OH   OH
        A   **B**   **C**   **D**

問題 13

塩化アセチルと臭化エチルマグネシウムとの反応機構を書け．

【問題解答の指針】

Grignard 反応剤との反応の生成物の予測

Grignard 反応剤がカルボン酸のカルボニル炭素に付加しないのはなぜか．

Grignard 反応剤がカルボニル炭素に付加することはわかっているので，Grignard 反応剤がカルボニル炭素に付加しないのは，それがそのカルボン酸分子の別の部分とより速やかに反応するに違いないと結論できる．カルボン酸は，Grignard 反応剤と速やかに反応してそれをアルカンに変換してしまう酸性プロトンをもっている．

$$\text{R-CO-O-H} + \text{CH}_3\text{CH}_2\text{—MgBr} \longrightarrow \text{R-CO-O}^- \; ^+\text{MgBr} + \text{CH}_3\text{CH}_3$$

ここで学んだ方法を使って問題 14 を解こう．

問題 14◆

次の化合物のうち，1 当量の Grignard 反応剤と求核付加反応を起こさないのはどれか．

            O   O   O
            ‖   ‖   ‖
CH₃CH₂—C—NHCH₃   CH₃CH₂—C—OCH₃   HOCH₂CH₂—C—OCH₃
            A   **B**   **C**

12.6 アルデヒドおよびケトンとシアン化物イオンとの反応

シアン化物イオンはアルデヒドやケトンに付加できるもう一つの炭素求核剤である．その反応の生成物は**シアノヒドリン**(cyanohydrin)である．シアン化物イオンを過剰に用いると，すべてのシアン化物イオンが HCl によって HCN に変換されるわけではないので残っているシアン化物イオンのいくらかは求核剤として働くことができる．

$$\underset{R(H)}{\overset{O}{\underset{\|}{C}}}\text{—}R + {}^-C{\equiv}N \xrightarrow[\text{過剰}]{HCl} R\text{—}\underset{R(H)}{\overset{OH}{\underset{|}{C}}}\text{—}C{\equiv}N$$
シアノヒドリン

アルデヒドまたはケトンとシアン化水素との反応の機構

- シアン化物イオンがカルボニル炭素に付加する．
- アルコキシドイオンは解離していないシアン化水素分子にプロトン化される．

アセトンシアノヒドリン
(acetone cyanohydrin)

シアン化水素のアルデヒドやケトンへの付加反応は，合成的に有用な反応である．なぜなら，そのシアノヒドリンに対して，引き続き反応を行わせることができるからである．たとえば，シアノヒドリンの酸触媒加水分解反応によってα-ヒドロキシカルボン酸が生成する(11.13 節参照)．

$$R\text{—}\underset{R}{\overset{OH}{\underset{|}{C}}}\text{—}C{\equiv}N \xrightarrow[\Delta]{HCl, H_2O} R\text{—}\underset{R}{\overset{OH}{\underset{|}{C}}}\text{—}COOH$$

シアノヒドリン　　　　α-ヒドロキシカルボン酸

シアノヒドリンの三重結合への 2 当量の水素の触媒的付加反応によって，β炭素に OH 基をもつ第一級アミンを合成できる．

$$R\text{—}\underset{}{\overset{OH}{\underset{|}{C}H}}\text{—}C{\equiv}N \xrightarrow{\underset{Pd/C}{H_2}} R\text{—}\underset{}{\overset{OH}{\underset{|}{C}H}}\text{—}CH_2NH_2$$

問題 15(解答あり)

目的とする生成物よりも 1 炭素少ないカルボニル化合物から，次の化合物を合成するにはどうすればよいか．

a. $HOCH_2CH_2NH_2$

b. $CH_3\underset{OH}{\overset{O}{\underset{|}{\overset{\|}{C}H}}}\text{—}\overset{\|}{C}\text{—}OH$

15a の解答 この 2 炭素化合物の合成の出発物質は 1 炭素化合物であるホルムアルデヒドでなければならない．シアン化水素の付加と，続くシアノヒドリンの三重結合への H_2 の付加反応によって，標的分子が得られる．

$$\text{HCHO} \xrightarrow[\text{HCl}]{\text{NaC}\equiv\text{N}} \text{HOCH}_2\text{C}\equiv\text{N} \xrightarrow{\text{H}_2 \atop \text{Pd/C}} \text{HOCH}_2\text{CH}_2\text{NH}_2$$

15b の解答 シアン化物イオンの付加によって反応物に 1 炭素が付加されるので，この 3 炭素 α-ヒドロキシカルボン酸の合成の出発物質は 2 炭素化合物のアセトアルデヒドでなければならない．シアン化水素の付加と，続く生成したシアノヒドリンの加水分解によって，標的分子が得られる．

$$\text{CH}_3\text{CHO} \xrightarrow[\text{HCl}]{\text{NaC}\equiv\text{N}} \text{CH}_3\text{CH(OH)CN} \xrightarrow[\Delta]{\text{HCl, H}_2\text{O}} \text{CH}_3\text{CH(OH)COOH}$$

問題 16
ハロゲン化アルキルをハロゲン化アルキルより 1 炭素多いカルボン酸に変換する方法を二つ示せ．

12.7 カルボニル化合物と水素化物イオンとの反応

アルデヒドおよびケトンと水素化物イオンとの反応

水素化物イオンは，アルデヒドやケトンと反応して求核付加生成物を生じるもう一つの強塩基性求核剤である．通常は水素化ホウ素ナトリウム（$NaBH_4$）が水素化物イオン源として使われる．

$$\text{CH}_3\text{CH}_2\text{CH}_2\text{CHO} \xrightarrow[\text{2. H}_3\text{O}^+]{\text{1. NaBH}_4} \text{CH}_3\text{CH}_2\text{CH}_2\text{CH}_2\text{OH}$$

ブタナール　　　　　　　　　　　1-ブタノール
アルデヒド　　　　　　　　　　　第一級アルコール

$$\text{CH}_3\text{CH}_2\text{COCH}_3 \xrightarrow[\text{2. H}_3\text{O}^+]{\text{1. NaBH}_4} \text{CH}_3\text{CH}_2\text{CH(OH)CH}_3$$

2-ペンタノン　　　　　　　　　　2-ペンタノール
ケトン　　　　　　　　　　　　　第二級アルコール

ある化合物への水素の付加は**還元反応**（reduction reaction）であることを思い出そう（5.6 節参照）．アルデヒドは第一級アルコールに還元され，ケトンは第二級アルコールに還元される．水素化物イオンとカルボニル化合物との反応が完結するまで反応混合物に酸を加えないように気をつけよう．

アルデヒドまたはケトンと水素化物イオンとの反応の機構

$$\underset{\text{R}}{\overset{\text{O}}{\underset{\|}{\text{C}}}}\text{R'(H)} + \text{H}-\bar{\text{B}}\text{H}_3 \longrightarrow \text{R}-\underset{\text{H}}{\overset{\text{O}^-}{\underset{|}{\text{C}}}}-\text{R'(H)} \xrightarrow{\text{H}_3\text{O}^+} \text{R}-\underset{\text{H}}{\overset{\text{OH}}{\underset{|}{\text{C}}}}-\text{R'(H)} \quad \text{求核付加生成物}$$

- 水素化物イオンをアルデヒドやケトンのカルボニル炭素に付加するとアルコキシドイオンが生成する.
- 希酸でプロトン化するとアルコールが生成する.

問題 17◆

次の化合物を水素化ホウ素ナトリウムで還元すると, どのようなアルコールが得られるか.

a. 2-メチルプロパナール b. シクロヘキサノン
c. 4-*tert*-ブチルシクロヘキサノン d. メチルフェニルケトン

塩化アシルと水素化物イオンとの反応

塩化アシルは別の基に置換されうる基をもつので, Grignard 反応剤との 2 回の連続した反応を行うのと同様に (12.5 節), 水素化物イオンと 2 回の連続した反応を行う. そのため, 塩化アシルと水素化ホウ素ナトリウムとの反応ではその塩化アシルと同じ炭素数の第一級アルコールが生成する.

$$\underset{\substack{\text{塩化ブタノイル}\\ \text{(butanoyl chloride)}}}{\text{CH}_3\text{CH}_2\text{CH}_2-\overset{\overset{\text{O}}{\|}}{\text{C}}-\text{Cl}} \xrightarrow[\text{2. H}_3\text{O}^+]{\text{1. 2 NaBH}_4} \underset{\substack{\text{1-ブタノール}\\ \text{(1-butanol)}}}{\text{CH}_3\text{CH}_2\text{CH}_2\text{CH}_2\text{OH}}$$

塩化アシルと水素化物イオンとの反応の機構

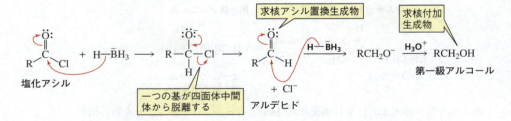

- 塩化アシルは, 水素化物イオンによって置換される基 (Cl^-) をもっているので, 求核アシル置換反応を行う. この反応の生成物はアルデヒドである.
- アルデヒドは次に 2 当量目の水素化物イオンと求核付加反応を行い, アルコキシドイオンを生成する.
- そのアルコキシドイオンのプロトン化で第一級アルコールが生成する.

エステルおよびカルボン酸と水素化物イオンとの反応

水素化ホウ素ナトリウム($NaBH_4$)は，アルデヒドやケトンよりも反応性の低いカルボニル化合物と反応するような強い水素化物供与体ではない．したがって，エステル，カルボン酸，およびアミドを還元するには，より反応性の高い水素化物供与体である水素化アルミニウムリチウム($LiAlH_4$)を用いなければならない．水素化アルミニウムリチウムは水素化ホウ素ナトリウムと比べて安全性や使いやすさでは劣る．$NaBH_4$が代わりに使えるのならばそれにこしたことはない．

エステルと$LiAlH_4$との反応では二つのアルコールが生成する．一つはエステルのアシル基部分由来，もう一つは脱離基部分由来のアルコールである．

$$CH_3CH_2\underset{\text{プロパン酸メチル}}{\underset{\text{エステル}}{C(=O)OCH_3}} \xrightarrow[\text{2. }H_3O^+]{\text{1. }2LiAlH_4} \underset{\text{1-プロパノール}}{CH_3CH_2CH_2OH} + \underset{\text{メタノール}}{CH_3OH}$$

エステルと水素化物イオンとの反応の機構

[機構図：エステル → 一つの基が脱離する → アルデヒド（求核アシル置換生成物）→ RCH_2O^- → RCH_2OH + CH_3OH （求核付加生成物，第一級アルコール）]

- エステルは求核アシル置換反応を起こす．というのは，エステルは水素化物イオンによって置換されうる基(CH_3O^-)をもっているからである．この反応の生成物はアルデヒドである．
- このアルデヒドは次に2当量目の水素化物イオンの求核付加反応を受け，アルコキシドイオンが生成する．
- 二つのアルコキシドイオンがプロトン化されて二つのアルコールが生成する．

エステルと水素化物イオンとの反応はアルデヒドの段階では止められない．なぜなら，アルデヒドはエステルよりも反応性が高いからである(12.2節)．

カルボン酸と水素化物イオンとの反応ではそのカルボン酸と同じ炭素数の第一級アルコールが得られる．

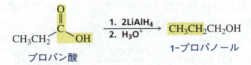

$$CH_3CH_2\underset{\text{プロパン酸}}{C(=O)OH} \xrightarrow[\text{2. }H_3O^+]{\text{1. }2LiAlH_4} \underset{\text{1-プロパノール}}{CH_3CH_2CH_2OH}$$

> 塩化アシルおよびエステルは，水素化物イオンやGrignard反応剤と二つの連続した反応を行う．

> カルボン酸と$LiAlH_4$との反応で第一級アルコールが生成する．

問題18◆

次の化合物と$LiAlH_4$との反応に続く希酸処理により生成する化合物は何か．
 a. ブタン酸エチル　　　b. 安息香酸メチル　　　c. ペンタン酸

アミドと水素化物イオンとの反応

アミドを LiAlH$_4$ と反応させた場合も，水素化物イオンの連続した付加反応が進行する．全体として，この反応はカルボニル基をメチレン(CH_2)基へ変換するので，反応の生成物はアミンである．アミドの窒素に結合している置換基の数によって，第一級，第二級，第三級アミンを生成できる．（H_3O^+ よりむしろ H_2O が反応の二段階目で用いられていることに注目しよう．H_3O^+ が用いられた場合，生成物はプロトン化されたアミンとなる．）

ベンズアミド (benzamide) → ベンジルアミン (benzylamine) 第一級アミン

N-メチルアセトアミド (N-methylacetamide) → エチルメチルアミン (ethylmethylamine) 第二級アミン

生体反応も水素化物イオンをカルボニル基へ届ける反応剤を必要とする．細胞は NADH と NADPH を水素化物供与体として用いている．（水素化ホウ素ナトリウムと水素化リチウムアルミニウムは反応性が高すぎて細胞では使えない．）これらの水素化物供与体については 18.7 節で述べる．

問題 19 ◆

次のアミンを生成するには，どのようなアミドを LiAlH$_4$ と反応させればよいか．

a. ベンジルメチルアミン b. エチルアミン
c. ジエチルアミン d. トリエチルアミン

12.8 アルデヒドおよびケトンとアミンとの反応

アルデヒドとケトンは第一級アミンと反応してイミンを生成する

アルデヒドまたはケトンは，第一級アミンと反応してイミン〔Schiff 塩基 (Schiff base) とも呼ばれる〕を生成する．イミン (imine) は炭素—窒素二重結合をもつ化合物である．この反応は微量の酸を必要とする．イミンの生成により C＝O が C＝NR に置き換わっていることに注目しよう．

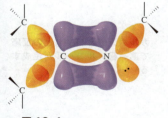

▲ 図 12.1
イミンの結合．π結合は炭素の p 軌道と窒素の p 軌道との横の重なりによって形成される；それはオレンジ色の軌道に直交する．

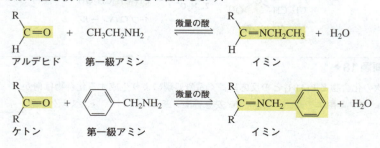

12.8 アルデヒドおよびケトンとアミンとの反応

C＝N 基（図 12.1）は C＝O 基（図 11.1 参照）と似ている．イミンの窒素は sp^2 混成している．sp^2 軌道の一つはイミンの炭素と σ 結合を形成し，もう一つは置換基と σ 結合を形成し，三つ目の sp^2 軌道は孤立電子対を含んでいる．窒素の p 軌道と炭素の p 軌道が重なり，π 結合を形成している．

イミン生成の反応機構を次に示す．アミンの付加に引き続き水が脱離するので，この反応は **求核付加-脱離反応**（nucleophilic addition-elimination reaction）である．（HB^+ はプロトンを供与できる溶液中での化学種を示し，:B はプロトンを引き抜くことができる溶液中の化学種を示す．）

イミン生成の反応機構

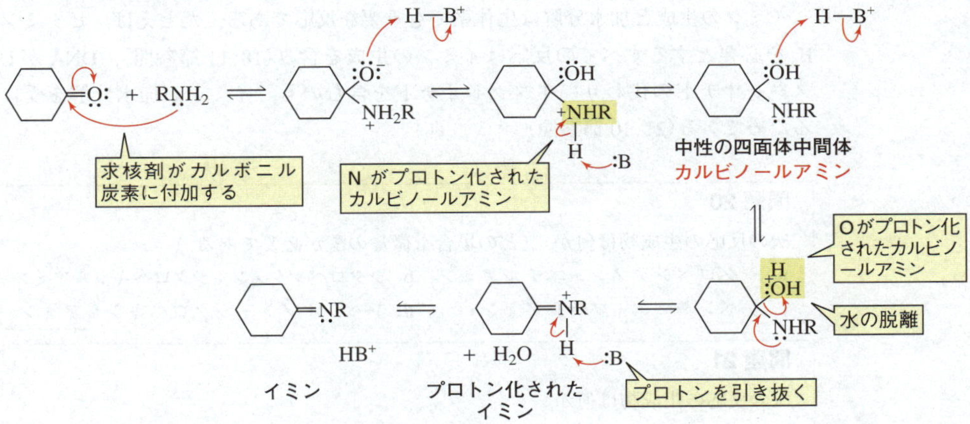

イミンの生成で C＝O が C＝NR に置き換わる．

- アミンがカルボニル炭素に付加する．
- アルコキシドイオンのプロトン化と，アンモニウムイオンの脱プロトン化により，中性の四面体中間体が生成する．
- カルビノールアミンと呼ばれる中性の四面体中間体が，二つのプロトン化された中間体と平衡にある．なぜなら，その酸素（正反応）またはその窒素（逆反応）のどちらかがプロトン化されうるからである．
- 四面体中間体は不安定なので，酸素原子がプロトン化されている中間体から水が脱離し，プロトン化されたイミンが生成する．
- 塩基が窒素からプロトンを引き抜きイミンが生成する．

Grignard 反応剤や水素化物イオンがアルデヒドやケトンに付加するとき生成する安定な四面体化合物とは異なり，アミンがアルデヒドやケトンに付加するときに生成する四面体化合物は不安定である．それは，その OH 基がプロトン化されると，窒素の孤立電子対が水分子を脱離できるためである．

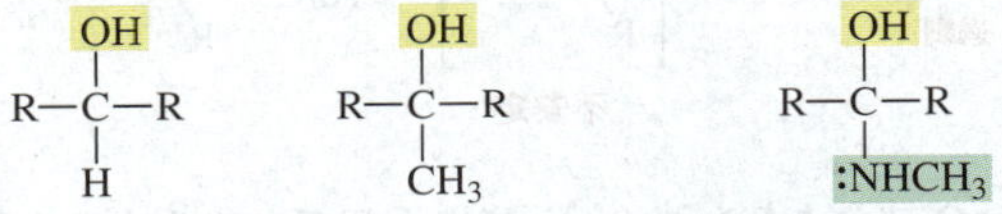

11 章の酸触媒反応の機構で学んだ三つの四面体中間体の様式がこの反応機構でも現れていることに注目しよう：

プロトン化された四面体中間体 ⇌ 中性四面体中間体 ⇌ プロトン化された四面体中間体．

アルデヒドとケトンは第一級アミンと反応し，イミンを生成する．

安定な四面体化合物　　不安定な四面体化合物

イミンの生成は可逆的である．カルビノールアミンの窒素は酸素よりも塩基性が強いので，その平衡は窒素がプロトン化されている四面体中間体に傾いている．しかし，平衡は酸素がプロトン化された四面体中間体側に傾かせることができ，それゆえに生成する水を除去するとイミンが生成する．

イミンの生成は可逆的なので，イミンは酸性溶液中でカルボニル化合物とアミンに加水分解されうる．酸性溶液なのでアミン生成物はプロトン化されていることに注意しよう．

イミンは酸触媒による加水分解を受けて，カルボニル化合物と第一級アミンを生成する．

$$\underset{R}{\overset{R}{}}C=NCH_2CH_3 + H_2O \xrightarrow{HCl} \underset{R}{\overset{R}{}}C=O + CH_3CH_2\overset{+}{N}H_3$$

イミンの生成と加水分解は生体系でも重要な反応である．たとえば，ビタミンB_6を必要とするすべての反応はイミンの生成を含み（18.11節参照），DNA が U ヌクレオチドの代わりに T ヌクレオチドを含むのも，イミンが加水分解を受けるためである（21.10節参照）．

問題 20

次の反応の生成物は何か．（どの場合も微量の酸が必要である．）

a. シクロペンタノン + エチルアミン　　b. シクロペンタノン + シクロヘキシルアミン
c. 3-ペンタノン + ブチルアミン　　d. 3-ペンタノン + シクロヘキシルアミン

問題 21

次の反応の生成物は何か．

$$\underset{CH_3CH_2}{\overset{CH_3CH_2}{}}C=N-\text{C}_6\text{H}_{11} + H_2O \xrightarrow{HCl}$$

還元的アミノ化反応

アルデヒドもしくはケトンとアンモニアとの反応で生成するイミンは比較的不安定である．なぜなら，窒素に結合している置換基はすべて水素原子だからである．しかし，そのイミンは有用な中間体である．

たとえば，アンモニアとの反応を H_2 のような還元剤と金属触媒存在下で行うと，その二重結合が還元されて第一級アミンが生成する．アルデヒドもしくはケトンと過剰のアンモニアを用いて還元剤存在下で行う反応を**還元的アミノ化**（reductive amination）という．

$$\underset{R}{\overset{R}{}}C=O + NH_3 \underset{過剰}{\xrightleftharpoons{微量の酸}} \left[\underset{R}{\overset{R}{}}C=NH\right] \xrightarrow{H_2 \atop Pd/C} \underset{R}{\overset{R}{}}CHNH_2$$

不安定

イミンの二重結合は C=O 結合よりも速く還元されるので，カルボニル基の還元はこれらの反応でのイミンの還元と競合しない．

問題 22

"アミノ酸"として一般的に知られている化合物は，α-アミノカルボン酸である（17.0節参照）．ここに示したアミノ酸の合成に用いられるカルボニル化合物は何か．

a. 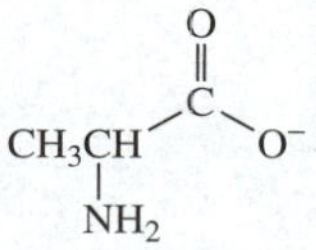 $CH_3\underset{NH_2}{\underset{|}{CH}}COO^-$ b. 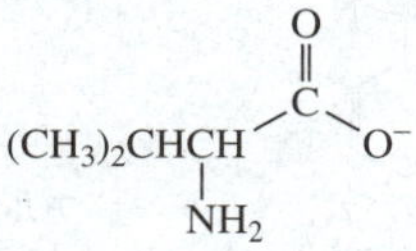 $(CH_3)_2\underset{NH_2}{\underset{|}{CH}}COO^-$

医薬品の開発におけるセレンディピティー[†]

現在までに多くの医薬品が偶然に発見されてきた．精神安定剤であるLibrium®も同様に偶然発見された医薬品である．Hoffmann–LaRoche社の研究者であったLeo Sternbachは一連のキナゾリン3-オキシド類縁体を合成したが，それらはいずれもまったく薬理活性を示さなかった．また，彼が合成したもののうちの一つはキナゾリン3-オキシドでなかったために活性試験の計画に入っていなかった．彼のプロジェクトが中止になってから2年後，研究室の掃除をしているときに作業員がこの化合物を見つけ，Sternbachはその化合物を捨てる前に活性試験を行ったほうがよいだろうと考えた．活性試験の結果，その化合物が精神安定作用を示すことがわかり，構造を決定したところ，ベンゾジアゼピン4-オキシドであることがわかった．

メチルアミンは，クロロ置換基へのS_N2反応により置き換わってキナゾリン3-オキシドを生成するのではなく，六員環のイミン基に付加する．これが開環したあとに再びS_N2反応で閉環してベンゾジアゼピンを生成する．臨床で用いられるようになった1960年に，この化合物にはLibrium®という商標名がつけられた．

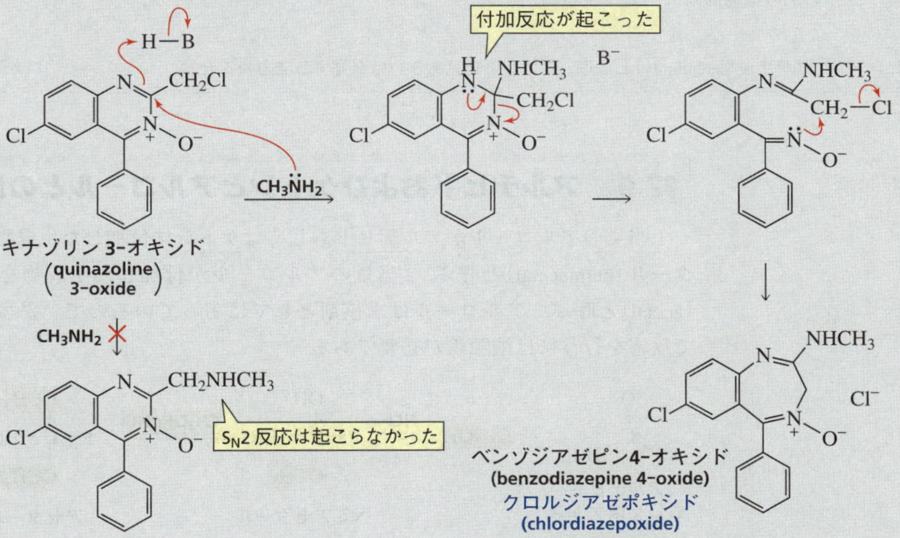

ほかの精神安定剤を開発するためにLibrium®の構造を修飾する研究が行われた（9.10節参照）．そのうちの一つの成功例にLibrium®の10倍の作用をもつValium®がある．近年では，8種類のベンゾジアゼピンがアメリカや15の諸外国の臨床で精神安定剤として用いられている．Rohypnol®はいわゆるデート・レイプ・ドラッグと呼ばれるものの一つである．

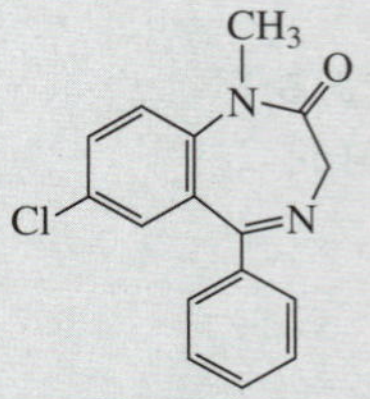

ジアゼパム
(diazepam)
Valium® (1963)

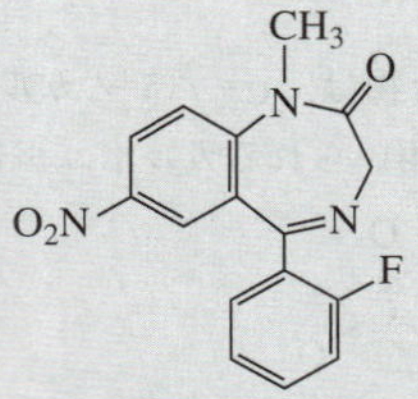

フルニトラゼパム
(flunitrazepam)
Rohypnol® (1963)

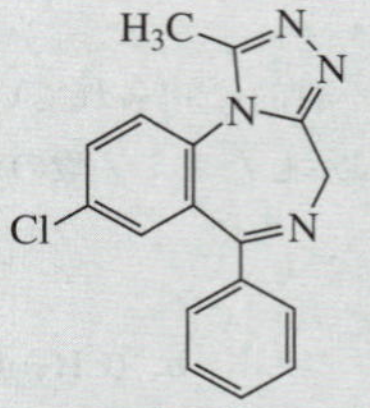

アルプラゾラム
(alprazolam)
Xanax® (1970)

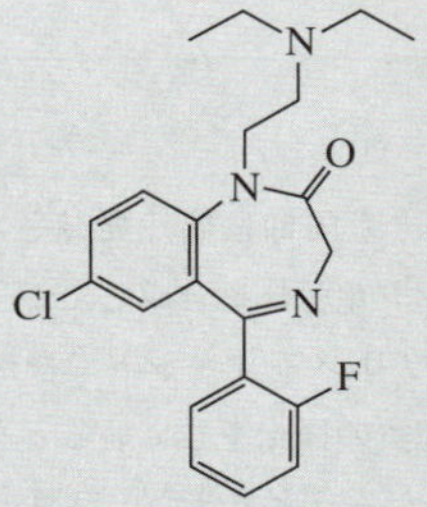

フルラゼパム
(flurazepam)
Dalmane® (1970)

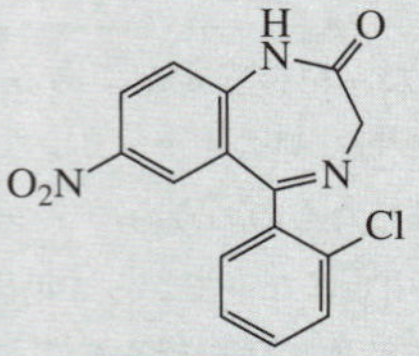

クロナゼパム
(clonazepam)
Klonopin® (1975)

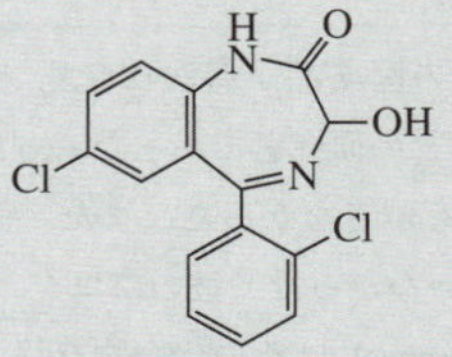

ロラゼパム
(lorazepam)
Ativan® (1977)

バイアグラは、医薬品開発のセレンディピティー†における最近の例である。もともと心臓の治療薬として臨床試験が行われたが、効果がなかったので臨床試験は中止になった。のちに、臨床試験の登録者が残った錠剤を返却しなかったことから、製薬会社はバイアグラの別の市場的効果に気づいた。

† 訳者注：セレンディピティー（serendipity）とは思いがけない発見あるいは発見する能力のこと。

12.9 アルデヒドおよびケトンとアルコールとの反応

1当量のアルコールが<u>アルデヒド</u>もしくはケトンに付加した生成物を**ヘミアセタール**（hemiacetal）と呼ぶ。2当量のアルコールが付加した生成物を**アセタール**（acetal）と呼ぶ。アルコールは求核剤としては劣っているので、妥当な反応速度で反応を行うには酸触媒が必要である。

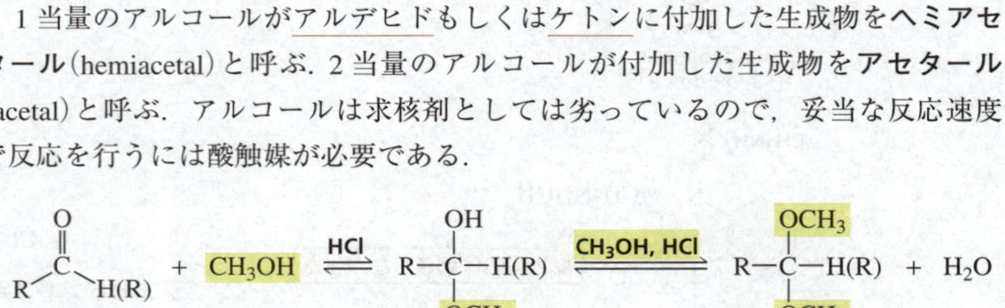

$$\underset{\substack{\text{アルデヒド}\\\text{もしくはケトン}}}{\text{R}-\overset{\text{O}}{\underset{}{\text{C}}}-\text{H(R)}} + \text{CH}_3\text{OH} \xrightleftharpoons{\text{HCl}} \underset{\text{ヘミアセタール}}{\text{R}-\underset{\text{OCH}_3}{\overset{\text{OH}}{\text{C}}}-\text{H(R)}} \xrightleftharpoons{\text{CH}_3\text{OH, HCl}} \underset{\text{アセタール}}{\text{R}-\underset{\text{OCH}_3}{\overset{\text{OCH}_3}{\text{C}}}-\text{H(R)}} + \text{H}_2\text{O}$$

hemi はギリシャ語で"半分"を意味する。1当量のアルコールがアルデヒドあるいはケトンに付加して、生成したヘミアセタールは、2当量のアルコール由来の基をもつ最終生成物のアセタールの生成段階における中間体である。

アセタール生成の反応機構では、付加-脱離反応に続く2度目の付加が示されている。

酸触媒によるアセタール生成の反応機構

- 酸はカルボニル酸素をプロトン化し，そのカルボニル炭素が求核付加を受けやすくする（図12.2）．
- アルコールがカルボニル炭素に付加する．
- プロトン化された四面体中間体からプロトンが引き抜かれることによって，中性の四面体中間体（ヘミアセタール）が生成する．
- ヘミアセタールはプロトン化体と平衡状態にある．ヘミアセタールの二つの酸素原子は同じように塩基性なので，どちらもプロトン化されうる．
- ヘミアセタールは不安定なので（四面体炭素に二つの酸素がついている），第二のプロトン化された中間体から水が脱離し，それにより正電荷を帯びた酸素のために，非常に反応性の高い中間体が生成する．
- この中間体に二つ目のアルコール分子が求核付加して，次いでプロトンが引き抜かれるとアセタールが生成する．

アセタールのsp³炭素は二つの酸素と結合している（これは不安定であることを示唆する）にもかかわらず，脱離した水を反応混合物から除去すると，アセタールを単離できる．この場合，もしまわりに水がなければ，アセタールから変換されうる化合物は O-アルキル化された中間体しか考えられず，これはアセタールよりも不安定である．

三つの四面体中間体の様式がこの反応機構でも現れていることに注目しよう．すなわち，

プロトン化された四面体中間体 ⇌
中性四面体中間体 ⇌
プロトン化された四面体中間体．

問題23◆

次の1～6の化合物を**a**あるいは**b**に分類せよ．
a. ヘミアセタール　　**b.** アセタール

1. CH₃-C(OH)(OCH₃)-CH₃
2. CH₃-C(OCH₂CH₃)(OCH₂CH₃)-H
3. CH₃-C(OCH₃)(OCH₃)-H
4. CH₃-C(OCH₃)(OCH₃)-CH₃
5. CH₃-C(OH)(OCH₃)-H
6. CH₃-C(OH)(OCH₃)-CH₂CH₃

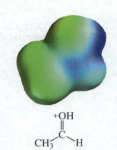

▲ 図12.2
プロトン化されたアルデヒドのカルボニル炭素は，プロトン化されていないアルデヒドのカルボニル炭素より求電子性が強い（青色がより濃い）ことが静電ポテンシャル図からわかる．

問題 24

次の反応の生成物は何か.

a. 3-ペンタノン + 過剰の CH_3OH + HCl

b. ブタナール + 過剰の CH_3CH_2OH + HCl

アセタールは,酸性水溶液中で加水分解によりアルデヒドやケトンに戻せる.

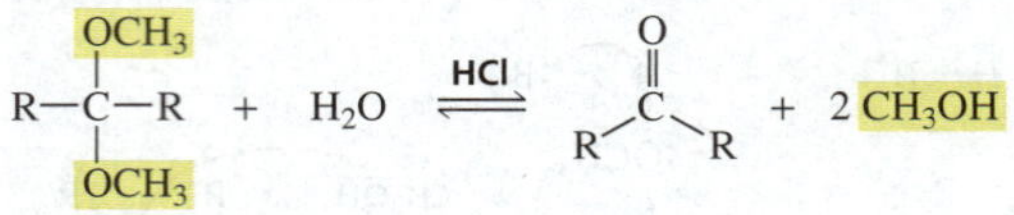

$$R-\underset{OCH_3}{\overset{OCH_3}{C}}-R + H_2O \underset{}{\overset{HCl}{\rightleftarrows}} R-\underset{}{\overset{O}{C}}-R + 2\,CH_3OH$$

問題 25

次の反応の生成物は何か.

a. 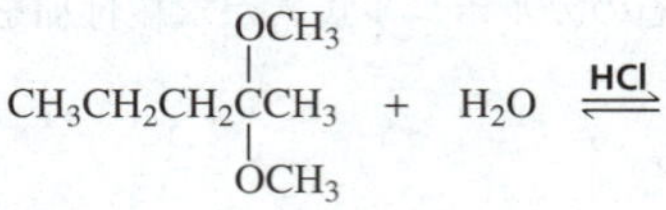 $CH_3CH_2CH_2\underset{OCH_3}{\overset{OCH_3}{C}}H$ + H_2O $\overset{HCl}{\rightleftarrows}$

b. 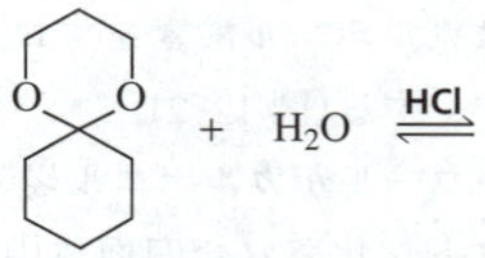 (1,5-ジオキサスピロ[5.5]ウンデカン構造) + H_2O $\overset{HCl}{\rightleftarrows}$

炭水化物はヘミアセタールとアセタールを生成する

16章で炭水化物を学ぶとき,炭水化物の個々の糖単位がアセタール基によって互いにつながれていることを知るだろう.たとえば,D-グルコースのアルデヒド基とアルコール基との反応で,ヘミアセタールである環状化合物が生成する.環状化合物の分子は,ある分子のヘミアセタール基ともう一つの分子のOH基との反応によってつながり,その結果アセタールが生成する.アセタール基によってつながった何百もの環状グルコース分子が,デンプンやセルロースの主要成分である(16.10節参照).

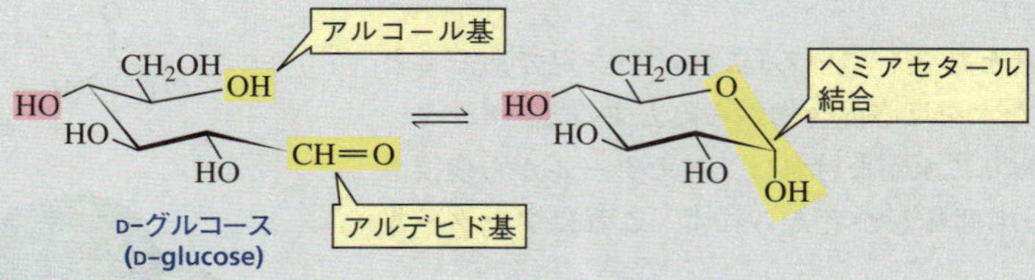

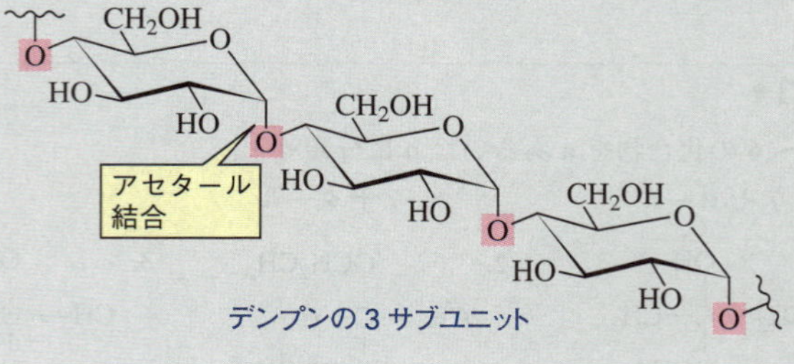

D-グルコース (D-glucose) — アルコール基,アルデヒド基 ⇌ ヘミアセタール結合

デンプンの3サブユニット — アセタール結合

12.10 α,β-不飽和アルデヒドおよびケトンへの求核付加反応

α,β-不飽和カルボニル化合物の共鳴寄与体は，その分子がカルボニル炭素とβ炭素という二つの求電子部位をもっていることを示している．

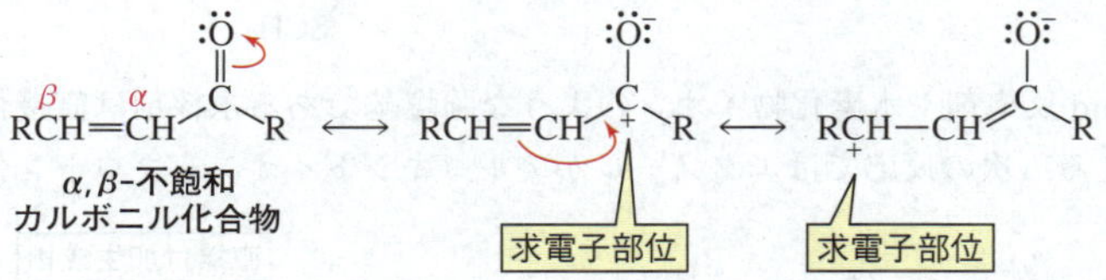

このことは，求核剤がカルボニル炭素とβ炭素のどちらにも付加できることを意味している．カルボニル炭素への求核付加は**直接付加**(direct addition)あるいは1,2-付加と呼ばれる．

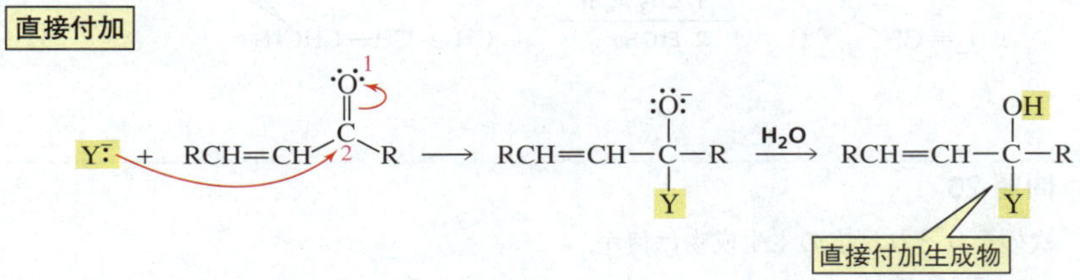

β炭素への求核付加は**共役付加**(conjugate addition)あるいは1,4-付加と呼ばれる．というのは，付加が1位と4位で起こるからである．1,4-付加の生成物はエノールであり，ケトンまたはアルデヒドに互変異性化する(6.14節参照)．したがって，求核剤のβ炭素への付加とプロトンのα炭素への付加により，反応は全体として炭素—炭素二重結合への付加となる．

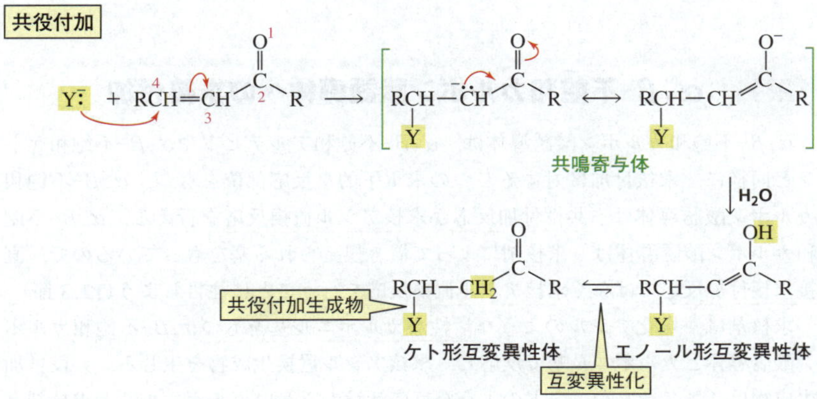

弱塩基である求核剤は共役付加生成物を生成する．

524 12章 アルデヒドとケトンの反応・カルボン酸誘導体のその他の反応

弱塩基である求核剤は共役付加生成物を生成する．

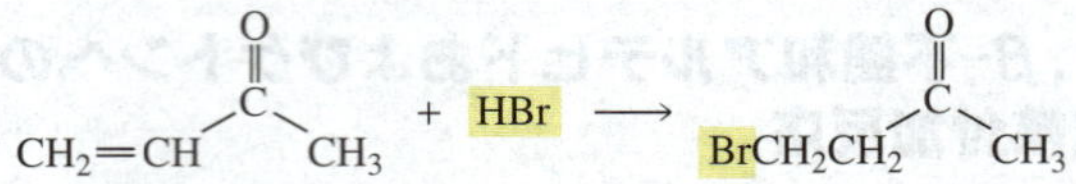

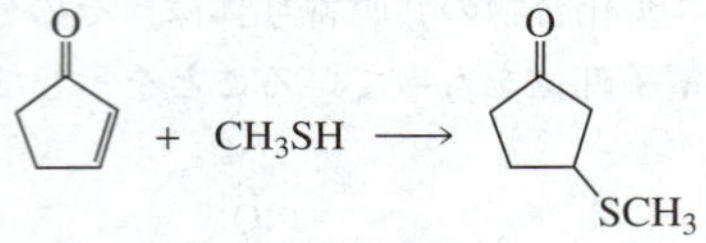

$CH_2=CH-CO-CH_3$ + HBr ⟶ $BrCH_2CH_2-CO-CH_3$

シクロペンテノン + CH_3SH ⟶ 3-(メチルチオ)シクロペンタノン

Grignard 反応剤や水素化物イオンのような強塩基である求核剤は直接付加生成物を与える．（次の反応ではエタノールがアルコキシドイオンをプロトン化する．）

強塩基である求核剤は一般的に直接付加生成物を生じる．

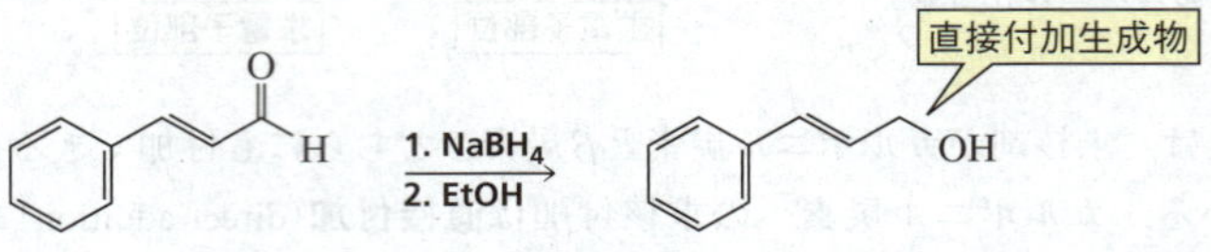

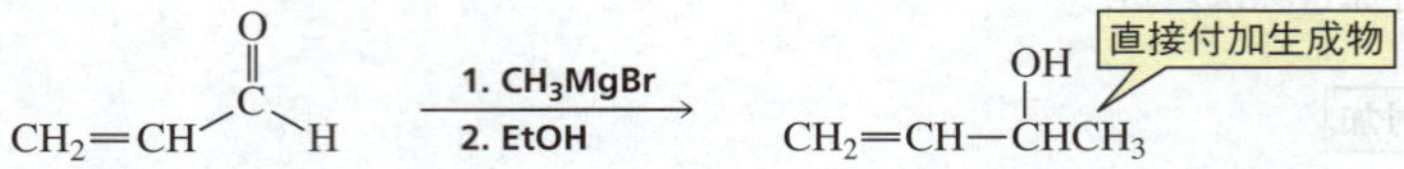

桂皮アルデヒド $\xrightarrow{\text{1. NaBH}_4,\ \text{2. EtOH}}$ 桂皮アルコール 〔直接付加生成物〕

$CH_2=CH-CHO$ $\xrightarrow{\text{1. CH}_3\text{MgBr},\ \text{2. EtOH}}$ $CH_2=CH-CH(OH)CH_3$ 〔直接付加生成物〕

問題 26

次のそれぞれ反応の主生成物は何か．

a. オクタヒドロナフタレノン + CH_3SH ⟶

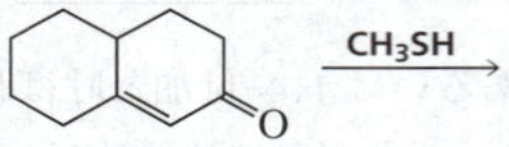

b. オクタヒドロナフタレノン $\xrightarrow{\text{1. NaBH}_4,\ \text{2. EtOH}}$

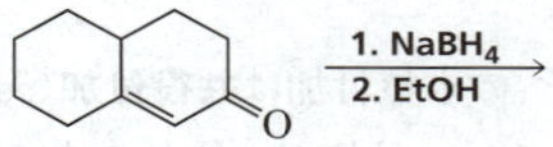

c. $CH_3-CH=C(CH_3)-CO-CH_3$ + CH_3SH ⟶

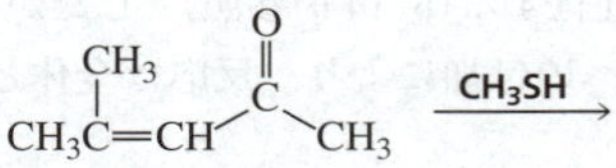

d. $CH_3CH=CH-CHO$ $\xrightarrow{\text{1. NaBH}_4,\ \text{2. EtOH}}$

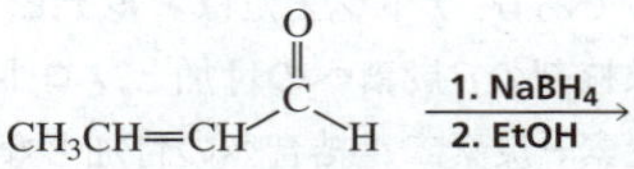

12.11 α, β-不飽和カルボン酸誘導体への求核付加

α, β-不飽和カルボン酸誘導体は，α, β-不飽和アルデヒドや α, β-不飽和ケトンと同様に，求核付加に対する二つの求電子的な反応部位をもつ．α, β-不飽和カルボン酸誘導体は，共役付加反応か求核アシル置換反応を行える．α, β-不飽和カルボン酸誘導体は，求核剤によって置き換えられる基をもっているので，直接求核付加反応ではなく求核アシル置換反応を行うことに注目しよう（12.3節）．

求核剤は，塩化アシルのような活性なカルボニル基をもつ α, β-不飽和カルボン酸誘導体とカルボニル基で反応し，求核アシル置換生成物を生じる．共役付加生成物は，エステルやアミドのような反応活性が乏しいカルボニル基と求核剤との反応で生成する．

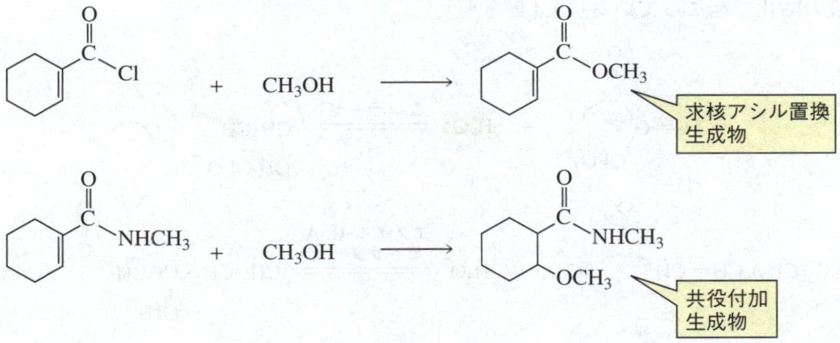

酵素触媒によるシス-トランス相互変換

シス異性体とトランス異性体の相互変換を触媒する酵素をシス-トランス異性化酵素という．異性化酵素はすべてチオール(SH)基を含むことが知られている．チオールは弱塩基であるのでα, β-不飽和ケトンのβ炭素に付加し(共役付加)，その結果生じた炭素—炭素単結合は，エノールがケトンへ互変異性化する前に回転する．互変異性化が進行する際に，α炭素の近くの酵素の活性部位にプロトンがないと，α炭素へのプロトンの付加が阻害される．そのためチオールは脱離し，二重結合の立体配置のみ異なったもとの化合物に戻る．

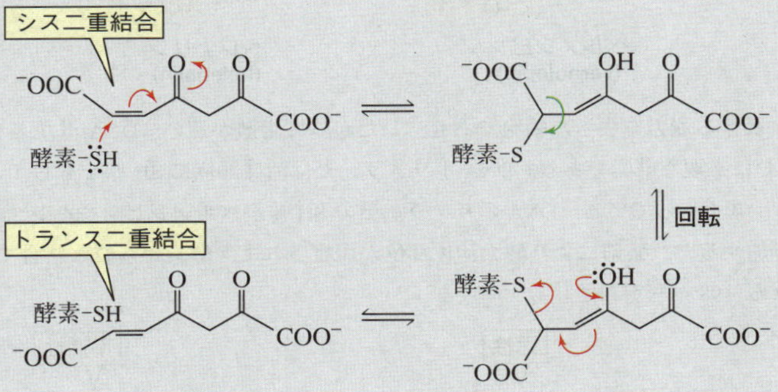

問題 27

次のそれぞれの反応の主生成物は何か．

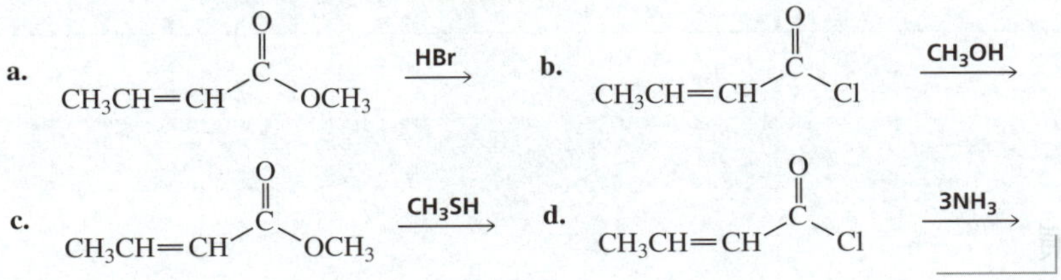

12.12 生体系での共役付加反応

生体系でのいくつかの反応には，α, β-不飽和カルボニル化合物への共役付加反応が含まれる．下に二つの例を示した．1番目の反応は，解糖系といわれるピルビン酸からグルコースの合成で起こっている(19.11 節参照)．2番目の反応は脂肪

526　12章　アルデヒドとケトンの反応・カルボン酸誘導体のその他の反応

酸の酸化で起こっている（19.4節参照）．

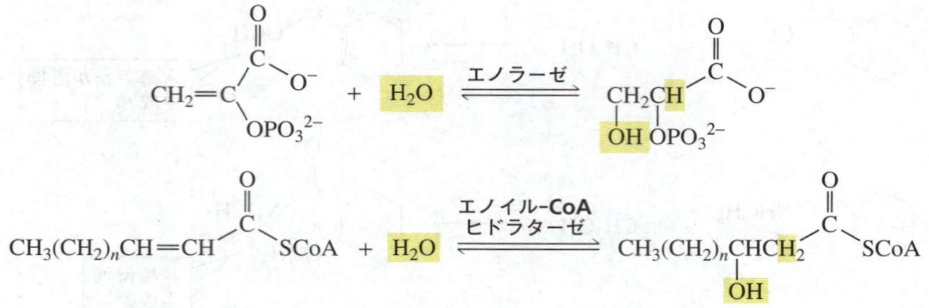

$$CH_2=C(OPO_3^{2-})COO^- + H_2O \underset{}{\overset{エノラーゼ}{\rightleftharpoons}} CH_2(OH)CH(OPO_3^{2-})COO^-$$

$$CH_3(CH_2)_nCH=CHC(O)SCoA + H_2O \underset{}{\overset{エノイル-CoA\ ヒドラターゼ}{\rightleftharpoons}} CH_3(CH_2)_nCH(OH)CH_2C(O)SCoA$$

🧪 がんの化学療法

ベルノレピンとヘレナリンという二つの化合物は，共役付加反応によって抗がん剤としての効果（細胞毒性活性）を示す．

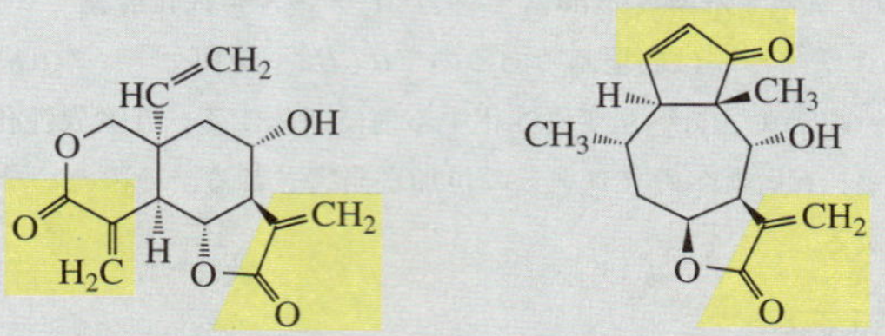

ベルノレピン (vernolepin)　　**ヘレナリン (helenalin)**

がん細胞はその成長を制御する能力を失った細胞であり，したがって増殖が速い．DNA ポリメラーゼは新しい細胞のためのDNAのコピーをつくるのに必要な酵素である．DNA ポリメラーゼは活性部位にSH基をもち，これらの薬剤はそれぞれ二つのα,β-不飽和カルボニル基をもっている．DNA ポリメラーゼのSH基がベルノレピンやヘレナリンのα,β-不飽和カルボニル基の一つのβ炭素に付加すると，薬剤により酵素活性部位が阻害されて，酵素が基質と結合できなくなるため，DNA ポリメラーゼは不活性化される（198ページ参照）．

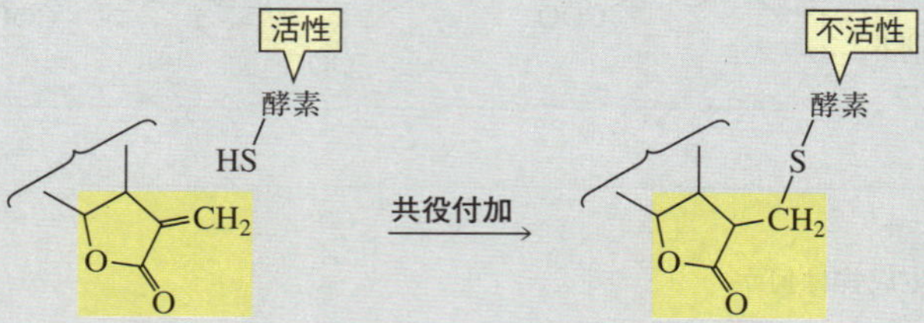

活性酵素-SH　→（共役付加）→　不活性酵素-S-

覚えておくべき重要事項

- **アルデヒドとケトン**はそれぞれ一つのHとRに結合しているアシル基をもっている．
- アルデヒドとケトンは塩基性の強い求核剤（R⁻やH⁻）と**求核付加反応**を行い，OやN求核剤とは**求核付加-脱離反応**を行う．
- 塩化アシルとエステルは塩基性の強い求核剤（R⁻やH⁻）と**求核アシル置換反応**を行い，ケトンもしくはアルデヒドを生成し，それらは2当量目の求核剤と求核付加反応を行う．
- 電子的および立体的な要因のために，求核付加に対して

アルデヒドはケトンよりも反応性が高い．
- アルデヒドやケトンはハロゲン化アシルや酸無水物よりも反応性が低く，エステル，カルボン酸，およびアミドよりは反応性が高い．
- Grignard 反応剤はホルムアルデヒドと反応して第一級アルコールを，アルデヒドと反応して第二級アルコールを，ケトン，エステル，およびハロゲン化アシルと反応して第三級アルコールを，二酸化炭素と反応してカルボン酸を生成する．
- アルデヒドやケトンはシアン化水素と反応してシアノヒドリンを生成する．
- アルデヒド，塩化アシル，エステル，およびカルボン酸は水素化物イオンによって還元されると第一級アルコールになり，ケトンは還元されると第二級アルコールに，アミドは還元されるとアミンになる．
- アルデヒドとケトンは第一級アミンと反応して**イミン**を生成する．
- イミンは酸性条件下でカルボニル化合物とプロトン化された第一級アミンに加水分解される．
- 還元的アミノ化はイミンのアミンへの還元反応である．
- 酸触媒によるアルコールのアルデヒドまたはケトンへの付加によって**ヘミアセタール**が生成し，アルコールの2回目の付加で**アセタール**が生成する．アセタールの生成は可逆的である．
- α,β-不飽和アルデヒドあるいはケトンのカルボニル炭素への求核付加は**直接付加**と呼ばれる．β 炭素への付加は**共役付加**と呼ばれる．
- 弱塩基，すなわちハロゲン化物イオン，水，アルコール，およびアミンである求核剤は，共役付加生成物を生成する．
- 強塩基，すなわち水素化物イオンや Grignard 反応剤である求核剤は，直接付加生成物を生成する．
- 求核剤は，反応性の高い α,β-不飽和カルボン酸誘導体と反応して求核アシル置換生成物を生じ，より反応性の低い α,β-不飽和カルボン酸誘導体をもつ化合物と反応して共役付加生成物を生じる．

反応のまとめ

1. カルボニル化合物と Grignard 反応剤との反応（12.5 節）

   a. ホルムアルデヒドと Grignard 反応剤との反応で第一級アルコールが生成する．反応機構は 507 ページに示す．

   $$\underset{H}{\overset{O}{\underset{\|}{C}}}H \xrightarrow[\text{2. }H_3O^+]{\text{1. }CH_3MgBr} CH_3CH_2OH$$

   b. ホルムアルデヒド以外のアルデヒドと Grignard 反応剤との反応で第二級アルコールが生成する．反応機構は 507 ページに示す．

   $$\underset{R}{\overset{O}{\underset{\|}{C}}}H \xrightarrow[\text{2. }H_3O^+]{\text{1. }CH_3MgBr} R-\underset{CH_3}{\overset{OH}{\underset{|}{C}}}-H$$

   c. ケトンと Grignard 反応剤との反応で第三級アルコールが生成する．反応機構は 507 ページに示す．

   $$\underset{R}{\overset{O}{\underset{\|}{C}}}R' \xrightarrow[\text{2. }H_3O^+]{\text{1. }CH_3MgBr} R-\underset{CH_3}{\overset{OH}{\underset{|}{C}}}-R'$$

   d. CO_2 と Grignard 反応剤との反応でカルボン酸が生成する．反応機構は 508 ページに示す．

   $$O=C=O \xrightarrow[\text{2. }H_3O^+]{\text{1. }CH_3MgBr} \underset{CH_3}{\overset{O}{\underset{\|}{C}}}OH$$

   e. エステルと過剰の Grignard 反応剤との反応で二つの同じ置換基をもつ第三級アルコールが生成する．反応機構は 509 ページに示す．

12章 アルデヒドとケトンの反応・カルボン酸誘導体のその他の反応

$$R-\overset{O}{\underset{}{C}}-OR' \xrightarrow[\text{2. H}_3\text{O}^+]{\text{1. 2 CH}_3\text{MgBr}} R-\overset{OH}{\underset{CH_3}{C}}-CH_3$$

f. 塩化アシルと過剰の Grignard 反応剤との反応で二つの同じ置換基をもつ第三級アルコールが生成する.

$$R-\overset{O}{\underset{}{C}}-Cl \xrightarrow[\text{2. H}_3\text{O}^+]{\text{1. 2 CH}_3\text{MgBr}} R-\overset{OH}{\underset{CH_3}{C}}-CH_3$$

2. 酸性条件下でのアルデヒドやケトンとシアン化物イオンとの反応でシアノヒドリンが生成する(12.6節). 反応機構は 512 ページに示す.

$$R-\overset{O}{\underset{}{C}}-R \xrightarrow[\text{HCl}]{^-C\equiv N} R-\overset{OH}{\underset{R}{C}}-C\equiv N$$

3. カルボニル化合物と水素化物イオン供与体との反応 (12.7節)
  a. アルデヒドと水素化ホウ素ナトリウムとの反応で第一級アルコールが生成する. 反応機構は 513 ページに示す.

$$R-\overset{O}{\underset{}{C}}-H \xrightarrow[\text{2. H}_3\text{O}^+]{\text{1. NaBH}_4} RCH_2OH$$

  b. ケトンと水素化ホウ素ナトリウムとの反応で第二級アルコールが生成する. 反応機構は 514 ページに示す.

$$R-\overset{O}{\underset{}{C}}-R \xrightarrow[\text{2. H}_3\text{O}^+]{\text{1. NaBH}_4} R-\overset{OH}{\underset{H}{C}}-R$$

  c. 塩化アシルと水素化ホウ素ナトリウムとの反応で第一級アルコールが生成する. 反応機構は 514 ページに示す.

$$R-\overset{O}{\underset{}{C}}-Cl \xrightarrow[\text{2. H}_3\text{O}^+]{\text{1. 2 NaBH}_4} R-CH_2OH$$

  d. エステルと水素化アルミニウムリチウムとの反応で第一級アルコールと, 脱離基由来のアルコールが生成する. 反応機構 515 ページに示す.

$$R-\overset{O}{\underset{}{C}}-OR' \xrightarrow[\text{2. H}_3\text{O}^+]{\text{1. 2 LiAlH}_4} RCH_2OH + R'OH$$

  e. カルボン酸と水素化アルミニウムリチウムとの反応で第一級アルコールが生成する.

$$R-\overset{O}{\underset{}{C}}-OH \xrightarrow[\text{2. H}_3\text{O}^+]{\text{1. LiAlH}_4} R-CH_2OH$$

  f. アミドと水素化アルミニウムリチウムとの反応でアミンが生成する.

$$R-\overset{O}{\underset{}{C}}-NH_2 \xrightarrow[\text{2. H}_2\text{O}]{\text{1. LiAlH}_4} R-CH_2-NH_2$$

$$R-\overset{O}{\underset{}{C}}-NHR' \xrightarrow[\text{2. H}_2\text{O}]{\text{1. LiAlH}_4} R-CH_2-NHR'$$

$$\underset{R''}{\underset{|}{R-C-NR'}}\overset{O}{\|} \xrightarrow[\text{2. H}_2\text{O}]{\text{1. LiAlH}_4} R-CH_2-\underset{R''}{\underset{|}{N-R'}}$$

4. アルデヒドもしくはケトンと第一級アミンとの反応でイミンが生成する(12.8節). 反応機構は517ページに示す.

$$\underset{R}{\overset{R'}{>}}C=O + RNH_2 \underset{}{\overset{\text{微量の酸}}{\rightleftarrows}} \underset{R}{\overset{R'}{>}}C=NR + H_2O$$

5. 還元的アミノ化：アルデヒドあるいはケトンのアンモニアとの反応で生成するイミンは, 第一級アミンへと還元される(12.8節).

$$\underset{R}{\overset{R}{>}}C=O + NH_3 \overset{\text{微量の酸}}{\rightleftarrows} \left[\underset{R}{\overset{R}{>}}C=NH\right] \xrightarrow{\text{H}_2 \atop \text{Pd/C}} \underset{R}{\overset{R}{>}}CHNH_2$$

6. アルデヒドまたはケトンと過剰のアルコールとの反応ではじめにヘミアセタール, 次にアセタールが生成する(12.9節). 反応機構は521ページに示す.

$$\underset{R}{\overset{O}{\underset{\|}{R-C-R'}}} + 2\,R''OH \overset{\text{HCl}}{\rightleftarrows} \underset{OR''}{\overset{OH}{\underset{|}{R-C-R'}}} \rightleftarrows \underset{OR''}{\overset{OR''}{\underset{|}{R-C-R'}}} + H_2O$$

7. α,β-不飽和アルデヒドやα,β-不飽和ケトンと求核剤との反応で, 求核剤によって直接付加生成物もしくは共役付加生成物が生成する(12.10節). 反応機構は523ページに示す.

$$RCH=CH-\overset{O}{\underset{\|}{C}}-R' + NuH \longrightarrow RCH=CH-\underset{Nu}{\overset{OH}{\underset{|}{C}}}-R + RCH\underset{Nu}{CH_2}-\overset{O}{\underset{\|}{C}}-R'$$

直接付加　　　　　共役付加

弱塩基である求核剤(CH_3OH, H_2O, RSH, RNH_2, Br^-)は共役付加生成物を与える. 強塩基である求核剤($RMgBr$, H^-)は一般的に直接付加生成物を生じる.

8. α,β-不飽和カルボン酸誘導体と求核剤との反応で, 反応性の高いカルボニル基との反応で求核アシル置換生成物を生じ, 反応性の低いカルボニル基との反応で共役付加生成物を生じる(12.11節).

$$RCH=CH-\overset{O}{\underset{\|}{C}}-Cl + NuH \longrightarrow RCH=CH-\overset{O}{\underset{\|}{C}}-Nu + HCl$$

求核アシル置換

$$RCH=CH-\overset{O}{\underset{\|}{C}}-NHR + NuH \longrightarrow RCH\underset{Nu}{CH_2}-\overset{O}{\underset{\|}{C}}-NHR$$

共役付加

章末問題

28. 次のそれぞれの構造を書け.
　a. イソブチルアルデヒド　　**b.** ジイソペンチルケトン　　**c.** 3-メチルシクロヘキサノン
　d. 2,4-ペンタンジオン　　**e.** 4-ブロモ-3-ヘプタノン　　**f.** 4-ブロモヘキサナール

29. 次の反応の生成物は何か.

a. CH_3CH_2CHO + CH_3CH_2OH (過剰) $\xrightarrow{HCl}$

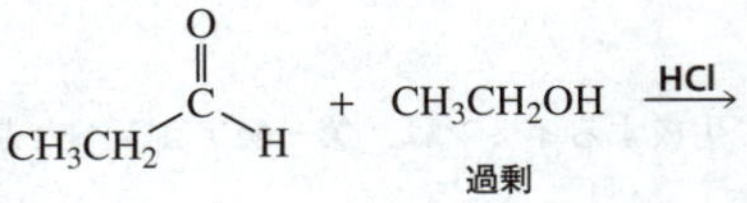

b. $C_6H_5COCH_2CH_3$ + CH_3NH_2 $\xrightarrow{微量の酸}$

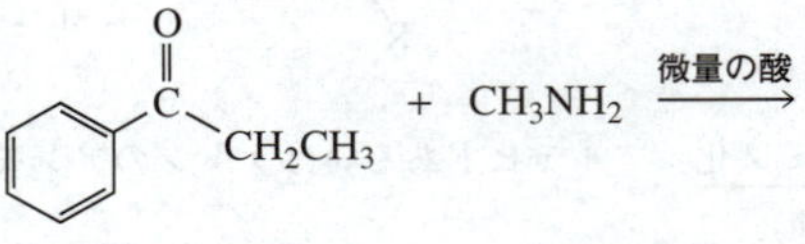

c. $CH_3CH_2COCH_3$ $\xrightarrow{\text{1. NaBH}_4}{\text{2. H}_3\text{O}^+}$

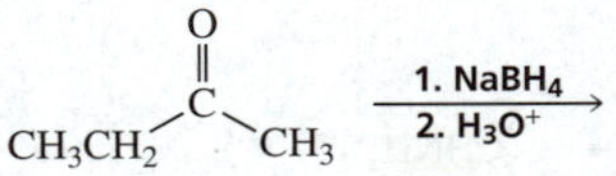

d. $CH_3CH_2COCH_2CH_3$ + NaC≡N (過剰) $\xrightarrow{HCl}$

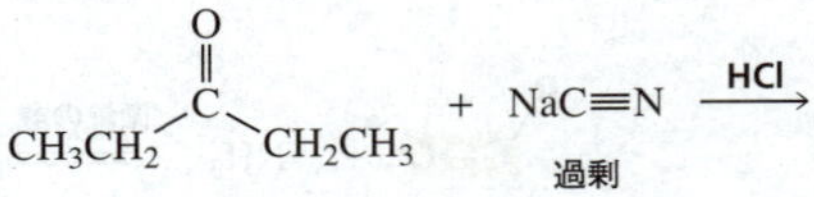

30. 次の化合物を求核付加に対する反応性の最も高いものから最も低いものの順に並べよ.

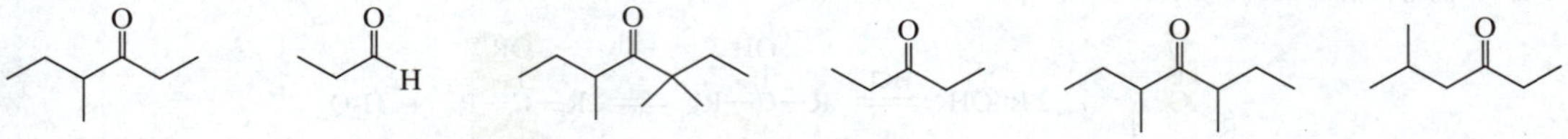

31. 次のそれぞれの反応で第一級アルコールを生成させるのに必要な反応剤を示せ.

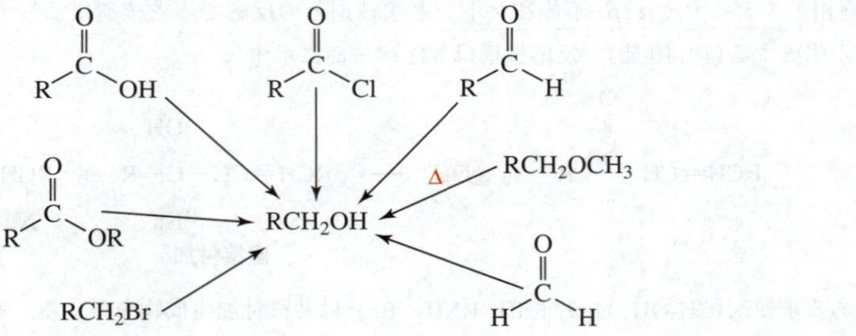

（RCOOH, RCOCl, RCHO, RCOOR, RCH₂Br, RCH₂OCH₃, HCHO → RCH₂OH）

32. 次の空欄を埋めよ.

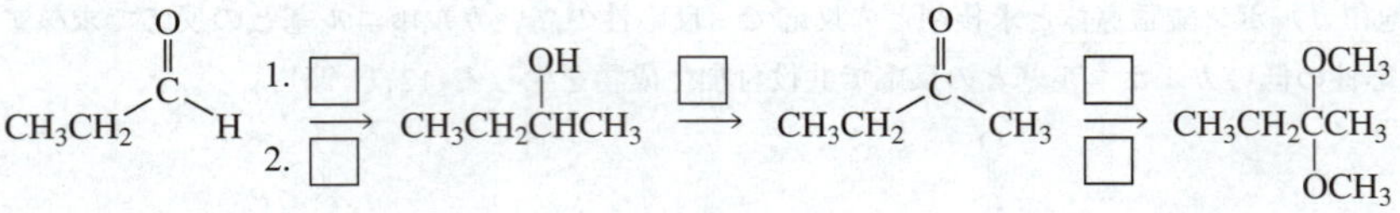

$CH_3CHO \xrightarrow[\text{2.}]{\text{1.}\square} CH_3CH_2CH(OH)CH_3 \xrightarrow{\square} CH_3CH_2COCH_3 \xrightarrow{\square} CH_3CH_2C(OCH_3)_2CH_3$

33. 次の化合物を与えられた出発物質から合成する方法を示せ.

　a. $C_6H_5COCH_3 \longrightarrow C_6H_5C(OH)(CH_3)_2$

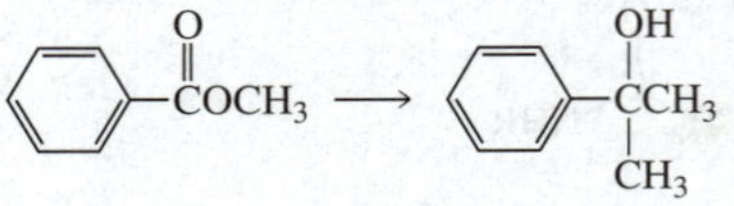

　b. 6-メチル-2-ピペリジノン $\longrightarrow$ 2-メチルピペリジン

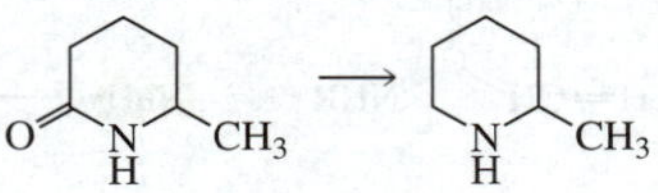

34. ギ酸メチルと過剰の Grignard 反応剤とを反応させて希酸で処理すると，第何級のアルコール（第一級，第二級，もしくは第三級）が生成するか．

35. 次の反応の生成物は何か．生成するすべての立体異性体を示せ．

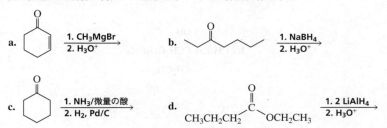

36. 次の空欄を適切な化合物で埋めよ．

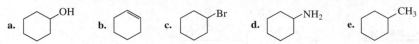

37. イミンをカルボニル化合物とプロトン化された第一級アミンへ酸触媒加水分解する反応の機構を書け．

38. 次の Grignard 反応剤とエチレンオキシドとを反応させたのち，酸を加えるとどのようなアルコールが生成するか．

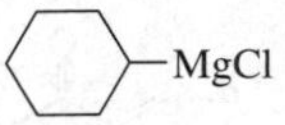

39. シクロヘキサノンを出発物質に用いて，次のそれぞれの化合物を合成する方法を示せ．

40. 次の化合物を与えられた出発物質から合成する方法を 2 通り示せ．

$CH_3CH_2CH_2CH_2Br \longrightarrow CH_3CH_2CH_2COOH$

41. 適切な反応剤を用いて次の空欄を埋めよ．

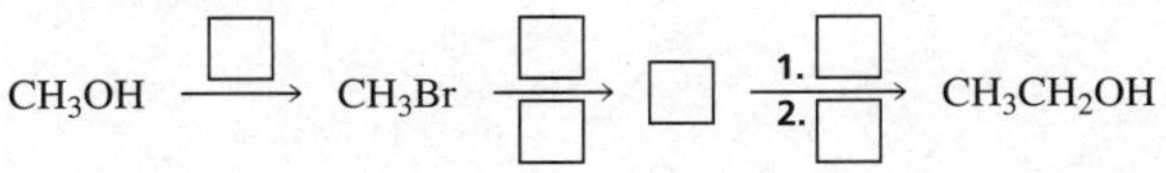

$CH_3OH \longrightarrow CH_3Br \longrightarrow \square \xrightarrow[2.]{1.} CH_3CH_2OH$

42. 次の反応の生成物は何か．

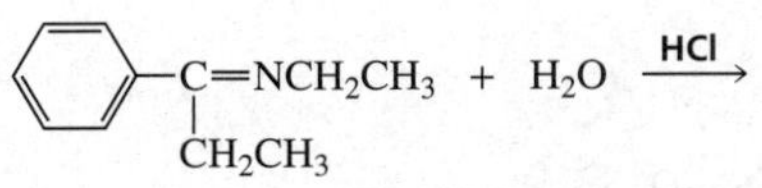

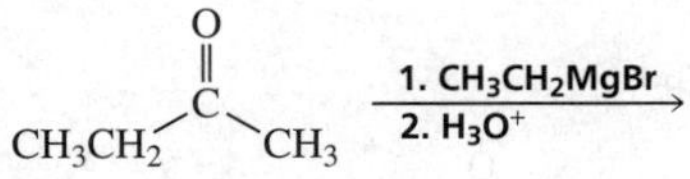

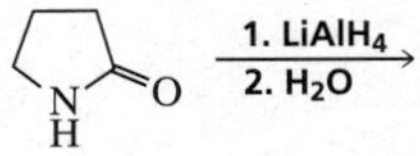

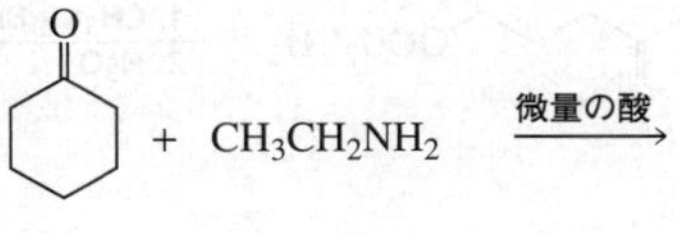

43. N-メチルブタンアミドを次の化合物に変換するにはどうすればよいか．
   a. ブチルメチルアミン   **b.** ブタン酸   **c.** ブタン酸メチル   **d.** ブチルアルコール

44. 次のそれぞれの第三級アルコールを合成するのに必要な反応剤(カルボニル化合物とGrignard反応剤)の組合せを3組あげよ．

   a. 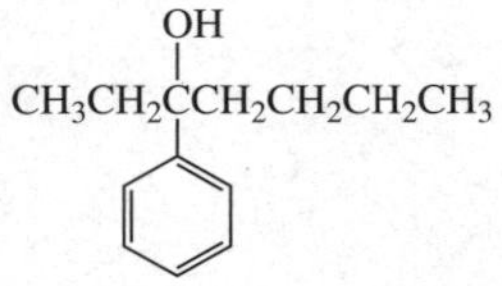 CH₃CH(OH)(C₆H₅)CH₂CH₂CH₂CH₃   **b.** 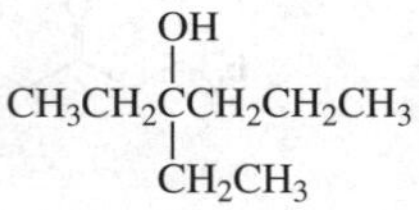 CH₃C(OH)(CH₂CH₃)CH₂CH₂CH₃

45. 3-メチル-2-シクロヘキセノンと次の反応剤を反応させて生じる生成物は何か．
   a. CH₃MgBr に続いて H₃O⁺   **b.** CH₃CH₂SH   **c.** HBr

46. 次の反応の生成物は何か．

   a. 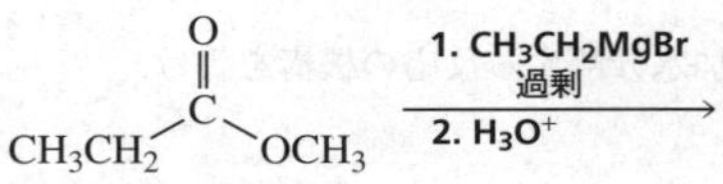 CH₃CH₂C(=O)OCH₃ $\xrightarrow{\text{1. CH}_3\text{CH}_2\text{MgBr 過剰}}{\text{2. H}_3\text{O}^+}$

   b. 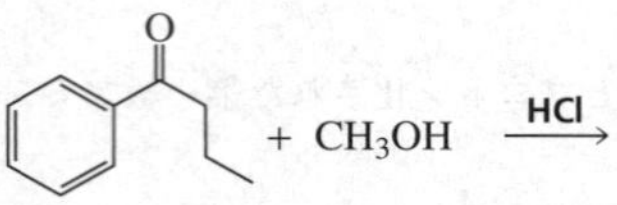 C₆H₅C(=O)CH₂CH₃ + CH₃OH $\xrightarrow{\text{HCl}}$

   c. 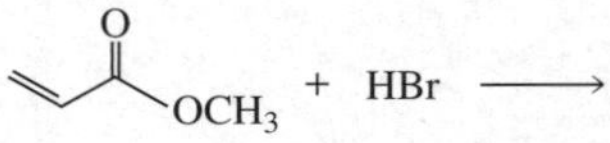 CH₂=CHC(=O)OCH₃ + HBr ⟶

   d. 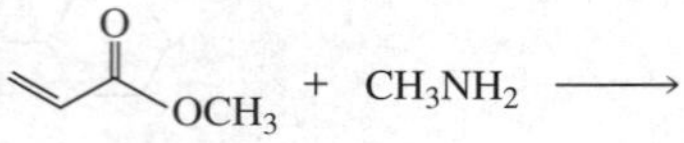 CH₂=CHC(=O)OCH₃ + CH₃NH₂ ⟶

47. 次のそれぞれの反応の生成物は何か．

   a. 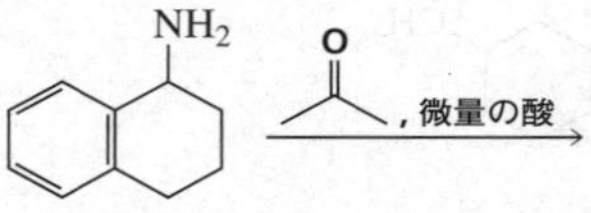 1-アミノテトラリン + アセトン, 微量の酸

   b. 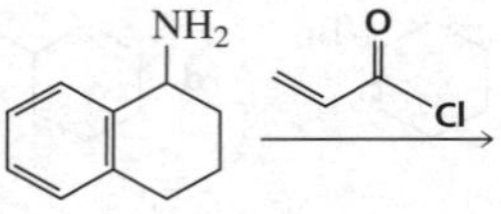 1-アミノテトラリン + CH₂=CHC(=O)Cl

48. 次の反応の機構を示せ．

   3,4-ジヒドロ-2H-ピラン + CH₃CH₂OH $\xrightarrow{\text{HCl}}$ 2-エトキシテトラヒドロピラン

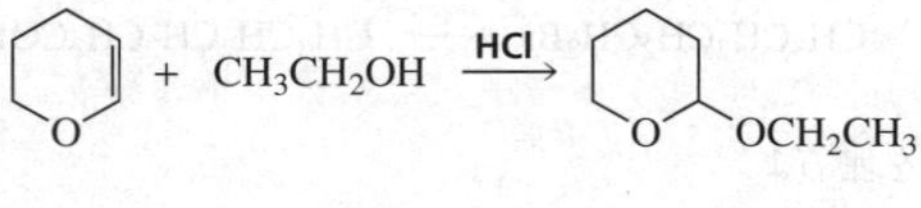

49. 次の反応の機構を示せ．

   HO-CH₂CH₂CH₂CH₂-CHO $\xrightarrow[\text{CH}_3\text{OH}]{\text{HCl}}$ 2-メトキシテトラヒドロピラン

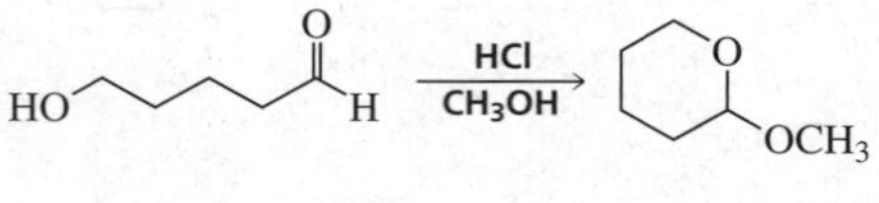

50. 次の反応の機構を示せ．

   CH₃C(=O)CH₂CH₂C(=O)OCH₂CH₃ $\xrightarrow{\text{1. CH}_3\text{MgBr}}{\text{2. H}_3\text{O}^+}$ γ-ジメチル-γ-ブチロラクトン + CH₃CH₂OH

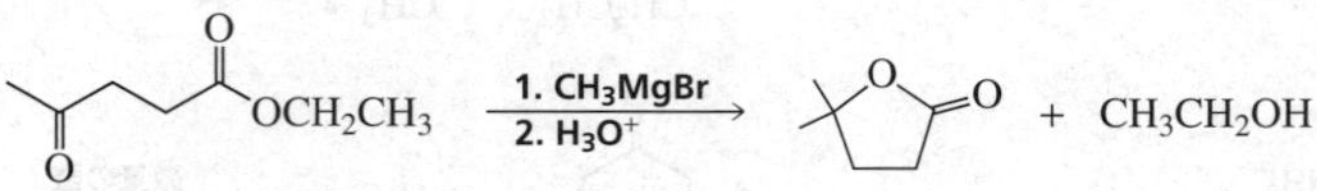

51. 次のそれぞれの反応の機構を示せ.

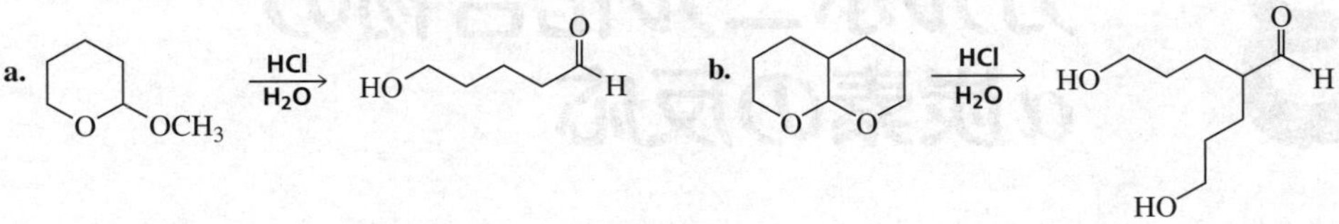

a. [テトラヒドロピラン-2-イル メチルエーテル] $\xrightarrow{\text{HCl} \atop \text{H}_2\text{O}}$ HO−(CH₂)₄−CHO

b. [オクタヒドロクロメン類似構造] $\xrightarrow{\text{HCl} \atop \text{H}_2\text{O}}$ HO−(CH₂)₃−CH(CHO)−(CH₂)₂−OH

52. 次の化合物を与えられた出発物質から合成する方法を示せ.

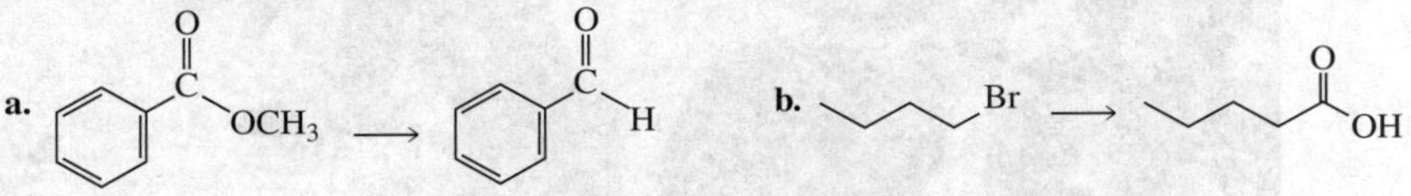

a. PhC(=O)OCH₃ ⟶ PhCHO

b. CH₃CH₂CH₂CH₂Br ⟶ CH₃CH₂CH₂CH₂CH₂COOH

53. 次のそれぞれの反応の生成物は何か.

a. 1,2-ジヒドロキシ-1,2,3,4-テトラヒドロナフタレン + CH₃C(=O)CH₃ , HCl ⟶

b. 2-テトラロン + HOCH₂CH₂OH , HCl ⟶

13 カルボニル化合物のα炭素の反応

カジノキ（梶の木）

乳がんの治療に用いられる 15 種のアロマターゼ阻害薬が，カジノキ（梶の木）の葉から単離された（547 ページ参照）．

11 章と 12 章でカルボニル化合物の反応について学び，その反応点は，求核剤が付加する，部分的に正に帯電したカルボニル炭素であることを見てきた．

多くのカルボニル化合物は第二の反応点をもっている．すなわち，<u>カルボニル炭素に隣接する炭素に結合した水素</u>である．この水素は十分に酸性であり，強塩基によって引き抜ける．カルボニル炭素に隣接するこの炭素は，**α炭素**（α-carbon）と呼ばれる．そのため，α炭素上の水素は**α水素**（α-hydrogen）と呼ばれる．

13.1 節では，α炭素に結合している水素が，なぜほかの sp³ 炭素に結合している水素よりも強い酸性を示すのかを理解したうえで，この酸性度に基づくいくつかの反応を学ぶ．この章の後半を学習すれば，α炭素からの引き抜きが可能な置換基が水素だけではないことも理解できるはずである．すなわち，α炭素に結合しているカルボキシ基も，CO_2 として除去される．章末では，α炭素からのプロトンやカルボキシ基の取り除きに基づくいくつかの重要な生体反応を紹介する．

13.1 α水素の酸性度

水素と炭素は同程度の電気陰性度を示す．これは，二つの原子を結びつけている電子が二つの原子でほとんど等しく共有されていることを意味する．その結果，炭素に結合している水素は通常は酸性を示さない．これらの炭素の電気陰性度は水素とほとんど同じであるので，sp³ 炭素に結合している水素の場合はとくにそれがいえる．たとえば，エタンの pK_a 値は 60 より大きい（2.6 節参照）．

$$CH_3CH_3 \quad pK_a > 60$$

しかし，カルボニル炭素に隣接する sp³ 炭素に結合している水素は，ほかの sp³ 炭素に結合している水素よりもより強い酸性を示す．たとえば，アルデヒドやケトンのα炭素からプロトンが解離するときの pK_a 値は 16～20 の範囲にあり，エステルのα炭素からプロトンが解離するときの pK_a 値は約 25 である（表 13.1）．α水素は，ほかの炭素に結合したほとんどの水素よりも酸性であるが，水分子中の水素（pK_a = 15.7）よりは酸性が弱いことに注目しよう．

$$\underset{pK_a = 約16～20}{RCH_2-\overset{O}{\underset{\|}{C}}-H \quad RCH_2-\overset{O}{\underset{\|}{C}}-R} \quad \underset{pK_a = 約25}{RCH_2-\overset{O}{\underset{\|}{C}}-OR}$$

> ケトンやアルデヒドのα水素はエステルのα水素よりも酸性である．

表 13.1 炭素酸の pK_a 値

構造	pK_a	構造	pK_a
$CH_2-\overset{O}{\underset{\|}{C}}-OCH_2CH_3$, H	25	$CH_3-\overset{O}{\underset{\|}{C}}-CH-\overset{O}{\underset{\|}{C}}-OCH_2CH_3$, H	10.7
$CH_2-\overset{O}{\underset{\|}{C}}-CH_3$, H	20	$CH_3-\overset{O}{\underset{\|}{C}}-CH-\overset{O}{\underset{\|}{C}}-CH_3$, H	8.9
$CH_2-\overset{O}{\underset{\|}{C}}-H$, H	17	$CH_3-\overset{O}{\underset{\|}{C}}-CH-\overset{O}{\underset{\|}{C}}-H$, H	5.9

α炭素に結合している水素は，ほかの sp³ 炭素に結合している水素よりも強い酸性を示す．なぜなら，α炭素からプロトンが引き抜かれて生じる塩基が比較的安定だからである．そして，すでに学んだように，塩基が安定であればあるほど，その共役酸は強い(2.6節参照)．

なぜα炭素からプロトンが引き抜かれて生じる塩基は，ほかの sp³ 炭素からプロトンが引き抜かれて生じる塩基よりも安定なのだろうか．エタンからプロトンを引き抜いたとき，そこに取り残された電子対は局在化している．つまり，電子対はもっぱら炭素上に存在している．炭素はそれほど電気陰性度が大きくないので，このカルボアニオンは不安定である．結果として，共役酸の pK_a 値が非常に大きくなる．

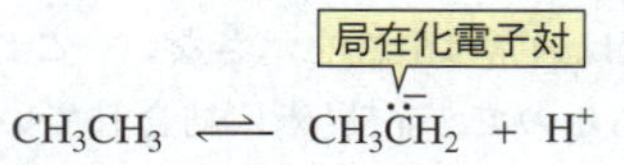

$$CH_3CH_3 \rightleftharpoons CH_3\ddot{C}H_2 + H^+$$

（局在化電子対）

一方，α炭素からプロトンを引き抜いたときには，生成する塩基の安定性を増す要因が二つ存在する．一つは，プロトンを引き抜かれたあとに残った電子対が非局在化し，この電子対の非局在化が安定性を増大する(7.6節参照)．さらに重要なのは，酸素原子は炭素原子よりも電気陰性度が大きいので，酸素原子上に電子対がとどまることである．

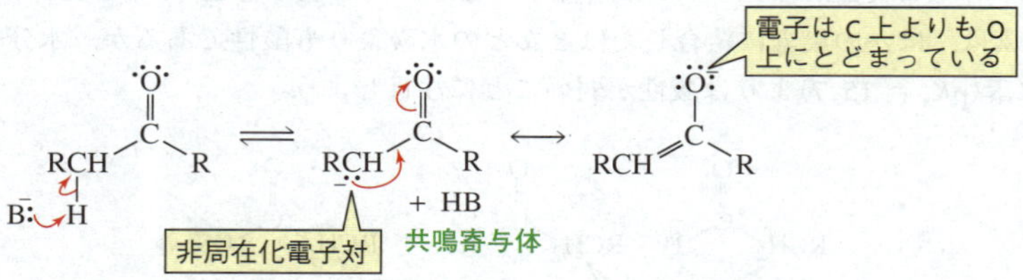

（電子は C 上よりも O 上にとどまっている）
（非局在化電子対）（共鳴寄与体）

なぜアルデヒドやケトン(pK_a = 16～20)がエステル(pK_a = 25)よりも酸性なのだろうか．アルデヒドやケトンからプロトンが引き抜かれたあとに残った電子対とは異なり，エステルのα炭素からプロトンが引き抜かれたあとに残った電子対は，カルボニル酸素上へ非局在化しにくい(赤矢印で示す)．この理由は，エステルの OR 基の酸素原子がもっている孤立電子対もカルボニル酸素上へ非局在化できるからである(青矢印で示す)．このように，炭素上の電子対と酸素上の電子対が同じ酸素原子上への非局在化を競っている．

（酸素上の孤立電子対の非局在化）（共鳴寄与体）（炭素上の孤立電子対の非局在化）

α炭素が二つのカルボニル基にはさまれていれば，α水素の酸性度はさらに大きくなる(表13.1)．たとえば，二つのケトンのカルボニル基にはさまれたα炭素をもつ 2,4-ペンタンジオンのα炭素からプロトンが解離するときの pK_a 値は 8.9 である．また，ケトンのカルボニル基とエステルのカルボニル基にはさまれた 3-

オキソブタン酸エチルのα炭素からプロトンが解離するときの pK_a 値は 10.7 である．

2,4-ペンタンジオン

プロトンが引き抜かれたあとに残った電子対は，二つの酸素のどちらかの上に非局在化できるので，二つのカルボニル基にはさまれた炭素に結合しているα水素の酸性度は大きくなる．

問題 1
次のそれぞれの化合物のなかで最も酸性なプロトンを示せ．

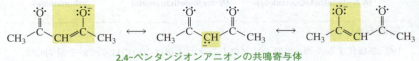

問題 2 ◆
a. どちらの化合物がより強い酸性を示すか．
b. どちらの化合物がより大きい pK_a 値を示すか．

問題 3 ◆
2,4-ペンタンジオンが 3-オキソブタン酸エチルより強い酸なのはなぜか．

【問題解答の指針】
カルボニル化合物の酸-塩基としての挙動

塩基がカルボン酸のα炭素からプロトンを引き抜けないのはなぜかを説明せよ．

塩基がα炭素からプロトンを引き抜けないとすれば，その塩基はその分子の別の部分とより速く反応しているのに違いない．カルボキシ基のプロトンはα炭素上のプロトンよりも酸性(pK_a = 約 5)なので，塩基はα炭素からよりもカルボキシ基からプロトンを引き抜くと結論できる．

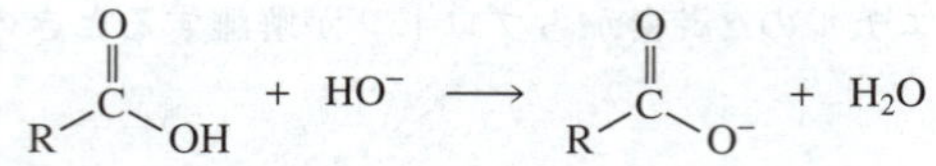

$$\underset{\text{R}}{\overset{\text{O}}{\underset{\|}{\text{C}}}}\text{OH} + \text{HO}^- \longrightarrow \underset{\text{R}}{\overset{\text{O}}{\underset{\|}{\text{C}}}}\text{O}^- + \text{H}_2\text{O}$$

ここで学んだ方法を使って問題 4 を解こう.

問題 4 ◆

塩基は N,N-ジメチルエタンアミドのα炭素からプロトンを引き抜けるが, N-メチルエタンアミドやエタンアミドのα炭素からプロトンを引き抜けないのはなぜかを説明せよ.

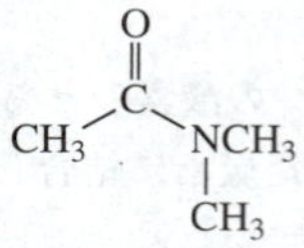

N,N-ジメチルエタンアミド
(N,N-dimethylethanamide)

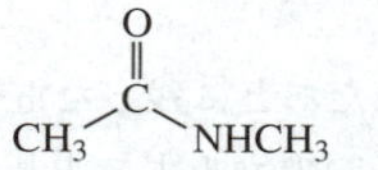

N-メチルエタンアミド
(N-methylethanamide)

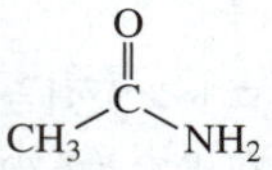

エタンアミド
(ethanamide)

問題 5 ◆

HO$^-$ が塩化アシルのα炭素からプロトンを引き抜けないのはなぜかを説明せよ.

13.2 ケト-エノール互変異性体

ケトンはその互変異性体であるエノールと平衡状態で存在する. **互変異性体** (tautomers) は速い平衡状態にある異性体であることを思い出そう (6.13 節参照). ケト-エノール互変異性体は二重結合と水素の位置が異なっている.

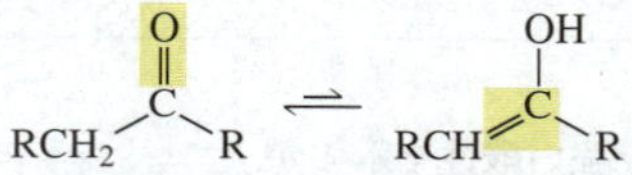

ケト互変異性体   エノール互変異性体

ほとんどのケトンの場合, **エノール互変異性体**(enol tautomer) は**ケト互変異性体**(keto tautomer) よりもはるかに不安定である. たとえば, 水溶液中でアセトンは, 99.9%以上のケト互変異性体と 0.1%以下のエノール互変異性体の平衡混合物として存在している.

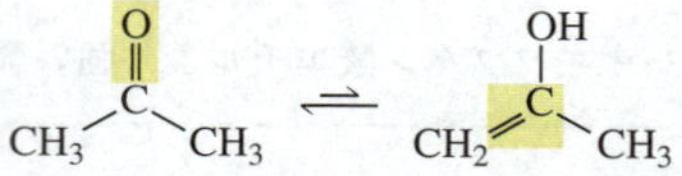

> 99.9%   < 0.1%
ケト互変異性体   エノール互変異性体

フェノールの場合, エノール互変異性体は芳香族性を示すがケト互変異性体は示さないので, エノール互変異性体のほうがケト互変異性体に比べより安定である. (7.8 節参照).

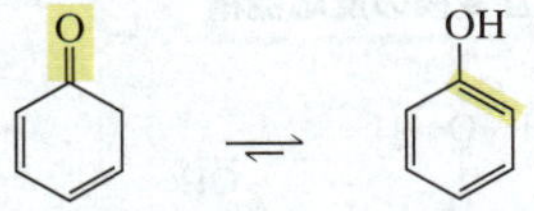

ケト互変異性体　　エノール互変異性体
非芳香族性　　　　芳香族性

> **問題 6 ◆**
> 次のそれぞれの化合物について，エノール互変異性体の構造を書け．
>
> a. 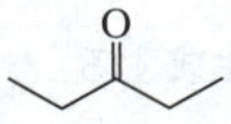　　　　b. 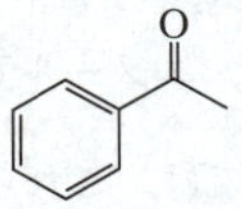　　　　c.

> **問題 7 ◆**
> 次の化合物の二つのエノール互変異性体の構造を書け．どちらがより安定か．

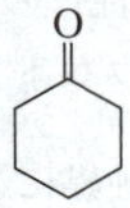

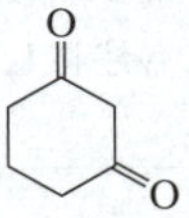

13.3　ケト-エノール相互変換

α炭素がいくぶん酸性であることを学んだので，6.13節で学んだように，ケト互変異性体とエノール互変異性体がなぜ相互変換するのかがよりよく理解できる．**ケト-エノール相互変換**(keto–enol interconversion)〔**互変異性化**(tautomerization) ともいう〕は，酸や塩基によって触媒される．

塩基触媒によるケト-エノール相互変換の反応機構

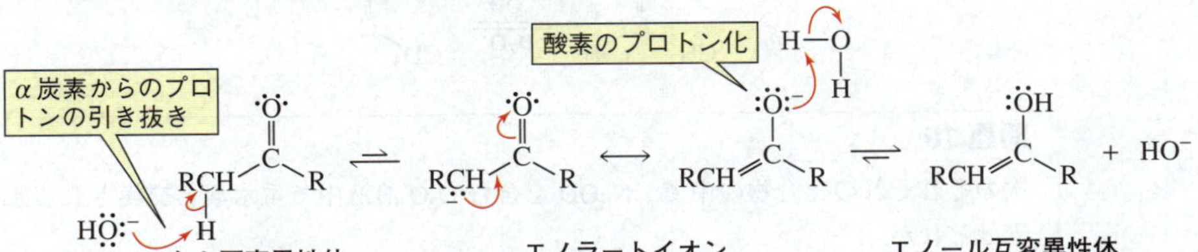

ケト互変異性体　　　　エノラートイオン　　　　エノール互変異性体

- 水酸化物イオンがケト互変異性体のα炭素からプロトンを引き抜き，**エノラートイオン**(enolate ion)と呼ばれるアニオンを生成する．エノラートイオンは二つの共鳴寄与体をとる．
- 酸素のプロトン化は，エノール互変異性体を生じる．

酸触媒によるケト-エノール相互変換の反応機構

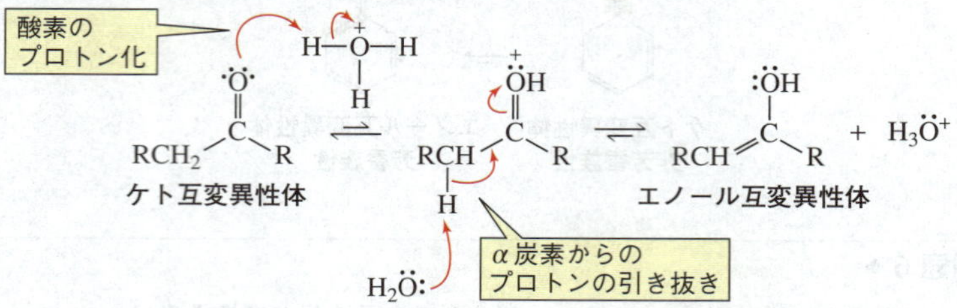

- 酸はケト互変異性体のカルボニル酸素をプロトン化する．
- 水がα炭素からプロトンを引き抜き，エノール互変異性体が生成する．

塩基触媒および酸触媒による相互交換では，これらの過程が可逆的であることに注目しよう．塩基触媒反応では，最初に塩基がα炭素からプロトンを引き抜き，次に酸素がプロトン化される．酸触媒反応では，最初に酸素がプロトン化され，次にα炭素からプロトンが引き抜かれる．酸触媒および塩基触媒による反応において，触媒が再生されていることにも注目しよう．

問題 8
次のそれぞれのケトンから生成するエノラートイオンの共鳴寄与体を書け．

a. 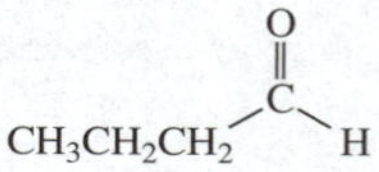 $CH_3CH_2CH_2CHO$ b. 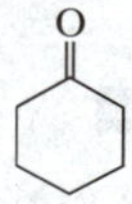 シクロヘキサノン

問題 9
NaOD を含む D_2O にアセトアルデヒドを溶かした希釈溶液を振り混ぜたとき，メチル基の水素だけが重水素で交換されて，カルボニル炭素に結合した水素は重水素で交換されない．それはなぜかを説明せよ．

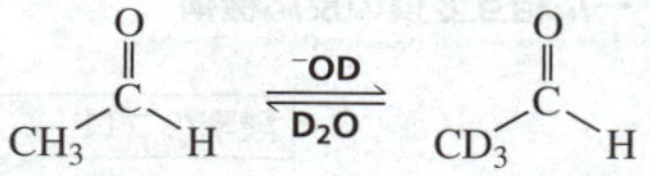

$CH_3CHO \xrightleftharpoons[D_2O]{^-OD} CD_3CHO$

問題 10
次のそれぞれの化合物の中で，NaOD を含む D_2O 溶液中で重水素と交換される水素はどれか．

a. 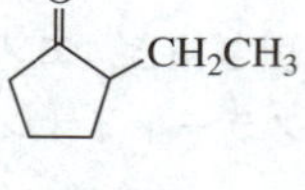 2-エチルシクロペンタノン b. 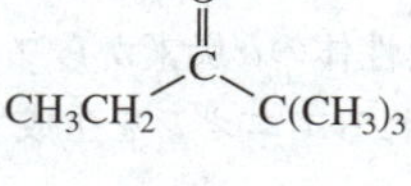 $CH_3CH_2COC(CH_3)_3$ c. 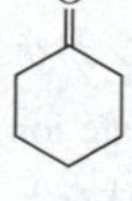 シクロヘキサノン

13.4 エノラートイオンのアルキル化

カルボニル化合物のα炭素のアルキル化は，炭素—炭素結合を形成するほかの方法を与えてくれる重要な反応の一つである．アルキル化は，はじめに塩基を用いてα炭素からプロトンを引き抜き，次に，適当なハロゲン化アルキルを加えて

行われる．アルキル化は S_N2 反応であるので，第一級ハロゲン化アルキルやハロゲン化メチルを用いたときに最もよく進行する（8.1 節参照）．

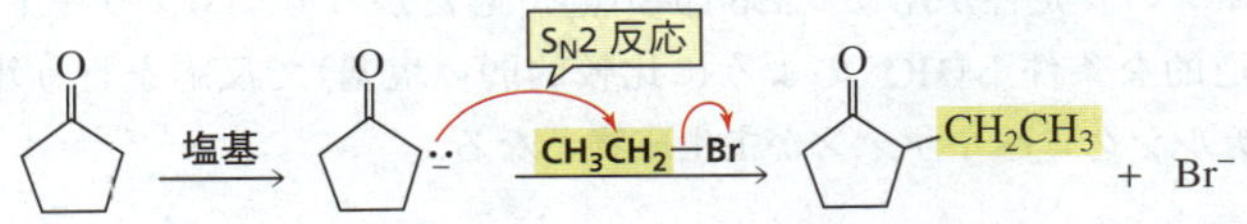

エノラートイオンは，α炭素上でアルキル化される．

問題 11

第一級ハロゲン化アルキルを用いて反応を行うと，α炭素のアルキル化が高収率で進行し，また，第三級ハロゲン化アルキルを用いて反応を行うと，まったく反応が進行しないのはなぜかを説明せよ．

非対称ケトンのアルキル化

ケトンが非対称であり二つのα炭素がともに水素をもつと，どちらのα炭素もアルキル化されるので，2 種類のモノアルキル化生成物が得られる．たとえば，1 当量のヨウ化メチルを用いて 2-メチルシクロヘキサノンのメチル化を行うと，2,6-ジメチルシクロヘキサノンと 2,2-ジメチルシクロヘキサノンが得られる．これら 2 種類の生成物の生成比は反応条件に依存する．

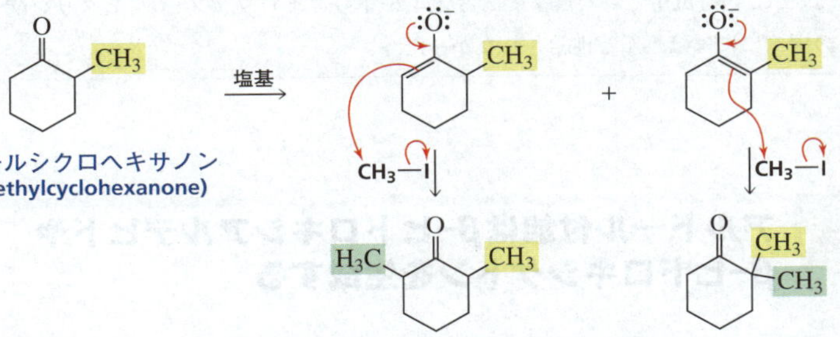

2-メチルシクロヘキサノン (2-methylcyclohexanone)

2,6-ジメチルシクロヘキサノン (2,6-dimethylcyclohexanone)

2,2-ジメチルシクロヘキサノン (2,2-dimethylcyclohexanone)

2,6-ジメチルシクロヘキサノンを生成するエノラートイオンは，このエノラートイオンを生成する際に引き抜かれるα水素が塩基の攻撃を受けやすく，さらにやや酸性度が大きいので，より速く生成する．そのため**速度論的エノラートイオン**（kinetic enolate ion）と呼ばれる．というのは，2,6-ジメチルシクロヘキサノンはより速く生成し，反応が不可逆的に進行する条件（RNH^- のように強い塩基を用いて）で反応を行う場合には主生成物となるからである．

速度論的生成物は，より速く生成する生成物である．

RNH^- は，より置換基の少ないα炭素からプロトンを引き抜く．

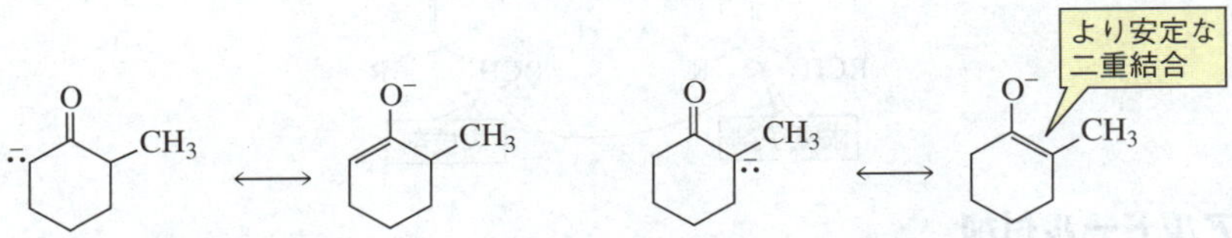

速度論的エノラートイオン　　熱力学的エノラートイオン

熱力学的生成物は，より安定な生成物である．

HO^- は，より置換基の多いα炭素からプロトンを引き抜く．

2,2-ジメチルシクロヘキサノンを生成するエノラートイオンは，より置換基の多い二重結合をもち，それゆえエノラートイオンがより安定になるので，**熱力学**

的エノラートイオン(thermodynamic enolate ion)という．（アルキル置換基が増えるとアルケンの安定性が増すのと同じ理由で，アルキル置換基が増えるとエノラートイオンの安定性が増す；5.6 節参照）．したがって，エノラートイオンの生成が可逆的な条件下(HO^- のように比較的弱い塩基)で反応を行う場合には，2,2-ジメチルシクロヘキサノンが主生成物となる．

🧪 アスピリンの合成

アスピリンの工業的合成の一段階目では，フェノラートイオンを加圧下に二酸化炭素と反応させると，サリチル酸が生じる．サリチル酸と無水酢酸との反応は，アセチルサリチル酸(アスピリン)を生成する．

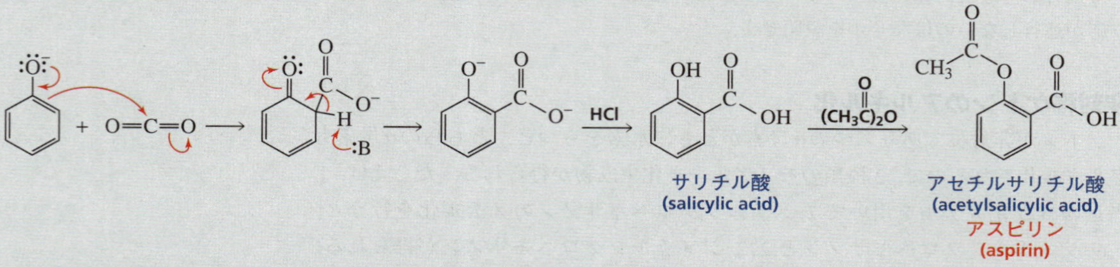

サリチル酸
(salicylic acid)

アセチルサリチル酸
(acetylsalicylic acid)
アスピリン
(aspirin)

第一次世界大戦中，ドイツの Bayer 社が，できる限り大量のフェノールを国際市場で買い占め，すべてのフェノールをアスピリンの製造のために用いた．このことによって，当時汎用された爆薬である 2,4,6-トリニトロフェノール[ピクリン酸(picric acid)]の合成に必要なフェノールが，ほかの国ぐにはほとんど供給されなかった．

13.5 アルドール付加はβ-ヒドロキシアルデヒドやβ-ヒドロキシケトンを生成する

アルデヒドやケトンのカルボニル炭素は求電子剤であることを 12 章で学んだ．本章で，アルデヒドやケトンのα炭素からプロトンが引き抜かれて，α炭素が求核剤に転換することを学んだ．

アルドール付加(aldol addition)では求電子剤と求核剤の両方の役割が見られる．1 分子のカルボニル化合物がα炭素からプロトンを引き抜かれたあとに，求核剤として反応し，もう 1 分子のカルボニル化合物の求電子的なカルボニル炭素へ付加する．

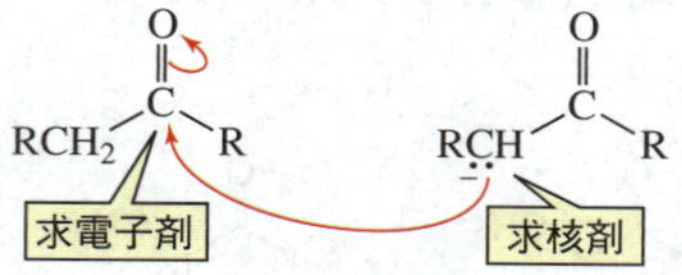

アルドール付加

アルドール付加は 2 分子のアルデヒドあるいは 2 分子のケトンの間で行われる反応である．この反応は，一方の分子のα炭素を，もう一方の分子のもともとのカルボニル炭素と結合させ，新しい C—C 結合を形成することに注目しよう．す

13.5 アルドール付加はβ-ヒドロキシアルデヒドやβ-ヒドロキシケトンを生成する

なわち，アルコール部分（OH）と結合した炭素は，アルデヒド部分（CH＝O）と結合した炭素の隣に位置している．

アルドール付加

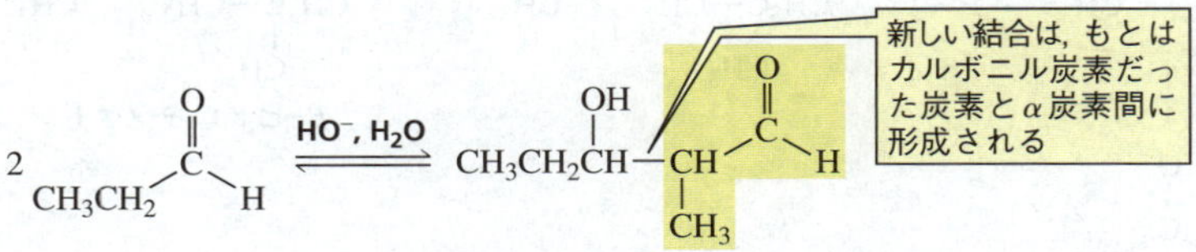

> 新しい結合は，もとはカルボニル炭素だった炭素とα炭素間に形成される

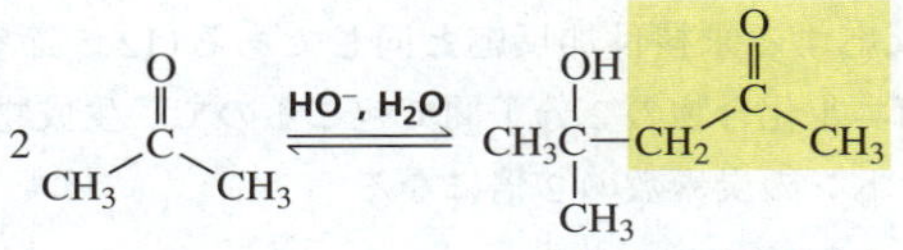

β-ヒドロキシアルデヒド
(β-hydroxyaldehyde)

β-ヒドロキシケトン
(β-hydroxyketone)

アルドール付加はβ-ヒドロキシアルデヒドやβ-ヒドロキシケトンを生成する．

アルデヒドを用いて反応を行った場合，生成物はβ-ヒドロキシアルデヒド（β-hydroxyaldehyde）であり，この生成物を生じることが，この反応がアルドール付加と呼ばれる理由である（アルデヒドを意味する"ald"とアルコールを意味する"ol"からaldolと名づけられた）．ケトンを用いて反応を行った場合，生成物はβ-ヒドロキシケトン（β-hydroxyketone）である．（カルボニル化合物の中の置換基として存在するとき，OH部分はヒドロキシと呼ばれることに注目しよう．）

アルドール付加の反応機構

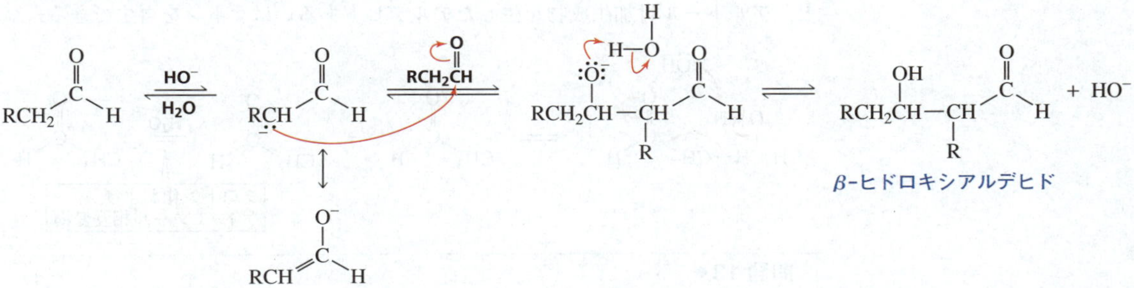

β-ヒドロキシアルデヒド

- 塩基がα炭素からプロトンを引き抜き，エノラートイオンが生成する．
- エノラートイオンは，もう1分子のカルボニル化合物のカルボニル炭素に付加する．
- 負電荷を帯びた酸素原子がプロトン化される．

ケトンは，同様の反応機構によってアルドール付加生成物を生じる．

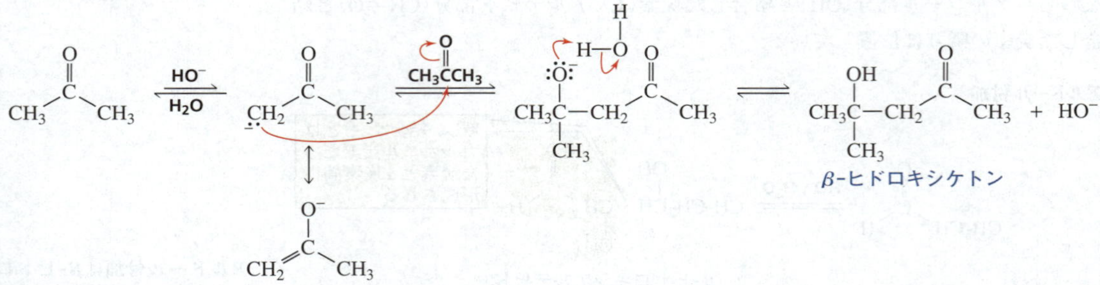

アルドール付加は求核付加反応であることに注目しよう．アルデヒドやケトンがほかの炭素求核剤と反応する求核付加反応と同じである（12.5節参照）．アルドール付加は同じカルボニル化合物の2分子間で起こるので，生成物の炭素数は反応物のアルデヒドやケトンの炭素数の2倍になる．

問題 12
次のそれぞれの化合物のアルドール付加生成物は何か．

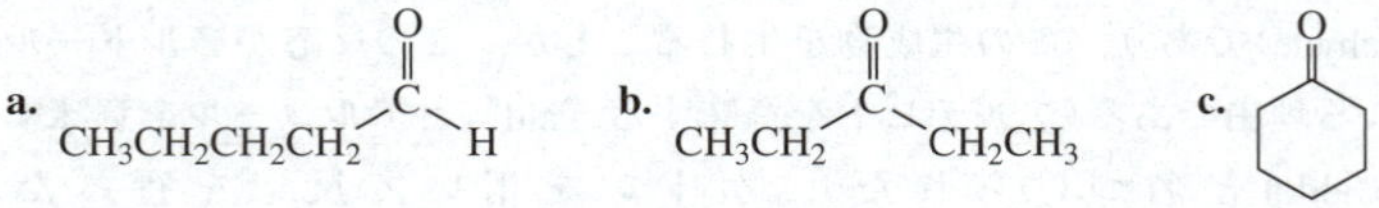

a. $CH_3CH_2CH_2CHO$　　b. $CH_3CH_2COCH_2CH_3$　　c. シクロヘキサノン

逆アルドール付加

アルドール付加は可逆的なので，アルドール付加生成物（β-ヒドロキシアルデヒドあるいはβ-ヒドロキシケトン）を水酸化物イオンの水溶液とともに加熱すると，アルドール付加生成物を生じたアルデヒドあるいはケトンを再生できる．

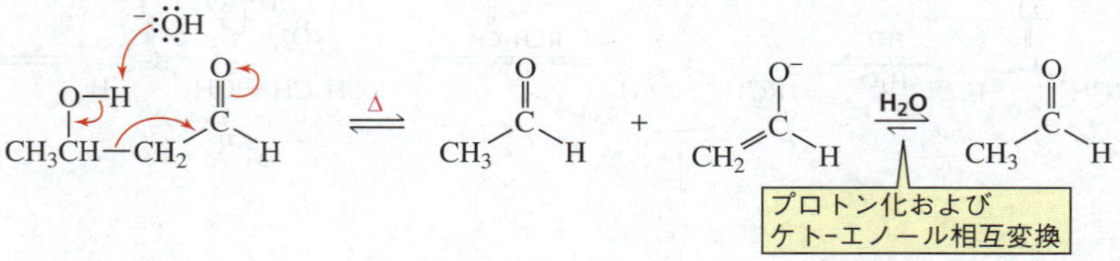

問題 13◆
次の化合物を塩基性水溶液中で加熱したときに得られるアルデヒドやケトンは何か．

a. 2-エチル-3-ヒドロキシヘキサナール
b. 5-エチル-5-ヒドロキシ-4-メチル-3-ヘプタノン

13.6 アルドール付加生成物の脱水はα,β-不飽和アルデヒドおよびα,β-不飽和ケトンを生成する

アルコールを酸とともに加熱すると，アルコールの脱水が起こることはすでに学んだ（9.4節参照）．化合物が脱水反応したときに生成する二重結合がカルボニ

ル基と共役するので，アルドール付加生成物である β-ヒドロキシアルデヒドや β-ヒドロキシケトンは，ほかの多くのアルコールよりも脱水されやすい．共役は生成物の安定性を増大するので，その生成は促進される（7.7 節参照）．

アルドール付加生成物が脱水されると，その反応全体は**アルドール縮合**（aldol condensation）と呼ばれる．**縮合反応**（condensation reaction）とは，小さな分子の脱離を伴って，新しい C—C 結合が形成されることによって二つの分子が結びつく反応である．アルドール付加で取り去られる小分子は，水である．アルドール縮合によって **α,β-不飽和アルデヒド**（α,β-unsaturated aldehyde）や **α,β-不飽和ケトン**（α,β-unsaturated ketone）が生成することに注目しよう．

アルドール付加生成物は水分子を失って，アルドール縮合生成物を生じる．

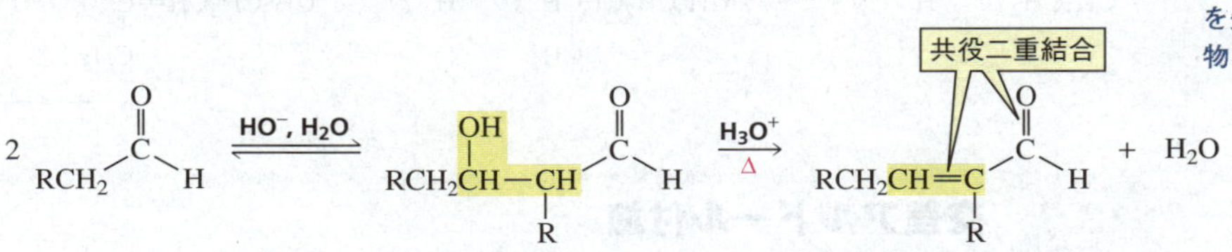

$$2\ RCH_2CHO \xrightleftharpoons[]{HO^-,\ H_2O} RCH_2CH(OH)CH(R)CHO \xrightarrow[\Delta]{H_3O^+} RCH_2CH=C(R)CHO + H_2O$$

β-ヒドロキシアルデヒド　　　α,β-不飽和アルデヒド

酸性条件下においてのみ脱水できるアルコールとは異なり，β-ヒドロキシアルデヒドや β-ヒドロキシケトンは，過剰量の水酸化物イオンの共存下でその反応が行われた場合，塩基性条件下でも脱水できる．

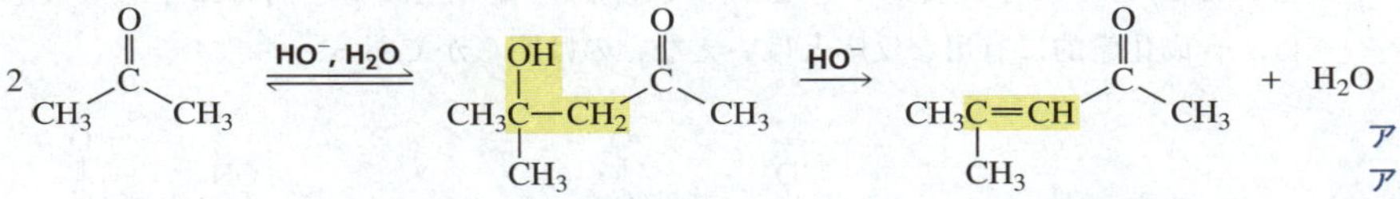

$$2\ CH_3COCH_3 \xrightleftharpoons[]{HO^-,\ H_2O} (CH_3)_2C(OH)CH_2COCH_3 \xrightarrow{HO^-} (CH_3)_2C=CHCOCH_3 + H_2O$$

β-ヒドロキシケトン　　　α,β-不飽和ケトン

アルドール縮合は α,β-不飽和アルデヒドや α,β-不飽和ケトンを生じる．

塩基触媒下で進行する脱水反応の機構

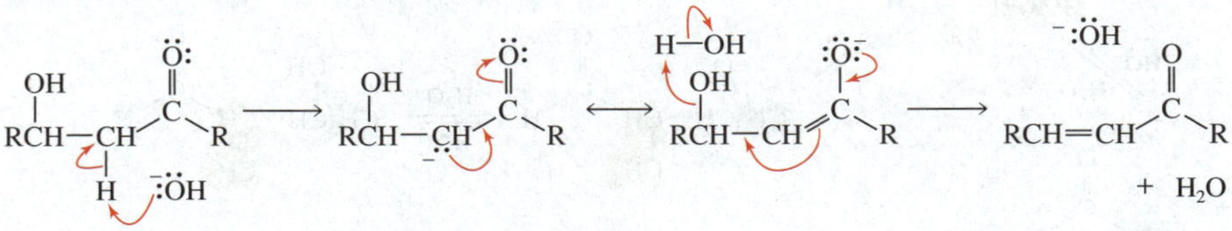

- 水酸化物イオンが α 炭素からプロトンを引き抜き，それによってエノラートイオンが生成する．
- エノラートイオンが OH 基を脱離する際，OH 基はプロトンを捕まえ，それによって OH 部分はより弱い塩基となり，それゆえより優れた脱離基となる．

問題 14◆
シクロヘキサノンのアルドール縮合によって得られる生成物は何か．

問題 15（解答あり）
3 個以下の炭素原子からなる出発物質を用いて，次の化合物はどのように合成すればよいか．

546　13章　カルボニル化合物のα炭素の反応

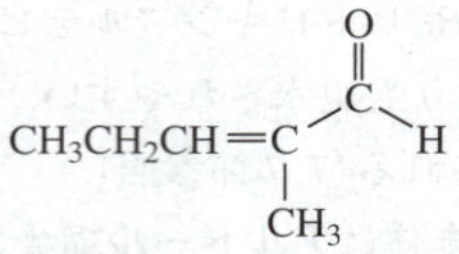

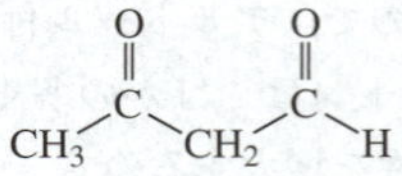

15a の解答　3炭素単位をもつアルデヒドがアルドール付加反応を行えば, 6炭素骨格からなる化合物が得られる. 付加生成物の脱水反応によってα,β-不飽和アルデヒドが生成する.

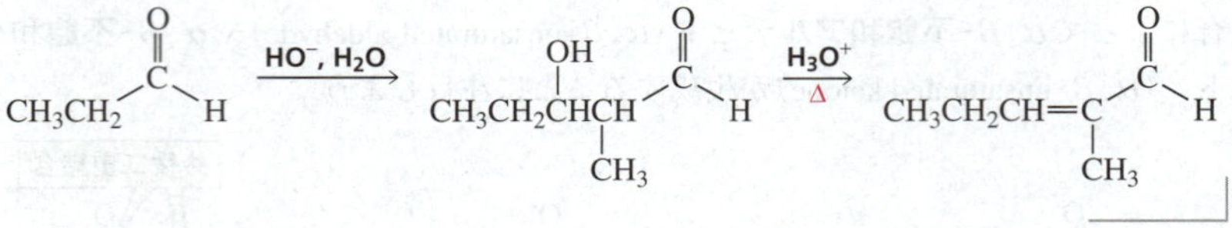

13.7　交差アルドール付加

　アルドール付加において2種の異なるカルボニル化合物を用いると, 4種の生成物を生じる. これは**交差アルドール付加**(crossed aldol addition)として知られている. なぜなら, 水酸化物イオンとの反応は2種の異なるエノラートイオン(**A**⁻ および **B**⁻)を生じ, どちらのエノラートイオンも2種のカルボニル化合物(**A** あるいは **B**)とそれぞれ反応できるからである. 4種の生成物を同時に生じる反応は, 合成化学的に有用な反応とはいえないのは明らかである.

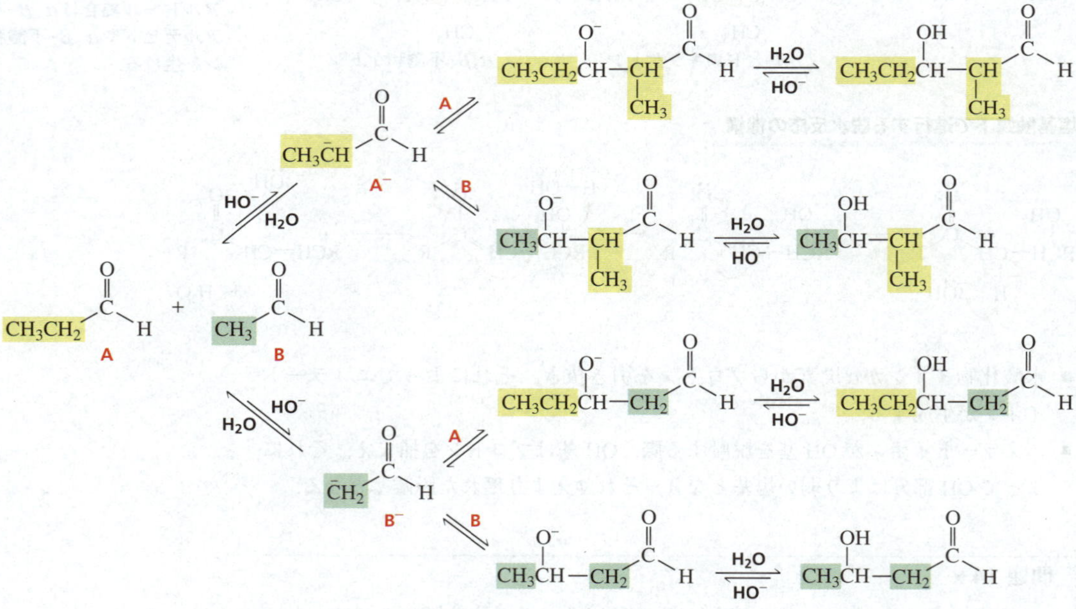

> 一方のカルボニル化合物がα水素をもたない場合には, α水素をもたない化合物と塩基の入った溶液に, α水素をもつ化合物をゆっくり加える.

　2種のアルデヒドのうちの一方がα水素をもたず, それゆえ, エノラートイオンを生成できないとすると, 交差アルドール付加によっておもに1種の生成物のみが得られる. これは4種の可能な生成物を2種に減らしている. そして, α水素をもたないアルデヒドと水酸化物イオンの溶液にα水素をもつアルデヒドを

ゆっくり加えると，α水素をもつアルデヒドがエノラートイオンを生成したあとに，もとのカルボニル化合物どうしで反応する機会が最小限にまで減らされる．それゆえ，可能な生成物を基本的に 1 種にできる．新しく生成する二重結合はカルボニル基とだけではなくベンゼン環とも共役しているので，この反応によって生成したアルドール付加生成物は，生成されるやいなや水分子を失う．（アルケンが安定であればあるほど，そのアルケンはより容易に生成されることを思い出そう．）

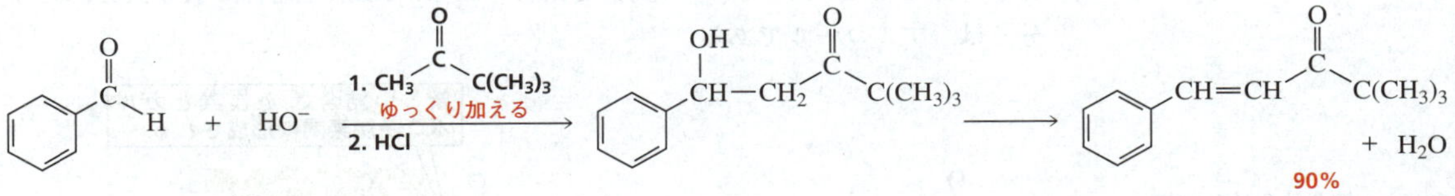

乳がんとアロマターゼ阻害薬

最近の統計では，女性の 8 人に 1 人が乳がんを発症する．男性も同様に乳がんになるが，女性に比べその確率は 1/100 である．乳がんになるような腫瘍は数種類あり，そのうちのいくつかはエストロゲン依存性を示す．エストロゲン依存性腫瘍はエストロゲンが結合する受容体をもっている．エストロゲンがない状態では腫瘍は成長しない．

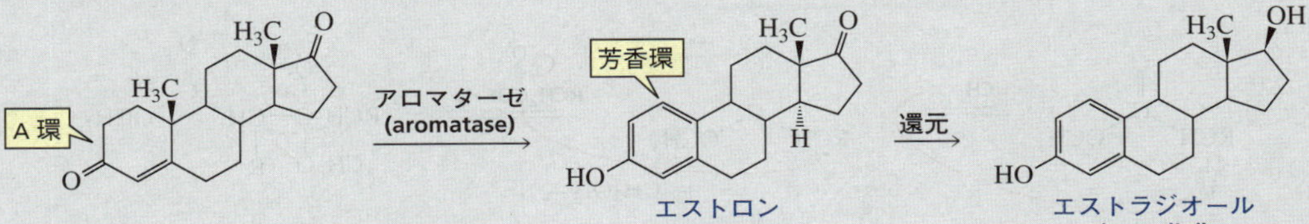

エストロゲンホルモン（エストロンとエストラジオール）の A 環（左側の環）は芳香族のフェノールである（3.14 節参照）．コレステロールからエストロゲンホルモンが生合成される行程の最終段階の一つは，アロマターゼと呼ばれる酵素によって触媒される．アロマターゼは A 環を芳香環に変換する反応を触媒する．そのため，乳がん治療の一つの方法はアロマターゼを阻害するような薬物を投与することである．アロマターゼが阻害されれば，エストロゲンホルモンを合成できないが，コレステロールから生合成されるほかの重要なホルモンは影響を受けない．数種のアロマターゼ阻害薬が市販されており，科学者はより活性の高い化合物を探し続けている．15 種類の異なるアロマターゼ阻害薬がカジノキの葉（534 ページ参照）から単離されており，その一つがモラカルコン A である．

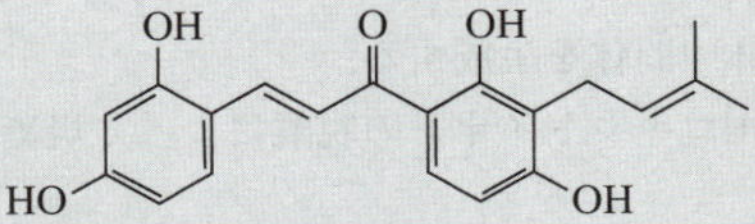

問題 16
モラカルコン A（コラムで述べたアロマターゼ阻害薬）を合成するのに必要な二つのカルボニル化合物は何か．

13.8 Claisen 縮合はβ-ケトエステルを生成する

2分子のエステルが縮合するとき，その反応を **Claisen 縮合**(Claisen condensation)という．Claisen 縮合の生成物は **β-ケトエステル**(β-keto ester)である．

アルドール付加と同様に Claisen 縮合では，1分子のカルボニル化合物が求核剤となり，もう1分子のカルボニル化合物が求電子剤となる．そして，アルドール付加と同様に，新しく生成する C—C 結合は一方の分子のα炭素を，もう一方の分子のもともとのカルボニル炭素と結合させる．Claisen 縮合で取り去られる小分子は，アルコールである．

Claisen 縮合はβ-ケトエステルを生成する．

$$2\ CH_3CH_2\!-\!\!\underset{O}{\overset{\parallel}{C}}\!\!-\!OCH_2CH_3 \xrightarrow[\text{2. HCl}]{\text{1. } CH_3CH_2O^-} CH_3CH_2\!-\!\!\underset{O}{\overset{\parallel}{C}}\!\!-\!\underset{\underset{CH_3}{|}}{CH}\!-\!\!\underset{O}{\overset{\parallel}{C}}\!\!-\!OCH_2CH_3 + CH_3CH_2OH$$

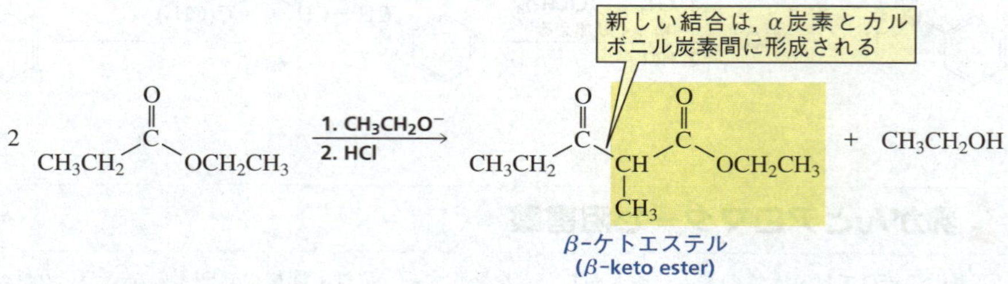

新しい結合は，α炭素とカルボニル炭素間に形成される

β-ケトエステル
(β-keto ester)

Claisen 縮合の反応機構

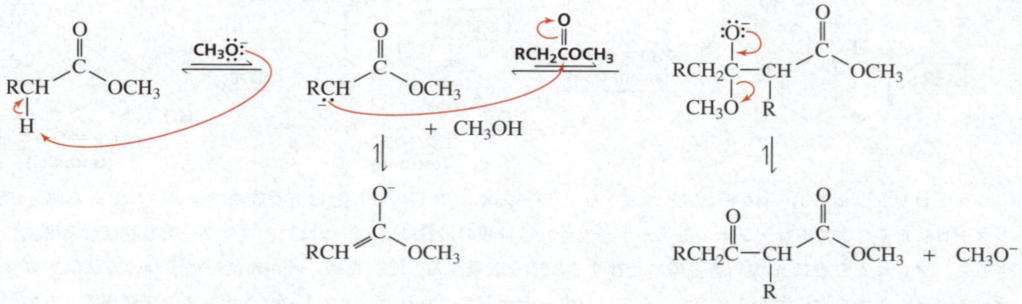

- 塩基はα炭素からプロトンを引き抜き，エノラートイオンを生成する．用いる塩基はエステルの脱離基と同じものである．
- エノラートイオンは，エステルのもう1分子のカルボニル炭素に付加し，四面体中間体を生成する．
- アルコキシドイオンの脱離によって炭素—酸素間π結合が再生する．

よって，エステルとほかの求核剤との反応のように，Claisen 縮合も求核アシル置換反応である（11.5 節参照）．

Claisen 縮合においてα炭素からプロトンを引き抜くのに用いられる塩基は，エステルの脱離基と同じである必要がある．それゆえ，その塩基がカルボニル基に付加したとしても反応剤の構造は変化しない．

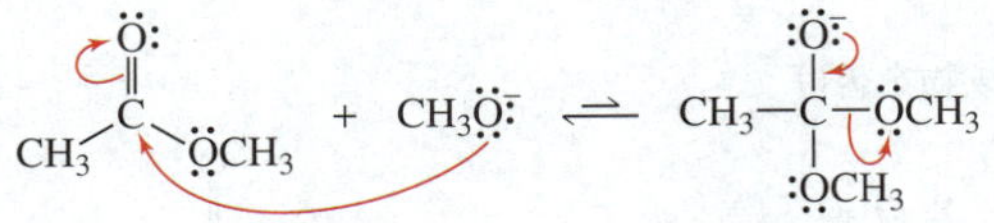

Claisen 縮合とアルドール付加反応では求核付加のあとが異なることに注目しよう．Claisen 縮合反応では，負電荷を帯びた酸素が炭素—酸素間 π 結合を再び形成し，$^-$OR 基が脱離する．アルドール付加では，負電荷を帯びた酸素は溶媒からプロトンを得る．

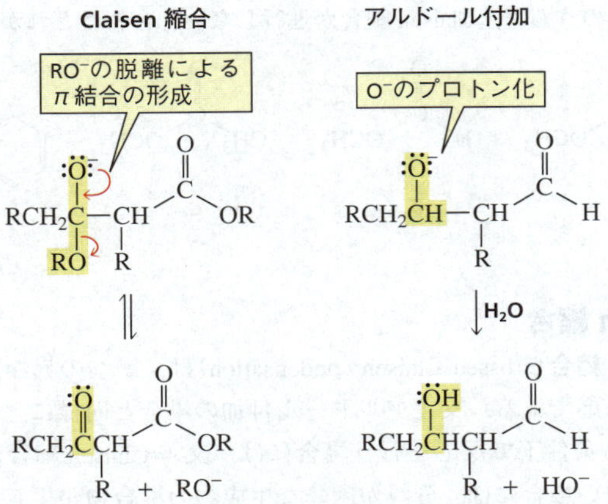

Claisen 縮合の最終段階はアルドール付加の最終段階と異なる．エステルにおいては，負に帯電した酸素原子と結合した炭素原子は，脱離できる置換基とも結合している．一方，アルデヒドやケトンにおいては，負に帯電した酸素原子と結合した炭素原子は，脱離できる置換基とは結合していない．よって，Claisen 縮合は求核アシル置換反応であり，アルドール付加は求核付加反応である．

生成物（β-ケトエステル）よりも反応物のほうが安定であることから，Claisen 縮合は可逆的であり，反応物の生成が優先する．しかし，β-ケトエステルからプロトンが引き抜かれると，縮合反応は終結する方向へ進む（Le Châtelier の原理；5.5 節参照）．β-ケトエステルの中央に位置する α 炭素は二つのカルボニル基にはさまれており，その α 水素はエステルの α 水素よりもさらに酸性度が大きくなっているので，プロトンが容易に引き抜かれる．

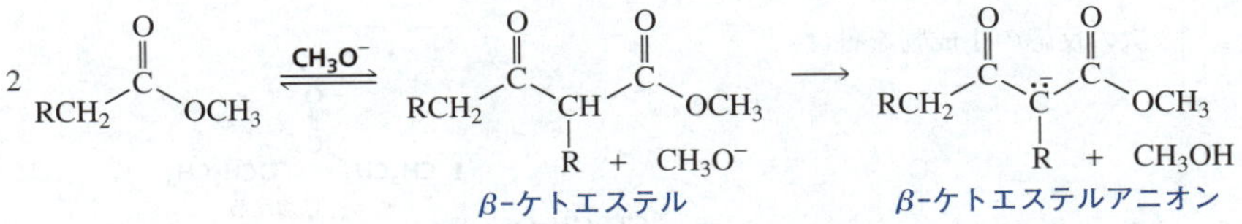

したがって，Claisen 縮合を成功させるためには，二つの α 水素をもつエステルが必要である．反応が終結したとき，反応混合物に酸を加えると，反応系内にある β-ケトエステルアニオンが再びプロトン化されるとともにアルコキシドイオンもプロトン化され，逆反応が進まなくなる．

問題 17◆
次の反応の生成物を書け.

a. 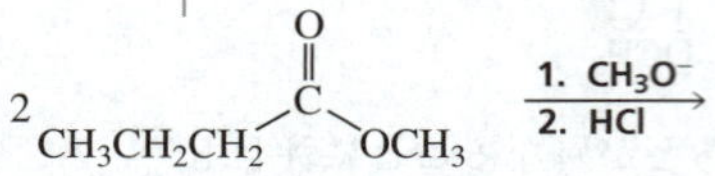 2 CH₃CH₂CH₂−C(=O)−OCH₃　1. CH₃O⁻　2. HCl

b. 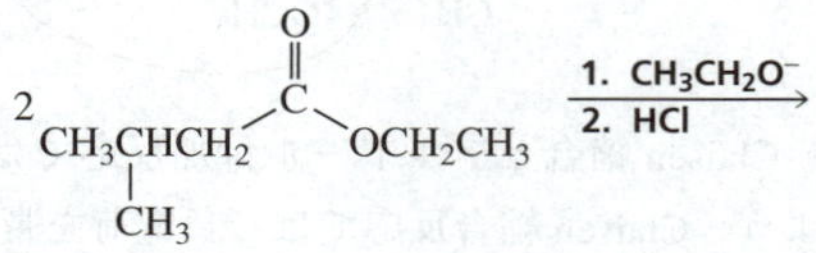 2 CH₃CH(CH₃)CH₂−C(=O)−OCH₂CH₃　1. CH₃CH₂O⁻　2. HCl

問題 18◆
次のエステルのうちで，Claisen 縮合が進行しない化合物はどれか.

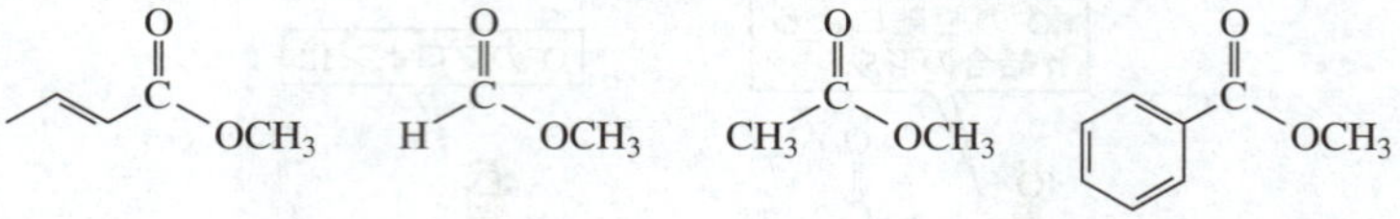

A: CH₃−CH=CH−C(=O)−OCH₃
B: H−C(=O)−OCH₃
C: CH₃−C(=O)−OCH₃
D: C₆H₅−C(=O)−OCH₃

交差 Claisen 縮合

交差 Claisen 縮合 (crossed Claisen condensation) は，二つの異なるエステル間で行われる縮合反応である．交差アルドール付加の場合と同様に，一つの主生成物だけが得られる条件下で反応を行う場合には，交差 Claisen 縮合は有用な反応である．そうでない場合には，分離が困難な生成物の混合物が生じる．

一方のエステルがα水素をもたない（それゆえエノラートイオンを生成することができない）場合には，α水素をもたないエステルとアルコキシドイオンの入った溶液にα水素をもつエステルをゆっくり加えると，交差 Claisen 縮合によりおもに一つの生成物が生じる．

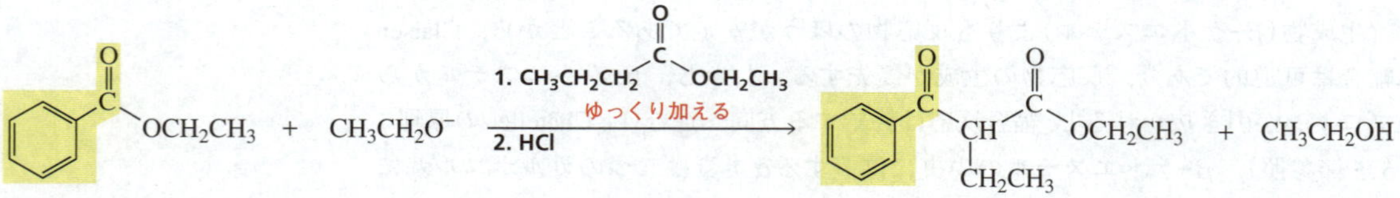

C₆H₅−C(=O)−OCH₂CH₃ + CH₃CH₂O⁻ →（1. CH₃CH₂CH₂−C(=O)−OCH₂CH₃ ゆっくり加える　2. HCl）→ C₆H₅−C(=O)−CH(CH₂CH₃)−C(=O)−OCH₂CH₃ + CH₃CH₂OH

問題 19
次の反応の生成物を書け.

a. 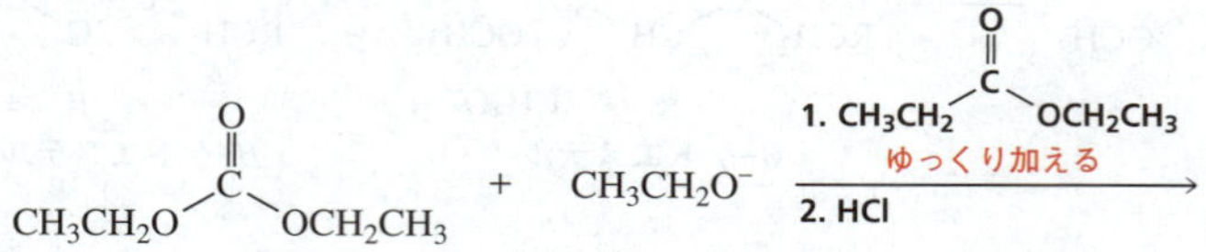 CH₃CH₂O−C(=O)−OCH₂CH₃ + CH₃CH₂O⁻　1. CH₃CH₂−C(=O)−OCH₂CH₃ ゆっくり加える　2. HCl

b. 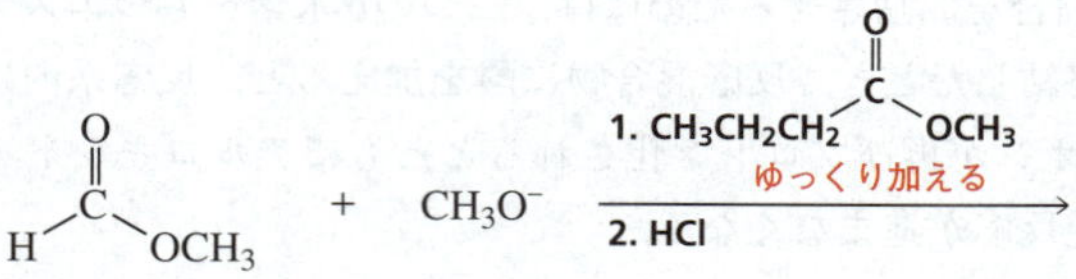 H−C(=O)−OCH₃ + CH₃O⁻　1. CH₃CH₂CH₂−C(=O)−OCH₃ ゆっくり加える　2. HCl

13.9 3位にカルボニル基をもつカルボン酸から CO_2 は脱離できる

エタンのようなアルカンからプロトンが脱離しないのと同じ理由で，カルボン酸イオンから CO_2 は脱離しない．すなわち，脱離基がカルボアニオンだからである．カルボアニオンは超強塩基であり，それゆえ，脱離基としては劣っている．

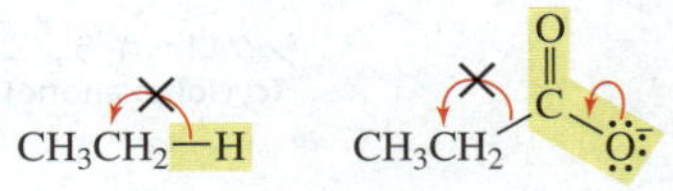

しかし，CO_2 基がカルボニル炭素に隣接する炭素に結合していれば，CO_2 基の脱離によって残された電子がカルボニル酸素上に非局在化するので，CO_2 基は除去できる．したがって，3位にカルボニル基をもつカルボキシラートイオンを加熱すると，CO_2 が脱離する．ある分子から CO_2 が脱離する反応を**脱炭酸**(decarboxylation)という．

α炭素からの CO_2 の脱離

3位にカルボニル基をもつカルボン酸は加熱すると脱炭酸する．

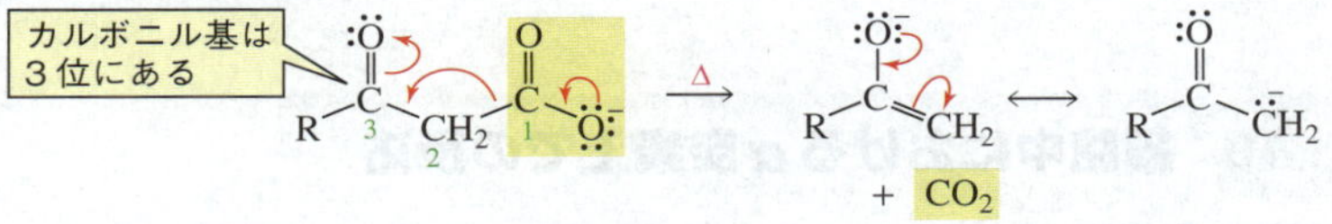

α炭素からの CO_2 の脱離と，α炭素からのプロトンの脱離の間には類似性があることに注目しよう．両反応において，置換基（一方は CO_2 で，他方は H^+）が脱離すると，そこに残された電子対は酸素上へ非局在化する．

α炭素からのプロトンの脱離

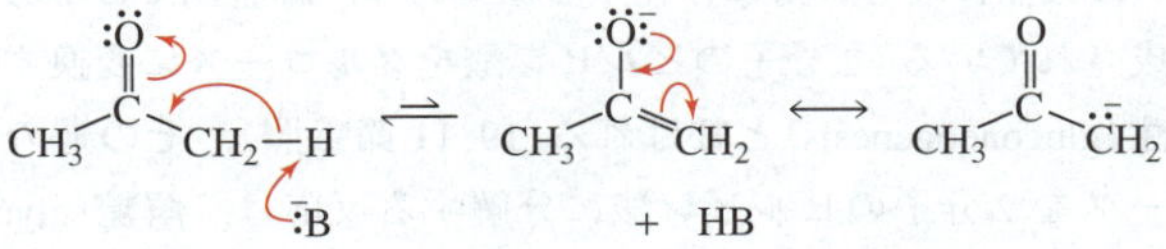

カルボキシ基からカルボニル酸素へのプロトンの移動によって反応が触媒されるので，酸性条件下で反応を行うと，脱炭酸は速やかに起こる．反応の進行とともに生じたエノールは，直ちにケトンへ互変異性化する．

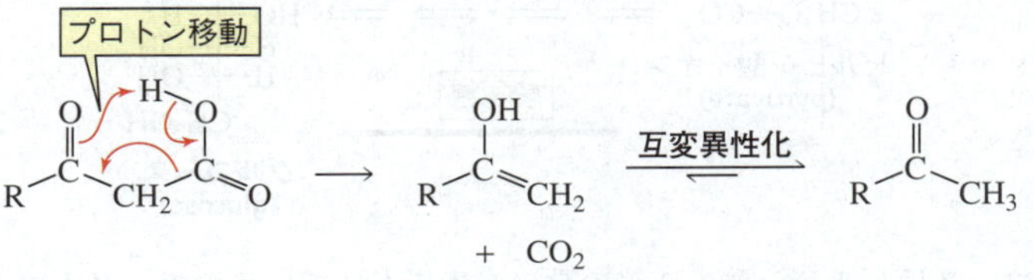

まとめると，3位にカルボニル基をもつカルボン酸は，加熱すると CO_2 を失う．

[反応式: 3-オキソペンタン酸 →Δ 2-ペンタノン (2-pentanone) + CO$_2$]

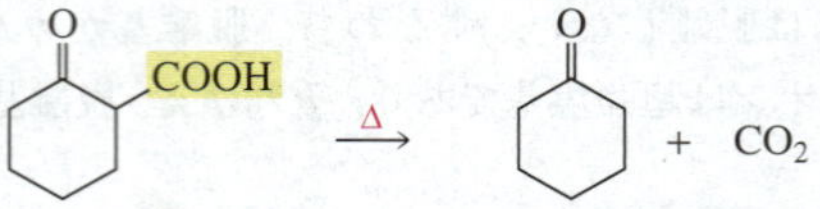

[反応式: 2-オキソシクロヘキサンカルボン酸 →Δ シクロヘキサノン (cyclohexanone) + CO$_2$]

問題 20◆
次の化合物のうちで加熱すると脱炭酸が進行すると考えられるのはどれか.

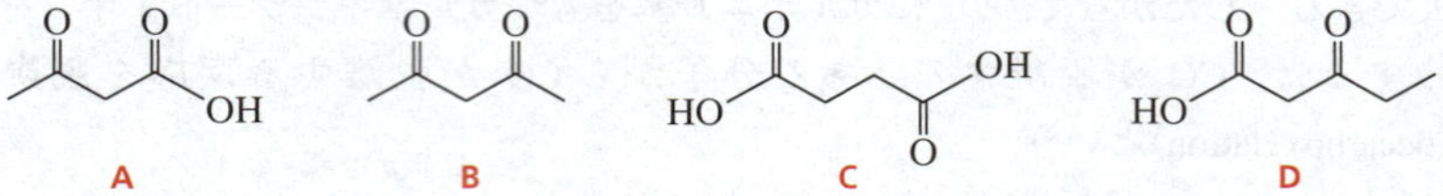

A, B, C, D

13.10 細胞中におけるα炭素上での反応

細胞内で進行している反応の多くが,この章で学んできた種類の反応,つまりα炭素上で進行する反応を含んでいる.ここでは,そのいくつかの例について見ていく.

生体でのアルドール付加

グルコースは天然に最も豊富に存在する糖であり,細胞内では2分子のピルビン酸から合成されている.2分子のピルビン酸をグルコースに変換する一連の反応は,**糖新生**(gluconeogenesis)と呼ばれる(19.11節参照).その逆の過程,すなわちグルコースを2分子のピルビン酸に分解する反応は,**解糖**(glycolysis)と呼ばれる(19.5節参照).

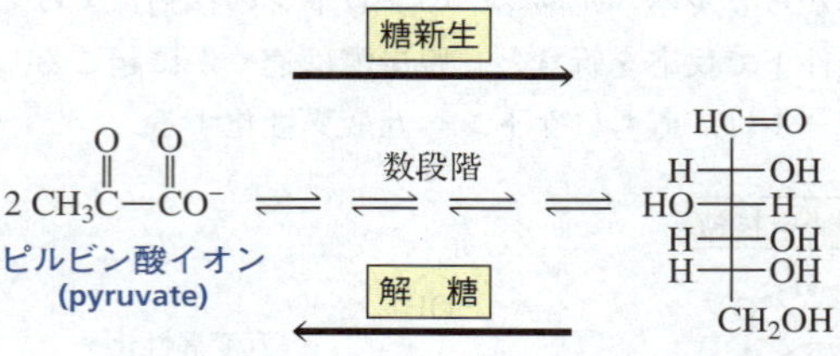

[反応式: 2 CH$_3$-CO-CO$^-$ (ピルビン酸イオン, pyruvate) ⇌ 数段階 ⇌ グルコース (glucose); 糖新生 →, 解糖 ←]

グルコースはピルビン酸の2倍の数の炭素をもっているので,グルコースの生合成における一つの過程がアルドール付加であることは驚くにあたらない.アルドラーゼと呼ばれる酵素が,ジヒドロキシアセトンリン酸とグリセルアルデヒド-3-リン酸との間のアルドール付加を触媒している.この反応の生成物はフルク

トース-1,6-二リン酸であり，これが続く過程によってグルコースに変換される．

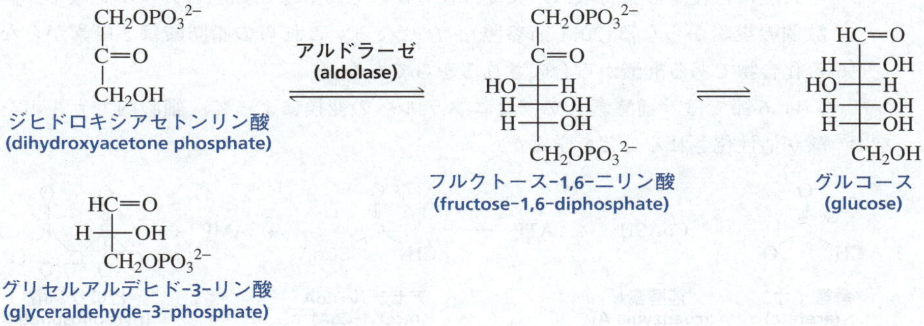

ジヒドロキシアセトンリン酸 (dihydroxyacetone phosphate)

グリセルアルデヒド-3-リン酸 (glyceraldehyde-3-phosphate)

⇌ アルドラーゼ (aldolase)

フルクトース-1,6-二リン酸 (fructose-1,6-diphosphate)

⇌ グルコース (glucose)

問題 21

水酸化物イオンを触媒として用い，ジヒドロキシアセトンリン酸とグリセルアルデヒド-3-リン酸からフルクトース-1,6-二リン酸を生成する反応の機構を示せ．

生体でのアルドール縮合

コラーゲンは哺乳動物において最も豊富に存在するタンパク質であり，総タンパク質の 1/4 を占める．コラーゲンは，骨，歯，皮膚，軟骨，および腱を構成する主要な繊維成分である．個々のコラーゲン分子はトロポコラーゲンと呼ばれ，若い動物の組織からしか単離されない．動物が年をとると，個々のコラーゲン分子はその分子間で複雑に結合する．年をとった動物の肉が若い動物の肉に比べて硬いのは，このコラーゲン分子間の架橋結合のためである．コラーゲン分子間の架橋結合はアルドール縮合の一例である．

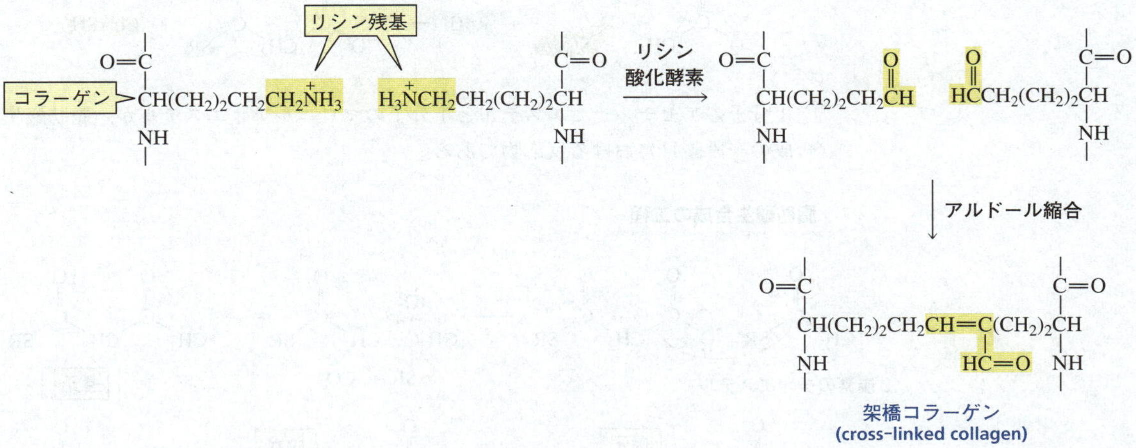

架橋コラーゲン (cross-linked collagen)

コラーゲン分子が架橋結合を形成する前には，コラーゲン中のリシン残基にある第一級アミノ基がアルデヒド基に変換されなければならない．(リシンはアミノ酸の一種; 17.1 節参照.) この反応を触媒する酵素はリシン酸化酵素と呼ばれ，二つのアルデヒド基間でアルドール縮合が行われ，架橋結合タンパク質が生成する．

生体での Claisen 縮合

天然に存在する脂肪酸は，長く，枝分かれしていない鎖状のカルボン酸で，偶数個の炭素からなる（20.1 節参照）．なぜなら，これらの脂肪酸は 2 炭素からなる化合物である酢酸から合成されるからである．

11.6 節では，補酵素 A のチオエステルへの変換によって，細胞内でカルボン酸が活性化されることを学んだ．

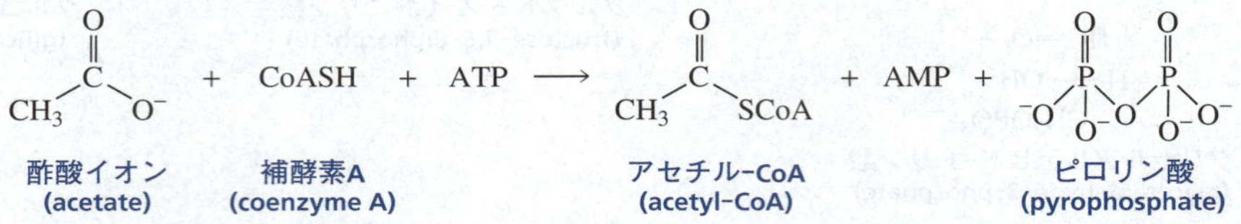

酢酸イオン (acetate) ＋ 補酵素A (coenzyme A) ＋ ATP ⟶ アセチル–CoA (acetyl-CoA) ＋ AMP ＋ ピロリン酸 (pyrophosphate)

脂肪酸の生合成に必要な反応物の一つはマロニル–CoA であり，これはアセチル–CoA のカルボキシ化によって得られる（18.10 節参照）．

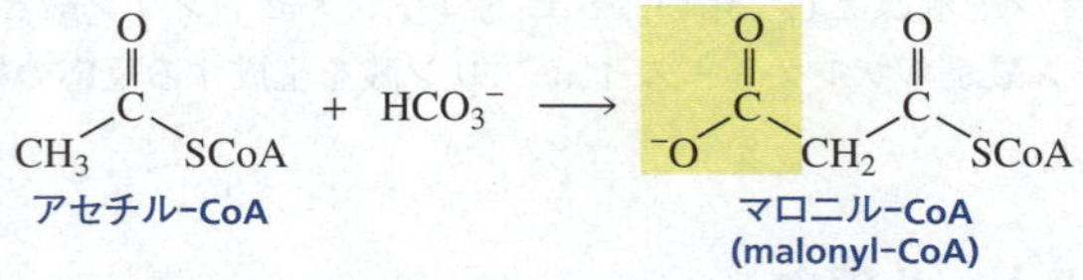

アセチル–CoA ＋ HCO_3^- ⟶ マロニル–CoA (malonyl-CoA)

しかし，脂肪酸の合成が行われる前に，アセチル–CoA とマロニル–CoA のアシル基は，エステル交換反応により別のチオールへ転位される．

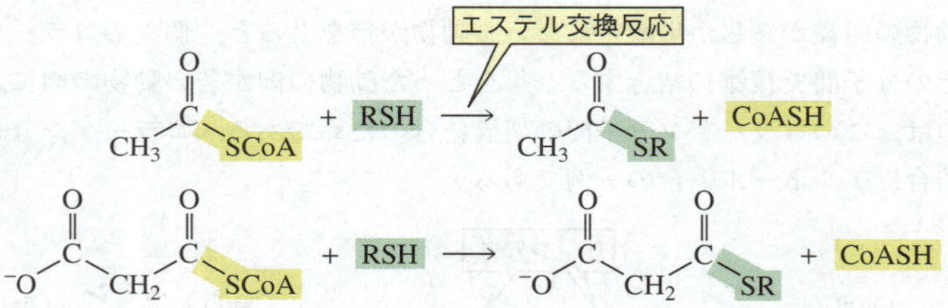

$CH_3COSCoA$ ＋ RSH ⟶ CH_3COSR ＋ CoASH
$^-OOCCH_2COSCoA$ ＋ RSH ⟶ $^-OOCCH_2COSR$ ＋ CoASH （エステル交換反応）

1 分子のアセチルチオエステルと 1 分子のマロニルチオエステルが，脂肪酸生合成の一段階目における反応物である．

脂肪酸生合成の工程

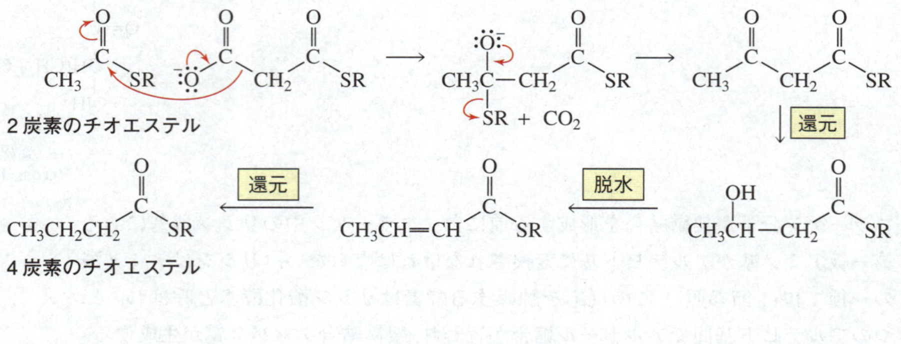

2 炭素のチオエステル ⟶ （中間体）$SR + CO_2$ ⟶ （β-ケトチオエステル）↓ 還元

4 炭素のチオエステル $CH_3CH_2CH_2COSR$ ← 還元 ← $CH_3CH=CHCOSR$ ← 脱水 ← $CH_3CH(OH)CH_2COSR$

- 一段階目は Claisen 縮合である．Claisen 縮合に必要な求核剤は，マロニルチオエステルのα炭素からプロトンを引き抜くのではなく，CO_2 を脱離させて調製する．（3 位にカルボニル基をもつカルボン酸は容易に脱炭酸されることを思い出そう；13.8 節．）CO_2 の脱離は反応を終結させるときにも働く．
- 縮合反応の生成物は還元，脱水，および 2 度目の還元反応を経て，4 炭素のチオエステルを生成する．（ケトンはエステルよりも容易に還元されることを思い出そう；12.7 節参照）各反応は異なる酵素により触媒される．

4 炭素のチオエステルともう 1 分子のマロニルチオエステルが，生合成における二段階目の反応剤である．

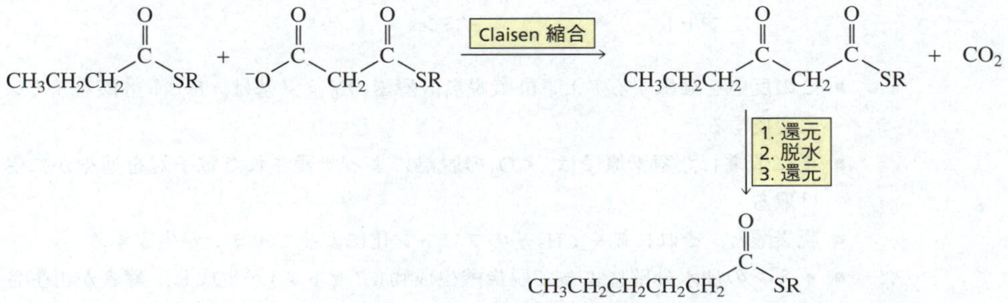

$$CH_3CH_2CH_2-C(=O)-SR + {}^-O-C(=O)-CH_2-C(=O)-SR \xrightarrow{\text{Claisen 縮合}} CH_3CH_2CH_2-C(=O)-CH_2-C(=O)-SR + CO_2$$

$$\downarrow \begin{array}{l} 1.\ 還元 \\ 2.\ 脱水 \\ 3.\ 還元 \end{array}$$

$$CH_3CH_2CH_2CH_2-C(=O)-SR$$

- Claisen 縮合の生成物は再び，還元，脱水，および 2 度目の還元反応を経て，今度は 6 炭素のチオエステルを生成する．
- この一連の反応が繰り返され，それぞれの過程で 2 炭素単位ずつ炭素鎖が伸長する．

問題 22 ◆
パルミチン酸は 16 炭素の直鎖の飽和脂肪酸である．1 分子のパルミチン酸を合成するのに何分子のマロニル–CoA が必要か．

問題 23 ◆
a. 重水素化された CD_3COSR（アセチルチオエステル）と重水素化されていないマロニルチオエステルからパルミチン酸が生合成されたとすると，パルミチン酸のなかにはいくつの重水素原子が取り込まれるか．
b. 重水素化された $^-OOCCD_2COSR$（マロニルチオエステル）と重水素化されていないアセチルチオエステルからパルミチン酸が生合成されたとすると，パルミチン酸のなかにはいくつの重水素原子が取り込まれるか．

生体での脱炭酸

細胞内で行われる脱炭酸の例は，アセト酢酸の脱炭酸である．

$$E-\ddot{N}H_2 + O=C\begin{matrix}CH_2-C(=O)O^-\\CH_3\end{matrix} \rightleftharpoons E-\overset{+}{N}H=C\begin{matrix}CH_2-C(=O)\ddot{\underline{O}}^-\\CH_3\end{matrix} + H_2O$$

アセト酢酸　　　アセト酢酸　　　　　　プロトン化されたイミン
脱炭酸酵素

$$E-\ddot{N}H_2 + O=C\begin{matrix}CH_3\\CH_3\end{matrix} \underset{H_2O}{\rightleftharpoons} E-\overset{+}{N}H=C\begin{matrix}CH_3\\CH_3\end{matrix} \underset{H_3O^+}{\rightleftharpoons} E-\ddot{N}H-C\begin{matrix}CH_2\\ \| \\ CH_3\end{matrix} + CO_2$$

　　　　　アセトン　　　　　　イミン

- この反応を触媒するアセト酢酸脱炭酸酵素のアミノ基は，アセト酢酸をイミンに変換する．
- 正に帯電した窒素原子は，CO_2の脱離によって残された電子対を速やかに受け取る．
- 脱炭酸と，それに続くCH_2基のプロトン化によってイミンが生成する．
- イミンの加水分解によって脱炭酸生成物(アセトン)が生成し，酵素が再生される(12.8節参照)．

　糖尿病患者の病態として見られるケトーシスでは，体が代謝する量よりも多くのアセト酢酸が生成する．過剰のアセト酢酸は脱炭酸されアセトンになるので，ヒトの呼気からアセトン臭がするとケトーシスであることがわかる．

13.11　有機化合物の反応についてのまとめ

　有機化合物は四つのグループのいずれかに分類でき，一つのグループに属するすべての化合物は同じような反応をすることを学んだ．もうすぐ，グループⅣに属する化合物群についての学習を終えようとしており，いま一度このグループを振り返ってみよう．
　グループⅣの二つの化合物群はカルボニル基をもち，カルボニル炭素が<u>求電子剤</u>であることから，このグループの二つの化合物群はともに<u>求核剤</u>と反応する．

- 第一の化合物群(カルボン酸とカルボン酸誘導体)は，ほかの置換基と置き換えることができるような置換基がカルボニル炭素に結合している．そのため，この化合物群では，求核アシル置換反応が進行する．
- 第二の化合物群(アルデヒドとケトン)では，ほかの置換基と置き換えることができるような置換基はカルボニル炭素に結合していない．そのため，この化合物群では，R^-やH^-のような強塩基の求核剤による求核付加反応が進行する．求核剤中の攻撃する原子が酸素や窒素だと，求核付加反応によって生じる四面体化合物のOH基をプロトン化するのに十分な酸が溶液中に存在する場合には，付加生成物から水分子が脱離する．
- アルデヒド，ケトン，およびエステルのα炭素上の水素は，塩基によって引

き抜くことができる．α炭素から水素が引き抜かれるとエノラートイオンが生成し，求電子剤と反応できる．

I	II	III	IV

I
R—CH=CH—R アルケン
R—C≡C—R アルキン
R—CH=CH—CH=CH—R ジエン

これらは求核剤である．
これらは求電子付加反応を受ける．

II
ベンゼンは求核剤である．
これは芳香族求電子置換反応を受ける．

III
R—X ハロゲン化アルキル（X = F, Cl, Br, I）
R—OH アルコール
R—OR エーテル
エポキシド

これらは求電子剤である．よって，求核置換反応および/または脱離反応を受ける．

IV
R—C(=O)—Z （Z = C よりも電気陰性度の大きな原子）
R—C(=O)—Z （Z = C, H）

これらは求電子剤である．
これらは求核アシル置換反応，あるいは求核付加反応を受ける．
α炭素からの水素の引き抜きは，求電子剤と反応することができる求核剤を生じる．

覚えておくべき重要事項

- アルデヒド，ケトン，またはエステルのα炭素に結合している水素は，十分に酸性であり，強塩基を用いて引き抜くことができる．
- アルデヒドとケトン（pK_a = 約 16 ～ 20）はエステル（pK_a = 約 25）より酸性である．二つのカルボニル基にはさまれたα炭素に結合した水素は，さらにより酸性（pK_a = 約 9 ～ 11）である．
- **ケト-エノール相互変換**は酸や塩基によって触媒される．一般に，**ケト互変異性体**はより安定である．
- **アルドール付加**では，アルデヒドやケトン由来のエノラートイオンが，もう一分子のアルデヒドやケトンのカルボニル炭素と反応し，β-ヒドロキシアルデヒドやβ-ヒドロキシケトンが生成する．一方の分子のα炭素ともう一方の分子のカルボニル炭素との間に新しい C—C 結合が形成される．
- アルドール付加生成物は，酸性や塩基性条件下で脱水され，**アルドール縮合**生成物を生じる．
- **Claisen 縮合**では，エステル由来のエノラートイオンがもう 1 分子のエステルと反応し，⁻OR 基の脱離を伴ってβ-ケトエステルを生じる．
- 3 位にカルボニル基をもつカルボン酸は，加熱すると**脱炭酸**される．

反応のまとめ

1. ケト-エノール相互変換（13.3 節）．反応機構は 539，540 ページに示す．

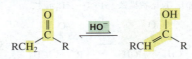

$$RCH_2\overset{O}{\underset{}{C}}R \underset{}{\overset{H_3O^+}{\rightleftharpoons}} RCH=\overset{OH}{\underset{}{C}}R$$

2. カルボニル化合物のα炭素のアルキル化（13.4 節）．反応機構は 541 ページに示す．

$$RCH_2\overset{O}{\underset{}{C}}R \xrightarrow{\text{1. 塩基} \atop \text{2. R'CH}_2X} RCH(CH_2R')\overset{O}{\underset{}{C}}R \quad X=\text{ハロゲン}$$

3. 二つのアルデヒド，二つのケトン，またはアルデヒドとケトンとのアルドール付加（13.5 節）．反応機構は 543 ページに示す．

$$2\ RCH_2\overset{O}{\underset{}{C}}H \underset{}{\overset{HO^-, H_2O}{\rightleftharpoons}} RCH_2\overset{OH}{\underset{}{CH}}\overset{}{\underset{R}{CH}}\overset{O}{\underset{}{C}}H$$

4. アルドール縮合はアルドール付加と，それに続く酸触媒あるいは塩基触媒下での脱水からなる（13.6 節）．塩基触媒下における脱水の反応機構は 545 ページに示す．

$$RCH_2\overset{OH}{\underset{}{CH}}\overset{}{\underset{R}{CH}}\overset{O}{\underset{}{C}}H \underset{\text{または HO}^-}{\overset{H_3O^+, \Delta}{\rightleftharpoons}} RCH_2CH=\underset{R}{C}\overset{O}{\underset{}{C}}H + H_2O$$

5. 二つのエステルの Claisen 縮合（13.8 節）．反応機構は 548 ページに示す．

$$2\ RCH_2\overset{O}{\underset{}{C}}OCH_3 \xrightarrow{\text{1. CH}_3O^- \atop \text{2. HCl}} RCH_2\overset{O}{\underset{}{C}}\underset{R}{CH}\overset{O}{\underset{}{C}}OCH_3 + CH_3OH$$

6. 一方のカルボニル化合物がα水素をもたないときには交差付加反応や交差縮合反応（13.7 節および 13.8 節）．

[図：HCHO + HO⁻ → シクロヘキサノン（ゆっくり加える），2. HCl → 2-(ヒドロキシメチル)シクロヘキサノン]

[図：HCOOCH₂CH₃ + CH₃CH₂O⁻ → シクロヘキサノン（ゆっくり加える），2. HCl → 2-ホルミルシクロヘキサノン]

7. 3-オキソカルボン酸の脱炭酸（13.9 節）．反応機構は 551 ページに示す．

$$R\overset{O}{\underset{}{C}}CH_2\overset{O}{\underset{}{C}}OH \xrightarrow{\Delta} R\overset{O}{\underset{}{C}}CH_3 + CO_2$$

章末問題

24. 次のそれぞれの化合物のエノール互変異性体を書け．その化合物に複数のエノール互変異性体がある場合には，どの互変異性体が最も安定であるかを示せ．

a. 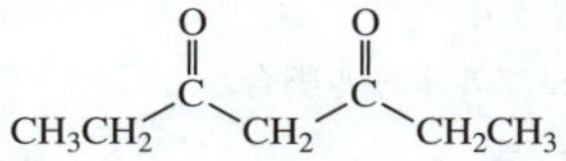 CH₃CH₂−C(=O)−CH₂−C(=O)−CH₂CH₃　　b. C₆H₅−CH₂−C(=O)−CH₃　　c. 2-メチルシクロヘキサノン

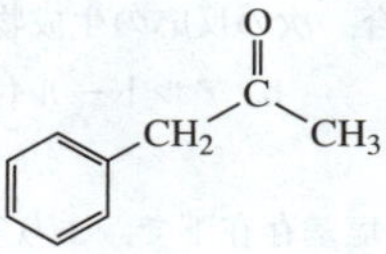

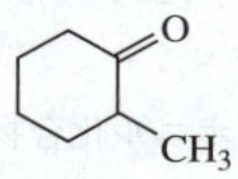

25. 最も強い酸から最も弱い酸の順に次の化合物に番号をつけよ．

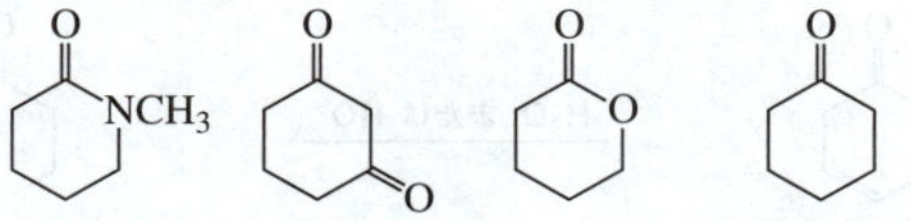

(N-メチル-δ-バレロラクタム, 1,3-シクロヘキサンジオン, δ-バレロラクトン, シクロヘキサノン)

26. N,N-二置換アミドの α 水素（$pK_a = 30$）がエステルの α 水素（$pK_a = 25$）よりも酸性が弱いのはなぜかを説明せよ．

27. プロペンの sp^3 炭素に結合した水素の pK_a は 42 であり，表 13.1 に示したいずれの炭素酸よりも大きな値だが，アルカンの pK_a (> 60) よりも小さいのはなぜかを説明せよ．

28. 次の化合物のうち加熱すると脱炭酸するものはどれか．

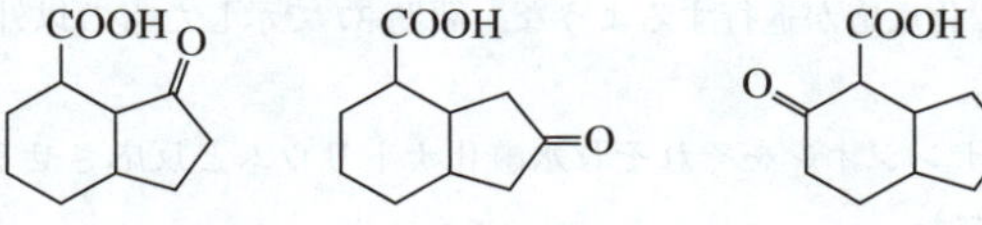

A, B, C（ビシクロ構造の COOH 化合物）

29. 次のそれぞれの化合物を塩基性水溶液中で加熱したとき，どのような構造をもつアルデヒドやケトンが得られるか．
a. 4-ヒドロキシ-4-メチル-2-ペンタノン　　b. 2,4-ジシクロヘキシル-3-ヒドロキシブタナール

30. 酢酸メチルとプロパン酸メチルをメタノール中で NaOCH₃ と反応させたときに生じる 4 種類の β-ケトエステルの構造を書け．

31. 次の反応の生成物は何か．

2 C₆H₅−CHO + HO⁻ 　1. ゆっくり加える（メチルエチルケトン）　2. H₂O

32. アラキドン酸は 20 炭素からなる飽和脂肪酸である．1 分子のアラキドン酸を合成するには何分子のマロニル–CoA が必要か．

33. **a.** CD_3COSR と重水素化されていないマロニルチオエステルを用いてアラキドン酸が生合成されたとすると，アラキドン酸のなかにはいくつの重水素が取り込まれるか．

b. $^{-}OOCCD_2COSR$ と重水素化されていないアセチルチオエステルを用いてアラキドン酸が生合成されたとすると，アラキドン酸のなかにはいくつの重水素が取り込まれるか．

34. シクロペンタノンを反応物として用いた場合，次の反応の生成物を示せ．

a. 酸触媒下のケト–エノール相互変換　**b.** アルドール付加　**c.** アルドール縮合

35. β,γ–不飽和カルボニル化合物は，酸または塩基存在下で，より安定な共役α,β–不飽和カルボニル化合物へ異性化する．

a. 塩基触媒による異性化反応の機構を示せ．　**b.** 酸触媒による異性化反応の機構を示せ．

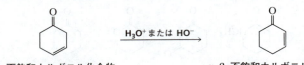

β,γ–不飽和カルボニル化合物　**α,β–不飽和カルボニル化合物**

36. 塩基性水溶液中においてブタナールとペンタナールの混合物から得られる四つのβ–ヒドロキシアルデヒドの構造を書け．

37. (*R*)–4–メチル–3–ヘキサノンを酸性または塩基性溶液に溶かしたとき，ラセミ体が生成するのはなぜかを説明せよ．

38. 酸あるいは塩基触媒下でラセミ化反応が進行するような，問題37で示したもの以外のケトンを示せ．

39. 2,6–ヘプタンジオンと2,8–ノナンジオンをそれぞれ水酸化ナトリウムと反応させると六員環生成物を生じる．それぞれの六員環生成物の構造を書け．

40. 2,7–オクタンジオンと水酸化ナトリウム水溶液との反応の生成物は何か．

41. 次の反応の機構を書け．

1,7–ジエステル
(1,7-diester)　**β–ケトエステル**
(β-keto ester)

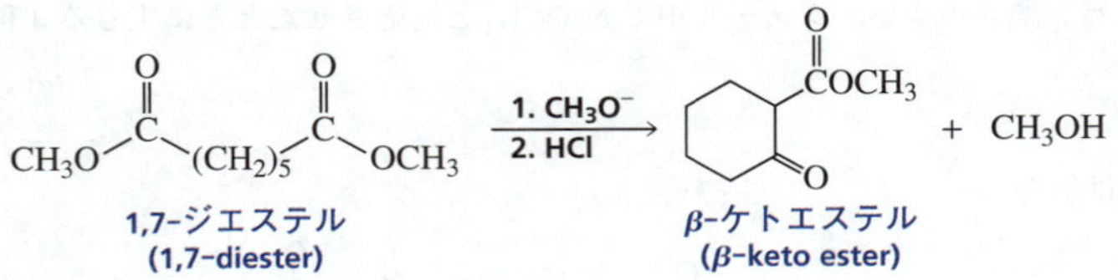

42. 1,7–ジエステルの代わりに1,6–ジエステルを用いて先の反応を行ったときに得られる生成物は何か．

43. 次の反応の生成物を書け．

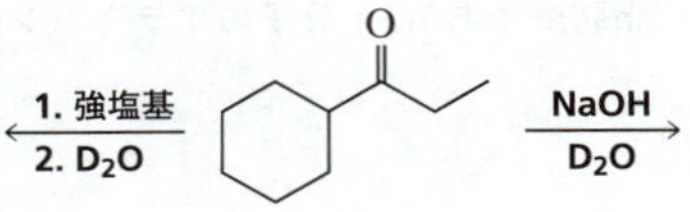

44. 次の反応の生成物を書け．

a. 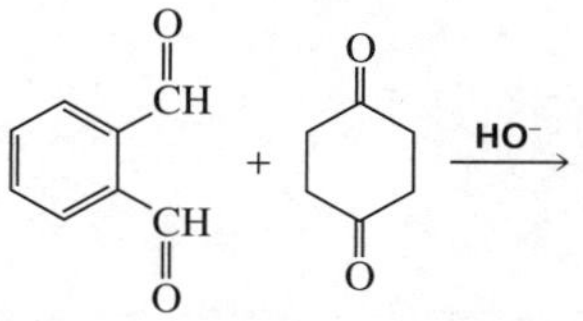 ベンゼン-1,2-ジカルバルデヒド + シクロヘキサン-1,4-ジオン → (HO⁻)

b. 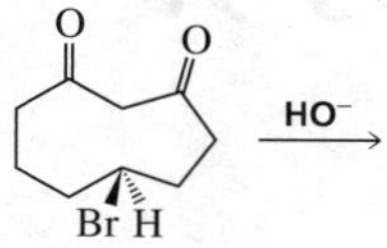 trans-2-ブロモシクロデカン-1,3-ジオン → (HO⁻)

c. 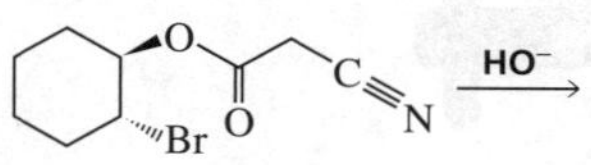 trans-2-ブロモシクロヘキシル シアノアセタート → (HO⁻)

45. 3炭素以下の反応剤を用いて，次の化合物を合成するにはどうすればよいかを記述せよ．

a. 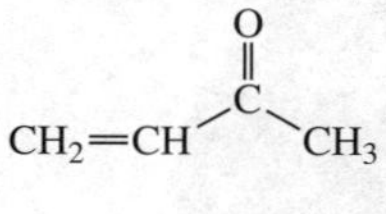 $CH_2=CH-CO-CH_3$

b. 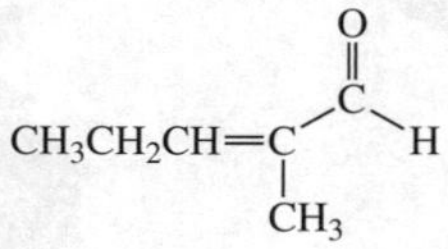 $CH_3CH_2CH=C(CH_3)-CHO$

46. 次の反応の機構を示せ．

1,3-ジフェニルアセトン + ベンジル（PhCO–COPh）→ (HO⁻/H₂O) テトラフェニルシクロペンタジエノン

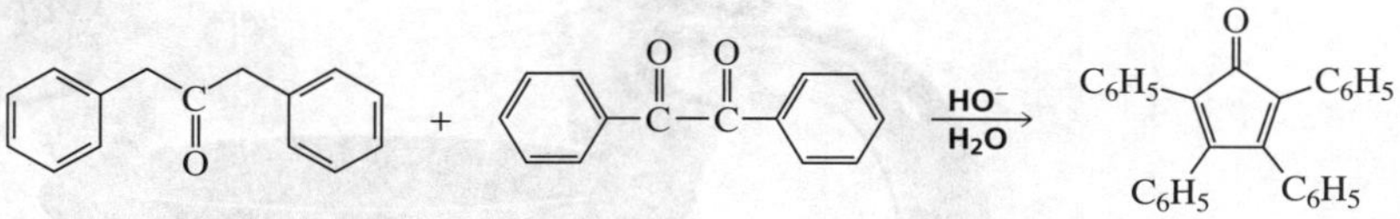

47. β-ジカルボン酸の脱炭酸とβ-ケト酸の脱炭酸を比べたとき，どちらの反応がより高い温度を必要とするか．

48. 酵素によるアセト酢酸の脱炭酸反応を $H_2^{18}O$ 中で行うと，生じたすべてのアセトンは ^{18}O を含んでいる．このことは反応機構に関して何を物語っているか．

49. 次の反応の機構を示せ．

$CH_3COCH_2COOCH_2CH_3$ →(1. $CH_3CH_2O^-$ 2. エチルオキシラン) 3-アセチル-5-エチル-ジヒドロフラン-2(3H)-オン

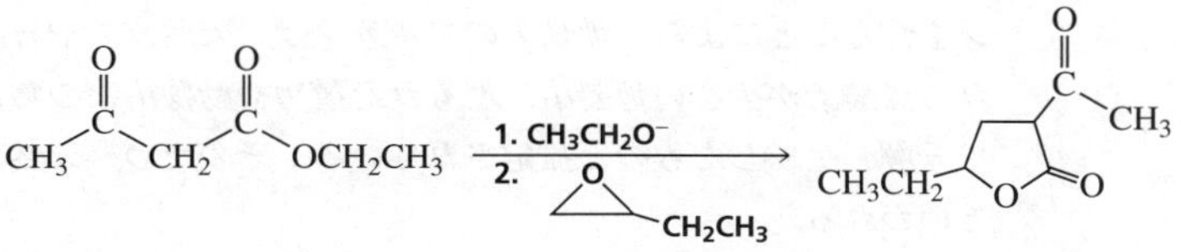

50. 次の化合物を与えられた出発物質から合成するにはどうすればよいかを示せ．

a. 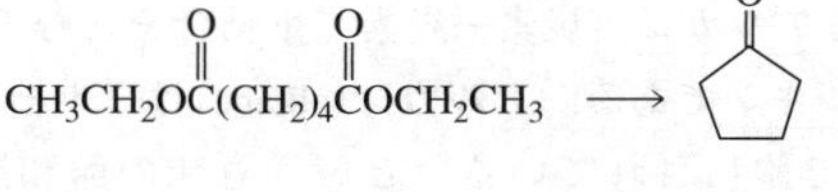 $CH_3CH_2OC(O)(CH_2)_4C(O)OCH_2CH_3$ → シクロペンタノン

b. 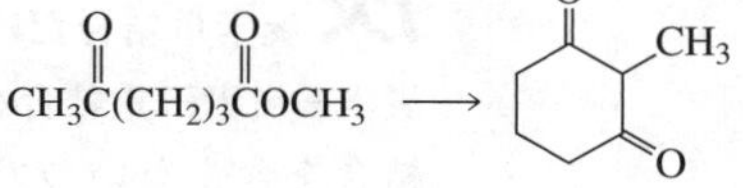 $CH_3C(O)(CH_2)_3C(O)CH_3$ → 2-メチル-1,3-シクロヘキサンジオン

51. 次の化合物を合成するにはどうすればよいかを示せ．各合成スキームの炭素を含む化合物だけが与えられている．

a. 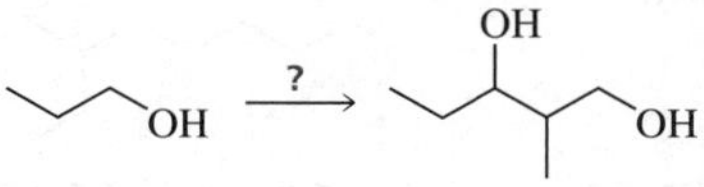 CH_3CH_2OH →? 2-メチル-1,3-ブタンジオール

b. 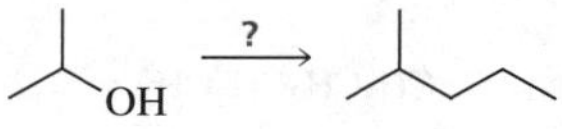 $(CH_3)_2CHOH$ →? 2-メチルペンタン

52. a. 2,4-ペンタンジオンのエノール互変異性体の構造を書け．
b. ほとんどのケトンは水溶液中で1%以下のエノールしか生成しない．2,4-ペンタンジオンのエノール互変異性体がより多く(15%)存在するのはなぜかを説明せよ．

14 ラジカル

世界は，再生可能で，公害のない，安価なエネルギー源を必要としている（次ページを見よ）．

アルカンは，地球やほかの惑星上に広く分布している．木星，土星，天王星，海王星の大気は多量のメタン（CH_4）を含んでおり，これは無臭かつ可燃性の気体で，最小のアルカンである．天王星や海王星が青く見えるのは，それらの大気がメタンを含むことによる．地球上のアルカンは，天然ガスや石油に含まれており，それらは酸素が少ない地殻中に埋もれた植物や動物由来の物質が，長時間にわたって分解し生成したものと推定されている．そのため，天然ガスや石油は化石燃料といわれる．

炭化水素が3種類に分類されることをこれまでに学んだ．すなわち，炭素—炭素単結合だけからなる<u>アルカン</u>，炭素—炭素二重結合を含む<u>アルケン</u>，炭素—炭素三重結合を含む<u>アルキン</u>である．**アルカン**（alkane）は二重結合や三重結合を含まないので，"水素で飽和されている"という意味の**飽和炭化水素**（saturated hydrocarbon）と呼ばれる．アルカンの例をいくつか次に示す．

$CH_3CH_2CH_2CH_3$
ブタン
(butane)

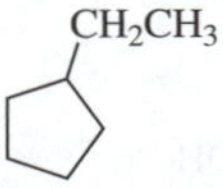

エチルシクロペンタン
(ethylcyclopentane)

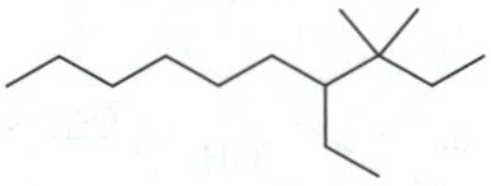

4-エチル-3,3-ジメチルデカン
(4-ethyl-3,3-dimethyldecane)

14.1 アルカンは反応性の低い化合物である

アルケンの炭素—炭素二重結合とアルキンの炭素—炭素三重結合は，強いσ結合と弱いπ結合でできており，それらの比較的弱いπ結合のために，アルケンやアルキンは，求電子付加反応を起こすことを学んできた（6.0節および6.13節参照）．

アルカンは強いσ結合だけでできている．これに加え，C—C および C—H σ結合の電子は，結合原子によって等しくあるいはほとんど等しく共有されているため，アルカン中のどの原子も顕著な電荷をもっていない．これは，アルカンが求核剤でも求電子剤でもないために，求電子剤と求核剤のいずれもがアルカンと反応しにくいことを意味している．そのため，アルカンは比較的反応性の低い化合物である．アルカンが何も反応を起こさないことから，昔の有機化学者はそれらにパラフィン（*paraffins*）という名称をつけた．これは（ほかの化合物に対して）"ほとんど親和性がない"ことを意味するラテン語の *parum affinis* に由来している．

天然ガスと石油

天然ガスはメタンをおよそ75％含んでおり，残りの25％はエタン，プロパン，およびブタンなどの低級アルカンからなる．1950年代には，アメリカ合衆国の多くの地域で，家庭用および工業用暖房の主要エネルギー源として天然ガスが石炭にとって代わった．

石油はアルカンとシクロアルカンの複雑な混合物で，蒸留によっていくつかの留分に分けられる．天然ガスは最も低い温度で留出する留分である（5炭素未満の炭化水素）．最初の留分よりいくらか高い温度で留出する留分（5〜11炭素）はガソリンで，次の留分（9〜16炭素）には灯油とジェット燃料が含まれる．15〜25炭素の留分は軽油とディーゼル油で，さらに高沸点の留分は潤滑油やグリースなどに用いられる．蒸留したあとに残る不揮発性の残渣は，アスファルトやタールと呼ばれる．

ガソリンに使用される5〜11炭素の留分は，実際には内燃機関用の燃料としてそのまま使うには性能が劣っている．優れた性能のガソリンにするには，接触クラッキングと呼ばれる処理を施す必要がある．接触クラッキングは，燃料として性能の劣っている直鎖状炭化水素を高性能の分枝状化合物に変換する（3.2節参照）．元来のクラッキング（熱分解ともいわれる）では，3〜5炭素の炭化水素を得るために，ガソリンをきわめて高い温度で処理する必要があった．最近のクラッキング法は，触媒の使用によって以前に比べてはるかに低い温度で行うことができる．

化石燃料：問題のあるエネルギー源

現代社会は，エネルギーを化石燃料に依存しすぎた結果，三つの大きな問題に直面している．第一に，それらの燃料は再生不能な資源であって，全世界の供給量が継続的に減少していることである．第二に，中東や南米の産油国グループが，世界の原油供給の大部分を支配していることである．これらの国ぐにには石油輸出国機構（OPEC）というカルテルを結んでおり，原油の価格と供給を支配している．OPEC のいずれかの国における政治不安が，世界の石油供給に著しい影響を及ぼすこととなる．

第三に，化石燃料，とくに石炭の燃焼によって，大気中の CO_2 の濃度が増大することである．また，石炭の燃焼によって，

大気中のSO₂の濃度も増大する．科学者は，大気中のSO₂が"酸性雨"の原因となり，地球上の植物に危害を及ぼし，ひいては私たちの食糧と大気中の酸素の供給を脅かしていることを実験的に証明している(47ページおよび2.2節参照)．

1958年以来，大気中のCO_2濃度はハワイのマウナロアで定期的に測定されている．大気中のCO_2濃度は，初めて測定されたときからおよそ25％増大したが，このCO_2が赤外線を吸収することによって地球の温度が上昇する(温室効果)と科学者は予測している．地球の温度が絶えず上昇することは，新たな砂漠化，大規模な穀物の不作，氷河の融解による海面水位の上昇など，環境破壊の原因になっている．以上のことから明らかなように，私たちが必要としているのは，再生可能，非政治的，非汚染的，かつ安価なエネルギー源である．

14.2 アルカンの塩素化と臭素化

アルカンは，塩素(Cl_2)や臭素(Br_2)と反応して塩化アルキルや臭化アルキルを生成する．これらの**ハロゲン化反応**(halogenation reaction)は，高温または光の存在下でのみ起こる．(光の照射は$h\nu$の記号で示す.)

$$CH_4 + Cl_2 \xrightarrow[h\nu]{\Delta\text{または}} CH_3Cl + HCl$$
クロロメタン (chloromethane)

$$CH_3CH_3 + Br_2 \xrightarrow[h\nu]{\Delta\text{または}} CH_3CH_2Br + HBr$$
ブロモエタン (bromoethane)

アルカンに対するハロゲンの相対的反応性の序列は$F_2 > Cl_2 > Br_2 > I_2$である．F_2はきわめて反応性が高く，アルカンと爆発的に反応する．一方，I_2は反応性が低く，ハロゲン化が起こらない．したがって，アルカンと有効なハロゲン化反応を行えるのはCl_2とBr_2のみである．

結合電子が2個とも一つの原子に残るように結合が開裂するとき，これを**不均等結合開裂**(heterolytic bond cleavage)または**ヘテロリシス**(heterolysis)と呼ぶ．

両矢印は2個の電子の移動を示す．

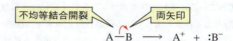

結合電子をそれぞれの原子が一つずつもつように結合が開裂するとき，これを**均等結合開裂**(homolytic bond cleavage)または**ホモリシス**(homolysis)と呼ぶ．ホモリシスではラジカルが生成する．**ラジカル**(radical)〔しばしば**フリーラジカル**(free radical)とも呼ばれる〕とは，不対電子をもっている原子を含む化学種のことである．ラジカルは，オクテットを満たすために必要な電子を得ようとするので，きわめて反応性が高い．

片矢印は釣り針とも呼ばれ，1個の電子の移動を示す．

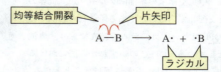

アルカンがハロゲン化される反応機構はよく知られている．例として，メタンのモノ塩素化反応の機構を見てみよう．メタン以外のアルカンのモノ塩素化反応

も同じ機構で起こる．

メタンのモノ塩素化反応の機構

$$:\overset{..}{\underset{..}{Cl}}\!\!-\!\!\overset{..}{\underset{..}{Cl}}: \xrightarrow[h\nu]{\Delta \text{または}} 2\;:\overset{..}{\underset{..}{Cl}}\cdot \quad\text{連鎖開始段階}$$

均等結合開裂

$:\overset{..}{\underset{..}{Cl}}\cdot\; +\; H\!-\!CH_3 \longrightarrow H\overset{..}{\underset{..}{Cl}}:\; +\; \cdot CH_3$　メチルラジカル

$\cdot CH_3\; +\; :\overset{..}{\underset{..}{Cl}}\!-\!\overset{..}{\underset{..}{Cl}}: \longrightarrow CH_3Cl\; +\; :\overset{..}{\underset{..}{Cl}}\cdot$

連鎖成長段階

$:\overset{..}{\underset{..}{Cl}}\cdot\; +\; :\overset{..}{\underset{..}{Cl}}\cdot \longrightarrow Cl_2$

$\cdot CH_3\; +\; \cdot CH_3 \longrightarrow CH_3CH_3$

$:\overset{..}{\underset{..}{Cl}}\cdot\; +\; \cdot CH_3 \longrightarrow CH_3Cl$

連鎖停止段階

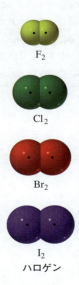

F$_2$

Cl$_2$

Br$_2$

I$_2$
ハロゲン

- 熱または光が，Cl―Cl結合を均等に開裂するために必要なエネルギーを与える．すべての電子が対を形成している分子からラジカルが生成するので，これがこの反応の**連鎖開始段階**（initiation step）である．
- 連鎖開始段階で生成した塩素ラジカルがアルカン（この場合はメタン）から水素原子を引き抜いて，HClとメチルラジカルが生成する．
- そのメチルラジカルがCl$_2$から塩素原子を引き抜いて，クロロメタン（塩化メチル）ともう一つの塩素ラジカルが生じ，この塩素ラジカルが別のメタン分子から水素原子を引き抜く．

  二段階目と三段階目は**連鎖成長段階**（propagation step）と呼ばれる．その理由は，<u>連鎖成長段階の一段階目で生成したメチルラジカルが連鎖成長段階の二段階目で反応して塩素ラジカルを生成し，そのラジカルが再び一段階目の反応を起こすからである</u>．このようにして二つの連鎖成長段階が次つぎと繰り返される．連鎖成長段階では文字通り鎖が成長する．最初の連鎖成長段階が全反応の律速段階となる．

- 反応混合物中のいずれか二つのラジカルが結合すると，すべての電子が対になっている分子が生成する．二つのラジカルの結合は，反応を促進するラジカルの数を減らすことによって反応を終結させるので，この段階は**連鎖停止段階**（termination step）と呼ばれる．どの二つのラジカルが結合してもよく，したがって，ラジカル反応では複数の生成物の混合物が得られる．

この反応は，ラジカル中間体を含み反復して起こる連鎖成長段階からなるので，**ラジカル連鎖反応**（radical chain reaction）と呼ばれている．この特有のラジカル連鎖反応はアルカンの水素の一つを塩素原子で置換しているので，**ラジカル置換反応**（radical substitution reaction）と呼ばれる．

アルカン類の臭素化もアルカン類の塩素化と同様の反応機構で進行する．

ラジカル連鎖反応は，連鎖開始段階，連鎖成長段階，連鎖停止段階からなる．

なぜラジカルはフリーラジカルと呼ばれなくなったか？

かつて置換基 "R" はラジカルと呼ばれていた．たとえば，「CH_3CH_2OH 中の OH 置換基は，エチルラジカルに結合している」，といういい方がされていた．この意味でのエチルラジカルと，不対電子をもち，置換基に結合していない $CH_3CH_2\cdot$ を区別するために，$CH_3CH_2\cdot$ は置換基が結合していないという意味で "フリーラジカル" と呼ばれていた．現在，私たちは "R" のことをラジカルとは呼ばず，代わりに置換基または基と呼ぶので，不対電子をもつ化合物のことをもはや "フリーラジカル" と呼ぶ必要がない．したがって，ラジカルはいまや一義的な単語である．

問題 1
エタンのモノ臭素化反応の機構を書け．

問題 2
シクロヘキサンのモノ塩素化反応の連鎖開始，連鎖成長，連鎖停止の各段階を示せ．

14.3 ラジカルの安定性は不対電子をもつ炭素原子に結合するアルキル基の数に依存する

ラジカルは，不対電子をもつ炭素によって分類される．**第一級ラジカル**（primary radical）は第一級炭素上に不対電子をもち，**第二級ラジカル**（secondary radical）は第二級炭素上に不対電子をもち，**第三級ラジカル**（tertiary radical）は第三級炭素上に不対電子をもつ．

第一級アルキルラジカル，第二級アルキルラジカル，第三級アルキルラジカルの相対的安定性の序列は，第一級，第二級，第三級カルボカチオンの相対的安定性の序列と同じである（6.2 節参照）．

アルキルラジカルの相対的安定性

アルキルラジカルの安定性：
第三級＞第二級＞第一級

| 最も安定 | $R-\overset{R}{\underset{R}{C}}\cdot$ | > | $R-\overset{R}{\underset{H}{C}}\cdot$ | > | $R-\overset{H}{\underset{H}{C}}\cdot$ | > | $H-\overset{H}{\underset{H}{C}}\cdot$ | 最も不安定 |

第三級ラジカル　　第二級ラジカル　　第一級ラジカル　　メチルラジカル

14.4 生成物の生成比はラジカルの安定性によって決まる

ブタンのモノ塩素化反応では，2 種類のハロゲン化アルキルが得られる．第一級炭素に結合している水素が置換されると 1-クロロブタンが生成するが，第二級炭素に結合している水素が置換されると 2-クロロブタンが生成する．

$$CH_3CH_2CH_2CH_3 + Cl_2 \xrightarrow{h\nu} CH_3CH_2CH_2CH_2Cl + CH_3CH_2\overset{Cl}{C}HCH_3 + HCl$$

ブタン　　　　　　　　　　　　　1-クロロブタン　　　2-クロロブタン
(butane)　　　　　　　　　　　　(1-chlorobutane)　　(2-chlorobutane)
　　　　　　　　　　　　　　　　　　29%　　　　　　　　71%

14.4 生成物の生成比はラジカルの安定性によって決まる

アルカンのハロゲン化反応における律速段階は，一段階目の連鎖成長段階，つまりアルカンから水素原子が引き抜かれる反応である．第一級炭素に結合している水素原子が引き抜かれて第一級ラジカルが生成するより，第二級炭素に結合している水素原子が引き抜かれて第二級ラジカルが生成するほうが容易である．つまり，第二級ラジカルのほうがより安定であり，より速く生成する．そのため，2-クロロブタンが反応の主生成物となる．

$$
\begin{array}{c}
\text{第二級炭素} \\
\text{CH}_3\text{CH}_2\text{CH}_2\text{CH}_3 \\
\text{第一級炭素}
\end{array}
\xrightarrow{\text{Cl·}}
\begin{array}{c}
\text{第二級ラジカル} \\
\text{CH}_3\text{CH}_2\dot{\text{C}}\text{HCH}_3 + \text{HCl} \\
\text{第一級ラジカル} \\
\text{CH}_3\text{CH}_2\text{CH}_2\dot{\text{C}}\text{H}_2 + \text{HCl}
\end{array}
\xrightarrow{\text{Cl}_2}
\begin{array}{c}
\text{CH}_3\text{CH}_2\text{CHClCH}_3 + \text{Cl·} \\
\text{2-クロロブタン} \\
\text{CH}_3\text{CH}_2\text{CH}_2\text{CH}_2\text{Cl} + \text{Cl·} \\
\text{1-クロロブタン}
\end{array}
$$

臭素ラジカルは塩素ラジカルよりも反応性が低い．したがって，より生成しやすい第二級ラジカルができるように，臭素ラジカルは第二級水素と容易に反応する．そのため，アルカンを臭素化したときのほうが，塩素化したときよりも第二級ハロゲン化アルキルがより多く生成する．

$$\text{CH}_3\text{CH}_2\text{CH}_2\text{CH}_3 + \text{Br}_2 \xrightarrow{h\nu} \underset{\underset{2\%}{\text{1-ブロモブタン}}}{\text{CH}_3\text{CH}_2\text{CH}_2\text{CH}_2\text{Br}} + \underset{\underset{98\%}{\text{2-ブロモブタン}}}{\text{CH}_3\text{CH}_2\text{CHBrCH}_3} + \text{HBr}$$

臭素ラジカルは，塩素ラジカルに比べて反応性が低く，選択性が高い．

> **問題 3**
> 右の構造は第二級炭素に水素をいくつもっているか．

> **問題 4**
> 右の構造中で塩素ラジカルによって最も引き抜かれやすい水素原子はどれか．

問題解答の指針
モノ塩素化反応生成物の数を決める
次の反応でモノ塩素化された生成物は何種類できるか．立体異性体は無視してよい．

$$\underset{}{\text{CH}_3\text{CHCH}_2\text{CH}_3} \xrightarrow{\text{Cl}_2}_{h\nu}$$
(上部に CH_3)

それぞれ異なる水素原子を塩素原子に置換する．分子の右端にあるメチル基に結合する三つの水素原子のうちの一つを置換すると 1-クロロ-3-メチルブタンが生成し，第二級水素のうちの一つを置換すると 2-クロロ-3-メチルブタンが生成する．第三級水素を置換すると 2-クロロ-2-メチルブタンが生成し，分子の左端にある二つのメチル基に結合する六つの水素原子のうちのどれか一つを置換すると 1-クロロ-2-メチルブタンが生成する．このように，4種類の生成物ができる．

$$\underset{\underset{\text{1-クロロ-3-メチルブタン}}{\text{(1-chloro-3-methylbutane)}}}{\text{CH}_3\text{CHCH}_2\text{CH}_2\text{Cl}} \quad \underset{\underset{\text{2-クロロ-3-メチルブタン}}{\text{(2-chloro-3-methylbutane)}}}{\text{CH}_3\text{CHCHCH}_3} \quad \underset{\underset{\text{2-クロロ-2-メチルブタン}}{\text{(2-chloro-2-methylbutane)}}}{\text{CH}_3\text{CCH}_2\text{CH}_3} \quad \underset{\underset{\text{1-クロロ-2-メチルブタン}}{\text{(1-chloro-2-methylbutane)}}}{\text{CH}_2\text{CHCH}_2\text{CH}_3}$$

分子の左端にあるどちらのメチル基の水素原子を置換しても同じ化合物が得られることを確かめるには，それぞれのメチル基の水素原子が置換された生成物を命名すればよい．もし，化合物が同じ名前であれば，それらは同じ化合物である．

$$\underset{\underset{\text{1-クロロ-2-メチルブタン}}{\text{(1-chloro-2-methylbutane)}}}{\text{Cl}-\text{CH}_2\text{CHCH}_2\text{CH}_3} \quad \underset{\underset{\text{1-クロロ-2-メチルブタン}}{\text{(1-chloro-2-methylbutane)}}}{\text{CH}_3\text{CHCH}_2\text{CH}_3}$$

いま学んだ方法を使って問題 5 を解いてみよう．

問題 5 ◆
次のアルカンのモノ塩素化反応で何種類の塩化アルキルが得られるか．立体異性体は無視してよい．

a. b. c.

d. e. f.

問題 6（解答あり）
メチルシクロヘキサンの塩素化と臭素化のどちらが 1-ハロ-1-メチルシクロヘキサンを高収率で得るのに適しているか．

解答 望みの生成物は第三級ハロゲン化アルキルであるから，問題は「臭素化と塩素化のどちらが第三級ハロゲン化アルキルの収率をより大きくするか」ということになる．臭素ラジカルは反応性が低いので，反応の選択性は高い．したがって，第三級ラジカルのほうが容易に生成するために，第三級水素に対する水素原子引き抜き反応の選択性が高い．よって，臭素化のほうが望みの化合物を高収率で得ることができる．塩素化によっていくらかの第三級ハロゲン化アルキルを生じるであろうが，第一級や第二級のハロゲン化アルキルも副生すると考えられる．

問題 7 ◆
塩素化と臭素化のどちらが 1-ハロ-2,3-ジメチルブタンを高収率で与えるか．

問題 8（解答あり）
ブタノンはブタンからどのようにして合成できるか．

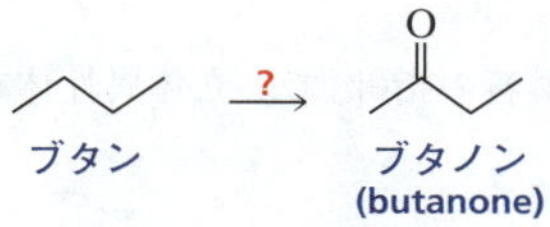

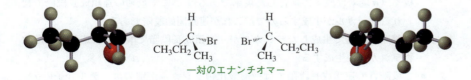

解答 私たちははじめの反応がラジカルハロゲン化反応でなければならないことを知っている．なぜならば，それはアルカンが起こしうる唯一の反応だからである．塩素化反応よりも臭素化反応のほうが有用である．なぜなら，臭素ラジカルのほうが第二級水素に対する反応の選択性が高いからである．求核置換反応によって生成するアルコールを酸化すると，目的の分子が得られる．

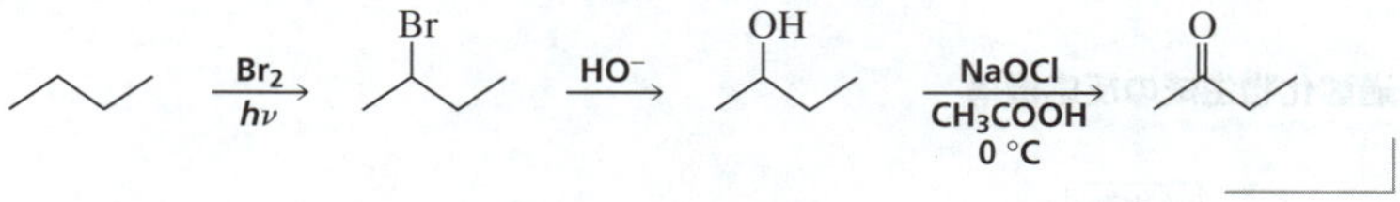

14.5 ラジカル置換反応の立体化学

不斉中心をもたない反応物が反応して一つの不斉中心をもつ生成物を生じるとき，その生成物はラセミ体であることを学んだ(6.6 節参照)．したがって，次に示すラジカル置換反応では，ラセミ体(つまり，同量の 2 種類のエナンチオマー)が生成する．

$$CH_3CH_2CH_2CH_3 + Br_2 \xrightarrow{h\nu} CH_3CH_2CHCH_3 + HBr$$
不斉中心

> 不斉中心をもたない反応物が反応して不斉中心をもつ生成物を生じるとき，その生成物はラセミ体である．

生成物の立体配置

一対のエナンチオマー

ラジカル置換反応ではラセミ体が生成する．なぜならば，ラジカル中間体における不対電子をもっている炭素原子は sp^2 混成しており，その炭素に結合している三つの原子は同一平面上にある(1.10 節参照)．導入される臭素原子は平面の両側から同じ容易さで接近できる．その結果，R 体と S 体のエナンチオマーが等量生成する．

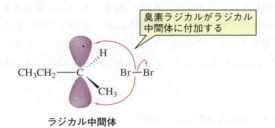

臭素ラジカルがラジカル中間体に付加する

ラジカル中間体

> **問題 9**
> 567 ページにある『問題解答の指針』で，立体異性体を含めると何種類の生成物が得られるか．

14.6 爆発性過酸化物の生成

エーテル類は実験室における危険物である．なぜなら，それらは空気にさらされると O_2 と反応して爆発性の過酸化物を生成するからである．

過酸化物生成の反応機構

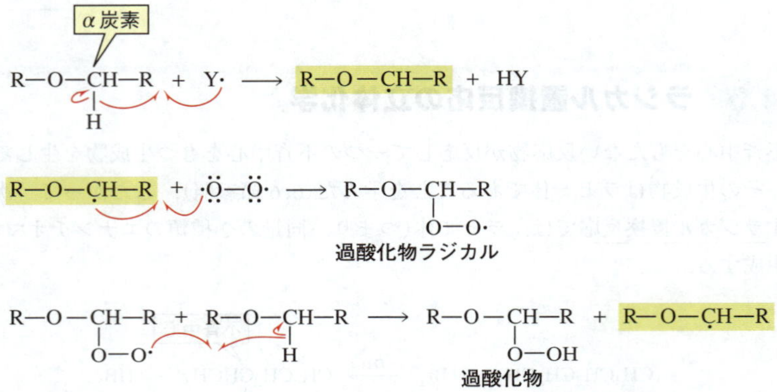

$$\text{R—O—CH—R} + Y\cdot \longrightarrow \text{R—O—ĊH—R} + HY$$
（α炭素）
（Hを引き抜く）

$$\text{R—O—ĊH—R} + \ddot{\text{O}}{=}\ddot{\text{O}} \longrightarrow \text{R—O—CH—R} \atop \text{O—O}\cdot$$
過酸化物ラジカル

$$\underset{\text{O—O}\cdot}{\text{R—O—CH—R}} + \text{R—O—CH—R} \longrightarrow \underset{\text{O—OH}}{\text{R—O—CH—R}} + \text{R—O—ĊH—R}$$
過酸化物

- 連鎖反応を開始するラジカルが，エーテルのα炭素から水素原子を1個引き抜く．（α炭素は酸素に結合した炭素である．）ここで最初の連鎖成長段階で使われるラジカルが生成するので，これが連鎖開始段階である．
- 連鎖開始段階で生成したラジカルが，連鎖成長段階で酸素と反応して過酸化物ラジカルが生成する．
- 二段階目の連鎖成長段階では，過酸化物ラジカルが別のエーテル分子のα炭素から水素原子を引き抜いて過酸化物が生成し，一段階目の連鎖成長段階で使われたラジカルが再生する．

過酸化物(peroxide)は O—O 結合をもつ化合物である．O—O 結合は容易に均等結合開裂を起こすので，過酸化物は**ラジカル開始剤**(radical initiator)となり，新しいラジカルを生成することができる．したがって，過酸化物は，ほかのラジカル連鎖反応を開始することができるため，取扱いを一歩間違えると爆発が起こりうる．爆発性の過酸化物の生成を抑制するには，連鎖反応を開始するラジカルを捕捉する安定剤をエーテルに添加するとよい．いったんエーテルを精製したなら（それはもはや安定剤を含まないので），24時間以内に廃棄しなければならない．

> **問題 10** ◆
> **a.** どのエーテルが最も過酸化物を生成しやすいか．

b. どのエーテルが最も過酸化物を生成しにくいか.

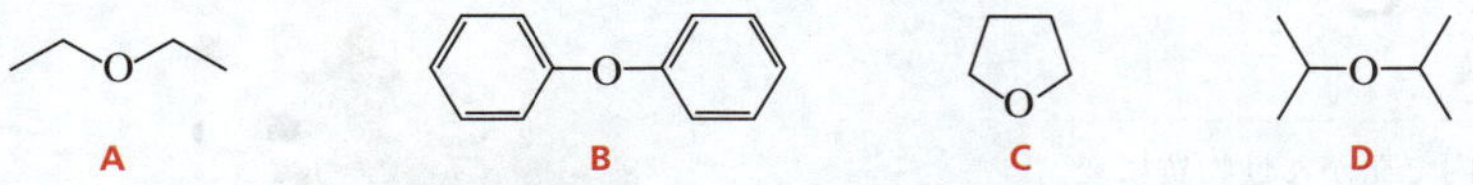

A　　　B　　　C　　　D

14.7 生体系で起こるラジカル反応

科学者は長いあいだ，ラジカル反応は生体系ではそれほど重要ではないと考えてきた．なぜなら，ラジカル反応を開始するためには熱や光などの大量のエネルギーを必要とするし，いったん反応が開始してしまうと，連鎖成長段階を制御するのが困難であると考えていたからである．しかしながら，現在ではラジカルを含む多くの生体反応の存在が広く知られている．ラジカルは熱や光で発生するのではなく，有機分子と金属イオンとの相互作用によって生成する．これらのラジカル反応は，酵素の活性部位で起こる(5.11節参照)．反応が特定の場所で起こるので，その反応を制御することができる．

水溶性(極性)の化合物は容易に体外へ排泄される．一方，水に不溶(非極性)な化合物は容易には排泄されず，細胞内の非極性部位に蓄積される．細胞が「有害物質のゴミ捨て場」になるのを防ぐためには，非極性化合物(医薬品，食物，環境汚染物質など)を体外に排泄できる極性化合物に変換しなければならない．

肝臓で起こるラジカル反応の一つに，非極性炭化水素のHをOHに置き換えることにより，毒性の低い極性アルコールに変換する反応がある．この反応は，鉄を含む酵素によって触媒される．

Fe^V＝Oがアルカンから水素原子を引き抜いてラジカル中間体を生成する．それから，Fe^{IV}—OHが均等結合開裂してFe^{III}と·OHが生じ，·OHは直ちにラジカル中間体と結合してアルコールを生成する.

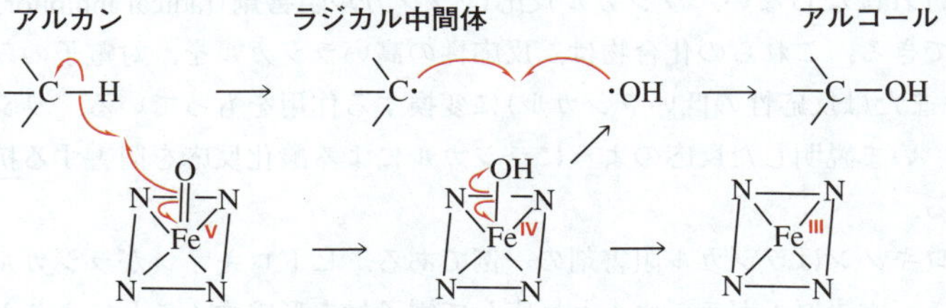

この反応は，同時に反対の毒性効果をもたらす場合がある．たとえば，動物がジクロロメタン(CH_2Cl_2)を吸入すると，HがOHに置換されて発がん性物質に変わることが実験的に確かめられている．

油脂はO_2によってラジカル連鎖反応で容易に酸化され，強烈な悪臭のする化合物に変わる．これらは古くて酸っぱくなったミルクや腐ったバターの嫌な味やにおいの原因となる化合物である．

カフェインレスコーヒーと発がんの懸念

ジクロロメタンを吸入すると生体内で発がん性物質に変わるという動物実験の結果を受けて，毎日ジクロロメタンを吸入している何千人もの労働者に対する調査が直ちに行われた．しかし，調査したグループに発がんリスクの増大は認められなかった．（これはヒトに対して行われた実験結果が常に動物実験の結果と一致するとは限らないことを示している．）

カフェインレスコーヒーの製造工程で，コーヒー豆からカフェインを抽出するためにジクロロメタンが溶媒として用いられていたことから，ジクロロメタンを飲んだ動物に何が起こるかを調べる研究が行われた．飲料水にジクロロメタンを加えてラットやマウスに与えてみたが，研究者たちは毒性効果を見いだせなかった．ラットには1日あたり12万杯分，マウスには1日あたり440万杯分のカフェイン抜きコーヒーに含まれる量に相当するジクロロメタンを摂取させたにもかかわらずである．

しかし，当初の懸念が依然として存在するので，研究者たちは別の方法でコーヒー豆からカフェインを抽出する検討を行った．その結果，超臨界温度および超臨界圧力下で CO_2 を用いて抽出する方法が優れていることがわかった．この方法では，ジクロロメタンによる抽出では失われていたある種の香気成分を失うことなくカフェインの抽出ができるからである．これは初めて開発されたグリーンな（環境に優しい）工業化学プロセスの例である．カフェインの除去に使われたあと CO_2 はリサイクルすることができるが，ジクロロメタンは環境に放出してよい物質ではない（6.0節参照）．

ラジカルは加齢に関与するので，抗酸化物質を含む多くの製品が市販されている．

細胞膜も脂肪や油脂と似た構造（111ページと20.2節参照）をしているので，脂肪や油脂に起こるのと同じラジカル反応によって分子の分解が引き起こされる．細胞内におけるラジカル反応は加齢にも関係している．

ラジカルは明らかに細胞内で有害なため，それが細胞に傷害を与える前に分解させなければならない．ラジカル反応は**ラジカル阻害剤**（radical inhibitor）で防ぐことができる．これらの化合物は，反応性の高いラジカルを，対電子のみを含む化合物（または反応性の低いラジカル）に変換する作用をもっている．ラジカル阻害剤は，いま説明した反応のようにラジカルによる酸化反応を阻害する<u>抗酸化物質</u>である．

ヒドロキノンはラジカル阻害剤の一例である．ヒドロキノンがラジカルを捕捉するとき，水素原子がラジカルと反応して電子対を形成することによりセミキノンが生成する．セミキノンはもう一つラジカルを捕捉してキノンを生成するが，キノンはすべての電子が対になっている．ヒドロキノン類はすべての好気性生物の細胞に存在する．

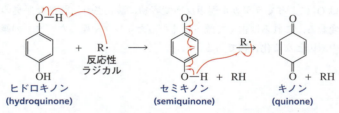

生体系に存在するラジカル阻害剤の例に，ビタミンCとビタミンEの二つがあ

る.ビタミンC(アスコルビン酸とも呼ばれる:16.6節参照)は水溶性の化合物で,細胞の内部や血漿中(どちらも水のある環境)で生成するラジカルを捕捉する.

ビタミンE(α-トコフェロールとも呼ばれる)は脂溶性の化合物で,非極性の細胞膜中で生成するラジカルを捕捉する.ビタミンEはヒトの脂肪組織におけるおもな抗酸化物質であるため,動脈硬化の進行を防ぐのに重要である.

なぜ一方のビタミンが水のなかで働き,他方が疎水的な環境で働くかは,それらの構造と静電ポテンシャル図から明らかである.いずれも,ビタミンCが比較的極性な化合物であり,ビタミンEが非極性な化合物であることを示している.

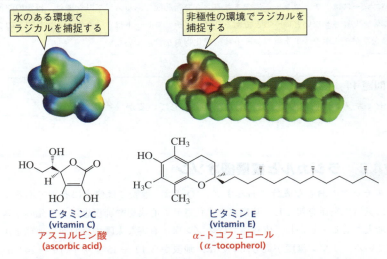

ビタミンC
(vitamin C)
アスコルビン酸
(ascorbic acid)

ビタミンE
(vitamin E)
α-トコフェロール
(α-tocopherol)

ナッツ類はビタミンEを豊富に含む.

🧪 食品保存料

食品に添加されるラジカル阻害剤は保存料または酸化防止剤と呼ばれる.それらはラジカル連鎖反応を防ぐことによって食品を保護する.ビタミンEは植物油,ヒマワリの種,およびホウレンソウなどに含まれる天然の保存料である.BHAとBHTは,多くの包装食品に添加されている合成保存料である.ビタミンEや合成保存料はすべてヒドロキノンと同じフェノール類であることに注目しよう.

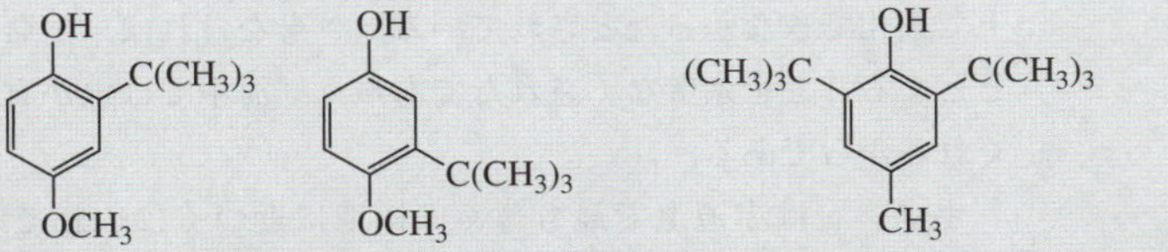

ブチル化されたヒドロキシアニソール
BHA

ブチル化されたヒドロキシトルエン
BHT

食品保存料

🧪 チョコレートは健康食品か?

私達はこれまで長いあいだ,果物や野菜がたくさん入った食餌をとるべきだといわれてきた.なぜなら,それらは抗酸化物質を多く含むからである.抗酸化物質は心血管疾患,がん,白内障を防ぎ,老化を遅くするはたらきがあると考えられてきた.チョコレートは何百もの有機化合物からできており,カテキン類と呼ばれる抗酸化物質をかなり多く含んでいる.(カテキン類もまたフェノール類である.)

カテキン
(catechin)

重さあたりで考えると，チョコレートに含まれる抗酸化物質の濃度は，赤ワインや緑茶より多く，トマトの20倍である．チョコレート愛好家にとってもう一つ良いニュースは，チョコレートに含まれるおもな脂肪酸であるステアリン酸は，ほかの飽和脂肪酸のように，血中コレステロール値を上昇させないということである．ダークチョコレートは，ミルクチョコレートの2倍以上の抗酸化物質を含んでいる．残念ながら，ホワイトチョコレートは抗酸化物質を含んでいない．

問題 11
セミキノンは何個の原子で不対電子を共有しているか．

14.8 ラジカルと成層圏オゾン

スモッグのおもな成分であるオゾン(O_3)は，地表では健康に有害である．それは気道に炎症を起こし，肺疾患を悪化させ，心疾患や肺疾患による死のリスクを増大させる．しかし，成層圏ではオゾン層が有害な太陽の日射から地球を保護している．オゾン濃度が最も高いのは，地表から 12〜15 マイル(19〜24 km)上空である．

成層圏オゾン層は，生物にとって有害な紫外線(UV)を防ぐフィルターの役目を果たしており，それがないと紫外線がすべて地表に到達してしまう．いくつかある効果のなかでとくに短波長紫外線は，皮膚細胞の DNA を損傷して皮膚がんの引き金となる変異を起こす．私たちは，まさにこのオゾン層の保護のおかげで生存できるのである．最近の進化論によると，生命はこのオゾン層がなければ地上で進化できなかったとされている．さもなければ，生命の大部分は海のなかにとどまることを余儀なくされたであろう．海中では水が有害な紫外線を遮断してくれるからである．

オゾン層は赤道上で最も薄く，極地に近づくにつれて厚くなっている．1985年ごろから，科学者たちは南極大陸上空の成層圏オゾンが急激に減少していることに気づいた．このオゾンが減少した領域は"オゾンホール"と呼ばれ，オゾン観測史上，前例のないものであった．科学者たちは，続いて北極地方上空のオゾンが同様に減少していることを知り，1988年には初めてアメリカ合衆国の上空でオゾンの減少を観測した．その3年後に科学者たちは，オゾン減少の速度が当初の予想よりも2〜3倍加速していると結論した．

合成クロロフルオロカーボン(CFC)，すなわち，アルカンの水素をすべてフッ素と塩素で置換した化合物が，オゾン減少のおもな原因であるという強い状況証拠が存在する．これらのガスはFreon®という商品名で知られているが，これまで冷蔵庫やエアコンの冷媒として広く使われてきた．また，それらはかつてエー

極地の成層圏雲はオゾン破壊の速度を加速させる．これらの雲は，寒い冬の数カ月間，南極大陸上空で形成される．北極のオゾン減少は南極ほど激しくない．その理由は，極地成層圏雲が生じるほど気温が低くならないからである．

1979

1989

2006

ロゾルスプレー缶(消臭剤やヘアスプレーなど)の噴射剤として広く用いられてきた．その理由は，それらが無臭，無毒かつ不燃性であり，化学的に不活性で缶の内容物と反応しないなどの長所があったからである．現在ではそのような使用は禁止されており，代わりにプロパンやブタンが高圧ガスとして使われている．

　CFCやほかのオゾン層を破壊する反応剤の使用を段階的に廃止しようという国際的な合意は守られているようである．オゾン層はもはや破壊されておらず，2070年までに密度がもとに戻るのではないかと期待されている．

　クロロフルオロカーボンは，成層圏に到達するまではきわめて安定である．成層圏でそれらは，C—Cl結合を均等に切断し塩素ラジカルを発生させる波長の紫外線に遭遇するのである．

2011

$$\underset{\substack{|\\F}}{\overset{\substack{Cl\\|}}{F-C-Cl}} \xrightarrow{h\nu} \underset{\substack{|\\F}}{\overset{\substack{Cl\\|}}{F-C\cdot}} + Cl\cdot$$

これらの塩素ラジカルはオゾン除去剤である．それはオゾンと反応して一酸化塩素ラジカルと分子状酸素を生じる．一酸化塩素ラジカルはもう1分子のオゾンと反応して二酸化塩素を生成し，それが解離して塩素ラジカルを再生する．これら三つの段階(そのうち二つの段階でそれぞれ1分子のオゾンを破壊する)は連鎖成長段階で，何度も繰り返される．計算によると，1個の塩素原子が10万個のオゾン分子を壊すとされている．

南極のオゾンホール拡大の様子．1985年以来，南極大陸のほぼ全土がオゾンホールに覆われている．この画像はオゾン全量分光計(TOMSs)の観測データに基づいて作成されたものである．全オゾン量をDobson単位で色分けしている．最低のオゾン密度が濃青色で表示してある．

$$Cl\cdot + O_3 \longrightarrow ClO\cdot + O_2$$
$$ClO\cdot + O_3 \longrightarrow \cdot ClO_2 + O_2$$
$$\cdot ClO_2 \longrightarrow Cl\cdot + O_2$$

🧪 人工血液

　すべての水素原子がフッ素原子で置換されたアルカンであるパーフルオロカーボンは血液の代替となりうる．この物質に，ヘモグロビンのはたらきを模倣させ，酸素を細胞に，二酸化炭素を肺に運ぶ化合物として用いる臨床試験が行われている．

　これらの化合物は決して本当の血液の代替物とはならない．なぜなら血液には人工血液にはない多くの機能があるからである．たとえば，白血球は感染と戦い，血小板は血液を凝固させる．しかし，人工血液には外傷を負った患者が実際に輸血を受けるまでの状況で使用する場合にいくつかの利点がある．たとえば，それが原因で病気にかからないこと，血液型に関係なく投与できること，血液提供者に関係なく入手できること，たった40日間ほどしか保存できない血液と比べて長期間保存できることなどである．

覚えておくべき重要事項

- **アルカン**は，炭素—炭素二重結合や三重結合をもたず，水素で飽和されているため，**飽和炭化水素**と呼ばれる．
- アルカンは強いσ結合だけでできており，原子に電荷の偏りもないので反応性の低い化合物である．

- **不均等結合開裂**では，両方の結合電子が一方の原子に残るように結合が開裂する．また，**均等結合開裂**においては，結合電子をそれぞれの原子が一つずつもつように結合が開裂する．
- アルカンは塩素(Cl_2)や臭素(Br_2)と高温または光の存在下でラジカル置換反応を起こして，塩化アルキルや臭化アルキルを生成する．この置換反応は，**連鎖開始**，**連鎖成長**，および**連鎖停止**の各段階からなる**ラジカル連鎖反応**である．
- ラジカル置換反応の律速段階では，水素原子が引き抜かれてアルキルラジカルが生成する．
- ラジカル生成の相対速度は，第三級＞第二級＞第一級＞メチルの順である．
- 臭素ラジカルは塩素ラジカルよりも<u>反応性が低い</u>が，水素原子引き抜きの<u>選択性は高い</u>．

- エーテルは空気にさらされると爆発性の過酸化物を生成する．
- **過酸化物**はラジカルを生成するので**ラジカル開始剤**である．
- **ラジカル阻害剤(抗酸化物質)**は，電子対のみをもつ化合物を生成することによって活性なラジカルを失活させる．
- 反応物が不斉中心をもたず，ラジカル置換反応で不斉中心が生じるような場合には，ラセミ体が生成する．
- ある種の生体反応は，有機分子と金属イオンの相互作用によって生じるラジカルを含む．そのような反応は酵素の活性部位で起こる．
- CFCと紫外線との相互作用により，オゾン除去剤である塩素ラジカルが生じる．

反応のまとめ

1. <u>アルカン</u>は熱や光の存在下で Cl_2 や Br_2 とラジカル置換反応を起こす(14.1節～14.5節)．反応機構は565ページに示す．

$$CH_3CH_3 + Cl_2 \xrightarrow{\Delta\text{ または }h\nu} CH_3CH_2Cl + HCl$$

$$CH_3CH_3 + Br_2 \xrightarrow{\Delta\text{ または }h\nu} CH_3CH_2Br + HBr$$

臭素化は塩素化よりも選択性が高い．

2. ラジカル開始剤はエーテルの α 炭素から水素原子を引き抜き，過酸化物を生成する(14.6節)．反応機構は570ページに示す．

$$\underset{\underset{H}{|}}{R-O-CH-R} + O_2 \longrightarrow \underset{\underset{O-O-H}{|}}{R-O-CH-R}$$

章末問題

12. 次のそれぞれの反応の生成物を書け．立体異性体は無視してよい．

a. (イソペンタン) + Br_2 $\xrightarrow{h\nu}$ b. (シクロヘキサン) + Cl_2 $\xrightarrow{h\nu}$ c. (メチルシクロペンタン) + Cl_2 $\xrightarrow{h\nu}$

13. a. Cl_2 と加熱するとただ1種類のモノ塩素化体を生成する分子式 C_5H_{12} のアルカンは何か．
b. Cl_2 と加熱すると7種類のモノ塩素化体(立体異性体は無視すること)を生成する分子式 C_7H_{16} のアルカンは何か．

14. 室温で光照射下，次のそれぞれの化合物を Br_2 と反応させておもに得られるモノ臭素化体は何か．立体異性体は無視してよい．

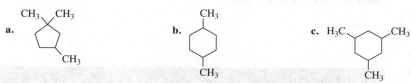

15. a. 塩素化と臭素化のどちらが 2-ハロ-2,3-ジメチルブタンを高収率で与えるか．
b. 塩素化と臭素化のどちらが 1-ハロ-2,2-ジメチルプロパンを合成するのに適しているか．

16. 次の化合物を 2-メチルプロパンから合成する方法を示せ．
a. 2-ブロモ-2-メチルプロパン **b.** 2-メチル-1-プロペン **c.** 2-ヨード-2-メチルプロパン

17. a. メチルシクロヘキサンのラジカル塩素化によって，いくつのモノ塩素化物が得られるか．立体異性体は無視してよい．
b. すべての立体異性体を考慮した場合，何種類のモノ塩素化物が得られるか．

18. a. 分子式 C_4H_{10} をもつ炭化水素のうちで，モノ塩素化体を 2 種類だけ生成する炭化水素は何か．生成物はいずれもアキラルである．
b. 設問 a と同じ分子式で，モノ塩素化体を 3 種類生成し，そのうち一つはアキラルな生成物，二つはキラルな生成物を与えるような炭化水素は何か．

19. 共鳴寄与体を用いてカテキンが抗酸化物質であることを説明せよ．

20. ある化学者が，塩素ラジカルによって第三級，第二級，および第一級炭素から水素原子が引き抜かれる相対的な容易さを実験的に決めようと考えた．彼は，2-メチルブタンの 300 ℃ での塩素化により，36% の 1-クロロ-2-メチルブタン，18% の 2-クロロ-2-メチルブタン，28% の 2-クロロ-3-メチルブタン，および 18% の 1-クロロ-3-メチルブタンを得た．彼の実験条件下で，塩素ラジカルによる第三級，第二級，および第一級炭素に結合している水素原子の相対的な引き抜きやすさについてどのような値が得られたか．

21. 反応混合物に HBr を加えると，メタンの臭素化速度が低下するのはなぜかを説明せよ．

22. エンジイン化合物は DNA を切断することができるので，抗がん活性のある天然物である．それらの細胞毒性作用は，エンジインが環化してきわめて反応性の高いジラジカル中間体を生成することによる．その中間体は，DNA の骨格から水素原子を引き抜き，その損傷の引き金となる．そのジラジカル中間体の構造を書け．

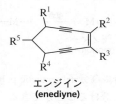

エンジイン
(enediyne)

15 合成高分子

合成ゴムでできた長靴

おそらく，合成化合物のグループのなかで合成高分子ほど現代の生活に重要なものはないだろう．化学的性質が重要な小さな有機分子とは異なり，数千から数百万の分子量をもつこれらの巨大分子は，日常生活で役立つそれらの物理的性質のために大きな関心が寄せられている．天然物と似た合成高分子もあるが，ほとんどの合成高分子は天然に見られる高分子とは著しく異なっている．プラスチックボトル，*DVD* ディスク，じゅうたん，食品用ラップ，人工関節，*Super Glue*®（瞬間接着剤），おもちゃ，目地剤（雨漏り防止のためすき間に詰める資材），車体，および靴底などのいろいろな製品が合成高分子でできている．

高分子（polymer，**ポリマー**または**重合体**ともいう）とは，**モノマー**（monomer，**単量体**ともいう）と呼ばれる小さい分子の繰返し単位がつながり合ってできている巨大な分子である．モノマーが互いにつながり合う過程を**重合**（polymerization）と呼ぶ．

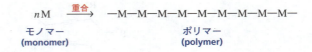

高分子は**合成高分子**（synthetic polymer）と**生体高分子**（biopolymer）の二つの大きなグループに分けることができる．合成高分子は科学者により合成され，一方，生体高分子は細胞によって合成される．生体高分子の例としては，遺伝情報を貯蔵する分子である DNA，生化学変換反応を進みやすくする分子である RNA やタ

ンパク質，エネルギーと構造材料としての機能を備えた化合物である多糖類などがあげられる．これらの生体高分子の構造と性質に関してはほかの章で述べ，この章では，合成高分子について述べる．

人類は，かつて衣類を生体高分子に依存し，動物の皮革や毛皮で体を覆っていた．のちに天然の繊維を紡いで糸にして布を織ることを知った．今日では衣類の多くは合成高分子（たとえばナイロン，ポリエステル，ポリアクリロニトリル）からつくられている．合成高分子が利用できなければ，アメリカのすべての農地を服のための綿と羊毛の生産に使わなければならなくなるだろう．

プラスチック（plastic）は成形することができる高分子である．1856年に発明された最初のプラスチック商品はセルロイドであった．それは不足しがちな象牙に代わってビリヤードのボールやピアノの鍵盤の製造に用いられた．セルロイドはまたより安定な高分子である酢酸セルロースに取って代わられるまで，映画のフィルムにも用いられていた．

最初の合成繊維はレーヨンであった．1865年，フランスの絹工業はカイコの伝染病による大量死に脅かされていた．Louis Pasteur はこの病気の原因を特定したが，彼の助手であった Louis Chardonnet は，テーブルにこぼれたニトロセルロースをふいているとき，ふきんとテーブルの間に長い絹のような糸がくっついているのに気づき，絹の代替品となる合成繊維の出発物質を発見した．

最初の合成ゴムは第一次世界大戦中の封鎖による生ゴムの不足に応じて，1917年にドイツの化学者によって合成された．

高分子化学（polymer chemistry）は，より大きい概念である材料科学（materials science）の一分野であり，私たちがすでに手にしている金属，ガラス，布，および木材に加え，さらに改良された物性をもつ新しい材料を創出している．高分子化学は一兆ドルビジネスへと発展してきた．現在，高分子に関して約3万種の特許が出願されており，さらに新しい材料が次つぎと科学者によって開発されている．

15.1　合成高分子には2種類の大きなグループがある

合成高分子は大きく連鎖重合体と逐次重合体の二つのグループに分けられる．**連鎖重合体**（chain-growth polymer）は，**連鎖反応**（chain reaction），すなわち成長末端へのモノマーの付加によって生成する．成長末端は，ラジカル，カチオン，またはアニオンであるので反応性に富む．熱い飲み物用のカップ，卵のパック，および断熱剤など多くのものに用いられているポリスチレンは，連鎖重合体の一例である．ポリスチレンに大量に空気を吹き込むと，家屋の断熱材として用いられる材料になる．

スチレン
(styrene)

ポリスチレン
(polystyrene)
連鎖重合体

連鎖重合体は付加重合体ともいう．

連鎖重合体は連鎖反応によってできる．

逐次重合体は縮合重合体ともいう.

逐次重合体は分子の両端の反応性官能基がそれぞれつながって生じる.

逐次重合体(step–growth polymer)は，(多くの場合は)小さな分子，一般的には水やアルコールが脱離してモノマーがつながって生成する．モノマーは両末端に反応性の官能基をもっている．個々のモノマーのみが成長末端に付加する連鎖重合とは異なり，逐次重合では反応性のモノマーまたはダイマーやトリマーなどどの二つがつながってもよい．逐次重合体の例にDacron®がある．

$$n\ CH_3O-\underset{O}{\underset{\|}{C}}-\underset{}{\bigcirc}-\underset{O}{\underset{\|}{C}}-OCH_3 + n\ HOCH_2CH_2OH \xrightarrow{\Delta} \left[-OCH_2CH_2O-\underset{O}{\underset{\|}{C}}-\underset{}{\bigcirc}-\underset{O}{\underset{\|}{C}}-\right]_n + 2n\ CH_3OH$$

テレフタル酸ジメチル　　　1,2-エタンジオール　　　　　　ポリ(エチレンテレフタレート)
(dimethyl terephthalate)　　(1,2-ethanediol)　　　　　　　　[poly(ethylene terephthalate)]
　　　　　　　　　　　　　　　　　　　　　　　　　　　　　　Dacron®
　　　　　　　　　　　　　　　　　　　　　　　　　　　　　　逐次重合体

（繰返し単位）

15.2　連鎖重合体

連鎖重合に用いられるモノマーの多くはエチレン(エテン)と置換エチレン($CH_2=CHR$)である．これらのモノマーからつくられた高分子を**ビニルポリマー**(vinyl polymer)という．ビニルポリマーのいくつかを表15.1にまとめる．

表15.1　いくつかの重要な連鎖重合体とその用途

モノマー	繰返し単位	ポリマーの名称	用途
$CH_2=CH_2$	$-CH_2-CH_2-$	ポリエチレン (polyethylene)	おもちゃ，飲料ボトル，レジ袋
$CH_2=CH$ 　$\|$ 　Cl	$-CH_2-CH-$ 　　　$\|$ 　　　Cl	ポリ(塩化ビニル) [poly(vinyl chloride)]	シャンプーボトル，パイプ，羽目板，床，透明な食品包装袋
$CH_2=CH$ 　$\|$ 　CH_3	$-CH_2-CH-$ 　　　$\|$ 　　　CH_3	ポリプロピレン (polypropylene)	成形によってつくられたキャップ，マーガリンのチューブ，屋内/屋外カーペット，プラスチックのイス
$CH_2=CH$ 　$\|$ 　C_6H_5	$-CH_2-CH-$ 　　　$\|$ 　　　C_6H_5	ポリスチレン (polystyrene)	CDケース，卵のパッケージ，熱い飲み物用のカップ，絶縁体
$CF_2=CF_2$	$-CF_2-CF_2-$	ポリ(テトラフルオロエチレン) [poly(tetrafluoroethylene)] Teflon®	非接着性表面加工，服の裏地，電線の絶縁体
$CH_2=CH$ 　$\|$ 　C 　$\|\|\|$ 　N	$-CH_2-CH-$ 　　　$\|$ 　　　C 　　　$\|\|\|$ 　　　N	ポリアクリロニトリル [poly(acrylonitrile)] Orlon®, Acrilan®	じゅうたん，毛布，毛糸，衣類，人工毛皮
$CH_2=C-CH_3$ 　　　$\|$ 　　　$COCH_3$ 　　　$\|\|$ 　　　O	CH_3 　　　$\|$ $-CH_2-C-$ 　　　$\|$ 　　　$COCH_3$ 　　　$\|\|$ 　　　O	ポリ(メタクリル酸メチル) [poly(methyl methacrylate)] Plexiglas®, Lucite®	水族館等の巨大水槽に使われるアクリルガラス

CH₂=CH 　　OCCH₃ 　　‖ 　　O	—CH₂—CH— 　　　OCCH₃ 　　　‖ 　　　O	ポリ(酢酸ビニル) 〔poly(vinyl acetate)〕	木工用ボンド接着剤

　連鎖重合は，**ラジカル重合**(radical polymerization)，**カチオン重合**(cationic polymerization)，または**アニオン重合**(anionic polymerization)の 3 種類の反応機構のどれか一つで進行する．それぞれの反応機構には独立した三つの段階として，重合を開始する開始段階，高分子が成長する成長段階，高分子の成長が止まる停止段階がある．次に，モノマーの構造およびモノマーを活性化する重合開始剤によって決まる連鎖重合反応の機構を見ていこう．

ラジカル重合

　ラジカル重合は 14.2 節で学んだラジカル反応と同様に連鎖開始，連鎖成長，および連鎖停止の 3 段階からなる．

　ラジカル重合にはラジカル開始剤が必要である．ラジカル開始剤となることができるのは，熱または光により容易に均等開裂を起こす化合物であると同時に，アルケンをラジカルに変換できるほど高エネルギーのラジカルを生成する化合物である．

ラジカル重合の反応機構

開始段階

$$\text{RO—OR} \xrightarrow[h\nu]{\Delta \text{ または}} 2\,\text{RO}\cdot$$
ラジカル開始剤　　　　　　　　　ラジカル

$$\text{RO}\cdot + \text{CH}_2=\text{CH} \longrightarrow \text{RO—CH}_2\dot{\text{C}}\text{H}$$
　　　　　　　　　　Z　　　　　　　　　　　　　Z

アルケンモノマーがラジカルと反応する　　モノマーラジカル

成長段階

$$\text{RO—CH}_2\dot{\text{C}}\text{H} + \text{CH}_2=\text{CH} \longrightarrow \text{RO—CH}_2\text{CHCH}_2\dot{\text{C}}\text{H}$$
　　　　Z　　　　　　Z　　　　　　　　　Z　　　Z

$$\text{RO—CH}_2\text{CHCH}_2\dot{\text{C}}\text{H} + \text{CH}_2=\text{CH} \longrightarrow \text{RO—CH}_2\text{CHCH}_2\text{CHCH}_2\dot{\text{C}}\text{H}$$
　　　　Z　　　　Z　　　　　　Z　　　　　　　　Z　　　Z　　　Z

成長末端

- 開始剤は均等に開裂してラジカルとなり，それぞれのラジカルがモノマーと反応してモノマーラジカルを生成する．
- 最初の成長段階で，モノマーラジカルがほかのモノマーと反応して，そのモノマーはラジカルに変換される．このラジカルはさらに次のモノマーと反応し，新たなサブユニットが鎖に加わる．
- このとき，不対電子は最後に鎖に付加したユニットの末端に移ることに注意しよう．これを**成長末端**(propagating site)と呼ぶ．

数百，ときには数千ものアルケンモノマーが次つぎにつながり，鎖を伸ばす．最終的に，連鎖反応は成長末端が停止段階で失活することによって止まる．失活は以下のような場合に起こる．

- 二つの鎖が成長末端どうしで結合する場合(再結合停止)．
- 鎖が連鎖移動を起こす場合．

停止段階

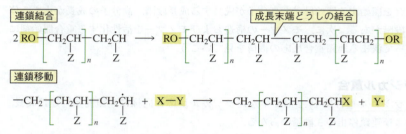

連鎖移動(chain transfer)では，成長鎖は成長を停止させるために分子 XY の X・と反応し，残った Y・は新しい連鎖を開始させる．分子 XY は溶媒，ラジカル開始剤，あるいは均等開裂をする結合をもった分子なら何でもよい．連鎖移動をうまく利用すると，生成するポリマーの分子量を制御できる．

高分子が大きい分子量をもつ限り，開始段階と連鎖移動により生成したポリマー鎖の末端の基(RO や X)が物理的性質に影響することはあまりなく，ふつうは末端基を同定することもない．高分子の性質を決めるのは分子の末端以外の残りの部分である．

連鎖重合では**頭-尾付加**(head-to-tail addition)，すなわちモノマーの頭部が別のモノマーの尾部と反応する傾向がある．(すなわち，一置換エチレンの頭-尾付加では一つおきの炭素に置換基をもつポリマーが生成することに気づこう．)

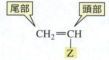

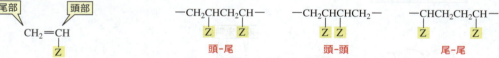

頭-尾付加が優先されるのには二つの理由がある．一つは，アルケンの無置換 sp^2 炭素は立体障害が小さいので，成長末端はその sp^2 炭素を優先的に攻撃するためである．

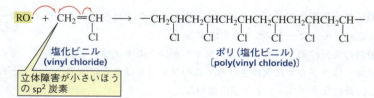

もう一つは，無置換の sp^2 炭素に付加が起こって生じるラジカルが，もう一方の sp^2 炭素上の置換基によって安定化されるためである．たとえば，Z がフェニル基である場合，ベンゼン環が電子の非局在化によってラジカルを安定化する．

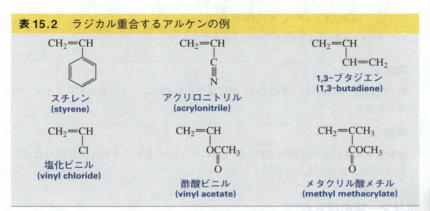

ラジカル機構の連鎖重合が最も進行しやすいモノマーは，電子の非局在化によって成長ラジカルを安定化する置換基 Z をもつモノマーか，あるいは置換基 Z が電子求引性基のモノマーである．

表 15.2　ラジカル重合するアルケンの例

スチレン (styrene)
アクリロニトリル (acrylonitrile)
1,3-ブタジエン (1,3-butadiene)
塩化ビニル (vinyl chloride)
酢酸ビニル (vinyl acetate)
メタクリル酸メチル (methyl methacrylate)

メタクリル酸メチルのラジカル重合で生じる透明プラスチックは，プレキシガラスという名前で知られている．1 枚のプレキシガラスでつくられた世界最大の窓〔長さ 54 フィート（約 16.5 m），高さ 18 フィート（約 5.5 m），厚さ 13 インチ（約 0.33 m）〕は，モントレーベイ水族館のサメとバラクーダ（オニカマス）の水槽に使われている．

プレキシガラスの窓

可塑剤(plasticizer)はポリマーの中に溶け込むことでポリマー鎖間に働く引力を減少させ，滑りやすくし，ポリマーをより柔軟にする．最も広く使用される可塑剤であるフタル酸ジ（2-エチルヘキシル）は，もろいポリマーであるポリ塩化ビニルに添加され，ビニールのレインコート，シャワーカーテン，庭用のホースなどの製品をつくるために利用される．

フタル酸ジ（2-エチルヘキシル）
(di-2-ethylhexyl phthalate)
可塑剤

可塑剤を選択する際に重要な性質はその耐久性である．すなわち，ポリマー中に可塑剤がどれくらい残るかが重要である．たとえば，新車購入時特有の「新しい車の香り」はビニールの内装から気化した可塑剤のにおいである．大量の可塑剤が気化したあとは内装がもろくなりひび割れも起こる．

🧪 テフロン®(Teflon®)：偶然の発見

テフロン®はテトラフルオロエチレンの高分子である（表 15.1）．1938 年，ある科学者が新しい冷却剤を合成するためにテトラフルオロエチレンを使おうとした．彼がテトラフルオロエチレンのシリンダーを開けてもガスが出てこなかったのに，シリンダーは空のシリンダーよりも重かった．実際，それはシリンダーに満杯のテトラフルオロエチレンが入っているときと等しい重さだったのである．何がシリンダーに入っているのだろうと思った彼は，シリンダーを切断して開き，よく滑る高分子を見つけた．この高分子をさらに調べ，彼は，この物質がほとんどすべてのものに対して化学的に不活性で融けないことを見つけた．1961 年，テフロンコーティングされた，初のこげつかないフライパン，"ハッピーパン"が一般に売り出された．テフロン®は摩擦を軽減する潤滑油や腐食性の化学薬品を通す配管にも用いられている．

問題 1 ◆
次のそれぞれの高分子を合成するにはどのようなモノマーを用いればよいか.

a. 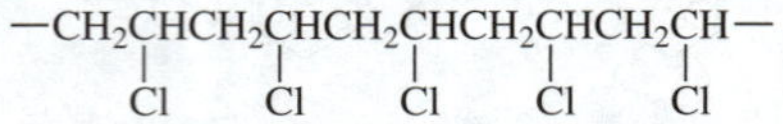 $-CH_2CHCH_2CHCH_2CHCH_2CHCH_2CH-$
       $\quad\;\;\, Cl \quad\;\; Cl \quad\;\; Cl \quad\;\; Cl \quad\;\; Cl$

b. 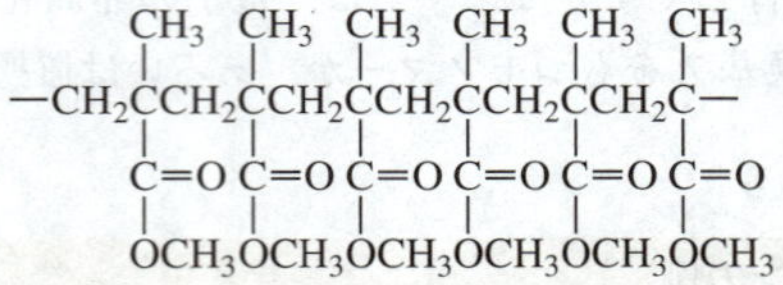 $-CH_2C(CH_3)(CO_2CH_3)CH_2C(CH_3)(CO_2CH_3)CH_2C(CH_3)(CO_2CH_3)CH_2C(CH_3)(CO_2CH_3)CH_2C(CH_3)(CO_2CH_3)CH_2C(CH_3)(CO_2CH_3)-$

c. $-CF_2CF_2CF_2CF_2CF_2CF_2CF_2CF_2CF_2CF_2-$

問題 2
頭-頭付加, 尾-尾付加, および頭-尾付加をそれぞれ二つずつ含むポリスチレンの部分構造を書け.

問題 3
過酸化水素水によって開始され, 塩化ビニルユニットを三つを含むポリ(塩化ビニル)の断片が生成する反応機構を示せ.

ポリマー鎖の枝分れ

成長末端がポリマー鎖から水素原子を引き抜くと, そこから枝分れが始まる. 成長末端は別のポリマー鎖からも同じポリマー鎖からも水素原子を引き抜くことができる.

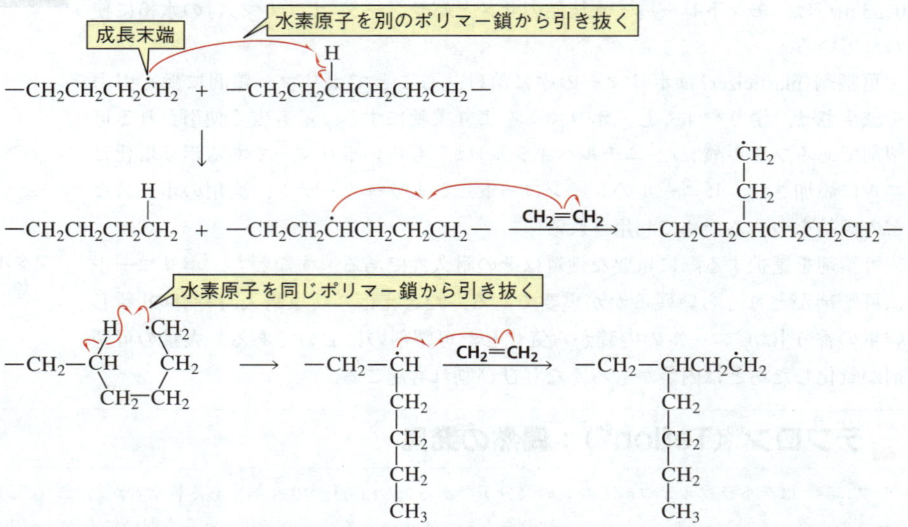

ポリマー鎖の末端に近い炭素から水素原子が引き抜かれた場合は短い枝分れとなり, 真ん中近くの炭素から水素原子が引き抜かれた場合は長い枝分れとなる. ポリマー鎖の末端部位どうしは接近しやすいため, 短い枝分れが長い枝分れより起こりやすい.

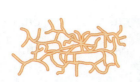
短い枝分れをもつポリマー鎖

長い枝分れをもつポリマー鎖

枝分れのある分子ほど柔軟性がある．

　枝分れは高分子の物理的性質に大きな影響を与える．枝分れのないポリマー鎖は，枝分れのあるポリマー鎖に比べて密に充填できる．その結果，直鎖状ポリエチレン（高密度ポリエチレンとして知られている）は比較的硬いプラスチックであり，人工股関節の製造などに利用されている．一方，枝分れポリエチレン（低密度ポリエチレン）ははるかに柔軟性のある高分子で，ゴミ袋やドライクリーニングの袋に利用されている．

🧪 リサイクルシンボル

プラスチックをリサイクルするときには，さまざまな種類のプラスチックを分別する必要がある．分別を助けるため，アメリカの多くの州では，どの種類のプラスチックであるかを示すリサイクルシンボルを製品につけることを義務づけている．† プラスチックの容器の底に浮き彫りにしてあるこれらのシンボルを見たことがあるだろう．このシンボルは七つの数字のうちの一つが三つの矢印に囲まれた形をしている．シンボルの下にある略号は，容器がどの種類の高分子からできているかを表している．シンボルの真ん中の数字が小さくなるほどリサイクルしやすい容器である．1(PET)はポリ(エチレンテレフタレート)，2(HDPE)は高密度ポリエチレン，3(V)はポリ(塩化ビニル)，4(LDPE)は低密度ポリエチレン，5(PP)はポリプロピレン，6(PS)はポリスチレン，7はそれ以外のすべてのプラスチックを表している．

リサイクルシンボル

問題 4
ポリエチレンはビーチボールだけでなく，ビーチチェアの製造にも用いられる．どちらの製品が高度に枝分れしたポリエチレンからできているか．

カチオン重合

　カチオン重合では重合開始剤が求電子剤（一般的にはプロトン）であり，これがモノマーに付加してカルボカチオンが生じる．HClはその共役塩基(Cl^-)がカルボカチオンと反応してしまうため開始剤としては使えない．したがって，カチオン重合によく用いられる開始剤は，オクテット則を満たしていない原子を含むBF_3などの化合物と，水などの組合せである．† 反応は求電子付加反応を決定する規則に従う．つまり，求電子剤（開始剤）は水素が最も多く結合しているsp^2炭素に結合する(6.3節参照)．

† 訳者注：アメリカで用いられているこれらのマークはSPIコードといわれ，日本もこのSPIコードに準じたマークを使用している．また日本では，これ以外にもプラスチック容器包装材料を示す識別マークが用いられている．

† 訳者注：ここで生成した$F_3\overset{-}{B}OH$は安定なためカルボカチオンと反応しない．

カチオン重合の反応機構

開始段階

$$F_3B + H_2\ddot{O}: \rightleftharpoons F_3\bar{B}-\overset{+}{\underset{H}{O}}-H + CH_2=C(CH_3)_2 \longrightarrow CH_3\overset{+}{C}(CH_3)_2 + F_3\bar{B}OH$$

アルケンモノマーが求電子剤と反応する

成長段階

$$CH_3\overset{+}{C}(CH_3)_2 + CH_2=C(CH_3)_2 \longrightarrow CH_3C(CH_3)_2-CH_2\overset{+}{C}(CH_3)_2$$

$$CH_3C(CH_3)_2-CH_2\overset{+}{C}(CH_3)_2 + CH_2=C(CH_3)_2 \longrightarrow CH_3C(CH_3)_2-CH_2C(CH_3)_2-CH_2\overset{+}{C}(CH_3)_2$$

成長末端

- 開始段階で生成したカチオンは二つ目のモノマーと反応して新しいカチオンを生成し，さらに三つ目のモノマーと反応する．モノマーは次つぎと鎖に付加し，正に帯電した成長末端は常に最後に付加したユニットの末端にある．

カチオン重合は次の理由によって停止する．

- プロトンの脱離
- 成長末端への求核剤の付加
- 溶媒(XY)との連鎖移動反応

停止段階

プロトンの脱離

$$CH_3C(CH_3)_2-[CH_2C(CH_3)_2]_n-CH_2\overset{+}{C}(CH_3)_2 \longrightarrow CH_3C(CH_3)_2-[CH_2C(CH_3)_2]_n-CH=C(CH_3)_2 + H^+$$

求核剤との反応

$$CH_3C(CH_3)_2-[CH_2C(CH_3)_2]_n-CH_2\overset{+}{C}(CH_3)_2 \xrightarrow{Nu^-} CH_3C(CH_3)_2-[CH_2C(CH_3)_2]_n-CH_2C(CH_3)_2-Nu$$

溶媒との連鎖移動反応

$$CH_3C(CH_3)_2-[CH_2C(CH_3)_2]_n-CH_2\overset{+}{C}(CH_3)_2 \xrightarrow{XY} CH_3C(CH_3)_2-[CH_2C(CH_3)_2]_n-CH_2C(CH_3)_2-Y + X^+$$

カチオン重合に最適なモノマーは，超共役(表 15.3 の最初の化合物；6.2 節参照)または共鳴による電子供与(表 15.3 の残りの二つの化合物；7.9 節参照)のいずれかによって，成長末端の正電荷を安定化する置換基をもつものである．

表 15.3 カチオン重合を起こすアルケンの例

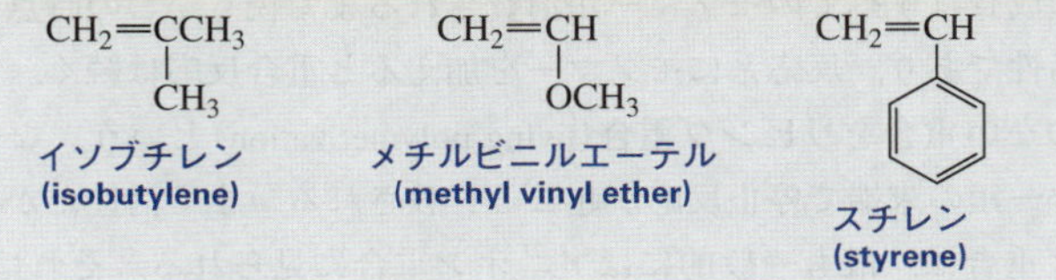

CH₂=CCH₃   CH₂=CH   CH₂=CH
    | | |
   CH₃   OCH₃   (C₆H₅)

イソブチレン   メチルビニルエーテル   スチレン
(isobutylene) (methyl vinyl ether)   (styrene)

問題 5 ◆

次の各組のモノマーを，カチオン重合を最も起こしやすいものから最も起こしにくいものの順に並べよ．

a. CH₂=CH(C₆H₄-NO₂)   CH₂=CH(C₆H₄-CH₃)   CH₂=CH(C₆H₄-OCH₃)

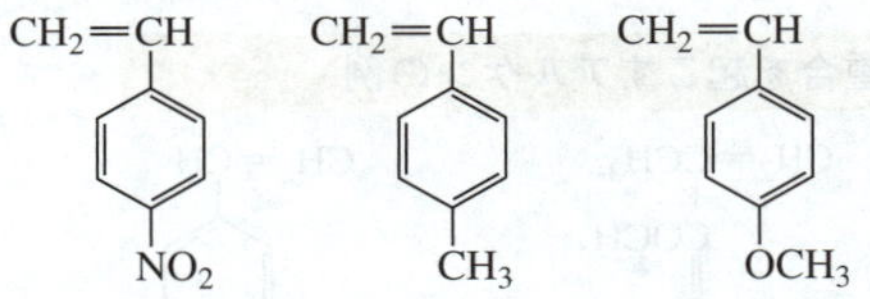

b. CH₂=C(CH₃)CH₃   CH₂=CHOCH₃   CH₂=CHCOCH₃

アニオン重合

アニオン重合では重合開始剤は求核剤であり，これがモノマーと反応して，アニオンである成長末端を生成する．アルケン自体が電子豊富であるので，アルケンへの求核攻撃は容易には起こらない．それゆえ，開始剤はナトリウムアミドやブチルリチウム（Bu⁻Li⁺）のような非常に優れた求核剤である必要があり，アルケンは共鳴により電子を求引し，二重結合の電子密度を減少させる置換基をもっていなければならない．

アニオン重合の反応機構

開始段階

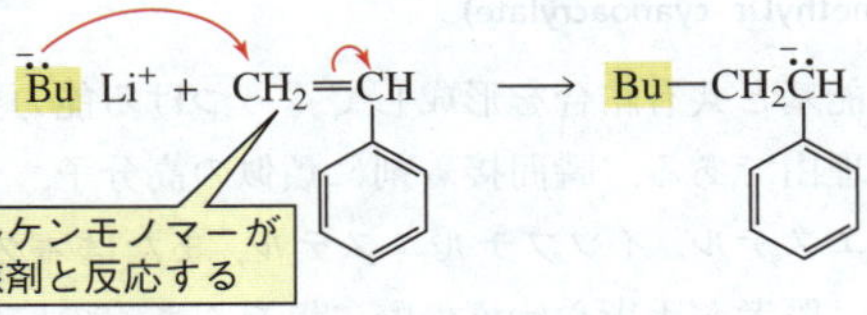

Bu⁻ Li⁺ + CH₂=CH(Ph) ⟶ Bu—CH₂ĊH(Ph)

アルケンモノマーが求核剤と反応する

成長段階

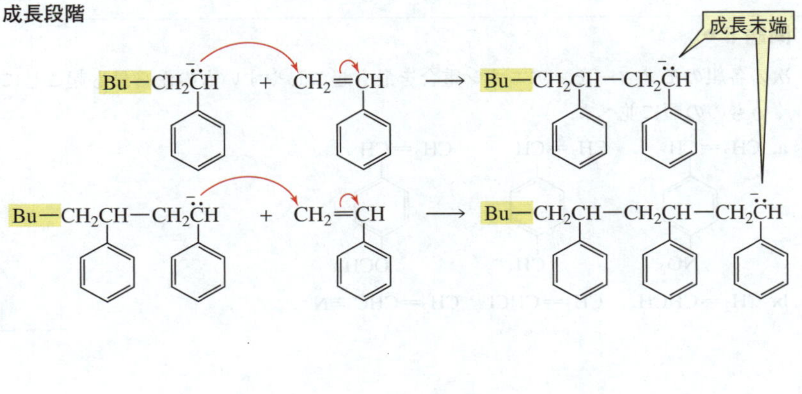

Bu—CH₂C̈H(Ph) + CH₂=CH(Ph) ⟶ Bu—CH₂CH(Ph)—CH₂C̈H(Ph)

Bu—CH₂CH(Ph)—CH₂C̈H(Ph) + CH₂=CH(Ph) ⟶ Bu—CH₂CH(Ph)—CH₂CH(Ph)—CH₂C̈H(Ph)

成長末端

連鎖は反応系中の不純物との反応で停止する．不純物が徹底的に除去されていれば，連鎖成長はすべてのモノマーが消費されるまで続く．この時点で，成長末端はまだ活性であり，反応系にモノマーを加えると重合反応は続く．このように停止反応のない重合を**リビング重合**(living polymerization)という．なぜならそれは，ポリマー鎖の末端で停止反応が起こる（"殺される"）まで活性だからである．

リビング重合は，最も一般的にはアニオン重合に見られる．それは，（カチオン重合に見られるような）プロトンの脱離による重合の停止や，（ラジカル重合に見られるような）不均化や再結合による重合の停止が起こらないためである．

アニオン重合を起こすアルケンは，負に帯電した成長末端を共鳴電子求引効果によって安定化できるものである（表 15.4）．

表 15.4　アニオン重合を起こすアルケンの例

CH$_2$=CH CH ‖ O アクロレイン (acrolein)	CH$_2$=CCH$_3$ COCH$_3$ ‖ O メタクリル酸メチル (methyl methacrylate)	CH$_2$=CH C$_6$H$_5$ スチレン (styrene)

Super Glue®（瞬間接着剤）は α-シアノアクリル酸メチルの重合体である．モノマーが二つの電子求引性基をもっているので，表面吸着水のような中程度に優れた求核剤でも容易にアニオン重合を開始する．瞬間接着剤が指について，この反応を経験した人もいるだろう．皮膚の表面の求核性基が重合反応を開始して，2本の指がぴったりくっついてしまう．

$$n\,CH_2=C(CN)(COOCH_3) \longrightarrow [-C(CN)(COOCH_3)-CH_2-]_n$$

α-シアノアクリル酸メチル
(methyl α-cyanoacrylate)　　　Super Glue®

対象物の表面の官能基と共有結合を形成してくっつける能力こそが，瞬間接着剤の驚くべき強さの理由である．瞬間接着剤に類似の高分子，つまりメチルエステルではなくブチルエステル，イソブチルエステル，またはオクチルエステルは，医療用接着剤として，医者が手術や治療の際に傷をふさぐのに使われている．

問題 6 ◆

次の各組のモノマーを，アニオン重合を最も起こしやすいものから最も起こしにくいものの順に並べよ．

a. CH$_2$=CH–C$_6$H$_4$–NO$_2$　　CH$_2$=CH–C$_6$H$_4$–CH$_3$　　CH$_2$=CH–C$_6$H$_4$–OCH$_3$

b. CH$_2$=CHCH$_3$　　CH$_2$=CHCl　　CH$_2$=CHC≡N

何が反応機構を決めるのか？

連鎖重合の反応機構を決定するのはアルケンがもつ置換基の種類であることを学んできた．ラジカルを安定化する置換基をもつアルケンでは容易にラジカル重合が，カチオンを安定化する電子供与性置換基をもつアルケンではカチオン重合が，アニオンを安定化する電子求引性置換基をもつアルケンではアニオン重合が容易に進行する．

複数の反応機構で重合するアルケンがいくつかある．たとえば，スチレンはラジカル機構，カチオン機構，およびアニオン機構で重合する．これは，フェニル基がベンジルラジカル，ベンジルカチオン，およびベンジルアニオンを安定化するためである．その重合がどの反応機構で起こるかは，反応開始剤の性質によって決まる．

問題 7

なぜ Super Glue® はアニオン重合により生成するのかを，共鳴構造を用いて説明せよ．

問題 8 ◆

メタクリル酸メチルがカチオン重合しないのはなぜか．

問題 9 ◆

次のそれぞれの高分子を合成するのに，どのようなモノマーとどのタイプの開始剤を用いればよいか．

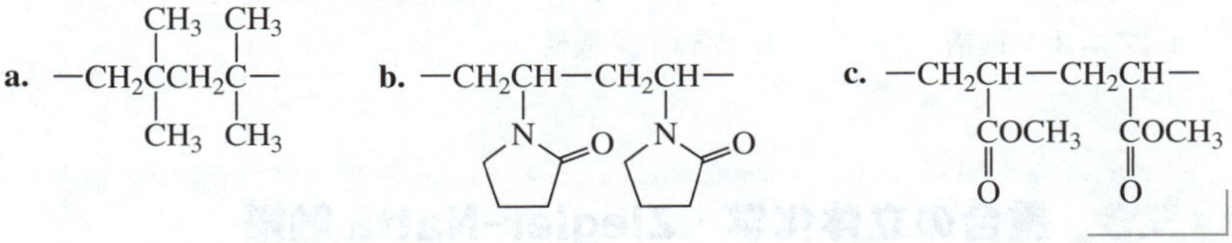

a. $-CH_2C(CH_3)_2C(CH_3)_2-$

b. $-CH_2CH-CH_2CH-$ （N-ピロリドン置換）

c. $-CH_2CH-CH_2CH-$ （COCH$_3$ 置換）

開環重合

連鎖重合体の合成に用いられる最も一般的なモノマーはエチレンや置換エチレンであるが，ほかの化合物も同様に重合する．たとえば，エポキシドは開環反応を経て連鎖重合反応を起こす．開環反応を伴う重合反応を**開環重合**（ring-opening polymerization）という．

開始剤が求核剤の場合，アニオン機構で重合が起こる．エポキシドの反応について学んだように，求核剤はエポキシドの立体障害のより小さい炭素を攻撃する（9.8 節参照）．

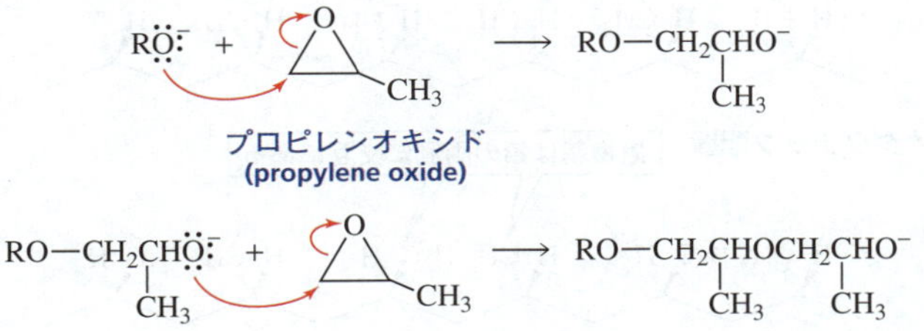

$$RO^- + \underset{\text{プロピレンオキシド (propylene oxide)}}{\overset{O}{\underset{CH_3}{\triangle}}} \longrightarrow RO-CH_2CHO^- \quad CH_3$$

$$RO-CH_2CHO^- + \underset{CH_3}{\overset{O}{\triangle}} \longrightarrow RO-CH_2CHOCH_2CHO^- \quad CH_3 \quad CH_3$$

開始剤が酸の場合，エポキシドはカチオン機構で重合する．酸性条件下では，求核剤はエポキシドのより置換基の多い炭素を攻撃することに注目しよう（9.8 節参照）．

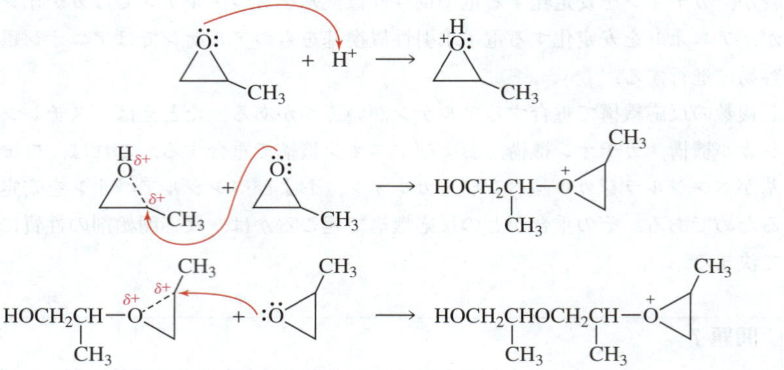

問題 10

プロピレンオキシドがアニオン重合するときは，エポキシドのより置換基の少ない炭素が求核攻撃を受けるが，カチオン重合するときは，より置換基の多い炭素が求核攻撃を受けるのはなぜかを説明せよ．

問題 11

次の反応機構による 2,2–ジメチルオキシランの重合について説明せよ．

a. アニオン機構　　**b.** カチオン機構

15.3　重合の立体化学・Ziegler–Natta 触媒

一置換エチレンから生成するポリマーには，イソタクチック，シンジオタクチック，アタクチックの三つの立体配置がある．**イソタクチック重合体**（isotactic polymer）では，すべての置換基が完全に引き伸ばされた炭素鎖の同じ側にある．（*iso* と *taxis* はそれぞれ〝同じ〟と〝順序〟を意味するギリシャ語である．）**シンジオタクチック重合体**（syndiotactic polymer）（*syndio* は〝交互〟を意味する）では，それぞれの置換基は炭素鎖の両側に規則的に交互にある．**アタクチック重合体**（atactic polymer）では置換基の向きは無秩序である．

イソタクチック配置

シンジオタクチック配置

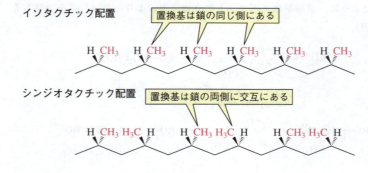

15.3 重合の立体化学・Ziegler-Natta 触媒

　高分子の立体配置はその物理的性質に影響を与える．イソタクチック配置やシンジオタクチック配置の高分子は結晶化しやすい．それは，置換基の向きが規則的だと充填構造も規則的になるからである．アタクチック配置の高分子は置換基の向きが無秩序であるため，ポリマー鎖が互いにうまく充填しないので硬くならず，軟らかい．

　1953 年，Karl Ziegler と Giulio Natta は，アルミニウム—チタン開始剤に成長末端と次に付加するモノマーを配位させれば，ポリマーの立体配置を制御できることを発見した．現在，これらの重合開始剤は **Ziegler-Natta 触媒**（Ziegler-Natta catalyst）と呼ばれている．ポリマー鎖がイソタクチックになるかシンジオタクチックになるかは，用いる触媒による．これらの触媒は，耐亀裂性と耐熱性に優れた強くて硬い高分子の合成を可能にし，高分子化学の分野に革命をもたらした．

　Ziegler-Natta 触媒による置換エチレンの重合について，提唱されている反応機構をここに示す．

Ziegler-Natta 触媒による置換エチレン重合の反応機構

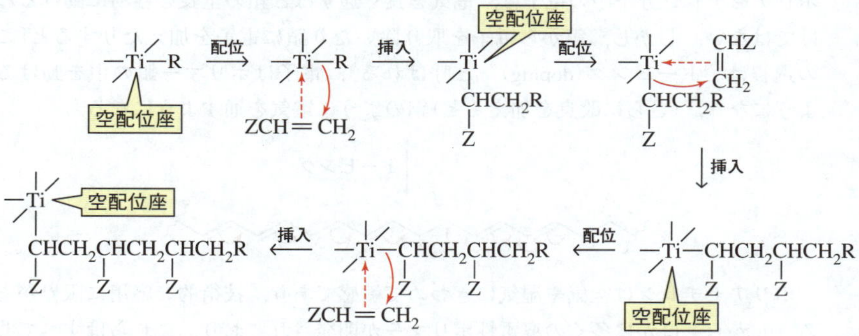

- モノマーはチタンの空配位座，すなわち電子を受容できる配位座と錯体を形成する（破線の矢印）．
- 配位したアルケンがチタンと成長末端（R）との間に挿入されてポリマー鎖を伸ばしていく．
- モノマーの挿入によって新しい空配位座ができるので，この過程は何度も繰り返される．

　ポリアセチレンも Ziegler-Natta 触媒によって合成される高分子である．ポリアセチレンは**導電性ポリマー**（conducting polymer）へと変換することができる．なぜなら，ポリアセチレンの主鎖からいくつかの電子を除去するか，あるいはいくつかの電子を加えるかすれば（15.4 節），共役する二重結合に沿って電子が移動するようになるからである．

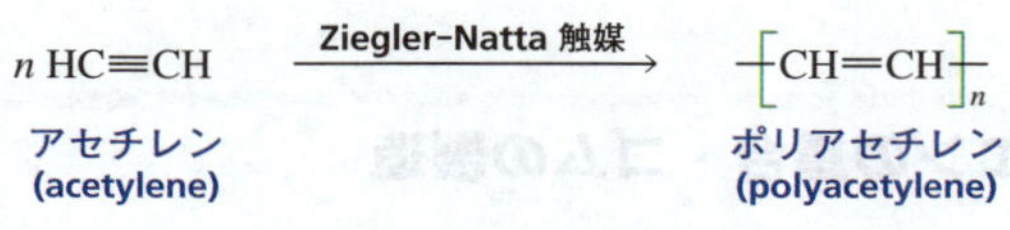

$$n\ HC\equiv CH \xrightarrow{\text{Ziegler-Natta 触媒}} +CH=CH+_n$$

アセチレン　　　　　　　　　　ポリアセチレン
(acetylene)　　　　　　　　　　(polyacetylene)

15.4　電気を通す有機化合物

　有機化合物が電気を通すためには，電子が銅線を通って動くように，電子が化合物の中を通って動けるように，電子が非局在化している必要がある．電気を通す初の有機化合物はポリアセチレンという化合物で，Ziegler–Natta 触媒を用いたアセチレンの重合により合成された．

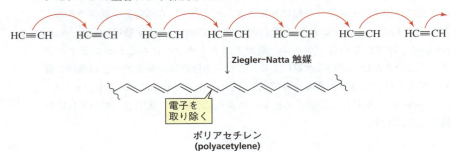

　ポリアセチレン分子中の電子は，電気を良く通すほど鎖の全長を容易に動けるわけではない．しかし，鎖から電子を取り除いたり鎖に電子を加えたりすると〔この過程は"ドーピング(doping)"と呼ばれる〕，電子はポリマー鎖の中を動けるようになり，(さらに改良を加えると)銅のように電気を通すようになる．

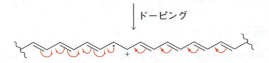

　ポリアセチレンは空気や湿気にきわめて敏感であり，技術的な応用に限界がある．しかし，ほかに多くの導電性ポリマーが開発されており，これらはすべて共役二重結合の鎖をもっている．

　導電性ポリマーの重要な特性は，それらがとても軽いことである．そのため，それらは飛行機の塗装に使われ，落雷により機内が被害を受けるのを防いでいる．絶縁体の上に導電性ポリマーを薄く被覆することによって，静電気の発生を防ぐことができる．導電性ポリマーはLED(発光ダイオード，light emitting diode)ディスプレイにも使われる．LEDは電流に応答して発光する．この過程は電界発光(electroluminescence，EL)として知られている．LEDはフルカラーの薄型テレビ，携帯電話，および車や飛行機の計器盤などに使われている．たゆみない研究によって，導電性ポリマーはより多くの応用につながるだろう．そのような分野の一つに"スマート構造"の開発がある．たとえば，ゴルファーのスイングに順応するゴルフクラブなどである．Smart skis(スマートスキー)(滑走しているあいだの振動を抑える)はすでに開発されている．

15.5　ジエンの重合・ゴムの製造

　ゴムノキの皮を切ると，粘着性の白い液体がにじみ出てくる．これと同じ液体がタンポポやトウワタの茎のなかに見いだされている．実際，400種以上の植物

でこの物質が生産されている．この粘着性の物質はラテックスで，ゴムの粒子が水中に懸濁した液である．その生物学的機能は，植物が傷つけられたあとに包帯のように傷を覆って自身を保護することである．

天然ゴムは，イソプレンとも呼ばれる 2-メチル-1,3-ブタジエンの重合体である．平均して，ゴムは 1 分子あたり 5,000 のイソプレン単位を含んでいる．

イソプレン単位 → Z-ポリ(2-メチル-1,3-ブタジエン) 〔Z-poly(2-methyl-1,3-butadiene)〕 天然ゴム （Z 配置）

ゴムノキから集められるラテックス

天然ゴムのすべての二重結合は Z 配置である．ゴムは，親水性をもたない炭化水素鎖が絡み合ってできているので撥水性である．Charles Macintosh はゴムをレインコートの撥水剤として初めて利用した人物である．

グッタペルカ(gutta-percha, マレーシア語で *getah* は〝ゴム〟を，*percha* は〝木〟を意味する)は天然ゴムの異性体であり，すべての二重結合が E 配置である．ゴムと同様，グッタペルカはある種の木から採れるが，ゴムよりもはるかに珍しい．それはゴムよりも硬くてもろく，歯科医が歯に詰める物質であり，かつてはゴルフボールの外被に使われていたが，寒い日にはもろくなりたくと割れやすかった．

問題 12

グッタペルカの繰返し単位の構造を書け．

自然をまねることによって，科学者は人類の需要に応える性質をもつ合成ゴムを開発してきた．これらの合成ゴムは，撥水性や弾性といった天然ゴムの性質に加えて，天然ゴムよりも丈夫で，柔軟性があり，耐久性に富むように改良されている．

すべての二重結合がシスの合成ゴムは 1,3-ブタジエンの重合によって生成する．

1,3-ブタジエンモノマー → (Z)-ポリ(1,3-ブタジエン) 〔(Z)-poly(1,3-butadiene)〕 合成ゴム

ネオプレンは，2-クロロ-1,3-ブタジエンの重合によってつくられる合成ゴムで，ウェットスーツ，靴底，タイヤ，ホース，被覆布などに使われている．

n CH$_2$=CCH=CH$_2$ (Cl) → ネオプレン (neoprene)

2-クロロ-1,3-ブタジエン (2-chloro-1,3-butadiene)
クロロプレン (chloroprene)

15章 合成高分子

天然ゴムとほとんどの合成ゴムに共通の問題点は，軟らかく粘着性であるという点である．しかし，これらは加硫によって硬くすることができる．Charles Goodyear はゴムの性質の改良法を模索する過程でこの方法を発見した．彼は偶然にゴムと硫黄の混合物を熱いストーブの上にこぼしてしまった．すると，驚いたことに，その混合物は硬いがしなやかになったのである．彼はゴムを硫黄とともに加熱することを，古代ローマの火の神 Vulcan にちなんで "vulcanization（加硫）" と名づけた．

ゴムを硫黄とともに加熱すると，別べつのポリマー鎖間にジスルフィド結合による**橋かけ**(cross-linking)が起こる(図 15.1)．こうして加硫されたポリマー鎖は互いに共有結合によって結合して一つの巨大な分子となる．ポリマー鎖は二重結合をもっているため，曲がったりねじれたりしており，伸縮性をもたらす．ゴムを引っ張ると，ポリマー鎖は引っ張られた方向に真っ直ぐに伸びる．橋かけは引っ張られたときにゴムが裂けるのを防ぎ，さらに，引っ張る力がなくなると，もとの構造に戻るのを助ける．

橋かけの度合いが大きければ大きいほど，ポリマーは硬くなる．

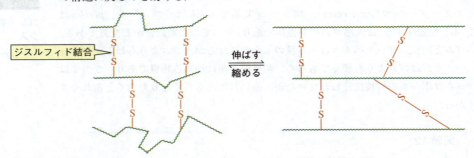

▲ **図 15.1**
ジスルフィド結合によりポリマー鎖が橋かけされることによって，ゴムの硬さは増す．ゴムが伸びるとき，ランダムに巻いているポリマー鎖は真っ直ぐになり，伸びた方向に配向する．

ゴムの物理的性質は，加硫で用いる硫黄の量で制御できる．1〜3%の硫黄添加でつくられたゴムは軟らかく，輪ゴムなどに用いられる．3〜10%の硫黄添加でつくられたゴムはより硬く，タイヤの製造に使われる．Goodyear の名は今日売られている多くのタイヤで見ることができる．ゴムの話は，科学者が天然の物質をより使いやすいように改良した好例である．

問題 13

a. 1,3-ブタジエンの 1,4-重合によって生成するポリマーのうち，すべての二重結合がトランス配置をもつ化合物の繰り返し単位三つ分の構造を書け．

b. 1,3-ブタジエンの 1,2-重合によって生成するポリマーの繰返し単位三つ分の構造を書け．

15.6 共重合体

ここまで1種類のモノマーのみからできている高分子である**ホモポリマー**(homopolymer)について学んできた．二つまたはそれ以上の種類のモノマーがしばしば使われ，**共重合体**(copolymer)が合成される．共重合体の合成に用いる異

なるモノマーの種類が増えると，生じる共重合体の種類は劇的に増える．2種類のモノマーしか用いていない場合でも，それぞれのモノマーの含まれる割合によって，非常に異なる性質をもつ共重合体が合成される．連鎖重合と逐次重合のいずれによっても共重合体を合成することができる．今日利用されている合成高分子の多くは共重合体である．表 15.5 に一般的な共重合体とそれを構成するモノマーを示す．

共重合体はいくつかの種類に分類される．二つのモノマーが交互に重合している**交互共重合体**(alternating copolymer)，2種類のモノマーそれぞれのブロックからなる**ブロック共重合体**(block copolymer)，2種類のモノマーがランダムに配置している**ランダム共重合体**(random copolymer)，1種類のモノマーからできているポリマー主鎖上に別の種類のモノマーでできている枝分かれがある**グラフト共重合体**(graft copolymer)である．共重合体を設計する科学者は，その構造的な違いを利用して，利用可能な物理的性質の範囲を広げている．

交互共重合体	ABABABABABABABABABABA
ブロック共重合体	AAAAABBBBBAAAAABBBBBAAA
ランダム共重合体	AABABABBABAABBABABBAAAB
グラフト共重合体	AAAAAAAAAAAAAAAAAAAAAAA
	B B B
	B B B
	B B B
	B B B
	B B B

表 15.5　いくつかの共重合体とその用途例

モノマー	共重合体の名称	用途
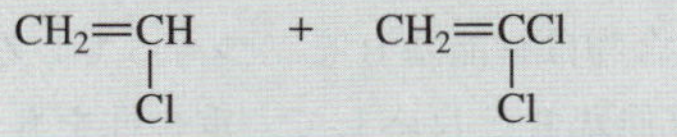 塩化ビニル (vinyl chloride) ＋ 塩化ビニリデン (vinylidene chloride)	サラン	食品包装用ラップ
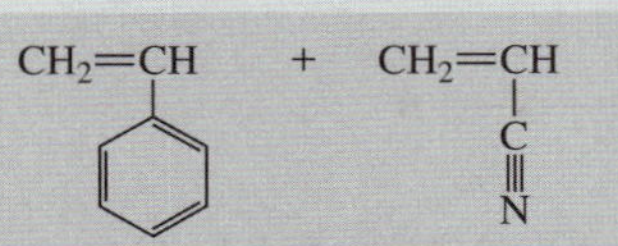 スチレン (styrene) ＋ アクリロニトリル (acrylonitrile)	SAN	自動食器洗浄機用器具，掃除機の部品
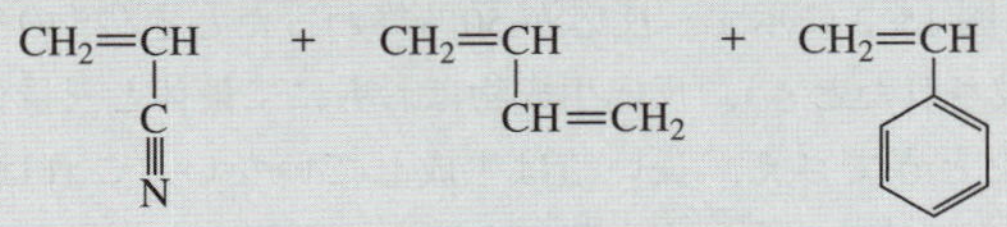 アクリロニトリル (acrylonitrile) ＋ 1,3-ブタジエン (1,3-butadiene) ＋ スチレン (styrene)	ABS	バンパー，ヘルメット，ゴルフクラブヘッド，旅行鞄
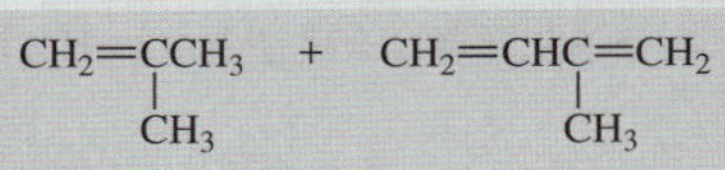 イソブチレン (isobutylene) ＋ イソプレン (isoprene)	ブチルゴム	タイヤのチューブ，ボール，ふくらませて使うスポーツ用品

🧪 ナノコンテナ

科学者はミセルを形成するブロック共重合体を合成してきた(20.3 節参照). 最近, これらの球状の共重合体を, 非水溶性の薬剤を標的細胞に届けるためのナノコンテナ(直径 10 ～ 100 ナノメートル)として用いるための研究が進められている. この手法により通常の溶液よりも高濃度の薬剤を細胞に届けられる. また, 必要な細胞に薬剤が確実に届けば, 薬剤の用量を減らすことができる.

> **問題 14**
> 交互共重合体 SAN の繰り返し単位四つ分の構造を書け.

15.7 逐次重合体

逐次重合体(step-growth polymer)は両端に官能基をもつ分子の分子間反応によって生成する. 官能基が反応するとき, ほとんどの場合, H_2O やアルコール, または HCl などの小さい分子が失われる(縮合反応). このことからこれらの高分子は縮合重合体とも呼ばれる(13.6 節参照).

逐次重合体は 2 種類の官能基 A と B をもつ 1 種類の二官能性化合物との反応によって生成する. 一方の分子の官能基 A がほかの分子の官能基 B と反応して, 重合するモノマー(A—X—B)を生成する.

$$A—B \quad A—B \longrightarrow A—X—B$$

逐次重合体は, 2 種類の二官能性化合物の反応によっても生成する. 一方の化合物は官能基 A を二つもっており, ほかの化合物は官能基 B を二つもっている. 一方の化合物の官能基 A がほかの化合物の官能基 B と反応して, 重合性をもつモノマー(A—X—B)を生成する.

$$A—A \quad B—B \longrightarrow A—X—B$$

> 逐次重合体は, 両端に反応性官能基をもつ分子がつながることによってできる.

逐次重合体の生成は, 連鎖重合体の生成と異なり, 連鎖反応を介しては起こらない. 二つのモノマー(または短い鎖)のいずれもが反応できる. 典型的な逐次重合が進行する様子を模式的に図 15.2 に示す. 反応が 50 % 終わったとき(25 のモノマーの間に 12 の結合が形成されたとき), 反応生成物はおもに二量体と三量体である. 反応が 75 % 終わったときでさえ, 長い鎖は生成していない. これは, 逐次重合で長鎖の重合体を得るには, 非常に高い収率を達する必要があることを意味している. 逐次重合に含まれる反応は比較的単純である(エステルやアミド生成). しかし, 高分子量体を得るために, 高分子化学者は合成法とプロセス法に改良の努力を重ねている.

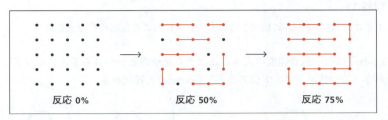

▲ 図 15.2
逐次重合の進行.

15.8 逐次重合の分類

ポリアミド

ナイロン 6 は二つの異なる官能基をもつモノマーの逐次重合体の一例である．一つのモノマーの塩化アシル基がもう一方のモノマーのアミノ基と反応し，アミドを生成する（11.7 節参照）．したがって，ナイロンは**ポリアミド**（polyamide）である．この特殊なナイロンは，6 炭素の化合物である 6-アミノヘキサン酸塩化物の重合によって生成するので，ナイロン 6 と呼ばれる．

$$n \; H_3\overset{+}{N}(CH_2)_5\underset{Cl^-}{CCl} \xrightarrow{-2n \; HCl} {-}[NH(CH_2)_5C]_n{-}$$

6-アミノヘキサン酸塩化物
(6-aminohexanoyl chloride)

ナイロン 6
(nylon 6)
ポリアミド

塩化アジポイルと 1,6-ヘキサンジアミンの入ったビーカーから引っ張りだされるナイロン

同類のポリアミドであるナイロン 66 は，2 種類の二官能性モノマーによって生成する逐次重合体の一例であり，塩化アジポイルと 1,6-ヘキサンジアミンの重合体である．どちらの出発物質も 6 炭素からなるので，ナイロン 66 と呼ばれる．

$$n \; ClC(CH_2)_4CCl + n \; H_2N(CH_2)_6NH_2 \xrightarrow{-2n \; HCl} {-}[NH(CH_2)_6NHC(CH_2)_4C]_n{-}$$

塩化アジポイル
(adipoyl chloride)

1,6-ヘキサンジアミン
(1,6-hexanediamine)

ナイロン 66
(nylon 66)

ナイロンは当初，織物やじゅうたんに広く用いられたが，その応力耐性ゆえに登山ロープやタイヤコード，釣り糸，金属のベアリングやギアの代用品としても広く応用されている．ナイロンの有用性が，きわめて優れた強度と超耐熱性をもつ新しい「スーパー繊維」の研究を活発にしている．

問題 15◆

a. ナイロン 4 の繰返し単位の構造を書け．
b. ナイロン 44 の繰返し単位の構造を書け．

ナイロンロープ

> **問題 16**
> ナイロン 66 のホースに硫酸をこぼしたときに起こる反応の化学式を書け.

Kevlar® は引っ張り強度の大きいことから超繊維といわれる芳香族ポリアミドである. 芳香族ポリアミドは**アラミド**(aramide)と呼ばれる.

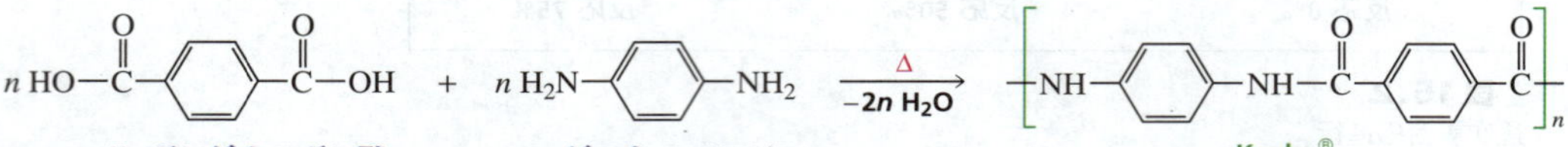

$$n\ \text{HO-CO-C}_6\text{H}_4\text{-CO-OH} + n\ \text{H}_2\text{N-C}_6\text{H}_4\text{-NH}_2 \xrightarrow[-2n\ \text{H}_2\text{O}]{\Delta} \text{[-NH-C}_6\text{H}_4\text{-NH-CO-C}_6\text{H}_4\text{-CO-]}_n$$

1,4-ベンゼンジカルボン酸
(1,4-benzenedicarboxylic acid)
テレフタル酸
(terephthalic acid)

1,4-ジアミノベンゼン
(1,4-diaminobenzene)

Kevlar®
アラミド

Kevlar® の強さは個々のポリマー鎖どうしの相互作用によるものである. ポリマー鎖どうしは水素結合しており, シートのような構造をとっている. Kevlar® は同じ重さで比べると鋼鉄の 5 倍もの強度をもっている. 軍用ヘルメット, 軽量防弾チョッキ, 自動車部品, 高性能スキー, 火星探査機, アメリカズカップ(ヨットレース)で用いられる高性能帆などが Kevlar® でできている. Kevlar® は非常に高温でも安定なので, 消防服にも使われている.

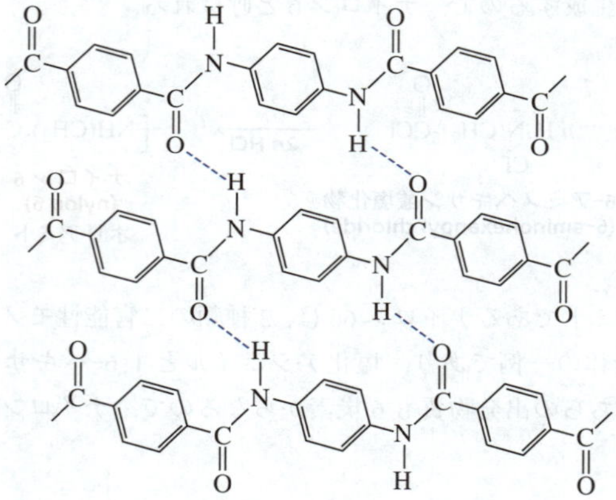

ポリエステル

ポリエチレンテレフタラート(PET, Dacron®)は最も一般的な逐次重合体であり, 多くのエステル基をもつ**ポリエステル**(polyester)として知られている. ポリエステルは衣類に用いられており, 多くの布地のしわになりにくい性質に貢献している. Dacron® はテレフタル酸ジメチルとエチレングリコールのエステル交換(11.8 節参照)によってつくられている. Dacron® は耐久性, 耐湿性に優れ,〝洗ってすぐ着られる〟特性をもっている. PET は軽いのでソフトドリンクなどの飲料用の透明ボトルとしても用いられている.

n CH₃O-C(=O)-C₆H₄-C(=O)-OCH₃ + n HOCH₂CH₂OH $\xrightarrow[-2n\ CH_3OH]{\Delta}$ —[OCH₂CH₂O-C(=O)-C₆H₄-C(=O)]—$_n$

テレフタル酸ジメチル
(dimethyl terephthalate)

1,2-エタンジオール
(1,2-ethanediol)
エチレングリコール
(ethylene glycol)

ポリ(エチレンテレフタラート)
〔poly(ethylene terephthalate)〕
PET
Dacron®
ポリエステル

ポリ(エチレンテレフタラート)はMylar®として知られているフィルムにもなる．Mylar®は裂けにくく，加工すると鉄に匹敵する引っ張り強度を示す．磁気記録テープや帆の製造に用いられる．アルミニウムを蒸着したMylar®は地球を回る軌道に乗っている通信衛星Echoの巨大電磁波反射板として用いられている．

別のポリエステルであるKodel®は，エステル交換反応によって生成する．硬いポリエステル鎖ゆえに，ザラザラした感じの繊維になるが，綿や羊毛とこの繊維を混紡することで軟らかくできる．

Mylar® バルーン

n CH₃O-C(=O)-C₆H₄-C(=O)-OCH₃ + n HOCH₂-(C₆H₁₀)-CH₂OH $\xrightarrow[-2n\ CH_3OH]{\Delta}$

テレフタル酸ジメチル
(dimethyl terephthalate)

1,4-ジ(ヒドロキシメチル)シクロヘキサン
〔1,4-di(hydroxymethyl)cyclohexane〕
(シスおよびトランス)

—[OCH₂-(C₆H₁₀)-CH₂O-C(=O)-C₆H₄-C(=O)]—

Kodel®

> **問題 17**
> ポリエステルのスラックスにNaOH水溶液をこぼすと何が起こるか．

一つの炭素に二つのOR基が結合しているポリエステルを**ポリカルボナート**（polycarbonate）という．Lexan®は，炭酸ジフェニルとビスフェノールAのエステル交換反応でつくられるポリカルボナートで，自動車のヘッドライトレンズ，防弾窓ガラスや信号機のレンズに使われる，強くて透明な高分子である．近年，ポリカルボナートは自動車工業とともにDVDディスクの製造においても重要になってきている．

自動車の Lexan® レンズ

n C₆H₅-O-C(=O)-O-C₆H₅ + n HO-C₆H₄-C(CH₃)₂-C₆H₄-OH $\xrightarrow[-2n\ C_6H_5OH]{\Delta}$ —[O-C₆H₄-C(CH₃)₂-C₆H₄-O-C(=O)]—$_n$

炭酸ジフェニル
(diphenyl carbonate)

ビスフェノール A
(bisphenol A)

Lexan®
ポリカルボナート
(polycarbonate)

エポキシ樹脂

エポキシ樹脂（epoxy resin）は最も強い接着剤として知られており，縦横に架橋している．あらゆる物の表面にくっつくことができ，耐溶媒性，耐熱性に優れて

いる．エポキシ接着剤は，低分子量の<u>プレポリマー</u>（多くの場合，ビスフェノールAとエピクロロヒドリンの共重合体）と硬化剤とがセットになって売られており，これらを混合したときに反応して架橋ポリマーを生成する．

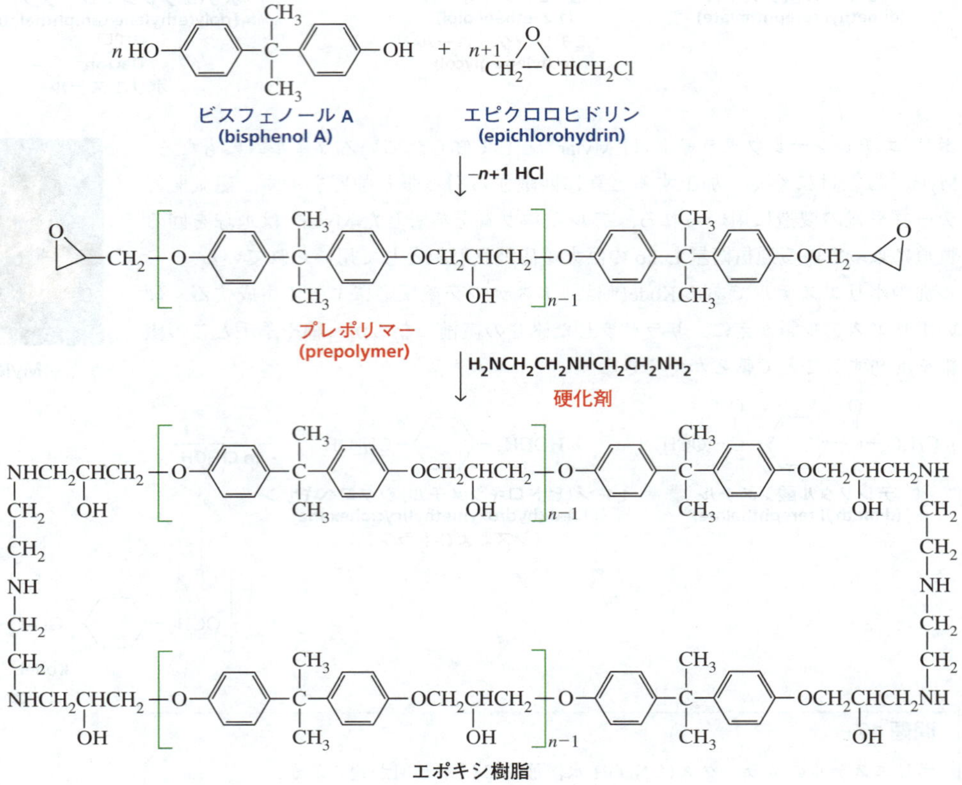

ビスフェノールA
(bisphenol A)

エピクロロヒドリン
(epichlorohydrin)

$-n+1$ HCl

プレポリマー
(prepolymer)

H₂NCH₂CH₂NHCH₂CH₂NH₂

硬化剤

† 訳者注：架橋するのであって，環状になるわけではない．

エポキシ樹脂

健康不安：ビスフェノールAとフタル酸エステル

　動物実験の結果，人体がビスフェノールAとフタル酸エステルにさらされることに対する懸念が指摘された．妊娠したラットをビスフェノールAに暴露すると，乳管に前がん病変が，3～4倍高い率で出現した．ビスフェノールA（BPA）はポリカルボナートやエポキシ樹脂の製造に用いられている．ビスフェノールAが人体に悪影響を及ぼすという証拠はないが，多くのポリカルボナート製造メーカーはこの化合物の使用を停止し，BPAフリーの水のボトルがいまは店頭に並んでいる．

　フタル酸エステルは内分泌攪乱物質，すなわちホルモンの正常なバランスを崩すものであることがわかった．そこで，それらがもたらす第一の危険性は発育段階にある胎児にあることが提唱されている．フタル酸エステルは実に多くのもの（たとえば，多くの食品や飲み物のアルミニウム缶の内貼り）に含まれているため，避けることは容易ではない．

高分子の設計

　今日，高分子はより精密に，個別の需要に合わせて設計されるようになっている．たとえば，歯型に用いられる高分子は歯に合わせて成形するために最初は軟らかく，そして形を維持するためにあとで硬くならなければならない．
　一般に歯型に用いられる高分子は，ポリマー鎖間を架橋するために三員環のアジリジン環を含んでいる．アジリジン環は反

応性がそれほど高くないため，架橋は比較的ゆっくり起こる．したがって，高分子が患者の口から取り除かれるまで高分子の硬化はほとんど起こらない．

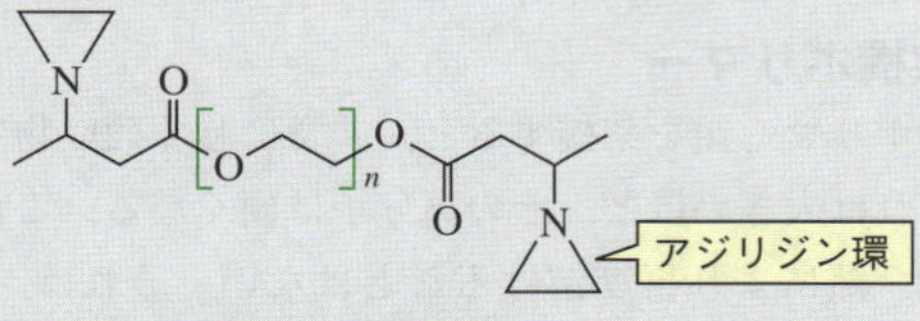

歯型に用いられる高分子

問題 18

a. ビスフェノール A とエピクロロヒドリンからプレポリマーが生成する反応機構を示せ．
b. 硬化剤とプレポリマーの反応機構を示せ．

ポリウレタン

カルバマートとも呼ばれる**ウレタン**(urethane)は，OR 基と NHR 基が一つのカルボニル炭素に結合している化合物である．ウレタンは第三級アミンのような触媒の存在下でイソシアナートとアルコールから合成できる．

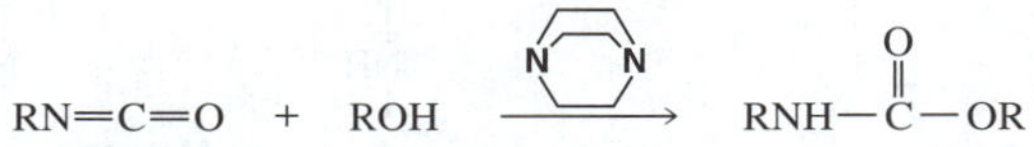

$$RN=C=O + ROH \longrightarrow RNH-\underset{O}{\overset{O}{C}}-OR$$

イソシアナート　アルコール　ウレタン
(isocyanate)　(alcohol)　(urethane)

最も一般的な**ポリウレタン**(polyurethane)はウレタン基をもつ高分子であり，トルエン-2,6-ジイソシアナートとエチレングリコールの重合によって合成される．反応を窒素や二酸化炭素ガスなどの発泡剤の存在下で行うと，ポリウレタンフォームが生成する．ポリウレタンフォームは家具の詰め物やじゅうたんの裏地，絶縁体に使われている．ポリウレタンはジイソシアナートとジオールから合成される．これまで見てきたなかで唯一，重合の過程で小さな分子が脱離しない逐次重合体であることに注目しよう．

ポリウレタンフォーム

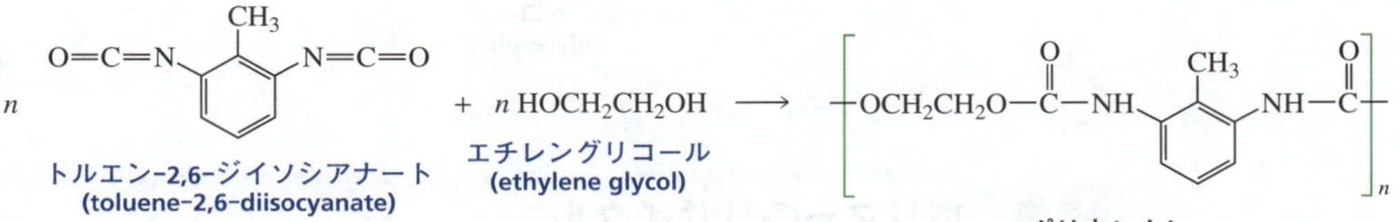

トルエン-2,6-ジイソシアナート　＋ n HOCH$_2$CH$_2$OH ⟶ ポリウレタン
(toluene-2,6-diisocyanate)　エチレングリコール　(polyurethane)
(ethylene glycol)

ポリウレタンの最も重要な用途の一つは，一般的にスパンデックスとして知られる Lycra® のような伸縮性のある繊維である．この繊維は，ポリウレタン，ポリエステル，およびポリエーテルの各断片をもつブロック共重合体であり，通常，綿や毛と混紡される．ポリウレタンのブロックは硬くて短く，織物にしやすくし，ポリエーテルとポリエステルのブロックは軟らかくて長く，伸縮性を与える．

引っ張られると，硬いブロックで架橋された軟らかいブロックはより高い秩序性を示し，張力がなくなればもとの状態に戻る．

架橋ポリマー

ポリマー鎖を架橋すると，非常に強く硬い物質が得られる．架橋の程度が大きければ大きいほど，その高分子は硬くなる．これらのポリマーはいったん固まると，熱により再び溶けることはない．それは，架橋が van der Waals 力ではなく共有結合によってなされているからである．架橋はポリマー鎖の流動性を低下させ，その結果，高分子は比較的もろくなる．

Melmac® はメラミンとホルムアルデヒドが高度に架橋したポリマーで，硬く，耐湿性に優れた物質である．Melmac® は無色なので，製品にパステルカラーをつけることができ，カウンターの表面や軽量皿に使われている．

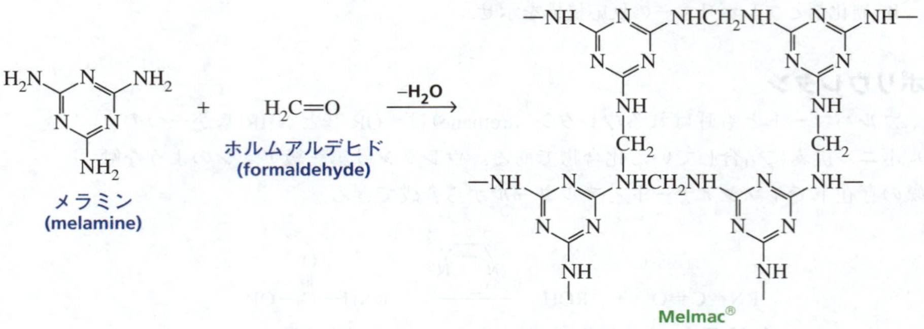

メラミン (melamine) + ホルムアルデヒド (formaldehyde) $\xrightarrow{-H_2O}$ Melmac®

問題 19
Melmac® が生成する反応機構を示せ．

問題 20
トルエン-2,6-ジイソシアナートとエチレングリコールを混合してポリウレタンフォームを合成する際，少量のグリセロールを加えるとより硬い高分子ができるのはなぜか，説明せよ．

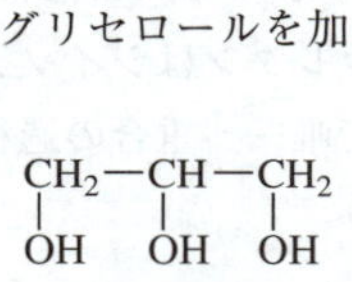

グリセロール (glycerol)

15.9 ポリマーのリサイクル

15.2 節で，リサイクルの分類が簡単にわかるように 1～7 の番号が高分子に割り当てられていることを学んだ．それは番号が小さいほどリサイクルしやすいというものであった．残念ながら，十分にリサイクルされているのは，番号の小さいほうから 2 種類だけ，つまり，ソフトドリンクなどの飲料に使われている PET (1) とジュースや牛乳のボトル[†]に使われている高密度高分子の HDPE (2) だけである．この量は全高分子の 25％ に満たない．ほかのものはゴミ処理用埋め

[†] 訳者注：日本ではジュースや牛乳はおもに紙パックに入っているが，アメリカでは HDPE のガロンボトルに入って売られている．

PETは酸性のメタノール溶液中で加熱してリサイクルされている．このエステル交換反応（11.8節参照）は高分子生成のエステル交換反応（599ページ）の逆反応である．PETのリサイクルで生じた生成物は，その高分子をつくるためのモノマーなので，これから再びPETをつくることができる．

$$\left[-OCH_2CH_2-O-\overset{O}{\underset{\|}{C}}-\!\!\!\!\!\!\!\bigcirc\!\!\!\!\!\!\!-\overset{O}{\underset{\|}{C}}- \right]_n \xrightarrow[\Delta]{\text{HCl} \atop 2n\ CH_3OH} n\ CH_3O-\overset{O}{\underset{\|}{C}}-\!\!\!\!\!\!\!\bigcirc\!\!\!\!\!\!\!-\overset{O}{\underset{\|}{C}}-OCH_3 + n\ HOCH_2CH_2OH$$

ポリ(エチレンテレフタラート) 　　　　　　　テレフタル酸ジメチル　　　1,2-エタンジオール
[poly(ethylene terephthalate)]　　　　　　(dimethyl terephthalate)　　 (1,2-ethanediol)
PET

15.10 生分解性ポリマー

生分解性ポリマー（biodegradable polymer）は細菌，菌類，または藻類などの微生物によって小さい断片に分解される高分子である．ポリ乳酸（PLA）は乳酸からなる生分解性ポリマーで広く使われている．乳酸を重合すると一つのエステル基の生成に伴って水1分子が生じるが，これが新しいエステル結合を加水分解しうる．

$$2\ HOCH-\overset{O}{\underset{\|}{C}}-OH \rightleftharpoons HOCH-\overset{O}{\underset{\|}{C}}-OCH-\overset{O}{\underset{\|}{C}}-OH + H_2O$$
　　　　|　　　　　　　　　　　|　　　　　　|
　　　CH$_3$　　　　　　　　　CH$_3$　　　 CH$_3$

乳酸
(lactic acid)

しかし，乳酸が環状二量体に変換された場合には，この二量体は開環重合によって水を生成することなく高分子となる．（赤矢印は四面体中間体の生成を示し，青矢印はそれに続く四面体中間体からの脱離を示す．）

乳酸の環状二量体

乳酸には不斉中心があるので，高分子には多くの構造がある．高分子の物性は，合成に用いられるRおよびSエナンチオマーの比に依存する．ポリ乳酸はしわにならない布地，電子レンジで使える食品トレイ，食品包装などの用途に加え，縫合糸，ステント，およびドラッグデリバリーなどの医療用途にも使われている．冷たい飲み物のカップにも使われている．残念ながら，熱い飲み物を入れるとPLAは液化してしまう．非分解性の高分子に比べてポリ乳酸は高価だが，生産量の増大につれて価格は下がってきている．

PLAでできたカップ

ポリ(ヒドロキシアルカン酸エステル)（PHA）も生分解性ポリマーである．これらは3-ヒドロキシカルボン酸の縮重合体で，PLAと同様，ポリエステルである．最も一般的なPHAはPHB，すなわち3-ヒドロキシ酪酸の高分子で，現在，ポリ

プロピレンが用いられている多くの用途に利用できる．ポリプロピレンは水に浮くが，PHB は沈む．PHBV，すなわち Biopol® の商標名で市販されている PHA は，3-ヒドロキシ酪酸と 3-ヒドロキシ吉草酸の共重合体である．それらはごみ箱，歯ブラシの柄，および液体石鹸のディスペンサーなどに用いられている．PHA は細菌によって，CO_2 と H_2O に分解される．

3-ヒドロキシ酪酸
(3-hydroxybutyric acid)

3-ヒドロキシ吉草酸
(3-hydroxyvaleric acid)

問題 21

a. PHB の繰返し構造を書け．
b. PHBV のモノマーが交互になっている繰返し構造を書け．

覚えておくべき重要事項

- **高分子**とは，モノマーと呼ばれる小さい分子が繰返し共有結合でつながってできる巨大な分子である．モノマーが互いにつながり合う過程を**重合**という．
- 高分子は，科学者によって合成される**合成高分子**と，細胞によって合成される**生体高分子**の二つのグループに分けられる．
- 合成高分子は，**連鎖重合体**と，**逐次重合体**の二つに分類することができる．
- 連鎖重合体は**連鎖反応**，すなわち成長末端へのモノマーの付加によってつくられる．
- 連鎖反応は，**ラジカル重合**，**カチオン重合**，または**アニオン重合**の三つの機構のうちの一つで進行する．
- それぞれの機構には，重合が開始する**開始段階**，成長末端にモノマーが付加する**成長段階**，ポリマー鎖の成長が終わる**停止段階**がある．
- どの機構が選ばれるかは，モノマーの構造とモノマーを活性化する重合開始剤の種類によって決まる．
- ラジカル重合の開始剤はラジカル，カチオン重合の開始剤は求電子剤，アニオン重合の開始剤は求核剤である．
- 連鎖重合では**頭–尾付加**をする傾向がある．
- 枝分れのないポリマー鎖は枝分れのあるポリマー鎖より密に充填できるので，枝分れはポリマーの物理的性質に大きな影響を与える．

- 停止反応のないポリマー鎖を**リビング重合体**という．
- **イソタクチック重合体**では置換基がすべて炭素鎖の同じ側にあり，**シンジオタクチック重合体**では炭素鎖の両側に交互にあり，**アタクチック重合体**ではランダムに配向している．
- **Ziegler-Natta 触媒**を用いればポリマーの構造を制御できる．
- 天然ゴムは 2-メチル-1,3-ブタジエンの高分子であり，合成ゴムは 2-メチル-1,3-ブタジエン以外のジエンの重合によってつくられる．
- ゴムを硫黄と加熱して架橋することを**加硫**と呼ぶ．
- **ホモポリマー**は 1 種類のモノマーからなる高分子で，**共重合体**は複数の種類のモノマーからなる高分子である．
- **逐次重合体**は両端に反応性の官能基を二つもつ分子がつながってできている．
- ナイロンは**ポリアミド**である．**アラミド**は芳香族ポリアミドである．PET は**ポリエステル**である．
- **ポリカルボナート**は同じカルボニル炭素に結合している二つのアルコキシ基をもつ．**ウレタン**は同じカルボニル炭素に OR 基と NHR 基をもつ化合物である．
- 架橋の度合いが大きければ大きいほど，その高分子は硬くなる．
- **生分解性ポリマー**は微生物によって分解される．

章末問題

22. 次のモノマーから得られる高分子の繰返し単位の構造を書け．それぞれの場合について，重合が連鎖重合か逐次重合かを示せ．

 a. $CH_2=CHF$ **b.** $HO(CH_2)_5\overset{O}{\overset{\|}{C}}OH$ **c.** $CH_2=CHCO_2H$

 d. $Cl\overset{O}{\overset{\|}{C}}(CH_2)_5\overset{O}{\overset{\|}{C}}Cl + H_2N(CH_2)_5NH_2$ **e.** 3-methyl-5-isocyanato-1-(isocyanato)benzene $+ HOCH_2CH_2OH$

23. 次のそれぞれのモノマーの組合せで生成する逐次重合体の繰返し単位の構造を書け．

 a. $ClCH_2CH_2OCH_2CH_2Cl +$ piperazine (HN⌒NH) $\longrightarrow$

 b. $H_2N-\!\!\!\bigcirc\!\!\!-OCH_2CH_2CH_2O-\!\!\!\bigcirc\!\!\!-NH_2 + H\overset{O}{\overset{\|}{C}}-\overset{O}{\overset{\|}{C}}H \longrightarrow$

24. 次の繰返し単位をもつ高分子の合成に用いられるモノマーの構造を書け．また，それぞれの高分子について，連鎖重合体か逐次重合体かを示せ．

 a. $-CH_2CH(CH_2CH_3)-$ **b.** $-CH_2CH(CH_3)O-$ **c.** $-NH(CH_2)_6NH-SO_2-\!\!\!\bigcirc\!\!\!-SO_2-$

 d. $-OCH_2CH_2O\overset{O}{\overset{\|}{C}}-\!\!\!\bigcirc\!\!\!-\overset{O}{\overset{\|}{C}}-$ **e.** $-CH_2C(CH_3)=CHCH_2-$ **f.** $-OCH_2CH_2CH_2CH_2\overset{O}{\overset{\|}{C}}-$

25. 与えられた反応条件で，次の化合物から得られる高分子の繰返し単位の構造を書け．

 a. $H_2C\overset{O}{\underset{\diagup\diagdown}{}}CHCH_3 \xrightarrow{CH_3O^-}$ **b.** $CH_2=CHOCH_3 \xrightarrow{BF_3, H_2O}$ **c.** $CH_2=CH(COCH_3) \xrightarrow{CH_3CH_2CH_2CH_2Li}$ (ester側鎖)

26. ある化学者が二つの重合反応を行った．一つのフラスコには連鎖重合機構によって重合するモノマーが，もう一つのフラスコには逐次重合機構によって重合するモノマーが入っている．反応を早い段階で終了させ，フラスコの中身を分析した．その結果，一つのフラスコには高分子量体とごくわずかの中間の分子量の物質が含まれていて，もう一つには中間の分子量の物質とごくわずかの高分子量体が含まれていた．どちらのフラスコにどの生成物が入っていたか．説明せよ．

27. 次に示した Quiana® は肌触りが絹に非常によく似た合成繊維である．

 a. Quiana® はナイロンかポリエステルか．   **b.** Quiana® の合成に用いられるモノマーは何か．

$-NH-\!\!\!\bigcirc\!\!\!-CH_2-\!\!\!\bigcirc\!\!\!-NH-\overset{O}{\overset{\|}{C}}-(CH_2)_6-\overset{O}{\overset{\|}{C}}-$

Quiana®

28. スチレンに過酸化物を加えると，ポリスチレンとして知られる高分子が生成する．少量の 1,4-ジビニルベンゼンを反応混合物に加えると，より強くて硬い高分子が生成する．このより硬い高分子の繰返し単位の構造を書け．

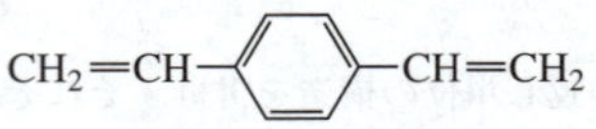

$$CH_2=CH-\underset{\text{1,4-ジビニルベンゼン}\\ \text{(1,4-divinylbenzene)}}{\bigcirc}-CH=CH_2$$

29. 電子部品に用いられる特別に強くて硬いポリエステルは，Glyptal® の商標名で販売されている．これはテレフタル酸とグリセロールの重合体である．この高分子の繰返し単位の構造を書き，なぜそれほど強いのかを説明せよ．

30. 3,3-ジメチルオキサシクロブタンのカチオン重合体から生成する高分子の繰返し単位の構造を書け．

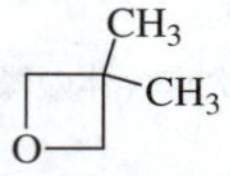

$$\underset{\text{3,3-ジメチルオキサシクロブタン}\\ \text{(3,3-dimethyloxacyclobutane)}}{\text{（構造式）}}$$

31. 5-ヒドロキシペンタン酸と 6-ヒドロキシヘキサン酸のどちらのモノマーが高収率で高分子を生成するか．選んだ理由を説明せよ．

32. アクロレインがアニオン重合を起こすとき，二つのタイプの繰返し単位をもつ高分子が得られる．繰返し単位の構造を書け．

$$\underset{\text{アクロレイン}\\ \text{(acrolein)}}{CH_2=CHCH{=}O}$$

33. ビニール製のレインコートが，空気やほかの汚染物にさらされていなくても，古くなるにしたがってもろくなるのはなぜか．

34. スチレンと酢酸ビニルの交互共重合体は，加水分解してエチレンオキシドを加えるとグラフト共重合体となる．グラフト共重合体の構造を書け．

35. 頭-頭ポリ(臭化ビニル)の合成法を示せ．

$$\underset{\text{頭-頭ポリ(臭化ビニル)}}{-CH_2CHCHCH_2CH_2CHCHCH_2-\\ \quad\;\; |\;\;|\quad\quad\;\;|\;\;|\\ \quad\;\; Br\;Br\quad\;\;Br\;Br}$$

36. Delrin®(ポリオキシメチレン)は歯車に使われる丈夫で滑らかな高分子であり，酸触媒存在下でのホルムアルデヒドの重合によって合成される．
    a. 高分子の繰返し単位ができる反応機構を示せ．
    b. Delrin® は連鎖重合体かそれとも逐次重合体か．

16 炭水化物の有機化学

サトウキビ畑

生体有機化合物とは，生体に見いだされる有機化合物のことである．最初に取り上げる一群の生体有機化合物は炭水化物(糖)である．炭水化物は生物界に最も多量に存在する化合物であり，地球上のバイオマスの乾燥重量の50％以上を占めている．炭水化物はすべての生命体の重要な構成要素であり，また，さまざまな異なる機能をもっている．あるものは細胞の重要な構造成分であり，あるものは細胞表面での認識部位として機能している．たとえば，私たちすべての生命誕生の最初のできごとは，精子が卵子の外表面に存在するある特定の糖鎖(炭水化物)を認識することである(受精)．別の炭水化物は代謝エネルギーの主要な源として働いている．たとえば，植物の葉，果実，種子，茎，根には炭水化物が含まれているが，それらは植物自身の代謝に使われるだけでなく，その植物を食べる動物の代謝にも利用されている．

D-グルコース
(D-glucose)

D-フルクトース
(D-fructose)

　生体有機化合物(bioorganic compound)の構造はきわめて複雑であるが，それらの反応性を支配する原理は，本書でこれまでに学んできた比較的単純な有機分子のものと同じである．化学者が実験室で行う有機反応と細胞内で自然に行われている有機反応とは，多くの点で似通っている．すなわち，生体有機反応は，細胞という小さなフラスコのなかで起こっている有機反応と考えることができる．
　ほとんどの生体有機化合物は，これまでに見てきた有機化合物と比べて，構造的により複雑である．しかしながら，複雑に見える構造ゆえに，それらの化学も見た目と同様に複雑であると誤解してはいけない．生体有機化合物が複雑な構造をもつ理由の一つに，それらの分子が生体において互いを認識できなければなら

ないということがある．実際，生体有機化合物の多くはその目的に適合した構造をしており，その機能は**分子認識**(molecular recognition)と呼ばれる．

　現在では，グルコースのようなポリヒドロキシアルデヒドやフルクトースのようなポリヒドロキシケトン，またポリヒドロキシアルデヒドまたはポリヒドロキシケトンが結合することによって生成するスクロースのような化合物(16.9節)を総称して**炭水化物**(carbohydrate)と呼んでいる．

　炭水化物の化学構造は一般的に Fischer 投影式によって表現される．Fischer 投影式では，不斉中心を2本の直行する直線の交点で表す．水平方向の線(横線)は紙面から読者に向かって突き出ている結合を表し，垂直方向の線(縦線)は紙面の奥へ伸びている結合を表している．グルコースとフルクトースの構造式では，上部の二つの炭素の構造だけが異なることに注意しよう．

Fischer 投影式においては，水平方向の結合はすべてが紙面から読者に向かって突き出ている．

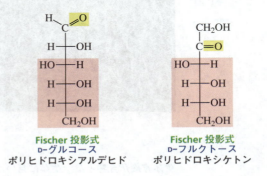

Fischer 投影式　　　　　Fischer 投影式
D-グルコース　　　　　　D-フルクトース
ポリヒドロキシアルデヒド　ポリヒドロキシケトン

　天然に最も多量に存在する炭水化物はグルコースである(食品のラベル中にはデキストロースと表記されている場合もある)．動物はグルコースを含んでいる植物などの食べ物からグルコースを得ている．植物は光合成によってグルコースをつくりだす．光合成においては，植物は水を根から吸収し，空気中の二酸化炭素を利用してグルコースと酸素を合成する．

$$C_6H_{12}O_6 + 6\,O_2 \underset{\text{光合成}}{\overset{\text{酸化}}{\rightleftarrows}} 6\,CO_2 + 6\,H_2O$$
グルコース
(glucose)

　光合成は，生物がエネルギーを獲得するためのプロセス，とくに，グルコースの酸化により二酸化炭素と水を生成する反応の逆反応なので，植物は光合成を進行させるためにエネルギーを必要とする．植物はこのエネルギーを太陽光から得ている．緑色植物のクロロフィル分子が光合成に使用する光エネルギーを捕集しているのである．光合成は動物が老廃物として排出する CO_2 を使用して，動物が生きていくために必須な O_2 を生産している．地球大気に含まれる酸素のほとんどは，光合成プロセスによってつくりだされたものである．

16.1 炭水化物の分類

炭水化物，糖類（糖質），および糖という用語はよく同義語として用いられる．[†]
糖質という単語は，いくつかの古い言語において砂糖(sugar)を意味する言葉に由来している（サンスクリット語の *sarkara*，ギリシャ語の *sakcharon*，ラテン語の *saccharum*）．

単純な炭水化物(simple carbohydrate)は単糖(monosaccharide，単一の糖)であり，複雑な炭水化物(complex carbohydrate)は二つまたはそれ以上の単糖（それぞれの単糖を単糖サブユニットと呼ぶ）が互いに結合したものである．二糖(disaccharide)は二つの単糖サブユニットが，オリゴ糖(oligosaccharide，*oligos* はギリシャ語で〝少数の〟を意味する）は 3〜10 の単糖サブユニットが，また多糖(polysaccharide)は 10 またはそれ以上の単糖サブユニットが互いに結合したものである．二糖，オリゴ糖，および多糖は，加水分解によって単糖へ分解できる．

[†] 訳者注：文部科学省の『学術用語集（化学編）』では，saccharides を糖類，sugar を糖または砂糖としている．最近では carbohydrates, saccharides, sugars のいずれをも総称して〝糖質〟と呼ぶことが多い．

単糖サブユニット
—M—M—M—M—M—M—M—M— —加水分解→ x M
多糖　　　　　　　　　　　　単糖

単糖はグルコースのようなポリヒドロキシアルデヒド構造，またはフルクトースのようなポリヒドロキシケトン構造をもっている．ポリヒドロキシアルデヒド構造のものをアルドース(aldose，〝ald〟はアルデヒドを意味し，〝ose〟は糖を表す接尾語）と呼び，ポリヒドロキシケトン構造のものをケトース(ketose)という．

単糖はその炭素数によっても分類される．3 炭素のものをトリオース(triose)，4 炭素のものをテトロース(tetrose)，5 炭素のものをペントース(pentose)，6 炭素のものをヘキソース(hexose)，7 炭素のものをヘプトース(heptose)と呼ぶ．したがって，グルコースのような 6 炭素からなるポリヒドロキシアルデヒドはアルドヘキソースであり，フルクトースのような 6 炭素のポリヒドロキシケトンはケトヘキソースと呼ばれる．

問題 1 ◆
次の単糖を分類せよ．

D-リボース　　D-セドヘプツロース　　D-マンノース
(D-ribose)　　(D-sedoheptulose)　　(D-mannose)

16.2 D,L 表記法

最も小さいアルドースで，例外的にその名称に〝ose〟という接尾語をもたない唯一のものが，アルドトリオースのグリセルアルデヒドである．

610 16章 炭水化物の有機化学

四つの異なる置換基が結合している炭素は不斉中心である.

グリセルアルデヒド
(glyceraldehyde)

グリセルアルデヒドは一つの不斉中心をもっているので,1組のエナンチオマー対が存在する.下の透視式の左側の異性体は,最も優先順位が高い置換基 (OH) から次に優先順位の高い置換基 (HC=O) へ矢印を書くと時計回りとなり,かつ最も優先順位の低い置換基が破線で結合している (紙面奥を向いている) ので,R 配置である (4.7 節参照).R および S エナンチオマーの Fischer 投影式を右側に示した.

(R)-(+)-グリセルアルデヒド (S)-(−)-グリセルアルデヒド
透視式

(R)-(+)-グリセルアルデヒド (S)-(−)-グリセルアルデヒド
Fischer 投影式

Fischer 投影式において立体配置を決定するには,まず最も優先順位が高い基から次に優先順位の高い基へ向けて矢印を書く.

その矢印が反時計回りで,かつ最も優先順位の低い基が水平方向の線 (横線) 上に存在する場合には,立体配置は R である.最も優先順位の低い基が垂直方向の線 (縦線) 上に存在する場合には S となる.

矢印が時計回りの場合で,かつ最も優先順位の低い基が水平方向の線 (横線) 上に存在する場合には,立体配置は S であり,垂直方向の線 (縦線) 上に存在する場合には R となる.

D, L 表記法は炭水化物の立体配置を表記する場合に使用される.単糖を Fischer 投影式で書くときは,アルドースの場合であればカルボニル基が必ず 1 番上にくるようにし,ケトースの場合であればカルボニル基がなるべく上にくるように書く.Fishcer 投影式でガラクトースを書くと,化合物中に四つの不斉中心 (C-2, C-3, C-4, および C-5) が存在することがわかる.最も下に位置する不斉中心 (下から 2 番目の炭素) に結合している OH 基が右側にあれば,その化合物は D 糖であり,その OH 基が左側にあれば,その化合物は L 糖である.天然に見いだされるほとんどすべての糖は D 糖である.D 糖の鏡像体が L 糖である.

D-グリセルアルデヒド L-グリセルアルデヒド D-ガラクトース L-ガラクトース
             D-グリセルアルデヒドの鏡像体   D-ガラクトースの鏡像体

単糖の慣用名はその単糖のすべての不斉中心の立体配置を示しているので,その慣用名に D または L の表示を加えることにより,単糖の絶対構造は一義的に決定される.たとえば,L-ガラクトースの絶対構造は,D-ガラクトースのすべての不斉中心の立体配置を反転したものである.

D と L は,R と S のように不斉中心の立体配置を示すものであるが,それらは

その化合物が偏光の偏光面を右側（＋側）または左側（−側）のどちらに回転するかを表すものではない（4.8節参照）．たとえば，D-グリセルアルデヒドは右旋性であるが，D-乳酸は左旋性である．すなわち，旋光度は融点や沸点と同じように化合物の物理的性質であり，一方，"R, S, D, L" は立体配置を記述するために，人間がつくりだした約束事を表す記号なのである．

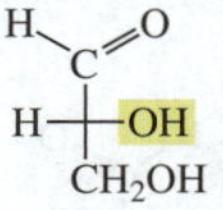

D-(+)-グリセルアルデヒド
〔D-(+)-glyceraldehyde〕

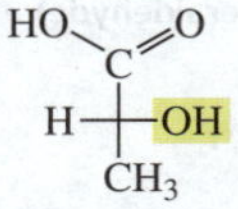

D-(−)-乳酸
〔D-(−)-lactic acid〕

問題 2
L-グルコースと L-フルクトースの構造を Fischer 投影式で書け．

16.3 アルドースの立体配置

アルドテトロースは二つの不斉中心をもっている．したがって，4種類の立体異性体が存在しうる．立体異性体のうちの二つは D 糖であり，残りの二つは L 糖である．

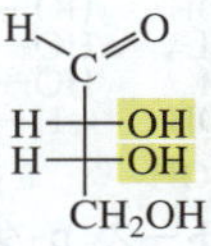

D-エリトロース
(D-erythrose)

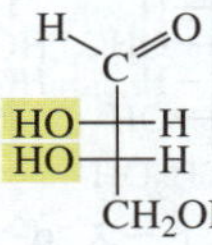

L-エリトロース
(L-erythrose)

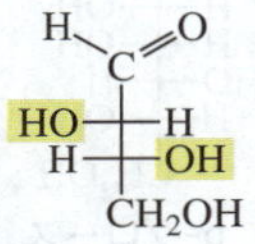

D-トレオース
(D-threose)

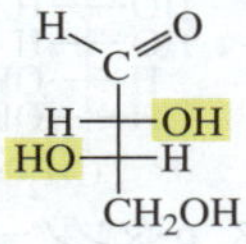

L-トレオース
(L-threose)

アルドペントースには三つの不斉中心があるので，8種類の立体異性体（4組のエナンチオマー対）が存在する．一方，アルドヘキソースは四つの不斉中心をもつので，16種類の立体異性体（8組のエナンチオマー対）が存在する．4種類の D-アルドペントースと 8 種類の D-アルドヘキソースの構造を表 16.1 に示す．

ただ一つの不斉中心の立体配置だけが異なる 1 組のジアステレオマーを，互いに**エピマー**（epimers）と呼ぶ．たとえば，D-リボースと D-アラビノースは C-2 位の立体配置のみが異なるので C-2 位におけるエピマー対である．また，D-イドースと D-タロースは C-3 位におけるエピマー対である．（ジアステレオマーはエナンチオマーの関係にない立体異性体であることを思い出そう；4.10 節参照．）

> ジアステレオマーはエナンチオマーの関係にはない立体異性体である．

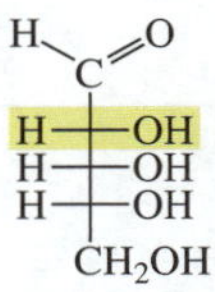

D-リボース 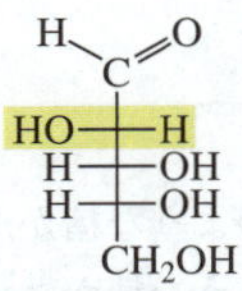　D-アラビノース
C-2 エピマー対

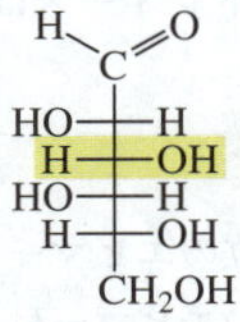

D-イドース 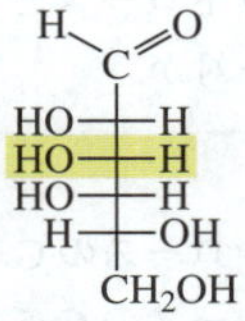　D-タロース
C-3 エピマー対

表 16.1　D-アルドースの立体配置

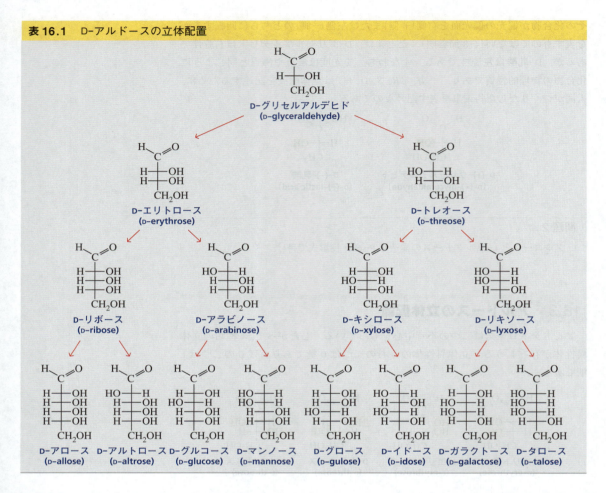

D-マンノースは D-グルコースの C-2 位のエピマーである.

D-ガラクトースは D-グルコースの C-4 位のエピマーである.

D-グルコース, D-マンノース, および D-ガラクトースは, 生体系において最もよく見いだされるアルドヘキソースである. これらの糖の構造を覚える簡単な方法は, まず D-グルコースの構造式を暗記することである. 次に, D-マンノースが D-グルコースの C-2 位に関するエピマーであり, D-ガラクトースは D-グルコースの C-4 位のエピマーであるということを覚えればよい.

問題 3 ◆

a. D-エリトロースと L-エリトロースはエナンチオマー対か, あるいはジアステレオマー対か.

b. L-エリトロースと L-トレオースはエナンチオマー対か, あるいはジアステレオマー対か.

問題 4 ◆

a. D-キシロースの C-3 位のエピマーはどのような糖か.

b. D-アロースの C-5 位のエピマーはどのような糖か.

c. L-グロースの C-4 位のエピマーはどのような糖か.

d. D-リキソースの C-4 位のエピマーはどのような糖か.

16.4 ケトースの立体配置

天然に存在するケトースの構造式を表 16.2 に示す．これらはすべて 2 位にケトン基をもっている．ケトースは炭素数が同じアルドースよりも，不斉中心が一つ少ない．したがって，ケトースの立体異性体の数は，炭素数が同じアルドースの立体異性体の半分ということになる.

問題 5 ◆
D-フルクトースの C-3 位のエピマーはどのような糖か.

問題 6 ◆
次の化合物には何種類の立体異性体が存在するか.
a. ケトヘプトース **b.** アルドヘプトース **c.** ケトトリオース

表 16.2 D-ケトースの立体配置

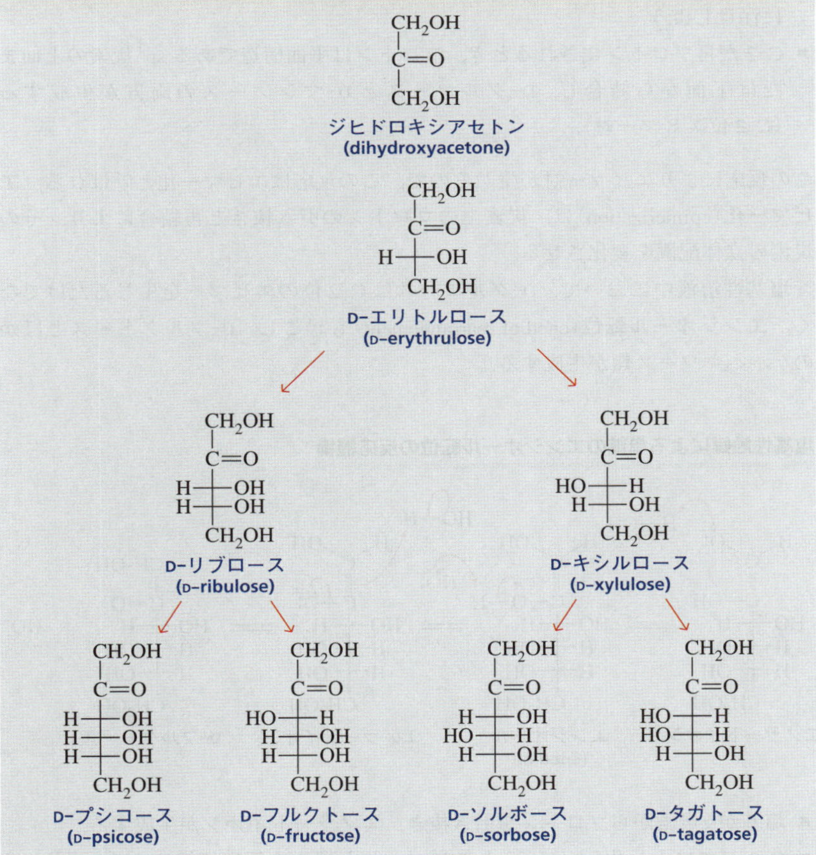

$$\begin{array}{c} CH_2OH \\ | \\ C=O \\ | \\ CH_2OH \end{array}$$
ジヒドロキシアセトン
(dihydroxyacetone)

D-エリトルロース
(D-erythrulose)

D-リブロース　　　　　　　D-キシルロース
(D-ribulose)　　　　　　　(D-xylulose)

D-プシコース　　D-フルクトース　　D-ソルボース　　D-タガトース
(D-psicose)　　　(D-fructose)　　　(D-sorbose)　　　(D-tagatose)

16.5 塩基性溶液中での単糖の反応

単糖は塩基性溶液中でポリヒドロキシアルデヒドとポリヒドロキシケトンの混合物に変化する．塩基性溶液中で D-グルコースにどのようなことが起こっているかを見ていこう．最初に起こるのは C-2 位エピマーへの変換である．

塩基性触媒による単糖のエピマー化の反応機構

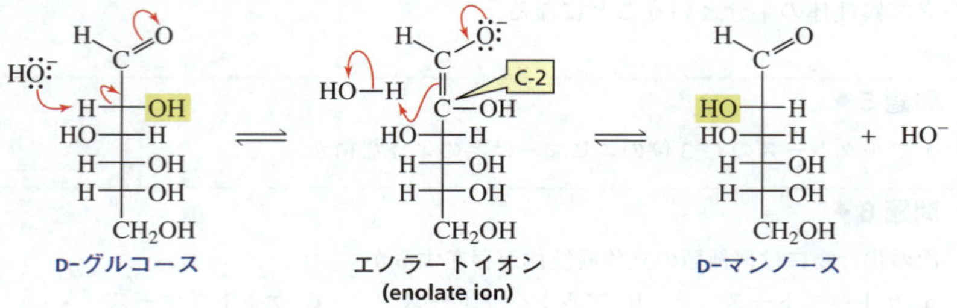

- 塩基が α 炭素からプロトンを引き抜き，エノラートイオンが生成する（13.3 節参照）．エノラートイオンにおいては，C-2 位はもはや不斉中心ではないことに注目しよう．
- C-2 が再プロトン化されるとき，プロトンは平面構造である sp^2 炭素の上面または下面から結合し，D-グルコースと D-マンノースの両方が生成する（C-2 位エピマー対）．

この反応によりエピマー対が生じるので，この反応はエピマー化と呼ばれる．**エピマー化**（epimerization）は，炭素上のプロトンの引き抜きと再結合により，その炭素の立体配置を変化させる．

塩基性溶液中において，D-グルコースは C-2 位のエピマーを生じるだけでなく，**エンジオール転位**（enediol rearrangement）も起こし，D-フルクトースとほかのケトヘキソース類が生成する．

塩基性触媒による単糖のエンジオール転位の反応機構

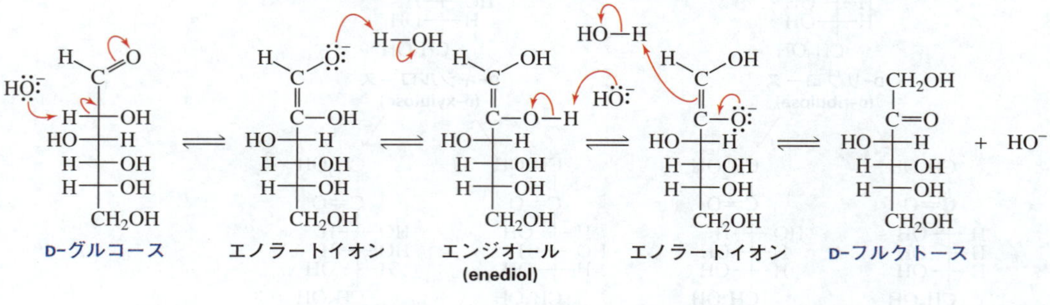

- 塩基が α 炭素からプロトンを引き抜き，エノラートイオンが生成する．
- C-2 がプロトン化（上に示したエピマー化と同様の反応機構による），またはエノラートイオンの酸素がプロトン化される．酸素がプロトン化された場合

はエンジオールが生じる．

- エンジオールにはカルボニル基を生成しうる OH 基が 2 個存在する．C-1 位の OH 基の互変異性化（614 ページに示した塩基性触媒による D-グルコースのエピマー化を見よ）により D-グルコースが再生するか，または D-マンノースが生成する．一方，C-2 位の OH 基の互変異性化で D-フルクトースが生成する．

D-フルクトースの C-3 位のプロトンが塩基により引き抜かれると，新たなエンジオール転位が起こり，エンジオールの互変異性化によりカルボニル基を C-2 位または C-3 位にもつケトースが生成する．したがって，カルボニル基は炭素鎖上を上下に移動できるようになる．

> 塩基性溶液中では，アルドースは C-2 位エピマーと 1 種類またはより多くの種類のケトースを生成する．

糖尿病患者の血糖値の測定

グルコースはヘモグロビン中の NH_2 基と反応してイミンを生成し（12.8 節参照），続いて非可逆的な転位反応を起こして，ヘモグロビン A1c として知られている，より安定な α-アミノケトンへと変換される．

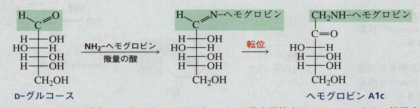

インスリンは血中のグルコース濃度，つまり，ヘモグロビン A1c の量を調節するホルモンである．糖尿病は，生体が十分な量のインスリンを生産できないか，生産されたインスリンが適切に機能しない場合に発症する．治療を受けていない糖尿病患者の血中のグルコース濃度は高く，ヘモグロビン A1c の濃度も，糖尿病でない人に比べると高くなっている．したがって，ヘモグロビン A1c の濃度を測定することにより，糖尿病患者の血糖値が制御されているか否かがわかる．

白内障は糖尿病の合併症の一つであるが，眼球レンズ中のタンパク質の NH_2 基がグルコースと反応することによって引き起こされる．老人によく見られる動脈硬化も，同様にグルコースとタンパク質中の NH_2 基との反応に起因するものと考えられている．

問題 7
エンジオール転位により，フルクトースのカルボニル基が C-2 位から C-3 位にどのように移動するか示せ．

問題 8
塩基触媒存在下，D-フルクトースが D-グルコースと D-マンノースに異性化する反応機構を示せ．

16.6 単糖は環状ヘミアセタールを生成する

D-グルコースは三つの異なる形状で存在する．一つはここまで扱ってきた直鎖状の D-グルコースであり，ほかの二つは α-D-グルコースおよび β-D-グルコースと呼ばれる環状構造をもつものである．これら二つの環状構造をもつグルコー

スはそれぞれ異なる融点と異なる比旋光度(4.9節参照)をもっており，互いに異なる化合物である．

D-グルコースはどのようにして環状構造をとるのであろうか．12.9節で学んだように，アルデヒドはアルコールと反応し，ヘミアセタールを生成する．D-グルコースのC-5位のアルコール基がアルデヒド基と反応すると，二つの環状ヘミアセタール(六員環構造)を生じる．

C-5位のOH基がアルデヒド基に付加する適当な空間配置にあることを理解するためには，D-グルコースのFischer投影式を平面環状構造式へ変換する必要がある．この変換を行うには，まず第一級アルコール基を左奥に，かつ<u>上向き</u>に書く．次に，Fischer投影式で<u>右向き</u>に存在する基は平面環状構造式においては<u>下向き</u>に，Fischer投影式で<u>左向き</u>に存在する基は平面環状構造式においては<u>上向き</u>に書く．ここに示した環状ヘミアセタールはHaworth投影式で書いてある．

Fischer投影式で<u>右向き</u>に位置する置換基は，Haworth投影式では<u>下向き</u>となる．

Fischer投影式で<u>左向き</u>に位置する置換基は，Haworth投影式では<u>上向き</u>となる．

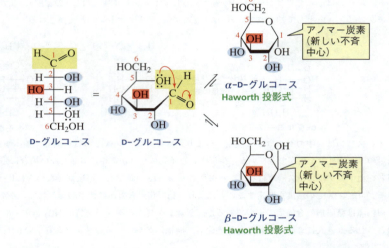

Haworth投影式(Haworth projection)においては，六員環は平面に書き，C-2—C-3結合が紙面の手前にあるように配置する．環内酸素原子は常に紙面奥の右側の角に，C-1位の炭素は右側に位置させる．また，C-5位炭素に結合した第一級アルコール基は紙面奥の左側の角の炭素(C-5)から<u>上向き</u>に伸びている結合上に書く．

直鎖状アルデヒドのカルボニル炭素は，環状ヘミアセタールにおいては新たな不斉中心となるので，二つの異なる環状ヘミアセタールが生成する．新たに生じる不斉中心に結合しているOH基が<u>下</u>を向いていれば，そのヘミアセタールはα-D-グルコースである．OH基が<u>上</u>を向いていれば，それはβ-D-グルコースである．環状ヘミアセタールが生成する機構は，アルデヒドをもった化合物とアルコールをもった別の化合物が2分子でヘミアセタールを生じる機構とまったく同じである(12.9節参照)．

α-D-グルコースとβ-D-グルコースは互いにアノマーの関係にある．**アノマー**(anomers)とは，直鎖状のときにカルボニル炭素であった炭素上の立体配置のみが異なる2種類の糖のことであり，この炭素を**アノマー炭素**(anomeric carbon)と

16.6 単糖は環状ヘミアセタールを生成する

呼ぶ．接頭語のαやβは，アノマー炭素の立体配置を示している．アノマーはエピマーと同様に，一つの炭素の立体配置だけが異なる．アノマー炭素は糖分子中で二つの酸素原子と結合している唯一の炭素であることに注目しよう．

α-D-グルコース 36% ⇌ D-グルコース 0.02% ⇌ β-D-グルコース 64%

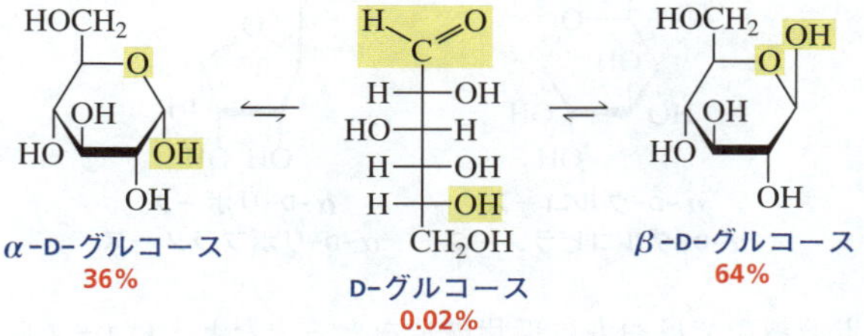

　水溶液中では，直鎖状のD-グルコースは，2種類の環状ヘミアセタール化合物と平衡にある．平衡状態においては，β-D-グルコース(64%)がα-D-グルコース(36%)の約2倍量存在しており，直鎖状のグルコースはほとんど存在しない．

　純粋なα-D-グルコースの結晶を水に溶解すると，比旋光度の値は+112.2から+52.7へ徐々に変化する．純粋なβ-D-グルコースの結晶を同様に水に溶解した場合，比旋光度は+18.7から+52.7へゆっくり変化していく．

　水中でヘミアセタールの環が開いて直鎖状アルデヒドへ変化し，次いで再閉環するが，この段階でα-D-グルコースとβ-D-グルコースの両方が生じることによってこの旋光度の変化が起こる．やがて3種類のグルコースは平衡濃度に達する．このときの平衡混合物の比旋光度は+52.7を示す．これが，純粋なα-D-グルコースまたはβ-D-グルコース，または両方の混合物を水に溶解させても，最終的な比旋光度の値が同じになる理由である．旋光度の値が徐々に変化して平衡値に達する現象は，**変旋光**(mutarotation)と呼ばれる．

　アルドースが五員環または六員環の構造をとれる場合，溶液中では，ほとんど環状ヘミアセタールとして存在する．D-リボースは五員環構造のヘミアセタールを生成するアルドースの例であり，α-D-リボースとβ-D-リボースとなる．Haworth投影式で五員環構造の糖を表現する場合，C-2—C-3結合が紙面の手前にあるように配置し，環内酸素原子は読者から紙面奥に位置させる．アノマー炭素は分子の右側に，第一級アルコール基は左側の角の炭素から上向きに書く．この場合も，アノマー炭素は分子中で二つの酸素原子と結合している唯一の炭素であることに注目しよう．

D-リボース = D-リボース ⇌ α-D-リボース + β-D-リボース　アノマー炭素
Haworth投影式

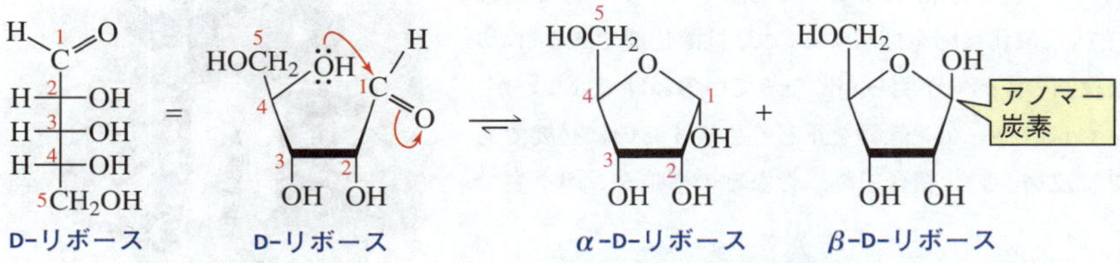

　六員環構造の糖を**ピラノース**(pyranose)と呼び，五員環構造の糖を**フラノース**(furanose)と呼ぶ．これらの名称は，ピランとフランといった環状エーテルの名称に由来している(ピランとフランの構造を欄外に示した)．したがって，α-D-グルコースはα-D-グルコピラノースと呼ばれ，同様にα-D-リボースはα-D-リ

ボフラノースと呼ばれる．接頭語"α"はアノマー炭素の立体配置を示し，ピラノースやフラノースは環の大きさを示している．

ピラン
(pyran)

フラン
(furan)

α-D-グルコース
α-D-グルコピラノース

α-D-リボース
α-D-リボフラノース

ケトースも溶液中ではおもに環状構造をとる．たとえばD-フルクトースは，C-5位のOH基がケトンカルボニル基と反応して，五員環のヘミケタール構造を形成する．新たに生じる不斉中心に結合しているOH基が下を向いていれば，その化合物はα-D-フルクトフラノースであり，OH基が上を向いていれば，それはβ-D-フルクトフラノースである．アノマー炭素がアルドースとは異なり，C-1位ではなくC-2位であるということに注意しよう．

α-D-フルクトフラノース
(α-D-fructofuranose)

β-D-フルクトフラノース
(β-D-fructofuranose)

アノマー炭素

Haworth投影式は，環上のOH基が互いにシスであるかトランスであるかを容易に判断することができるので便利である．五員環は一般に平面に近い構造をもっているので，フラノースはHaworth投影式によってかなり正確に表現される．しかし，ピラノース類においては，Haworth投影式は構造上の誤解を与えることになる．なぜなら，六員環は実際には平面構造をとるわけではなく，一般的にいす形配座で存在するからである(3.11節参照)．

ビタミンC

ビタミンC(L-アスコルビン酸ともいう)は水溶液環境中で発生するラジカルを捕捉し，ラジカルが引き起こす生体に有害な酸化反応を抑制するので，抗酸化剤である(14.7節参照)．ビタミンCの生理学的な役割のすべてが明らかになっているわけではないが，一つわかっているのは，ビタミンCはコラーゲン線維を正しく生成するのに必要であるということである．コラーゲンは皮膚，腱，結合組織，骨などの構造タンパク質である．

ビタミンCは柑橘類やトマトに多く含まれているが，食餌のなかにビタミンCが含まれていないと，皮膚に障害が起こったり，歯茎や関節，内皮でひどい出血があったり，けがの治癒が遅くなったりする．ビタミンC不足により起こるこのような症状は壊血病(scurvy)として知られている．壊血病は食事療法により治療されるようになった最初の疾患である．1700年代の終わりごろから外洋に進出したイギリス人船員たちは，壊血病を防ぐためにライムを食べる必要

1829年ごろのイギリスの船員

16.6 単糖は環状ヘミアセタールを生成する 619

があった．これが，彼らがのちに"lymeys"と呼ばれるようになった由縁である．それから200年あまり経って，ようやく壊血病を防ぐ物質がビタミンCであることがわかった．*Scorbutus* はラテン語で"壊血病"を意味するので，*ascorbic* は"no scurvy"，すなわち"壊血病知らず"という意味になる．

ビタミンCは，植物やほとんどの脊椎動物の肝臓でD-グルコースから生合成される．霊長類やモルモットはビタミンCの生合成に必要な酵素をもっていないので，それらを食餌から摂取しなければならない．

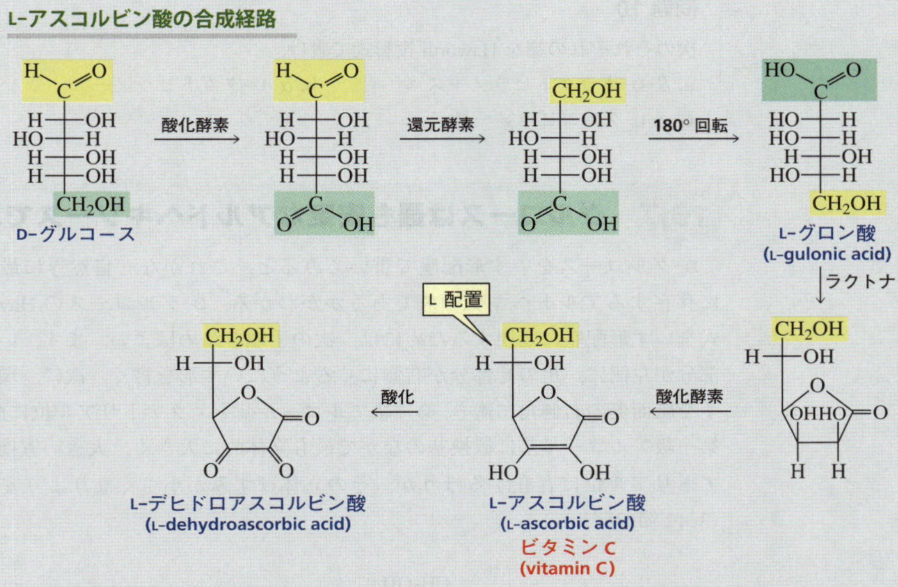

L-アスコルビン酸の合成経路

ビタミンCが生合成される際の一段階目は，D-グルコースの第一級アルコールの酸化であり，これによりカルボン酸が生じる．次に，アルデヒド部位が還元されて第一級アルコールとなり，L-グロン酸となる．L-グロン酸は酵素ラクトナーゼにより環状エステルに変換される．この環状エステルは酸化によりL-アスコルビン酸となる．アスコルビン酸のC-5位(これはD-グルコースにおいてはC-2であり，L-グロン酸ではC-5であった)の立体配置により，このアスコルビン酸はL-と表記される．

L-アスコルビン酸は容易に酸化されL-デヒドロアスコルビン酸となるが，これも生理活性を示す．加水分解によりエステル環が開くと，ビタミンC活性はすべて失われる．したがって，食品を長時間加熱すると，その食品中のビタミンC含量はかなり少なくなる．さらにもし水中で調理し，その水を捨ててしまったとすると，水に可溶なビタミンCのほとんどが水とともに流れ去ってしまう．

問題 9（解答あり）

4-ヒドロキシアルデヒドと5-ヒドロキシアルデヒドはおもに環状ヘミアセタール構造で存在する．次のそれぞれの化合物から生じる環状ヘミアセタールの構造を書け．

a. 4-ヒドロキシブタナール　　**b.** 4-ヒドロキシペンタナール
c. 5-ヒドロキシペンタナール　　**d.** 4-ヒドロキシヘプタナール

9aの解答　反応物の構造を，アルコール基とカルボニル基がともに分子の同じ側に向くようにして書く．次いでどのような大きさの環が生じるかを確認する．反応物のカルボニル炭素は，生成物においては新たな不斉中心となるので，2種類

の環状生成物が得られる．

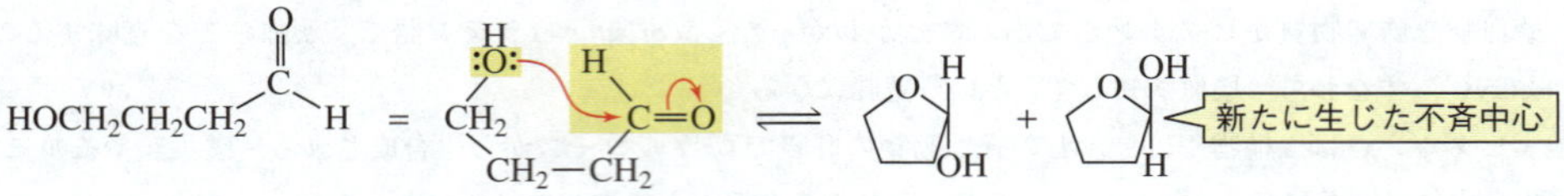

HOCH₂CH₂CH₂CH=O の環状化反応式

問題 10
次のそれぞれの糖を Haworth 投影式で書け．
a. β-D-ガラクトピラノース   b. α-D-タガトピラノース
c. α-L-グルコピラノース

16.7 グルコースは最も安定なアルドヘキソースである

D-グルコースをいす形配座で書いてみると，これがなぜ自然界に最も普遍的に存在するアルドヘキソースであるかがわかる．D-グルコースの Haworth 投影式をいす形配座に変換するためには，次の手順を踏めばよい．まず，いすの背の部分が左側に，足のせ部分が右側にくるようにいす形を書く．次に，環内酸素原子を紙面奥の右側角に置き，第一級アルコール基をエクアトリアル位に配置する．第一級アルコール基は置換基のなかで最も立体的に大きく，大きい置換基はエクアトリアル位に存在するほうが，その立体ひずみが小さくなりより安定となる（3.12 節参照）．

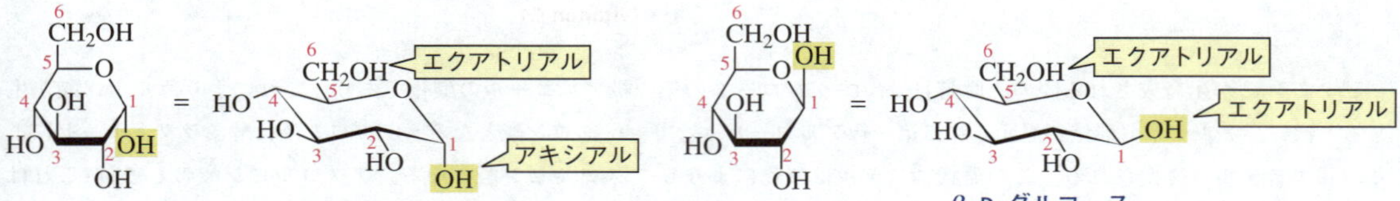

α-D-グルコース いす形配座異性体

β-D-グルコース いす形配座異性体

β-D-グルコースのすべての OH 基はエクアトリアル位となる．

C-4 位の炭素に結合している OH 基は，第一級アルコール基とトランスの関係にある（このことは Haworth 投影式を見ると簡単に理解できる）ので，C-4 位の OH 基もまたエクアトリアル位に位置する．（3.13 節で学んだように，1,2-ジエクアトリアルの関係にある置換基は互いにトランスの関係にあることを思い出そう．）C-3 位の OH 基は C-4 位の OH 基とトランスの関係にあるので，これもまたエクアトリアル位に位置する．このようにして環上の置換基を配置していくと，β-D-グルコースにおいては，すべての OH 基がエクアトリアル位に位置していることがわかる．アキシアル位はすべて空間的に小さく，それゆえに立体障害がほとんどない水素原子により占められている．β-D-グルコース以外のアルドヘキソースは，このようなひずみのない立体配座をとることはできない．このことは，β-D-グルコースがアルドヘキソース類のなかで最も安定なものであることを意味しており，したがって，これが自然界に最も多く存在するアルドヘキソースであるという事実は驚くにあたらない．

アノマー炭素に結合している OH 基は，β-D-グルコースではエクアトリアル位に位置し，α-D-グルコースではアキシアル位を占めている．したがって，β-D-グルコースはα-D-グルコースよりも安定で，水溶液中での平衡状態ではより多く存在する．

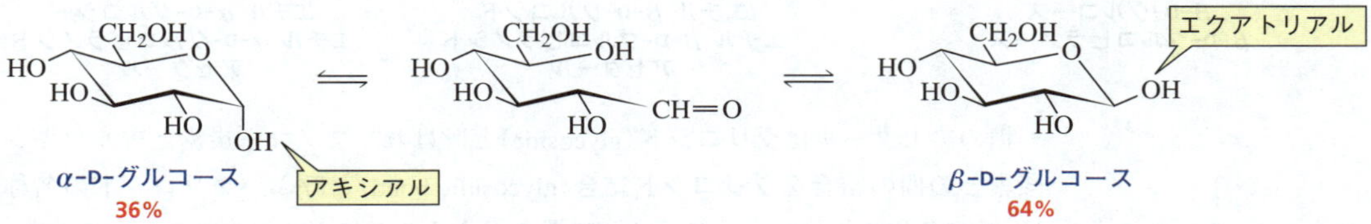

α 結合は Haworth 投影式では下向き，いす形配座ではアキシアル位となる．

β-D-グルコースにおいては，すべての OH 基がエクアトリアル位を占めているということを覚えておけば，ほかのどんなピラノースについても，そのいす形配座異性体を簡単に書くことができる．例として，α-D-ガラクトースのいす形配座異性体を書いてみよう．C-4 位の OH 基（ガラクトースはグルコースの C-4 位のエピマーである）と C-1 位の OH 基（いま書こうとしているのはα-アノマーなので）以外のすべての OH 基をエクアトリアル位に，そして C-4 位と C-1 位の OH 基をアキシアル位に位置させればよい．

β 結合は Haworth 投影式では上向き，いす形配座ではエクアトリアル位となる．

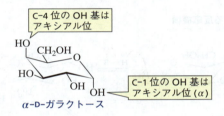

問題 11 ◆（解答あり）

次の糖において，どの OH 基がアキシアル位に位置するか．

- **a.** β-D-マンノピラノース
- **b.** β-D-イドピラノース
- **c.** α-D-アロピラノース

11a の解答　β-D-グルコースの OH 基はすべてエクアトリアル位である．β-D-マンノースはβ-D-グルコースの C-2 位エピマーであるので，β-D-マンノースにおいては，C-2 位の OH 基のみがアキシアル位となる．

16.8 グリコシドの生成

ヘミアセタールがアルコールと反応してアセタールを生成するのと同様に（12.9 節参照），単糖から生じた環状ヘミアセタールもアルコールと反応して 2 種類のアセタールを生成する．

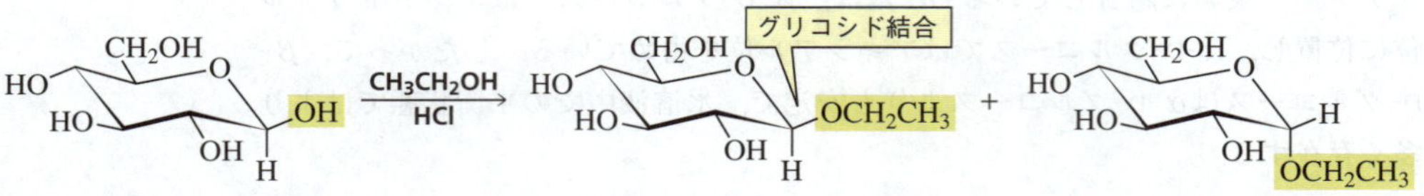

16章 炭水化物の有機化学

[反応式: β-D-グルコース (β-D-グルコピラノース) + CH₃CH₂OH / HCl → エチル β-D-グルコシド (エチル β-D-グルコピラノシド) アセタール + エチル α-D-グルコシド (エチル α-D-グルコピラノシド) アセタール。生成物にはグリコシド結合が示されている。]

糖のアセタールは**グリコシド**(glycoside)と呼ばれ,アノマー炭素とアルコキシ酸素との間の結合を**グリコシド結合**(glycosidic bond)と呼ぶ. グリコシドの名称は, 糖の名称の最後の "e" を "ide" に置き換えることにより得られる. すなわち, グルコース(glucose)のグリコシドはグルコシド(glucoside)であり, ガラクトース(galactose)のグリコシドはガラクトシド(galactoside), という具合である. ピラノースやフラノースの名称を使う場合には, アセタール構造のものをそれぞれ**ピラノシド**(pyranoside)または**フラノシド**(furanoside)と呼ぶ.

環状ヘミアセタールの単一アノマーとアルコールとの反応により, α-グリコシドとβ-グリコシドの両方が生成することに注目しよう. この反応機構が, なぜ両方のグリコシドが生成するのかを教えてくれる.

グリコシドが生成する反応機構

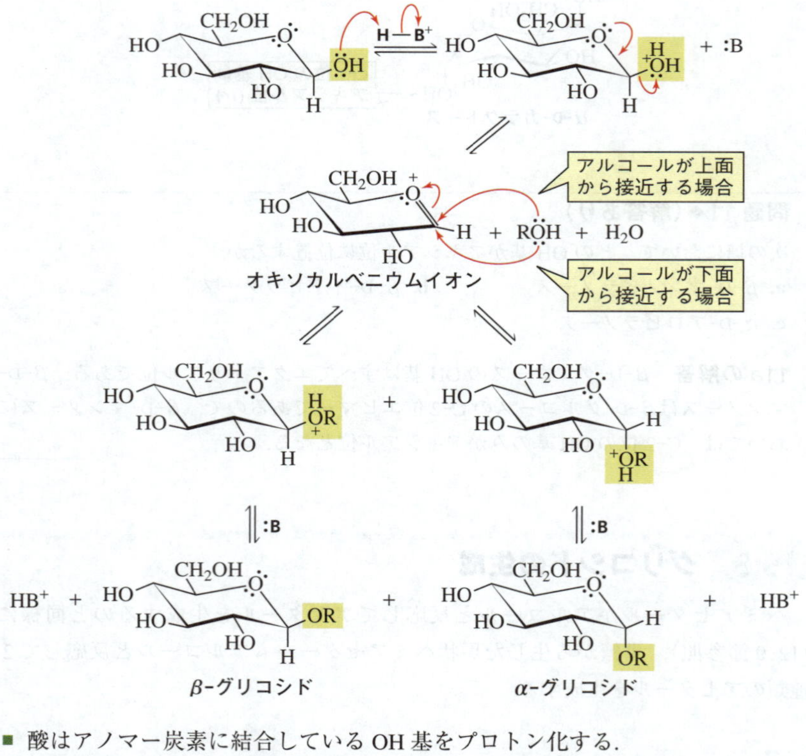

[反応機構の図: プロトン化 → 水の脱離によるオキソカルベニウムイオンの生成 (ROHとH₂Oが放出) → アルコールが上面または下面から接近 → β-グリコシドとα-グリコシドの生成]

- 酸はアノマー炭素に結合している OH 基をプロトン化する.
- 環内酸素に存在する孤立電子対が水分子の脱離を促進する. その結果生じる

オキソカルベニウムイオン中のアノマー炭素は sp² 混成しているので，この部位は平面となる．〔**オキソカルベニウム**（oxocarbenium）**イオン**は炭素と酸素の両方に分布している正電荷をもっている〕．
- アルコールが平面の上から接近すると，β-グリコシドが生成する．アルコールが平面の下から接近すると，α-グリコシドが生成する．

この反応機構は 12.9 節で述べたアセタール生成の機構と同一のものであることに注目しよう．

問題 12

β-D-ガラクトースをエタノールと HCl と反応させたとき生成する化合物の構造を書け．

問題 13◆（解答あり）

次の化合物の名称を答えよ．

a. 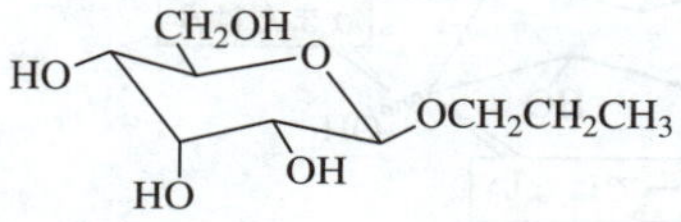 [構造式] b. 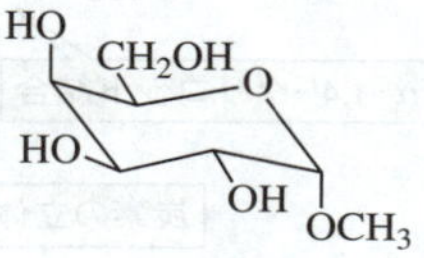 [構造式]

13a の解答 設問 a に唯一存在するアキシアル位の OH 基は C-3 位にある．したがって，この糖は D-グルコースの C-3 位エピマーであり，D-アロースである．アノマー炭素上の置換基は β 位にあるので，この糖の名称はプロピル β-D-アロシド，またはプロピル β-D-アロピラノシドである．

単糖とアルコールの反応と似た反応には，単糖とアミンの反応がある．この反応の生成物は **N-グリコシド**（*N*-glycoside）と呼ばれる化合物であり，グリコシド結合の酸素が窒素に置き換わったものである．DNA や RNA のサブユニットは β-N-グリコシドである（21.1 節参照）．

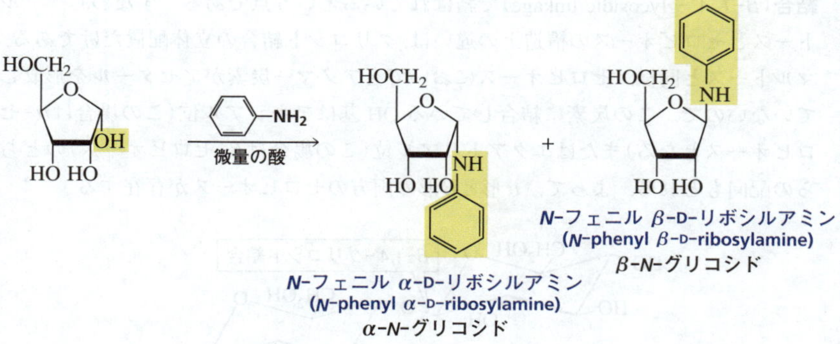

[反応式: リボースとアニリン（微量の酸）から N-フェニル α-D-リボシルアミン（*N*-phenyl α-D-ribosylamine）α-N-グリコシド と N-フェニル β-D-リボシルアミン（*N*-phenyl β-D-ribosylamine）β-N-グリコシド が生成]

問題 14◆

N-グリコシドの生成において，酸を微量しか用いないのはなぜか．

16.9 二 糖

単糖のヘミアセタール基が、別の単糖のアルコール基と反応してアセタールを生成する場合、生じたグリコシドを二糖と呼ぶ。**二糖**(disaccharide)は二つの単糖サブユニットがグリコシド結合を介して互いに結合したものである。

たとえば、マルトースはデンプンの加水分解により得られる二糖であり、グリコシド結合で互いに結合した二つの D-グルコースサブユニットからなっている。マルトースに見られる特有の結合様式を **α-1,4′-グリコシド結合**(α-1,4′-glycosidic linkage)と呼ぶ。というのは、その結合が一方の糖の C-1 位ともう一方の糖の C-4 位の間に形成されており、グリコシド結合を形成しているアノマー炭素に結合している酸素原子が α 位であるからである。添字のプライム(′)は、C-4 位と C-1 位が、それぞれ異なる糖に存在しているということを示している。†

† 訳者注:"1,4′-"のプライムを取り去り、単に"1,4-"と表記することもある。

糖をいす形立体配座で書いた場合、α 位はアキシアル位となり、β 位はエクアトリアル位となることを覚えておこう。

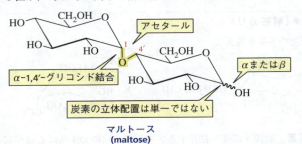

マルトース
(maltose)

マルトースの構造式を見ると、アセタールを形成していないアノマー炭素の立体配置が示されていないことに気がつく(右側のサブユニットのアノマー炭素は波線で示されている)。これは、マルトースが α 形と β 形のどちらでも存在できるためである。α-マルトースにおいては、アノマー炭素に結合している OH 基はアキシアル位に配向している。また、β-マルトースでは OH 基はエクアトリアル位に配向している。セロビオースはセルロースの加水分解により得られる二糖であり、二つの D-グルコースサブユニットからなる。これらの違いは、セロビオースにおいては、二つの D-グルコースサブユニットが **β-1,4′-グリコシド結合**(β-1,4′-glycosidic linkage)で結ばれているという点である。すなわち、マルトースとセロビオースの構造上の違いは、グリコシド結合の立体配置だけである。マルトースと同様、セロビオースにおいてもアノマー炭素がアセタールを形成していないので、この炭素に結合している OH 基はアキシアル位(この場合は α-セロビオースとなる)またはエクアトリアル位(この場合は β-セロビオース)のどちらの配向もとれる。よって、α 形と β 形の両方のセロビオースが存在する。

セロビオース
(cellobiose)

ラクトースは乳中に存在する二糖である。ラクトースを構成するサブユニット

はD-ガラクトースとD-グルコースである．D-ガラクトースサブユニットはアセタール構造，D-グルコースサブユニットはヘミアセタール構造をもっている．これらのサブユニットはβ-1,4'-グリコシド結合で結ばれている．

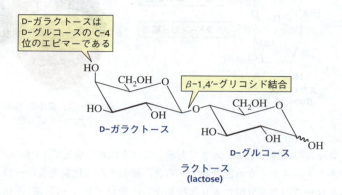

ラクトース
(lactose)

🧪 ラクトース不耐症

ラクターゼはラクトースのβ-1,4'-グリコシド結合を特異的に切断する酵素である．ネコやイヌは成長すると腸内のラクターゼを失い，ラクトースを消化できなくなる．このため，ネコやイヌに牛乳や乳製品を与えると，分解されなかったラクトースにより，腹部膨満や腹痛，下痢といった消化器に関連する問題（ラクトース不耐症）が起こる．血流に吸収されるのは単糖のみであるため，ラクトースは消化されないまま大腸まで移動することになり，これらの症状が引き起こされる．

ヒトもインフルエンザによって胃に異常をきたしたり，ほかの腸障害を起こしている場合には，短期間ではあるがラクターゼを失い，ラクトース不耐症となることがある．約75％のヒトが成人するまでにラクターゼを完全に失ってしまう．"ラクトースフリー"（ラクトースを含まない）製品をよく見かけるのはこのためである．ラクトース不耐症のヒトがラクトースを含む食物を摂る場合には，ラクターゼを含む錠剤を食前に飲めばよい．

乳製品を生産していなかった地域の祖先をもつ人びとにとっては，ラクトース不耐症はかなり一般的なものである．たとえば，デンマーク人ではわずか3％であるが，中国人と日本人の90％が，またタイ人においては97％もの人がラクトース不耐症である．中華料理のメニューに乳製品を使ったものがきわめて少ないのはこのためである．

最も身近な二糖のスクロースは砂糖として知られている物質である．テンサイ（サトウダイコン）やサトウキビから得られるスクロースは，D-グルコースサブユニットとD-フルクトースサブユニットからなり，グルコースのC-1位（α結合）とフルクトースのC-2位（β結合）の間のグリコシド結合によってつながっている．

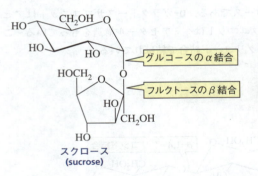

スクロース，グルコース，およびフルクトースの混合物

　スクロースの比旋光度は +66.5 である．これを加水分解して 1：1 のグルコースとフルクトースからなる混合物とすると，観測される比旋光度は −22.0 である．スクロースの加水分解により比旋光度の符号が + から − に（逆）転化 (invert) することから，グルコースとフルクトースの 1：1 の混合物を <u>転化糖</u> (invert sugar) と呼ぶ．また，スクロースの加水分解を触媒する酵素を <u>転化酵素</u> (invertase) という．ミツバチは転化酵素をもっているので，ミツバチがつくりだす"ハチミツ"はスクロース，グルコース，およびフルクトースの混合物である．フルクトースはスクロースよりも甘みに富んでいるので，転化糖はスクロースよりも甘い．

　いくつかの"ライト"という名前のついた飲食品はスクロースの代わりにフルクトースを含んでいる．フルクトースを使用することにより，より少ない量の糖（より低カロリー）で，同じレベルの甘さが得ることができる．

問題 15 ◆

平衡状態でのフルクトースの比旋光度の値を求めよ．（ヒント：平衡状態でのグルコースの比旋光度は +52.7 である．）

16.10　多　糖

　多糖は少なくとも 10 個，多くは数千個の単糖がグリコシド結合で互いに結合した化合物である．最も身近な多糖はデンプンとセルロースである．

　デンプンは小麦粉，ジャガイモ，米，ソラマメ，トウモロコシ，エンドウマメなどの主要構成成分であり，2 種類の異なる多糖の混合物，すなわちアミロース（約 20%）とアミロペクチン（約 80%）からなっている．アミロースは D-グルコースユニットが α-1,4′-グリコシド結合でつながった枝分かれのない糖鎖である．アミロペクチンは枝分かれのある多糖で，アミロースと同様に，D-グルコースユニットが α-1,4′-グリコシド結合でつながった糖鎖をもっている．アミロースと異なる点は，アミロペクチンには **α-1,6′-グリコシド結合**（α-1,6′-glycosidic linkage）も存在することである．このため，多糖中に枝分かれが生じることとなる（図 16.1）．アミロペクチンには最大 10^6 個程度のグルコースユニットが含まれており，これは天然において最も大きな分子の一つである．

16.10 多糖

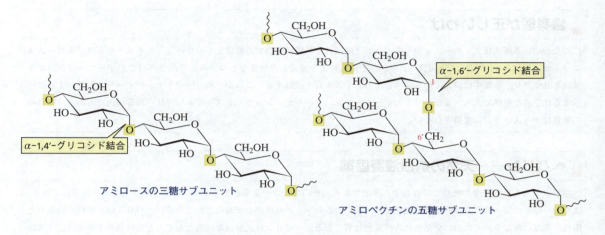

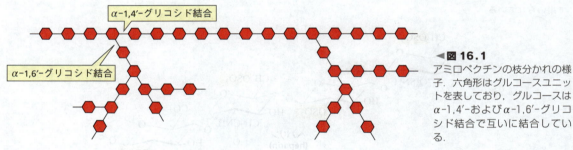

◀図 16.1
アミロペクチンの枝分かれの様子．六角形はグルコースユニットを表しており，グルコースは α-1,4'- および α-1,6'-グリコシド結合で互いに結合している．

　細胞はエネルギー獲得の一連のプロセスにおける一段階目で D-グルコースを酸化する(19.5 節参照)．動物は，エネルギー獲得のうえで必要量以上の D-グルコースをもっている場合，余剰分をグリコーゲンという多糖に変換する．グリコーゲンはアミロペクチンと似た構造をもっているが，アミロペクチンよりも多くの枝分かれがある(図 16.2)．グリコーゲンの枝分かれの度合いが大きいということは，生理学的に重要な意味がある．すなわち，動物がエネルギーを必要としたとき，枝分かれが多いほど糖鎖の末端から一度に放出されるグルコースユニットの数が多くなるのである．植物では，余剰の D-グルコースはデンプンに変換される．

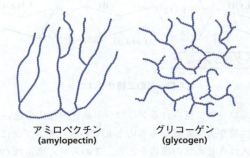

◀図 16.2
アミロペクチンとグリコーゲンの枝分かれの比較．

歯科医が正しいわけ

口のなかにいる細菌はスクロースをデキストランと呼ばれる多糖に変換する酵素をもっている．デキストランはグルコースユニットがおもに α-1,3′- および α-1,6′-グリコシド結合により連結した構造をもつ．歯垢の約 10% はこのデキストランにより構成されており，歯垢中に潜んでいる細菌が歯のエナメル質を攻撃する．これが，歯科医がキャンディーを食べないように注意する化学的な根拠である．また，ソルビトールやマンニトールが"シュガーレス"ガムに添加される理由でもある．これらの糖質はデキストランに変換されない．

ヘパリン――天然の抗血液凝固薬

ヘパリンはおもに動脈壁の細胞中に存在する多糖である．そのアルコール基とアミノ基のいくつかはスルホン化されており，またいくつかの第一級アルコール基は酸化され，いくつかのアミノ基はアセチル化されている．ヘパリンは，組織が負傷した際に，過度の凝血を防ぐために分泌される抗凝血物質である．ヘパリンは抗血液凝固薬として，とくに外科手術など広く臨床で用いられている．

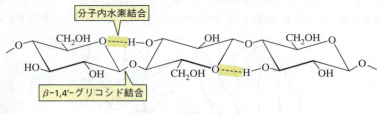

セルロースは植物のおもな構成成分である．たとえば，綿の約 90% はセルロースからなり，木の約 50% もセルロースである．アミロースと同様，セルロースも D-グルコースユニットの枝分かれのない糖鎖から構成されているが，アミロースと異なり，セルロースは α-1,4′-グリコシド結合ではなく，β-1,4′-グリコシド結合によりグルコースユニットがつながっている．

セルロースの三糖サブユニット

▲ 図 16.3
アミロースに見られる α-1,4′-グリコシド結合は，左巻きのらせん構造を形成する．OH 基の多くは水分子と水素結合を形成する．

デンプンとセルロースに見られるグリコシド結合の様式の違いは，これらの化合物の物理的な性質を大きく異なるものとしている．デンプンにおける α 結合により，アミロースはらせん状の構造をとる．このらせん構造は OH 基と水分子との水素結合の形成を助け（図 16.3），その結果，デンプンは水に可溶となる．

一方，セルロースにおける β 結合は分子内水素結合の形成を促進する．その結果，これらの分子は直線状に並ぶように配置され，隣り合った糖鎖間に形成され

る水素結合によって束になる．大きな集合体形成のため，セルロースは水に不溶である．このように，ポリマー鎖が束状の強い集合体を形成することから，セルロースは強固な構造材料となる．セルロースを加工すれば，紙やセロハンといった製品にもなる．

すべての哺乳動物は，アミロース，アミロペクチン，およびグリコーゲン中でグルコースユニットを結合させている α-$1,4'$-グリコシド結合を加水分解する酵素（α-グルコシダーゼ）をもっているが，β-$1,4'$-グリコシド結合を加水分解する酵素（β-グルコシダーゼ）はもっていない．このため，哺乳動物は，必要とするグルコースをセルロースの経口からの摂取では得ることができない．しかし，草食動物の消化管中には，β-グルコシダーゼをもっている細菌が存在しているので，ウシは草を，ウマは干し草を食べてグルコースを得て，必要な栄養量を満たすことができる．また，シロアリも食べた木材中のセルロースを分解する細菌を宿している．

キチンはセルロースと類似の構造をもつ多糖の一つであり，甲殻類（ロブスター，カニ，エビなど）の殻や，昆虫類およびその他の節足動物の外殻の主要構成成分であり，また，真菌類の構成成分でもある．セルロースと同様に，キチンも β-$1,4'$-グリコシド結合をもっているが，セルロースとの違いは，キチンでは C-2 位の OH 基が N-アセチルアミノ基に置き換わっている点である．β-$1,4'$-グリコシド結合により，キチンも構造的に剛直である．

植物の細胞壁のセルロース繊維

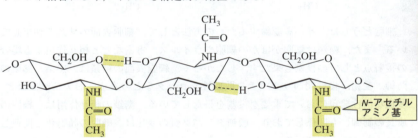

キチンの三糖サブユニット

オーストラリアに生息する真っ赤なカニ．この甲羅は，おもにキチンからできている．

ノミの駆除

ペットにつくノミの駆除を行うための薬が数種類開発されている．このうちの一つがルフェヌロンであり，Program® の活性成分である．ルフェヌロンはノミがキチンを生産するのを阻害する．ノミの外殻はおもにキチンからできているので，キチン合成が阻害されれば，ノミは生きていくことができない．

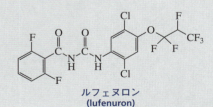

ルフェヌロン
(lufenuron)

> **問題 16◆**
> 次の二つの物質間のおもな構造の違いは何か.
> a. アミロース と セルロース
> b. アミロース と アミロペクチン
> c. アミロペクチン と グリコーゲン
> d. セルロース と キチン

16.11 細胞表面の糖鎖（炭水化物）

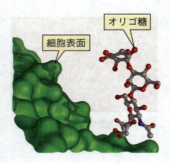

多くの細胞はその表面に短いオリゴ糖鎖をもっており，この糖鎖が細胞どうしを認識して相互作用させたり，侵入してきたウイルスや細菌と細胞の相互作用に働いたりしている．これらのオリゴ糖は，細胞膜タンパク質の OH 基または NH_2 基と，環状糖のアノマー炭素とが反応することにより細胞表面に結合している．オリゴ糖と結合しているタンパク質を**糖タンパク質**（glycoprotein）という．

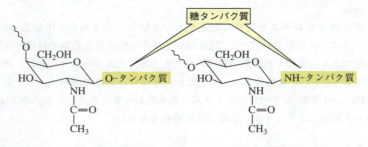

細胞どうしは，互いを認識するための方法として，細胞表面の糖鎖を利用している．また，糖鎖は細胞がほかの細胞やウイルス，毒素などと相互作用する場合の接着点としての役割も果たす．したがって，細胞表面の糖鎖は，感染，感染の防御，受精，慢性関節リウマチや敗血性ショックなどの炎症，および凝血など，多様な活性発現において重要な役割を果たしている．糖鎖の相互作用は，細胞の成長の制御にも関係しており，膜糖タンパク質の変化は，細胞の腫瘍化と関連していると考えられている．

血液型（A，B，または O 型）の違いは，赤血球の外表面に結合している糖鎖の違いである．それぞれの血液型は異なる糖鎖をもっている（図 16.4）．AB 型の血液は A 型と B 型の両方の構造をもっている．

抗体は生体外から入りこんできた物質，すなわち抗原に応答して，生体内で合成されるタンパク質である．抗体は抗原と相互作用し，抗原を不溶化させるか，破壊すべしとの目印を抗原につけて免疫系細胞に攻撃させる．この抗原–抗体相互作用を考えると，たとえばなぜ血液型が異なる人の間での輸血ができないかが理解できる．血液型が一致しない場合，他人の血液は異物と認識され，免疫応答が引き起こされるからである．

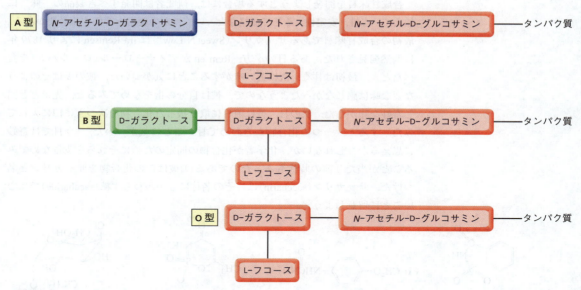

▲ 図 16.4
血液型は赤血球表面に存在する糖の種類により決定される．フコースは 6-デオキシガラクトースである．

　図 16.4 を見ると，血液型が A 型の人の免疫システムが B 型の血液を，B 型の人の免疫システムが A 型の血液を，それぞれ外来物と認識することがわかる．A，B，または AB 型の人の免疫システムは，O 型の人の血液を外来物とは認識しない．これは，O 型の人の血液の糖鎖が A，B，AB 型の血液の糖鎖の一部となっているからである．したがって，誰でも O 型の血液の輸血を受け入れることができ，血液型が O 型の人は〝万能提供者〟と呼ばれる．AB 型の血液型をもっている人は AB，A，B，O 型の血液を受け入れることができ，〝万能受容者〟と呼ばれる．

問題 17◆
図 16.4 を参考にして，次の質問に答えよ．
a. O 型の血液型の人は誰にでも血液を与えることができる．しかし，O 型の人が輸血を受ける場合は，血液型を選ばなければならない．O 型の人が受け入れることができないのはどの血液型の人か．
b. AB 型の血液型の人は誰の血液でも受け入れることができる．しかし，誰にでも血液を与えることはできない．AB 型の血液を輸血できないのはどの血液型の人か．

表 16.3　相対的甘さ	
グルコース	1.00
スクロース	1.45
フルクトース	1.65
アスパルテーム	200
アセスルファムカリウム	200
サッカリン	300
スプレンダ	600

16.12　合成甘味料

　ある分子が甘く感じられるためには，その分子が舌の味蕾に存在する受容体に結合しなければならない．分子が結合すると神経インパルスが発生し，信号が味蕾から脳に達して，〝この分子は甘い〟と解釈される．糖はその種類により，〝甘さ〟の度合いが異なる（表 16.3）．

合成甘味料を開発しようとする場合には，研究者は開発すべき製品の〝味〟に加えて，毒性，安定性，そして価格など，いくつかの要素を評価する必要がある．最初の合成甘味料であるサッカリン(Sweet'N Low®)は Ira Remsen により 1879 年に偶然発見された．ある日の夕方，Remsen がディナーロール(ロールパン)を食べたとき，最初は甘く，次に苦い味がすることに気がついた．彼の妻はそのような変な味は感じなかったようなので，彼は自分の指をなめてみると，先ほどと同じ奇妙な味がした．次の日，彼は前日に取り扱った化合物を次つぎに口に入れてみた．すると，一つの化合物がきわめて甘いことに気がついた．(今日では奇妙に思えるかもしれないが，化学者が化合物の同定のためにそれらを少量なめてみることが当たり前の時代もあったのである．) 彼はこの化合物をサッカリンと名づけた．サッカリン(saccharin)は，その名称にもかかわらず糖(saccharide)ではないことに留意しよう．

サッカリン
(saccharin)

ズルチン
(dulcin)

アセスルファムカリウム
(acesulfame potassium)

スクラロース
(sucralose)

シクラミン酸ナトリウム
(sodium cyclamate)

アスパルテーム
(aspartame)

サッカリンはカロリーがほとんどなかったので，これが 1885 年に市販され，スクロースの重要な代替品となった．西洋における栄養学的に主要な課題は，現在でもそうであるが，糖の過剰摂取とその結果生じる肥満，心臓病，虫歯などの疾病であった．サッカリンはスクロースとグルコースの摂取が制限されている糖尿病患者にも重要である．サッカリンが最初に市販された時点では，その毒性については注意深く研究されていなかった(化合物の毒性に関する意識はかなり近年になってようやく高まった)．発売後に行われた広範囲にわたる研究により，サッカリンは安全な砂糖代替品であることが明らかにされた．1912 年，アメリカではサッカリンの使用が一時的に禁止されたが，これはサッカリンの毒性への懸念によるものではなく，サッカリンの常用により人びとが砂糖の栄養学的な利点を失ってしまうかもしれないという懸念のためであった．

Dulcin® は 1884 年に発見された 2 番目の合成甘味料である．Dulcin® は，サッカリンで感じられる苦味(金属的な後味)を呈さない化合物であったが，世間に広まることはなかった．Dulcin® は毒性への懸念から，1951 年には販売が禁止された．

シクラミン酸ナトリウム(チクロ)は 1950 年代に栄養分のない甘味料として広く使われるようになった．しかし，それから約 20 年後には，大量のシクラミン酸ナトリウムがマウスの肝臓がんを引き起こすという二つの研究報告により，ア

メリカでの使用が禁止された．

　アスパルテーム(NeutraSweet®, Equal®)はアメリカ食品医薬品局(FDA)により1981年に認可された．NutraSweet® はフェニルアラニンをサブユニットとして含有しているので，フェニルケトン尿症(PKU)として知られている遺伝病(746ページ参照)の人は使用できない．

　アセスルファムカリウム(Sweet and Safe®, Sunette®, Sweet One®)は1988年に認可された．サッカリンよりも後味が少なく，高温でアスパルテームよりも化学的に安定である．

　スクラロース(Splenda®)は最も最近に(1991年)認可された合成甘味料である．この化合物は食品を長期間保存する低温でも，また調理に使われる高温でもその甘みを保つ．スクラロースは，スクロースを出発物質とし，スクロースのOH基のうちの特定の三つを選択的に塩素に置換してつくられている．この塩素化の過程で，グルコースの4位の立体配置が反転するのでスクラロースはグルコピラノシドではなく，ガラクトピラノシドである．スクラロースは炭水化物とよく似た構造をもつ唯一の合成甘味料である．しかしながら，塩素原子の存在のため，生体はスクラロースを炭水化物とは認識せず，これを代謝することなく体外へ排出する．

　これらの合成甘味料がこのような異なる構造をもっているという事実は，"甘味"という感覚が，単一の分子形状によって引き起こされるわけではないことを示している．

🧪 一日許容摂取量

アメリカ食品医薬品局(FAD)は，食品添加物の利用に関し，それらの多くに対して1日あたりの許容摂取量(ADI)を設定している．ADIはヒトが生涯にわたって毎日摂取しても安全な1日あたりの物質の摂取量である．たとえば，アセスルファムカリウムのADIは $15\ \mathrm{mg\ kg^{-1}\ day^{-1}}$ である．この数値の意味するところは，体重132ポンド(約60 kg)のヒトは，この合成甘味料を使用している飲料2ガロン(7.6 L)分に含まれているアセスルファムカリウムを毎日摂取しても安全である，ということである．スクラロースのADIは $5\ \mathrm{mg\ kg^{-1}\ day^{-1}}$ である．

覚えておくべき重要事項

- **生体有機化合物**とは生体系で見いだされる有機化合物であるが，その構造と反応性を支配する原則は，より小さな有機分子と同じである．
- ほとんどの生体有機化合物の構造は**分子認識**の機能をもっている．
- **炭水化物**はポリヒドロキシアルデヒド(**アルドース**)とポリヒドロキシケトン(**ケトース**)，またはそれらが互いに結合したものである．
- D,L表記法は**単糖**をFischer投影式で書いたとき，最も下にある不斉中心の立体配置を表す．ほかの不斉中心の立体配置は糖の名称によって一義的に決まる．天然で最もよく見られる糖はD糖である．
- 天然に存在するケトースはケトン基を2位にもっている．
- ただ一つの不斉中心の立体配置が異なる異性体を**エピマー**という．D-マンノースはD-グルコースのC-2位エピマーであり，D-ガラクトースはD-グルコースのC-4位エピマーである．

- 塩基性溶液中では，単糖はポリヒドロキシアルデヒドとポリヒドロキシケトンの混合物に変換される．
- 単糖のアルデヒド基またはケト基は，同一分子内のOH基の一つと反応して環状ヘミアセタールを生成する．グルコースはこれによりα-D-グルコースとβ-D-グルコースとなる．水中での平衡条件下ではβ-D-グルコースのほうがα-D-グルコースよりも多く存在する．
- α-D-グルコースとβ-D-グルコースは**アノマー対**である．これらは直鎖状のときにカルボニル炭素であった炭素(**アノマー炭素**)の立体配置のみが異なる．
- アノマーが平衡に達する過程での比旋光度のゆっくりとした変化を**変旋光**という．
- 単糖をいす形配座で書いたとき，α結合はアキシアル位に置換基をもち，Haworth 投影式で書いた場合は下向きに置換基をもつ．β結合はいす形立体配座ではエクアトリアル位に，Haworth 投影式では上向きに置換基をもつ．
- 六員環をもった糖をピラノースと呼び，五員環をもった糖をフラノースと呼ぶ．
- 天然に最も多く存在する単糖はD-グルコースである．β-D-グルコースのすべての OH 基はエクアトリアル位に位置している．
- 環状ヘミアセタールは，アルコールと反応して**グリコシド**と呼ばれるアセタールを生成する．"ピラノース"または"フラノース"の名称を使う場合は，アセタールをそれぞれ**ピラノシド**または**フラノシド**と呼ぶ．
- アノマー炭素とアルコキシ酸素との結合を**グリコシド結合**という．
- **二糖**は二つの単糖サブユニットがグリコシド結合で連結したものである．マルトースは二つのグルコースサブユニット間にα-1,4′-グリコシド結合，セロビオースは二つのグルコースサブユニット間にβ-1,4′-グリコシド結合をもっている．
- 最も多く見られる二糖はスクロースで，これは D-グルコースサブユニットと D-フルクトースサブユニットが，アノマー炭素どうしで結合したものである．
- **オリゴ糖**は3〜10，**多糖**は少ないもので10，多いもので数千の単糖ユニットがグリコシド結合で互いに連結したものである．
- デンプンはアミロースとアミロペクチンからなり，アミロースは D-グルコースユニットがα-1,4′-グリコシド結合で連結した枝分かれのない糖鎖をもつ．
- アミロペクチンもα-1,4′-グリコシド結合の D-グルコース糖鎖からなるが，α-1,6′-グリコシド結合も存在するため，枝分かれ構造をもつ．グリコーゲンはアミロペクチンと類似しているが，より多くの枝分かれ構造をもっている．
- セルロースは D-グルコースがβ-1,4′-グリコシド結合で連結した，枝分かれのない糖鎖からなる．
- アミロースのα結合はらせん構造をつくる．アミロースは水に可溶である．セルロースのβ結合は分子が直線上に並ぶように配置させる．セルロースは水に不溶である．
- 多くの細胞表面には短いオリゴ糖鎖が存在し，細胞どうしの相互作用において重要な役割を果たしている．オリゴ糖鎖は細胞表面に存在するタンパク質と結合している．
- オリゴ糖と結合しているタンパク質を**糖タンパク質**と呼ぶ．

反応のまとめ

1. エピマー化(16.5節)．反応機構は 614 ページに示す．

2. エンジオール転位(16.5節). 反応機構は614ページに示す.

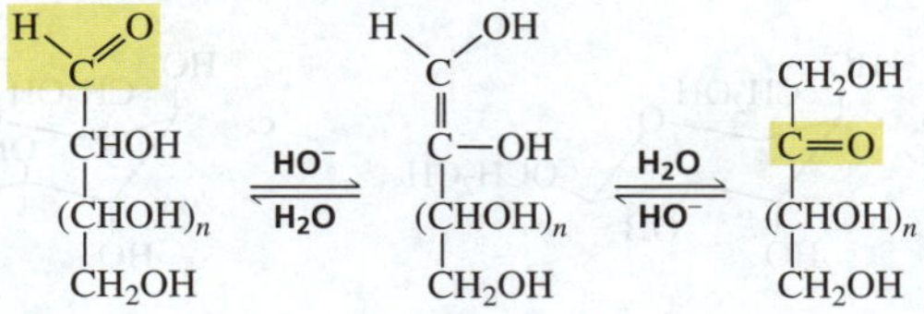

3. ヘミアセタールの生成(16.6節)

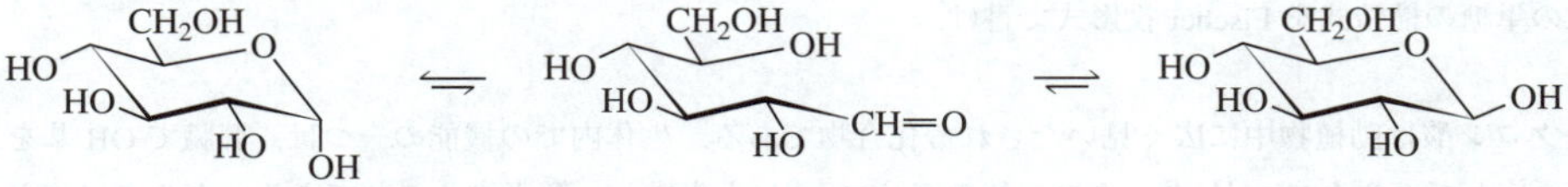

4. グリコシド結合の生成(16.8節). 反応機構は622ページに示す.

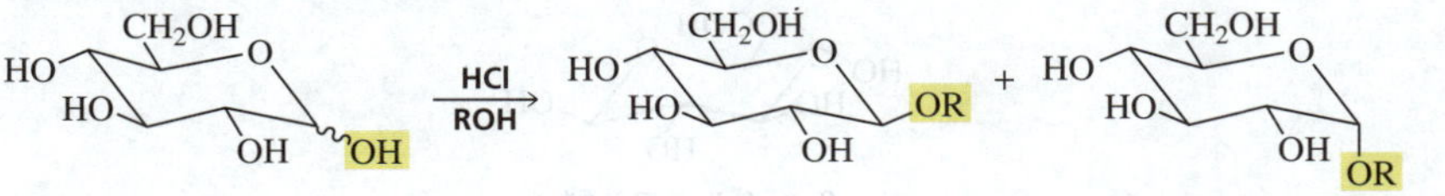

章末問題

18. D-グルコースのすべてのエピマーの名称を書け.

19. 8種類のアルドペントースについて, 次の質問に答えよ.
   a. エナンチオマー対はどれか.　　**b.** C-2位のエピマー対の組合せはどれか.

20. 8種類のD-アルドヘキソースのカルボニル基をNaBH$_4$でそれぞれ還元し, 生じた化合物をHClによりプロトン化した. 生じた化合物のうち, どれが光学活性であるか. (ヒント:光学活性な化合物は対称面をもたない.)

21. D-タガトースを塩基性水溶液と処理したところ, 単糖の平衡混合物が得られた. このうち2種はアルドヘキソースであり, ほかの2種はケトヘキソースであった. 生じたアルドヘキソースとケトヘキソースは何か.

22. α-D-グルコースの比旋光度が+112.2であるとすると, α-L-グルコースの比旋光度の値はいくつになるか.

23. D-リボースを1当量のメタノールとHCl存在下で反応させたところ, 4種類の生成物が得られた. 生成物の構造を書け.

24. マルトース, ラクトース, およびスクロースは変旋光を示すか.

25. ある学生はD-ガラクトースを合成するために, その出発物質として用いるD-リキソースを取りに貯蔵室に出向いた. ところが, D-リキソースとD-キシロースがそれぞれ入っている二つの試薬瓶のラベルが, 両方ともはがれ落ちていた. 彼女はどうすればD-リキソースの入っている試薬瓶がどちらであるか見分けられるだろうか. (ヒント:問題20を見よ.)

26. 次の化合物の名称を書け．

a. 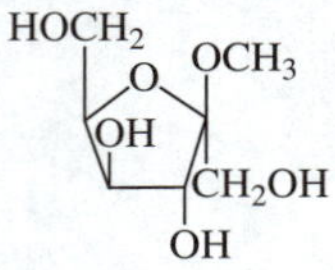 [構造式] b. 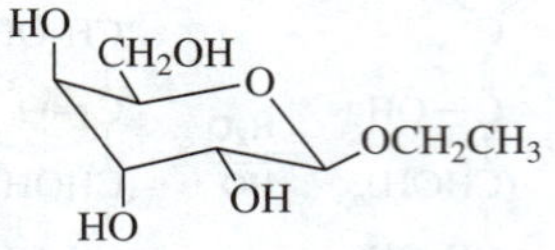 [構造式] c. 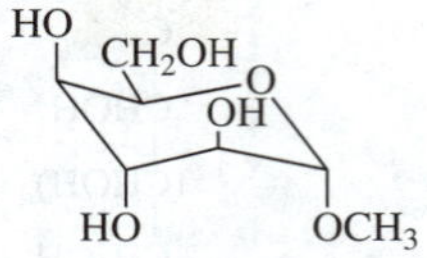 [構造式]

27. 問題26のそれぞれの化合物を酸性条件下で加水分解した．それぞれの反応は環状と直鎖状の単糖を与えた．生じた直鎖状の単糖の構造式をFischer投影式で書け．

28. D-グルクロン酸は動植物中に広く見いだされる化合物である．生体内での機能の一つは，肝臓でOH基をもつ毒性の物質と反応してグルクロニド（グルクロン酸のグリコシド）を生成し，解毒することである．グルクロニドは水に可溶なので，速やかに排泄される．テレビン油やフェノールなどの毒物が体内に入ると，これらの化合物のグルクロニドが尿中に検出される．β-D-グルクロン酸とフェノールとの反応で生成するα-およびβ-グルクロニドの構造を書け．

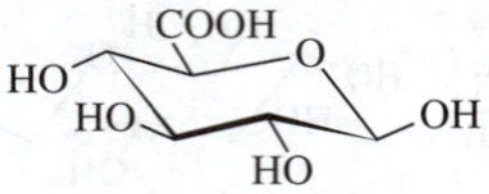

β-D-グルクロン酸
(β-D-glucuronic acid)

29. ヒアルロン酸は結合組織の成分で，天然の保湿剤として知られている．ヒアルロン酸は関節と筋肉の潤滑油のようなはたらきをする流動性の高い化合物であり，N-アセチル-D-グルコサミンとD-グルクロン酸がβ-1,3′-グリコシド結合で交互に連結したポリマーである．ヒアルロン酸の繰返し構造を書け．

30. コンドロイチン硫酸は，軟骨組織の圧縮（による劣化）を防ぐはたらきを示す．コンドロイチン硫酸はヒアルロン酸と類似の構造をもっているが，N-アセチル-D-グルコサミンサブユニットの6位が硫酸エステル基（$-OSO_3^-$）となっている．コンドロイチン硫酸の繰返し構造を書け．

31. ある学生が単糖を単離し，その分子量が150であることを決定した．驚いたことに，この糖は光学活性ではなかった．この単糖の構造は何か．

32. 塩基溶液中でD-グルコースからD-アロースが生じる反応機構を示せ．

33. 希HCl中でのα-D-グルコースとβ-D-グルコースの相互変換の反応機構を書け．

34. 次のそれぞれの化合物の構造式を書け．
 a. β-D-タロピラノース b. α-D-イドピラノース c. α-D-タガトピラノース
 d. β-D-プシコフラノース e. β-L-タロピラノース f. α-L-タガトピラノース

35. D-フルクトースをD_2Oに溶解し，その溶液を塩基性にしたところ，この溶液から回収したD-フルクトースには，C-1位の炭素に結合した重水素が1分子あたり1.7個存在していた．D-フルクトースに重水素が取り込まれる反応機構を示せ．

36. α-D-ガラクトースとβ-D-グルコースを希HClと反応させてβ-マルトースが生成する反応機構を書け．

37. ビタミンCのC-3位のOH基がC-2位のそれよりも強い酸性を示すのはなぜかを説明せよ．

38. β-マルトースの酸触媒加水分解の反応機構を書け．

39. α-D-グルコース，β-D-グルコース，およびそれらの平衡混合物の比旋光度の値から，平衡状態におけるα-D-グルコースとβ-D-グルコースの存在比を計算し，16.6節で述べた値と比較せよ．〔ヒント：混合物の比旋光度の値は次の式で求まる．(α-D-グルコースの比旋光度の値)×(α-D-グルコースの全グルコースに対する分率)+(β-D-グルコースの比旋光度の値)×(β-D-グルコースの全グルコースに対する分率).〕

40. D-アルトロースでは，ピラノース構造またはフラノース構造のどちらが優先的に存在するか．（ヒント：五員環化合物において最も安定な立体配置は，隣り合った置換基がすべてトランスの関係にある場合である.）

41. ピラノースがいす形配座をもち，かつCH_2OH基とC-1位のOH基がともにアキシアル位に配向している場合，これら二つの官能基が反応して分子内アセタールを生成することがある．このアセタールを糖のアンヒドロ形と呼ぶ（水分子が失われているので）．D-イドースのアンヒドロ形構造を下に示した．100℃の水溶液中では，D-イドースはその約80%がアンヒドロ形で存在している．同様の条件下で，D-グルコースのアンヒドロ形はわずか約0.1%しか存在しないのはなぜかを説明せよ．

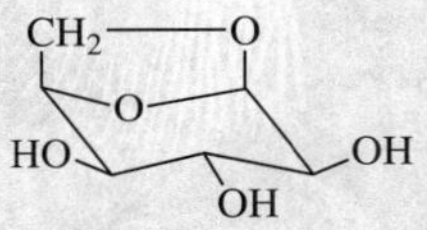

D-イドースのアンヒドロ形

17 アミノ酸，ペプチド，および タンパク質の有機化学

クモの巣，絹，筋肉，および羊毛はすべてタンパク質でできている．本章では，筋肉や羊毛が伸び縮みできるのに，クモの巣や絹はそうではない理由を学ぶ．また，還元反応に続く酸化反応により，髪の毛（これもタンパク質である）にパーマやストレートパーマをかけることができる理由についても学ぶ．

天然に広く存在するポリマーは，多糖，タンパク質，および核酸の3種類である．多糖についてはすでに学んだ（16.10節参照）．本章では，タンパク質およびタンパク質と構造は似ているが，より短い構造をもつペプチドに着目する．（核酸については21章で学ぶ．）

ペプチド（peptide）と**タンパク質**（protein）はアミノ酸のポリマーであり，アミノ酸がアミド結合を介して互いに結合している．**アミノ酸**（amino acid）はα炭素上にプロトン化したアミノ基をもつカルボン酸である．

アミノ酸ポリマーはあらゆる数のアミノ酸から構成されうる．**ジペプチド**（dipeptide）は 2 個のアミノ酸，**トリペプチド**（tripeptide）は 3 個のアミノ酸，**オリゴペプチド**（oligopeptide）は 4 〜 10 個のアミノ酸，そして**ポリペプチド**（polypeptide）はそれ以上の多くのアミノ酸で構成されている．タンパク質は天然に存在するポリペプチドで，40 〜 4000 個のアミノ酸からなる．タンパク質は生体系で多くの機能を担っている（表 17.1）．

表 17.1　生体系に存在するタンパク質の多様な機能の例	
構造タンパク質	生体構造に強度を与えたり，生体を外界から保護したりする役割をもつ．たとえば，コラーゲンは骨，筋肉，および腱の主要構成成分であり，ケラチンは毛，角，羽，毛皮，および皮膚の外層の主要構成成分である．
防御タンパク質	ヘビ毒や植物毒は毒生産者を外敵から守るタンパク質である．血液凝固タンパク質は血管系が傷害を受けたときにそれらを保護する．抗体やペプチド性抗生物質はヒトを疾病から守る．
酵　素	酵素は細胞中で起こる反応を触媒するタンパク質である．
ホルモン	生体系中での反応を制御するホルモンのうちのいくつかはタンパク質である．
生理的機能をもつタンパク質	生体内での酸素の輸送と貯蔵，および筋肉中での酸素の貯蔵，および筋肉の収縮などをつかさどる．

タンパク質は繊維状または球状に分類することができる．**繊維状タンパク質**（fibrous protein）は，神経や筋肉の細長い繊維束に見られる長いポリペプチド鎖をもっており，これらのタンパク質は水に不溶である．**球状タンパク質**（globular protein）は，球状の形をとる傾向が強く，そのほとんどは水に可溶である．すべての構造タンパク質は繊維状タンパク質であり，酵素のほとんどは球状タンパク質である．

17.1 アミノ酸の命名法

　天然に最もよく見られる 20 種類のアミノ酸の構造と，タンパク質中におけるそれらの存在比を表 17.2 に示す．天然には表にあげた以外のアミノ酸も存在するが，それらの存在比は非常に小さい．アミノ酸の違いはα炭素に結合している置換基（R）の違いだけであることに注目しよう．これらの置換基〔**側鎖**（side chain）と呼ばれる〕は多種多様であり，この種類の多さがタンパク質の構造の多様性，ひいては機能の多様性をもたらしている．プロリン以外のすべてのアミノ酸は第一級アミノ基をもっていることにも注目しよう．プロリンには五員環に第二級アミノ基が存在する．
　ほとんどの場合，アミノ酸は慣用名で呼ばれる．慣用名はそのアミノ酸に関するなんらかの性質を示していることが多い．たとえば，グリシンの名称はそれが呈する甘みに由来している（*glykos* はギリシャ語で〝甘い〟を意味する）．バリン

表17.2　天然によく見られるアミノ酸：生理的pH(7.4)で優位に存在する構造

	構　造	名　称	略　号		タンパク質中の平均相対含有量
脂肪族側鎖をもつアミノ酸	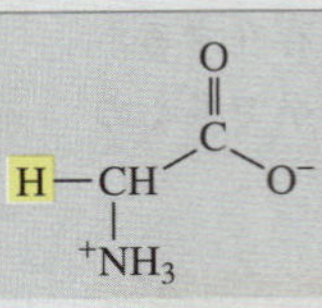 H–CH(⁺NH₃)–COO⁻	グリシン (glycine)	Gly	G	7.5%
	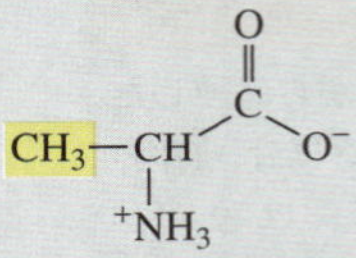 CH₃–CH(⁺NH₃)–COO⁻	アラニン (alanine)	Ala	A	9.0%
	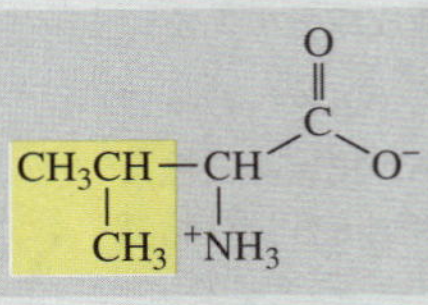 (CH₃)₂CH–CH(⁺NH₃)–COO⁻	バリン* (valine)	Val	V	6.9%
	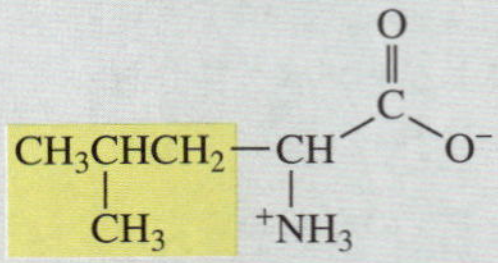 (CH₃)₂CHCH₂–CH(⁺NH₃)–COO⁻	ロイシン* (leucine)	Leu	L	7.5%
	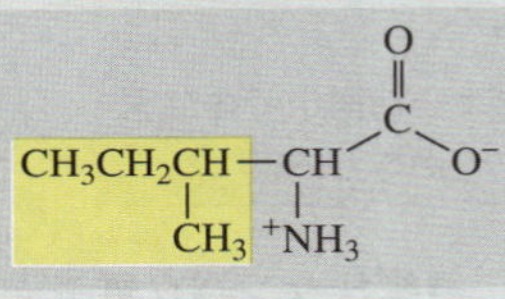 CH₃CH₂CH(CH₃)–CH(⁺NH₃)–COO⁻	イソロイシン* (isoleucine)	Ile	I	4.6%
ヒドロキシ基をもつアミノ酸	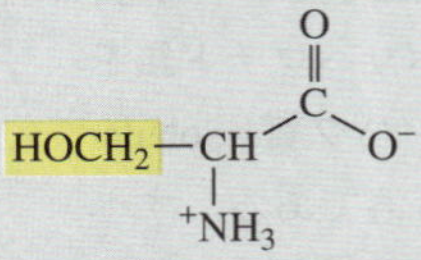 HOCH₂–CH(⁺NH₃)–COO⁻	セリン (serine)	Ser	S	7.1%
	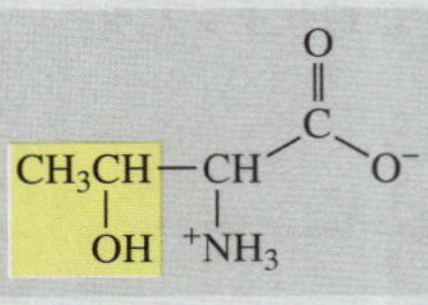 CH₃CH(OH)–CH(⁺NH₃)–COO⁻	トレオニン* (threonine)	Thr	T	6.0%
硫黄を含むアミノ酸	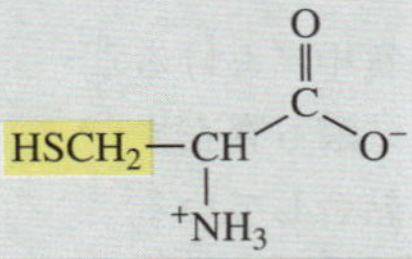 HSCH₂–CH(⁺NH₃)–COO⁻	システイン (cysteine)	Cys	C	2.8%
	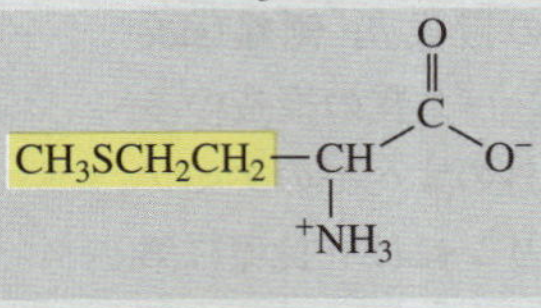 CH₃SCH₂CH₂–CH(⁺NH₃)–COO⁻	メチオニン* (methionine)	Met	M	1.7%
酸性アミノ酸	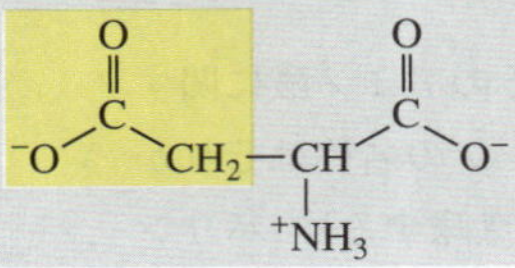 ⁻OOC–CH₂–CH(⁺NH₃)–COO⁻	アスパラギン酸アニオン (aspartate) [アスパラギン酸 (aspartic acid)]	Asp	D	5.5%

	構　造	名　称	略号	タンパク質中の平均相対含有量
	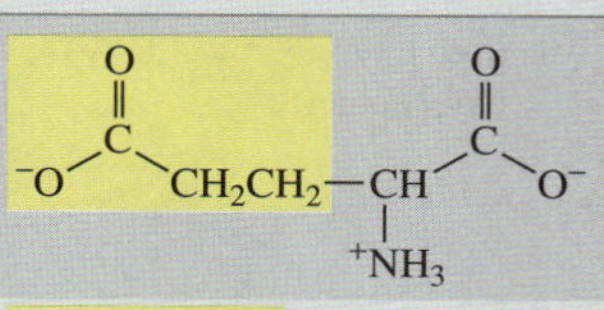 (structure)	グルタミン酸アニオン (glutamate) [グルタミン酸 (glutamic acid)]	Glu	E	6.2%
酸性アミノ酸のアミド体	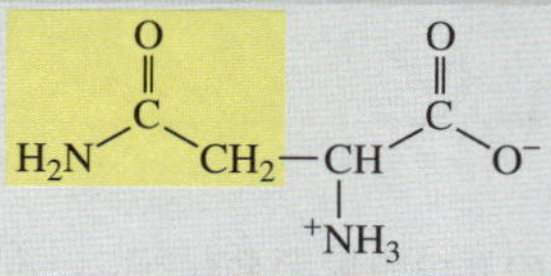 (structure)	アスパラギン (asparagine)	Asn	N	4.4%
	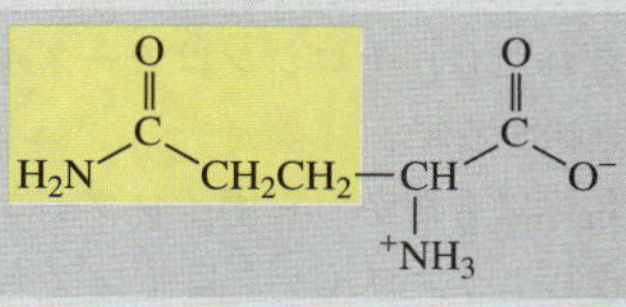 (structure)	グルタミン (glutamine)	Gln	Q	3.9%
塩基性アミノ酸	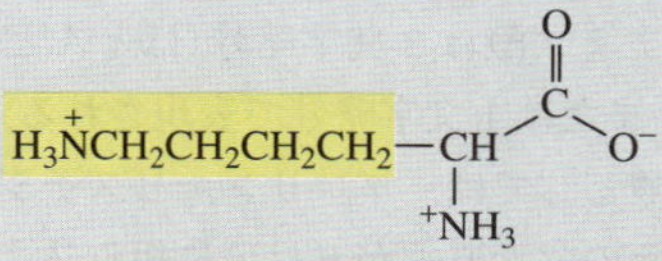 (structure)	リシン* (lysine)	Lys	K	7.0%
	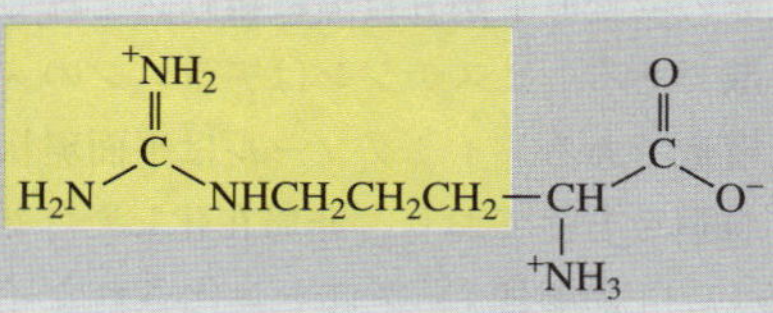 (structure)	アルギニン* (arginine)	Arg	R	4.7%
ベンゼン環をもつアミノ酸	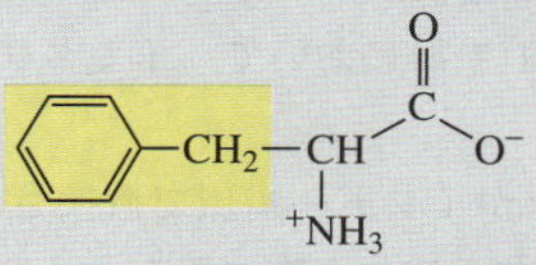 (structure)	フェニルアラニン* (phenylalanine)	Phe	F	3.5%
	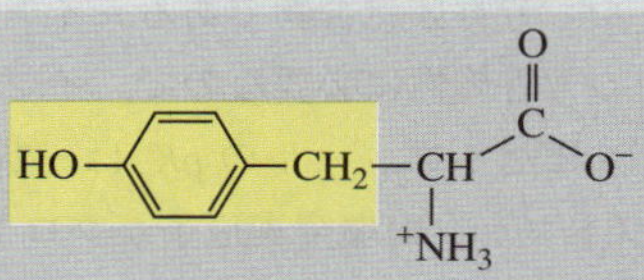 (structure)	チロシン (tyrosine)	Tyr	Y	3.5%
複素環をもつアミノ酸	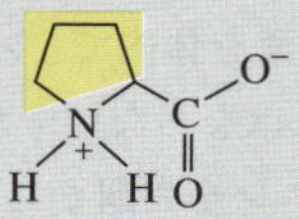 (structure)	プロリン (proline)	Pro	P	4.6%
	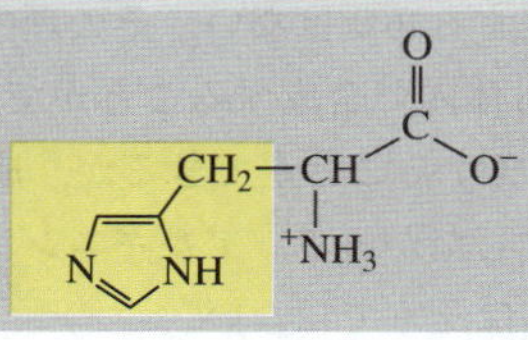 (structure)	ヒスチジン* (histidine)	His	H	2.1%

構造	名称	略号		タンパク質中の平均相対含有量
(構造式)	トリプトファン* (tryptophan)	Trp	W	1.1%

*必須アミノ酸

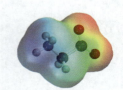

グリシン

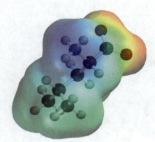

ロイシン

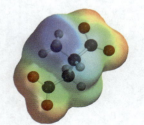

アスパラギン酸

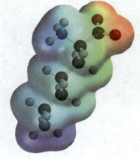

リシン

は吉草酸(valeric acid)と同数の五つの炭素をもっている．アスパラギンは最初にアスパラガス中に見いだされたし，チロシンはチーズから単離された(tyros はギリシャ語で"チーズ"を意味する)．

イソロイシンは，その名称にもかかわらずイソブチル基ではなく，sec-ブチル基をもっていることに注意しよう．ロイシンはイソブチル基をもっているアミノ酸である．それぞれのアミノ酸は3文字略号(ほとんどの場合，名称の最初の3文字が対応している)，または1文字略号で表現される．

複素環をもつアミノ酸としては，プロリン，ヒスチジン，およびトリプトファンがある．プロリンはその窒素原子が五員環に組み込まれており，第二級アミノ基をもつ唯一のアミノ酸である．ヒスチジンはアラニンのメチル基の水素がイミダゾールで置換された構造である．イミダゾールは平面環状構造で，環を形成している原子はすべて p 軌道をもっており，非局在化した3組のπ電子対が存在する芳香族化合物である(7.14節参照)．プロトン化されたイミダゾール環の pK_a は 6.0 であるので，生理的 pH(7.4)において，イミダゾール環は酸型と塩基型の両方で存在している．

トリプトファンはアラニンがインドール環で置換された構造である．イミダゾールと同様，インドールも芳香族化合物である．インドール環にある窒素原子上の孤立電子対は化合物の芳香族性に必要なので，インドールはきわめて弱い塩基である．(プロトン化されたインドールの pK_a は -2.4 である．)したがって，生理的条件下では，トリプトファンの環窒素原子がプロトン化されることはない．

表 17.2 で * をつけた 10 種類のアミノ酸は**必須アミノ酸**(essential amino acid)である．ヒトはこれら 10 種類の必須アミノ酸を体内でまったく，あるいは必要な量を合成できないため，食餌から得なければならない．たとえば，ヒトはベンゼン環を合成できないため，フェニルアラニンを食餌から摂取する必要がある．しかし，チロシンを食餌から摂取する必要はない．その理由は，ヒトは必要量のチロシンをフェニルアラニンから体内で合成することができるからである(19.7節参照)．ヒトはアルギニンを合成することができるが，成長期にあっては体内で合成される量では不足となる．したがって，アルギニンは子どもにとっては必須アミノ酸であり，大人にとってはそうではない．

タンパク質と栄養

タンパク質は私たちの食餌中の重要な成分である．食餌から摂取したタンパク質は生体内でアミノ酸分子にまで加水分解され，そのうちのいくつかは生体に必要なタンパク質合成に利用される．また，アミノ酸のいくつかはさらに分解（代謝）されて生体中でのエネルギー源となったり，チロキシン（7.17節参照），アドレナリン，およびメラニン（19.7節参照）といったような，生体が必要とする非タンパク質性化合物を合成するための出発物質として利用されたりする．

完全タンパク質食品（肉，魚，卵，および牛乳）は10種類の必須アミノ酸をすべて含んでいるが，不完全タンパク質食品ではヒトの成長に必要な必須アミノ酸を1種類以上含むがその量は非常に少ない．たとえば，ダイズやエンドウなどにはメチオニンが不足しているし，トウモロコシにはリシンとトリプトファンが不足している．また，コメにはリシンとトレオニンが不足している．よって，ベジタリアンはさまざまな食品からタンパク質を摂る必要がある．

問題 1

a. ヒスチジンのイミダゾール環がプロトン化されるとき，二重結合をもつ窒素がプロトン化されるのはなぜかを説明せよ．（ヒント：局在化した電子のほうが，非局在化した電子よりもプロトン化されやすい．）

b. アルギニンのグアニジノ基がプロトン化されるとき，二重結合をもつ窒素がプロトン化されるのはなぜかを説明せよ．

17.2　アミノ酸の立体配置

天然に存在するすべてのアミノ酸のα炭素は，グリシンを除き不斉中心である．したがって，表17.2に示した20種類のアミノ酸のうちの19種類にはエナンチオマーが存在する．†単糖に対して使用したD,L表記法（16.2節参照）はアミノ酸にも使える．

アミノ酸のカルボキシ基が垂直線上に，R基が下に位置するようにFischer投影式を書いたとき，アミノ基が右に位置すればD-アミノ酸（D-amino acid）であり，左に位置すればL-アミノ酸（L-amino acid）となる．単糖の場合は，天然に存在する異性体はD体であったが，ほとんどの天然アミノ酸はLの立体配置をもっている．これまでのところ，数種のペプチド系抗生物質や細菌の細胞壁に結合している小さいペプチド中などに，D-アミノ酸残基が存在していることが明らかとなっている．（18.11節では，どのようにすればL-アミノ酸をD-アミノ酸へ変換できるかについて学ぶ．）

† 訳者注：イソロイシンとトレオニンにおいては，その側鎖にも不斉中心が存在する（表17.2を見よ）．イソロイシンとトレオニンは2個の不斉中心をもっているので，それぞれ4種類の立体異性体が存在する．天然のイソロイシンはL-イソロイシンであり，C-3位（C-2位がα炭素，C-3位がβ炭素である）の立体配置はSである．よって天然のイソロイシンは$2S,3S$の立体配置をもっている．イソロイシンのC-3位（β炭素）エピマー（$2S,3R$の立体配置をもつ）はL-アロイソロイシン（L-alloisoleucine）と呼ばれる．天然のトレオニンはL-トレオニンであり，C-3位の立体配置はRである．そのC-3位エピマー（$2S,3S$の立体配置をもつ）はL-アロトレオニン（L-allothreonine）と呼ばれる．

天然に存在する単糖は D の立体配置をもっている．

天然に存在するアミノ酸は L の立体配置をもっている．

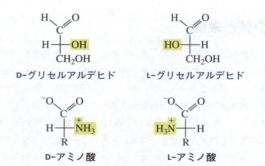

L-アラニン
アミノ酸

なぜ糖は D 体で，アミノ酸は L 体なのだろうか．自然がどちらの異性体を合成すべきものとして"選んだ"かはさほど問題ではなく，重要なのは片方の異性体のみが選ばれたことである．たとえば，D 体と L 体の両方のアミノ酸を含むタンパク質は正しい折りたたみ構造をとることができず，正しい折りたたみ構造をもたないタンパク質には触媒作用がない（17.12 節）．もう一つ重要なことは，すべての生物が同じ異性体を合成しているという事実である．たとえば，哺乳動物が L-アミノ酸をもつのであれば，哺乳動物が食物として依存するほかの生物において合成されるアミノ酸も L-アミノ酸である必要がある．

アミノ酸と病気

グアムに住むチャモロ族は，筋萎縮性側索硬化症（ALS，Lou Gehrig 病とも呼ばれる）と似た，パーキンソン病や痴呆症の症状を呈する症候群の発生率が高い．この症候群は第二次世界大戦中，部族の人びとが食糧難のため，*Cycas micronesica*（ソテツ科の植物）の種子を大量に食したことによって発生した．この種子にはβ-メチルアミノ-L-アラニンが含まれているが，細胞中の L-グルタミン酸受容体と結合することが知られている．サルにβ-メチルアミノ-L-アラニンを与えると，この症候群の特徴的な症状が現れる．β-メチルアミノ-L-アラニンの作用機構の研究により，ALS やパーキンソン病発症の謎が解明されるかもしれない．

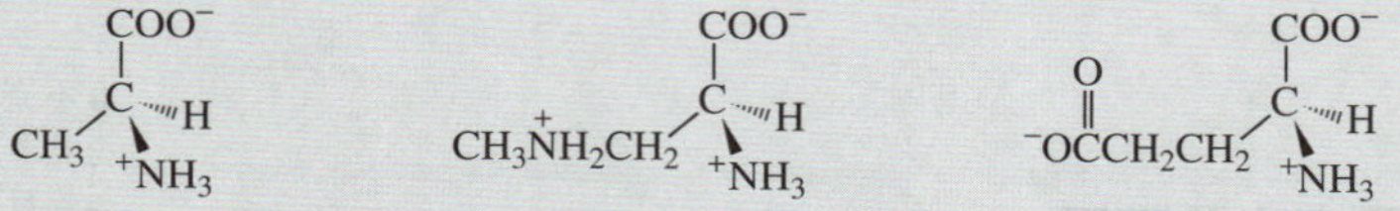

問題 2 ◆
表 17.2 中のアミノ酸で，2 個以上の不斉中心をもっているものはどれか．

17.3 アミノ酸の酸-塩基としての性質

すべてのアミノ酸はカルボキシ基とアミノ基をもっており，それらの官能基はアミノ酸が溶けている溶液の pH により，酸型または塩基型として存在する．

化合物が自身の pK_a 値よりもより酸性の溶液中にあるときは，おもに酸型（すなわちプロトンをもっている形）で存在し，pK_a 値よりも塩基性の溶液中にある

ときは，おもに塩基型(すなわちプロトンを失った形)で存在することはすでに学んだ(2.10 節参照)．

$$R-\underset{\underset{^+NH_3}{|}}{CH}-\underset{OH}{\overset{O}{\parallel}}C \rightleftharpoons R-\underset{\underset{^+NH_3}{|}}{CH}-\underset{O^-}{\overset{O}{\parallel}}C + H^+ \rightleftharpoons R-\underset{\underset{NH_2}{|}}{CH}-\underset{O^-}{\overset{O}{\parallel}}C + H^+$$

pH = 0　　　　　双性イオン　　　　　pH = 12
　　　　　　　　　pH = 7

ある化合物が自身がもつイオン化しうる基の pK_a 値よりも小さい pH の溶液中にあるとき，その化合物はおもに酸型(プロトンをもつ)で存在し，pK_a 値よりも大きい pH の溶液中にあるときは，おもに塩基型(プロトンを失う)で存在する．

　アミノ酸中のカルボキシ基の pK_a 値は約 2 であり，プロトン化されたアミノ基のそれは約 9 である(表 17.3)．したがって，非常に強い酸性溶液(pH = 約 0)中では，両方の官能基は酸型として存在する．pH = 7 の溶液中では，pH の値はカルボキシ基の pK_a よりも大きいが，プロトン化されたアミノ基の pK_a より小さいので，カルボキシ基は塩基型として，アミノ基は酸型としてそれぞれ存在する．強い塩基性溶液(pH = 約 12)中では，カルボキシ基とアミノ基はともに塩基型となる．

表 17.3　アミノ酸の pK_a 値

アミノ酸	α-COOH の pK_a	α-$\overset{+}{N}H_3$ の pK_a	側鎖の pK_a
アラニン	2.34	9.69	—
アルギニン	2.17	9.04	12.48
アスパラギン	2.02	8.84	—
アスパラギン酸	2.09	9.82	3.86
システイン	1.92	10.46	8.35
グルタミン酸	2.19	9.67	4.25
グルタミン	2.17	9.13	—
グリシン	2.34	9.60	—
ヒスチジン	1.82	9.17	6.04
イソロイシン	2.36	9.68	—
ロイシン	2.36	9.60	—
リシン	2.18	8.95	10.79
メチオニン	2.28	9.21	—
フェニルアラニン	2.16	9.18	—
プロリン	1.99	10.60	—
セリン	2.21	9.15	—
トレオニン	2.63	9.10	—
トリプトファン	2.38	9.39	—
チロシン	2.20	9.11	10.07
バリン	2.32	9.62	—

　溶液の pH にかかわらず，アミノ酸は電荷をもたない化合物としては決して存在できないことに注意しよう．電荷をもたない構造をとるとすれば，pK_a が約 2 の COOH 基がプロトンを放出する前に，pK_a が約 9 の $^+NH_3$ 基がプロトンを失わなければならない．これは不可能である．なぜなら，弱酸(pK_a = 9)が強酸

($pK_a = 2$)より容易にプロトンを放出することはあり得ないからである．したがって，生理的な pH(7.4)においては，アミノ酸は双性イオンと呼ばれる双極イオンとして存在する．**双性イオン**(zwitterion)とは，負電荷をある原子上に，そして，負電荷をもっている原子と隣り合っていない別の原子上に正電荷を同時にもっている化合物のことである．(この名称はドイツ語で"雌雄同体の"または"混種の"を意味する *zwitter* に由来する.)

問題 3

通常のアミンやカルボン酸とは異なり，アミノ酸がジエチルエーテルに不溶であるのはなぜかを説明せよ．

問題 4 ◆

アミノ酸に存在するカルボン酸基の pK_a は約 2 であり，通常のカルボン酸(たとえば酢酸の pK_a は 4.76)よりかなり強い酸性を示すのはなぜか．

問題 5(解答あり)

次のそれぞれのアミノ酸が生理的 pH(7.4)において優位となる構造を書け．

a. アスパラギン酸 **b.** ヒスチジン **c.** グルタミン
d. リシン   **e.** アルギニン **f.** チロシン

5 a の解答 溶液の pH はカルボキシ基の pK_a 値より大きいので，カルボキシ基は両方とも塩基型(カルボキシラートイオン)で存在する．一方，溶液の pH はプロトン化されたアミノ基の pK_a 値より小さいので，アミノ基は酸型(プロトン化されたアミノ基)で存在する．

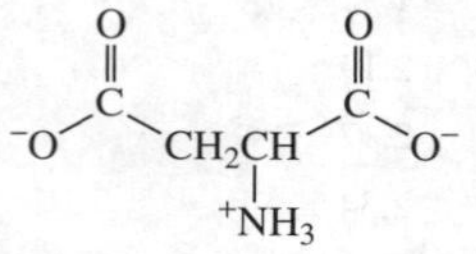

$$\text{O}^-\text{-CO-CH}_2\text{CH(}^+\text{NH}_3\text{)-CO-O}^-$$

問題 6 ◆

グルタミン酸は次に示す pH の溶液中ではどのような構造をとるか書け．

a. pH = 0   **b.** pH = 3   **c.** pH = 6   **d.** pH = 11

17.4 等電点

アミノ酸の**等電点**(isoelectric point, pI)は，アミノ酸の実効電荷がゼロとなる pH の値である．いいかえれば，アミノ酸がもつ正電荷の量と負電荷の量が正確に一致する pH のことである．

pI = 実効電荷がゼロとなる pH

イオン化しうる側鎖をもたないアミノ酸(たとえばアラニン)の pI は，そのアミノ酸の二つの pK_a 値の平均となる．

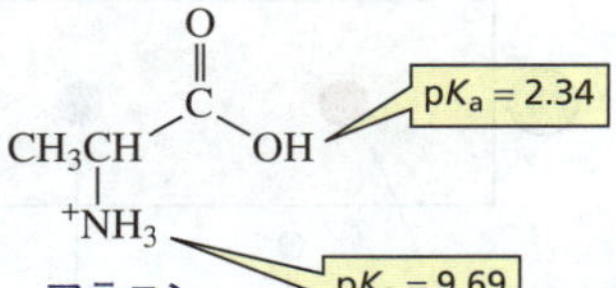

アラニン
$CH_3CH(^+NH_3)COOH$　　$pK_a = 2.34$ (COOH)　　$pK_a = 9.69$ ($^+NH_3$)

$$pI = \frac{2.34 + 9.69}{2} = \frac{12.03}{2} = 6.02$$

イオン化しうる側鎖をもつほとんどのアミノ酸のpI（問題51参照）は，同じ方向（正電荷をもつ基がイオン化されて電荷をもたない基へ，または電荷をもたない基がイオン化されて負電荷をもつ基へ）にイオン化する基のpK_a値の平均となる．たとえば，リシンのpIは，酸型では正電荷をもち，塩基型では電荷をもたない二つの官能基のpK_a値の平均となる．一方，グルタミン酸のpIは，酸型では電荷をもたず，塩基型では負電荷をもつ二つの基のpK_a値の平均となる．

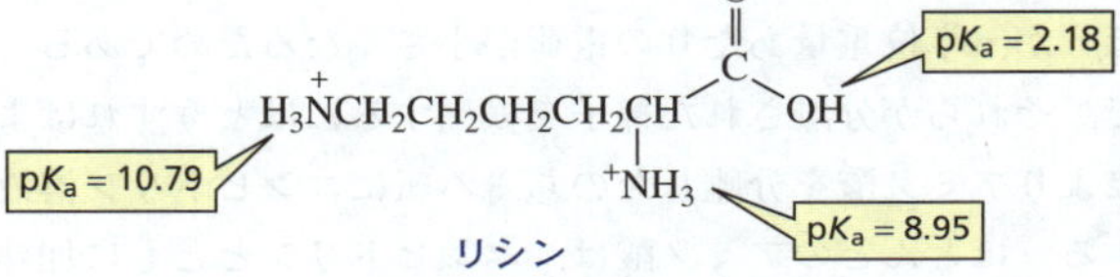

リシン
$H_3^+NCH_2CH_2CH_2CH_2CH(^+NH_3)COOH$
$pK_a = 10.79$　$pK_a = 2.18$　$pK_a = 8.95$

グルタミン酸
$HOOCCH_2CH_2CH(^+NH_3)COOH$
$pK_a = 4.25$　$pK_a = 2.19$　$pK_a = 9.67$

$$pI = \frac{8.95 + 10.79}{2} = \frac{19.74}{2} = 9.87 \qquad pI = \frac{2.19 + 4.25}{2} = \frac{6.44}{2} = 3.22$$

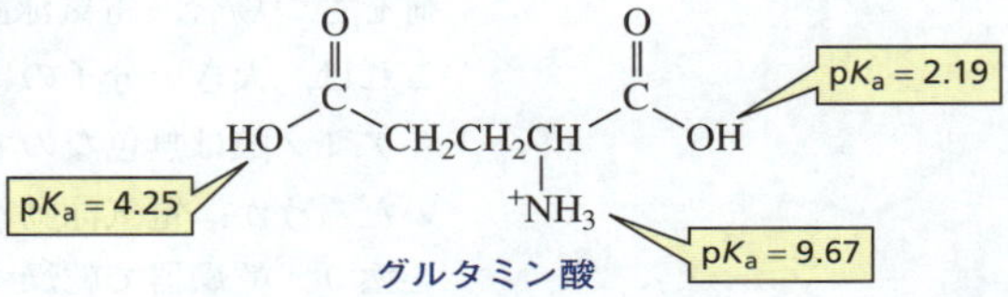

問題 7 ◆
次のそれぞれのアミノ酸のpI値を計算せよ．
a. アスパラギン　　b. アルギニン　　c. セリン　　d. アスパラギン酸

問題 8 ◆
a. 最も低いpI値をもつアミノ酸は何か．
b. 最も高いpI値をもつアミノ酸は何か．

17.5　アミノ酸の分離

アミノ酸の混合物はいくつかの異なる方法により分離することができる．電気泳動とイオン交換クロマトグラフィーがそれにあたる．

電気泳動

電気泳動(electrophoresis)は，pI値に基づいてアミノ酸を分離する．数滴のアミノ酸混合物溶液をろ紙（またはゲル）の中央にたらす．このろ紙（またはゲル）を緩衝液中で二つの電極間に置いて電流を流すと（図17.1），緩衝液のpHよりも大きいpIをもつアミノ酸は分子全体で正電荷をもつので，陰極（負電極）に向かって移動する．

アミノ酸のpIが緩衝液のpHよりさらに大きくなると，アミノ酸はより多くの正電荷をもつようになり，単位時間当たりの陰極への移動距離はさらに大きく

> アミノ酸溶液のpHがそのアミノ酸のpI値よりも小さければ，アミノ酸は正に帯電し，pHがpI値よりも大きければ負に帯電する．

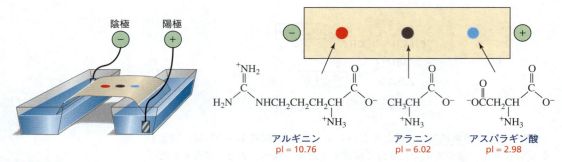

▲ 図 17.1
pH＝5での電気泳動により分離されたアルギニン，アラニン，およびアスパラギン酸．

なる．一方，緩衝液の pH より小さい pI をもつアミノ酸は，分子全体で負電荷をもつので<u>陽極（正の電極）に向かって移動する</u>．二つの異なる分子が等しい総電荷をもつ場合，電気泳動においては，より大きい分子の移動距離が小さくなる．これは，大きい分子のほうが，単位重量あたりの電荷が小さくなるためである．

アミノ酸は無色なので，それらが分離された様子を検出するにはどうすればよいだろうか．電気泳動によりアミノ酸を分離したのち，ろ紙にニンヒドリン溶液を塗り，乾燥器で乾燥する．ほとんどのアミノ酸は，ニンヒドリンとともに加熱すると，紫色の物質を生成する．混合物中にあるアミノ酸の数は，ろ紙上の呈色したスポットの数から決定できる．分離された個々のアミノ酸の種類は，ろ紙上のスポットの位置を標準試料のそれと比較することにより同定できる．

アミノ酸とニンヒドリンが反応して着色物質を生成する反応機構

- ケトンはアミノ酸と反応し，イミンを生成する．
- 残った電子が酸素上に非局在化できるため，脱炭酸が起こる．
- 互変異性化に続くイミンの加水分解により，脱アミノ化したアミノ酸とアミノ化されたニンヒドリンが生成する．
- このアミンがもう1分子のニンヒドリンと反応し，イミンを生じる．プロトンが失われて，高度に共役した（着色した）生成物が生じる(10.17節参照)．

問題9◆
バリンをニンヒドリンと反応させたとき生成するアルデヒドは何か．

指紋のついた紙にニンヒドリン溶液を塗布すると，指紋が（指から付着したアミノ酸の呈色により）可視化される．

ろ紙/薄層クロマトグラフィー

ろ紙クロマトグラフィー(paper chromatography)は，ごく単純な装置によってアミノ酸を分離する手法で，かつては生化学分野の分析に広く利用されていた．現在では，より新しいアミノ酸分離方法が一般的だが，これらの分離に関する原理は，ろ紙クロマトグラフィーのそれとほぼ同一である．そこでまず，ろ紙クロマトグラフィーの原理について述べることにする．

ろ紙クロマトグラフィーは各アミノ酸の極性の違いを利用してアミノ酸を分離する．数滴のアミノ酸混合物の溶液を細長く切ったろ紙の下の部分に吸収させ，ろ紙の下端を溶媒に浸す．溶媒は毛管現象により，アミノ酸とともにろ紙中を上昇していく．アミノ酸はその極性の大小により，移動相(溶媒)と固定相(ろ紙)に対して異なる親和力を示すので，あるアミノ酸はほかのアミノ酸より，より長い距離を移動する．

溶媒の極性がろ紙のそれよりも小さいとき，アミノ酸の極性が大きければ大きいほど，比較的極性の大きいろ紙により強く吸収される．極性の小さいアミノ酸は，固定相であるろ紙よりも移動相に対して大きい親和性をもつので，極性の大きいアミノ酸に比べてろ紙上をより長い距離上昇する．したがって，ろ紙をニンヒドリンで処理したとき，原点に1番近いところに見られる着色スポットが最も極性の大きいアミノ酸であり，原点から1番遠くまで移動したスポットが，最も極性の小さいアミノ酸である(図17.2)．

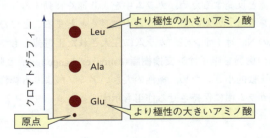

溶媒の極性がろ紙の極性よりも小さいとき，極性の小さいアミノ酸はろ紙上をより速い速度で（より長い距離）移動する．

◀**図17.2**
ろ紙クロマトグラフィーによるグルタミン酸，アラニン，およびロイシンの分離．

側鎖に電荷をもっているアミノ酸は，最も極性が大きく，次に極性が大きいのは水素結合を形成できる側鎖をもつアミノ酸である．炭化水素の側鎖をもっているアミノ酸の極性は最も小さい．炭化水素の側鎖をもつアミノ酸では，アルキル基が大きくなるほど，アミノ酸の極性は小さくなる．たとえば，ロイシン[R =

—CH$_2$CH(CH$_3$)$_2$]はバリン[R =—CH(CH$_3$)$_2$]よりも極性が小さい．

今日では，**薄層クロマトグラフィー**(thin-layer chromatography，TLC)がろ紙クロマトグラフィーに代わって広く利用されている．TLC はろ紙の代わりに固体物質を塗布した板を使う点がろ紙クロマトグラフィーと異なる．アミノ酸がどのように分離されるかは，塗布された固体物質と移動相として使用される溶媒により決定される．

クロマトグラフィーは極性の違いを利用してアミノ酸を分離する技術であり，電気泳動は電荷の違いを利用してアミノ酸を分離する．二次元の分離を利用することによって，この2種類の技術を，1枚の同一のろ紙上で適用することができる(すなわち，アミノ酸を極性と電荷の差異の両方によって分離できる)．(章末問題 38 と 57 を見よ．)

問題 10

7種類のアミノ酸(グリシン，グルタミン，ロイシン，リシン，アラニン，イソロイシン，およびアスパラギン酸)の混合物をクロマトグラフィーにより分離した．クロマトグラフィー板表面にニンヒドリンを塗布して加熱したところ，6種類のスポットしか検出されなかったのはなぜかを説明せよ．

イオン交換クロマトグラフィー

イオン交換クロマトグラフィー(ion-exchange chromatography)と呼ばれる分離法は，アミノ酸の分離と同定の両方に利用でき，また，混合物中のそれぞれのアミノ酸の相対的な量も決定することができる．この手法はカラムと呼ばれる中空の円柱状の管に不溶性の樹脂を詰めたものを使用する．アミノ酸の混合物溶液をカラムの上端部に載せ，はじめは pH の低い緩衝液を，次いで pH を徐々に高くした緩衝液をカラムの上から流す．アミノ酸はその種類によりカラムの中を異なる速度で移動し，分離される．

樹脂は化学的に不活性な物質で，電荷を帯びた置換基をもっている．よく用いられる樹脂の構造を図 17.3 に示す．この樹脂を詰めたカラムに，リシンとグルタミン酸の pH 6 の混合物溶液を載せて溶液を展開すると，グルタミン酸(この pH ではアニオンとなっている)は，自身のもつ側鎖上の負電荷が樹脂上のスルホン酸基の負電荷と反発するため，カラム中をより速く移動する．一方，リシンの側鎖は正電荷をもっているので，カラム中に長くとどまることになる．このように，SO$_3^-$ 基上の Na$^+$ 対イオンが，カラムに注入された正電荷をもつ化学種と交換する性質をもつ樹脂を**陽イオン交換樹脂**(cation-exchange resin)と呼ぶ．さらに，樹脂の極性が比較的小さいため，極性の大きいアミノ酸よりも極性の小さいアミノ酸を長時間カラム中に保持させる作用も示す．

カチオンは陽イオン交換樹脂と非常に強く結合する．

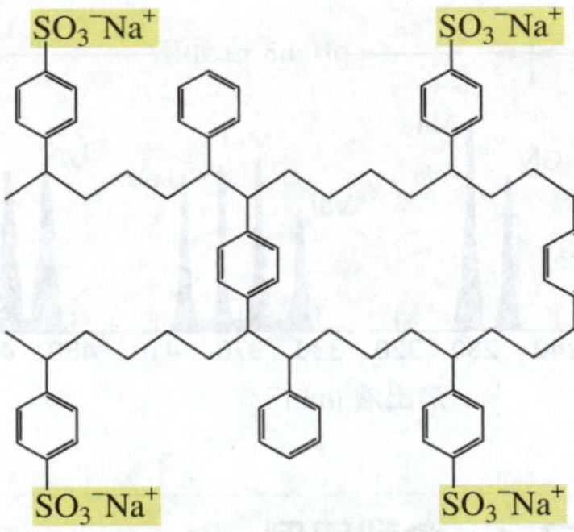

◀ 図 17.3
陽イオン交換樹脂の部分構造．

アミノ酸分析計 (amino acid analyzer) は，イオン交換クロマトグラフィーを自動的に行う機器である．アミノ酸の混合物溶液を，陽イオン交換樹脂の詰まった分析計カラムに通すと，各アミノ酸はその総電荷の違いにより，カラム中を異なる速度で移動する．溶出液（カラムから溶出される溶液）は画分として順番に集められる．分離されたアミノ酸が，それぞれ一つの画分にすべて含まれるように溶出液を集めていく（図 17.4）．

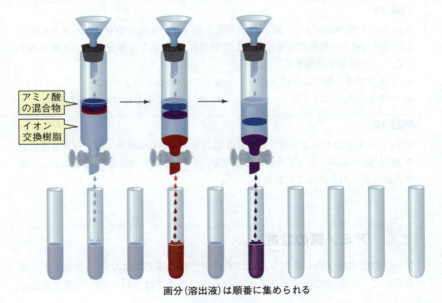

◀ 図 17.4
イオン交換クロマトグラフィーによるアミノ酸の分離．

各画分にニンヒドリンを加え，570 nm での吸収量を測定することで，画分中のアミノ酸の濃度が求まる．これは，アミノ酸とニンヒドリンとの反応により生成する着色化合物が，570 nm に吸収極大（λ_{max}）をもっているからである（10.17 節参照）．画分中のアミノ酸濃度と，各画分のカラム内での移動速度がわかれば，アミノ酸混合物中の各アミノ酸の種類とその相対量を決定することができる（図 17.5）．

17章 アミノ酸，ペプチド，およびタンパク質の有機化学

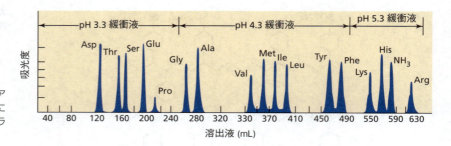

図 17.5 ▶
自動アミノ酸分析計を用いてアミノ酸混合物を分離したときに得られる典型的なクロマトグラム．

🧪 硬水軟化装置：陽イオン交換クロマトグラフィーの利用例

硬水軟化装置には，濃食塩水（NaCl 水溶液）で処理した陽イオン交換樹脂の詰まったカラムがついている．"硬水"（Ca^{2+}やMg^{2+}を高濃度に含む水；20.3 節参照）をこのカラムに通すと，Ca^{2+}やMg^{2+}は，Na^+より樹脂とより強く結合する．よって，この装置は水中のCa^{2+}やMg^{2+}を取り除き，それらをNa^+と置き換える．樹脂は使用するたび，再び濃い NaCl 水溶液で処理し，樹脂に結合したCa^{2+}やMg^{2+}をNa^+に置換する必要がある．

問題 11

次のアミノ酸の混合物を，図 17.3 に示した陽イオン交換樹脂を詰めたカラムに通したとき（pH 4 の緩衝液を溶出液として使用），次に示した順番でアミノ酸が溶出した．この現象を説明せよ．

a. アスパラギン酸のあとにセリン　　**b.** セリンのあとにアラニン
c. バリンのあとにロイシン　　**d.** チロシンのあとにフェニルアラニン

問題 12

図 17.5 に示したクロマトグラムを得る際，カラムからの溶出に用いられる緩衝液の pH が徐々に高くなっているのはなぜか．（溶出とは，化合物が溶媒によってカラムから流し出されることである．）

17.6　アミノ酸の合成

アミノ酸を合成するにあたり，化学者は自然に頼る必要はない．さまざまな方法を用いて，実験室で合成できるからである．ここでは三つのアミノ酸合成法を学ぶ．

還元的アミノ化

アミノ酸は α-ケト酸の還元的アミノ化によっても合成できる（12.8 節参照）．

N-フタルイミドマロン酸エステル合成

アミノ酸は，N-フタルイミドマロン酸エステル合成により，前に述べた二つの方法よりもはるかに高い収率で合成できる．

N-フタルイミドマロン酸エステル合成の各工程

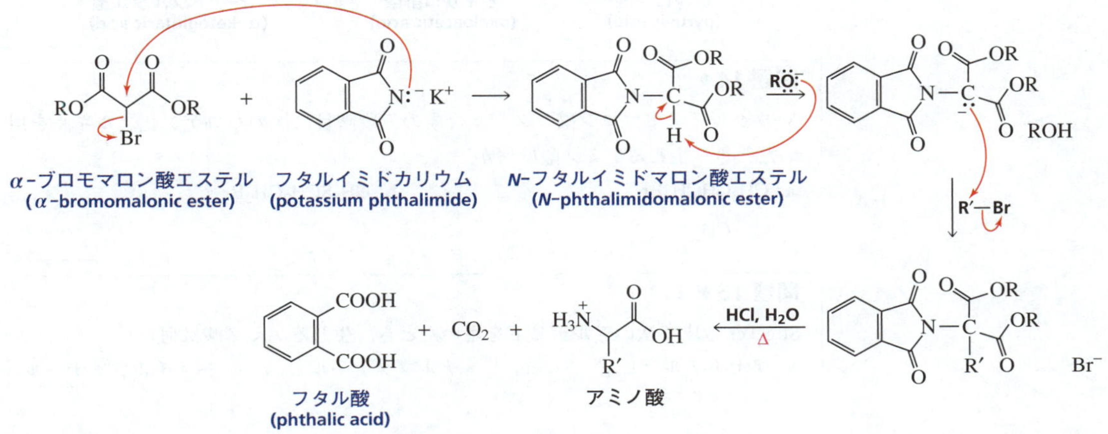

α-ブロモマロン酸エステル (α-bromomalonic ester) + フタルイミドカリウム (potassium phthalimide) → N-フタルイミドマロン酸エステル (N-phthalimidomalonic ester) → (RO:⁻, R'−Br) → (HCl, H₂O, Δ) → フタル酸 (phthalic acid) + CO_2 + アミノ酸

- α-ブロモマロン酸エステルとフタルイミドカリウムが S_N2 反応を起こす．
- N-フタルイミドマロン酸エステルのα炭素には二つのカルボニル基が結合しているので，プロトンは容易に引き抜かれる（13.1節参照）．
- 生じたカルボアニオンがハロゲン化アルキルと S_N2 反応を起こす．
- 酸性水溶液中で加熱することにより，二つのエステル基と二つのアミド結合がともに加水分解され，生じた 3-オキソカルボン酸の脱炭酸が起きる（11.8節，11.12節，13.9節参照）．

Strecker 合成

Strecker 合成においては，まずアルデヒドがアンモニアと反応し，イミンを生じる．シアン化物イオンがイミンに付加し中間体が生じる．この中間体を加水分解するとアミノ酸が生成する（12.6節参照）．

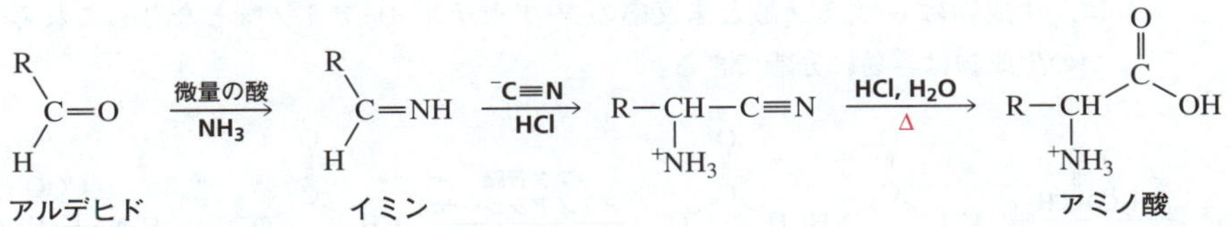

アルデヒド → (微量の酸, NH_3) → イミン → (⁻C≡N, HCl) → R−CH(⁺NH_3)−C≡N → (HCl, H_2O, Δ) → アミノ酸

問題 13◆

細胞も α-ケト酸をアミノ酸に変換できる．しかし，細胞内では有機化学者がこの反応に使う反応剤を用いることはできないので，細胞は異なる機構によってこの反応を行っている（11.13節と12.8節参照）．

a. 次の代謝中間体のそれぞれについて還元的アミノ化が細胞内で進行するとき，生じるアミノ酸は何か．

b. 同じ化合物を使って，実験室でアミノ酸を合成した場合，得られるアミノ酸は何か．

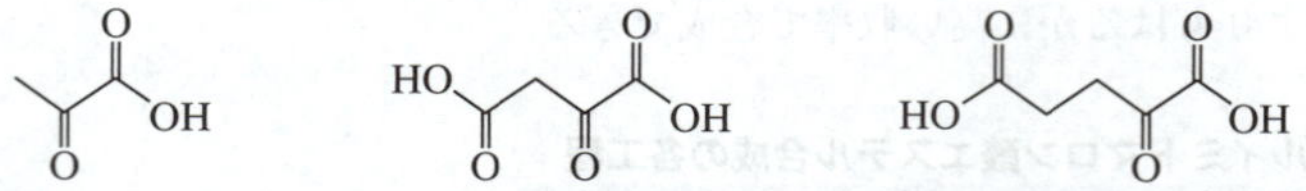

ピルビン酸
(pyruvic acid)

オキサロ酢酸
(oxaloacetic acid)

α-ケトグルタル酸
(α-ketoglutaric acid)

問題 14◆

N-フタルイミドマロン酸エステル合成の三段階目に次のハロゲン化アルキルを用いたとき，生じるアミノ酸は何か．

a. CH$_3$CHCH$_2$Br
　　　|
　　　CH$_3$

b. CH$_3$SCH$_2$CH$_2$Br

問題 15◆

Strecker 合成で次のアルデヒドを用いたとき，生じるアミノ酸は何か．

a. アセトアルデヒド　　**b.** 2-メチルブタナール　　**c.** 3-メチルブタナール

17.7 アミノ酸のラセミ混合物の分割

自然界でアミノ酸が合成される際，L エナンチオマーのみが生成する(6.7 節参照)．しかし，実験室でアミノ酸を合成した場合には，生成物は D 体と L 体のアミノ酸のラセミ体として得られる．もし，片方のエナンチオマーのみが必要ならば，これらを分割しなければならない．それには，酵素触媒反応を利用することができる．

酵素はキラルなので，それぞれのエナンチオマーまたはエナンチオマー誘導体とは異なる速度で反応する(6.8 節参照)．たとえば，ブタ腎臓由来のアミノアシラーゼは N-アセチル-L-アミノ酸の加水分解を触媒する酵素であり，N-アセチル-D-アミノ酸とは反応しない．

したがって，アミノ酸のラセミ体を N-アセチルアミノ酸のラセミ体へ導き(求核アシル置換反応により)，これをブタ腎臓アミノアシラーゼにより加水分解すれば，生成物は L-アミノ酸と未反応の N-アセチル-D-アミノ酸となり，これら二つの生成物は容易に分離できる．

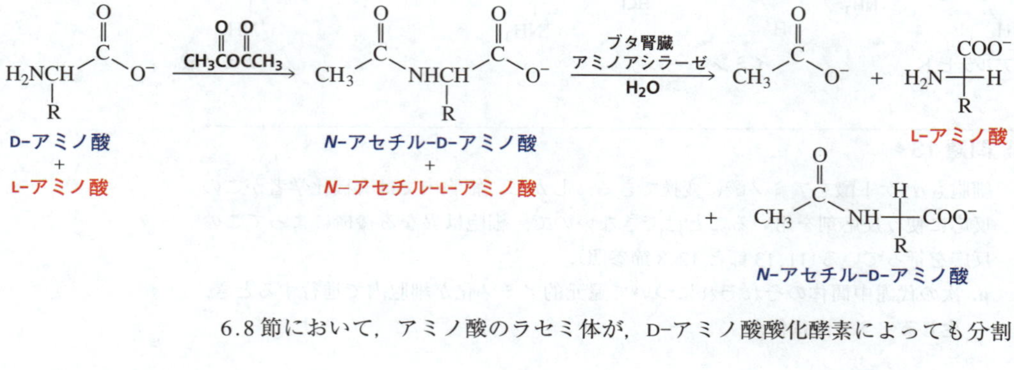

6.8 節において，アミノ酸のラセミ体が，D-アミノ酸酸化酵素によっても分割

できることを学んだ.

> **問題 16**
> ブタ肝臓由来のエステラーゼはエステルの加水分解を触媒する酵素であり，L-アミノ酸のエステルを，D-アミノ酸のエステルよりも速く加水分解する．どうすればアミノ酸のラセミ体の分割にこの酵素を使えるだろうか．

17.8 ペプチド結合とジスルフィド結合

ペプチドやタンパク質中で，アミノ酸どうしをつないでいる共有結合は，ペプチド結合とジスルフィド結合の 2 種類のみである．

ペプチド結合

アミノ酸を連結しているアミド結合を**ペプチド結合**(peptide bond)と呼ぶ．ペプチドやタンパク質を表記する場合には約束事として，遊離のアミノ基〔N 末端アミノ酸(N-terminal amino acid)〕を左側に，遊離のカルボキシ基〔C 末端アミノ酸(C-terminal amino acid)〕を右側に書く．

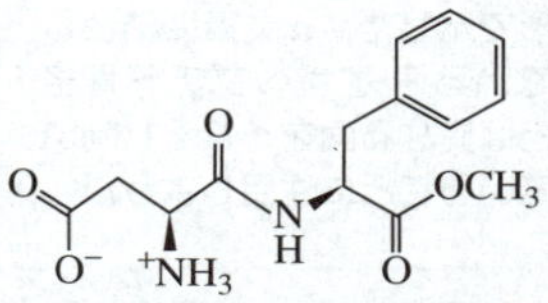

アスパルテーム
(aspartame)
NutraSweet®

アスパルテームは L-アスパラギン酸と L-フェニルアラニンからなるジペプチドのメチルエステルである．

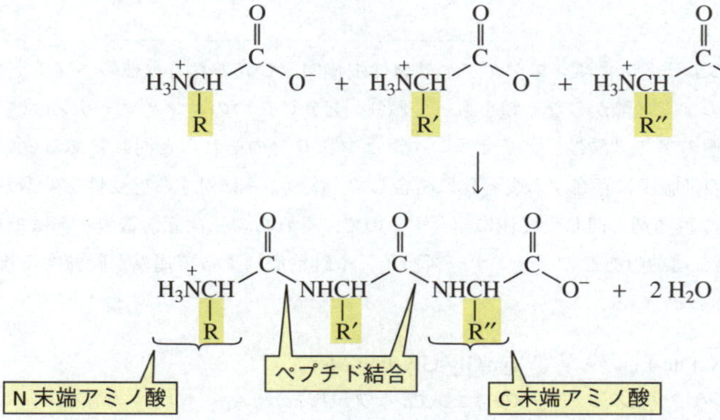

あるペプチドを構成しているアミノ酸の種類はわかっているが，その結合の順番が不明であるとき，構成アミノ酸をそれぞれコンマで区切って表記する．結合の順序がわかっている場合には，アミノ酸をハイフンでつないで表記する．たとえば，次に示した右側のペンタペプチドでは，その表記からバリンが N 末端アミノ酸であり，ヒスチジンが C 末端アミノ酸であることがわかる．また，各アミノ酸には，N 末端から順に番号をつける．すなわち，アラニンは N 末端アミノ酸から数えて 3 番目に位置しているので，Ala 3 のように表記する．

Glu, Cys, His, Val, Ala

5 種類のアミノ酸からなるペンタペプチドだが, 結合の順番はわかっていない

Val-Cys-Ala-Glu-His

ペンタペプチドを形成しているアミノ酸は示した順に結合している

ペプチド結合は，電子の非局在化により約 40% の二重結合性をもっている (11.2 節参照).

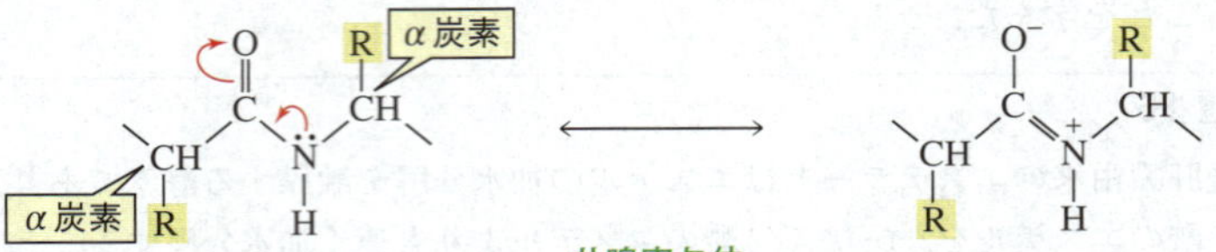

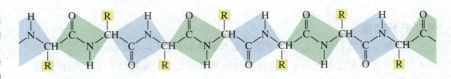

共鳴寄与体

ペプチド結合はその部分二重結合性のために自由回転できないので，ペプチド結合を形成している炭素原子と窒素原子，およびそれらにそれぞれ結合している二つの原子は同じ平面上にしっかりと固定されている（図17.6）．この部分的な平面性は，アミノ酸鎖の折りたたみ方に影響を与え，また，ペプチドやタンパク質の三次元構造とも密接な関連をもっている（17.12節）．

図 17.6 ▶
ポリペプチド鎖の部分構造．それぞれのペプチド結合が形成する平面を色のついた四角形で示した．α炭素に結合しているR基がペプチド骨格とは異なる面をそれぞれ向いていることに注目しよう．

🧪 ランナーズハイ

β-エンドロピン，ロイシンエンケファリン，およびメチオニンエンケファリンは生体内で合成される数種のペプチドホルモンで，鎮痛作用を示す．β-エンドロピンは31のアミノ酸からなる鎖をもっており，ほかの二つのエンケファリンはペンタペプチドである．β-エンドロピンのN末端の5個のアミノ酸は，メチオニンエンケファリンのそれらと同じである（章末問題55を見よ）．これらのペプチドが脳内のある種の細胞中に存在する受容体に結合して，体の痛みに対する感受性を減退させる．これらのペプチドホルモンは，モルヒネのような鎮痛剤と同じ受容体に結合するので，それらの三次元構造の一部はモルヒネの三次元構造と類似しているに違いない．活発な運動のあとの"ランナーズハイ"や針治療によって痛みが軽減する現象は，これらのペプチドの放出のために起こると考えられている．

Tyr-Gly-Gly-Phe-Leu　　Tyr-Gly-Gly-Phe-Met
ロイシンエンケファリン　　メチオニンエンケファリン
(leucine enkephalin)　　(methionine enkephalin)

問題 17
Val–Gly と Gly–Val の構造式を書け．

問題 18
テトラペプチド Ala–Thr–Asp–Asn の構造式を書き，ペプチド結合を示せ．

問題 19
ペプチド鎖中にある結合のうち，自由回転できるものはどれか．

ジスルフィド結合

チオールが温和な条件下で酸化されると，S—S結合をもった化合物，ジスルフィド（disulfide）を生成する．

17.8 ペプチド結合とジスルフィド結合

$$2\,R-SH \xrightarrow{\text{温和な酸化}} RS-SR$$

チオール (thiol) → ジスルフィド (disulfide)

この反応によく使われる酸化剤は，塩基性溶液中の Br_2 である．

チオールの酸化によりジスルフィドが生成する反応機構

$$R-SH \xrightarrow[H_2O]{HO^-} R-\ddot{S}^- \xrightarrow{Br-Br} R-S-Br \xrightarrow{R-\ddot{S}^-} R-\ddot{S}-\ddot{S}-R + Br^-$$
$$+ Br^-$$

- チオラートイオンが求電子的な Br_2 の臭素を攻撃する．
- もう1分子のチオラートイオンが硫黄を攻撃し，Br^- が脱離する．

チオールがジスルフィドに酸化されるのに対して，ジスルフィドはチオールに還元される．

$$RS-SR \xrightarrow{\text{還元}} 2\,R-SH$$

ジスルフィド → チオール

ジスルフィドは還元によりチオールとなる．

アミノ酸であるシステインはチオール基を含むので，2分子のシステイン分子は，ジスルフィドに酸化される．このジスルフィドはシスチンと呼ばれる．

$$2\;\text{HSCH}_2\text{CH(NH}_3^+)\text{COO}^- \xrightarrow{\text{温和な酸化}} \text{}^-\text{OOC-CH(NH}_3^+)\text{CH}_2\text{S-SCH}_2\text{CH(NH}_3^+)\text{COO}^-$$

システイン (cysteine) → シスチン (cystine)

チオールは酸化によりジスルフィドとなる．

タンパク質中の二つのシステインは，酸化されてジスルフィドを生成する．生じたジスルフィドを**ジスルフィド架橋**(disulfide bridge)という．ジスルフィド架橋は，ペプチドやタンパク質において，隣り合っていないアミノ酸間に見られる唯一の共有結合である．図17.7に示すように，この結合はペプチド鎖中の異なる領域に存在するシステインどうしを結合させることにより，タンパク質全体の構造に影響を与える．

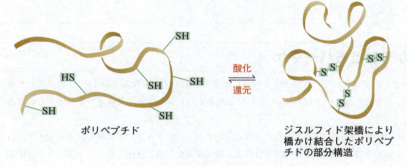

ポリペプチド ⇌(酸化/還元) ジスルフィド架橋により橋かけ結合したポリペプチドの部分構造

◀ 図 17.7 ジスルフィド架橋により橋かけ結合したポリペプチドの部分構造．

ホルモンの1種であるインスリンは，膵臓中のランゲルハンス島として知られる細胞で合成され，血中のグルコース濃度を適切なレベルに保つはたらきをしている．インスリンは二つのペプチド鎖からなるポリペプチドで，一つの鎖は21分子のアミノ酸からなり，もう一つの鎖は30分子のアミノ酸からなる．これら二つの鎖は**ペプチド鎖間ジスルフィド架橋**(interchain disulfide bridge)(二つの異なる鎖間の結合)で結ばれている．インスリンは一つの**ペプチド鎖内ジスルフィド架橋**(intrachain disulfide bridge)(同じ鎖内での結合)ももっている．

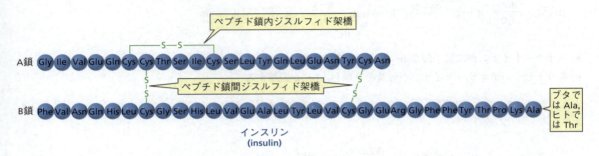

インスリン
(insulin)

糖尿病

アメリカでは，糖尿病は死因の第3位(第1位は心臓病，第2位はがん)の疾病である．糖尿病はインスリンの分泌不全(1型糖尿病)，あるいはインスリンによる標的細胞の刺激作用が弱くなる(2型糖尿病)ことにより発症する．インスリンを注射することにより，糖尿病により引き起こされる症状を改善することができる．

遺伝子工学の技術が普及する以前は(21.13節参照)，ヒトの糖尿病治療に使用するインスリンはブタから得ていた．ブタ由来のインスリンは高い効果をもっていたが，糖尿病罹患者の数の増加に対して，十分な量のインスリンを長期間に渡って供給できるかどうかが懸念された．また，ブタ由来のインスリンのB鎖のC末端アミノ酸はアラニンであるのに対し，ヒトのそれはトレオニンである．この相違により，アレルギー反応を示す患者もいた．現在では遺伝子工学により改変された宿主細胞を使い，ヒトインスリンと化学的に同一の合成インスリンが大量に生産されている．

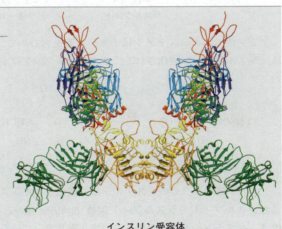

インスリン受容体

インスリンは細胞表面に存在するインスリン受容体と結合し，血流中のグルコースを細胞内に取り込むようにとの指示を出す．

髪の毛：ストレートかそれともパーマか

髪の毛はケラチンというタンパク質からできている．ケラチンは異常に多くのシステインを含んでおり(ほかのタンパク質が平均して全アミノ酸の2.8％であるのに比べケラチンは約8％)，これにより多くのジスルフィド架橋をつくって，その三次元構造を保っている．

私たちは，「あまりにも直毛すぎる」，「巻ぐせが強い」と思ったときなどに，これらのジスルフィド架橋の位置を変えて，自分の髪の毛の構造に変化を与えることができる．この作業の一段階目では，還元剤を髪の毛に作用させて，タンパク質鎖中の

すべてのジスルフィド架橋を還元する．次に，髪の毛を望みの形状にし（カーラーで巻き毛とするか，すいて巻ぐせを取って真っ直ぐにする），酸化剤を作用させて新たなジスルフィド架橋を形成させる．新たに生じたジスルフィド架橋が髪の毛を新たな形状に保ってくれるのである．この一連の作業が直毛の髪の毛を巻き毛にするように施されたとき，これを"パーマ（パーマネント，permanent）"という．この作業が巻き毛を直毛にするように施されたときは"ストレートパーマ（hair straightening）"という．

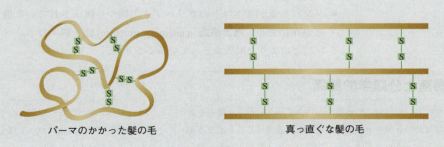

パーマのかかった髪の毛　　　真っ直ぐな髪の毛

問題 20

グルタチオンはトリペプチドで，生体内の有毒な酸化剤を取り除く機能をもっている．酸化剤は老化現象に関連していると考えられており，また，がんの原因にもなると考えられている．グルタチオンは酸化剤を還元することによって生体内からそれらを除いている．この過程で，グルタチオンは酸化され，2分子のグルタチオンの間にジスルフィド結合が形成される．続いて，ある種の酵素によりジスルフィド結合が還元されるとグルタチオンが再生し，ほかの酸化剤と再び反応する．

グルタチオン (glutathione)　　酸化型グルタチオン (oxidized glutathione)　　酸化型グルタチオン

a. グルタチオンを構成しているアミノ酸は何か．
b. グルタチオンの通常のペプチドとは異なる構造とは何か．（解答がわからない場合は，まず一般的なトリペプチドの構造を書き，次にそれをグルタチオンの構造と比較してみよう．）

17.9　タンパク質構造の基礎

タンパク質は一次構造，二次構造，三次構造，および四次構造と呼ばれる四つの階層的な構造により表現される．

- **一次構造**（primary structure）は，タンパク質を構成しているアミノ酸の種類と結合の順番，およびジスルフィド架橋の位置を示す．
- **二次構造**（secondary structure）は，タンパク質骨格の部分構造が折りたたまれることにより形成される，規則的な立体配座を示す．
- **三次構造**（tertiary structure）は，タンパク質全体の三次元構造を示す．
- タンパク質が2本以上のポリペプチド鎖から構成されている場合は，四次構造が存在する．**四次構造**（quaternary structure）は，個々のポリペプチド鎖が互いにどのような配置をとっているかを示す．

一次構造と分類学的関係

異なる生物種において，同一の機能をもつタンパク質の一次構造を調べると，それらのタンパク質中で異なっているアミノ酸の数と，生物種間の分類学上の関係の近さを関連づけることができる．たとえば，生体内での酸化において電子を伝達するタンパク質であるシトクロム c は，約100個のアミノ酸からなる．酵母のシトクロム c とウマのシトクロム c の一次構造を比較すると，48ものアミノ酸が異なっている．一方，アヒルとニワトリのシトクロム c の一次構造では，アミノ酸の違いは二つだけである．アヒルとニワトリの分類学上の関係は，ウマと酵母のそれよりもはるかに近いということになる．また，ニワトリとシチメンチョウのシトクロム c は同一の一次構造をもっている．ヒトのシトクロム c とチンパンジーのそれは同一のアミノ酸配列であり，ベンガルザルのシトクロム c とはアミノ酸が一つ異なっているだけである．

17.10　タンパク質の一次構造の決定法

N末端アミノ酸の決定

ポリペプチドのN末端アミノ酸を同定するために最も一般的に用いられている方法の一つは，ポリペプチドを **Edman 反応剤**（Edman's reagent）として広く知られているフェニルイソチオシアナート（PITC）との反応である．Edman 反応剤はN末端アミノ基と反応し，温和な酸性条件下でポリペプチドからチアゾリノン誘導体が放出され，アミノ酸が一つ少なくなったポリペプチドが生成する．チアゾリノンは薄い酸中で転位し，より安定なフェニルチオヒダントイン（PTH）となる．

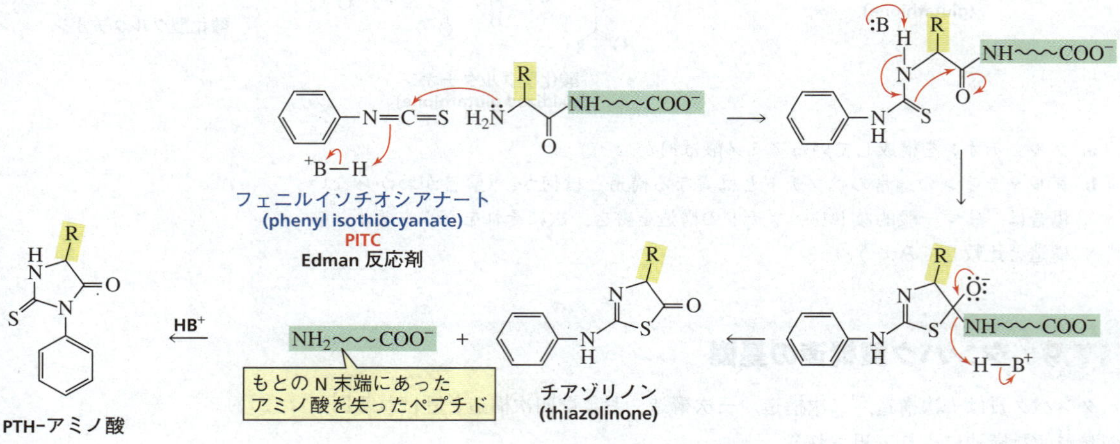

それぞれのアミノ酸は異なる側鎖（R）をもっているので，アミノ酸の種類によりそれぞれ異なる PTH-アミノ酸を生成する．PTH-アミノ酸の標準試料を用意しておけば，どのアミノ酸由来の PTH-アミノ酸であるかをクロマトグラフィーにより同定することができる．

<u>シークエンサー</u>（sequencer, 配列決定装置）として知られる機器を使用すれば，一つのポリペプチドに対して，約 50 回（最新の機器では 100 回以上）の連続した Edman 分解反応を行える．ところがこの方法では，反応結果の解析を困難にする副生成物がしだいに反応系中に蓄積してしまうため，ポリペプチド全体の一次構造を決定することはできない．

> **問題 21 ◆**
> インスリンの一次構造を決定する際に，インスリンが複数のポリペプチド鎖をもつことを確認するにはどうすればよいか．

C 末端アミノ酸の決定

ポリペプチド中の C 末端アミノ酸は，カルボキシペプチダーゼという酵素を使えば同定することができる．この酵素はペプチド結合の C 末端の加水分解を触媒する．すなわち，C 末端アミノ酸を切断する．カルボキシペプチダーゼ A は C 末端アミノ酸がアルギニンまたはリシンでない限り，C 末端アミノ酸を切断する．一方，カルボキシペプチダーゼ B は C 末端アミノ酸がアルギニンかリシンである場合のみ，これらを切断する．カルボキシペプチダーゼは**エキソペプチダーゼ**（exopeptidase）であり，ペプチド鎖の末端にあるペプチド結合の加水分解を触媒する酵素である．

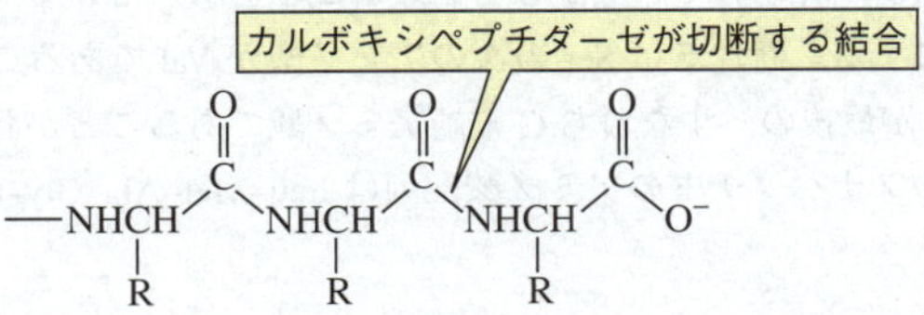

カルボキシペプチダーゼで連続的に C 末端のアミノ酸を切断しても，ペプチドの C 末端のアミノ酸配列を決定することはできない．これはペプチド結合の加水分解の速度がアミノ酸の種類によって異なるためである．たとえば，C 末端のアミノ酸の加水分解の速度が遅く，2 番目のアミノ酸の加水分解が速い場合は，1 番目と 2 番目のアミノ酸が同じような速度で切断されるように見えるため，結合の順番を決めることは難しくなる．

部分加水分解

N 末端アミノ酸と C 末端アミノ酸を同定することができたならば，次にそのポリペプチドを，いくつかのペプチド結合のみを加水分解する穏やかな条件下で加水分解する．これは**部分加水分解**（partial hydrolysis）として知られている方法である．得られた断片ペプチドを分離し，断片ごとにそこに含まれているアミノ酸の組成を電気泳動や薄層クロマトグラフィーを使って決定する．このプロセスを

繰り返し，得られた断片ペプチドを並べ，アミノ酸が重なっている部分を探し出すことにより，もとのポリペプチドのアミノ酸配列を決定できる．（必要ならば，各断片のN末端アミノ酸とC末端アミノ酸も同定できる．）

> **【問題解答の指針】**
> **オリゴペプチドのアミノ酸配列解析**
>
> あるノナペプチドを部分加水分解したところ，複数のジペプチド，2種類のトリペプチド，および1種類のテトラペプチドが得られた．それらの構成アミノ酸を以下に示す．もとのノナペプチドとEdman反応剤との反応はPTH-Leuを生成した．ノナペプチドのアミノ酸配列を示せ．
>
> **1.** Pro, Ser   **2.** Gly, Glu   **3.** Met, Ala, Leu
> **4.** Gly, Ala   **5.** Glu, Ser, Val, Pro **6.** Glu, Pro, Gly
> **7.** Met, Leu   **8.** His, Val
>
> - N末端アミノ酸はLeuであることがわかっているので，Leuを含む断片を探す．断片7から，MetがLeuの隣りにあることがわかる．断片3よりAlaがMetと隣り合っていることがわかる．
> - 次に，Alaを含む断片を探してみよう．断片4がAlaをもっており，GlyがAlaの隣りにあることがわかる．
> - 断片2からその隣りがGluであることがわかる．Gluは断片5と6の両方に含まれている．
> - 断片5には，まだ順番を決めていないペプチドが3種類(Ser, Val, Pro)あるが，断片6の未決定アミノ酸は1種類のみである．よって断片6からProがGluの隣りにくるべきものであることがわかる．
> - 断片1はProの次のアミノ酸がSerであることを示している．ここで断片5を使うことにする．断片5はSerの次のアミノ酸がValであることを示し，断片8よりHisが最後の，すなわちC末端アミノ酸であることがわかる．
> - よって，このノナペプチドのアミノ酸配列はLeu–Met–Ala–Gly–Glu–Pro–Ser–Val–Hisとなる．
>
> ここで学んだ方法を使って問題22を解こう．

> **問題 22◆**
> あるデカペプチドを部分加水分解したところ，次に示したアミノ酸をもつペプチドが得られた．もとのペプチドのEdman反応剤との反応はPTH-Glyを生成した．このデカペプチドのアミノ酸配列を示せ．
>
> **1.** Ala, Trp   **2.** Val, Pro, Asp   **3.** Pro, Val
> **4.** Ala, Glu   **5.** Trp, Ala, Arg   **6.** Arg, Gly
> **7.** Glu, Ala, Leu   **8.** Met, Pro, Leu, Glu

エンドペプチダーゼによる加水分解

ポリペプチドは，**エンドペプチダーゼ**(endopeptidase)によっても部分加水分解できる．この酵素はペプチド鎖中の内側，すなわち末端以外のペプチド結合の加水分解を触媒する．たとえば，トリプシンは正に帯電した側鎖をもつアミノ酸（ア

ルギニンまたはリシン）のC側（右側）のペプチド結合の加水分解を触媒する．これらの酵素は**消化酵素**（digestive enzymes）として知られている酵素のグループに属する．

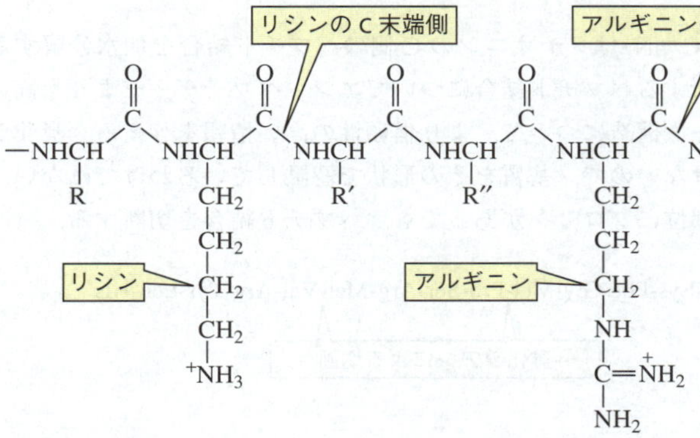

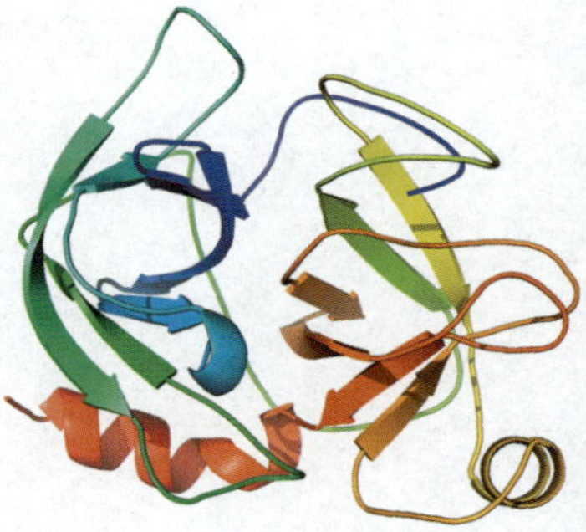

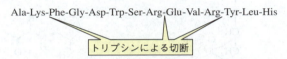

トリプシン
（図 17.10 の説明を見よ）

したがって，次に示したポリペプチドにおいては，トリプシンは3カ所のペプチド結合の加水分解を触媒し，1種類のヘキサペプチド，1種類のジペプチド，および2種類のトリペプチドを生成する．

Ala-Lys-Phe-Gly-Asp-Trp-Ser-Arg-Glu-Val-Arg-Tyr-Leu-His
トリプシンによる切断

キモトリプシンは芳香族六員環をもつアミノ酸（Phe, Tyr, Trp）のC末端側のペプチド結合の加水分解を触媒する．

Ala-Lys-Phe-Gly-Asp-Trp-Ser-Arg-Glu-Val-Arg-Tyr-Leu-His
キモトリプシンによる切断

エラスターゼは最も小さい2種類のアミノ酸（Gly, Ala, Ser, および Val）のC末端側のペプチド結合の加水分解を触媒する．キモトリプシンとエラスターゼは，トリプシンと比較すると，その特異性はかなり低い．（これらの酵素の特異性については 18.3 節で説明する．）

Ala-Lys-Phe-Gly-Asp-Trp-Ser-Arg-Glu-Val-Arg-Tyr-Leu-His
エラスターゼによる切断

ここまでに議論したエキソペプチダーゼとエンドペプチダーゼのいずれもが，プロリンが関与しているペプチドの加水分解を触媒することはなかった．これらの酵素は，分子の形状により加水分解すべき位置を認識している．プロリンの環状構造が，酵素にその三次元形状を加水分解すべき位置と認識できないようにしているのである．

臭化シアン(BrC≡N)はメチオニンのC側のペプチド結合を加水分解する．臭化シアンは，切断するペプチド結合についてエンドペプチダーゼよりも高い特異性を示すので，一次構造について，より信頼性の高い情報を与える．臭化シアンはタンパク質ではないので，基質をその形状で認識しているわけではない．このため，加水分解部位にプロリンがあっても，ペプチド結合を切断する．

臭化シアンによるペプチド結合切断の反応機構

- 求核性のメチオニンの硫黄原子が臭化シアンの炭素原子を攻撃し，臭素イオンと置き換わる．
- メチレン基への酸素の求核攻撃により，弱い塩基性の脱離基が脱離して五員環が形成される．
- 酸触媒によるイミンの加水分解によりタンパク質の切断が起こる(12.8節参照)．
- 生じた環状エステルがさらに加水分解を受け，環が開いてカルボキシ基とアルコール基を生成する(11.9節参照)．

タンパク質の一次構造決定の最終段階は，ジスルフィド結合の位置を特定することである．ジスルフィド結合の位置を特定する方法については，章末問題45を参照せよ．

問題 23
臭化シアンがシステインの C 側のペプチド結合を切断しないのはなぜか．

問題 24 ◆
次のペプチドを示した反応剤により処理した場合，生じるペプチドは何か．
a. His–Lys–Leu–Val–Glu–Pro–Arg–Ala–Gly–Ala をトリプシン処理
b. Leu–Gly–Ser–Met–Phe–Pro–Tyr–Gly–Val をキモトリプシン処理

問題 25（解答あり）
次の実験結果からこのポリペプチドのアミノ酸配列を決定せよ：

酸加水分解により Ala, Arg, His, 2 Lys, Leu, 2 Met, Pro, 2 Ser, Thr, および Val が得られた．
カルボキシペプチダーゼ A で処理すると Val が得られた．
Edman 反応剤との反応で PTH–Leu が生じた．
臭化シアンとの反応で次のアミノ酸からなる 3 種類のペプチドが生じた：
1. His, Lys, Met, Pro, Ser　　**2.** Thr, Val　　**3.** Ala, Arg, Leu, Lys, Met, Ser

トリプシンを用いた加水分解で 3 種類のペプチドと 1 種類のアミノ酸が得られた：
1. Arg, Leu, Ser　　**2.** Met, Pro, Ser, Thr, Val　　**3.** Lys　　**4.** Ala, His, Lys, Met

解答　酸触媒加水分解の結果から，このポリペプチドは 13 個のアミノ酸から構成されていることがわかる．Edman 反応剤の結果から N 末端アミノ酸は Leu であり，カルボキシペプチダーゼ A の結果から C 末端アミノ酸は Val であることがわかる．

Leu ＿＿ ＿＿ ＿＿ ＿＿ ＿＿ ＿＿ ＿＿ ＿＿ ＿＿ ＿＿ ＿＿ Val

- 臭化シアンは Met の C 側を切断するので，Met を含む断片ペプチドは Met を C 末端アミノ酸としてもっているはずである．したがって，Met を含まない断片ペプチドは C 末端側に存在するペプチドに違いない．よって，12 番目のアミノ酸が Thr であることがわかる．ペプチド 3 は Leu を含んでいるので，N 末端側のペプチドである．これはヘキサペプチドであるから，6 番目のアミノ酸は Met ということになる．また臭化シアンとの反応で Thr, Val のジペプチドを生じるから，11 番目のアミノ酸も Met である．

　　　　Ala, Arg, Lys, Ser　　　　His, Lys, Pro, Ser
Leu ＿＿ ＿＿ ＿＿ ＿＿ ＿＿ Met ＿＿ ＿＿ ＿＿ ＿＿ Met Thr Val

- トリプシンは Arg または Lys の C 側を切断するので，Arg または Lys を含む断片ペプチドはそれら（Arg または Lys）を C 末端アミノ酸としてもっていることになる．したがって，トリプシン処理により得られたペプチド 1 においては Arg が C 末端アミノ酸である．これにより，N 末端側の三つの配列は Leu–Ser–Arg であると決定できる．次の二つのアミノ酸は Lys–Ala である．なぜなら，もしこれが Ala–Lys であったならば，トリプシンによる切断はジペプチドの Ala–Lys を与えるはずだからである．また，トリプシンのデータから His と Lys の位置（7 番目と 8 番目）も決定できる．

								Pro, Ser				
Leu	Ser	Arg	Lys	Ala	Met	His	Lys	___ ___	Met	Thr	Val	

- 最後に，トリプシンは Lys の C 側を切断できたことから，Lys–Pro という構造はないことがわかる．よってポリペプチドのアミノ酸配列は以下のようになる．

Leu	Ser	Arg	Lys	Ala	Met	His	Lys	Ser	Pro	Met	Thr	Val

問題 26

次の実験結果から，このオクタペプチドの一次構造を決定せよ：

酸触媒加水分解によって 2 Arg, Leu, Lys, Met, Phe, Ser, および Tyr が得られた．
カルボキシペプチダーゼ A で処理すると Ser が得られた．
Edman 反応剤との反応で PTH-Leu が放出された．

臭化シアンで処理すると，次のアミノ酸をもつ 2 種類のペプチドが生成した：
1. Arg, Phe, Ser　　　2. Arg, Leu, Lys, Met, Tyr

トリプシンを触媒とする加水分解により次の 2 種類のアミノ酸と 2 種類のペプチドが得られた：
1. Arg　　2. Ser　　3. Arg, Met, Phe　　4. Leu, Lys, Tyr

17.11　二次構造

　二次構造とは，ペプチドあるいはタンパク質骨格の部分構造が形成する繰返し構造の立体配座を表す．いいかえれば，二次構造はポリペプチド鎖の部分構造がどのように折りたたまれているかを表している．タンパク質の部分構造の二次構造次は，次の三つの要素により決定される．

ペプチド基間の水素結合

- ペプチド鎖の可能な立体配座を制限するそれぞれのペプチド結合の部分的平面性（アミド結合が部分的な二重結合性を示すことによる）（17.8 節）
- 水素結合の形成に関与するペプチドの数の最大化（図 17.8 に示したようなあるアミノ酸のカルボニル酸素と別のアミノ酸のアミド水素間の水素結合）による系のエネルギーの最小化
- 立体障害と同種電荷の反発を避けるための近接した R 基どうしの適切な距離

αヘリックス

　二次構造の一つのタイプが**αヘリックス**（α-helix）である．αヘリックスにおいては，ポリペプチド骨格の鎖は，タンパク質分子の長軸方向のまわりにらせん状に巻きついている．各アミノ酸のα炭素上の置換基（側鎖）はらせん構造の外側に突き出ており，立体障害を最小にしている（図 17.8a）．らせん構造は，アミド窒素上の各水素が 4 アミノ酸先のアミノ酸のカルボニル酸素と水素結合することにより安定化されている（図 17.8b）．

　アミノ酸は L 立体配置をもっているので，αヘリックスは右巻きのらせんとなる．すなわち，下向きにらせんを巻いていくとき，時計回りとなる（図 17.8c）．

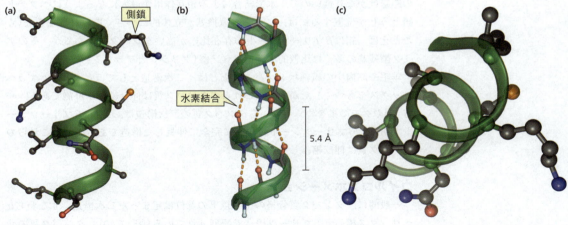

▲ 図 17.8
(a) αヘリックスを形成しているタンパク質の部分構造.
(b) らせん構造はペプチド基間の水素結合により安定化されている.
(c) αヘリックスの縦軸を下から見た図.

βプリーツシート

二次構造の二つ目のタイプは**βプリーツシート**（β-pleated sheet）[†]である．βプリーツシートでは，ポリペプチド骨格はジグザグ構造をとるように伸長しており，あたかも連続した"ひだ"をもつような形状となる．平行に隣り合って並んだペプチド鎖の間には水素結合が起こるが，このとき，ペプチド鎖が同じ方向に並ぶかあるいは逆の方向に並ぶかの二つのタイプがある．これらはそれぞれ，**平行βプリーツシート**（parallel β-pleated sheet）および**逆平行βプリーツシート**（antiparallel β-pleated sheet）と呼ばれる（図 17.9）．

[†] 訳者注：" β構造"，" βシート構造"，あるいは"ひだ折り構造"とも呼ばれる．

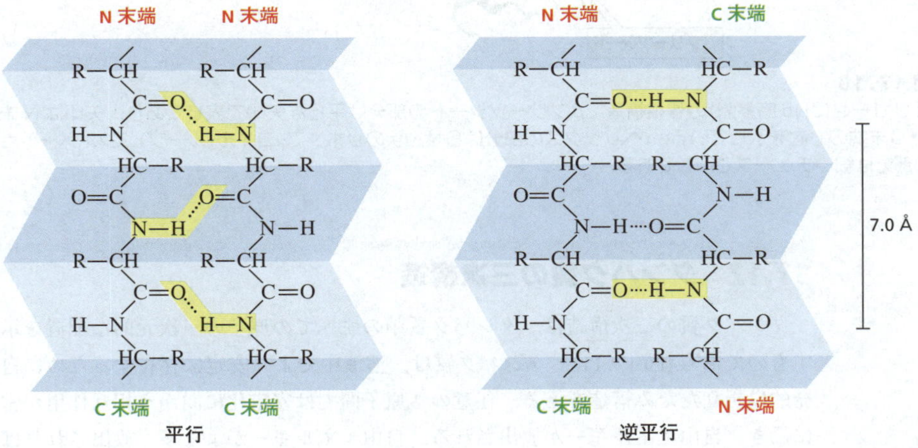

▲ 図 17.9
平行βプリーツシートと逆平行βプリーツシートの部分構造．"プリーツ（ひだ）"構造がわかるように書いてある．

隣り合って並んだペプチド鎖においては，アミノ酸のα炭素上の置換基（R）間

の距離はかなり近いので，水素結合による相互作用が最大になるようにペプチド鎖どうしが位置するには，これらの置換基が立体的に小さくなければならない．たとえば，絹はβプリーツシートの存在比率が高いタンパク質であるが，そのアミノ酸残基の多くは比較的小さいアミノ酸(グリシンとアラニン)である．

羊毛や筋肉中の繊維状タンパク質などは，二次構造としてほとんどすべてαヘリックスをもつ．したがって，これらのタンパク質は伸び縮みが可能である．一方，絹やクモの巣をつくっているタンパク質の二次構造は，おもにβプリーツシートである．βプリーツシートはすでに完全に伸長した構造であるので，これらのタンパク質は伸び縮みしない．

コイルコンホメーション

一般的に，タンパク質骨格の1/2以下の部位は定まった二次構造，すなわちαヘリックス構造かβプリーツ構造で配列されている(図17.10)．タンパク質の残りの部分の配列も高度に制御されたものであるが，その形状には繰返し構造がなく，したがって，これを的確に表現することは難しい．このような制御されたポリペプチドのフラグメントの構造は**コイルコンホメーション**(coil conformation)または**ループコンホメーション**(loop conformation)と呼ばれている．

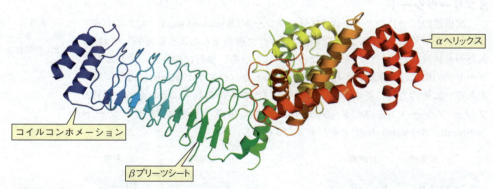

▲ 図 17.10
酵素リガーゼ(21.5節参照)の骨格構造．βプリーツシートの部分は平らな矢印で表してあり，矢印はN末端→C末端の方向を示している．αヘリックスの部分はらせん状のリボンで，コイル(ループ)コンホメーションの部分は細いチューブで示してある．

17.12 タンパク質の三次構造

タンパク質の三次構造は，タンパク質中のすべての原子の三次元的な配置を示すものである(図17.11)．タンパク質は，溶液中でより安定に存在するために自発的に折りたたみ構造をとる．任意の2原子間では安定化に向かう相互作用が常に働き，自由エネルギーが放出される．自由エネルギーがより多く放出されればされるほど($\Delta G°$がより負の値になればなるほど)，そのタンパク質はより安定となる．そのために，タンパク質は安定化する相互作用の数がより多くなるような折りたたみ構造をとる傾向を示す．

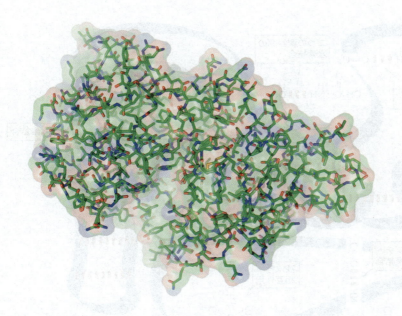

◀図 17.11
サーモリシン(エンドペプチダーゼの一つ)の三次構造.

　安定化をもたらす相互作用には，ジスルフィド結合，水素結合，静電引力(異なる電荷間の親和力)，および疎水性相互作用(van der Waals 力)などがある．安定化相互作用はペプチド基(タンパク質骨格に存在する原子)の間，側鎖(α-置換基)の間，およびペプチドと側鎖の間で生じうる(図 17.12)．タンパク質がどのような折りたたみ構造をとるかは，おもに側鎖置換基の種類によって決定される．したがって，タンパク質の三次構造はその一次構造によって決定されることになる．

　ジスルフィド結合はタンパク質が折りたたみ構造をとるときに形成される唯一の共有結合である．折りたたみの際に起こるほかの結合性相互作用ははるかに弱いが，それらの相互作用は数多くあるので，タンパク質がどのような折りたたみ構造をとるか決めるうえで重要な役割を果たしている．

　ほとんどのタンパク質は水性の環境中に存在している．したがって，タンパク質は水環境側にできるだけ多くの極性基を露出させ，かつ非極性基を水から離れたタンパク質の内側に位置させるような折りたたみ構造をとる傾向を示す．

　タンパク質の非極性基間の**疎水性相互作用**(hydrophobic interactions)は，系内の水分子のエントロピーを増大させることによりタンパク質の安定性を増大させている．水分子は高度に制御された構造を形成して非極性基を取り囲んでいる．二つの非極性基が互いに接近すると，水と相互作用する表面積が減少する．よって，相互作用により制御された構造を形成している水分子の数も減少し，水分子のエントロピーは増大する．これは自由エネルギーの減少を意味し，したがって，水を含めた系全体で見ると，タンパク質の安定性が増大することになる．($\Delta G° = \Delta H° - T\Delta S°$ を思い出そう．)

　タンパク質が折りたたみ構造(フォールディングと呼ばれる)をとる正確な機構はいまだ不明で，未解決の問題である．タンパク質は誤った折りたたみ構造をとることがある(ミスフォールディングと呼ばれる)．この誤った折りたたみ構造は，

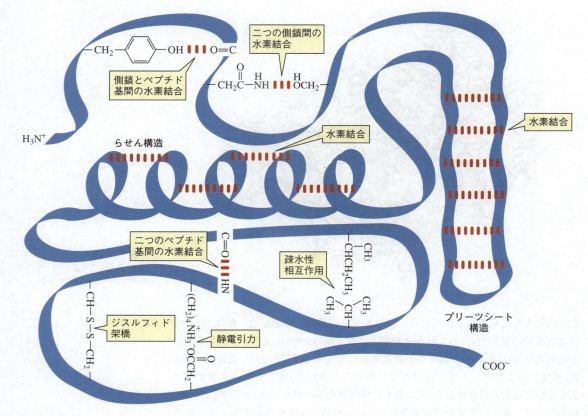

▲ 図 17.12
安定化をもたらす相互作用がタンパク質の三次構造をつくりあげる．

アルツハイマー病やハンチントン病など，多くの病気と関連している．

問題 27

この節で述べた水に可溶なタンパク質の折りたたみ構造と比較して，膜中の非極性内部に存在するタンパク質はどのような折りたたみ構造をとるか．

🧪 誤った折りたたみ構造のタンパク質によって引き起こされる病気

　牛海綿状脳症(bovine spongiform encephalopathy, BSE)は狂牛病としてよく知られた病気であり，微生物によって引き起こされるのではない，という点でほかの多くの病気とは異なっている．この病気はプリオンと呼ばれる脳に存在するタンパク質のミスフォールド（誤った折りたたみ構造）が原因である．プリオンタンパク質が，なぜ誤った折りたたみ構造に変化するのかはいまだ不明であるが，プリオンの誤った構造は組織を悪化させ，脳をスポンジのような形状にする．これにより精神機能が失われ，この病気の牛は奇妙な行動をとる(これが<u>狂牛病</u>という名前のいわれである)．この病気は治癒することはなく致命的であるが，伝染しない．感染から病気の最初の症状が現れるまでには数年かかるが，症状

が現れたあとは急速に悪化する．

　プリオンの誤った折りたたみ構造によって引き起こされ，BSE と同様の症状を見せる病気がほかにもある．クールー病は〝人食い〟によって伝染する病気であり，パプアニューギニアのフォレ族の人に多く発症する（kuru とは〝震える〟という意味である）．スクレイピー病はヒツジやヤギが感染する．発症したヒツジは，倒れないように牧場の柵に寄りかかりながら，毛（羊毛）を柵にこすりつける（scrape）動作をするようになる．これがこの病気の名前の由来である．狂牛病は 1985 年にイギリスで初めて報告された病気であり，牛がスクレイピー病に感染したヒツジからつくられた肉骨粉飼料を食べたことが原因であると考えられている．

　ヒトにおけるこの種の病気はクロイツフェルト–ヤコブ病（CJD）と呼ばれている．発症する平均年齢は 64 歳であるが，非常に珍しい病気であり，また明らかに自然発生的である．しかしながら，1994 年，イギリスで若い成人に変異型クロイツフェルト–ヤコブ病（vCJD）が発症した例が数件見つかり，現在までに約 200 の発症例が報告されている．この新しい変種は，この種の病気に感染した動物の肉製品を食べることによって引き起こされる．

17.13　四 次 構 造

　いくつかのタンパク質は複数のポリペプチド鎖をもつ．それを構成している個々のペプチド鎖を**サブユニット**（subunit）という．一つのサブユニットのみからなるタンパク質は単量体と呼ばれ，二つのサブユニットをもつものは二量体，三つもつものは三量体，四つもつものは四量体と呼ばれる．タンパク質の四次構造はサブユニットが互いにどのように配置しているかを示している（図 17.13，図 17.14）．

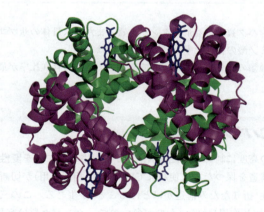

▲ 図 17.13
ヘモグロビンの四次構造．ヘモグロビンは四量体である．ヘモグロビン分子は 2 種類の異なるサブユニットからなり，それぞれのサブユニットを二つずつもっている．O_2 や CO_2 と結合するポルフィリン環は青色で示してある．

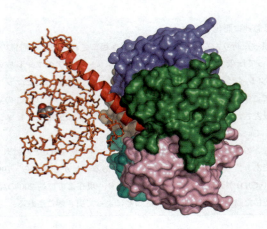

▲ 図 17.14
大腸菌(*Escherichia Coli*)由来の温度感受性エンテロトキシンは七つのサブユニットをもつ．七つのうちの五つ（青，緑，紫色などで示した）のサブユニット部は細胞膜と結合する．赤で示したらせん状の突起部が触媒サブユニット（オレンジ色）を細胞内に導入する．この毒素は旅行者下痢症として知られている病気の原因となる．

タンパク質のサブユニットどうしは，個々のタンパク質鎖がそれぞれ特有の三次構造を保持しているのと同じ相互作用，すなわち疎水性相互作用，水素結合，および静電引力により結合している．

> **問題 28**
> **a.** 球形のタンパク質，葉巻形のタンパク質，または六量体のサブユニットのうちで極性アミノ酸の存在比率が最も高いものはどれか．
> **b.** 上記の3種類のタンパク質のうちで極性アミノ酸の存在比率が最も低いものはどれか．

17.14 タンパク質の変性

タンパク質の高度に制御された三次構造が破壊されることを**変性**(denaturation)という．三次構造を保つために使われている結合（相互作用）が切断されると，タンパク質の変性（折りたたみ構造がほどけること）が生じる．この三次構造を形成している結合（相互作用）は弱いものが多いので，タンパク質は容易に変性する．タンパク質に変性を起こす方法には次のものがある．

- pHの変化：タンパク質中のアミノ酸残基の側鎖の電荷状態を変化させ，静電的親和力による結合や水素結合を阻害する．
- 尿素のような反応剤：タンパク質中の分子と水素結合を形成する．これらの反応剤とタンパク質の水素結合は，タンパク質どうしの水素結合よりも強いので変性をもたらす．
- 有機溶媒：タンパク質中の非極性基と相互作用し，タンパク質本来の疎水性相互作用を阻害する．
- 熱または撹拌：相互作用を阻害する．卵白を熱したりかき混ぜたりするときに見られる現象がよく知られた例である．

覚えておくべき重要事項

- ペプチドとタンパク質はアミノ酸が互いにペプチド（アミド）結合で結合したポリマーである．
- さまざまなアミノ酸は，α炭素に結合している置換基のみが異なる．
- 天然に存在するほとんどのアミノ酸はL立体配置をもっている．
- アミノ酸に存在するカルボキシ基のpK_a値は約2であり，プロトン化されたアミノ基のそれは約9である．生理的pH(7.4)においてはアミノ酸は双性イオンとして存在する．
- アミノ酸の等電点(pI)は，アミノ酸全体の電荷がゼロになるpHの値である．
- アミノ酸の混合物は，それぞれのアミノ酸のpI値の違いを利用した電気泳動や，極性の違いを利用した紙クロマトグラフィーまたは薄層クロマトグラフィーにより分離することができる．
- アミノ酸の分離は，陽イオン交換樹脂を用いたイオン交換クロマトグラフィーにより行うことができる．イオン交換クロマトグラフィーを自動化した機器がアミノ酸分析計である．
- アミノ酸は還元的アミノ化，N-フタルイミドマロン酸エステル合成，またはStrecker合成によって得ることができる．
- アミノ酸のラセミ体は，酵素が触媒する反応を用いて分割することができる．酵素はエナンチオマー対またはエナンチオマー対の誘導体を区別することができるからである．
- ペプチド結合はその部分二重結合性のため，回転が制限される．
- 二つのシステイン側鎖は酸化によりジスルフィド架橋となる．ジスルフィド架橋は隣り合っていないアミノ酸の間に見られる唯一の共有結合である．
- ペプチドやタンパク質を表記する際には，遊離のアミノ基(N末端アミノ酸)を左側に，遊離のカルボキシ基(C末端アミノ酸)を右側に書く．
- タンパク質の一次構造は，それを構成しているアミノ酸の結合順序とすべてのジスルフィド架橋の位置を示すものである．
- N末端アミノ酸はEdman反応剤により決定することができる．C末端アミノ酸はカルボキシペプチダーゼにより同定することができる．
- エキソペプチダーゼはペプチド鎖の末端にあるペプチド結合の加水分解を触媒する．エンドペプチダーゼはペプチド鎖の末端にないペプチド結合の加水分解を触媒する．
- タンパク質の二次構造は，タンパク質骨格の各区分がどのような折りたたみ構造をもっているかを表すものである．二次構造にはαヘリックスとβプリーツシートの2種類がある．
- タンパク質は，自身が安定化する相互作用の数が最大になるような折りたたみ構造をとる．安定化する相互作用には，ジスルフィド結合，水素結合，静電的親和力，および疎水性相互作用がある．
- タンパク質の三次構造はタンパク質中のすべての原子の三次元的配列を示すものである．
- 二つ以上のペプチド鎖をもつタンパク質において，それぞれの鎖(サブユニット)が互いにどのような配置をとっているかを表しているのがタンパク質の四次構造である．

章末問題

29. 次のアミノ酸が生理的pH(7.4)において優位となる構造を書け．
　　a. リシン　　　　**b.** アルギニン　　　**c.** チロシン

30. セリンのpI値を求めよ．

31. グリシンの pK_a 値は 2.34 と 9.60 である．グリシンが次のような構造をとるときの溶液の pH はいくつか．

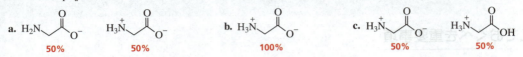

32. 次のペプチドを示した反応剤で切断したときに得られるペプチドを示せ．
  a. Val-Arg-Gly-Met-Arg-Ala-Ser をカルボキシペプチダーゼ A で処理
  b. Ser-Phe-Lys-Met-Pro-Ser-Ala-Asp を臭化シアンで処理
  c. Arg-Ser-Pro-Lys-Lys-Ser-Glu-Gly をトリプシンで処理

33. ロイシン (pI = 5.98) とアスパラギン (pI = 5.43) では，生理的 pH (7.4) において，どちらがより高比率で負電荷をもつか．

34. アスパラギン酸は次の pH 値ではどのような構造をとるか．
  a. pH = 1.0   **b.** pH = 2.6   **c.** pH = 6.0   **d.** pH = 11.0

35. アラニンの pK_a 値は 2.34 と 9.69 である．よって，アラニンがおもに双性イオンとして存在する水溶液の pH は pH > ____ と pH < ____ である．

36. ある教授が Lys-Lys-Lys からなるトリペプチドの pI 値が 10.6 であるという内容の投稿論文を作成していた．彼女が指導している学生の一人が，彼女の計算に間違いがあると指摘した．すなわち，トリペプチドの pI 値はそれぞれのアミノ酸の pK_a 値よりも大きくなるはずであり，リシンの側鎖アミノ基の pK_a 値は 10.8 なので，10.6 という pI 値はおかしいというのである．この学生の指摘は正しいか．

37. a. グルタミン酸の側鎖の pK_a 値がアスパラギン酸のそれよりも大きいのはなぜか．
  b. アルギニンの側鎖の pK_a 値がリシンの側鎖のそれよりも大きいのはなぜか．

38. アミノ酸の混合物を分離するとき，単一の手段では分離が不十分な場合がある．このような場合に二次元クロマトグラフィーがしばしば用いられる．この方法では，まず，アミノ酸混合物をろ紙に吸着させクロマトグラフィーを行い，次にろ紙を 90°回転させて電気泳動を行う．こうして得られたクロマトグラムはフィンガープリント（指紋）と呼ばれる．Ser, Glu, Leu, His, Met, および Thr のアミノ酸混合物から，次に示したフィンガープリントが得られた．どのスポットがどのアミノ酸によるものか示せ．

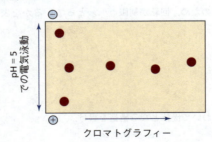

39. 次のデータからこのポリペプチドのアミノ酸配列を決定せよ．
  このペプチドの完全加水分解では Arg, 2 Gly, Ile, 3 Leu, 2 Lys, 2 Met, 2 Phe, Pro, Ser, 2 Tyr, および Val が生成した．

Edman 反応剤との反応で PTH-Gly が生じた．
カルボキシペプチダーゼ A で処理すると Phe が生じた．
臭化シアンとの反応により次の 3 種のペプチドを生じた．
1. Gly-Leu-Tyr-Phe-Lys-Ser-Met　**2.** Gly-Leu-Tyr-Lys-Val-Ile-Arg-Met　**3.** Leu-Pro-Phe．
トリプシン処理により次の 4 種のペプチドを生じた．
1. Gly-Leu-Tyr-Phe-Lys　**2.** Ser-Met-Gly-Leu-Tyr-Lys　**3.** Val-Ile-Arg　**4.** Met-Leu-Pro-Phe．

40. $0.1\ mol\ L^{-1}$ のグリシルグリシルグリシルグリシン水溶液と $0.2\ mol\ L^{-1}$ のグリシン水溶液では，生理的 pH においてどちらがより効果的な緩衝液となるか．

41. Lys-Ser-Asp-Cys-His-Tyr からなるヘキサペプチドがある．次の pH においてこのヘキサペプチドがもつ電荷の種類と位置を示せ．
　　a. pH = 1　　**b.** pH = 5　　**c.** pH = 7　　**d.** pH = 12

42. 2 種類の異なるポリペプチドに，それぞれトリプシン分解を行ったところ，それぞれ下に示す 3 種のペプチドが得られた．下記に示したデータから，ポリペプチドの取りうるアミノ酸配列を示せ．また，これらのポリペプチドの一次構造を決定するには，この次にどのような実験を行えばよいか．
　　a. 1. Val-Gly-Asp-Lys　　**2.** Leu-Glu-Pro-Ala-Arg　　**3.** Ala-Leu-Gly-Asp
　　b. 1. Val-Leu-Gly-Glu　　**2.** Ala-Glu-Pro-Arg　　**3.** Ala-Met-Gly-Lys

43. ポリペプチド中のリシンの側鎖が無水マレイン酸と反応した際に生じる生成物を書け．

44. 以下に示したペプチドを無水マレイン酸で処理し，続いてトリプシンで加水分解した．（無水マレイン酸で処理したペプチドは，トリプシンとの反応でアルギニンの C 側のみが切断される．）

Gly-Ala-Asp-Ala-Leu-Pro-Gly-Ile-Leu-Val-Arg-Asp-Val-Gly-Lys-Val-Glu-Val-Phe-Glu-Ala-Gly-
Arg-Ala-Glu-Phe-Lys-Glu-Pro-Arg-Leu-Val-Met-Lys-Val-Glu-Gly-Arg-Pro-Val-Gly-Ala-Gly-Leu-Trp

a. トリプシンが無水マレイン酸と反応したポリペプチドのリシンの C 側を加水分解できないのはなぜか．
b. このポリペプチドから得られるフラグメントの数はいくつか．
c. フラグメントペプチドを陰イオン交換樹脂を詰めたカラムに通した．溶出液として pH = 5 の緩衝液を使用した場合，カラムから溶出するペプチドの順番はどうなるであろうか．

45. あるポリペプチドのジスルフィド架橋を還元したところ，次のような一次構造をもつ 2 種類のポリペプチドが得られた：

Val-Met-Tyr-Ala-Cys-Ser-Phe-Ala-Glu-Ser
Ser-Cys-Phe-Lys-Cys-Trp-Lys-Tyr-Cys-Phe-Arg-Cys-Ser

もとのポリペプチドをキモトリプシンで処理したところ次に示すアミノ酸を含むペプチドが得られた：

1. Ala, Glu, Ser   2. 2 Phe, 2 Cys, Ser   3. Tyr, Val, Met   4. Arg, Ser, Cys
5. Ser, Phe, 2 Cys, Lys, Ala, Trp   6. Tyr, Lys

以上の結果から，もとのポリペプチド中に存在するジスルフィド架橋の位置を決定せよ．

46. アルデヒドをアンモニアと微量の酸で処理し，続いてシアン化水素と処理し，次に生成物を酸触媒加水分解すると，α-アミノ酸が合成できる．
    a. この反応で生じる二つの中間体の構造を書け．
    b. アルデヒドとして3-メチルブタナールを用いたとき生じるアミノ酸は何か．
    c. この方法でイソロイシンを合成するにはどんなアルデヒドを用いればよいか．

47. あるポリペプチドをカルボキシペプチダーゼ A で処理したところ Met が検出された．このポリペプチドの部分加水分解によって次のペプチドを生成した．このポリペプチドのアミノ酸配列を決定せよ．
    1. Ser, Lys, Trp   2. Gly, His, Ala   3. Glu, Val, Ser   4. Leu, Glu, Ser   5. Met, Ala, Gly
    6. Ser, Lys, Val   7. Glu, His   8. Leu, Lys, Trp   9. Lys, Ser   10. Glu, His, Val
    11. Trp, Leu, Glu   12. Ala, Met

48. グリシンの pK_a 値は 2.3 と 9.6 である．グリシルグリシンの pK_a 値はグリシンのそれらよりも大きくなるだろうか，それとも小さくなるだろうか．

49. アラニン，セリン，およびシステインのカルボキシ基の pK_a 値の違いを説明せよ．

50. バリンを次の方法を用いて合成したい．それぞれの反応条件を示せ．
    a. Strecker 合成   b. 還元的アミノ化反応   c. N-フタルイミドマロン酸エステル合成

51. チロシンとシステインの pI 値が，17.4 節で述べた方法では決定できないのはなぜかを説明せよ．

52. 次に示したアミノ酸配列が α ヘリックス中には見られないのはなぜかを説明せよ．
    二つの隣接したグルタミン酸残基，二つの隣接したアスパラギン酸残基，
    グルタミン酸とアスパラギン酸が隣接した残基

53. α ヘリックス中にプロリンが存在しないのはなぜか．

54. 次の実験結果を示したポリペプチドのアミノ酸配列を決定せよ：
    ポリペプチドの完全加水分解によって Ala, Arg, Gly, 2 Lys, Met, Phe, Pro, 2 Ser, Tyr, および Val が得られた．
    Edman 反応剤との反応で PTH-Val が生じた．
    カルボキシペプチダーゼ A との処理で Ala が生じた．
    臭化シアンとの反応により，次の 2 種類のペプチドが生成した：
        1. Ala, 2 Lys, Phe, Pro, Ser, Tyr   2. Arg, Gly, Met, Ser, Val
    トリプシンで処理したところ，次の 3 種類のペプチドが生成した：
        1. Gly, Lys, Met, Tyr   2. Ala, Lys, Phe, Pro, Ser   3. Arg, Ser, Val
    キモトリプシンで処理したところ，次の 3 種類のペプチドが生成した：
        1. 2 Lys, Phe, Pro   2. Arg, Gly, Met, Ser, Tyr, Val   3. Ala, Ser

55. β-エンドルフィンの一次構造は31のアミノ酸残基からなるペプチドで，生体内で合成され，鎮痛作用を示し，次の構造をもつ：

Tyr-Gly-Gly-Phe-Met-Thr-Ser-Glu-Lys-Ser-Gln-Thr-Pro-Leu-Phe-Lys-Asn-Ile-Lys-Asn-Ala-Tyr-Lys-Lys-Gly-Glu

a. β-エンドルフィンに次の処理を行ったとき，どのようなフラグメントが得られるか．
   1. トリプシン　　**2.** 臭化シアン　　**3.** キモトリプシン

b. 設問aで得られたそれぞれのフラグメントに含まれるアミノ酸の種類がわかったとすると（結合順序は不明とする），一次構造はどの程度決定することができるか（一次構造の候補として何種類の構造が考えられるか）．（ヒント：本文中の問題23～26を思い出そう．）

56. ある化学者は，多くのタンパク質においては，タンパク質はエネルギーが最小の立体配座をとったあとにジスルフィド架橋を形成するという仮説を証明しようとしていた．彼は四つのジスルフィド架橋をもつ酵素を実験対象とし，尿素で処理して酵素を変性させた．酵素が再び折りたたみ構造をとり，さらにジスルフィド架橋を再形成するように，加えた反応剤を注意深く取り除いた．回収した酵素は反応前の80%の活性を示した．もし，酵素中のジスルフィド結合が，三次構造によるものではなく，まったくランダムに形成されたとすると，回収された酵素の活性はもとの酵素の何%となるだろうか．また，この実験結果は彼の仮説を支持しているだろうか．

57. あるポリペプチド（通常体）とその変異体をそれぞれエンドペプチダーゼにより同じ条件で加水分解した．通常体と変異体とでは，ただ1種類のアミノ酸が異なっており，それらのフィンガープリントは以下に示したものであった．変異の結果，どのようなタイプのアミノ酸が置き換わったのだろうか．（変異体において置き換わったアミノ酸はもとのアミノ酸よりも大きい極性をもつか，あるいは小さい極性をもつか．また，そのpI値はもとのアミノ酸より大きいか，あるいは小さいかを答えよ．）（ヒント：フィンガープリントのコピーをとり，それらを重ね合わせてみよう．）

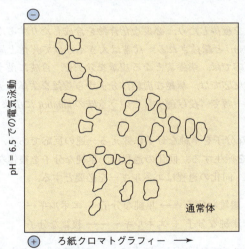
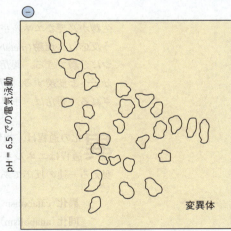

18　酵素触媒反応の機構・ビタミンの有機化学

は，オンラインのみで提供しています．詳しくは，化学同人ホームページ (http://www.kagakudojin.co.jp/) を参照ください（右記のコードからもアクセスできます）．

19 代謝の有機化学

あなたはあなた自身が食べたもの
そのものである.

生物が必要なエネルギーを獲得したり,必要な化合物を合成したりするために行う反応は,**代謝**(metabolism)と総称される.代謝は大きく分けて異化と同化の二つに分類できる.異化反応では,栄養素となる複雑な分子を,合成に使う単純な分子へと変換する.同化反応では,単純な前駆体分子から複雑な生体分子が合成される.異化は,ギリシャ語で"投げ倒す"という意味の <u>katabol</u> に由来する.

異化の過程は,複雑な分子を単純な分子に変える一連の反応である.異化の過程はエネルギーを産生する.同化の過程は,単純な分子を複雑な分子に変える一連の反応である.同化の過程はエネルギーを必要とする.

異化(catabolism):複雑な分子 ⟶ 単純な分子 + エネルギー
同化(anabolism):単純な分子 + エネルギー ⟶ 複雑な分子

生体で起こるほとんどすべての反応は,酵素によって触媒されることを覚えておく必要がある.酵素は,反応物と必要な補酵素を適切な場所に保持し,酵素触媒反応が起こるように,反応する官能基とアミノ酸の側鎖の触媒部位を一方向に配置する(18.2節参照).

この章に書かれているほとんどの反応は,すでにこれまでの章で学んだものである.引用した節に戻り,これらの反応を復習してみると,細胞によって行われる有機反応の多くが,化学者によって行われる有機反応と同じであることがわかるだろう.

🧪 代謝の違い

ヒトは必ずしもほかの種と同じように化合物を代謝するわけではない．このことは動物を使って医薬品の薬理試験を行うときに重要な問題となる．たとえば，チョコレートはヒトとイヌとで異なった化合物に代謝される．ヒトの代謝産物は無毒なのに対し，イヌの代謝産物は高い毒性を示す．代謝の違いは同じ種のなかでも見られる．たとえば，エジプト人よりもエスキモーのほうがはるかに速く，抗結核薬であるイソニアジドを代謝する．最近の研究では，ある医薬品は男性と女性で異なった代謝を受けることが明らかにされつつある．たとえば，鎮痛薬の一種であるκオピオイドは男性よりも女性のほうが約2倍効果があることがわかった．

19.1 ATP はリン酸基の転移反応に用いられる

すべての細胞は生存と増殖のためにエネルギーを必要とする．細胞は，栄養素を化学的に使いやすいかたちに変え，そこから必要なエネルギーを得ている．最も重要な化学エネルギーの保存庫は**アデノシン 5′-三リン酸**(adenosine 5′-triphosphate，**ATP**)である．生体反応にとってのATPの重要性は，「1人のヒトが1日に体重と同量のATPを使う」というその回転率に反映されている．("Ad" はアデノシル基を表す.)

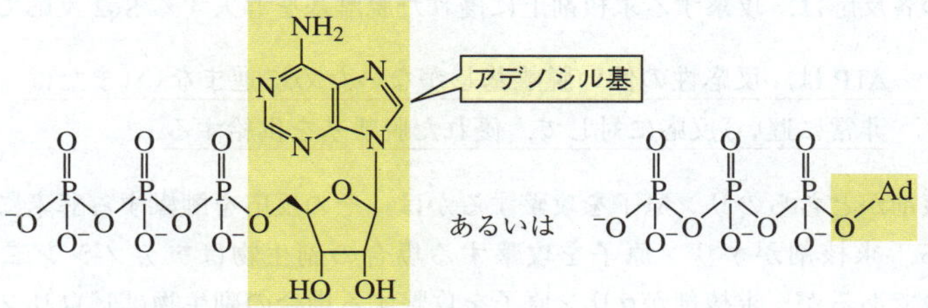

アデノシン三リン酸
(adenosine triphosphate)
ATP

リン酸基転移反応は，優れた脱離基を導入することによって化合物を反応させられるよう活性化するために用いることができることを学んだ(9.3節，11.16節参照)．

リン酸基転移反応は，以下の三つの方法のうちのいずれかによって起こすことができる．どの方法も，リン酸無水物結合を切断する S_N2 反応を含んでいる(なぜなら，リン酸無水物結合はπ結合よりも弱いからである)．

アルコールやカルボキシラートイオンのような求核剤は，ATPのγリン原子(末端リン原子)を攻撃でき，**アシルリン酸**(acyl phosphate)を生成する．

γリン原子への求核攻撃

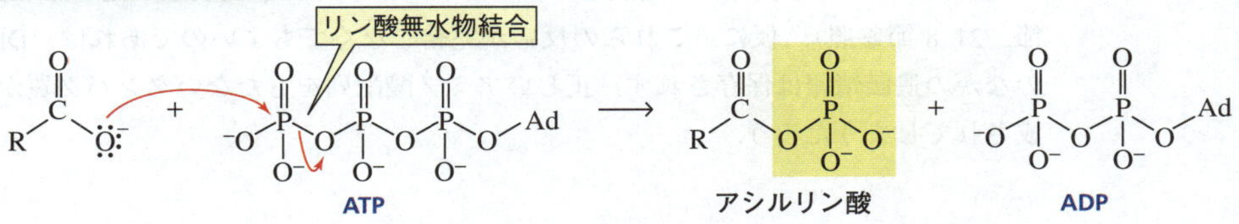

求核剤はATPのβリン原子を攻撃でき，**アシルピロリン酸**(acyl pyrophosphate)を

生成する.

βリン原子への求核攻撃

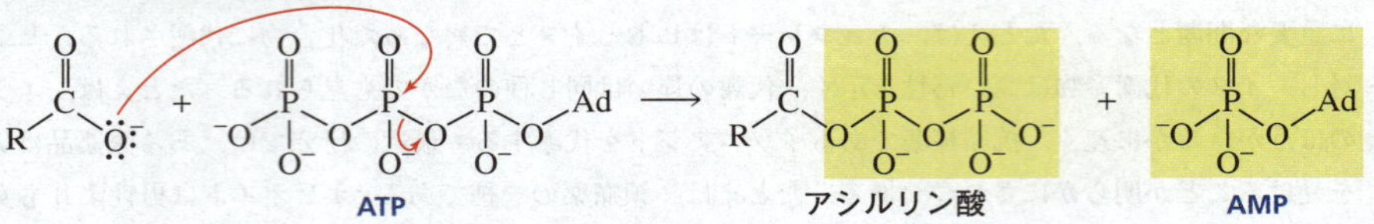

$$R-C(=O)-O^- + \text{ATP} \longrightarrow \text{アシルリン酸} + \text{AMP}$$

求核剤は ATP の α リン原子を攻撃でき，**アシルアデニル酸**（acyl adenylate）を生成する．

α リン原子への求核攻撃

$$R-C(=O)-O^- + \text{ATP} \longrightarrow \text{アシルアデニル酸} + \text{ピロリン酸 (pyrophosphate)}$$

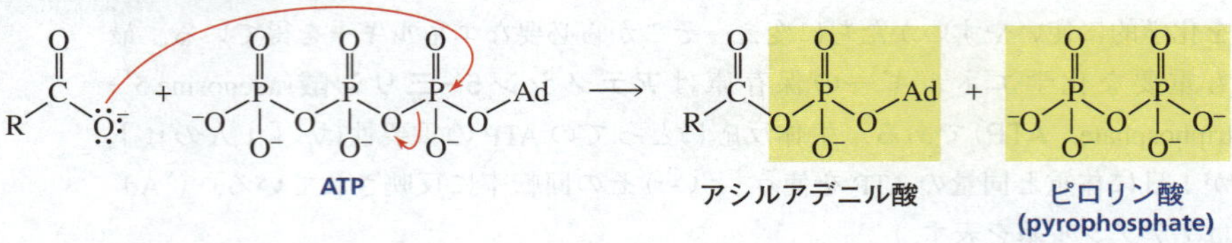

先述の各反応は，攻撃する求核剤上に優れた脱離基を導入する S_N2 反応である．

<u>ATP は，反応性の低い脱離基しかないために進まない（または非常に遅い）反応に対して，優れた脱離基を供給する．</u>

求核剤がどちらのリン原子を攻撃するかは，その反応を触媒する酵素に依存している．求核剤が γ リン原子を攻撃する場合の副生物はアデノシン二リン酸（ADP）であるが，求核剤が α リン原子を攻撃する場合の副生物はピロリン酸であることに注目しよう．ピロリン酸が生成する場合，それに続く加水分解により 2 当量のリン酸水素イオンが生成する．反応混合物から反応生成物を取り除くと，反応が右側に傾くことはすでに学んだ（5.5 節で出てきた Le Châtelier の原理を参照）．

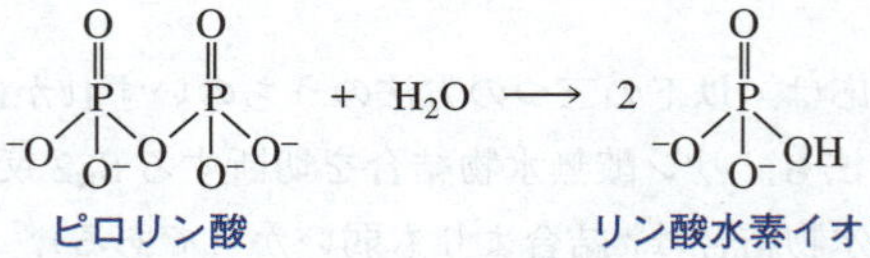

$$\text{ピロリン酸} + H_2O \longrightarrow 2\ \text{リン酸水素イオン}$$

したがって，反応の完結が必須となる酵素触媒反応では，求核剤は ATP の α リン原子を攻撃するだろう．たとえば，ヌクレオチドサブユニットが結合し DNA と RNA が生じる反応や，tRNA へアミノ酸が結合する反応（RNA をタンパク質に翻訳する一段階目）の両反応では，α リン原子への求核攻撃が起こる（21.2 節，21.8 節参照）．仮に，これらの反応が完結しなくてもよいのであれば，DNA のなかの遺伝情報は保存されず，正しいアミノ酸配列をもたないタンパク質が合成されてしまうだろう．

なぜ自然はリン酸を選んだのか？

リン酸の酸無水物やエステルは，生物界で行われている有機化学を支配している．これとは対照的に，リン酸は研究室で行われている有機化学ではほとんど用いられない．代わりに，非生体反応における好ましい脱離基の一つがハロゲン化物イオンであることはすでに学んだ（8.1節参照）．

なぜ自然はリン酸を選んだのだろう．それにはいくつかの理由が考えられる．細胞膜から分子が漏れ出てくるのを防ぐために電荷をもたせる．近づいてくる分子から反応性の高い求核剤を守るために負電荷をもたせる．そして，RNA や DNA の中の塩基部を結びつけるために，その連結する分子は二つの官能基をもつことが必須となる（21.1節参照）．三つの OH 基をもつリン酸はこれらの条件をすべて満たす．OH 基のうちの二つは塩基部を連結するのに用いることができ，三つ目の OH 基は生体内の pH において負に帯電している．加えて，多くの生体反応における重要な特徴であるように，リン酸無水物と求核剤との反応が不可逆的に進行することをあとで学ぶ．

19.2 リン酸無水物結合の〝高エネルギー〟特性

（ROH のような）求核剤と ATP との反応は高発エルゴン反応である．したがって，そのリン酸無水物結合は**高エネルギー結合**（high-energy bond）と呼ばれる．ここで，高エネルギーという用語は，リン酸無水物結合が切断されるとき，多量のエネルギーが放出されることを意味する．

求核剤と ATP との反応はなぜ高発エルゴン的であるのだろうか．いいかえると，なぜ $\Delta G°'$ 値が大きい負の値になるのだろうか．*大きい負の値の $\Delta G°'$ は，反応の生成物が反応物よりも十分に安定であることを意味する．次の反応の反応物と生成物について，なぜそうなっているのかを調べてみよう．

* $\Delta G°'$ の〝プライム〟は，5.4 節にある $\Delta G°$ の定義に二つの付加パラメータが追加されていることを表す．それは〝pH 7 の水溶液中で反応が起こる〟および〝水の濃度は一定である〟の二つである．

反応物（ATP とアルコール）に比べて生成物（ADP とリン酸アルキル）が安定である要因が三つある．

1. **ATP における強い静電反発．** 生理的 pH（7.4）において，ATP は 3.3，ADP は 2.8，リン酸アルキルは 1.8 の負電荷をもつ（それぞれの分子がもつ OH 基の一つは十分には解離していない）．ATP の大きな負電荷のため，いずれの生成物よりも ATP における静電反発が大きい．静電反発は分子を不安定化させる．
2. **生成物における大きな溶媒和による安定化．** 負電荷をもつイオンは，水溶液中では溶媒和により安定化される（3.8 節参照）．反応物は 3.3 の負電荷をもつが，生成物の負電荷の総和は 4.6（2.8 + 1.8）であるので，反応物よりも生成物のほうが大きな溶媒和により安定化されている．
3. **生成物におけるより効果的な電子の非局在化．** 二つのリン原子をつなぐ酸素上の孤立電子対は効果的に非局在化されない．なぜならば，非局在化すると酸素原子上に部分的に正電荷が生じるためである．リン酸無水物結合が切断されると，さらに 1 組の孤立電子対が効果的に非局在化される．電

子の非局在化は分子を安定化する(7.6節参照).

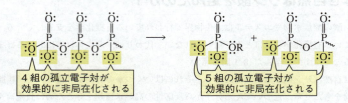

19.3 異化の四つの段階

　生命活動に必要な反応物は食餌から摂取される．この点では，私たちは私たち自身が食べたものそのものであるといっても過言ではない．18章で述べたように，哺乳類の栄養として，脂肪，炭水化物，タンパク質に加え，ビタミンが必要とされる．

　異化は四つの段階に分けられる(図19.1)．異化の一段階目は消化と呼ばれる過程である．この段階では，脂肪，炭水化物，タンパク質が，脂肪酸，単糖，アミノ酸にそれぞれ加水分解される．これらの反応は口腔，胃，および小腸で行われる．

　異化の二段階目では，一段階目で得られた生成物である脂肪酸，単糖，アミノ酸が，クエン酸回路に導入可能な化合物に変換される．これらの化合物は，(1) クエン酸回路中間体(いいかえれば，クエン酸回路のなかにある化合物)，(2) アセチル-CoA，(3) ピルビン酸(アセチル-CoA に変換できる)だけである．

> 異化の一段階目では，脂肪，炭水化物，タンパク質が，脂肪酸，単糖，アミノ酸にそれぞれ加水分解される．

> 異化の二段階目では，一段階目で得られた生成物がクエン酸回路に導入可能な化合物に変換される．

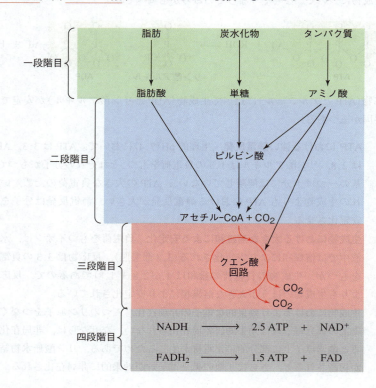

◀ 図 19.1 ▶
異化の四段階：1. 消化；2. 一段階目で得られた生成物のクエン酸回路に導入可能な化合物への変換；3. クエン酸回路；4. 酸化的リン酸化.

異化の三段階目はクエン酸回路である．この回路では，1 分子のアセチル–CoA のアセチル基が 2 分子の CO_2 へと変換される．

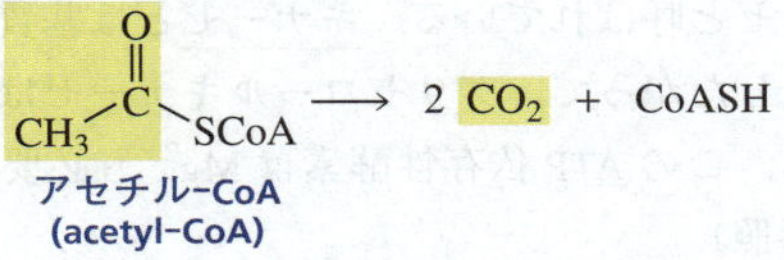

$$CH_3-\underset{\underset{O}{\|}}{C}-SCoA \longrightarrow 2\ CO_2 + CoASH$$

アセチル–CoA
(acetyl-CoA)

クエン酸回路は異化の三段階目である．

細胞は栄養素である分子を用いて ATP を生成し，必要とするエネルギーを得ていることを学んだ．異化の最初の三段階では少量の ATP しか生産されない．ATP のほとんどは異化の四段階目で生産される．（この章を学び終えるときにはこのことが理解できるであろう．さらに，問題 34 〜 37 の解答を比較できるようになっているであろう．）

異化における多くの反応は酸化反応であることがわかるだろう．異化の四段階目では，（酸化反応を行うときに利用された NAD^+ から）異化の初期段階で生成した NADH が，酸化的リン酸化反応として知られる過程において 2.5 分子の ATP に変換される．さらに，酸化的リン酸化反応は，（酸化反応を行うのに FAD を用いた場合）異化の初期段階で生成した $FADH_2$ 分子をそれぞれ 1.5 分子の ATP に変換する．したがって，脂肪，炭水化物，およびタンパク質によってもたらされたエネルギー（ATP）のほとんどが，この異化の四段階目で獲得される．

酸化的リン酸化反応は異化の四段階目である．

細胞は栄養素をアデノシン三リン酸（ATP）に変換する．

19.4 脂肪の異化

脂肪の異化における一段階目では，脂肪の三つのエステル基が酵素触媒反応によってグリセロールと 3 分子の脂肪酸に加水分解される（11.7 節参照）．

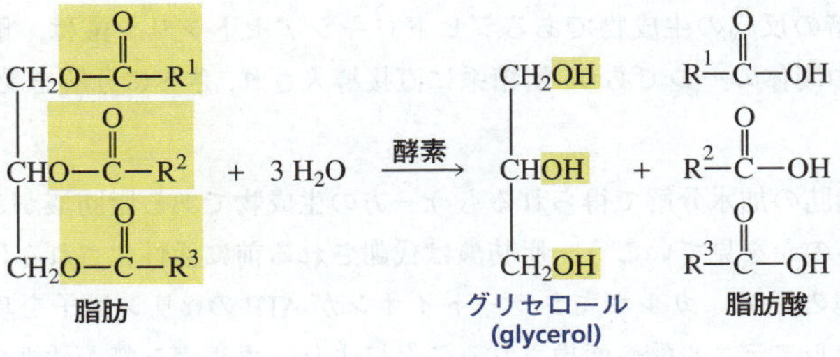

次の一連の反応は，上に示した反応で生じたグリセロールが，異化の二段階目でどのような反応を経るのかを示している．生化学反応を記述するとき，示された構造式はおもな反応物とおもな生成物だけであることに注目しよう．そのほかの反応物や生成物の構造は省略されたり，反応の矢印と交差するような曲がった矢印の上に書かれたりしている．

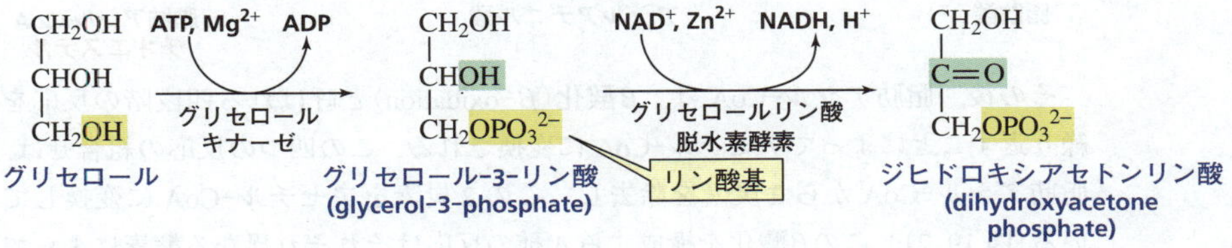

- 一段階目では，グリセロールの OH 基が ATP と反応しグリセロール-3-リン酸を生成する．反応機構は以下に示す．この反応を触媒する酵素はグリセロールキナーゼと呼ばれている．キナーゼとは基質にリン酸基を導入する酵素である．したがって，グリセロールキナーゼはグリセロールにリン酸基を導入する．この ATP 依存性酵素は Mg^{2+} も必要とすることに注目しよう（11.16 節参照）．

$$\begin{array}{c}CH_2OH\\CHOH\\CH_2OH\end{array} + ATP \longrightarrow \begin{array}{c}CH_2OH\\CHOH\\CH_2OPO_3^{2-}\end{array} + ADP + H^+$$

グリセロール　　ATP　　　　　　グリセロール-3-リン酸　　ADP

- 二段階目では，グリセロール-3-リン酸の第二級アルコール基は NAD^+ によってケトンに酸化される．この反応を触媒する酵素はグリセロールリン酸脱水素酵素と呼ばれている．脱水素酵素は基質を酸化する酵素であることを思い出そう（18.7 節参照）．基質が NAD^+ によって酸化されるとき，基質は NAD^+ のピリジン環の 4 位に水素化物イオンを供与する（18.7 節参照）．

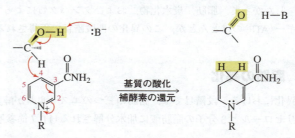

2 段階の反応の生成物であるジヒドロキシアセトンリン酸は，解糖系における中間体の一つであり，解糖系に直接導入され，さらに分解を受ける（19.5 節）．

次に，脂肪の加水分解で得られるもう一方の生成物である脂肪酸がどのように代謝されるのかを見ていこう．脂肪酸は代謝される前に活性化されなければならない．細胞の中で，カルボキシラートイオンが ATP の α リン原子を攻撃して生成したアシルアデニル酸へ変換されることにより，カルボン酸が活性化されることを学んだ．その後，アシルアデニル酸は求核アシル置換反応によって補酵素 A と反応し，チオエステルを生成する（11.16 節参照）．

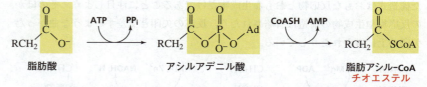

脂肪酸　　　　　　アシルアデニル酸　　　　　　脂肪アシル-CoA
　　　　　　　　　　　　　　　　　　　　　　　　チオエステル

その後，脂肪アシル-CoA は，β酸化（β-oxidation）と呼ばれる四段階の反応を繰り返すことによってアセチル-CoA に変換される．この四つの反応の組合せは，脂肪アシル-CoA から 2 炭素を除去し，この 2 炭素をアセチル-CoA に変換している（図 19.2）．このβ酸化を構成する 4 種の反応はそれぞれ異なる酵素によって

触媒される.

1. 最初の反応は，α炭素とβ炭素から水素を引き抜く酸化反応であり，α,β-不飽和脂肪アシル-CoAを生じる．酸化剤はFADである．この反応の機構は18.8節に示した．明らかに健康そうなのに寝ているあいだに死亡する乳幼児突然死症候群(sudden infant death syndrome)を発症する乳幼児の10%は，この反応を触媒する酵素が欠損している．食事の直後，細胞の一次燃料としてグルコースが使われ，その後，細胞はグルコースと脂肪酸の両方を利用するようになる．しかし，酵素が欠損していると脂肪を酸化できないので，乳幼児の細胞は十分なエネルギーが得られなくなる．

β酸化

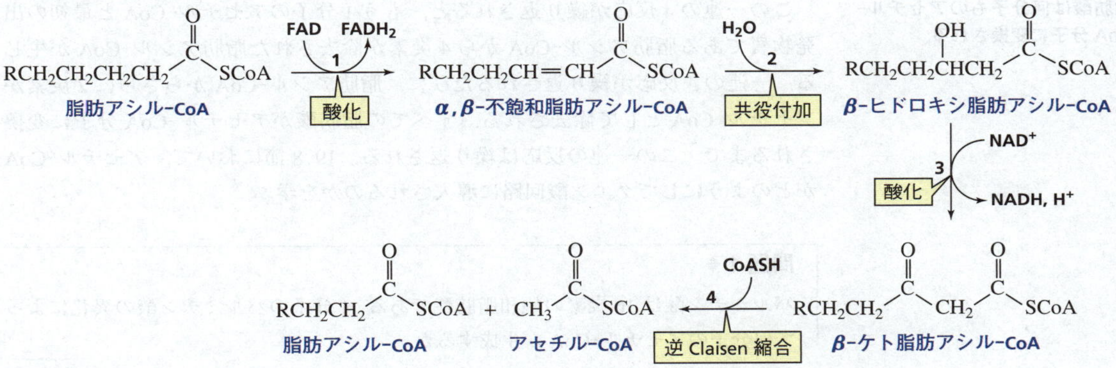

▲ 図 19.2
β酸化では，脂肪アシル-CoA分子がすべてアセチル-CoA分子に変換されるまで一連の四段階の酵素触媒反応が繰り返される．それぞれの反応を触媒する酵素は，1. アシル-CoA脱水素酵素；2. エノイル-CoA水和酵素；3. 3-L-ヒドロキシアシル-CoA脱水素酵素；4. β-ケトアシル-CoAチオラーゼ．

2. 2番目の反応は，以下に示す反応機構で進行するα,β-不飽和脂肪アシル-CoAに水が共役付加する反応である(12.10節参照)．酵素中のグルタミン酸イオン側鎖が水からプロトンを引き抜き，水をより優れた求核剤に変換する．生じたエノラートイオンはグルタミン酸によってプロトン化される．

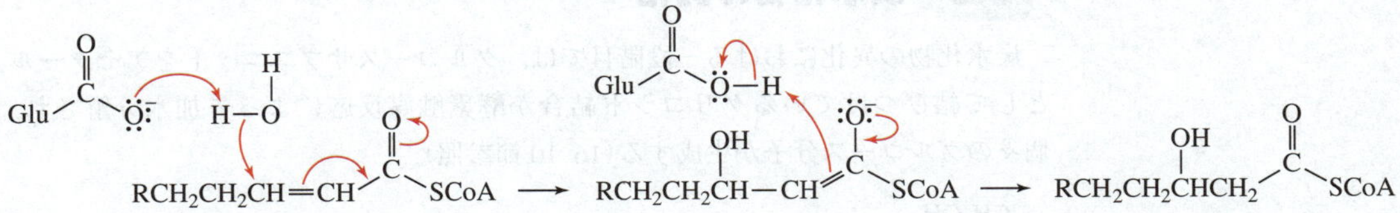

3. 3番目の反応はもう一つの酸化反応である．NAD^+が第二級アルコールをケトンに酸化する．NAD^+によるすべての酸化反応の機構は，基質からNAD^+のピリジン環の4位に水素化物イオンを供与する過程を含むことを思い出そう(18.7節参照)．

4. 4番目の反応はClaisen縮合の逆反応であり(13.8節参照)，続いて，エノラートイオンがケト互変異性体に変換される(13.3節参照)．この反応の

機構を次に示す．最終生成物はアセチル–CoA と出発物質の脂肪アシル–CoA から 2 炭素が除去された脂肪アシル–CoA である．

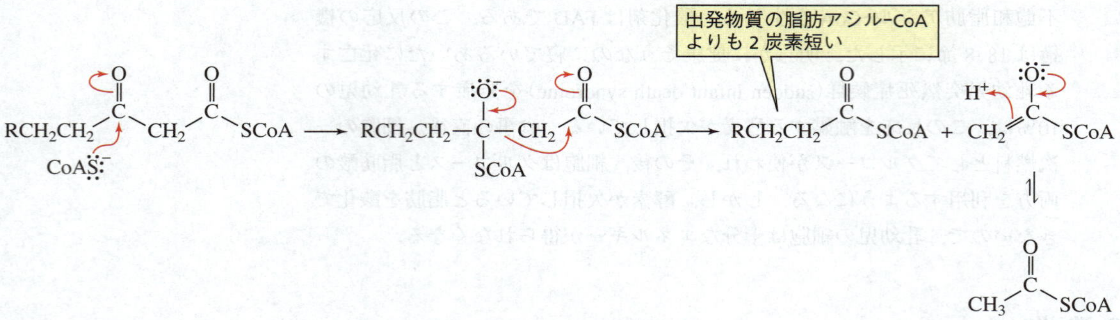

出発物質の脂肪アシル–CoA よりも 2 炭素短い

脂肪酸は何分子ものアセチル–CoA 分子に変換される．

この一連の 4 反応が繰り返されると，もう 1 分子のアセチル–CoA と最初の出発物質である脂肪アシル–CoA から 4 炭素が除去された脂肪アシル–CoA が生じる．一連の 4 反応が繰り返されるたびに，脂肪アシル–CoA からさらに 2 炭素がアセチル–CoA として除去される．すべての脂肪酸がアセチル–CoA 分子に変換されるまで，この一連の反応は繰り返される．19.8 節において，アセチル–CoA がどのようにしてクエン酸回路に導入されるのかを学ぶ．

> **問題 1 ◆**
> パルミチン酸は 16 炭素の飽和脂肪酸である．1 分子のパルミチン酸の異化によって何分子のアセチル–CoA が生成するか．

> **問題 2 ◆**
> 1 分子のパルミチン酸の β 酸化により，何分子の NADH が生成するか．

> **問題 3 ◆**
> 脂肪の β 酸化における 2 番目の反応で，OH 基が α 炭素よりも β 炭素に付加するのはなぜか．（ヒント：12.10 節参照．）

19.5 炭水化物の異化

炭水化物の異化における一段階目では，グルコースサブユニットをアセタールとして結びつけているグリコシド結合が酵素触媒反応によって加水分解され，個々のグルコース分子が生成する (16.10 節参照)．

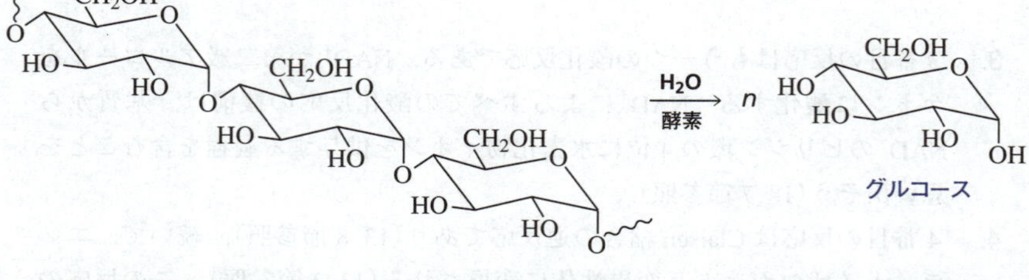

異化の二段階目では，グルコース分子が **解糖** (glycolysis) あるいは 解糖系 とし

て知られる一連の 10 種の反応を経て，2 分子のピルビン酸に変換される（図 19.3）．

解 糖

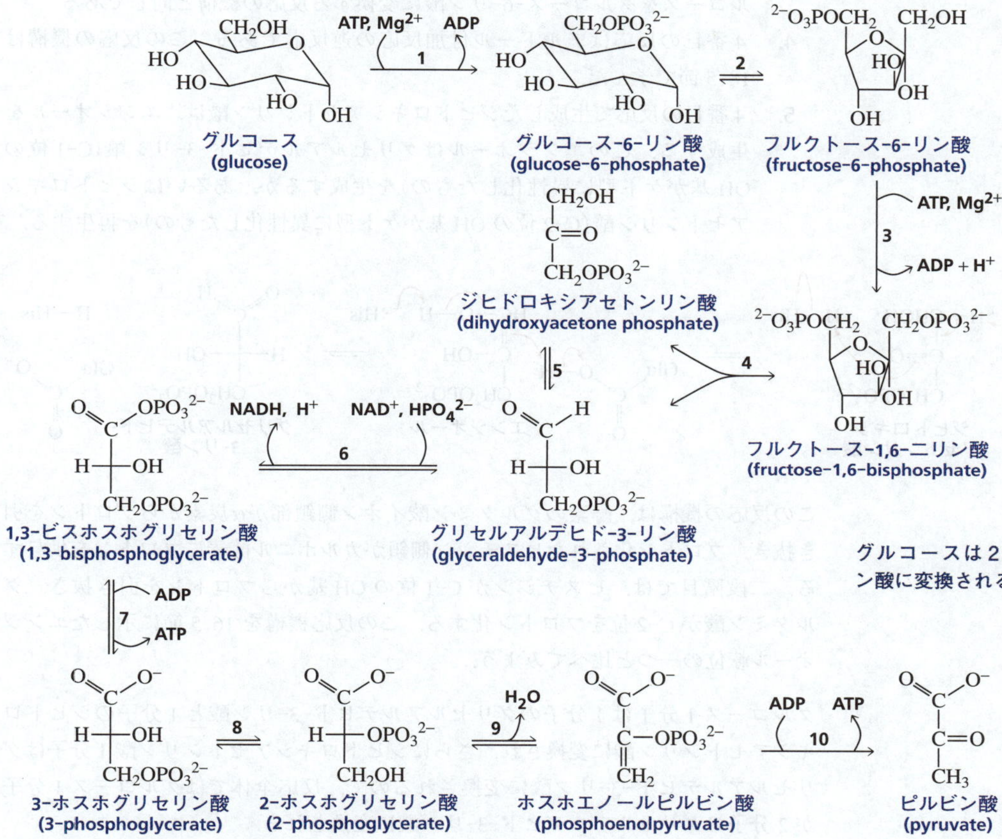
グルコース
(glucose)
ATP, Mg2+
ADP
1
グルコース-6-リン酸
(glucose-6-phosphate)
2
フルクトース-6-リン酸
(fructose-6-phosphate)
ATP, Mg2+
3
ADP + H+
ジヒドロキシアセトンリン酸
(dihydroxyacetone phosphate)
5
4
フルクトース-1,6-二リン酸
(fructose-1,6-bisphosphate)
NADH, H+
NAD+, HPO42−
6
1,3-ビスホスホグリセリン酸
(1,3-bisphosphoglycerate)
グリセルアルデヒド-3-リン酸
(glyceraldehyde-3-phosphate)
ADP
7
ATP
8
H2O
9
ADP
ATP
10
3-ホスホグリセリン酸
(3-phosphoglycerate)
2-ホスホグリセリン酸
(2-phosphoglycerate)
ホスホエノールピルビン酸
(phosphoenolpyruvate)
ピルビン酸
(pyruvate)

グルコースは 2 分子のピルビン酸に変換される．

▲図 19.3
解糖系．一連の酵素触媒反応により 1 mol のグルコースが 2 mol のピルビン酸に変換される．それぞれの反応を触媒する酵素は，1．ヘキソキナーゼ；2．ホスホグルコース異性化酵素；3．ホスホフルクトキナーゼ；4．アルドラーゼ；5．トリオースリン酸異性化酵素；6．グリセルアルデヒド-3-リン酸脱水素酵素；7．ホスホグリセリン酸キナーゼ；8．ホスホグリセリン酸転移酵素；9．エノラーゼ；10．ピルビン酸キナーゼ．

1. 最初の反応では，グルコースが ATP の γ リン原子を攻撃してグルコース-6-リン酸に変換される（19.1 節）．

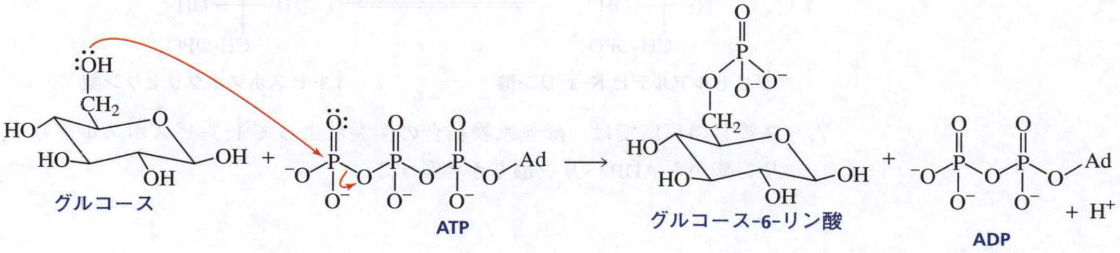
グルコース
ATP
グルコース-6-リン酸
ADP
+ H+

2. グルコース-6-リン酸がフルクトース-6-リン酸に異性化される．この反応の機構は 18.4 節で学んだ．
3. 3 番目の反応では，ATP が 2 番目のリン酸基をフルクトース-6-リン酸に導入し，フルクトース-1,6-二リン酸を生成する．この反応の機構は，グルコースをグルコース-6-リン酸に変換する反応の機構と同じである．
4. 4 番目の反応はアルドール付加反応の逆反応である．この反応の機構は 18.5 節で学んだ．
5. 4 番目の反応で生成したジヒドロキシアセトンリン酸は，エンジオールを生成する．このエンジオールはグリセルアルデヒド-3-リン酸(C-1 位の OH 基がケト型に異性化したもの)を生成するか，あるいはジヒドロキシアセトンリン酸(C-2 位の OH 基がケト型に異性化したもの)を再生する．

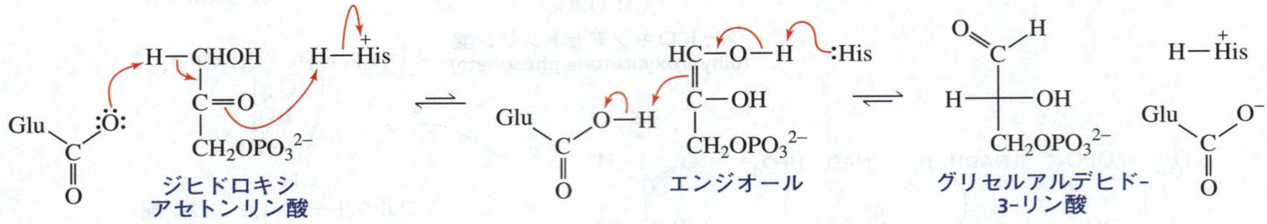

この反応の機構は，酵素のグルタミン酸イオン側鎖部が α 炭素からプロトンを引き抜き，プロトン化されたヒスチジン側鎖がカルボニル酸素にプロトンを供与する．二段階目では，ヒスチジンが C-1 位の OH 基からプロトンを引き抜き，グルタミン酸が C-2 位をプロトン化する．この反応機構を 16.5 節に示したエンジオール転位の一つと比べてみよう．

グルコース 1 分子は 1 分子のグリセルアルデヒド-3-リン酸と 1 分子のジヒドロキシアセトンリン酸に変換され，さらにジヒドロキシアセトンリン酸 1 分子はグリセルアルデヒド-3-リン酸に変換されるので，反応全体ではグルコース 1 分子が 2 分子のグリセルアルデヒド-3-リン酸に変換される．

6. グリセルアルデヒド-3-リン酸のアルデヒド基は NAD^+ によって酸化されて 1,3-ビスホスホグリセリン酸を生成する．この反応ではアルデヒドがカルボン酸に酸化され，リン酸とエステルを生成する．この反応の機構は 18.7 節で学んだ．

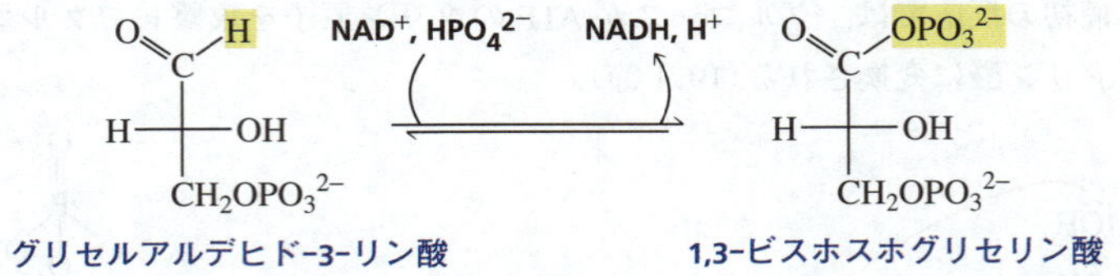

7. 7 番目の反応では，酸無水物結合の開裂によって 1,3-ビスホスホグリセリン酸から ADP へリン酸基が移動する．

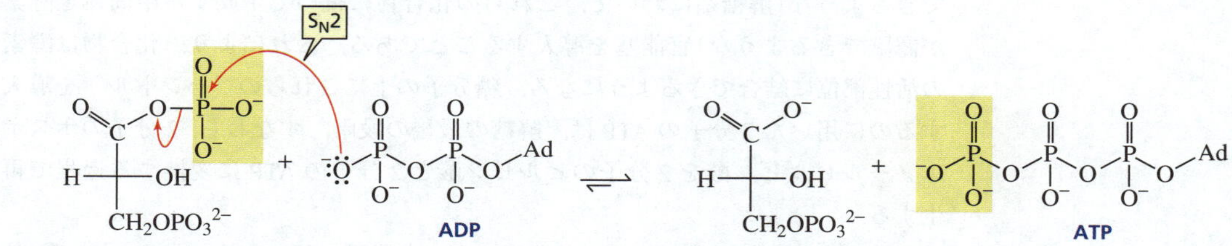

[反応図: 1,3-ビスホスホグリセリン酸 + ADP ⇌ 3-ホスホグリセリン酸 + ATP]

1,3-ビスホスホグリセリン酸 ／ **ADP** ／ **3-ホスホグリセリン酸** ／ **ATP**

8. 8番目の反応は異性化で，3-ホスホグリセリン酸が2-ホスホグリセリン酸に変換される．この反応を触媒する酵素は側鎖に結合したリン酸基をもつ．このリン酸基が3-ホスホグリセリン酸の2位へ移動し，二つのリン酸基をもつ中間体が生成する．この中間体の3位のリン酸基が酵素の側鎖へ移動する．

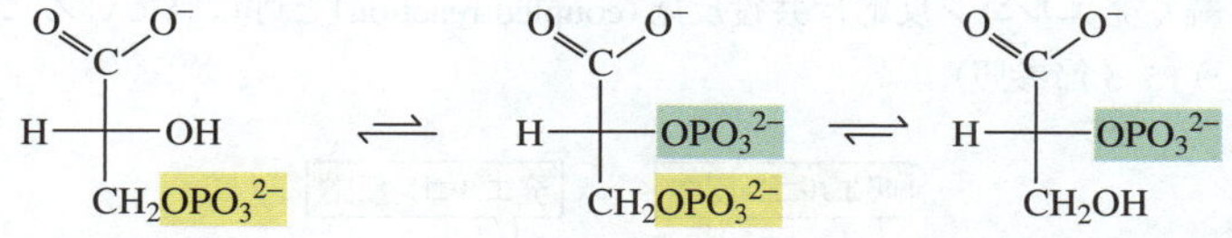

[反応図: 3-ホスホグリセリン酸 ⇌ 中間体 ⇌ 2-ホスホグリセリン酸]

9. 9番目の反応は，ホスホエノールピルビン酸が生成する脱水反応である．リシン側鎖は，α炭素からプロトンを引き抜く．二つのマグネシウムイオンが，共役塩基を安定させることによって，プロトンの酸性度を大きくしている．中間体におけるOH基はグルタミン酸側鎖部によってプロトン化され，より優れた脱離基へと変換される（9.2節参照）．

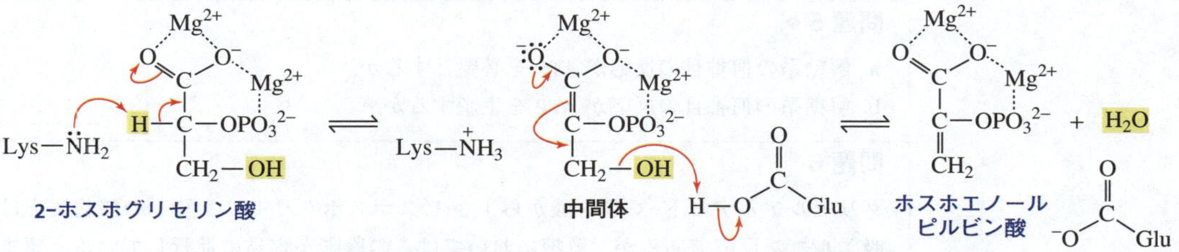

[反応図: 2-ホスホグリセリン酸 ⇌ 中間体 ⇌ ホスホエノールピルビン酸 + H_2O]

10. 最後の反応では，ホスホエノールピルビン酸からADPへリン酸基が移動し，ATPとピルビン酸が生成する．

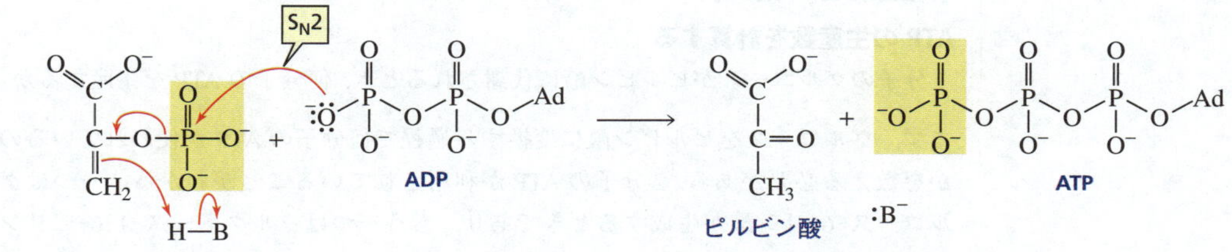

[反応図: ホスホエノールピルビン酸 + ADP → ピルビン酸 + ATP]

解糖系の最初の反応であるグルコースのリン酸化や3番目の反応であるフルクトース-6-リン酸のリン酸化は，グルコースやフルクトース-6-リン酸の反応性を高めるものではない．リン酸化の目的は，これらの化合物それぞれを酵素が認識

できるような(解糖系において，これらの化合物に続いて生成する中間体を酵素が認識できるような)官能基を導入することである．これにより，化合物は酵素の活性部位に結合できるようになる．糖分子の上にこれらの"ハンドル"を導入するのに用いた2分子のATPは，解糖の最後の段階，すなわち，2分子のホスホエノールピルビン酸を2分子のピルビン酸と2分子のATPに変換する過程で再生する．

　解糖は全体として発エルゴン的であるが，各段階の反応がすべて発エルゴン的であるというわけではない．たとえば，グリセルアルデヒド-3-リン酸を1,3-ビスホスホグリセリン酸に変換する反応(6番目の反応；以下に示す**A**から**B**への反応)は吸エルゴン反応である．しかし，これに続く反応(1,3-ビスホスホグリセリン酸を3-ホスホグリセリン酸に変換する反応；以下に示す**B**から**C**への反応)は発エルゴン的である．したがって，2番目の反応が**B**を**C**に変換するように，最初の反応は平衡下における**B**の平衡濃度を補充している．吸エルゴン反応とこれに続く発エルゴン反応は**共役反応**(coupled reaction)と呼ばれていることを思い出そう(5.5節参照)．

問題 4

解糖の3番目の反応であるフルクトース-6-リン酸とATPからフルクトース-1,6-二リン酸が生成する反応の機構を書け．

問題 5 ◆

a. 解糖系の何番目の反応がATPを必要とするか．
b. 解糖系の何番目の反応がATPを生産するか．

問題 6

グリセルアルデヒド-3-リン酸から1,3-ビスホスホグリセリン酸への酸化反応は吸エルゴン反応であるが，解糖においてはこの段階が容易に進行している．望ましくない平衡定数をどのようにして克服しているのか．

【問題解答の指針】

ATPの生産数を計算する

1分子のグルコースがピルビン酸に代謝されるとき，何分子のATPを生産するか．

まず，グルコースをピルビン酸に変換する過程で何分子のATPが使われているのかを数える必要がある．2分子のATPが利用されていることがわかる．一つはグルコース-6-リン酸が生成するときであり，もう一つはフルクトース-1,6-二リン酸が生成するときである．

次に，何分子のATPが生産されるかを数える必要がある．グリセルアルデヒド-3-リン酸がピルビン酸に代謝されるとき，2分子のATPが生産される．1分子のグルコースから2分子のグリセルアルデヒド-3-リン酸が生成するので，1分子

のグルコースから 4 分子の ATP が生産されることになる．利用された分子の数を引くと，1 分子のグルコースがピルビン酸に代謝されるとき 2 分子の ATP が生産されることがわかる．

問題 7 へ進もう．

> **問題 7 ◆**
> 1 分子のグルコースをピルビン酸に変換する過程では，何分子の NAD^+ が必要か．

19.6 ピルビン酸の運命

細胞内に限られた量しか存在しない NAD^+ が解糖系で酸化剤として利用される過程を前節で学んだ．解糖が続くのであれば，生成した NADH は NAD^+ に再び酸化されなければならない．そうでなければ，NAD^+ を酸化剤として利用できなくなるだろう．

通常の(好気性)条件では(つまり，酸素が存在するとき)，酸素が NADH を酸化して NAD^+ に戻す(これは異化の 4 番目の段階で行われる)．ピルビン酸(解糖系の生成物)はアセチル-CoA に変換され，クエン酸回路に導入される．

ピルビン酸のアセチル-CoA への変換は，ピルビン酸脱水素酵素複合体として知られる三つの酵素と五つの補酵素からなる複合体により触媒される一連の反応を経由して行われる．この一連の反応の結果，ピルビン酸上のアセチル基が補酵素 A (CoASH) に転移する．この反応の機構は 18.9 節で学んだ．

酸素が少ししか供給されていないとき，すなわち筋肉細胞が激しく動き酸素を消費したようなとき，ピルビン酸(解糖の生成物)は NADH を酸化して NAD^+ に戻す．この過程で，ピルビン酸は乳酸エステル(乳酸)に還元される．酸素の供給が必要なので，ヒトは運動のあいだしっかりと呼吸する．

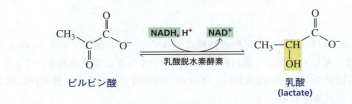

動物では，嫌気性(酸素がない)条件下でピルビン酸が乳酸に還元されるが，酵母では異なった運命をたどる．すなわち，ピルビン酸脱炭酸酵素(動物には存在しない酵素)によってピルビン酸が脱炭酸され，アセトアルデヒドになる．この反応機構は 18.10 節で学んだ．

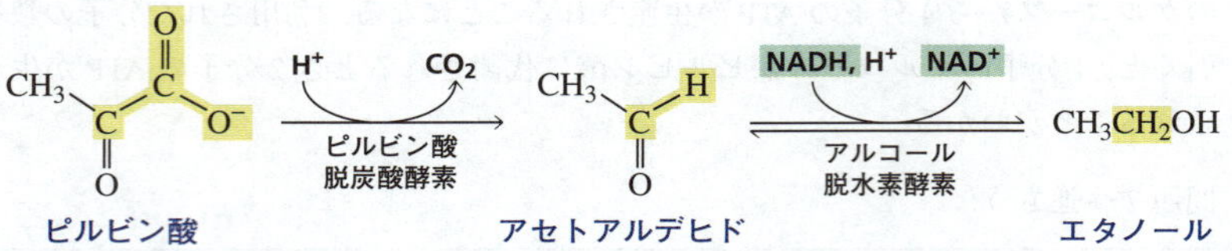

$$\text{CH}_3\text{COCOO}^- \xrightarrow[\text{ピルビン酸脱炭酸酵素}]{\text{H}^+ \quad \text{CO}_2} \text{CH}_3\text{CHO} \underset{\text{アルコール脱水素酵素}}{\overset{\text{NADH, H}^+ \quad \text{NAD}^+}{\rightleftharpoons}} \text{CH}_3\text{CH}_2\text{OH}$$

ピルビン酸 　　　　　　　アセトアルデヒド 　　　　　　エタノール

この場合，アセトアルデヒドは NADH を NAD$^+$ へ再酸化する化合物であり，この過程を経てアセトアルデヒドはエタノールに還元される．この反応は数千年ものあいだ，人類によってワイン，ビール，およびその他の発酵飲料を生成するのに使われてきた．（酵素の名前は正反応あるいは逆反応のどちらかを引用して名づけられることに注目しよう．たとえば，ピルビン酸脱炭酸酵素は正反応に基づいて名づけられているが，アルコール脱水素酵素は逆反応に基づいて名づけられている．）

問題 8 ◆
アセトアルデヒドをエタノールに変換する正反応に基づいて，アルコール脱水素酵素のほかの名称を提案せよ．

問題 9 ◆
ピルビン酸が乳酸に変換されるとき，ピルビン酸のどの官能基が還元されるか．

問題 10
アセトアルデヒドが NADH により還元されてエタノールが生成する反応の機構を示せ．（ヒント：18.1 節参照．）

19.7 タンパク質の異化

タンパク質の異化における一段階目では，酵素触媒反応によってタンパク質がアミノ酸に加水分解される．

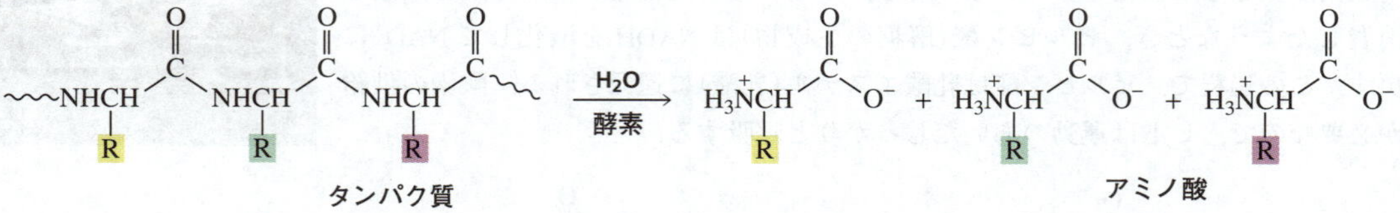

タンパク質 　→（H$_2$O，酵素）→ アミノ酸

アミノ酸はアセチル-CoA かピルビン酸，もしくはクエン酸回路の中間体のいずれかに変換される．

異化の二段階目では，アミノ酸の種類によって，アミノ酸はアセチル-CoA かピルビン酸，もしくはクエン酸回路の中間体のいずれかに変換される．そして，異化の二段階目のこれらの生成物は，異化の三段階目であるクエン酸回路に導入され，さらに代謝される．

アミノ酸がどのように代謝されるのか，フェニルアラニンの異化を例に見てみよう（図 19.4）．フェニルアラニンは必須アミノ酸の一つであるので食餌から摂取しなければならない（17.1 節参照）．フェニルアラニンヒドロキシ化酵素がフェニルアラニンをチロシンに変換する．したがって，食餌によりフェニルアラニン

を十分摂取していれば，チロシンは必須アミノ酸ではなくなる．

ほとんどのアミノ酸の異化における一段階目の反応はアミノ基転移反応であり，補酵素としてピリドキサールピロリン酸(PLP)を必要とする．アミノ基転移反応は，アミノ酸中のアミノ基をケトン基に置き換える反応であることを学んだ(18.11 節参照)．チロシンのアミノ基転移反応の生成物である *para*-ヒドロキシフェニルピルビン酸は，一連の反応を経てフマル酸とアセチル-CoA に変換される．

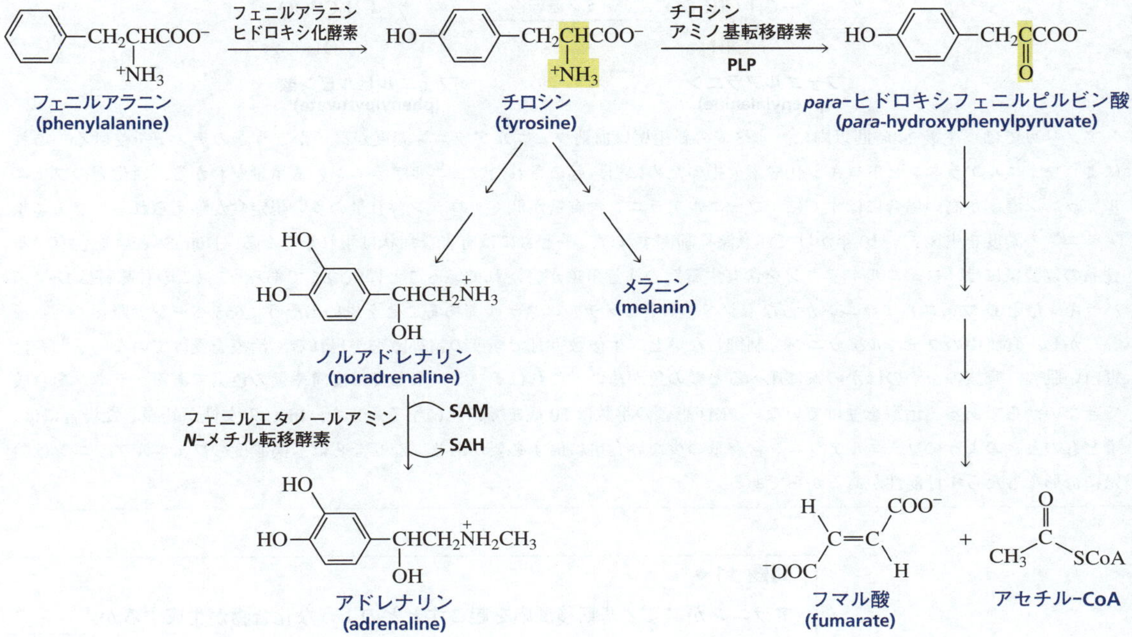

▲ 図 19.4
フェニルアラニンの異化．

フマル酸はクエン酸回路中間体であり，このままの形でクエン酸回路に導入される．アセチル-CoA はクエン酸回路の中間体ではないが，クエン酸回路に導入可能な化合物であることを 19.8 節で学ぶ．異化経路の反応はそれぞれ別べつの酵素によって触媒されることを思い出そう．

摂取したアミノ酸は，エネルギーのためだけに利用されるのではなく，タンパク質の合成やほかの生体分子の合成にも利用される．たとえば，チロシンは神経伝達物質(ノルアドレナリンやアドレナリン)および皮膚や髪の色素であるメラニンの合成に利用される．*S*-アデノシルメチオニン(SAM)は生物学的なメチル化剤であり，ノルアドレナリンをアドレナリンに変換することを思い出そう(9.12 節参照)．

フェニルケトン尿症(PKU): 先天性代謝障害

約2万人に1人の割合で、フェニルアラニンをチロシンに変換する酵素であるフェニルアラニンヒドロキシ化酵素を生まれつきもっていない人がいる。この遺伝病はフェニルケトン尿症(phenylketonuria, PKU)と呼ばれている。フェニルアラニンヒドロキシ化酵素がないと、フェニルアラニンの濃度が上昇し、それが高濃度に達するとアミノ基転移が起きて、正常な脳の発育を阻害するフェニルピルビン酸が生成する。尿中に高濃度のフェニルピルビン酸が蓄積されるので、この病気はフェニルケトン尿症と呼ばれる。

$$\text{C}_6\text{H}_5-\text{CH}_2\text{CHCOO}^- \text{ (}^+\text{NH}_3\text{)} \xrightarrow{\text{アミノ基転移}} \text{C}_6\text{H}_5-\text{CH}_2\text{CCOO}^- \text{ (=O)}$$

フェニルアラニン (phenylalanine) → フェニルピルビン酸 (phenylpyruvate)

アメリカでは、生後24時間以内に、すべての新生児は血清フェニルアラニン濃度が高いかどうかのテストを受ける。これによりフェニルアラニンヒドロキシ化酵素欠損のために引き起こされたフェニルアラニンの蓄積量がわかる。新生児のフェニルアラニン濃度が高い場合にはすぐに、フェニルアラニン含有量が低くチロシン含有量の多い規定食が与えられる。フェニルアラニンの濃度を生後5〜10年かけて注意深く制御すれば、子どもには有害な症状は現れなくなる。NutraSweet® を含有する食品の包装紙には、フェニルアラニンを含有する旨の注意事項が書かれていることに気づくであろう。(この甘味料は L-アスパラギン酸と L-フェニルアラニンからなるジペプチドのメチルエステルであることを思い出そう; 655ページ参照)。

しかし、食餌中のフェニルアラニンを制御しないと、生後数カ月で極度の精神障害が現れる。治療を受けていない子どもは青白い肌で、家族のなかのほかの人に比べると髪の色が薄い。これはチロシンなしでは皮膚や髪の色素であるメラニンを合成できないからである。治療を受けていない PKU 患者の半数は20歳までに死に至る。また、PKU の女性が妊娠した場合には、子どものときのようにフェニルアラニン含有量の少ない食事に戻す必要がある。なぜならば、高濃度のフェニルアラニンは胎児に奇形をもたらす可能性があるからである。

問題 11 ◆
アラニンがアミノ基転移反応を起こすとどのような化合物が生成するか。

19.8 クエン酸回路

クエン酸回路(citric acid cycle)(異化の三段階目)は、脂肪、炭水化物、およびアミノ酸の異化によって生成したアセチル-CoA 分子のアセチル基が、それぞれ2分子の CO_2 に変換される八つの連続する反応である(図 19.5)。

> クエン酸回路に導入されるアセチル-CoA のアセチル基は、2分子の CO_2 に変換される。

$$\text{CH}_3-\text{C(=O)}-\text{SCoA} \longrightarrow 2\,CO_2 + \text{CoASH}$$

この一連の反応は、ほかの代謝過程の反応とは異なり、8番目の反応の生成物(オキサロ酢酸)が最初の反応の反応物であり、一連の反応は閉じた環を成しているので回路と呼ばれている。

1. クエン酸回路の最初の反応では、アセチル-CoA がオキサロ酢酸と反応し、クエン酸が生成する。反応機構に示したように、酵素のアスパラギン酸側

クエン酸回路

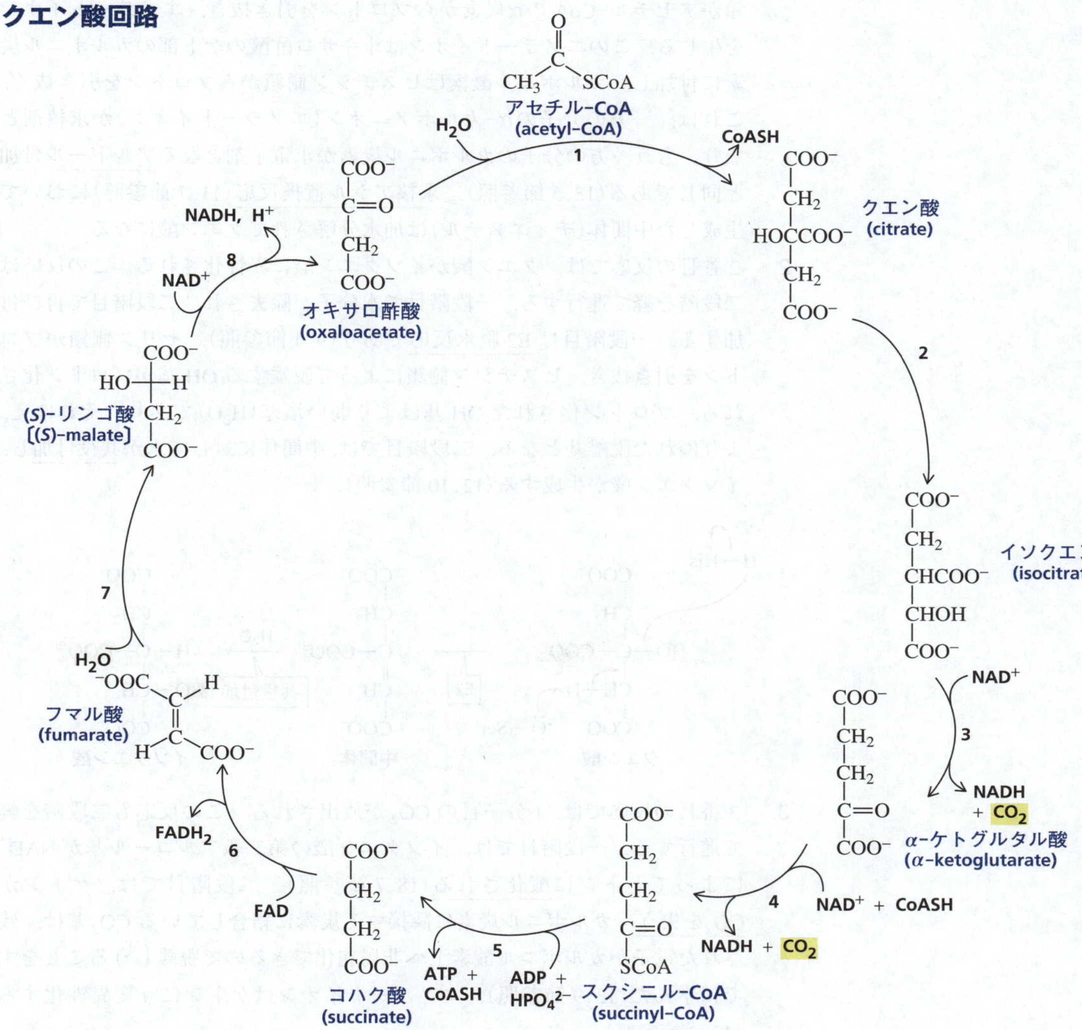

▲ 図 19.5
クエン酸回路．一連の酵素触媒反応によりアセチル-CoA のアセチル基は 2 分子の CO_2 に酸化される．それぞれの反応を触媒する酵素は，1．クエン酸合成酵素；2．アコニターゼ；3．イソクエン酸脱水素酵素；4．α-ケトグルタル酸脱水素酵素；5．スクシニル-CoA 合成酵素；6．コハク酸脱水素酵素；7．フマラーゼ；8．リンゴ酸脱水素酵素．

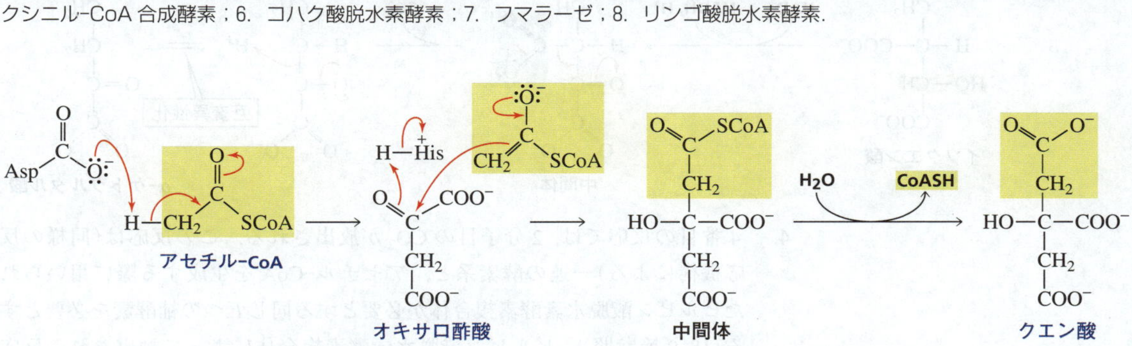

鎖がアセチル–CoA のα炭素からプロトンを引き抜き，エノラートイオンを生じる．このエノラートイオンはオキサロ酢酸のケト部のカルボニル炭素に付加し，カルボニル酸素はヒスチジン側鎖からプロトンを引き抜く．これは，一方の分子のα-カルボアニオン（エノラートイオン）が求核剤となり，もう一方の分子のカルボニル炭素が求電子剤となるアルドール付加と同じである（13.5 節参照）．求核アシル置換反応（11.7 節参照）において生成した中間体（チオエステル）は加水分解されてクエン酸になる．

2. 2番目の反応では，クエン酸がイソクエン酸に異性化される．この反応は二段階を経て進行する．一段階目で水分子が除去され，二段階目で再び付加する．一段階目は E2 脱水反応であり（9.4 節参照），セリン側鎖がプロトンを引き抜き，ヒスチジン側鎖によって脱離する OH 基がプロトン化される．プロトン化された OH 基はより弱い塩基（H_2O）であり，それゆえ，より優れた脱離基となる．二段階目では，中間体に対して水が共役付加し，イソクエン酸が生成する（12.10 節参照）．

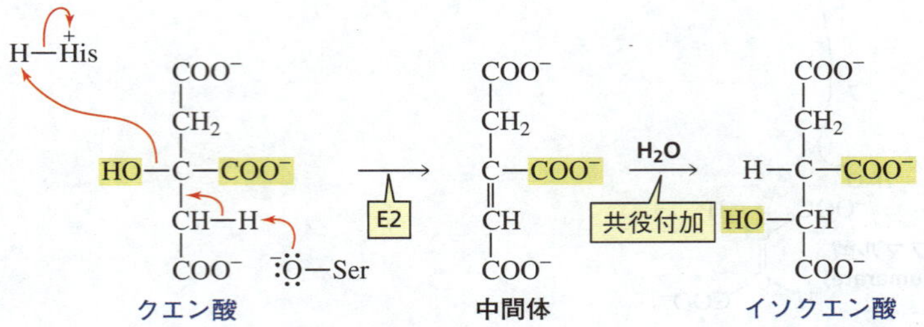

3. 3番目の反応では，1 分子目の CO_2 が放出される．この反応も二段階を経て進行する．一段階目では，イソクエン酸の第二級アルコール基が NAD^+ によってケトンに酸化される（18.7 節参照）．二段階目では，ケトンが CO_2 を失う．カルボニル炭素に隣接する炭素に結合している CO_2 基は，残された電子がカルボニル酸素上へ非局在化できるので脱離しうることをすでに学んだ（13.9 節参照）．エノラートイオンはケトンに互変異性化する（13.3 節参照）．

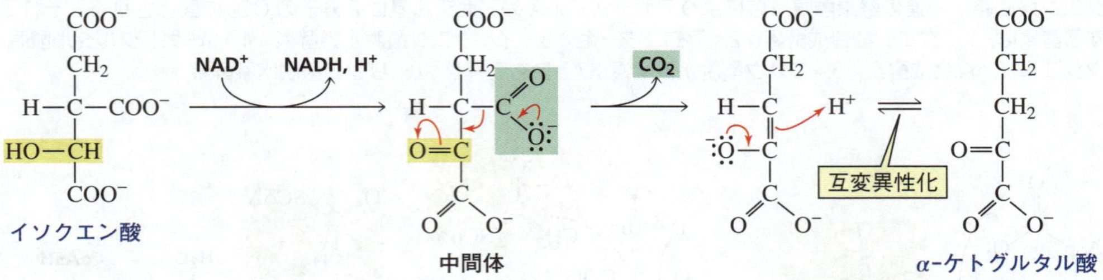

4. 4番目の反応では，2 分子目の CO_2 が放出される．この反応は（同様の反応機構による）一連の酵素系と，アセチル–CoA を生成する際に用いられたピルビン酸脱水素酵素複合体が必要とする同じ五つの補酵素を必要とする（18.9 節参照）．ピルビン酸脱水素酵素複合体によって触媒される反応のように，この反応全体では結果としてアシル基が CoASH に転移する．

したがって，反応の生成物はスクシニル-CoA である．

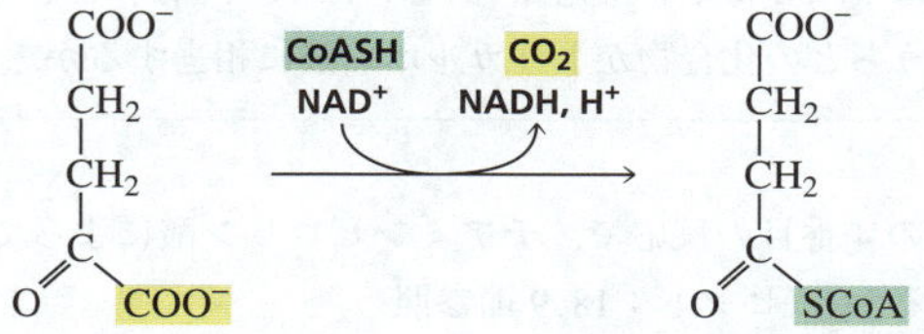

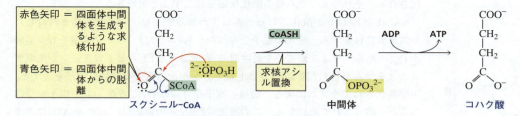

α-ケトグルタル酸　　　　　　　　　　　　　スクシニル-CoA

5. 5番目の反応は二段階を経て進行する．はじめに，リン酸水素イオンは求核アシル置換反応によってスクシニル-CoA と反応し，中間体を生成する．この中間体から解糖系の7番目や10番目と同様の反応機構によって，ADP にリン酸基が転移する．

すでにこの段階で，クエン酸回路は必要な変換過程を成し遂げている．すなわち，アセチル-CoA は CoASH と2分子の CO_2 に変換される．残るは，コハク酸をオキサロ酢酸に変換する過程であり，オキサロ酢酸はほかのアセチル-CoA 分子と反応して回路が再始動する．

6. 6番目の反応では，FAD がコハク酸を酸化し，フマル酸が生成する．この反応の機構は 18.8 節で学んだ．

7. フマル酸の二重結合に水が共役付加し，(S)-リンゴ酸が生成する．この反応がたった一つのエナンチオマーだけを生じる理由は 6.7 節で学んだ．

8. (S)-リンゴ酸の第二級アルコールが NAD^+ によって酸化され，オキサロ酢酸が生成し，回路は一巡し出発点に戻る．オキサロ酢酸は再び回路に導入され，次のアセチル-CoA 分子と反応し，アセチル-CoA のアセチル基を2分子の CO_2 へ変換していく．

クエン酸回路の 6，7，および 8 の反応は，脂肪酸の β 酸化反応の 1，2，および 3 の反応と似ていることに注目しよう（19.4 節）．

問題 12
酸触媒下で起こる脱水反応は通常 E1 反応である．クエン酸回路の2番目の反応である酸触媒下での脱水反応はなぜ E2 反応なのか．

問題 13◆
クエン酸回路の3番目の反応でイソクエン酸のどの官能基が酸化されるか．

問題 14◆
クエン酸回路はトリカルボン酸回路(あるいは TCA 回路)とも呼ばれる．クエン酸回路中間体のうちどの化合物がトリカルボン酸に相当するか．

問題 15◆
クエン酸回路の 4 番目の反応で，チアミンピロリン酸によってどのようなアシル基が転移されるか．(ヒント：18.9 節参照．)

19.9 酸化的リン酸化

異化の二段階目および三段階目で生成する NADH と $FADH_2$ は，異化の四段階目である**酸化的リン酸化**(oxidative phosphorylation)を受けて，NAD^+ と FAD に酸化される．それゆえ，さらなる酸化反応を起こすことができる．

NADH や $FADH_2$ が酸化されるときに失われる電子は，電子受容体と結合したシステムに移動する．最初の電子受容体のうちの一つは，キノン構造をもつ補酵素 Q_{10} である．キノンが電子を受け取る(還元される)と，ヒドロキノンが生成することを学んだ(14.7 節参照)．ヒドロキノンが次の電子受容体に電子を渡すと，再び酸化されてキノンに戻る．最後の電子受容体は O_2 である．O_2 が電子を受け取ると，還元されて水になる．この酸化-還元反応の連鎖は，ADP を ATP に変換するのに用いられるエネルギーを供給している．

1 分子の NADH が酸化的リン酸化を受けることによって 2.5 分子の ATP が生産され，1 分子の $FADH_2$ が酸化的リン酸化反応を受けることによって 1.5 分子の ATP が生産される．

補酵素 Q_{10}

酸化的リン酸化では，1 分子の NADH が 2.5 分子の ATP を生産し，1 分子の $FADH_2$ が 1.5 分子の ATP を生産する．

$$NADH \longrightarrow NAD^+ + 2.5\ ATP$$
$$FADH_2 \longrightarrow FAD\ +\ 1.5\ ATP$$

クエン酸回路が一巡すると，3 分子の NADH，1 分子の $FADH_2$，および 1 分子の ATP が生成する．したがって，クエン酸回路に導入されるアセチル-CoA 1 分子につき，NADH から 7.5 分子の ATP が，$FADH_2$ から 1.5 分子の ATP が，クエン酸回路から 1 分子の ATP が生じ，全部で 10 分子の ATP がつくられる．

$$3\ NADH\ +\ FADH_2\ \longrightarrow\ 3\ NAD^+\ +\ FAD\ +\ 10\ ATP$$

問題 16◆
次の条件で 1 分子のグリセロールがピルビン酸に変換されるとき，何分子の ATP が生産されるか．
a. 異化の四段階目を含まないとき　　b. 異化の四段階目を含むとき

19.10 同　化

同化は異化の逆反応である．同化ではアセチル-CoA，ピルビン酸，クエン酸回路中間体，および解糖で生成した中間体が脂肪酸，炭水化物，およびタンパク

🧪 基礎代謝率

基礎代謝率(basal metabolic rate, BMR)は，ヒトが1日中ベッドで寝ているときに消費するカロリー数である．BMRは性別，年齢，および遺伝的要素の影響を受ける．BMRは女性よりも男性のほうが大きく，老人よりも若い人のほうが大きい．また，ある人は生まれながらにしてほかの人よりも代謝速度が速いという場合もある．BMRは体脂肪率の影響も受ける．体脂肪率が高い人は，BMRが低い．ヒトでは，平均のBMRは約1600 kcal/日である．

ヒトは基礎代謝を維持するためにカロリーを消費するのに加え，身体活動を行うのに必要なエネルギーとしてもカロリーを消費している．ヒトが活動的であればあるほど，現在の体重を維持するためにはより多くのカロリーを必要とする．あるヒトがBMRと身体活動を保つために必要なカロリーよりも多くのカロリーを摂取すれば，体重が増える．逆に，カロリー摂取量が少なくなれば体重は減る．

質の合成のための出発物質として使われる．

たとえば，私たちはすでに細胞がどのようにしてアセチル-CoAを使って脂肪アシル-CoAを合成しているのかを学んでいる(13.10節参照)．脂肪アシル-CoAが合成されると，解糖の中間体として生成したジヒドロキシアセトンリン酸の還元により得られるグリセロール-3-リン酸がエステル化され，脂肪や油へと変換される．

問題 17◆
a. グリセロールをグリセロール-3-リン酸に変換する酵素の名前は何か．
b. ホスファチジン酸を1,2-ジアシルグリセロールに変換する酵素の名前は何か．

解糖＝
グルコース → ピルビン酸
糖新生＝
ピルビン酸 → グルコース

19.11 糖新生

ピルビン酸からグルコースを合成する**糖新生**（gluconeogenesis）は同化の一過程である．身体にとってグルコースは一次燃料である．しかし，長時間の運動や断食のときには，グルコースを使い切るので，脂肪を燃料として使う．脳は脂肪を代謝できないので，グルコースの継続的な供給が必要となる．それゆえ，脳にグルコースを十分に供給できないときのために，身体はグルコースを合成する経路をもっている．

図19.3および図19.6からわかるように，グルコースの合成に含まれる多くの反応は，ちょうど解糖の逆反応であり，解糖でグルコースからピルビン酸が生成する反応を触媒するのと同じ酵素によって行われている．しかしながら，糖新生におけるすべての反応が，解糖の反応の真逆というわけではない．各段階におけるいくつかの酵素は，本質的に不可逆な反応を触媒しており，逆方向へ進むときには迂回しなければならない．不可逆的な正反応および逆反応を行うのに異なる酵素を使うことによって，正反応と逆反応がともに熱力学的に進行しやすくなっている．

解糖における反応 **1**，**3**，および **10** は不可逆的である（図19.6）．したがって，糖新生においてこれらの逆反応を触媒するには異なる酵素が必要となる．解糖における最後の不可逆的反応の逆反応（**10**）は，実際には二つの連続する酵素触媒反応である．最初にピルビン酸カルボキシラーゼによってピルビン酸がオキサロ酢酸に変換される．このピルビン酸カルボキシラーゼはビオチン依存性の酵素であり，その反応機構は18.10節で学んだ．次に，オキサロ酢酸がホスホエノールピルビン酸に変換される．この反応では，下に示すように，3-オキソカルボン酸が脱炭酸され（13.9節参照），エノラートイオンの酸素がGTPのγリン原子を攻撃する．

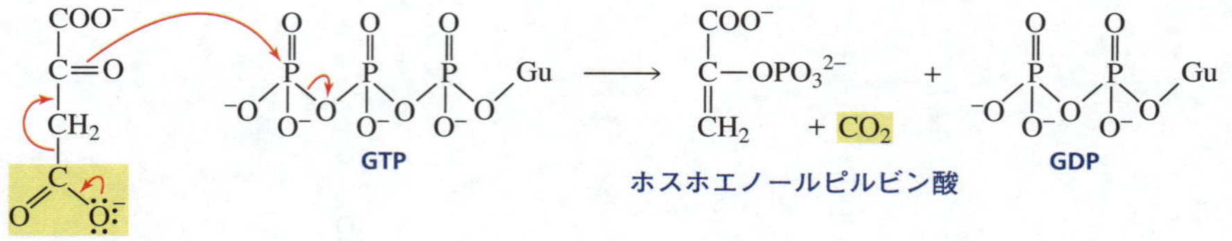

オキサロ酢酸 + GTP ⟶ ホスホエノールピルビン酸 + CO_2 + GDP

糖新生における次の反応であるフルクトース-6-リン酸へのフルクトース-1,6-二リン酸の加水分解は，逆反応が不可逆的なので酵素（**3**）を必要とし，フルクトース-1,6-ビスホスファターゼによって触媒される．**ホスファターゼ**（phosphatase）はリン酸基を除去する酵素である．結果として，グルコース-6-ホスファターゼ（**1**）はグルコース-6-リン酸を加水分解し，グルコースを生成する．

19.12 代謝経路の調節

グルコースの合成と分解が同時に行われるのは，非生産的である．したがって，二つの経路は制御されなければならない．つまり，細胞がエネルギーとしてグル

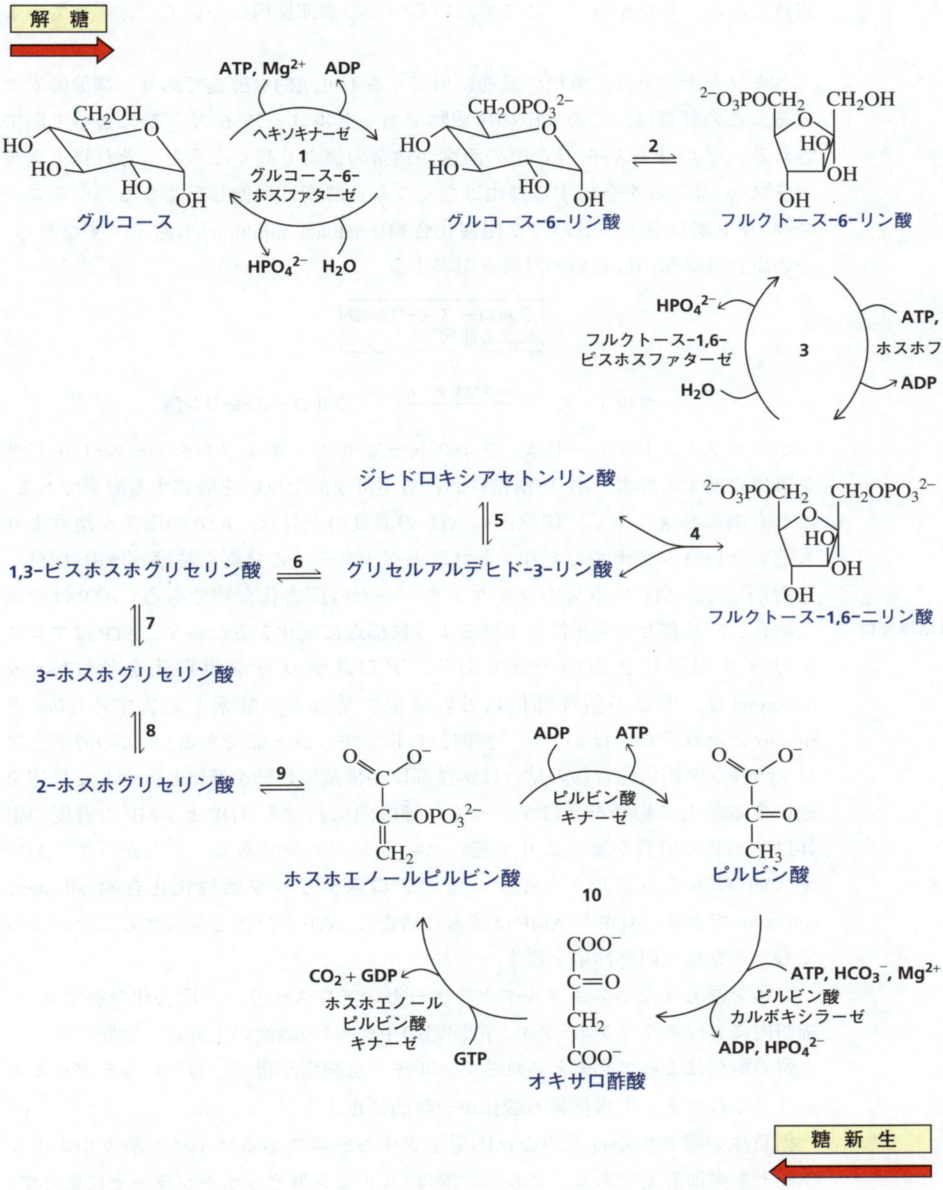

▲ 図 19.6
解糖（グルコースからピルビン酸への変換）と糖新生（ピルビン酸からグルコースの生合成）．

コースを必要としていないときにグルコースは合成され，蓄積される．そして，エネルギーが必要とされるときには，グルコースは分解される．経路のはじめに近い段階において，不可逆的な反応を触媒する酵素は，経路を動かしたり止めたりする．この酵素は**調節酵素**（regulatory enzyme）と呼ばれる．調節酵素は細胞の要求に応答して，独立に分解や合成を調整している．解糖における三つの不可逆的な酵素と，糖新生における四つの不可逆的な酵素による調節のしくみは非常に

複雑である．したがって，ここではいくつかの調節機構についてだけ考えてみよう．

ヘキソキナーゼは，解糖の最初に出てくる不可逆的な酵素であり，調節酵素である．この酵素は，この反応の生成物であるグルコース-6-リン酸によって阻害される．グルコース-6-リン酸の濃度が通常の値より高くなると，それ以上グルコース-6-リン酸を合成する理由はなくなり，酵素は機能しなくなる．グルコース-6-リン酸は**フィードバック阻害化合物**(feedback inhibitor)である．すなわち，その生合成経路のはじめの段階を阻害する．

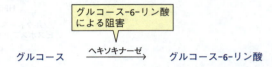

ホスホフルクトキナーゼは，フルクトース-6-リン酸をフルクトース-1,6-二リン酸に変換する酵素であり，解糖における不可逆的な反応を触媒する酵素である．これも調節酵素である．細胞内のATPの濃度の上昇は，ATPの産生が消費よりも速いというシグナルであり，それ以上グルコースの分解を続ける理由はない．したがって，ATPはホスホフルクトキナーゼの阻害化合物である．ATPは酵素と結合し，基質との親和性を下げるように構造に変化をもたらす．ATPはアロステリック阻害化合物の一例である．**アロステリック阻害化合物**(allosteric inhibitor)は，酵素の活性部位以外の部位に結合し，酵素を阻害する(*allos* と *stereos* はそれぞれ"ほか"と"空間"を指すギリシャ語である)．この酵素とアロステリック阻害化合物の結合は活性部位の構造に影響を及ぼし，そして反応を触媒する能力に影響を及ぼす．一方，細胞内におけるADPとAMPの濃度の上昇は，ATPの消費が産生よりも速いというシグナルである．したがって，ADPやAMPはホスホフルクトキナーゼの**アロステリック活性化化合物**(allosteric activator)である．ADPやAMPは酵素と結合し，ATPが酵素と結合することによってもたらされた阻害作用を覆す．

> アロステリック部位は活性部位とは別の部位である．

クエン酸もまたホスホフルクトキナーゼのアロステリック阻害化合物である．細胞内におけるクエン酸(クエン酸回路の中間体)の濃度の上昇は，脂肪やタンパク質の酸化によって必要とされるエネルギーを細胞が得ているというシグナルであり，それゆえ，炭水化物の酸化が一時的に止まる．

糖新生の最初の不可逆的な反応を触媒する酵素であるピルビン酸カルボキシラーゼも調節酵素である．ピルビン酸は(ピルビン酸カルボキシラーゼによって)オキサロ酢酸に変換され，その後エネルギーの貯蔵のためにグルコースを生成するか，あるいは(ピルビン酸脱水素酵素複合体によって)アセチル-CoAに変換され，その後，クエン酸回路に導入されエネルギーを得るために代謝される．アセチル-CoAはピルビン酸カルボキシラーゼのアロステリック活性化化合物であり，ピルビン酸脱水素酵素複合体のフィードバック阻害化合物である．高濃度のアセチル-CoAは，エネルギーが不必要であるというシグナルであり，ピルビン酸はクエン酸回路に導入される準備というよりもグルコースに変換される．

19.13 アミノ酸の生合成

身体の中でつくられるアミノ酸は，10種の非必須アミノ酸だけである．ほかのアミノ酸は食物から摂取しなければならない．非必須アミノ酸は，4種の代謝中間体であるα-ケトグルタル酸，ピルビン酸，オキサロ酢酸，または3-ホスホグリセリン酸のいずれかから生合成される．各アミノ酸はそれぞれ独自の過程により生合成される．

たとえば，グルタミン酸は，アミノ酸を窒素供与体とし，α-ケトグルタル酸を窒素受容体としたアミノ基転移反応によって生合成される．アラニンとアスパラギン酸も同様にアミノ酸を窒素供与体とし，ピルビン酸やオキサロ酢酸をそれぞれ窒素受容体としたアミノ基転移反応によって生合成される．

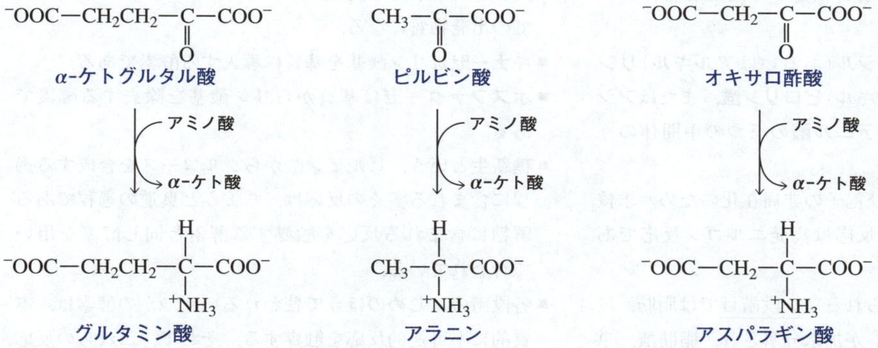

セリンは3-ホスホグリセリン酸（解糖の中間体）の酸化，グルタミン酸を窒素供給体としたアミノ基転移反応，それに続くリン酸基の加水分解により生合成される．21.9節では，アミノ酸からどのようにしてタンパク質が生合成されるかを学ぶ．

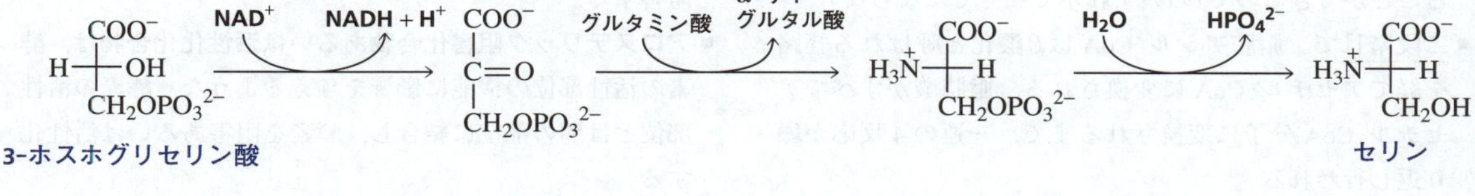

問題 18

グルタミンは，ATPとアンモニアを用いてグルタミン酸から二段階で生合成される．ほかに ADP も生成する．この生合成の機構を示せ．（ヒント：19.1節を参照．）

覚えておくべき重要事項

- **代謝**は，生命体がエネルギーを獲得したり，必要な化合物を合成したりするために行う一連の反応である．代謝は同化と異化に分類される．
- **異化の経路**は，複雑な構造をもつ生体分子を分解し，エネルギーとともにより単純な構造の分子を生じる一連の反応である．
- **同化の経路**は，より単純な構造の分子から複雑な構造をもつ生体分子を合成する一連の反応である．
- ATP は細胞中の最も重要な化学エネルギー源である．ATP は優れた脱離基をもっているので，ほかの脱離能の低い脱離基では進行しないような反応経路を可能にする．これは，リン酸基転移反応を介して行われる．
- **リン酸基転移反応**は，**リン酸無水物結合**が切断され，ATP 中のリン酸基が求核剤に転移する過程を含んでいる．
- リン酸基転移反応は，**アシル（あるいはアルキル）リン酸**，**アシル（あるいはアルキル）ピロリン酸**，または**アシル（あるいはアルキル）アデニル酸**の三つの中間体のうちどれか一つを生成する．
- 静電反発，溶媒和，および電子の非局在化のため，求核剤とリン酸無水物結合の反応は高発エルゴン反応である．
- **異化**は四つの段階に分けられる．一段階目では脂肪，炭水化物，およびタンパク質が加水分解され，脂肪酸，単糖，およびアミノ酸に変換される．
- 二段階目では，一段階目における生成物がクエン酸回路に導入可能な化合物に変換される．クエン酸回路に導入されるためには，化合物はクエン酸回路中間体，アセチル-CoA，あるいはピルビン酸（アセチル-CoA に変換することができるので）のいずれかでなくてはならない．
- 二段階目で，脂肪アシル-CoA は β 酸化と呼ばれる経路を経てアセチル-CoA に変換される．脂肪酸がすべてアセチル-CoA 分子に変換されるまで，一連の 4 反応が繰り返し行われる．
- 二段階目で，グルコースは，**解糖**として知られる一連の 10 反応を経て 2 分子のピルビン酸に変換される．
- 好気性条件下では，ピルビン酸はアセチル-CoA に変換され，その後，クエン酸回路に導入される．
- アミノ酸の種類によって異なるが，アミノ酸は，二段階目で，ピルビン酸，アセチル-CoA，もしくはクエン酸回路中間体に代謝される．
- **クエン酸回路**は異化の三段階目であり，一連の 8 反応からなり，1 分子のアセチル-CoA のアセチル基を 2 分子の CO_2 に変換する．
- **酸化的リン酸化**と呼ばれる異化の四段階目では，異化の二および三段階目における酸化反応で生成した NADH と $FADH_2$ が，それぞれ 2.5 分子と 1.5 分子の ATP に変換される．
- **同化**は異化の真逆である．同化において，アセチル-CoA，ピルビン酸，解糖中間体，およびクエン酸回路中間体は，脂肪酸，炭水化物，およびタンパク質合成にとっての出発物質になる．
- **キナーゼ**はリン酸基を基質に導入する酵素である．
- **ホスファターゼ**は基質からリン酸基を除去する酵素である．
- **糖新生**という，ピルビン酸からグルコースを合成する過程に含まれる多くの反応は，ちょうど真逆の過程である解糖に含まれる反応を触媒する酵素と同じ酵素を用いて行われている．
- 各段階のはじめのほうで使われるいくつかの酵素は，本質的に不可逆的反応を触媒する．そして，これらの反応は，反対の方向へ進むときには逆反応を触媒するような酵素を必要とする．
- 各段階のはじめに近い不可逆的反応を触媒する酵素は，**調節酵素**であり，活性化されたり不活化されたりする．
- **フィードバック阻害化合物**は生合成のはじめの段階を阻害する．
- **アロステリック阻害化合物**あるいは**活性化化合物**は，酵素の活性部位の機能に影響を与えるような，酵素の活性部位とは別の部位に結合し，酵素を阻害あるいは活性化する．
- すべての非必須アミノ酸は，4 種の代謝中間体であるピルビン酸，オキサロ酢酸，α-ケトグルタル酸，または 3-ホスホグリセリン酸のいずれかから生合成される．

章末問題

19. 次の記述は同化過程と異化過程のどちらであるかを示せ．
    a. エネルギーを ATP のかたちで生産する　　b. 初期酸化反応を行う

20. ガラクトースは解糖系に導入されるが，最初に ATP と反応し，ガラクトース-1-リン酸を生成しなければならない．このガラクトース-1-リン酸が生成する反応の機構を示せ．

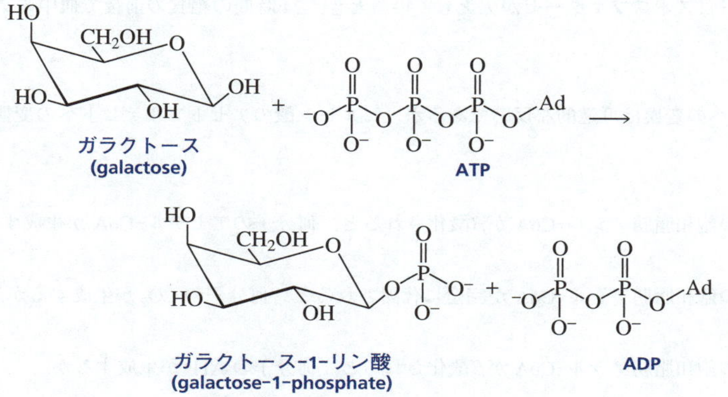

21. ピルビン酸が NADH によって乳酸に還元されるとき，乳酸の構造のなかのどの水素が NADH に由来するか．

22. 解糖における 10 番目の反応に該当するものは次のどれか．
    a. リン酸化反応　　b. 異性化反応　　c. 還元反応　　d. 脱水反応

23. クエン酸回路のなかのどの反応が不斉中心をもった生成物を生じるか．

24. アシル-CoA 合成酵素は，一連の 2 反応によって脂肪酸を脂肪アシル-CoA (19.4 節) に変換し，脂肪酸を活性化する酵素である．最初の反応では，脂肪酸が ATP と反応し，生成物の一つは ADP である．もう一つの生成物は 2 番目の反応で CoASH と反応し，脂肪アシル-CoA が生成する．それぞれの反応の機構を示せ．

25. いくつかの脳腫瘍では，イソクエン酸脱水素酵素が，イソクエン酸の第二級アルコールの酸化を触媒する代わりに，α-ケトグルタル酸の還元を触媒する．この反応の生成物の構造を書け．

26. 3-ホスホグリセリン酸のリン原子を放射性標識すると，2-ホスホグリセリン酸を生成する反応が終わったとき，標識されたリン原子はどこにあるか．

27. クエン酸回路にある八つの酵素のうち，逆反応を参照した名前をもっているのはどれか．

28. グルコース中のどの炭素原子がピルビン酸のカルボキシ基になるか．

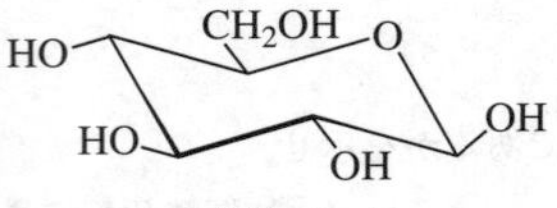

D-グルコース

29. 嫌気性条件下の酵母においてグルコースが代謝されるとき，エタノールに含まれるのはどの炭素原子か．

30. フルクトース-1,6-ビスホスファターゼが欠乏しているとき，24時間の絶食の前後で血中のグルコース値はどのような影響を受けるか．

31. ピルビン酸の乳酸への変換は可逆的な反応であるが，ピルビン酸のアセトアルデヒドへの変換が可逆的でないのはなぜかを説明せよ．

32. 1分子の16炭素の飽和脂肪アシル-CoAがβ酸化されると，何分子のアセチル-CoAが生成するか．

33. 1分子の16炭素の飽和脂肪アシル-CoAが完全に代謝されると，何分子のCO_2が生成するか．

34. 1分子の16炭素の飽和脂肪アシル-CoAがβ酸化されると，何分子のATPが生成するか．

35. 1分子の16炭素の飽和脂肪アシル-CoAがβ酸化されると，何分子のNADHと$FADH_2$が生成するか．

36. 1分子の16炭素の飽和脂肪アシル-CoAがβ酸化されると，生成するNADHと$FADH_2$から，何分子のATPが生成するか．

37. 1分子の16炭素の飽和脂肪アシル-CoAが完全に代謝されると(異化の四段階目を含む)，何分子のATPが生成するか．

38. 1分子のグルコースが完全に代謝されると(異化の四段階目を含む)，何分子のATPが生成するか．

39. 哺乳類の細胞において，四つの可能なピルビン酸の運命は何か．

40. ほとんどの脂肪酸は偶数個の炭素原子からなり，それゆえ，アセチル-CoAに完全に代謝される．奇数個の炭素原子からなる脂肪酸はアセチル-CoAと1分子のプロピオニル-CoAに代謝される．次の二つの反応はプロピオニル-CoAをクエン酸回路中間体であるスクシニル-CoAに変換し，それはさらに代謝される．それぞれの反応には補酵素が必要である．それぞれの反応の補酵素を記せ．補酵素はどのビタミンに由来するか．（ヒント：18章参照．）

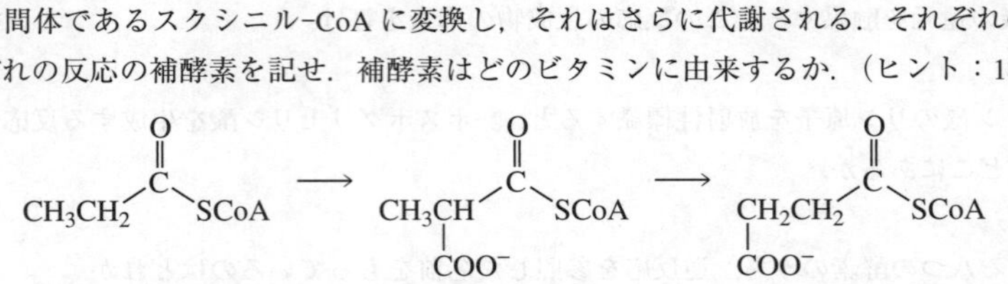

プロピオニル-CoA (propionyl-CoA) → メチルマロニル-CoA (methylmalonyl-CoA) → スクシニル-CoA (succinyl-CoA)

41. グルコースの次のそれぞれの位置が ^{14}C によって放射性標識されている場合，放射性標識されるのはピルビン酸のどの位置か．
   a. グルコース-1-^{14}C **b.** グルコース-2-^{14}C **c.** グルコース-3-^{14}C
   d. グルコース-4-^{14}C **e.** グルコース-5-^{14}C **f.** グルコース-6-^{14}C

42. 2 当量のピルビン酸からクエン酸が合成される反応を書け．これらの反応に必要とされる酵素は何か．

43. 飢餓状態のとき，アセチル-CoA は，クエン酸回路に導入され分解される代わりにアセトンと 3-ヒドロキシブタン酸に変換される．これらの化合物はケトン体と呼ばれ，脳の一時的な燃料として使うことができる．これらの化合物が生成する機構を示せ．

$$CH_3-\underset{O}{\overset{\parallel}{C}}-SCoA \longrightarrow CH_3-\underset{O}{\overset{\parallel}{C}}-CH_3 + CH_3CH_2-\underset{OH}{\overset{}{CH}}-\underset{O}{\overset{\parallel}{C}}-O^-$$
アセトン (acetone)　　3-ヒドロキシブタン酸 (3-hydroxybutyrate)

44. ^{14}C で標識されたグリセルアルデヒド-3-リン酸を酵母の抽出物に加え少し経つと，C-3 位と C-4 位が標識されたフルクトース-1,6-二リン酸が得られる．グリセルアルデヒド-3-リン酸のどの炭素が ^{14}C で標識されていたのか．また，フルクトース-1,6-二リン酸はどのようにして 2 番目の標識を得たのか．

45. UDP-ガラクトース-4-異性化酵素は UDP-ガラクトースを UDP-グルコースに変換する．この反応は NAD$^+$を補酵素として必要とする．
   a. この反応の機構を示せ．　　**b.** この酵素はなぜ異性化酵素と呼ばれるのか．

UDP-ガラクトース　→ UDP-ガラクトース-4-異性化酵素 → UDP-グルコース

46. カルボキシラートイオンの活性化に ATP が使われ，さらにチオールと反応する機構を，ある学生が確かめようとしている．カルボキシラートイオンが ATP の γ リン原子に攻撃すれば，反応生成物はチオエステル，ADP，およびリン酸である．しかし，カルボキシラートイオンが ATP の α リン原子または β リン原子のどちらを攻撃するかは，反応生成物からは決定できない．なぜなら，どちらの反応も AMP とピロリン酸を生成するからである．酵素，カルボキシラートイオン，ATP，および放射性標識されたピロリン酸を混合し，そこから ATP を単離する実験によって機構を区別することができた．単離した ATP が放射性標識されていれば，攻撃は α リン原子上で起こったことになる．ATP が放射性標識されていなければ，攻撃は β リン原子上で起こったことになる．これらの結論を説明せよ．

47. 放射性標識されたピロリン酸の代わりに放射性標識された AMP を培養液に加えると，章末問題 46 に示した実験はどのような結果になるか．

20 脂質の有機化学

この章では，なぜクジラは頭部に大量の脂肪をもつのか，脂質と油の違い，なぜある種のヘビの毒が有毒なのか，ということを学ぶ.

脂質（lipid）は生体中に存在する有機化合物で，非極性溶媒に溶ける．脂質は構造にもとづいて分類された化合物群ではなく，物理的性質，すなわち非極性溶媒への溶解性にもとづいて分類された化合物群である．したがって，脂質は次に例示するように多様な構造と機能をもっている．

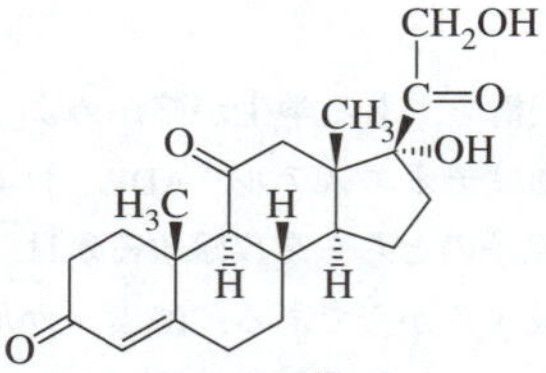

コルチゾン
(cortisone)
ホルモン

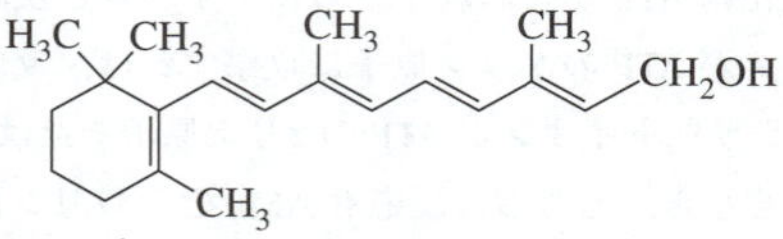

ビタミン A
(vitamin A)
ビタミン

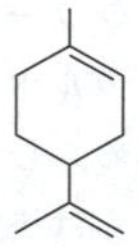

リモネン
(limonene)
オレンジ油やレモン油に含まれる

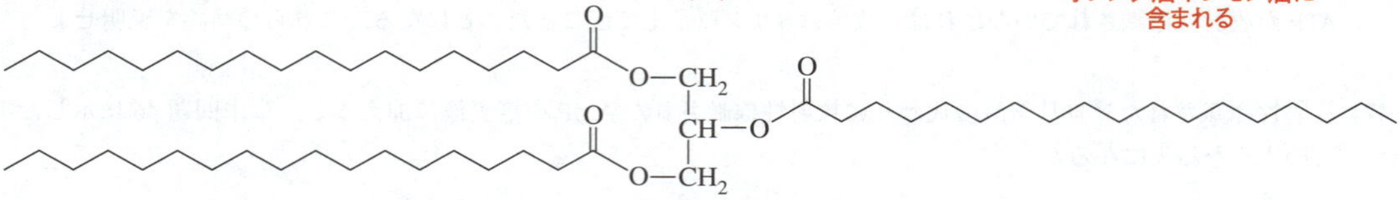

トリステアリン
(tristearin)
脂肪

脂質の非極性溶媒への溶解性は，重要な炭化水素成分に起因している．脂質の炭化水素部分が"油性"もしくは"脂肪性"の原因である．lipid はギリシャ語で

"脂肪"を意味する *lipos* に由来する．

20.1 脂肪酸は長鎖のカルボン酸である

最初に学ぶ脂質は脂肪酸である．**脂肪酸**(fatty acid)は，長い炭化水素鎖をもつ天然のカルボン酸である(表20.1)．それらは，2炭素の酢酸から生合成されるので，偶数個の炭素数で枝分れのない直鎖構造をもっている．脂肪酸の生合成の機構は13.10節で述べる．

表 20.1 天然によく見られる脂肪酸

炭素数	慣用名	体系的名称	構造	融点 (°C)
飽和脂肪酸				
12	ラウリン酸 (lauric acid)	ドデカン酸 (dodecanoic acid)		44
14	ミリスチン酸 (myristic acid)	テトラデカン酸 (tetradecanoic acid)		58
16	パルミチン酸 (palmitic acid)	ヘキサデカン酸 (hexadecanoic acid)		63
18	ステアリン酸 (stearic acid)	オクタデカン酸 (octadecanoic acid)		69
20	アラキジン酸 (arachidic acid)	イコサン酸 (icosanoic acid) [エイコサン酸 (eicosanoic acid)]		77
不飽和脂肪酸				
16	パルミトレイン酸 (palmitoleic acid)	(9Z)-ヘキサデセン酸 [(9Z)-hexadecenoic acid]		0
18	オレイン酸 (oleic acid)	(9Z)-オクタデセン酸 [(9Z)-octadecenoic acid]		13
18	リノール酸 (linoleic acid)	(9Z,12Z)-オクタデカジエン酸 [(9Z,12Z)-octadecadienoic acid]		−5
18	リノレン酸 (linolenic acid)	(9Z,12Z,15Z)-オクタデカトリエン酸 [(9Z,12Z,15Z)-octadecatrienoic acid]		−11
20	アラキドン酸 (arachidonic acid)	(5Z,8Z,11Z,14Z)-エイコサテトラエン酸 [(5Z,8Z,11Z,14Z)-eicosatetraenoic acid]		−50

脂肪酸には，水素で飽和された(したがって炭素—炭素二重結合をもっていない)ものと，不飽和な(炭素—炭素二重結合をもっている)ものとがある．二つ以上の二重結合を含む脂肪酸を**ポリ不飽和脂肪酸**(polyunsaturated fatty acid)と呼ぶ．

飽和脂肪酸の融点は，分子間の van der Waals 相互作用が大きくなるために，分子量が増大するとともに高くなる(3.7節参照)．二重結合数が同じ不飽和脂肪

不飽和脂肪酸の融点は飽和脂肪酸の融点より低い．

酸の場合も分子量の増大とともに融点は高くなる（表20.1）．

天然に存在する不飽和脂肪酸の二重結合はシス配置であり，必ず一つのCH_2基で隔てられている．シス二重結合は分子内に折れ曲がり構造をつくり，不飽和脂肪酸は飽和脂肪酸のように密に充填されない．その結果，不飽和脂肪酸は分子間相互作用が少なく，分子量がほぼ同じ飽和脂肪酸に比べて低い融点を示す（表20.1）．

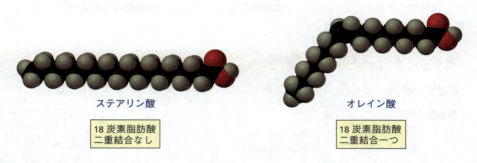

ステアリン酸　　　　　　　　　　オレイン酸

18炭素脂肪酸　　　　　　　　　　18炭素脂肪酸
二重結合なし　　　　　　　　　　二重結合一つ

問題 1
次の脂肪酸について融点の違いを説明せよ．
a. パルミチン酸とステアリン酸　　b. パルミチン酸とパルミトレイン酸
c. オレイン酸とリノール酸

ω脂肪酸

ω（*omega*，オメガ）は，不飽和脂肪酸のメチル基末端から数えて最初の二重結合の位置を示すために用いられる記号である．たとえば，リノール酸は最初の二重結合がメチル炭素から6番目にあるのでω-6脂肪酸，リノレン酸は最初の二重結合が3番目にあるのでω-3脂肪酸と呼ばれる．哺乳類はC-9位（カルボキシ炭素がC-1位）より離れたところに炭素—炭素二重結合を導入する酵素をもっていない．したがって，リノール酸とリノレン酸は哺乳類にとって必須の脂肪酸である．私たちは生体維持に必須のリノール酸とリノレン酸を生合成できないので，それらを食餌から補給する必要がある．

ω-3脂肪酸は心臓発作による突然死を防ぐ効果があることが見いだされている．ストレスのかかっている状態では，心臓に致死的な不整脈が生じる．ω-3脂肪酸は心臓の細胞膜へ運ばれて，心拍を安定化するものと思われる．これらの脂肪酸はニシン，サバ，サーモンといった魚の脂肪に含まれる．

リノール酸とリノレン酸は哺乳類にとって必須の脂肪酸である．

ω-6脂肪酸　リノール酸　　　　　ω-3脂肪酸　リノレン酸

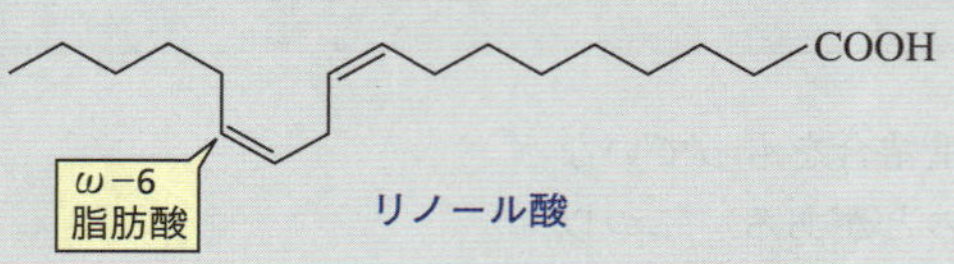

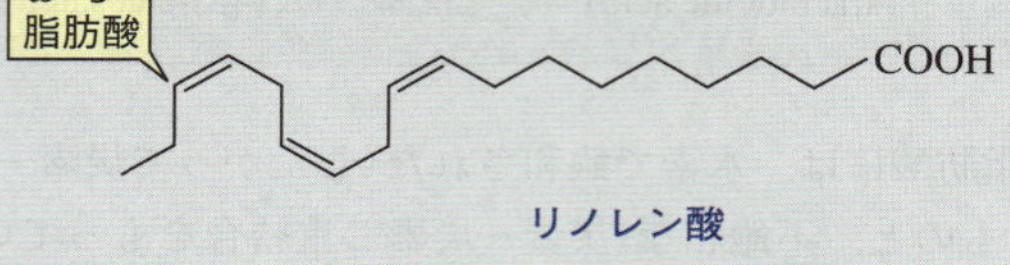

ろうは高分子量のエステルである

ろう(wax)は別の種類の脂質であり，長鎖のカルボン酸と長鎖のアルコールからなるエステルである．たとえば，ミツバチの巣の構成成分であるみつろうは，26 炭素のカルボン酸と 30 炭素のアルコールからなるエステルである．wax という言葉は，古英語で"ミツバチの巣の材料"を意味する weax に由来する．カルナウバろうは，32 炭素のカルボン酸と 34 炭素のアルコールからなり，比較的高分子量であるのでとくに硬いろうである．カルナウバろうは車のワックスや床のつや出しとして広く用いられている．

巣箱の中の階層化したハチの巣

$$CH_3(CH_2)_{24}\overset{O}{\underset{}{C}}-O(CH_2)_{29}CH_3 \quad CH_3(CH_2)_{30}\overset{O}{\underset{}{C}}-O(CH_2)_{33}CH_3 \quad CH_3(CH_2)_{14}\overset{O}{\underset{}{C}}-O(CH_2)_{15}CH_3$$

みつろうの主成分
ミツバチの巣の構成成分

カルナウバろうの主成分
ブラジルヤシの葉をコーティングしている

鯨ろうの主成分
マッコウクジラの頭部から採れる

ろうは生物界に広く見られる．鳥の羽はろうでコーティングされ撥水性を保っている．脊椎動物のなかには，毛を滑らかにし，撥水性を保つためにろうを分泌するものがいる．昆虫は防水性のろう状の層を表皮に分泌する．ろうはある種の葉や果実の表面もコーティングし，寄生虫からの防御や水分蒸発の抑制に役立っている．

羽の上の水滴

20.2 脂肪と油はトリグリセリドである

トリグリセリド(triglyceride)はトリアシルグリセロール(triacylglycerol)とも呼ばれ，グリセロールの三つの OH 基のそれぞれが脂肪酸とエステルを形成している脂質である．トリアシルグリセリドの三つの脂肪酸成分がすべて同じ場合は，**単純トリグリセリド**(simple triglyceride)と呼ばれる．2 種類または 3 種類の異なる脂肪酸成分を含む場合は**混合トリグリセリド**(mixed triglyceride)と呼ばれ，単純トリグリセリドよりも一般的である．

$$\begin{array}{c} CH_2-OH \\ | \\ CH-OH \\ | \\ CH_2-OH \end{array} \quad \begin{array}{c} R^1-\overset{O}{\underset{}{C}}-OH \\ R^2-\overset{O}{\underset{}{C}}-OH \\ R^3-\overset{O}{\underset{}{C}}-OH \end{array} \quad \begin{array}{c} CH_2-O-\overset{O}{\underset{}{C}}-R^1 \\ | \\ CH-O-\overset{O}{\underset{}{C}}-R^2 \\ | \\ CH_2-O-\overset{O}{\underset{}{C}}-R^3 \end{array}$$

グリセロール (glycerol) 　　脂肪酸 (fatty acid) 　　トリグリセリド (triglyceride) **脂肪または油**

室温で固体あるいは半固体のトリグリセリドは**脂肪**(fat)と呼ばれる．ほとんどの脂肪は動物から得られ，おもに飽和または二重結合を一つだけ含む脂肪酸成分からなるトリグリセリドで構成されている．飽和脂肪酸尾部は互いに密に接しており，それがトリグリセリドに比較的高い融点を付与している(表 20.1)．そのため，それらは室温で固体なのである．

脂　肪　　　　　　　　　　　　油

魚油に高濃度に含まれ，20炭素で五つの二重結合を含む不飽和脂肪酸のIPA（イコサペンタエン酸）〔EPA（エイコサペンタエン酸）〕は，ある種の心臓病の進行を抑えると考えられている．このツノメドリの食餌は魚油含有量が高い．

　液体のトリグリセリドは**油**(oil)と呼ばれる．油は，おもにトウモロコシ，大豆，オリーブ，ピーナッツなどの植物製品から得られ，その主成分は，不飽和脂肪酸を含むトリグリセリドであり，そのためそれらは互いに密に接することができない．結果的に，それらの融点は比較的低く，室温では液体となる．単一の原料からのトリグリセリド分子のすべてが，必ずしも同一であるというわけではない．たとえば，ラードやオリーブ油といった大部分の物質は，数種類のトリグリセリドの混合物である．
　ポリ不飽和油の二重結合のいくつかあるいはすべては，接触水素化により還元できる．マーガリンやショートニングは，大豆油やベニバナ油などの植物油を望ましい粘稠性（ねんちゅう）を示すまで接触水素化することによってつくられている．しかし，水素化反応は注意深く行わなければならない．なぜならば，すべての炭素─炭素二重結合を還元すると，牛脂と同じ粘稠性をもつ硬い脂肪ができてしまうからである．水素化の過程で，トランス脂肪酸が生成されうるのはすでに学んだ（5.6節参照）．

$$R \diagup\!\!\!=\!\!\!=\!\!\!=\!\!(CH_2)_n\!-\!COO^{-} \xrightarrow{H_2}{Pd/C} R\!-\!\!=\!\!(CH_2)_n\!-\!COO^{-}$$

🧪 クジラと反響定位

　クジラは体重の33%にも及ぶ巨大な頭をもっており，大量の脂肪を頭や下あごに蓄えている．この脂肪は，クジラの体脂肪やクジラが餌として食べている脂肪とは非常に異なる．この脂肪を蓄えるには，解剖学的に見ても大きな形態の変化が必要であったので，この脂肪はクジラにとって何か重要な役割をもっているに違いない．

　現在，この脂肪は反響定位，すなわち，音のパルスを発してはね返ってくるエコーを分析して情報を集めるために用いられていると考えられている．クジラの頭にある脂肪は，パルス状の音波を発するのに用いられ，エコーは下あごの脂肪器官で受け取られる．音はこの器官から脳に伝えられたのち情報処理され，クジラに水深や海底の形状，海岸線の位置などの情報を与える．頭部や下あごに蓄えられた脂肪は，クジラ独特の音響探知システムとして機能し，同様のセンサーをもつサメの攻撃から身を守る手段となっている．

問題2◆

トリパルミトレイン酸グリセリルとトリパルミチン酸グリセリルとでは，どちらの融点が高いか．

問題 3 ◆
加水分解すると，グリセロール，1 当量のラウリン酸，および 2 当量のステアリン酸が生成するような光学不活性な脂肪の構造式を書け．

問題 4 ◆
加水分解すると，問題 3 と同じ生成物を与える光学活性な脂肪の構造式を書け．

20.3 セッケンとミセル

脂肪や油のエステル基を塩基性溶液中で加水分解すると，グリセロールと脂肪酸が生成する．溶液が塩基性なので脂肪酸は塩基型すなわち RCO_2^- である．

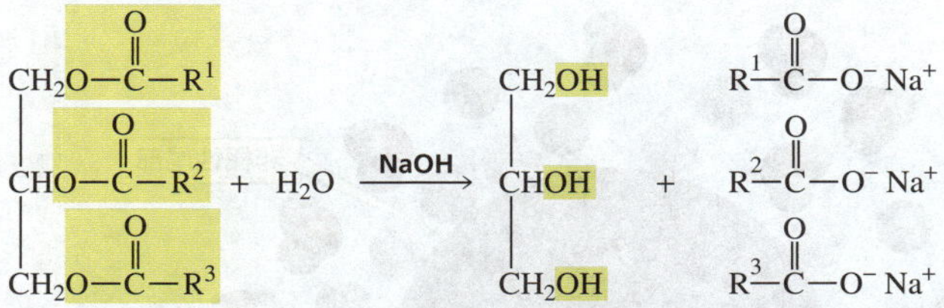

$$\begin{array}{c} CH_2O-C(=O)-R^1 \\ CHO-C(=O)-R^2 \\ CH_2O-C(=O)-R^3 \end{array} + H_2O \xrightarrow{NaOH} \begin{array}{c} CH_2OH \\ CHOH \\ CH_2OH \end{array} + \begin{array}{c} R^1-C(=O)-O^-Na^+ \\ R^2-C(=O)-O^-Na^+ \\ R^3-C(=O)-O^-Na^+ \end{array}$$

脂肪または油 　　　　　　　　グリセロール　脂肪酸のナトリウム塩
　　　　　　　　　　　　　　　　　　　　　　　セッケン

脂肪酸のナトリウム塩あるいはカリウム塩は，いわゆる**セッケン**(soap)である．塩基性溶液中でのエステルの加水分解を**ケン化**(saponification)と呼ぶ(ラテン語で"セッケン"は *sapo* という)．加水分解後，塩化ナトリウムを加えるとセッケンが沈殿し，これを乾燥させて棒状に圧縮する．香料を加えて香りつきのセッケンをつくったり，染料を加えて色つきセッケンをつくったり，磨き粉を加えて研磨剤入りセッケンをつくったり，空気を吹き込んで水に浮くセッケンをつくったりすることができる．次の化合物は最もありふれた 3 種類のセッケンである．

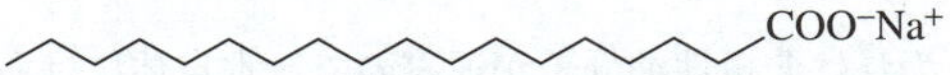

ステアリン酸ナトリウム
(sodium stearate)

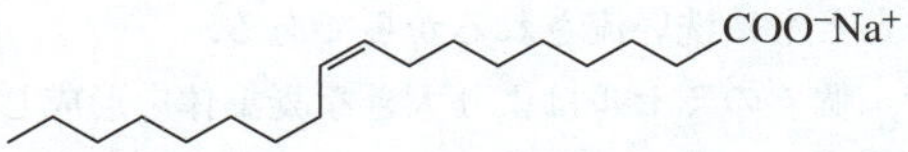

オレイン酸ナトリウム　　　　　　　　　　　リノール酸ナトリウム
(sodium oleate)　　　　　　　　　　　　　(sodium linoleate)

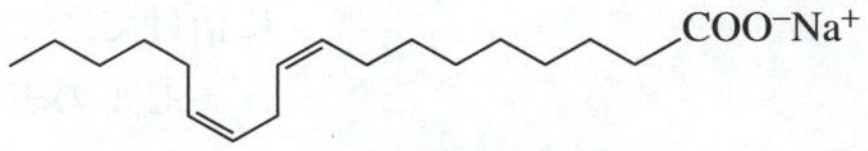

問題 5（解答あり）
ココナッツから得られる油は，三つの脂肪酸成分がすべて同一という点で通常と異なる．その油の分子式は $C_{45}H_{86}O_6$ である．その油をケン化したときに得られるカルボキシラートイオンの分子式は何か．

解答 その油をケン化すると，グリセロールと 3 当量のカルボキシラートイオンが生成する．グリセロールを除くと，脂肪は 3 個の炭素と 5 個の水素を失う．したがって，3 当量のカルボキシラートイオンは，合わせて $C_{42}H_{81}O_6$ という分子式

をもつことになる．カルボキシラートイオンの分子式は，これを3で割ると $C_{14}H_{27}O_2$ となる．

長鎖カルボキシラートイオンは水溶液中で個々のイオンとしては存在しない．その代わりに，**ミセル**（micelle）と呼ばれる球状のクラスターになっている．それぞれのミセルは 50〜100 個の長鎖カルボキシラートイオンを含んでおり，大きなボールに似ている．それぞれのカルボキシラートイオンとその対イオンからなる極性の大きい頭部は水を引きつけるためにボールの外側にあり，非極性尾部は水との接触を最小限にするためにボールの内側に埋もれている．非極性尾部間の疎水性相互作用はミセルの安定性を高める（17.12 節参照）．

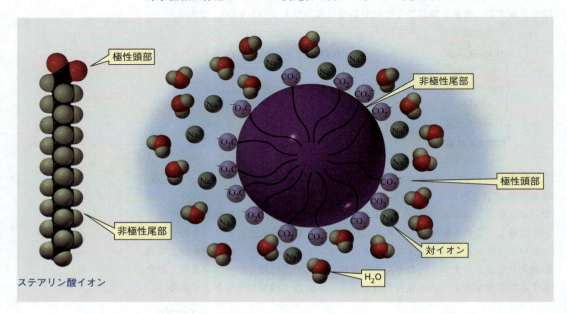

汚れは非極性油分子が運ぶので，水自体にはあまり洗浄能力はない．セッケンに洗浄能力があるのは，汚れである非極性の油分子がミセルの内側の非極性部分に溶けて，すすぎのあいだにミセルとともに洗い流されるからである．

ミセルの表面は帯電しているので，個々のミセルはより大きな凝集体を形成しようとクラスター化するのではなく，互いに反発し合う．しかし，硬水，つまりカルシウムイオンやマグネシウムイオンが高濃度で含まれている水では，ミセルは凝集体を形成し，"浴槽の輪染み"や"セッケンかす"となる．

硬水中でのセッケンかすの生成を避けるために，セッケンの洗浄能力をもつが，カルシウムイオンやマグネシウムイオンがあってもかすを生成しない合成材料の探索が行われた．開発された合成"セッケン"は**洗剤**（detergent；"拭き取る"を意味するラテン語の *detergere* に由来する）として知られており，ベンゼンスルホン酸の塩である．ベンゼンスルホン酸のカルシウムやマグネシウム塩は，凝集体を形成しない．

最初の洗剤が市場に導入されたのち，直鎖アルキル基をもった洗剤は生分解されうるが，枝分かれしたアルキル基をもつ洗剤は生分解されないことがわかった．

そのためいまでは洗剤が河川や湖を汚染するのを防ぐために，直鎖アルキル基をもつ洗剤だけが製造されている．

R—⌬—S(=O)(=O)—OH
ベンゼンスルホン酸の一種
(benzenesulfonic acid)

CH₃(CH₂)₁₁—⌬—S(=O)(=O)—O⁻Na⁺
洗剤
(detergent)

20.4 ホスホグリセリドとスフィンゴ脂質

生命体が適切に機能するためには，生命体のある部分がほかの部分から隔てられていなければならない．たとえば細胞レベルでは，細胞の外と内は隔てられていなければならない．"グリース状の"脂質**膜**(membrane)は障壁として機能する．これらの膜は細胞の内容物を隔離するだけでなく，細胞の内と外へのイオンや有機分子の選択的な移動を可能にする．

ホスホグリセリド(phosphoglyceride)は，細胞膜の主要な構成成分である．ホスホグリセリドはグリセロールの末端 OH 基が脂肪酸ではなくリン酸でエステル化されている点を除いては，トリグリセリドに類似している．それゆえ，ホスホグリセリドは**リン脂質**(phospholipid)として知られている大きな脂質のなかに含まれる．膜の最も一般的なホスホグリセリドは，二つ目のリン酸エステル結合をもっており，それらはリン酸ジエステルである．ホスホグリセリドは**脂質二重層**(lipid bilayer)を形成して**膜**(membrane)を構成している(111 ページ参照)．

最も一般的には，2 番目のエステル基の生成に用いられるアルコール類はエタノールアミン，コリン，およびセリンである．ホスファチジルエタノールアミンは<u>セファリン</u>，ホスファチジルコリンは<u>レシチン</u>とも呼ばれている．レシチンはマヨネーズなどの食品に，水分と脂肪分の分離を抑えるために加えられている．

膜の流動性は，ホスホグリセリドを構成する脂肪酸によって調節されている．飽和脂肪酸は炭化水素鎖が互いに密に充填されているので，膜の流動性を減少させる．不飽和脂肪酸は，炭化水素鎖があまり密に充填されないので，流動性を増大させる．コレステロールも流動性を低下させる(111 ページ参照)．動物の膜だけがコレステロールを含んでいるため，植物の膜に比べて硬い構造となっている．

ホスファチジルセリン
(phosphatidylserine)
ホスホグリセリド

ホスホグリセリド

ホスファチジルエタノールアミン
(phosphatidylethanolamine)
セファリン
(cephalin)

ホスファチジルコリン
(phosphatidylcholine)
レシチン
(lecithin)

ホスファチジルセリン
(phosphatidylserine)

リン酸エステル結合

ヘビ 毒

ある種の毒ヘビの毒液は，ホスホグリセリドのエステル基を加水分解する酵素であるホスホリパーゼを含んでいる．たとえば，ヒガシダイヤガラガラヘビやインドコブラは，セファリンのエステル結合を加水分解するホスホリパーゼをもち，赤血球の膜を破裂させる．

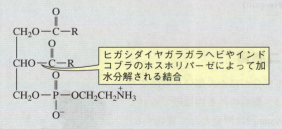

ヒガシダイヤガラガラヘビ

リン酸基をもつ脂質はリン脂質と呼ばれる．

問題 6 ◆
膜にはタンパク質が含まれている．膜内在性タンパク質は一部もしくは全体が膜を貫通しているが，周辺膜タンパク質は膜の内部表面または外部表面に見いだされる．二つの膜タンパク質のアミノ酸組成にどのような違いがあるか．

問題 7 ◆
25℃で培養した細菌のコロニーをまったく同じ条件で35℃の培地に移した．温度上昇により細菌の膜の流動性は高くなる．膜の流動性をもとに戻すために細菌はどう対応するか．

問題 8
シカでは，体の細胞に比べてひづめに近い細胞では膜リン脂質の不飽和度が高い．このことが生存にとって重要な理由を説明せよ．

　スフィンゴ脂質（sphingolipid）も膜に見いだされる別の脂質である．スフィンゴ脂質は神経繊維のミエリン鞘に含まれる主要な構成脂質であり，グリセロールの代わりにスフィンゴシンと呼ばれるアミノアルコールを含んでいる．スフィンゴ脂質中では，スフィンゴシンのアミノ基は脂肪酸のアシル基に結合している．
　最も一般的な2種類のスフィンゴ脂質はスフィンゴミエリンとセレブロシドである．スフィンゴミエリン中では，スフィンゴシンの第一級 OH 基には，レシチンやセファリンの結合様式と同様に，ホスホコリンやホスホエタノールアミンが結合している．セレブロシドではスフィンゴシンの第一級 OH 基に糖が β-グリコシド結合している（16.8 節参照）．

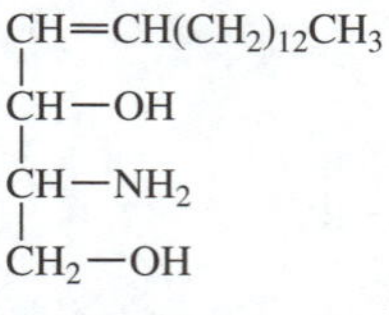

$$\begin{array}{l} CH=CH(CH_2)_{12}CH_3 \\ | \\ CH-OH \\ | \\ CH-NH_2 \\ | \\ CH_2-OH \end{array}$$

スフィンゴシン
(sphingosine)

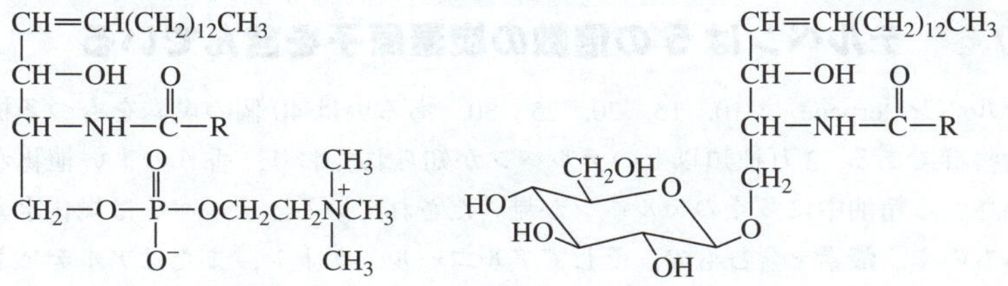

スフィンゴミエリン
(sphingomyelin)

グルコセレブロシド
(glucocerebroside)

🧪 多発性硬化症とミエリン鞘

ミエリン鞘は，神経細胞の軸索を含む脂質に富んだ外被である．大部分はスフィンゴミエリンとセレブロシドから構成されており，鞘は神経インパルスの速度を増大させる．多発性硬化症は，ミエリン鞘が欠損し，神経インパルスの伝達が遅くなった結果として生じる麻痺を特徴とする病気である．

問題 9
a. 異なる二つのスフィンゴミエリンの構成式を書け．
b. ガラクトセレブロシドの構造式を書け．

20.5 プロスタグランジンは生体反応を調節している

プロスタグランジン(prostaglandin)は，すべての体組織に見られ，炎症，血圧，血液凝固，発熱，痛み，陣痛の誘発，睡眠覚醒サイクルなどの多様な生体反応の調節に関与している．すべてのプロスタグランジンは一つの五員環をもち，そこに 7 炭素からなるカルボン酸残基と 8 炭素からなる炭化水素残基が互いにトランス位で結合されている．プロスタグランジンがどのように炎症や発熱を制御しているのかは，476 ページで述べた．

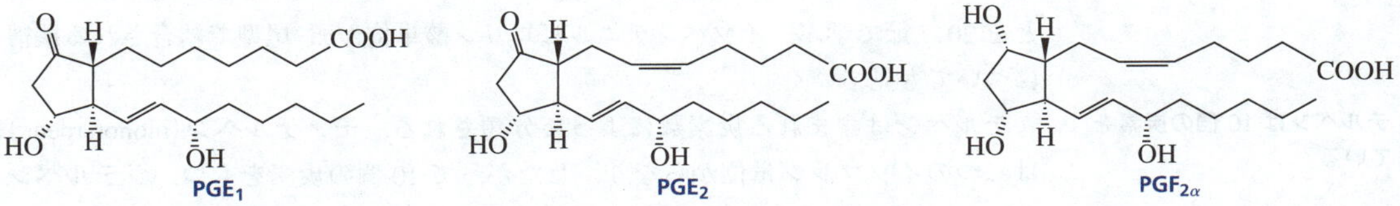

PGE_1　　　PGE_2　　　$PGF_{2\alpha}$

プロスタグランジンは四つのシス二重結合をもつ 20 炭素の ω-6 脂肪酸であるアラキドン酸から生合成される(476 ページ参照)．細胞中では，アラキドン酸は多くのリン脂質でグリセロールの 2 位にエステル化されている．アラキドン酸はリノール酸から生合成される．哺乳類はリノール酸を合成できないので，食餌により摂取することが必要となる(20.1 節参照)．

20.6 テルペンは 5 の倍数の炭素原子を含んでいる

テルペン(terpene)は 10, 15, 20, 25, 30, あるいは 40 個の炭素をもつ多様な化合物群である. 2 万種類以上のテルペンが知られており, 香りのよい植物から抽出される精油中に多くのテルペンが見いだされている. テルペンは炭化水素であるものや, 酸素を含むもの, そしてアルコール, ケトン, またはアルデヒドを含むものもある. 酸素官能基を含むテルペンは**テルペノイド**(terpenoid)と呼ばれることもある. テルペンとテルペノイドは, 数千年ものあいだ, 香辛料, 香料, そして薬として使われてきた.

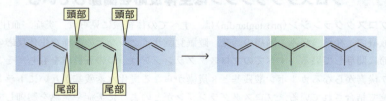

メントール　　ゲラニオール　　ジンジベレン　　β-セリネン
(menthol)　　 (geraniol)　　 (zingiberene)　 (β-selinene)
はっか油　　 ゼラニウム油　　ショウガ油　　　セロリ油

テルペンは, 通常, 頭-尾型(イソプレンの枝分かれした末端を頭, 枝分かれしていない末端を尾と呼ぶ)で 5 炭素のイソプレン単位が結合している. イソプレンは 2-メチル-1,3-ブタジエンの慣用名であり, 5 炭素からなる化合物である.

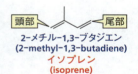

2-メチル-1,3-ブタジエン
(2-methyl-1,3-butadiene)
イソプレン
(isoprene)

テルペンの生合成には, イソプレンではなく, イソプレンと同じ炭素骨格をもち, イソプレンにはない脱離基をもつイソペンテニルピロリン酸が用いられることを 20.7 節で学ぶ. イソペンテニルピロリン酸単位が頭-尾型で結合される機構についても見ていく.

モノテルペンは 10 個の炭素をもっている.

テルペンは含まれる炭素数によって分類される. **モノテルペン**(monoterpene)は二つのイソプレン単位からなり, したがって 10 個の炭素をもつ. **ジテルペン**(diterpene)(20 炭素)は, 四つのイソプレン単位からなる. 15 炭素からなる**セスキテルペン**(sesquiterpene)は, 三つのイソプレン単位をもつ(*sesqui* は "1 と半分" を意味するラテン語に由来する). 植物の多くの香気成分はモノテルペンまたはセスキテルペンである. これらの化合物は精油として知られている.

トリテルペン(triterpene)(30 炭素)と**テトラテルペン**(tetraterpene)(40 炭素)は重要な生物学的役割を担っている. たとえば, トリテルペンの**スクアレン**(squalene)はコレステロールの前駆体であり, コレステロールはほかのすべてのステロイドホルモン(3.14 節参照)の前駆体である. リコピンとカロテンは, 多くの果物や野菜の赤色や橙色のもととなる化合物であり, テトラテルペンである(420 ページ参照).

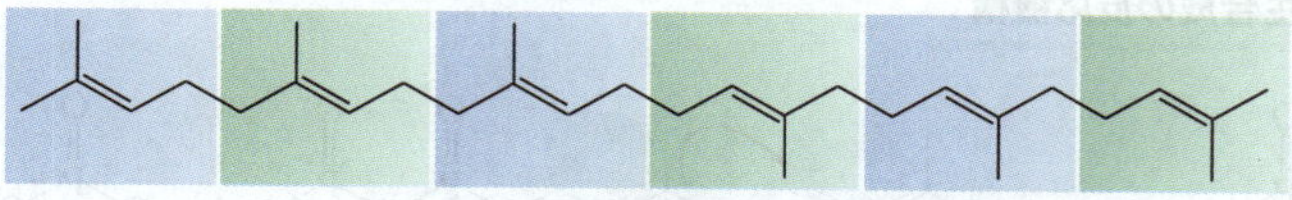

スクアレン
(squalene)

問題 10 ◆

スクアレンには頭-尾結合ではなく尾-尾結合がある．このことはスクアレンが天然でどのように生合成されるかについて何を示唆しているか．（ヒント：尾-尾結合を図示してみよう．）

問題 11

リコピンとβ-カロテンのイソプレン単位を図示せよ．（これらの構造は 420 ページ参照）．これらの化合物とスクアレンの生合成に類似点はあるか．

問題 12

メントールの構造にイソプレン単位を示せ．（メントールの構造は 770 ページにある．）

20.7 テルペンはどのようにして生合成されるか

テルペンの生合成には**イソペンテニルピロリン酸**（isopentenyl pyrophosphate）と**ジメチルアリルピロリン酸**（dimethylallyl pyrophosphate）の両方が必要である．したがって，イソペンテニルピロリン酸の一部は生合成が始まる前にジメチルアリルピロリン酸に変換される．この酵素触媒反応は二段階で進む．

イソペンテニルピロリン酸のジメチルアリルピロリン酸への変換機構

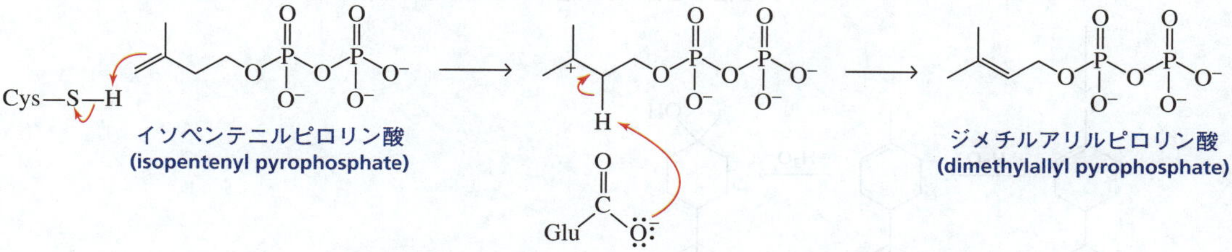

- システイン側鎖が酵素の活性部位のなかの適当な位置にあり，水素が最も多く結合しているアルケンの sp^2 炭素にプロトンを供与する（6.4 節参照）．
- グルタミン酸側鎖は，β炭素からプロトンを引き抜く．より安定な化合物は，結合している水素の数が最も少ないβ炭素からプロトンが引き抜かれて生成することを思い出そう（8.8 節参照）．

プロトン付加とプロトン脱離が，イソペンテニルピロリン酸をジメチルアリルピロリン酸に変換する．

ジメチルアリルピロリン酸とイソペンテニルピロリン酸の酵素触媒反応により，10 炭素化合物のゲラニルピロリン酸が生成する．

テルペン生合成の反応機構

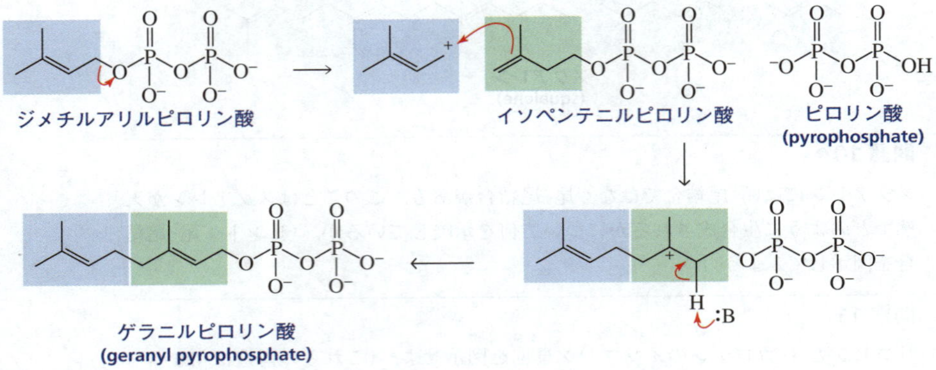

(ジメチルアリルピロリン酸 → イソペンテニルピロリン酸 + ピロリン酸 (pyrophosphate) → ゲラニルピロリン酸 (geranyl pyrophosphate))

- 実験結果は，この反応が S_N1 反応であることを示唆している（問題 14 を見よ）．したがって，ジメチルアリルピロリン酸から脱離基が脱離し，アリルカチオンが生じる．
- イソペンテニルピロリン酸はアリルカチオンに付加する求核剤である．
- 塩基がプロトンを引き抜き，ゲラニルピロリン酸が生じる．

以下のスキームは，ゲラニルピロリン酸から多くのモノテルペンが合成される経路を示す．

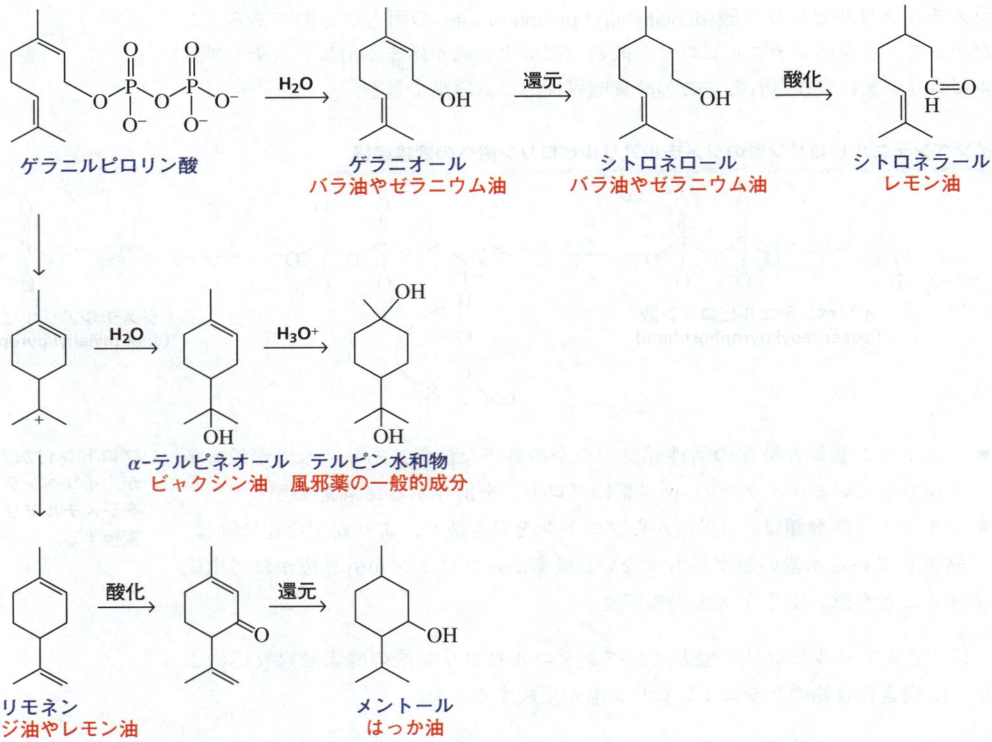

ゲラニルピロリン酸 →(H_2O)→ ゲラニオール（バラ油やゼラニウム油）→(還元)→ シトロネロール（バラ油やゼラニウム油）→(酸化)→ シトロネラール（レモン油）

↓

→(H_2O)→ α-テルピネオール（ビャクシン油）→(H_3O^+)→ テルピン水和物（風邪薬の一般的成分）

↓

リモネン（オレンジ油やレモン油）→(酸化)→ →(還元)→ メントール（はっか油）

【問題解答の指針】
生合成機構の提案

ゲラニルピロリン酸からリモネンが生合成される機構を示せ.

ゲラニルピロリン酸がジメチルアリルピロリン酸と同様に反応すると仮定すると, S_N1 反応によってピロリン酸基が脱離する. π結合の電子がアリルカチオンを攻撃し, 六員環構造と新しいカルボカチオンを生じる. 塩基がプロトンを引き抜き, 必要な二重結合が形成される.

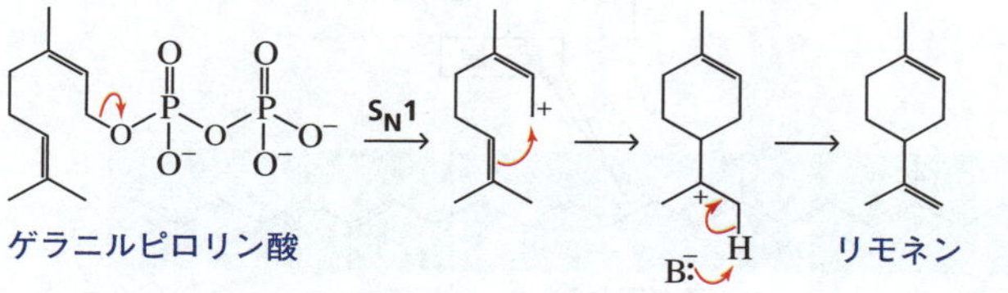

ゲラニルピロリン酸 → リモネン

ここで学んだ方法を使って問題13を解こう.

問題 13
ゲラニルピロリン酸からα-テルピネオールが生合成される機構を示せ.

ゲラニルピロリン酸はもう1分子のイソペンテニルピロリン酸と反応し, 15炭素のファルネシルピロリン酸を生成する. ファルネシルピロリン酸は別のイソペンテニルピロリン酸と反応して, 20炭素のゲラニルゲラニルピロリン酸を生成する.

ジメチルアリル = 5炭素
イソペンテニル = 5炭素
ゲラニル = 10炭素
ファルネシル = 15炭素
ゲラニルゲラニル = 20炭素

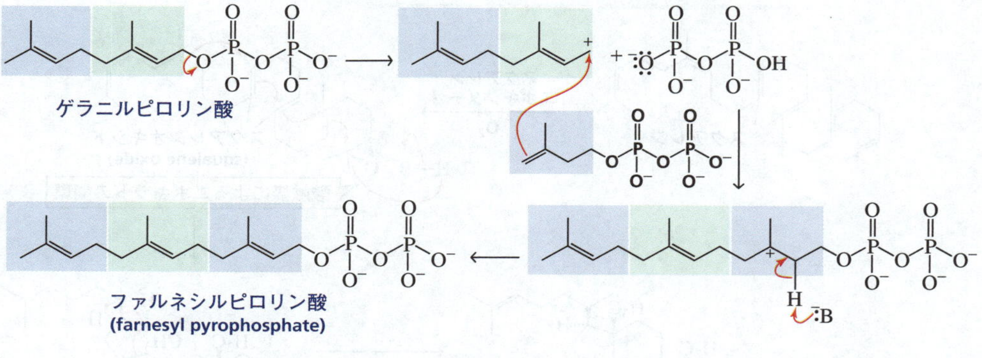

ファルネシルピロリン酸
(farnesyl pyrophosphate)

問題 14◆
ここに示したフッ素置換ゲラニルピロリン酸はイソペンテニルピロリン酸と反応し, フッ素置換ファルネシルピロリン酸を生じる. この反応速度は, フッ素置換されていないゲラニルピロリン酸を用いた反応の反応速度と比べ1%も遅くなっていない. この現象は, この反応の機構に関して何を語っているか.

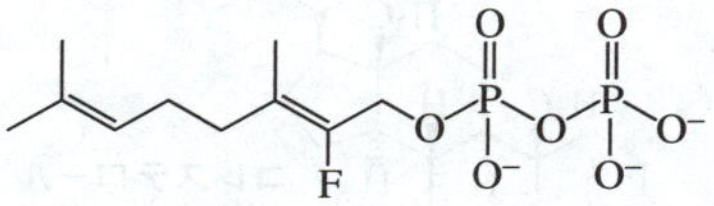

2分子のファルネシルピロリン酸から30炭素のスクアレンが生成する. この

反応は，ファルネシルピロリン酸2分子を尾-尾結合させるスクアレン合成酵素により触媒される．先に述べたように，スクアレンはコレステロールの前駆体であり，コレステロールはステロイドホルモンの前駆体である．

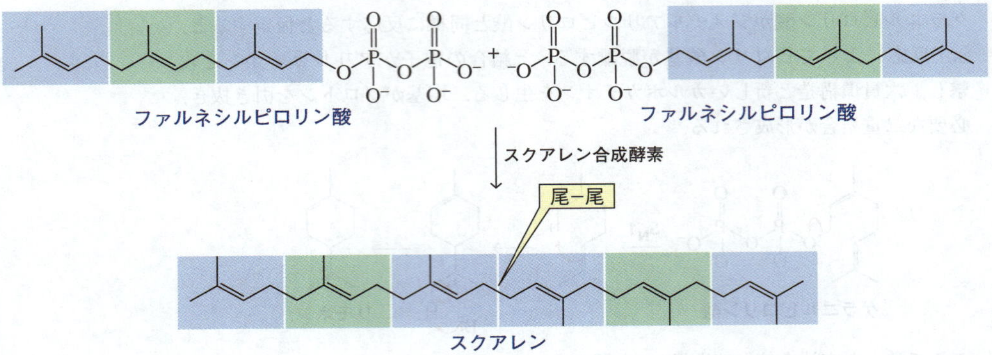

20.8 自然はどのようにコレステロールを合成しているか

コレステロールがすべてのステロイドホルモンの前駆体であることはすでに学んだ（3.14節，6.10節，12節冒頭参照）．トリテルペンのスクアレンが，生合成の出発物質である．スクアレンは最初にラノステロールに変換され，ラノステロールから19段階を経てコレステロールに変換される．

ラノステロールとコレステロールの生合成過程

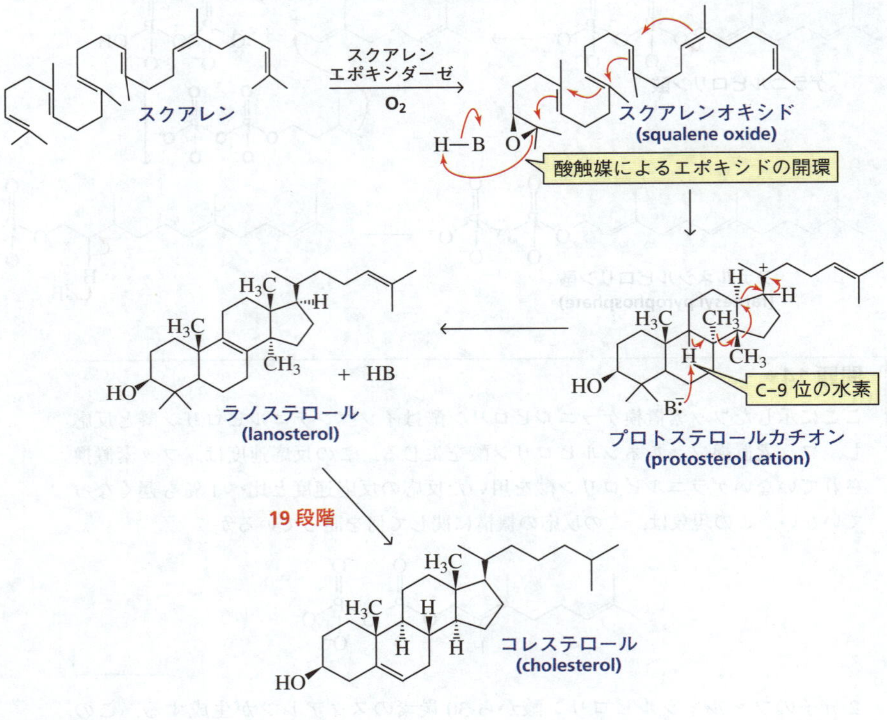

- 一段階目は，スクアレンの 2 位と 3 位の間の二重結合のエポキシ化である．
- エポキシドの酸触媒開環反応が，プロトステロールカチオンを生成する一連の環化反応を開始させる．
- カチオンへの 1,2-ヒドリドシフトと続く 1,2-メチルシフトの結果，C-9 位プロトンが脱離してラノステロールが生成する．

ラノステロールからコレステロールへの変換には，ラノステロールにある三つのメチル基の除去，二つの二重結合の還元，および新たな二重結合の導入が必要となる．炭素原子に結合しているメチル基を除くのは容易ではなく，19 段階の変換を行うためには多くの異なる酵素が必要である．自然はなぜそんなに繁雑なことをするのだろうか．なぜコレステロールの代わりにラノステロールを使わないのか．Konrad Bloch（1954 年から 1982 年までハーバード大学の生化学の教授）はこの問いに，コレステロールの代わりにラノステロールを含む膜では透過性がより高くなることを示して答えた．低分子はラノステロールを含む膜を容易に通過することができる．ラノステロールからメチル基を除くにつれて，膜の透過性はどんどん低下する．

問題 15 ◆

プロトステロールカチオンからラノステロールへの変換に関与する 1,2-ヒドリドシフトと 1,2-メチルシフトを式で示せ．ヒドリドシフトは何回起こるか．またメチルシフトは何回起こるか．

20.9 合成ステロイド

ステロイドの強い生理的な効果を知って，研究者は新しい医薬品の探索研究において自然界にはないステロイドの合成やその生理的な効果についての研究を始めた．スタノゾロールと Dianabol® はこのようにして開発された，テストステロンと同様に筋肉を形成する効果がある二つの医薬品である．筋肉増強作用のあるステロイドをタンパク質同化ステロイドと呼ぶ．これらの薬は医師の処方により使うことができ，筋肉の劣化による外傷を防ぐのに用いられる．これと同じ薬は運動選手や競走馬の筋肉増強にも違法に用いられる．同化ステロイドは多量に服用すると，肝臓がんや人格障害，および精巣萎縮を引き起こすことが判明している．

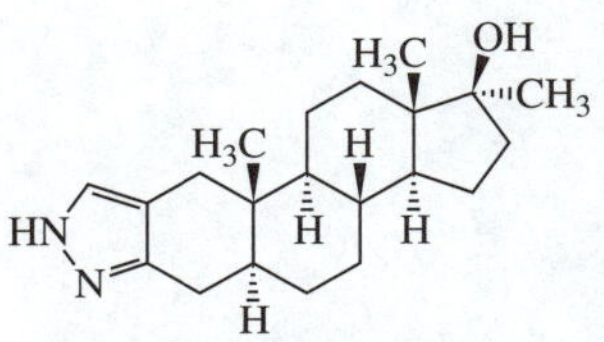

スタノゾロール
(stanozolol)

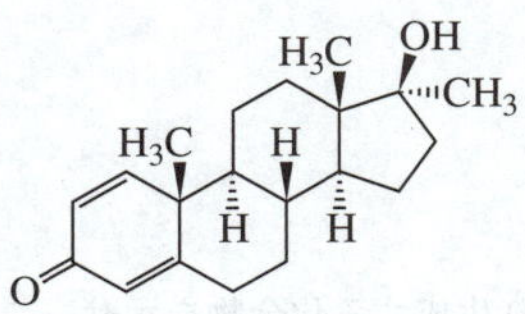

Dianabol®

問題 16
天然の筋肉増強ステロイドであるテストステロンと合成筋肉増強ステロイドであるDianabol®では，構造はどのように違うか．（テストステロンの構造は501ページに示されている．）

覚えておくべき重要事項

- **脂質**は生体中に存在する有機化合物であり，非極性溶媒に可溶である．
- **脂肪酸**は長い枝分かれのない炭化水素鎖をもつカルボン酸である．
- 天然由来の不飽和脂肪酸にある複数のシス型二重結合は，一つのCH_2基で隔てられている．
- **ろう**は長鎖カルボン酸と長鎖アルコールからなるエステルである．
- **トリグリセリド**は，グリセロールの三つのOH基が脂肪酸でエステル化された化合物である．
- 室温で固体もしくは半固体の**トリグリセリドを脂肪**，液体のトリグリセリドを**油**と呼ぶ．
- **リン脂質**はリン酸基を含む脂質である．
- **ホスホグリセリド**はグリセロールの末端OH基が脂肪酸ではなくリン酸でエステル化されている点においてトリグリセリドと異なる．
- **スフィンゴ脂質**は，グリセロールの代わりにスフィンゴシンをもつことを除いてはホスホグリセリドに似ている．
- 多様な生体応答の調節にかかわる**プロスタグランジン**は，20炭素の脂肪酸であるアラキドン酸から生合成される．
- **テルペン類**は5炭素のイソプレン単位が通常は頭-尾型に結合した化合物である．
- 二つのイソプレン単位からなる**モノテルペン**は10炭素，**セスキテルペン**は15炭素，**ジテルペン**は20炭素，**トリテルペン**は30炭素，**テトラテルペン**は40炭素からなるテルペンである．
- **イソペンテニルピロリン酸**は5炭素化合物であり，テルペン類の生合成に用いられる．
- イソペンテニルピロリン酸から生成する**ジメチルアリルピロリン酸**と**イソペンテニルピロリン酸**により10炭素化合物のゲラニルピロリン酸が生成する．
- ゲラニルピロリン酸ともう1分子のイソペンテニルピロリン酸から15炭素化合物のファルネシルピロリン酸が生成する．
- ファルネシルピロリン酸はもう1分子のイソペンテニルピロリン酸と反応し，20炭素化合物のゲラニルゲラニルピロリン酸が生成する．
- 2分子のファルネシルピロリン酸から30炭素化合物の**スクアレン**が生成する．
- スクアレンはコレステロールの前駆体である**ラノステロール**の生合成前駆体である．
- **コレステロール**はすべてのステロイドホルモンの前駆体である．

章末問題

17. 次の反応剤とコレステロールの反応により生成する化合物を示せ．
    a. H_2, Pd/C   **b.** 塩化アセチル   **c.** H_2SO_4, Δ **d.** H_2O, H^+ **e.** 過酸

18. すべてのトリグリセリドは同じ数の不斉中心をもっているか．

19. カルジオリピンは心筋に見いだされる．カルジオリピンを完全に酸加水分解したときに得られる生成物を書け．

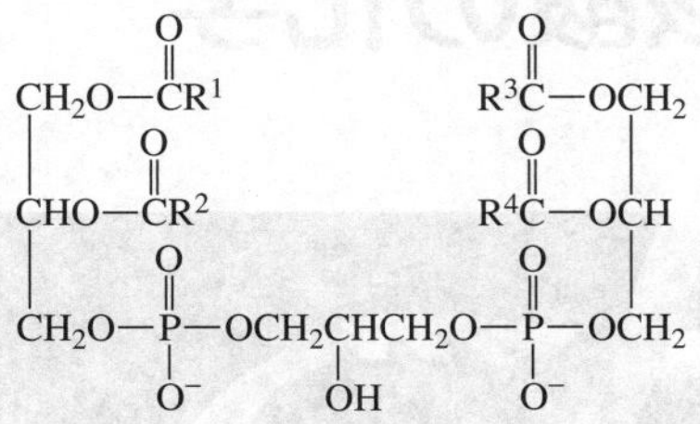

カルジオリピン
(cardiolipin)

20. ナツメグには分子量 722 の完全に飽和した単純トリグリセリドが含まれている．その構造式を書け．

21. 5-アンドロステン-3,17-ジオンは水酸化物イオンにより 4-アンドロステン-3,17-ジオンに異性化される．この反応の機構を示せ．

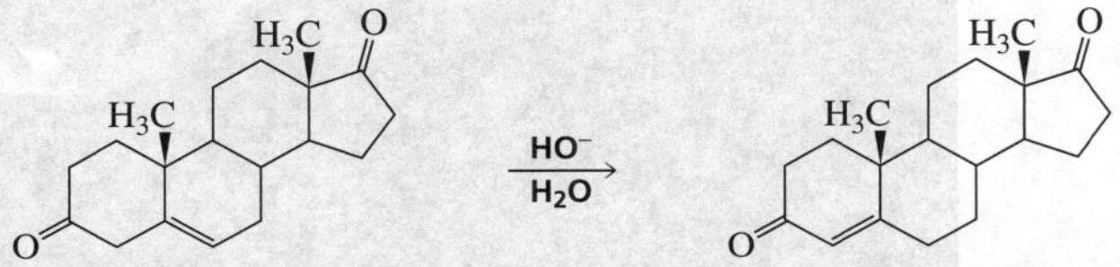

5-アンドロステン-3,17-ジオン
(5-androstene-3,17-dione)

4-アンドロステン-3,17-ジオン
(4-androstene-3,17-dione)

22. a. ラウリン酸と二つのミリスチン酸からなるトリグリセリドは何種類あるか．
　　b. ラウリン酸，ミリスチン酸，およびパルミチン酸それぞれ 1 分子からなるトリグリセリドは何種類あるか．

23. ゲラニルピロリン酸の E 異性体を Z 異性体に変換する反応機構を示せ．

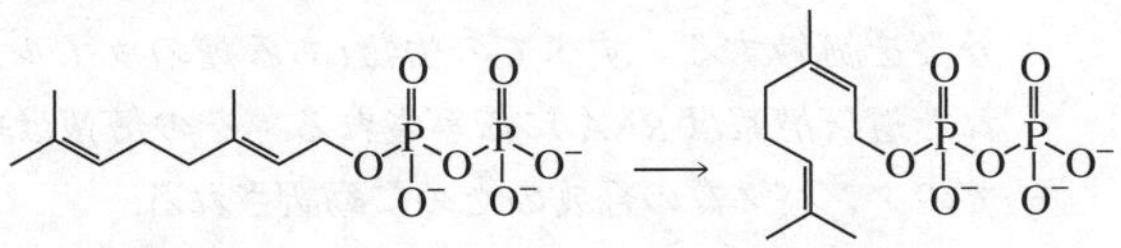

E 異性体　　　　　　　　　　Z 異性体

24. ファルネシルピロリン酸はここに示すセスキテルペンを与える．この反応の機構を示せ．

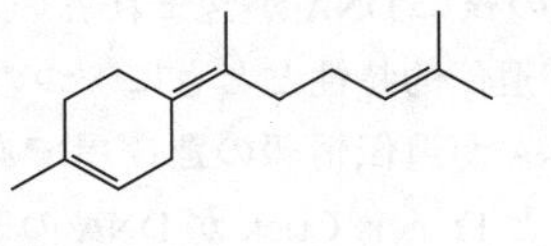

25. ユーデスモールはユーカリの木から発見されたセスキテルペンである．この化合物をファルネシルピロリン酸から生合成する反応機構を示せ．

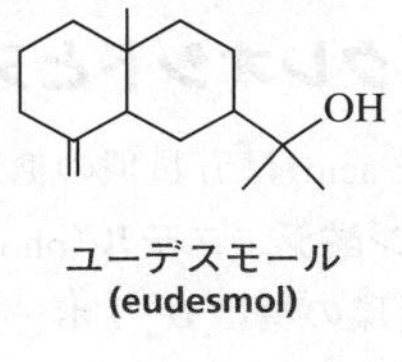

ユーデスモール
(eudesmol)

21 核酸の化学

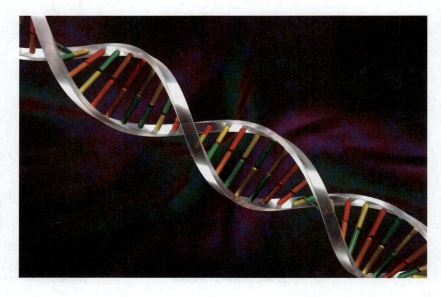

二重らせん

代表的な 3 種類の生体高分子のうち，16 章で多糖，そして 17 章でタンパク質について学んできた．この章では，3 番目の生体高分子である核酸について詳しく学ぶ．核酸にはデオキシリボ核酸(deoxyribonucleic acid, DNA)とリボ核酸(ribonucleic acid, RNA)の 2 種類がある．DNA は生物のすべての遺伝情報を記録し，細胞の増殖と分裂を制御する．すべての生物(ある種のウイルスを除く)では，DNA に蓄えられた遺伝情報は RNA に転写される．その情報は細胞の構造や機能に必要なすべてのタンパク質の合成のために翻訳される．

DNA は 1869 年に白血球の核から初めて単離された．この物質は核で見つけられた酸性物質であったため，核酸と呼ばれた．やがて，科学者はすべての細胞の核に DNA が含まれているという事実を知ることになるが，1944 年に DNA が遺伝的特性とともに一つの個体からほかの個体に移ることが示されるまで，DNA が遺伝情報の運び屋であるとは知るよしもなかった．1953 年，James Watson と Francis Crick が DNA の三次元構造，すなわち有名な二重らせんを発表した．

21.1　ヌクレオシドとヌクレオチド

核酸(nucleic acid)は五員環の糖がリン酸基によって結合した鎖状の化合物である．結合が**リン酸ジエステル**(phosphodiester)であることに注目しよう(図 21.1)．RNA では五員環の糖は D-リボースである．DNA ではそれは 2′-デオキシ-D-リボース(2′位に OH 基のない D-リボース)である．

21.1 ヌクレオシドとヌクレオチド 779

それぞれの糖のアノマー炭素は，複素環化合物の窒素原子と β-グリコシド結合している．（16.6 節で，β-結合は C-1 位と C-4 位の置換基がフラノース環の同じ側にある結合様式であることを学んだ．）複素環化合物はアミンなので，通常，それらは**塩基**(base)と呼ばれる．

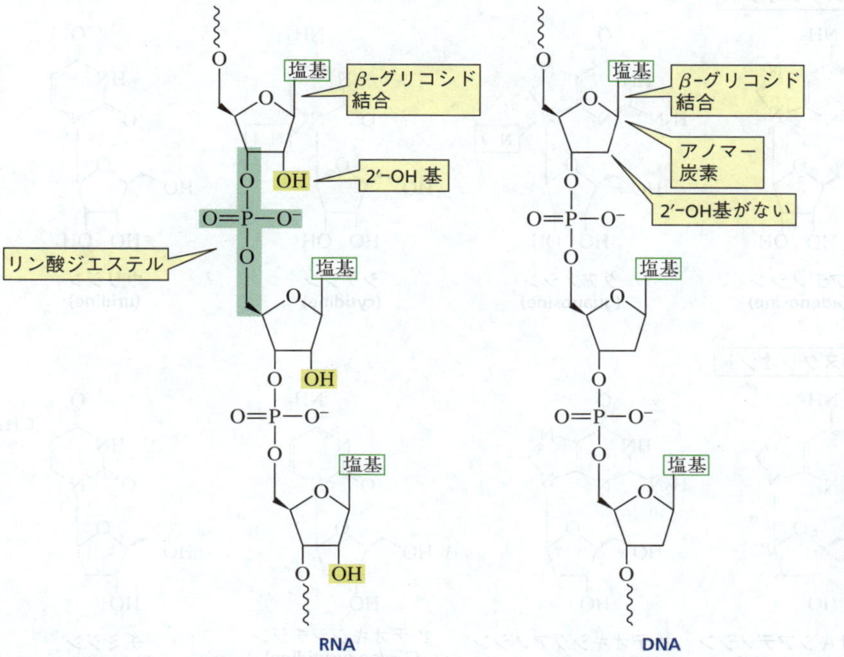

（図：RNA と DNA の構造；ラベル：塩基，β-グリコシド結合，2′-OH 基，リン酸ジエステル，アノマー炭素，2′-OH 基がない）

◀ 図 21.1
核酸はリン酸基によって結合した五員環の糖の連鎖からなる．それぞれの糖（RNA では D-リボース，DNA では 2′-デオキシ-D-リボース）は，複素環アミン（塩基）と β-グリコシド結合している．

異なる種間や同一種間における遺伝の広範な違いは，DNA の塩基配列により決定される．驚くべきことに，DNA には四つの塩基しかなく，そのうちの二つは置換プリン（アデニンとグアニン）であり，残りの二つは置換ピリミジン（シトシンとチミン）である．

DNA と RNA の塩基

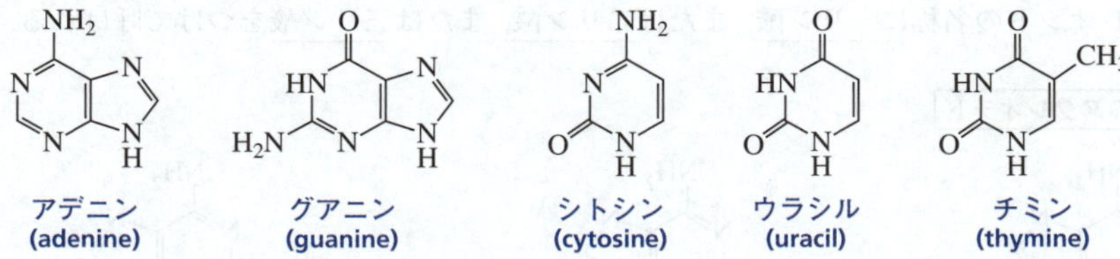

アデニン (adenine)　グアニン (guanine)　シトシン (cytosine)　ウラシル (uracil)　チミン (thymine)

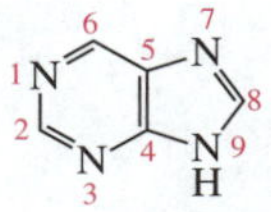

プリン (purine)

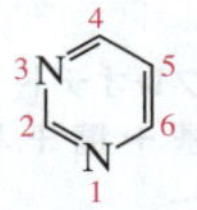

ピリミジン (pyrimidine)

RNA もたった四つの塩基からなる．そのうちの三つ（アデニン，グアニン，シトシン）は DNA と同じであるが，RNA はチミンの代わりにウラシルをもっている．チミンとウラシルの違いはメチル基だけであることに注目しよう．（チミンは 5-メチルウラシルである．）DNA がウラシルの代わりにチミンをもつ理由は 21.10 節で説明する．

フラノース環のアノマー炭素は，N-9 位でプリンと，また N-1 位でピリミジンと結合している．D-リボースや 2′-デオキシ-D-リボースに結合している塩基

をもつ化合物を**ヌクレオシド**(nucleoside)と呼ぶ．ヌクレオシドの糖成分の位置番号はプライム(')をつけて表し，塩基部分の位置番号と区別する．これによりDNAの構成糖は2'-デオキシ-D-リボースと表される．

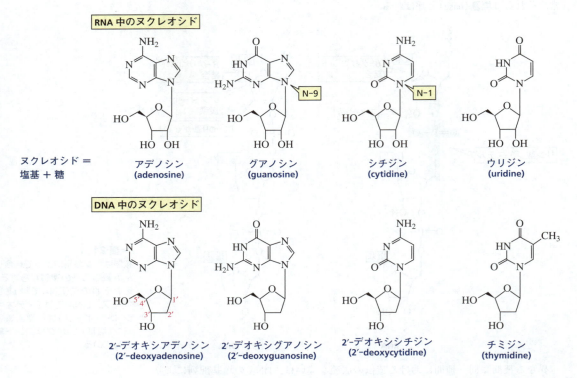

ヌクレオチド(nucleotide)は，糖のOH基がエステル結合でリン酸と結合しているヌクレオシドである．RNA中のヌクレオチドはより正確には**リボヌクレオチド**(ribonucleotide)と呼ばれ，DNAのヌクレオチドは**デオキシリボヌクレオチド**(deoxyribonucleotide)と呼ばれる．

ヌクレオチドは一リン酸，二リン酸，三リン酸として存在する．それらはヌクレオシドの名称に<u>一リン酸</u>，または<u>二リン酸</u>，または<u>三リン酸</u>をつけて呼ばれる．

ヌクレオチドの名前は省略される〔A, G, C, T, U に続いて MP(一リン酸), DP(二リン酸), または TP(三リン酸)をつける. D-リボースの代わりに 2′-デオキシリボースを含む場合は最初に小文字の d をつける. たとえば ATP の場合には dATP〕.

表 21.1 に示した塩基の名称とそれらの塩基に対応するヌクレオシド(またはヌクレオチド)の名称の違いに注目しよう. たとえば, アデニンは塩基であり, アデノシンはヌクレオシド(またはヌクレオチド)である. 同様に, シトシンは塩基であり, シチジンはヌクレオシド(またはヌクレオチド)である. 以下も同様である. ウラシルは RNA にのみ見られるので, 2′-デオキシ-D-リボースではなく D-リボースに結合し, 同じくチミンは DNA にのみ見られるので, D-リボースではなく 2′-デオキシ-D-リボースに結合している.

表 21.1 塩基, ヌクレオシド, およびヌクレオチドの名称

塩基	リボヌクレオシド	デオキシリボヌクレオシド	リボヌクレオチド	デオキシリボヌクレオチド
アデニン	アデノシン	2′-デオキシアデノシン	アデノシン 5′-リン酸	2′-デオキシアデノシン 5′-リン酸
グアニン	グアノシン	2′-デオキシグアノシン	グアノシン 5′-リン酸	2′-デオキシグアノシン 5′-リン酸
シトシン	シチジン	2′-デオキシシチジン	シチジン 5′-リン酸	2′-デオキシシチジン 5′-リン酸
チミン	—	チミジン	—	チミジン 5′-リン酸
ウラシル	ウリジン	—	ウリジン 5′-リン酸	—

🧪 DNA の構造:Watson, Crick, Franklin, および Wilkins

James D. Watson は 1928 年にシカゴで生まれた. 19 歳でシカゴ大学を卒業し, 3 年後にインディアナ大学で Ph.D. を取得した. 1951 年に博士研究員としてケンブリッジ大学で DNA の三次元構造を決定する研究に携わった.

Francis H. C. Crick(1916 〜 2004 年)はイギリスのノーサンプトンで生まれた. 最初は物理学者としての教育を受け, 第二次世界大戦中にはレーダーの研究に携わっていた. 戦後, 科学における最も興味ある課題は生命の物理学的基礎であると考え, 生体分子の構造を X 線で研究するためにケンブリッジ大学に入学した. DNA の二重らせん構造の提案につながる研究をしたのは大学院生時代である. 1953 年に化学の Ph.D. を取得した.

Rosalind Franklin(1920 〜 1958 年)はロンドンで生まれた. ケンブリッジ大学を卒業し, パリで X 線回折の技術を学んだ. 1951 年, イギリスに戻り, キングスカレッジの生物物理学科で X 線回折グループを立ち上げる地位についた. 彼女の X 線研究から, DNA は糖とリン酸基を分子の外側にもつらせん構造であることが示された. 不幸にも Franklin は, X 線源から自分自身を防護していなかったため, 自分の研究が DNA 二重らせん構造の決定に果たした重要な役割を知ることなく, また, 貢献も認められないまま亡くなった.

Watson と Crick は Maurice Wilkins とともに, DNA 二重らせん構造の決定により 1962 年, ノーベル医学生理学賞を受賞した. Wilkins(1916 〜 2004 年)は二重らせん構造を裏づける X 線研究に寄与した. Wilkins はニュージーランド生まれのアイルランド移民で, 両親とともに 6 歳のときにイギリスに移住した. 彼はバーミンガム大学で Ph.D. を取得した. 第二次世界大戦中はアメリカ人やほかのイギリス人科学者とともに原子爆弾の開発に従事した. 彼は 1945 年にイギリスに戻ったあと, 物理学に対する興味を失い, 生物学に傾倒した.

Rosalind Franklin

Francis Crick(左) と James Watson(右)

> **問題 1**
> 次のそれぞれの化合物の構造式を書け．
> **a.** dCDP   **b.** dTTP   **c.** dUMP   **d.** UDP
> **e.** グアノシン 5′-三リン酸   **f.** アデノシン 5′-一リン酸

21.2 核酸はヌクレオチドサブユニットで構成されている

核酸はヌクレオチドサブユニットの長い鎖から構成されている（図21.1）．**ジヌクレオチド**（dinucleotide）は 2 個のヌクレオチドサブユニットを含み，**オリゴヌクレオチド**（oligonucleotide）は 3 〜 10 個のサブユニットを含んでいる．そして，**ポリヌクレオチド**（polynucleotide）は多数のヌクレオチドサブユニットから構成されている．DNA と RNA はポリヌクレオチドである．

ヌクレオチド三リン酸は核酸の生合成の出発物質である．DNA は DNA ポリメラーゼと呼ばれる酵素によって合成され，RNA は RNA ポリメラーゼと呼ばれる酵素によって合成される．ヌクレオチドは S_N2 反応によって，つなげられていく（8.1 節参照）．一つのヌクレオチド三リン酸の 3′-OH 基が別のヌクレオチド三リン酸の α リン原子を攻撃し，リン酸無水物結合が切断され，ピロリン酸が脱離する（図 21.2）．すなわち，リン酸ジエステルは一方のヌクレオチドの 3′-OH 基と次のヌクレオチドの 5′-OH 基をつないでおり，伸長するポリマーは 5′→3′ 方向に合成される．いいかえれば，新しいヌクレオチドは 3′ 末端に付加される．生成したピロリン酸は続いて加水分解され，その結果，反応は不可逆となる（20.2 節参照）．DNA の遺伝情報が保存されるためには，不可逆性が重要である．RNA

DNA は 5′→3′ 方向に合成される．

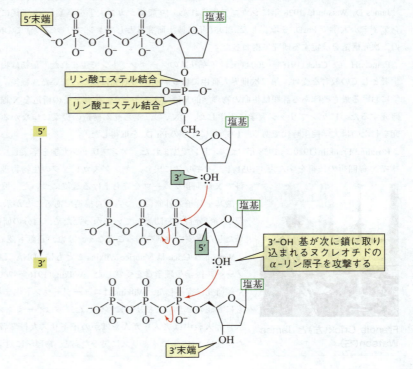

図 21.2 ▶
伸長する DNA 鎖へのヌクレオチドの付加．生合成は 5′→3′ 方向に進む．

鎖は 2′-デオキシリボヌクレオチド三リン酸の代わりにリボヌクレオチド三リン酸を用いて同様に生合成される.

核酸の**一次構造**(primary structure)とは，鎖中の塩基配列を指す．慣例として，塩基配列は 5′→3′ 方向(5′ 末端が左にくる)に表記する．鎖の 5′ 末端のヌクレオチドは結合していない 5′-三リン酸基をもち，3′ 末端のヌクレオチドは結合していない 3′-ヒドロキシ基をもつことを覚えておこう．

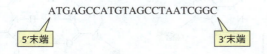

21.3　DNA の二次構造——二重らせん

Watson と Crick は，Rosalind Franklin の X 線構造データを参考にして，DNA は糖-リン酸骨格を外側に，塩基を内側にもつ 2 本のヌクレオチドの鎖からなると結論した．2 本の鎖は逆平行であり(反対方向に伸びている)，それぞれの鎖にある塩基間の水素結合により結びつけられている(図 21.3).

アデニン(A)が常にチミン(T)と，グアニン(G)が常にシトシン(C)と対を形成している．これは，二つの鎖が相補的である．すなわち一方の鎖に A があればもう一方の鎖には T が，また，一方の鎖に G があればもう一方の鎖には C があることを示している(図 21.3)．したがって，一方の鎖の塩基配列がわかれば，もう一方の鎖の塩基配列もわかる．

なぜ A は T と対をなすのか．また，なぜ G は C と対をなすのか．まず，二重鎖の幅は比較的一定である．そのため，プリンはピリミジンと対をなさなければならない．もし大きなプリンどうしが対をなせば，鎖はふくらみ，もし小さいピリミジンどうしが対をなせば，鎖は二つのピリミジンを水素結合するのに十分な距離まで引っ張らなければならない．しかし，なぜ A(プリン)は T(ピリミジン)と対をなし，C(ほかのピリミジン)とは対をなさないのだろうか．

塩基対の形成は水素結合によって説明できる．アデニンはチミンと二つの水素結合を形成するが，シトシンとは一つの水素結合しか形成しない．グアニンはシトシンと三つの水素結合を形成するが，チミンとは一つの水素結合しか形成しない(図 21.4).

二つの逆平行の DNA 鎖は真っ直ぐではなく，共通の軸のまわりにらせん状にヘリックスを形成している(図 21.5a)．ヘリックスの内部では塩基対は平面で，互いに平行である(図 21.5b)．そのために，二次構造は**二重らせん**(double helix)として知られている．二重らせんははしご階段に似ている．塩基対ははしごの段で糖-リン酸骨格は手すりである(786 ページも参照)．負に帯電した骨格は求核剤を拒み，リン酸ジエステル結合の切断を防いでいる．

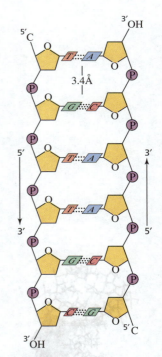

▲ **図 21.3**
DNA の糖-リン酸骨格は外側にあり，塩基は内側にある．A は T と，G は C と対をなす．2 本の鎖は逆平行で，すなわち，両者は逆方向に伸びている．

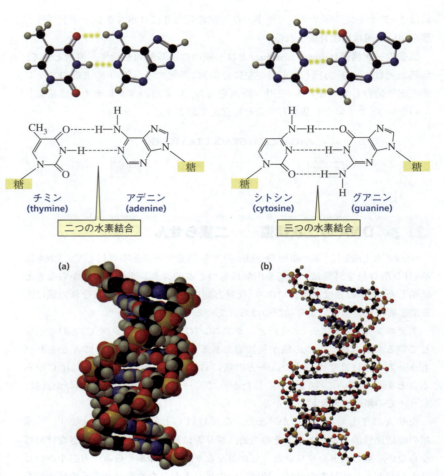

図 21.4 ▶
DNA における塩基対形成. アデニンとチミンは二つの水素結合を, シトシンとグアニンは三つの水素結合を形成する.

▲ 図 21.5
(a) DNA 二重らせん.
(b) ヘリックスの内部で塩基対は平面で, 互いに平行に位置する.

　塩基対間の水素結合は, DNA 二重らせんの二つの鎖を結びつける力の一つでしかない. 塩基は平面的な芳香族分子であり, 互いに積み重なっている. 塩基対は, 手のなかでトランプのカードを広げたときのように, 隣りの塩基対に対して少し回転している. このような配置をとると, 隣接した塩基対に生じた双極子の間に有利な van der Waals 力が働く. これらの相互作用は**スタッキング相互作用**(stacking interactions)として知られ, 弱い引力である. しかし, ほかの相互作用と相まって, 二重らせんの安定化に大きく寄与している.

　DNA 二重らせんには交互に繰り返される 2 種類の溝がある. **主溝**(major groove)とそれより狭い**副溝**(minor groove)である. タンパク質やほかの分子はこの溝に結合できる. それぞれの溝に面した官能基の水素結合形成の性質により, どのような分子が溝に結合するかが決まる. たとえば, 抗生物質ネトロプシンは DNA の副溝に結合することにより作用を示す(図 21.6).

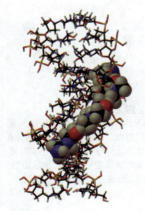

▲ 図 21.6
抗生物質のネトロプシンは DNA の副溝に結合する.

> **問題 2** ◆
> DNA の一方の鎖が 5′→3′ 方向に次の塩基配列をもつ場合,
>
> 5′—G—G—A—C—A—A—T—C—T—G—C— 3′
>
> **a.** 相補鎖の塩基配列は何か.
> **b.** 相補鎖の 5′ 末端に最も近い塩基は何か.

21.4 なぜ DNA は 2′–OH 基をもたないのか

DNA とは異なり, RNA は安定ではない. なぜならば, リボースの 2′–OH 基が RNA の切断における求核触媒として働くからである (図 21.7). このことは, DNA に 2′–OH 基がない理由を説明してくれる. 遺伝情報を保存するためには, 細胞の生涯を通して DNA は無傷でいなければならない. DNA が容易に切断されると, 細胞と生命そのものに悲劇的な結果をもたらす. これとは対照的に, RNA は必要に応じて合成され, その目的が達成されると分解される.

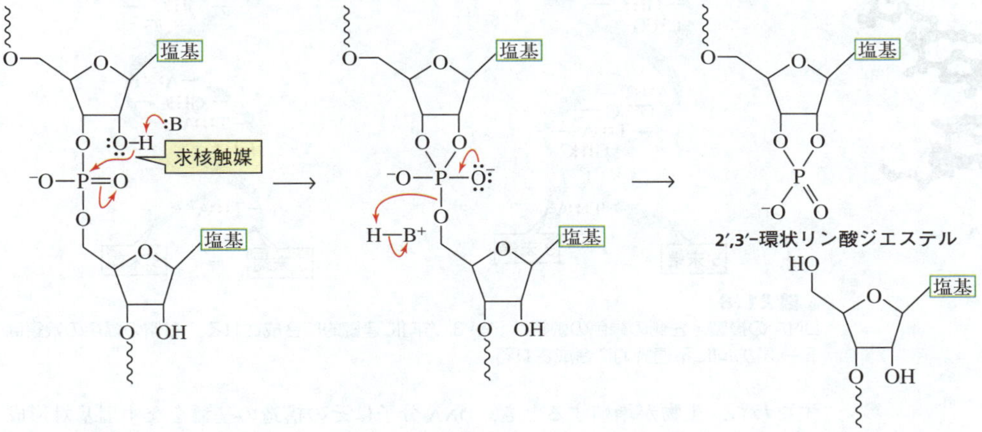

▲ **図 21.7**
2′–OH 基による RNA 切断の触媒. RNA は DNA に比べ約 30 億倍速く切断される.

> **問題 3**
> RNA が切断されたときに生じる 2′,3′-環状リン酸ジエステル (図 21.7) は, 水と反応して 2′- および 3′-リン酸化ヌクレオチドの混合物を生成する. この反応の機構を示せ.

21.5 DNA の生合成は複製と呼ばれる

ヒトの細胞の遺伝情報は, 23 対の染色体に詰められている. それぞれの染色体は数千の **遺伝子** (gene) (DNA の部分領域) からなる. ヒトの細胞の全 DNA, すなわち **ヒトゲノム** (human genome) は 31 億塩基対からなる.

Watson と Crick が提案した DNA 構造が興奮をもたらしたのは, DNA がどのようにしてのちの世代に遺伝情報を受け渡しているかを直ちに理解させたからである. DNA の二本鎖は相補的なので, どちらの鎖も同じ遺伝情報をもっている.

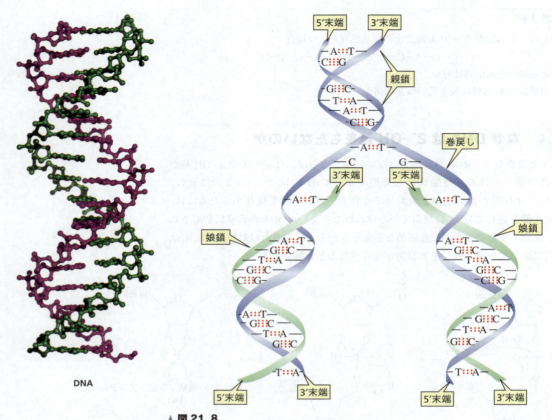

▲ 図 21.8
DNA の複製．左側の緑色の娘鎖は 5′→3′ 方向に連続的に合成される．右側の緑色の娘鎖は 5′→3′ 方向に不連続的に合成される．

すなわち，生物が増殖するとき，DNA 分子はその構造の基盤をなす塩基対形成原理と同じ原理を使ってコピーされる．それは，それぞれの鎖が相補的な鎖の合成において鋳型として働くことを意味する(図 21.8)．新しい(娘)DNA 分子はもとの(親)分子とまったく同じである．すなわち，娘 DNA はすべてのもとの遺伝情報を含んでいる．まったく同じ DNA のコピーの合成は**複製**(replication)と呼ばれる．

核酸合成に関与するすべての反応は酵素によって触媒される．DNA の合成は二つの鎖がほどけ始める分子の領域で起こる．核酸は 5′→3′ 方向にのみ合成されるので，図 21.8 の左にある娘鎖だけが一つの分子として連続的に合成される(なぜなら，この鎖は 5′→3′ 方向に合成されるからである)．もう一方の娘鎖は 3′→5′ 方向に伸長する必要があるため，これは小さな断片として不連続的に合成される．それぞれの断片は 5′→3′ 方向に合成され，DNA リガーゼと呼ばれる酵素によって 1 本につながれる(668 ページの図 17.10 参照)．DNA の新しい二つの分子はそれぞれ娘分子と呼ばれ，1 本のもとの親鎖(図 21.8 の青色の鎖)と 1 本の新しく合成された鎖(緑色)で構成されている．この過程は**半保存的複製**(semiconservative replication)と呼ばれている．

問題 4

もともとの親 DNA を実線，親 DNA から合成される DNA を波線で表すと，四世代目の DNA の分布がどうなっているかを示せ．（親 DNA が第一世代である．）

21.6 DNA と遺伝

もし DNA が遺伝情報をもつのであれば，その情報を解読する方法がなければならない．解読は二つの段階で行われる．

1. DNA の塩基配列は RNA 合成の青写真となる．DNA 青写真からの RNA の合成を **転写**(transcription)と呼ぶ(21.7 節)．
2. RNA の塩基配列はタンパク質のアミノ酸配列を決める．RNA を青写真としてタンパク質が合成されることを **翻訳**(translation)という(21.9 節)．

転写：DNA→RNA

翻訳：mRNA→タンパク質

転写と翻訳を混同しないようにしよう．これらの言葉は日本語で使われているのとちょうど同じ意味で使われる．転写(DNA から RNA)は同じ言語内(この場合ヌクレオチドという言語)での複写であり，翻訳(RNA からタンパク質)は異なる言語(アミノ酸という言語)に変えることである．最初に転写から見ていこう．

🧪 DNA を修飾する天然化合物

抗がん剤として認可されている化合物の 3/4 以上が，植物，海洋生物，あるいは微生物から得られた天然化合物で，DNA と相互作用する性質をもつ．がんは細胞の無秩序な成長と増殖を伴うので，DNA の複製や転写を阻害する化合物は，がん細胞の成長を阻止する．これらの薬剤は，塩基対間に結合する(インターカレーションと呼ばれる)，もしくは主溝や副溝に結合することにより，DNA と相互作用する．ここで議論する三つの抗がん剤は，土壌細菌 *Streptomyces* 属から単離された．

アクチノマイシン D
(actinomycin D)

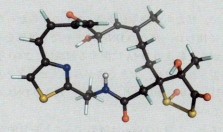
レイナマイシン
(leinamycin)

ブレオマイシン
(bleomycin)

インターカレーション化合物は，DNA の積み重なった塩基の間にはさまれるので，これらの分子は平面的で多くの場合芳香族性である．これらの分子の DNA への結合は，隣接する塩基対によるスタッキング相互作用により安定化される．アクチノマイシン D はインタカレーターの例である．この薬剤は，DNA に結合するとき二重らせんをゆがめ，DNA の転写と翻訳を阻害する．アクチノマイシン D はさまざまながんの治療に使われている．

DNA の主溝や副溝に結合する薬剤は，水素結合，van der Waals 相互作用，および静電的引力，すなわちタンパク質が基質と結合するのに使う同じ力の組合せによって結合する．レイナマイシンは DNA の主溝に結合する抗がん剤の例である．いったんレイナマイシンが結合すると，プリン環の N-7 位をアルキル化する．

ブレオマイシンは DNA の副溝に結合する．いったん副溝に入ると，DNA から水素原子を引き抜くために，自身に結合している鉄原子が使われる．これが DNA 切断の一段階目である．この薬剤は Hodgkin リンパ腫の治療薬に認可されている．

21.7 RNAの生合成は転写と呼ばれる

転写は，DNA がプロモーター部位と呼ばれる特定の場所で巻き戻され，二つの一本鎖を形成することで始まる．2本のうちの1本が**センス鎖**（sense strand）と呼ばれ，残りの相補鎖は**鋳型鎖**（template strand）と呼ばれる．5′→3′方向に RNA が合成されるには，鋳型鎖が 3′→5′方向に読まれる必要がある（図 21.9）．鋳型鎖中の塩基は，DNA の複製で使われるのと同じ塩基対形成原理に従って，RNA に取り込まれるべき塩基を特定する．たとえば，鋳型鎖中のグアニンは RNA へのシトシンの取込みを指示し，鋳型鎖中のアデニンは RNA へのウラシルの取込みを指示する．（RNA では，チミンの代わりにウラシルが使われることを思い起こそう．）RNA と DNA のセンス鎖の両方とも鋳型鎖に対して相補的であるので，RNA と DNA のセンス鎖は，チミンがウラシルに代わっていることを除いて，まったく同じ塩基配列をもっている．どこから RNA 合成を開始するのかを知らせるプロモーター部位が DNA にあるのと同じように，伸長する RNA 鎖にこれ以上塩基を付加しないことを知らせる部位がある．

> RNA は 5′→3′方向に合成される．

図 21.9 ▶ 転写．RNA 合成の青写真として DNA が用いられる．

最近まで，私たちの細胞にある DNA のうちたった 2% だけがタンパク質をつくることに使われ，残りの DNA はまったく情報をもたないと考えられてきた．しかしながら，私達の DNA に関する知識は，2000 年にヒトゲノムの配列決定が最初に報告されて以来，大きく広がった．ヒトゲノム中にある約 80% の DNA の生物学的目的が明らかにされ，そして，残りの DNA の目的を明らかにする実験が期待されている．

一見すると，大量の DNA は制御することを目的としている．ヒトの細胞は約 150 種類あり，すべての細胞がそれぞれ 21,000 個のタンパク質をコードした DNA をもつ．しかし，その一部分だけが特定の細胞で活性化される．たとえば，髪の毛をつくる遺伝子はインスリンをつくる細胞では活性化されず，またその逆も同様である．

タンパク質まで翻訳されない RNA の青写真となる遺伝子も約 3 万個あることが知られている．その代わり，これらの RNA は制御に使われている．いいかえると，RNA 鎖は遺伝子をオン/オフするスイッチである．科学者はきわめて多くのスイッチに驚いたが，さらにもっと多くのスイッチが見つけられようとしている．いまや問題はこれらのスイッチがどのように働いているかにある．

問題 5 ◆
チミンとウラシルの両方ともがアデニンの取込みを指定しているのはなぜか.

21.8 タンパク質の生合成に使われている RNA

RNA 分子は DNA 分子よりはるかに短く,通常は一本鎖である.DNA 分子は何十億もの塩基対をもつこともあるが,RNA 分子が 1 万以上のヌクレオチドをもつことはまれである.RNA にはいくつかの種類がある.タンパク質の生合成に使われている RNA には,以下の 3 種類がある.

- **メッセンジャー RNA**(messenger RNA,mRNA):その塩基配列はタンパク質のアミノ酸配列を決定する.
- **リボソーム RNA**(ribosomal RNA,rRNA):その上でタンパク質の生合成が起こる粒子リボソームの構成成分である.
- **トランスファー RNA**(transfer RNA,tRNA):タンパク質を合成するためのアミノ酸を運ぶ.

tRNA 分子は mRNA 分子や rRNA 分子に比べてはるかに小さく,70 〜 90 ヌクレオチドしか含んでいない.一本鎖の tRNA は三つのループと右側ループの隣りの小さな膨らみ(バルジ)からなる特徴的なクローバーの葉に似た構造に折りたたまれている(図 21.10a).相補的な塩基対をもつ少なくとも四つの領域がある.5′

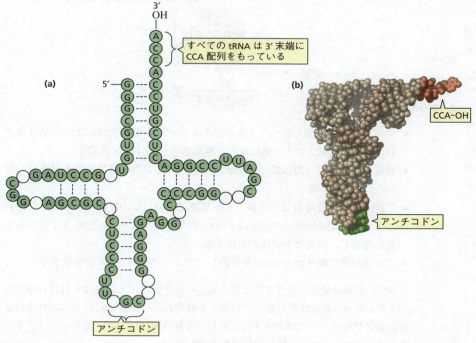

▲ **図 21.10**
(a) トランスファー RNA. ほかの RNA と比較して, tRNA は修飾塩基(空の円で示した)を含む割合が高い. これらの塩基は通常の四つの塩基が酵素による修飾を受けて生じる.
(b) トランスファー RNA:アンチコドンは緑色, 3′ 末端の CCA は赤色で示す.

末端と 3′ 末端の反対側のループの一番下にある三つの塩基は**アンチコドン**（anticodon）と呼ばれる．すべての tRNA は 3′ 末端に CCA 配列をもっている（図 21.10a および b）．

それぞれの tRNA は，3′ 末端の OH 基にエステル結合したアミノ酸を運ぶことができる．そのアミノ酸は，タンパク質の生合成の過程でタンパク質に挿入される．それぞれの tRNA は特定の一つのアミノ酸だけを運ぶ．アラニンを運ぶ tRNA を tRNA^{Ala} と表記する．

アミノ酸の tRNA への付加は，アミノアシル tRNA 合成酵素と呼ばれる酵素によって触媒される．その反応機構をここに示す．

tRNA にアミノ酸を付加する反応機構

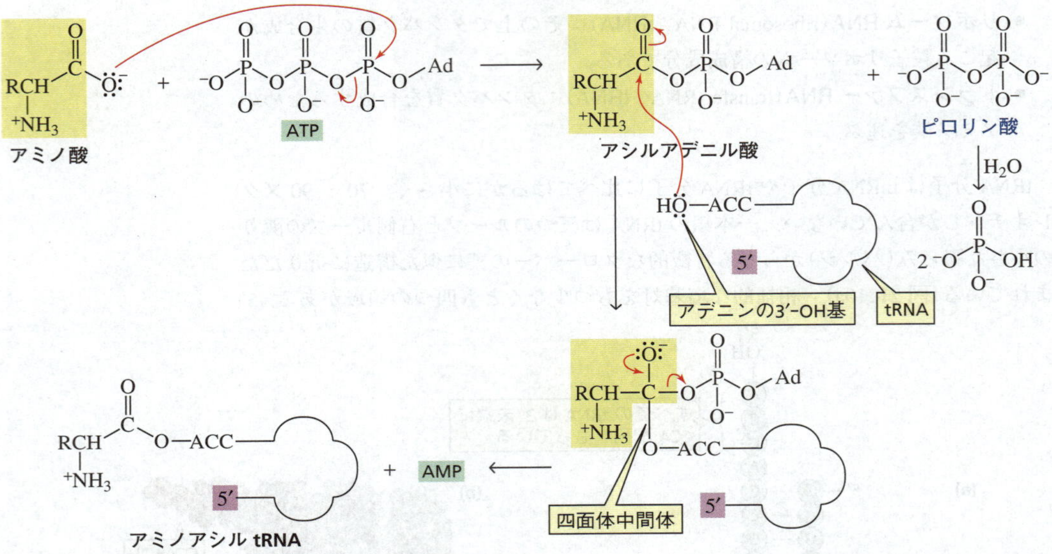

- アミノ酸のカルボキシラート基がアシルアデニル酸の生成によって活性化される．その結果，アミノ酸は優れた脱離基をもつ（11.16 節参照）．
- 脱離したピロリン酸は続いて加水分解され，リン酸転移反応を非可逆にしている（19.1 節参照）．
- 二段階目と三段階目は，求核アシル置換反応の二つの段階であることに注目しよう（11.4 節参照）．tRNA の 3′-OH 基がアシルアデニル酸のカルボニル炭素に付加し，四面体中間体が生成する．
- この四面体中間体から AMP が脱離し，アミノアシル tRNA が生成する．

すべての段階は酵素の活性部位で起こる．それぞれのアミノ酸はそれ自身のアミノアシル tRNA 合成酵素をもっている．それぞれの合成酵素には二つの特異的な結合部位があり，一つはアミノ酸に対しての結合部位であり，もう一つはアミノ酸を運ぶ tRNA に対する結合部位である（図 21.11）．

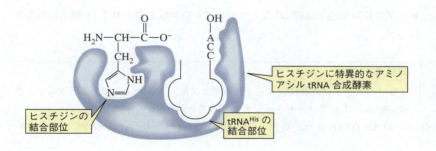

◀ 図 21.11
アミノアシル tRNA 合成酵素は，アミノ酸に対する結合部位と，アミノ酸を運ぶ tRNA に対する結合部位をもっている．この例ではヒスチジンがアミノ酸であり，tRNA^{His} が tRNA である．

21.9　タンパク質の生合成は翻訳と呼ばれる

　タンパク質は，mRNA 鎖の塩基を 5′→3′ 方向に読む過程によって，N 末端から C 末端に向けて合成される．タンパク質に取り込まれるアミノ酸は，**コドン**(codon)と呼ばれる三塩基配列によって指定される．これらの塩基は連続的に読まれ，決して読み飛ばされることはない．三塩基配列とそれぞれの配列が指定するアミノ酸の関係は，**遺伝コード**(genetic code)として知られている(表 21.2)．コドンは 5′ 側のヌクレオチドを左にして表記される．たとえば，mRNA の UCA はアミノ酸のセリンをコードし，CAG はグルタミンをコードする．

表 21.2　遺伝コード

5′位		中央			3′位
	U	C	A	G	
U	Phe	Ser	Tyr	Cys	U
	Phe	Ser	Tyr	Cys	C
	Leu	Ser	終止	終止	A
	Leu	Ser	終止	Trp	G
C	Leu	Pro	His	Arg	U
	Leu	Pro	His	Arg	C
	Leu	Pro	Gln	Arg	A
	Leu	Pro	Gln	Arg	G
A	Ile	Thr	Asn	Ser	U
	Ile	Thr	Asn	Ser	C
	Ile	Thr	Lys	Arg	A
	Met	Thr	Lys	Arg	G
G	Val	Ala	Asp	Gly	U
	Val	Ala	Asp	Gly	C
	Val	Ala	Glu	Gly	A
	Val	Ala	Glu	Gly	G

　塩基は 4 種類あり，コドンには 3 個の塩基(トリプレット)を使うので，4 の 3 乗(64)の異なるコドンが可能である．これは 20 種類のアミノ酸を特定するには多すぎるので，メチオニンとトリプトファンを除くすべてのアミノ酸は 2 個以上のコドンをもっている．したがって，メチオニンとトリプトファンがタンパク質中で最も少ないアミノ酸であるというのは驚くべきことではない．実際には，61 個のコドンがアミノ酸を特定し，残り 3 個のコドンはストップコドンである．ス

トップコドン (stop codon) は「ここでタンパク質合成を停止せよ」と細胞に指令する．

> **問題 6 ◆**
> オリゴペプチドに最初に取り込まれるアミノ酸がメチオニンであるとすると，次の mRNA によってコードされるオリゴペプチドを示せ．
> 5′—G—C—A—U—G—G—A—C—C—C—C—G—U—U—A—U—U—A—A—C—A—C— 3′

> **問題 7 ◆**
> 問題 6 の mRNA の断片には C が四つ連続して並んでいる．この四つの C のうち一つが欠落した mRNA からはどのようなオリゴペプチドが生成するか．

> **問題 8**
> UAA はストップコドンである．問題 6 の mRNA の配列にある UAA 配列はなぜタンパク質の合成を停止しないのか．

mRNA の情報がどのようにしてポリペプチドに翻訳されるかを図 21.12 に示した．この図では，伸長するポリペプチド鎖の末端に，コドン AGC で指定されるセリンが取り込まれたところを表している．

- セリンは mRNA 上の AGC コドンによって特定される．なぜならば，セリンを運ぶ tRNA のアンチコドンが GCU（3′-UCG-5′）であるからである．（塩基配列は 5′→3′ 方向に読まれることを思い出そう．したがって，アンチコドンの塩基配列は右から左に読まれなければならない．）
- 次のコドンは CUU で，AAG（3′-GAA-5′）のアンチコドンをもつ tRNA に信号を出す．その tRNA はロイシンを運ぶ．ロイシンのアミノ基は酵素触媒求核アシル置換反応により，隣りのセリンを運ぶ tRNA のエステルと反応し，セリンを運んできた tRNA を置換する（11.4 節参照）．
- 次のコドン（GCC）はアラニンを運ぶ tRNA を指定する．アラニンのアミノ基は酵素触媒求核アシル置換反応により，隣りのロイシンを運ぶ tRNA のエステルと反応し，ロイシンを運んできた tRNA を置換する．

タンパク質は N 末端 → C 末端方向に生合成される．

取り込まれるアミノ酸を特定する mRNA 上のコドンが，アミノ酸を運ぶ tRNA 上のアンチコドンと相補的な塩基対を形成することにより，続くアミノ酸を 1 回につき 1 個ずつつないでいく．

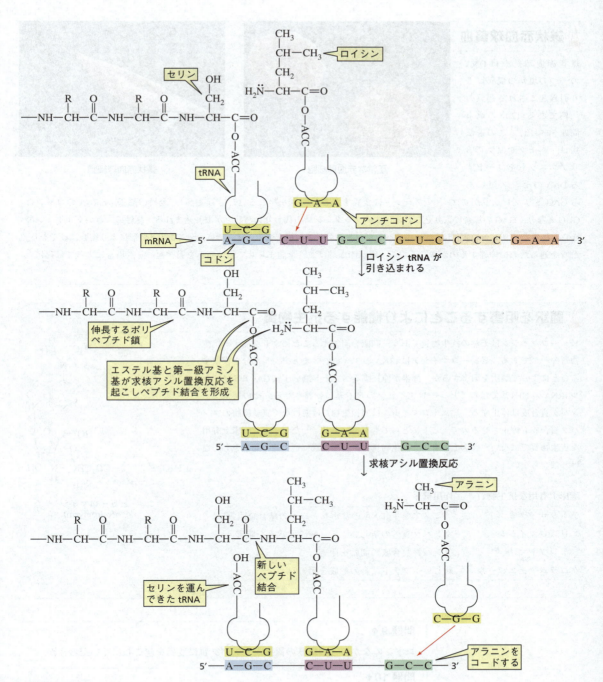

▲ 図 21.12
翻訳．mRNA の塩基配列がタンパク質中のアミノ酸配列を決定する．

鎌状赤血球貧血

鎌状赤血球貧血はDNAの一つの塩基の変異により引き起こされる病気の一例である（17章の章末問題57参照）．この遺伝病は，ヘモグロビンのβサブユニットをコードするDNAのセンス鎖にあ

正常な赤血球細胞

鎌状赤血球細胞

るGAGトリプレットがGTGトリプレットに変異することにより起こる（17.13節参照）．変異の結果，mRNAのコドンはGUGとなり，GAGの場合に取り込まれるはずのグルタミン酸の代わりにバリンが取り込まれる．極性の大きいグルタミン酸から非極性のバリンへの変化は，デオキシヘモグロビン分子の形態を変化させるのに十分であり，変形により細胞は硬くなり，血管を通るために伸縮するのが難しくなる．鎌状赤血球は血管を詰まらせて強い痛みを引き起こし，場合によっては死に至る．

翻訳を阻害することにより機能する抗生物質

ピューロマイシンは天然の抗生物質であり，翻訳を阻害することにより機能する抗生物質の一つである．ピューロマイシンはtRNAの3′-CCA-アミノアシル部分を模倣することによって翻訳を阻害するが，酵素が伸長するペプチド鎖を3′-CCA-アミノアシルtRNAのNH$_2$基ではなくピューロマイシンのNH$_2$基に転移させる．その結果，タンパク質合成は停止する．ピューロマイシンは原核生物だけではなく真核細胞のタンパク質合成も停止させるので，ヒトにとっても有害であり，したがって，臨床上有用な抗生物質ではない．臨床上で有用な抗生物質は，原核細胞に選択的な効果をもたなければならない．

臨床上有用な抗生物質	作用機序
テトラサイクリン	アミノアシルtRNAのリボソームへの結合を阻害
エリスロマイシン	タンパク質への新しいアミノ酸の取込みを阻害
ストレプトマイシン	タンパク質合成の開始を阻害
クロラムフェニコール	新しいペプチド結合の形成を阻害

ピューロマイシン
(puromycin)

問題 9 ◆
コドンのなかのどの塩基の置換がタンパク質に変異を起こしにくいだろうか．

問題 10 ◆
問題6のmRNAを与えるDNAのセンス鎖の塩基配列を書け．

問題 11
問題6のそれぞれのアミノ酸を特定するmRNAの可能なコドンと，アミノ酸を運ぶtRNAのアンチコドンを示せ．

21.10 DNA はなぜウラシルの代わりにチミンをもつのか

18.13 節において，メチル基を供給する補酵素の N^5, N^{10}-メチレンテトラヒドロ葉酸によって，dTMP が dUMP のメチル化により生成することを学んだ。

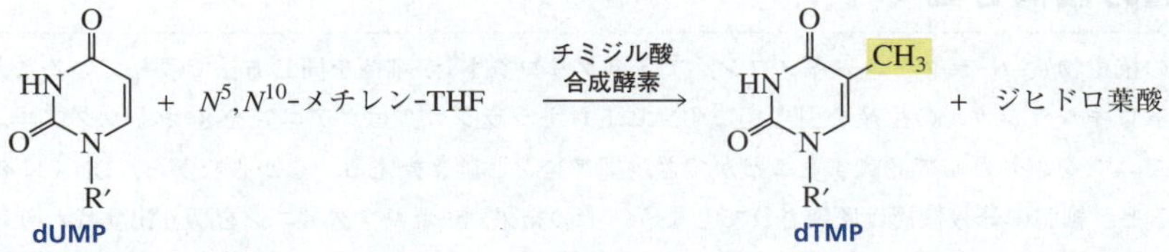

dUMP + N^5, N^{10}-メチレン-THF →(チミジル酸合成酵素)→ dTMP + ジヒドロ葉酸

R′ = 2′-デオキシリボース-5-P

ウラシルにメチル基を導入するとテトラヒドロ葉酸がジヒドロ葉酸に酸化されるので，次の触媒反応に使う補酵素を準備するために，ジヒドロ葉酸はテトラヒドロ葉酸に還元されなければならない．還元剤は NADPH である．

ジヒドロ葉酸 + NADPH + H⁺ →(ジヒドロ葉酸還元酵素)→ テトラヒドロ葉酸 + NADP⁺

この反応で生成した NADP⁺ は，NADH によって NADPH に還元されなければならない．細胞内で生じるすべての NADH は，2.5 個の ATP を生産することができる (19.3 節参照)．それゆえに，ジヒドロ葉酸を還元することは，ATP の消費を伴う．これはチミンの合成はエネルギー的に高価であることを意味し，これこそが DNA がウラシルの代わりにチミンを含む十分な理由であるに違いない．

DNA 中のウラシルの代わりのチミンの存在は，致命的な変異を防いでいる．シトシンは互変異性によりイミンを生じ (13.3 節参照)，それは加水分解されてウラシルを生じる (12.8 節参照)．全体の反応はアミノ基が脱離するので**脱アミノ化** (deamination) と呼ばれる．

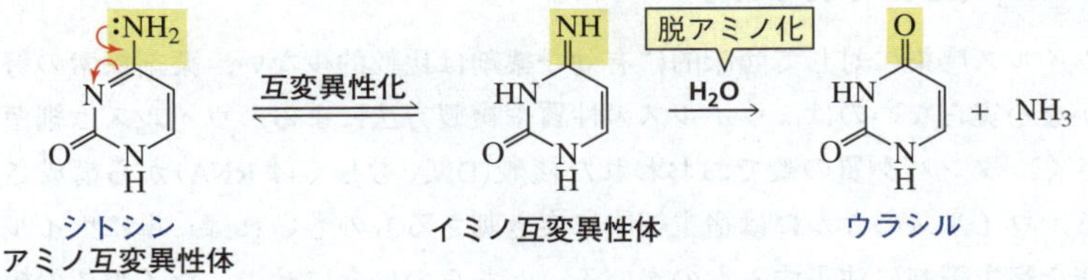

シトシン (アミノ互変異性体) ⇌(互変異性化)⇌ イミノ互変異性体 →(脱アミノ化, H₂O)→ ウラシル + NH₃

DNA 中の C が U に脱アミノ化されると，複製の際に，C によって特定されていた G の代わりに A が娘鎖に取り込まれる．そして，すべての娘鎖の子孫は同じ変異した染色体をもつことになる．幸いにも，DNA 中の U を"誤り"として認識し，誤った塩基が娘鎖に取り込まれる前に U を C に置換する酵素がある．これらの酵素は U を切り出し，C に置き換える．もし U が DNA に存在するのが通常だとすると，酵素は正しい U とシトシンの脱アミノ化によって生じた U とを区別できないだろう．DNA が U の代わりに T をもつことにより，DNA 中の U の存在が誤りとして認識される．

自己複製する DNA とは違い，RNA における誤りは長くは残らない．なぜならば，RNA は絶えず分解され，DNA 鋳型から再合成されるからである．それゆえに，

RNA での C から U への変異は，いくつかの欠陥タンパク質のコピーを生みだすが，ほとんどのタンパク質は欠陥をもたない．したがって，RNA に T を取り込むために余分な ATP を使う価値はない．

抗生物質は共通の機構で働く

最近，三つの異なる種類の抗生物質(β-ラクタム，キノロン，アミノグリコシド)が細菌を同じ方法で殺していることが見いだされた．抗生物質はヒドロキシラジカルの生産を引き起こす．ヒドロキシラジカルはグアニンを 8-オキソグアニンに酸化する．細胞は 8-オキソグアニンを誤りとして認識することができ，グアニンと置き換える．しかしながら，DNA に 8-オキソグアニンが多くありすぎると，細胞の修復機構は圧倒されてしまう．その結果，8-オキソグアニンを切り出す代わりに，DNA 鎖を切断し，それは細胞死を引き起こす．

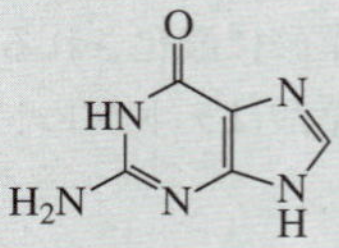

グアニン
(guanine)

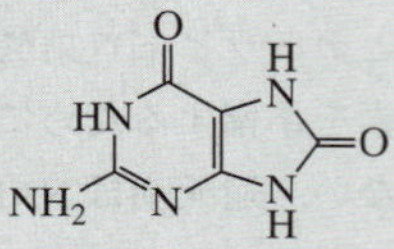

8-オキソグアニン
(8-oxoguanine)

問題 12◆
アデニンはヒポキサンチンに，グアニンはキサンチンに脱アミノ化される．ヒポキサンチンとキサンチンの構造式を示せ．

問題 13
チミンが脱アミノ化されない理由を説明せよ．

21.11 抗ウイルス剤

ウイルス感染に対して臨床的に有効な薬剤は比較的少ない．薬剤探索の努力がなかなか実らないのは，ウイルスの性質や複製方法による．ウイルスは細菌より小さく，タンパク質の殻でおおわれた核酸(DNA もしくは RNA)から構成されている．ウイルスのなかには宿主細胞に突き刺さるものもいれば，単にウイルスの核酸を宿主細胞に注入するものもいる．どちらの場合にせよ，ウイルスの核酸が宿主により転写され，宿主の遺伝子に組み込まれる．

たいていの**抗ウイルス剤**(antiviral drug)は，ヌクレオシドの類似化合物であり，ウイルスの核酸合成を阻害する．この方法により，薬剤はウイルスの複製を妨げる．たとえば，ヘルペスウイルスに用いられるアシクロビルは，グアニンに似た三次元構造をもっている．それゆえ，アシクロビルはウイルスをだまして，グアニンの代わりに DNA のなかに薬剤を取り込ませる．いったん取り込まれると，アシクロビルはリボースの 3′-OH 基を欠くので，DNA 鎖はもはや伸長できない．

急性骨髄白血病に用いられるシタラビンは，ウイルス DNA にシトシンと競合して取り込まれる．シタラビンはリボースではなくアラビノースを含む(表 16.1 参照)．2′-OH 基が β 位にあるので，シタラビンが取り込まれた DNA の塩基は正

しく積み重なることができない(21.3節).

アシクロビル
(acyclovir)
Aclovir®
単純ヘルペス感染
に対して使われる

シタラビン
(cytarabine)
Cytosar®
急性骨髄白血病に
対して使われる

イドクスウリジン
(idoxuridine)
Herplex®
角膜に対して
認可されている

　イドクスウリジンはアメリカ以外の国ぐにではヘルペスの感染に対して使われているが，アメリカにおいては眼感染症の局所的治療にだけ認可されている．イドクスウリジンはチミンのメチル基に代わってヨード基をもち，チミンに代わってDNAに取り込まれる．3′-OH基をもつために鎖の伸長は続くが，生じるDNAは壊れやすく，正しく転写されない．(803ページのAZTの解説も見よ)．

🧪 インフルエンザの世界的大流行

　毎年私たちはインフルエンザ(flu)の発生に直面する．ほとんどの場合，既存のウイルスが原因であり，それゆえ予防接種により制御可能である．しかし，ときどき新型のインフルエンザウイルスが出現する．そしてそのウイルスは，ヒトが旧型のインフルエンザに対してもつ免疫の影響を受けず，それゆえすばやく広がり，非常に多くの人びとに感染する可能性があるため，世界規模の大流行を引き起こす．加えて，そのインフルエンザに対して効果をもつ抗ウイルス剤はほとんどない．(18.2節のTamiflu®を参照．)

　1889〜1890年のロシア風邪が最初のインフルエンザの世界的大流行であった．それによって，100万人の命が失われた．1918〜1919年のスペイン風邪は世界中で5,000万人の命を奪った．1956〜1958年のアジア風邪は，1957年にワクチンが開発されたものの，流行が食い止められる前に200万人の命を奪った．1968〜1969年のホンコン風邪(ホンコンの人口の15%が冒されたためにそう呼ばれている)は，約75万人の命を奪ったが致死率ははるかに低かった．これは，アジア風邪に感染した人がなんらかの免疫を獲得していたためと考えられた．これが最後の世界的大流行であったので，公衆衛生の担当者は，次の世界的大流行がすぐに来るかもしれないと案じている．

　最近，憂慮されているインフルエンザの発生は，1997年に発見された鳥インフルエンザや2009年に発見された豚インフルエンザである．鳥インフルエンザはニワトリに伝搬され，続いて数百人に伝染し，そのうちの60%が亡くなった．豚インフルエンザは豚の呼吸器系の病気であるが，人に感染することが知られている．これらのインフルエンザのどちらかが世界的大流行になるのではないかと懸念されている．

　ウイルス株種ごとの最も大きな相違点は，ウイルスタンパク質の表面に結合する糖鎖である．鼻や喉にある糖鎖に最初に結合するウイルスが引き起こす症状は，肺の奥深くの糖鎖に結合するウイルスが引き起こす症状ほど深刻ではない．

21.12　DNAの塩基配列はどのように決定されるか

　2000年6月，2チームの科学者(一つはバイオテクノロジー企業，もう一つは各国が助成したヒトゲノムプロジェクトによるチーム)がヒトDNAの31億塩基対の配列を決定したと公表した．これは偉大な業績である．

　明らかに，DNA分子は一つのユニットとして配列を調べるには長すぎる．そ

制限エンドヌクレアーゼ	認識配列
*Alu*I	AGCT TCGA
*Fnu*DI	GGCC CCGG
*Pst*I	CTGCA↓G G↑ACGTC

れゆえに，DNAは最初に特定の塩基配列のところで切断され，生じたDNA断片が個々に調べられる．

特定の塩基配列でDNAを切断する酵素を**制限エンドヌクレアーゼ**（restriction endonuclease, 制限酵素）と呼ぶ．生じたDNA断片は**制限断片**（restriction fragment）と呼ばれる．現在，数百の制限エンドヌクレアーゼが知られている．いくつかの例を，認識する塩基配列と配列中の切断される部位とともに欄外に示す．

ほとんどの制限エンドヌクレアーゼが認識する塩基配列は回文である．回文とは前から読んでもうしろから読んでも同じに読める単語や一群の語のことである．"Was it a car or a cat I saw?"や"toot"，"race car"などが回文の例である．制限エンドヌクレアーゼは鋳型鎖がセンス鎖の回文である．いいかえると，鋳型鎖の塩基配列（右から左に読む）とセンス鎖の塩基配列（左から右に読む）が同じであるDNAを認識する．

> **問題 14◆**
>
> 次の塩基配列のうち制限エンドヌクレアーゼに最も認識されそうな配列はどれか．
>
> **A** ACGCGT　　**B** ACGGGT　　**C** ACGGCA
>
> **D** ACACGT　　**E** ACATCGT　**F** CCAACC

現在使われているDNAの塩基配列を決定する技術は，**パイロシークエンシング**（pyrosequencing）と呼ばれる自動化された方法である．この方法では，まず小さなDNAプライマーが，調べられる配列の制限酵素断片に付加され，次いでヌクレオチドが制限断片との塩基対形成にもとづいてプライマーに付加される．この方法は，プライマーに付加される各塩基（の身元）を調べる．

パイロシークエンシングは，DNA鎖にヌクレオチドを付加する酵素DNAポリメラーゼと，ピロリン酸が検出されたときに発光する二つの酵素を必要とする．

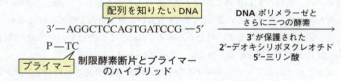

パイロシークエンシングは，さらにそれぞれ3′–OH基が保護されている四つの2′-デオキシリボヌクレオチド5′-三リン酸を必要とする．

3′が保護された 2′-デオキシリボヌクレオチド三リン酸

制限酵素断片とプライマーのハイブリッドは，固相支持体（カラム）に取りつけられる．これはイオン交換クロマトグラフィーに使われる固相支持体に似ている（図17.4参照）．パイロシークエンシングに含まれる各段階は以下である．

- 酵素と4種類の 3′ 保護 2′-デオキシリボヌクレオチド 5′-三リン酸の一つ（たとえば，3′ 保護 dATP）がカラムに加えられる．
- 反応剤が固相支持体から洗い出される．
- 異なる 3′ 保護 2′-デオキシリボヌクレオチド 5′-三リン酸（たとえば，3′ 保護 dGTP）を加える過程を繰り返す．
- 3′ 保護 dCTP を加える過程を繰り返し，次いで 3′ 保護 dTTP を加えて再度繰り返す．
- シークエンサーは4種類のヌクレオチドのうちどれを加えたときに発光が観察されたのか，いいかえれば，プライマーに付加された結果，どのヌクレオチドがピロリン酸を放出したかを追跡し続ける．
- 3′-OH 基の保護基が除かれる．

これらの段階がプライマーに付加する次のヌクレオチド（の身元）を決定するために繰り返される．パイロシークエンシングでは 500 ヌクレオチド長もの制限断片の塩基配列を決定することができる．

　手頃な値段で迅速にヒトゲノムの塩基配列を調べられるようになると，個人医療の時代が幕を開ける．人によってかかりやすい病気が異なるのはなぜか，なぜ薬は人によって効き方が違うのかを私たちは理解する．いつの日か，薬は患者の遺伝子プロフィールをもとに処方されるようになるだろう．

21.13　遺伝子工学

　遺伝子工学（genetic engineering）（遺伝子改変とも呼ばれる）は宿主細胞の DNA に DNA 断片を挿入することであり，その結果，宿主細胞の DNA とともに DNA 断片も複製される．遺伝子工学は，実用化されている．たとえば，ヒトインスリンをコードする DNA の複製は多量のインスリンタンパク質の合成を可能とした（17.8 節参照）．

　農業は，干ばつや害虫に対する抵抗性を強めた新しい遺伝子をもつ農産物の生産などにより遺伝子工学の恩恵を受けている．たとえば，遺伝子操作されたワタは，ワタミノムシに対して抵抗性を示し，遺伝子操作されたトウモロコシは，根切り虫に対しての抵抗性をもつ．遺伝子操作された生物（GMO）によってアメリカの農業化学製品の売上は 50％近く減少した．最近では，トウモロコシはエタノール生産を増大するように，またリンゴは切ったときに茶色くならないように，そしてダイズは大豆油を水素化するときにトランス脂肪酸を生成しないように，遺伝子操作されている（5.6 節参照）．

除草剤抵抗性

有名な除草剤 Roundup® の有効成分であるグリホサートは，植物の生長に必要なアミノ酸であるフェニルアラニンとトリプトファンの生合成に必要な酵素を阻害することによって雑草を枯らす．除草剤に耐えるよう遺伝子操作されたトウモロコシやワタの農場にグリホサートを散布すると，雑草は枯れるが農作物は枯れない．

これらの農産物には，アセチル-CoA を用いた求核アシル置換反応によってグリホサートをアセチル化して不活性にする酵素の遺伝子が組み込まれている（11.16 節参照）．グリホサートとは違い，N-アセチルグリホサートはフェニルアラニンとトリプトファンを合成する酵素を阻害しない．

除草剤のグリホサートをアセチル化することによって，グリホサートに抵抗性を示すように遺伝子操作されたトウモロコシ．

グリホサート (glyphosate) 除草剤 + アセチル CoA → N-アセチルグリホサート (N-acetylglyphosate) 植物に無害 + CoASH

エボラウイルスの治療に遺伝子工学を用いる

植物は長らく薬の源であった．モルヒネ，ジギトキシン，コデインはそのほんの一部の例である（9.10 節参照）．現在，科学者はバイオファーミングによって植物から薬を得ようと試みている．バイオファーミングは，遺伝子工学技術を使ってトウモロコシ，コメ，トマト，タバコなどの作物中に薬をつくらせる遺伝子組換え技術である．現在まで，アメリカ食品医薬品局（FDA）に認可されたバイオファーム薬は，ニンジンのなかに生産される Gaucher 病の治療に使われる薬だけである．

西アフリカに広がったエボラ出血熱に感染した患者を治療するための試験的な薬は，遺伝子操作されたタバコから得られたもので，ごく一握りの人びとに対して試験的に処方された．そのタバコはヒトや動物には無害であるが，エボラウイルスに構造が似た三つの遺伝子工学的に操作された植物ウイルスに感染させられていた．ウイルスが感染した結果，その植物はウイルスに対する抗体を生産する．植物から単離された抗体は精製され，エボラ出血熱患者の治療に使われた．

タバコ

その試験薬は致死量のエボラウイルスにさらされた 18 匹のサルに試された．18 匹のサルすべてが生存したが，対照グループの 3 匹のサルは死んだ．一般的に，薬剤は感染患者に使用する前に，健康な成人に対して厳格な試験を実施する（234 ページ参照）．最近のエボラウイルスの例では，FDA は例外を適用した．なぜならその薬が患者の唯一の望みとなる恐れがあったからである．この薬を投与された 7 人のうち，5 人が生存した．1 人の患者を治療するのに十分な薬を得るには，タバコ葉が約 50 kg と，4〜6 カ月の生育期間を要する．

覚えておくべき重要事項

- デオキシリボ核酸(**DNA**)は生物の遺伝情報を符号化し，細胞の増殖と分裂を制御する．
- ヌクレオシドはD-リボースや2′-デオキシ-D-リボースに結合した塩基を含む．ヌクレオチドはエステル結合によってリン酸に結合している糖のOH基をもったヌクレオシドである．
- **核酸**はヌクレオチドサブユニットがリン酸ジエステル結合でつながった長い鎖からなる．これらの結合は，一つのヌクレオチドの3′-OH基と次のヌクレオチドの5′-OH基を結びつけている．
- DNAは2′-デオキシ-D-リボースを含み，一方RNAはD-リボースを含む．この糖の違いは，DNAを安定に，RNAを容易に切断されるようにしている．
- 核酸の**一次構造**は鎖中の塩基配列である．DNAはA，G，C，およびTを含み，RNAはA，G，C，およびUを含む．
- DNAにおけるUに代わるTの存在は，互変異性とCのイミンが加水分解されてUを生じることにより変異が起こるのを防いでいる．
- DNAは二本鎖である．二つの鎖は反対の方向に伸び，よじれて主溝と副溝をもつ二重らせんを形成している．
- 塩基はらせんの内側に閉じ込められ，糖とリン酸基は外側にある．二つの鎖は，異なる鎖の塩基間の水素結合と，**スタッキング相互作用**により結びつけられている．
- 一つは**センス鎖**，もう一つは**鋳型鎖**と呼ばれる二つの鎖は互いに相補的である．AはTと，GはCと塩基対を形成する．
- DNAは5′→3′方向に**半保存的複製**と呼ばれる過程により合成される．
- DNAの塩基配列はRNA合成(**転写**)の青写真となる．RNAはDNA鋳型鎖の塩基を3′→5′方向に読みながら5′→3′方向に合成される．
- タンパク質の生合成に使われるRNAにはメッセンジャーRNA，リボソームRNA，およびトランスファーRNAの3種類がある．
- mRNAの3塩基の組合せ，すなわち**コドン**は，タンパク質に取り込まれるアミノ酸を指定する．コドンとそれが指定するアミノ酸は**遺伝コード**として知られている．
- タンパク質の合成(**翻訳**)は，5′→3′方向にmRNA鎖の塩基を読むことによって，N末端からC末端に向かって進行する．
- tRNAは，その3′末端にエステルとして結合しているアミノ酸を運ぶ．
- シトシンはウラシルに脱アミノ化される．**脱アミノ化**とはアミノ基が除かれる反応である．
- **制限エンドヌクレアーゼ**は特定の回文配列の部位でDNAを切断し，**制限断片**を与える．
- パイロシークエンシングは制限断片の塩基配列を調べる方法の一つである．
- **遺伝子操作**によって特定のタンパク質を大量に合成することができる．
- ヒトゲノムは31億塩基対ある．

章末問題

15. 次の化合物の構造式を示せ．
   a. グアノシン 5′—一リン酸　　**b.** シチジン 5′—二リン酸　　**c.** dAMP　　**d.** チミジン

16. 次のmRNA断片によって特定されるノナペプチドは何か．
　　　　5′—AAA—GUU—GGC—UAC—CCC—GGA—AUG—GUG—GUC—3′

17. 問題16のmRNAをコードするDNAの鋳型鎖の塩基配列を示せ．

18. 問題16のmRNAをコードするDNAのセンス鎖の塩基配列を示せ．

19. 問題 16 の mRNA の 3′ 末端のコドンが次のように変異した場合，C 末端のアミノ酸は何になるか．
    a. 最初の塩基が A に変わる   b. 2 番目の塩基が A に変わる
    c. 3 番目の塩基が A に変わる   d. 3 番目の塩基が G に変わる

20. 次のヘキサペプチドの生合成に必要な DNA 断片の塩基配列を示せ．
$$\text{Gly-Ser-Arg-Val-His-Glu}$$

21. 次の反応の機構を示せ．

$$\text{}^-\text{OOC-CH}_2\text{-CH}_2\text{-CH(}^+\text{NH}_3\text{)-COO}^- + \text{NH}_3 + \text{ATP} \longrightarrow \text{H}_2\text{N-CO-CH}_2\text{-CH}_2\text{-CH(}^+\text{NH}_3\text{)-COO}^- + \text{ADP} + \text{HPO}_4^{2-}$$

22. ある DNA の断片には 18 塩基対あり，シトシンを 7 個含んでいる．
    a. その断片にはウラシルがいくつ含まれるか．   b. その断片にはグアニンがいくつ含まれるか．

23. コドンとアンチコドンを結びつけよ．
    コドン：   AAA   GCA   CUU   AGG   CCU   GGU   UCA   GAC
    アンチコドン：ACC   CCU   UUU   AGG   UGA   AAG   GUC   UGC

24. 表 17.2 のアミノ酸の一文字表記を使って，自分の名前の最初の異なる 4 文字で表されるテトラペプチドの配列を示せ．同じ文字は二度使わないこと．（すべての文字がアミノ酸に対応しているわけではないので，姓の 1, 2 文字を使う場合もある．）そのテトラペプチドの合成を指令する mRNA の塩基配列の一つを示せ．その mRNA 断片の情報を生じさせる DNA のセンス鎖の塩基配列を書け．

25. 核酸にある五つの複素環のそれぞれの官能基が，水素結合の受容体(A)あるいは供与体(D)のいずれであるかを示せ．

26. 問題 25 で考えた A および D に対応する各複素環を用いて，塩基がエノール形で存在すると仮定した場合，塩基対形成がどのような影響を受けるかを示せ．

27. 次のジヌクレオチド対のうち，DNA に等量含まれるものはどれか．
    A CC と GG   B CG と GT   C CA と TG   D CG と AT   E GT と CA   F TA と AT

28. U と G だけを含む mRNA（配列はランダム）が翻訳されると，どんなアミノ酸がタンパク質に存在しているだろうか．

29. コドンは 3 塩基（トリプレット）で，2 塩基や 4 塩基でないのはなぜか．

30. ヒト免疫不全ウイルス(HIV)はエイズの原因となるレトロウイルスである．AZT はレトロウイルスによる DNA 合成を阻害するためにデザインされた最初の薬剤の一つである．AZT は細胞に取り込まれると AZT-三リン酸に変換される．AZT がどのようにして DNA 合成を阻害するかを説明せよ．

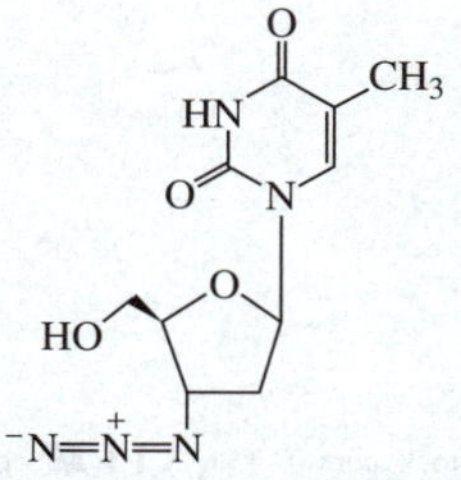

3′-アジド-2′-デオキシチミジン
(3′-azido-2′-deoxythymidine)
AZT

31. 正常なタンパク質から得られたペプチド断片のアミノ酸配列を，変異遺伝子から合成されたペプチド断片のアミノ酸配列と比較した．両者はペプチド断片が1カ所違っていた．それらのアミノ酸配列を下に示す．

正常： Gln–Tyr–Gly–Thr–Arg–Tyr–Val

変異： Gln–Ser–Glu–Pro–Gly–Thr

a. DNA で欠失しているのは何か．

b. 正常なペプチド断片はオクタペプチドで，C 末端が Val–Leu であることがわかった．変異型ペプチドの C 末端のアミノ酸は何か．

32. 次の DNA のセンス鎖にあるシトシンのうち，脱アミノ化が起こったとき，生物に最も大きなダメージを与えるものはどれか．

A–T–G–T–C–G–C–T–A–A–T–C

33. 高い変異原性化合物（DNA に変異を引き起こす化合物）の 5-ブロモウラシルはがんの化学療法に用いられる．患者に投与されたとき，5-ブルモウラシルは三リン酸に変換され，立体的に似ているチミンの代わりに DNA に取り込まれる．なぜ 5-ブルモウラシルは変異を引き起こすのか．（ヒント：臭素置換はエノール互変異性体の安定性を増す．）

34. DNA は複製が始まる前になぜ完全にほどけてしまわないのか．

35. 原核生物のポリペプチド鎖生合成の最初に取り込まれるアミノ酸は N-ホルミルメチオニンである．ホルミル基のもつ意味を説明せよ．（ヒント：リボソームは伸長中のペプチド鎖と取り込まれるアミノ酸の結合部位をもっている．）

写真版権一覧

1章 p.3 USDA p.4 Paula Bruice p.9 Blaz Kure/Shutterstock.com p.8 modestlife/Fotolia p.23 NASA p.29 terekhov igor/Shutterstock.com p.35 NASA p.39 Feliks/Shutterstock.com

2章 p.47 Michael Fernahl p.51（左）1994 NYC Parks Photo Archive/Fundamental Photographs p.51（右）Kristen Brochmann/Fundamental Photographs p.53 USDA p.65（左）PROF. P. MOTTA/DEPT. OF ANATOMY/UNIVERSITY "LA SAPIENZA", ROME/SCIENCE PHOTO LIBRARY p.65（右）PROF. P. MOTTA/DEPT. OF ANATOMY/UNIVERSITY "LA SAPIENZA", ROME/SCIENCE PHOTO LIBRARY p.69（上）ravl/Shutterstock.com p.69（下）©2000 Richard Megna-Fundamental Photographs p.70 Sashkin/Shutterstock.com

3章 p.84 Charles Gellis/Science Source p.88 VadiCo/Shutterstock.com p.94 Karin Hildebrand Lau/Shutterstock.com p.101 Baronb/Fotolia p.108 Pearson Education p.109 ロイター/アフロ p.116 Hakbong Kwon/Alamy Stock Photo p.121（上）Karen Struthers/Fotolia p.121（下）hagehige/Fotolia p.126（上）CMSP Custom Medical Stock Photo/Newscom p.126（下）Joy Brown/Shutterstock.com

4章 p.134 Dimos/Shutterstock.com p.139 Tim Mainiero/Shutterstock.com p.151 Diane Hirsch/Fundamental Photographs p.164 courtesy US National Library of Medicine p.165 SPL/Science Source p.166 DR. JEREMY BURGESS/SCIENCE PHOTO LIBRARY

5章 p.172（上）David Woods/Shutterstock.com p.172（下）Ekaterina Svetchikov/Fotolia p.173 Paula Bruice p.184 Paula Bruice p.191 Taushia Jackson/Shuttertsock.com

6章 p.212 arquiplay77/Fotolia p.213 INFINITY/Fotoila p.221 posh/Fotolia p.233 Image courtesy of Marios Politis, ©2010 American Association for the Advancement of Science p.235 Barbara J. Johnson/Shutterstock.com

7章 p.250 INTERFOTO/Alamy Stock Photo p.278 Tomboy2290/Fotolia p.284 Xuanlu Wang/Shutterstock.com

8章 p.308 Handout/Newscom p.318 Bill Frische/Shutterstock.com p.324 Nikita Tiunov/Shutterstock.com p.335（右上）Mary Evans Picture Library p.335（左下）Rolf Adlercreutz/Alamy Stock Photo

9章 p.353 Ildi Papp/Shutterstock.com p.371（左）SuperStock p.371（右）Images from the History of Medicine (NLM)/National Library of Medicine p.379（右）John Thomson/Hulton Archive/Getty Images p.379（左）National Library of Medicine p.380 Andy Dean/Fotolia p.382 Holly Kuchera/Shutterstock.com p.385（上）mezzotint/Shutterstock.com p.385（下）Joshua Alan Manchester Custom Medical Stock Photo/Newscom

10章 p.394 djgis/Shutterstock.com p.404 Dominique LUZY/Fotolia p.418 vimarovi/Fotolia p.420 T. Karanitsch/Shutterstock.com p.422 Elena Elisseeva/Shutterstock.com p.425 Library of Congress Prints and Photographs Division p.444 Paula Bruice p.445 Paula Bruice

11章 p.459（上）Aleksandra Duda/Shutterstock.com p.459（中）Marijus Seskauskas/Shutterstock.com p.459（下）Pearson Education

12章 p.500 symbiot/Shutterstock.com p.510（上）mountainpix/Shutterstock.com p.510（中）AlessandroZocc/Shutterstock.com p.510（下）Kefca/Shutterstock.com

13章 p.534 Jasminka KERES/Shutterstock.com

14章 p.562 minogindmitriy/Fotolia p.563 Colin Anderson/Getty Images p.572（上）Maslov Dmitry/Shutterstock.com p.573（上）Natasha Breen/Shutterstock.com p.573（下）chepatchet/Getty Images p.574（上）Science Source p.574（下）～575 NASA

15章 p.578 emar/Fotolia p.579 Dimitar Marinov/Fotolia p.583 Shutterstock.com p.585 Pearson Education p.592 Tanewpix/Shutterstock.com p.593 Oleksiy Mark/Fotolia p.597（上）Charles D. Winters/Science Source p.597（下）Palo ok/Shutterstock.com p.599（上）South12th/Fotolia p.599（下）Jeremy Smith/Shutterstock.com p.601 Angelo Giampiccolo/Fotolia p.603 Eric Schrader/Pearson Education

16章 p.607 teptong/Fotolia p.618 Mary Evans Picture Library p.625（上）Paula Bruice p.625（下）Paula Bruice p.626 volff/Fotolia p.629（上）Biophoto Associates/Science Source p.629（中）Justin Black/Shutterstock.com p.629（下）Willee Cole/Fotolia

17章 p.638 Fancy/Alamy p.670 by-studio/Fotolia

18章 （オンライン）p.678 Image Source/Alamy Stock Photo p.694 kneiane/Fotolia p.695 The Bundy Baking Museum p.726 ultimathule/Shutterstock.com

19章 p.730 Artepics/Alamy p.743 Anthony Stanley/Actionplus/Newscom p.751 Tsurukame Design/Shutterstock.com

20章 p.760 Robert Plotz/Fotolia p.762 Paula Bruice p.763（上）Andre Nantel/Shutterstock.com p.763（下）Max Eicke/iStock/Getty Images p.764 Richard Loader/iStock/Getty Images p.768 age fotostock/SuperStock

21章 p.778 Paul Fleet/Shutterstock.com p.781（左下）A. BARRINGTON BROWN, GONVILLE AND CAIUS COLLEGE/SCIENCE PHOTO LIBRARY p.781（右上）National Library of Medicine p.794（左）Janice Haney Carr/Center for Disease Control and Prevention p.794（右）Janice Haney Carr/Center for Disease Control and Prevention p.800（上）Pioneer Hi-Bred International p.800（下）bestimagesever/Fotolia

用語解説

数字

1,2-ヒドリドシフト(1,2-hydride shift) ヒドリドイオンの,結合している炭素から隣接する炭素への移動.

1,2-付加(直接付加)〔1,2-addition(direct addition)〕 共役系の1位および2位への付加.

1,2-メチルシフト(1,2-methyl shift) 結合電子対をもつメチル基の,結合している炭素から隣接する炭素への移動.

1,3-ジアキシアル相互作用(1,3-diaxial interaction) シクロヘキサン環上の同じ側にある一つのアキシアル置換基とそれ以外の二つのアキシアル置換基との間の相互作用.

1,4-付加(共役付加)〔1,4-addition(conjugate addition)〕 共役系の1位および4位への付加.

13の規則(rule of 13) 分子イオンのm/z値から,可能性のある分子式を導く方法.

ギリシャ文字

α-1,4'-グリコシド結合(α-1,4'-glycosidic linkage) アキシアル位にグリコシド結合性の酸素原子をもつ2番目の糖のC-4位ともう一方の糖のC-1酸素がつくるグリコシド結合.

α開裂(α-cleavage) α-置換基と炭素間の均等開裂.

α水素(α-hydrogen) 通常,カルボニル炭素に隣接した炭素に結合した水素.

α-スピン状態(α-spin state) このスピン状態の核は外部磁場と同じ向きの磁気モーメントをもつ.

α炭素(α-carbon) 脱離基に結合した炭素またはカルボニル炭素に隣接している炭素.

α-置換基(α-substituent) 核間メチル基と反対側にあるステロイド環系の置換基.

αヘリックス(α-helix) 右巻きらせん状のポリペプチド骨格.ヘリックス内で水素結合を形成している.

β-1,4'-グリコシド結合(β-1,4'-glycosidic linkage) 糖のC-1位の酸素と2番目の糖のC-4位間の結合で,2番目の糖の酸素原子でのグリコシド結合がエクアトリアル位にある.

β-ケトエステル(β-keto ester) β位にもう一つのカルボニル基をもつエステル.

β酸化(β-oxidation) 脂肪酸アシル-CoAから2炭素減炭する四つの酸化過程.

β-ジケトン(β-diketone) カルボニルβ位にもう一つのカルボニル基をもつケトン.

β-スピン状態(β-spin state) このスピン状態の核は外部磁場と反対の向きの磁気モーメントをもつ.

β炭素(β-carbon) α炭素の隣りの炭素.

β-置換基(β-substituent) 核間メチル基と同じ側にあるステロイド環系の置換基.

βプリーツシート(β-pleated sheet) ジグザグに伸びているポリペプチド骨格.隣接鎖の間で水素結合が形成される.

λ_{max} 紫外・可視吸収の最大値をとる波長.

π結合〔pi(π) bond〕 p軌道が平行に並んで重なって生じた結合.

A–Z

Brønsted 塩基(Brønsted base) プロトンを受け取る化学種.

Brønsted 酸(Brønsted acid) プロトンを供与する化学種.

C末端アミノ酸(C-terminal amino acid) ペプチドあるいはタンパク質において遊離のカルボキシ基をもつ末端アミノ酸.

Claisen 縮合(Claisen condensation) エステルの2分子間の反応で,エステルのα炭素がもう一方のエステルのカルボニル炭素と結合し,アルコキシドイオンが脱離する.

Diels-Alder 反応(Diels-Alder reaction) 〔4 + 2〕付加環化反応.

DNA(デオキシリボ核酸)(deoxyribonucleic acid) デオキシヌクレオチドの重合体.

E1 反応(E1 reaction) 基質一分子のみが関与して遷移状態を経由する脱離反応.

E2 反応(E2 reaction) 基質と塩基の二分子が関与して遷移状態を経由する脱離反応.

Edman 反応剤(Edman's reagent) フェニルチオイソシアネート.ポリペプチドのN末端アミノ酸を決めるときに用いられる反応剤.

E異性体(E isomer) 二重結合の反対側に優先順位の高い基が結合している異性体.

E配置(E conformation) カルボン酸あるいはその誘導体の配置で,そのカルボニル酸素とカルボキシ酸素あるいは窒素に結合した置換基とが単結合の互いに反対側にある場合.

Fischer 投影式(Fischer projection) 不斉中心に結合している置換基の空間配置を示す一つの方法.不斉中心は二つの垂直な直線が交差する点で,水平方向の線は結合が紙面から読者に向かって突き出ており,垂直方向の線は,読者から紙面奥に結合が伸びている.

Friedel-Crafts アシル化(Friedel-Crafts acylation) ベンゼン環にアシル基を導入する求電子置換反応.

Friedel-Crafts アルキル化(Friedel-Crafts alkylation) ベンゼン環にアルキル基を導入する求電子置換反応.

Gibbs の標準自由エネルギー変化($\Delta G°$)(Gibbs standard free-energy change) 標準状態(1 mol L^{-1}, 25 ℃, 1 atm)での生成物の自由エネルギーから反応物の分を引いた値.

Grignard 反応剤(Grignard reagent) マグネシウムがハロゲン化アルキルの炭素—ハロゲン結合に挿入することで生じた化合物(RMgBr, RMgCl).

Haworth 投影式(Haworth projection) 糖の構造を示す方法の一つで,五員環あるいは六員環を平面に書いたもの.

IUPAC 命名法(IUPAC nomenclature) 化合物の体系的命名法.

Kekulé 構造式(Kekulé structure) 結合を線で表すモデル.

Krebs 回路(クエン酸回路,トリカルボン酸回路,TCA 回路)〔Krebs cycle(citric acid cycle, tricarboxylic acid cycle, TCA cycle)〕 アセチル-CoAのアセチル基をCO_2 2分子に変換する一連の反応.

Le Châtelier の原理(Le Châtelier's principle) 平衡が外部によって変化したときに,その外部変化を打ち消す方向に平衡は移動する.

Lewis 構造(Lewis structure) 原子間結合を線あるいは点として,価電子を点で表すモデル.

MRI スキャナー(MRI scanner) 医学で身体全体に用いられるNMR 分光計.

$N + 1$則($N + 1$ rule) 隣接位の炭素に結合したN個の等価な水素により,水素の^{1}H NMR シグナルは$N + 1$個に分裂する.N個の水素と結合した炭素の^{13}C NMR シグナルは$N + 1$個のピークに分裂する.

N-グリコシド(N-glycoside) グリコシド結合の酸素が窒素に置き換わったグリコシド.

N-フタルイミドマロン酸エステル合成(N-phthalimidomalonic ester synthesis) マレイン酸エステルとGabriel合成を結びつけたアミド酸の合成法.

N末端アミノ酸(N-terminal amino acid) ペプチドあるいは

G-2 用語解説

タンパク質において遊離のアミノ基をもつ末端アミノ酸.

NMR 分光法(NMR spectroscopy) 有機化合物の構造を決定するための電磁気放射吸収法. NMR 分光法では, 炭素–水素骨格を決めることができる.

pH pH の大きさは溶液の酸性度を表す($pH = -\log[H^+]$).

pK_a 化合物がプロトンを失う傾向を示したもの($pK_a = -\log K_a$, K_a は酸解離定数).

R 配置(R configuration) 不斉中心に結合する四つの置換基の相対的な優先順位を定めたあとに, 優先順位の最低の基を Fischer 投影式での垂直方向の結合上に置き(読者からは遠ざかっている), 優先順位の最高の基から 2 番目に高い基に時計回りの矢印が書ける場合の立体配置.

rf 放射線(rf radiation) 電磁波スペクトルのラジオ波領域での放射線.

RNA(リボ核酸)(ribonucleic acid) リボヌクレオチドの重合体.

S 配置(S configuration) キラル中心に結合する四つの置換基の相対的な優先順位を定めたあとに, 優先順位の 1 番低い基が Fischer 投影式での水平方向の結合上にある場合(優先順位の 1 番高い基が 2 番目に高い基に対して反時計回りの関係にある場合)の立体配置.

Schiff 塩基(Schiff base) イミン. $R_2C=NR$.

S_N1 反応(S_N1 reaction) 単分子求核置換反応.

S_N2 反応(S_N2 reaction) 二分子求核置換反応.

Strecker 合成(Strecker synthesis) アミノ酸合成に用いられる方法で, アルデヒドが NH_3 と反応してイミンを生じ, 次いでシアン化物イオンと反応する. その生成物を加水分解するとアミノ酸が得られる.

van der Waals 力(London 力)〔van der Waals force (London forces)〕 誘起双極子–誘起双極子間相互作用.

Williamson エーテル合成(Williamson ether synthesis) エーテルを生成させるアルコキシドイオンとハロゲン化アルキルとの反応.

Z 異性体(Z isomer) 二重結合の同じ側に優先順位の高い基が結合している異性体.

Ziegler-Natta 触媒(Ziegler-Natta catalyst) ポリマーの立体化学を制御するアルミニウム–チタン反応開始剤.

あ

アキシアル結合(axial bond) いす形のシクロヘキサンが書かれているとき, 平面に垂直な結合(上下の結合).

アキラル(光学不活性)〔achiral(optically inactive)〕 アキラル分子は互いに重なる鏡像体構造をもつ.

アシルアデニル酸(acyl adenylate) アデノシン一リン酸(AMP)を脱離基としたカルボン酸誘導体.

アシル基(acyl group) アルキル基あるいはアリール基と結合しているカルボニル基.

アシル酵素中間体(acyl-enzyme intermediate) 酵素のアミノ酸残基がアセチル化されるときに生じる中間体.

アシルピロリン酸(acyl pyrophosphate) ピロリン酸を脱離基にもつカルボン酸誘導体.

アシルリン酸(acyl phosphate) リン酸を脱離基としたカルボン酸誘導体.

アセタール(acetal)
$$R-\underset{\underset{OR}{|}}{\overset{\overset{OR}{|}}{C}}-H \quad \text{または} \quad R-\underset{\underset{OR}{|}}{\overset{\overset{OR}{|}}{C}}-R$$

アタクチック重合体(atactic polymer) 引き伸ばされた炭素鎖上に置換基が無秩序に連なっているポリマー.

アニオン重合(anionic polymerization) アニオン求核剤が開始剤である連鎖重合. そのため, 成長末端はアニオンである.

アノマー(anomers) 鎖状の形のときにカルボニル炭素になる炭素の立体配置のみが異なる 2 種類の環状の糖.

アノマー炭素(anomeric carbon) 鎖状の形のときにカルボニル炭素になる環状の糖における炭素.

油(oil) 室温では液体であるグリセロールのトリエステル.

アミド(amide)
$$R-\overset{\overset{O}{\|}}{C}-NH_2 \quad R-\overset{\overset{O}{\|}}{C}-NHR \quad R-\overset{\overset{O}{\|}}{C}-NR_2$$

アミノ基転移(transamination) ある化合物上のアミノ基がほかの化合物に転移する反応.

アミノ酸(amino acid) α-アミノカルボン酸. 天然に存在するアミノ酸は L 立体配置をもつ.

アミノ酸残基(amino acid residue) ペプチドあるいはタンパク質のモノマー単位.

アミノ酸分析計(amino acid analyser) アミノ酸のイオン交換クロマトグラフィーを自動的に行う機器.

アミノ糖(amino sugar) OH 基の一つが NH_2 で置換された糖.

アミノリシス(aminolysis) アミンとの反応.

アミン(amine) アルカンの水素の一つが窒素に置換された化合物; RNH_2, R_2NH, R_3N.

アミン反転(amine inversion) 非結合電子対をもつ sp^3 混成窒素の配置がすばやく反転すること.

アラミド(aramide) 芳香族ポリアミド.

アリル位炭素(allylic carbon) ビニル炭素に隣接した sp^3 炭素.

アリルカチオン(allylic cation) アリル位炭素上に正電荷をもつ化学種.

アリル基(allyl group) $CH_2=CHCH_2-$

アリール基(aryl group) ベンゼンあるいは置換ベンゼン基.

アルカロイド(alkaloid) 植物の葉, 樹皮, 種などに存在する一つ以上の窒素原子をもつ天然物.

アルカン(alkane) 単結合しかもたない炭化水素.

アルキル化反応(alkylation reaction) アルキル基の反応物への付加反応.

アルキル置換基(アルキル基)〔alkyl substituent(alkyl group)〕 アルカンから水素を除くことによって生成する置換基.

アルキン(alkyne) 三重結合を含む炭化水素.

アルケン(alkene) 二重結合を含む炭化水素.

アルコーリシス(alcoholysis) アルコールとの反応.

アルコール(alcohol) アルカンの水素の一つを OH 基で置換した化合物; ROH.

アルデヒド(aldehyde)

アルドース(aldose) ポリヒドロキシアルデヒド.

アルドール縮合(aldol condensation) アルドール反応とそれに続く脱水反応.

アルドール付加(aldol addition) 2 分子のアルデヒド(あるいは 2 分子のケトン)間の反応で, 基質のα炭素ともう一方の基質のカルボニル炭素との結合が生じる反応.

アレン(allene) 二つの隣り合う二重結合をもつ化合物.

アレーンオキシド(arene oxide) 1 本の二重結合がエポキシドに変換された芳香族化合物.

アロステリック活性化因子(allosteric activator) (活性部位以外の)酵素の部位に結合し, 酵素を活性化させる化合物.

アロステリック阻害因子(allosteric inhibitor) (活性部位以外の)酵素の部位に結合し, 酵素を不活性化させる化合物.

アンチ形立体配座異性体(anti conformer) 最も安定なねじれ形立体配座.

アンチコドン(anticodon) tRNA のループの中間で下方にある三つの塩基.

アンチセンス鎖(鋳型鎖)〔antisense strand(template strand)〕 転写のあいだ読まれる DNA 鎖.

アンドロゲン(androgens) 男性ホルモン.

い

イオン結合(ionic bond) 反対の符号の電荷をもつ二つのイオン間の引力によってつくられる結合.

イオン交換クロマトグラフィー(ion-exchange chromatography) 不溶性の樹脂をカラムに詰め,電荷と分極の原理に基づいて化合物を分離する操作.

イオン-双極子相互作用(ion-dipole interaction) 分子のイオンと双極子間の相互作用.

イオン対電子(非結合性電子)〔ion-pair electrons (nonbonding electrons)〕 結合には用いられない電子.

異化(catabolism) 複雑な化合物から単純な分子とエネルギーを得るために起こる代謝.

鋳型鎖(アンチセンス鎖)〔template strand (antisense strand)〕 転写の間読まれる DNA 鎖.

いす形配座(chair conformation) いすによく似たシクロヘキサンの立体配座.シクロヘキサンの最も安定な立体配座.

異性体(isomers) 同一の分子式ではあるが異なる化合物.

イソタクチック重合体(isotactic polymer) 完全に引き伸ばされた炭素鎖の同じ側にすべての置換基があるポリマー.

イソプレン則(isoprene rule) イソプレン単位の頭-尾結合を表す規則.

一次構造(核酸の)〔primary structure (of a nucleic acid)〕 核酸塩基の配列.

一次構造(タンパク質の)〔primary structure (of a protein)〕 タンパク質のアミノ酸の配列.

一重線(singlet) 分裂していない NMR シグナル.

位置選択的反応(regioselective reaction) いくつかの構造異性体のうち,一方を優先的に生成させる反応.

一般名(generic name) WHO(世界保健機関)の一つの委員会で命名される医薬品の名称.ほかの医薬品と明確に区別できるものが選ばれる.

遺伝子(gene) DNA の部分.

遺伝子工学(genetic engineering) 複製する宿主細胞の DNA に,DNA 断片を挿入すること.

遺伝子コード(genetic code) mRNA の 3 塩基対で同定されるアミノ酸.

遺伝子組換え作物(GMO)(genetically modified organism) DNA に遺伝子の挿入を受けた作物.

遺伝子治療(gene therapy) 遺伝子上問題のある器官の DNA に合成した遺伝子を挿入する治療法.

イミノ基転移(transimination) 第一級アミンとイミンとの反応で,そのイミン由来の新しい第一級アミンとイミンの生成.

イミン(imine) Schiff 塩基.$R_2C=NR$

医薬品(drug) 生体分子と反応する化合物で,生理活性を示す.

陰イオン交換樹脂(anion-exchange resin) イオン交換クロマトグラフィーに用いられる正に荷電した樹脂.

う

右旋性(dextrorotatory) 偏光が時計回りに回転するエナンチオマー.

ウレタン(urethane) アミドとエステル部位をともにカルボキシ基に含む化合物.

え

エキソペプチダーゼ(exopeptidase) ペプチド鎖の末端にあるペプチド結合を加水分解する酵素.

エクアトリアル結合(equatorial bond) いす形配座異性体のシクロヘキサン環からいすを含む平面にほぼ平行に突出した結合.

エステル(ester)

エステル交換反応(transesterification reaction) エステルとアルコールの反応による別のエステルを生成する反応.

エストロゲン(estrogens) 女性ホルモン(エストロンやエストラジオールなど).

エーテル(ether) 酸素と二つの炭素原子で結合した部分を含む化合物(ROR).

エナンチオマー(enantiomers) 重ね合わせられない鏡像体分子.

エノール化(enolization) ケト-エノール相互変換.

エピマー(epimers) ただ一つの不斉中心の立体配置が異なる異性体.

エピマー化(epimerization) 不斉中心の絶対配置がプロトンを失い,同じ側の再プロトン化が起こった結果変化すること.

エポキシ化(epoxidation) エポキシドの生成.

エポキシ樹脂(epoxy resin) 交差共重合体を生成する化合物と低分子量のプレポリマーを混合することで生じる物質.

エポキシド(epoxide) 三員環に酸素原子が取り込まれているエーテル.

塩化アシル(acyl chloride)

$$\underset{R}{}\overset{O}{\underset{\|}{C}}\underset{Cl}{}$$

遠隔カップリング(long-range coupling) 三つの σ 結合よりも遠くにあるプロトンによるプロトンの分裂.

塩基¹(base) プロトンを受け取る物質.

塩基²(base) DNA と RNA のプリンかピリミジン.

塩基触媒(base catalyst) プロトンを除去することによって反応速度を増大させる触媒.

塩基性(basicity) 電子対をプロトンと共有する化合物の傾向.

エンケファリン(enkephalin) 鎮痛作用をもつ生体内で合成されるペンタペプチド.

エンジオール転位(enediol rearrangement) アルドースと一つ以上のケトースとの間の相互転位.

エンタルピー(enthalpy) 反応過程で起こる発熱($-\Delta H°$)あるいは吸熱($+\Delta H°$).

エンドペプチダーゼ(endopeptidase) ペプチド鎖の末端でないペプチド結合を加水分解する酵素.

エントロピー(entropy) 系内で運動の自由度を測る尺度.

お

オキシアニオン(oxyanion) 負に帯電した酸素をもつイオン.

オクテット則(八隅子則)(octet rule) 原子が,閉殻にするために電子を供与したり,受け取ったり,共有したりする状態.満たされた L 殻が 8 個の電子を含むために,オクテット則と呼ばれる.

親イオン(分子イオン)〔parent ion (molecular ion)〕 最も大きな m/z 値をもつ質量スペクトルのピーク.

親炭化水素(parent hydrocarbon) 分子内で最も長い連続炭素鎖.

オリゴ糖(oligosaccharide) 3〜10 個の糖分子がグリコシド結合したもの.

オリゴヌクレオチド(oligonucleotide) ホスホジエステル結合でつながった 3〜10 個のヌクレオチド.

オリゴペプチド(oligopeptide) 3〜10 個のアミノ酸がアミド結合でつながったもの.

オリゴマー(oligomer) 複数のペプチド鎖をもつタンパク質.
オレフィン(olefin) アルケンのこと.
オングストローム(angstrom) 長さの単位：100 ピコメートル＝ 10^{-8} cm = 1 オングストローム.

か

開環重合(ring-opening polymerization) モノマーの環が開く過程を含む連鎖重合.
開鎖化合物(open-chain compound) 環状でない化合物.
解糖(系)(解糖サイクル)〔glycolysis (glycolytic cycle)〕 D-グルコースを2分子のピルビン酸に変換する過程.
外部磁場(applied magnetic field) 系の外部から加えられた磁場.
解離エネルギー(dissociation energy) 結合切断に必要なエネルギーの度合い，あるいは結合が生成することで解放されるエネルギーの度合い.
化学シフト(chemical shift) NMR スペクトルのシグナルの位置. 参照した分子(よく用いられるのは TMS)からの低磁場シフトで測る.
化学的に等価なプロトン(chemically equivalent protons) 分子の残りの部分との関係が同じ配置のプロトン.
鍵と鍵穴モデル(lock-and-key model) 酵素の基質特異性を記述するモデルで，鍵が鍵穴に合うようにその基質は酵素に合う.
核酸(nucleic acid) 核酸には DNA と RNA の 2 種類がある.
角ひずみ(angle strain) 結合角が理想の角度よりもずれることで生じるひずみ.
重なり形立体配座(eclipsed conformation) 炭素—炭素結合を見下し，隣接炭素上の結合がそろったときの立体配座.
過酸(peroxyacid) カルボン酸の OH 基が OOH 基になっているもの.
可視光線(visible light) 400～780 nm の波長の電磁波.
加水分解(hydrolysis) 水との反応.
可塑剤(plasticizer) ポリマーに溶け，重合鎖が外れやすくなっている有機分子.
カチオン重合(cationic polymerization) 求電子剤が開始剤である連鎖重合. そのため，成長末端はカチオンである.
活性化自由エネルギー($\Delta G^{\ddagger}$)(free energy of activation) 反応の真のエネルギー障壁.
活性部位(active site) 基質が結合する酵素内のポケットあるいは割れ目.
カップリングしているプロトン(coupled protons) 互いに分裂するプロトン. カップリングしたプロトンは同じカップリング定数をもつ.
カップリング反応(coupling reaction) 二つの CH を含む基どうしが結合する反応.
価電子(valence electron) 最外殻にある電子.
加溶媒分解(solvolysis) 溶媒との反応.
加硫(vulcanization) ゴムに硫黄を加えて加熱し，ゴムの伸縮性を保ちつつ強度を向上させること.
カルボアニオン(carbanion) 負に帯電した炭素を含む化学種.
カルボカチオン(carbocation) 正に帯電した炭素を含む化学種.
カルボカチオン転位(carbocation rearrangement) カルボカチオンからより安定なカルボカチオン種への転移.
カルボキシ基(carboxyl group) COOH
カルボキシ酸素(carboxyl oxygen) カルボン酸あるいはエステルの単結合をつくる酸素.
カルボニル化合物(carbonyl compound) カルボニル基を含む化合物.

カルボニル基(carbonyl group) 炭素と酸素の二重結合をもっている基.
カルボニル酸素(carbonyl oxygen) カルボニル基上の酸素.
カルボニル炭素(carbonyl carbon) カルボニル基上の炭素.
カルボン酸(carboxylic acid)

$$R-\overset{\overset{\displaystyle O}{\|}}{C}-OH$$

カルボン酸誘導体(carboxylic acid derivative) カルボン酸を加水分解して生じる化合物.
カロテノイド(carotenoid) 果実，野菜，落ち葉の赤やオレンジ色を発色させる化合物(テトラテルペン)類.
環拡大転位(ring-expansion rearrangement) カルボカチオンの転位で，正に帯電した炭素が環状化合物に結合し，その転位の結果，環が1炭素分増える.
還元(reduction) 原子あるいは分子によって電子数を増やすこと.
還元的アミノ化(reductive amination) アルデヒドまたはケトンを，還元剤(H_2, Pd/C)存在下でアンモニアまたは第一級アミンと反応させてアミノ化する反応.
還元反応(reduction reaction) C—H 結合の数が増加，あるいは C—O, C—N, C—X(X はハロゲン)の結合が減少する反応.
緩衝剤(buffer) 弱酸とその共役塩基.
完全ラセミ化(complete racemization) 等量のエナンチオマー対が生じること.
官能基(functional group) 分子の反応中心.
環反転(いす形-いす形配座相互変換)〔ring flip (chair-chair interconversion)〕 シクロヘキサンのいす形立体配座からもう一つのいす形立体配座への変換. いす形立体配座のアキシアル結合はエクアトリアル結合に変わる.
慣用名(common name) 体系的でない名称.

き

幾何異性体(geometric isomers) シス-トランス(あるいは E, Z)異性体.
基質(substrate) 酵素触媒反応の反応物.
基準化合物(reference compound) NMR を測定するときに反応剤に加える化合物. NMR スペクトルのシグナルの位置は基準化合物によって与えられる.
基礎代謝率(basal metabolic rate) 目覚めた状態で1日中ベッドで安静にして過ごした際に燃焼するカロリー量.
拮抗阻害剤(競争阻害剤)〔competitive inhibitor〕 活性部位へ結合して基質と競争することで酵素を不活性化させる化合物.
基底状態の電子配置(ground-state electronic configuration) すべての電子が最もエネルギー準位の低い軌道に入るようにしたときの，原子あるいは分子のどの軌道を電子が占めているかの記述.
軌道(orbital) 電子が見つかる確率が最も高いと思われる空間領域.
軌道の混成(orbital hybridization) 軌道の混合.
キナーゼ(kinase) 基質にリン酸基を導入する酵素.
逆 Diels-Alder 反応(retro Diels-Alder reaction) Diels-Alder 反応の逆の反応.
逆合成(逆合成解析)〔retrosynthesis (retrosynthetic analysis)〕 標的分子から市販の出発物質に紙面上で(仮想的に)たどる方法.
吸エルゴン反応(endergonic reaction) 正の $\Delta G°$ を含む反応.
求核アシル(あるいはアリール)置換反応〔nucleophilic acyl (or aryl) substitution reaction〕 アシル基あるいはアリール基に結合した置換基がほかの基に置換される反応.
求核剤(nucleophile) 電子豊富な原子あるいは分子.

求核触媒(nucleophilic catalyst)　求核剤として作用することにより反応速度が増大する触媒.

求核触媒作用(共有結合触媒作用)〔nucleophilic catalysis (covalent catalysis)〕　反応物の一つと求核剤が共有結合を形成した結果, 起こる触媒作用.

求核性(nucleophilicity)　原子あるいは分子が孤立電子対とどのように速やかに反応するかを示す尺度.

求核置換反応(nucleophilic substitution reaction)　ある原子に結合している, 一つの原子もしくは基に起こる求核置換.

求核付加反応(nucleophilic addition reaction)　求核剤が反応剤に付加する過程を示す反応.

求ジエン体(ジエノフィル)(dienophile)　Diels-Alder 反応でジエンと反応するアルケン.

吸収帯(absorption band)　エネルギーの吸収の結果として生じるスペクトルのピーク.

球状タンパク質(globular protein)　おおよその形が球のような形をとる傾向にある水に可溶なタンパク質.

求電子剤(electrophile)　電子不足の原子あるいは分子.

求電子触媒作用(electrophilic catalysis)　反応を促進するのが求電子剤である触媒作用.

求電子付加反応(electrophilic addition reaction)　反応物に付加する最初の化学種が求電子剤である付加反応.

吸熱反応(endothermic reaction)　正の $\Delta H°$ をもつ反応.

共重合体(copolymer)　2種類以上の異なるモノマーが重合したポリマー.

協奏反応(concerted reaction)　結合形成と結合開裂の過程が一段階で起こる反応.

共鳴(resonance)　非局在化電子をもつ化合物は共鳴しているという.

共鳴エネルギー(非局在化エネルギー)〔resonance energy (delocalization energy)〕　非局在化電子をもつ結果として生じる化合物の特定の安定化エネルギー.

共鳴寄与体(共鳴構造, 共鳴寄与構造)〔resonance contributor (resonance structure, contributing resonance structure)〕　非局在化電子をもつ化合物の実際の構造を局在化電子をもつように近似したときの構造で示したもの.

共鳴混成体(resonance hybrid)　非局在化電子をもつ化合物の実際の構造. いくつかの局在化電子をもつ構造(共鳴寄与体)で表現される.

共鳴電子求引(resonance electron withdrawal)　隣接する原子の π 軌道を p 軌道間の重なりを通して電子を求引すること.

共鳴電子供与(resonance electron donation)　隣接する原子の π 結合を p 軌道間の重なりを通して電子を供与すること.

共役塩基(conjugate base)　その共役酸をつくるために生じるプロトン供与体.

共役酸(conjugate acid)　その共役塩基をつくるために生じるプロトン受容体.

共役二重結合(conjugated double bonds)　一つの単結合で隔てられた二重結合.

共役反応(coupled reaction)　発エルゴン反応を伴う吸エルゴン反応.

共役付加(conjugate addition)　α, β-不飽和カルボニル構造への 1,4-付加.

共有結合(covalent bond)　電子を共有することで得られる結合.

局在化電子(localized electrons)　特定の部位に限定されている電子.

極性共有結合(polar covalent bond)　異なる電気陰性度の原子間の共有結合.

キラル(光学活性)〔chiral(optically active)〕　キラル分子どうしは鏡像では重なり合わない.

キラル中心(chirality center)　四つの異なる基が結合した正四面体型原子.

均等結合開裂(ホモリシス)〔homolytic bond cleavage (homolysis)〕　結合開裂によってそれぞれの原子が結合電子を一つずつもつこと.

緊密イオン対(intimate ion pair)　カチオンとアニオンに開裂した共有結合の対であるが, カチオンとアニオンは近傍に存在している.

く

クエン酸回路(Krebs 回路)〔citric acid cycle(Krebs cycle)〕　アセチル-CoA が 2 分子の CO_2 に変換される反応の一連の過程.

くさび-破線構造(wedge-and-dash structure)　基の空間配置を表す方法. くさびは, 紙面から読者に向かって突き出ている結合表示に使われ, 破線は読者から紙面奥に伸びる結合表示に使われる.

組換え DNA(recombinant DNA)　主宿細胞へと組み込まれた DNA.

グラフト共重合体(graft copolymer)　ポリマー主鎖に違う種類のモノマーでできている枝分れをもつ共重合体.

グリコシド(glycoside)　糖のアセタール.

N-グリコシド(N-glycoside)　グリコシド結合の酸素が窒素に置き換わったグリコシド.

グリコシド結合(glycosidic bond)　アノマー炭素とグリコシドのアルコール間の結合.

クロマトグラフィー(chromatography)　分離したい混合物を溶媒に溶かして, 溶液を吸着性をもつ固定相で充填したカラムに通す分離法.

け

形式電荷(formal charge)　価電子数(非結合電子数+結合電子数の 1/2).

結合距離(bond length)　エネルギーが最小のときの二つの原子間距離.

結合次数(bond order)　二つの原子によって共有されている共有結合数.

結合の強さ(bond strength)　均一に結合を切るために必要なエネルギー.

ケト-エノール互変異性(ケト-エノール相互変換)〔keto-enol tautomerism (keto-enol interconversion)〕　ケトとエノールが互変異性体の相互変換.

ケト-エノール互変異性体(keto-enol tautomers)　ケトンと, その異性体である α, β-不飽和アルコール.

ケトース(ketose)　ポリヒドロキシケトン.

ケトン(ketone)

ケン化(saponification)　塩基存在下でのエステル(たとえば脂肪)の加水分解.

原子軌道(atomic orbital)　原子とともにある軌道.

原子番号(atomic number)　中性原子のもつ陽子(あるいは電子)の数.

原子量(atomic weight)　天然に存在する元素の平均質量.

こ

コイルコンホメーション(ループコンホメーション)〔coil conformation(loop conformation)〕　α ヘリックスでも β シート構造でもないが高度に組織化されたタンパク質の部分.

抗ウイルス薬(antiviral drug)　ウイルスの複製を抑えるために

DNAとRNAの合成を阻害する薬.
高エネルギー結合(high-energy bond) 開裂したときに大量のエネルギーを放出する結合.
光学異性体(optical isomers) キラル中心をもつ立体異性体.
光学活性(optically active) 偏光面が回転する.
光学不活性(optically inactive) 偏光面は回転しない.
抗原(antigens) 免疫系からの応答を生み出すことのできる化合物.
光合成(photosynthesis) CO_2とH_2OからグルコースとO_2を合成する反応.
交互共重合体(alternating copolymer) 二つのモノマーが交互に結合する共重合体.
交差Claisen縮合(crossed Claisen condensation) 二つの異なるエステル間でのClaisen縮合.
交差アルドール付加(crossed aldol addition) 2種類の異なるアルデヒド(またはケトン)間でのアルドール付加.
合成高分子(synthetic polymer) 天然に合成されたわけではない高分子.
抗生物質(antibiotic) 微生物の成長を阻止する化合物.
酵素(enzyme) 触媒作用をもつタンパク質.
構造異性体(structural isomers(constitutional isomers)) 同じ分子式をもつが,原子の結合のしかたが異なる分子.
構造タンパク質(structural protein) 生物構造に強度を与えるタンパク質.
抗体(antibody) 体内の外部の粒子を認識する化合物.
高分子(ポリマー)(polymer) モノマーどうしが結合してできる巨大分子.
高分子化学(polymer chemistry) 合成高分子を扱う化学の一分野で,材料科学として知られる学問分野の大きな一翼を占めている.
ゴーシュ(gauche) Newman投影式でXとYは互いにゴーシュである:
ゴーシュ型配座異性体(gauche conformer) 最もかさ高い置換基が互いにゴーシュであるねじれ形配座異性体.
ゴーシュ相互作用(gauche interaction) 互いにゴーシュの関係にある二つの原子あるいは置換基間の相互作用.
骨格構造(skeletal structure) 炭素—炭素結合を線で示し,炭素および炭素を結合している水素を省略したもの.
コドン(codon) タンパク質合成のためアミノ酸を示すmRNAの三つの塩基配列.
互変異性(tautomerism) 互変異性体どうしの相互変換.
互変異性体(tautomers) 結合電子の位置が異なる平衡の速い異性体.
孤立電子対(非結合電子対)〔lone pair electrons(nonbonding electrons)〕 結合に用いられない価電子.
孤立二重結合(isolated double bonds) 一つ以上の単結合ではさまれた複数の二重結合.
コレステロール(cholesterol) 動物のステロイドの前駆体となるステロール.
混合酸無水物(mixed anhydride) 2種類の異なる酸から生成する酸無水物.

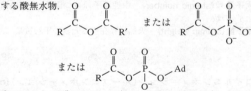

混合トリアシルグリセロール(mixed triacylglycerol) 異なる脂肪酸を含むトリアシルグリセロール.
混成軌道(hybrid orbital) 軌道の混合(混成)によって生じる軌道.

さ

材料科学(materials science) 金属,ガラス,木材,ボール紙,紙のような知られた材料にとって代わる新材料の開発のための科学.
左旋性(levorotatory) 偏光を反時計回りに回転させる光学活性体.
サブユニット(subunit) オリゴマーの個々のペプチド鎖.
酸(Brønsted)(acid) プロトンを与える物質.
酸-塩基反応(acid-base reaction) 酸がそのプロトンを塩基に与え,塩基の電子を共有する反応.
酸化(oxidation) 原子,イオン,あるいは分子が電子を失うこと.
酸解離定数(acid dissociation constant) 溶液中で酸が解離する度合いを示す尺度.
酸化的リン酸化(oxidative phosphorylation) NADH 1分子とFADH$_2$ 1分子からそれぞれATPの2.5分子,1分子に変換する一連の反応.
酸化反応(oxidation reaction) C—H結合の数が減少するか,C—O, C—N,およびC—X(Xはハロゲン)の数が増加する反応.
三次構造(タンパク質の)〔tertiary structure(of a protein)〕 タンパク質のすべての原子の三次元配置を示したもの.
三重結合(triple bond) 一つのσ結合と二つのπ結合.
三重線(triplet) 三つのピークに分裂したNMRシグナル.
酸触媒(acid catalyst) プロトンを与えることで反応速度が増大する触媒.
酸触媒反応(acid-catalyzed reaction) 酸によって触媒される反応.
三方平面型炭素(trigonal planar carbon) sp^2混成炭素.
酸無水物(acid anhydride)

し

1,3-ジアキシアル相互作用(1,3-diaxial interaction) シクロヘキサン環上の同じ側にある一つのアキシアル置換基とそれ以外の二つのアキシアル置換基との間の相互作用.
ジアステレオマー(diastereomer) エナンチオマー以外の配置立体異性体.
シアノヒドリン(cyanohydrin)
ジエン(diene) 二つの二重結合をもつ炭化水素.
gem-ジオール(水和物)〔gem-diol(hydrate)〕 同じ炭素上に二つのOH基をもつ化合物.
紫外・可視分光法(UV/Vis spectroscopy) スペクトルの可視・紫外領域での電磁波の吸収で,共役系の情報を決めるのに用いられる.
紫外線(ultraviolet light) 180~400 nmの波長の電磁波.
磁気共鳴イメージング(MRI)(magnetic resonance imaging) 医学に用いられるNMR. 異なる組織上にある水分子がシグナルの変化を生み出して,器官の違いや,健康な組織と病気の組織との違いを区別する.
シグマ(σ)結合〔sigma(σ)bond〕 円筒型に対称な電子の分布を示す結合.
シクロアルカン(cycloalkane) 閉じた環を構成する炭素原子を含むアルカン.
**自殺型阻害剤(メカニズム準拠型阻害剤)〔suicide inhibitor

(mechanism-based inhibitor)〕 自身がその酵素反応を受けることで酵素を不活性化する化合物.
脂質(lipid) 生体にある水に不溶な化合物.
脂質二重層(lipid bilayer) ホスホアシルグリセロールの二つの層が重なっているために,その分極した末端が外側にあり,非極性の脂肪酸の鎖は内側にある.
四重線(quartet) 四つに分裂した NMR シグナル.
シス異性体(cis isomer) 二重結合または環状構造の同じ側に同一の水素をもつ異性体.
シス縮合(cis fused) 二つのシクロヘキサンがともに縮合するとき,一方の環から見たときに2番目の環に連なる一つの置換基がアキシアル位で,もう一つの置換基がエクアトリアル位にある場合.
シス-トランス異性体(cis-trans isomers) 幾何異性体.
ジスルフィド架橋(disulfide bridge) ペプチドあるいはタンパク質中のジスルフィド(—S—S—)結合.
実測旋光度(observed rotation) 旋光計で観測された回転の量.
質量数(mass number) 原子における陽子の数と中性子の数の和.
質量スペクトル(mass spectrum) 質量スペクトル計による正に帯電したフラグメントの存在比とその m/z の値の関係を表示したもの.
質量分析法(mass spectrometry) 分子量,分子式など化合物の構造に関するいくつかの情報を知ることができる.
ジヌクレオチド(dinucleotide) リン酸ジエステル結合でつながった二つのヌクレオチド.
ジペプチド(dipeptide) 2個のアミノ酸がアミド結合でつながったもの.
脂肪(fat) 室温で固体として存在するグリセロールの三量体.
脂肪酸(fatty acid) 長鎖カルボン酸.
脂肪族(aliphatic) 芳香族でない有機化合物.
四面体中間体(tetrahedral intermediate) アシル求核置換反応で生成する中間体.
遮へい(shielding) プロトンの環境に電子が存在することによって起こる現象.電子は,外部磁場の影響によりプロトンを遮へいする.プロトンがより遮へいされると,NMR スペクトルのより右側にシグナルが現れる.
重合(polymerization) モノマーからポリマーをつくる過程.
充填(packing) 個々の分子の結晶格子での配列.
周波数(frequency) 波の速さをその波長で割った値(単位はサイクル/秒).
縮合二環式化合物(fused bicyclic compound) 二つの隣接する炭素を共有する二環式化合物.
縮合反応(condensation reaction) 小さい分子(通常は水やアルコール)の脱離を伴って,二つの分子が結合する反応.
主溝(major groove) DNA の2種類の互い違いに現れる溝のうち,深くて大きいほうの溝.
商標(trademark) 登録名,記号,写真.
情報鎖(センス鎖)〔informational strand(sense strand)〕 転写のあいだ読まれていない DNA 鎖.合成 mRNA としての塩基の配列と同じである(UとTの違いはある).
触媒(catalyst) 反応速度を増大させるが,反応によって消費されない化合物.反応の平衡定数は変わらないので,生成物の量は変化しない.
神経伝達物質(neurotransmitter) 神経衝撃を伝達する化合物.
シンジオタクチック重合体(syndiotactic polymer) 炭素鎖に対しそれぞれの置換基が規則的に交互に配置されているポリマー.
伸縮周波数(伸縮振動数)(stretching frequency) 伸縮振動が起こる振動数.
伸縮振動(stretching vibration) 結合線に沿った振動.

す

pro-R-水素(pro-R-hydrogen) この水素を重水素で置換すると R の立体配置をもつ光学活性体になる.
pro-S-水素(pro-S-hydrogen) この水素を重水素で置換すると S の立体配置をもつ光学活性体になる.
水素イオン(プロトン)〔hydrogen ion(proton)〕 正に帯電した水素.
水素化(hydrogenation) 水素の付加.
水素化熱(heat of hydrogenation) 水素化反応で放出される熱量 $(-\Delta H°)$.
水素結合(hydrogen bond) 双極子-双極子相互作用($5\,\mathrm{kcal\,mol^{-1}}$) のとくに強いもので,O,N,F と結合した水素と,別の分子の O,N,ハロゲンの孤立電子対との結合.
水和(hydration) 水の化合物への付加.
水和した(hydrated) 水が化合物に加わること.
スクアレン(squalene) ステロイド分子の前駆体となるトリテルペン.
スタッキング相互作用(stacking interactions) DNA に隣接する塩基対の誘起双極子どうしの van der Waals 相互作用.
ステロイド(steroid) ステロイド環系をもつ化合物.
ストップコドン(stop codon) タンパク質の合成を止めるコドン.
スピンカップリング(spin coupling) NMR シグナルに生じる原子が分子の残りにカップリングする.
スピンカップリングした ^{13}C NMR スペクトル(spin-coupled ^{13}C NMR spectrum) 炭素のそれぞれのシグナルが炭素に結合する水素によって分裂した ^{13}C NMR スペクトル.
スピン-スピンカップリング(spin-spin coupling) $N+1$ 則で示されるNMR スペクトルでのシグナルの分裂.
スピンデカップリング(spin decoupling) NMR シグナルに生じる原子が分子の残りにデカップリングするもの.
スフィンゴ脂質(sphingolipid) スフィンゴシンを含む脂質.
スフィンゴミエリン(sphingomyelin) スフィンゴシンの末端 OH 基がホスホクロリンかホスホエタノールアミンに結合したスフィンゴ脂質.
スルフィド(チオエーテル)〔sulfide(thioether)〕 エーテルの硫黄類縁体(RSR).
スルホン化(sulfonation) スルホン酸(SO_3H)基がベンゼン環の水素と置換すること.

せ

生化学(生物化学)〔biochemistry(biological chemistry)〕 生体内の化学.
制限エンドヌクレアーゼ(restriction endonuclease) DNA の特定の塩基配列のみを切断する酵素.
制限断片(restriction fragment) DNA が制限エンドヌクレアーゼによって切断されるときに生じる断片.
生合成(biosynthesis) 生体系における合成.
正四面体型結合角(tetrahedral bond angle) sp^3 混成水素の隣接結合で生成する結合角(109.5°).
正四面体型炭素(tetrahedral carbon) sp^3 混成炭素;sp^3 混成軌道を用いて共有結合を生成する炭素.
整数分子質量(nominal mass) 最も近い整数に丸められた質量の値.
生体高分子(biopolymer) 天然に合成された高分子.
生体有機化合物(bioorganic compound) 生体系に見いだされる有機化合物.
成長末端(propagating site) 連鎖重合体の反応末端.
静電引力(electrostatic attraction) 異符号の電荷どうしの引

力.

静電的触媒作用 (electrostatic catalysis)　反応が求電子的になるように促進する触媒作用.

生分解性ポリマー (biodegradable polymer)　酵素反応によって小さな断片に分解されるポリマー.

精油 (essential oils)　植物の蒸発残渣から単離される香料あるいは調味料. ほとんどがテルペンである.

赤外スペクトル (IR スペクトル) 〔infrared spectrum (IR spectrum)〕　赤外放射の波数 (あるいは波長) に対する透過の割合をプロットしたもの.

赤外線 (infrared radiation)　熱として私たちになじみの深い電磁波の放射.

赤外分光法 (infrared spectroscopy)　化合物の官能基の情報を得るため赤外線のエネルギーを用いた分析法.

セスキテルペン (sesquiterpene)　15 個の炭素原子を含むテルペン.

節 (node)　電子を見つける確率がゼロの軌道の部分.

セッケン (soap)　脂肪酸のナトリウム塩あるいはカリウム塩.

接触水素化 (catalytic hydrogenation)　金属触媒の存在下に,水素が二重, 三重結合へ付加する反応.

セファリン (cephalin)　リン酸の 2 番目の OH 基がエタノールアミンとエステルを生成するときのホスホアシルグリセロール.

セレブロシド (cerebroside)　スフィンゴシンの末端 OH 基が糖の残基に結合しているときのスフィンゴ脂質.

遷移状態 (transition state)　二次元の反応経路図で丘の最高点. 遷移状態では, 開裂する反応物は部分的に壊れており, 生成物中の結合は部分的に形成している.

繊維状タンパク質 (fibrous protein)　ポリペプチド鎖が束になっている水に不溶なタンパク質.

旋光計 (polarimeter)　偏光面の回転を測定する装置.

洗剤 (detergent)　スルホン酸の塩.

センス鎖 (情報鎖) 〔sense strand (informational strand)〕　転写の際に読まれない DNA のらせん. 合成された mRNA らせん (U, T の違いはあるが) とその塩基配列は同じである.

そ

双極子-双極子相互作用 (dipole-dipole interaction)　一方の分子の双極子ともう一方の双極子の間の相互作用.

双極子モーメント (μ) (dipole moment)　一つの結合か一つの分子内の電荷の分離の尺度.

操作周波数 (operating frequency)　NMR 分光計が動く振動数.

双性イオン (zwitterion)　負電荷と正電荷を隣接していない原子上にもつ化合物.

相対速度 (relative rate)　実際の速度定数の比較. 最も遅い反応の速度定数で割ることによって得られる.

相対配置 (relative configuration)　ほかの化合物の立体配置に対する化合物の立体配置.

速度定数 (rate constant)　反応の遷移状態に進めるのが容易かどうか (反応の活性化エネルギーを超えるかどうか) を示す尺度.

速度論 (kinetics)　化学反応の速度を取り扱う化学.

速度論的安定性 (kinetic stability)　$\Delta G^{\ddagger}$ で示される化学反応性. $\Delta G^{\ddagger}$ が大きければその化合物は速度論的に安定であり (反応性はそれほど高くない), $\Delta G^{\ddagger}$ が小さければその化合物は速度論的に不安定である (反応性は高い).

速度論的支配 (kinetic control)　速度論的支配下で反応が起こるとき, 生成物の相対比は生成反応の速度に依存する.

速度論的生成物 (kinetic product)　ある反応で複数の生成物が生じる場合, 最も速やかに生成する生成物.

速度論的同位体効果 (kinetic isotope effect)　化合物の反応速度と, ある一つの原子をその同位体に置き換えたときの同一化合物の反応速度が異なるようになる効果.

速度論的分割 (kinetic resolution)　酵素を用いて, それらの反応速度の違いを利用したエナンチオマー対の分割.

疎水性相互作用 (hydrophobic interactions)　非極性基間の相互作用. この相互作用は系内の水分子のエントロピーを増大させることによってタンパク質の安定性を増大させる.

た

第一級アミン (primary amine)　窒素が一つの炭素原子と結合したアミン.

第一級アルキルラジカル (primary alkyl radical)　第一級炭素上に非共有電子対をもつラジカル.

第一級アルコール (primary alcohol)　OH 基が第一級炭素に結合しているアルコール.

第一級カルボカチオン (primary carbocation)　第一級炭素上に正電荷をもつカルボカチオン.

第一級水素 (primary hydrogen)　第一級炭素と結合している水素.

第一級炭素 (primary carbon)　一つだけ炭素原子と結合している炭素.

第一級ハロゲン化アルキル (primary alkyl halide)　ハロゲンが第一級炭素に結合したハロゲン化アルキル.

体系的命名法 (systematic nomenclature)　構造に基づく命名法.

第三級アミン (tertiary amine)　窒素が三つの炭素原子と結合したアミン.

第三級アルキルラジカル (tertiary alkyl radical)　第三級炭素上に孤立電子をもつラジカル.

第三級アルコール (tertiary alcohol)　OH 基が第三級炭素に結合しているアルコール.

第三級カルボカチオン (tertiary carbocation)　第三級炭素上に正電荷をもつカルボカチオン.

第三級水素 (tertiary hydrogen)　第三級炭素と結合している水素.

第三級炭素 (tertiary carbon)　三つの炭素原子と結合している炭素.

第三級ハロゲン化アルキル (tertiary alkyl halide)　ハロゲンが第三級炭素に結合したハロゲン化アルキル.

代謝 (metabolism)　エネルギーを得るため, また求められる化合物を合成するために生物が行う反応.

対称エーテル (symmetrical ether)　同一の置換基が酸素と結合しているエーテル.

対称酸無水物 (symmetrical anhydride)　同一の R 基をもつ酸無水物:

$$R-\overset{O}{\underset{\|}{C}}-O-\overset{O}{\underset{\|}{C}}-R$$

対称面 (plane of symmetry)　分子を鏡像面で二等分した仮想的な平面.

第二級アミン (secondary amine)　窒素が二つの炭素原子と結合したアミン.

第二級アルキルラジカル (secondary alkyl radical)　第二級炭素上に孤立電子対をもつラジカル.

第二級アルコール (secondary alcohol)　OH 基が第二級炭素に結合したアルコール.

第二級カルボカチオン (secondary carbocation)　第二級炭素上に正電荷をもつカルボカチオン.

第二級水素 (secondary hydrogen)　第二級炭素と結合している水素.

第二級炭素 (secondary carbon)　二つの炭素原子と結合している炭素.

第二級ハロゲン化アルキル(secondary alkyl halide) ハロゲンが第二級炭素に結合したハロゲン化アルキル.
多重線(multiplet) 7個のピークより多く分裂するNMRのシグナル.
多重度(multiplicity) NMRシグナルでのピークの数.
脱アミノ化(deamination) アンモニアの除去反応.
脱酸素化(deoxygenation) 反応物から酸素が取り除かれること.
脱水素酵素(デヒドロゲナーゼ)(dehydrogenase) 基質から水素を取り除いて酸化反応を行う酵素.
脱水反応(dehydration) 水の除去反応.
脱炭酸(decarboxylation) CO_2が脱離する反応.
脱ハロゲン化水素反応(dehydrohalogenation) プロトンとハロゲン化物イオンの脱離反応.
脱離基(leaving group) 求核置換反応で置換される基.
脱離反応(elimination reaction) 原子(あるいは分子)が反応物から脱離する反応.
多糖(polysaccharide) 10個以上の糖分子が互いに結合している化合物.
炭化水素(hydrocarbon) 炭素と水素を含む化合物.
単結合(single bond) 1個のσ結合.
胆汁酸(bile acids) 乳化剤として作用するステロイドであり,水に不溶な化合物を消化する.
単純トリアシルグリセロール(simple triacylglycerol) 脂肪酸部分が同じであるトリアシルグリセロール.
炭水化物(carbohydrate) 糖および糖類.天然に存在する炭化水素はD配置である.
炭素酸(carbon acid) 炭素に結合している相対的に強い酸性を示す水素をもつ化合物.
単糖(単純な炭水化物)〔monosaccharide (simple carbohydrate)〕 単純な1個の糖分子.
タンパク質(protein) 40〜4000のアミノ酸がアミド結合でつながったポリマー.
単分子反応(unimolecular reaction) 反応速度が一方の反応物の濃度に依存する反応.

ち

チアミンピロリン酸(TPP)(thiamine pyrophosphate) アシル基を基質に転移させる反応を触媒する酵素に必要な補酵素.
チオエステル(thioester) エステルの硫黄類縁体:
チオエーテル(スルフィド)〔thioether (sulfide)〕 エーテルの硫黄類縁体(RSR).
チオール(メルカプタン)〔thiol (mercaptan)〕 アルコールの硫黄類縁体(RSH).
逐次重合体(縮合重合体)〔step-growth polymer (condensation polymer)〕 小さい分子(通常,水やアルコール)を脱離させるが二つの分子が結合することでできるポリマー.
中間体(intermediate) 反応において生成される化学種のうち,反応の最終生成物でないもの.
超共役(hyperconjugation) 炭素—水素あるいは炭素—炭素σ結合と空のp軌道との重なりによる電子の非局在化.
調節酵素(regulatory enzyme) (代謝過程を)動かしたり止めたりする酵素.
直鎖アルカン(通常のアルカン)〔straight-chain alkane (normal alkane)〕 枝分かれのない炭素原子が連続した鎖状のアルカン.
直接付加(direct addition) α,β-不飽和カルボニル化合物への1,2-付加(カルボニル炭素への付加).
直線に並んだ置換機構(in-line displacement mechanism) リン酸無水物結合が切れるのと同時に起こるリンの求核攻撃.

て

デオキシ糖(deoxy sugar) OH基の一つが水素で置換された糖.
デオキシリボ核酸(DNA)(deoxyribonucleic acid) デオキシヌクレオチドの重合体.
デオキシリボヌクレオチド(deoxyribonucleotide) 糖の部位がD-2'-デオキシリボースであるヌクレオチド.
滴定曲線(titration curve) pHと水酸化物イオンの当量をプロットしたもの.
テトラエン(tetraene) 四つの二重結合をもつ炭化水素.
テトラテルペン(tetraterpene) 40炭素を含むテルペン.
テトラヒドロ葉酸(THF)(tetrahydrofolate) 一つの炭素を含む基とその基質との結合反応を触媒する酵素で必要となる補酵素.
テトロース(tetrose) 4炭素を含む単糖類.
テルペノイド(terpenoid) 一群のテルペン.
テルペン(terpene) 植物から単離され,炭素数が5の倍数である脂質.
電気陰性元素(electronegative element) 電子を容易に受け取る元素.
電気陰性度(electronegativity) 電子を引きつける原子の尺度.
電気泳動(electrophoresis) それぞれのpI値に基づいてアミノ酸を分離する方法.
電子求引性誘起効果(inductive electron withdrawal) σ結合を通じた電子の求引.
電子供与性誘起効果(inductive electron donation) σ結合を通じた電子の供与.
電子貯め(electron sink) 電子が非局在化する部位.
転写(transcription) DNAの青写真からのmRNAの合成.
電磁波(electromagnetic radiation) 波の性質を示す放射エネルギー.
天然存在比原子量(natural-abundance atomic weight) 天然元素の原子の平均質量.
天然物(natural product) 生体内で合成された生成物.

と

同位体(isotopes) 同じ数の陽子をもちながら,異なる数の中性子をもつ原子.
同化(anabolism) 単純な前駆体分子から複雑な化合物を合成するために生物が行う反応.
同化ステロイド(anabolic steroids) 筋肉の発達を助けるステロイド.
透視式(perspective formula) キラル中心に結合している基の空間配置を表現する方法.2種類の結合を平面上に置いて書く.紙面から読者に向かって突き出ている結合をくさび形の実線で,読者から紙面奥に伸びる結合をくさび形の波線で示す.
糖新生(gluconeogenesis) ピルビン酸からのD-グルコースの合成.
糖タンパク質(glycoprotein) 多糖と共有結合しているタンパク質.
導電性ポリマー(conducting polymer) 電気伝導性を示すポリマー.
等電点(pI)(isoelectronic point) アミノ酸の総電荷がゼロとなるpHの値.
頭-尾付加(head-to-tail addition) 分子の頭部がほかの分子の尾部に付加する反応.
ドーピング(doping) 共役二重結合をもつポリマー鎖からの

電子の除去または付加.

トランス(異)体(trans isomer) 水素が二重結合または環状構造の反対側にある異性体.同一の置換基が二重結合の反対側にある異性体.

トランス縮合(trans fused) 2番目の環を最初の環と結合している置換基の対として考える場合,両方の置換基がエクアトリアル位にあるように縮合した二つのシクロヘキサン環.

トリアシルグリセロール(triacylglycerol) グリセロールの三つの OH 基が脂肪酸によってエステル化した化合物.

トリエン(triene) 二重結合を三つもつ炭化水素.

トリオース(triose) 3炭素を含む単糖類.

トリテルペン(triterpene) 30炭素原子をもつテルペン.

トリペプチド(tripeptide) 3個のアミノ酸がアミド結合でつながったもの.

な行

内部アルキン(internal alkyne) 三重結合が炭素鎖の末端にないアルキン.

二官能性分子(bifunctional molecule) 二つの官能基をもつ分子.

ニコチンアミドアデニンジヌクレオチド(NAD^+)(nicotinamide adenine dinucleotide) いくつかの酸化反応で必要な補酵素.NADH に還元される.NADH が酸化されて NAD^+ に戻るときの酸化的リン酸化で ATP が 2.5 分子生成する.

ニコチンアミドアデニンジヌクレオチドリン酸($NADP^+$)(nicotinamide adenine dinucleotide phosphate) NADPH に還元される補酵素.同化反応において還元剤として用いられる.

(DNA の)二次構造(secondary structure of DNA) 二重らせん.

(タンパク質の)二次構造(secondary structure of a protein) タンパク質骨格の立体配座を示したもの.

二重結合(double bond) 二つの原子をつなぐσ結合とπ結合.

二重線(doublet) 二つのピークに分裂したNMRシグナル.

二重線の二重線(doublet of doublets) ほぼ等しい高さの四つのピークに分裂したNMRシグナル.一方の水素原子によってシグナルが二重線に分裂し,さらにほかの(非等価な)水素によって幅の異なる二重線を生じる.

二糖(disaccharide) 二つの糖分子が互いに結合している化合物.

ニトリル(nitrile) 炭素-窒素三重結合($RC \equiv N$)を含む化合物.

ニトロ化(nitration) ニトロ(NO_2)基がベンゼン環の水素と置換すること.

二分子反応(二次反応)〔bimolecular reaction (second-order reaction)〕 2種類の反応物の濃度に依存する反応.

二量体(dimer) 二つの同一分子がともに加わって生成する一つの分子.

ヌクレオシド(nucleoside) 糖(D-リボースあるいは 2′-デオキシ-D-リボース)のアノマー炭素に結合した複素環状の塩基(プリンあるいはピリミジン).

ヌクレオチド(nucleotide) ホスホリル化されたリボースのβ位に結合している複素環.

ねじれ形立体配座(staggered conformation) 炭素—炭素結合を見下ろしたときに,炭素から出る結合が隣接する炭素からの結合の角度を二等分するときの立体配座.

ねじれ舟形配座〔twist-boat conformation (skew-boat conformation)〕 シクロヘキサンの立体配座のうちの一つ.

熱分解(thermal cracking) 分子を解離させる熱を用いる.

熱力学(thermodynamics) 化学反応や平衡などの現象をエネルギーの観点から議論する化学の一分野.

熱力学的安定性(thermodynamic stability) $\Delta G°$ で示される化学反応性.$\Delta G°$ が負であれば生成物は反応物よりも熱力学的に安定であり,$\Delta G°$ が正であれば反応物が生成物よりも熱力学的に安定である.

熱力学的支配(thermodynamic control) 反応が熱力学的支配であるとき,その生成物の相対比は生成物の安定性に依存する.

熱力学的生成物(thermodynamic product) 最も安定な生成物.

は

倍音バンド(overtone band) 基本吸収振動数($2\nu, 3\nu$)の倍音の吸収が起こるバンド.

配座異性体(conformer) 分子の異なる立体配座.

背面攻撃(back-side attack) 脱離基に結合している側と反対側からの求核攻撃.

パイロシークエンス(pyrosequencing) プライマーを付加するそれぞれの塩基の種類を検出することによりポリヌクレオチド中の塩基配列を決定するのに用いられる手法.

薄層クロマトグラフィー(thin-layer chromatography) その極性をもとに分子を分離する方法.

橋かけ(架橋)(cross-linking) 分子間での結合形成によってポリマー鎖が連結すること.

波数(wavenumber) 1 cm のなかにある波の数.

波長(wavelength) ある波の任意の点から次の波での対応する点までの距離(通常,単位は μm あるいは nm).

発エルゴン反応(exergonic reaction) 負の $\Delta G°$ を含む反応.

発熱反応(exothermic reaction) 負の $\Delta H°$ をもつ反応.

波動方程式(wave equation) 原子,分子のそれぞれの電子のふるまいを記述する方程式.

パラフィン(paraffin) アルケン.

ハロゲン化(halogenation) ハロゲン(Br_2, Cl_2, I_2)との反応.

ハロゲン化アルキル(アルキルハライド) alkyl halide アルカン水素の一つがハロゲンで置換された化合物.

半いす形立体配座(half-chair conformation) シクロヘキサンの最も不安定な立体配座.

反応機構(mechanism of a reaction) 反応物から生成物への変化を一段階ずつ書いたもの.

反応座標図(reaction coordinate diagram) 反応過程でのエネルギー変化の図.

反応性-選択性の原理(reactivity-selectivity principle) 化学種の反応性が増大すると選択性が低下するという原理.

半保存的複製(semiconservative replication) もとの DNA らせんの一方と合成らせんをもつ DNA から娘分子が生成する複製の形式.

ひ

ビオチン(biotin) エステル部位またはケト基に隣接した炭素のカルボキシ化を触媒する補酵素.

非環状(acyclic) 環状でない.

非共有相互作用(noncovalent interaction) 共有結合に比べて弱い,原子(または分子)間の相互作用.

非局在化エネルギー(共鳴エネルギー)〔delocalization energy (resonance energy)〕 電子の非局在化の結果として生じる安定化エネルギー.

非局在化電子(delocalized electrons) 二つ以上の原子によって共有されている電子.

非極性共有結合(nonpolar covalent bond) 結合電子を等しく共有する二つの原子間にできる結合.

非結合電子対(孤立電子対)〔nonbonding electrons (lone-pair

用語解説　G-11

electrons)〕結合に用いられない価電子.
比旋光度(specific rotation)　1.0 dm の長さの試験管中の 1.0 g mL^{-1} の濃度の化合物溶液によって引き起こされる旋光の度合い.
非対称エーテル(unsymmetrical ether)　酸素に結合する置換基が異なるエーテル.
ビタミン(vitamin)　生体内で合成できない,または十分な必要量を合成できない,生体が日常機能するのに少量だけれども必要な物質.
ビタミン KH$_2$(vitamin KH$_2$)　グルタミン酸側鎖のカルボキシ化を触媒する酵素に必要な補酵素.
必須アミノ酸(essential amino acid)　体内でまったく合成されないか,合成されても不十分であるため,人間が日常の食餌から必ず摂取しなければならないアミノ酸.
ヒトゲノム(human genome)　人間の細胞の DNA 全体.
ヒドリドイオン(hydride ion)　負に帯電した水素.
1,2-ヒドリドシフト(1,2-hydride shift)　ヒドリドイオンの炭素から隣接する炭素への移動.
ピナコール転位(pinacol rearrangement)　ビシナルジオールの転位反応.
ビニルカチオン(vinylic cation)　ビニル炭素上に正電荷をもつ化学種.
ビニル基(vinyl group)　CH$_2$=CH−
ビニル炭素(vinylic carbon)　炭素−炭素二重結合上の炭素.
ビニルポリマー(vinyl polymer)　エチレンまたは置換エチレンをモノマーとしてつくられたポリマー.
標的分子(target molecule)　合成における望みの最終生成物.
ピラノシド(pyranoside)　六員環のグリコシド.
ピラノース(pyranose)　六員環構造の糖.
ピリドキサールリン酸(PLP)(pyridoxal phosphate)　アミノ酸のある種の変換を触媒する酵素に必要な補酵素.

ふ

フィードバック阻害因子(feedback inhibitor)　その化合物自身の生合成のはじめの段階を阻害する化合物.
フェニル基(phenyl group)　C$_6$H$_5$−
フェロモン(pheromone)　生理学的あるいは行動による応答を刺激する同種の動物によって分泌される化合物.
1,2-付加(直接付加)〔1,2-addition(direct addition)〕共役系の 1 位および 2 位への付加.
1,4-付加(共役付加)〔1,4-addition(conjugate addition)〕共役系の 1 位および 4 位への付加.
付加重合体(連鎖重合体)〔addition polymer(chain-growth polymer)〕成長鎖の末端へモノマーを付加してできるポリマー.
付加反応(addition reaction)　原子や置換基が反応物に加えられる反応.
不均化(disproportionation)　ラジカルによって水素原子がほかのラジカルに転移し,アルカンとアルケン分子を生じること.
副溝(minor groove)　DNA の 2 種類の互い違いに現れる溝のうち,狭くて浅いほうの溝.
複雑な炭水化物(complex carbohydrate)　二つまたはそれ以上の糖が互いに結合した炭水化物.
副腎皮質ステロイド(adrenal cortical steroids)　グルココルチコイドとミネラルコルチコイド.
複製(replication)　DNA の同一のコピーの合成.
不斉中心(asymmetric center)　四つの異なる原子あるいは基に結合する原子.
N-フタルイミドマロン酸エステル合成(N-phthalimidomalonic ester synthesis)　マレイン酸エステルと Gabriel 合成を結びつけたアミド酸の合成法.
沸点(boiling point)　蒸気圧が気圧に等しくなる温度.
舟形配座(boat conformation)　舟によく似たシクロヘキサンの立体配座.
部分加水分解(partial hydrolysis)　ポリペプチドのペプチド結合のいくつかのみを加水分解する操作.
不飽和炭化水素(unsaturated hydrocarbon)　二重結合または三重結合を一つ以上含む炭化水素.
フラノシド(furanoside)　五員環のグルコシド.
フラノース(furanose)　五員環構造の糖.
フラビンアデニンヌクレオチド(FAD)(flavin adenine dinucleotide)　いくつかの酸化反応で必要な補酵素.FADH$_2$ に還元される.FADH$_2$ が酸化されて FAD に戻るときの酸化的リン酸化で ATP が 1.5 分子する.
ブランド名(商標名,登録名)〔brand name(proprietary name, trade name)〕ほかの商品と区別するための商品名.登録商標のもち主によってのみ使用できる.
プロスタサイクリン(prostacyclin)　アラキドン酸由来の脂質で,血管を拡張させ血小板の凝集を抑制する.
ブロック共重合体(block copolymer)　2 種類のモノマーのブロックが存在する共重合体.
プロトポルフィリン IX(protoporphyrin IX)　ヘムを構成するポルフィリン環構造.
プロトン(proton)　正に帯電している水素(H$^+$).原子核の正に帯電している粒子.
プロトン移動反応(proton transfer reaction)　プロトンが酸から塩基に移動する反応.
プロトンデカップリング ^{13}C NMR スペクトル(proton-decoupled ^{13}C NMR spectrum)　原子核とそこに結合した水素間のカップリングがないために,すべてのシグナルが一重線として現れる ^{13}C NMR スペクトル.
プロモーター部位(promoter site)　遺伝子のはじめにある短い塩基配列.
分光法(spectroscopy)　物質と電磁波の相互作用を示す方法.
分子イオン(親イオン)〔molecular ion(parent ion)〕最も大きな m/z をもつ質量スペクトルのピーク.
分子間反応(intermolecular reaction)　二つの分子間で起こる反応.
分子軌道(molecular orbital)　分子にある軌道.
分子内反応(intramolecular reaction)　同一分子内で起こる反応.
分子認識(molecular recognition)　特有の相互作用の結果,ほかの分子によって標的の分子を認識すること.たとえば,酵素と基質の特異的な相互作用など.
分離した電荷(separated charges)　電子の運動によって中和できる正と負の電荷.
分裂図(splitting diagram)　プロトンの集合の分裂を示す図.

へ

平衡定数(equilibrium constant)　平衡における生成物の反応物に対する比あるいは正反応と逆反応の速度定数の比.
ベースピーク(base peak)　質量スペクトルでの最も存在度の高いピーク.
ヘキソース(hexose)　6 炭素を含む単糖類.
ベクトル和(vector sum)　複数の結合の双極子の大きさと方向の両方を考慮したもの.
ペプチド(peptide)　アミノ酸がアミド結合で連結したポリマー.ペプチドはタンパク質に比べてアミノ酸残基の数が少ない.
ペプチド結合(peptide bond)　ペプチドあるいはタンパク質

において，アミノ酸どうしをつないでいるアミド結合．

ペプチド鎖間ジスルフィド架橋(interchain disulfide bridge) 異なるタンパク質の二つのシステイン残基が鎖をまたがって形成するジスルフィド架橋．

ペプチド鎖内ジスルフィド架橋(intrachain disulfide bridge) 二つのシステイン残基が同じタンパク質の鎖をまたがって形成するジスルフィド架橋．

ヘプトース(heptose) 7炭素を含む単糖類．

ヘミアセタール(hemiacetal)

$$R-\underset{OR}{\underset{|}{C}}-H \quad または \quad R-\underset{OR}{\underset{|}{C}}-R$$

(上部に OH)

変角振動(bending vibration) 結合線に沿って起こらない振動モードで，結合角の変化するもの．

偏光(polarized light) 一つの面上でのみ振動する光．

ベンジル位炭素(benzylic carbon) ベンゼン環に結合した sp^3 混成炭素．

ベンジルカチオン(benzylic cation) ベンジル位炭素上に正電荷をもつ化学種．

ベンジル基(benzyl group) C₆H₅—CH₂—

変性(denaturation) タンパク質の高度に組織化した三次構造が壊れること．

変旋光(mutarotation) 旋光度の値が徐々に変化して平衡値に達する現象．

ペントース(pentose) 5炭素を含む単糖類．

ほ

芳香族(aromatic) 奇数組のπ電子対を含むp軌道をもつ原子からなる連続した環をもち，環状かつ平面である化合物．

芳香族求電子置換反応(electrophilic aromatic substitution) 求電子剤が芳香族環の水素を置換する反応．

飽和炭化水素(saturated hydrocarbon) 水素で完全に飽和した(すなわち二重結合も三重結合も含まない)炭化水素．

補欠分子族(prosthetic group) アポ酵素と強く結合した場合の補酵素．

補酵素(coenzyme) 有機分子の補因子．

補酵素A(coenzyme A) チオエステルを生成するために生体で用いるチオール．

補酵素B_{12}(coenzyme B_{12}) いくつかの転位反応を触媒する酵素に必要な補酵素．

保護基(protecting group) そのままでは反応してしまうような合成操作から官能基を保護する反応剤のこと．

ホスファターゼ(phosphatase) 基質からリン酸基を除去する酵素．

ホスファチジン酸(phosphatidic acid) リン酸エステルのOH基のうちの一つだけがエステル結合になっているホスホアシルグリセロール．

ホスホアシルグリセロール(ホスホグリセリド)〔phosphoacyl-glycerol(phosphoglyceride)〕 グリセロールの二つのOH基が脂肪酸とエステルを生成し，残りの末端のOH基がリン酸エステルを形成したときの化合物．

ホモポリマー(homopolymer) モノマーを1種類のみ含むポリマー．

ポリアミド(polyamide) アミドをモノマーとするポリマー．

ポリウレタン(polyurethane) ウレタンを単位とするポリマー．

ポリエステル(polyester) エステルを単位とするポリマー．

ポリカーボネート(polycarbonate) 炭酸ジエステル部位をもつ逐次重合体．

ポリヌクレオチド(polynucleotide) ホスホジエステル結合でつながっている多くのヌクレオチド．

ポリ不飽和脂肪酸(polyunsaturated fatty acid) 二重結合をもつ脂肪酸．

ポリペプチド(polypeptide) 多くのアミノ酸がアミド結合でつながったもの．

ポルフィリン環構造(porphyrin ring system) 四つのピロール環が間に炭素を一つはさんで橋かけされて結合している化合物．

ホルモン(hormone) 腺で合成される有機化合物で，その標的の組織に血液によって運ばれるもの．

翻訳(translation) mRNAの青写真に基づいたタンパク質の合成．

ま行

膜(membrane) 細胞の内容を孤立化させるために細胞を包む物質．

末端アルキン(terminal alkyne) 炭素鎖の末端に三重結合のあるアルキン．

ミセル(micelle) 分子の球状会合で，それぞれが長い疎水性の尾部と極性の大きい頭部をもつことで，極性の大きい頭部が球の外側に配置している．

ムターゼ(mutase) ある位置から別の位置へ官能基を移動させる酵素．

メカニズム準拠型阻害剤(自殺型阻害剤)〔mechanism-based inhibitor(suicide inhibitor)〕 自身がその酵素反応を受けることで酵素を不活性化する化合物．

メソ化合物(meso compound) 不斉中心を複数もち対称面をもつ化合物．

1,2-メチルシフト(1,2-methyl shift) 結合電子対をもつメチル基の炭素から隣接する炭素への移動．

メチレン基(methylene group) CH_2 基．

メチン水素(methine hydrogen) 第三級水素．

メルカプタン(チオール)〔mercaptan(thiol)〕 アルコールの硫黄置換体(RSH)．

モノテルペン(monoterpene) 10炭素を含むテルペン．

モノマー(monomer) ポリマー(高分子)で繰り返されている単位．

や行

薬剤耐性(drug resistance) 特定の薬への生物学的耐性．

有機化合物(organic compound) 炭素を含む化合物(ただし，CO，CO_2，炭酸塩などは除く)．

有機金属化合物(organometallic compound) 炭素—金属結合を含む化合物．

有機合成(organic synthesis) ほかの有機化合物から特定の有機化合物を得ること．

誘起双極子-誘起双極子間相互作用(induced-dipole-induced-dipole interaction) 一方の分子の一時的に生じた双極子ともう一方の分子の一時的に生じた双極子との間の相互作用．

有効磁場(effective magnetic field) プロトンが周囲の電子雲を通して"感じる"磁場．

融点(melting point) 固体が液体に変化する温度．

誘導適合モデル(induced-fit model) 酵素と基質の特異性を記述するモデル．基質が酵素と結合するまでは，活性部位の形は基質の形と完全には適合しない．

陽イオン交換樹脂(cation-exchange resin) イオン交換クロマトグラフィーに用いられる負に荷電した樹脂．

溶媒和(solvation) 溶媒とほかの分子(あるいはイオン)との相互作用．

四次構造(quaternary structure) タンパク質中の個々のポリ

ペプチド鎖の互いの位置関係を示したもの.

ら

ラジカル(radical) 孤立電子をもつ化学種.
ラジカル開始剤(radical initiator) ラジカルを生成する化合物.
ラジカル重合(radical polymerization) ラジカル開始剤によって,その成長末端がラジカルになる連鎖成長重合.
ラジカル阻害剤(radical inhibitor) ラジカルを捕捉する化合物.
ラジカル置換反応(radical substitution reaction) ラジカル中間体を含む置換反応.
ラジカル反応(radical reaction) ある反応剤から1電子,もう一方の反応剤から1電子を使って新しい結合が生成する反応.
ラジカル連鎖反応(radical chain reaction) ラジカルが生じてそのラジカルが連鎖成長段階で変化する反応.
ラセミ混合物(racemic mixture(racemate)) エナンチオマーの対が等量混合したもの.
ラセミ混合物の分割(resolution of a racemic mixture) ラセミ混合物を個々のエナンチオマーに分離すること.
ランダム共重合体(random copolymer) 二つのモノマーがランダムに重合している共重合体.
ランダムコイル(random coil) 完全に変性したタンパク質のコンホメーション.
ランダムスクリーニング(ブラインドスクリーニング)〔random screening(blind screening)〕 活性についての化学構造情報なしに薬理学的に活性な化合物を探索する方法.

り

律速段階〔rate-determining step(rate-limiting step)〕 多段階反応で遷移状態のエネルギーが最も高い段階.
立体異性体(stereoisomers) 構成原子の空間的配置だけが異なっている異性体.
立体化学(stereochemistry) 分子構造を三次元で扱う化学の分野.
立体効果(steric effects) 置換基が空間のある部分を占めることによる効果.
立体障害(steric hindrance) 反応場において反応中心にあるかさ高い置換基が反応物が互いに近接することを困難にすること.
立体中心〔stereogenic center(stereocenter)〕 二つの基の交換により立体異性体を生じる原子.
立体配座(conformation) σ結合の回転によって生じる分子の三次元表示.
立体配置(configuration) 化合物の特定の原子の三次元構造.RかSで示される.
立体配置異性体(configurational isomers) 共有結合が開裂しない限り,互いに変換しない立体異性体.シス-トランス異性体および光学異性体が含まれる.
立体配置の反転(inversion of configuration) 強風によってひっくり返った傘のように炭素の配置が変わること.これにより生成物の立体化学が反応物と反対になる.
立体ひずみ(van der Waals ひずみ, van der Waals 反発)〔steric strain(van der Waals strain, van der Waals repulsion)〕 原子や基の電子雲とほかの原子(あるいは基)の電子雲間の反発.
リード化合物(lead compound) ほかの生物活性化合物の探索のための基準物質.
リビング重合体(living polymer) 停止反応がなく,成長末端をもたないポリマー鎖.すなわち,この重合反応はモノマーがある限り反応し続ける.
リボ核酸(RNA)(ribonucleic acid) リボヌクレオチドの重合体.
リポ酸(lipoate) ある酸化反応で必要なジスルフィド架橋をもつ補酵素.
リボソーム(ribosome) 約40%がタンパク質で60%がRNAで構成されている,タンパク質合成を行う粒子.
リボヌクレオチド(ribonucleotide) 糖の単位がD-リボースであるヌクレオチド.
リン酸転移反応(phosphoryl transfer reaction) リン酸部位の分子から分子への転移.
リン酸無水物結合(phosphoanhydride bond) 二つのリン酸分子の縮合による結合.
リン脂質(phospholipid) リン酸を含む脂質.

る

ループコンホメーション(コイルコンホメーション)〔loop conformation(coil conformation)〕 高次に組織されたタンパク質で,αヘリックスでもβシートでもない配座.

れ

レシチン(lecithin) リン酸イオンの2番目のOH基がコリンとエステルを生成するホスホアシルグリセロール.
レドックス反応(酸化-還元反応)〔redox reaction(oxidation-reduction reaction)〕 化学種間の電子の授受を含む反応.
レトロウイルス(retrovirus) 遺伝情報がそのRNAに貯蔵されているウイルス.
連鎖移動(chain transfer) 成長鎖が分子XYと反応するとき,Xが鎖の成長を停止し,Yが新しい連鎖を開始させること.
連鎖開始段階(initiation step) ラジカルが生じる段階,あるいは成長段階の最初でラジカルが必要になる段階.
連鎖重合体(付加重合体)〔chain-growth polymer(addition polymer)〕 成長鎖の末端へモノマーを付加させてできるポリマー.
連鎖成長段階(propagation step) 連鎖成長段階の最初では,ラジカル(求核剤か求電子剤でもよい)が反応して別のラジカル(あるいは求核剤か求電子剤)を生成し,それが反応物となって別のラジカル(あるいは求核剤か求電子剤)を生成する.
連鎖停止段階(termination step) 二つのラジカルが結合し,すべての電子が対になる段階.

ろ

ろう(wax) 長鎖のカルボン酸と長鎖アルコールから生成するエステル.

索 引

数字

^{1}H NMR（プロトン磁気共鳴，proton magnetic resonance） 423
1s 軌道（1s orbital） 21
2s 軌道（2s orbital） 21
^{13}C NMR 分光法（^{13}C NMR spectroscopy） 440
13 の規則（rule of 13） 399

ギリシャ文字

α-1,4'-グリコシド結合（α-1,4'-glycosidic linkage） 624
α-シアノアクリル酸メチル（methyl α-cyanoacrylate） 588
α水素（α-hydrogen） 534, 535
αスピン状態（α-spin state） 424
α炭素（α-carbon） 534
α-トコフェロール（α-tocopherol） 573
α-ブロモプロピオンアルデヒド（α-bromopropionaldehyde） 502
αヘリックス（α-helix） 666
α,β-不飽和アルデヒド（α,β-unsaturated aldehyde） 545
α,β-不飽和ケトン（α,β-unsaturated ketone） 545
β-カロテン（β-carotene） 420, 422
β-1,4'-グリコシド結合（β-1,4'-glycosidic linkage） 624
β-ケトエステル（β-keto ester） 548
β酸化（β-oxidation） 736, 737
βスピン状態（β-spin state） 424
β-セリネン（β-selinene） 770
β炭素（β-carbon） 359
β-ヒドロキシアルデヒド（β-hydroxyaldehyde） 543
β-ヒドロキシケトン（β-hydroxyketone） 543
β-フェランドレン（β-phellandrene） 173
βプリーツシート（β-pleated sheet） 667
β-ブロモ酪酸メチル（methyl β-bromobutyrate） 460
γ-クロロブチルアミド（γ-chlorobutyramide） 461
γ線（γ-ray） 404
δ-メチルカプロニトリル（δ-methylcapronitrile） 484
π結合（pi bond） 27, 30
π電子雲（π electron cloud） 282

A–Z

Aclovir® 797
Acrilan® 580
Adolf von Baeyer 115
Advil® 108, 166, 477
Albert Einstein 4
Aleve® 108, 134, 477
Alexander Fleming 482
Alexander Williamson 344
Alfred Bernhard Nobel 335
ALS 644
AMP 360
Ansaid® 130
Antabuse® 367
Ativan® 520
ATP 360, 490, 696
Aygestin® 235
Azilect® 233
Benzocaine® 381
Biopol® 604
Breathalyzer 試験 366
Brønsted-Lowry の定義 47, 48
BSE 670
Celebrex® 477
Charles Goodyear 594
Christiaan Eijkman 694
Christopher Ingold 310
C—H 結合 413
CJD 671
Claisen 縮合（Claisen condensation） 548
――の反応機構 548
Coumadin® 726
Cytosar® 797
C 末端アミノ酸（C-terminal amino acid） 655
Dacron® 580, 599
Dalmane® 520
Daniel Koshland 679
DDT 308
Delrin® 606
Demerol® 40
Dianabol® 775
Diels-Alder 反応（Diels-Alder reaction） 278
――の機構 279
Diprivan® 371
D,L 表記法 610
DNA 107
DNA ポリメラーゼ（DNA polymerase） 526
Donald Woods 720
E1 反応（E1 reaction） 328
――の機構 329
E2 反応（E2 reaction） 327
――の機構 328
Edman 反応剤（Edman's reagent） 660
Edward Hughes 310
Eldepryl® 233
Emil Fischer 679
Enovid® 447
Equal® 498
E 異性体（E isomer） 141
Fischer 投影式 608
Fosamax® 65
Frances O. Kelsey 164, 165
Francis Crick 778, 781
Freon® 574
Friedel-Crafts アシル化（Friedel-Crafts acylation） 287
Friedel-Crafts アルキル化（Friedel-Crafts alkylation） 287
Friedrich Kekulé 252, 253
Friedrich Wöhler 1
5-FU 722
GC-MS 404
Gibbs の自由エネルギー変化（Gibbs free-energy change, $\Delta G°$） 183
Giulio Natta 591
G. N. Lewis 7
Grignard 反応剤（Grignard reagent） 506
――との反応 507
Guglielmo Marconi 425
Haworth 投影式（Haworth projection） 616
Herceptin® 724
Herplex® 797
HGPRT 361
H. W. Kroto 284
IR 伸縮振動（infrared stretching frequency） 407
IR スペクトル（infrared spectrum） 409
IUPAC 87
IUPAC 命名法（IUPAC nomenclature） 87
James Watson 778, 781
Jean-Baptiste Biot 151
Jöns Jakob Berzelius 1
Karl Ziegler 591
Kekulé 構造（Kekulé structure） 18, 254
Kevlar® 598
Klonopin® 520
Kodel® 599
Konrad Bloch 775
Le Châtelier の原理（Le Châtelier's principle） 185
Lesch-Nyhan 症候群 361
Lewis 構造（Lewis structure） 14, 16

Lewis の定義	47	Schiff 塩基(Schiff base)	516	アシルピロリン酸(acyl pyrophosphate)	731
Lexan®	599	Sinovial®	232	アシルリン酸(acyl phosphate)	490, 731
Librium®	519	SI 単位(SI unit)	22	アスコルビン酸(ascorbic acid)	573
Lindlar 触媒(Lindlar Catalyst)	242	$S_N1/E1$ 反応条件	338	アスパラギン(asparagine)	641
Linus Pauling	24	$S_N2/E2$ 反応条件	337	アスパラギン酸(aspartic acid)	640
Lipitor®	127	S_N1 反応(S_N1 reaction)	319	アスパルテーム(aspartame)	498, 632, 655
Louis Chardonnet	579	——における求核剤	322	アスピリン(Aspirin)	69, 476, 477, 542
Louis Pasteur	165, 579	——における脱離基	321	アスファルト(asphalt)	563
Lucite®	580	——の機構	319	アセスルファムカリウム(acesulfame potassium)	632
Lycra®	601	S_N2 反応(S_N2 reaction)	310	アセタール(acetal)	520, 522
Maurice Wilkins	781	——における求核剤	316	アセチル–CoA(acetyl–CoA)	171, 492, 554
Melmac®	602	——における脱離基	315	アセチルアセトン(acetylacetone)	502, 537
Mevacor®	168	——の機構	311	アセチルコリン(acetylcholine)	492
Mifegyne®	235	——不全	361	アセチルコリンエステラーゼ(acetylcholine esterase)	493
Motrin®	130, 166, 477	sp 軌道(sp orbital)	29	アセチルサリチル酸(acetylsalicylic acid)	108, 542
MRI	405, 444	sp^2 軌道(sp^2 orbital)	26	
MRI スキャナー(MRI scanner)	444	sp^3 軌道(sp^3 orbital)	24	
Mylar®	599	Strecker 合成	653	アセチルサリチル酸塩(acetylsalicylate)	477
m/z 値	396, 399	Super Glue®	588	アセチレン(acetylene)	29, 234
$N+1$ 則($N+1$ rule)	433	Supirdyl®	232	アセテートイオン(acetate ion)	267
NAD^+	697	Synthroid®	288	アセトアミド(acetamide)	461
NADPH	699	s 軌道(s orbital)	20	アセトアミノフェン(acetaminophen)	108
Newman 投影式(Newman projection)	112	S 配置(S configuration)	147	アセトアルデヒド(acetaldehyde)	367, 502
N—H 結合	412	Tamiflu®	170, 685	アセト酢酸(acetoacetate)	556
Nikola Tesla	425	Taxol®	500, 510	アセト酢酸エチル(ethyl acetoacetate)	537
NMR		Teflon®	580	アセトニトリル(acetonitrile)	484
——シグナルの積分値	432	Tenormin®	73	アセトン(acetone)	502
——シグナルの相対的位置	428	Thomas Edison	425	アセトンシアノヒドリン(acetone cyanohydrin)	512
——スペクトル	424	TMS	441	
——分光法	405	Tylenol®	108	
Norlutin®	447	UV/Vis 分光法(UV/Vis spectroscopy)	422	アタクチック重合体(atactic polymer)	590
Norplant®	235	Valium®	520	アデニン(adenine)	779
Novocain®	381	van der Waals 力(van der Waals force)	104	S-アデノシルメチオニン(S-adenosylmethionine, SAM)	384, 385
NSAID (非ステロイド系抗炎症薬)	69, 108	Vicks Vapor Inhaler®	134, 164	
Nuprin®	166, 477	Williamson エーテル合成(Williamson ether synthesis)	344	アデノシン一リン酸(adenosine monophosphate, AMP)	360
NutraSweet®	498, 655			
N 末端アミノ酸(N-terminal amino acid)	655	William Thomson	184	アデノシン 5'-三リン酸(adenosine 5'-triphosphate, ATP)	731
O—H 結合	412	Xanax®	520	
Orlon®	580	Xylocaine®	381	アデノシン三リン酸(adenosine triphosphate, ATP)	360, 490, 696
PABA	419	X 線(X-ray)	405	
Padimate O	419	Ziegler-Natta 触媒(Ziegler-Natta catalyst)	591	アテノロール(atenolol)	73
Percival Pott	379			アトルバスタチン(atorvastatin, Lipitor®)	127
PET	599	Z 異性体(Z isomer)	140	
pH	50, 67			アドレナリン(adrenaline)	385
PITC	660	**あ**		アニオン重合(anionic polymerization)	581, 587
pK_a	50, 55			
Planck 定数(Planck constant)	406	アキシアル結合(axial bond)	117	——の反応機構	587
Plexiglas®	580	アキラル(achiral)	143	アニソール(anisole)	271
Prozac®	40, 166	アクチノマイシン D(actinomycin D)	787	アノマー(anomer)	616
p 軌道(p orbital)	21	アクリロニトリル(acrylonitrile)	484	アノマー炭素(anomeric carbon)	616
Quiana®	605	アクロレイン(acrolein)	606	油(oil)	764
Rachel Carson	308	アシクロビル(acyclovir)	797	アミド(amide)	461
R. E. Smalley	284	アシドーシス(酸血症)(acidosis)	70	——の命名	461
R. F. Curl, Jr.	284	亜硝酸ナトリウム(sodium nitrite)	101	アミドイオン(amide ion)	15
RNA	789	アシルアデニル酸(acyl adenylate)	490	アミド結合(amide bond)	638
Rohypnol®	520	アシル基(acyl group)	456	p-アミノ安息香酸(p-aminobenzoic acid)	720
Rosalind Franklin	781	アシル酵素中間体(acyl-enzyme intermediate)	688	
R 配置(R configuration)	147			para-アミノ安息香酸(para-aminobenzoic	

I-3　索引

acid) 419
アミノ基転移(transamination) 714
アミノ酸(amino acid) 68, 638, 640
　　――のpK_a値 645
　　――のラセミ混合物 654
D-アミノ酸(D-amino acid) 643
L-アミノ酸(L-amino acid) 643
アミノ酸側鎖(amino acid side chain) 679
アミノ酸デカルボキシラーゼ(amino acid decarboxylase) 233
アミノ酸分析計(amino acid analyzer) 651
アミノプテリン(aminopterin) 723
アミノリシス反応(aminolysis reaction) 470
アミロース(amylose) 121, 626
アミロペクチン(amylopectin) 627
アミン(amine) 52, 87, 379
アモキシシリン(amoxicillin) 483
アラキジン酸(arachidic acid) 761
アラキドン酸(arachidonic acid) 476, 761
アラニン(alanine) 68, 150, 640
アラミド(aramide) 598
アラントイン(allantoin) 480
アラントイン酸(allantoic acid) 480
アリル位水素(allylic hydrogen) 176
アリル位炭素(allylic carbon) 176, 264
アリルカチオン(allylic cation) 264
アリル基(allyl group) 176
アルカロイド(alkaloid) 380
アルカローシス(アルカリ血症)(alkalosis) 70
アルカン(alkane) 84, 562
アルギニン(arginine) 641
アルキル化剤(alkylating agent) 383
アルキル基(alkyl group) 91
アルキル置換基(alkyl substituent) 87
アルキン(alkyne) 212, 232
　　――の構造 236
　　――の命名法 234
　　――へのハロゲン化水素付加 238
アルケン(alkene) 172, 212
　　――の命名法 173
　　――反応の立体化学 226
　　――への水の付加 225
アルコキシドイオン(alkoxide ion) 267
アルコーリシス反応(alcoholysis reaction) 470
アルコール(alcohol) 52, 87, 224, 354, 356
　　――依存症 367
　　――のE1脱水反応 362
　　――のS_N1反応 358
　　――のS_N2反応 358
　　――の活性化 356
アルデヒド(aldehyde) 365, 500
　　――の命名 501
アルドース(aldose) 609
アルドヘキソース(aldohexose) 620
アルドラーゼ(aldolase) 553, 690
アルドール縮合(aldol condensation) 545

アルドール付加(aldol addition) 542
　　――の反応機構 543
アルプラゾラム(alprazolam) 520
アレーン(arene) 375
アレーンオキシド(arene oxide) 375
アロステリック活性化化合物(allosteric activator) 754
アロステリック阻害化合物(allosteric inhibitor) 754
アロマターゼ(aromatase) 547
　　――阻害薬 547
安息香酸(benzoic acid) 272
アンチ形配座異性体(anti conformer) 114
アントシアニン(anthocyanin) 421, 422
アンピシリン(ampicillin) 483
アンモニア(ammonia) 10, 15, 33, 52
アンモニウムイオン(ammonium ion) 15, 480

い

イオン結合(ionic bond) 8
イオン交換クロマトグラフィー(ion-exchange chromatography) 650
イオン性化合物(ionic compound) 8
異化(catabolism) 730, 734
異化反応(catabolic reaction) 696
イクチオテレオール(ichthyothereol) 232
いす形配座異性体(chair conformer) 116
異性体(isomer) 134
イソセリン(isoserine) 153
イソタクチック重合体(isotactic polymer) 590
イソブタン(isobutane) 86
イソブチル(isobutyl) 91
イソブチルアミン(isobutylamine) 91
イソフルラン(isoflurane) 371
イソプレン(isoprene) 770
　　――単位 593
イソプロピル(isopropyl) 91
イソプロピルアルコール(isopropyl alcohol) 354
イソヘキサン(isohexane) 86, 92
イソヘキシル(isohexyl) 91
イソヘキシルメチルケトン(isohexyl methyl ketone) 502
イソペンタン(isopentane) 86
イソペンチル(isopentyl) 91
イソペンチルアルコール(isopentyl alcohol) 91
イソペンテニルピロリン酸(isopentenyl pyrophosphate) 771
イソロイシン(isoleucine) 157, 640
一次構造(primary structure) 660
一重線(singlet) 433
位置選択的(regioselective) 330
　　――反応 218
一日許容摂取量(acceptable daily intake) 633

遺伝子(gene) 785
遺伝子工学(genetic engineering) 799
イドクスウリジン(idoxuridine) 797
イブフェナク(ibufenac) 108
イブプロフェン(ibuprofen) 108, 166, 477
イミン(imine) 516, 556, 649
医薬品(drug) 381
インジゴ(indigo) 116
インスリン(insulin) 615, 658
インフルエンザ(influenza) 685, 797

う

牛海綿状脳症(bovine spongiform encephalopathy, BSE) 670
右旋性(dextrorotatory) 152
ウラシル(uracil) 779
ウレタン(urethane) 601

え

エキソペプチダーゼ(exopeptidase) 661
エクアトリアル結合(equatorial bond) 117
エステル(ester) 460, 469
　　――の命名 460
エステル加水分解反応(ester hydrolysis) 472
エステル交換反応(transesterification reaction) 470, 474
エストラジオール(estradiol) 235, 547
エストロゲン(estrogen) 547
エストロン(estrone) 296, 547
エタナール(ethanal) 502
エタノール(ethanol) 267, 354, 355
エタン(ethane) 15, 25, 85
エタンアミド(ethanamide) 461, 538
エタン酸(ethanoic acid) 459
エタン酸エチル(ethyl ethanoate) 460
エタン酸無水物(ethanoic anhydride) 486
エタンチオール(ethanethiol) 382
エタンニトリル(ethanenitrile) 484
エチニルエストラジオール(ethinyl estradiol) 235
エチル(ethyl) 91
エチルアミン(ethylamine) 88
エチルアルコール(ethyl alcohol) 52, 88, 354
4-エチルオクタン(4-ethyloctane) 92
エチルカチオン(ethyl cation) 216
エチルシクロヘキサン(ethylcyclohexane) 97
エチルプロピルケトン(ethyl propyl ketone) 502
エチルメチルエーテル(ethyl methyl ether) 88, 368
1-エチル-3-メチルシクロペンタン(1-ethyl-3-methylcyclopentane) 97
エチルメチルプロピルアミン(ethylmethylpropylamine) 88
エチレン(ethylene) 26, 174
エチレンオキシド(ethylene oxide) 372

エチン (ethyne)	29, 234
エーテル (ether)	87, 368
——開裂の反応機構	369
エテン (ethene)	26, 172, 174, 177
エトキシドイオン (etoxide ion)	267
エナミン (enamine)	707
エナンチオマー（鏡像異性体）(enantiomer)	145, 146, 227, 231
——の分離	165
エノラートイオン (enolate ion)	539, 614
エノール (enol)	240
エノール互変異性体 (enol tautomer)	538
エピネフリン (epinephrine)	385
エピマー (epimers)	611
エピマー化 (epimerization)	614
エフェドリン (ephedrine)	171, 380
エポキシ樹脂 (epoxy resin)	599
エポキシド (epoxide)	326, 371
エボラウイルス (Ebola virus)	800
エライジン酸 (elaidic acid)	191
エラスターゼ (elastase)	663, 686
塩化アシル (acyl chloride)	460, 467
——の命名	460
塩化アセチル (acetyl chloride)	460
塩化アルキル (alkyl chloride)	308
塩化イソプロピル (isopropyl chloride)	89
塩化イソヘキシル (isohexyl chloride)	91
塩化エタノイル (ethanoyl chloride)	460
塩化水素 (hydrogen chloride)	36, 50
塩化ナトリウム (sodium chloride)	9
塩化ビニル (vinyl chloride)	176
塩化ブチル (butyl chloride)	88
塩化プロピル (propyl chloride)	89
塩化メチル (methyl chloride)	87, 99
塩化 3-メチルペンタノイル (3-methylpentanoyl chloride)	460
塩化リチウム (lithium chloride)	8
塩化 β-メチルバレリル (β-methylvaleryl chloride)	460
塩基 (base)	48, 75, 316, 779
塩基触媒 (base catalyst)	680
塩基性度 (basicity)	49, 316
エンジイン (enediyne)	232, 577
エンジオール (enediol)	614
エンジオール転位 (enediol rearrangement)	614
塩素 (chlorine)	15
エンタルピー (enthalpy, $\Delta H°$)	184
エンテロトキシン (enterotoxin)	672
エンドペプチダーゼ (endopeptidase)	662, 685
エントロピー (entropy)	184
エンフルラン (enflurane)	371

お

オキサシリン (oxacillin)	483
オキサロ酢酸 (oxaloacetic acid)	171
オキソカルベニウム (oxocarbenium)	623
8-オキソグアニン (8-oxoguanine)	796
オキソニウムイオン (oxonium ion)	14
4-オクタノール (4-octanol)	144
オクタン (octane)	85
オクタン価 (octane number)	94
オクテット則 (octet rule)	7
オゾン (ozone)	574
オゾン層 (ozone layer)	574
オプシン (opsin)	139
オリゴ糖 (oligosaccharide)	609
オリゴペプチド (oligopeptide)	639
オレイン酸 (oleic acid)	191, 761
オングストローム (angstrom)	22
温室効果 (greenhouse effect)	564

か

開環重合 (ring-opening polymerization)	589
壊血病 (scurvy)	618
解糖 (glycolysis)	552, 688, 738
外部磁場 (applied magnetic field)	424
化学シフト (chemical shift)	428, 430, 441
科学捜査 (forensics)	404
化学的に等価なプロトン (chemically equivalent proton)	426
化学兵器 (chmical weapon)	382
鍵と鍵穴モデル (lock-and-key model)	679
可逆的 (reversible)	48
架橋コラーゲン (cross-linked collagen)	553
架橋ポリマー (cross-linked polymer)	602
核酸 (nucleic acid)	778
核磁気共鳴 (nuclear magnetic resonance, NMR)	423
核磁気共鳴（NMR）分光法〔nuclear magnetic resonance (NMR) spectroscopy〕	395
核磁気モーメント (nuclear magnetic moment)	423
角ひずみ (angle strain)	115
重なり形配座異性体 (eclipsed conformer)	112
過酸 (peroxyacid)	372
過酸化水素 (hydrogen peroxide)	14
過酸化物 (peroxide)	570
可視光 (visible light)	405, 418
加水分解反応 (hydrolysis reaction)	469
ガスクロマトグラフィー質量分析法 (gas choromatography mass spectrometry)	404
化石燃料 (fossil fuel)	563
可塑剤 (plasticizer)	583
ガソリン (gasoline)	94, 563
カダベリン (cadaverine)	88
カチオン重合 (cationic polymerization)	581, 585
——の反応機構	586
活性化自由エネルギー (free energy of activation)	191
活性部位 (active site)	197, 678
カップリングしているプロトン (coupled proton)	434
カテキン (catechin)	574
価電子 (valence electron)	6, 10
カピリン (capillin)	232
カフェイン (caffeine)	39, 380
カフェインレスコーヒー (decaffeinated coffee)	572
カプロン酸 (caproic acid)	459
鎌状赤血球貧血 (sickle-cell anemia)	794
加溶媒分解 (solvolysis)	322
カリセン (calicene)	297
加硫 (vulcanization)	594
カルジオリピン (cardiolipin)	777
カルボアニオン (carbanion)	15
カルボカチオン (carbocation)	15
——転位	223
——の相対的安定性	265
カルボキシ基 (carboxyl group)	52, 458
カルボキシ酸素 (carboxyl oxygen)	460
カルボキシペプチダーゼ (carboxypeptidase)	661
カルボキシラートイオン (carboxylate ion)	260, 267
カルボニル化合物 (carbonyl compound)	456
カルボニル基 (carbonyl group)	240, 456, 462
カルボニル酸素 (carbonyl oxygen)	462
カルボニル炭素 (carbonyl carbon)	462, 464, 534
カルボン (carvone)	164, 501
カルボン酸 (carboxylic acid)	52, 365, 458
——の活性化	488
——の命名	458
——誘導体	457, 486
カルムスチン (carmustine)	383
がん (cancer)	377
還元的アミノ化 (reductive amination)	518, 652
還元反応 (reduction reaction)	186, 364, 513
環状アルケン (cyclic alkene)	175
緩衝液 (buffer solution)	70
環状ヘミアセタール (cyclic hemiacetal)	616
官能基 (functional group)	173, 177
環反転 (ring flip)	118
環ひずみ (ring strain)	115
慣用名 (common name)	87
簡略構造 (condensed structure)	19

き

幾何異性体 (geometric isomer)	122, 135
ギ酸 (formic acid)	52, 459
基質 (substrate)	197, 678
基準化合物 (reference compound)	427
基準値 (base value)	399
基準ピーク (base peak)	397
キチン (chitin)	629
拮抗阻害剤 (competitive inhibitor)	723

索引

吉草酸(valeric acid) 459
キナゾリン 3-オキシド(quinazoline 3-oxide) 519
キヌクリジン(quinuclidine) 352
キノリン(quinoline) 242
キノン(quinone) 572
キモトリプシン(chymotrypsin) 663, 685, 686
逆アルドール付加(retroaldol reaction) 544, 690
逆合成解析(retrosynthetic analysis) 280
吸エルゴン反応(endergonic reaction) 184
求核アシル置換反応(nucleophilic acyl substitution reaction) 465, 478, 505
求核剤(nucleophile) 178, 316
求核触媒(nucleophilic catalyst) 680
求核性(nucleophilicity) 316
求核置換反応(nucleophilic substitution reaction) 309
求核付加-脱離反応(nucleophilic addition-elimination reaction) 517
求核付加反応(nucleophilic addition reaction) 505
求ジエン体(dienophile) 278
球状タンパク質(globular protein) 639
求電子剤(electrophile) 178
　　──の発生 288
求電子付加反応(electrophilic addition reaction) 180, 213, 237
吸熱反応(endothermic reaction) 184
共役(conjugate) 419
共役塩基(conjugate base) 48, 75
共役酸(conjugate acid) 48, 75
共役ジエン(conjugated diene) 263, 276
　　──と HBr との反応機構 277
共役二重結合(conjugated double bond) 263, 419
共役反応(coupled reaction) 186, 742
共役付加(conjugate addition) 276, 523
狂牛病(Bovine Spongiform Encephalopathy, BSE) 670
共重合体(copolymer) 594
共鳴(resonance) 261
　　──による電子求引(withdraw electron by resonance) 271
　　──による電子供与(donate electron by resonance) 271
共鳴エネルギー(resonance energy) 261
共鳴寄与構造(contributing resonance structure) 254
共鳴寄与体(resonance contributor) 64, 254, 298
　　──の書き方 256, 298
共鳴構造(resonance structure) 254
共鳴混成体(resonance hybrid) 64, 254, 283, 298
共有結合(covalent bond) 9
局在化電子(localized electrons) 64, 250

極性共有結合(polar covalent bond) 10
極性溶媒(polar solvent) 339
キラル(chiral) 143
キラル認識体(chiral probe) 166
筋萎縮性側索硬化症(amyotrophic lateral sclerosis, ALS) 644
均等結合開裂(homolytic bond cleavage) 564

く

グアニン(guanine) 779
クエン酸(citric acid) 88, 171
クエン酸回路(citric acid cycle) 735, 746
クエン酸合成酵素(citrate synthase) 171
薬(drug) 108, 166, 234
グラフェン(graphene) 28
グラフト共重合体(graft copolymer) 595
グリコーゲン(glycogen) 627
グリコシド(glycoside) 622
N-グリコシド(N-glycoside) 623
グリコシド結合(glycosidic bond) 622, 624
グリシン(glycine) 640
グリセリン酸(glyceric acid) 153
グリセルアルデヒド(glyceraldehyde) 153, 610
グリセルアルデヒド-3-リン酸脱水素酵素(GAPDH) 698
グリセロール(glycerol) 602, 735
クリセン(chrysene) 283
グリホサート(glyphosate) 800
グリーンケミストリー(green chemistry) 213
グルコース(glucose) 121, 132, 552, 608
D-グルコース(D-glucose) 522
グルタチオン(glutathione) 659
グルタミン(glutamine) 641
グルタミン酸(glutamic acid) 641
グルタミン酸一ナトリウム(monosodium glutamate) 155
クールー病(Kuru) 671
クロイツフェルト-ヤコブ病(Creutzfeldt-Jakob disease, CJD) 671
クロキサシリン(cloxacillin) 483
クロナゼパム(clonazepam) 520
クロマトグラフィー(chromatography) 166
クロラムフェニコール(chloramphenicol) 171
クロルジアゼポキシド(chlordiazepoxide) 519
クロロアンブシル(chloroambucil) 383
クロロエテン(chloroethene) 176
クロロフィル(chlorophyll) 420, 422
4-クロロブタンアミド(4-chlorobutanamide) 461
クロロフルオロカーボン(chlorofluorocarbon) 575
クロロメタン(chloromethane) 41, 99

け

形式電荷(formal charge) 14
ケイ素(silicon) 318
桂皮アルデヒド(cinnamaldehyde) 501
軽油(heating oil) 563
ケタミン(ketamine) 166
血液(blood) 70
血液型(blood type) 630
結合(bond) 8
　　──の強さ 22
　　──の長さ 22
結合解離エネルギー(bond dissociation energy) 22
結合次数(bond order) 408
血中アルコール濃度(blood alcohol concentration) 366
血糖値(blood glucose level) 615
ケト-エノール互変異性体(keto-enol tautomer) 240
ケト-エノール相互変換(keto-enol interconversion) 240, 241, 539
ケト互変異性体(keto tautomer) 538
ケトーシス(ketosis) 556
ケトース(ketose) 609
ケトン(ketone) 240, 365, 500
　　──の命名 502
ゲラニオール(geraniol) 770
ケン化(saponification) 765
原子(atom) 3
原子軌道(atomic orbital) 4, 20
原子量(atomic weight) 4

こ

コイルコンホメーション(coil conformation) 668
抗ウイルス剤(antiviral drug) 796
抗鬱剤(antidepressant) 385
高エネルギー結合(high-energy bond) 733
光学活性(optically active) 152
光学不活性(optically inactive) 152
抗がん剤(anticancer drug) 383, 526, 722-724, 787
抗凝血剤(anticoagulant) 725
光合成(photosynthesis) 608
交互共重合体(alternating copolymer) 595
交差 Claisen 縮合(crossed Claisen condensation) 550
交差アルドール付加(crossed aldol addition) 546
抗酸化物質(antioxidant) 572
硬水軟化装置(water softener) 652
合成甘味料(synthetic sweetener) 631
合成高分子(synthetic polymer) 578
合成ゴム(synthetic rubber) 593
合成ステロイド(synthetic steroid) 775

抗生物質(antibiotics)	794, 796	
合成有機化合物(synthetic organic compound)		3
合成有機ハロゲン化物(synthetic organohalide)		308
酵素(enzyme)	197, 230, 231, 678	
——触媒反応の立体化学		230
構造異性体(constitutional isomer)	18, 86, 134	
高分子(polymer)		578
高分子化学(polymer chemistry)		579
高密度リポタンパク質(high-density lipoprotein, HDL)		126
コカイン(cocaine)		381
黒鉛(graphite)		28
国際純正・応用化学連合(International Union of Pure and Applied Chemistry, IUPAC)		87
ゴーシュ形配座異性体(gauche conformer)		114
ゴーシュ相互作用(gauche interaction)		114
骨格構造(skeletal structure)		96
骨粗鬆症(osteoporosis)		65
コデイン(codeine)		488
コドン(codon)		791
コニイン(coniine)		53
好ましい反応(favorable reaction)		183
互変異性化(tautomerization)	240, 539	
互変異性体(tautomer)	240, 538	
ゴム(rubber)		592
コラーゲン(collagen)		553
孤立ジエン(isolated diene)	263, 275	
——と過剰のHBrとの反応機構		275
孤立電子対(lone pair electrons)		14
孤立二重結合(isolated double bond)		263
コリン(choline)		492
コルチゾン(cortisone)	295, 760	
コレステロール(cholesterol)	97, 126, 127, 177, 774	
コングロメレート(conglomerate)		166
混合酸無水物(mixed anhydride)		486
混合トリグリセリド(mixed triglyceride)		763
混成(hybridization)	24, 59	
混成軌道(hybrid orbital)		24

さ

細胞膜(cell membrane)		111
材料科学(materials science)		579
酢酸(acetic acid)	50, 52, 267, 459	
酢酸イオン(acetate ion)		267
酢酸エチル(ethyl acetate)		460
酢酸鉛(Ⅱ)[lead(Ⅱ) acetate]		242
酢酸酪酸無水物(acetic butyric anhydride)		486
左旋性(levorotatory)		152
サッカリン(saccharin)		632
サブユニット(subunit)		671
サーモリシン(thermolysin)		669
サリチル酸(salicylic acid)	108, 542	
サリチル酸塩(salicylate)		477
サリドマイド(thalidomide)	164, 165	
酸(acid)	47, 48, 75	
三塩化リン(phosphorus trichloride)		489
酸-塩基反応(acid-base reaction)	48, 56, 76	
——の生成物		76
酸解離定数(acid dissociation constant)		50
酸化的リン酸化(oxidative phosphorylation)	735, 750	
酸化反応(oxidation reaction)		364
三次構造(tertiary structure)	660, 668	
三重結合(triple bond)		29
三重線(triplet)		434
酸触媒(acid catalyst)	225, 471, 485, 680	
酸触媒反応(acid-catalyzed reaction)		225
酸性雨(acid rain)	51, 564	
酸性度(acidity)	49, 66	
酸無水物(acid anhydride)		486

し

1,3-ジアキシアル相互作用(1,3-diaxial interaction)		120
ジアステレオマー(diastereomer)		156
ジアゼパム(diazepam)		520
シアノ基(cyano group)		484
シアノヒドリン(cyanohydrin)		512
シアン化アルキル(alkyl cyanide)		484
シアン化物イオン(cyanide)		512
シアン酸アンモニウム(ammonium cyanate)		1
ジエチルアミン(diethylamine)		88
ジエチルエーテル(diethyl ether)	368, 370, 371	
ジェット燃料(jet oil)		563
ジエン(diene)	263, 275, 592	
四塩化炭素(carbon tetrachloride)		41
1,4-ジオキサン(1,4-dioxane)		370
紫外・可視(ultraviolet and visible, UV/Vis)		418
紫外線(ultraviolet light)	405, 418	
磁気モーメント(magnetic moment)		423
シグナルの多重度(multiplicity)		434
シグマ(σ)結合(sigma bond)		21
ジクマロール(dicoumarol)		725
シクラミン酸ナトリウム(sodium cyclamate)		632
シクロアルカン(cycloalkane)	96, 115	
シクロオクタテトラエン(cyclooctatetraene)	255, 282	
シクロブタジエン(cyclobutadiene)		282
シクロブタン(cyclobutane)		96
シクロプロパン(cyclopropane)		96
シクロヘキサノール(cyclohexanol)		267
シクロヘキサノン(cyclohexanone)		502
シクロヘキサン(cyclohexane)	96, 116, 281	
シクロヘキセン(cyclohexene)	174, 281	
シクロペンタジエニルアニオン(cyclopentadienyl anion)		283
シクロペンタジエニルカチオン(cyclopentadienyl cation)		283
シクロペンタジエン(cyclopentadiene)		283
シクロペンタン(cyclopentane)	96, 105	
シクロペンチルメチルエーテル(cyclopentyl methyl ether)		350
シクロペンテン(cyclopentene)		174
シクロホスファミド(cyclophosphamide)		383
ジクロロメタン(dichloromethane)		572
自殺型阻害剤(suicide inhibitor)		723
脂質(lipid)		760
脂質二重層(lipid bilayer)	111, 767	
四重線(quartet)		433
シス異性体(cis isomer)	122, 137	
シス縮合(cis-fused)環		125
シスチン(cystine)		657
システイン(cysteine)	640, 657	
シス-トランス異性体(cis-trans isomer)	122, 135	
シス-トランス異性化酵素		525
シス-トランス相互変換		525
ジスルフィド(disulfide)	656, 657	
ジスルフィド架橋(disulfide bridge)		657
ジスルフィラム(disulfiram)		367
シタラビン(cytarabine)		797
実測旋光度(observed rotation)		154
質量数(mass number)		4
質量スペクトル(mass spectrum)		396
質量分析計(mass spectrometer)		396
質量分析法(mass spectrometry)		395
ジテルペン(diterpene)		770
シトクロム c(cytochrome c)		660
シトシン(cytosine)		779
シトロネロール(citronellol)		173
1,2-ジブロモシクロヘキサン(1,2-dibromocyclohexane)		162
2,3-ジブロモブタン(2,3-dibromobutane)		160
ジペプチド(dipeptide)		639
脂肪(fat)	735, 763	
脂肪酸(fatty acid)	735, 761	
脂肪酸生合成		554
シムバスタチン(simvastatin, Zocor®)		127
4-(ジメチルアミノ)安息香酸 2-エチルヘキシル[2-ethylhexyl 4-(dimethylamino)benzoate]		419
ジメチルアリルピロリン酸(dimethylallyl pyrophosphate)		771
ジメチルケトン(dimethyl ketone)		502
1,3-ジメチルシクロヘキサン(1,3-dimethylcyclohexane)		97
cis-1,4-ジメチルシクロヘキサン(cis-1,4-dimethylcyclohexane)		122
trans-1,4-ジメチルシクロヘキサン(trans-1,4-dimethylcyclohexane)		122

I-7 索引

1,4-ジメチルシクロヘキサン(1,4-dimethylcyclohexane) 136
1,3-ジメチルシクロペンタン(1,3-dimethylcyclopentane) 162
ジメチルスルホキシド(dimethyl sulfoxide, DMSO) 342
2,2-ジメチルブタン(2,2-dimethylbutane) 86
2,2-ジメチルプロパン(2,2-dimethylpropane) 86, 104
2,4-ジメチルヘキサン(2,4-dimethylhexane) 144
N,N-ジメチルホルムアミド(N,N-dimethyl-formamide, DMF) 342
1,2-ジメトキシエタン(1,2-dimethoxyethane, DME) 370
四面体型結合角(tetrahedral bond angle) 25
四面体中間体(tetrahedral intermediate) 464
遮へい(shielding) 425
臭化アリル(allyl bromide) 176
臭化アルキル(alkyl bromide) 308
臭化イソブチル(isobutyl bromide) 91
臭化イソプロピル(isopropyl bromide) 91
臭化イソペンチル(isopentyl bromide) 97
臭化シアン(cyanogen bromide) 664
臭化水素(hydrogen bromide) 36
臭化ブチル(butyl bromide) 90
臭化 sec-ブチル(sec-butyl bromide) 99
臭化物イオン(bromide ion) 15
臭化プロピル(propyl bromide) 88
臭化メチル(methyl bromide) 99
臭化リチウム(lithium bromide) 8
重合体(polymer) 578
臭素(bromine) 15
臭素ラジカル(bromide radical) 15
充填(packing) 108
周波数(frequency) 405
縮合環(fused ring) 125
縮合重合体(condensation polymer) 596
縮合反応(condensation reaction) 545
酒石酸(tartrate) 161
酒石酸ナトリウムアンモニウム(sodium ammonium tartrate) 165
受容体(receptor) 108, 163
消化(digestion) 734
消化酵素(digestive enzymes) 663
硝酸(nitric acid) 51, 288
ショウノウ(camphor) 501
触媒(catalyst) 196, 678
食品保存料(food preservative) 573
女性ホルモン(female hormone) 235
除草剤抵抗性(herbicide resistance) 800
神経毒(neurotoxin) 53
人工血液(artificial blood) 575
シンジオタクチック重合体(syndiotactic polymer) 590
ジンジベレン(zingiberene) 278, 770
伸縮振動(stretching vibration) 406

親炭化水素(parent hydrocarbon) 92

す

水酸化物イオン(hydroxide ion) 14, 475
水素イオン(hydrogen ion) 8, 15
水素化(hydrogenation) 186
水素化アルミニウムリチウム(LiAlH$_4$) 515
水素化熱(heat of hydrogenation) 188
水素化物イオン(hydride ion) 8, 15, 513
水素化ホウ素ナトリウム(NaBH$_4$) 513
水素結合(hydrogen bond) 106, 412
水素―ハロゲン結合(hydrogen-halogen bond) 36
水素ラジカル(hydrogen radical) 15
水和(hydration) 224
スクアレン(squalene) 770
スクラロース(sucralose) 632
スクレイピー病(scrapie disease) 671
スクロース(sucrose) 626
スタチン(statin) 127
スタノゾロール(stanozolol) 775
スチレン(styrene) 579
ステアリン酸(stearic acid) 761
ステロイド(steroid) 125, 235, 775
ステロイドホルモン(steroid hormone) 774
スフィンゴ脂質(sphingolipid) 768
ズルチン(dulcin) 632
スルファニルアミド(sulfanilamide) 720
スルフィド(sulfide) 382
スルホニウムイオン(sulfonium ion) 288, 382
スルホンアミド(sulfonamide) 720
スルホン化(sulfonation) 287
スルホン酸基(sulfo group) 421

せ

生化学(biochemistry) 230
制限エンドヌクレアーゼ(restriction endonuclease) 798
制限酵素(restriction enzyme) 798
生合成(biosynthesis) 489
正四面体型炭素(tetrahedral carbon) 25
生体での Claisen 縮合 554
生体でのアルドール縮合 553
生体でのアルドール付加 552
生体での脱炭酸 555
生体でのラジカル反応 571
生体高分子(biopolymer) 578
生体有機化合物(bioorganic compound) 607
成長末端(propagating site) 581
静電的触媒作用(electrostatic catalysis) 687
静電ポテンシャル図(electrostatic potential map) 13
正に帯電した陽子(プロトン)(positively charged proton) 3
生分解性ポリマー(biodegradable polymer)

赤外(IR)分光法(infrared spectroscopy) 603
赤外(IR)分光法(infrared spectroscopy) 395, 406
赤外線(infrared) 405
積分値(integration) 432
石油(oil) 563
セスキテルペン(sesquiterpene) 770
セッケン(soap) 765
接触水素化(catalytic hydrogenation) 186, 228
セミキノン(semiquinone) 572
セリン(serine) 640
セリンプロテアーゼ(serine protease) 685
セルロース(cellulose) 121, 628
セレギリン(selegiline) 233
セロビオース(cellobiose) 624
遷移状態(transition state) 182, 194
繊維状タンパク質(fibrous protein) 639
旋光計(polarimeter) 154
洗剤(detergent) 766

そ

双極子(dipole) 12
双極子-双極子相互作用(dipole-dipole interaction) 105, 463
双極子モーメント(dipole moment) 12, 40
双性イオン(zwitterion) 646
相対速度(relative rate) 681
相対的酸性度(relative acidity) 77, 269
側鎖(side chain) 639
速度定数(rate constant) 191, 309
速度論(kinetics) 182, 191
速度論的安定性(kinetic stability) 192
速度論的エノラートイオン(kinetic enolate ion) 541
疎水性相互作用(hydrophobic interactions) 669, 766

た行

第一級アミン(primary amine) 100
第一級アルコール(primary alcohol) 354
――の E2 脱水反応 363
第一級カルボカチオン(primary carbocation) 215
第一級水素(primary hydrogen) 90
第一級炭素(primary carbon) 89
第一級ハロゲン化アルキル(primary alkyl halide) 100, 337
第一級ラジカル(primary radical) 566
体系的命名法(systematic nomenclature) 87
第三級アミン(tertiary amine) 100
第三級アルコール(tertiary alcohol) 354
第三級カルボカチオン(tertiary carbocation) 215
第三級水素(tertiary hydrogen) 90
第三級炭素(tertiary carbon) 90

第三級ハロゲン化アルキル(tertiary alkyl halide)	100, 335, 338	
第三級ラジカル(tertiary radical)	566	
代謝(metabolism)	730	
代謝過程(metabolic pathway)	185	
対称酸無水物(symmetrical anhydride)	486	
対称面(plane of symmetry)	160	
帯電していない中性子(uncharged neutron)	3	
第二級アミン(secondary amine)	100	
第二級アルコール(secondary alcohol)	354	
第二級カルボカチオン(secondary carbocation)	215	
第二級水素(secondary hydrogen)	90	
第二級炭素(secondary carbon)	89	
第二級ハロゲン化アルキル(secondary alkyl halide)	100, 337	
第二級ラジカル(secondary radical)	566	
ダイヤモンド(diamond)	28	
脱アミノ化(deamination)	795	
脱水反応(dehydration)	361	
——の反応機構	545	
脱炭酸(decarboxylation)	551	
脱離基(leaving group)	308	
脱離反応(elimination reaction)	307, 327	
多糖(polysaccharide)	121, 609, 626	
タモキシフェン(tamoxifen)	142	
タール(tar)	563	
炭化水素(hydrocarbon)	84	
単結合(single bond)	25	
炭酸(carbonic acid)	51, 70	
炭酸イオン(carbonate ion)	262	
炭酸水素イオン(bicarbonate)	70	
単純トリグリセリド(simple triglyceride)	763	
炭水化物(carbohydrate)	522, 608, 609, 738	
炭素(carbon)	318	
炭素—炭素単結合(carbon-carbon single bond)	112	
炭素—炭素二重結合(carbon-carbon double bond)	136, 172	
炭素—炭素三重結合(carbon-carbon triple bond)	212	
炭素担持パラジウム(palladium on carbon)	186	
単糖(monosaccharide)	609	
タンパク質(protein)	106, 259, 638, 643, 744	
単分子反応(unimolecular reaction)	319	
単量体(monomer)	578	
チアミン(thiamine)	703	
チアミンピロリン酸(thiamine pyrophosphate, TPP)	703	
チオエステル(thioester)	491	
チオエーテル(thioether)	382	
チオペンタールナトリウム(thiopental sodium)	371	
チオール(thiol)	381, 525, 657	
置換反応(substitution reaction)	307	
逐次重合体(step-growth polymer)	580, 596	
チミン(thymine)	779	
中間体(intermediate)	194	
超共役(hyperconjugation)	216, 271	
調節酵素(regulatory enzyme)	753	
直鎖アルカン(straight-chain alkane)	84	
直接付加(direct addition)	276, 523	
チョコレート(chocolate)	573	
チロキシン(thyroxine)	288	
チロシン(tyrosine)	233, 288, 641	
チロシンヒドロキシラーゼ(tyrosine hydroxylase)	233	
ディーゼル油(diesel oil)	563	
低密度リポタンパク質(low-density lipoprotein, LDL)	126	
2′-デオキシグアノシン(2′-deoxyguanosine)	377	
デオキシリボ核酸(deoxyribonucleic acid, DNA)	778	
デオキシリボヌクレオチド(deoxyribonucleotide)	780	
デカン(decane)	85	
デキストラン(dextran)	628	
テストステロン(testosterone)	501	
テトラクロロメタン(tetrachloromethane)	41	
テトラサイクリン(tetracycline)	145	
テトラヒドロピラン(tetrahydropyran, THP)	105, 370	
テトラヒドロフラン(tetrahydrofuran, THF)	370	
テトラヒドロ葉酸(tetrahydrofolate, THF)	719	
テトラメチルシラン(tetramethylsilane, TMS)	427	
テトロース(tetrose)	609	
デバイ(debye)	12	
テフロン®(Teflon®)	583	
テルピン一水和物(terpin hydrate)	98	
テルペノイド(terpenoid)	770	
テルペン(terpene)	770	
電界発光(electroluminescence, EL)	592	
転化糖(invert sugar)	626	
電気陰性度(electronegativity)	10, 58	
電気泳動(electrophoresis)	647	
電子(electron)	3	
——の非局在化(electron delocalization)	64, 261	
電子求引性誘起効果(inductive electron withdrawal)	62, 271	
電子効果(electron effect)	270	
電子配置(electronic configuration)	5	
電磁波照射(electromagnetic radiation)	404	
電磁波スペクトル(electromagnetic spectrum)	405	
原子番号(atomic number)	3	
転写(transcription)	787, 788	
天然ガス(natural gas)	563	
天然ゴム(natural rubber)	593	
天然有機化合物(natural organic compound)	3	
デンプン(starch)	121, 626	
同位体(isotope)	4, 400	
——存在比	401	
同化(anabolism)	730, 751	
同化反応(anabolic reaction)	696	
透視式(perspective formula)	23, 146	
糖新生(gluconeogenesis)	552, 752	
導電性ポリマー(conducting polymer)	591	
糖タンパク質(glycoprotein)	630	
等電点(isoelectric point, pI)	646	
糖尿病(diabetes)	556, 615, 658	
頭-尾付加(head-to-tail addition)	582	
動脈硬化(arteriosclerosis)	126	
灯油(kerosene)	563	
ドクニンジン(hemlock)	53	
ドーパミン(dopamine)	233	
トランス異性体(trans isomer)	122, 137	
トランス脂肪(trans fat)	191	
トランス縮合(trans-fused)環	125	
トランスファーRNA(transfer RNA, tRNA)	789	
トリアシルグリセロール(triacylglycerol)	763	
トリエチルアミン(triethylamine)	88, 352	
トリエチレングリコール(triethylene glycol)	391	
トリエチレンメラミン(triethylenemelamine, TEM)	393	
トリオース(triose)	609	
トリグリセリド(triglyceride)	763	
トリステアリン(tristearin)	760	
トリプシン(trypsin)	663, 685, 686	
トリプトファン(tryptophan)	461, 641	
トリペプチド(tripeptide)	639	
トリメチルアミン(trimethylamine)	88	
2,2,4-トリメチルペンタン(2,2,4-trimethylpentane)	94	
トリメトプリム(trimethoprim)	723	
トレオニン(threonine)	156, 640	

な行

ナイアシン(niacin)	694
——欠乏症	695
内殻電子(core electron)	6
内部アルキン(internal alkyne)	234
ナイロン6(nylon 6)	597
ナイロン66(nylon 66)	597
ナトリウム(sodium)	7
ナフタレン(naphthalene)	283
ナフタレンオキシド(naphthalene oxide)	391
1-ナフトール(1-naphthol)	391
2-ナフトール(2-naphthol)	391
ナプロキセン(naproxen)	108, 169, 477
二官能性分子(bifunctional molecule)	325
ニコチン(nicotine)	44, 380

索引

ニコチンアミドアデニンジヌクレオチド (nicotinamide adenine dinucleotide, NAD⁺) 694
ニコチンアミドアデニンジヌクレオチドリン酸 (nicotinamide adenine dinucleotide phosphate, NADPH) 694
二酸化炭素 (carbon dioxide) 41
二次構造 (secondary structure) 660, 666
二重結合 (double bond) 27, 135
二重線 (doublet) 433
二重らせん (double helix) 783
二糖 (disaccharide) 609, 624
ニトリル (nitrile) 484
——の加水分解反応 485
——の命名 484
ニトロ化 (nitration) 287
ニトロソアミン (nitrosoamine) 101
ニトロニウムイオン (nitronium ion) 288
ニトロベンゼン (nitrobenzene) 271
二分子反応 (bimolecular reaction) 310
乳がん (breast cancer) 547
乳酸 (lactic acid) 152
乳酸 (lactate) 743
乳酸脱水素酵素 (lactate dehydrogenase) 422
乳酸ナトリウム (sodium lactate) 152
尿酸 (uric acid) 480
尿素 (urea) 1, 480
ニンヒドリン (ninhydrin) 648
ヌクレオシド (nucleoside) 780
ヌクレオチド (nucleotide) 695, 780
ネオプレン (Neoprene®) 593
ねじれ形配座異性体 (staggered conformer) 112
熱容量 (heat capacity) 35
熱力学 (thermodynamics) 182, 183
熱力学的安定性 (thermodynamic stability) 192
熱力学的エノラートイオン (thermodynamic enolate ion) 541
ネトロプシン (netropsin) 784
ノナン (nonane) 85
ノーベル賞 (Nobel prize) 335
ノルアドレナリン (noradrenaline) 385
ノルエチンドロン (norethindrone) 235
ノルエピネフリン (norepinephrine) 385

は

バイアグラ (viagra) 520
配座異性体 (conformer, conformational isomer) 112
配置異性体 (configurational isomer) 135
背面攻撃 (back-side attack) 311
パイロシークエンシング (pyrosequencing) 798
パーキンソン病 (Parkinson's disease) 233
薄層クロマトグラフィー (thin-layer chromatography, TLC) 650
橋かけ (cross-linking) 594
波数 (wave number) 406
バターイエロー (butter yellow) 421
八隅子則 (octet rule) 7
波長 (wavelength) 405, 418
発エルゴン反応 (exergonic reaction) 184
バックミンスターフラーレン (buckminsterfullerene) 284
発光ダイオード (light emitting diode) 592
発熱反応 (exothermic reaction) 184
バニリン (vanillin) 501
パーフルオロカーボン (perfluorocarbon) 575
パーマ (permanent) 658
パラチオン (parathion) 493
パラフィン (*paraffins*) 563
バリン (valine) 640
パルサルミド (parsalmide) 232
パルジリン (pargyline) 232
バルビタール (barbital) 112
バルビツール酸 (barbituric acid) 116
パルミチン酸 (palmitic acid) 761
パルミトレイン酸 (palmitoleic acid) 761
ハロゲン (halogen) 15, 36
ハロゲン化 (halogenation) 287
ハロゲン化アルキル (alkyl halide) 87, 99, 100, 179, 308
——の合成 220
——の脱離反応 327
ハロゲン化水素 (hydrogen halide) 36
ハロゲン化反応 (halogenation reaction) 564
ハロゲン化物イオン (halide ion) 60
ハロタン (halothane) 371
半減期 (half-life) 4
半合成医薬品 (semisynthesis drug) 510
半合成ペニシリン (semisynthesis penicillin) 483
反応機構 (mechanism of the reaction) 179, 214
反応座標図 (reaction coordinate diagram) 182
反応速度 (reaction rate) 193
反応速度式 (rate law) 310
反応速度論 (kinetics) 309
半保存的複製 (semiconservative replication) 786

ひ

ビオチン (biotin) 709
非共有結合性相互作用 (noncovalent bond interaction) 103
非共有電子対 (unshared electron pair) 14
非局在化エネルギー (delocalization energy) 261
非局在化電子 (delocalized electrons) 250
非極性共有結合 (nonpolar covalent bond) 10
非極性分子 (nonpolar molecule) 23
ピクリン酸 (picric acid) 542
非結合電子 (nonbonding electrons) 14
ヒスチジン (histidine) 641
非ステロイド系抗炎症薬 (NSAID) 477
ビスフェノール A (bisphenol A) 600
比旋光度 (specific rotation) 154
非対称ケトン (unsymmetrical ketone) 541
ビタミン (vitamin) 678, 692
——A 760
——B_1 703
——B_2 700
——B_3 695
——B_6 711
——B_{12} 717
——C 573, 618
——E 573
——H 709
——K 724
——KH_2 724
水溶性—— 693
非水溶性—— 693
必須アミノ酸 (essential amino acid) 642
ヒトゲノム (human genome) 785
ヒドラジン (hydrazine) 15
1,2-ヒドリドシフト (1,2-hydride shift) 223
ヒドロキノン (hydroquinone) 572
ピナコール転位 (pinacol rearrangement) 393
ビニルアルコール (vinyl alcohol) 269
ビニル基 (vinyl group) 176
ビニル水素 (vinylic hydrogen) 176
ビニル炭素 (vinylic carbon) 176
ビニルポリマー (vinyl polymer) 580
避妊薬 (contraceptive pill) 236
日焼け止め (sunscreen) 418
ピューロマイシン (puromycin) 794
ピラノシド (pyranoside) 622
ピラノース (pyranose) 617
ピラン (pyran) 618
ピリジン (pyridine) 695
ピリジンヌクレオチド補酵素 (pyridine nucleotide coenzyme) 694, 695
ピリドキサールリン酸 (pyridoxal phosphate, PLP) 711
ピリドキシン (pyridoxine) 712
ピリミジン (pyrimidine) 779
ピルビン酸 (pyruvic acid) 743
ピルビン酸イオン (pyruvate) 552
ピロリン酸 (pyrophosphoric acid) 490
ピロリン酸 (pyrophosphate) 554
ピロリン酸基 (pyrophosphate group) 360

ふ

フィードバック阻害化合物 (feedback inhibitor) 754
フェナントレン (phenanthrene) 283, 392
フェニルアラニン (phenylalanine) 641
フェニルイソチオシアナート (phenyl isothiocyanate) 660

フェニル基 (phenyl group)	460	
フェニルケトン尿症 (phenylketonuria, PKU)	746	
2-フェノキシエタノール (2-phenoxyethanol)	484	
フェノキシドイオン (phenoxide ion)	471	
フェノラートイオン (phenolate ion)	268	
フェノール (phenol)	267, 538	
フェノールフタレイン (phenolphthalein)	450	
フォールディング (folding)	669	
1,2-付加 (1,2-addition)	523	
——生成物	276	
1,4-付加 (1,4-addition)	523	
——生成物	276	
付加反応 (addition reaction)	180	
不均等結合開裂 (heterolytic bond cleavage)	564	
複製 (replication)	786	
複素環化合物 (heterocyclic compound)	695	
不斉中心 (assymetric center)	135, 144	
1,3-ブタジエン (1,3-butadiene)	264	
フタル酸エステル (phthalic ester)	600	
フタル酸ジ (2-エチルヘキシル) (di-2-ethylhexyl phthalate)	583	
ブタン (butane)	85, 86	
ブタン酸 (butanoic acid)	459	
ブタン酸エタン酸無水物 (butanoic ethanoic anhydride)	486	
1,4-ブタンジアミン (1,4-butanediamine)	88	
ブタンジオン (butanedione)	502, 503	
ブチル (butyl)	91	
sec-ブチル (sec-butyl)	91	
tert-ブチル (tert-butyl)	91	
sec-ブチルアルコール (sec-butyl alcohol)	97	
tert-ブチルイソブチルエーテル (tert-butyl isobutyl ether)	368	
ブチルジメチルアミン (butyldimethylamine)	88	
tert-ブチルメチルエーテル (tert-butyl methyl ether, MTBE)	370	
1-ブチン (1-butyne)	234	
フッ化アルキル (alkyl fluoride)	308	
フッ化エチル (ethyl fluoride)	99	
フッ化水素 (hydrogen fluoride)	36	
フッ化ペンチル (pentyl fluoride)	90	
フッ化メチル (methyl fluoride)	99	
フッ化リン酸ジイソプロピル (diisopropyl fluorophosphate, DFP)	493	
沸点 (boiling point)	103	
1-ブテン (1-butene)	174	
2-ブテン (2-butene)	174	
ブドウ酸 (racemic acid)	165	
プトレシン (putrescine)	88	
部分加水分解 (partial hydrolysis)	661	
不飽和脂肪酸 (unsaturated fatty acid)	761	
不飽和炭化水素 (unsaturated hydrocarbon)	172, 237	
フマラーゼ (fumarase)	230	
フマル酸 (fumarate)	230	
フラグメントイオン (flagment ion)	396	
フラグメントイオンピーク (fragment ion peak)	397	
プラスチック (plastic)	579	
フラノシド (furanoside)	622	
フラノース (furanose)	617	
フラビンアデニンジヌクレオチド (flavin adenine dinucleotide, FAD)	700	
フラビンタンパク質 (flavin)	700	
フラーレン (fullerene)	28, 284	
フラン (furan)	618	
プリオンタンパク質 (prion)	670	
フリーラジカル (free radical)	15, 564, 566	
プリン (purine)	779	
5-フルオロウラシル (5-fluorouracil, 5-FU)	722	
フルオロエタン (fluoroethane)	99	
フルニトラゼパム (flunitrazepam)	520	
フルベン (fulvene)	297	
フルラゼパム (flurazepam)	520	
ブレオマイシン (bleomycin)	787	
プレキシガラス (plexiglas)	583	
プロカイン (procaine, Novocain®)	381	
プロゲステロン (progesterone)	235, 501	
プロスタグランジン (prostaglandin)	476, 769	
プロスタグランジン合成酵素	476	
ブロック共重合体 (block copolymer)	595	
プロテアーゼ (protease)	685	
プロトン (proton)	8, 48	
プロトン移動反応 (proton-transfer reaction)	48	
プロトン化 (protonation)	357	
プロトンカップリング ^{13}C NMR スペクトル (proton-coupled ^{13}C NMR spectrum)	442	
プロパノロール (propanolol)	166	
プロパノン (propanone)	502	
プロパン (propane)	85	
プロパン酸 (propanoic acid)	459	
プロパン酸フェニル (phenyl propanoate)	460	
1-プロパンチオール (1-propanethiol)	382	
プロピオン酸 (propionic acid)	459	
プロピオン酸フェニル (phenyl propionate)	460	
プロピル (propyl)	91	
プロピルアミン (propylamine)	88	
プロピルアルコール (propyl alcohol)	354	
4-プロピルオクタン (4-propyloctane)	92	
2-プロピル-1-ヘキセン (2-propyl-1-hexene)	174	
プロピレン (propylene)	174	
プロピレンオキシド (propylene oxide)	372	
プロペン (propene)	174	
プロペンニトリル (propenenitrile)	484	
プロポフォール (propofol, Diprivan®)	371	
cis-1-ブロモ-3-クロロシクロブタン (cis-1-bromo-3-chlorocyclobutane)	135	
trans-1-ブロモ-3-クロロシクロブタン (trans-1-bromo-3-chlorocyclobutane)	135	
2-ブロモ-2,3-ジメチルブタン (2-bromo-2,3-dimethylbutane)	213	
1-ブロモ-2,2-ジメチルプロパン (1-bromo-2,2-dimethylpropane)	313	
2-ブロモブタン (2-bromobutane)	99, 144	
3-ブロモブタン酸メチル (methyl 3-bromobutanoate)	460	
2-ブロモプロパナール (2-bromopropanal)	502	
3-ブロモプロペン (3-bromopropene)	176	
ブロモメタン (bromomethane)	309	
1-ブロモ-3-メチルシクロブタン (1-bromo-3-methylcyclobutane)	158	
1-ブロモ-3-メチルシクロヘキサン (1-bromo-3-methylcyclohexane)	158	
1-ブロモ-4-メチルシクロヘキサン (1-bromo-4-methylcyclohexane)	158	
1-ブロモ-2-メチルシクロペンタン (1-bromo-2-methylcyclopentane)	157	
プロリン (proline)	641	
分光学 (spectroscopy)	404	
分光法 (spectroscopy)	418	
分子イオン (molecular ion)	395	
分子間水素結合 (intermolecular hydrogen bond)	463	
分子間反応 (intermolecular reaction)	325	
分子修飾 (molecular modification)	381	
分子内反応 (intramolecular reaction)	325	
分子認識 (molecular recognition)	197, 608, 679, 699	
分子量 (molecular weight)	4	
分離した電荷 (separated charge)	260	

へ

平衡 (equilibrium)	56, 77, 183, 185
平面偏光 (plane-polarized light)	151
1,5-ヘキサジエン (1,5-hexadiene)	275
3-ヘキサノン (3-hexanone)	502
ヘキサン (hexane)	85, 86
ヘキサン酸 (hexanoic acid)	459
ヘキシル (hexyl)	91
1-ヘキシン (1-hexyne)	234
3-ヘキシン (3-hexyne)	234
ヘキセタール (hexethal)	112
2-ヘキセン (2-hexene)	174
ヘキソース (hexose)	609
ヘテロリシス (heterolysis)	564
ペニシラミン (penicillamine)	166
ペニシリン (penicillin)	482, 483
ペニシリン G (Penicillin G)	482

ペニシリン酸(penicillinoic acid) 483
ヘパリン(heparin) 628
2,4-ヘプタジエン(2,4-heptadiene) 174
ヘプタン(heptane) 85,94
ペプチド(peptide) 638
ペプチド結合(peptide bond) 259,655
ヘプトース(heptose) 609
ヘミアセタール(hemiacetal) 520,522
ヘムロック(hemlock) 53
ヘモグロビン(hemoglobin) 70,615,671,794
ベルノレピン(vernolepin) 526
ヘレナリン(helenalin) 526
ヘロイン(heroin) 488
変角振動(deformation vibration) 406
偏光面(plane of polarization) 151
ベンジル位炭素(benzylic carbon) 264
ベンジルカチオン(benzylic cation) 264
ベンジル基(benzyl group) 460
変性(denaturation) 672
ベンゼン(benzene) 251,252,271,281,285
 ——の結合 253
変旋光(mutarotation) 617
ベンゾ[a]ピレン(benzo[a]pyrene) 377,379
ベンゾジアゼピン 4-オキシド
 (benzodiazepine 4-oxide) 519
1,3-ペンタジエン(1,3-pentadiene) 174,263
1,4-ペンタジエン(1,4-pentadiene) 174,263
ペンタン(pentane) 85,86,104
ペンタン酸(pentanoic acid) 459
1,5-ペンタンジアミン(1,5-pentanediamine) 88
2,4-ペンタンジオン(2,4-pentanedione) 502
ペンチル(pentyl) 91
ペンチルアミン(pentylamine) 97
2-ペンチン(2-pentyne) 234
2-ペンテン(2-pentene) 174
ペントース(pentose) 609
ペントタールナトリウム(sodium pentothal) 371

ほ

芳香族化合物(aromatic compound) 281
芳香族求電子置換反応(electrophilic aromatic substitution reaction) 285,286
 ——の反応機構 287
芳香族性(aromaticity) 282
飽和脂肪酸(saturated fatty acid) 761
飽和炭化水素(saturated hydrocarbon) 172,562
補酵素(coenzyme) 692
補酵素 A(coenzyme A, CoASH) 492,554,706
補酵素 B_{12}(coenzyme B_{12}) 717
補酵素 Q_{10}(coenzyme Q_{10}) 750
ホスファターゼ(phosphatase) 752
ホスホグリセリド(phosphoglyceride) 767
ホモポリマー(homopolymer) 594

ホモリシス(homolysis) 564
ポリアクリロニトリル〔poly(acrylonitrile)〕 580
ポリアセチレン(polyacetylene) 592
ポリアミド(polyamide) 597
ポリウレタン(polyurethane) 601
ポリエステル(polyester) 598
ポリエチレン(polyethylene) 580
ポリ(エチレンテレフタレート)
 〔poly(ethylene terephthalate)〕 580,599
ポリ(塩化ビニル)〔poly(vinyl chloride)〕 580
ポリオキシメチレン(polyoxymethylene) 606
ポリカルボナート(polycarbonate) 599
ポリ(酢酸ビニル)〔poly(vinyl acetate)〕 581
ポリスチレン(polystyrene) 579,580
ポリテトラフルオロエチレン
 〔poly(tetrafluoroethylene)〕 580
ポリ(ヒドロキシアルカン酸エステル)
 (polyhydroxyalkanoate, PHA) 603
(Z)-ポリ(1,3-ブタジエン)〔(Z)-poly(1,3-butadiene)〕 593
ポリプロピレン(polypropylene) 580
ポリペプチド(polypeptide) 639
ポリマー(polymer) 578
ポリ(メタクリル酸メチル)〔poly(methyl methacrylate)〕 580
Z-ポリ(2-メチル-1,3-ブタジエン)〔Z-poly(2-methyl-1,3-butadiene)〕 593
ホルムアルデヒド(formaldehyde) 501,502
ホルモン(hormone) 125,288
ボンビコール(bombykol) 173
翻訳(translation) 787,791

ま行

マイクロ波(micro wave) 405
曲がった矢印(curved arrow) 53,180,203
膜(membrane) 767
麻酔薬(anesthetic) 371
マスタードガス(mustard gas) 382,383
末端アルキン(terminal alkyne) 234
麻薬探知犬(drug detector dog) 488
マラチオン(malathion) 493
マルトース(maltose) 624
マレイン酸(maleate) 231
マロニル-CoA(malonyl-CoA) 554
水(water) 10,34,35
ミスフォールディング(misfolding) 669
ミセル(micelle) 766
ミフェプリストン(mifepristone) 235
ミリスチン酸(myristic acid) 761
無水酢酸(acetic anhydride) 486
無水マレイン酸(maleic anhydride) 297
ムターゼ(mutase) 717
命名法(nomenclature) 84
メソ化合物(meso compound) 160,228
メタンフェタミン(methamphetamine) 164
メタナール(methanal) 502

メタノール(methanol) 354,356
 ——中毒 367
メタン(methane) 10,15,23,85
メタン酸(methanoic acid) 459
メタンフェタミン(methamphetamine) 134
メチオニン(methionine) 640
メチオニンエンケファリン(methionine enkephalin) 656
メチシリン(methicillin) 483
メチル(methyl) 91
メチルアニオン(methyl anion) 15,32
メチルアミン(methylamine) 52,87,88
メチルアルコール(methyl alcohol) 52,87,88
4-メチルオクタン(4-methyloctane) 92
メチルオレンジ(methyl orange) 421
メチル化剤(methylation agent) 384
メチルカチオン(methyl cation) 15,31,215,216
メチルシクロヘキサン(methylcyclohexane) 186
1-メチルシクロヘキセン(1-methylcyclohexene) 186
メチルシクロペンタン(methylcyclopentane) 97
1,2-メチルシフト(1,2-methyl shift) 223
2-メチル-1-ブタノール(2-methyl-1-butanol) 153
2-メチルブタン(2-methylbutane) 104
2-メチルブタン酸(2-methylbutanoic acid) 153
3-メチル-1-ブタンチオール(3-methyl-1-butanethiol) 382
メチルプロトン(methyl protons) 430
メチルプロピルアミン(methylpropylamine) 88
1-メチル-2-プロピルシクロペンタン(1-methyl-2-propylcyclopentane) 97
5-メチルヘキサンニトリル(5-methylhexanenitrile) 484
4-メチル-2-ヘキシン(4-methyl-2-hexyne) 234
6-メチル-2-ヘプタノン(6-methyl-2-heptanone) 502
3-メチル-3-ヘプテン(3-methyl-3-heptene) 175
4-メチル-1,3-ペンタジエン(4-methyl-1,3-pentadiene) 175
2-メチルペンタン(2-methylpentane) 86,92
3-メチルペンタン(3-methylpentane) 86
4-メチル-2-ペンテン(4-methyl-2-pentene) 175
メチルラジカル(methyl radical) 15,32
メチレンプロトン(methylene protons) 430
メチンプロトン(methine proton) 430
メッセンジャー RNA(messenger RNA, mRNA) 789
メトキシクロル(methoxychlor) 309

(E)-3-(4-メトキシフェニル)-2-プロペン酸 2-エトキシエチル〔2-ethoxyethyl(E)-3-(4-methoxyphenyl)-2-propenoate, Giv-Tan F〕 419
メトトレキセート(methotrexate) 723
メラトニン(melatonin) 461
2-メルカプトエタノール (2-mercaptoethanol) 382
メルファラン(melphalan) 383
メントール(menthol) 98, 770
モノアミンオキシダーゼ(monoamine oxidase) 234
モノテルペン(monoterpene) 770
モノマー(monomer) 578
モラカルコン A(morachalcone A) 547
モルヒネ(morphine) 98, 380, 488, 656

や行

融解熱(heat of fusion) 35
有機塩基(organic base) 52, 380
有機化合物(organic compound) 2
——の構造決定 394
有機金属化合物(organometallic compound) 506
有機酸(organic acid) 52
誘起双極子-誘起双極子相互作用(induced dipole-induced dipole interaction) 104
有機ハロゲン化物(organohalide) 324
有効磁場(effective magnetic field) 425
融点(melting point) 108
誘導適合モデル(induced-fit model) 679
ユーデスモール(eudesmol) 777
陽イオン交換樹脂(cation-exchange resin) 650
ヨウ化アルキル(alkyl iodide) 308
ヨウ化イソプロピル(isopropyl iodide) 99
溶解度(solubility) 109
ヨウ化水素(hydrogen iodide) 36
ヨウ化メチル(methyl iodide) 88, 99
葉酸(folic acid, folate) 719
溶質(solute) 109
溶媒(solvent) 109, 370
溶媒効果(solvent effect) 340
溶媒和(solvation) 109, 339
四次構造(quaternary structure) 660, 671
ヨードシクロヘキサン(iodocyclohexane) 213
2-ヨードプロパン(2-iodopropane) 99
1-ヨード-2-メチルブタン(1-iodo-2-methylbutane) 153

ら行

ラウリン酸(lauric acid) 761
酪酸(butyric acid) 459
ラクトース(lactose) 625
——不耐症 625
ラサジリン(rasagiline) 233
ラジオ波(radio wave) 405
ラジカル(radical) 15, 564, 566, 574
ラジカル開始剤(radical initiator) 570
ラジカルカチオン(radical cation) 395
ラジカル重合(radical polymerization) 581
——の反応機構 581
ラジカル阻害剤(radical inhibitor) 572
ラジカル置換反応(radical substitution reaction) 565, 569
ラジカル連鎖反応(radical chain reaction) 565
ラセミ体(racemate, racemic mixture) 155, 165, 227
——の分割 165
ラテックス(latex) 593
ランダム共重合体(random copolymer) 595
リガーゼ(ligase) 668
リコピン(lycopene) 420, 422
リシン(lysine) 641
リゾチーム(lysozyme) 682
リチウム(lithium) 7, 8
律速段階(rate-determining step, rate-limiting step) 195
立体異性体(stereoisomer) 135
立体効果(steric effect) 311
立体障害(steric hindrance) 311
立体選択的反応(stereoselective reaction) 332
立体配座(conformation) 138
立体配置(configuration) 138
——の反転 313
立体ひずみ(steric strain) 114
リドカイン(lidocaine, Xylocaine®) 381
リード化合物(lead compound) 381
リノール酸(linoleic acid) 191, 761
リノレン酸(linolenic acid) 761
リビング重合(living polymerization) 588
リボ核酸(ribonucleic acid, RNA) 778
リボソーム RNA(ribosomal RNA, rRNA) 789
リボヌクレオチド(ribonucleotide) 780
リボフラビン(riboflavin) 700
リモネン(limonene) 164, 173, 760
硫酸(sulfuric acid) 51, 288
リンゴ酸(malate) 230
リン酸(phosphoric acid) 490, 733
リン酸エステル結合(phosphoester bond) 782
リン酸基転移反応(transphosphorylation) 731
リン酸ジエステル(phosphodiester) 778
リン酸無水物(phosphoanhydride) 490
リン酸無水物結合(phosphoanhydride bond) 490, 733
リン脂質(phospholipid) 111, 767
臨床試験(clinical trial) 69, 234
ルフェヌロン(lufenuron) 629
ループコンホメーション (loop conformation) 668
レイナマイシン(leinamycin) 787
レチナール(retinal) 139
レボノルゲストレル(levonorgestrel) 235
連鎖移動(chain transfer) 582
連鎖開始段階(initiation step) 565
連鎖重合体(chain-growth polymer) 579
連鎖成長段階(propagation step) 565
連鎖停止段階(termination step) 565
連鎖反応(chain reaction) 579
ロイシン(leucine) 157, 640
ロイシンエンケファリン (leucine enkephalin) 656
ろう(wax) 763
ろ紙クロマトグラフィー (paper chromatography) 649
ロドプシン(rhodopsin) 139
ロバスタチン(lovastatin, Mevacor®) 127
ローブ(robe) 21
ロラゼパム(lorazepam) 520

わ

ワルファリン(warfarin, Coumadin®) 725

●監訳者略歴

大船泰史（おおふねやすふみ）
1948年　北海道に生まれる
1976年　北海道大学大学院理学研究科博士課程修了
現　在　大阪市立大学名誉教授
専　門　有機合成化学
理学博士

香月　勗（かつきつとむ）
1946年　佐賀県に生まれる
1971年　九州大学大学院理学研究科修士課程修了
2014年　逝去
理学博士　九州大学名誉教授

西郷和彦（さいごうかずひこ）
1946年　愛知県に生まれる
1969年　東京工業大学理工学部化学科卒業
現　在　東京大学名誉教授・高知工科大学名誉教授
専　門　有機合成化学
理学博士

富岡　清（とみおかきよし）
1948年　東京都に生まれる
1976年　東京大学大学院薬学系研究科博士課程修了
現　在　京都大学名誉教授
専　門　有機合成化学
薬学博士

2006年 9月30日　第1版第1刷　発行
2010年11月15日　第2版第1刷　発行
2016年12月20日　第3版第1刷　発行
2024年 9月10日　　　　第9刷　発行

検印廃止

JCOPY〈出版者著作権管理機構委託出版物〉

本書の無断複写は著作権法上での例外を除き禁じられています．複写される場合は，そのつど事前に，出版者著作権管理機構（電話 03-5244-5088，FAX 03-5244-5089，e-mail: info@jcopy.or.jp）の許諾を得てください．

本書のコピー，スキャン，デジタル化などの無断複製は著作権法上での例外を除き禁じられています．本書を代行業者などの第三者に依頼してスキャンやデジタル化することは，たとえ個人や家庭内の利用でも著作権法違反です．

ブルース有機化学概説（第3版）

訳者代表　富岡　清
発行者　曽根良介

発行所　（株）化学同人
〒600-8074　京都市下京区仏光寺通柳馬場西入ル
編 集 部　Tel 075-352-3711　Fax 075-352-0371
企画販売部　Tel 075-352-3373　Fax 075-351-8301
振替　01010-7-5702
e-mail webmaster@kagakudojin.co.jp
URL https://www.kagakudojin.co.jp

印刷・製本　（株）太洋社

Printed in Japan　©K. Tomioka et al. 2016　無断転載・複製を禁ず　ISBN978-4-7598-1831-4
乱丁・落丁本は送料小社負担にてお取りかえします．

元素の周期表

	1A[a] 1	2A 2											3A 13	4A 14	5A 15	6A 16	7A 17	8A 18
1	1 **H** 1.00794																	2 **He** 4.002602
2	3 **Li** 6.941	4 **Be** 9.012182											5 **B** 10.811	6 **C** 12.0107	7 **N** 14.0067	8 **O** 15.9994	9 **F** 18.998403	10 **Ne** 20.1797
3	11 **Na** 22.989770	12 **Mg** 24.3050	3B 3	4B 4	5B 5	6B 6	7B 7	8	8B 9	10	1B 11	2B 12	13 **Al** 26.981538	14 **Si** 28.0855	15 **P** 30.973761	16 **S** 32.065	17 **Cl** 35.453	18 **Ar** 39.948
4	19 **K** 39.0983	20 **Ca** 40.078	21 **Sc** 44.955910	22 **Ti** 47.867	23 **V** 50.9415	24 **Cr** 51.9961	25 **Mn** 54.938049	26 **Fe** 55.845	27 **Co** 58.933200	28 **Ni** 58.6934	29 **Cu** 63.546	30 **Zn** 65.39	31 **Ga** 69.723	32 **Ge** 72.63	33 **As** 74.92160	34 **Se** 78.96	35 **Br** 79.904	36 **Kr** 83.80
5	37 **Rb** 85.4678	38 **Sr** 87.62	39 **Y** 88.90585	40 **Zr** 91.224	41 **Nb** 92.90638	42 **Mo** 95.94	43 **Tc** [98]	44 **Ru** 101.07	45 **Rh** 102.90550	46 **Pd** 106.42	47 **Ag** 107.8682	48 **Cd** 112.411	49 **In** 114.818	50 **Sn** 118.710	51 **Sb** 121.760	52 **Te** 127.60	53 **I** 126.90447	54 **Xe** 131.293
6	55 **Cs** 132.90545	56 **Ba** 137.327	71 **Lu** 174.967	72 **Hf** 178.49	73 **Ta** 180.9479	74 **W** 183.84	75 **Re** 186.207	76 **Os** 190.23	77 **Ir** 192.217	78 **Pt** 195.078	79 **Au** 196.96655	80 **Hg** 200.59	81 **Tl** 204.3833	82 **Pb** 207.2	83 **Bi** 208.98038	84 **Po** [208.98]	85 **At** [209.99]	86 **Rn** [222.02]
7	87 **Fr** [223.02]	88 **Ra** [226.03]	103 **Lr** [262]	104 **Rf** [267]	105 **Db** [268]	106 **Sg** [271]	107 **Bh** [272]	108 **Hs** [277]	109 **Mt** [276]	110 **Ds** [281]	111 **Rg** [280]	112 **Cn** [285]	113 **Nh** [278]	114 **Fl** [289]	115 **Mc** [289]	116 **Lv** [293]	117 **Ts** [293]	118 **Og** [294]

典型元素 / 遷移元素（遷移金属） / 典型元素

*ランタノイド系	57 *La 138.9055	58 Ce 140.116	59 Pr 140.90765	60 Nd 144.24	61 Pm [145]	62 Sm 150.36	63 Eu 151.964	64 Gd 157.25	65 Tb 158.92534	66 Dy 162.50	67 Ho 164.93032	68 Er 167.259	69 Tm 168.93421	70 Yb 173.04
†アクチノイド系	89 †Ac [227.03]	90 Th 232.0381	91 Pa 231.03588	92 U 238.02891	93 Np [237.05]	94 Pu [244.06]	95 Am [243.06]	96 Cm [247.07]	97 Bk [247.07]	98 Cf [251.08]	99 Es [252.08]	100 Fm [257.10]	101 Md [258.10]	102 No [259.10]

a) 一番上にある表示（1A、2Aなど）はアメリカで一般的に使われているものである。これらの下にある表示（1、2など）は国際純正応用化学連合（IUPAC）によって推奨されている。
角括弧（[ ]）内の原子質量は最も寿命が長い、あるいは放射性原子のなかで最も重要な元素の同位体の質量を示している。

pK_a 値

化合物	pK_a	化合物	pK_a	化合物	pK_a
CH$_3$C≡$\overset{+}{N}$H	−10.1	O$_2$N–C$_6$H$_4$–$\overset{+}{N}$H$_3$	1.0	CH$_3$–C$_6$H$_4$–COOH	4.3
HI	−10	ピリミジン$\overset{+}{N}$H	1.0	CH$_3$O–C$_6$H$_4$–COOH	4.5
HBr	−9	Cl$_2$CHCOOH	1.3	C$_6$H$_5$–$\overset{+}{N}$H$_3$	4.6
CH$_3$C$\overset{+OH}{}$H	−8	HSO$_4^-$	2.0	CH$_3$COOH	4.8
CH$_3$C$\overset{+OH}{}$CH$_3$	−7.3	H$_3$PO$_4$	2.1	キノリニウム	4.9
HCl	−7	プリン$\overset{+}{N}$H	2.5	CH$_3$–C$_6$H$_4$–$\overset{+}{N}$H$_3$	5.1
C$_6$H$_5$–SO$_3$H	−6.5	FCH$_2$COOH	2.7	ピリジニウム	5.2
CH$_3$C$\overset{+OH}{}$OCH$_3$	−6.5	ClCH$_2$COOH	2.8	CH$_3$O–C$_6$H$_4$–$\overset{+}{N}$H$_3$	5.3
CH$_3$C$\overset{+OH}{}$OH	−6.1	BrCH$_2$COOH	2.9	CH$_3$C=$\overset{+}{N}$HCH$_3$ (CH$_3$)	5.5
H$_2$SO$_4$	−5	ICH$_2$COOH	3.2	CH$_3$COCH$_2$COCH$_3$	5.9
ピロリウム	−3.8	HF	3.2	HON$\overset{+}{}$H$_3$	6.0
CH$_3$CH$_2$$\overset{+}{O}HCH_2CH_3$	−3.6	HNO$_2$	3.4	H$_2$CO$_3$	6.4
CH$_3$CH$_2$$\overset{+}{O}H_2$	−2.4	O$_2$N–C$_6$H$_4$–COOH	3.4	イミダゾリウム	6.8
CH$_3$$\overset{+}{O}H_2$	−2.5	HCOOH	3.8	H$_2$S	7.0
H$_3$O$^+$	−1.7	Br–C$_6$H$_4$–$\overset{+}{N}$H$_3$	3.9	O$_2$N–C$_6$H$_4$–OH	7.1
HNO$_3$	−1.3	Br–C$_6$H$_4$–COOH	4.0	H$_2$PO$_4^-$	7.2
CH$_3$SO$_3$H	−1.2	C$_6$H$_5$COOH	4.2	C$_6$H$_5$–SH	7.8
CH$_3$C$\overset{+OH}{}$NH$_2$	0.0				
F$_3$CCOOH	0.2				
Cl$_3$CCOOH	0.64				
ピリジン–N–OH$^+$	0.79				

a) pK_a 値はそれぞれの構造における赤色の H に対するものである．